항공정비사 표준교재
Aircraft Maintenance Engineer Handbook

OPEN 공공누리

개정판

항공기 기체

Airframe for AMEs

제1권 (기체구조/판금)

Volume 1 (Structure/Sheet metal)

국토교통부

발/간/사

1948년, 첫 민간 항공기가 역사적인 비행을 시작한 이래 우리나라는 세계 7대 항공운송 강국으로 성장했습니다. 현재 세계 177개 도시와 379여개의 항공노선으로 연결 되어 있고, 작년 한 해 만도 1억 2,337만 명의 여객과 427만 톤의 화물을 실어 날랐습니다. 특히, 지난 가을에는 국제민간항공기구(ICAO) 이사국 7연임 달성에 성공함으로써 국제항공 무대에서도 우리나라의 위상은 더욱 높아졌습니다.

국내 항공 산업이 나날이 성장해감에 따라 우리 국토교통부에서는 보다 체계적으로 항공종사자를 양성하고자 2015년 12월부터 항공정비사, 조종사, 항공교통관제사 등을 위한 「항공종사자 표준교재」를 발간하여 왔습니다.

특히 항공정비사를 위한 표준교재는 2015년 12월 초판 발간 후부터 지금까지 많은 예비 항공정비사와 교육 업계의 꾸준한 관심을 받아왔으며, 긍정적인 평가와 동시에 때로는 새로운 교육내용에 대한 건의도 있었습니다.

이에 힘입어 최근 헬리콥터 정비사를 위한 교육교재와 항공전자분야의 전문정비사 양성을 위한 항공전자 · 전기 · 계기(심화) 교재를 발간하였고,

더불어 기존 항공정비사 교육교재 또한 새롭게 바뀐 항공안전법규와 정비기술의 발전 동향을 반영하여 새롭게 개편하였습니다.

이번에 발간하는 제2판 항공정비사 표준교재는 이전의 항공기 형식에는 없던 첨단소재, 동력장치, 전기전자 시스템 등을 갖춘 초대형 항공기의 출현에 따른 새로운 시스템, 장비 및 절차 등을 학습할 수 있도록 최신 동향을 반영 하는 데에 중점을 두었으며,

더불어 초판 교재 중 이해가 어려웠던 용어들을 작업현장에서 실제 사용하는 용어로 수정함과 동시에 한글과 원어를 같이 표기하여 학습자의 이해도를 높이고, 그림자료 또한 국내 작업현장의 자료 등을 활용하는 등 실제 교재 이용자의 다양한 건의사항을 충분히 검토하고 반영하여 학습 편의성을 높일 수 있도록 노력하였습니다.

바라건대, 본 개정판을 통하여 항공정비사를 꿈꾸는 학생, 교육기관의 교수, 현업에 종사하는 항공정비사들에게 교육의 표준 지침서가 되어 우리나라 항공정비 분야의 기초를 튼튼히 하고 저변을 확대하는 데 크게 기여하기를 바랍니다.

끝으로 이 책을 개정 발간하는데 아낌없는 노력과 수고를 하신 개정 집필자, 연구자, 감수자 등 편찬진에게 진심으로 감사드리며 내실 있고 좋은 책을 만들기 위해 노력하신 항공정책실 항공안전정책과장 이하 직원들의 노고에 감사를 표합니다.

항공정책실장 **김 상 도**

표준교재 이용 및 저작권 안내

표준교재의 목적

본 표준교재는 체계적인 글로벌 항공종사자 인력양성을 위해 개발되었으며 현장에서 항공안전 확보를 위해 노력하는 항공종사자가 알아야 할 기본적인 지식을 집대성하였습니다.

표준교재의 저작권

표준교재의 이용 및 주의사항

이 표준교재는 「항공안전법」 제34조에 따른 항공종사자에게 필요한 기본적인 지식을 모아 제시한 것이며, 항공종사자를 양성하는 전문교육기관 등에서는 이 표준교재에 포함된 내용 이상을 해당 교육과정에 반영하여 활용할 수 있습니다.

또한, 이 표준교재는 「저작권법」 및 「공공데이터의 제공 및 이용 활성화에 관한 법률」에 따른 공공저작물 또는 공공데이터에 해당하므로 관련 규정에서 정한 범위에서 누구나 자유롭게 이용이 가능합니다.

그리고 「공공데이터의 제공 및 이용 활성화에 관한 법률」에 따라 이 표준교재를 발행한 국토교통부는 표준교재의 품질, 이용하는 사람 또는 제3자에게 발생한 손해에 대하여 민사상 · 형사상의 책임을 지지 아니합니다.

표준교재의 정정 신고

이 표준교재를 이용하면서 다음과 같은 수정이 필요한 사항이 발견된 경우에는 항공교육훈련포털(www.kaa.atims.kr)로 신고하여 주시기 바랍니다.

- 항공법 등 관련 규정의 개정으로 내용 수정이 필요한 경우
- 기술된 내용이 보편타당하지 않거나, 객관적인 사실과 다른 경우
- 오탈자 및 앞뒤 문맥이 맞지 않아 내용과 의미 전달이 곤란한 경우
- 관련 삽화 등이 누락되거나 추가적인 설명이 필요한 경우

※ 주의 : 표준교재 내용에는 오류, 누락 및 관련 규정 미반영 사항 등이 있을 수 있으므로 의심이 가는 부분은 반드시 정확성 여부를 확인하시기 바랍니다.

목 차

CONTENTS

| 기체구조/판금 |

PART 01 항공기 구조 1-2

PART 02 항공기 천 외피 2-2

Structure/Sheet metal

PART 03 항공기 금속 구조 수리 3-2

PART 04 항공기 용접 4-2

Structure/Sheet metal

PART 07 항공기 페인트 및 마무리 7-2

01 항공기 구조

Aircraft Structures

1 항공기 구조

Aircraft Structures

1.1 항공기 구조의 역사
(A Brief History of Aircraft Structures)

항공기 구조의 역사는 일반적으로 항공의 역사라고 말할 수 있다. 항공기 제작을 위해 사용되는 자재와 공정의 향상은 단순한 목재 트러스구조에서부터 시작하여 날렵한 공기역학적인 외관을 갖춘 구조로 발전되어 왔다. 또한, 지속적인 동력장치 개발과 결합하여 항공기 구조 역사는 오늘날 급진적인 변화를 보이고 있다.

항공기가 비행할 수 있는 것은 "양력" 때문이며, 곡선 모양의 날개위로 공기가 지나가도록 하면 양력이 발생한다는 사실로부터 고정익 항공기와 회전익 항공기의 개발로 발전하였다.

조지-케일리는 1800년대 초반에 효율적인 캠버가 있는 날개의 형상을 개발했을 뿐만 아니라 1800년대 후반에는 유인활공기를 개발하여 유인비행에 성공했으며 양력, 중력, 추력, 항력 등의 비행원리를 정립하였다.

오토-릴리엔탈은 케일리의 발견을 기반으로 버드나무와 천을 이용하여 자신만의 활공기를 제작하였으며, 2,000회 이상 비행하였다. 또한, 날개 및 조종사가 자리한 뒤쪽에 수직안정판과 수평안정판을 장착하여 비행안정성에 크게 기여하였으며, 무엇보다도 릴리엔탈은 인간이 날 수 있다는 것을 입증하였다.

철길과 교량 기술자로 일하다 은퇴한 옥타브 샤누트는 1890년도에 항공분야에서 활동하며 「비행 기계장치의 진보(progress in flying machine)」라는 권위 있는 책을 출판하였다. 이것은 그가 항공에 대해 가능한 모든 정보를 수집하고 연구한 노력의 결과였다. 항공분야 전문가들의 도움으로 그는 릴리엔탈의 것과 유

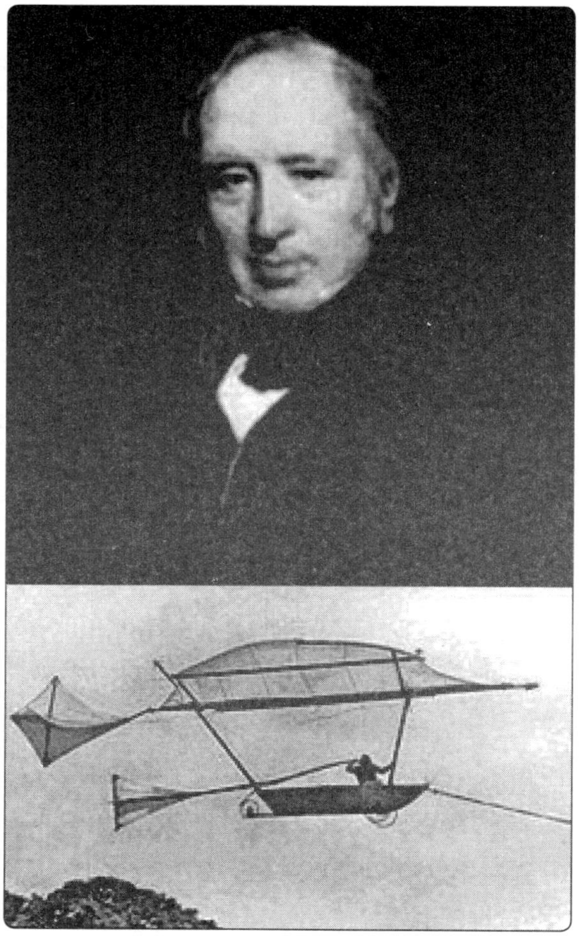

[그림 1-1] 조지 케일리(George Cayley), 1853년 제작한 활공기

[그림 1-2] 오토 릴리엔탈(Otto Lilienthal)과 2,000회 이상의 활공비행 중의 하나

사한 활공기를 제작하였으며 이후에는 자신의 활공기를 제작하였다. 이후에도 샤누트는 날개지주에 와이어를 사용하여 결합시킨 복엽으로 된 활공기를 조립함으로써 항공기 구조를 개선시켰다.

그림 1-4와 같이, 라이트형제는 이전에 발표된 여러 항공 전문가들의 연구 내용에 도움을 받아 1903년에 동력비행기를 제작하는데 성공하였다. 라이트 플라

[그림 1-3] 옥타브 샤누트(Octave Chanute)

이어(Wright Flyer)의 날개는 목제로 제작한 트러스구조에 얇은 직물을 덮었다. 이 날개는 앞쪽과 뒤쪽 날개보가 있으며 스트럿(Struts)과 와이어로 지지하였다. 2층으로 쌓인 날개도 또한 라이트 플라이어의 한 부분이었다.

공기보다 무거운 동력비행은 라이트 플라이어로부터 발전해 나갔다. 1909년에, 프랑스의 루이-블레리오는 훌륭한 설계 차이점을 가진 성공적인 단엽 항공기를 만들었다. 날개는 여전히 와이어에 의해 지지되었지만, 동체 위쪽에 설치된 마스트는 날개를 아래뿐만 아니라 위에서도 지지할 수 있도록 하였다. 이것은 단일날개로서 항공기를 띄우기 위해 필요한 길이가 긴 날개를 제작하는 것이 가능하게 하였다. 블레리오는 플랫 트러스형(Pratt truss type) 동체구조를 사용하였다.

1910년대 초, 독일의 후고-융커스는 금속트러스구조와 금속외피로 항공기를 조립하였으며, 1차구조물을 목재 대신 금속을 사용함으로서 외부 날개지주와 와이어가 필요하지 않는 단엽비행기의 형태를 갖추

[그림 1-4] 최초로 동력비행에 성공한 항공기인 라이트 플라이어(주로 나무와 천으로 제작)

[그림 1-5] 루이 블레리오(Louis Bleriot)의 세계최초 단엽기

었다.

1차 세계대전에 이르러서 강력한 엔진과 금속트러스 뼈대 항공기가 하늘을 지배하였으며, 1920년대에 들어와 항공기구조에서 금속의 사용은 증가하였고, 화물과 승객을 수송할 수 있는 동체가 개발되었으며, 조선분야의 보트비행기(flying boat)에서 적용했던 동체의 세미모노코크 구조는 트러스형 설계를 쇠퇴시켰다.

1930년대, 2차 세계대전은 금속을 이용한 기술을 접목하여 다양한 항공기 설계를 촉진시켰다. 특히 날개에 연료를 탑재할 수 있는 항공기의 개발이 이루어졌다. 그림 1-7과 같이, 최초의 복합재료 구조 항공기인 모스키토 경폭격기는 동체 구조에서 발사나무 샌드위치재료를 사용하였다. 또한, 이 시기에 섬유유리 레이돔도 개발되었다.

2차 세계대전 이후, 가스터빈엔진의 개발로 더 높은 고도의 비행이 가능해졌다. 여압되는 항공기의 필요성이 만연했으며, 결과적으로 더 튼튼한 세미모노코크구조의 제작이 요구되었다. 가압과 감압에 기인한 금속 피로와 강도를 증가시키기 위해 전금속형 세미

[그림 1-6] 전금속형 항공기 융커스(Junker) J-1(1910년)

[그림 1-7] 최초의 복합소재구조 항공기인 드 하빌랜드의 모스키토(De Havilland Mosquito)

모노코크 동체구조를 개선하였다. 둥글게 만들어진 창문과 문틀은 균열이 형성될 수 있는 응력집중 현상을 방지하기 위해 설계된다. 완전하게 가공된 구리합금 알루미늄 외피는 균열에 강하며 두꺼운 외피와 관리가 가능하게 되었다. 날개 외피구조의 화학적 가공(Chemical milling)은 높은 강도와 매끄러운 고성능 표면을 제공하였고 다양한 형태의 날개를 제작하는 것이 더 쉬워졌다. 제트 항공기의 출현으로 인한 비행속도의 증가는 더 얇은 날개가 요구되었으며, 날개하중은 더욱 크게 증가하였다. 이에 대응하여 다중 날개보와 박스 빔 날개(Box Beam Wing) 설계가 개발되었다.

1960년대에는 승객을 수송하기 위해 더 큰 항공기가 개발되었으며, 엔진기술이 발전함에 따라, 점보제트기가 설계되어 제작되었다. 이를 위해 가볍고 더 강한 재료에 대한 연구가 이루어졌으며 보잉사의 허니콤 샌드위치 패널의 사용으로 강도는 약화시키지 않고 무게는 줄일 수 있었다. 초기에는 알루미늄으로 된 알루미늄 코어 패널과 유리섬유 샌드위치 패널은 날개와 비행 조종면, 객실의 마루, 기타 다양한 용도로 사용되었다.

허니콤과 폼 코어 샌드위치 부품 사용의 꾸준한 증가와 다양한 복합재료의 개발이 1970년대로부터 현재까지의 항공기 구조 상태에 대한 특징이다. 향상된 기술과 재료의 조합은 알루미늄으로부터 탄소섬유 및 기타 강하고 가벼운 재료로의 점진적인 변화를 가져왔다. 이러한 새로운 재료는 항공기의 다양한 부품에 대한 구체적인 성능 요구조건을 만족하도록 설계되었다. 많은 기체 구조는 50% 이상의 고급 복합재료로 이루어져 있으며, 일부 기체 구조는 100%에 육박한다. 그림 1-8과 같이, "매우 가벼운 제트"(VLJ)라는 용어는 거의 완전히 복합신소재로 제작되는 새로운 세대의 제트항공기를 일컫는다. 비 복합재료 알루미늄 항공기 구조물은 케일리, 릴리엔탈, 그리고 라이트형제

[그림 1-8] 대부분이 복합소재 구조인 경제트기(VLJ) 세스나 싸이테이션 머스탱

에 의해 사용된 구조의 방법과 재료가 그랬듯이 구식으로 취급될 날이 올 수도 있다.

1.2 일반사항(General)

항공기는 공중에서 비행할 용도로 고안된 장치이다. 그림 1-9와 같이, 항공기의 주요 부류는 비행기, 회전익항공기, 활공기, 그리고 공기보다 가벼운 경항공기 등이 있다. 경항공기는 동력장치의 유무를 기준으로 비행선과 기구로 분류할 수 있다. 두 종류 모두 공기보다 가벼운 항공기이지만 차별화되는 특징을 가지고 있어 다르게 운용되고 있다.

항공기 기체는 구체적으로 동체, 붐, 나셀, 카울, 페어링, 유선형 덮개, 날개 및 착륙장치 등으로 구성되며, 또한 이에 따르는 다양한 액세서리와 조종 장치들도 포함된다. 비행기 엔진의 프로펠러와는 달리 헬리콥터의 회전날개는 회전하는 날개이기 때문에 기체의 일부에 해당한다.

가장 일반적인 항공기는 고정익항공기이다. 이름이 내포하듯, 이 형태의 비행기에 달린 날개는 동체에 부착되어 있으며, 양력의 생성 방식에 있어 독립적으로 움직이지 않도록 된 것이다. 그림 1-10과 같이, 단엽기, 복엽기, 3엽기 모두 성공적으로 상용화되었다. 헬리콥터와 같은 회전익항공기도 널리 보급되어 있다. 여기에서는 항공기의 고정익과 회전익 부류 모두에서 공통적으로 적용되는 특징과 정비 측면을 설명한다. 또한, 일부 경우에는 단지 한쪽에만 해당하는 정보에 집중하여 설명하기도 한다. 활공기 기체는 고정익항

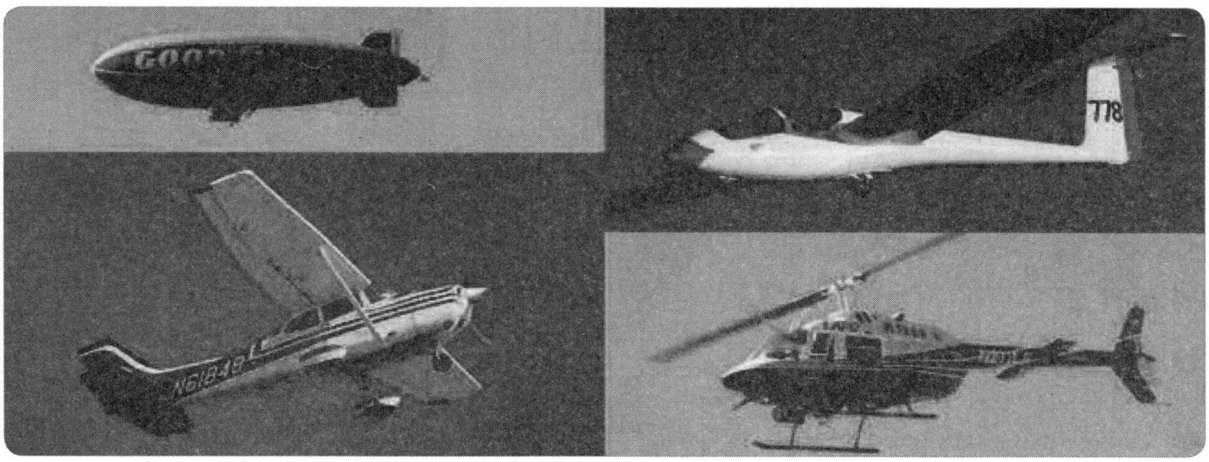

[그림 1-9] 항공기의 종류 : 비행선, 활공기, 비행기, 회전익항공기

공기와 매우 유사하다. 별다른 언급이 없는 한, 고정익항공기에 적용되는 정비항목은 활공기에도 적용된다. 이는 경항공기에도 마찬가지로 적용되지만, 경항공기의 독특한 기체구조와 관련 정비항목에 대한 심층적인 설명은 생략하기로 한다.

그림 1-11과 같이, 고정익항공기의 기체는 동체, 날개, 안정판, 비행조종면, 그리고 착륙장치 등 총 다섯 가지의 주요 단위로 구성된다. 헬리콥터기체는 단일 주 회전날개를 갖춘 헬리콥터의 경우, 동체, 주 회전날개와 관련 기어박스, 꼬리회전날개, 그리고 착륙장치로 구성된다.

[그림 1-10] 단엽기(위), 복엽기(가운데), 3엽기(아래)

기체 구조재는 광범위한 여러 가지의 재료로 구성된다. 초기의 항공기는 주로 목재로 제작되었다. 강철 배관과 가장 일반적인 재료인 알루미늄이 그 뒤를 이었다. 이후 새롭게 인증된 많은 항공기는 탄소섬유와 같은 성형된 복합재료로 제작되었다. 항공기의 동체에서 구조부재는 스트링거(stringer), 세로대(longerlon), 리브(rib), 벌크헤드(bulkhead) 등을 포함한다. 날개에서 주요한 구조상의 부재는 날개보(Spar)라고 부른다.

항공기의 외피는 또한 천에서 합판, 알루미늄, 또는 복합재료까지 다양한 재료로 제작할 수 있다. 외판과 구조용 동체에 부착된 상태는 기체 기능을 도와주는 주요 구성요소이다. 전체의 기체와 그것의 구성요소는 리벳, 볼트, 스크루, 그리고 기타 파스너로서 접합되어 있다. 용접, 접착제, 그리고 특별한 접합제 기술 또한 사용된다.

1.3 주요 구조응력 (Major Structural Stresses)

항공기 구조는 하중을 이동시키고 응력에 견디도록 설계된다. 항공기를 설계하는 데 있어서, 날개와 동체, 날개보, 리브, 그리고 금속 피팅의 면적은 그것이 만들어지는 금속의 물리적 특성에 대해 반드시 고려되어야 한다. 항공기의 모든 부품은 그 부분에 가해지는 하중에 대해서 견딜 수 있도록 설계가 이루어져야 한다. 이러한 하중을 결정하는 과정을 응력해석이라고 부른다. 비록 설계를 계획하는 것이 항공정비사의 임무는 아니라고 할지라도 부적절한 수리를 통해서

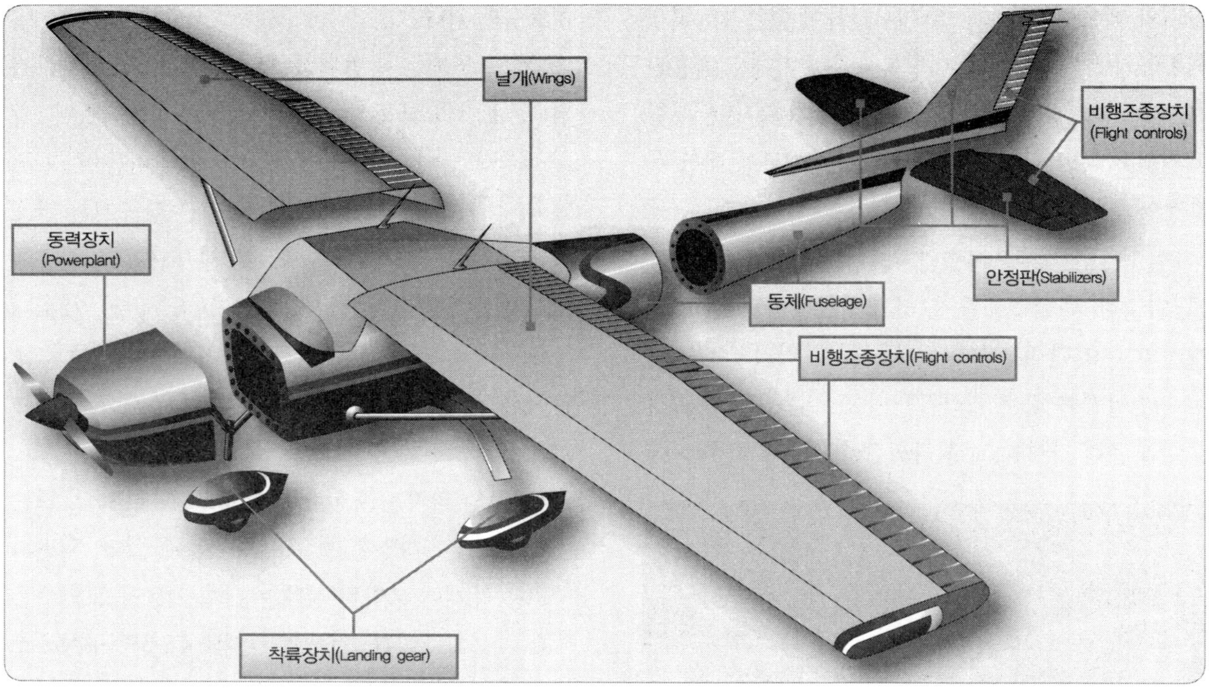

[그림 1-11] 비행기 기체의 주요 구성. 동력 장치, 날개, 동체, 비행 조종 장치, 안전판, 착륙 장치

원래의 설계에 변화를 주는 것을 방지하기 위해서 응력에 대해서 이해하고 응용한다는 것은 대단히 중요한 일인 것이다. "응력(stress)"이라는 단어는 때로는 "변형(strain)"이라는 말로서 대체되어 사용되기도 하지만 그것이 같은 의미를 뜻하는 것은 아니다. 외부하중 또는 힘은 응력을 유발한다. 응력은 변형에 대항하는 재료의 내부 저항력 또는 반력이다. 재료의 형상변화 정도를 변형이라고 한다. 재료에 하중 또는 힘이 가해지면 재료의 강도와 하중의 크기에 관계없이 변형된다.

그림 1-12와 같이, 항공기에 적용되는 응력에는 다음 다섯 가지의 주요 응력이 있다.

(1) 인장응력(tension stress)
(2) 압축응력(compression stress)
(3) 비틀림응력(torsion stress)
(4) 전단응력(shear stress)
(5) 굽힘응력(bending stress)

그림 1-12의 A와 같이, 인장응력은 물체를 잡아당겨 분리시키려고 하는 힘에 저항하는 응력이다. 엔진은 항공기를 앞쪽으로 끌고 가려 하지만, 공기저항은 항공기가 앞으로 못나가도록 방해한다. 이 결과가 항공기를 서로 잡아당겨 늘이려고 하는데 이것이 바로 인장이다. 재료의 인장강도는 p.s.i로 측정되며, 재료를 잡아당겨 늘리려고 하는 힘, 즉 하중을 그 재료의 단면적으로 나누면 계산된다.

그림 1-12의 B와 같이, 압축응력이란 물체를 부수려고 하는 힘에 저항하려고 물체 내부에서 생기는 응력을 말한다. 압축강도도 역시 p.s.i로 측정한다. 압축은

항공기 부품을 줄어들게 하거나 쭈그러뜨리려고 하는 응력이다.

그림 1-12의 C와 같이, 비틀림 응력이란 비틀림에 대해 견디려고 발생되는 응력이다. 항공기가 앞쪽으로 비행하는 동안, 엔진의 프로펠러는 항공기를 한쪽 방향으로 비틀어지게 하고, 항공기의 다른 성분은 항공기를 정상 방향으로 유지하려고 한다. 이렇게 해서 비틀림 응력이 발생하는 것이다. 재료의 비틀림 응력은 비틀림 또는 토크에 대한 재료의 저항력이다.

전단응력은 재료의 한쪽 층이 인접해 있는 다른 쪽 층 위쪽으로 미끄러짐에 의해서 생기는 힘에 저항하려고 하는 응력이다. 그림 1-12의 D와 같이, 리벳으로 체결된 2개의 판재에 인장하중이 작용하면 리벳은 전단응력이 발생한다. 일반적으로, 재료의 전단강도는 그 재료의 인장강도 또는 압축강도와 같거나 작다. 항공기의 부품, 특히 스크루, 볼트, 리벳 등은 전단력

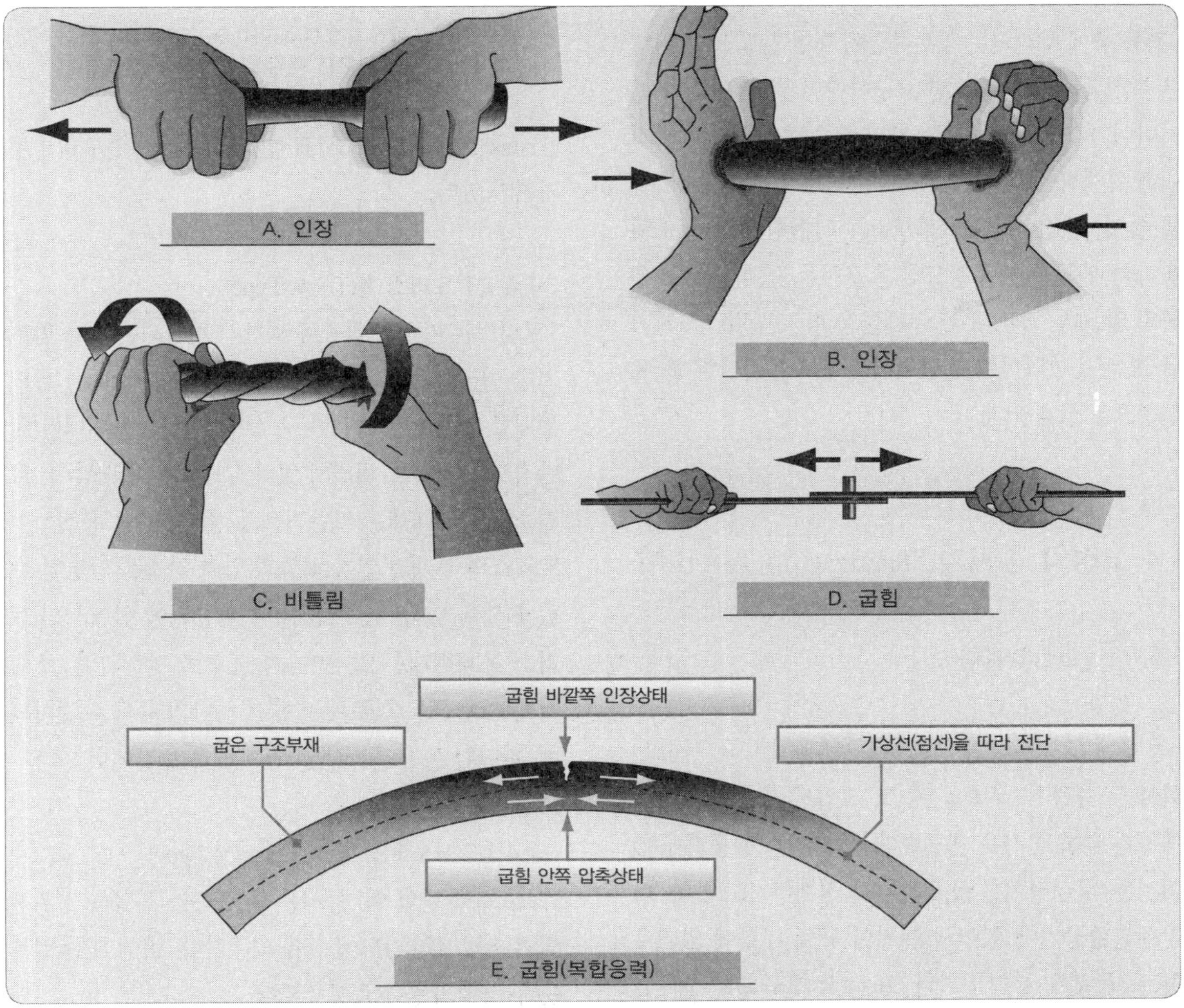

[그림 1-12] 항공기 및 부품에 작용하는 5가지 응력

을 받는다.

그림 1-12의 E와 같이, 굽힘 응력은 압축과 인장이 조합되었으며, 봉을 휘었을 때 안쪽 부분은 압축되어 줄어들고 바깥쪽 부분은 늘어난다. 구조물의 단일 부재에는 응력이 복합적으로 작용한다. 대부분의 경우 구조 부재는 횡방향의 하중이 아닌 길이방향의 하중이 작용하도록 설계된다. 이렇게 하면 구조부재는 굽힘 응력보다는 인장 또는 압축응력이 작용하게 되어 구조강도상 유리해진다.

작동 중에 부과되는 외부하중에 대한 강도 또는 저항은 특정 구조물의 주요한 요구사항이 된다. 그러나 엔지니어가 고려해야 하는 5가지 주요 응력을 제어하기 위해 설계하는 것 이외에도 다른 많은 특성이 있다. 예를 들어, 엔진 카울링(cowling), 페어링(fairings) 및 유사한 부품은 높은 강도를 요구하는 큰 하중이 작용하지 않는다. 그러나 이 부품들은 항력을 감소시키거나 또는 공기역학적 요구조건을 충족시키기 위해 유선형으로 설계한다.

1.4 고정익 항공기(Fixed-wing Aircraft)

1.4.1 동체(Fuselage)

동체는 항공기의 주구조물 또는 본체이다. 동체는 화물, 조종장치, 부속품, 승객, 그리고 기타 장비를 적재하기 위한 공간을 제공한다. 단발엔진 항공기에 있어서는, 동력장치를 동체 내부에 적재하기도 한다. 다발엔진항공기에 있어서 엔진이 동체 내부에 있기도 하고, 동체에 부착되거나, 또는 날개구조물에 매달기도 한다. 동체 구조의 일반적인 형식에는 트러스형

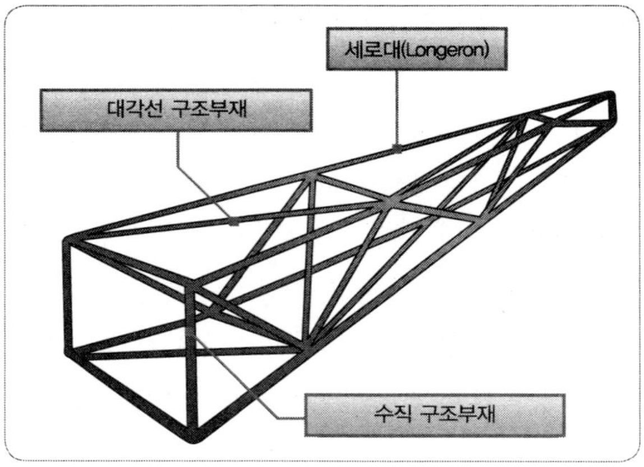

[그림 1-13] 트러스 구조(Truss Type) 워렌 트러스(warren truss)는 대부분 대각선 보강재를 사용한다.

(Truss Type)과 모노코크형(Monocoque Type)의 두 가지가 있다.

1.4.1.1 트러스 형(Truss Type)

트러스는 가해진 하중에 의해서 변형되는 것을 막기 위한 빔(beam), 스트럿(strut), 그리고 바(bar) 등의 부재로 만들어진 단단한 구조이다. 트러스 뼈대는 일반적으로 직물로 씌워져 있다. 그림 1-13과 같이, 트러스형 동체뼈대는 일반적으로 강재배관을 용접하여 트러스의 부재가 인장 하중과 압축 하중을 담당할 수 있게 되어 있다. 단발 엔진, 경항공기에 있어서의 트러스 동체뼈대는 알루미늄합금으로 제작되며, 조립 시에 리벳 또는 볼트에 의해서 하나의 몸체로 결합되며, 단단한 봉 또는 단단한 관에 의해 보강되어 있다.

1.4.1.2 모노코크 형(Monocoque Type)

모노코크(단일 쉘) 동체는 주 하중을 전달하기 위해 외피나 덮개의 강도에 크게 의존한다. 이에 대한 설계는 두 가지의 종류로 분류된다.

(1) 모노코크(monocoque)
(2) 세미모노코크(semi-monocoque)

동일한 동체 구조에 있어서도 상기 두 가지 종류 중 어느 한 가지를 사용하고 있지만 대부분의 항공기에 있어서 세미모노코크 형식의 구조가 사용되고 있다.

그림 1-14와 같이, 모노코크구조는 정형재(former), 뼈대 부분의 외피(skin), 벌크헤드(bulkhead) 등으로 동체 형식을 구성한다. 이러한 구조부재 중에서 가장 큰 하중을 담당하는 부재는 집중하중을 담당할 수 있도록 간격을 두고 배치되며, 날개, 동력장치, 그리고 안정판과 같은 다른 구성품을 부착하기 위한 피팅(fitting)이 필요한 부분에 배치되어 있다.

다른 보강 부재가 존재하지 않기 때문에 주응력을 담당하는 외피가 견고한 동체를 유지해야 한다. 따라서 모노코크 구조의 문제점은 중량을 허용 한계 내에서 유지하고 충분한 강도를 유지해야 한다는 것이다.

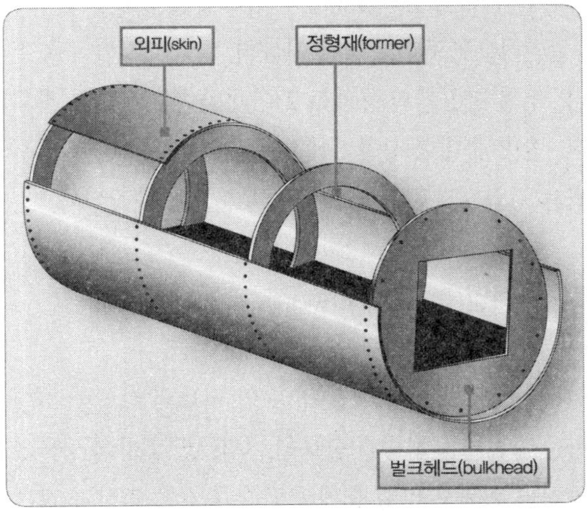

[그림 1-14] 모노코크 구조(Monocoque Type)

1.4.1.3 세미모노코크 형(Semi-monocoque Type)

모노코크구조의 강도와 무게의 문제점을 극복하기 위해 세미모노코크구조로의 개조가 개발되었으며 또한 모노코크와 같은 뼈대 부분의 외피, 벌크헤드, 그리고 정형재로 구성되어 있다. 그러나 추가적으로 외피는 세로대(longeron)라고 부르는 세로부재에 의해 보강되어 있다. 세로대는 보통 여러 개의 뼈대부재를 가로질러 연장된다. 그리고 일차적인 굽힘 하중을 담당하는 외피를 보조해 준다. 세로대는 단일 부재 또는 여러 부재를 조립한 구조부재 중 한 가지 방법으로 알루미늄으로 제작된다.

스트링거(stringer) 또한 세미모노코크 동체에서 사용되고 있다. 스트링거는 수량이 대단히 많이 부착되며 세로대보다 무게가 더 가볍다. 또한, 여러 가지 모양으로 되어 있고 보통 한 조각의 알루미늄 사출성형 또는 성형알루미늄으로 제작된다. 스트링거는 어느 정도의 단단함은 갖고 있지만 주로 외피의 주어진 모

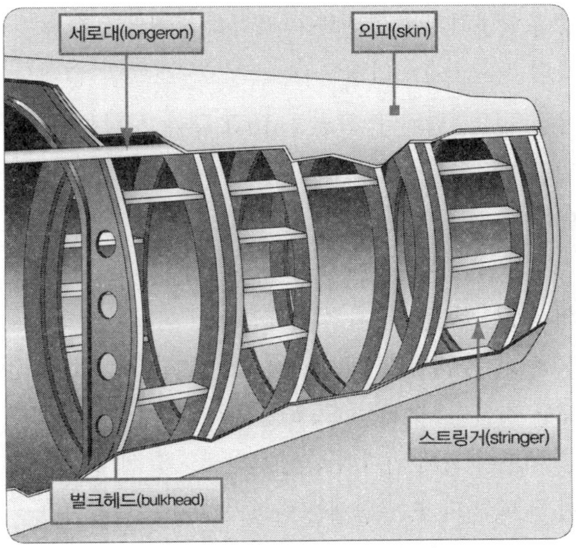

[그림 1-15] 가장 일반적인 기체 구조인 세미모노코크 형 (Semi-monocoque Type)

양에 따라 외피의 부착을 위하여 사용되고 있다. 그림 1-15와 같이, 스트링거와 세로대는 함께 인장 또는 압축하중에 의한 동체의 굽힘을 방지한다.

또한, 세로대와 스트링거 사이에 다른 결합이 사용될 수 있다. 가끔 웹(web)으로 이용할 때 이들의 추가적인 지지 부재는 수직으로 또는 대각선으로 장착되도록 한다. 제작사는 구조부재를 설명하는데 서로 다른 명칭을 사용하는 것에 주의한다. 예를 들어 링(ring), 뼈대(frame), 그리고 정형재(former) 사이에는 거의 차이가 없으며, 이를 구분하기 위해서는 특정한 항공기의 제작사 사용설명서와 명세서가 가장 좋은 참고 자료이다.

세미모노코크 동체는 기본적으로 알루미늄 또는 마그네슘합금으로 만들어지지만, 고온을 받는 구역에는 강이나 티타늄이 사용된다. 세미모노코크 구조를 이루는 부재들은 특별히 강한 것이 없지만 부재들이 결합되었을 때 이들의 구성요소는 강하고 단단한 구조를 형성하여 비행 중 그리고 착륙 중에 부과되는 하중을 담당하기에 충분하다. 각각의 부재는 보강용 덧붙임판(gusset), 리벳, 너트와 볼트, 스크루, 그리고 용접으로 결합된다. 그림 1-16과 같이, 보강용 덧붙임판은 강도를 보강하는 연결 브래킷의 한 가지 형식이다.

요약하면, 세미모노코크 동체에서 강하고 무거운 세로대는 벌크헤드와 정형재를 보조하고, 스트링거(stringer), 버팀대(brace), 웹 등을 번갈아 잡아준다. 모든 것들은 세미모노코크 설계의 완전한 강도 이점을 이루기 위해 외피에 함께 부착되도록 설계되어 있다. 금속외피 또는 덮개는 하중의 일부만 담당한다는 것은 중요하다. 동체외피(fuselage skin)의 두께는 가해지는 하중과 응력이 걸리는 위치에 따라 다르다.

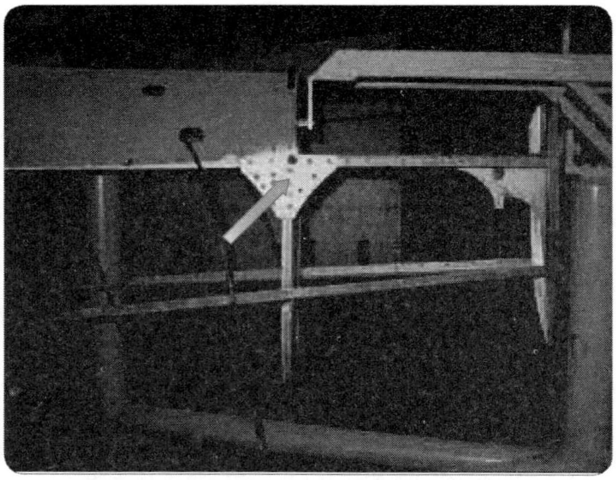

[그림 1-16] 강도증가를 위해 사용되는 덧 붙임판(gusset)

세미모노코크 동체를 사용하면 여러 가지의 이로운 점이 있다. 벌크헤드, 뼈대, 스트링거, 그리고 세로대는 유선형 구조물의 제작과 설계에 용이하고, 구조의 강도와 단단함을 증가시킬 수 있다. 그러나 무엇보다도 중요한 이점은 강도와 단단함의 유지를 소수의 부재에만 의존하지 않는다는 사실인 것이다. 다시 말해서, 응력외피(stressed-skin) 구조물인 세미모노코크의 동체는 가상할 수 있는 파괴를 견딜 수 있고, 비행하중을 견디는 강도를 충분히 유지할 수 있다.

일반적으로 동체는 2개 이상의 부분으로 된 구조이다. 소형 항공기의 동체는 2~3개의 부분으로 제작되며, 반면에 대형 항공기에서는 6개 이상의 많은 부분 또는 조립되기 이전에 더 많은 부분으로 제작된다.

1.4.2 여압(Pressurization)

대형 제트 여객기와 같이, 수만 피트의 상공을 비행하는 항공기는 탑승한 승무원, 승객 및 그 밖에 생물의 안전을 위해서 비행 중에도 탑승 공간은 지상과 같은 온도 및 압력을 유지해야 한다. 이 경우, 기관의 압축

공기를 이용하여 여압을 하는데, 여압되는 공간을 여압실이라 한다.

항공기가 고공으로 올라갈수록 대기압은 낮아지고, 여압실의 압력이 지상에서와 같은 압력으로 유지된다면, 여압실 외부와 내부의 압력차인 차압이 점차 커지게 된다. 따라서 차압에 의한 하중이 증가하여 항공기 동체의 설계 시에 지정된 한계값에 가까워지므로, 어느 한계의 고도 이상에서는 차압이 일정하게 유지된다.

여압된 항공기의 동체는 비행 중에 작용하는 비행 하중뿐만 아니라 여압에 의한 하중을 더 받게 되므로, 여압 장치가 없는 항공기보다 정적인 강도가 더 크게 요구된다. 동시에, 피로(fatigue)와 크리프(creep)에 대한 강도도 충분해야 한다.

여압은 동체구조물에 작용하는 응력의 중요한 원인이 되고 복잡한 설계를 요구한다. 비행 중에 발생하는 하중과 다른 응력을 분배하기 위해, 거의 모든 여압구조를 가진 항공기는 세미모노코크 구조이다. 여압 동체구조는 어떠한 손상이 발견되었고 수리되었는지를 확인하기 위해 폭넓은 정기검사를 실시한다. 동체 구

[그림 1-17] 대표적인 날개앞전과 뒷전의 모양

조부재 발생하는 반복적인 결점 또는 결함은 동체 부분이 개조되고 재설계되도록 요구된다.

1.5 날개(Wings)

1.5.1 날개 형상(Wing Configurations)

날개는 공기를 통과하여 빠르게 이동할 때 양력을 발생시키는 에어포일(airfoils) 형상이며 수많은 모양

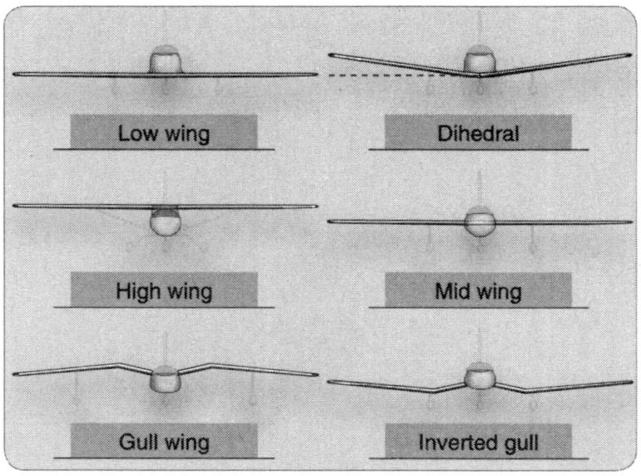

[그림 1-18] 날개 부착 위치와 날개 상반각 (dihedral angle)

과 크기로 조립된다. 날개설계는 요구되는 비행 특성을 제공하기 위해 다양하게 할 수 있다. 다양한 운용속도에서 조종되며, 발생하는 양력의 크기, 균형, 그리고 모든 변화에 대한 안정성은 날개의 모양이 변경되었을 때 모두 변한다. 앞전과 뒷전 양쪽 모두는 직선형 또는 곡선형으로 만들 수 있거나, 또는 한쪽은 직선으로 다른 쪽은 곡선으로 만들 수도 있다. 한쪽 또는 양쪽을 경사지게 해서 날개가 동체에 결합되는 뿌리보다 날개 끝을 더 좁게 만들 수도 있다. 날개 끝은 사각형이거나 둥글거나 심지어는 뾰족하게 만들 수 있다. 그림 1-17에서 대표적인 날개앞전과 뒷전의 모양을 보여주고 있다.

1.5.2 날개 구조(Wing Structure)

그림 1-19와 같이, 항공기의 날개는 항공기가 대기 속에서 양력을 발생시킬 수 있도록 설계되었다. 어느 주어진 항공기에서 그들의 특정한 설계는 항공기의 크기, 중량, 용도, 비행 중과 착륙에서 요구된 속도, 그리고 요구된 상승률과 같은 요인에 따른다. 항공기의 날개는 조종석에 앉아있는 조종사를 기준으로 왼

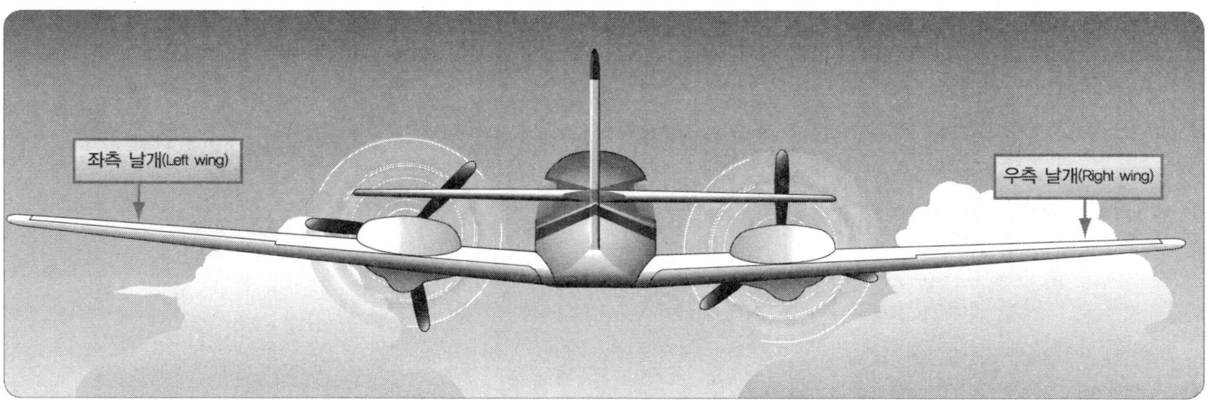

[그림 1-19] 항공기의 "좌측"과 "우측"

쪽 날개와 오른쪽 날개라고 부른다.

일부 날개는 완전한 외팔보 형식이다. 이 날개는 외부지주(external bracing)가 필요 없게 제작되었다. 항공기에 작용하는 하중을 외피의 도움을 받는 구조부재가 담당하도록 한다. 다른 항공기의 날개에는 날개를 지지하고 공기력하중과 착륙하중을 담당하기 위한 지지대(strut) 또는 와이어(wire) 등과 같은 외부지주를 사용하고 있다.

날개 지지 케이블과 지지대는 일반적으로 강재로 제작된다. 대부분 지지대와 부착된 피팅은 항력을 감소시키기 위한 페어링을 갖추고 있다. 대략 수직지지대는 동체로부터 멀리 떨어진 날개에 부착된 지지대에서 볼 수 있는데 보조 스트럿(jury strut)라고 부른다. 이것은 비행 중에 지지대 주위에 흐르는 공기에 의해 유발되는 지지대의 움직임과 흔들림을 억제하기 위해 장착한다. 그림 1-20은 외부 지주 없이 조립된 외팔보식날개와 반 외팔보식 날개로 알려진 외부 지주를 사용하는 날개의 형상이다.

알루미늄은 날개를 조립하는 데 가장 일반적인 재료이다. 그러나 천으로 덮은 목재가 사용될 수도 있다. 그리고 때때로 마그네슘합금이 사용된 적도 있다. 현대 항공기는 기체와 날개 구성 전체를 더 가볍게, 그리고 더 강한 재료를 사용하려는 경향이 있다. 일부 날개는 무게 성능 대비 최대강도를 유지하는 탄소섬유 또는 다른 복합재료로 제작되기도 한다.

그림 1-21과 같이, 대부분의 날개 내부구조물은 날개 길이방향에 연속적으로 날개보(spar)와 스트링거(stringer), 그리고 앞전에서 뒷전으로 시위방향에 연속된 리브(rib)와 정형재(former)로 되어 있다. 날개보는 날개의 가장 기본적인 구조부재이다. 날개보는 동체, 착륙장치, 그리고 다발엔진항공기의 나셀 또는 파일론 등과 같은 모든 집중하중 또는 분포하중을 담당하며 지지한다. 날개구조물에 부착된 외피는 비행하는 동안 부과되는 하중의 일부를 담당한다. 또한, 날개 리브로 응력을 전달하며, 리브는 번갈아 날개보로 하중을 다시 전달시킨다.

일반적으로, 날개의 구조물은 다음 세 가지의 기본적인 설계 중 한 가지에 그 기초를 두고 있다.

(1) 단일 날개보(mono-spar)
(2) 다중 날개보(multi-spar)
(3) 상자형 빔(box beam)

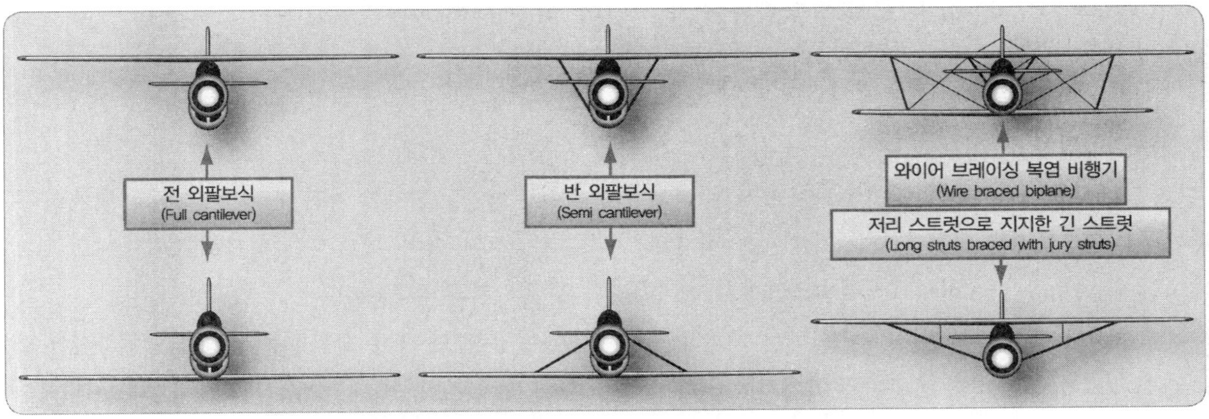

[그림 1-20] 외부 지주식(brace) 날개(세미 모노코크)

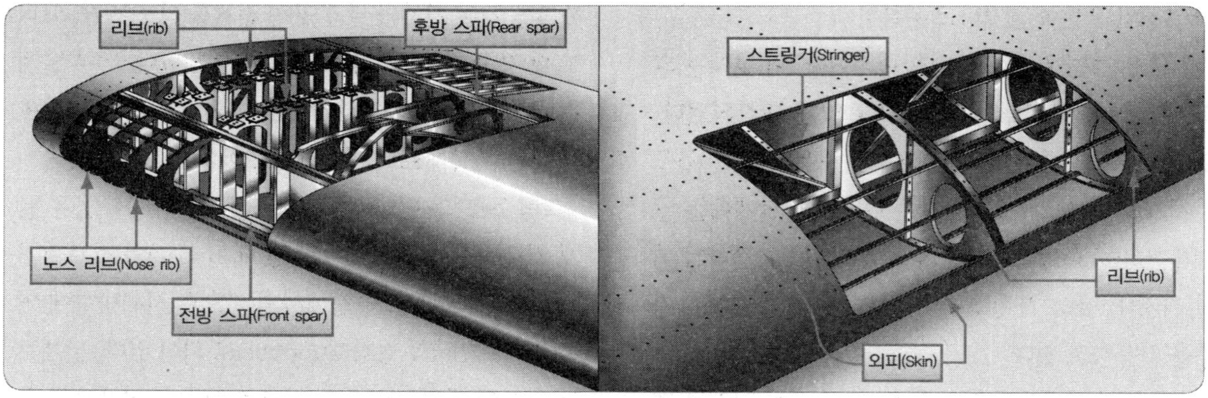

[그림 1-21] 날개 구조부재의 명칭

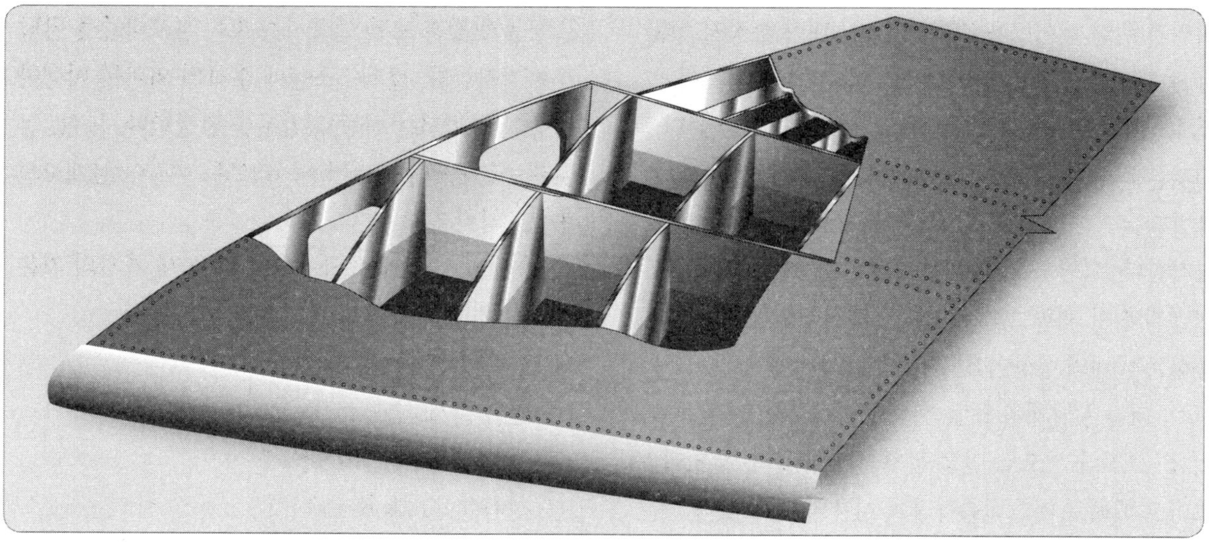

[그림 1-22] 박스 빔 구조(Box beam construction)

이들 세 가지의 기본적인 설계 방식은 각각의 제작사에 의해 결정된다.

단일 날개보 날개는 단지 1개의 날개보가 날개 길이 방향으로 세로부재를 연결시킨다. 리브 또는 벌크헤드는 에어포일(airfoils) 형상의 윤곽 또는 모양을 제공하는데 그친다. 대부분 완전한 단일 날개보 날개가 그대로 사용되지 않고 비행 조종면을 지지하기 위하여 날개의 뒷전을 따라 보조 날개보 또는 가벼운 전단 웹(light shear web)을 배치하는 방법 등으로 개조하여 사용하기도 한다.

다중 날개보 날개는 여러 개의 세로부재가 날개의 구조물로 사용되며, 리브 또는 벌크헤드가 날개의 윤곽을 얻기 위하여 사용된다.

그림 1-22와 같이, 상자형 빔 형태의 날개구조는 강도와 에어포일(airfoils) 형상을 위하여 2개의 주 세로부재를 사용한다. 파형판을 벌크헤드와 평평한 외피

사이에 설치한다. 그러므로 날개가 인장하중과 압축하중을 더 많이 담당할 수 있게 한다. 어느 경우에는, 무거운 길이방향 보강재(stiffener)가 파형판을 대신하여 사용하기도 한다. 날개의 윗면에는 파형판을 사용하고, 날개의 아랫면에서는 보강재를 사용한다. 일부 운송용 항공기는 상자형 빔 날개구조를 적용한다.

1.5.3 날개보(Wing Spars)

날개보는 날개의 주요 구조부재이다. 동체의 세로대에 해당한다. 보는 가로축에 평행하게 배치되어 있거나, 또는 날개 끝 방향으로 뻗쳐 있으며, 그리고 통상 날개 피팅, 평평한 빔, 또는 트러스에 의해 동체에 결합된다.

보는 특정 항공기의 설계기준에 따라 금속, 목재, 또는 복합재료로서 만들어지는데, 나무로 된 날개보는 보통 가문비나무로 제작된다.

목재 날개보는 일반적으로 횡단면으로서 네 가지 형태로 구분된다. 그림 1-23과 같이, (A) 견고한 사각형(solid), (B) 표면이 평평하지 않은 상자형(box shaped), (C) 부분적으로 속이 빈 형(partly hollow), 또는 (D) 아이 빔(i-beam)의 형태이다. 단단한 목재 날개보의 적층구조물(lamination)은 강도를 증가시키기 위해 일부 사용된다. 적층구조물 목재는 또한 상자형 빔에서 사용되기도 한다. 그림 1-23의 (E) 목재 보는 무게를 감소시키기 위해 내부의 일부 재료를 제거하였다. 그러나 직사각형보의 강도를 유지한다. 그림에서 보는 바와 같이, 대부분의 날개보는 기본적으로 직사각형이며, 단면의 긴 치수는 날개에서 윗면에서 아랫면까지를 연결한다.

최근에 제작되는 대부분 항공기 날개보는 속이 꽉 찬 압출 알루미늄이나 또는 압출 알루미늄을 날개보 형태로 리벳을 이용하여 결합하여 만든다. 복합재료 사용의 증가와 다양한 재료로 만들어지는 날개보는 정비요원을 긴장하게 만든다. 그림 1-24는 금속 날개보 단면이다.

I-빔 날개보에서, I-빔의 상부와 하부는 캡(Cap)이라 하고 수직부분은 웨브(Web)라고 부른다.

전체 날개보는 금속을 사출 성형하여 하나로 만들 수도 있다. 그러나 일부 복합 사출성형 또는 성형 앵

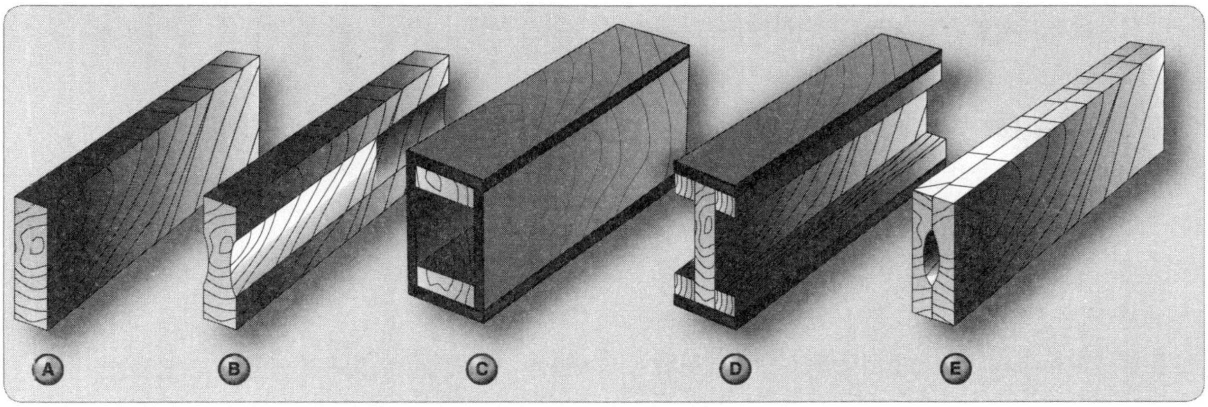

[그림 1-23] 목재 날개보(wing spar)의 단면 형태

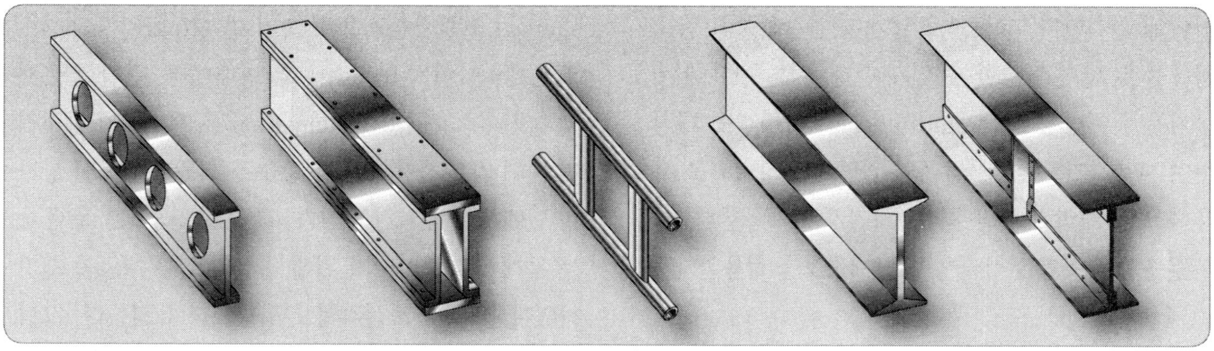

[그림 1-24] 금속 날개보(wing spar)의 형태

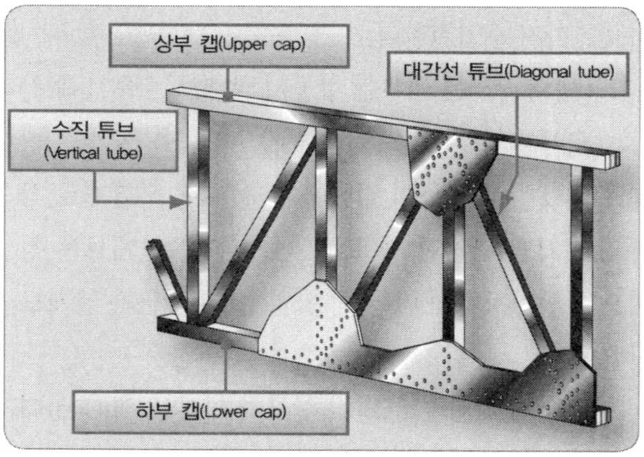

[그림 1-25] 트러스(truss) 날개보

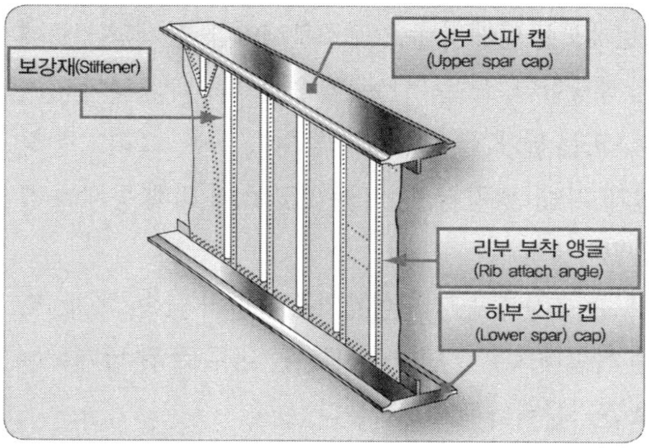

[그림 1-26] 웨브(web)에 수직 보강재가 있는 날개보

글로 조립한다. 웨브는 날개보의 기본적인 높이 부분을 형성하고 캡 스트립(cap strip)은 사출성형, 성형앵글, 또는 기계가공 방법으로 제작되며 웨브가 부착되는 곳이다. 날개보는 날개의 굽힘에 의해서 생기는 하중을 담당하고 외피를 부착하는 지지대로 사용한다. 그림 1-25에서 기본적인 모양의 날개보를 보여주고 있는데, 실제 날개보의 배치는 여러 가지 유사한 형태를 갖고 있다. 예를 들어, 보의 웨브는 그림 1-25와 같이 금속판 또는 트러스이다. 그림 1-26과 같이, 보는 강도를 유지하기 위해 수직보강재를 적용하여 조립할 수 있다.

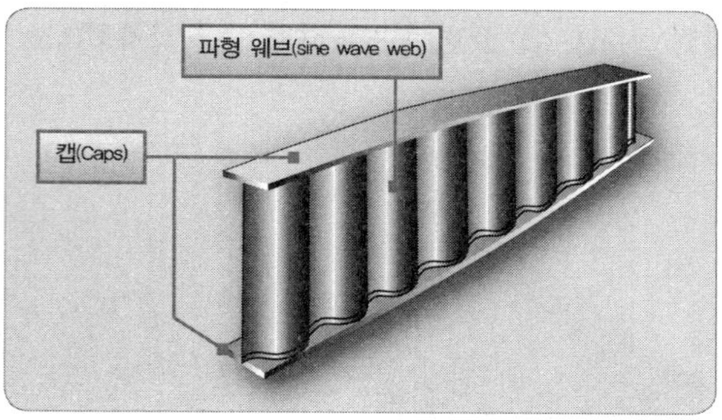

[그림 1-27] 알루미늄 또는 복합 재료로 제작한 파형 웨브(sine wave web) 날개보

또한, 날개보는 보강재가 없을 수도 있고 어떤 보는 강도는 유지하면서 무게를 감소시키기 위한 플랜지홀

(flanged hole)이 있는 것도 있다. 그림 1-27과 같이, 일부 금속과 복합재료 날개보는 아이 빔 개념을 유지하지만 파형 웨브(sine wave web)를 적용한다.

추가로 페일 세이프 날개보 웨브(fail-safe spar web) 설계가 있다. 페일 세이프는 복잡한 구조물에서 1개의 부재가 파손되면 인접해 있는 다른 부재가 파손된 부재의 하중을 대신 담당한다는 것을 의미한다. 그림 1-28과 같이, 페일세이프구조(fail-safe construction)로 된 날개보를 나타내고 있다. 이 날개보는 2개의 부문으로 구성되어 있다. 캡의 구조로 된 상부부분은 위쪽 웨브 금속판에 리벳으로 결합된다. 하부부문은 하부캡과 웨브 금속판으로 구성되어 있는 1개의 압출재로 되어 있다. 이들 2개의 부문은 보를 구성하도록 이어져 접합되어 있다. 만약 보의 어느 한 부문이 파손되면, 다른 부문이 하중을 담당할 수 있게 되며 이것이 바로 페일 세이프 특징(fail-safe feature)이다.

일반적으로, 날개는 2개의 보가 있다. 1개의 날개보는 날개의 앞전에서 약간 뒷부분에 있고, 그리고 다른 1개는 날개의 뒷전 쪽으로 약 2/3 정도 떨어진 곳에 있다. 모든 항공기의 날개보는 날개의 가장 중요한 부분으로서, 날개의 다른 구조부재는 하중이 걸린 경우 하중에 의해서 생기는 응력을 날개의 날개보에 전달하는 것이다.

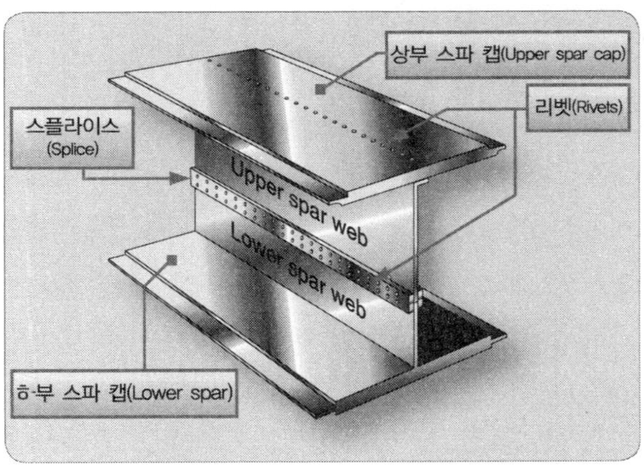

[그림 1-28] 리벳 결합한 웨브의 페일 세이프(fail-safe) 구조 날개보

보조 날개보는 보통 날개설계에 사용되며, 날개보와 같은 세로부재이지만 날개의 전체 길이를 모두 연장하지는 않는다. 이것은 도움날개와 같은 조종면을 부착하기 위한 힌지지점으로 사용된다.

1.5.4 날개 리브(Wing Ribs)

리브는 에어포일(airfoils) 형상을 이루도록 날개의 앞전으로부터 후방 날개보 또는 뒷전 방향으로 배치되어 있다. 리브는 날개가 캠버(Camber)를 갖도록 모양을 만들어줄 뿐만 아니라, 외피와 스트링거로부터의 하중을 날개보에 전달하는 역할을 한다. 리브는 또한 도움날개, 승강키, 방향키, 그리고 안정판의 구조에도 사용된다.

리브는 일반적으로 목재 또는 금속으로 제조한다. 날개 스파가 목재인 항공기에는 나무 또는 금속 리브를 사용할 수 있지만 스파가 금속인 대부분의 항공기에는 금속 리브를 사용한다. 목재 리브는 일반적으로 가문비 나무로 제조한다. 가장 일반적인 세 가지 유형의 목재 리브는 합판 웨브, 경량 합판 웨브 및 트러스형입니다. 이 세 가지 중 트러스형은 튼튼하고 가볍기 때문에 효율적이지만 구조는 가장 복잡하다.

그림 1-29에서는 목재트러스 웨브와 경량식 합판웨브 리브를 보여준다. 목재 리브는 리브 전체에 고정된 리브캡(rib cap) 또는 캡스트립(cap strip)이 있으며, 일반적으로 리브의 재질과 같은 재질로 만든다. 리브캡(rib cap)은 리브의 강도를 보강하고 견고하게 하며,

날개에 외피를 부착하기 위한 표면으로서 사용된다. 그림 1-29의 (A)에서, 트러스형 웨브로 된 날개 리브의 단면을 보여준다. 진하게 표시된 직사각형의 단면은 앞쪽 날개보와 뒤쪽 날개보이다. 트러스를 보강하기 위해서는 보강용 덧붙임 판이 사용된다. 그림 1-29의 (B)에서, 연속 거싯(gusset)으로 된 트러스 웹을 보여준다. 이것은 추가 중량이 거의 없이 전체 리브에 걸쳐 더 큰 지지력을 제공합니다. 연속 거싯(gusset)은 리브 평면에서 캡 스트립을 강화시킨다. 이것은 리브의 평면에서 캡스트립을 보강하며, 좌굴현상(buckling)을 방지하고 못으로 접착하는 경우 보다 좋은 접합부분을 얻도록 도와준다. 이런 리브는 다른 형식에서보다 못질의 충격에 대한 저항성이 좋다.

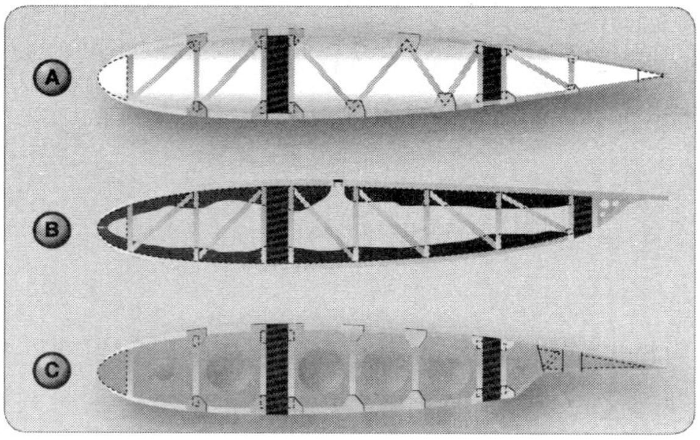

[그림 1-29] 목재로 만든 날개 리브((ribs)

그림 1-29의 (C)에서는 경량식 합판 리브를 보여준다. 이것은 또한 웨브와 캡스트립의 접촉면을 지지하기 위해 보강용 덧붙임판을 사용한다. 이 형식에서의 캡스트립은 보통 앞전에있는 웹에 적층된다.

또한, 날개 리브는 평리브(plain rib) 또는 주리브(main rib)라고 부른다. 특정한 위치 또는 특정 기능

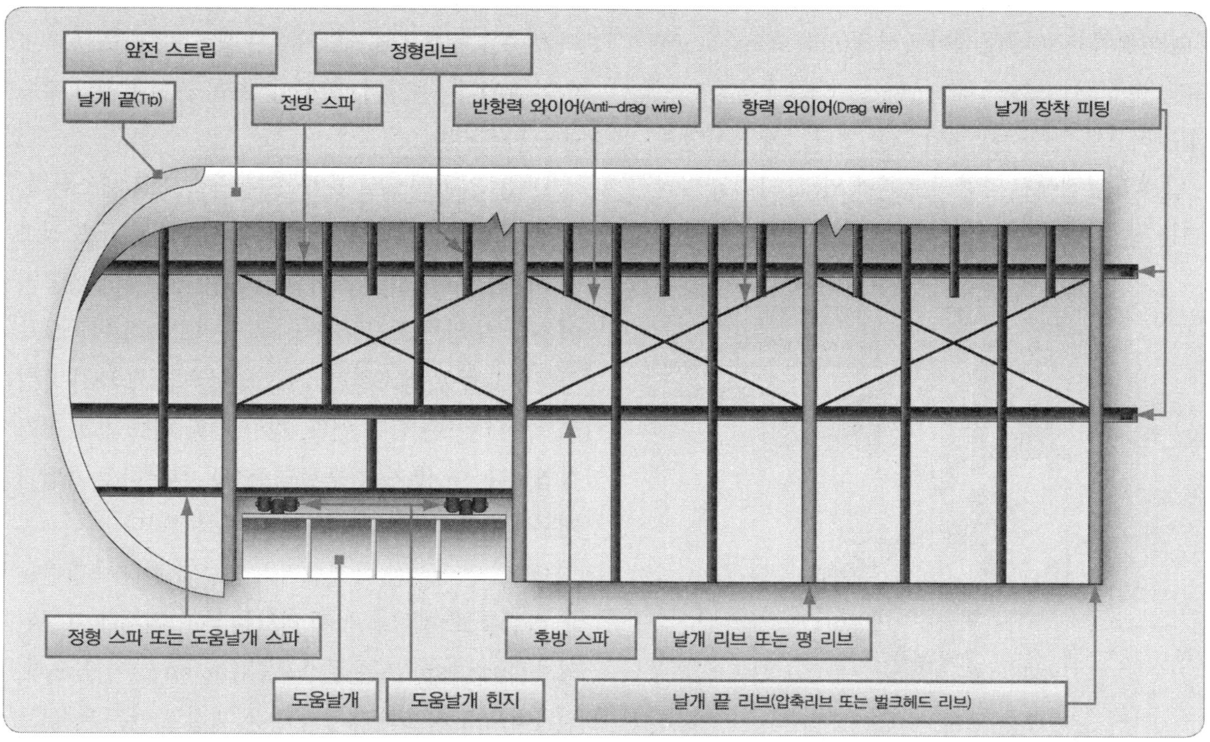

[그림 1-30] 기본적인 목재 날개 구조 및 구성 요소

[그림 1-31] 날개 뿌리 페어링(Wing root fairings)

을 하는 리브는 그 특성을 나타내도록 명칭이 부여된다. 예를 들어, 날개 앞전의 모양을 갖추게 하고 강도를 보강하기 위해 전방 날개보의 앞쪽방향에 위치되어 있는 리브는 전방리브 또는 보조리브라고 부른다. 보조리브는 날개의 앞전에서 뒷전까지 거리인 날개시위 전체를 걸치지는 않은 리브이다. 날개의 버트리브(butt rib)는 보통 강하게 응력을 받는 리브 구역에서 날개가 동체에 부착되는 부분의 내측 끝단에 위치한다. 만약 버트리브가 날개보와 함께 압축 하중을 받을 수 있게 설계되었다면, 그의 위치와 부착 방법에 따라 벌크헤드리브 또는 압축리브라고도 한다.

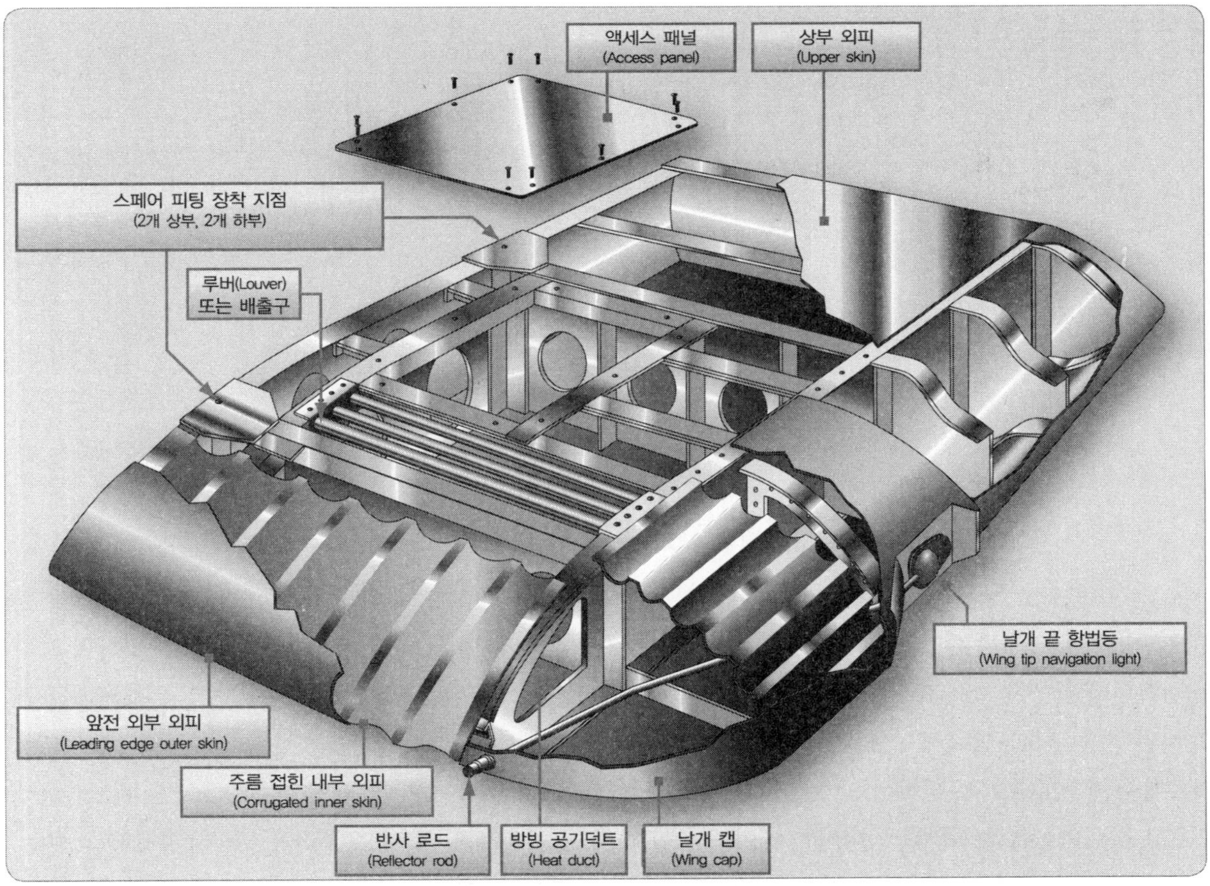

[그림 1-32] 탈착식 금속 날개 팁(wing tip)

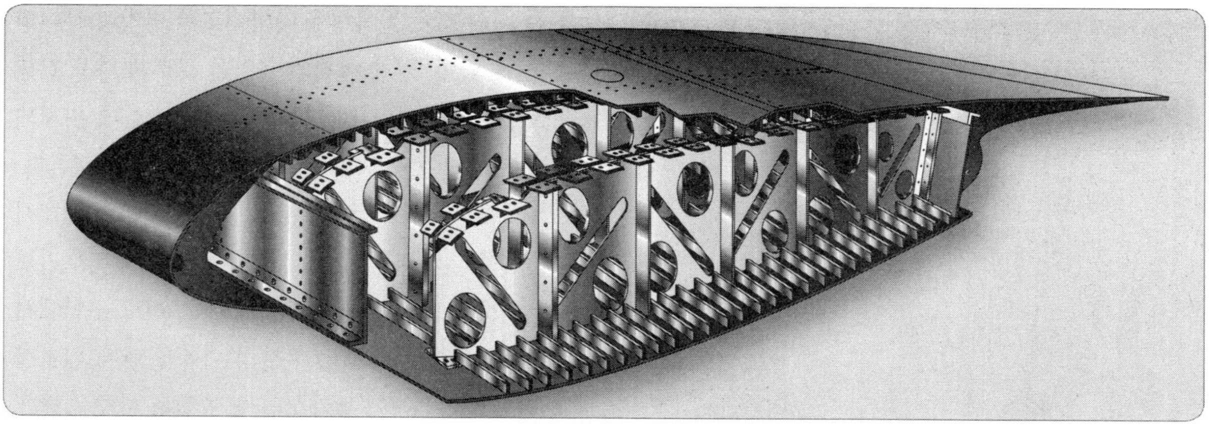

[그림 1-33] 응력외피형(stressed skin design) 날개구조

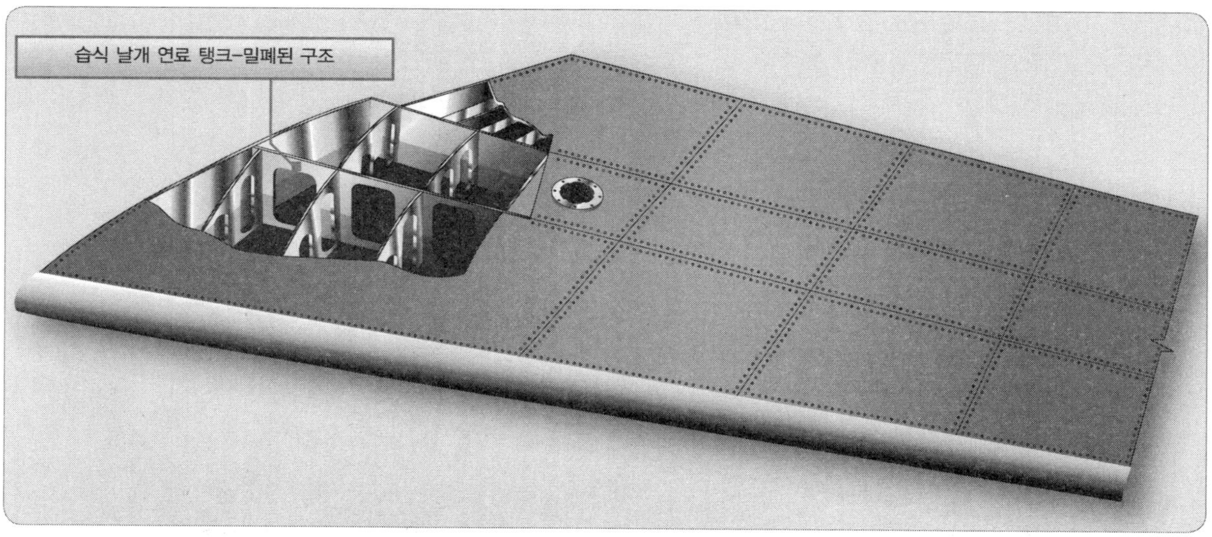

[그림 1-34] 연료탱크용 습식날개(fuel tank wet wing)

리브는 측면으로 약하기 때문에, 일부 날개에서는 리브 단면의 위아래에 짜맞춘 테이프로 강화시켜 리브의 측면 굽힘을 방지한다. 그림 1-30과 같이, 날개의 시위 방향을 따라 날개에 작용하는 힘에 견디고 트러스형을 갖추도록 하기 위하여 날개보 사이에 십자형으로 항력와이어와 반항력 와이어가 배치되어 있다. 이러한 장력 와이어는 또한 타이로드(tie rod)라고 한다. 시위방향에 대해서 뒤쪽방향 힘에 견디도록 설계된 와이어는 항력와이어라고 부르며, 반항력 와이어는 앞쪽방향으로 힘에 견딘다. 그림 1-30에서는 기본적인 목재날개의 구조를 보여준다.

그림 1-31과 같이, 날개 내측끝단의 날개보는 피팅을 이용하여 강하고 안전하게 동체에 장착할 수 있다. 날개를 장착시킨 후 날개와 동체 사이 접합면의 원활

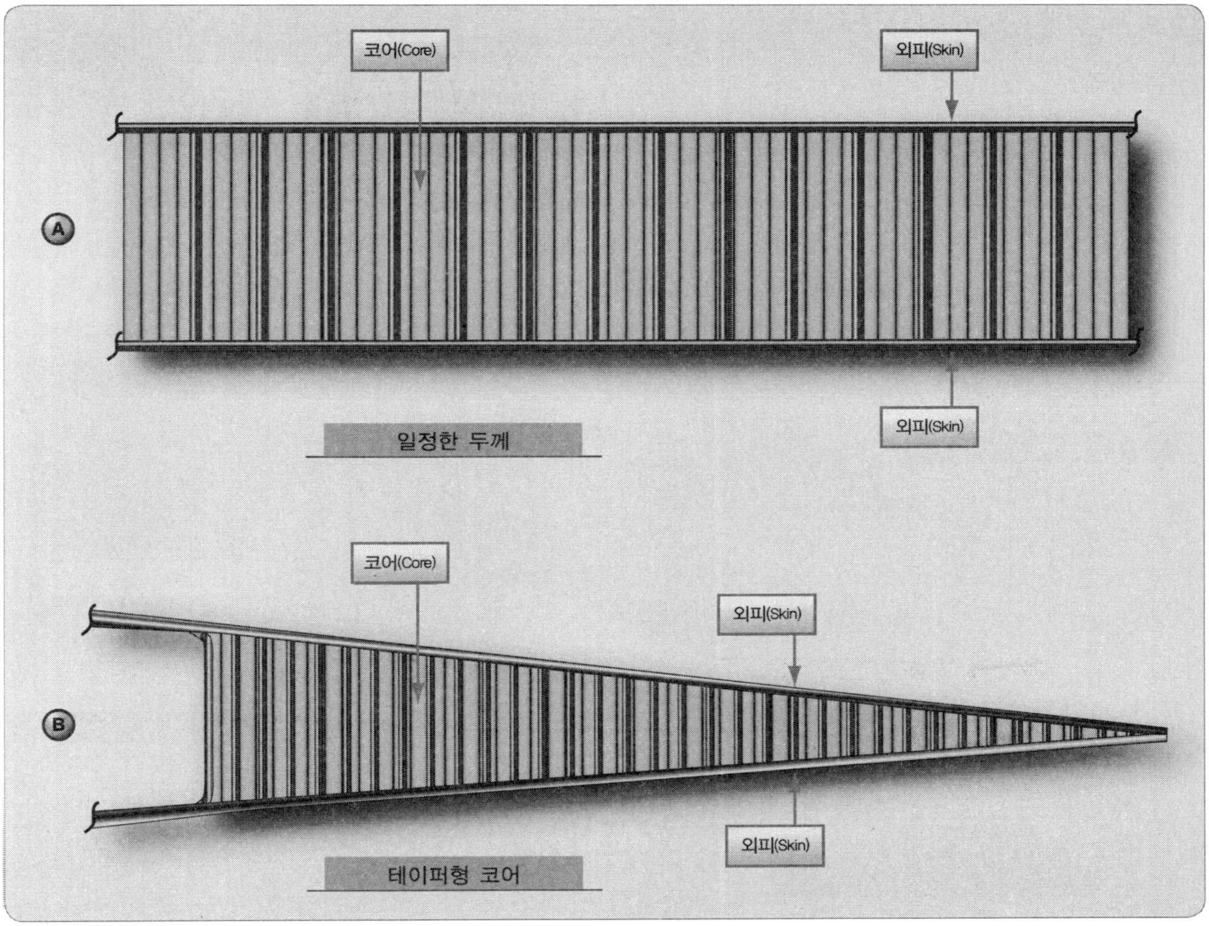

[그림 1-35] 벌집형 샌드위치 패널(honeycomb sandwich panel)

한 공기흐름을 이루기 위해 페어링(fairing)으로 덮는다. 그림 1-31과 같이, 페어링은 피팅으로 부착된 날개에서 점검 등을 위하여 쉽게 장탈 및 장착할 수 있다.

날개 끝은 분리가 가능한 부분으로, 날개 패널의 외측끝단에 볼트로 결합된다. 그 이유 중에 하나는 항공기의 지상취급 또는 활주 중에 발생할 수도 있는 날개 끝의 파손에 대한 약점 때문이다. 그림 1-32는 대형 항공기 날개에서의 떼어낼 수 있는 날개 끝이다. 날개 끝 어셈블리는 알루미늄의 구조물로 내측 날개보 구조물에 결합된다. 대형 항공기의 날개의 앞전에서 형성되는 얼음을 방지하기 위해 엔진으로부터 나오는 뜨거운 공기를 날개 뿌리에서 날개 끝까지 앞전을 통해 보낸다. 따뜻한 공기는 날개 끝의 상부 외피에 있는 배출구를 통해서 외부로 배출된다. 날개위치표지등은 날개 끝의 중심부분에 위치하며, 조종석에서 직접 보이지는 않는다. 날개 끝에 있는 등이 작동하고 있는지의 상태를 지시하는 방법의 하나로서 일부 날개 끝에는 등의 불빛을 앞전으로 전달하는 투명 합성수지 로드(lucite rod)가 있다.

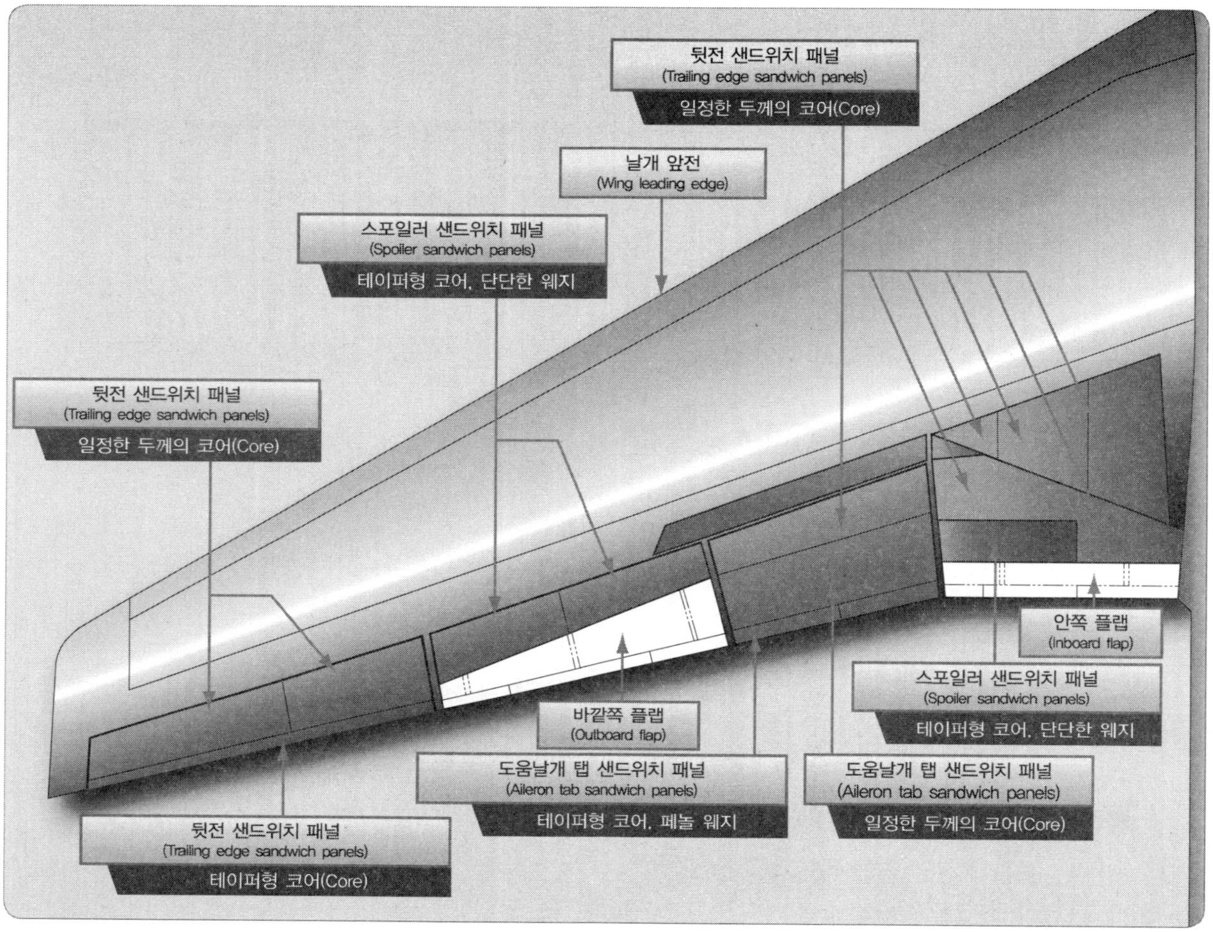

[그림 1-36] 대형 제트 수송기 벌집형 날개 구조

1.5.5 날개 외피(Wing Skin)

일부 날개의 외피는 날개보와 리브로 결합되어 비행 중의 하중과 지상에서의 하중의 일부분을 담당하도록 설계되었으며, 이것이 응력외피설계(stressed-skin design)이다. 그림 1-33에서는 전금속, 완전 외팔보 날개의 구조를 보여준다. 날개에 발생하는 하중을 내외부 보강재(internal or external bracing)와 외피가 분담한다. 외피는 이 기능을 돕기 위해 추가로 보강된다는 것에 주의한다.

연료는 응력외피 항공기의 날개 내부에 들어 있다. 날개에 있는 접합부는 구조물 내부에 연료를 직접 저장시킬 수 있도록 특별한 내연료 밀폐제(fuel resistant sealant)로써 밀폐할 수 있다. 이것을 습식날개설계라고 한다. 다른 방법으로 방광형 연료 이송(fuel-carrying bladder) 셀(cell) 또는 탱크를 날개 내부에 장착할 수 있다. 그림 1-34에서는 운송용 항공기서 볼 수 있는 것으로 상자형 빔 구조 설계로 되어 있는 날개부분을 보여준다. 이 구조물은 무게를 경감시키는 반면에 강도를 증가시켜준다. 구조물의 적절한

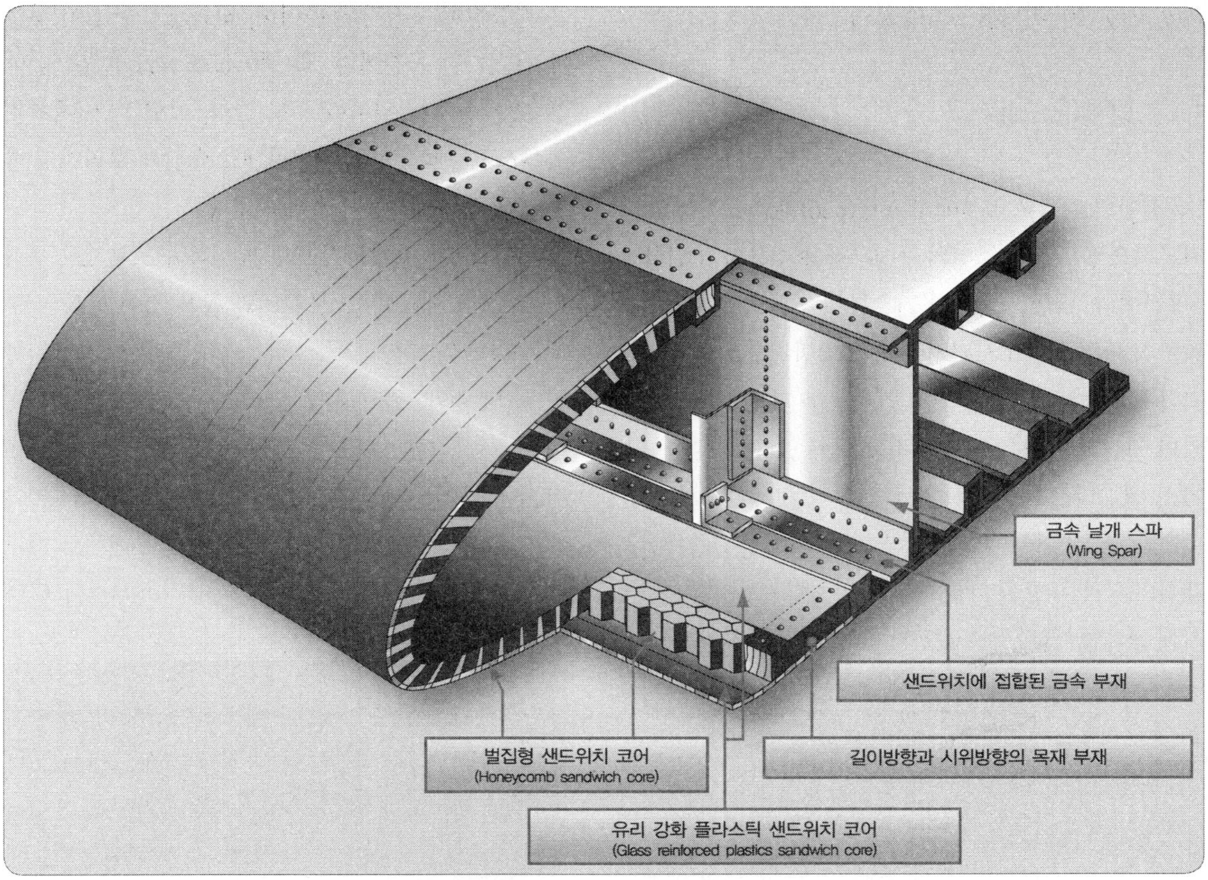

[그림 1-37] 날개 앞전(A wing leading edge)

밀폐는 날개의 박스 부분에 연료 저장이 가능하다.

항공기에서 날개외피는 직물, 목재, 또는 알루미늄과 같은 다양한 재료로 제작된다. 그러나 한 장의 재료의 얇은 판재가 항상 사용되지는 않는다. 알루미늄 외피는 다양한 두께의 형태로 제작하여 사용할 수 있다. 응력외피 날개설계로 된 항공기에서, 날개 패널을 구축한 벌집구조는 일부에서 외피로 사용된다. 벌집형 구조는 얇은 외피(Skin) 사이에 벌집모양의 코어(core)를 적층하거나 끼워 넣어 조립한다. 그림 1-35는 벌집형 패널(panels)과 구성요소를 보여준다. 이와 같이 만들어진 패널(panels)은 가볍고 매우 강하다. 벌집형 구조는 날개외피뿐만 아니라 바닥 패널(panels), 벌크헤드, 조종면과 같은 다양한 용도로 항공기에 사용한다.

허니콤 패널은 다양한 재료로 제작할 수 있다. 알루미늄 외피로 된 알루미늄코어 허니콤이 일반적이다. 그러나 아라미드 섬유을 코어로 하고 페놀로 코팅한 외피 허니콤 또한 많이 사용된다. 유리섬유, 플라스틱, 노맥스(Nomex), 케볼라(Kevlar), 탄소섬유 등과 같이 조합한 다양한 것이 현재 사용된다. 각각의 허니콤구조는 재료, 치수, 그리고 생산기술에 따라 고유한 특성을 가진다. 그림 1-37에서는 대형 운송용 항공기의 날개앞전의 허니콤구조를 보여준다.

1.5.6 나셀(Nacelles)

유선형의 나셀은 일부에서 포드(pod)라고도 하는데, 기본적으로 엔진과 엔진의 구성부품을 수용하기 위한 공간이다. 나셀은 강한 공기흐름에 노출되므로 공기역학적 항력을 감소시키기 위하여 일반적으로 원형이거나 또는 타원형의 형상이다. 대부분 단발엔진 항공기의 엔진과 나셀은 동체의 전방 끝에 있다. 다발항공기의 엔진나셀은 날개에 설치되거나 또는 꼬리부분(empennage) 동체에 부착된다. 일부 다발항공기에서 객실의 동체 후방을 따라 나셀을 설치하기도 한다. 위치에 관계없이, 나셀은 엔진과 액세서리, 엔진마운트, 구조부재, 방화벽이 들어가며, 공기흐름을 위한 외피와 엔진 카울(cowling)을 포함하고 있다.

일부 항공기는 나셀에 착륙장치를 접어 넣을 수 있는 공간을 갖추고 있다. 공기저항을 감소시키기 위해 착륙장치를 접어 넣는 것은 고성능 및 고속항공기에서 기본적으로 갖추어야 할 능력이다. 휠 웰(wheel well)은 착륙장치가 장착된 곳이며, 착륙장치를 접어 넣을 때 들어가는 공간이다. 휠 웰(wheel well)은 날개, 나셀 또는 동체에 위치할 수도 있다. 그림 1-38에서는 착륙장치를 수용하는 엔진나셀로서 날개 뿌리까지 형성된 휠 웰(wheel well)을 보여준다.

나셀 구조는 동체의 구조와 비슷한 구조부재로 구성되어 있다. 세로대, 스트링거와 같은 길이 방향의 부재는 나셀의 형상과 구조적인 강도를 유지하기 위하여 링, 정형재, 벌크헤드 등과 같은 수평 또는 수직부재와 결합된다. 방화벽은 항공기의 다른 부분으로부터 엔진룸(Engine room)을 격리시킨다. 그림 1-39와 같이, 기본적으로 방화벽은 화재가 기체 전체로 펴져나가지 못하도록 차단하며, 스테인리스강이나 티타

[그림 1-38]날개 엔진 나셀의 착륙장치 수용을 위한 휠 웰 (Wheel well in a wing engine nacelle)

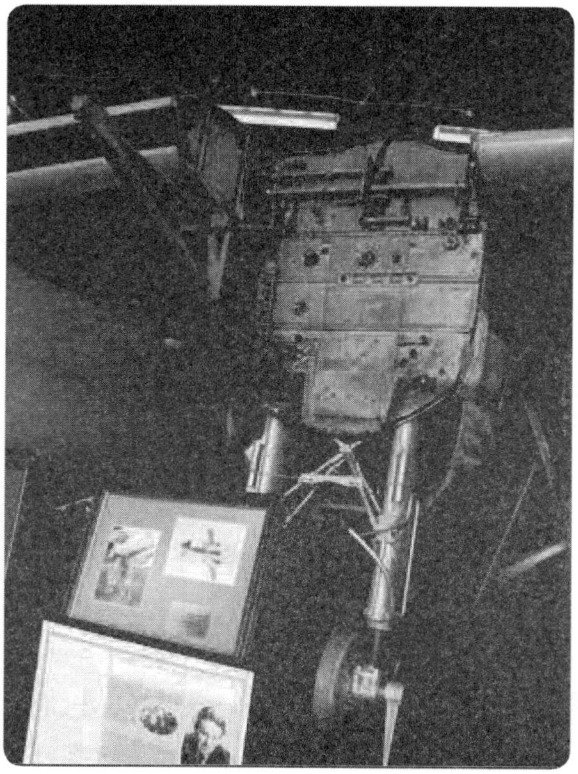

[그림 1-39] 엔진 나셀 방화벽(firewall)

늄 재질이다.

또한, 엔진 마운트(engine mount)는 나셀에서도 볼 수 있으며, 엔진이 고정되는 구조물이다. 그림 1-40과 같이, 경항공기에서의 엔진 마운트는 보통 크롬 · 몰리브덴 합금강 튜브로 조립되며, 대형 항공기에서는 단조 크롬 · 니켈 · 몰리브덴 합금강 조립품으로 조립된다.

나셀의 외부는 외피로 덮여 있거나 또는 엔진과 내부의 정비를 위해 열 수 있는 엔진덮개로 설치되어 있다. 양쪽 모두 알루미늄 또는 마그네슘 합금판으로 제작되며, 배기구멍 주위와 같은 고온부분은 스테인리스강 또는 티타늄합금으로 제작된다. 외피는 사용된 재료에 관계없이 구조물에 리벳으로 부착한다.

엔진덮개는 엔진과 엔진 액세서리에 접근할 수 있도록 부분별로 분리할 수 있는 패널 덮개이다. 그것은 나셀 위에 부드러운 공기흐름을 제공하고 외부 물질 등에 의한 손상으로부터 엔진을 보호한다. 카울 패널은

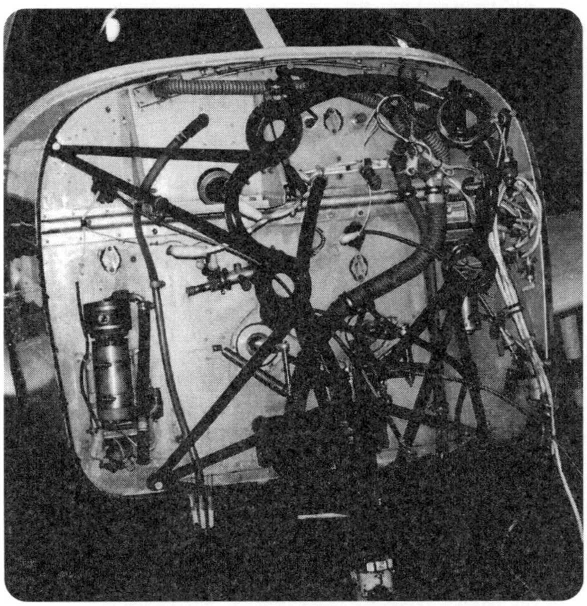

[그림 1-40] 다양한 항공기 엔진 마운트(engine mounts)

일반적으로 알루미늄 구조물로 만든다. 그러나 카울플랩과 카울플랩 주위의 파워섹션(power section) 부분 내부 외피는 스테인리스강으로 만든다. 카울플랩은 엔진온도를 조절하기 위해 열리거나 닫히는 나셀의 움직이는 부품이다.

그림 1-41은 경항공기에 사용되는 수평대향형 엔진의 카울링을 보여주고 있다. 엔진 카울링은 스크루 또는 턴 록 파스너를 이용해서 나셀에 장착한다. 그림 1-42와 같이, 일부 대형 왕복엔진은 "오렌지 껍질"형

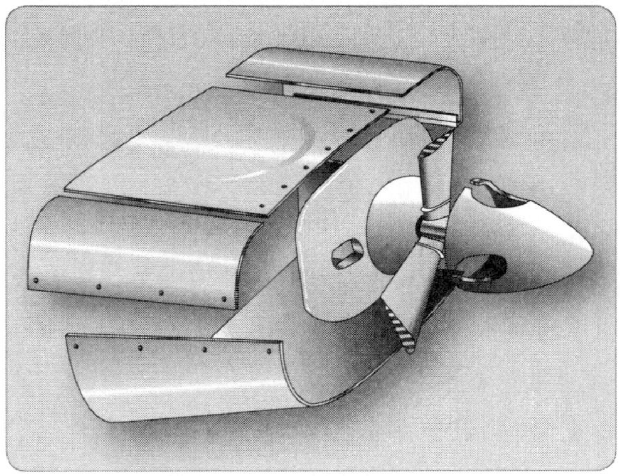

[그림 1-41] 수평대향형 왕복엔진의 카울링(cowling)

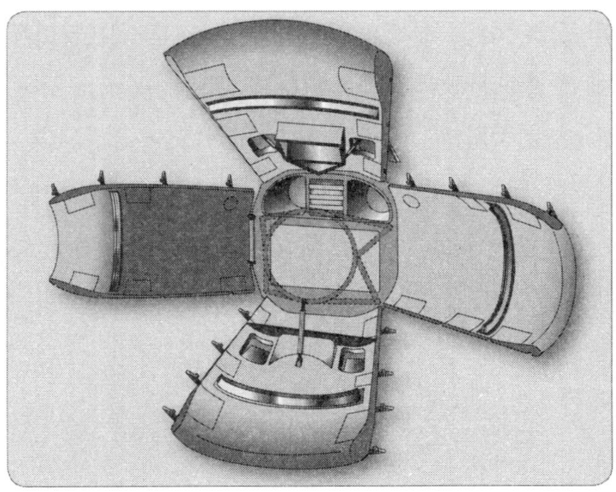

[그림 1-42] 대형 성형 왕복엔진의 오렌지 껍질형 카울링 (Orange Peel cowling)

[그림 1-43] 대형 수송기 가스터빈엔진 나셀의 카울링(Cowling)

엔진 카울링으로 덮여 있다. 이들 카울패널은 또한 카울을 개방하기 위하여 힌지(hinge)가 설치된 장착대에 의해서 전방방화벽에 부착된다. 하부 카울장착대는 신속분리핀에 의해 힌지브래킷에 견고하게 부착된다. 측면패널과 상부패널은 로드에 의해, 그리고 하부패널은 스프링과 케이블에 의해서 열림위치를 유지할 수 있다. 이들 네 가지 엔진 카울은 모두 스프링작동에 의해 안전하게 잠금이 되는 래치(over-center steel latch)로 "잠금위치"에 견고하게 부착되어 고정된다.

그림 1-43에서는 터보제트엔진나셀의 예를 보여준다. 카울패널은 고정패널과 정비 시에 열고 닫을 수 있으며, 쉽게 떼어낼 수 있는 패널의 조합이다. 전방카울은 제트엔진나셀의 특징이며 엔진 안으로 공기가 효과적으로 들어오도록 유도한다.

1.6 꼬리부분(Empennage)

항공기 꼬리부분은 또한 미부라고도 부르며, 대부분 항공기에서는 테일콘, 고정 공기역학적 표면 또는 안정판(stabilizer), 그리고 가동 공기역학적 표면으로

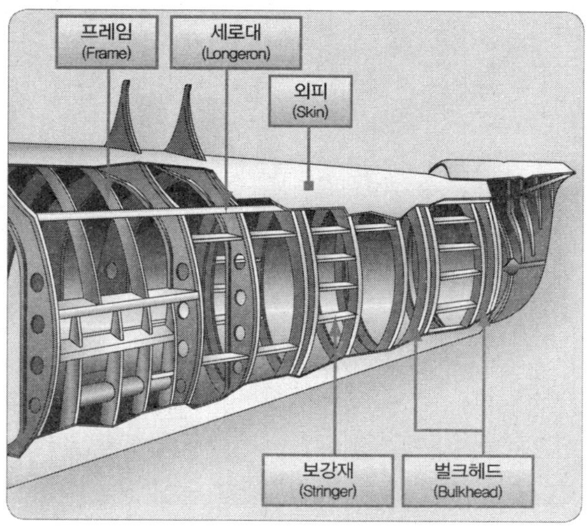

[그림 1-44] 동체꼬리부분의 구조

구성되어 있다.

테일콘은 동체의 가장 뒤쪽 끝단을 감싸고 있는 부분이다. 그림 1-44와 같이, 테일콘은 동체의 구조부재와 유사한 구조부재로 제작되지만, 동체보다는 응력을 적게 받고 있기 때문에 경량급의 구조물로 되어 있다.

그림 1-45와 같이, 대표적인 꼬리부분의 다른 구성요소는 테일콘보다 더 무거운 구조부재이다. 이들 부재는 항공기 안전성에 영향을 주는 고정날개면과 항공기의 비행에 영향을 주는 가동 조종면이 있다. 고정날개면에는 수평안정판과 수직안정판이 있다. 가동조종면에는 보통 수직안정판의 후방에 위치한 방향키와 수평안정판의 후방에 위치한 승강키가 있다.

안정판의 구조부재는 날개구조에서 사용되는 것과 매우 유사하다. 그림 1-46에서는 전형적인 수직안정판을 보여준다. 날개에서 볼 수 있는 날개보, 리브, 스트링거, 그리고 외피를 사용한다는 것에 주의한다. 구조부재는 에어포일(airfoils) 형상을 유지하며 안정판을 지지하고 응력을 전달하는 동일한 기능을 수행한다. 공기의 하중에 의해서 발생하는 굽힘, 비틀림, 그리고 전단은 1개의 구조부재로부터 다른 부재로 전달된다. 각각의 부재는 일정량의 응력이 걸리고 나머지는 다른 부재로 전달된다. 결국 날개보는 동체로 어떤 과부하라도 전달해 준다. 수평안정판도 같은 방법으로 조립된다.

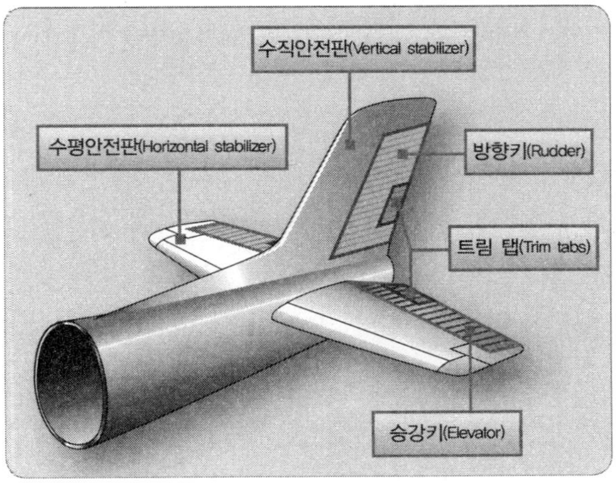

[그림 1-45] 꼬리부분의 구성요소

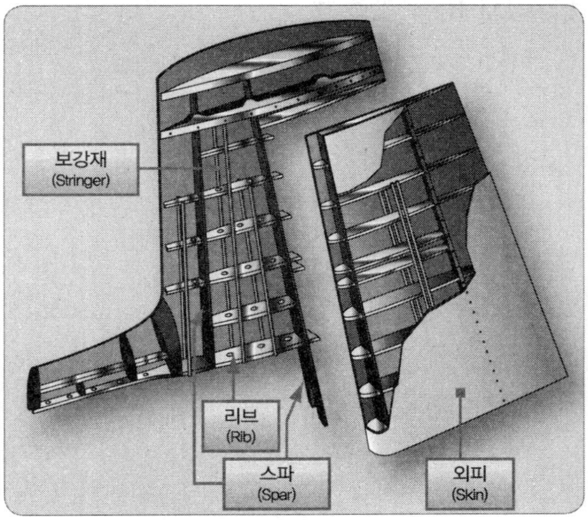

[그림 1-46] 수직안정판 구조

1.7 비행조종면(Flight Control Surfaces)

고정익항공기의 조종은 가로축, 세로축, 수직축에 대하여 비행조종면에 의해서 이루어진다. 이 조종장치는 이륙, 순항, 착륙 시에 항공기의 자세를 조종하기 위하여 고정날개에 힌지로 장착되어 있거나 또는 전체가 움직이는 비행 조종면이다. 비행 조종면은 (1) 1차 조종계통 또는 주 조종계통과 (2) 2차 조종계통 또는 보조 조종계통 등으로 나누어진다.

1.7.1 1차 비행 조종면 (Primary Flight Control Surfaces)

고정익항공기에서 1차 비행 조종면 그룹은 도움날개, 승강키, 그리고 방향키가 있다. 도움날개는 양쪽 날개의 뒷전 부분에 부착되어 있는데, 움직일 때 세로축 주위로 항공기를 옆놀이 운동(rolling motion)시킨다. 승강키는 수평안정판의 뒷전에 부착된다. 승강키를 움직이면 수평축(가로축)에 대한 조종인 항공기 키놀이 운동(pitching motion)시킨다. 방향키는 수직안정판의 후방에 힌지로 부착한다. 방향키를 움직이면, 항공기는 수직축을 중심으로 빗놀이 운동(yawing motion)을 한다. 그림 1-47에서는 경항공기가 1차 비행 조종장치에 의해 3축 운동하는 것을 보여준다.

1차 비행 조종면의 구조부재는 대부분 비슷하게 제작된다. 일부 크기, 모양, 그리고 장착 방법만이 다를 뿐이다. 알루미늄 항공기 비행 조종면의 구조부재는 전금속형 날개의 구조부재와 비슷하다. 1차 비행 조종면은 날개보다는 단순하고 작게 제작된 공기역학적 장치이다. 일반적으로 조종면은 1개의 날개보 또는 토크튜브의 주위에 알루미늄구조부재로 만들어서 부착하였다. 대다수 경항공기 리브는 평평한 알루미늄 판재를 프레스로 찍어서 제작한다. 리브에 있는 구멍을 경량 구멍(lightning hole)이라 하는데, 이것은 리브의 무게를 감소시킬 뿐만 아니라 구멍 주위의 플랜지를 통해 강성을 증가시킨다. 알루미늄외피는 리브 또는 스트링거 등에 리벳으로 결합한다. 그림 1-48에서는 경항공기뿐만 아니라 중형항공기와 대형항공기의 1차 비행 조종면에서 찾아볼 수 있는 형태의 구조부재를 보여준다.

복합재료로 조립된 1차 비행조종면도 많이 사용된다. 이것은 많은 대형항공기와 고성능항공기뿐만 아

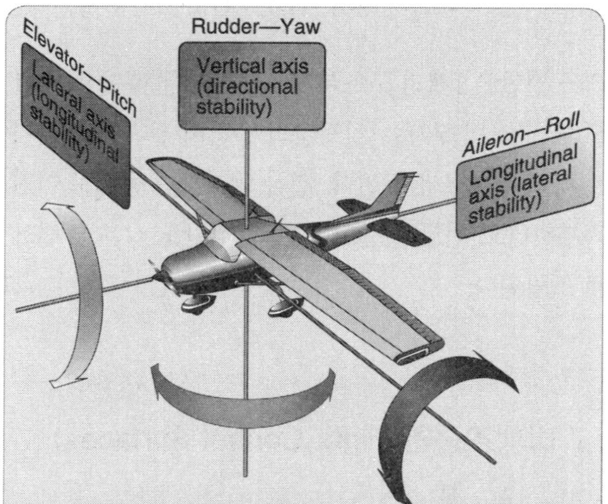

Primary Control Surface	Airplane Movement	Axes of Rotation	Type of Stability
Aileron	Roll	Longitudinal	Lateral
Elevator/ Stabilator	Pitch	Lateral	Longitudinal
Rudder	Yaw	Vertical	Directional

1차 조종면	항공기 운동	회전축	안정성의 유형
도움날개	옆놀이	세로축	세로안정
승강키/ 스태빌레이터	키놀이	가로축	가로안정
방향키	빗놀이	수직축	방향안정

[그림 1-47] 비행기 3축에 대한 조종면과 운동

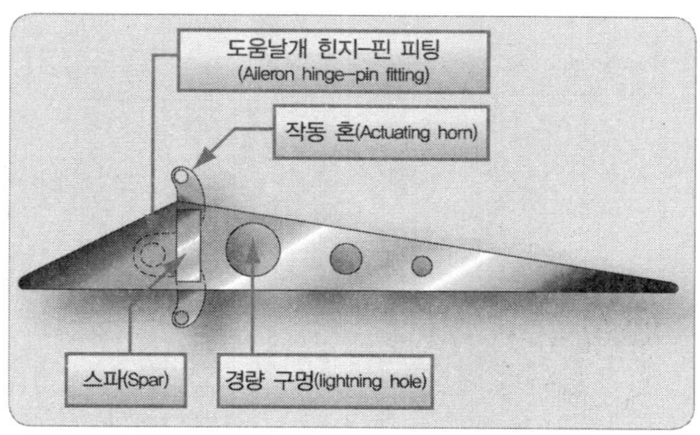

[그림 1-48] 알루미늄 조종면의 일반적인 구조

[그림 1-49] 조종면에 복합소재 기술을 적용한 항공기 사례

니라 활공기, 자작항공기, 그리고 레저스포츠용 항공기에서 찾아볼 수 있다. 일반적인 금속 구조부재보다 더 큰 무게 대비 강도의 이점이 있으며 여러 가지 재료와 기술이 다양하게 사용된다. 그림 1-49에서는 1차 비행 조종면에 복합재료(composite) 기술을 적용한 항공기의 예를 보여준다. 알루미늄 외피(경량) 항공기가 일반적으로 알루미늄 조종면을 가지고 있는 것

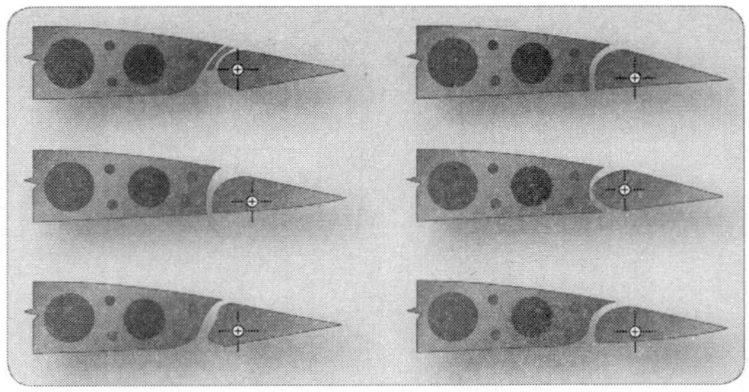

[그림 1-50] 도움날개(Aileron) 힌지 위치

과 마찬가지로 천 외피 항공기의 조종면은 직물로 덮인 조종면인 경우가 많다. 천 외피 항공기의 조종면은 일부 알루미늄 조종면을 갖춘 일반적인 얇고 가벼운 알루미늄 항공기처럼 천외피 표면을 갖추었다는 것에 주의한다. 1차 비행 조종면은 공기흐름에 의한 진동 또는 플러터(flutter)가 없도록 균형이 잡히는 것이 중요하다.

제작사의 지시에 따라 수행되는 평형작업(balancing)은 일반적으로 특정 장치의 무게 중심(CG, center of gravity)이 힌지지점에 있는지 또는 그 앞쪽에 있는지를 확인하는 것이다. 조종면의 평형이 적절하게 맞추지 못하면 비행안전에 심각한 결과를 초해할 수 있다. 그림 1-50에서는 조종면 앞전의 후방에 힌지지점이 설치된 몇 가지 도움날개의 장착 상태를 보여준다. 이것은 플러터(flutter)를 방지하기 위해 사용된 일반적인 설계방법이다.

1.7.1.1 도움날개(Ailerons)

도움날개는 세로축에 대해 항공기를 움직이는 1차 비행 조종면이다. 다시 말해 비행 중에 도움날개의 움직임은 항공기가 옆놀이(rolling)를 하도록 한다. 도움날개는 보통 양쪽 날개의 외측뒷면에 위치하며, 날개에 내장되어 있으며 날개의 표면적의 일부분으로 계

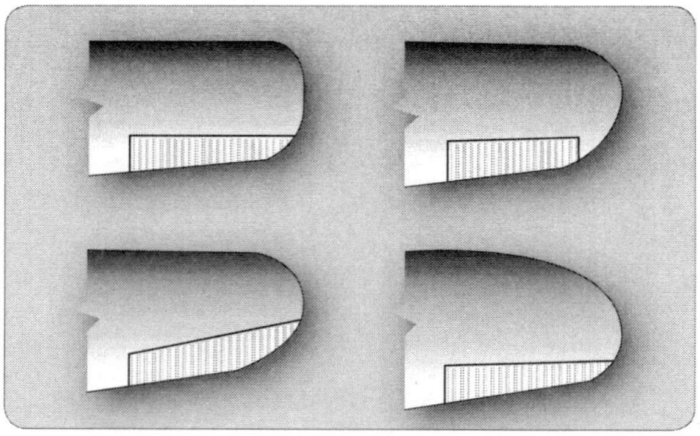

[그림 1-51] 다양한 날개의 도움날개(Aileron)

산된다. 그림 1-51에서는 여러 가지의 날개 끝 설계에서 도움날개의 장착위치를 보여준다.

도움날개는 항공기의 조종석에 있는 조종간의 좌우 운동에 의해서 조종되거나, 또는 컨트롤 요크(control yoke)의 회전 운동에 의해서 조종된다. 한쪽 날개에 있는 도움날개는 아래쪽으로 내려가고, 반대쪽 날개에 있는 도움날개는 위쪽방향으로 올라간다. 이것은 세로축을 기준으로 항공기를 회전시킨다. 그림 1-52와 같이, 도움날개 뒷전 아래쪽방향으로 움직이는 날개에서 캠버는 증가하고 양력이 증가한다. 반대로 다른 쪽 날개에서 올라간 도움날개는 양력을 감소시킨다. 항공기를 옆놀이시키기 위한 도움날개의 작동으

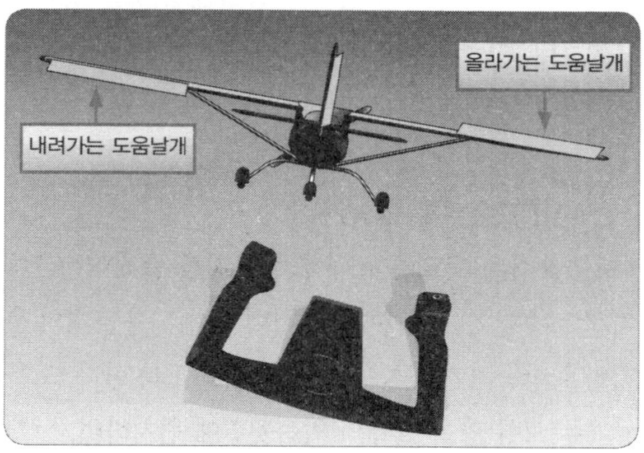

[그림 1-52] 도움날개(Aileron) 차동 조종장치의 동작

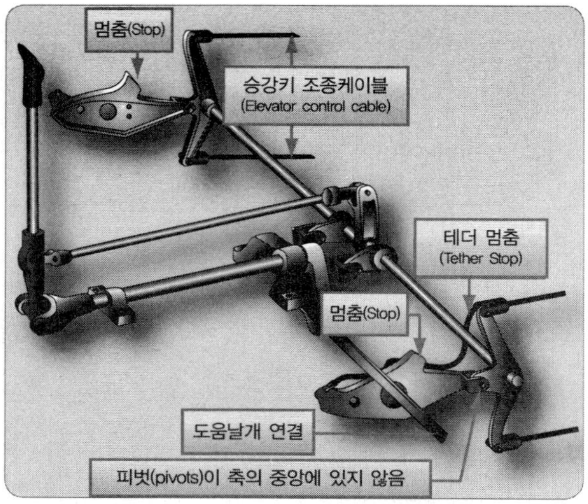

[그림 1-53] 조종석(cockpit)부터 조종면까지 입력 전달과정

로 항공기는 민감하게 반응한다.

도움날개의 상하 작동과 옆놀이에 대한 조종사의 요구는 항공기 특성에 따라 다양한 방법으로 조종석에서 조종면까지 전달된다. 그림 1-53과 같이, 조종케이블(control cable)과 풀리(pulley), 푸시풀 튜브(push-pull tube), 유압(hydraulic), 전기(electric) 또는 이들을 조합한 복잡한 기계장치를 사용할 수 있게 된다.

단순한 경항공기는 보통 유압식과 전기식 플라이바이 와이어(fly-by-wire) 도움날개의 조종 장치를 사용하지 않으며, 대형항공기와 고성능항공기에서 찾아볼 수 있다. 대형 항공기와 일부 고성능항공기는 날개의 뒷전 내측에 위치한 또 하나의 도움날개를 갖추고 있다. 1차 비행조종면과 2차 비행조종면의 복잡한 시스템의 일부분인 이들은 비행 중에 가로 방향조종과 안정성을 제공하기 위해 사용된다. 저속에서 도움날개의 성능은 플랩과 스포일러의 사용에 의해 증대된다. 고속에서는 다른 조종면은 움직이지 않도록 유

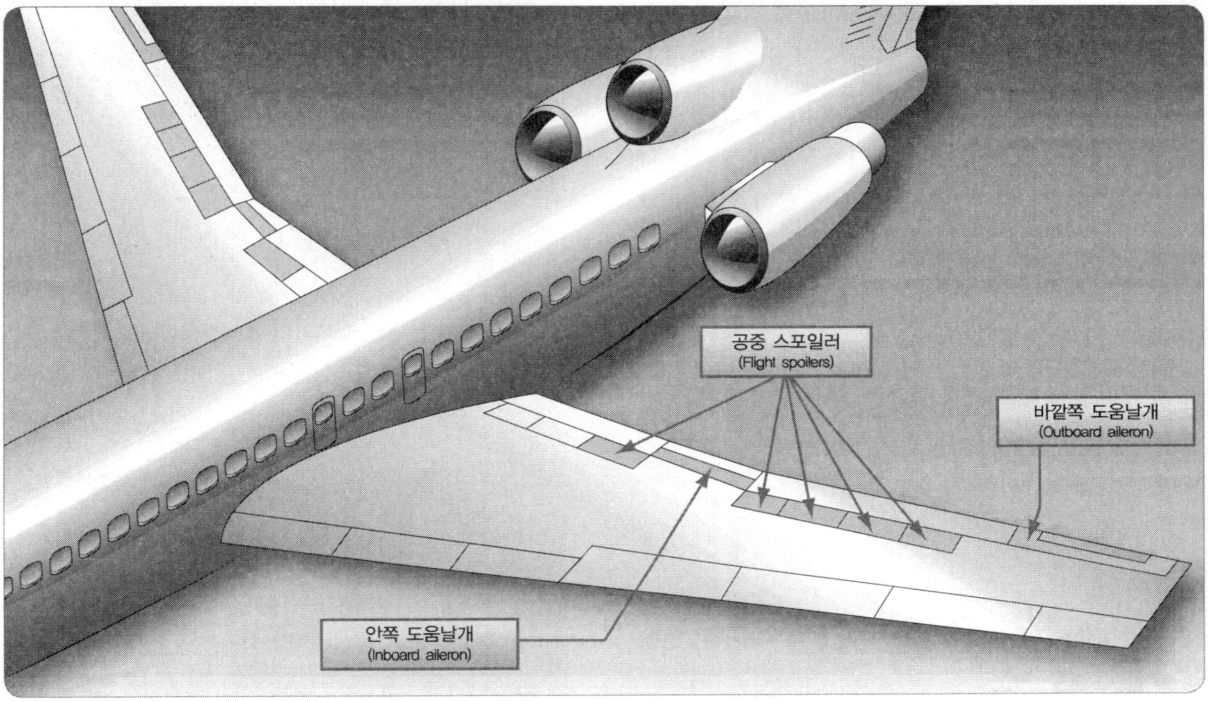

[그림 1-54] 운송용 항공기의 대표적인 비행조종면(flight control surface)

지되는 반면에 오직 내측 도움날개의 편향으로 항공기를 옆놀이 운동시킨다. 그림 1-54에서는 운송용 항공기에서 찾아볼 수 있는 대표적인 비행조종면의 위치를 보여준다.

1.7.1.2 승강키(Elevator)

승강키는 수평축 또는 가로축을 기준으로 항공기의 기수가 피치업 또는 피치다운이 되도록 조종하는 1차 비행 조종면이다. 승강키는 수평안정판의 뒷전에 힌지로 연결되어 있다. 조종석에서 컨트롤 요크를 앞쪽 방향 또는 뒤쪽방향으로 밀어주거나 또는 당겨줌으로써 조종된다.

경항공기는 승강키를 움직이기 위한 조종석의 입력을 전달해 주는 조종케이블, 풀리, 푸시풀 튜브 등의 기계장치를 사용한다. 고성능항공기와 대형 항공기는 승강키를 움직이기 위해 좀 더 복잡한 시스템의 유압을 사용한다. 플라이바이와이어 조종계통을 구비한 항공기에서는 전기와 유압의 힘을 조합하여 사용한다.

1.7.1.3 방향키(Rudder)

방향키는 항공기가 빗놀이 또는 수직축에 대해 움직이도록 하는 1차 비행 조종면이다. 이것은 방향 조종을 제공해 주어 항공기의 기수를 요구하는 방향으로 향하게 한다. 하나의 방향키를 갖추고 있는 항공기 대부분은 수직안정판의 뒷면에 힌지로 연결되어 있으며, 조종석에 있는 발로 움직이는 한 쌍의 방향키페달에 의해 조종된다. 오른쪽 페달을 앞쪽으로 밀었을 때 항공기의 기수가 오른쪽으로 이동하도록 방향키를 오른쪽으로 편향시킨다. 왼쪽 페달은 동시에 뒤쪽방향으로 밀려난다.

방향키페달을 조작하여 다른 기계적 조종장치를 작동시키는 방법은 항공기의 특성에 따라 다르다. 대부분 항공기는 지상 이동 시 방향키 조종장치로 앞바퀴 또는 뒷바퀴의 방향 조종하는 조향장치로 사용한다. 이것은 지상활주 시 대기속도가 느려 조종면에 충분한 공기력을 발생시키지 못하기 때문에 조종사는 방향키페달을 조작해서 항공기의 앞바퀴 또는 뒷바퀴를 조향(steering)하도록 해준다.

1.7.2 복합 비행 조종면 (Dual Purpose Flight Control Surfaces)

도움날개, 승강키, 그리고 방향키는 일반적인 1차 비행 조종면으로 간주된다. 그러나 일부 항공기는 이중 목적을 제공하는 조종면으로 설계되었다. 예를 들어, 그림 1-55의 엘레본(elevon)은 도움날개와 승강키의 기능을 복합적으로 수행한다.

그림 1-56과 같이, 스테빌레이터(stabilator)라고 부르는 움직이는 수평의 꼬리부분은 수평안정판과 승강

[그림 1-55] 엘레본(elevon)

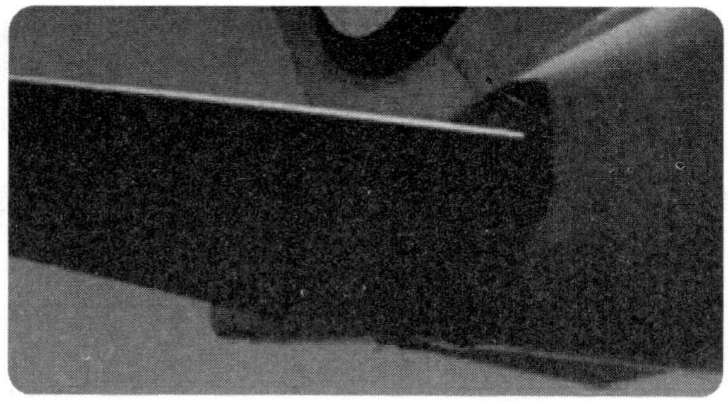

[그림 1-56] 운송용 항공기의 스테빌레이터(stabilator)와 각도

[그림 1-57] 러더베이터(ruddervator)

[그림 1-58] 플래퍼론(flaperon)

키 양쪽의 작용을 복합시킨 조종면이다. 기본적으로 스테빌레이터는 항공기의 피치에 영향을 주기 위해 수평축에 대해 회전시킬 수 있는 수평안정판이다.

그림 1-57과 같이, V형 꼬리날개(V-tail)는 일반적

인 수평안정판과 수직안정판을 설치하지 못하는 항공기에서 사용된다. 2개의 안정판은 "V"형으로 배치되어 위쪽방향으로 향하고 후방 동체 뒤쪽 부분에 장착된다. 양쪽 안정판 뒷전에는 움직이는 러더베이터(ruddervator)를 갖추고 있다. 러더베이터는 항공기를 키놀이(pitching)와 빗놀이(yawing) 또는 복합적으로 움직이도록 조종할 수 있다.

그림 1-58과 같이, 일부 항공기는 플래퍼론(flaperon)을 구비하고 있다. 플레퍼론은 플랩의 역할을 할 수 있는 도움날개이다. 플랩은 대부분 날개에서 2차 비행 조종면이며 다음절에서 설명한다.

1.7.3 2차 또는 보조 비행조종면 (Secondary or Auxiliary Flight Control Surfaces)

항공기에는 몇 가지의 2차 또는 보조 비행조종면이 있으며, 표 1-1에서 대부분의 대형 항공기에 사용되는 2차 조종면에 대한 명칭, 장착위치, 기능을 보여준다.

1.7.3.1 플랩(Flaps)

플랩은 대부분 항공기에서 찾아볼 수 있으며, 뒷전 플랩은 보통 날개 뒷전의 내측 동체 근처에 장착된다. 앞전플랩은 내측 날개앞전으로부터 앞쪽방향 아래쪽으로 펼쳐진다. 플랩은 날개의 캠버를 증가시키기 위해 아래쪽으로 움직이며, 더욱 큰 양력을 제공해 주고 저속에서 조종된다. 플랩은 더 느린 속도에서 착륙하도록 해 주고 이륙과 착륙 시에 필요한 활주로의 길이를 단축시켜준다. 플랩의 펼쳐진 크기와 날개와 이루는 각도의 크기는 조종석에서 선택할 수 있다. 대표적으로 플랩은 45°~50° 정도로 확장할 수 있다. 그림

[표 1-1] 2차 또는 보조 조종면

2차 또는 보조 비행조종면		
명칭	장착위치	기능
Flaps	Inboard trailing edge of wings	Extends the camber of the wing for greater lift and slower flight. Allows control at low speeds for short field takeoffs and landings.
Trim tabs	Trailing edge of primary flight control surfaces	Reduces the force needed to move a primary control surface.
Balance tabs	Trailing edge of primary flight control surfaces	Reduces the force needed to move a primary control surface.
Anti-balance tabs	Trailing edge of primary flight control surfaces	Increases feel and effectiveness of primary control surface.
Servo tabs	Trailing edge of primary flight control surfaces	Assists or provides the force for moving a primary flight control.
Spoilers	Upper and/or trailing edge of wing	Decreases (spoils) lift. Can augment aileron function.
Slats	Mid to outboard leading edge of wing	Extends the camber of the wing for greater lift and slower flight. Allows control at low speeds for short field takeoffs and landings.
Slots	Outer leading edge of wing forward of ailerons	Directs air over upper surface of wing during high angle of attack. Lowers stall speed and provides control during slow flight.
Leading edge flap	Inboard leading edge of wing	Extends the camber of the wing for greater lift and slower flight. Allows control at low speeds for short field takeoffs and landings.

[그림 1-59] 확장된 플랩이 있는 다양한 항공기

1-59에서는 플랩이 확장된 위치로 된 다양한 항공기를 보여준다.

플랩은 보통 특정 항공기의 에어포일(airfoils)이나 조종면에 사용했던 기술과 재료로 구성된다. 알루미늄외피와 구조 플랩은 경항공기에 있는 표준이다. 대형항공기와 고성능항공기의 플랩도 알루미늄이지만, 복합재료 구조재의 사용도 일반적이다.

다양한 종류의 플랩이 있다. 그림 1-60의 (A)와 같이, 평면플랩(plain flap)은 플랩이 수축 위치에 있을 때 날개의 뒷전 형태이다. 날개 위쪽으로의 공기흐름은 본질적으로 날개의 뒷전을 만드는 플랩 뒷전에서 윗면과 아랫면의 위쪽으로 계속해서 흐른다. 평면플랩은 힌지로 지지되어 뒷전이 힌지 축을 기준으로 아래로 내려올 수 있다. 이것은 날개 캠버를 증가시켜주고 보다 큰 양력을 제공해 줄 수 있다.

그림 1-60의 (B)와 같이, 분할플랩(split flap)은 일반적으로 날개의 뒷전 아래쪽에 들어가 있으며, 평평한 금속판이 플랩의 앞전 길이 방향으로 여러 곳에 힌지로 지지되어 있다. 전개되었을 때 분할플랩 뒷전이 날개의 뒷전으로부터 아래로 떨어진다. 날개의 맨 위쪽으로 흐르는 공기흐름은 일정하게 유지된다. 날개의 아래쪽에 흐르는 공기흐름은 아래로 떨어진 분할플랩

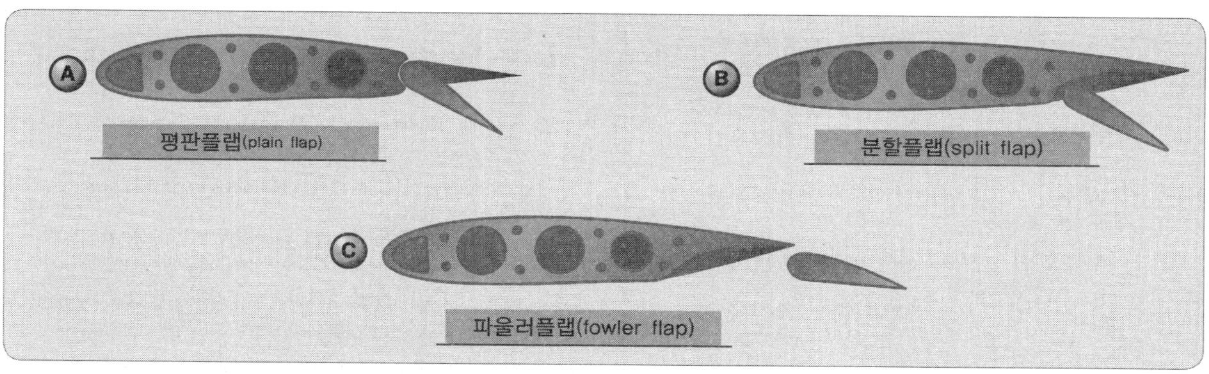

[그림 1-60] 플랩(Flaps)의 종류

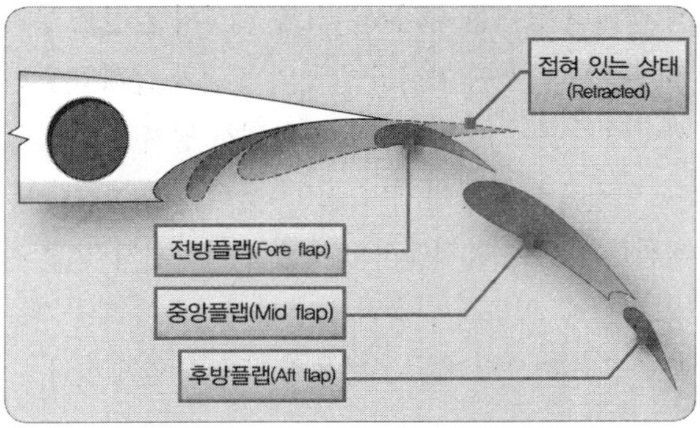

[그림 1-60] 3단 슬롯 플랩(triple-slotted flap)

에 의해 증가된 캠버의 영향으로 양력을 증가시킨다.

그림 1-60의 (C)와 같이, 파울러플랩(fowler flap)은 펼쳐졌을 때 날개의 뒷전을 더 낮게 할뿐만 아니라 후방으로 미끄러져서 날개의 면적을 효과적으로 증가시킨다. 이것은 증가된 표면적뿐만 아니라 날개 캠버의 변화로 더 많은 양력을 발생시킨다. 집어넣었을 때 일반적으로 파울러플랩은 분할플랩과 유사하게 날개뒷전 아래쪽으로 접혀진다. 파울러플랩의 미끄러지는 운동은 운행 중 플랩궤도를 따라 서서히 이루어진다.

그림 1-61의 3단 슬롯 플랩(triple-slotted flap)은 파울러플랩을 변형시켜 공기역학적인 표면 기능을 향

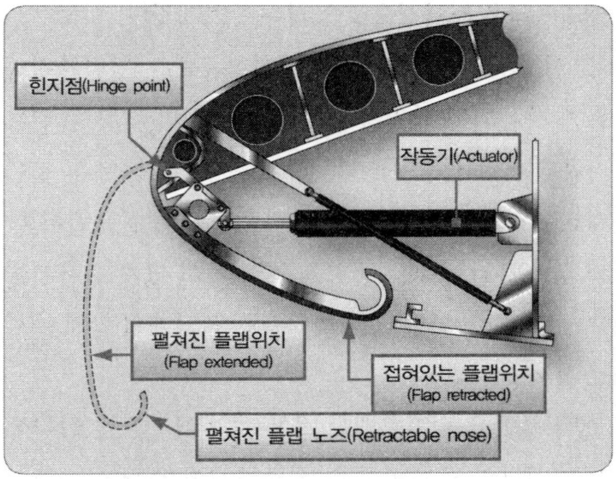

[그림 1-62] 앞전 플랩(Leading edge flaps)

상시킨 하나의 플랩의 세트이다. 이 플랩은 전방 플랩(fore flap), 중앙 플랩(mid flap), 그리고 후방 플랩(aft flap)으로 구성되어 있다. 펼쳐졌을 때 각각의 플랩부분은 플랩이 내려올 때 궤도에서 뒤쪽으로 미끄러진다. 플랩부분은 또한 날개와 전방플랩 사이뿐만 아니라 각 플랩부분 사이에 개방된 슬롯(slot)을 만들면서 분리된다. 날개의 밑바닥으로 흐르는 공기는 이들 슬롯을 통과하여 다음 플랩의 윗면으로 흐른다. 윗면에서 향상된 층류흐름이 발생한다. 더 커진 캠버와 유효

[그림 1-63] 보잉 737에 장착된 크루거 플랩의 측면도(왼쪽)와 정면도(오른쪽)

날개면적은 전체적으로 양력을 증가시킨다.

그림 1-62와 같이, 일부 대형항공기는 뒷전플랩과 함께 사용되는 앞전플랩을 갖추고 있다. 앞전플랩은 가공된 마그네슘으로 제작하거나 알루미늄 또는 복합재료구조재로 제작한다. 앞전플랩과 뒷전플랩이 함께 적용되는 날개는 캠버와 양력을 더 크게 증가시킬 수 있다. 접어 넣었을 때 앞전플랩은 날개의 앞전 안으로 끌어넣는다.

앞전플랩은 뒷전플랩이 작동 시 자동적으로 앞전에서 빠져나와 날개의 캠버를 증가시켜 주는 아래쪽방향으로 펼쳐지게 한다. 그림 1-63에서는 날개의 평평한 중간 위치에 의해 확인할 수 있는 크루거 플랩(krueger flap)을 보여준다.

1.7.3.2 슬랫(Slats)

날개 캠버를 늘려주는 또 다른 앞전장치는 슬랫이다. 슬랫은 조종석의 작동 스위치로 플랩이 독립적으로 작동하게 할 수 있다. 그림 1-64와 같이, 슬랫은 오직 캠버와 양력을 증가시키도록 날개의 앞전을 펼쳐지게만 하는 것이 아니라 슬랫의 뒷면과 날개의 앞전 사이에 슬롯(slot)이 생기도록 완전히 펼쳐질 때도 있다. 이것은 항공기 날개의 공기흐름이 층류 흐름을 유지하도록 하여 날개에서 경계층이 박리되지 않고 계속 흐를 수 있도록 받음각을 증가시켜주어 항공기는 더 적은 속력으로 계속 조종을 유지할 수 있게 한다.

[그림 1-64] 슬랫(Slat) 뒤쪽의 공기가 지나가는 슬롯(slot)

1.7.3.3 스포일러와 스피드 브레이크 (Spoilers and Speed Brakes)

스포일러는 대부분 대형항공기와 고성능항공기의 날개윗면에서 찾아볼 수 있는 장치이며, 날개의 윗면에 일치되도록 접힌다. 펼쳐졌을 때 스포일러는 기류의 흐름을 방해하여 급격하게 위쪽으로 흐르도록 함으로써 날개의 층류흐름이 이탈하면서 결국 양력은 감소한다. 스포일러는 항공기의 다른 비행 조종면과

[그림 1-65] 운송용 항공기의 착륙 시 펼쳐진 스포일러(Spoiler)

유사한 재료와 기술로 제작된다. 일부 스포일러는 벌집구조패널(honeycomb-core panel)이다. 그림 1-65와 같이, 스포일러는 저속에서의 항공기 옆놀이 운동과 가로안정성을 위한 도움날개의 기능을 돕기 위해 작동하도록 조작된다. 도움날개가 올라간 날개에서 스포일러도 함께 올라간다. 그러면 그 날개에서 양력의 감소량이 증폭된다. 도움날개 편향이 아래쪽방향으로 된 날개의 스포일러는 접히게 된다. 항공기의 속도가 빨라지면 도움날개의 작동 효과가 충분히 커지므로 스포일러는 작동하지 않는다.

스포일러는 특별하게 스피드 브레이크처럼 작용하도록 양쪽 날개에서 동시에 작동시킬 수도 있다. 감소된 양력과 증가된 항력은 비행 중에 항공기의 속도를 신속하게 감소시킬 수 있다. 구조물에서 비행스포일러와 유사한 전용 스피드 브레이크는 대형항공기와 고성능항공기에서도 찾아볼 수 있다. 전용 스피드 브레이크는 펼쳐졌을 때 항력을 증가시키고 항공기의 속도를 감소시키도록 특별하게 설계된 것이다. 이 스피드 브레이크 패널은 도움날개와 달리 저속에서는 작동하지 않는다. 조종석에서 제어하는 스피드 브레이크는 작동되었을 때 모든 스포일러와 스피드 브레이크를 동시에 완전히 펼쳐지게 할 수 있으며, 지상에서 엔진 역추진장치(thrust reverser)가 작동되었을 때 자동적으로 펼쳐지도록 설계되어 있는 항공기도 있다.

1.7.3.4 탭(Tabs)

고속비행 시 조종면에 작용하는 공기력은 조종면을 움직이는 데 그리고 편향된 위치에서 조종면을 유지하는 데 어렵게 만든다. 유사한 이유에서 조종면의 영향도 너무 예민하게 된다. 여러 형태의 탭이 이 문제를 보조하기 위해 사용된다. 표 1-2에서는 탭 종류와 역할에 대하여 설명하고 있다.

[표 1-2] 탭(Tabs)의 종류와 효과

Flight Control Tabs			
Type	**Direction of Motion (in relation to control surface)**	**Activation**	**Effect**
Trim	Opposite	Set by pilot from cockpit. Uses independent linkage.	Statically balances the aircraft in flight. Allows "hands off" maintenance of flight condition.
Balance	Opposite	Moves when pilot moves control surface. Coupled to control surface linkage.	Aids pilot in overcoming the force needed to move the control surface.
Servo	Opposite	Directly linked to flight control input device. Can be primary or back-up means of control.	Aerodynamically positions control surfaces that require too much force to move manually.
Anti-balance or Anti-servo	Same	Directly linked to flight control input device.	Increases force needed by pilot to change flight control position. De-sensitizes flight controls.
Spring	Opposite	Located in line of direct linkage to servo tab. Spring assists when control forces become too high in high-speed flight.	Enables moving control surface when forces are high. Inactive during slow flight.

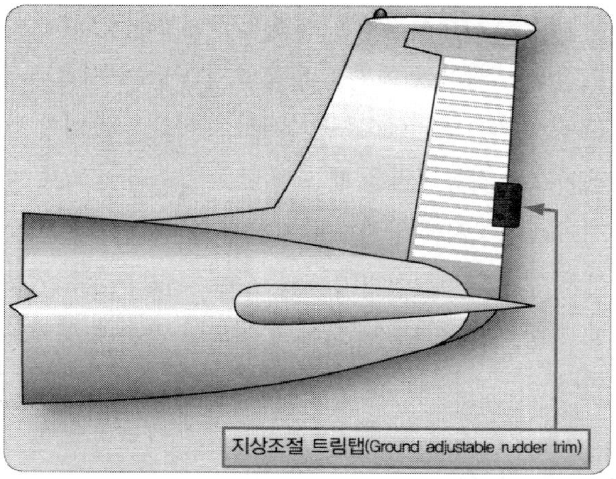

[그림 1-66] 트림탭(Trim Tabs)의 예

1.7.3.4.1 트림탭(Trim Tabs)

조종사의 손과 발로 조종해야 하는 항공기에서 등속 수평비행 시 그 상태를 유지하지 못하고 어느 한 방향으로 계속 편향된다면, 조종사는 계속적으로 조종간(control stick)을 잡고 조종력을 유지해야만 한다. 트림탭은 편향되는 항공기의 비행방향을 제어하여 등속 수평비행이 가능하도록 설계하였다. 대부분의 트림 탭은 1차 비행조종면의 뒷전에 위치한다. 비행 조종면의 방향과 반대방향으로 움직이는 탭에 의해 발생하는 공기역학적 힘은 항공기의 비행 자세에 영향을 주어 조종사가 계속 조종력을 유지하지 않아도 등속 수평비행이 가능하게 해준다. 조종석으로부터 연동장치를 통해 탭의 위치를 조작할 수 있다. 승강키 탭은 선택된 키놀이를 유지하는 데 도움이 되기 때문에, 항공기의 속도를 유지하기 위해 사용된다. 방향키 탭은 비행방향과 빗놀이를 유지하도록 설정할 수 있다. 도움날개 탭은 날개 수평을 유지하는 데 도움을 준다.

일부 단순한 경항공기는 1차 비행 조종장치, 보통 방향키의 뒷전에 부착된 고정탭을 갖추고 있다. 그림 1-66에서는 지상조절 트림탭을 보여준다. 손을 놓은 상태로 비행 중인 항공기에서 한쪽으로 편향되는 경향이 있다면, 이를 직선 수평비행할 수 있도록 트림시키고자 할 때는 이 탭을 지상에서 약간씩 구부려준다. 구부리는 정확한 정도는 조정한 후에 항공기를 비행해 봄으로써 확인할 수 있다. 보통 조금만 구부리는 것으로도 충분하다.

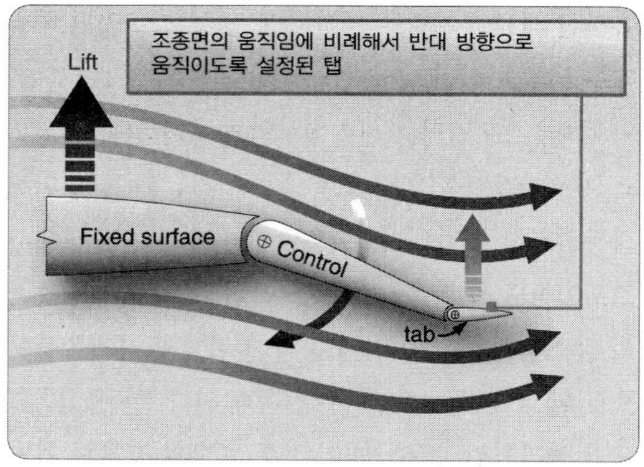

[그림 1-67] 밸런스 탭(Balance Tabs)의 기능

1.7.3.4.2 밸런스 탭(Balance Tabs)

그림 1-67과 같이, 밸런스 탭은 조종면이 움직이는 방향과 반대 방향으로 움직일 수 있도록 기계적으로 연결되어 있다. 탭이 위쪽으로 올라가면 탭에 작용하는 공기력 때문에 조종면은 아래로 내려오게 된다. 즉, 탭이 올라감에 따라 조종면에는 조종면을 아래로 내려오게 하는 힘이 생기게 된다.

1.7.3.4.3 서보탭(Servo Tabs)

서보탭은 위치와 효과 면에서 밸런스탭과 유사하지만, 조종석의 조종 장치와 직접 연결되어 탭만 작동시켜 조종면을 움직이도록 설계된 것이다. [그림 1-68]. 이 탭을 사용하면 조종력이 감소되며, 대형 항공기 1차 비행조종면의 조종을 보조하기 위한 수단으로서

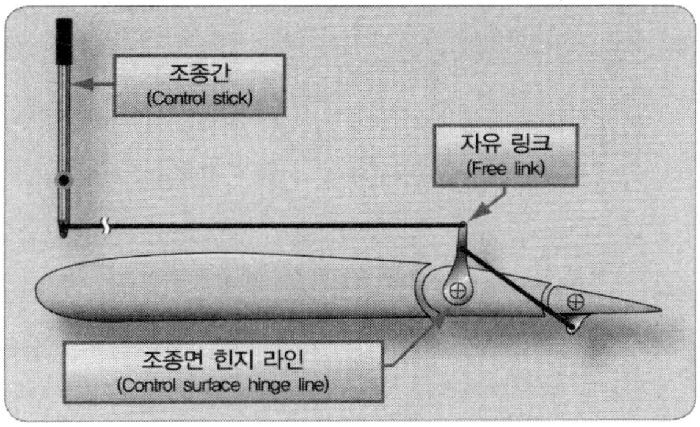

[그림 1-68] 서보탭(Servo Tabs)

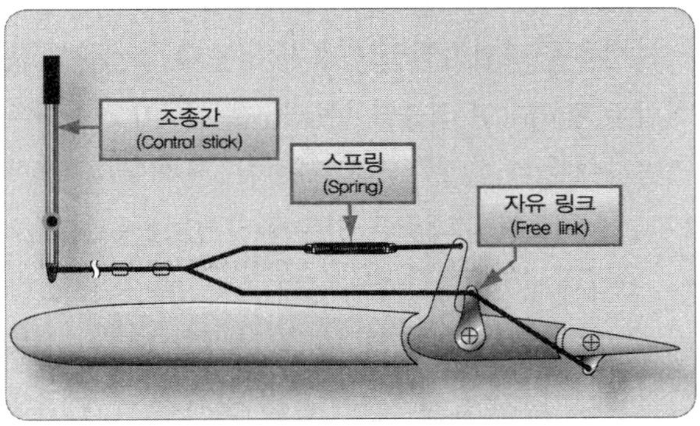

[그림 1-69] 스프링 탭(Spring Tab)의 연결 구조

주로 사용되었다.

대형항공기에서 대형 조종면을 수동으로 움직이기 위해서는 너무 많은 힘이 요구되며, 보통 유압 작동기에 의해 중립에서 편향시킨다. 이런 동력조종장치는 요크 및 방향타 페달과 연결된 유압 밸브 시스템을 통해 신호를 준다. 플라이바이와이어(fly-by-wire) 항공기에서 비행조종면을 움직이는 유압 작동기는 전기적인 입력신호를 받는다. 유압계통이 고장 난 경우, 서보탭에 수동으로 연결하여 편향시킬 수 있으며, 이를 통해 1차 조종면을 움직이는 공기역학적인 힘을 제공한다.

조종면은 비행조종계통의 최대 위치까지 평향되기 위해 과도한 힘을 필요로 할 수도 있다. 이런 경우일 때 스프링탭을 사용할 수 있다. 이것은 기본적으로 조종면에 작용하는 공기력이 어느 한계를 넘기 전까지는 작동하지 않는 서보탭의 일종이다.[그림 1-69] 조종력이 이 한계에 도달하면 조종장치에 연결된 스프링이 늘어나면서 밸런스 탭의 역할을 하고 조종면의 나머지 움직임에 도움을 준다.

그림 1-70에서는 대형 항공기에서 도움날개의 움직임을 보조하는 또 다른 장치인 밸런스 패널(balance panel)을 보여준다. 항공기 날개에서 도움날개와 힌지로 연결되어 연동된다.

밸런스 패널은 일반적으로 알루미늄 재질의 표피 프

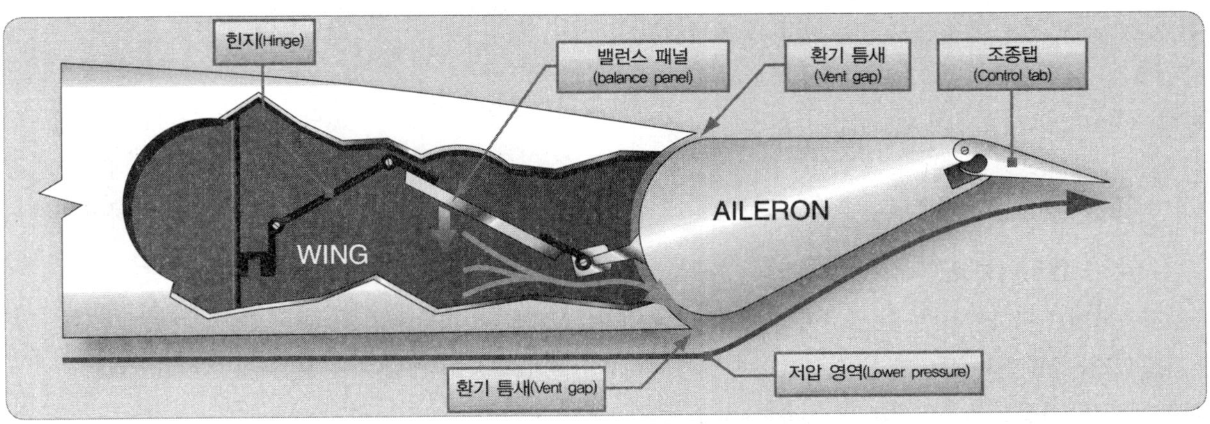

[그림 1-70] 도움날개 밸런스 패널(balance panel)의 구조

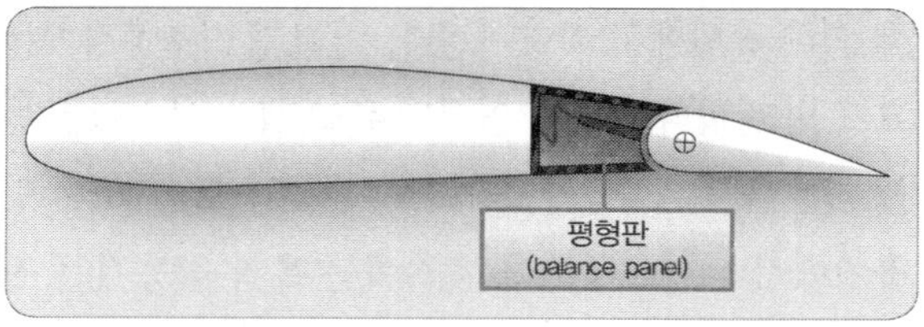

[그림 1-71] 평형판(balance panel)의 위치

[그림 1-72] 스테빌레이터(Stabilator)의 동작을 둔화시키는 안티서보 탭(Antiservo Tabs)

레임 어셈블리(assembly) 또는 알루미늄 벌집구조물로 구성되어 있다. 그림 1-71과 같이, 도움날개 앞전 바로 앞쪽방향과 날개의 뒷전을 연결하는 밸런스 패널이 위치하며, 힌지지역의 안쪽과 바깥쪽으로 제어된 공기흐름이 흐르도록 밀봉되어 있다. 도움날개가 중립에서 움직일 때 차압이 평형판의 한쪽에서 조성된다. 이 차압은 도움날개 움직임을 도와주는 방향으로 밸런스 패널에 작용한다.

1.7.3.4.3.1 안티서보 탭(Antiservo Tabs)

안티서보탭은 이름에서 알 수 있듯이 서보탭과 비슷하지만, 1차 조종면과 같은 방향으로 움직인다. 일부 항공기, 특히 가동식 수평안정판(moveable horizontal stabilizer)으로 된 항공기에서는 조종면의 작동은 너무 예민할 수 있다. 조종연동장치를 통해 결합된 안티서보탭은 공기역학적인 힘을 발생시켜 조종면을 움직이는 데 필요한 조종력을 증가시킨다. 이 조종력은 조종사에게 더 안정적으로 조종하도록 만든다. 그림 1-72에서는 거의 중립에 있는 안티서보탭을 보여준다. 스테빌레이터(Stabilator)의 움직임을 필요로 할 때 동일한 방향으로 편향되며 요구되는 조종면의 조종력을 증가시켜 준다.

[그림 1-73] 유도항력을 감소시키는 윙랫(Winglet)

1.7.4 기타 날개 특징(Other Wing Features)

1.7.4.1 윙랫(Winglet)

일부 항공기 날개에는 성능에 기여하는 다른 구조물이 있을 수 있다. 윙랫, 와류발생장치(vortex generator), 실속 펜스(stall fence), 그리고 갭씰(gap seal) 등이 장착되어 있다. 윙랫은 수직안정판처럼 수직위로 젖혀진 윙 팁(wing tip)이다. 공기역학적인 장치인 윙랫은 비행 중에 날개 끝 와류로 인하여 발생되는 항력을 감소시켜주기 위해 설계되었다. 그림 1-73과 같이, 보통 알루미늄 또는 복합재료로 제작되는 윙랫은 원하는 속도에서 성능을 최적화하도록 설계할 수 있다.

[그림 1-74] 와류발생장치(Vortex Generator)

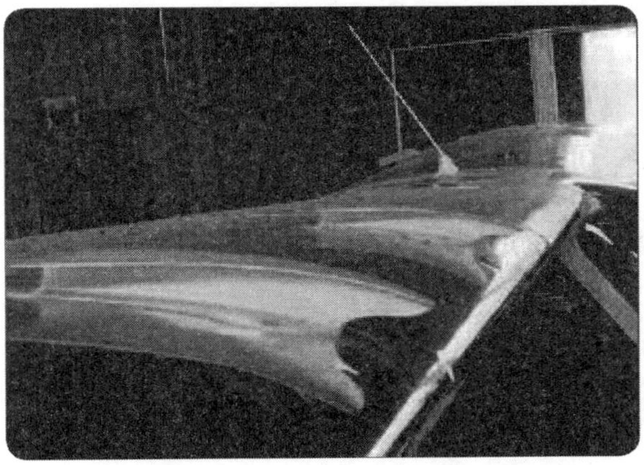

[그림 1-75] 심포니 SA-60 항공기 날개에 장착된 독특한 와류발생장치(Vortex Generator)

1.7.4.2 와류발생장치(Vortex Generator)

그림 1-74와 같이, 와류발생장치는 보통 날개의 윗면에 부착되는 작은 판재이다. 와류발생장치는 날개 윗면과 조종면 위의 공기 흐름을 활성화시키기 위해 사용된다. 보통 알루미늄으로 제작되고 날개 위를 흐르는 공기의 경계층 흐름이 지속되도록 소용돌이치게 하는 장치이다. 와류발생장치는 또한 동체와 꼬리 부분에서도 찾아볼 수 있다. 그림 1-75에서는 심포니 SA-160 날개에 있는 와류발생장치를 보여준다.

1.7.4.3 실속펜스(Stall Fence)

실속펜스라고 부르는 날개의 윗면에 있는 시위방향의 펜스는 경계층이 날개 길이 방향으로 흐르는 것을 방지 위해 사용된다. 그림 1-76과 같이, 보통 알루미늄으로 제작되는 펜스는 후퇴익에서 경계층의 공기가 날개 길이 방향으로 흘러서 마찰로 인한 운동에너지 손실이 증가하고 결국 날개 끝에서 실속이 발생하게 되는데, 이것을 방지하기 위한 가장 일반적인 고정식 구조물이다.

갭씰(gap seal)은 날개 또는 안정판의 뒷전과 조종면 사이에 장착한다. 일부 날개 하부의 공기가 날개와 조종면사이의 틈새로 흘러들어가 날개 상부 표면 기류를 교란시키는 경향이 있으며, 이는 양력 및 조종면의 효율을 감소시키는 원인이 된다. 갭씰의 사용은 이러한 갭 부분에서 원활한 공기 흐름을 촉진하기 위해 사용된다. 갭씰은 알루미늄, 도포된 천 또는 폼, 플라스틱까지 매우 다양한 재료로 제작할 수 있다. 그림 1-77에서는 다양한 항공기에 장착된 갭씰을 보여준다.

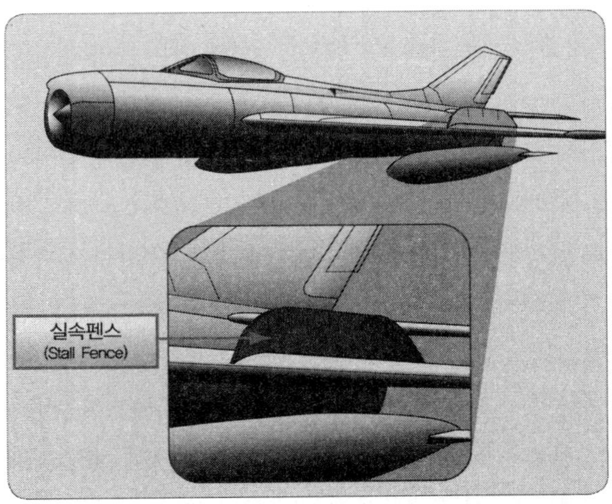

[그림 1-76] 날개 위의 스팬 방향 공기 흐름을 주는 실속펜스(Stall Fence)

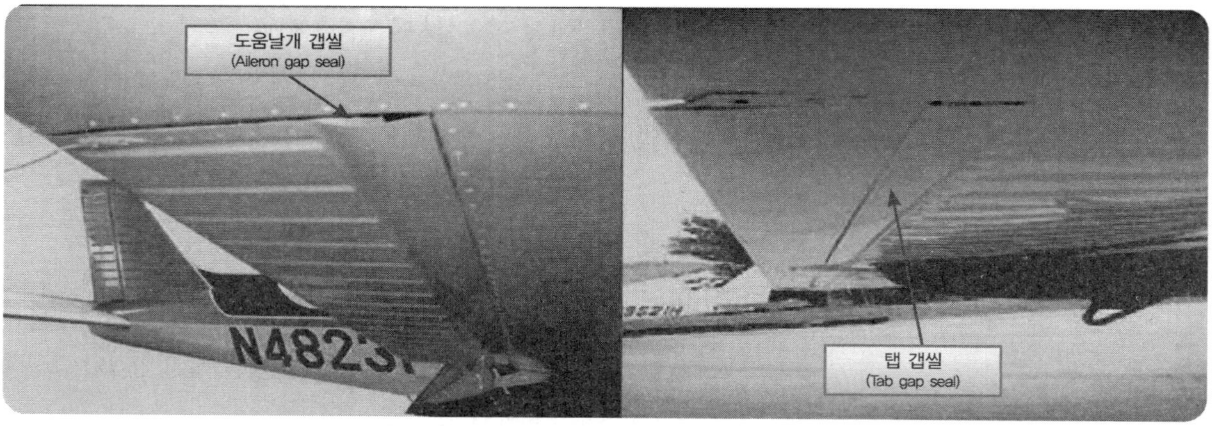

[그림 1-77] 고정 표면과 이동 표면 사이의 틈새에서 원활한 공기흐름을 유도하는 갭씰(gap seal)

[그림 1-78] 고정식(fixed)과 접이식(retractable)착륙장치(Landing Gear)분류

1.8 착륙장치(Landing Gear)

착륙장치는 착륙 시 그리고 지상에 있는 동안에 항공기를 지지해 준다. 저속으로 비행하는 경항공기는 고정식 착륙장치 갖고 있다. 고속항공기 및 대형 항공기는 접이식 착륙장치를 갖고 있다. 착륙장치는 이륙 이후에 동체 또는 날개 안으로 집어넣는다. 이것은 펼쳐진 기어가 성능을 감소시키는 중대한 유해항력을 유발시키기 때문에 중요하다. 유해항력은 착륙장치 주위를 흐르는 공기의 마찰에 의해 발생한다. 유해항력은 항공기 속도 증가 시 함께 증대한다. 저속 경항공기에서, 접이식 착륙장치를 적용하면 무게의 증가가 고정식 착륙장치에 의해 발생하는 항력보다 더 큰 손실을 유발한다. 경량페어링과 바퀴덮개는 항력을 감소시키는 데 사용된다. 그림 1-78에서는 고정식(왼쪽)과 접이식(오른쪽) 착륙장치의 예를 보여준다.

착륙장치는 항공기가 최대착륙중량으로 착륙 시 작용하는 착륙 하중을 이겨낼 수 있을 만큼 충분한 강도를 갖추어야 한다. 주요 설계 목적을 추가하면, 가능한 가벼운 착륙장치를 갖추어야 한다는 것이다. 이것을 이루기 위해 착륙장치는 강, 알루미늄, 그리고 마그네슘을 포함하여 광범위한 재료로 제작된다. 휠과 타이어는 항공용으로 사용하도록 특별하게 설계되었으며 고유한 작동 특성을 갖는다. 주 바퀴 어셈블리(assembly)는 보통 제동장치를 갖추고 있다. 착륙의 잠재적인 높은 충격에 도움을 주고자 대부분 착륙장치는 완충장치 또는 충격을 받아들이는 수단을 갖고 있으며, 충격을 분배시켜 구조물에 손상을 주지 않는다.

모든 항공기 착륙장치가 바퀴로 구성되지는 않는다. 예를 들어, 고정 스키드식(fixed skid) 착륙장치는 높은 조종능력과 저속 착륙이 가능한 헬리콥터에 일반적으로 사용되는데 제작 및 정비가 쉬운 장점이 있다. 목재 스키는 저속 비행하는 기구(Ballon)의 곤돌라(gondola) 바닥에 부착시킨다. 다른 항공기 착륙장치는 물위에 착륙하기 위한 납작한 배 또는 플로트(float)가 장착되었다. 단점은 항력이 매우 크게 작용한다는 것이다. 그러나 물 위에서 착륙과 이륙을 할 수 있는 항공기는 어떤 환경에서는 매우 유용할 수 있다. 스키는 눈이나 얼음위에 착륙하기 위해 일부 항공기에서 사용한다. 그림 1-79에서는 이들 착륙장치의 예를 보여준다. 대부분 고정식 착륙장치다.

수륙양용(amphibious) 항공기는 지상이나 또는 수상에 모두 착륙할 수 있는 항공기이다. 일부 항공기는 그렇게 이중으로 사용할 수 있도록 설계되었다. 동체의 중반 아래쪽이 선채(hull)처럼 활용된다. 보통 수상 착륙과 활주에 도움이 되도록 날개 끝 근처 아래쪽에 지주를 장착한다. 동체 안으로 들어가는 주 착륙장치는 오직 지상 또는 육상 활주로에 착륙할 때만 펼친다. 그림 1-80과 같이, 이 형식의 수륙양용 항공기는 가끔 비행보트(flying boat)라고도 부른다.

그림 1-81과 같이, 원래 지상용으로 설계된 대부분 항공기는 수륙양용에 사용하는 접이식 착륙장치는 플로트에 장착하여 활용한다. 착륙장치의 바퀴는 필요하지 않을 때 플로트 안으로 들어간다. 가끔 도살핀(dorsal fin)은 수상에서 작동 시 세로 안정성을 위해 동체의 아래쪽 후방에 추가된다. 일부 항공기에서 항공기의 방향키 페달에 도살핀의 조종을 결합시켜 직접 조종이 가능하다. 스키는 단단한 지상 또는 눈과 얼음에 착륙이 가능하도록 접이식 착륙장치에 장착할 수도 있다.

[그림 1-79] 바퀴(Wheels)가 없는 항공기 착륙장치

[그림 1-80] 비행선(flying boat)라고도 불리는 수륙양용 항공기

[그림 1-81] 접이식 바퀴의 수륙양용 항공기

1.8.1 후륜식의 구성 (Tail Wheel Gear Configuration)

비행기 착륙장치의 두 가지 기본형식이 있는데, 일반적으로 후륜식과 전륜식 착륙장치이다. 후륜식은 초기 항공용으로 사용하였다. 그림 1-82와 같이, 항공기 무게의 대부분이 걸리는 위치에 2개의 주 바퀴를 장착하고 동체의 후방 끝에 좀 더 작은 꼬리바퀴를 갖추고 있다. 그림 1-82에서 가끔 이 꼬리 바퀴는 방향키페달에 부착된 리깅케이블에 의해 조향할 수 있다. 다른 일부 항공기에서는 꼬리 바퀴가 없는 대신에 후방 동체 아래쪽에 강철로 된 스키드플레이트(steel

[그림 1-82] 후륜식(Tail Wheel Gear) 착륙장치 항공기

skid plate)를 사용한다. 작은 꼬리 바퀴 또는 스키드 플레이트는 동체를 경사지게 하여 긴 프로펠러가 지면과 부딪치지 않도록 여유 공간을 제공한다. 또한, 프로펠러가 비포장 활주로에서 작동될 때 외부 물질에 의한 손상을 방지할 수 있도록 지면과의 큰 여유 공간을 제공한다. 그러나 경사진 동체는 지상운용 시 조종사의 전방 시야를 가로막는다. 승강키가 올라가게 되는 속도가 될 때까지, 조종사는 항공기의 전방을 직접 보기 위해 조종석의 옆쪽으로 머리를 빼고 귀를 기울여야 하는 단점을 가진다.

후륜식의 또 다른 단점은 착륙 시 쉽게 지상편향(ground loop)이 될 수 있다는 점이다.. 이것이 일어나는 이유는 2개의 주 바퀴가 항공기 무게중심(c.g)의 앞쪽에 있고 조향기능을 하는 꼬리바퀴가 무게중심의 뒤쪽에 있기 때문이다.

1.8.2 전륜식 착륙장치(Nose Gear Type)

전륜식 착륙장치는 항공기에서 가장 널리 보급된 형태이다. [그림 1-83] 주 바퀴에 추가하여 충격을 흡수하는 앞바퀴는 동체의 앞쪽 끝에 있다. 그러므로 무게중심은 주 바퀴의 앞쪽에 놓이게 된다. 항공기의 꼬리

[그림 1-83] 전륜식 착륙장치(Nose Gear Type)

는 지면에서 떠 있으며, 항공기 자세가 수평이 유지되어 조종석에서 양호한 전방 시야를 제공해 준다.

경항공기뿐만 아니라 대형항공기도 전륜식 착륙장치를 사용한다. 단일 전방스트럿(single forward strut)에 있는 한 쌍의 앞바퀴와 육중한 다중스트럿/다중바퀴 주 착륙장치(multistrut/multiwheel main gear)는 세계에서 가장 큰 항공기에서 찾아볼 수 있다. 그러나 기본적인 형태는 아직도 전륜식이다. 앞바퀴는 소형 항공기에서 방향키페달로 조향된다. 대형 항공기는 가끔 조종석의 옆쪽에 앞바퀴 조향장치를 갖추고 있다. 그림 1-83에서는 전륜식 착륙장치로 된 항공기를 보여준다.

착륙장치에 대해서는 제9장 항공기 착륙장치계통서 구체적으로 설명한다.

1.9 항공기의 유지관리 (Maintaining the Aircraft)

항공기의 정비는 안전운항 측면에서 가장 중요한 것 중 하나이다. 자격을 소지한 작업자는 제작사사용법 설명서와 정비교범에 의거 시기적절한 정비 기능을 수행도록 위임 받았다. 항공기 정비 행위 시간을 가볍게 또는 즉흥적으로 변경할 수 없다. 그러한 행위의 결과는 치명적인 것이 될 수 있고 작업자는 자신의 면허를 잃고 범죄 행위를 하게 될 수 있다.

기체, 엔진, 그리고 항공기 부품제작사는 경영자와 작업자가 공장에서 언제 어떻게 정비를 수행할 것인지에 대한 정비절차를 문서화할 책임이 있다. 소형 항공기는 항공기정비매뉴얼이 포함된 작은 매뉴얼이 요구된다. 보통 가장 자주 사용되는 정보가 포함된 이 매뉴얼은 적절하게 항공기를 유지하기 위해 필요하다. 항공기에 대한 형식인증자료에도 중대한 정보가 포함된다. 복잡한 대형 항공기는 충분하고 정확한 정비절차를 전달하기 위해 여러 가지의 매뉴얼이 필요하다. 정비매뉴얼에 추가하여, 제작사는 구조수리매뉴얼(structure repair manual), 오버홀매뉴얼(overhaul manual), 배선도매뉴얼(wiring diagram manual), 부품매뉴얼(component manual) 등을 제작한다.

"메뉴얼"이라는 용어의 사용은 전자정보뿐만 아니라 인쇄물 정보를 포함한다는 의미이다. 또한, 적절한 정비를 위해 제작사정비문서에서 요구하는 공구와 설비를 갖추어야 한다. 과거에 적절한 공구를 사용하지 않아 반복적인 결함이 발생하고 중요한 부품의 손상이 초래되어 항공기가 불시착하여 생명을 잃는 피해를 초래하였다. 정확한 정보, 절차, 그리고 정격 공구를 가지고 신뢰할 수 있는 작업자가 감항성이 있는 정비 또는 수리를 수행하는 것이 필요하다.

정비 또는 수리를 수행할 때 작업자는 국가 항공기 감항담당 부서에서 발행된 표준항공기정비절차를 참고한다. 만약 제작사사용법설명서에서 역점을 두고 다루지 않았다면, 작업자는 허용된 방법으로 작업을 완료하기 위해 이들의 매뉴얼에서 개설한 절차를 사용하도록 한다. 이들 절차는 어떤 항공기나 부품에 대해 특정되지 않고, 일반적으로 모든 항공기의 정비 시에 사용된다. 제작사사용법설명서는 국가 항공기 감항 담당부서에서 찾아볼 수 있는 일반적인 절차를 대신한다.

항공기 또는 부품과 관련된 모든 정비는 항공기 항공일지 또는 부품항공일지에 수행한 작업자에 의해 서류정리를 하는 것이 필요하다. 경항공기는 수행한 모든 작업에 대한 오직 하나의 항공일지를 갖고 있다. 일부 항공기는 엔진에서 수행한 작업에 대해 엔진항공일지를 분리하여 갖추고 있다. 다른 항공기는 프로펠러항공일지를 따로 갖추고 있다. 대형 항공기는 수백명의 작업자에 의해 수행되는 수천 가지의 절차를 모두 포함한 정비내용에 대한 기록이 필요하다. 정확한 정비 기록유지는 매우 중요하다.

1.9.1 위치 번호부여 시스템 (Location Numbering Systems)

경항공기에서 각각의 구조 구성품 위치를 정밀하게 정하는 방법이 필요하다. 여러 가지의 번호부여 시스템이 항공기 날개구조, 동체 벌크헤드, 또는 다른 구조부재의 특정한 위치를 용이하게 찾기 위하여 사용되고 있다. 대부분 제작사는 위치에 의한 표시방식을 사용하고 있다. 예를 들어, 항공기의 기수를 시점(Zero Station)으로 해서 인치로 측정한 거리에 따라 위치를 정하고 있다. 그러므로 설계도에서 "FS 137"이라고 한다면, 이것은 항공기의 기수로부터 137inch 뒤쪽에 있는 어느 특정한 위치를 말하는 것이다.

항공기의 중심선(center line)으로부터 오른쪽 또는 왼쪽에 있는 것을 나타내기 위하여 유사한 방법이 적용된다. 대부분 제작사는 항공기의 중심선을 시점(Zero Station)으로 해서 기체부재가 오른쪽이냐 왼쪽이냐 하는 것을 나타낸다. 이것은 수평안정판과 날개에서도 사용된다.

어느 구조부재의 위치를 알아보기 전에 여러 가지의 응용된 제작사의 위치부여 시스템과 약어화 된 명칭 또는 심벌을 재확인하는 것이 필요하다. 그것들은 항상 동일하지 않다. 다음에 열거하는 것이 제작사에 의해서 사용되고 있는 대표적인 위치 표시 명칭들이다.

1.9.1.1 동체 스테이션 (Fuselage Station, Fus. Sta. or F.S.)

그림 1-84와 같이, 기준점으로 알고 있는 시점(Zero Station)으로부터 인치로 표시된 번호이다. 기준점이란 항공기의 기수 또는 기수 근처의 어떤 가상적인 수직면을 말하며 여기서부터 수평 거리로 측정되는 것이다. 주어진 지점까지의 거리란 항공기의 기수로부터 테일콘의 중심까지 항공기를 따라 연장되어 있는 중심선을 따라 인치로 측정한 거리를 말한다. 일부 제작사는 동체구역을 몸체 스테이션(body station), 약

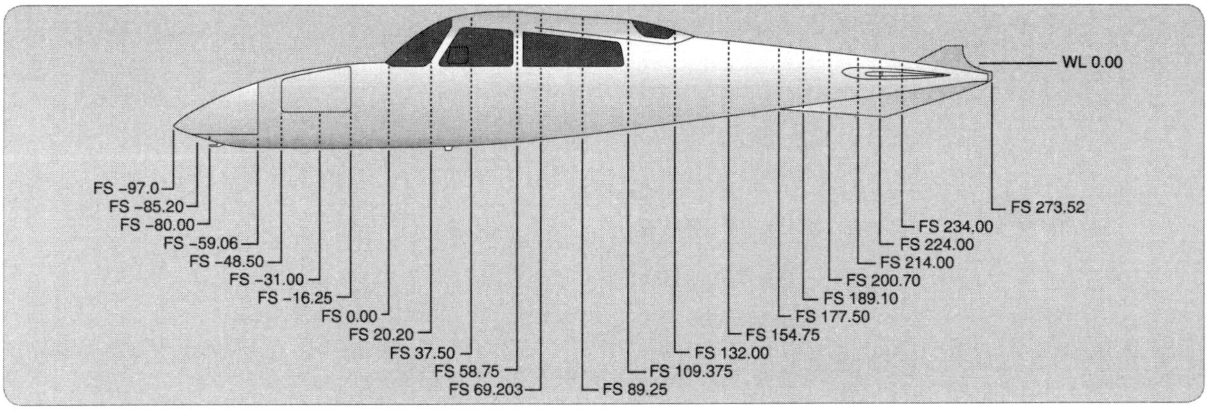

[그림 1-84] 여러 가지 동체 스테이션(Fuselage station) 표시

어로 B.S라고 부르기도 한다.

1.9.1.2 버톡 라인(Buttock Line or Butt Line, B.L)

그림 1-85와 같이, 동체 중심선을 기준으로 왼쪽 또는 오른쪽 거리를 나타낼 수 있도록 항공기의 중심에 평행하도로 내린 수직평면(선)이다.

1.9.1.3 워터라인(Water Line, W.L)

그림 1-86과 같이, 이것은 보통 지상, 객실마루, 또

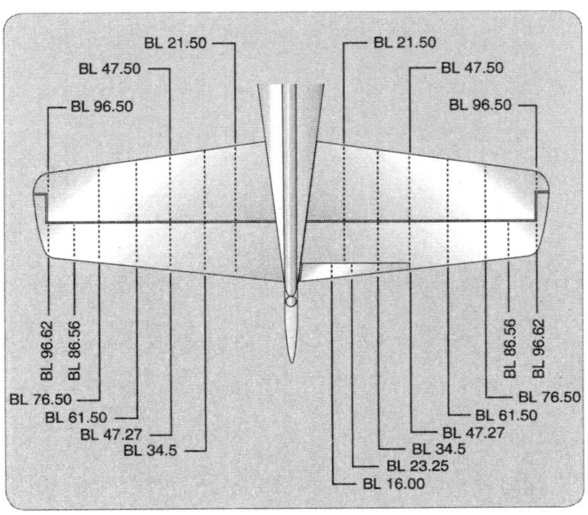

[그림 1-85] 버톡 라인(Buttock Line, B.L)

는 기타 쉽게 기준이 되는 위치의 수평면으로부터 수직으로 측정한 높이를 인치로 표시한 것이다.

1.9.1.4 도움날개 스테이션(Aileron Station, A.S)

날개의 후방 빔에 직각으로 도움날개의 안쪽 모서리로부터 평행이 되도록 바깥쪽으로 측정한 거리를 말한다.

1.9.1.5 플랩 스테이션(Flap Station, F.S)

플랩의 안쪽 모서리에서 바깥쪽으로 날개의 후방 빔에 직각이 되도록 측정한 거리를 말한다.

1.9.1.6 나셀 스테이션 (Nacelle Station, N.C or Nac, Sta.)

날개의 전방 날개보의 앞쪽 또는 뒤쪽에서 이미 지정된 워터라인에 직각으로 측정한 거리를 말한다.

위치 표시에 추가하여, 대형 항공기에서는 다른 측정 방법이 사용된다. 여기에는 그림 1-87과 같이, 수평안정판위치(H.S.S), 수직안정판위치(V.S.S) 또는 동력장치위치(P.S.S) 등이 있다. 모든 경우에 있어서

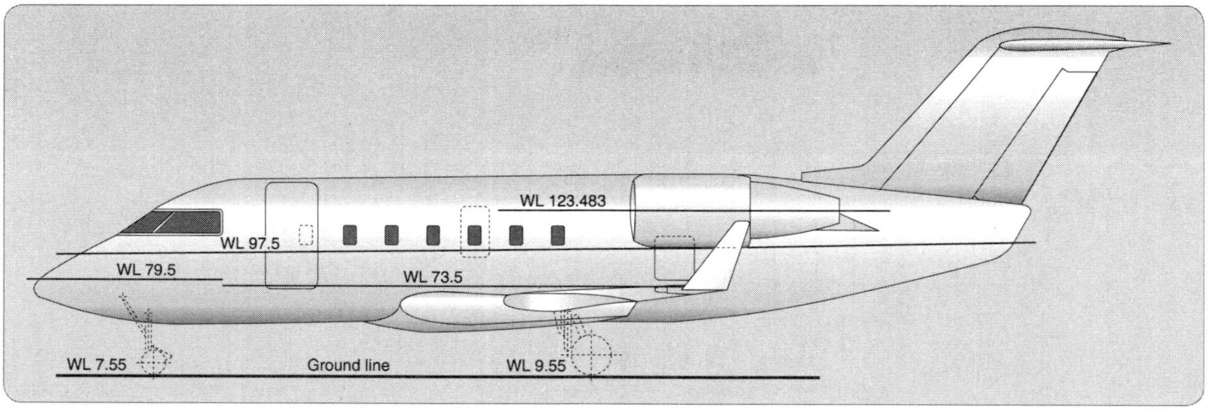

[그림 1-86] 워터라인(Water Line, W.L)

어느 특정한 항공기의 어느 위치를 찾기 전에 제작사의 용어와 위치 확인 시스템을 참고해야 한다.

또 다른 방법은 운송용 항공기에서 항공기 구성품의 위치를 용이하게 하기 위해 사용된다. 이것은 항공기를 구역(zone)으로 나누는 것이 필요하다. 이처럼 아주 큰 지역과 주요 구역은 순차적으로 번호가 매겨진 구역과 보조구역으로 나뉜다.

구역번호(zone number)의 숫자는 구성 부품이 속하는 계통의 위치와 형식을 나타내기 위해 예약 및 색인된다. 그림 1-88에서는 운송용 항공기에서 이들의 구역과 보조구역을 보여준다.

1.9.2 액서스와 점검 패널 (Access and Inspection Panels)

항공기에 위치한 특정 구조물 또는 구성품이 어디에

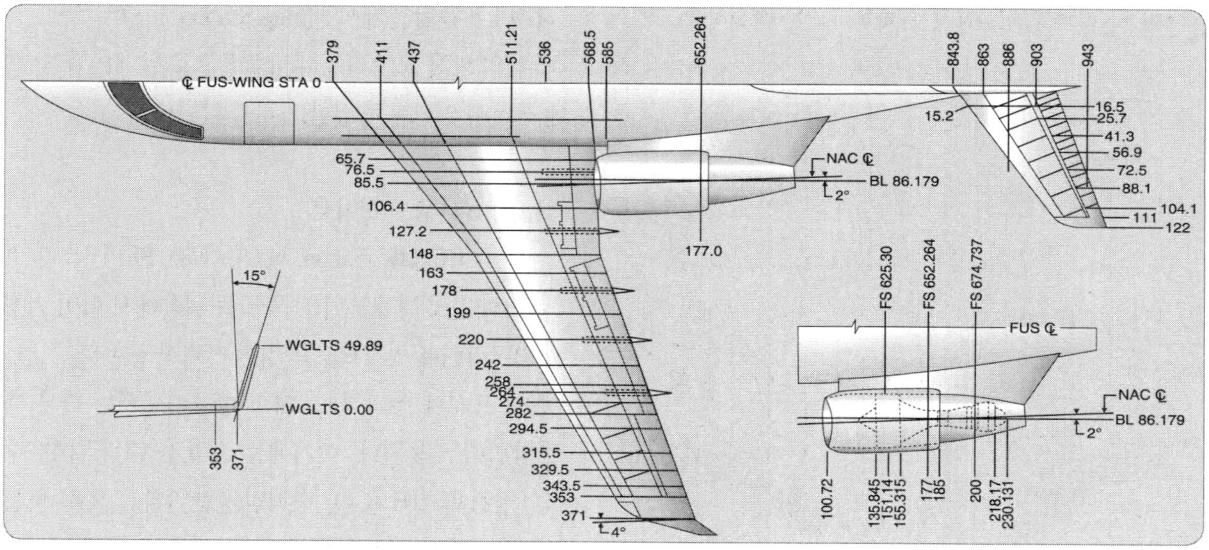

[그림 1-87] 날개의 스테이션(Wing stations)

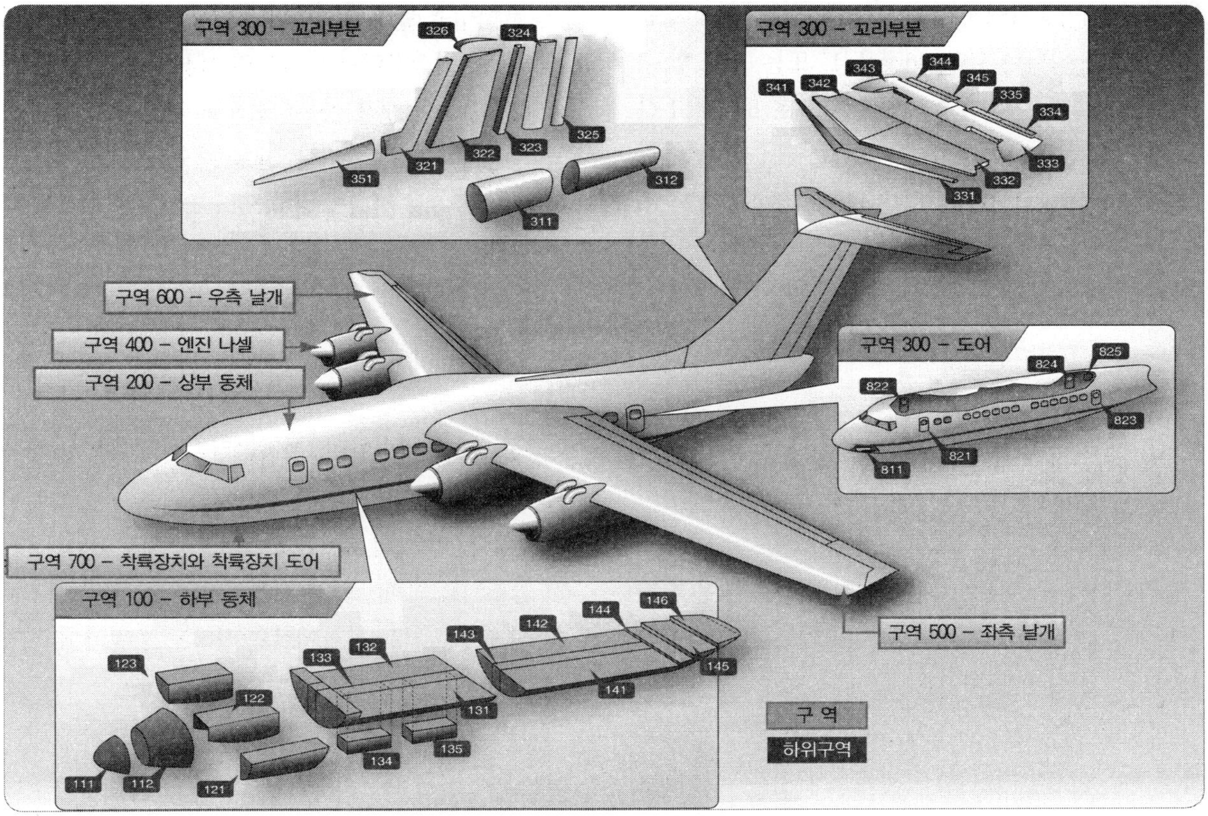

[그림 1-88] 대형 항공기의 구역(Zones)과 하위 구역(Subzones)

있는지 알기 위해서 또는 필요한 점검 또는 정비를 수행하기 위해 해당 지역에 접근하는 것이 필요하다.

대부분 항공기에는 이것을 손쉽게 하기 위해 액서스 패널과 점검 패널이 있다. 힌지로 되어 있거나 또는 장탈할 수 있는 작은 패널은 점검과 서비싱(servicing)을 하기 위해 사용된다. 대형 패널과 도어(door)를 통해 구성 부품을 장탈 및 장착하는 것뿐만 아니라 정비를 수행하기 위해 사람이 들어갈 수도 있다.

예를 들어 날개 하부에는 조종케이블 구성품을 확인하고 피팅에 윤활유를 바를 수 있도록 작은 패널이 많이 장착되어 있다. 여러 개의 드레인(drain)과 잭포인트(jack point)는 날개 하부에 있다. 날개 상부는 전형적으로 양력을 효과적으로 발생시키기 위해 층류를 유지하도록 매끄러운 표면을 갖추어야 하므로 최소한의 액세스 패널(access panel)을 갖추고 있다. 대형 항공기에서는 날개의 앞전과 뒷전을 따라 위치한 중요한 구조부재와 구성품에 대한 안전한 작업을 위해 날개 상부에 작업자와 검사원의 보행로(walkway)를 설치하고 있다. 휠 웰(wheel well)이나 특별한 부품 베이(bay)는 정비 접근성을 용이하게 하기 위해 많은 부품과 액세서리를 함께 모아놓은 곳을 말한다.

항공기에서 패널과 도어는 확인을 위해 번호가 부여되어 있다. 대형 항공기 패널은 보통 패널번호에 구역과 보조구역 정보를 포함하는 순차적인 번호가 부여

되어 있다. 항공기에서 좌측 또는 우측에 대한 지정은 패널번호에 나타나 있다. 이것은 "L" 또는 "R"로 할 수 있고 또는 항공기의 한쪽 패널은 짝수로 표시하고 다른 쪽은 홀수로 나타내기도 한다. 제작사정비매뉴얼은 패널 넘버링시스템을 제시하는 다수의 도표를 수록하고 있다. 각각의 제작사는 자체적인 패널 넘버링 시스템을 개발할 수 있는 권한이 있다.

1.10 헬리콥터의 구조 (Helicopter Structures)

헬리콥터의 구조물은 유일무이한 비행 특성을 헬리콥터에 주기 위해 설계되었다. 어떻게 헬리콥터가 비행하는지 간단히 설명하면, 날개는 고정익항공기에서 양력을 제공하는 날개와 유사한 방법으로 양력을 제공하는 회전날개형이다. 공기는 부압을 유발하도록 회전날개의 굴곡진 윗면 위쪽으로 빠르게 흘러간다. 그러므로 항공기는 상승하게 된다. 회전하는 날개의 받음각을 변경시키는 것은 양력을 증가시키거나 또는 감소시킨다. 회전하는 날개 회전면을 경사지게 하면 항공기가 수평으로 이동하도록 해준다. 그림 1-89에서는 전형적인 헬리콥터의 주요 구성요소를 보여준다.

1.10.1기체(Airframe)

헬리콥터의 기체 또는 기본 구조는 금속이나 목재, 복합재료, 또는 이 두 가지의 조합으로 제작할 수 있다. 일반적으로 복합재료 부품은 여러 겹의 섬유에 수지(Resin)를 스며들게 한 후 매끄러운 패널 형태로 만든 구조이다. 높은 응력이나 고열에 노출되는 부위에는 스테인리스강이나 티타늄이 사용되고, 튜브와 판금 하부구조는 보통 알루미늄으로 제작된다. 기체설계는 공학기술, 공기역학, 재료 기술 및 제조 방법을 포괄하여 성능, 신뢰성 및 비용의 적절한 균형을 이루어야 한다.

1.10.2 동체(Fuselage)

고정익항공기와 같이, 헬리콥터동체와 테일붐은 종종 응력외피 설계의 트러스형 또는 세미모노코크 구조물이다. 강과 알루미늄 튜브, 성형 알루미늄, 그리고 알루미늄 외피가 보통 사용된다. 최신 헬리콥터 동체 설계에는 첨단 복합재료의 활용도가 증가되고 있다. 방화벽과 엔진바닥은 보통 스테인리스강이다. 헬리콥터 동체는 트러스 프레임, 좌석 2개, 도어가 없는 모노코크 쉘형 객실, 대형 쌍발 엔진을 갖춘 헬리콥터에서 볼 수 있는 것처럼 완전히 밀폐된 비행기 스타일의 객실을 갖춘 것까지 매우 다양하다. 헬리콥터 비행의 다각적인 특성은 조종석으로부터 넓은 시야를 필수적으로 갖추어야한다는 것이다. 이를 위해 일반적으로 폴리카보네이트, 유리 또는 특수아크릴 수지로 만든 대형 윈드실드(Windshield)를 사용한다.

1.10.3 착륙장치와 스키드 (Landing Gear or Skids)

헬리콥터의 착륙장치는 한 쌍의 튜브모양의 금속 스키드로 간단하게 할 수 있다. 대부분 헬리콥터는 바퀴가 있으며, 일부는 접어 넣을 수 있는 착륙장치를 갖추고 있다.

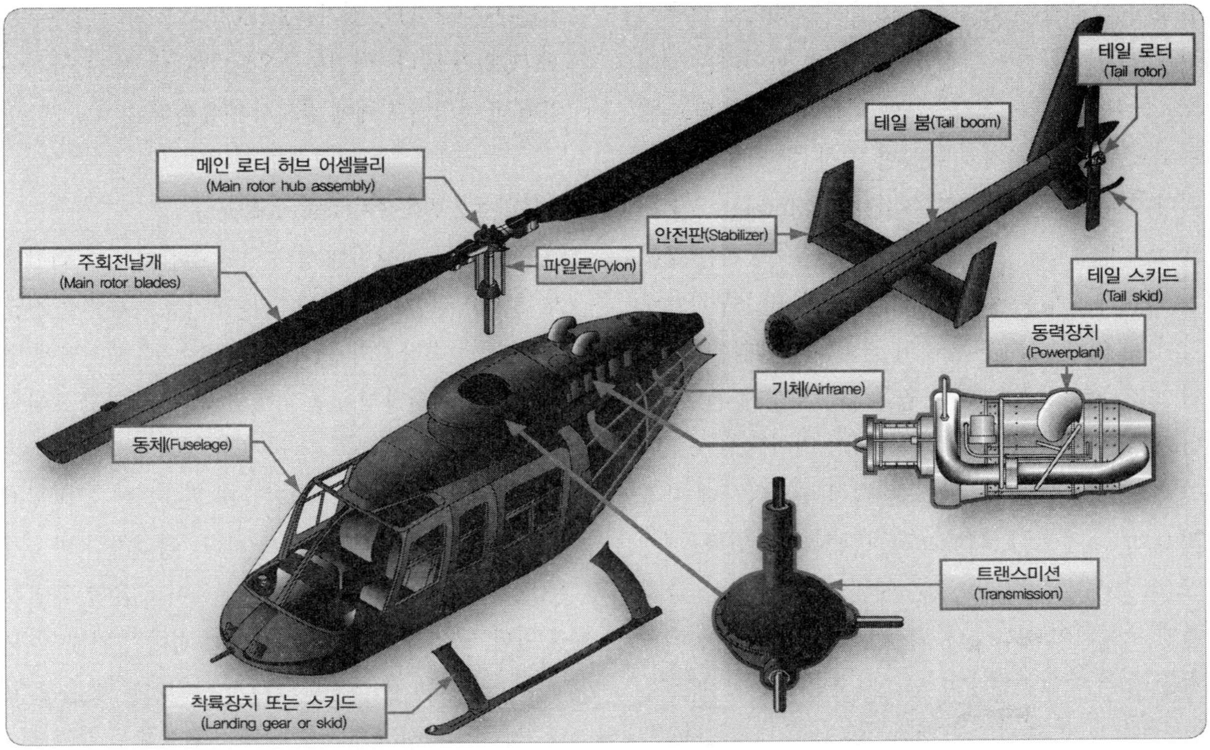

[그림 1-89] 헬리콥터의 주요 구성 요소인 동체 착륙 기어, 동력 장치/변속기, 메인 로터 시스템 및 반토크 시스템 (anti-torque system)

1.10.4 동력장치와 변속기 (Powerplant and Transmission)

헬리콥터에 사용되는 엔진의 가장 일반적인 두 가지 형식은 왕복엔진과 터빈엔진이다. 왕복엔진은 또한 피스톤엔진이라고도 부르는데 일반적으로 소형 헬리콥터에 사용된다. 대부분 훈련용 헬리콥터는 비교적 간단하고 운용측면에서 저렴하기 때문에 왕복엔진을 사용한다.

1.10.4.1 터빈엔진(Turbine Engines)

터빈엔진은 더욱 강력하고 다양한 헬리콥터에 사용된다. 터빈엔진은 크기에 비해 아주 큰 동력을 생산한다. 그러나 일반적으로 운용측면에서 비교적 비싸다. 헬리콥터에서 사용하는 터빈엔진은 비행기에 적용해서 사용하는 것과 다르게 운용된다. 대부분의 경우, 배기구는 팽창된 가스를 단순하게 배출시킬 뿐이고 헬리콥터의 전진운동에는 기여하지 않는다. 공기흐름이 제트엔진 내부를 직선으로 통과하지 않기 때문에, 그리고 추진력으로 사용하지 않기 때문에 공기의 냉각효과는 제한된다. 들어오는 공기흐름의 약 75%가 엔진을 냉각시키기 위해 사용된다.

대부분의 헬리콥터에 장착된 가스터빈엔진은 압축기, 연소실, 터빈 그리고 액세서리기어박스 어셈블리로 조립된다. 압축기는 여과된 공기를 플레넘 챔버(plenum chamber)로 끌어들여 압축한다. 일반적인 유형의 여과기는 이물질을 바깥쪽방향으로 분출시키고 압축기로 들어오기 전에 외부로 불어내는 원심소용돌이 튜브, 또는 자동차에 적용하여 사용되고 있는 K&N필터 여과기와 유사한 엔진 차단 필터(EBF)이다. 이 설계는 외부 이물질(FOD ; foreign object debris)의 흡입을 크게 감소시킨다. 압축공기는 분무된 연료가 주입되는 방출튜브를 통해 연소구간으로 향한다. 연료/공기 혼합물이 점화되어 팽창된다. 이 연소 가스는 일련의 터빈 휠을 회전시키게 된다. 이 터빈 휠은 엔진 압축기와 액세서리 기어박스 모두에 동력을 공급한다. 회전속도는 형식과 제작사에 따라 20,000rpm에서 51,600rpm까지 다양할 수 있다.

그림 1-90과 같이, 동력은 액세서리 기어박스 출력축에 부착되어 있는 자동회전장치(Auto rotation)장치를 통해 주회전날개와 꼬리회전날개에 공급한다. 마지막으로 연소 가스는 배기구를 통해 배출된다. 가스의 온도는 서로 다른 위치에서 측정되며 각각의 제작사에 따라 기준이 서로 다르다. 일반적인 용어는 터빈입구온도(TIT), 배기온도(EGT), 또는 터빈출구온도(TOT)가 있다. 터빈출구온도(TOT)는 단순 목적을 위해 이 논의의 전체에 걸쳐서 이용된다.

1.10.4.2 변속장치(Transmission)

변속장치는 정상비행 상태 시에 엔진에서 주 회전날개, 꼬리회전날개, 그리고 다른 보기류로 동력을 전달해 준다. 변속장치의 주요 구성요소는 주 회전날개 변속기, 꼬리회전날개 구동장치, 클러치, 그리고 프리휠링 유닛이다. 프리휠링 유닛, 또는 자동회전 클러치는 자동회전 하는 동안 주 회전날개 변속기가 꼬리회전날개 구동축을 가동시키도록 한다. 헬리콥터 변속기는 정상적으로 자체 오일을 공급하여서 윤활과 냉각을 한다. 육안계기는 오일수준을 점검하기 위해 있다. 일부 변속기는 용기에 부스러기 탐지기를 갖추고 있다. 이러한 탐지기는 내부 문제의 결과로서 들어오는 조종사계기판에 있는 경고등에 전선으로 연결되어 있다. 현대 헬리콥터의 일부 칩 탐지기(Chip Detectors)

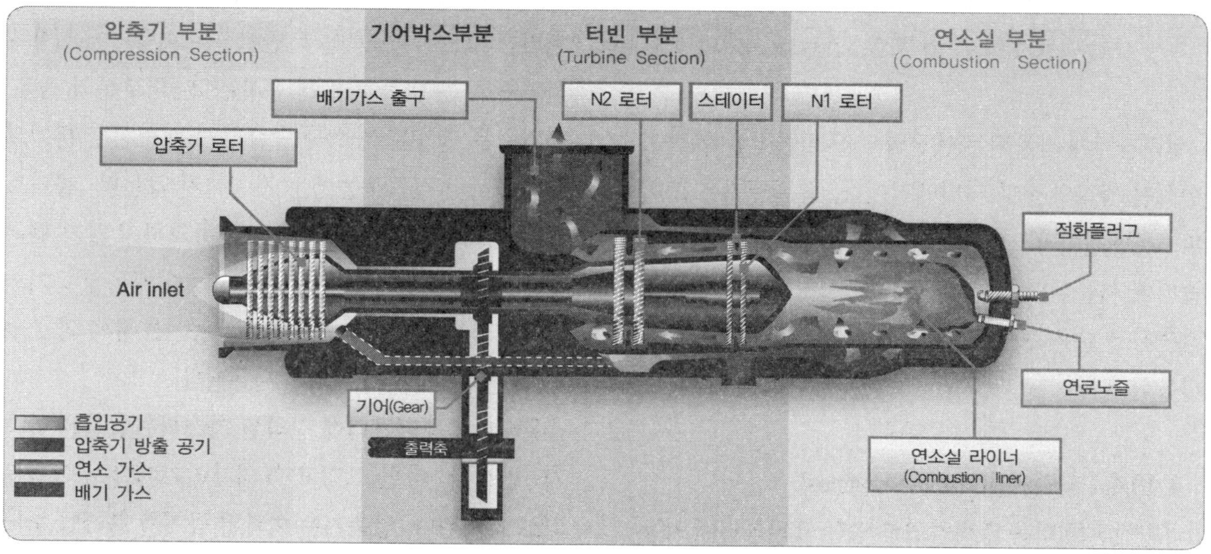

[그림 1-90] 헬리콥터의 인 변속기 및 로터 시스템을 구동하기 위한 터보샤프트 엔진(Turboshaft Engine)

는 "태워 없애는" 기능을 갖추고 있으며, 조종사의 별도 조치 없이 자체 수정된다. 만약 문제점이 스스로 수정하지 못한다면, 조종사는 특정 헬리콥터에 대한 비상절차를 참조해야 한다.

1.10.5 주 회전날개

시스템(Main Rotor System) 날개 시스템은 양력을 발생시키는 헬리콥터의 회전부분이다. 회전날개는 마스트, 허브, 그리고 회전날개로 구성되어 있다. 마스트는 구동장치로부터 위쪽방향으로 향하는 원통형의 금속축이며 가끔 변속기에 의해 받쳐진다. 마스트의 윗부분에는 허브라고 부르는 회전날개를 부착하는 지점이 있다. 회전날개는 서로 다른 다양한 방법으로 허브에 부착된다. 주 회전날개방식은 주 회전날개 허브가 어떻게 부착되고 어떻게 주 회전날개에 비례하여 움직이는지에 따라 분류한다. 세 가지의 기정형재적인 분류는 고정, 반고정, 또는 완전관절식이다.

1.10.5.1 고정식 날개 시스템(Rigid Rotor System)

고정식 날개 시스템이 가장 단순하다. 이 시스템에서 회전날개는 주 회전날개 허브에 단단하게 고정되어 있으며 앞뒤로 미끄러지거나 상하로 움직이는 것이 자유롭지 못하다.[그림 1-91] 이처럼 회전날개를 움직이도록 만드는 힘은 날개의 유연한 성질에 의해 흡수된다. 그러나 날개의 피치는 날개 길이방향으로 배치된 페더링 힌지를 축으로 해서 회전시킴으로서 조종할 수 있다.

[그림 1-91] 4블레이드 고정식 날개 시스템. 허브는 단조 티타늄 일체형

1.10.5.2 반고정식 날개 시스템 (Semi-rigid Rotor System)

그림 1-92에서 반고정식 날개 시스템은 날개 부착 지점에서 시소 힌지(Teetering Hinge)를 이용하도록 만들어준다. 앞뒤로 미끄러짐으로부터의 방해를 저지시키는 반면에 시소 힌지는 날개가 상하로 움직일 수 있도록 한다. 이 힌지로 인해 한쪽 날개가 위쪽으로 움직이면 다른 쪽은 아래쪽으로 움직인다.

1.10.5.3 완전 관절식 회전날개 시스템 (Fully Articulated Rotor System)

완전 관절식 회전날개깃 시스템은 날개가 앞뒤뿐만 아니라 상하로도 움직일 수 있는 힌지를 갖고 있다. 이런 리드-래그(Lead-lag), 드래그(Drag), 헌팅(Hunting) 등의 움직임은 회전 속도 변화에 따라 나타나는 코리올리 효과에 의한 반응이다. 회전이 시작되면 원심력에 의해 완전히 펼쳐질 때까지 날개는 뒤처져 있게 된다. 일단 회전하면 속도가 감소하여 힘이 균

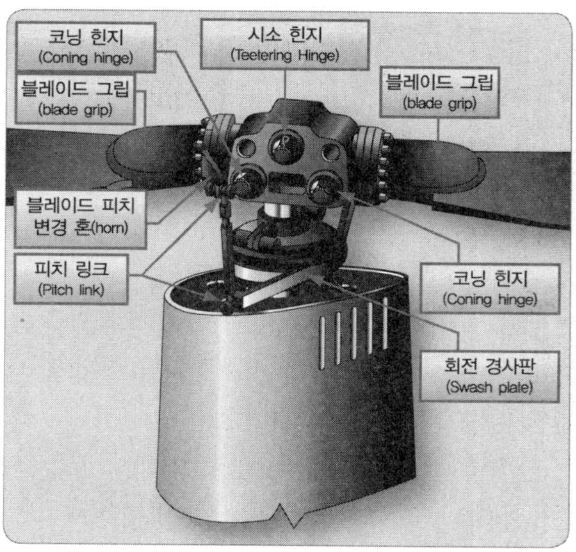

[그림 1-92] 로빈슨 R22의 반고정식 로터 시스템

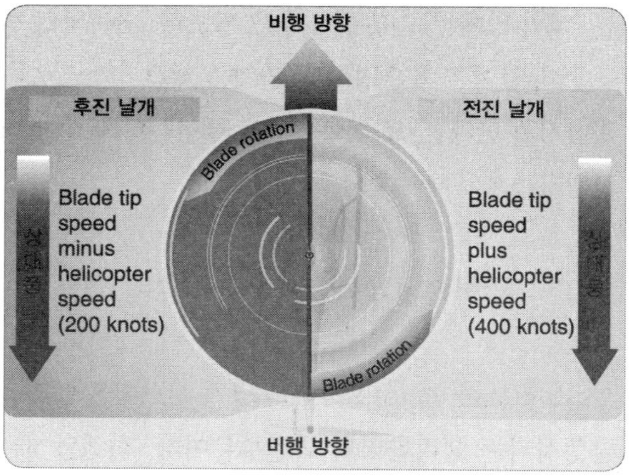

[그림 1-93] 날개 끝 속도가 약 300 knots인 헬리콥터

형을 이루게 될 때까지 주 회전날개 블레이드가 허브를 이끌게 된다. 회전날개 속도의 지속적인 변화는 회전날개의 "헌팅"을 유발한다. 완전 관절식 회전날개 시스템에는 수직 항력힌지가 장착되어 있기 때문에 이와 같은 현상이 자유롭게 이루어지는 것이 가능하다.

완전 관절식 회전날개 시스템에서 1개 이상의 수평 힌지(플래핑 힌지)는 상하방향 회전운동(Flapping)을 가능하게 한다. 또한, 페더링 힌지(Feathering hinge)는 날개 길이방향 축을 중심으로 회전함으로써 날개 피치를 변경할 수 있게 한다. 충격을 완화시키고 움직임을 제한하기 위해 댐퍼와 스톱이 다양하게 설계되고 있다. 그림 1-94에서는 설명한 형태로 된 완전관절식 회전날개 시스템을 보여준다.

3가지 유형의 주 회전날개방식에는 다양한 설계와 변형이 존재한다. 엔지니어는 헬리콥터의 회전으로 인한 진동과 소음을 줄이는 방법을 지속적으로 연구하고 있다. 이를 위해 주 회전날개방식에 탄성체 베어링의 사용이 증가하고 있다. 이 중합체 베어링은 원래의 모양이 변형되었다가 다시 원래의 모양으로 되돌아가는 능력을 가지고 있다. 이는 일반적으로 금속 베

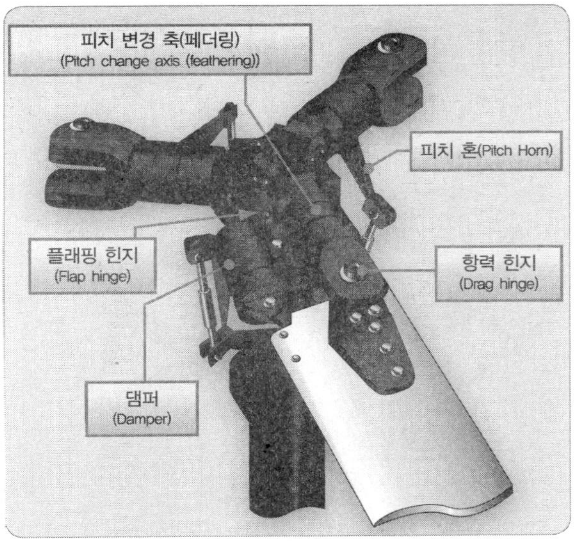

[그림 1-94] 완전 관절식 로터 시스템

어링에 의해 전달되는 진동을 흡수할 수 있다. 또한 정기적인 윤활이 필요하지 않아 유지관리가 감소된다.

일부 현대 헬리콥터 주 회전날개는 구부러지게 설계된다. 이들은 첨단 복합재료로 제작된 허브와 허브 구성부품이다. 이들은 구부러짐에 의해 날개의 불규칙 움직임과 양력의 비대칭을 해소하도록 설계하였다. 이렇게 함으로서 전통방식의 주 회전날개로부터 힌지와 베어링을 많이 줄일 수 있게 되었다. 그 결과, 움직이는 부품수가 더 적어 유지보수비가 적게 들고 더 단순한 회전날개 마스트가 개발되었다. 그림 1-95와 같이, 종종 구부러지게 하는 회전날개 설계에 탄성체 베어링을 사용한다.

1.10.6 안티토크 시스템(Anti-torque System)

일반적으로 헬리콥터는 2~7개의 주 회전날개를 갖고 있다. 이 회전날개는 보통 복합 구조로 만들어진다. 헬리콥터의 주 회전날개의 큰 회전 질량은 토크

[그림 1-95] 5블레이드 연결식 주 로터(탄성체 베어링 사용)

를 발생시킨다. 이 토크는 엔진 출력에 따라 증가하며 동체를 반대방향으로 회전시키려 한다. 그림 1-96과 같이, 테일붐과 꼬리날개 또는 반-토크 로터는 이 토크 효과를 상쇄시킨다. 토크의 반대 방향으로 추력을 발생시키도록 설계된다. 때로는 반 토크 로터(anti-torque rotor)라고도 한다.

엔진출력 레벨이 변경될 때 페달로 조종되는 꼬리회전날개의 토크 크기를 조절해야 한다. 이것은 꼬리회전날개의 깃 각을 변화시킴으로써 이루어진다. 이것은 차례로 반 토크의 양을 변화시키고, 항공기를 수직축 중심으로 회전시켜 헬리콥터가 향하는 방향을 조종할 수 있게 된다.

비행기의 꼬리부분에 있는 수직안정판과 유사한 핀(fin) 또는 파일론(pylon)은 회전익항공기에서도 또한 일반적인 형태이다. 일부 꼬리회전날개는 붐(boom)의 테일 콘(tail cone)에 장착되기도 하지만, 일반적으로 꼬리회전날개 어셈블리를 지지한다. 또한 안정판이라고 불리는 수평부재는 종종 테일 콘 또는 파일론에 조립된다.

페네스트론(Fenestron)은 실제로 수직파일론에 장

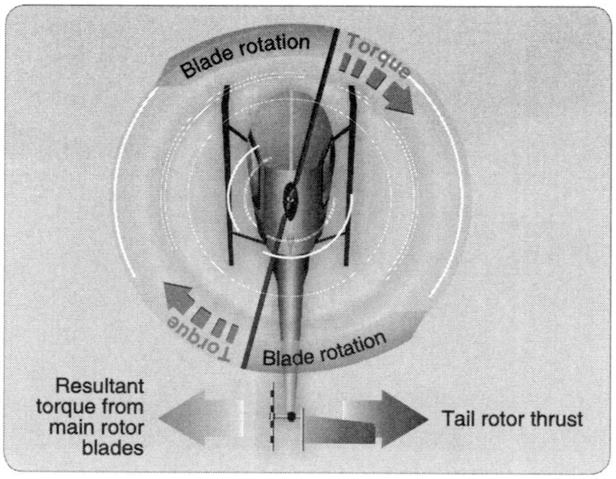

[그림 1-96] 꼬리 로터는 주 회전날개의 회전에 의해 발생하는 토크의 반대 방향으로 추력을 발생시키도록 설계된다. 때로는 반 토크 로터(anti-torque rotor)라고도 한다.

[그림 1-97] 페네스트론(Fenestron) 또는 팬인 테일(fan-in-tail) 반토크 시스템

착된 다수의 날개로 만든 팬이며, 독특한 꼬리회전날개 설계형태이다. 이것은 일반적인 꼬리회전날개와 같은 방식으로 작동하며, 주 회전날개에 의해 발생하는 토크를 상쇄시키는 측면 추력을 제공한다.[그림 1-97]

NOTAR헬리콥터의 반토크 시스템에서는 테일 붐에 장착된 회전날개를 볼 수가 없다. 대신에 엔진 구동식

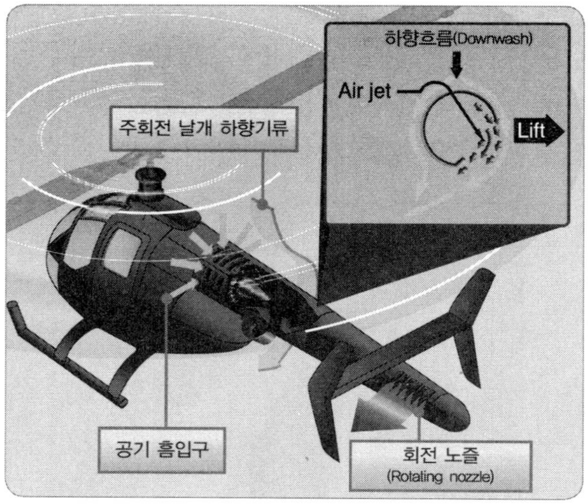

[그림 1-98] 호버링 시 발생하는 코안다(Coanda) 효과

가변 팬이 테일붐 안쪽에 위치해 있다. NOTAR헬리콥터는 "테일 로터가 없는(No TAil Rotor)"을 뜻하는 약어이다. 주 회전날개의 속도가 변화될 때 NOTAR헬리콥터의 팬의 속도도 변화된다. 그림 1-98에서와 같이 회전노즐이 위치했을 때, 공기는 테일 붐의 오른쪽에 있는 두 개의 긴 슬롯으로 배출되어 메인 로터의 하향흐름(Downwash)과 합류한 후 테일 붐의 오른쪽 면을 타고 흐르면서 저압상태를 유발한다(코안다 효과). 붐의 오른쪽에 형성된 이 낮은 압력은 붐을 오른쪽으로 회전시키는 작용을 k여 주 회전날개에 의해 생성되는 토크를 상쇄시키게 된다. 또한 팬에서 나오는 나머지 공기는 테일붐의 왼쪽방향으로 배출된다. 왼쪽으로 흐르는 이 공기흐름은 회전노즐로 분사되면서 주 회전날개 토크를 상쇄시키는 방향인 오른쪽으로 반작용을 일으키게 된다.

1.10.7 제어(Controls)

헬리콥터의 조종은 비행기에서 조종과 약간 다르다. 조종사의 왼손에 의해 조작되는 동시피치조종(Collective pitch control)은 동시에 회전날개깃 모두의 받음각을 동시에 증가시키거나 감소시키기 위해 위쪽으로 당기거나 아래쪽으로 밀어준다. 이것은 양력을 증가시키거나 감소시켜 항공기를 상승 또는 하강시킨다. 엔진출력 제어장치는 동시피치조종간 끝의 손잡이에 위치한다. 주기피치조종(Cyclic pitch control)은 조종사의 양발 사이에 위치한 조종"스틱"이다. 이것은 회전날개깃의 회전 평면을 기울이기 위해 어떤 방향으로든 움직일 수 있게 되어있다. 이 주기피치조종간이 움직이는 방향으로 헬리콥터가 이동하도록 한다. 앞에서 설명한 바와 같이, 방향키 페달은 주 회전날개에 의해 발생하는 토크를 상쇄시키거나 방향 전환을 위해 꼬리회전날개의 깃각을 조종한다. 그림 1-99와 그림 1-100에서는 헬리콥터에서 찾아볼 수 있는 대표적인 조종장치에 대한 그림이다.

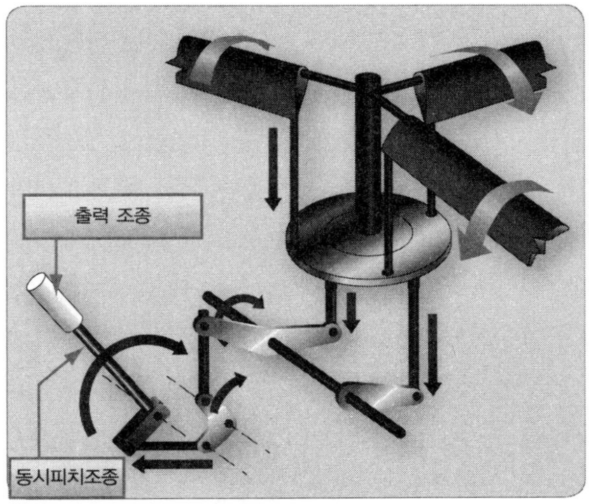

[그림 1-99] 회전날개에 대한 동시피치 조종 (Collective pitch control)

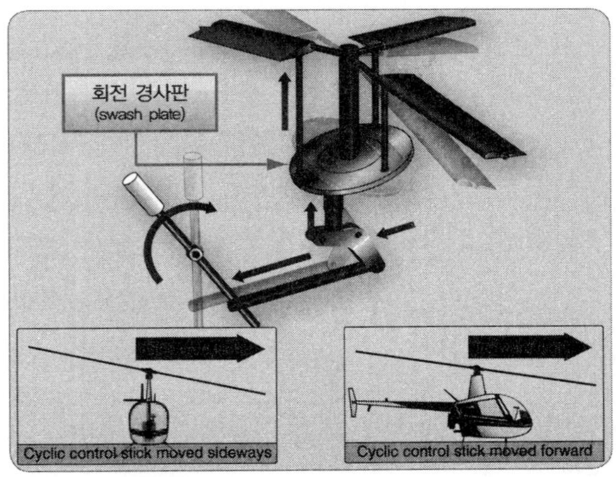

[그림 1-100] 회전 경사판(swash plate)의 각도를 변경을 통한 주기피치 조종(Cyclic pitch control)

02
항공기 천 외피

Aircraft Fabric Covering

2 항공기 천 외피

Aircraft Fabric Covering

2.1 일반 역사(General History)

직물로 덮인 항공기(fabric-covered aircraft)는 항공 역사에서 중요한 역할을 한다. 유명한 라이트 플라이어는 항공기 설계에서 천으로 덮인 나무 골격을 사용했으며, 천 외피는 항공기 제작 초기의 수십 년간 많은 항공기 설계자들과 제조자들에 의해 지속적으로 사용되었다. 항공기에 천 외피 사용은 경량이라는 한 가지 주요한 이점을 제공한다. 반대로, 천 외피는 두 가지 단점을 지니고 있는데, 가연성과 내구성의 부족이다.

아일랜드산 리넨(마, linen)이나 면과 같이 정교하게 직조된 유기물 천은 기체를 덮는데 사용되는 원래 직물이지만 직물의 처짐 경향으로 인해 항공기 구조를 위험에 노출되게 하였다. 이 문제를 해결하기 위하여 제조자는 직물을 기름이나 니스로 코팅하기 시작했다. 1916년에, 질산 도료라고 불리는 질산에 용해된 셀룰로오스 혼합물이 항공기 직물 코팅으로 사용하기 시작하였다. 질산 도료는 천을 보호하고 잘 점착시켜서 기체를 덮고 팽팽하게 만들었다. 또한 도료가 건조되면 매끄럽고 내구성이 좋게 마감처리 된다. 질산 도료의 주요 단점은 가연성이 높다는 것이다.

가연성 문제를 해결하기 위하여 항공기 설계자들은 낙산 도료라고 부르는 부티르산에 용해시킨 셀룰로오스 용제를 사용하기 시작하였다. 이 혼합물은 먼지와 습기로부터 원단을 보호해 주지만, 질산 도료처럼 원단에 잘 점착되지 않았다. 결국 두 가지 도료를 결합한 시스템이 개발되었다. 천은 점착력과 보호성을 위해 질산 도료로 코팅한 뒤 부티르산 도료를 추가로 칠하였다. 부티르산 도료 도장은 천 외피의 전반적인 가연성을 감소시켜주기 때문에, 이 시스템은 표준 직물 처리 시스템이 되었다.

두 번째 문제점인 내구성 부족은 외부에 노출된 천의 열화로 인해 수명이 감소되는 것이다. 질산 도료와 부티르산 도료의 혼합물은 먼지와 물의 침투를 방지하여 품질저하 문제를 부분적으로 해결하지만, 태양의 자외선(UV)에 의한 열화를 방지할 수는 없다. 자외선은 도료를 통과해서 직물뿐만 아니라 항공기 구조물까지 손상을 입힌다. 페인트가 질산 도포에 잘 붙지 않기 때문에 코팅된 천을 칠하는 시도가 성공하지 못한 것으로 판명되었다. 따라서 알루미늄 입자를 부티르산 코팅에 첨가하게 되었다. 이 혼합물은 태양 광선을 반사시키고, 유해한 자외선이 도료를 침투하는 것을 막아주었으며, 천 외피와 더불어 항공기 구조물까지도 보호하였다.

유기물 천은 보호처리와 상관없이 수명이 제한되어 있다. 정상 비행하는 항공기에 사용되는 면직물 또는 리넨(마, linen) 외피는 약 5~10년 정도밖에 수명이 지속되지 않는다. 지난 수십 년간 항공기용 면직물을 구하기 어려워진 상황에서 항공기 산업이 더 강력한 엔진과 공기역학적인 항공기 구조를 개발함에 따라, 알루미늄이 선호하는 재료가 되었다. 알루미늄을 엔진, 항공기 기골, 그리고 항공기 표피로 사용하는 것은 항공기 산업에 혁명을 일으켰다. 알루미늄 항공기 외피는 기후 환경으로부터 항공기 구조물을 보호해 주는 동시에 내구성과 불연성을 갖추게 되었다.

그림 2-1에서 보여준 것과 같이 알루미늄과 복합소재 항공기가 최신 항공기 산업에서 주로 사용되고 있음에도 천 외피의 질적 향상이 지속적으로 이루어졌다. 일부 표준 항공기와 다목적 인가 항공기뿐만 아니라 활공기, 아마추어에 의해 제작된 항공기, 그리고 레저 스포츠 항공기가 여전히 천 외피로 제작되고 있기 때문이다. 질산도료/부티르산염 도료로 작업을 잘 처리할 수 있지만 유기 직물의 짧은 수명문제만큼은 해결하지 못했다. 천 외피의 문제점인 한정된 수명은 1950년대에 항공기 피복으로 폴리에스테르 직물이 도입되고 나서야 해결되었다. 폴리에스테르 직물로의 전환은 약간의 문제점을 가지고 있었다. 질산 도료와 부티르산 도료 도장 공정이 유기 직물을 위한 것이어서 폴리에스테르에는 적당한 것이 아니었기 때문

[그림 2-1] 천 외피(fabric skin)를 사용하여 제작한 항공기의 예

이다. 폴리에스테르에 초벌로 도포된 도료는 점착과 보호성이 양호하였으나 건조되었을 때 천 외피로부터 결국 분리되어 도료가 천 외피의 수명만큼 지속되지 못하였다.

결국 도장이 벗겨지는 문제점을 최소화하는 도료 첨가제가 개발되었다. 예를 들어, 가소제(plasticizer)는 건조된 도료를 유연하게 유지시키고, 팽팽해지지 않는 도료 제조법은 직물로부터 도장이 벗겨지는 것을 방지한다. 적절하게 보호시키고 도포된 폴리에스테르는 장시간 사용이 가능하고 면직물 또는 리넨(마, linen)보다 더 강하다. 현재는 폴리에스테르 천 외피가 표준이며 미국 인가 항공기에는 면직물과 리넨(마, linen)의 사용이 중단되었다. 실제로, A등급 면직물 항공기 천 외피를 만드는 목화섬유는 미국에서 더 이상 생산되지 않는다.

모든 항공기 피복방식이 도료 도장 공정을 적용하지는 않는다. 비도료 직물 처리법(non-dope fabric treatment)의 적용하는 최신 항공기 피복 방식은 수십년간 사용한 후에도 약화의 조짐이 없다. 이 장에서는 기초적인 피복 기술뿐만 아니라 다양한 천 외피와 처리방식을 기술하였다.

2.2 직물 용어(Fabric Terms)

항공기용 직물의 이해를 돕기 위해 다음 정의가 제공된다. 그림 2-2에서는 이들 항목 중 일부를 보여준다.

(1) 날실(Warp)
천 외피의 길이를 따르는 방향

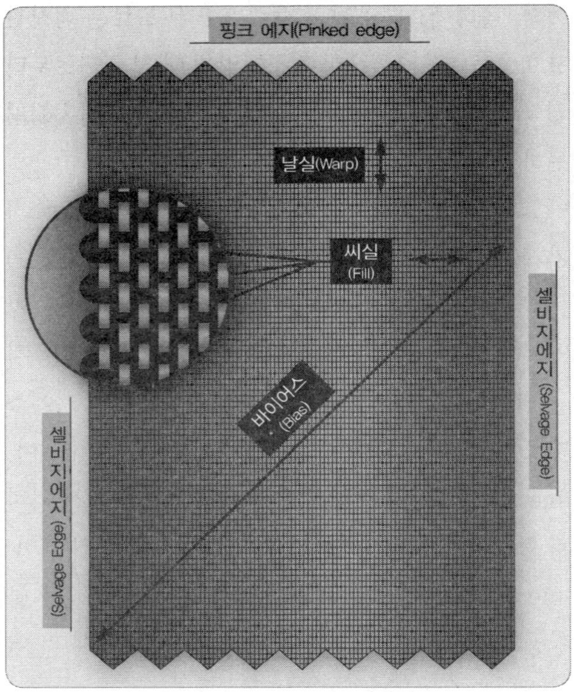

[그림 2-2] 항공기 외피용 천의 명명법

(2) 씨실(Fill 또는 Weave)

천 외피의 폭으로 가로지르는 방향

(3) 카운트(Count)

날실 또는 씨실의 inch당 실(thread)의 꼬임 수

(4) 플라이(Ply)

실을 구성하는 올(yarn)의 개수

(5) 바이어스(Bias)

날실 또는 씨실에 대각선으로 만들어진 찢어진 곳, 접힌 곳, 또는 접합선(접합선)

(6) 핑크 에지(Pinked Edge)

풀림을 방지하기 위해 재단기 또는 특별한 핀킹가위(pinking shears, 천의 올이 풀리지 않도록 가장자리를 지그재그 모양으로 자를 수 있는 가위)를 사용하여 톱날 모양으로 잘라낸 가장자리

(7) 셀비지 에지(Selvage Edge)

풀림을 방지하기 위해 직조한 천, 테이프, 또는 벨트 등을 만드는 데 쓰이는 튼튼한 직물로 된 띠의 가장자리

(8) 그레이지(Greige)

열 수축되기 전에 생산과정을 마친 폴리에스테르 직물의 상태

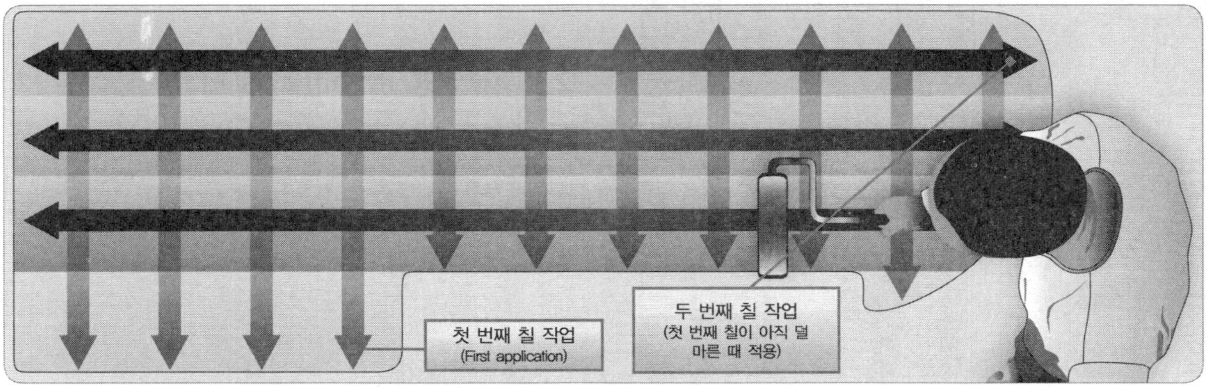

[그림 2-3] 단일 크로스(가로, 세로 양방향) 칠 작업(single cross coat)

(9) 크로스 칠 작업(Cross Coat)

두 번째 칠-첫 번째 칠이 가해진 방향에서 90°로 칠하는 솔질 또는 뿜기. 그림 2-3과 같이, 두 가지 칠이 함께 단일 크로스(가로, 세로 양방향) 칠 작업을 해준다.

2.3 천 외피의 법적 측면 (Legal Aspects of Fabric Covering)

천 외피항공기가 승인될 때 항공기 제작사는 해당 항공기에 대해 발행되는 형식 승인 에 따라 인가된 항공기를 덮는 재료와 기법을 사용한다. 항공기 천 외피를 교체할 때, 정비사는 반드시 동일한 재료와 기법을 사용해야 한다. 재료와 기법의 개요는 제작사 서비스 매뉴얼에 수록되어 있다. 예를 들어, 원래 면직물로 제작된 항공기는 국가별 항공 안전 담당 부서에서 예외로 승인하는 경우를 제외하고는 오직 면직물로만 교환 장착할 수 있다. 대체 천 외피 재료와 절차에 대하여 승인된 예외사항은 일반적인 것이다. 폴리에스테르 직물은 더 가벼운 무게, 더 긴 수명, 보강된 강도, 그리고 더 저렴한 비용과 같은 성능 에서 이점이 있기 때문에 무명 직물로 제작된 수많은 구형 항공기들은 승인된 교체 권한을 받고 폴리에스테르 직물로 교체하여 왔다.

본래 승인되었던 것들과 다른 재료와 공정으로서 항공기 천을 교환하기 위한 미연방항공청(FAA)의 승인을 얻는 세 가지 수단이 있다. 한 가지는 승인된 형식증명(STC, supplemental type certificate)에 따라서 작업하는 것이다. 형식증명은 특정 항공기 모델을 위한 것임을 구체적으로 명시해야 한다. 부가형식증명에는 정확히 어떤 대체 재료를 사용해야 하고 어떤 절차가 수행되어야 하는지 상세히 기술되어 있다. 어떠한 방식이라도 형식증명 자료에서 편차가 발생하는 경우 항공기의 감항성을 잃게 된다. 형식증명 보유자는 일반적으로 항공기의 천을 교환하기 원하는 사람에게 재료와 형식증명의 사용권을 매각한다.

다른 재료와 공정으로 항공기에 천을 교환하기 위한 승인을 얻는 두 번째 수단은 현장승인이 있다. 현장승인은 국가별 항공 안전 담당부서에 의해 발행되는 일회성 승인이고 제작사 본래의 재료와 공정을 교체하는 데 요구되는 재료와 공정을 허용한다. 현장승인 요청은 정비 요구 양식으로 제출한다. 대체가 완료되었을 때 항공기가 본래의 부가형식증명에 의해 제시된 성능 매개변수를 부합하거나 넘어선다는 증거와 함께 재료와 절차의 철저한 개요를 제출해야 한다.

세 번째 수단은 제작사가 새로운 공정에 대한 형식증명자료를 통하여 인가를 확보하는 것이다. 예를 들어, Piper Aircraft Co.는 본래 면직물로 회사에서 제작한 PA-18s의 기체 외피를 제작하였다. 이 회사는 Dacon 천 외피로 자체 제작 항공기의 천을 교환하는 인가를 획득했다. 형식증명관련 자격 보유자가 천 외피에 대해 현재의 승인을 갖추고 있기 때문에, 형식증명관련 자격에 따라서 Dacon으로 구형 PA-18s의 외피를 교환하는 것은 대수리(major repair)가 된다.

2.4 승인 재료(Approved Materials)

항공기 천 외피와 수리공정에 사용되는 여러 가지 승인된 재료들이 있다. 아이템을 합법적으로 사용하기 위해서 국가별 항공 안전 담당부서는 제작사, 형식증명의 소지자, 또는 현장승인을 위해 천 외피, 테이프,

실, 끈, 아교, 도료, 밀폐제(sealant), 피막제, 희석제, 첨가제, 살균제, 복원제, 그리고 페인트를 인가해야 한다.

2.4.1 천(Fabric)

회사가 승인된 항공용 천 외피를 제작하거나 판매하도록 인가받았을 때 부품 제조사 승인(PMA, parts manufacturing approval)에 지원하여 취득한다. 현재 오직 소수의 폴리에스테르 직물 Ceconite™, Stits/Polyfiber™, 그리고 Superflite™과 같은 승인된 천 외피가 항공기 피복에 사용된다. 표 2-1에서는 천 외피와 천 외피가 갖는 특성의 일부를 보여준다. 천 외피에 대한 부품 제조사 승인 소유자는 피복 공정에 사용되는 여러 가지의 테이프, 줄, 실, 그리고 용액을 발전시키면서 승인을 획득하고 있다. 승인된 재료는 사용하기 위한 절차와 함께 각각의 특정한 천 외피공정에 대한 부가형식증명을 제정한다. 반드시 승인된 재료만이 사용될 수 있다. 다른 재료로의 대용물은 항공기가 비감항성이 되는 결과를 가져오기 때문에 금지된다.

2.4.2 다른 천 외피 재료 (Other Fabric Covering Materials)

다음은 제작사 매뉴얼 또는 형식증명 각각에 대해 천 외피 작업을 완결하기 위해 사용되는 보조 재료에 대한 소개이다.

2.4.2.1 마찰방지 테이프(Anti-chafe Tape)

마찰방지 테이프는 천 외피가 찢어지는 것을 방지하고 더 매끄러운 표면을 제공하기 위해 날카로운 돌출부, 리브덮개, 금속 이음매 및 기타 부위에 사용한

[표 2-1] 항공기 천 외피로 승인된 직물

Approved Aircraft Fabrics					
Fabric Name or Type	Weight (oz/sq yd)	Count (warp x fill)	New Breaking Strength (lb) (warp, fill)	Minimum Deteriorated Breaking Strength	TSO
Ceconite™ 101	3.5	69 x 63	125,116	70% of original specified fabric	C-15d
Ceconite™ 102	3.16	60 x 60	106,113	70% of original specified fabric	C-15d
Polyfiber™ Heavy Duty-3	3.5	69 x 63	125,116	70% of original specified fabric	C-15d
Polyfiber™ Medium-3	3.16	60 x 60	106,113	70% of original specified fabric	C-15d
Polyfiber™ Uncertified Light	1.87	90 x 76	66,72	uncertified	
Superflight™ SF 101	3.7	70 x 51	80,130	70% of original specified fabric	C-15d
Superflight™ SF 102	2.7	72 x 64	90,90	70% of original specified fabric	C-15d
Superflight™ SF 104	1.8	94 x 91	75,55	uncertified	
Grade A Cotton	4.5	80 x 84	80,80	56 lb/in (70% of New)	C-15d

다. 일반적으로 접착성 천테이프이며, 항공기를 세척하고 안전 검사 후 초벌 도포된 뒤 천 외피를 장착하기 전에 붙인다.

2.4.2.2 보강 테이프(Reinforcing Tape)

보강 테이프는 리브에 천 외피를 부착하는 부위를 보호하고 강화하기 위해 천 외피가 장착된 후 리브 캡에 가장 널리 사용된다.

2.4.2.3 리브 브레이스 테이프(Rib Bracing Tape)

리브 브레이스 테이프는 천 외피가 장착되기 전에 날개 리브에 사용된다. 그림 2-4와 같이, 날개길이 방향으로 상부 리브 캡을 둘러 감고 그다음에 하부 리브 캡을 둘러 감으면서 리브와 다음 리브를 연결해서 모든 것이 지지될 때까지 감는다. 리브와 리브사이 브레이스는 이 방식으로 피복 공정 시에 적절한 자리에 적절하게 정렬하여 리브를 고정시킨다.

2.4.2.4 표면 테이프(Surface Tape)

폴리에스테르 재료로 종종 미리 수축시켜 만든 표면 테이프는 형식증명 보유자로부터 구한다. 마감 테이프라고도 알려져 있는 이 테이프는 천 외피가 장착된 후에 붙인다. 이음매, 리브, 패치, 그리고 가장자리 위에 사용되며 직선 또는 톱니모양으로 잘린 가장자리를 갖고 있고 다양한 폭으로 사용 가능하다. 곡면에 사용하기 위해 비스듬히 자른 테이프가 있으며, 테이프가 반지름 주위에 형태를 잡을 수 있도록 한다.

[그림 2-4] 리브와 리브사이 브레이스는 피복 공정에서 리브를 제자리에 고정

2.4.2.5 리브 묶기 끈(Rib Lacing Cord)

리브를 묶는 끈은 천 외피를 날개 리브에 묶기 위해 사용된다. 이 끈은 비행 중의 하중을 천 외피에서 리브로 안전하게 전달하기 위해 튼튼해야 하고 지시에 맞추어 적용해야 한다. 리브 묶기 끈은 둥근 또는 평평한 횡단면이다. 평평한 줄보다 둥근 줄이 사용하는 게 더 쉽지만, 적절하게 장착하면 평평한 줄이 리브 위에서 더 매끄러운 마무리를 할 수 있다.

2.4.2.6 재봉실(Sewing Thread)

폴리에스테르 직물의 바느질은 자주 사용되지 않고 주로 봉투 방식(envelope method) 피복 공정에서 사용되는 미리 끼워진 봉투의 봉합에 한정적으로 사용된다. 직물 접합선 밑으로 구조물 없이 만들어야 할 때, 바느질된 접합선이 사용될 수 있다. 폴리에스테르 직물에는 다양한 사양의 폴리에스테르 실이 사용된다. 재봉틀에 의한 재봉과 손바느질에 대해 각각 다른 실이 명시된다. 손바느질에서는 일반적으로 15pound 인장 강도를 가진 세 가닥의 코팅되지 않은 폴리에스테르 실을 사용한다. 재봉틀 실은 일반적으로 10pound의 인장 강도를 갖는 4가닥의 폴리에스테르 실이다.

2.4.2.7 특수 외피 파스너(Special Fabric Fasteners)

각 피복 작업은 날개와 미부 리브에 천 외피를 부착하는 방법을 포함한다. 원래 제작사의 고정 방법을 사용해야 한다. 그림 2-5와 같이, 승인된 리브 레이싱 끈으로 천 외피를 리브에 묶는 것 이외에도 일부 항공기에는 특수 클립, 스크루, 리벳 등이 쓰인다. 이런 고정 장치를 사용하는 첫 번째 단계는 고정 장치가 장착되는 구멍이 맞는지 검사하는 것이다. 마모된 구멍은 제작사 매뉴얼에 따라 확대시키거나 다시 뚫어야 할 수도 있다. 반드시 승인된 파스너를 사용해야만 한다. 승인되지 않은 파스너를 사용한다면, 피복작업에서 비감항성의 결과를 낼 수 있다. 스크루와 리벳은 종종 플라스틱와셔 또는 알루미늄와셔와 함께 사용한다. 모든 파스너와 리브 레이싱은 일단 장착되면 매끄러운 마무리와 원활한 공기흐름을 제공하기 위해 마감 테이프로 덮어준다.

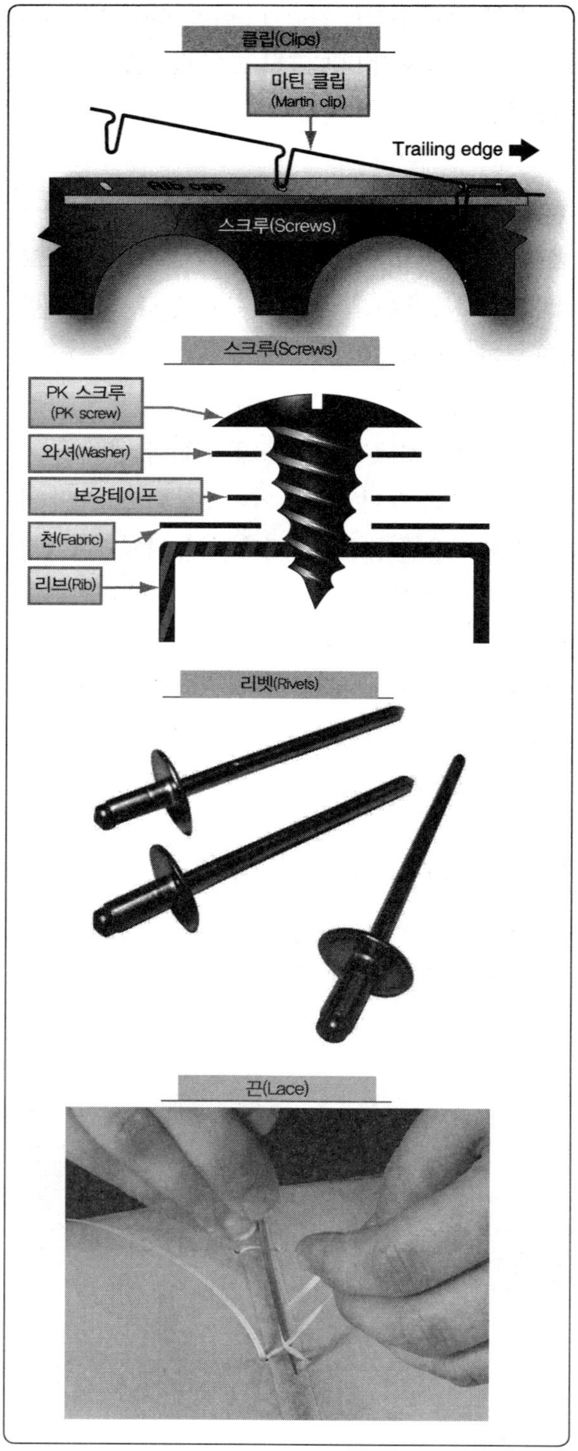

[그림 2-5] 직물을 부착하는 데 클립, 스크루, 리벳 또는 끈(lace)이 사용됨

2.4.2.8 그로밋(Grommets)

그로밋은 항공기 천 외피에 배수 구멍을 보강하기 위해 사용한다. 일반적으로 알루미늄이나 플라스틱으로 제작되며, 그로밋을 직물 표면에 접착재로 붙이거나 도료 칠로 고착시켜 제자리에 고정시킨다. 일단 고정되면 그로밋의 중심을 통해 천에 구멍을 뚫는다. 이것은 종종 올이 풀리는 것을 방지하기 위해 천 가장자리를 납땜인두기 열로 밀봉한다. 그림 2-6에서 보여준 것과 같이, 수상기 그로밋은 덮인 구조물의 안쪽으로 물을 튀어들어오는 것을 방지하고 내부에 있는 물은 바깥쪽으로 잘 배출되도록 도움을 주기 위해 배수구멍 위에 덮개를 가지고 있다. 그로밋을 사용하는 배수구멍은 그로밋을 붙이기 전에 만들어야 한다. 두 겹의 천으로 만들어진 일부 배수구멍은 그로밋을 필요

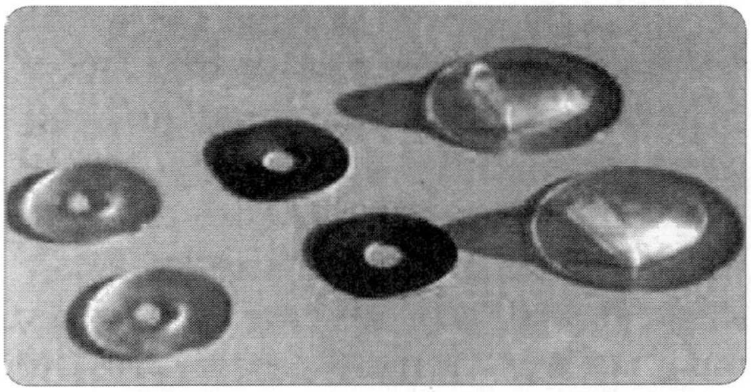

[그림 2-6] 천 외피의 배수구를 보강하는 데 사용되는 플라스틱, 알루미늄 및 수상비행기 그로밋(grommets)

[그림 2-7] 검사 링(rings)과 검사 커버(cover)

로 하지 않는다.

2.4.2.9 검사링(Inspection Rings)

항공기 피복의 아래에 구조물은 주기적으로 검사해야 한다. 직물로 덮인 항공기에서 이것을 용이하게 하기 위해, 검사 링을 천 외피에 접착재로 붙이거나 또는 도료로 붙인다. 이 검사 링은 직물 아래 구조물을 검사할 수 있도록 구멍을 뚫을 천 외피의 구멍 주위에 안정된 테두리를 제공한다. 천 외피는 검사가 요구되기 전까지는 절단하지 않은 상태를 유지한다. 검사 링은 일반적으로 안지름이 약 3inch정도 되는 플라스틱 또는 알루미늄이다. 그림 2-7과 같이 스프링 클립 금속패널 커버는 일단 접근을 위해 검사 링 내부의 천을 절단한 후 해당 부위를 닫기 위해 장착할 수 있다. 검사 링의 위치는 제작사에 의해 명시된다. 검사 링이 장착되지 않은 중요한 영역에 접근 할 수 있도록 추가 링이 추가되는 경우가 있다.

2.4.2.10 프라이머(Primer)

직물 피복 항공기의 기체 구조는 직물 피복 공정을 시작하기 전에 청소, 검사 및 준비해야한다. 최종준비 절차는 사용한 직물 접착제 및 직물 밀폐제의 첫 번째 칠로 구조물에 초벌칠하는 것이다. 각각의 부가형식 증명은 사용에 적합한 프라이머와 목재구조물에 적합한 바니시를 명시한다. 일반적으로 2 액형 에폭시 프라이머는 금속 구조에 사용되며, 2 액형 에폭시 바니시는 목재 구조에 사용됩니다. 제조업체 또는 STC(부가형식증명) 매뉴얼에 지정된 프라이머를 활용한다.

2.4.2.11 직물 접합제(Fabric Cement)

최신의 천 외피방식은 기체에 천 외피를 부착시키기 위해 특별한 직물 접합제를 활용한다. 표 2-2와 같이, 여러 가지의 종류가 있다. 좋은 점착 품질, 유연성, 그리고 긴 수명에 덧붙여서 직물 접합제는 접합제 도포 이전과 이후에 발라진 프라이머(초벌칠용의 도료)와 직물 밀봉재(Sealer)에 적합한 것이어야 한다.

2.4.2.12 천 외피 초벌칠용 도료(Fabric Sealer)

표 2-2와 같이, 천 외피 초벌칠용 도료는 천 외피에 있는 섬유에 점착을 제공하고 먼지와 습기가 안으로 들어가지 않도록 보호도장으로 둘러싼다. 도료는 폴리에스테르 직물이 기체에 부착된 후에 직물에 발라주는 첫 번째 칠이며 가열하여 꼭 맞도록 수축시킨다. 도료기반 천 외피도장 방식은 1차 천 외피 밀폐재로써 팽팽하게 만들지 않는 질산 도료를 활용한다. 팽팽하게 만드는 도료로 도포하면 천 외피가 지나치게 팽팽

[표 2-2] 현재 FAA 승인 직물 피복 공정

Aircraft Covering Systems							
APPROVED PROPRIETARY PRODUCT NAME							
Covering System	STC #	Allowable Fabrics	Base	Cement	Filler	UV Block	Topcoats
Air-Tech	SA7965SW	Ceconite™ Poly-Fiber™ Superflite™	Urethane	UA-55	PFU 1020 PFU 1030	PFU 1020 PFU 1030	CHSM Color Coat
			Water		PFUW 1050	PFUW 1050	
Ceconite™/ Randolph System	SA4503NM	Ceconite™	Dope	New Super Seam	Nitrate Dope	Rand-O-Fill	Colored Butyrate Dope Ranthane Polyurethane
Stits/Poly-Fiber™	SA1008WE	Poly-Fiber™	Vinyl	Poly-tak	Poly-brush	Poly-spray	Vinyl Poly-tone, Aero-Thane, or Ranthane Polyurethane
Stewart System	SA01734SE	Ceconite™ Poly-Fiber™	Water-borne	EkoBond	EkoFill	EkoFIll	EkoPoly
Superflite™ • System1	SA00478CH and others	Superflite™ 101,102	Dope	U-500	Dacproofer	SrayFil	Tinted Butyrate Dope
• System VI		Superflite™ 101,102	Urethane	U-500	SF6500	SF6500	Superflite™ CAB

해져서 기체가 손상될 수 있는 지나친 응력을 초래하게 된다. 비도료도장 방식도 팽팽하게 만들지 않는 특허 도료를 사용한다.

2.4.2.13 충전제(Fillers)

천 외피 도료가 도포된 후에는 충전제가 사용된다. 제작사 또는 천 외피 공정 부가형식증명에서 요구하는 다수의 크로스 코트(cross coats)에 분무된다. 충전제는 자외선이 천 외피에 도달하는 것을 차단하기 위해 포함된 분말 또는 화학물질을 함유하고 있다. 적절하게 채운 도장이 대단히 중요한 것은 자외선이 폴리에스테르 직물을 약화시키는 원인이 되는 단 한가지의 가장 유해한 요소이기 때문이다. 도료기반 공정은 부티르산 도료 충전제를 사용하는 반면에 다른 공정은 자체적으로 소지한 특허 조제를 갖고 있다. 충전제와 초벌칠용 도료를 결합시켰을 때 직물 프라이머라고 부른다. 이전에 자외선 차단을 위해 부티르산 도료에 첨가된 알루미늄 반죽과 분말은 이미 혼합된 처방으로 교체되었다.

2.4.2.14 마무리칠(Topcoats)

항공기 천 외피가 접착되고 밀봉되었으며, 충전제칠로 보호되면 항공기의 마지막 외관을 완성하기 위해 마감 칠(finishing) 또는 마무리 칠을 도포한다. 착색 부티르산 도료는 도료기반 공정에서 일반적인 것이지만 여러 가지 다양한 폴리우레탄 보호막도 이용할 수 있다. 감항성이 있는 천 외피 복원 임무를 완결하기 위해 보호막 제품과 적절한 형식증명에 명시되어 있는 절차를 사용하는 것이 중요하다.

위의 제품들을 활용할 때 다양한 접착제를 사용하는 것이 각 단계들에서 일반적인 것이다. 다음은 천 외피 도장의 적절한 적용을 돕는 추가 제품의 간단한 목록이다. 특정한 부가형식증명에 따라 승인된 제품만 사용될 수 있다는 것에 주의한다. 동등한 기본 기능을 갖고 있다 하더라도 유사한 제품으로 대체하는 것은 허용되지 않는다.

(1) 촉매는 화학 반응을 가속화한다. 촉매는 혼합된 각 제품에 맞게 특별히 설계된다. 그것들은 보통 에폭시나 폴리우레탄과 함께 사용된다.

(2) 희석제는 분무 또는 솔질과 같은 도포작업에 적절한 농도를 주기 위해 생산품에 첨가된 용제 또는 용제 혼합물이다.

(3) 억제제(retarder)는 건조되는 시간을 늦추기 위해 제품에 첨가된다. 주로 도료 공정과 마감 칠에서 사용되는데, 분무된 도장이 흘러 평평해지도록 더 많은 시간을 허용하여 더 짙고 광택 있는 마무리를 할 수 있다. 작업하는 온도가 제품에 이상적인 온도 이상으로 약간 높을 때 사용한다. 또한, 습도가 높은 조건에서 도료 마감의 블러싱(도막의 백화현상, blushing)을 방지하기 위해서 사용할 수 있다.

(4) 촉진제는 그것이 혼합된 제품의 건조시간을 단축시키는 용제를 함유하고 있다. 일반적으로 도포 작업 온도가 이상적인 작업 온도 이하일 때 사용된다. 또한 공기의 오염물질이 도장의 마무리에 방해가 될 때 더 빠른 건조를 위해 사용할 수 있다.

(5) 도료 마감에만 사용되는 복원제(Rejuvenator)는 도장을 부드럽게 하면서 서서히 흐르도록 해주는 용제를 함유하고 있다. 복원제는 원래의 도장 안에 혼합된 새로운 가소제를 함유하고 있다. 이것은 전체적으로 도장의 유연성과 수명을 증가시킨다.

(6) 살균제와 곰팡이 제거제(mildewicide) 첨가제는 유기 직물로 덮인 항공기에서 중요한 것이다. 면직물이나 리넨과 같은 직물이 균류와 곰팡이의 숙주가 되기 때문이다. 폴리에스테르 직물을 사용할 때는 균류와 흰곰팡이가 고려의 대상이 아니므로, 이런 첨가제는 필요하지 않다. 최신 도장 조제는 균류와 곰팡이의 문제점에 대하여 충분한 보증을 제공하는 미리 혼합된 항진균제를 함유하고 있다.

2.5 적용 가능한 피복 공정 (Available Covering Processes)

이 장에서는 폴리에스테르 직물을 사용하는 피복 공정을 중점적으로 설명한다. 표 2-2에서는 FAA 인가 항공기 피복 공정을 나타내고 있다. 공정은 사용된 접착제와 도장의 화학적 성질에 의해 식별될 수 있다. 도료기반 피복공정은 무명직물 시대를 지나고 나서 폴리에스테르 직물의 탁월한 결과와 함께 개선되었다. 특히 질산 도료와 부티르산 도료에 첨가된 가소제는 도료를 수축시키고 팽팽하게 하는 효과를 최소화하고, 유연성을 확립하고, 무기한으로 유지되면서 미적으로 만족시키는 착색 부티르산 도료작업을 가능하게 한다. 내구성 있는 우레탄 기반 공정은 내구성이 있는 폴리우레탄 보호막 마무리와 잘 통합한다. 비닐은 poly-fiber 피복 방식에서 핵심적인 성분이다.

표 2-2의 목록으로 만들어진 모든 최신 천 외피 방식은 무한한 사용기간을 가지는 폴리에스테르외피 항공기로 귀결된다. 서로 다른 승인된 공정으로서 작업 시에 개인적 선호도가 존재한다. 이들 시스템 중 가장 일반적인 피복절차와 기술은 이 장의 후반부에 소개된다.

Ceconite™, Polyfiber™, 그리고 Superflight™은 폴리에스테르 외피를 장착하기 위해 형식증명에 승인된 천 외피이다.

항공기 천 외피공정은 3단계 공정이다. 첫 번째, 승인된 천 외피를 선정한다. 두 번째, 해당 부가형식증명 단계를 따라 기체에 천 외피를 부착하고 기후 환경으로부터 그것을 보호하는 작업을 한다. 세 번째, 항공기 색채의 배합과 최종 외관을 갖도록 승인된 보호막을 도포한다.

A등급 면직물이 원래 면직물 재료로 덮일 수 있게 인가된 모든 항공기에 사용할 수 있으나, 승인된 항공기 무명 직물은 더 이상 구할 수 없다. 덧붙여 무명직물 외피의 단점으로 인하여, 이들 항공기 중 대부분은 폴리에스테르직물로 대체된다.

2.6 직물의 상태 결정-수리 또는 복원 (Determining Fabric Condition- Repair or Recovery)

천 외피로 항공기를 복원하는 것은 대수리이며 오직 필요할 때만 수행되어야 한다. 천 외피에서 발생한 손상에 대해 필요한 수리의 유형은 원래의 제작사 권고 또는 부가형식증명을 찾아서 참고해야 한다.

종종 넓은 면적의 천 외피 수리는 항공기 천 외피의 남은 수명을 참고하여 판단한다. 예를 들어, 천 외피가 내구성의 한계에 가까워지면, 항공기의 손상된 부분만을 교체하는 것보다 전체를 교체하는 것이 더 낫다.

도료의 지속적인 수축은 도료기반 피복방식으로 구비된 항공기에서 천 외피가 너무 팽팽해지는 원인이 될 수 있다. 과도하게 팽팽한 천 외피는 천 외피에 가해지는 과도한 하중이 기체 구조의 손상을 유발할 수 있기 때문에 수리하는 것보다 교체하는 것이 필요할 수 있다. 풀어진 천 외피는 무게 분배에 영향을 미치고 과도하게 기체에 응력을 가하여 손상을 일으키기 때문에 교체가 필요할 수 있다.

수리보다 천을 교체해야 하는 또 다른 이유는 천 외피 위의 도료 도장에 균열이 발생할 때 일어난다. 균열은 천 외피를 외부로 노출시킨다. 천 외피가 감항성이 있는지를 판단하기 위해 면밀한 관찰과 현장시험이 필요하다. 만약 감항성이 없다면, 항공기는 천을 교체해야 한다. 만약 천 외피가 감항성이 있고 다른 문제점이 존재하지 않는다면, 제작사 매뉴얼에 따라서 복원제를 사용하여 수리할 수 있다. 복원제는 상부에 분무되는 아주 강력한 용제로서 도장을 부드럽게 해준다. 복원제에 있는 가소제는 균열에 채워지는 피막의 일부가 된다. 복원제가 건조된 후, 알루미늄 착색도장이 추가되어야 하고 그다음에 작업을 마무리하기 위해 최종보호막을 도포한다. 튼튼한 천 외피 위에 도료마감을 복원하는 것은 힘든 작업이지만 많은 시간과 비용을 절약할 수 있다. 폴리우레탄 계열 마감재는 복원시킬 수 없다.

2.7 천 외피 강도(Fabric Strength)

천 외피의 강도 약화는 항공기의 천을 교체해야하는 가장 흔한 원인이다. 항공기가 복원을 필요로 하는지를 판단하기 위해 최소 천 외피 손상 강도를 점검한다.

천 외피강도는 항공기의 감항성에 있어 주요 요인이다. 항공기 외피의 재 복구가 필요한지 결정하기 위해 최소 직물 파괴 강도가 사용된다. 천 외피는 항공기에서 요구하는 천 외피 원래 강도의 70%로 손상 강도가 약화되기 전까지는 감항성이 있는 것으로 간주된다. 예를 들어, 만약 항공기가 80pound의 새로운 손상강도를 갖는 A등급 무명직물로 인증되었다면, 이것은 천 외피강도가 80pound의 70%가 되는 56pound 이하로 떨어질 때 감항성이 없게 된다. 만약 이 동일한 항공기에 천을 교체하기 위해 더 큰 새로운 손상강도를 갖는 폴리에스테르 직물이 사용된다면, 감항성을 유지하기 위해 56pound 손상강도를 초과하는 것이 필요하게 된다.

일반적으로, 항공기는 날개하중과 초과금지속도(never exceed speed, VNE)에 기준으로 특정 직물로 인증을 받는다. 날개하중과 초과금지속도가 크면 클수록, 천 외피는 더 강해야 한다. 날개하중 9pound/ft^2 이상 또는 초과금지속도 160mph 이상인 항공기의 경우 A등급 면직물의 강도와 같거나 또는 초과하는 천 외피가 요구된다. 이것은 새로운 천 외피손상강도가 적어도 80pound이상이어야 하고 항공기가 감항성이 잃게 되는 최소 천 외피손상강도가 56pound이하라는 것을 의미한다. 날개하중 9pound/ft^2 이하 또는 초과금지속도 160mph 이하인 항공기에서는 중간등급 면직물의 강도와 같거나 그 이상인 천 외피가 요구된다. 이것은 새로운 천 외피 손상강도가 적어도 65pound이상이어야 하고 항공기가 감항성이 잃게 되는 최소 천 외피손상강도가 46pound이하라는 것을 의미한다.

경량인 직물은 활공기 또는 고성능 활공기와 수많은 인증되지 않은 항공기 또는 레저 스포츠 항공기 부류의 항공기에서 사용하도록 되어있다. 날개하중 8pound/ft^2 이하로 또는 초과금지속도 135mph 이하인 항공기에서, 새로운 최소강도가 50pound이고, 손상강도가 35pound 이하로 약화될 때 감항성이 없는 것으로 간주된다. 표 2-3에서는 이들의 매개변수를 요약하였다.

[표 2-3] 직물 선택에 영향을 미치는 성능

Fabric Performance Criteria				
IF YOUR PERFORMANCE IS. . .		FABRIC STRENGTH MUST BE. . .		
Loading	V_{NE} Speed	Type	New Breaking Strength	Minimum Breaking Strength
> 9 lb/sq ft	> 160 mph	≥ Grade A	> 80 lb	> 56
< 9 lb/sq ft	< 160 mph	≥ Intermediate	> 65 lb	> 46
< 8 lb/sq ft	< 135 mph	≥Lightweight	> 50 lb	> 35

2.7.1 천 외피손상강도 결정 방법 (How Fabric Breaking Strength is Determined.)

직물 강도 검사 방법에 대해서는 항상 제작사의 매뉴얼을 먼저 참조해야 한다. 제작사 매뉴얼은 승인된 자료이고 천 외피의 감항성을 판단하기 위해 시험 조각(test strip)을 채취하지 않아도 된다. 경우에 따라서, 제작사 매뉴얼은 어떠한 직물 검사방법이 포함되어 있지 않을 수 있다.

항공기 피복직물의 손상강도에 대한 시험 방법은 여러 가지 재료의 시험을 위해 미국 재료 시험협회(ASTM, american society for testing and materials)에서 발행한 표준을 적용한다. 손상강도는 항공기 천 외피를 폭 $1\frac{1}{4}$inch, 길이 4~6inch로 표본을 절단하여 시험한다. 이 표본은 외부로 노출된 윗면에서 절단해야 한다. 또한 자외선을 더 많이 흡수하여 더 빠르게 퇴화하는 어두운 색 마감을 갖는 부위로부터 표본을 절단하는 것이 좋다. 모든 페인트를 제거하고 가장자리는 폭을 1inch로 남긴다. 손상강도가 의심스럽다면, 표본을 인가된 시험소로 보내서 손상강도를 측정한다.

천 외피 조각은 테스트를 위해 반드시 모든 페인트를 제거해야 한다. 메틸에틸케톤(MEK, methyl ethyl ketone)에 테스트 조각을 담그고 세척하면 대개 모든 페인트가 제거된다.

적절하게 장착시켜 유지하는 폴리에스테르 직물은 천 외피강도 퇴화가 뚜렷하게 일어나기 전에 다년간의 사용 기한을 가져야 한다. 항공기 소유자는 특히 항공기 또는 천 외피가 비교적 새것일 때 천 외피에서 테스트 조각을 잘라내지 않는 것을 선호한다. 테스트 조각을 채취하면 천 외피가 검사를 통과하더라도 감항성이 있는 부분의 온전함에 손상을 주기 때문에 시간과 비용을 들여 테스트 조각부위를 수리해야 한다. 검사원은 감항성이 있는 천 외피에서 조각을 절단하는 것을 방지하고, 항공기 가동상태를 유지하고, 테스트 조각을 채취하여 시험하는 것이 필요한지를 결정하기 위해 경험과 지식을 갖추어야 한다.

항공기는 지속적인 감항성 유지를 위해 제작 시에 사용한 부가형식증명에 있는 매뉴얼을 따른다. Poly-Fiber™과 Ceconite™ 복원공정 부가형식증명은 천 외피강도와 감항성을 판단하기 위한 자체 매뉴얼과 기술을 포함하고 있다. 따라서 외피를 덮은 항공기는 부가형식증명의 정보에 따라 검사하게 된다. 대부분 항공기는 천 외피에서 테스트 조각을 잘라내는 일 없이 검사 후 바로 운영에 복귀하도록 승인될 수 있다.

다음의 문단에서 개요를 서술한 Poly-Fiber™과 Ceconite™ 부가형식증명의 절차는 천 외피 상태를 판단하기 위해 검사권한에 의해 입수된 정보에 추가되므로 어떠한 천 외피 항공기를 검사할 때라도 유용하다. 그러나 이러한 부가형식증명에 따라 천을 교체하지 않은 항공기에서 단지 절차만을 따르면 항공기를 감항성 있게 유지하지 못한다. 검사원은 천 외피의 강도에 대해 최종결정을 하고 감항성이 있는지 여부를 결정하기 위해 자신들의 지식, 경험, 그리고 판단력을 더해야 한다.

자외선복사에 노출된 폴리에스테르 직물은 강도가 뚜렷하게 저하되며 Poly-Fiber™과 Ceconite™ 천 외피 평가 절차의 근거를 형성한다. 모든 승인된 피복방식은 자외선으로부터 보호하기 위해 천 외피에 도포되는 충전 도장을 활용한다. 만약 부가형식증명에 따라 장착되었다면, 태양으로부터 천 외피를 보호하기 위해 코팅이 충분해야 하며 무기한으로 지속되어야 한다. 따라서 천 외피의 강도 평가는 대부분이 보호피막 상태에 대한 것이다.

정밀 육안검사의 경우에, 천 외피 코팅은 일정하고, 균열이 없고, 부서지지 않으며 유연성이 있는 것이어야 한다. 손가락 마디로 천 외피를 세게 밀었을 때, 코팅이 손상되어서는 안 된다. 검사관이 몇몇 지역을, 특히 태양에 가장 많이 노출된 지역을 점검하는 것을 권장한다. 이 테스트를 통과한 코팅은 자외선이 코팅을 통과하여 지나가는지 여부를 판단하는 간단한 테스트를 할 수 있다.

이 테스트는 가시광선이 천 외피 도장을 통과하여 지나간다면 자외선 또한 통과할 수 있다는 가정에 근거한다. 가시광선이 천 외피 코팅을 통과하여 지나가는지 여부를 입증하기 위해, 날개, 동체, 또는 미부로부터 검사판을 떼어낸다. 천 외피의 외부로부터 1feet 떨어져서 60watt 램프로 밝힌다. 빛이 천 외피를 통과하여 눈에 보이는 것이 없어야 한다. 만약 빛이 보이지 않으면 천 외피는 자외선에 의해 약화하지 않았으며 감항성이 있는 것으로 간주할 수 있다. 이 경우 천 외피 조각 강도 테스트가 필요하지 않다. 하지만 빛이 코팅을 통과하여 눈에 보인다면 추가 조사가 필요하다.

2.7.2 천 외피 테스트 장치 (Fabric Testing Devices)

완성된 천 외피를 누르거나 뚫어 직물을 시험하는 데 사용되는 기계장치는 FAA 승인을 받지 않으며, 유자격 정비사의 재량에 따라 일반 직물상태에 대한 의견을 제시한다. 펀치 시험정밀도는 개개의 장치교정, 전체 도장의 두께, 취성, 그리고 코팅과 직물의 유형에 따라 다르다. 천 외피를 기계펀치시험기로 더 낮은 손상강도 범위에서 시험하거나 전체적으로 천 외피 조건이 불충분하다면, 그때 더 정밀한 현장시험을 할 수 있다.

테스트는 코팅에서 균열 또는 잘라낸 조각이 있는 노출된 천 외피에서 시행해야 한다. 만약 균열 또는 잘라낸 조각이 없다면, 테스트하는 곳의 천 외피를 노출시키기 위해 코팅을 제거해야 한다.

눈금으로 손상 강도를 측정하는 스프링 작동식 장치인 Maule Punch Tester는 천 외피를 항공기에 부착된 상태에서 압축하여 천 외피강도를 테스트한다. 이것은 손상강도에 대한 저항의 psi 강도와 대략 일치된다. 시험기를 눈금이 최대로 밀려날 때까지 천 외피에 대하여 수직으로 압착시켜준다. 만약 시험기에 의해 천 외피에 구멍이 뚫리지 않는다면, 감항성이 있는 것으로 간주할 수 있다. 손상강도 가까이에서 구멍이 뚫리면 추가적으로 조각 손상 강도 테스트를 해야 한다. 천 외피에 구멍이 뚫릴 경우 교체가 필요하다.

펀치시험기의 두 번째 유형인 Seyboth는 Maule처럼 널리 보급되어 있는 것은 아니다. 정비사가 천 외피에 대해 시험단위의 shoulder를 밀어줄 때, 천 외피에 작은 구멍을 뚫기 때문이다. 색 코딩된 조정스케일로 되어 있는 핀은 시험기의 상부에 돌출되어 있으며 정비사는 천 외피강도를 판단하기 위해 이 눈금을 읽는다. 이 장치는 천 외피의 강도에 관계없이 수리를 필요로 하기 때문에, 널리 사용되지 않는다.

그림 2-8과 같이, 면직물 외피 또는 아마포 외피항공기를 위해 설계된 Seyboth와 Maule 천 외피강도 시험기는 최신 데이크론 직물에 사용하지 않는다. 정보와 경험이 결합된 기계장치는 유자격 정비사가 천 외피의 강도를 판정하는 데 도움을 준다.

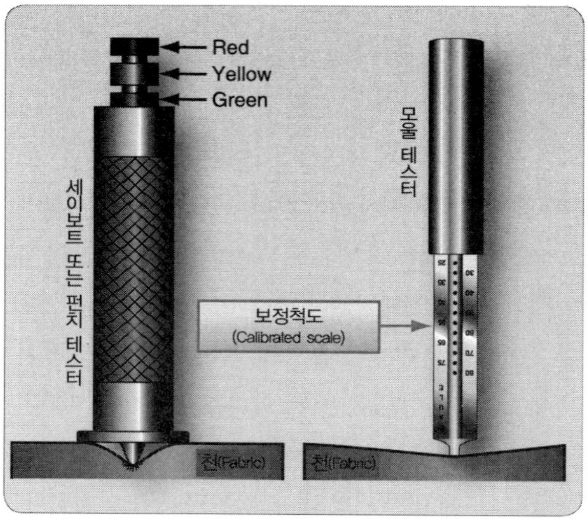

[그림 2-8] 세이보트(Seyboth) 및 모울(Maule) 강도 시험기

2.8 일반 천 외피피복공정 (General Fabric Covering Process)

복원은 대수리 또는 주요 교체이기 때문에 천 외피 항공기를 복원하는 공정에서 검사권한을 가진 정비사가 참여해야 하며, 항공정비 이력부와 항공기 항공일지에는 서명이 요구된다. 필요에 따라서 작업을 진행하기 위해, 검사권한은 시작 단계에서뿐만 아니라 공정의 여러 단계에서도 참여해야 한다.

이 단원은 일부 공정의 차이뿐만 아니라 여러 가지 부가형식증명과 제작사 피복 공정의 일반적인 단계를 설명한다. 천 외피의 적절한 성능과 적절한 수리 절차에 도움이 될 수 있도록 부가형식증명 보유자는 도해를 넣은 단계적 매뉴얼과 정확한 피복 절차를 실연하는 비디오를 제작한다. 이러한 보조 교재는 경험이 부족한 정비사들에게 매우 중요하다.

최신 천 외피는 내구수명이 무한정으로 지속되기 때문에, 복원 공정이 있을 때 항공기를 검사하기 위한 드문 기회가 있게 된다. 검사원과 소유자 또는 운영자는 새로운 천 외피를 장착하기 전에 항공기를 철저하게 검사할 수 있는 이 기회를 이용해야 한다.

강도, 신뢰도와 관련될 경우 천 외피 접착의 방법은 해당 항공기 제작사에 의해 사용되는 방법과 동일해야 한다. 검사 천 외피의 위치, 배수관 쇠고리, 그리고 부착 방법을 적어두고 기체에서 낡은 천 외피를 조심스럽게 제거한다. 천 외피의 레이싱(Lacing) 또는 담요방식이 모두 허용되나 복원공정을 시작하기 전에 사용할 방식을 선택해야 한다.

2.8.1 담요 방식 대 봉투 방식 (Blanket Method vs Envelope Method)

그림 2-9와 같이, 담요 방식(덮는 방식) 복원에서, 천 외피의 여러 평평한 섹션을 기체에 깎아 다듬고 부착시킨다. 항공기의 피복 용도로 인증된 가공되지 않은 천 폴리에스테르 직물은 폭을 70inch까지 사용하며 볼트를 떼어내고 사용할 수 있다. 각각의 항공기는 필요한 담요의 크기와 배치도를 결정하기 위해 개별적으로 고려해야 한다. 예를 들어 안정판과 조종익면처럼 각각의 작은 표면으로 절단된 단일 담요 방식이 일반적인 것이다. 날개는 마주 겹치는 2장의 담요가 필요할 수 있다. 동체는 종종 밑바닥에는 단일 담요 방식으로 걸치며, 주 구조부재 사이에 걸치는 여러 장의 담요로 덮인다. 아주 큰 날개는 상단 표면과 하단 표면 전체를 덮어주기 위해 2장 이상의 담요 천 외피를 필요로 한다. 모든 경우에서 천 외피는 사용하고 있는 피복 공정을 위한 특정한 규칙에 따라 승인된 접착제를 사용하여 기체에 점착시킨다.

[그림 2-9] 담요 방식(blanket method) 복원 작업 중 직물 배치

그림 2-10과 같이, 복원의 대체방법인 봉투 방식(씌우는 방식)은 항공기를 덮기 위해 미리 잘라서 바느질한 천 외피 봉투를 사용함으로써 시간을 절약한다. 부가형식증명에서 명시된 것으로 승인된 재봉틀실, 연거리, 천 외피주름 등에 맞추어 바느질해야 한다. 원형을 만들고 천 외피를 절단하고 꿰매서 동체와 날개를 포함하는 각각의 주요 표면이 하나의 꼭 맞는 봉투로 덮이도록 한다. 봉투는 씌우는 대상에 맞게 절단하였기 때문에 적절한 곳에서 접합선과 일정한 방향으로 향하게 하여 맞는 위치에 미끄러져 들어가게 하고 기체에 접착제로 부착된다. 봉투의 접합선은 일반적으로 기체 구조에 따라 뒷전 구조와 동체의 최상단부

[그림 2-10] 맞춤형으로 꿰매는 직물 봉투(envelope)는 직물 외피의 봉투 방식을 위해 동체의 제자리로 미끄러져 씌워진다. 피팅(fitting)을 제외하면, 커버링 공정의 대부분의 단계는 담요 커버링 방법과 동일하다.

나 최하단부와 같은 눈에 띄지 않는 곳에 있는 기체 구조물 위에 위치한다. 이 방법을 이용할 경우 봉투에서 바느질된 접합선의 적절한 위치는 제작사 매뉴얼 또는 부가형식증명 매뉴얼에 따른다.

2.8.2 천 외피 피복 작업준비 (Preparation for Fabric Covering Work)

천 외피 항공기 복원에서 적절한 준비가 필수적이다. 먼저 작업을 진행하기 위해 필요한 재료와 공구를 준비한다. 부가형식증명의 보유자가 일반적으로 재료와 공구 목록을 개별적으로 또는 부가형식증명 매뉴얼에 의해 공급한다. 작업 환경에서 온도, 습도, 그리고 환기의 통제가 필요하다. 이상적인 환경 조건이 맞추어지지 않는다면, 대부분의 복원 제품을 위해 조건을 보완하는 첨가제를 이용할 수 있다.

그림 2-11과 같이, 동체와 날개를 위한 회전 스탠드는 작업이 진행되는 동안 윗면과 아랫면의 교대 접근을 용이하게 한다. 받침대와 함께 사용될 수 있거나 작업하는 동안 항공기 구조물을 지탱해주기 위해 받침대를 단독으로 사용할 수 있다. 롤링카트(rolling cart)와 공구보관 캐비닛뿐만 아니라 작업대 또는 테이블이 권장된다. 그림 2-12에서는 잘 구상된 천 외피 작업장을 보여준다. 분무 도장을 위한 페인트 분무 부스와 작업대기 부품을 보관하기 위한 공간도 권장된다.

대부분 복원공정에서 사용되는 수많은 물질은 매우 유독성이다. 장 · 단기적으로 유해한 영향을 피하기 위해 적절한 보호대책을 마련해야 한다. 보호안경과 적절한 방독면을 착용하고 피부를 보호하는 것이 필수적이다. 이 장의 초반에서 언급한 바와 같이, 질산 도료는 인화성이 강하다. 환기를 잘해야 하며 질산

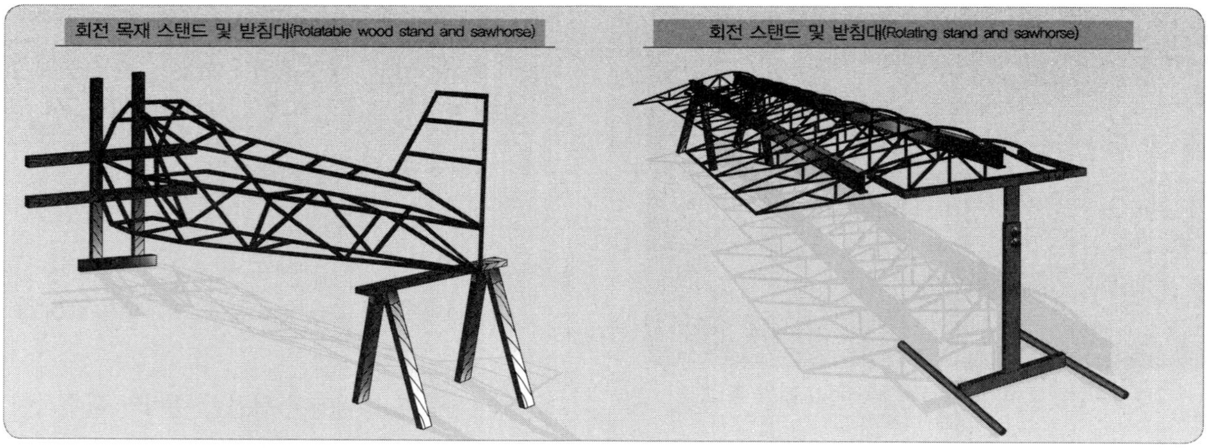

[그림 2-11] 회전 스탠드 및 받침대

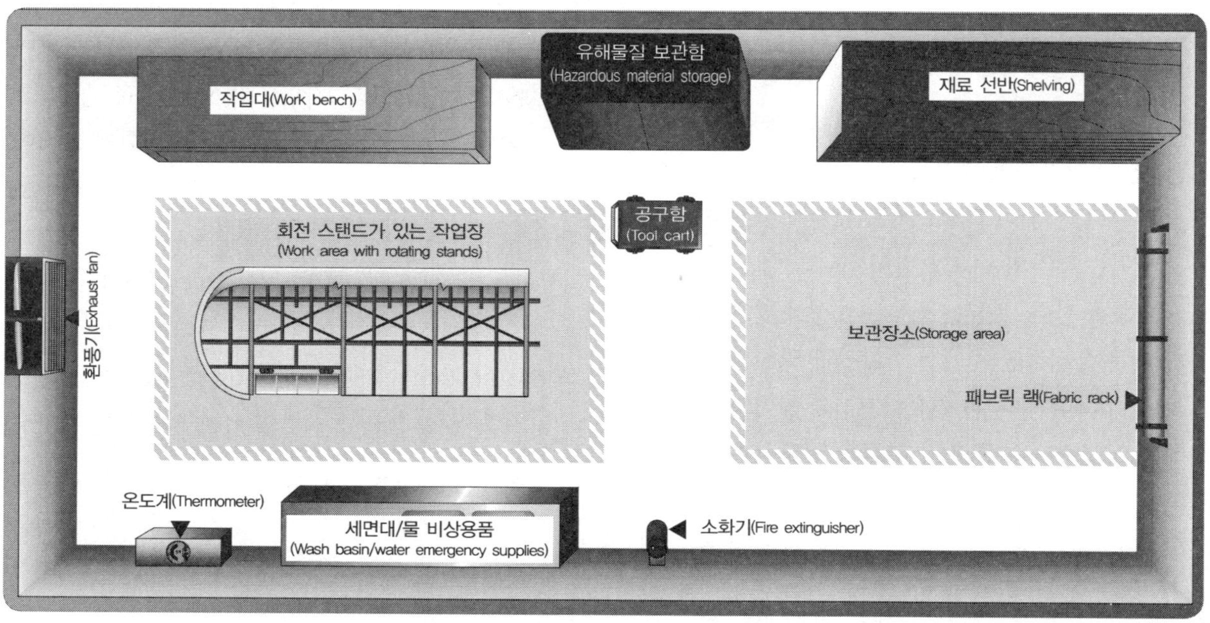

[그림 2-12] 천으로 항공기를 덮기 위한 작업 영역의 일부 구성요소

도료와 다른 피복공정 재료로 작업할 때 적절한 등급의 소화기를 가까이 두어야 한다. 정전기 발생을 방지하기 위해서 작업 시 접지를 한다. 모든 천 외피 복원 공정은 천 외피면 위로 다양한 제품을 분무하는 복합 칠을 포함한다. 고용적 저압력(HVLP, high-volume, low-pressure) 분무기의 사용이 권장되며 모든 공정에서 환기를 잘 하는 것이 필요하다.

2.8.3 낡은 피복 제거 (Removal of Old Fabric Coverings)

낡은 피복의 제거가 항공기 천 외피를 교체하는 첫

번째 단계이다. 면도날 또는 다용도 칼로 기체로부터 낡은 천 외피를 잘라낸다. 기체에 손상이 가지 않도록 주의해야 한다.[그림 2-13] 새로운 피복 공정에서 검사 패널, 케이블 가이드 및 다른 부품의 위치를 새 외피로 옮기는 탬플릿으로 참조하기 위해, 낡은 피복(covering)을 큰 조각으로 떼어낸다.

NOTE 천 외피를 기체로부터 벗겨내기 전에 구조물에 천 외피를 부착하기 위해 사용된 리브 바느질실을 먼저 제거해야 한다. 실을 제거하지 않으면 천 외피를 제거할 때 구조물이 손상될 수 있다.

2.8.4 피복작업 전 기체 준비사항 (Preparation of the Airframe before Covering)

낡은 천 외피를 제거하면서 노출된 기체구조물은 철저히 세척하고 검사해야 한다. 검사의 세부항목은 제작사 지침, 부가형식증명, 또는 정비교범을 따라야 한다. 낡은 천 외피의 접착제는 MEK(메틸에틸케톤)와 같은 세척제로 완전히 제거한다. 전체적으로 검사해야 하며 청소, 검사 및 시험을 위해 필요 시 구성품을 분리할 수도 있다. 이 단계에서 부식의 제거 및 처리를 포함하는 필요한 모든 수리를 이 때 해야 한다. 만약 기체가 철재튜브로 되어 있으면 기체 전체를 모래 블라스트(grit blast) 세척을 할 수 있다.

날개의 앞전은 기류가 날개 표면 위로 분리되고 층

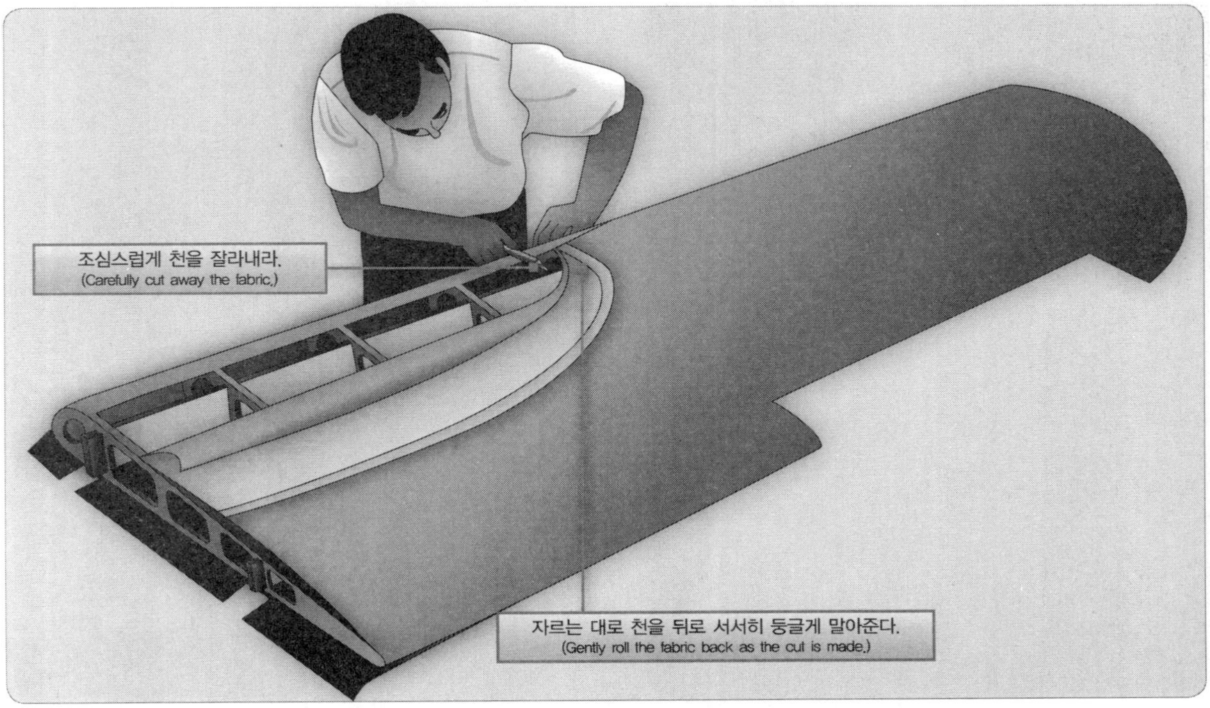

[그림 2-13] 오래된 천 외피는 다양한 기체 특징을 찾기 위한 견본으로 보존하기 위해 큰 조각으로 자른다. 날카로운 날로 인해 구조가 손상되지 않도록 주의를 기울여야한다.

류 흐름이 시작되어 양력이 발생하는 중요한 영역이다. 날개의 앞전은 매끄럽고 균형 잡힌 익면을 갖추는 것이 필요하다. 합판 앞전은 매끄러운 나무가 노출될 때까지 사포질해야 한다. 오일 또는 그리스 얼룩이 있다면 나프타 또는 지정된 세제로 세척한다. 칩(chips), 움푹 들어간 곳, 또는 요철이 있다면, 승인된 충전제를 부위에 바르고 매끄럽게 사포질한다. 천 외피공정을 시작하기 전에 전체 앞전을 세척해야 한다.

그림 2-14와 같이, 직물로 덮인 알루미늄 날개의 앞전 부분은 매끄럽게 마무리하기 위해 직물을 붙이기 전에 펠트(felt) 또는 폴리에스테르 패딩 시트를 바르기도 한다. 이 작업은 정비사가 부가형식증명에 명시된 재료로 수행해야 한다. 승인된 앞전 패드를 사용해야 하는 경우, 충전제 위에 접합된 천 접합 이음매를 에서 확인한다.

세척, 검사, 수리가 완전히 끝난 후에는 인가된 프라이머 또는 목재구조인 경우는 바니시(광택제)를 기체에 도포해야 한다. 이 단계는 때때로 페인트 보강이라 불린다. 직물 접착제나 페인트의 영향을 받지 않는 에폭시 프라이머와 바니시를 사용한다. 크롬산아연(zinc chromate), 스파 바니시(spar varnish)와 같은 단일파트 프라이머는 대체로 허용되지 않는다. 접착제에 있는 화학약품은 프라이머를 용해시켜서 기체와 천 외피가 잘 붙지 않도록 한다.

그림 2-15와 같이, 천 외피가 뚫리거나 또는 닳게 하는 항공기 구조물의 모서리, 금속이음매, 리벳머리, 그리고 일부 다른 부분은 마찰방지테이프로 붙여야 한다. 위에서 설명한 바와 같이, 이러한 천 접착양면

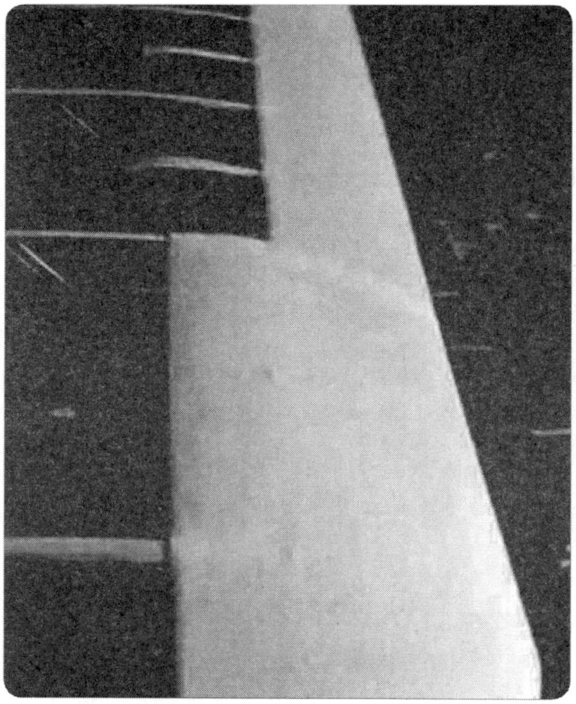

[그림 2-14] 날개 앞전(leading edges)에 지정된 펠트(felt) 또는 패딩(padding) 사용

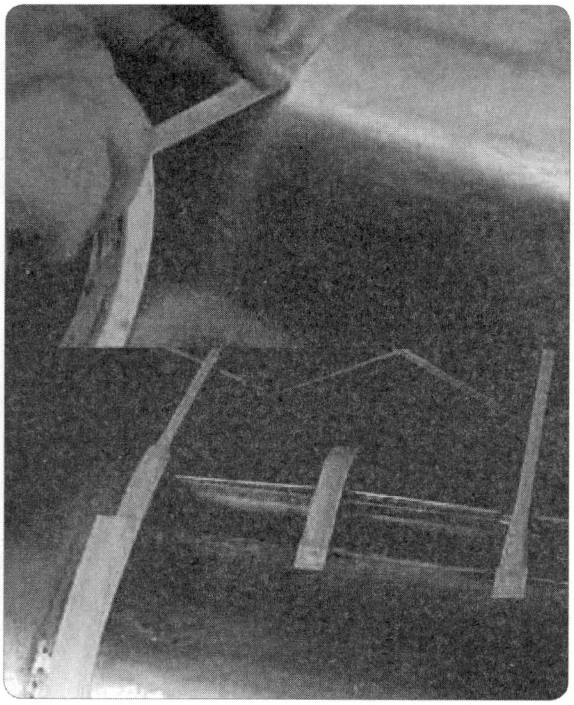

[그림 2-15] 모서리 부분에는 쓸림에 의한 손상 방지용 테이프(Anti-chafe tape)를 붙인다.

[그림 2-16] 리브 간 브레이스는 피복 공정에서 리브를 고정시켜 준다.

다른 어떤 종류의 테이프로 대체해서는 안 된다. 때때로 리브 봉투 띠의 가장자리가 둥글게 되지 않았을 때 마찰방지 테이프를 부착하는 것이 필요하다.

그림 2-16과 같이, 천 외피를 장착하기 전에 리브 간 브레이스를 감아줘야 한다. 접착제를 사용하지 않고 각각의 리브 주위에 한 번만 감아 준다. 각각의 리브 주위를 단일 브레이스로 감아주는 것은 피복 공정 시 리브를 제자리에 잡아주기에 충분하나, 천 외피 수축(shrinking) 공정 시에 약간의 유격이 허용된다.

2.8.5 폴리에스테르직물 접착 (Attaching Polyester Fabric to the Airframe)

경험이 부족한 정비사는 천 외피와 항공기에 사용하고자 하는 여러 가지의 물질 및 기술로 실습할 수 있는 테스트 패널 조립에 대한 훈련을 권장한다. 우선 꼬리날개나 조종면과 같은 작은 표면을 접착하도록 한다. 이런 부위의 실수는 수정할 수 있으며 비용이 덜 들기 때문이다. 날개와 동체를 포함하는 모든 표면에 대해서 사용하는 기술은 기본적으로 동일한 것이다. 숙련도가 높아졌을 때 개인적인 선택에 따라 공정순서를 결정한다.

기체를 초벌칠하고 천 외피 설치를 위해 준비하는 경우, 검사권한이 있는 정비사에 의해 최종검사를 받아야 한다. 검사가 끝났을 때, 천 외피의 부착을 시작한다. 작업할 때는 감항성이 있도록 제작사 매뉴얼 또는 부가형식증명매뉴얼을 따라야 한다.

2.8.5.1 접합선(Seams)

천 외피는 설치하는 동안 서로 겹쳐서 함께 꿰매어진다. 직물 접합선에 대한 주된 관심사는 강도, 탄성, 내구성, 그리고 양호한 외관이다. 담요방식을 사용하든지 또는 봉투방식을 사용하든지 간에, 피복공정 동안 모든 직물 이음매는 가능하면 언제나 천 외피가 부착되는 기체구조 위에 위치하도록 한다. 담요방식과 달리, 봉투방식에서 직물 이음매의 겹쳐진 부분은 미리 결정된다. 관련 정비 교범에 있는 명세서나 작업이 수행되고 있는 상태에서 부가형식증명으로서, 또는 제작사 매뉴얼로서 꿰맨 이음매의 강도가 보장되어야 한다.

폴리에스테르직물에 대한 대부분의 피복공정은 이음매를 꿰매는 것과는 대조적으로 도료를 칠하거나 또는 아교로 접합한다. 이 접합은 간단하며 만들기가 쉽고 우수한 강도, 탄성, 내구성 및 양호한 외관을 제공한다. 담요방식을 사용할 때, 이음매의 겹쳐진 부분은 피복매뉴얼에 명시되어 있으며 정비사는 매뉴얼을 따라야 한다. 천 외피의 끝단이 날개의 앞전과 같이 공기흐름이 중요한 부위에서 접합되는 곳에서, 일반적으로 직물 겹침 이음매는 최소 2~4inch가 되어야한다. 다른 지역에서의 겹쳐진 부분은 최소한 1~2inch는 되어야 한다.

그림 2-17과 같이, 담요방식을 사용할 때, 천 외피의 마주 겹쳐지는 곳을 결정하기 위한 선택이 가능하다. 피복작업의 기능과 최종 외관을 고려해야 한다. 예를 들어, 높은 항공기에서 날개의 윗면에서 만들어진 직물 이음매는 항공기에 접근할 때 보이지 않는다. 동일한 이유로 낮은 날개 항공기에서 주 날개와 수평안정판의 이음매는 보통 날개의 바닥 쪽에 만들어진다.

2.8.5.2 천 외피접합(Fabric Cement)

폴리에스테르 천 외피는 그것이 접촉하는 모든 지점에서 기체구조물에 접합하거나 또는 접착제로 부착한다. 특수 개발 접착제는 대부분 피복공정의 접착을 위해 질산염 도료를 대체했다. 작업을 수행하는 온도에서 최적의 특성을 얻으려면 접착제 (또한 모든 후속 코팅 재료)를 혼합해야한다. 혼합 시에 제작사 안내 또는 부가형식증명의 지시를 따른다.

기체에 천 외피를 부착시키기 위해 먼저, 천 외피가 접촉되는 모든 기체 구조물에 접착제를 2겹으로 미리 발라준다. 모든 시스템이 서로 다르므로 제작사안내 또는 부가형식증명지시를 따르는 것이 중요하다. 이 접착제가 충분히 건조되도록 놓아둔다. 그다음에 천 외피를 표면 위에 펼쳐서 그 위치에 클램프로 고정시킨다. 천외피를 구조물에 놓을 때 길이는 여유 있고 주름지지 않는 상태여야 하지만 너무 팽팽하게 잡아당기지 말아야 한다. 클램프 또는 빨래집게는 주변을 둘러싸고 있는 천 외피를 단단하게 부착시키기 위해 사용한다. 일부 부가형식증명은 접착제가 미리 코팅된 후 건조되면 접착상태가 되기 때문에 클램프를 필요로 하지 않는다.

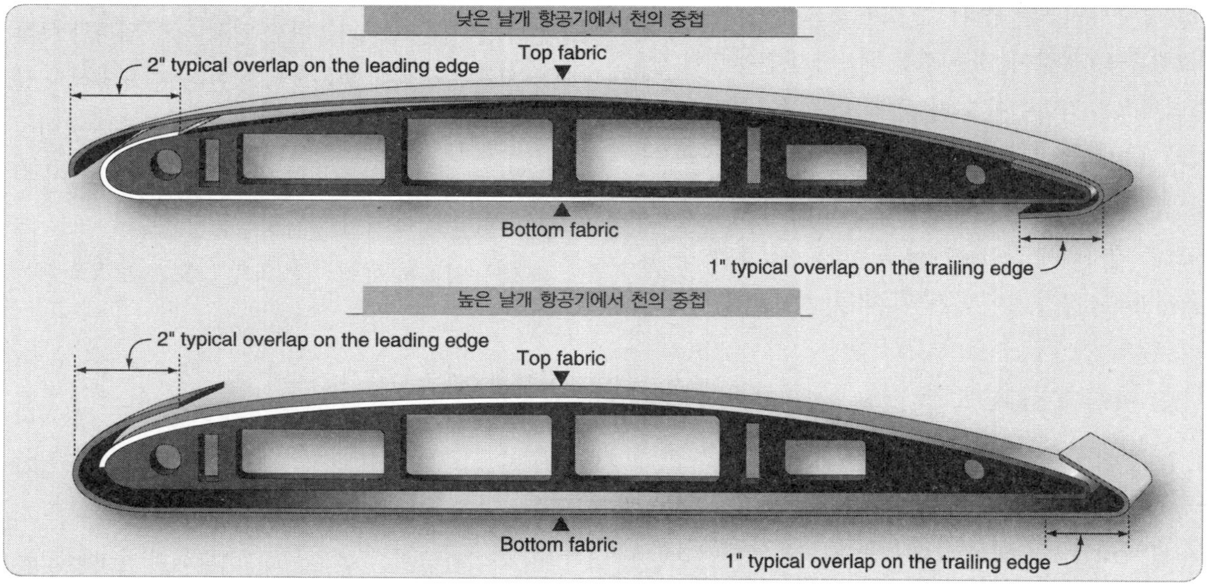

[그림 2-17] 높은 날개 및 낮은 날개 항공기에서 천의 중첩(overlap)

천 외피를 최종접착하기 전에 모든 부위에서 위치를 정해야 한다. 최종접착은 종종 천 외피를 들어올리고, 접합제를 바닥면에 칠해주고, 바닥면으로 천 외피를 눌러주는 것이 필요하다. 천 외피의 위에 추가적인 접합제 칠은 일반적인 것이다. 공정에 따라서, 주름과 과잉 공급된 접합제는 고무롤러(squeegee)로 고르거나 또는 다림질한다. 일부 부가형식증명은 천 외피가 제자리에 있는 동안 천 외피에서 다림질을 하는 접합제 바탕칠 도장의 열활성화를 필요로 한다. 사용하고 있는 피복방법에 대해서는 승인된 매뉴얼을 따른다.

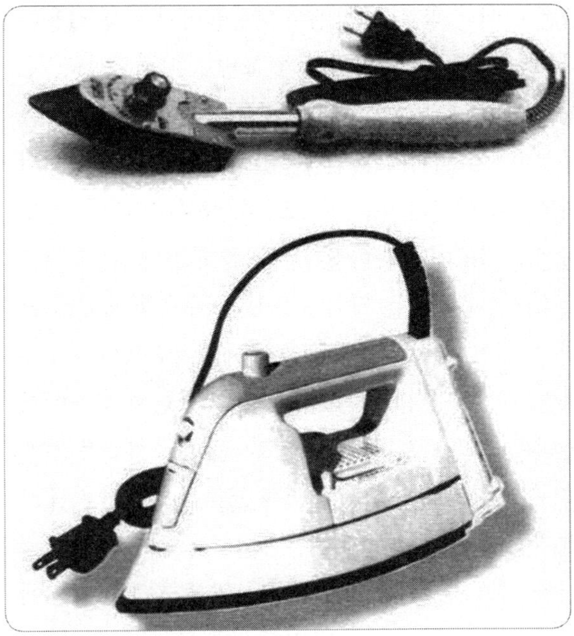

[그림 2-18] 직물 피복 공정에서 사용되는 다리미(Irons)

2.8.5.3 천 외피 열수축작업(Fabric Heat Shrinking)

천 외피가 구조물에 아교로 붙여진 경우, 열수축작업을 통해 팽팽하게 만들 수 있다. 이 공정은 보통의 가정용 다리미를 이용하는데, 사용하기 전에 온도를 맞추어야 한다. 그림 2-18과 같이, 좀 작은 다리미는

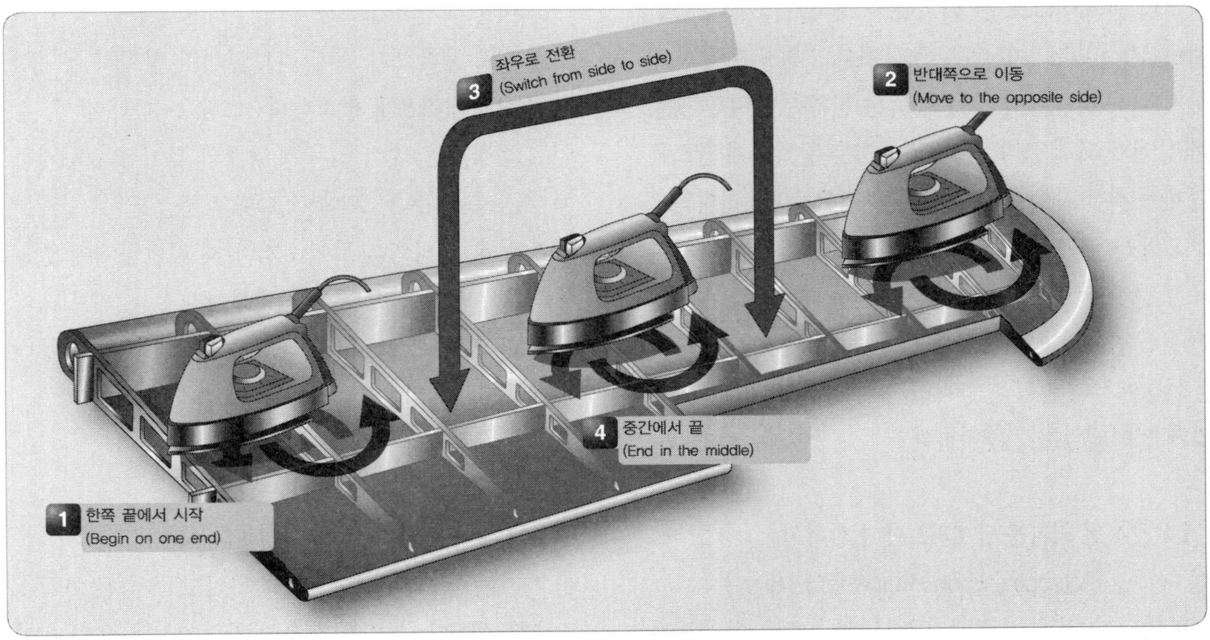

[그림 2-19] 날개 피복 공정 다림질 절차의 예

좁은 곳이나 꼭 끼는 곳에서 다림질하기 위해 사용한다. 다리미로 천 외피의 전체 표면을 다림질한다. 수행하고 있는 작업에 대해서는 매뉴얼을 따른다. 다른 공정이 구조물에 다림질을 하고 팽팽히 당겨진 천 외피로 움직이거나 또는 역으로 수행하는 반면에, 일부 공정은 이음매를 다림질하는 것을 피한다. 천 외피를 고르게 수축시키는 것이 중요하다. 구조물의 한쪽 끝에서 시작하여 반대쪽으로 순차적으로 진행하는 것은 바람직하지 않다. 그림 2-19와 같이, 한쪽 끝단에서 반대쪽 끝단으로 건너뛰고, 그다음에 중앙으로 진행하는 것이 천 외피 전체에 걸쳐 고르게 팽팽한 상태가 될 가능성이 높다.

폴리에스테르직물이 수축하는 양은 가해진 온도에 직접적인 관계가 있다. 폴리에스테르직물은 250℉에서 거의 5%를, 그리고 350℉에서 10%를 수축할 수 있다. 최종온도설정으로 마무리하기 전에 조금 낮은 온도부터 단계적으로 천 외피를 수축시키는 것이 일반적이다. 첫 번째 수축은 주름과 여분의 천 외피를 제거하기 위해 사용된다. 최종수축은 원하는 마감된 팽팽한 상태가 되게 한다. 각각의 공정은 팽팽하게 만드는 단계를 위한 자체 온도 체제를 갖추고 있다. 전형적으로 225℉에서 350℉까지 범위에서, 공정매뉴얼을 따르는 것이 반드시 필요하다. 모든 천 외피공정이 동일한 온도범위와 최대온도를 사용하는 것은 아니다. 고온설정에서의 손상을 방지하기 위해 다리미의 온도가 맞게 선택되었는지 확인한다.

2.8.5.4 천 외피를 날개리브에 접합하기 (Attaching Fabric to the Wing Ribs.)

천 외피가 일단 팽팽해지면, 피복공정은 다양해진다. 어떤 경우는 이 시점에서 천 외피에 밀폐도장이 도포되는 것을 요구한다. 그것은 보통 섬유가 충분히 흡수되도록 하기 위해 브러쉬로 칠한다. 다른 공정은 나중에 천 외피를 밀봉시킨다. 어떤 공정이라도, 날개의 천 외피는 단지 접착제만이 아닌 그 이상을 사용하여 날개리브에 고정시켜야 한다. 날개 위의 공기흐름에 기인한 하중은 접착제가 단독으로 제자리에 천 외피를 잡아주기에는 지나치게 크다. 재료부문에서 설명했던 것과 같이, 제작된 항공기에서 스크루, 리벳, 집게, 그리고 레이싱 코드 등이 천 외피를 제자리에 잡아준다. 본래의 항공기 제작사에 의해 사용되었던 동일한 부착방법을 사용한다. 편차는 현장승인을 요구한다. 동체와 미부 접합이 일부 항공기에 사용될 수 있다는 것에 주목한다. 아래에서 설명된 날개리브 레이싱을 위한 방법론과 부착지점 위치와 여기에 나타난 어떤 가능한 변이에 대해서는 제작사 매뉴얼을 따른다.

천 외피와 마찰을 일으키는 모서리가 있는지를 확인하고 이를 제거하기 위해 항상 주의해야 한다. 어떤 파스너라도 장착하기 전에 리브덮개와 정확히 동일한 폭의 보강테이프를 장착한다. 그림 2-20과 같이, 승인된 접착 보강테이프는 천 외피의 찢어짐을 방지하는 데 도움을 준다. 그때 스크루, 리벳, 그리고 집게는 덮개에서 천 외피를 잡아주기 위해 리브덮개에 있는 미리 뚫은 구멍 안으로 간단히 부착시킨다. 리브 레이싱은 천 외피가 끈과 함께 리브에 부착되게 하는 좀 더 복잡한 공정이다.

2.8.5.5 리브 레이싱(Rib Lacing)

두 가지 종류의 리브 레이싱(Lacing) 방식이 있다. 한 가지는 둥근 횡단면을 가진 것이고 다른 한 가지는 평평한 것이다. 무엇을 사용할 것인지는 사용의 용이성과 최종외관에 근거한 선호도의 문제이다. 오직 승

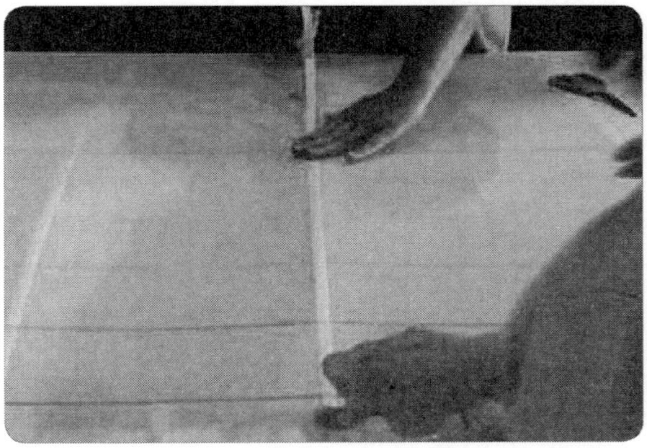

[그림 2-20] 날개 리브와 동일한 너비의 보강 테이프

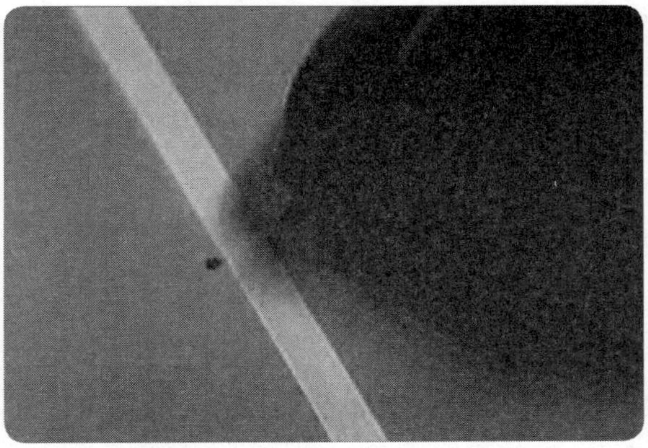

[그림 2-21] 레이싱 구멍을 위해 미리 표시된 위치

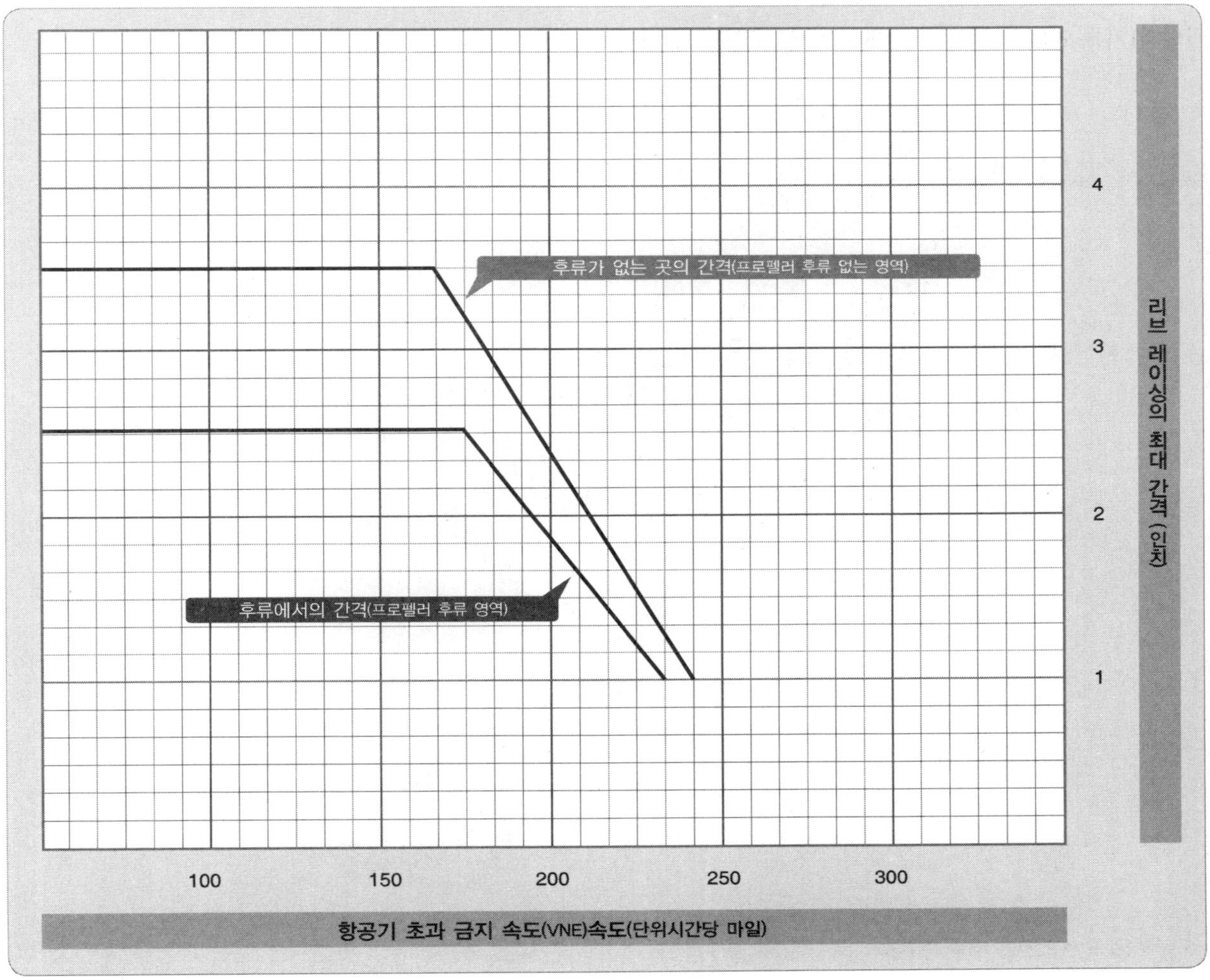

[그림 2-22] 리브 레이싱 간격 차트

인된 리브 레이싱 끈만이 사용될 수 있다. 리브가 꼭대기에서 밑바닥까지 대단히 깊지 않은 이상 리브 레이싱는 단일 길이 끈을 사용한다. 이 끈은 윗면에서 아랫면까지 날개를 완전히 통과하여 지나감으로써 윗면외판과 아랫면외판을 동시에 리브에 부착시킨다.

그림 2-21과 같이, 레이싱 끈을 받아들이기 위해 리브덮개에 최대한 가까이 외판을 통과하여 구멍이 배열되고 미리 뚫어진다. 이것은 구조물에서 멀리 끌어당기기 위해 시도하는 동안 천 외피가 전개할 수 있는 지레의 작용을 최소로 하고 찢어짐을 방지해 준다. 구멍의 위치는 임의의 것이 아니다. 레이싱 구멍과 매듭

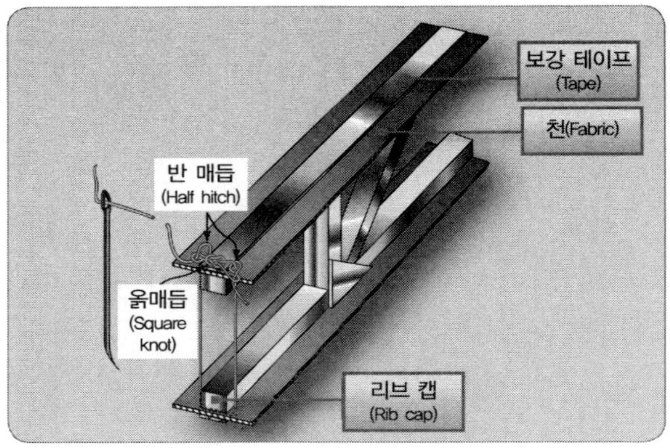

[그림 2-23] 리브 레이싱을 위한 시작 뜨기는 각 측면에 절반 매듭이 있는 옭매듭이

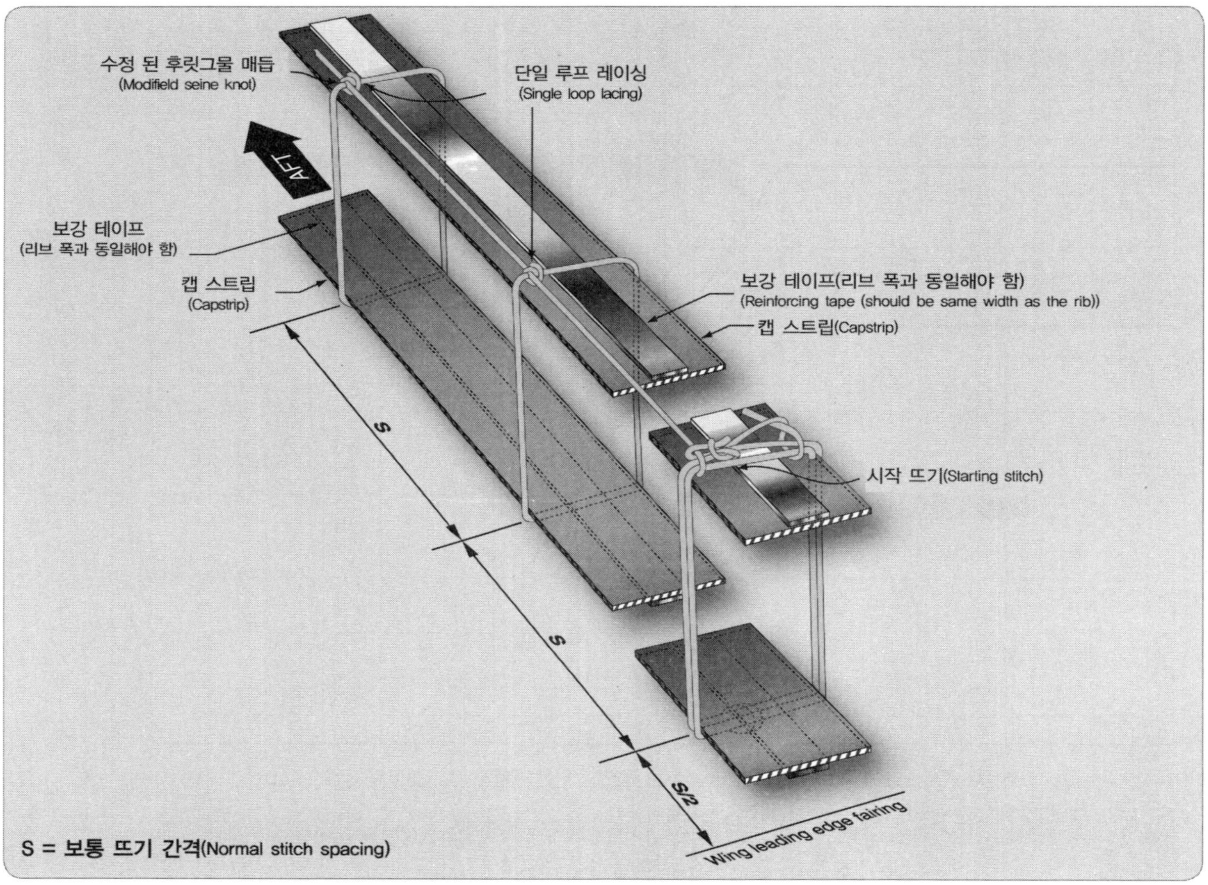

[그림 2-24] 리브 레이싱의 예에서 변형 된 후릿그물 매듭(seine knots)이 사용됨

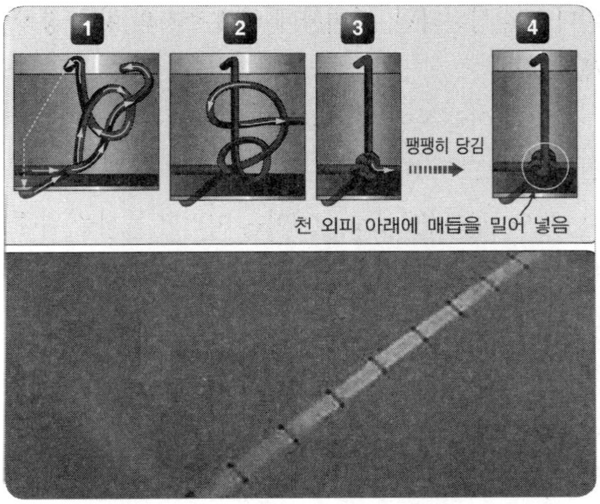

[그림 2-25] 천 외피 아래로 리브 레이싱 매듭 숨기기

사이에 간격두기는 만약 제작사 매뉴얼이 있다면 반드시 고수해야 한다. 부가형식증명 레이싱 지침은 제작사 매뉴얼을 참고하거나 또는 관련 정비 교범에서 발췌한 그림 2-22의 차트를 참고한다. 프로펠러 뒤쪽에 생기는 고속의 기류 구역에서는 더 큰 난기류로 인해, 레이싱 사이에서 더 가까운 간격두기가 필요하다는 것에 주의한다. 이 후류는 프로펠러의 폭에 1개의 추가 리브를 더한 것으로 간주한다. 리브는 보통 날개에서 앞전부터 뒷전까지 끈으로 묶는다. 리브 레이싱은 끈으로 리브 깊이를 통과하여 구멍 안팎으로 지나가게 하기 위한 긴 굽은 바늘을 사용하여 완료한다. 매듭은 가해진 힘 아래에서 풀리지 않도록 설계되어 있고 레이싱의 한 가닥으로부터 연속하여 만들 수 있다. 한 줄로 이어진 바늘땀은 앞전 또는 뒷전에서 시작할 수 있다. 그림 2-23과 같이, 양쪽이 반 매듭으로 된 옭매듭은 전형적으로 리브를 레이싱 할 때, 첫 번째 매듭에서 사용한다. 그림 2-24와 같이, 마지막 매듭이 만들어지고 반 매듭으로 잡아맬 때까지, 이것을 일련의 수정된 후릿그물매듭이 뒤따른다. 후릿그물매듭을 수정한 숨김매듭이 또한 사용된다. 그림 2-25와 같이, 이들 매듭은 단지 레이싱의 한 가닥만이 리브덮개를 가로질러 보이도록 천 외피면 아래쪽에 숨긴다.

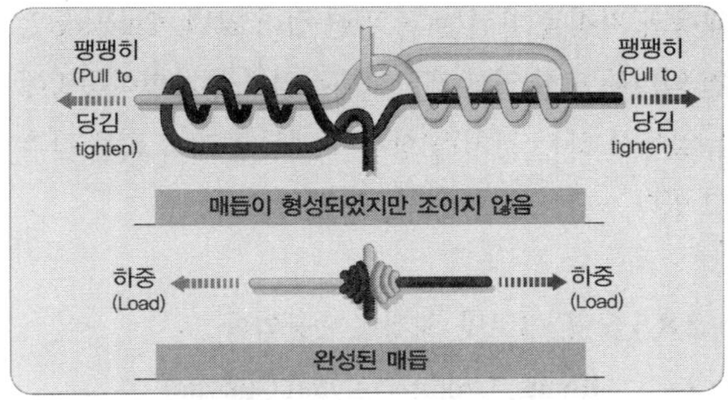

[그림 2-26] 이음 매듭(splice knot)은 리브 레이싱 코드 2개를 연결하는 데 사용

날개 내에 있는 구조물과 액세서리는 지속적인 레이싱을 방해한다. 레이싱을 끝내고 다시 시작하는 것으로 이들 장애물을 피할 수 있다. 리브를 완결하기에 충분히 길지 않은 레이싱을 끝마치고 구멍의 그다음 구획에서 새로운 시작매듭을 개시할 수 있다. 레이싱은 또한 그것을 그림 2-26에서 보여준 겹쳐잇기 매듭을 이용하여 레이싱의 또 다른 조각으로 연결함으로써 연장시킬 수 있다.

이따금 완전히 날개를 통과하는 레이싱과 반대쪽에서 덮개를 결합시키는 것이 단지 리브덮개에 레이싱을 하는 것이 쓰인다. 이것은 리브가 예외적으로 깊거나 또는 연료탱크가 장착되어 있는 구역에서와 같이 통과하는 레이싱이 불가능한 곳에서 수행된다. 더 꽉 조여 있는 반지름으로 되어있는 바늘로 교체하는 것은 이들 부위에서 레이싱 끈의 꿰기를 손쉽게 해준다. 매듭매기절차는 변함없이 유지한다.

리브 레이싱 경험이 부족한 정비사는 묶여있는 매듭이 정확한지를 확실하게 하기 위해 부가형식증명 보유자 작업 동영상의 도움을 받을 수 있다. 그들은 감항성 있는 레이싱을 확실하게 하도록 반복된 근접시각

교육과 지침을 마련한다. 관련 정비 교범, Chapter 2, 천 외피는 또한 일부 제작사매뉴얼과 부가형식증명매뉴얼에서 하는 것처럼 상세한 매뉴얼과 도표를 갖추고 있다.

2.8.5.6 링, 그로밋, 보강용 덧붙임판 (Rings, Grommets, and Gussets)

그림 2-27과 같이, 리브가 끈으로 묶이고 천 외피가 완전히 부착되었을 때, 여러 가지의 검사링, 배수 그로밋(Grommets), 보강패치, 그리고 마감테이프를 부착한다. 검사링은 천 외피 외판이 제자리에 있는 경우 풀리, 벨크랭크, 항력버팀줄/반항력버팀줄 등과 같은 구조물의 임계영역에 접근하는 데 도움을 준다. 그들은 플라스틱 또는 알루미늄이며 보통 승인된 접합제와 절차를 사용하여 천 외피에 접합된다. 링 안쪽 부위는 손대지 않은 채로 남아있다. 그것은 오직 검사 또는 정비에서 그 링을 통해 접근하는 것이 요구될 때 떼어낸다. 떼어졌을 경우, 입구를 막아주기 위해 미리 성형된 검사판을 사용한다. 링은 제작사에 의해 명시된 대로 배치하여야 한다. 그런 정보가 부족하다면, 그들은 이전의 피복 천 외피에 있던 그대로 배치하여야 한다. 만약 어떤 구역이 장차 접근으로 인한 이점을 갖게 된다고 결정된다면, 정비사에 의해 추가의 링을 장착해야 한다.

천 외피 아래쪽에 강우로부터의 물과 응축물이 모일 수 있으므로 빠져나갈 수 있는 수단을 필요로 한다. 배수 그로밋(Grommets)이는 이러한 목적을 위해 부착한다. 위의 재료부문에서 설명한 것과 같이 약간의 서로 다른 종류가 있다. 모두 작업이 수행되는 인허가절차에 따라 제 위치에 접합된다. 배수 그로밋(Grommets)이 위치는 제작사자료로부터 확인해야 한다. 만약 명시되지 않았다면, 관련 정비 교범은 부착 위치 정보를 제공한다. 각각의 천 외피 부가형식증명은 또한 권고사항을 제공할 수도 있다. 그림 2-28과 같이, 배수관쇠고리는 예를 들어 동체, 날개, 미부의 밑바닥과 같은 구조물의 각각의 구역에서 전형적으로 가장 낮은 부분에 위치한다. 날개의 각각의 리브 구역은 보통 뒷전 밑바닥에 1개 또는 2개의 배수 그로밋(Grommets)이 있다. 그로밋(Grommets)이 없는 배수구도 때때로 보강 천 외피에서 승인된다는 것에 주목한다.

항공기 제작 후에 추가 검사링과 배수 그로밋(Grommets)이 붙이는 것이 가능하다. 요구되는 링과

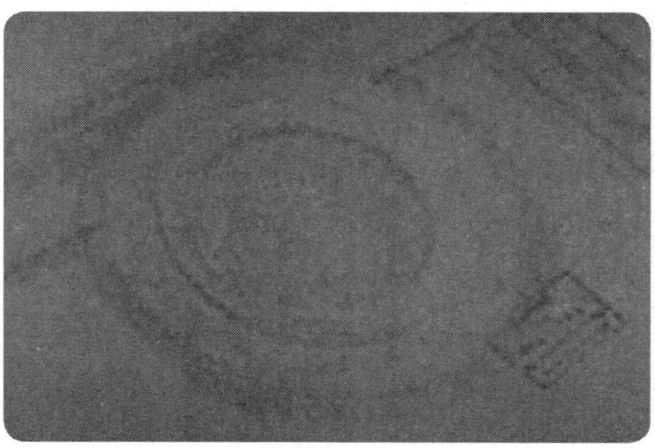

[그림 2-27] 검사 링(Inspection ring)

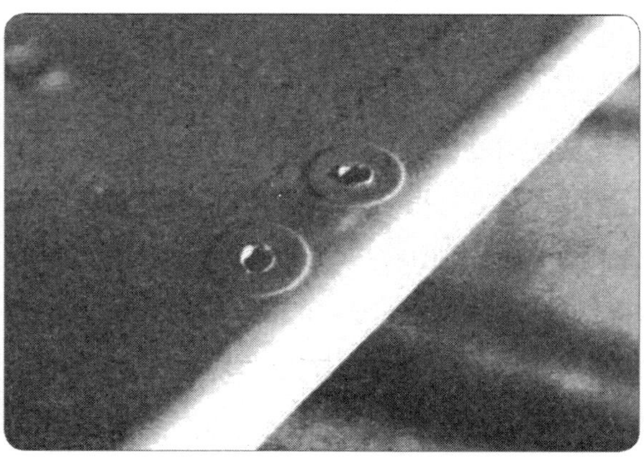

[그림 2-28] 배수 그로밋(Drain Grommets)

[그림 2-29] 덧대는 보강용 천이 있는 스트럿 피팅(Strut fitting)과 케이블 가이드(Cable guide)

그로밋(Grommets)이 장착되었는지를 확인하기 위해 천을 갈아대고 있는 항공기에 대해서 감항성 개선명령(AD, airworthiness directive)과 정비회보(SB, service bulletin)를 점검한다.

천 외피에서 어떠한 돌기부뿐만 아니라 케이블 유도장치구멍, 버팀대 접합부품 구역, 그리고 유사한 형상은 천 외피 보강용 덧붙임판(gusset)으로 보강시킨다. 이들은 원하는 위치에 패치로서 장착된다. 그림 2-29와 같이, 그들은 천 덮개에 만들어진 원래의 구멍을 유지하기 위해 보강시킨 형상 주위에 정확하게 맞도록 절단되어야 한다. 돌기부가 천 외피를 뚫고 들어오는 것을 막기 위해 만든 보강용 덧붙임판이 보호하는 부위를 마주 겹쳐지도록 해야 한다. 대부분 공정은 미리 수축시키고 인가된 피복공정 접합절차를 이용하여 제자리에 접합된 보강용 덧붙임판 재료를 필요로 한다.

2.8.5.7 마감테이프(Finishing Tapes)

마감테이프는 위의 절차 모두가 완결되었을 경우 모든 접합선, 가장자리, 그리고 리브 위에 붙인다. 공기에 의한 내마모와 매끄러운 공기역학의 저항력을 제공함으로써 부위를 보호하기 위해 사용된다. 테이프는 피복직물과 동일한 폴리에스테르 재료로 만든다. 더 경량의 테이프를 사용하는 것은 일부 부가형식증명에서 인가된다. 방축가공(preshrunk) 테이프가 선호되는데 천 외피가 반응하는 것과 동일하게 외부 환경의 노출에 반응하기 때문이다. 이들은 접착 접합부에서의 응력을 최소화한다. 직선테이프와 톱니모양으로 자른 테이프도 이용할 수 있다. 톱니모양으로 자르는 것은 가장자리 접착과 천 외피 안으로 더 매끄럽게 전이하는 더 큰 표면적을 제공한다. 부가형식증명에서 인가된 테이프만이 감항성 있는 것으로서 사용할 수 있다.

1~6inch 폭의 마감테이프가 사용된다. 2inch 테이프는 리브 레이싱과 동체접합선을 덮어 가린다. 그림 2-30과 같이, 날개 앞전은 가장 넓으며 보통 4inch인 테이프를 사용한다. 비스듬히 자른 테이프는 날개 끝과 꼬리날개 가장자리와 같은 기체의 곡면 주위를 둘

[그림 2-30] 4인치 테이프에 접착용 시멘트(Cement)를 바른다.

러싸기 위해 종종 사용한다.

마감테이프는 도료기반 공정을 적용할 때 접착제 또는 질산 도료 밀폐 공정으로서 부착된다. 일반적으로 시위방향(chord-wise) 테이프가 첫 번째로 붙여지고 앞전과 뒷전에서의 날개길이 방향 테이프가 뒤를 잇는다. 제작사 부가형식증명 또는 관련 정비 교범 매뉴얼을 따른다.

2.8.5.8 직물도장(Coating the Fabric)

대부분 천 외피공정에서 밀폐제를 이용한 초벌도장은 그것이 도료기반 마무리 공정에서처럼 리브 레이싱 이전에 도포된 것이 아니라면, 모든 마감테이프가 장착된 후에 도포된다. 이 칠은 흠뻑 칠하여 내구성이 유지되는 동안 천 외피에 물과 오염이 침투하는 것을 막아주는 방어막을 형성하며 폴리에스테르직물에 있는 섬유를 완전히 둘러싼다. 이는 또한 도장에 점착을 제공하기 위해 사용된다. 철저한 침투를 위해 대개 십자형 칠을 적용하여 칠해준다. 밀폐제의 2겹 도장이 보통 사용되지만, 공정은 얼마나 많이 칠해지는지 또 분무도장이 허용되는지에 따라 달라진다.

초벌도장이 자리를 잡고 건조되면, 그다음 단계는 폴리에스테르 직물이 변질하는 유일한 중대 원인인 자외선으로부터 보호한다. 이러한 도장 제품, 또는 충전도장은 자외선이 직물에 닿는 것을 방지하고 직물의 내구수명을 반영구적으로 보장하도록 디자인되며, 내부에 자외선을 차단하는 미리 혼합된 알루미늄 분말을 함유한다. 이 도장 제품들은 제작사 부가형식증명 또는 관련 정비 교범 매뉴얼에 명시된 횟수의 덧칠로 분무한다. 2~4회의 덧칠이 일반적인 것이다. 일부 공정은 차단조제물이 적용되기 전에 깨끗한 부티르산 칠이 요구될 수 있다.

[그림 2-31] 덧칠로 분사를 통해 자외선차단이 되는 프라이머(prime) 도포

그림 2-31과 같이, 직물 프라이머는 밀폐제와 충전도장을 하나로 조합하는 일부 인가된 피복 공정에서 사용되는 도장이다. 마감 테이프가 장착된 후에 천 외피에 발라주며, 천 외피 섬유를 둘러싸서 밀봉시키고, 이어지는 모든 도장에 양호한 점착을 제공해 주고 자외선차단제를 함유한다. 최신 프라이머는 탄소 고체를 함유하고 있으며 다른 종류는 인간의 피부에서 햇빛을 차단하는 것과 유사하게 작용하는 화학제품을 사용한다. 전형적으로 최종 마감의 마무리 칠이 도포되기 전에 직물 프라이머의 2회 도장 또는 4회 도장이면 충분하다.

정비사는 희석, 건조시간, 사포질, 그리고 세척에 대한 모든 매뉴얼을 참조해야 한다. 공정에는 미세한 차이점이 있고 하나의 공정에서 작동되는 것이 다른 공정에서는 허용되지 않을 수도 있다. 부가형식증명은 관련된 재료와 기술 보유자에게 발행된다.

충전도장이 도포되었을 때, 천 외피 작업의 최종외관은 여러 가지의 보호막을 적용하여 정교하게 만들어준다. 보호막이 분무될 때, 충전도장의 화학적 성질로 인해, 명시된 재료만이 호환성을 보장하기 위한 보호막으로 사용될 수 있다. 채색 부티르산 도료와 폴리우레탄 페인트마감이 가장 일반적인 것이다.

보호막이 건조되면, HL-number, 줄무늬 등과 같은 데코레이션이 추가될 수 있다. 건조시간을 준수하고 연마 및 왁스처리를 위한 매뉴얼에 따르는 것이 최종 마감의 품질에 매우 중요하다.

2.9 폴리에스테르 직물 수리 (Polyester Fabric Repairs)

2.9.1 적용 가능한 설명서 (Applicable Instructions)

항공기 천 외피에서 수리는 불가피한 것이다. 손상이 천 외피에 한정되어 있고 아래쪽의 구조물에 관련되지 않았는지를 확인하기 위해 항상 손상영역을 검사한다. 천 외피 수리를 해야 하는 정비사는 수리가 필요한 피복을 장착하기 위해 어떤 승인된 자료가 사용되었는지를 먼저 확인해야 한다. 기입사항과 제작사 자료, 부가형식증명, 또는 관련 정비 교범으로부터의 관습을 가능한 활용하는 현장승인에 대한 참조가 기록되어야 하는 항공일지를 참고한다. 피복작업을 위한 승인 자료의 출처는 수리를 위해 사용된 승인 자료와 동일한 출처이다.

부가형식증명 보유자는 작업을 수행하기 위해 필요한 재료명세서에 추가하여 부가형식증명 교체를 위한 정비매뉴얼을 제공해야 한다.

2.9.2 수리 시 고려사항 (Repair Considerations)

손상 정도 및 천 외피가 장착된 공정에 따라 수리 유형을 결정한다. 손상 부위의 규모에 따라 수리 시에 패치만으로 충분한 것인지 또는 새로운 패널을 장착해야 하는지에 대하여 참고할 수 있다. 부분 보수 시 직물 간에 겹쳐진 부위의 규모도 마감 테이프가 천 외피 조각 위에 마감 테이프가 필요한지 여부를 결정하는 데 있어 참고가 된다. 부가형식증명 수리절차는 많은 경우 마감 테이프를 필요로 하지 않는다. 관련 정비 교범에 수리 중 일부는 폭이 6inch까지의 테이프를 사용하여 수리한다.

수많은 면 직물 수리에 바느질이 필요한 반면에 폴리에스테르 직물 수리는 대부분 바느질을 하지 않는다. 폴리에스테르 직물에 관련 정비 교범의 개요가 설명된 바느질 수리 기술을 적용하는 것이 가능하지만, 이 수리 기술들은 주로 면 직물과 아마포 직물을 위해 발전되어 온 것이다. 폴리에스테르 직물 수리를 위한 부가형식증명 매뉴얼은 접착 수리에 대한 것이고 일반적으로 꿰매는 수리보다 더 쉽다고 간주되어 정비사가 선호한다. 방법의 종류에 관계없이 천 외피의 강도를 저하시키면 안 된다.

피복 부위를 패치로 수리하거나 교체할 때 새로운 천 외피가 부착되는 손상된 곳 주위로 천 외피를 준비해야 한다. 절차는 광범위하게 다양하다. 도장기반 피복 시스템은 새로운 패널에서 부분 보수 또는 이음매를 만들 때 생 직물(raw fabric) 간의 접합을 위해 모든 도장을 벗겨낸 뒤 원래의 피복 공정에서와 같이 도장을 다시 칠하고 마무리한다. 그림 2-32와 같이, 일부 폴리우레탄 기반 도장 공정은 다시 마무리하는 작은 천

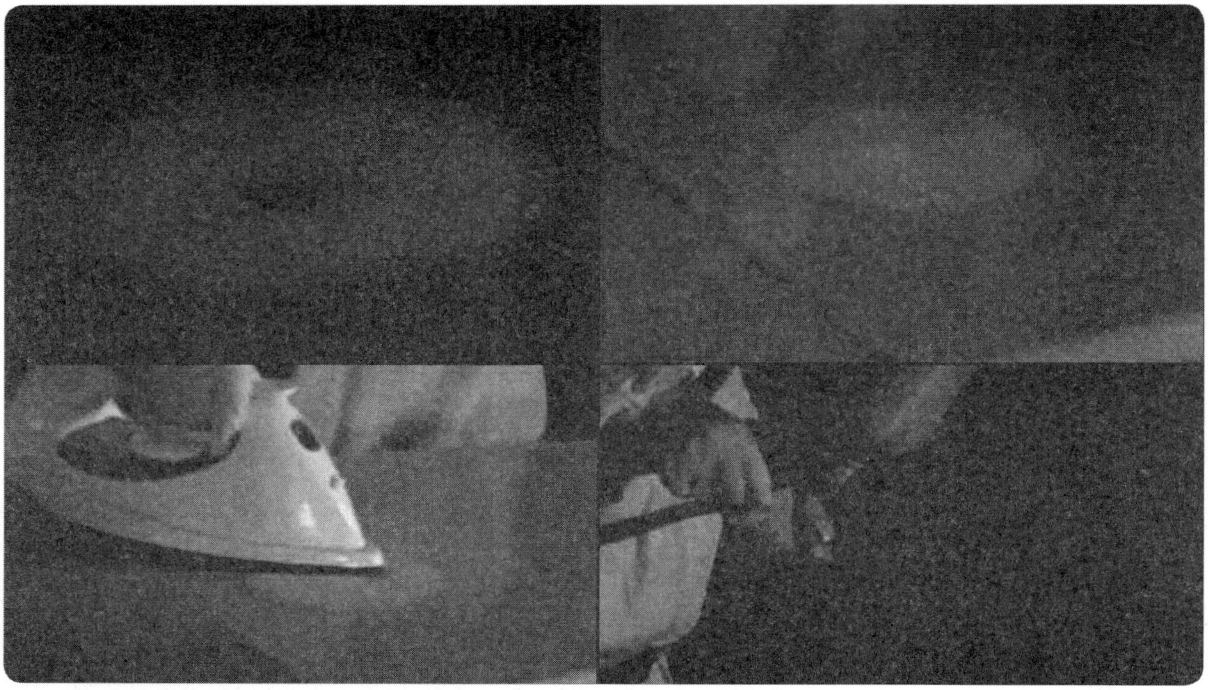

[그림 2-32] 작은 구멍에 대한 패치수리 후 폴리우레탄 마감 칠(Top coat) 작업

외피 조각을 점착하기 전에 사포로 보호막을 긁어 흠을 내는(scuffing)것만 필요하다. 다른 공정은 보호막을 제거하고 밀폐제 또는 자외선 차단 도장으로 천 외피 조각을 접합한다. 일부 수리공정에서는, 방축가공한 천 외피가 사용되는 반면에 또 다른 수리 공정에서는, 천 외피를 제 위치에 놓고 수축시킨다. 수리 시 천 외피를 수축시키고 아교칠하기 위한 여러 가지의 기술과 온도를 사용한다.

절차상의 이러한 차이점으로 인해 수리 시에 천 외피에 대하여 승인된 자료에서 정확한 해당 매뉴얼을 확인하고 따라야 한다. 예를 들어 하나의 피복 시스템을 위한 천 외피 조각 또는 패널 교체 기술을 서로 다른 피복 공정으로 장착된 천 외피에 적용한다면 수리 결과는 감항성을 상실할 수도 있다.

대형 패널 수리는 동일한 특허 접착제와 기술을 사용하고 오직 천 외피를 장착하기 위해 사용되는 공정에 대한 매뉴얼에서만 찾을 수 있다. 광범위한 손상 부위를 교체하는 일반적인 기술은 예를 들어 전방 스파와 후방 스파 사이에 2개의 리브, 2개의 세로대(longeron)와 같은 2개의 인접한 구조부재 사이에 있는 천 외피 전체를 교체하는 것이다. 이것은 대수리이고 수리 내용에 대하여 정비 이력부에 기록해야 한다.

2.10 면 외피항공기 (Cotton-covered Aircraft)

드물게 면직물 외피 항공기를 접하는 경우가 있을 수 있다. 항공기를 격납고에 보관하는 동안에도 면이 열화 될 수 있기 때문에 다른 감항성 기준 외에도 마감처리 된 표면 아래 천 외피의 상태를 점검하는 것이 중요하다. 면직물 피복이 감항성이 있는 것으로 판정되면, 명세서에 따라 천 외피 수리를 한다. 여기에는 꿰매고 도료를 칠한 패널뿐만 아니라 꿰매고 도료로 칠한 패치(patch)도 포함된다.

면직물로 피복된 감항성 있는 항공기 숫자가 매우 적기 때문에, 이 교재에서는 면직물로 된 천 외피를 교체하는 특정한 정보 또는 면직물 정비와 수리절차를 포함하지는 않는다. 필요시 이에 관한 주제를 자세하게 다루는 천 외피 관련 정비 교범을 참조하라.

2.11 유리섬유 피복 (Fiberglass Coverings)

부가형식증명, 관련 정비 교범 및 다른 정비관련 자료에서 항공기의 유리 섬유 표면에 대한 언급은 이러한 종류의 표면을 마무리하고 유지하기 위한 기술을 다루고 있다. 그러나 일반적으로 유리섬유 레이돔(ray dome)과 유리섬유 강화 합판 표면(fiberglass reinforced plywod surface) 그리고 아직 사용 중인 부품으로 제한된다. 유리섬유에 대한 도료기반 공정의 적용은 잘 확립되어 있다. 섬유유리는 정비 자료, 부가형식증명 매뉴얼, 또는 관련 정비 교범에서 인가된 실행에 의거하여 수리하고 페인트 도색을 한다.

03
항공기 금속 구조 수리
Aircraft Metal Structural Repair

3 항공기 금속 구조 수리

Aircraft Metal Structural Repair

항공기의 안정적인 성능을 위하여 항공기 구조의 온전성을 유지하는 지속적인 정비가 필요하다. 부적절한 수리 기술을 사용하면 즉각적이거나 잠재적인 위험한 상황을 일으키기 때문에 최고의 기술을 사용하여 금속 구조를 수리해야 한다. 항공기의 신뢰성은 설계의 품질뿐만 아니라 정비사의 기량에 의해 좌우된다. 항공기 금속 구조 수리의 설계는 항공기를 가능한 가볍게 하려는 필요로 인해 복잡하다. 무게가 임계 요소가 아니라면 수리 시의 안전성이 훨씬 더 클 수 있을 것이다. 실제 수리를 시행하는 곳에서, 필요 안전계수(factor of safety)를 포함하여 모든 하중을 감당하기에 충분한 강도를 갖되 지나친 추가 강도를 갖도록 수리해서는 안 된다. 예를 들어, 너무 약한 접합부는 내성이 있을 수 없으나 너무 강한 접합부는 다른 위치에서 균열을 만드는 응력 상승을 유발한다.

3장의 항공기 천 외피 편에서 논의한 것과 같이, 현대 항공에서는 알루미늄 항공기 구조가 대부분이다. 일반적으로 금속 부품이 리벳이나 다른 유형의 훼스너로 결합되어 구조물과 외부 항공기 피복 모두에 사용되는 기체 섹션에 알루미늄 합금으로 제작된 판금을 사용한다. 이러한 판금은 정기 여객기에서 단발 비행기까지 다양한 유형의 항공기에서 광범위하게 사용될 뿐만 아니라 계기판과 같이 복합재료 비행기의 일부분에도 사용된다. 판금은 금속을 얇은 박(leaf)에서 판(plate), 즉 6㎜ 또는 0.25inch보다 두꺼운 두께의 조각까지 다양한 두께 범위의 평판(flat sheet)으로 압연(rolling)하여 만든다. 표준 두께(gauge)라 부르는 판금 두께는 더 높은 표준 두께 수치일수록 더 얇은 금속을 표시하며 범위는 8~30이다. 판금은 여러 가지의 형태로 절단하고 구부릴 수 있다.

항공기 구조에서 손상은 종종 부식, 침식, 수직 응력, 그리고 사고와 재난에 의해서 발생한다. 항공기 구조 개조는 때때로 대규모의 구조적인 재작업을 필요로 한다. 예를 들어, 항공기에 윙렛(winglet)을 장착할 때 윙렛으로 날개 끝(wing tip)을 교체하는 것뿐만 아니라 추가적인 응력을 담당할 날개 구조물의 광범위한 보강이 필요하다.

항공기의 구조 부분을 수리할 때 모든 경우에 적용되는 특별한 수리 양식은 없다. 손상된 섹션을 수리하는 문제점은 보통 강도, 재료의 종류, 그리고 치수를 원래의 부품에 맞춰 복제함으로써 해결한다. 구조를 수리하기 위해 항공기 정비사는 판금 성형 방법과 기술에 관한 상당한 작업 지식이 필요하다. 일반적으로 성형은 단단한 금속을 굽히고 성형하여 형태를 변화시키는 것을 의미한다. 알루미늄의 경우 성형이 보통 상온에서 이루어진다. 모든 수리 부속품은 항공기 또는 구성품에 부착되기 전에 부착될 곳에 맞도록 형체를 만든다.

성형은 한 번 굽히거나 한 번 굴곡부를 만드는 매우 간단한 조작이거나 복합적인 만곡을 필요로 하는 복잡한 작업일 수 있다. 부품을 성형하기 전에 항공기 정비사는 굴곡부의 복잡성, 재료 유형, 재료의 두께, 재질, 그리고 제작되는 부품의 크기를 고려해야 한다. 대부분 이들 요소가 어떤 성형 방법을 사용할지 결정한다. 이 장에서 논의되는 성형의 유형에는 굽힘, 절곡기 성형(brake forming), 인장 성형(stretch forming), 롤 성형(roll forming), 그리고 spinning을 포함한다. 정비사는 금속 성형에서 사용되는 공구와 장비의 적절한 사용에 대한 작업 지식을 필요로 한다.

성형기법에 추가하여, 이 장에서는 판금 구성과 수리에 사용되는 공구, 구조 훼스너와 장착 방법, 금속의 구조적 손상을 검사하고 분류하며 평가하는 방법, 일반적인 수리 관행 및 수리의 유형을 다룬다.

이 장에서 논의되는 수리는 항공기 정비에서 전형적으로 사용되는 것이고 연관된 작업 중 일부를 소개하기 위해 포함된다. 특정 수리에 관한 정확한 정보를 위해 제작사 정비 매뉴얼(MM, aircraft maintenance manual) 또는 구조 수리 매뉴얼(SRM, structural repair manual)을 참고한다. 일반적인 수리 설명서는 Advisory Circular (AC) 43.13.1, Acceptable Methods, Techniques, and Practices-Aircraft Inspection and Repair에서 논의된다.

3.1 구조 부재 응력 (Stress in Structural Members)

항공기 구조는 어떠한 영구적 변형 없이 비행 하중과 지상 하중이 구조물에 부과하는 모든 응력을 고려하여 설계해야 한다. 수리 시 응력을 고려하여 수리 부분을 가로질러 응력을 이동시키고, 원래의 구조물로 응력을 되돌려야 한다. 응력은 구조물을 통하는 흐름으로 간주된다. 따라서 단면적에 갑작스러운 변화를 일으키지 않고 응력에 대한 연속 통로를 지속적으로 형성해야 한다. 순환 하중이나 응력을 받기 쉬운 항공기 구조의 단면적에서 갑작스러운 변화가 있으면 피로 균열과 최종적인 파손을 유발하는 응력 집중을 발생시킨다. 또한, 응력을 높게 받는 금속 조각의 표면에 긁은 자국 또는 홈(gouge)이 있으면 손상된 지점에 응력 집중을 유발시켜 부품이 파손될 수 있다. 항공기가 지상에 있거나 비행 중일 때나 항공기에 작용하는 힘은 항공기 구조의 각종 부재 내에서 당기고, 밀고, 또는 비트는 힘을 가져온다. 항공기가 지상에 있는 동안 날개, 동체, 엔진, 그리고 꼬리날개의 무게는 힘이 날개와 안정판 끝에서 날개보와 스트링거(stringer)를 따라 벌크헤드(bulkhead)와 포머(former)에서 아래쪽 방향으로 작용하게 한다. 이러한 힘은 굽힘력, 비틀림력, 인장력, 압축력, 그리고 전단력을 일으키며 부재에서 부재로 통과한다.

항공기가 이륙하면, 동체에 있는 힘의 대부분은 같은 방향으로 작용을 지속하는데, 항공기의 움직임으로 인해 이 힘의 강도(intensity)가 증대한다. 그렇지만 날개 끝과 날개면의 힘은 반대 방향으로 작용하여 무게의 아래쪽 방향 힘이 되는 대신에 위쪽 방향의 양력(forces of lift)이 된다. 양력은 먼저 날개면과 스트링거 가까이에서 가해지고 그 뒤 리브(rib)를 통과하여 최종적으로 동체를 거쳐 분배되도록 날개보를 통하여 전달된다. 날개의 끝단은 위쪽 방향으로 구부러져 있으며 비행 중 약간 움직일 것이다. 이와 같이 날개를 약간 구부러지게 하는 것은 설계와 조립 시 제작사에서 무시할 수 없으며 정비에서도 마찬가지이다. 날개 등의 항공기 구조는 단단하게 리벳으로 함께 고정하고 볼트로 조인 구조 부재와 외피(skin)로 구성된다.

그림 3-1]과 같이, 항공기에서 응력의 여섯 가지 유형은 인장, 압축, 전단, 베어링(bearing), 굽힘, 그리고 비틀림(torsion) 또는 비틀기(twisting)다. 처음 네 가지는 일반적으로 기준 응력(basic stress)이라고 부르고, 나머지 두 가지는 복합 응력(combination stress)이라고 부른다. 응력은 보통 단독으로 작용하지 않고 복합적으로 작용한다.

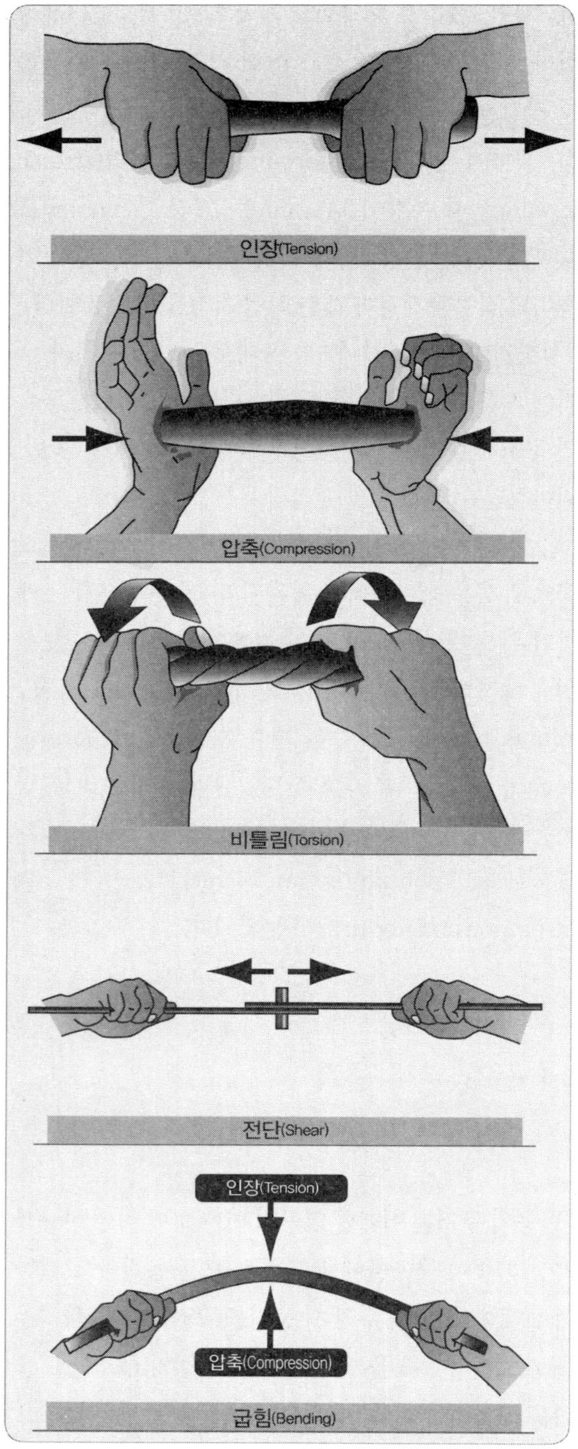

[그림 3-1] 항공기 구조의 응력(Stresses in aircraft structure)

(1) 인장(Tension)

인장은 잡아당겨서 따로따로 분리하게 하는 힘에 저항하는 응력이다. 엔진은 앞쪽 방향으로 항공기를 잡아당기지만, 공기 저항력은 항공기를 뒤쪽으로 잡아주려고 한다. 그 결과가 항공기를 신장시키는 인장이다. 재료의 인장 강도(tensile strength)는 pound/inch2(psi)로 측정되고 단면적(inch2)에 의해 재료를 떼어놓는 데 필요한 하중(pound)을 나누는 것으로 계산된다.

인장에서 부재의 강도는 부재의 총면적(또는 전체 면적)을 기초로 하여 결정된다. 그러나 인장에 관계되는 계산은 부재의 순면적을 고려해야 한다. 순면적이란 총면적에서

드릴링(drilling)에 의해 제거된 면적 또는 다른 변경을 위하여 제거할 면적을 뺀 면적이다. 리벳 또는 볼트를 홀에 끼워도 강도가 추가되는 경우에서 인지할 만한 차이가 없는 것은 리벳이나 볼트가 삽입되는 홀을 가로질러 인장 하중을 전달하지 않기 때문이다.

(2) 압축(Compression)

압축은 항공기 부분을 단축시키거나 또는 압착시키는 경향이 있는 눌러 터트리는 힘에 저항하는 응력이다. 재료의 압축강도는 psi로 측정한다. 압축 하중 하

에 홀이 뚫리지 않은 부재는 관통하여 홀이 뚫린 동일한 부재보다 강하다. 그러나 만약 동등하거나 더 강한 재료로 된 마개(plug)를 부재의 홀에 단단하게 짜 맞추면, 홀 전체에 걸쳐 압축 하중을 전가하고, 부재는 대략적으로 홀이 그곳에 없는 것과 같은 크기의 하중을 지닌다. 따라서 어떤 부재의 모든 홀이 동등한 재료 또는 더 강한 재료로 단단히 메워졌으면 압축 하중에 대하여, 총면적 또는 전체 면적이 부재의 응력을 결정하는 데 이용될 것이다.

(3) 전단(Shear)

전단은 재료의 한 층이 인접한 층 위쪽을 미끄러지게 하는 힘에 저항하는 응력이다. 리벳으로 고정된 인장 상태인 2개의 판은 리벳에 전단력을 받게 한다. 보통 재료의 전단 강도는 재료의 인장 강도 또는 압축 강도와 같거나 적다. 전단 응력은 주로 리벳과 볼트의 적용 관점에서, 특히 판금을 부착시킬 때 항공 기술자를 우려하게 한다. 전단이 작용하는 곳에 사용된 리벳이 부러진다면 리벳 또는 볼트로 지지된 부분이 옆쪽으로 밀리기 때문이다.

(4) 베어링 응력(Bearing stress)

그림 3-2와 같이, 베어링 응력은 리벳 또는 볼트가 홀에 배치하는 힘에 저항한다. 대체로, 훼스너의 강도는 훼스너의 전체 전단 강도가 판재의 전체 베어링 강도와 대략 같은 것이다.

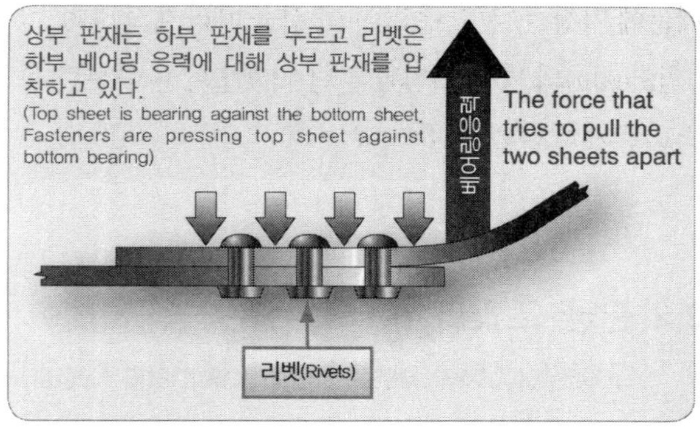

[그림 3-2] 베어링 응력(Bearing stress)

(5) 비틀림(Torsion)

비틀림은 비틀기를 발생시키는 응력이다. 항공기가 앞쪽 방향으로 이동하는 동안 엔진은 항공기를 한쪽으로 비틀려 하는 경향이 있다. 그러나 다른 항공기 구성 부품은 항공기를 예정된 방향으로 유지시키기 때문에 비틀림이 발생한다. 재료의 비틀림 강도는 비틀기 또는 회전력(torque), 즉 비틀림 응력에 대한 저항력이다. 이 작용에 의해서 발생하는 응력은 보통 공통적으로 기준 축(reference axis)과 직각으로 달리고 있는 인접 평면의 회전 운동으로 인하여 형성된 전단 응력이다. 이 작용은 봉(rod)의 한쪽 끝단을 단단히 고정하고 반대쪽에는 응력 중심 간 거리의 무게에 의해서 뒤틀려서 봉에 양쪽 끝단으로부터 일정한 거리에서 작용하는 동등하고 상반되는 힘을 내는 것으로 설명할 수 있다. 전단 작용은 봉을 따라서 중립 축(Neutral axis)으로 대표되는 봉의 중심선에서 생긴다.

(6) 굽힘(Bending)

굽힘 또는 빔 응력(beam stress)은 압축과 인장의 합성이다. 그림 3-1]의 (e)에서의 봉은 굴곡부 안쪽에서 짧아져(압축되어) 있고 굴곡부 반대쪽은 신장되어 있다. 굽힘 응력은 인장 응력이 빔(beam)의 상부 1/2, 압축 응력이 빔(beam)의 하부 1/2이 각각 작용하도록 한다. 이러한 응력은 중립축이라 부르는 부재의 중심선에 양쪽에서 정반대쪽으로 작용한다. 반대 방향으로 작용하는 힘들이 중립축에서 서로 바로 옆에 있기 때문에 가장 큰 전단 응력이 이 선을 따라 발생하며, 빔(beam)의 말단 윗면과 말단 아랫면에는 아무런 응력도 존재하지 않는다.

3.2 판금 조립과 수리를 위한 공구 (Tools for Sheet Metal Construction and Repair)

현대적인 금속가공 공구와 기계 없이는 기체 정비사의 일이 어려워지며 그리고 과제를 마무리하는 데 시간이 더욱 많이 필요하게 된다. 기체 정비사에게 도움을 주는 특화된 공구와 기계는 과거보다 더 빠르고 더 간단히, 그리고 더욱 좋은 방법으로 판금을 조립하고 수리한다. 공구는 인간의 근육, 전기, 또는 압축 공기에 의한 힘으로 판금을 배치하고, 표시를 하고, 절단하고, 사포로 처리하거나, 또는 홀을 뚫기 위해 사용한다.

3.2.1 배치 공구(Layout Tools)

수리 부속품을 항공기 구조에 맞추기 전에 새로운 섹션을 측정해야 하고 표를 해야 하거나 또는 수리 부속품을 만들기 위해 필요한 치수로 배치해야 한다. 이 공정대로 사용된 공구는 이 섹션에서 논의된다.

(1) 눈금자(Scales)

눈금자는 가장 일반적이고 알맞은 6inch와 12inch 자를 포함하여 다양한 길이가 있다. 한쪽은 분수이고 다른 쪽은 소수인 자가 매우 유용하다. 정확한 측정치를 얻기 위해 끝단 대신에 가장자리로부터 1inch 표시를 잡고 측정한다. 그림 3-3에서 보는 바와 같이, 분할기(divider) 또는 컴퍼스를 설정하기 위해 한쪽에 있는 눈금을 이용한다.

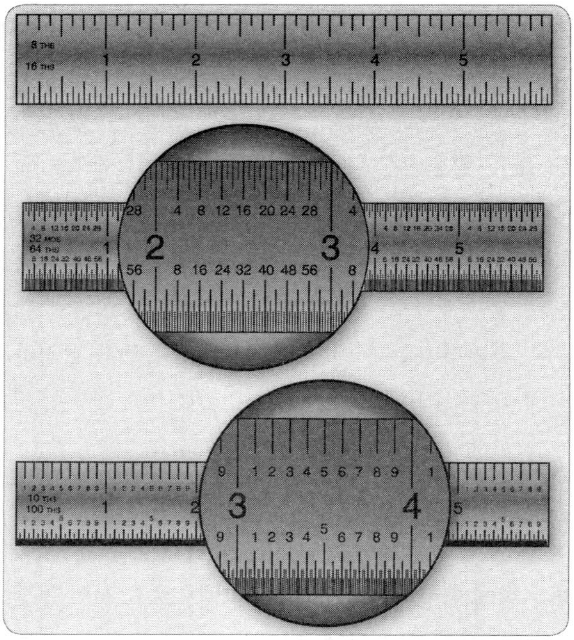

[그림 3-3] 자(Scales)

(2) 콤비네이션 스퀘어(Combination Square)

콤비네이션 스퀘어는 눈금에서 어떤 위치로도 움직일 수 있고 제자리에 고정시킬 수 있는 3개의 두부로 구성된 강재자이다. 3개의 두부는 90°와 45° 각도를 측정하는 원료 두부(stock head), 두부와 날 사이에 어떤 각도도 측정할 수 있는 각도기 두부(protractor head), 그리고 90° 각도의 이등분선(bisector)으로서 날의 한쪽을 사용하는 중앙 두부(center head)가 있다. 축(shaft)의 중심은 중앙 두부를 사용함으로써 찾을 수 있다. 그림 3-4와 같이, V의 두부에서 축의 한쪽의 끝을 놓고 눈금의 가장자리를 따라 선을 긋는다. 90° 정도 두부를 돌리고 눈금의 가장자리를 따라 또 다른 선을 긋는다. 2개의 선은 축의 중앙에서 교차한다.

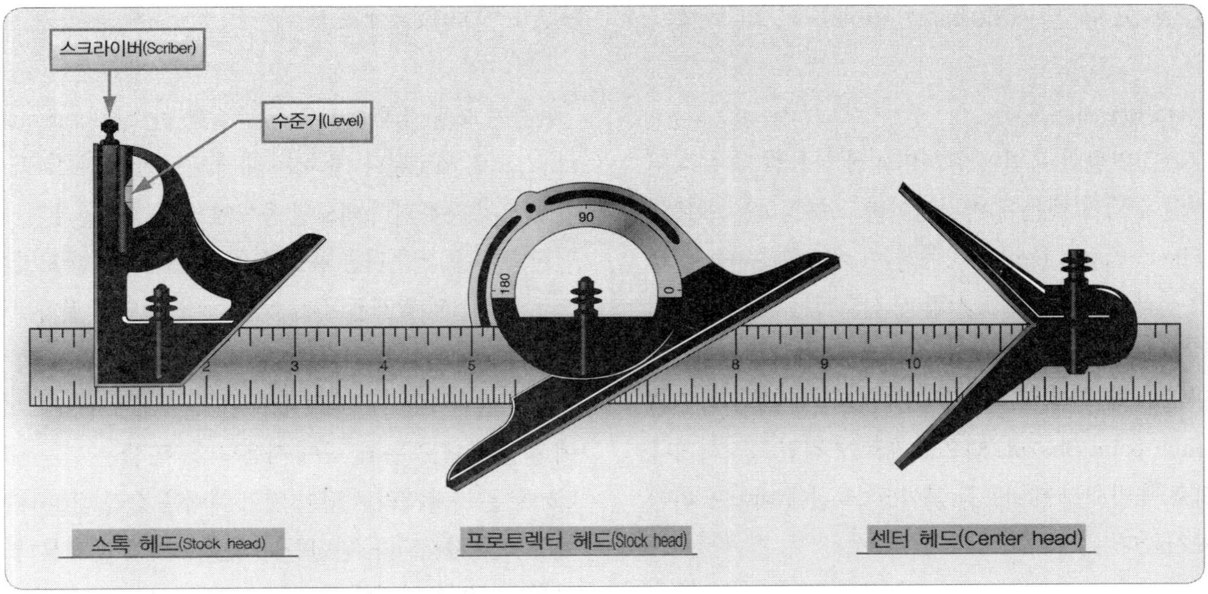

[그림 3-4] 콤비네이션 스퀘어(Combination square)

(3) 분할기(Dividers)

그림 3-5와 같이, 분할기는 설비에서 값을 결정해야 하는 눈금까지 측정값을 이동시키는 데 사용된다. 측정하는 곳에 날카로운 뾰족한 부분을 갖다놓는다. 그 다음 기계기술자용 강재 자(steel machinist's scale)에 뾰족한 부분을 갖다 놓는다. 그러나 1inch 표시에 뾰족한 부분의 한쪽을 놓고 그곳으로부터 측정한다.

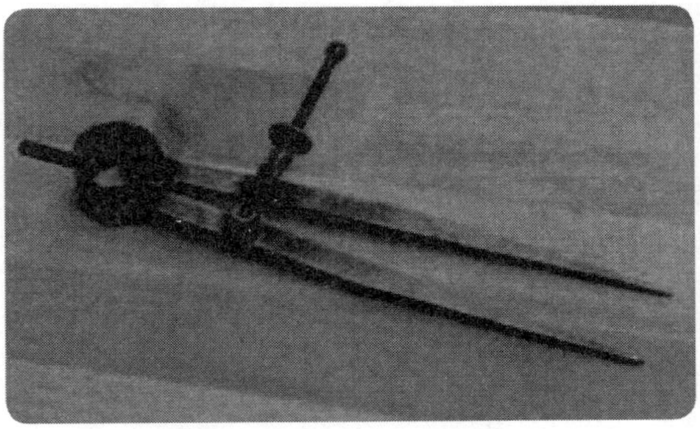

[그림 3-5] 분할기(Dividers)

(4) 리벳 간격기(Rivet Spacers)

그림 3-6과 같이, 리벳 간격기는 판재에서 빠르고 정확한 리벳 모형 배치도를 만들기 위해 사용한다. 리벳 간격기에는 1/2inch, 3/4inch, 1inch, 2inch 리벳 간격 두기에 대한 위치 조정 마크가 있다.

[그림 3-6] 리벳 간격기(Rivet Spacers)

3.2.2 표시 공구(Marking Tools)

(1) 펜(Pens)

No.2 연필의 흑연이 알루미늄에 사용될 때 부식의 원인이 되기 때문에 마킹펜이라고 통칭하는 펠트펜(Fiber-tipped Pen)을 사용하는 것이 알루미늄에 직접 선과 홀의 위치를 표시할 때 선호되는 방법이다. 재료에 보호막(protective membrane)이 아직 남아 있다면 보호막에 배치도를 표시하거나 심이 가는 마킹펜(fine-point Sharpie®)으로 재료에 직접 표시하거나 재료에 마스킹 테이프를 붙이고 그 뒤에 테이프 위에 표시한다.

(2) 금긋기 도구(Scribes)

그림 3-7과 같이, 금긋기 도구는 절단하고자 하는 곳이 어디인지 나타내는 표시 또는 금속에 금을 긋는 데 사용하는 날카로운 도구이다. 금긋기 도구는 재료를 약하게 하는 긁은 자국을 만들고 부식을 유발시키기 때문에 표시가 홀을 뚫거나 절단해서 제거될 경우에만 사용해야 한다.

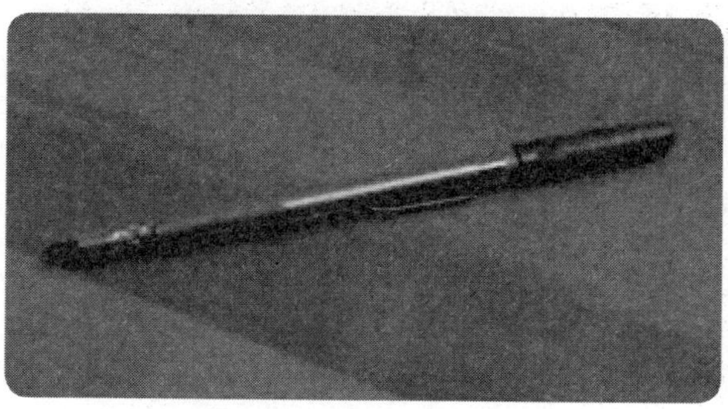

[그림 3-7] 금긋기 도구(Scribes)

3.2.3 펀치(Punches)

펀치는 보통 경화시키고 담금질한 탄소강(carbon steel)으로 제작된다. 펀치는 대개 단단한 것과 홀 뚫는 것으로 분류되며 의도된 용도에 따라 설계된다. 단단한 펀치는 각각 다른 용도를 위해 끝이 다양한 모양으로 디자인된 철제품이다. 예를 들어, 단단한 펀치는 볼트를 홀에서 빼내는 데, 얼었거나 또는 조여진 핀과 열쇠를 풀어주는 데, 리벳을 두들겨 빼내는 데, 재료에 홀을 뚫어 주는 데 등에 사용한다. 홀 뚫는 펀치는 날카로운 가장자리로 되어 있고 여백을 잘라 내는 데 가장 자주 사용된다. 단단한 펀치는 크기와 끝 부분의 설계가 다양한 반면에 홀 뚫는 펀치는 크기만 다르다.

3.2.3.1 점찍기 펀치(Prick Punch)

그림 3-8과 같이, 점찍기 펀치는 펀치가 작은 흠집을 만들기 때문에 주로 배치하는 동안 금속에 참조 표시를 위치하기 위해 사용한다. 배치도가 완료된 후 흠집을 드릴링할 수 있도록 센터 펀치로 확대시켜 준다. 점찍기 펀치는 또한 금속 위에 직접 종이 모형으로부터 치수를 옮기는 경우에도 사용할 수 있다. 점찍기 펀치를 사용할 때 다음과 같은 예방 조치를 취한다.

① 점찍기 펀치를 해머로 강타해서는 안 된다. 펀치가 휠지도 모르며 또한 가공될 금속에 심한 손상을 초래하게 될 수 있기 때문이다.

② 점찍기 펀치의 뾰족한 끝부분은 목적물을 넓게 벌어지게 하며 한층 더 단단히 박히게 되기 때문에 홀로부터 목적물을 제거하기 위해 점찍기 펀치를 사용하지 않는다.

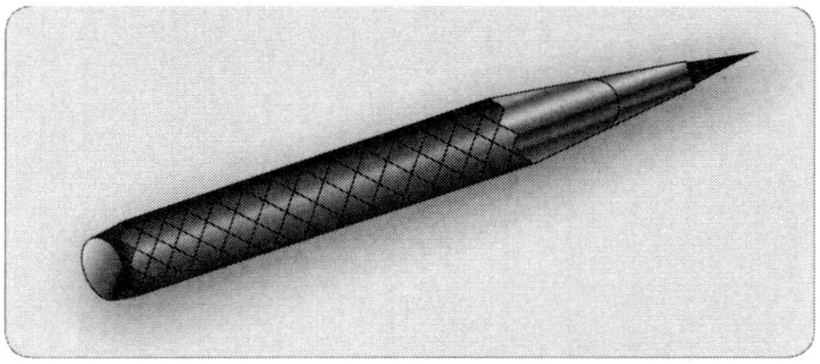

[그림 3-8] 점찍기 펀치(Prick Punch)

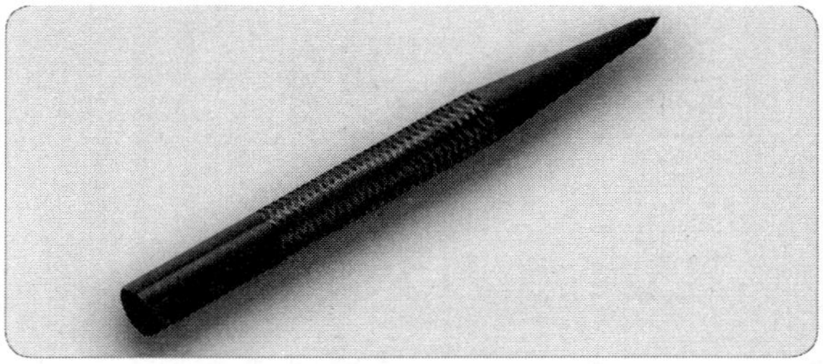

[그림 3-9] 센터 펀치(Center Punch)

3.2.3 펀치(Punches)

펀치는 보통 경화시키고 담금질한 탄소강(carbon steel)으로 제작된다. 펀치는 대개 단단한 것과 홀 뚫는 것으로 분류되며 의도된 용도에 따라 설계된다. 단단한 펀치는 각각 다른 용도를 위해 끝이 다양한 모양으로 디자인된 철제품이다. 예를 들어, 단단한 펀치는 볼트를 홀에서 빼내는 데, 얼었거나 또는 조여진 핀과 열쇠를 풀어주는 데, 리벳을 두들겨 빼내는 데, 재료에 홀을 뚫어 주는 데 등에 사용한다. 홀 뚫는 펀치는 날카로운 가장자리로 되어 있고 여백을 잘라 내는 데 가장 자주 사용된다. 단단한 펀치는 크기와 끝 부분의 설계가 다양한 반면에 홀 뚫는 펀치는 크기만 다르다.

3.2.3.1 점찍기 펀치(Prick Punch)

그림 3-8과 같이, 점찍기 펀치는 펀치가 작은 흠집을 만들기 때문에 주로 배치하는 동안 금속에 참조 표시를 위치하기 위해 사용한다. 배치도가 완료된 후 흠집을 드릴링할 수 있도록 센터 펀치로 확대시켜 준다. 점찍기 펀치는 또한 금속 위에 직접 종이 모형으로부터 치수를 옮기는 경우에도 사용할 수 있다. 점찍기 펀치를 사용할 때 다음과 같은 예방 조치를 취한다.

① 점찍기 펀치를 해머로 강타해서는 안 된다. 펀치가 휠지도 모르며 또한 가공될 금속에 심한 손상을 초래하게 될 수 있기 때문이다.

② 점찍기 펀치의 뾰족한 끝부분은 목적물을 넓게 벌어지게 하며 한층 더 단단히 박히게 되기 때문에 홀로부터 목적물을 제거하기 위해 점찍기 펀치를 사용하지 않는다.

3.2.3.3 자동 센터 펀치(Automatic Center Punch)

그림 3-10과 같이, 자동 센터 펀치(automatic center punch)는 일반적인 센터 펀치와 동일한 기능을 수행한다. 그러나 해머가 필요 없이 결각을 만들기에 충분히 센 힘을 만들어내는 스프링 장력 장치(spring tension mechanism)를 이용한다. 기계 장치는 필요한 곳에서 눌렀을 때 자동적으로 필요한 힘으로 내리친다. 이 펀치는 타격에 대해 조정할 수 있는 조절 가능한 마개를 갖고 있는데, 뾰족한 끝은 교체하거나 뾰족하게 하기 위해 제거될 수 있다. 자동 센터 펀치는

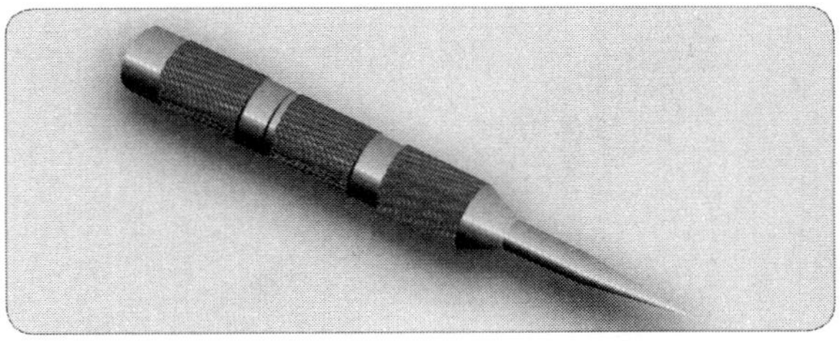

[그림 3-10] 자동 센터 펀치(Automatic Center Punch)

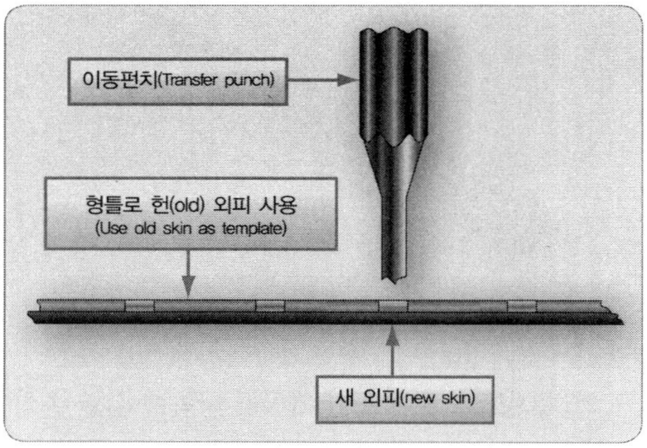

[그림 3-11] 이동펀치(Transfer Punch)

해머로 쳐서는 안 된다.

1.2.3.4 이동펀치(Transfer Punch)

그림 3-11과 같이, 이동 펀치는 새로운 홀의 위치를 만들어 주기 위해 구조물에 있는 형판(template) 또는 기존 홀을 사용한다. 펀치는 새로운 판재 위쪽에서 이전의 홀에 중심에 있게 하고 나무망치(mallet)로 가볍게 두드린다. 결과는 새로운 판재에 홀을 위치시키도록 표시되어야 한다.

3.2.3.5 드라이브 펀치(Drive Punch)

그림 3-12와 같이, 드라이브 펀치는 가끔 홀에 묶인 손상된 리벳, 핀, 그리고 볼트를 빼내기 위해 사용되기 때문에 뾰족한 끝 대신에 평평한 면으로 만들어진

[그림 3-12] 드라이브 펀치(Drive Punch)

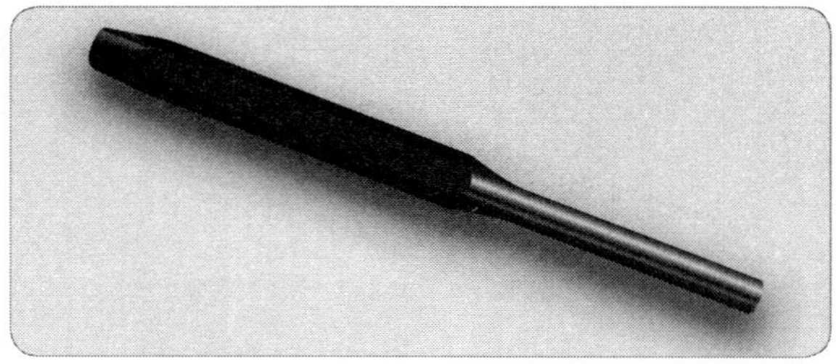

[그림 3-12] 드라이브 펀치(Drive Punch)

다. 펀치의 크기는 면의 폭으로 결정되며 보통 1/8~1/4inch이다.

3.2.3.6 핀 펀치(Pin punch)

그림 3-13과 같이, 핀 펀치는 전형적으로 육각형의 몸체로 된 직선 손잡이 특징을 갖고 있다. 핀 펀치의 뾰족한 끝은 크기가 inch의 1/32 단위씩 증가하고 직경이 1/16~3/8inch까지의 범위 내에 있다. 핀 또는 볼트를 빼내기 위한 사용 방법은 펀치로 쳐내기 시작하여 홀의 가장자리에 펀치의 샹크(shank)가 닿을 때까지 계속한다. 그런 다음 핀 펀치를 홀에 아직 꽂혀 있는 핀 또는 볼트를 빼는 데 사용한다.

3.2.3.7 밑판 펀치(Chassis Punch)

그림 3-14와 같이, 밑판 펀치는 계기와 다른 항공 전자 설비의 장착을 위하여 판금 부품에 홀을 만들어주고 그밖에 리브와 날개보에 있는 홀을 가볍게 하는 것

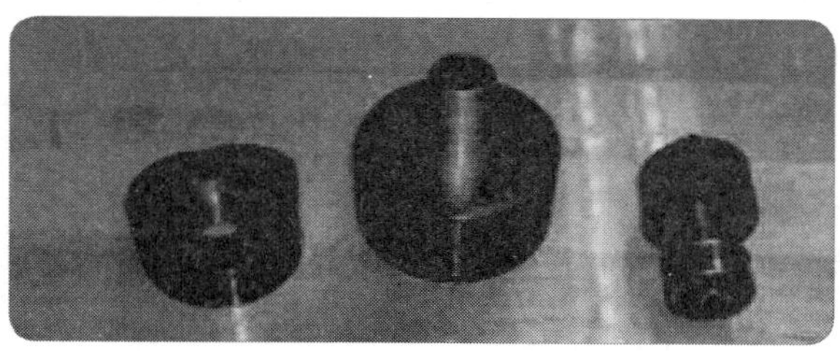

[그림 3-14] 밑판 펀치(Chassis Punch)

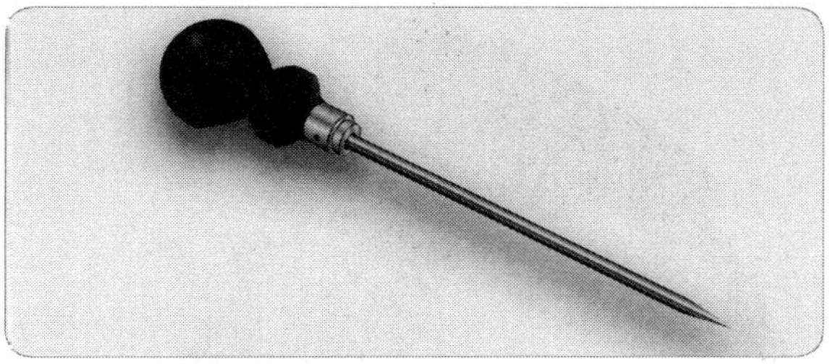

[그림 3-15] 송곳(Awl)

에 사용된다. 1/16inch의 크기로 펀치는 1/2~3.0inch의 크기가 있다.

3.2.3.8 송곳(Awl)

그림 3-15와 같이, 표면을 표시하거나 또는 작은 홀을 타인하기 위한 뾰족한 공구인 송곳은 항공기 정비에서 금속 표면과 플라스틱 표면에 금긋기 도구 표시를 배치하기 위해 그리고 제빙 부트의 장착과 같이 홀을 정렬시키기 위해 사용한다.

송곳의 사용에 따른 절차는,

(1) 평평한 면에 선을 긋기 위해 금속을 놓는다. 금속에 이미 측정하고 표시한 안내 표시에 자 또는 직선 자를 놓는다.

[그림 3-16] 송곳 사용방법(Awl usage)

(2) 송곳에서 보호 덮개를 제거한다.

(3) 직선 자를 단단히 잡는다. 그림 3-16과 같이, 송곳을 잡고 직선 자를 따라 선을 긋는다.

(4) 송곳 보호 덮개를 제자리에 놓는다.

3.2.4 홀 복제기(Hole Duplicator)

다양한 크기와 형태로 사용하는 홀 복제기 또는 홀 탐지기는 구조물에서 기존 홀의 위치를 잡고 맞추기 위해 낡은 피복을 형판으로 활용한다. 교환 판재 또는 판재 조각에 있는 홀은 구조물에 있는 기존 홀과 맞도록 홀을 뚫어야 하는데 홀 복제기는 이 공정을 간단하게 한다. 그림 3-17에서는 한 가지 유형의 홀 복제기를 보여준다. 홀 복제기의 하부 버팀대(leg)에 있는 쐐기(peg)는 기존의 리벳 홀에 꼭 맞는다. 교체 판재 또는 판재 조각에서 홀을 만들기 위해 상부 버팀대에서 부싱(bushing, 끼움쇠테)을 통해 홀을 뚫는다. 만약 홀 복제기가 적절하게 만들어졌다면, 같은 방식으로

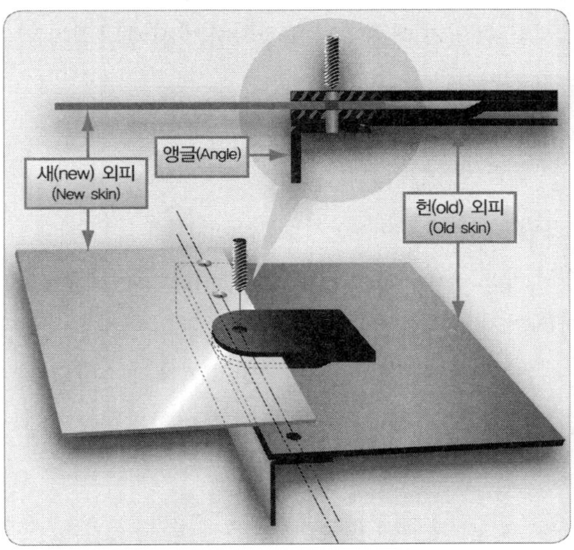

[그림 3-17] 홀 복제기(Hole Duplicator)

뚫린 홀은 완전히 일치한다. 리벳 각각의 직경에 맞게 다른 복제기를 사용해야 한다.

3.2.5 절삭 공구(Cutting Tools)

항공기 작업자가 사용할 수 있는 동력 금속 절삭 공구(Powered metal cutting tool)와 비동력 금속 절삭 공구(Non-powered metal cutting tool)는 다양한 유형의 톱, 니블러(nibbler), 전단기(Shear), 사포(Sander), 금긋기장치(Notcher), 그리고 연삭기(Grinder)가 있다.

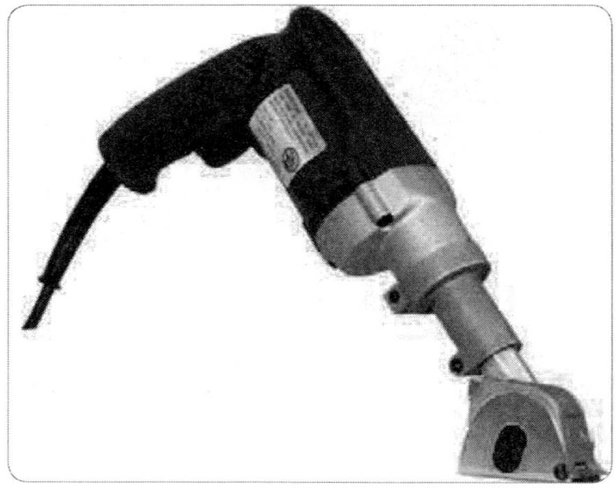

[그림 3-18] 케트 톱(Kett Saws)

(1) 원형 절단톱(Circular-cutting Saws)

원형 절단톱은 고속으로 회전하는 톱니로 된 강재 원판(Steel disk)으로 절단한다. 동력톱은 손으로 잡거나 테이블에 장착하여 압축공기로 구동시켜 금속 또는 목재를 절단한다. 톱이 금속을 잡는 것을 방지하기 위해 항상 톱 손잡이에 있는 그립을 단단히 잡는다. 균열된 날을 사용하면 산산이 부서져서 심각한 부상을 유발시킬 수 있기 때문에 날을 장착하기 전에 균열이 있는지 점검한다.

(2) 케트 톱(Kett Saws)

그림 3-18과 같이, 전기로 작동하는 휴대용 원형-절단 케트 톱(portable circular-cutting Kett saw)은 여러 가지 직경의 날을 사용한다. 이 톱의 두부는 원하는 각도로 돌려줄 수 있으며 스트링거에서 손상된 섹션을 제거하는 데 알맞다. 케트 톱의 이점은 다음과 같다.

① 두께가 3/16inch까지의 금속을 절단할 수 있다.

② 출발 홀이 필요 없다.

③ 금속 판재의 어떤 부분에서도 절단을 시작할 수 있다.

④ 내부 반경 또는 외부 반경의 절단이 가능하다.

(3) 공기압 원형 절단톱(Pneumatic Circular Cutting Saw)

그림 3-19와 같이, 손상을 잘라내는 데 유용한 공기압 원형 절단톱은 케트 톱과 유사하다.

[그림 3-19] 공기압 원형 절단톱
(Pneumatic Circular Cutting Saw)

[그림 3-20] 왕복 톱(Reciprocating Saw)

(4) 왕복 톱(Reciprocating Saw)

다목적 왕복 톱은 날의 밀고 당기는 왕복 운동을 통해 절단 작용이 이루어진다. 이 톱은 오른쪽 측면 위쪽 또는 상부 아래쪽으로 사용할 수 있다. 이러한 것이 빡빡하거나 힘든 지점에서 작업할 때 원형 톱보다 더 유용하게 만드는 특징이다. 왕복 톱에는 다양한 유형의 날이 있고 더 섬세한 톱니로 된 날로 금속을 자른다. 휴대용, 공기 동력식 왕복 톱은 표준 활 톱날(hacksaw blade)을 사용하고 360°의 원 또는 네모꼴 또는 정사각형 홀을 절단한다. 매우 정밀한 작업에는 적당하지 않으며 공기압 원형 절단 톱보다 제어하기가 더 어렵다. 그림 3-20과 같이, 왕복 톱은 항상 톱에서 적어도 2개의 톱니가 절단을 계속하는 방식으로 사용해야 한다. 날의 파손을 방지하기 위하여 톱 손잡이에서 아래쪽 방향으로 너무 많은 압력을 가하지 말아야 한다.

(5) 절단석(Cut-off Wheel)

그림 3-21과 같이, 절단석은 고속 공기압 형틀 연삭기(pneumatic die-grinder)로 구동하는 얇은 연마용의 평원반이며, 항공기 외판 또는 스트링거에서 손상

[그림 3-21] 앵글 그라인더와 절단석
(Angle grinder and cut-off wheel)

을 잘라내기 위해 사용한다. 절단석은 서로 다른 두께와 크기로 사용할 수 있다.

(6) 니블러(Nibblers)

그림 3-22와 같이, 니블러는 일반적으로 압축 공기로 동력을 공급하여 판금을 절단하는 또 다른 공구다. 휴대용 니블러는 고속으로 홀을 뚫는 작용으로 금속을 절단하는 데 사용한다. 위와 아래로 움직이는 하부 형틀이 상부 고정 형틀(upper stationary die)을 교차하여 절단 또는 홀 뚫는다. 하부 형틀의 형태가 작은 금속 조각을 약 1/16inch 폭으로 절단하도록 한다.

니블러의 절삭 속도는 절단할 금속의 두께에 의하여 제어된다. 니블러는 최대 두께 1/16inch 이내의 금속

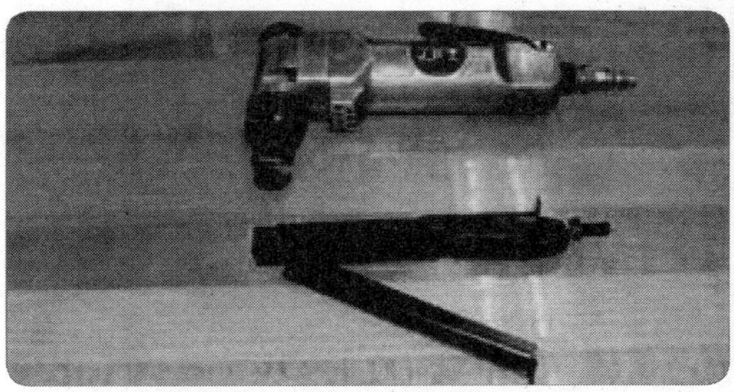

[그림 3-21] 앵글 그라인더와 절단석
(Angle grinder and cut-off wheel)

의 판재를 적합하게 절단한다. 절단 작업 시 금속에 너무 많은 힘을 가하면 성형된 금속인 형틀의 작동을 방해(clog)하여 형틀이 고장 나게 되거나 모터를 과열시킨다. 전기 니블러와 수동 니블러 모두 이용할 수 있다.

3.2.6 작업장 공구(Shop Tools)

작업장 공구는 크기, 무게 및 동력원으로 인하여 대개 위치가 고정되어 있기 때문에 조립하거나 수리할 기체 부품을 공구가 있는 장소로 가져온다.

(1) 정방형 전단기(Squaring Shear)

정방형 전단기는 기체 정비사가 편리하게 판금을 절단하고 정방형으로 만들 수 있게 한다. 그림 3-23과 같이 수동 모델, 유압 모델, 또는 공기압 모델이 있고 바닥면에 부착된 고정 하부날과 크로스-헤드(cross-head, 피스톤의 꼭지)에 부착된 가동 상부 날개깃으로 구성된다.

두껍고 폭이 좁고 긴 금속 조각들로 되어 있고 금속판을 네모로 자르는 데 사용되는 2개의 정방형의 펜스

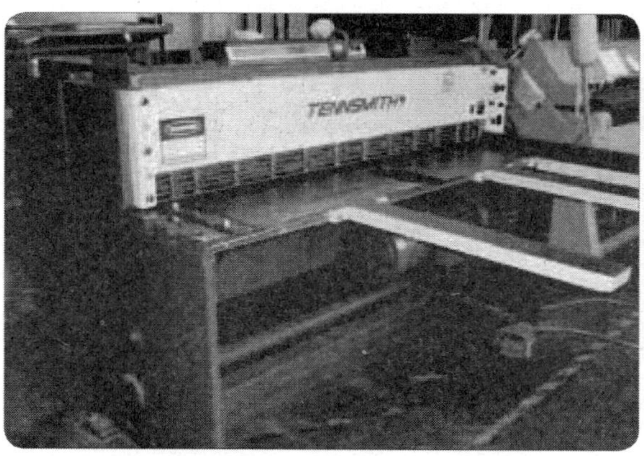

[그림 3-23] 동력 전단기(Power squaring shear)

가 바닥면 위에 놓여 있으며, 날과 90°로 되도록 1개의 정방형 펜스는 왼쪽에 다른 1개는 오른쪽에 놓는다. inch의 1/10로 등급이 매겨진 눈금이 바닥면에 표시되어 있다.

수동식 전단기(Foot shear)로 절단하기 위해, 발판에 발을 얹고 아래쪽으로 눌러서 윗날을 아래쪽으로 이동시켜. 금속이 일단 절단되고 발로 누르는 압력을 제거하면, 스프링이 날과 발판을 들어 올린다. 유압식이나 공기압력식 모델은 기계 작동자의 안전을 확보하기 위해 원격 풋페달을 이용한다.

정방형 전단기는 세 가지 각기 다른 작업을 수행할 수 있다.

① 선을 따라서 판금을 절단
② 정방형 만들기
③ 특정 규격으로 다수를 절단

선을 따라 절단할 때는 판재는 절단 날 앞쪽에 있는 전단기의 바닥면에 놓여야 하며, 이때 바닥면에 있는 칼날은 절단선과 평행하게 한다. 수동식 전단기로 판재를 절단하기 위해 판재를 제자리에 단단히 고정하고 있는 동안 발판을 밟아준다.

정방형 판재 제작은 몇몇 단계가 요구된다. 먼저, 판재의 한쪽 끝단을 한쪽 가장자리에 일치시킨다. 정방형 펜스는 보통 가장자리에 사용된다. 그다음, 나머지 가장자리는 모든 가장자리가 정방형이 될 때까지, 정방형 펜스에 대하여 판재의 네모지게 된 끝단을 고정하고 한 번에 한 가장자리씩 절단함으로써 정방형을 만든다.

몇 개의 조각을 같은 치수로 절단해야 할 때, 대부분 정방형 전단기에 칼날의 뒤쪽에 위치한 역전 방지 장

[그림 3-24] 수동 전단기(Foot-operated squaring shear)

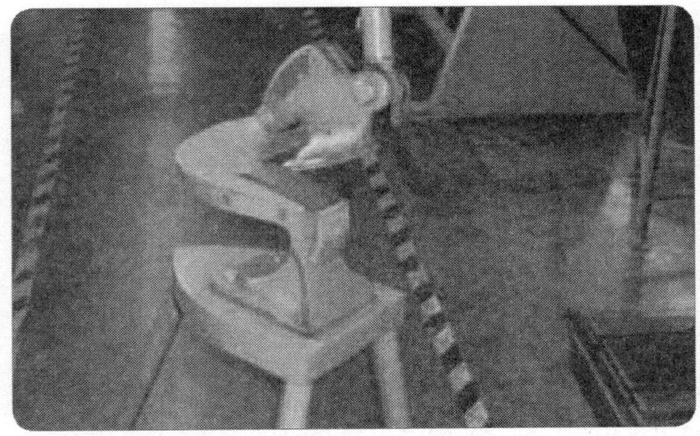

[그림 3-25] 작두형 전단기(Throatless Shear)

치(backstop)를 사용한다. 지지봉은 1/10inch 단위로 표시되어 있고 표준 두께 막대(gauge bar)는 봉의 어느 지점에서도 고정시킬 수 있도록 되어 있다. 전단기의 절단 날로부터 필요한 거리에 표준 두께를 고정시키고 각각의 조각을 표준 두께 막대에 밀어 넣는다. 모든 조각은 별도로 각각 치수를 측정하여 표시하지 않고도 같은 치수로 절단할 수 있다.

그림 3-24와 같이, 수동식 전단기는 0.063inch의 알루미늄 합금의 최대 금속 절단 능력을 갖는다. 더 두꺼운 금속을 절단하기 위해서는 동력식 정방형 전단기를 사용한다.

(2) 작두형 전단기(Throatless Shear)

그림 3-25에서 기체 작업자는 0.063inch 두께까지의 알루미늄 판을 절단하려면 작두형 전단기를 사용한다. 이 전단기는 금속이 들어가는 목 아래쪽이 좁기 때문에 절단하는 동안 금속이 절단 날 주위에서 자유롭게 움직일 수 있어 이와 같은 이름이 붙여졌다. 이러한 특징은 금속이 어떤 모양으로 절단될 것인가에 있어 큰 유연성을 갖게 한다. 따라서 직선 절단, 곡선 절단, 그리고 변칙 절단을 위해 금속이 어떠한 각도로도 돌려질 수 있고 어떤 길이의 판재라도 절단할 수 있다.

수동식 레버는 윗면 날인 절단 날을 작동시킨다. BeverlyTM 전단기라고 불리는 Beverly Shear Manufacturing Corporation에서 제작한 작두형 전단기가 종종 사용된다.

(3) 스크롤 전단기(Scroll Shears)

그림 3-26과 같이, 스크롤 전단기는 판재의 가장자리까지 절단하지 않고 판재의 내부에서 불규칙적인

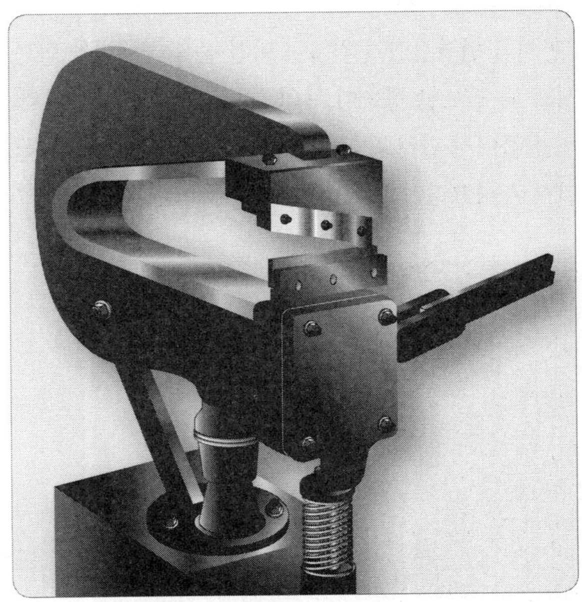

[그림 3-26] 스크롤 전단기(Scroll Shears)

선을 절단하는 데 사용한다. 상부 절단 날은 고정된 반면에 하부 날은 움직일 수 있으며 하부 날에 연결된 손잡이에 의하여 작동된다.

(4) 회전식 펀치프레스(Rotary Punch Press)

그림 3-27과 같이, 기체 수리소에서 금속부에 홀을 뚫기 위하여 사용된 회전식 펀치(rotary punch)는 모서리를 반지름으로 절단하고 와셔(washer)를 만들며 홀이 필요한 기타 많은 작업을 위하여 사용된다. 2개의 원주형 회전 절삭 공구대(turret)로 구성되어 있으며, 이 중 1개는 다른 회전 절삭 공구대 위에 장착되어 있고 뼈대를 지지한다. 회전 절삭 공구대 모두는 함께 회전하도록 동조를 이루고 색인 핀(Index pin)은 항상 정확하게 일치할 수 있도록 기능한다. 색인 핀은 기계의 오른쪽에 있는 레버를 회전시켜서 잠금 위치로부터 풀릴 수 있다. 이 작용은 경사 홀로부터 색인 핀이 물러나서 사용자가 원하는 펀치 크기로 회전 절삭 공구대를 돌릴 수 있게 한다.

펀치를 변경시키기 위하여 회전 절삭 공구대를 회전시킬 때 필요한 형틀이 램의 1inch 이내이면 색인 레버를 풀어서 펀치 홀더의 꼭대기가 램의 홈이 있는 끝단으로 미끄러져 들어갈 때까지 계속 회전시킨다. 그러면 경사 색인 자물핀(Tapered Index Locking Pin)은 이미 만들어진 홀에 들어앉게 되며 동시에 기계식 잠금장치가 풀려서 회전식 절삭 공구대가 정렬될 때까지 타인하는 것을 방지한다.

기계장치를 작동시키기 위하여, 작업하는 금속을 형틀과 펀치 사이에 놓는다. 피니언 축(pinion shaft), 부채꼴 기어(Gear Segment), 토글 링크(Toggle Link)와 램을 움직이고, 금속을 꿰뚫어 펀치를 밀어 넣으며 작업자 쪽을 향하여 기계장치의 맨 위에 있는 레버를 당긴다. 레버가 원래의 위치로 되돌아갔을 때, 금속이 펀치에서 제거된다.

펀치의 직경은 형틀 홀더의 전면에 찍혀 있다. 각각의 펀치는 펀치의 중심에 정확한 장소에서 구멍을 뚫는 센터 펀치 표시에 위치되는 지점이 있다.

(5) 띠톱(Band Saw)

그림 3-28과 같이, 띠톱은 톱니로 된 금속 밴드가 연결된 구조이며, 2개의 바퀴가 원주 주위로 계속해서 구동한다. 띠톱은 알루미늄, 강재, 그리고 복합재료 부품을 절단하는 데 사용한다. 띠톱의 속도와 유형과 날의 스타일은 절단하려는 재료에 따른다. 띠톱은 종종 한 가지 유형의 재료를 절단하도록 지정되어 있다.

[그림 3-27] 회전식 펀치프레스(Rotary Punch Press)

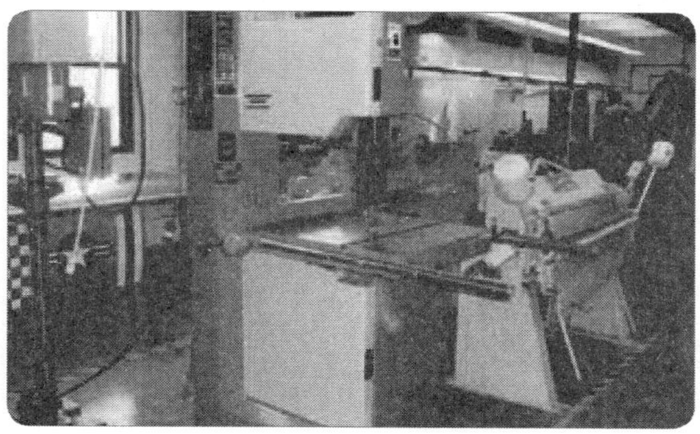

[그림 3-28] 띠톱(Band Saw)

만약 다른 재료를 절단하려 한다면, 날을 교환한다. 속도를 제어할 수 있고 절단 테이블은 각도가 있는 조각을 절단하도록 기울어질 수 있다.

(6) 원반식 사포연삭기(Disk Sander)

그림 3-29와 같이, 원반식 사포연삭기는 전동 연마 원판(Powered Abrasive-covered Disk) 또는 벨트를 갖추고 있으며, 표면을 매끄럽게 하거나 광택을 내기 위해 사용한다. 사포 장치는 금속부를 손질하기 위해 서로 다른 그릿(Grit)의 연마지를 사용한다. 원반식 사포연삭기를 사용하는 것이 부분을 정확한 치수로 줄로 줄질하는 것보다 훨씬 더 빠르다. 복합 원반식과 벨트식 연삭기(Combination Disk and Belt Sander)는 수직 벨트식 사포연삭기(Vertical belt sander)와 원반식 사포연삭기가 결합된 것으로 종종 금속 작업장에 사용된다.

(7) 벨트식 사포 연삭기(Belt Sander)

그림 3-30과 같이, 금속부를 사포로 처리하기 위해 전기 모터에 의해 구동되는 무한 연마벨트를 이용하는 벨트식 사포 연삭기 장치는 원반식 사포연삭기 장치와 유사하다. 벨트 위의 연마지는 그릿 또는 거칠음의 정도가 다양하게 있다. 벨트식 사포 연삭기는 수직 구성 단위 또는 수평 구성 단위로 있다. 벨트가 중간에서 동작하도록 하기 위해 연마 벨트의 장력과 일치시키는 것을 조정할 수 있다.

[그림 3-29] 복합 원반식과 벨트식 연삭기
(Combination Disk and Belt Sander)

[그림 3-30] 벨트식 사포 연삭기(Belt Sander)

(8) 모따기 장치(Notcher)

그림 3-31과 같이, 모따기 장치는 장치들 중 일부 기계가 전단 가공, 정방형 만들기, 그리고 다듬질의 기능을 갖으며, 금속부를 도려내는 데 사용된다. 모따기 장치는 상부 형틀과 하부 형틀로 구성되어 있으며, 비록 일부 기계는 180°까지 금속을 절단할 수 있지만, 가장 흔히 90° 각도로 절단한다. 모따기 장치는 다양한 두께의 연강과 알루미늄을 절단할 수 있는 수동형과 공기압형이 있으며 그림 3-32와 같이, 판금 부품에서 빠르게 모서리를 제거할 수 있는 우수한 공구다.

[그림 3-31] 모따기 장치(Notcher)

[그림 3-32] 동력 모따기 장치(Power notcher)

(9) 습식 또는 건식

그라인더(Wet or Dry Grinder)그라인더는 사용하고자 하는 작업에 대한 구분에 따라 다양한 유형과 크기가 있다. 건식 또는 습식 그라인더는 기체수리 작업장에서 찾아볼 수 있다. 그라인더는 탁상식 또는 받침대식 일 수 있다. 건식 그라인더는 보통 전기 모터를 통해 또는 벨트에 의해 작동하는 도르래를 통해 돌아가는 축의 양쪽 끝단에 연삭 숫돌을 갖고 있다. 습식 그라인더는 단일 연삭 숫돌에 물의 흐름을 공급하기 위하여 펌프를 갖춘다. 물은 숫돌에 부딪혀 갈려지는 재료에 의해 발생된 열을 낮추고 금속의 가장자리를 지속적으로 냉각시키는 동안 더욱 빠르게 연삭하기 위한 윤활유로서 작용한다. 또한, 금속의 작은 조각 또는 연삭 가공 중 떨어져 나온 연마제를 씻어 내린다. 물은 탱크로 되돌아가서 다시 사용할 수 있다.

그라인더는 칼, 공구 및 날을 가는 것뿐만 아니라 강재, 금속 물체, 드릴 비트(drill bit), 그리고 공구를 연삭하는 데도 사용된다. 그림 3-33에서는 대부분 기체 수리소에서 찾아볼 수 있는 일반적인 탁상 그라인더(bench grinder)의 유형을 보여준다. 이 그라인더는 정(chisel)에 달린 버섯꼴 머리(mushroom head)와 정, 스크루 드라이버 및 드릴의 뾰족한 끝을 다듬기 위해 사용되며 이에 더하여 가공물에서 여분의 금속을 제거하고 금속 표면을 고르는 작업에 사용할 수 있다.

탁상 그라인더는 대개 1개의 중간 석질(midium-grit) 연마제와 1개의 미립자(fine-grit) 연마제로 된 숫돌을 갖추고 있다. 중간 석질 숫돌은 보통 재료의 상당량을 깎아내어야 하거나 다듬질이 필요 없는 연삭에 쓰인다. 미립자 숫돌은 공구를 날카롭게 하거나 한계 값에 아주 가깝게 연삭하는 데 사용된다. 이 숫

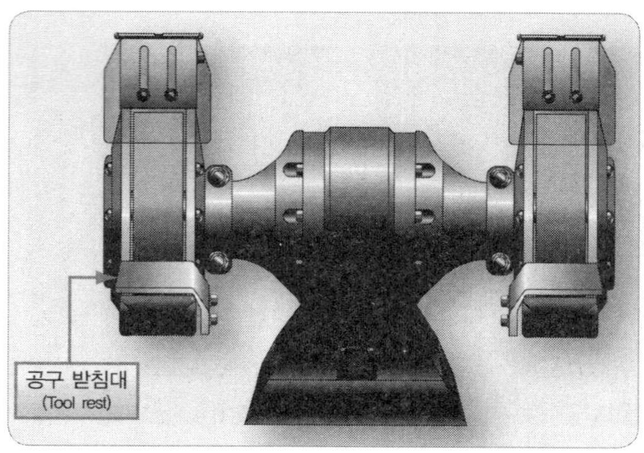

[그림 3-33] 그라인더(Grinder)

돌은 금속을 천천히 갈아내고 매끈한 마감 작업을 하게 하며 절삭 공구의 날을 풀림할 정도의 충분한 열을 발생시키지 않는다.

어떠한 종류의 탁상 그라인더라도 사용하기 전에 연마 숫돌이 플랜지 너트(flange nut)에 의해서 주축(spindle)에 단단히 고정되어 있는가를 확인해야 한다. 연마 숫돌이 빠졌거나 헐거워지면 작업자에게 심한 부상을 입힐 수 있고 연삭기도 망가뜨릴 수 있다. 헐거운 공구대는 연마 숫돌에 의해서 공구 또는 작업할 조각이 공구대에 끼이게 하고 작업자의 손이 숫돌과 접촉하게 되는 원인이 되어 심각한 부상을 초래할 수 있다.

그라인더를 사용할 때에는 항상 안전보호안경을 착용한다. 그라인더에 보안경이 부착되어 있어도 보호안경은 얼굴과 코에 꼭 맞아야 한다. 이렇게 하는 것만이 강재의 미세한 조각으로부터 눈을 보호하는 유일한 수단이다. 그라인더를 사용하기 전에 연마 숫돌이 균열되었는지 점검한다. 균열된 연마 숫돌은 고속에서 회전 시 산산이 흩어지기 쉽다. 또한, 그라인더의 숫돌바퀴 덮개(wheel guard)가 제자리에 단단히 고정되지 않았으면 그라인더를 사용하지 말아야 한다.

(10) 그라인더 숫돌(Grinding Wheels)

그라인더 숫돌은 접착식 연마제로 구성되고 금속을 절단하고, 형태를 만들고, 마무리하는 효과적인 수단을 제공한다. 다양한 크기와 수많은 모양으로 사용할 수 있는 연삭숫돌은 또한 칼, 드릴 비트, 그리고 많은 다른 공구를 날카롭게 하는 데 사용하거나 표면에 페인트칠 또는 도금하기 위해 표면을 깨끗이 하고 준비하는 데 사용된다.

그라인더 숫돌은 탈착할 수 있고, 연마 바퀴(polishing wheel) 또는 연마륜(buffing wheel)으로 연마 숫돌을 대체할 수 있다. 연마제의 종류인 실리콘 카바이드와 산화알루미늄은 대부분 연삭 숫돌에 사용된다. 실리콘 카바이드는 주철과 같이 단단하고 부서지기 쉬운 재료를 연삭하는 데 쓰이는 절삭제이며 알루미늄, 황동, 청동, 그리고 구리를 연삭할 때에도 사용된다. 산화알루미늄은 강재와 높은 인장 강도의 다른 금속을 연삭할 때 사용되는 절삭제이다.

3.2.7 수동

절단 공구(Hand Cutting Tools) 수많은 유형의 수동 절단 공구는 얇은 표준 두께의 판금을 절단하는 데 사용된다. 일반적으로 기체수리 작업장에서 찾아볼 수 있는 네 가지의 절삭 공구는 직선 손가위(straight hand snips), 항공 가위(aviation snips), 줄 그리고 깔쭉깔쭉한 것을 제거하는 공구(burring tool)이다.

(1) 단일 가위(Single Snips)

그림 3-34와 같이, 직선 가위(straight snips) 또는 판금 전단기는 85°로 칼날이 갈려 있는 직선 날을 갖고 있다. 6~14inch 범위의 크기로 있는 직선 가위는

[그림 3-34] 직선 가위(Straight snips)

[그림 3-35] 항공 가위(Aviation snips)

1/16inch 두께까지의 알루미늄을 절단하고 직선 절단과 큰 곡선을 자르는 데 사용할 수 있다. 그러나 항공 가위가 원형 또는 원호를 절단하는 데 더 좋다.

(2) 항공 가위(Aviation Snips)

항공 가위는 판금에서 홀, 굴곡진 부분, 판재 조각 주위, 그리고 보강재(Doubler 더욱 단단하게 만들기 위해 부품 아래쪽 부분에 있는 금속 조각)를 절단하는 데 사용된다. 항공 가위는 절단의 방향을 인지하기 위해 색이 있는 손잡이로 되어 있다. 그림 3-35와 같이, 노란색 항공 가위는 직선으로 절단하고, 녹색 항공 가위는 오른쪽 만곡으로 절단하고, 그리고 적색 항공 가위는 왼쪽 만곡으로 절단한다.

(3) 줄(Files)

중요하지만 종종 간과되는 공구인 줄은 절단하고 연마하여 금속의 형체를 만드는 데 사용된다. 줄은 다섯 가지의 구별되는 특성을 갖고 있는데, 길이, 외형, 단면의 형태, 결의 종류, 그리고 결의 세밀함이 그것이다. 그림 3-36과 같이, 수많은 서로 다른 유형의 줄이 있으며 크기는 3~18inch 범위에 있다.

[그림 3-36] 줄(Files)

결이 절단되는 곳에 줄의 부분을 면(face)이라고 한다. 손잡이에 맞는 경사진 끝단은 탱(Tang)이라고 부른다. 탱이 시작되는 줄의 부분은 힐(Heel)이다. 줄의 길이는 뾰족한 끝 또는 꼭대기에서 힐까지이며 탱은 포함되지 않는다. 줄의 결이 절단한다. 결은 줄의 면에 대해 각으로 설정된다. 평행 결의 단일 열로 된 줄은 홑날줄이라고 부른다. 결은 줄의 사용 목적에 따라 중심선에서 65~85°의 각도로 절단한다. 열십자로 다른 열을 가로지르는 결의 열을 갖는 줄은 겹날줄이라고 부른다. 보통 첫 번째 설정된 각도는 40~50°이며 교차결의 각도는 70~80°이다. 엇갈리기는 줄의 끝 쪽으로 경사진 수많은 작은 결을 갖는 표면을 만든다. 각각의 작은 결은 다이아몬드 첨단(diamond point) 냉간정(cold chisel)의 끝단처럼 보인다.

줄은 결 간격 두기에 따라 등급이 매겨지는데, 거친 줄은 소수의 큰 결을 갖고, 매끄러운 줄은 다수의 고운 결을 갖는다. 결이 거칠수록, 더 많은 금속은 줄이 왕복운동을 할 때마다 제거된다. 줄의 거침 또는 미세함을 나타내는 데 사용된 용어는 거칠거칠한, 거친, 굵은, 중간, 매끄러운, 그리고 매우 매끄러운 것이고 줄은 홑날 또는 겹날이다. 줄은 형태에 따라 더 자세히 분류된다. 더 일반적인 유형의 일부는 납작형, 삼각형, 사각형, 반원형, 그리고 원형이다.

줄질에는 몇몇 기술이 있다. 가장 일반적인 것은 부품이 장착되기 전에 마무리된 부품에서 다듬어지지 못한 가장자리와 조각을 제거하는 것이다. 교차 줄질은 단단하게 함께 고정되어야 하는 금속부의 가장자리를 줄질하기 위해 사용되는 방법이다. 교차 줄질은 목재 2개의 길고 가느다란 조각 사이에 금속을 고정시키고 현재 선으로 금속의 가장자리를 줄질로 다듬는 것이다. 나비 방향 줄질(draw filing)은 대형 표면을 매끄럽게 하고 네모지게 하는 것이 필요할 때 사용되며 가공물(work)의 전체 표면 위에서 줄을 끌어당겨서(drawing) 작업한다.

줄의 결을 보호하기 위해 줄은 비닐 랩으로 감싸서 개별로 보관하거나 손잡이로 걸어 두어야 한다. 공구통에 보관된 줄은 결에 녹이 형성되는 것을 방지하기 위해 파라핀지로 감싸야 한다. 줄 결은 줄 솔(file card)로 청소할 수 있다.

(4) 다이 그라인더(Die Grinder)

그림 3-37과 같이, 다이 그라인더는 고속에서 설치식(mounted) 절단 숫돌(cutoff wheel), 회전식 줄(rotary file), 또는 사포 원반(sanding disk)을 돌리는 소형 공구이다. 일반적으로 압축 공기로 동력을 공급하며, 전기에 의해 동력을 공급받는 다이 그라인더도 사용된다. 공기압 다이 연삭기는 압축 공기의 체적을 변경하기 위해 수동식 스로틀(hand-operated throttle) 또는 밟기식 스로틀(foot-operated throttle)을 이용하는 작동자에 의해 회전속도가 제어되어 12,000~20,000rpm에서 돌아간다. 다이 연삭기는 일직선, 45°, 그리고 90° 모델로서 이용할 수 있고 용접 절단(weld breaking), 날카로운 가장자리를 매끄럽게 하는 것, 깔쭉깔쭉한 것을 없애는 것, 포트 가공(porting-cylindar head porting), 일반적인 고속 연마, 연삭 및 절단에 탁월하다.

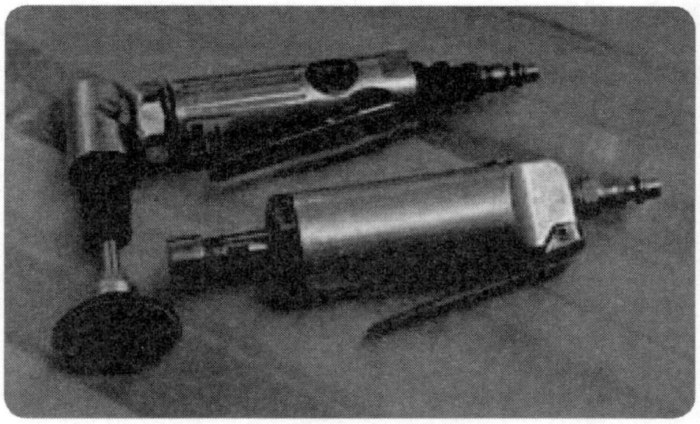

[그림 3-37] 다이 그라인더(Die grinder)

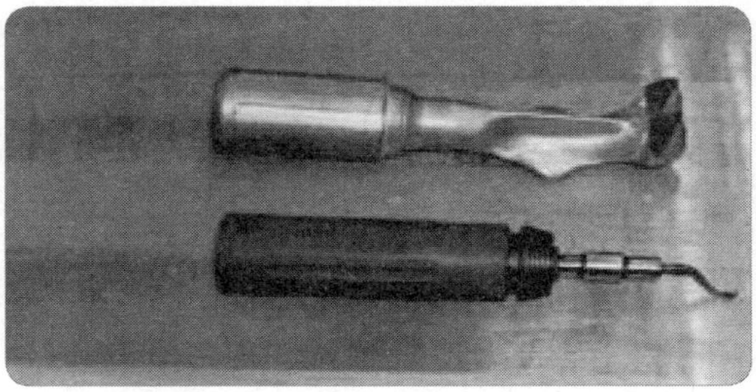

[그림 3-38] 버링 공구(Burring Tool)

(5) 버링 공구(Burring Tool)

그림 3-38과 같이, 이 유형의 공구는 판재의 가장자리로부터 깔쭉깔쭉하게 깎은 자리(burr)를 제거하기 위해 또는 홀의 깔죽깔죽한 부분을 제거하기(deburr) 위해 사용된다.

3.3 드릴링(Hole Drilling)

홀 드릴링은 기체수리 작업장에서 일상적인 작업이다. 드릴의 원리와 사용법을 습득하면, 경금속에 리벳과 볼트를 위한 홀을 뚫는 것은 어렵지 않다. 작은 휴대용 동력 드릴은 일반적으로 기체 금속 가공물(metalwork)에서 이런 일상적인 작동을 위해 가장 실용적인 공구이지만, 때때로 탁상 드릴(drill press)이 작업할 때 더 유용하게 사용된다.

3.3.1 휴대용 동력 드릴 (Portable Power Drills)

휴대용 동력 드릴은 전기 또는 압축공기로 작동한다. 공기압 드릴 모터는 전기드릴 모터로부터의 잠재적 불꽃이 화재 위험을 일으키는 가연성 재료 주위에서 수리할 때 사용하는 것을 권한다.

휴대용 동력 드릴을 사용할 때는 양손으로 단단히 잡아 준다. 드릴링하기 전에, 금속 구조물에 지지물을 추가하기 위해 뚫는 홀 아래쪽에 목재의 뒷받침 블록(backup block)을 놓았는지 확인한다. 드릴 비트는 척(chuck)에 삽입되어야 하고 적절한 조정(trueness) 또는 진동을 시험한다. 이것은 자유롭게 모터를 돌려줌으로써 시각적으로 점검될 수 있다. 흔들리거나 약간 구부러진 드릴 비트는 그런 상태가 홀을 크게 만드는 원인이 되기 때문에 사용하지 말아야 한다. 드릴은 항상 위치 또는 굴곡에 관계없이 작업에서 직각으로 잡아주어야 한다. 재료를 드릴링하거나 또는 드릴링 후 드릴을 빼낼 때도 드릴을 기울이는 것은 홀을 달걀 모양으로 신장시키는 원인이 된다. 판금을 통과하여 드릴링할 때 작은 버(burr)가 홀의 가장자리 주위에 형성된다. 깔쭉깔쭉하게 깎은 자리는 리벳 또는 볼트가 꼭 맞게 고정되고 긁힘을 방지하기 위해 제거되어야 한다. 버(burr)는 디버링 공구(deburring tool), 카운터싱크(countersink), 또는 홀보다 큰 드릴 비트로 제거한다. 드릴 비트 또는 카운터싱크가 사용된다면, 손으로 돌려야 한다. 드릴링 시에는 항상 안전보호안경(safety goggle)을 착용한다.

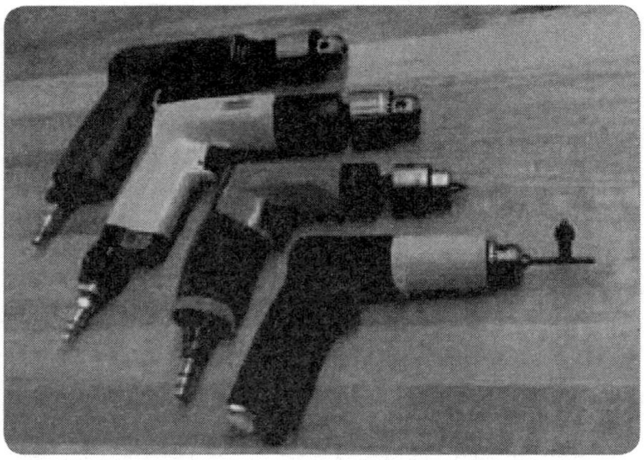

[그림 3-39] 드릴 모터(Drill motors)

(1) 공기압 드릴 모터(Pneumatic Drill Motors)

그림 3-39와 같이, 공기압 드릴 모터는 항공기 수리 작업에서 드릴 모터 중 가장 일반적인 유형이다. 무게가 가볍고 충분한 동력을 갖고 있으며 속도 제어가 좋은 특징을 갖는다. 드릴 모터는 다양한 크기와 모델이 사용되고 있다. 대부분 드릴 모터는 3,000rpm의 속도로 항공기 판금 작업에 사용되지만, 깊은 홀을 드릴링하거나 내식강 또는 티타늄과 같은, 경질 재료를 드릴링하는 경우에는 공구와 재료에 손상을 방지하기 위해 토크(torque)가 크고 rpm은 더 낮은 드릴 모터를 선택해야 한다.

(2) 직각과 45°도 드릴모터
(Right Angle and 45° Drill Motors)

그림 3-40과 같이, 직각과 45° 드릴 모터는 피스톨 손잡이(pistol grip) 드릴 모터로는 접근이 불가능한 위치에서 사용된다. 대부분 직각 드릴 모터는 여러 가

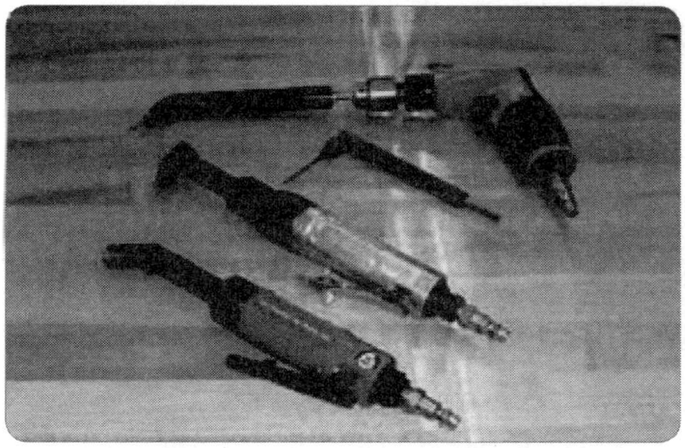

[그림 3-40] 앵글 드릴 모터(Angle drill motors)

지의 길이로 사용 가능한 나사식 드릴 비트(threaded drill bit)를 사용한다. 직각 드릴(right angle drill)은 견고하고 피스톨 손잡이 드릴 모터와 유사한 척을 갖추고 있다.

(3) 2개의 홀(Two Hole)

그림 3-41과 같이, 너트플레이트(nutplate)를 장착할 때 동시에 2개의 홀을 뚫는 특수 드릴 모터를 사용한다. 동시에 2개의 홀을 드릴링함으로써 홀 사이에 거리가 고정되고 홀들과 고정식 너트플레이트에 있는 홀이 완전히 정렬된다.

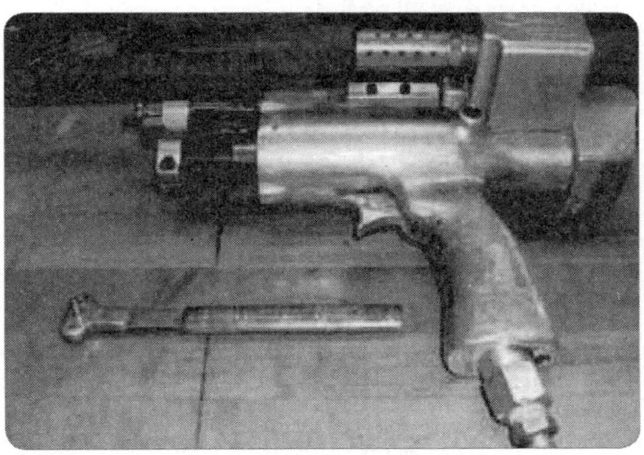

[그림 3-41] 너트플레이트 드릴(Nutplate drill)

3.3.2 탁상 드릴(Drill Press)

그림 3-42와 같이, 탁상 드릴은 고도의 정밀도를 요구하는 홀을 드릴링하는 데 사용되는 정밀기계이다. 뚫을 홀의 방향을 정하고 유지하는 정밀한 수단이 되고 작업자에게 가공물 안으로 드릴을 급송하는 임무를 더욱 쉽게 만드는 급송 레버(feed lever)를 제공한다. 직립한 탁상 드릴은 다양한 탁상 드릴 중 가장 일반적인 것이다.

탁상 드릴을 사용할 때, 테이블의 높이는 홀을 뚫고자 하는 부분의 높이에 맞추어 조정된다. 부품의 높이가 드릴과 테이블 사이의 거리보다 더 클 경우 테이블을 더 낮게 하고 부품의 높이가 드릴과 테이블 사이의 거리보다 더 작을 경우 테이블을 올려 준다.

테이블을 적정한 높이로 조정한 뒤 홀이 드릴 지점 바로 아래쪽에 오도록 부품을 테이블에 놓고 금속 부품의 위치를 정하기 위하여 드릴을 아래쪽으로 낮춘다. 부품을 드릴링 작업 시에 미끄러지는 것을 방지하기 위해 테이블에 고정 시킨다. 적절하게 고정되지 않은 부품은 드릴과 같이 회전하기 시작하여 작동자의 팔 또는 신체의 중대한 절단, 또는 손가락이나 손을 잃

[그림 3-42] Drill press

게 되는 원인이 된다. 항상 드릴링 작업을 시작하기 전에 홀을 뚫고자 하는 부분이 탁상 드릴의 테이블에 적절하게 고정되었는지 확인한다.

탁상 드릴을 사용할 때 얻을 수 있는 정밀도는 주축(spindle) 홀, 슬리브, 그리고 드릴 자루의 상태에 따라 어느 정도 좌우된다. 그런 까닭에, 이들의 부품은 청결하고 니크(nick), 덴트(dent), 그리고 뒤틀림이 없도록 특별히 주의해야 한다. 항상 슬리브가 확실하게 주축 홀에 눌려져 있는지 확인하고 슬리브 또는 주축 홀에 부러진 드릴을 끼우지 말아야 한다. 절대로 드릴을 제거하기 위해서 슬리브–죔 바이스(sleeve–clamping vise)를 사용하지 않도록 주의해야 한다. 슬리브로 하여금 틀어지게 하기 때문이다.

탁상 드릴에서는 드릴 속도를 조정할 수 있다. 항상 홀을 뚫고자 하는 재료에 대한 최적의 드릴 속도를 선택한다. 기술적으로 드릴 비트의 속도는 surface feet per minute(sfm)당 원주에서 드릴 비트 속도를 의미한다. 알루미늄합금을 드릴링하기 위해 권고하는 속도는 200~300sfm이고 연강(mild steel)에서는 30~50sfm이다. 실제로 이것은 각각의 드릴 크기에 대한 rpm으로 전환된다. Machinist and Mechanic Handbook에는 공식을 사용하여 계산하는 드릴 rpm 도표 또는 드릴 rpm이 포함되어 있다.

Example 1

300 sfm에서 알루미늄에 홀을 뚫기 위해 회전시키는 1/8inch 드릴의 rpm이 얼마인가?

Solution 1

$$\frac{CS \times 4}{D} = \frac{300 \times 4}{\frac{1}{8}} = 9{,}600[rpm]$$

3.3.3 드릴 연장과 어댑터 (Drill Extensions and Adapters)

직선 드릴 모터로서 드릴링이 어렵거나, 불가능한 곳에 접근할 때 여러 가지 유형의 드릴 연장과 어댑터를 사용한다.

3.3.3.1 연장 드릴 비트(Extension Drill Bits)

연장 드릴 비트는 작은 열린 홀을 통해 또는 돌출부를 지나 도달하는 장소에서 홀을 드릴링하기 위해 사용한다. 6~12inch 길이로 사용하며 스프링 조절식 자루가 있으며 고속이다. 연장 드릴 비트는 축단 추력을 최소로 감소시키는 특별한 눈금 포인트로 갈아둔다. 연장 드릴 비트를 사용하는 경우는 다음 사항에 따른다.

(1) 제어하기가 더 쉽게 되므로 작업을 수행할 가장 짧은 드릴 비트를 선택한다.
(2) 드릴 비트가 일직선인지 점검한다. 구부러진 드릴 비트는 특대의 홀을 만들고 제어하기 어렵게 빠르게 휘저어질 수 있다.
(3) 드릴 비트의 제어를 유지한다. 1/4inch보다 작은 연장 드릴이 휘저어지는 것을 방지하기 위해 배관의 조각 또는 스프링으로 만든 드릴 안전장치로 반드시 지지시켜야 한다.

3.3.3.2 직선 연장(Straight Extension)

드릴에서 직선 연장은 보통의 드릴 로드(rod)로 만들 수 있다. 드릴 비트는 열박음(shrink fitting), 브레이징(brazing), 또는 은납땜(silver soldering)에 의해 드릴 로드(rod)에 부착시킨다.

3.3.3.3 각도 어댑터(Angle Adapters)

각도 어댑터는 홀의 위치가 직선 드릴로는 접근하기 어려울 때, 전기 드릴 또는 공기압 드릴에 부착시킬 수 있다. 각도 어댑터 드릴의 chuck에 고정되는 연장 자루를 갖고 있다. 드릴은 한쪽 손으로 잡고 드릴 chuck 주위를 회전하는 것으로부터 어댑터를 보호하기 위해 다른 손으로 어댑터를 잡아 준다.

3.3.3.4 스네이크 부착물(Snake Attachment)

그림 3-43과 같이, 스네이크 부착물은 보통의 드릴로 접근하기 어려운 곳에서 드릴링을 하기 위해 사용되는 구부러지는 연장 부착물이다. 전기 드릴 모터와 공기압 드릴 모터에서 이용할 수 있고 유연하게 구부릴 수 있어 방해물 주위에서 쉽게 드릴링을 할 수 있다.

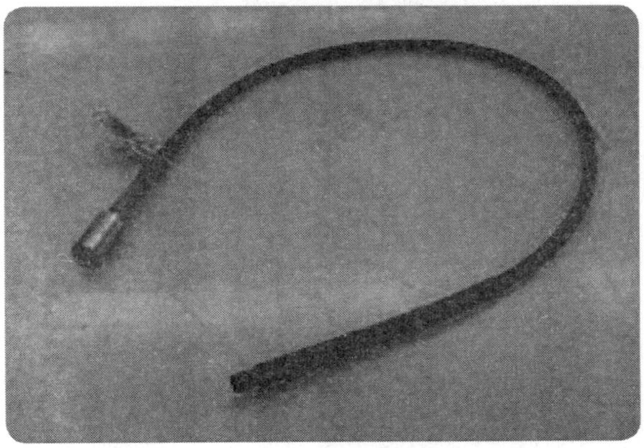

[그림 3-43] 스네이크 부착물(Snake Attachment)

3.3.4 드릴 비트 유형(Types of Drill Bits)

특정 작업을 위한 특별한 비트를 포함하는 다양한 드릴 비트가 사용된다. 그림 3-44에서는 드릴 비트의 부분을 보여주며 그림 3-45에서는 일반적으로 사용되는 드릴 비트를 보여준다. 짧은 자루 또는 표준 길이의 고속도강(HSS, high speed steel) 드릴 비트는 때때로 jobber 길이(length) 라고 부른다. 고속도강 드릴 비트는 경도를 잃지 않고 1,400°F(어두운 다홍색)의 임계 범위 근처 온도까지 견딜 수 있다. 알루미늄, 강재 등과 같은 금속을 드릴링하는 산업 표준인 이러한 드릴들은 더 날카롭고 더 길게 유지한다.

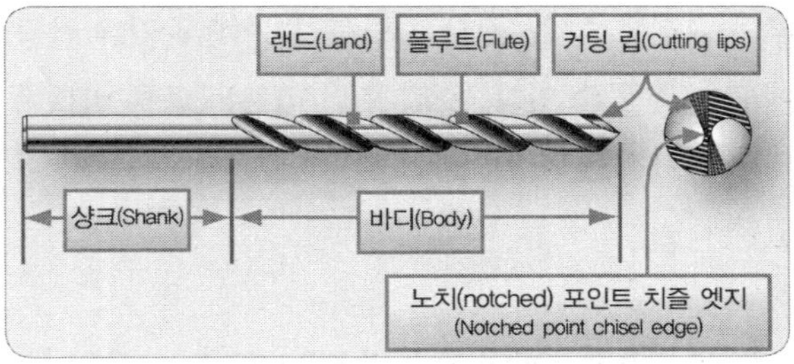

[그림 3-44] 드릴의 세부명칭(Parts of a drill)

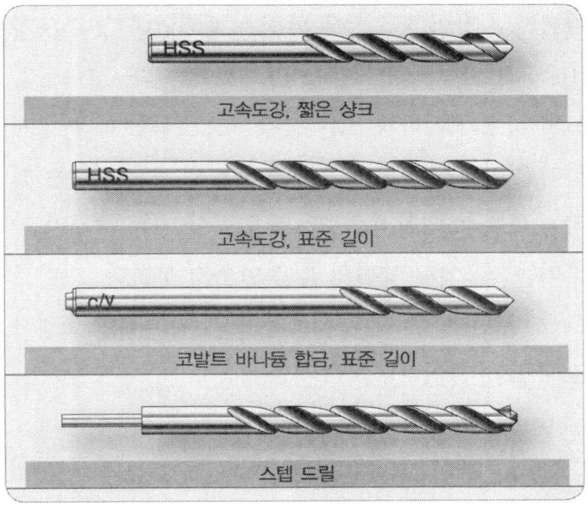

[그림 3-45] 드릴 비트 유형(Types of Drill Bits)

3.3.4.1 스텝 드릴 비츠(Step Drill Bits)

일반적으로 판금에서 3/16inch보다 큰 드릴링 절차는 No.40 또는 No.30 드릴 비트로 파일럿 홀(pilot hole)을 뚫는 것이고, 그다음 더 큰 드릴 비트로 더 크게 만들고, 그다음 정확한 크기로 뚫는 것이다. 스텝 드릴은 한 번에 두 가지 기능을 결합시킨다. 스텝 드릴 비트는 처음의 작은 홀을 뚫는 더 작은 파일럿 드릴 끝으로 이루어진다. 드릴 비트가 재료 안으로 더욱 전진할 때 드릴 비트의 두 번째 단계가 요구하는 크기로 홀을 크게 만들어준다.

스텝 드릴 비트는 대부분 금속, 플라스틱, 그리고 목재에서 둥근 홀을 뚫도록 설계된다. 일반적으로 보통의 건설 작업과 배관 작업에 사용되며, 합판과 같은 더 무른 재료에서 최상으로 작업하지만, 매우 얇은 판금에도 사용할 수 있다. 스텝 드릴 비트는 다른 비트에 의해 남겨진 홀의 버(burr) 제거하기 위해 사용할 수 있다.

3.3.4.2 코발트 합금 드릴 비츠(Cobalt Alloy Drill Bits)

코발트 합금 드릴 비트는 내식강과 티타늄과 같이 단단하고 강인한 금속을 위해 설계되었다. 고속도강(HSS)과 코발트의 차이를 인지해야 한다. 고속도강 드릴 비트가 티타늄 또는 강재를 드릴링할 때 빠르게 닳아 없어지게 되기 때문이다. 코발트 드릴 비트는 티타늄 또는 스테인리스강을 드릴링할 때는 좋지만 알루미늄합금에서 양질의 홀을 만들지 못한다. 코발트 드릴 비트는 더 두꺼운 웨브와 드릴 자루 끝단의 경사로 구별할 수 있다.

3.3.4.3 트위스트 드릴비츠(Twist Drill Bits)

그림 3-46과 같이 가장 대중적인 드릴 비트 유형인, 트위스트 드릴 비트는 나선홈 또는 작업하는 길이에 따라 돌아가는 세로 홈(flute)을 갖고 있다. 이 드릴 비트는 한줄-세로홈 유형(single-fluted style), 두줄-세로홈 유형(two-fluted style), 세줄-세로홈 유형(three-fluted style), 그리고 네줄-세로홈 유형(four-fluted style)으로 구별된다. 한줄-세로홈과 가장 일반적으로 사용되는 두줄-세로홈 드릴 비트는 홀을 시작하는 데 사용된다. 세줄-세로홈과 네줄-세로홈 드릴 비트는 기존의 홀을 더 확장하기 위해 교대로 사용한다. 트위스트 드릴 비트는 특정한 계획을 목표로 변동되는 세공 재료와 길이의 선택을 폭 넓게 할 수 있다.

알루미늄을 드릴링하기 위해 사용하는 표준 트위스트 드릴 비트는 135° 날끝각을 갖춘 고속도강으로 제작된다. 티타늄용의 드릴 비트는 닳아지지 않도록 보강된 코발트 바나듐으로 제작된다.

[그림 3-46] 트위스트 드릴비츠(Twist Drill Bits)

3.3.5 드릴 비트 크기(Drill Bit Sizes)

드릴 직경은 세 가지 크기 기준으로 분류되는데, 숫자, 문자, 그리고 분수이다. 표 3-1에서는 표준 드릴의 소수치를 보여준다.

[표 3-1] 드릴 치수와 소수치(Drill sizes and decimal equivalents)

Drill Size	Decimal (Inches)	Drill Size	Decimal (Inches)	Drill Size	Decimal (Inches)	Drill Size	Decimal (Inches)	Drill Size	Decimal (Inches)
80	.0135	50	.0700	22	.1570	G	.2610	31/64	.4844
79	.0145	49	.0730	21	.1590	17/64	.2656	1/2	.5000
1/54	.0156	48	.0760	20	.1610	H	.2660	33/64	.5156
78	.0160	5/64	.0781	19	.1660	I	.2720	17/32	.5312
77	.0180	47	.0785	18	.1695	J	.2770	35/64	.5469
76	.0200	46	.0810	11/64	.1718	K	.2810	9/16	.5625
75	.0210	45	.0820	17	.1730	9/32	.2812	37/64	.5781
74	.0225	44	.0860	16	.1770	L	.2900	19/32	.5937
73	.0240	43	.0890	15	.1800	M	.2950	39/84	.6094
72	.0250	42	.0935	14	.1820	19/64	.2968	5/8	.6250
71	.0260	3/32	.0937	13	.1850	N	.3020	41/64	.6406
70	.0280	41	.0960	3/16	.1875	5/16	.3125	21/32	.6562
69	.0293	40	.0980	12	.1890	O	.3160	43/64	.6719
68	.0310	39	.0995	11	.1910	P	.3230	11/16	.6875
1/32	.0312	38	.1015	10	.1935	21/64	.3281	45/64	.7031
67	.0320	37	.1040	9	.1960	Q	.3320	23/32	.7187
66	.0330	36	.1065	8	.1990	R	.3390	47/64	.7344
65	.0350	7/64	.1093	7	.2010	11/32	.3437	3/4	.7500
64	.0360	35	.1100	13/64	.2031	S	.3480	49/64	.7656
63	.0370	34	.1110	6	.2040	T	.3580	25/32	.7812
62	.0380	33	.1130	5	.2055	23/64	.3593	51/64	.7969
61	.0390	32	.1160	4	.2090	U	.3680	13/16	.8125
60	.0400	31	.1200	3	.2130	3/8	.3750	53/64	.8281
59	.0410	1/8	.1250	7/32	.2187	V	.3770	27/32	.8437
58	.0420	30	.1285	2	.2210	W	.3860	55/64	.8594
57	.0430	29	.1360	1	.2280	25/64	.3906	7/8	.8750
56	.0465	28	.1405	A	.2340	X	.3970	57/64	.8906
3/64	.0468	9/64	.1406	15/64	.2343	Y	.4040	29/32	.9062
55	.0520	27	.1440	B	.2380	13/32	.4062	59/64	.9219
54	.0550	26	.1470	C	.2420	Z	.4130	15/16	.9375
53	.0595	25	.1495	D	.2460	27/64	.4219	61/64	.9531
1/16	.0625	24	.1520	1/4	.2500	7/16	.4375	31/32	.9687
52	.0635	23	.1540	E	.2500	29/64	.4531	63/64	.9844
51	.0670	5/32	.1562	F	.2570	15/32	.4687	1	1.0000

3.3.6 드릴 윤활(Drill Lubrication)

일반적인 판금 드릴링에 윤활이 필요하지 않지만, 더 깊은 드릴링 작업에는 모두 윤활을 제공해야 한다. 깎아 낸 chip을 제거해야 드릴 수명을 늘려 주고 양호한 마무리와 홀 치수의 정밀도를 보장하는데, 윤활유는 이러한 칩들 제거를 돕는 역할을 한다. 그러나 과열을 예방하지는 않는다. 주조물, 단조물, 또는 두꺼운 표준 두께 원료를 드릴링할 때 윤활유를 사용하는 것이 좋은 방법이다. 좋은 윤활유는 칩들 제거를 돕기에 충분하게 묽지만 드릴에는 잘 붙어 있을 정도로 걸쭉해야 한다. 알루미늄, 티타늄, 그리고 내식강에 대해 세틸알코올을 기본으로 하는 윤활유가 가장 성능이 좋다. 무독성 지방알코올 화학약품인 세틸알코올은 액체, 가루 반죽, 그리고 고체 형태로 생산된다. 고체 토막과 블록 형태는 드릴링 온도에서 빠르게 액화된다. 강재에는 황을 함유한 광물성 절삭유가 더 우수하다. 황은 강재에 대해 절삭유를 제자리에 유지시키는 데 도움을 주는 친화성이 있다. 깊이 드릴링하려면, 드릴이 깎아 낸 칩들 틈메우기(packing)를 경감시키고 뾰족한 끝에 윤활유가 닿는 것을 보장하기 위해 간격을 두고 회수해야 한다. 일반적인 규칙으로 만약 드릴이 크거나 또는 재료가 단단하다면 윤활유를 사용한다.

3.3.7 리머(Reamers)

리머는 원하는 크기로 홀을 크게 늘리고 매끄럽게 마무리하는 데 사용하며 다양한 형태가 있다. 리머는 직선이거나 경사질 수 있고, 연속된 것이나 확장적인 것일 수 있으며, 직선 세로홈 또는 나선형 세로홈(helical flute)이 설비되어있다. 그림 3-47에서는 세 가지 유형의 리머를 보여준다.

(1) 세줄-세로홈 또는 네줄-세로홈으로 제작되는 탄알 리머는 표준 드릴 비트로 달성할 수 있는 것보다 더 정교한 마무리에 와/또는 더 정교한 크기가 필요한 곳에서 관례적으로 사용된다.
(2) 표준 리머 또는 곧은날 리머
(3) 정밀한 정렬을 제공하도록 줄어든 끝단을 가지고 있는 유도 리머(piloted reamer)

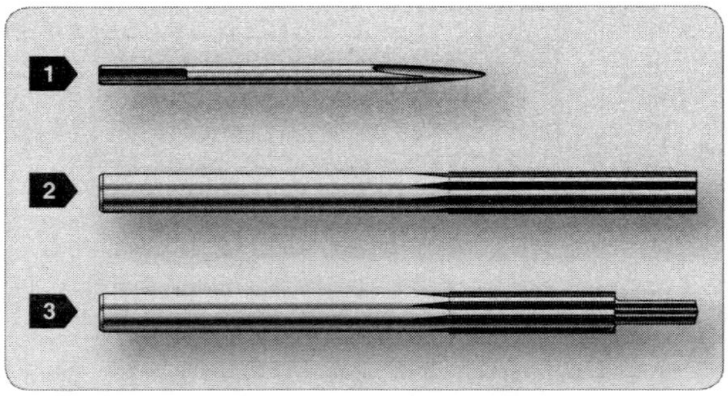

[그림 3-47] 리머(Reamers)

대부분 곧은날 리머에 원통형 부분은 첨단이 아니며, 홈이 리머 본체의 전체 길이에 파여 있다. 홈은 깎아낸 칩들이 빠져나오는 길을 제공하고 윤활유가 첨단으로 가기 위한 채널이다. 실제 절단은 리머의 끝에서 이루어진다. 첨단은 보통 45°±5°의 경사로 갈려 있다.

리머 세로 홈은 드릴처럼 깎아 낸 칩들을 제거하기 위해 설계된 것이 아니다. 깎아 낸 칩들이 표면에서 힘을 가할 수 있기 때문에 역방향으로 돌려주면서 리머를 빼면 안 된다.

3.3.8 Drill Stop

그림 3-48과 같이, 스프링 드릴 스톱(spring drill stop)을 구비하는 것이 좋다. 적절하게 조정된 스프링 드릴 스톱은 근본 구조물을 손상시키거나 드릴이 과도하게 관통하여 인명 피해를 일으키는 것을 방지할 수 있고 드릴 chuck이 표면을 훼손하는 것을 방지한다. 드릴 스톱은 배관, 섬유봉 또는 경질고무로 제작할 수 있다.

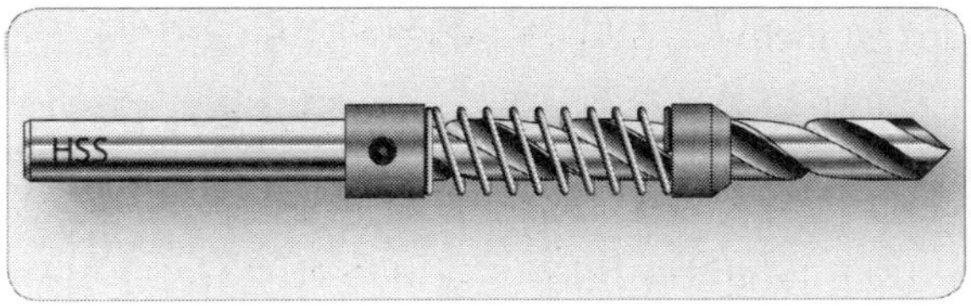

[그림 3-48] 드릴 스톱(Drill stop)

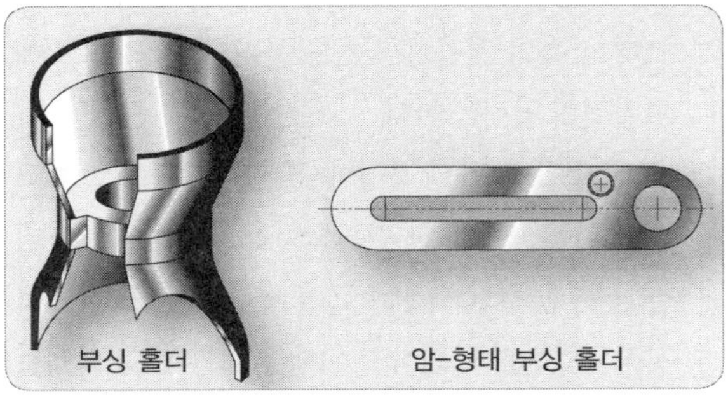

[그림 3-49] 드릴 부싱(Drill bushings)

3.3.9 드릴 부싱과 유도장치 (Drill Bushing and Guides)

부품에 수직으로 드릴을 고정하는 데 도움이 되는 몇몇 유형의 공구가 있다. 그림 3-49와 같이, 고정구 안에 고정되어 있는 단단한 부싱으로 구성되어 있다.

드릴 부싱 유형은 다음과 같다.

(1) 배관-기존의 홀에서 손으로 잡아 주는 유형
(2) 상업용-트위스트 록(Twist Lock)
(3) 상업용-나사식

3.3.10 드릴 부싱 홀더 유형 (Drill Bushing Holder Types)

네 가지 유형의 드릴부싱 홀더가 있다.

(1) 표준

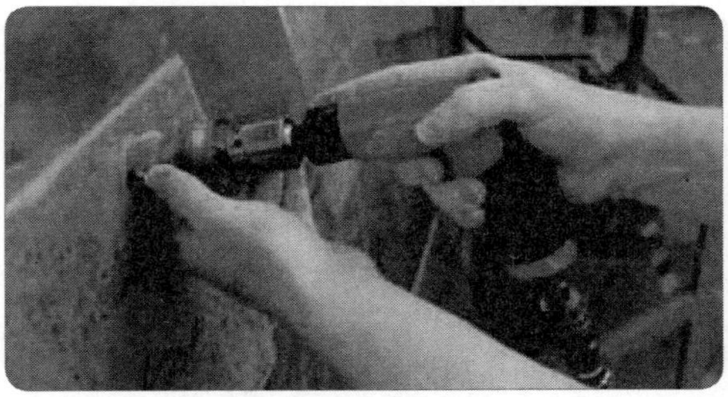

[그림 3-50] 부싱 홀더(Bushing holder)

평판 원료 또는 배관/연접봉을 드릴링하는 데 좋으며, 삽입식 부싱을 사용한다.

(2) 계란컵 모양(Egg Cup)

그림 3-50과 같이, 표준 삼각대 기부를 개량한 것이다. 평평한 재료와 굴곡진 재료 모두 드릴링할 수 있고, 부싱을 교환할 수 있어 편리하다.

(3) 판(Plate)

주로 교체 가능한 제작 구성부품에 대해 사용된다. 공업용 부싱과 자동 공급식 드릴을 사용한다.

(4) 암(Arm)

중요 구조물을 드릴링할 때 사용한다. 위치를 고정시킬 수 있다. 공업용 부싱과 교환 가능하게 사용한다.

3.3.11 드릴링 기술(Hole Drill Techniques)

펀치 마크가 너무 작다면 드릴 비트의 끝날이 그 부위를 메우게 되고 시작하기도 전에 정확한 위치에서 급격히 이탈("Walk Off")한다. 펀치 마크가 너무 크다면 금속을 변형시키고 드릴 비트가 절삭을 시작하는

[그림 3-51] 구멍뚫린 판금(Drilled sheet metal)

곳을 경화시키는 부분적인 변형이 일어난다. 펀치 마크를 위한 최적의 크기는 사용하는 드릴 비트의 끝날 폭과 거의 같으며 드릴 끝을 제자리에 잡아 준다. 다음은 그림 3-51과 같이, 정밀한 홀을 뚫는 공정이다.

(1) 드릴링 장소를 주의 깊게 측정하여 배치하고 교차선으로 표시한다.

NOTE 끝날은 트위스트 드릴 비트에서 가장 효율이 적은 작동 면적 요소다. 절단하지 않고 실제로는 가공 재료를 압착하거나 압력을 가하여 밀어내기 때문이다.

(2) 더 나아가 표시를 하기 위해, 예리한 점찍기 펀치 또는 스프링 작동식 센터 펀치 그리고 확대경을 사용한다.

(3) 점찍기 펀치 표시에 적절하게 갈린 센터 펀치(120~135°)를 안착시킨다. 표면과 직각으로 센터 펀치를 펀칭한 뒤 고정하고 해머로 단단하게 정면으로 타격한다.

(4) 파일럿 드릴링을 하기 전에 장소를 점검하고, 조정하기 위해 작은 드릴 비트(권장 규격 1/16inch)로 각각의 홀을 표시한다.

(5) 3/6inch나 그보다 큰 홀에는 파일럿 드릴링을 권장한다. 최종 드릴 비트 크기의 끝날 폭과 같은 드릴 비트를 선택한다. 너무 큰 파일럿 드릴 비트는 사용을 피한다. 최종 드릴 비트의 모서리와 절삭날이 무뎌지거나, 타버리거나, 또는 깎이게 할 수 있기 때문이다. 이로 인해 딸각 소리를 내고 드릴 모터 실속의 원인이 되기도 한다. 각각의 표시에 파일럿 드릴링을 한다.

(6) 드릴 끝을 교차선 중앙에 표면과 수직으로 놓고 약한 압력으로 천천히 드릴링을 시작한다. 몇 번 돌린 후 드릴링을 멈추고 드릴 비트가 표시에서 시작되었는지 확인하기 위해 점검한다. 표시에서 시작되어야 하며 그렇지 않다면 진행하는 방향으로 드릴을 향하게 하고 적절히 일치될 때까지 드릴을 조심스럽고 간헐적으로 돌려줌으로써 홀을 약간 이동시키는 것이 필요하다.

(7) 최종 크기로 각각의 파일럿 드릴 홀을 확장한다.

3.3.11.1 큰 홀 드릴링(Drilling Large Holes)

다음의 기술은 더 큰 홀을 뚫기 위해 사용할 수 있다. 그림 3-52와 같이, 정확한 허용 한계로 큰 홀을 뚫기 위해 특수 공구가 개발되었다.

(1) 드릴 부싱을 사용하는 파일럿 드릴 부싱은 1/8, 3/16, 또는 1/4 드릴 비트를 위한 크기가 있다.

(2) 스텝 드릴 비트는 최종 홀 크기보다 약 1/64inch 작은 것으로, 홀에 단계적으로 사용된다. 정렬 단계 직경은 파일럿 드릴 비트 크기에 맞춘다.

(3) 스텝 리머를 사용하여 맞는 크기로 홀을 넓혀서 마무리한다. 정렬 단계 직경은 코어드릴 비트 크기와 맞춘다. 리머는 여유 공간과 간섭 모두에 있

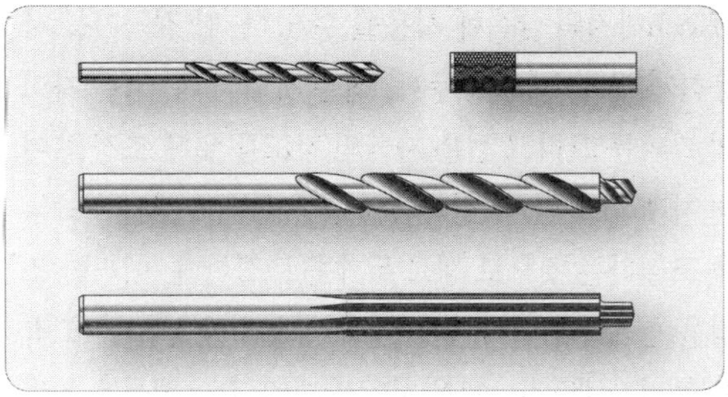

[그림 3-52] 큰 홀 드릴링(Drilling large holes)

어서 홀 크기를 맞추면서 이용 가능해야 한다.

NOTE 홀도 다양한 스텝 리머를 사용하여 확장시킬 수 있다.

3.3.12 칩 제거 도구(Chip Chasers)

그림 3-53과 같이, 칩 제거 도구는 리벳 박기를 위해 홀을 드릴링한 뒤에 금속의 판재 사이에 박혀 있는 칩(chips)과 버(burrs)를 제거하기 위해 설계되었다. 칩 제거 도구는 플라스틱 성형 손잡이와 끝단에 고리로 되어 있는 유연 강재날을 갖고 있다.

[그림 3-53] 칩 제거 도구(Chip Chasers)

3.4 성형공구(Forming Tools)

그림 3-54와 같이, 판금 성형은 해머와 원하는 형태로 금속을 녹이는 고열 오븐을 사용했던 대장장이의 시절로 거슬러 올라간다. 오늘날 항공기 정비사는 완벽한 형태를 달성하기 위해 판금을 정확하게 구부리고 접는 폭 넓고 다양한 동력식 공구와 수동식 공구를 사용한다. 성형공구는 바 절곡판(bar folder)과 프레스 절곡기와 같은 직선 운동 기계장치뿐만 아니라 슬립

[그림 3-54] 해머와 마렛 성형
(Hammer and mallet forming)

롤 성형구와 같은 회전 기계가 포함된다. 판금을 성형하는 것은 동력식과 수동식이 모두 가능한 피콜로 성형구(piccolo former), 수축 공구와 인장 공구, 형상 블록, 그리고 특수 해머와 나무망치 같은 다양한 공구와 장비가 필요하다.

일반적으로 수리 시에 가능하면 언제나 담금질된 판재 원료를 성형 작업에 사용한다. 보통 상온에서 담금질된 상태에서 하는 성형은 냉간성형으로 알려져 있다. 냉간성형은 열처리와 열처리 공정이 원인인 휨과 비틀림을 제거하기 위해서 필요한 변형 보정 및 검사

작업이 필요하지 않다. 냉간성형 판금은 변형력이 제거되었을 때 작업된 조각을 약간 튀어 오르게 하는 스프링백(spring-back)으로 알려진 현상을 경험하게 된다. 만약 재료가 냉간성형 시 작은 반경들을 넘어 금이 가는 표시가 보인다면, 풀림 된 상태에서 재료를 성형해야 한다.

서서히 열을 가하고 식힘으로써 강재를 단단하게 하는 공정인 풀림(불에 달구었다가 천천히 식히는 것)은 더 연하고 더 쉽게 성형할 수 있게 금속의 경도(temper)를 제거한다. 작은 반경 또는 복합적인 굴곡을 갖고 있는 부분은 풀림 상태에서 성형해야 한다. 부품을 성형한 후에 항공기에 사용되기 전 담금질 상태에서 열처리한다.

서로 교환이 가능한 구조 부품과 비구조 부품의 구조는 채널, 각재(angle), Z모양 강재 바(zee), 그리고 모자 부문 부재(hat section member, 모자의 형상을 한 경량 형강의 일종)를 만들기 위해 평판 원료를 성형함으로써 만든다. 판금 부품이 성형되기 전에 얼마나 많은 재료가 굴곡 지역에서 필요한지, 판재의 어떤 지점에서 성형 공구 안으로 삽입되어야 하는지, 또는 굽힘선이 어디에 위치하는지 보여주기 위해 평면 재단(flat pattern)이 제작된다. 굽힘선과 굽힘 허용치의 결정은 배치도와 성형 섹션에서 더 자세하게 논의된다.

3.4.1 바 절곡기(Bar Folding Machine)

그림 3-55와 같이, 바 절곡기는 판재의 가장자리를 따라서 굴곡부 또는 접은 자리(fold)를 만드는 용도를 위해 설계되었고 작은 가두리(hem), 플랜지, 이음매, 그리고 와이어가 장착될 가장자리를 접기에 가장 적합하다. 대부분 바 절곡기는 두께가 22게이지, 길이가 42inch까지의 금속에 사용될 수 있다. 바 절곡기를 사용하기 전에, 재료의 두께, 접은 자리의 폭, 접은 자리의 가파름 그리고 접은 자리의 각도를 위해 조정을 여러 차례 해야 한다. 절곡기의 양쪽 끝단에 있는 스크루를 조절하는 것으로 재료 두께를 조절한다. 이러한 조정을 한 뒤에, 절곡기에 필요 두께의 금속을 놓고 작은 롤러가 캠(cam)에 위치할 때까지 조작 핸들을 올린다. 이러한 위치에서 접이식 날을 붙잡고 금속이 접이식 날 전체 길이에서 단단히 그리고 균일하게 고정시킬 때까지 고정 스크루를 조절한다. 절곡기를 조절한 후, 실제로 작은 금속 조각을 접어서 기계의 각 끝단을 별도로 시험한다.

절곡기에는 2개의 포지티브 제어장치(positive stop)가 있으며, 1개는 45°로 접거나 구부리는 용도이며 또 1개는 90°로 접거나 구부리는 용도다. 이음 고리는 기계장치의 수용량 내에서 굴곡부의 어떤 각도에서도 조절할 수 있는 것을 사용한다.

45° 또는 90° 성형 각도를 위하여 적절한 제어장치를 필요한 위치로 이동하면 핸들(handle)이 정확한 각도로 앞쪽으로 움직이는 것을 허용한다. 다른 각도로 성형할 때 가변 이음 고리가 사용되며 고정 스크루를

[그림 3-55] 바 절곡기(Bar folder)

풀고 요구되는 각도에 제어장치를 고정시켜서 조절한다. 제어장치를 고정한 후 고정 스크루를 조여 주고 굴곡부을 완성한다. 접은 자리를 만들기 위해, 기계를 정확하게 조절하고 나서 가공물을 끼운다. 가공물은 접이식 날과 jaw 사이로 들어간다. 가공물이 표준 두께에 단단히 조여지게 하고 조작 핸들을 몸 쪽으로 당긴다. 핸들이 앞쪽으로 당겨지면 jaw이 자동적으로 올라가고 필요한 만큼 접을 때까지 가공물을 조인다. 핸들이 원래의 위치로 되돌아갔을 때, jaw과 접이식 날도 원래 위치로 돌아가서 가공물을 풀어놓는다.

3.4.2 코니스 절곡기(Cornice Brake)

절곡기는 판금의 가장자리를 굴곡 또는 굽히는 용도에서 사용되기 때문에 바 절곡판와 유사하다. 그림 3-56과 같이, 코니스 절곡기는 설계가 판금을 장애물 없이 앞뒤로 jaw을 거쳐 지나가서 접히게 하거나 또는 성형하게 하기 때문에 바 절곡판보다 더 유용하다. 이와 대조적으로 바 절곡판은 단지 jaw의 깊이와 같은 넓이로만 굴곡부 또는 가장자리를 성형할 수 있다. 따라서 바 절곡판에서 굽히는 모든 작업은 코니스 절곡기에서도 할 수 있다.

코니스 절곡기로 통상의 굴곡부를 만들 때, 체결봉의 가장자리 바로 아래에 굴곡부의 지시선을 만드는 시선을 따라서 판재를 바닥면에 놓고 단단히 판재를 잡아주기 위해 체결봉을 내린다. 코니스 절곡기의 오른쪽에서 적당한 각도 또는 굴곡부의 양을 위해 제어장치(stop)를 설정하고 굽힘 가늠자(bending leaf)를 제어 장치에 부딪힐 때까지 끌어올린다. 만약 그 밖의 굴곡부를 만든다면 체결봉을 들어 올리고 판재를 굽히기 위한 정확한 위치로 이동한다.

[그림 3-56] 코니스 절곡기(Cornice Brake)

코니스 절곡기의 굽힘 수용 능력은 제작사가 결정한다. 이 기계장치의 표준 수용 능력은 12에서 22까지 게이지 판금이고, 굽힘 길이는 3~12feet이다. 이들 절곡기의 굽힘 수용 능력은 다양한 굽힘 가늠자 막대의 굽힘 가장자리 두께로 결정된다.

대부분 금속은 스프링백이라는 특성으로 알려진 정상적인 모양으로 돌아가는 성질을 갖는다. 만약 코니스 절곡기를 90° 굴곡부로 고정한다면, 금속 굴곡부는 약 87° 내지 88°의 각도를 형성한다. 그러므로 만약 90°의 굴곡부가 필요하면, 스프링백을 고려하여 약 93°의 각도로 구부리기 위해 코니스 절곡기를 고정시킨다.

3.4.3 박스 앤 팬/핑거 절곡기 (Box and Pan Brake/Finger Brake)

그림 3-57과 같이, 박스 앤 팬 절곡기(Box and Pan Brake)는 다양한 폭의 강재 핑거(finger, 손가락 모양의 돌기)가 일련으로 구비되어 있기 때문에 종종 핑거 절곡기라고 부르며 코니스 절곡기의 단단한 상부 jaw가 없다. 핑거 절곡기는 코니스 절곡기가 할 수 있는

[그림 3-57] 박스 앤 팬 절곡기(Box and pan brake)

[그림 3-58] 프레스 절곡기(Press Brake)

모든 작업 외에 코니스 절곡기가 할 수 없는 일을 일부 수행할 수 있다.

핑거 절곡기는 상자, 판, 그리고 다른 유사한 형태로 된 물건을 성형하기 위해 이용한다. 만약 이러한 형태들을 코니스 절곡기에서 성형한다면 상자 한쪽의 굴곡부 부분은 마지막 굴곡부를 만들기 위해서 똑바로 펴야 한다. 핑거 절곡기에서 방해가 되는 핑거를 간단하게 제거하고 구부리기 위해 필요한 핑거만 사용한다. 핑거는 나비 나사(thumbscrew)로 상부 가늠자에 부착시켜 준다. 작동을 위해 제거되지 않은 모든 핑거는 절곡기를 사용하기 전에 안전하고 견고하게 안착시켜야 한다. 고정 핑거의 돌출부 반지름은 보통 상당히 작으며 돌출부에 반원형 심(shim)을 굴곡부 전장에 대해 맞춤 제작해야 한다.

3.4.4 프레스 절곡기(Press Brake)

그림 3-58과 같이, 대부분 코니스 절곡기와 핑거 절곡기는 약 0.090inch 풀림 알루미늄, 0.063inch 7075T6, 또는 0.063inch 스테인리스강의 최대 성형 용량으로 제한되기 때문에 더 두껍고 복잡한 부분의 성형이 필요한 작동은 프레스 절곡기를 사용한다. 프레스 절곡기는 판금을 구부리고 펀치와 형틀 사이에서 판금의 형체를 만들고 기계 부품 또는 유압 부품을 거쳐 힘을 가할 때 사용하는 가장 일반적인 전동 공구이다. 특히 긴 버팀대로 된, 좁은 U-채널과 모자 채널 스트링거는 특별한 거위목 형틀(gooseneck die-거위목처럼 휜 형틀) 또는 맞물림 형틀을 사용하여 프레스 절곡기에서 성형할 수 있다. 특별한 우레탄 하부 형틀은 채널과 스트링거 성형에 사용하면 좋다. 전동 프레스 절곡기는 대용량 제조품을 위해 일부 제품에 컴퓨터로 제어되는 역전 방지 장치(back stop)가 구비된 것으로 장치할 수 있다. 프레스 브레이크 조작은 보통 수동으로 하며 안전 사용의 기술과 지식이 필요하다.

3.4.5 슬립 롤 성형구(Slip Roll Former)

그림 3-59와 같이 슬립 롤은 작업장에서 다른 어떤 기계보다 더 많이 사용되며 판재를 원통 또는 다른 직선 곡면으로 성형한다. 오른쪽과 왼쪽 끝막이 구조틀로 구성되어 사이에 3개의 강재 롤이 장착된다. 기어는 2개의 맞물림 롤을 연결하며 수동 크랭크 또는 동력 구동으로 작동된다. 롤은 양쪽 뼈대의 바닥 쪽에 위치한 2개의 조절 스크루를 사용하여 금속의 두께에 맞추어 조정한다. 성형기 중 두 가지 가장 일반적인 것은

슬립 롤 성형구와 회전 성형구다. 다양한 크기와 용량이 있으며 수동식 형태 또는 동력식 형태가 있다.

[그림 3-59]의 슬립 롤 성형구는 일반적으로 수동으로 작동하고 3개의 롤, 2개의 틀(housing), 1개의 기부 및 핸들로 구성되어 있다. 핸들은 틀 안에 들어 있는 기어식을 통하여 2개의 전방 롤을 돌려준다. 이 전방 롤은 가공물을 공급하거나 맞물리게 하는 역할을 한다. 한편 후방 롤은 공작물에 적당한 곡률을 준다. 금속이 기계 안으로 들어가기 시작할 때 롤이 금속을 잡고 굴곡 시키는 후방 롤로 이동시킨다. 굴곡부 반지름을 후방 롤로 만든다. 부품의 곡률반경은 성형 작업이 원형 선반널(circle board) 또는 반지름 게이지를 사용하여 진척됨에 따라 점검할 수 있다. 원하는 마감 반지름으로 하나의 재료를 절단하고 압연 조작에 의해 성형되는 지름과 비교하여 표준 두께를 만들 수 있다. 일부 재료에서 성형 롤에서 점진적인 설정으로 여러 번 롤을 통해 재료를 통과하여 성형한다. 대부분 기계장치에서 성형 판재를 비틀어짐 없이 제거하고 꼭대기 롤을 한쪽 끝단에서 풀어낼 수 있다.

전방 롤과 후방 롤은 말려진 가장자리를 갖는 물체 성형을 가능케 하도록 홈을 내었다. 상부 롤은 금속이 성형된 후 쉽게 제거할 수 있는 정지 장치를 갖추고 있다. 슬립 롤 성형구를 사용할 때 아래쪽 전방 롤은 금속의 판재를 끼우기 전에 올리거나 내려야 한다. 만약

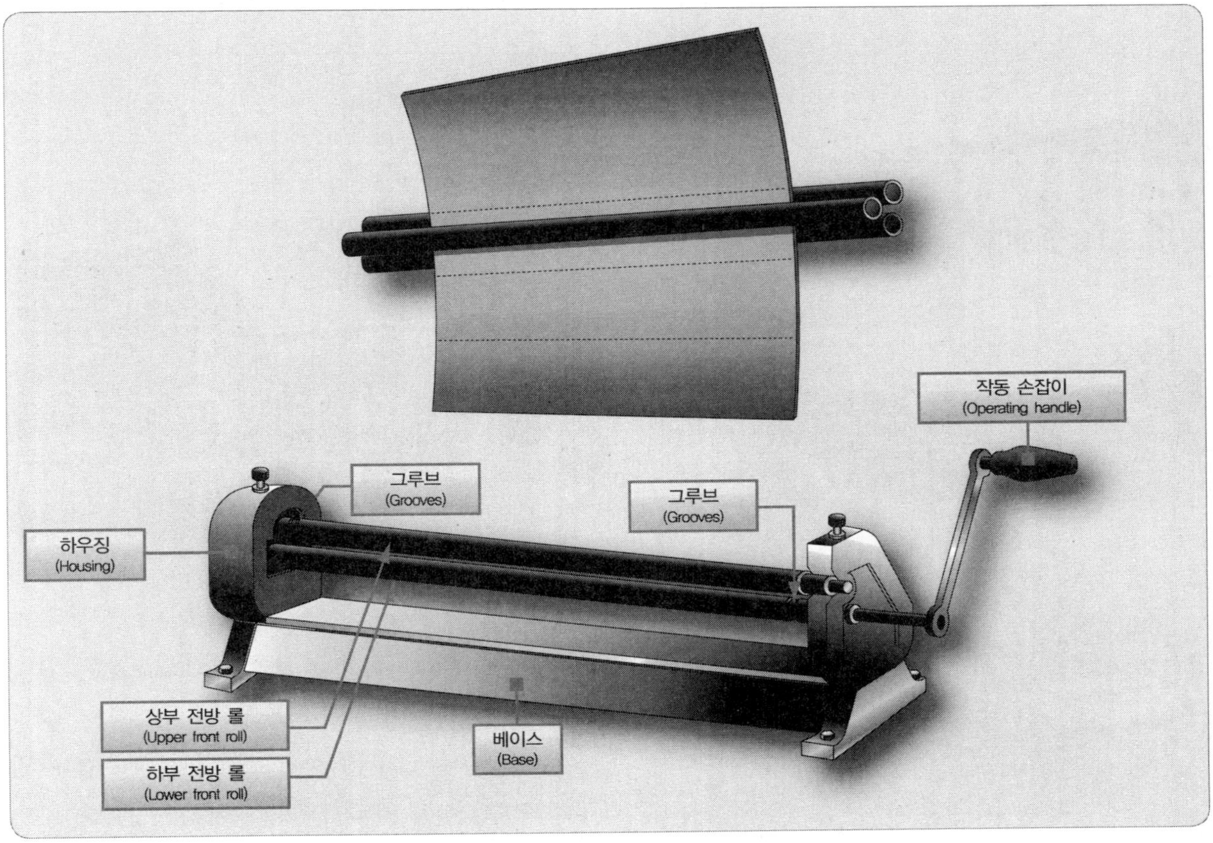

[그림 3-59] 슬립 롤 성형구(Slip Roll Former)

물체가 접힌 가장자리를 갖는다면, 접은 자리의 펴늘림(flattening)을 방지하도록 롤 사이에 충분한 여유 공간이 있어야 한다. 만약 특별히 주의가 필요한 알루미늄과 같은 금속을 성형한다면, 롤은 깨끗하고 결점이 없어야 한다.

후방 롤은 성형되고 있는 부품에 적당한 곡률을 주도록 조절해야 한다. 특정한 직경 설정을 나타내는 게이지가 없기 때문에 필요한 곡률을 얻기 위하여 시운전 설정과 오차 설정을 사용한다. 가공하는 금속은 기계의 앞쪽에서 롤 사이에 끼워 넣고 롤 사이에 조작 핸들을 시계 방향으로 회전하여 출발시킨다. 오른손으로 조작 핸들을 단단히 잡고 왼손으로 금속을 들어 올려서 시작하는 가장자리를 성형한다. 시작하는 가장자리의 굽힘은 성형되고 있는 부품의 직경에 따라 결정된다. 부품의 가장자리는 평평하거나 거의 평평하게 만들어야 하며 시작하는 가장자리를 성형해서는 안 된다.

그림 3-60과 같이, 실제 성형 작업이 시작되기 전에 손가락이나 옷이 롤에 닿지 않게 주의한다. 금속의 일부분이 롤을 통과할 때까지 조작 핸들을 돌리고 왼쪽 손을 판재의 전방 가장자리에서 윗변으로 옮기고 나머지 금속을 통과시킨다. 필요한 곡률을 얻지 못하면 핸들을 반시계 방향으로 회전하여 시작 위치로 금속을 되돌린다. 후방 롤을 올리거나 낮추고 다시 롤을 통과하여 금속을 굴린다. 원하는 곡률을 얻을 때까지 이러한 과정을 되풀이하고 상부 롤을 풀고 금속을 떼어

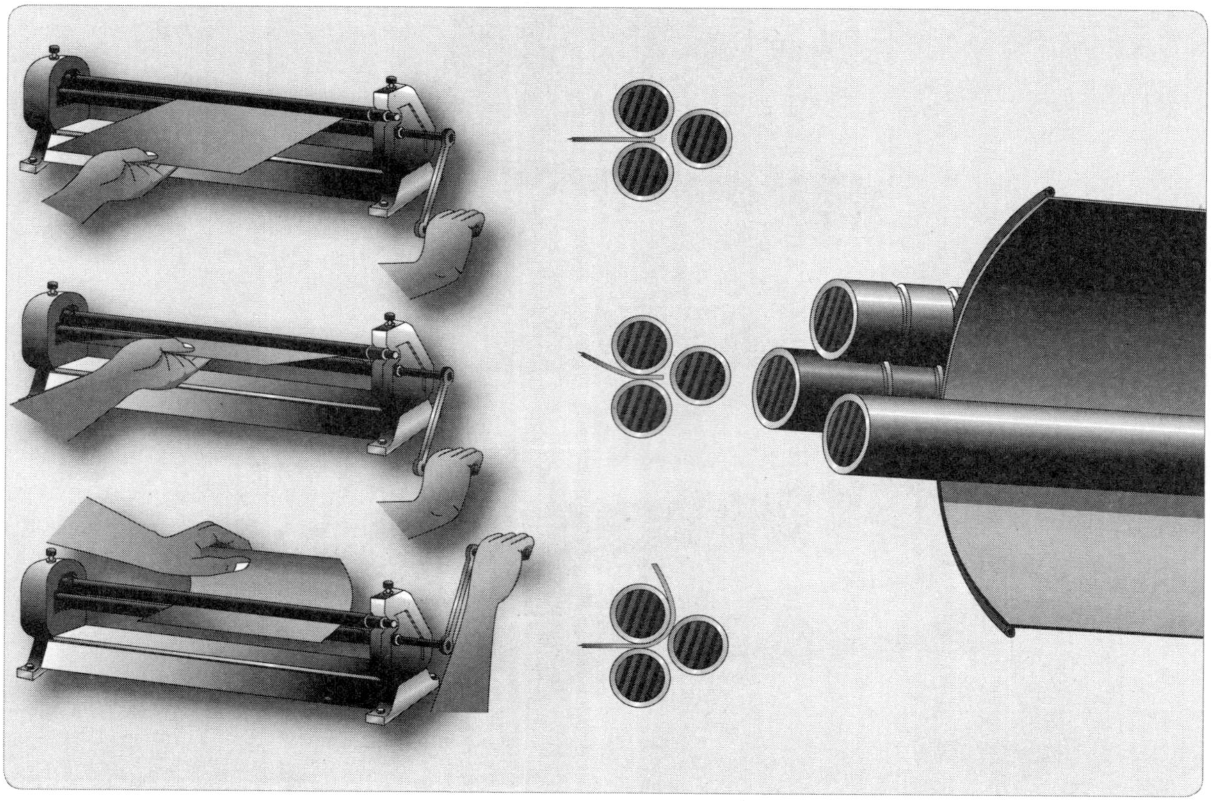

[그림 3-60] 스립 롤 작동(Slip roll operation)

낸다. 성형될 부분이 뾰족한 모양이면 롤들의 한쪽 끝단이 다른 쪽 끝단보다 서로 가깝도록 후방 롤을 고정시킨다. 이와 같은 조절 양은 실험 과정에 의해서 결정한다. 만약 성형되고 있는 작업이 끝단이 말려 있으면(wired), 상부 롤과 하부 롤 사이의 거리와 아래쪽 전방 롤과 후방 롤 사이의 거리는 반대쪽 끝단보다 말려진 끝단에서 약간 더 커져야 한다.

3.4.6 회전 기계(Rotary Machine)

그림 3-61과 같이, 회전 기계는 가장자리를 따라 가장자리의 모양을 잡거나 또는 굴곡부를 성형하기 위해 원형과 평평한 판금에 사용한다. 작동을 위해 여러 가지의 모양으로 된 롤을 회전 기계에 장착할 수 있다. 회전 기계 작업은 더 얇은 풀림처리된 재료일 때 가장 잘 된다.

[그림 3-61] 회전 기계(Rotary machine)

3.4.7 인장 성형(Stretch Forming)

인장 성형 공정에서, 금속의 판재를 성형 블록 위에서 영구 변형이 스프링 백의 최소량으로 일어나는 탄성 한계를 넘을 때까지 늘려서 형체를 만든다. 금속을 늘이기 위해 판재를 고정된 바이스에 있는 2개의 반대쪽 가장자리에서 단단하게 쥔다. 그다음 메(ram)를 움직여서 금속을 늘린다. 메는 판재에 메의 압력으로 성형된 블록을 옮겨서 재료가 늘어나게 하고 형상 블록의 외형으로 감싸게 한다.

인장 성형은 일반적으로 굽은 외판과 같이 굴곡의 큰 반경과 편심(shallow depth)으로 된 상대적으로 대형인 부품으로 제한된다. 더 빠른 속도에서 생산된 일정한 굽은 부품은 수동식 성형 부품보다 인장 성형에 적합하다. 재료의 상태 또한 수동식으로 성형한 것보다 더 일정하다.

3.4.8 낙하 해머(Drop Hammer)

낙하 해머 성형 공정은 중력 낙하 해머(gravity-drop hammer) 또는 동력 낙하 해머(power-drop hammer)의 반복적인 타격으로 맞춰진 형틀에서 판금을 점진적으로 변형시켜 모양을 만든다. 공정에서 가장 일반적으로 성형되는 배열은 얇고, 매끄럽게 외형을 이룬 이중 곡률 부품, 얕은 비드 모양(shallow-beaded) 부품, 울퉁불퉁하고 깊고 우묵하게 들어간 부품을 포함한다. 소량의 컵 모양과 상자 모양 부품, 곡선 부문, 그리고 외형이 있는 플랜지 부품도 성형된다. 낙하 해머 성형은 정밀한 성형 방법이 아니며 0.03~0.06inch에 근접한 허용 한계로 성형할 수 없으나 종종 항공기 구성부품과 같은 빈번한 설계 변경을 겪는 판금 부품 또는 비교적 단기간의 기대치가 있는 곳에서 사용한다.

3.4.9 유압식 압착기 성형 (Hydropress Forming)

고무 패드 유압식 압착기는 비교적 쉽게 알루미늄과 알루미늄합금으로 다양한 부품을 성형하기 위해 활용한다. 페놀 수지, 메이소나이트(masonite, 목재 건축 자재 상품명), 커크사이트, 그리고 일부 유형의 응결주형 플라스틱이 리브, 날개보, 팬(fan), 등과 같은 판금 부품을 압착하기 위한 형상 블록으로 사용된다. 프레스 성형 작업은 다음과 같다.

(1) 판금 원료를 크기에 맞춰 절단하고 가장자리의 버(burr) 부분을 제거한다.

(2) 낮은 프레스 플래튼(Lower press platen)에 형상 블록(일반적으로 수(male) 형상 블록)을 설정한다.

(3) 압력을 가할 때 원료의 이동을 방지하기 위해 핀의 위치를 정하고 준비된 판금 원료를 놓는다.

(4) 형상 블록과 고무 기낭 위에 고무판 피복 프레스 헤드를 아래쪽으로 하거나 또는 근접시킨다.

(5) 형상 블록은 윤곽에 맞추어 일치하도록 원료에 힘을 가한다.

유압식 압착기 성형은 대개 플랜지, 비드, 그리고 무게경감 홀(lightning hole)로 된 평평한 부품으로 한정된다. 그러나 일부 큰 반경의 굽은 면 부품 유형은 수동식 성형 작업과 압축 작업의 조합으로 성형한다.

3.4.10 스핀 성형(Spin Forming)

스핀 성형에서는 회전과 압력의 결합력을 이용하여 이음매가 없는 속빈 부분의 형체를 만들기 위해 금속의 평원(flat circle of metal)을 고속에서 회전시킨다. 예를 들어, 알루미늄 원반과 같은 평원형 판금을 견목으로 제작한 형상 블록과 함께 결합된 선반에 장착한다. 항공기 정비사가 고속에서 평원반과 형상 블록을 함께 회전시킬 때 평원반을 방적 막대 또는 공구로 압력을 가하여 형상 블록으로 주조한다. 이러한 성형은 틀로 찍어내기, 주조, 그리고 수많은 다른 금속 성형 공정에 대한 경제적인 대안을 제공한다. 프로펠러 스피너가 이 기술로 제조된다.

알루미늄 지방산의 알칼리 금속염, 수지(tallow), 또는 평범한 지방산의 알칼리 금속염을 윤활유로 사용할 수 있다. 방적에서 최상의 적응 재료는 연한 알루미늄합금이다. 그러나 방적되는 모양이 과하지 않을 정도의 깊이거나 방적 작동으로 일어나는 변형 경화의 영향을 제거하기 위해 중간 풀림을 활용하여 단계적으로 성형한다면 다른 합금들도 사용할 수 있다. 그림 3-62와 같이, 더 두껍고 더 단단한 합금을 방적할 때 일부 경우에 열간성형을 이용한다.

[그림 3-62] 스핀 성형(Spin Forming)

3.4.11 잉글리쉬 휠로 성형 (Forming with an English Wheel)

그림 3-63과 같이, 금속에 이중 곡선을 만들 때 사용되는 금속 성형 공구의 대중적인 유형인 English Wheel은 금속이 성형되는 곳 사이에 2개의 강재 바퀴가 있다. English Wheel은 근본적으로 늘리는 장치이기 때문에 원하는 모양으로 성형하기 전에 금속을 늘리고 가늘게 만든다. 따라서 작업자는 금속을 과신장시키지 않도록 주의해야 한다.

English Wheel을 사용하기 위해 바퀴 사이에, 금속 위쪽에 하나 그리고 아래쪽에 하나의 판금 조각을 놓는다. 그다음 산정 조정된 압력 설정 하에 바퀴를 서로 돌려준다. 강재 또는 알루미늄은 바퀴 사이에서 전후로 금속을 밀어서 형체를 만들 수 있다. 원하는 모양으로 늘리거나 또는 도드라지게 패널(panel)의 형체를 이루는 데는 매우 적은 압력이 필요하다. 천천히 작업하고 원하는 모양으로 금속을 완만히 굴곡시켜주는 것이 중요하다. 형판을 자주 참고하여 굴곡을 측정한다.

[그림 3-63] 잉글리쉬 휠(English wheel)

English Wheel은 대형 패널에서 얕은 크라운(low crown – 아치 형태의 윗부분)을 성형하고 동력해머 또는 샷백(shot bag)으로 성형된 적이 있는 부분을 연마하거나 편평하게(압연하거나 해머로 쳐서 금속의 표면을 매끄럽게 하기 위해) 하는 데 이용된다.

3.4.12 피콜로 성형재(Piccolo Former)

그림 3-64와 같이, 피콜로 성형재는 냉간성형 판금과 압연 판금 그리고 다른 측면 부문인 압출성형에 사용된다. 메의 위치는 작업하는 압력의 제어를 허용하는 수동 물레바퀴 또는 밟기 페달로 높이 조정이 가능하다. 최대 작동 압력을 제어하기 위해 기기 머리에 놓여 있는 조절용 고리를 활용한다. 성형 공구는 가동 메와 아래쪽 공구 고정구에 놓는다. 포함된 다양한 성형 공구에 따라서 작업자는 가장자리 성형, 윤곽 굽힘, 주름 제거, 휨과 움푹 팬 곳을 제거하는 국부 수축하기, 또는 돔모양 판금을 펴기와 같은 과정을 할 수

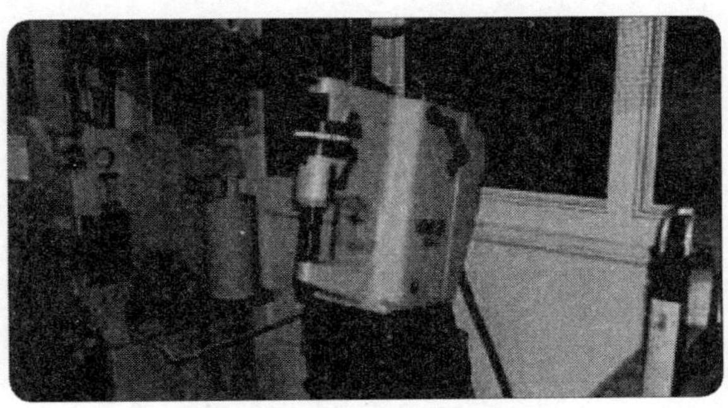

[그림 3-64] 피콜로 성형재(Piccolo former)

있다. 공구는 표면의 훼손을 방지하기 위한 섬유유리(fiberglass)나 또는 더 경질 재료를 가공하기 위한 강재로 이용할 수 있으며, 신속 교체형이다.

3.4.13 수축과 신장 공구 (Shrinking and Stretching Tools)

3.4.13.1 수축 공구(Shrinking Tools)

그림 3-65와 같이, 수축 형틀은 금속에서 아래쪽으로 반복적으로 죄고, 그다음에 안쪽 방향으로 이동한다. 이것은 형틀 사이에서 재료를 압착시켜 실제로는 금속의 두께가 약간 증가된다. 이 공정 중에 변형 경화가 일어나기 때문에 신속하게 모양을 완성하도록 충분히 높은 작동 압력을 설정하는 것이 가장 좋다. 8번의 통과는 과할 수 있다.

CAUTION 플랜지를 굴곡지게 성형할 때 자체 행동 반경에서 형틀을 치는 것을 피한다. 이것은 행동반경에 있는 금속을 손상시키며 굴곡부의 각도를 감소시킨다.

3.4.13.2 신장 공구(Stretching Tools)

신장 형틀은 표면에 아래쪽으로 몇 번이고 죄고 그다음에 바깥쪽 방향으로 이동한다. 형틀 사이에서 금속을 늘려서 늘어난 부위의 두께를 감소시킨다. 동일 지점을 지나치게 많이 치면 부품을 약화시키고 부품에 금이 가게 된다. 깔죽깔죽한 부분을 제거하거나, 균열이 형성되지 않게 적당하게 늘린 플랜지의 가장자리를 다듬는 것이 좋다. 기존 홀이 있는 플랜지를 성형하는 것은 홀을 일그러지게 할 수 있고 균열이 생기게 할 수 있거나 약화시킨다.

[그림 3-65] 수축과 신장 공구 (Shrinking and Stretching Tools)

3.4.13.3 수동 판금 수축기 (Manual Foot-operated Sheet Metal Shrinker)

수축과 신장의 두 가지 기초적인 기능만을 갖고 있는 수동 판금 수축기는 피콜로 성형구와 매우 유사하다. 유일하게 사용할 수 있는 형틀은 강재를 도금한 것이다. 따라서 금속의 표면에 손상을 입힌다. 알루미늄에서 사용할 때 주로 피복재에서 불규칙한 표면을 완만히 맞추는 것이 필요하다. 그다음 부품을 처리하고 페인트를 칠한다.

수동 기계이기 때문에 작업자가 밟기 페달에서 반복적으로 밟을 때 버팀대 힘에 의지한다. 힘을 더 가할수록 더 많은 응력이 하나의 지점에 집중된다. 그것은 약간의 격렬하게 신장하고 수축하는 파트보다 적게 신장하거나 수축하는 더 좋은 부품을 만든다. 범위를 넘어 형틀을 압착하는 것은 금속을 손상시키고 굴곡부의 일부를 펴게 된다. 형틀의 체결지역에서 벗어난 각도의 범위를 끼움쇠로 편평하게 하기 위해서 반대쪽 다리에 플라스틱이나 Micarta(멜라민의 상표명)의 두꺼운 조각을 테이프로 감는 것이 편리하다.

NOTE 서서히 압력을 가하는 동안 부품의 모양이 바뀌는지 점검한다. 여러 번 작게 늘리는 것은 한 번에 크게 늘리는 것보다 더욱 효과적으로 작용한다. 너무

[그림 3-66] 수동식 수축기와 신장기
(Hand-operated Shrinker and Stretcher)

많은 압력을 가하면 금속이 휜다.

3.4.13.5 받침판과 쇠모루(Dollies and Stakes)

그림 3-67과 같이, 판금은 받침판과 작은 쇠모루라고 부르는 다양한 모양과 크기의 모루(anvil) 위에서 모양을 만들고 마무리(편평하게)한다. 이것은 작고 특이한 모양의 부품을 성형하거나, 또는 대형 기계장치가 적당하지 않은 곳에서 마무리 손질을 더하기 위해 사용한다. 받침판(dolly)은 손으로 잡고 사용하게 되어 있지만 작은 쇠모루(stake)는 작업대에 고정된 평평한 주철 작업대판으로 지지하도록 설계되어 있다.

대부분 작은 쇠모루는 경화된 가공 연마 표면을 갖는다. 끌로 깎을 때나 비슷한 절단공구를 사용할 때 재료의 뒷받침(back-up)으로 작은 쇠모루를 사용하면 작은 쇠모루의 표면을 마멸시키고 마무리 가공물을 쓸모없게 만든다.

3.4.13.6 견목 형상 블록(Hardwood Form Blocks)

견목 형상 블록은 실제로 항공기 구조부품 또는 비구조 부품을 복제하기 위하여 조립할 수 있다. 목재 블록 또는 목재 주형은 형성되는 부품의 정확한 치수와 윤곽으로 형체를 만든다.

[그림 3-67] 받침판과 쇠모루(Dollies and Stakes)

3.4.13.7 V-블록(V-blocks)

견목으로 만든 V-블록은 금속을 수축하고 신장하기 위해 기체 금속 가공물, 특히 각재와 플랜지에 광범위하게 사용된다. 블록의 크기는 수행되는 가공물과 작업자의 기호에 따라 결정된다. 견목의 유형에 관계없이 V-블록으로 적당하지만 알루미늄합금을 가공할 때 가장 좋은 것은 단풍나무와 물푸레나무다.

3.4.13.8 수축 블록(Shrinking Blocks)

수축 블록은 2개의 금속 블록과 블록을 함께 고정시키는 일부 장치로 되어 있다. 한쪽 블록은 기부를 형성하고 다른 쪽은 압착 재료를 망치질하는 공간을 위해 잘려져 있다. 상부 jaw의 버팀대는 재료가 미끄러져 나가는 것을 방지하도록 접은 금 양쪽의 받침 블록에 재료를 조이지만, 접은 금이 평면이 되게 망치로 치는(수축되는) 동안 고정되어 있다. 이런 유형의 압착 블록은 작업대 바이스에 지지되도록 고안되었다.

수축 블록은 특정 필요에 맞추어 만들 수 있다. 블록이 크기와 모양에서 상당히 다양하지만 기본형과 근본원리는 같다.

3.4.13.9 모래주머니(Sandbags)

모래주머니는 대개 찧기 공정 중 지지용으로 사용한다. 두꺼운 캔버스 천 또는 부드러운 가죽을 원하는 크기에 따라 꿰매어서 고운 채망으로 채질한 모래를 채워 만든다.

모래로 캔버스 천 주머니를 채우기 전에, 주머니의 안쪽에 브러시를 이용하여 무른 파라핀 또는 밀랍으로 칠하면 밀봉층을 형성하여 모래가 캔버스천의 미세 홀을 통해 조금씩 빠져나가는 것을 방지한다. 주머니에 모래를 대신하여 포환을 채울 수 있다.

3.4.13.10 판금 해머와 나무망치 (Sheet Metal Hammers and Mallets)

그림 3-68과 같이, 판금 해머와 나무망치는 금속을 훼손하거나 또는 압입가공 없이 판금을 굽히거나 성형할 때 사용되는 금속 제조 수공구다. 해머 헤드는 일반적으로 고탄소, 열처리 강재로 제작하지만, 나무망치 헤드는 해머의 헤드보다 일반적으로 더 큰 고무, 플라스틱, 목재, 또는 가죽으로 제작된다. 판금 몸체 해머와 나무망치는 모래주머니, V-블록, 그리고 형틀과 조합하여 풀림 금속을 성형하는 데 사용된다.

[그림 3-68] 판금 해머와 나무망치
(Sheet Metal Hammers and Mallets)

3.5 판금 고정 장치 (Sheet Metal Holding Devices)

제조 공정 중 판금을 가공하기 위해 가공물을 함께 잡아주기 위한 클램프, 바이스, 그리고 훼스너와 같은 다양한 고정 장치를 사용한다. 작업 및 사용하는 금속의 유형에 따라 어떤 고정 장치가 필요한지 결정한다.

3.5.1 클램프와 바이스(Clamps and Vises)

클램프와 바이스는 동시에 공구와 제조공정에 있는 제품을 잡아주는 것이 불가능할 때 적절한 곳에 금속을 잡아준다. 클램프는 조절용 jaw를 가지고 있는 고정 장치이다. Jaw는 조절이 가능한 대립되는 측면 또는 부품이 있다. 필수적인 고정 장치로서 움직임 또는 이탈을 방지하기 위해 대상물을 함께 단단하게 잡아 준다. 클램프는 임시로 또는 영구적으로 둘 수 있다. 흔히 C-클램프라고 부르는 운반대 클램프와 같은 임시 클램프는 구성 부품들을 함께 고정하는 동안 제자리에 놓는 데 사용된다.

3.5.1.1 C-클램프(C-clamp)

그림 3-69와 같이, 커다란 C와 같은 형체를 이루는 C-클램프는 세 가지 주요 부분을 갖는데, 나사 스크루, jaw, 그리고 회전고리 헤드(swivel head)다. 스크루의 회전 고리 판 또는 납작한 끝단은 죄어진 재료에 대하여 직접 끝단이 회전하는 것을 방지한다. C-클램프 크기는 스크루를 완전히 확장했을 때 뼈대가 수용할 수 있는 가장 큰 대상물의 치수로 측정한다. 스크루 중심선에서 뼈대의 안쪽 가장자리까지의 거리 또는 주둥이 깊이까지의 거리는 이 클램프를 사용할 때 주의해야 한다. C-클램프는 2inch부터 그 이상의 크기로 다양하게 있다. C-클램프는 알루미늄에 표시를 남길 수 있기 때문에 C-클램프가 사용된 곳에서는 마스킹 테이프를 붙여 항공기를 보호한다.

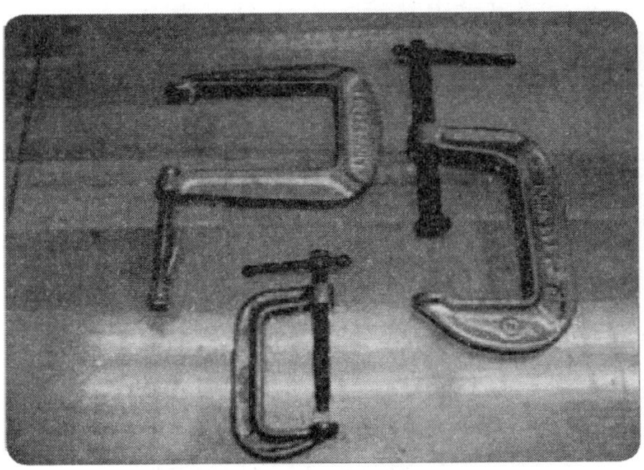

[그림 3-69] C-클램프(C-clamp)

3.5.1.2 바이스(Vises)

바이스는 제조공정에 있는 제품을 제자리에 잡아주고 톱과 드릴과 같은 공구로 바이스 위에서의 작업을 허용하는 또 다른 체결 장치다. 바이스는 스크루 또는 손잡이(lever)에 의해 열리고 또는 닫히는 2개의 고정식 jaw 또는 가변식 jaw로 되어 있다. 바이스의 크기는 양쪽 jaw 폭과 jaw가 완전히 열릴 때 바이스의 수용능력으로 측정한다. 바이스는 압력을 가해주는 스크루에 의존하나, 무늬를 짜 넣은 jaw는 클램프 이상으로 조이는 힘을 향상한다.

그림 3-70과 같이, 가장 많이 사용되는 바이스의 두 가지 유형은 기계기술자용 바이스와 다용도 바이스(utility vise)다. 기계 기술자용 바이스는 편평한 jaw와 일반적으로 회전 기부를 갖고 있는 반면 다용도 작업대 바이스는 고정시키는 홈이 파여 있고 분리 가능한 jaw와 모루 표면 뒷받침 jaw(Back jaw)를 갖고 있다. 다용도 작업대 바이스는 기계 기술자용 바이스보다 더 무거운 재료를 잡아 줄 수 있으며 파이프 또는 막대를 단단히 조여 준다. 작업이 경량일 경우 뒷받침 jaw는 모루로 사용될 수 있다. 바이스 jaw에서 금속을

[그림 3-70] 회전과 모루 기능의 다용도 바이스 (A utility vise with swivel base and anvil)

손상하는 것을 방지하기 위해 기성 jaw 패드와 같은 충전재의 유형으로 덧대준다.

3.5.2 재사용 가능 판금 훼스너 (Reusable Sheet Metal Fasteners)

재사용 가능 판금 훼스너는 일시적으로 리벳팅이나 드릴링을 하기 위해 정확하게 그 위치에 홀이 뚫린 판금 부품을 일시적으로 잡아준다. 만약 판금부품이 함께 단단히 고정되지 않는다면, 리벳팅 혹은 드릴링하는 동안 이탈한다. 그림 3-71과 같이, 클레코(Cleco) 또는 (Cleko)라고 하는 훼스너는 가장 일반적으로 사용되는 판금 고정구다.

[그림 3-71] 클레코와 클레코 프라이어 (Cleco and Cleco plier)

3.5.2.1 클레코 훼스너(Cleco Fasteners)

클레코 훼스너는 상부에 플런저(plunger), 스프링, 한 쌍의 계단형 잠금쇠와 분리형 막대(spreader bar)를 가지고 있는 강재 실린더 몸체로 되어 있다. 훼스너는 여섯 가지 서로 다른 크기로 있고 직경이 3/32, 1/8, 5/32, 3/16, 1/4, 그리고 3/8inch이며 크기는 훼스너에 찍혀 있다. 색채 부호는 크기 인식을 쉽게 해준다. 특수한 유형의 플라이어는 6개의 다른 크기에 맞는다. 정확하게 장착하였을 때, 재사용 가능 훼스너는 각각의 판재에 홀을 일렬로 유지시킨다.

3.5.2.2 육각너트와 나비너트 임시 판금 파스터 (Hex Nut and Wing Nut Temporary Sheet Fasteners)

그림 3-72와 같이, 육각너트와 나비너트 훼스너는 더 높은 클램프 압력이 요구될 때 금속의 판재를 일시적으로 잡아 주기 위해 사용한다. 육각너트 훼스너는 육각너트 러너(Runner)를 장착하고 신속한 장착과 장탈의 이점과 함께 300pound까지의 조임력을 제공한다. 나비너트 판금 훼스너는 날개 모양으로 된 돌기로 특징지어지며, 0~300pound까지 이르는 지속적인 조임력을 제공할 뿐만 아니라 항공기 정비사에 의해 손으로 돌리고 조여질 수 있다. 클레코 육각너트 훼스너

[그림 3-72]육각 너트(Hex nut)

는 클레코 나비너트 퀘스너와 거의 동일하지만 클레코 육각너트는 공기압 클레코설치기와 같이 사용된다.

3.6 알루미늄 합금(Aluminum Alloys)

알루미늄합금은 항공기 수리에서 가장 자주 접하게 되는 판금의 유형이다. AC 43.13.1 chapter 4, 금속구조, 용접, 브레이징은 모든 금속 유형에 대한 자세한 설명을 제공한다. 섹션에서는 성형 공정에 사용된 알루미늄합금을 설명한다.

순수한 상태일 때, 알루미늄은 경량에, 광택이 있고, 내부식성이다. 알루미늄의 열전도율은 매우 높다. 연성이며, 전성이고, 비자성이다. 일반적으로 구리, 망간, 그리고 마그네슘의 다른 금속과 다양한 백분율로 조합했을 때, 항공기 구조에 사용된 알루미늄합금이 성형된다. 알루미늄합금은 경량이고 강하다. 순알루미늄의 내식성을 가지고 있지 않고 변질을 방지하기 위해 처리된다. Alclad™ 알루미늄은 내식성을 개선하기 위해 알루미늄의 보호 피복재를 가지고 있는 알루미늄합금이다.

알루미늄과 알루미늄합금의 다양한 등급을 나타내기 위한 시각적인 수단을 제공하기 위해 알루미늄 원료는 보통 관리 명세서 번호(government specification number), 합금 첨가물 또는 마무리된 조건, 또는 상업용 코드 표하기와 같은 기호로 표기된다. 판과 판재는 보통 약 매 5inch마다 열을 지어서 명세서 번호 또는 코드 표시로 표시된다. 관, 막대, 봉, 그리고 압출형은 각각의 조각 길이를 따라 3~5feet 간격으로 명세서 번호 또는 코드 표시로 표기된다.

상업적인 코드 표기는 합금의 특별한 구성부품을 나타내는 숫자로 구성된다. 추가로 문자 접미사는 기본 합금첨가물지정과 알루미늄합금의 세분을 표시한다.

항공기 수리에서 사용되는 알루미늄과 여러 가지의 알루미늄합금은 다음과 같다.

① 부호 1100으로 명명하는 알루미늄은 강도가 중요한 인자가 아니지만 경제적인 무게와 내부식성이 요구되는 곳에 사용한다. 이 알루미늄은 연료 탱크, 엔진 덮개, 그리고 오일 탱크에 사용한다. 또한, 비행기 날개 끝과 탱크를 수리하는 데 사용한다. 이 재료는 용접이 가능하다.

② 합금 3003은 1100과 유사하고 일반적으로 같은 목적으로 사용한다. 합금 3003은 마그네슘이 약간 포함되어 있으며 1100 알루미늄보다 더 강하고 단단하다.

③ 합금 2014는 항공기 부품, 바퀴, 그리고 주요 구조재에서 튼튼한 단조, 판, 항공기 부품을 위한 사출성형 용도와 주요 구조재로 사용한다. 이 합금은 종종 고강도와 고경도를 요구하는 작업과 상승된 온도에서 사용한다.

④ 합금 2017은 리벳용으로 사용한다. 이 재료는 현재 제한적으로 사용한다.

⑤ Alclad™ 도장이 되어 있거나 그렇지 않은 합금 2024는 항공기 구조, 리벳, 하드웨어, 기계스크루 제품, 그리고 다른 여러 가지 구조 적용에 사용된다. 추가로 이 합금은 열처리 파트, 날개골과 동체 외판, 압출성형, 그리고 부품용으로 흔히 사용된다.

⑥ 합금 2025는 프로펠러 깃용으로 폭넓게 사용된다.

⑦ 합금 2219는 연료탱크, 항공기 외판, 그리고 구조재로 사용한다. 이 재료는 높은 분쇄 인성을 갖고 있으며 즉시 용접이 된다. 또한, 응력부식균열에 높은 내성이 있다.

⑧ 합금 5052는 좋은 가동성, 아주 좋은 내식성, 높은 피로강도, 용접성, 그리고 알맞은 정적강도가 요구되는 곳에 사용한다. 이 합금은 연료관, 유압관, 그리고 오일관용으로 사용한다.

⑨ 합금 5056은 리벳과 케이블 판자틀과 알루미늄이 마그네슘합금과 접촉되는 곳에 사용한다. 합금 5056은 일반적으로 가장 흔한 형태의 부식에 내성이 있다.

⑩ 주조 알루미늄합금은 실린더 헤드, 크랭크 케이스, 연료 분사기, 기화기, 그리고 착륙장치 바퀴용으로 사용한다.

⑪ 3003, 5052, 그리고 1100 알루미늄을 포함하는 다양한 합금은 열처리에 의한 것보다 오히려 냉간가공에 의해 경화된다. 2017과 2024를 포함하는 다른 합금은 열처리, 냉간 가공 또는 이 두 가지의 조합에 의해서 경화된다. 다양한 주조합금은 열처리에 의해서 경화된다.

⑫ 합금 6061은 대개 모든 상업적인 절차와 방법에 의해 용접할 수 있는 것이다. 또한 많은 극저온의 적용에 허용 가능한 인성을 유지한다. 합금 6061은 쉽게 사출성형되고 일반적으로 유압 배관과 공기압 배관으로 사용한다.

⑬ 합금 7075는 비록 2024보다 강도가 더 높지만 더 낮은 분쇄 인성을 갖고 있으며 일반적으로 피로가 중요하지 않은 곳의 장력 적용에 사용한다. 7075의 T6 합금첨가물은 부식 환경을 피해야 한다. 7075의 T7351 합금첨가물은 우수한 내응력 부식성을 갖고 있으며 T6 합금 첨가물보다 양호한 파괴인성을 갖는다. T6 합금 첨가물은 종종 부식을 박리하여 7075의 저항력을 개선시키기 위해 사용한다.

3.7 구조용 훼스너 (Structural Fasteners)

구조용 훼스너는 판금 구조물을 안전하게 접합시키는 데 사용하고, 수천 가지의 모양과 크기 중 다양한 종류가 항공기에 따라 특화되고 지정되어 나온다. 일부 구조용 훼스너는 모든 항공기에서 일반적이기 때문에 이 섹션은 자주 사용되는 훼스너에 초점을 맞춘다. 이 설명의 목적을 위해 훼스너를 2개의 주요 그룹(group), 즉 솔리드 생크 리벳(solid shank rivet)과 블라인드 리벳(blind rivet)이 포함된 특수목적 훼스너로 나누었다.

3.7.1 솔리드 생크 리벳(Solid Shank Rivet)

솔리드 생크 리벳은 항공기 구조물에 사용되는 가장 일반적인 리벳 유형이다. 항공기 구조를 접합하는 데 사용하는 솔리드 생크 리벳은 가장 오래되고 확실한 훼스너 유형 중 하나이다. 솔리드 생크 리벳은 항공기 제작 산업에서 폭 넓게 사용되며, 비교적 저비용에, 영구적으로 장착되는 훼스너다. 자동, 고속 설치 공구에 잘 조정되기 때문에 볼트와 너트보다 더 빠르게 장착된다. 리벳의 인장 강도가 전단 강도에 비해 아주 낮기 때문에 두꺼운 재료 또는 인장력의 적용에는 사용하면 안 된다. 접합되는 판재의 전체 두께인 전체 그립

길이가 길면 길수록 리벳을 고착시키는 것이 더 어렵다.

리벳 이음은 만약 특별한 Seal 또는 도장이 사용되지 않는다면 기밀도 방수도 안 된다. 리벳은 영구적으로 장착되기 때문에 빼내려면 힘든 작업인 드릴링으로 제거해야 한다.

3.7.1.1 설명(Description)

장착 전에, 리벳은 한쪽 끝단에 제조된 머리가 있는 매끄러운 원통형 축으로 구성된다. 반대 쪽 끝단은 벅테일(Bucktail)이라고 부른다. 2장 이상의 판금을 함께 고착시키기 위해 리벳을 리벳 자체 직경보다 바로 하나 더 큰 비트로 절삭한 홀 안에 위치시킨다. 미리 뚫어놓은 홀에 넣으면, 벅테일은 손으로 쥘 수 있는 해머에서 공기압 구동 압착 공구에 이르기까지 몇몇의 방법 중 한 가지로 단압(망치로 두들기거나 압력을 가해서 뭉뚝하게 하는 것) 또는 성형시킨다. 이 작용은 제자리에 재료를 단단하게 잡아주는 두 번째 머리를 성형하며 리벳이 원래 축경의 약 $1\frac{1}{2}$배로 팽창하게 한다.

(1) 리벳 머리 모양(Rivet Head Shape)

그림 3-73과 같이, 솔리드 리벳은 몇몇의 머리모양으로 이용할 수 있다. 그러나 항공기 구조물에서는 유니버설헤드와 100° 접시형 머리(countersunk head)가 가장 흔히 사용된다. 유니버설 헤드 리벳은 구체적으로 항공기 산업을 위해 개발되었고 둥근 머리 리벳(round head rivet)과 브래지어 머리 리벳(brazier head rivet)을 대체하기 위해 설계되었다. 이들 리벳은 모든 돌출 머리 리벳을 대체하였고 돌출 머리가 공기역학적 중대성을 갖지 않는 곳에 우선적으로 사용

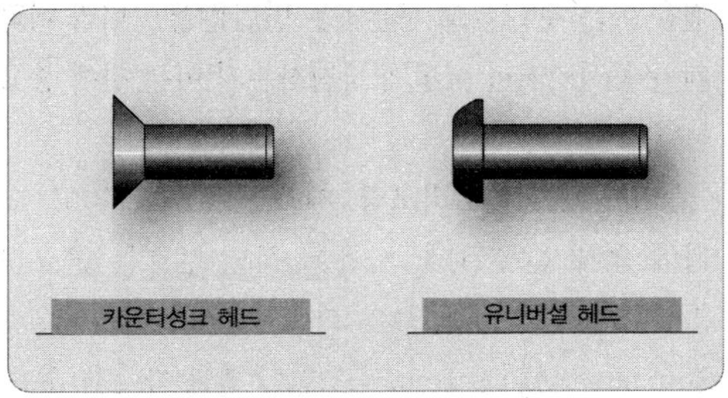

[그림 3-73] 솔리드샹크 리벳형태
(Solid shank rivet styles)

된다. 머리에 평평한 지면을 갖는 리벳은 머리 직경이 샹크(shank) 직경의 2배이고, 머리 높이는 샹크(shank) 직경의 약 42.5%이다.

카운터성크 (countersunk) 헤드각도는 60°에서 120°까지 다양하지만 장력/전단강도와 동일한 평면의 요구 사항 사이에서 최상의 절충안을 제공하는 100°를 표준으로 사용하고 있다. 이 리벳은 동일 평면이 요구되는 곳에 사용된다. 리벳의 머리가 접시형 홀 또는 딤플 홀 안에 맞도록 하기 위해 카운터싱크와 언더컷(undercut)으로 가공이 필요하다. 카운터성크 헤드 리벳은 고속항공기의 외피와 같이 주로 공기역학적으로 매끄러움이 요구되는 곳에 사용된다.

전형적으로 리벳은 2017-T4, 2024-T4, 2117-T4, 7075, 그리고 5056과 같이 알루미늄합금으로 제조된다. 티타늄, Monel®, 즉 내식강과 같은 니켈계합금, 연강 또는 철, 그리고 구리 리벳은 어떤 경우에 리벳으로도 사용된다.

리벳은 매우 다양한 합금, 머리 모양, 그리고 크기로 이용할 수 있고 항공기 구조에 매우 다양한 용도를 갖고 있다. 항공기의 일부에 대해서 안전한 리벳은 종종 또 다른 부분에 대해서는 불안전하다. 그런 까닭에 항공기 정비사는 여러 가지 유형의 리벳 강도와 구동 성

질을 아는 것 그리고 구분하는 방법뿐만 아니라 어떻게 구동시키거나 어떻게 장착하는지 아는 것이 중요하다.

솔리드 리벳은 머리모양, 제조된 재료, 그리고 크기에 의해 분류된다. 사용된 식별 부호는 군규격(Military Standard/MS)과 National Aerospace Standard(NAS) System의 조합일 뿐만 아니라 육군/해군(Army/Navy)을 뜻하는 AN으로 알려진 더 오래된 분류체계로부터 기원을 찾는다. 예를 들어, 접두사 MS는 문서화된 국방 표준(Military Standard- 미 국방성의 기본표준 규격으로서 군용항공기의 정비와 수리에서 고품질 유지를 위해 군 발주 항공기 장비에 적용되는 규격)을 따르는 하드웨어를 인지한다. 문자나 머리 모양 코드 다음의 문자는 리벳이 만들어진 재료 또는 합금을 인지시킨다. 합금 부호는 2개의 숫자가 뒤따라오며 -표기(줄표기호, dash)로 나누어져 있다. 첫 번째 숫자는 1/32inch로 샹크(shank) 직경을 지정하는 분수의 분자이다. 두 번째 숫자는 1/16inch의 분수의 분자이며 리벳의 길이를 식별한다. 그림 3-74에서는 리벳 머리 모양과 그들의 식별 부호 숫자를 보여준다.

가장 자주 사용되는 수리 리벳은 수령 상태에서 장착할 수 있기 때문에 AD 리벳이다. DD 리벳(Alloy 2024-T4)과 같은 일부 리벳 합금은 수령 상태에서 성형시키기에는 지나치게 단단하다. 따라서 장착될 수 있기 전에 풀림을 시켜야 한다. 전형적으로 이러한 리벳은 풀림을 시킨 뒤 경화를 지체하기 위해 냉동고에 저장하기 때문에 아이스박스 리벳이라는 별명으로 이어지게 되었다. 리벳은 사용 직전에 냉동고에서 꺼낸다. 대부분 DD 리벳은 수령 상태에서 장착할 수 있는 E-유형 리벳으로 교환되었다.

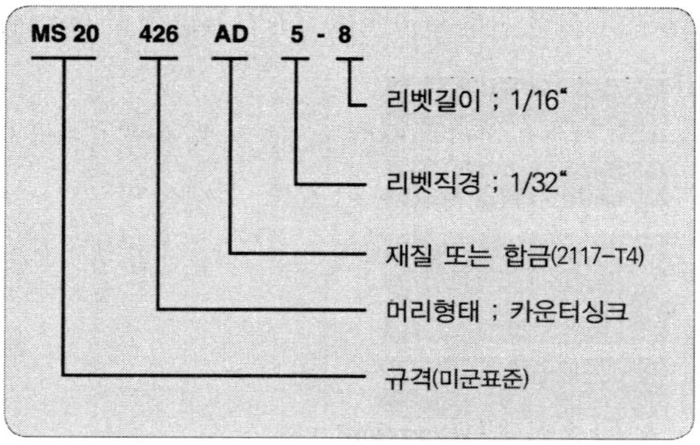

[그림 3-74] 리벳 머리 모양과 식별 부호 숫자
(Rivet head shapes and their identifying code numbers)

리벳에서 요구되는 머리 유형, 크기, 그리고 강도는 리벳의 장착 지점에서 존재하는 힘의 종류, 리벳을 박는 재료의 종류와 두께, 그리고 항공기에서의 부품 위치와 같은 요소들에 의해 결정된다. 특정한 작업에 필요한 머리의 유형은 장착하는 곳의 위치에 의해 결정된다. 접시형 머리 리벳은 매끄러운 공기역학적인 표면이 요구되는 곳에 사용해야 한다. 유니버설 헤드 리벳은 대부분 다른 지역에 사용할 수 있다.

선택한 리벳 샹크의 크기 또는 직경은 전반적으로 리벳을 장착하는 재료의 두께에 상응해야 한다. 만약 과도하게 큰 리벳이 얇은 재료에 사용되었다면, 리벳을 적절하게 성형시키기 위해 필요한 힘이라도 리벳 머리 주위에 원하지 않는 부풀어 오름을 유발한다. 반면, 과도하게 작은 리벳 직경이 두꺼운 재료를 위해 선택되면, 리벳의 전단 강도가 접합의 하중을 전달해 주기에 충분히 크지 않다. 일반적으로 리벳 직경은 두꺼운 판재 두께의 적어도 $2\frac{1}{2}$~3배이어야 한다. 항공기의 조립 또는 수리에서 가장 일반적으로 선정되는 리벳은 3/32~3/8inch 직경 범위이다. 대개 직경 3/32inch보다 작은 리벳은 응력을 전달하는 구조 부품 중 어떠한 것에도 사용해서는 안 된다.

수리를 위해 사용하는 적정 크기로 된 리벳은 그다음 평행한 열에서 안쪽 날개로 또는 동체 전방으로 제작사에 의해 사용된 리벳을 참조하여 결정할 수 있다. 사용하는 리벳의 크기를 결정하는 또 다른 방법은 외판의 두께에 3을 곱해준다. 그리고 그 값에 일치하는 리벳보다 바로 하나 더 큰 사이즈를 사용한다. 예를 들어, 만약 외판이 0.040inch 두께라고 한다면, 0.040에 3을 곱하여 0.120inch를 얻는다. 그리고 그다음 하나 더 큰 리벳 크기인 1/8inch(0.125inch)를 사용한다.

리벳이 강관 부재를 거쳐 완전히 통과되도록 할 때, 적어도 관 외경의 1/8에 해당하는 리벳 직경을 선정한다. 만약 한쪽 관에서 다른 쪽으로 슬리브를 끼우거나 고정시킨다면, 바깥쪽 관의 외경을 취하고 최소 리벳 직경 거리인 1/8을 사용한다. 최소 리벳 직경을 계산하여 그다음에 하나 더 큰 리벳의 크기를 사용하는 것이 좋다.

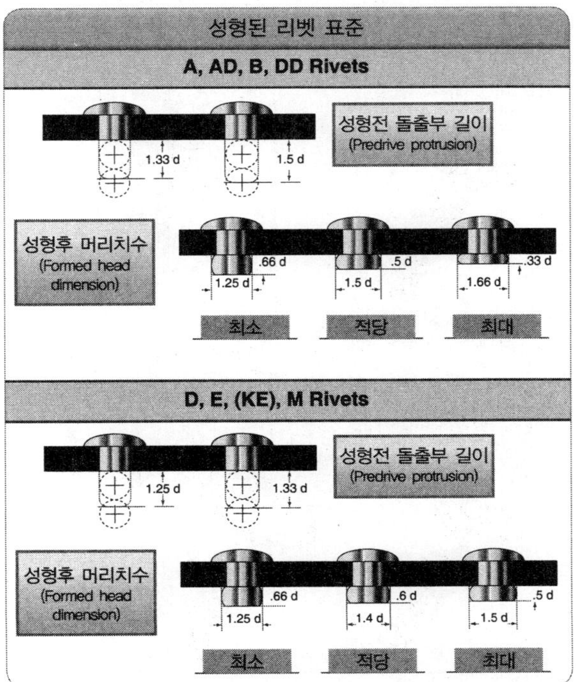

[그림 3-75] 성형된 리벳 머리의 치수
(Rivet formed head dimensions)

되도록 리벳을 박는 재료와 동일한 합금 숫자의 리벳을 선정한다. 예를 들어 1100과 3003 합금으로 조립되는 부분에는 1100과 3003 리벳을 사용한다. 2017과 2024 합금으로부터 조립되는 부분에는 2117-1과 2017-T 리벳을 사용한다.

성형된 머리의 크기는 적정한 리벳 장착의 시각적인 기준이다. 그림 3-75에서는 최소 크기와 최대 크기 및 이상적인 크기를 보여준다.

3.7.1.2 리벳의 장착(Installation of Rivets)

(1) 수리 배치도(Repair Layout)

리벳 배치도는 ① 필요한 리벳의 수(number), ② 사용하는 리벳의 적절한 크기와 유형, ③ 리벳의 재료, 합금첨가물조건과 강도, ④ 홀의 크기, ⑤ 홀 사이의 간격, 그리고 ⑥ 패치(patch)의 홀과 가장자리 사이의 간격 등을 결정하는 데 필요하다. 간격은 리벳 직경으로 측정한다.

(2) 리벳 길이(Rivet Length)

장착할 리벳의 길이를 결정하기 위해 먼저 연결되는 재료의 두께를 알아야 한다. 이 측정값은 그립 길이로 알려져 있다. 리벳의 길이는 그립 길이와 적당한 숍 헤드(Shop Head/두들겨 머리 부분이 만들어진 형태)를 형성하기에 필요한 리벳 섕크의 양을 더한 것과 같다. 그림 3-75와 같이, 리벳의 길이는 리벳 섕크 직경의 $1\frac{1}{2}$배 이다. A는 리벳의 전체 리벳길이, B는 그립길이, 그리고 C는 숍 헤드를 만들기 위하여 필요한 재료의 길이를 나타내며 이 공식은 A=B+C로 나타낼 수 있다.

(3) 리벳 강도(Rivet Strength)

그림 3-76과 같이, 구조적인 적용에서, 교체 리벳의 강도가 중요하다. 강도가 더 낮은 재료로 만든 리벳이면, 더욱 큰 리벳을 사용하는 것으로 부족분을 대신하는 경우를 제외하고 교체에 사용해서는 안 된다. 예를 들어, 2024-T4 알루미늄합금의 리벳은 그다음으로 큰 크기를 사용하는 것이 아니라면 2117-T4 또는 2017-T4 알루미늄합금 중 하나로 교체해서는 안 된다.

2117-T 리벳은 열처리가 필요 없기 때문에 일반적인 수리작업에서 사용되며 매우 부드럽고 강하며 대부분 합금유형과 함께 사용했을 때 고도의 내식성이 있다. 정확한 리벳 유형과 재료에 대해 제작사 매뉴얼을 항상 참고한다. 특정 수리작업을 위해 선택하는 리벳 머리의 유형은 제작사에 의해 주변 구역 내에서 사용하는 머리유형을 참고하여 결정할 수 있다. 접시머리 리벳이 사용된 항공기에서 따라야 하는 일반적인 규칙은 날개 및 안정판의 윗면, 하부 리딩엣지에서 날개보 뒤쪽에, 그리고 동체에서 날개의 높은 지점 쪽에 접시머리 리벳을 사용하는 것이다. 모든 다른 표면 지역에는 유니버설 헤드 리벳을 사용한다. 리벳이 박히는 재료와 동일한 합금 숫자의 리벳을 선정한다.

(4) 리벳에 가해지는 응력(Stress applied to Rivet)

전단은 리벳에 가해지는 두 가지 응력 중 하나이다. 전단 강도는 2장 이상의 재료를 함께 고정하는 리벳을 절단하는 데 필요한 힘의 양이다. 만약 리벳이 2개의 부품을 고정하고 있다면 단일 전단 상태 하에 있다. 만약 3개의 판재 또는 부품을 고정하고 있다면 이중 전단 상태 하에 있다. 전단 강도를 결정하기 위해서, 사용되는 리벳의 직경은 외판 재료의 두께에 3을

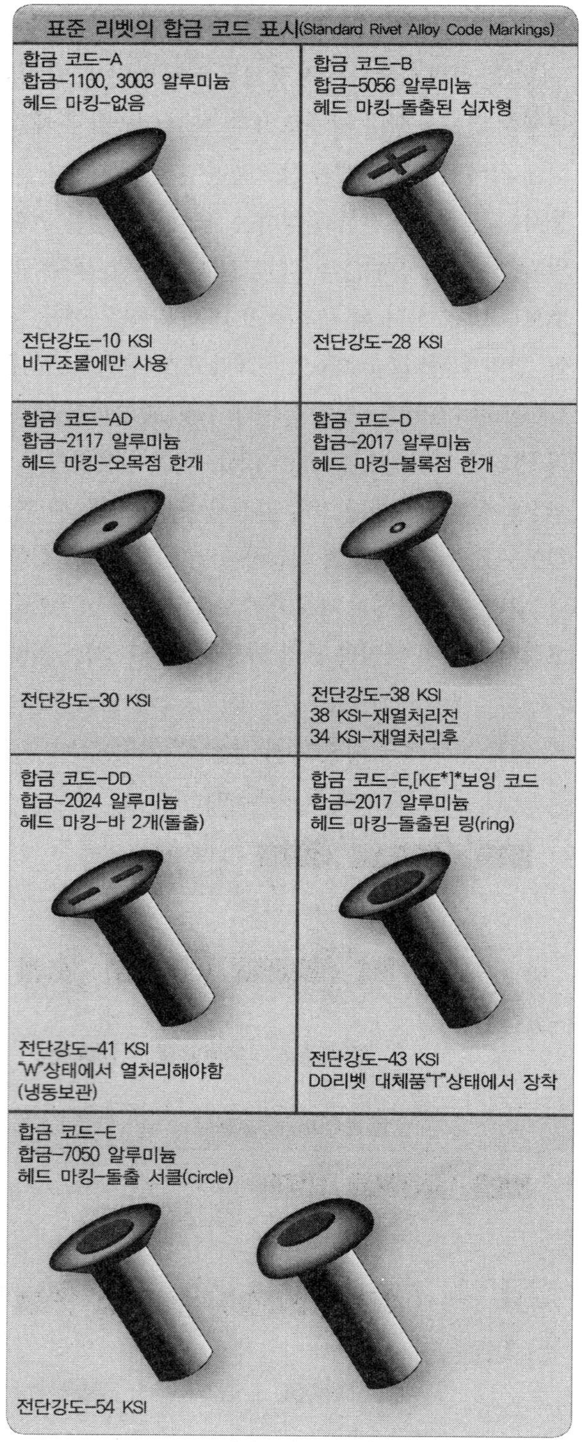

[그림 3-76] 리벳 합금의 강도(Rivet alloy strength)

곱하여 구한다. 예를 들어, 0.040inch의 재료두께에 3을 곱하면 0.120inch가 된다. 이 경우에 리벳 직경은 1/8(0.125inch)을 선택한다.

인장은 리벳에 가해지는 또 다른 응력이다. 인장의 저항력은 베어링 강도(bearing strength)라고 부르고 함께 리벳이 장착된 2장의 판재 가장자리를 통하여 리벳을 끌어당기기 위해 또는 홀을 늘이기 위해 필요한 인장의 양이다.

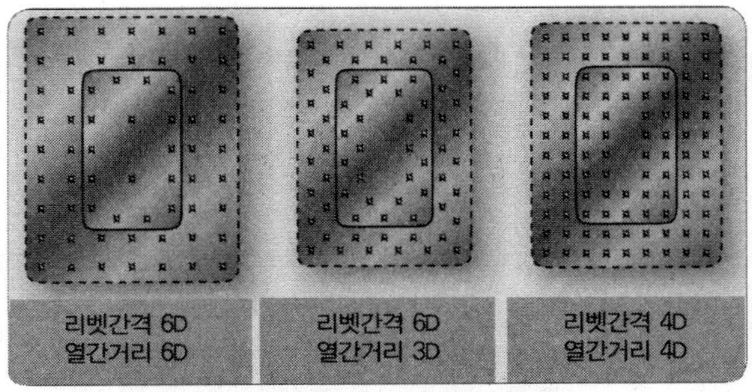

[그림 3-77] 허용가능한 리벳 배열
(Acceptable rivet patterns)

(5) 리벳 간격 두기(Rivet Spacing)

리벳 간격 두기는 같은 열에서 리벳의 중심선 간의 사이를 측정한다. 돌출머리 리벳 사이의 최소간격두기는 리벳 직경의 $3\frac{1}{2}$배보다 작아서는 안 된다. 접시머리리벳 사이에 최소간격두기는 리벳 직경의 4배보다 작아서는 안 된다. 이들 치수는 특정 수리공정에서 다르게 지정할 때 또는 기존 리벳을 교환할 때를 제외하고 최소간격두기로 사용된다.

대부분 수리에서, 일반적인 실행은 제작사가 손상 주위 지역에서 사용한 것과 동일한 리벳간격두기와 연거리, 즉 홀의 중심에서 재료의 가장자리까지의 간격을 적용하는 것이다. 특정한 항공기에 대한 구조수리 매뉴얼을 참고한다. 이 근본적인 규칙 외에 모든 경우에 있어서 리벳의 간격두기를 통제하는 특정한 규칙은 없지만 준수해야 하는 일부 최소필요조건은 다음과 같다.

① 리벳 연거리, 리벳간격, 그리고 열간거리는 원래 장착된 것과 가능한 동일해야 한다.

② 새로운 섹션이 추가될 때, 리벳의 중심에서 측정된 연거리는 샹크 직경의 2배보다 작으면 안 된다. 리벳 간의 또는 피치 간의 거리는 적어도 직경의 3배이어야 한다. 그리고 리벳 열간의 거리는 직경의 $2\frac{1}{2}$배보다 작으면 안 된다. 그림 3-77에서는 수리를 위한 리벳형태를 배치하는 허용 수단을 보여준다.

(6) 연거리(Edge Distance)

그림 3-78과 같이 일부 제작사에 의해서 엣지 마진(edge margin)이라고도 불리는 연거리는 첫 번째 리벳의 중심에서 판재의 가장자리까지의 거리다. 연거리는 리벳 2개의 직경보다는 커야 하고, 리벳 4개의 직경보다는 작아야 한다. 유니버설 리벳의 최소 연거리는 리벳 직경의 2배이고, 접시형 머리 리벳에 대한 최소 연거리는 리벳 직경의 $2\frac{1}{2}$배이다. 만약 리벳이 판재의 가장자리에 너무 가깝게 놓였다면, 판재는 금이 가거나 리벳으로부터 빠져나갈 우려가 있다. 또 판재의 가장자리에서 너무 멀리 리벳이 장착되면, 판재의 가장자리 부분이 들뜬다.

가장자리로부터 약간 더 멀리 리벳을 배치하는 것이 좋으며 최소 연거리를 침해하지 않고 리벳홀을 더 키울 수 있다. 최소 연거리에 1/16inch를 더하거나 리벳 직경을 그다음 크기로 사용하는 연거리를 결정한다.

연거리를 얻기 위한 두 가지 방법은 아래와 같다.

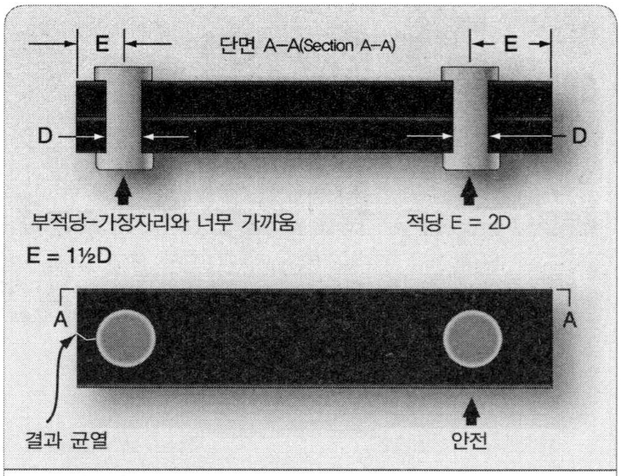

연거리/엣지 마진 (Edge Distance/Edge Margin)	최소 연거리 (Minimum Edge Distance)	적절한 연거리 (Preferred Edge Distance)
돌출 머리 리벳	2 D	2 D + 1/16″
카운터싱크 리벳	2½ D	2½ D + 1/16″

[그림 3–78] 최소 연거리(Minimum edge distance)

① 돌출머리 리벳의 리벳 직경은 3/32inch이다. 최소 연거리를 얻기 위해서 3/32inch에 2를 곱한다. 선호되는 1/4inch의 연거리를 산출하기 위해 2를 곱한 결과인 3/16inch에 1/16inch를 더한다.

② 돌출머리 리벳의 리벳 직경은 3/32inch이다. 다음 크기인 1/8inch 리벳을 선택한다. 1/4inch를 얻기 위해 1/8inch에 2를 곱하여 연거리를 계산한다.

(7) 리벳피치(Rivet Pitch)

리벳피치는 같은 열에서 이웃한 리벳들의 중심간 거리이다. 허용되는 가장 작은 리벳피치는 3개의 리벳 직경이다. 평균 리벳피치는 대개 4~6개 리벳 직경의 범위이다. 그렇지만 경우에 따라서 리벳피치는 10개의 리벳 직경만큼 크다. 굽힘모멘트 하에 있는 부품의 리벳간격은 종종 리벳 사이의 외판이 휘는 것을 방지하기 위해 최소간격두기에 더 근접한다. 최소피치도 리벳 열의 수에 따른다. 1열과 3열 배치도는 3개의 리벳 직경의 최소피치를 갖는다. 2열배치도는 4개의 리벳 직경의 최소피치를 갖는다. 접시형 머리 리벳에 대한 피치는 유니버설 헤드 리벳에 대한 것보다 더 크다. 표 3–2와 같이, 만약 리벳간격은 최소보다 적어도 1/16inch 더 크게 만들어지면, 최소 리벳간격은 필요조건에 위배되지 않고 리벳홀을 더 키울 수 있다.

(8) 가로피치(Transverse Pitch)

가로피치는 리벳 열 사이의 수직 거리이다. 즉, 이는 리벳피치의 75%에 해당하는 거리이다. 허용되는 가장 작은 가로피치는 $2\frac{1}{2}$개의 리벳 직경이다. 리벳피치와 가로피치는 종종 동일한 치수를 갖으며, 간단하게 리벳간격이라고 한다.

(9) 리벳배치의 예(Rivet Layout Example)

리벳간격두기의 일반적인 규칙은 직선열배치도에 적용되는 것과 같이 아주 간단하다. 그림 3–79와 같이, 1열배치도에서 첫 번째로 각각의 열의 끝단에서 연거리를 결정하고 리벳피치(리벳 간의 거리)를 표시

[표 3–2] 리벳 간격(Rivet spacing)

리벳 간격(Rivet Spacing)	최소 간격(Minimum Spacing)	적당한 간격(Preferred Spacing)
1열, 3열 돌출머리 리벳 배열	3D	3D + 1/16"
2열 돌출머리 리벳 배열	4D	4D + 1/16"
1열, 3열 카운터싱크 헤드 리벳 배열	3/1/2D	3/1/2D + 1/16"
2열 카운트성크 헤드 리벳 배열	4/1/2D	4/1/2D + 1/16"

한다. 2열배치도에서도 위에서 기술된 바와 같이 첫 번째 열을 결정하고, 첫 번째 열로부터 가로피치까지 동등한 거리의 간격으로 두 번째 열을 결정한다. 그 뒤 두 번째 열에서 리벳의 위치를 결정하면 이들은 첫 번째 열의 중간 지점에 놓이게 된다. 3열배치도에서 먼저 첫 번째 열과 세 번째 열을 결정하면 직선 자를 사용해서 두 번째 리벳의 위치를 결정한다.

손상된 관을 스플라이스할 때 그리고 리벳이 관을 완전히 관통할 때, 인접 리벳이 서로 직각으로 있으면, 4~7개의 리벳 직경 간격으로 리벳을 간격두기하고 또한 리벳이 서로 병렬로 장착되어 있다면 5~7개의 리벳 직경 간격으로 간격두기를 한다. 연결되는 부분에

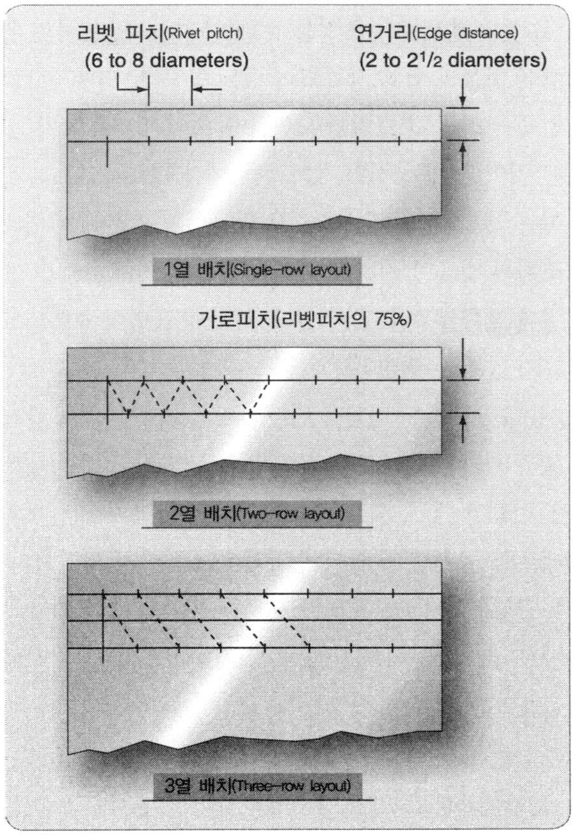

[그림 3-79] 리벳 배열(Rivet layout)

서 양쪽 각각에 있는 첫 번째 리벳은 슬리브의 끝단으로부터 리벳 $2\frac{1}{2}$개의 직경 간격보다 작아서는 안 된다.

3.7.1.3 리벳장착 공구(Rivet Installation Tools)

리벳의 장착과 업세팅(upsetting)하는 정상적인 순서에서 필요한 여러 가지의 공구는 드릴, 리머, 리벳절단기 또는 니퍼, 버킹바, 리벳해머, 드로어세트(Draw Set), 오목형성형틀 또는 다른 유형의 접시형홀내기장비, 리벳건, 그리고 압착리베터(squeeze riveter, 리벳 죄는 기계)를 포함한다. 리벳을 장착할 때 판재를 서로 단단히 잡는 데 사용되는 C-클램프, 바이스, 그리고 훼스너는 이 장의 앞부분에서 논의하였다. 다른 공구와 장비는 다음 단락에서 설명하기로 한다.

(1) 수공구(Hand Tools)

리벳의 장착과 업세팅(upsetting)하는 정상적인 과정에 다양한 수공구가 사용된다. 그들은 리벳절단기, 버킹바, 수동리베터, 접시형홀내기 공구, 그리고 오목형성공구를 포함한다.

① 리벳 커터(Rivet Cutter)

그림 3-80과 같이, 필요한 길이를 가진 리벳이 없을 경우, 즉 리벳의 길이가 너무 길 때, 이 리벳의 불필요한 부분을 다듬기 위해 리벳커터가 사용된다. 회전식 리벳 절단기를 사용하기 위해, 맞는 홀에 리벳을 삽입하고, 리벳의 머리 아래쪽에 필요한 수의 끼움쇠를 넣고, 플라이어(plier)를 누르는 것처럼 절단기를 압착한다. 평원반의 회전이 길이가 맞게 리벳을 절단한다. 맞는 길이는 머리 아래쪽에 삽입된 끼움쇠의 수에 의

[그림 3-80] 리벳 커터(Rivet cutters)

[그림 3-81] 버킹바(Bucking bars)

해 결정된다. 큰 리벳절단기를 사용할 때, 바이스에 큰 리벳절단기를 물리고 맞는 홀에 리벳을 삽입하며, 리벳을 잘라내는 핸들을 잡아당김으로써 절단한다. 정규의 리벳절단기가 없다면 다이아고날 커터플라이어를 대체 절단기로 사용한다.

② 버킹바(Bucking Bar)

때때로 받침판, 버킹철, 또는 버킹블록이라고 부르는 버킹바는 장착 중의 역진동이 올바른 리벳 장착에 기여하는 강재의 무겁고 두꺼운 조각이다. 다양한 모양과 크기가 있으며, 무게는 작업의 성질에 따라, 몇 ounce에서 8~10pound 범위에 있다. 버킹바는 케이스경화된 저탄소강 또는 합금막대원료로 가장 자주 만들어진다. 좋은 등급의 강재로 만들면 더 오래 지속되고 재생이 덜 필요하다.

그림 3-81과 같이, 버킹바를 선정할 때 첫 번째 고려하는 것은 모양이다. 만약 바가 정확한 모양을 갖고 있지 않다면, 리벳 머리를 변형시킨다. 만약 바가 너무 가볍다면 필요한 버킹무게를 주지 못하고 재료가 샵헤드쪽으로 부풀어 오르게 될 수 있다. 만약 바가 너무 무거우면 버킹바 무게와 흔들리는 힘이 재료를 샵헤드로부터 멀리 부풀어 오르게 하는 원인이 된다.

③ 수동 리벳세트(Hand Rivet Set)

수동 리벳세트는 특정한 유형의 리벳을 구동하기 위하여 형틀과 함께 장착되어 있는 공구다. 리벳세트는 리벳 머리의 각 크기와 모양을 맞추어서 이용할 수 있는 것이다. 통상적인 세트는 두께가 1/2inch이고, 길이는 약 6inch의 탄소강으로 만들어지고 손에서 미끄러지는 것을 방지하기 위하여 핸들에 널(knurled-표면이 깔쭉깔쭉한 것)이 있다. 세트의 표면이 경화되고 윤기 있게 손질된다.

유니버설 헤드 리벳을 위한 세트는 리벳 머리에 맞게 움푹 파여 있거나 또는 컵 모양으로 있다. 정확한 세트를 선택할 때에, 세트와 리벳 머리의 측면 사이 간격과 세트와 금속 표면 사이의 간격이 적절한지 확인한다. 동일평면 또는 납작평면 세트는 접시형머리 리벳과 납작머리 리벳에 사용한다. 접시머리 리벳을 적절히 안착하기 위해, 동일 평면세트의 직경이 적어도 1inch가 되는지 확인한다.

리벳이 buck되기 전에 판재 사이가 벌어지는 것을 방지하기 위하여 판재를 들어 올리는 특수 드로어세

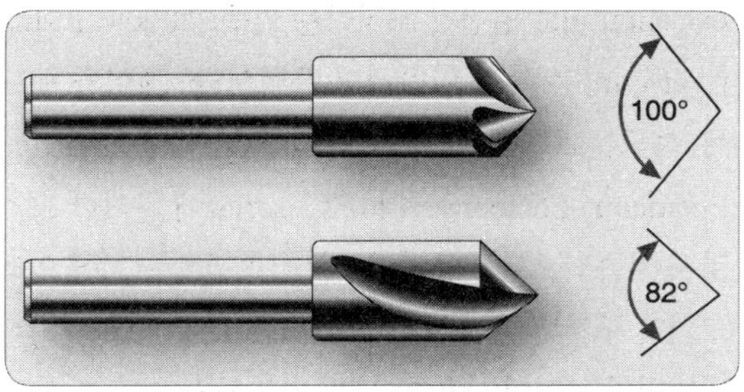

[그림 3-82] 카운터싱크(Countersinks)

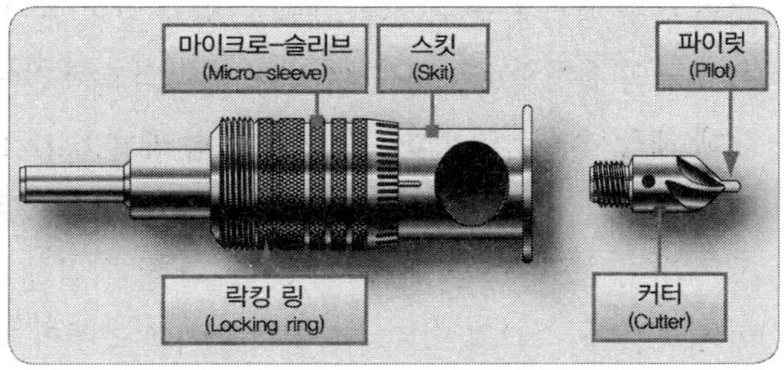

[그림 3-83] 마이크로스톱 카운터싱크
(Microstop countersink)

트가 사용된다. 각각의 드로어세트는 그것이 만들어지는 리벳몸대의 직경보다 1/32inch 더 큰 홀을 갖고 있다. 때때로 드로어세트와 리벳헤더는 1개의 공구로 통합된다. 헤더부분은 해머로 칠 때, 세트가 리벳과 리벳 머리를 팽창시키기에 충분히 얕은 홀로 구성된다.

④ 카운터싱킹 공구(Countersinking Tool)

카운터싱크는 리벳이 외판의 표면에 매끄럽게 일치하게 하도록 리벳 홀 주위에 원뿔식 침하모양으로 절삭하는 공구이다. 카운터싱크는 접시형 리벳 머리의 여러 가지 각도에 상응하는 각도로서 만들어졌다. 그림 3-82와 같이, 표준 카운터싱크는 100° 각도이다. 그림 3-83과 같이, 일반적으로 스톱 카운터싱크라고 부르는 특수한 마이크로스톱 카운터싱크는 어떠한 필요한 깊이로도 조정될 수 있고 다양하게 만들어지는 접시형각도와 함께 교체할 수 있는 홀을 가능하게 하는 절단기를 가진다. 일부 스톱 카운터싱크는 그들의 절삭 깊이를 조절하기 위해, 0.001inch씩 증가하는 마이크로미터 세트 기계장치도 가지고 있다.

⑤ 오목성형 형틀(Dimpling Dies)

오목형성은 펀치 · 형틀세트라고도 부르는 숫형틀과 암형틀로 작업된다. 숫형틀은 리벳홀의 크기와 리벳 머리처럼 입구를 넓힌 홀의 동일한 각으로 유도장치를 가지고 있다. 암형틀은 숫유도장치가 들어가서 맞을 수 있게 일치하는 카운터싱크 각이 있는 홀을 갖는다.

(2) 동력 공구(Power Tools)

리벳 장착에 사용되는 가장 일반적인 동력공구는 공기압 리벳건, 리벳 압착기, 그리고 마이크로-쉐이버(micro-shaver)이다.

① 공기압 리벳건(Pneumatic Rivet Gun)

공기압 리벳건은 기체 수리에 사용되는 가장 일반

[그림 3-84] 리벳건(Rivet guns)

적인 리벳 장착용 공구이다. 그림 3-84와 같이, 수많은 크기와 유형으로 이용할 수 있다. 각각의 리벳건에 대해 제작사에서 권고하는 능력은 통상 배럴(barrel)에 날인된다. 공기압 건은 90~100psi의 공기압으로 작동되며, 서로 호환 가능한 리벳세트와 함께 결합하여 사용한다. 각각의 세트는 작업의 위치와 리벳의 지정된 유형에 맞게 설계되어 있다. 각 세트는 리벳 건(rivet gun) 속에 잘 맞게 설계되어 있다. 리벳건의 배럴 안쪽에 공기구동해머는 리벳을 성형하는 힘을 공급한다.

그림 3-85와 같이, 900~2,500[분당 타격수, blows per minute]로 천천히 타격하는 리벳 건(Slow hitting rivet gun)은 가장 일반적인 유형이다. 제어가 쉽도록 속도는 느리되 강하게 타격한다. 종종 Chicago Pneumatic Company's Old "X"-series에 근거한 크기로서 지속적으로 구동되며, 가장 큰 리벳 크기에 의해 크기가 구분된다. A4X Gun(dash 8 또는 1/4 리벳)은 일반적인 작업에 사용한다. 덜 강력한 3X 리벳건은 더욱 얇은 구조물에서 좀 더 작은 리벳용으로 사용한다. 7X Gun은 좀 더 두꺼운 구조물에서 큰 리벳용으로 사용한다. 리벳건은 1~3초에 리벳을 성형해야 한다. 정비사는 실습으로 리벳건의 사용방법을 배운다.

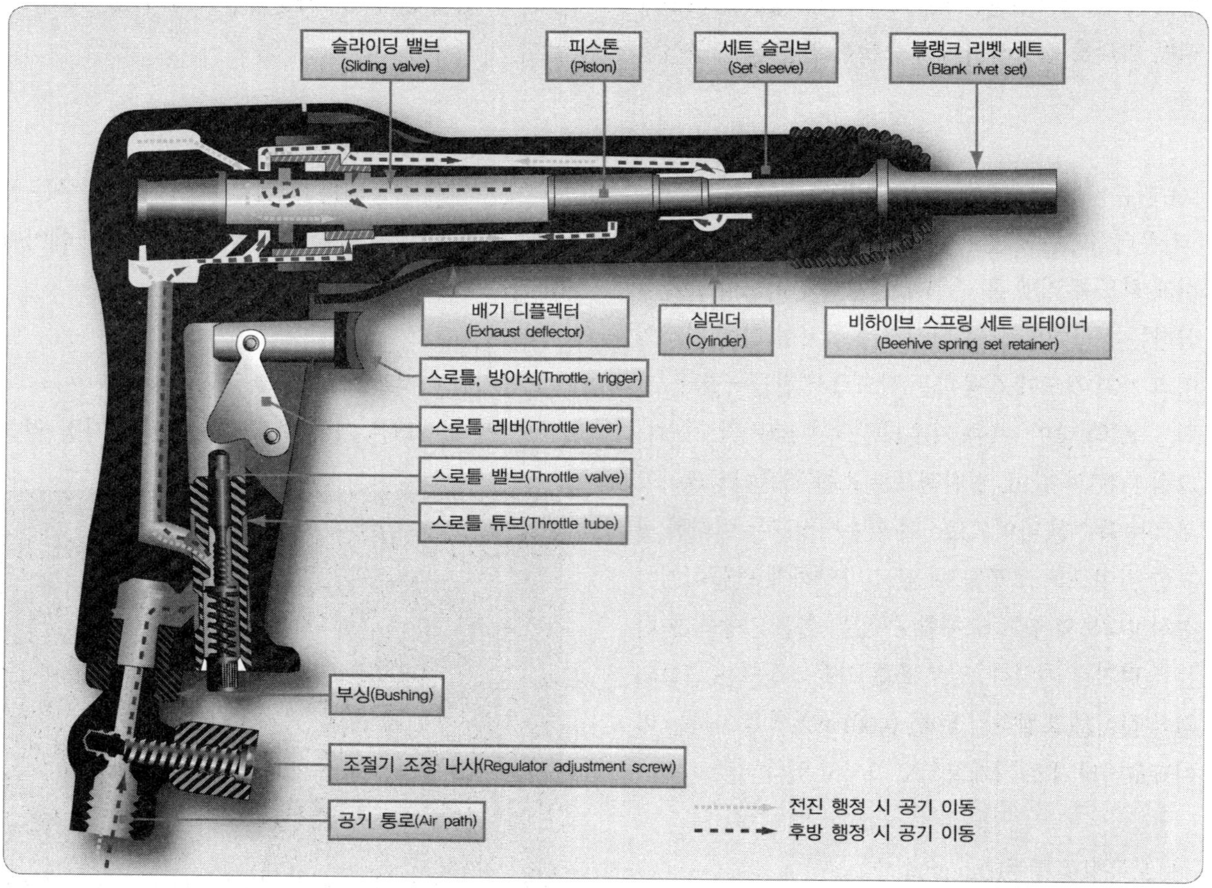

[그림 3-85] 리벳건의 부품(Components of a rivet gun)

정확한 머리, 즉 리벳세트를 가지고 있는 리벳건은 표면과 수직으로 리벳 머리를 향하여 꼭 맞게 겨누어야 한다. 반면 적당한 무게의 버킹바는 반대쪽 끝에 대준다. 리벳건의 힘은 리벳이 되는 구조물이 아니라 버킹바로 흡수되어야 한다. 리벳건의 방아쇠를 당기면 리벳이 성형된다.

항상 정확한 리벳 헤더와 유지스프링이 장착되었는지 확인한다. 목재 조각에 리벳건을 시험하고 작업자가 편안하도록 설정해서 공기밸브를 조정한다. 리벳건의 구동력은 손잡이의 니들밸브(needle valve)로 조정된다. 헤더 손상을 피하기 위해 목재블록보다 더 단단한 물건에 시험해서는 안 된다. 만약 조정이 최상의 구동력을 제공하는 데 실패한다면, 다른 크기의 리벳건이 필요하다. 너무 강력한 리벳건은 제어하기가 어렵고 작업에 손상을 입힐 수 있다. 이와 반대로 리벳건이 너무 가볍다면, 머리가 완전히 형성될 수 있기 전에 리벳을 가공경화하게 한다.

리벳팅 동작을 천천히 시작하되 한 번의 연속적 격발이어야 한다. 만약 리벳팅이 빠르게 시작된다면 리벳헤더는 리벳을 벗어나고 리벳을 손상시키거나 또는 외판을 손상시킨다. 만약 구동 과정이 너무 길면, 리벳이 가공 경화할 것이기 때문에 3sec 이내에 리벳팅을 완료하도록 한다. 리벳팅 과정의 원동력은 리벳건이 리벳과 재료를 치거나 진동시키게 한다. 이것은 Bar로 하여금 튀어 오르게 하거나 역진동하게 하는 원인이 된다. 반대로 강하게 건을 작동시키면 리벳을 압착시키게 되고 매우 납작한 머리를 형성하게 하는 원인이 된다.

리벳건을 사용할 때 준수해야 하는 일부 예방책은 다음과 같다.

- 어느 누구에게 어떤 경우에 있어서도 절대로 리벳건을 겨눠서는 안 된다. 리벳건은 단 한 가지 목적으로만 사용한다. 즉, 리벳을 빼거나 장착하는 것이다.
- 세트가 리벳 또는 목재블록에 단단히 고착되어 있지 않다면 절대로 방아쇠기구를 누르지 않는다.
- 어느 때라도 상당한 기간 동안 사용하지 않을 때는 리벳건에서 공기호스를 항상 분리시킨다.

② 리벳세트와 헤더(Rivet Set/Headers)

공기압건은 서로 교환해서 사용할 수 있는 리벳세트와 같이 연관되어 사용된다. 각 세트는 작업의 위치와 리벳의 모양에 맞게 설계된다. 세트의 직경은 리벳건 속에 잘 맞게 설계된다. 적절한 헤더는 구동되는 리벳에 대해 정확히 맞아야 한다. 헤더의 작업 면은 알맞게 설계되고 매끈하게 광택이 나야 한다. 헤더는 단단하지만 부서지지 않도록 단조강에 열처리하여 제작된다. 접시머리헤더는 다양한 크기가 있다. 헤더가 작을수록 최대 효과를 위해 좁은 지역에서 구동력을 집중시키지만, 클수록 넓은 지역에 구동력을 분산시키며, 얇은 외판의 리벳박기에 사용된다.

비접시머리 헤더는 리벳헤더의 2/3 지점 중심에 접촉되도록 맞아야 한다. 그들은 리벳 된 표면에 손상을 입히는 것(eyebrowing) 없이 구동되는 머리의 미세한 뒤집힘과 약간의 불일치를 허용하기에 충분히 얕아야 한다. 리벳의 크기를 맞추는 것에 주의한다. 너무 작은 헤더는 리벳에 표시를 남기고, 반면에 너무 큰 것은 재료에 표시를 남긴다.

그림 3-86과 같이, 리벳헤더(리벳 머리를 만드는 기계)는 다양한 스타일로 만들어진다. 짧은, 직선헤더는 리벳건을 작업물에 가까이 가져갈 수 있을 때 최상이

[그림 3-86] 리벳 헤더)Rivet headers)

다. 오프셋헤더는 막힌 곳에서 리벳에 닿는 데 사용한다. 긴 헤더는 가끔 리벳건이 구조적인 간섭으로 인하여 작업물에 가까이 가져가질 수 없을 때 필요하다. 리벳헤더는 청결하게 유지해야 한다.

③ 압착 리벳팅(Compression Rivetting)

압착 리벳팅은 조건이 허락되고, 리벳 압착기의 유효범위가 충분히 낮은 데까지 달하는 곳에서 판재 또는 어셈블리의 가장자리 위쪽에서만 사용된다. 세 가지 유형, 즉 수동리벳 압착기, 공기압리벳 압착기, 그리고 공기압 · 유압리벳 압착기는 동일한 원리로 작동한다. 이들은 근본적으로 거의 같으나 단지 수동리벳 압착기에서, 압착은 손압력에 의해서 공급되고, 공기압리벳 압착기에서는, 공기압에 의해서, 공기압 · 유압리벳 압착기에서는, 공기압과 유압의 결합에 의해서 공급된다. 하나의 jaw는 고정시킨 것이고 버킹바의 대용이 되고, 다른 하나의 jaw는 움직일 수 있는 것으로 단압한다. 압착기로 하는 리벳팅은 신속한 방법이고 작동자 한 명이 할 수 있다.

리베터는 리벳의 어느 크기라도 수용하도록 다양한 크기의 C-요크(C-Yoke) 또는 엘리게이터 요크(Alligator Yoke)를 갖추고 있다. 요크의 작업능력은 유효범위와 틈새로 측정한다. 틈새는 가동 jaw과 고정 jaw 사이의 거리다. 유효 범위는 끝단 세트의 중앙으로부터 산정된 좁은 통로의 안쪽 길이다. 리벳 압착기에서 끝단 세트는 공기압 리벳건에서 리벳세트와 같은 목적으로 사용되고 같은 유형의 머리로 이용할 수 있다. 이러한 같은 유형의 머리는 리벳헤드의 어떠한 유형에도 적합하도록 서로 교환할 수 있다. 각각의 세트 중 한 부품은 고정 jaw에 삽입되고, 반면에 다른 쪽은 가동 jaw에 놓인다. 제작된 머리 끝단 세트는 고정 jaw에 놓인다. 작동 도중에 제작된 머리 끝단 세트를 가동 jaw 위에 놓아 끝단 세트를 역으로 만드는 것이 필요할 때가 있다.

④ 마이크로-쉐이버(Micro-shavers)

마이크로-쉐이버는 외판과 같은 재료의 평활도가 모든 접시형 리벳이 규정된 허용한계 이내에 구동되어 박히는 것을 요구한다면 사용된다. 그림 3-87과 같이, 이 공구는 절삭기, 스톱(stop), 그리고 2개의 버팀대 또는 안정장치를 가지고 있다. 마이크로-쉐이버의 절삭부분은 스톱의 안쪽에 있다. 절삭의 깊이는 스톱에서 바깥쪽방향으로 당기고 어떤 방향으로든지(더 깊은 절삭을 위해서는 시계방향으로) 돌림으로써 조정할 수 있다. 스톱에 표시는 0.001inch의 조정을 허용한다. 만약 마이크로-쉐이버를 조정하고 정확하게 잡는다면, 주위의 재료를 손상하는 것 없이 0.002inch 이내로 접시형리벳의 머리를 절삭할 수 있다.

조정은 항상 본보기로 폐물 재료를 사용해야 한다. 정확히 조정했을 때, 마이크로-쉐이버는 마이크로-쉐이버로 구동된 리벳에 핀머리 크기 정도의 작은 원

[그림 3-87] 마이크로-쉐이버(Micro-shavers)

으로 된 조각을 남긴다. 그것은 가끔 구동시킨 후 필요한 만큼 평평함을 얻기 위해 통상 MS20426 머리리벳으로 제한되는 리벳을 깎기 위해 필요하다.

전단머리(Shear head) 리벳은 절대로 깎지 말아야 한다.

3.7.1.4 리벳팅 절차(Riveting Procedure)

리벳팅 절차는 홀 옮기기(transferring), 홀을 준비하기, 드릴링, 그리고 리벳팅으로 이루어진다.

(1) 홀 옮기기(Hole Transfer)

첫 번째 부품 위에 두 번째 부품을 놓고 기존 홀을 유도장치로 이용함으로써 드릴링된 부품에서 다른 부품으로 홀의 옮기기를 완성한다. 대체방법을 이용하여, 드릴링된 부품 간 홀 장소를 금긋기 도구로 선을 긋는다. 센터 펀치로 반점을 찍고 홀을 뚫는다.

(2) 홀 준비(Hole Preparation)

리벳홀이 정확한 크기와 모양을 갖추고 버(burr)를 제거하는 것이 무엇보다도 중요하다. 만약 리벳홀이 너무 작다면 리벳을 그 홀에 박아 넣을 때 리벳에 칠해진 보호도장이 긁혀서 벗겨질 것이다. 만약 홀이 너무 크다면, 리벳이 홀 속을 완전히 꽉 채우지는 못하고 느슨할 것이다. 이것을 압착(Buck)한다면 접합부가 그것의 전체강도를 전개하지 못하고 구조물의 파손이 그 지점에서 발생할 것이다.

만약 카운터싱킹이 필요하면 재료의 두께를 고려하고 그 두께에 권장되는 카운터싱킹 방법을 사용해야 한다. 딤플링(dimpling)이 필요하다면, 과도한 가공경화가 주변 지역에 일어나지 않도록 해머타격 또는 딤플링 압력을 최소로 유지한다.

(3) 드릴링(Drilling)

수리에서 리벳홀은 경량동력드릴 또는 핸드드릴로 뚫게 된다. 표준 섕크트위스트드릴(standard shank twist drill)이 가장 일반적으로 사용된다. 리벳홀에 대한 드릴 비트 크기는 리벳이 쉽게 삽입되는 가장 작은 크기이어야 하며, 섕크 직경의 가장 큰 허용한계보다 약 0.003inch 커야 한다. 표 3-3에서는 일반적인 리벳 직경에 대하여 권고하는 드릴 비트를 보여준다. 다른 훼스너에 대한 홀크기는 대개 작업지시서, 인쇄물, 또는 매뉴얼에서 확인한다.

드릴링 하기 전 모든 리벳 위치에 센터 펀치한다. 센터 펀치 표시는 드릴이 위치를 벗어나는 것을 방지하

[표 3-3] 표준 리벳의 드릴 치수
(Drill sizes for standard rivets)

Rivet Diameter (in)	Drill Size	
	Pilot	Final
3/32	3/32 (0.0937)	#40 (0.098)
1/8	1/8 (0.125)	#30 (0.1285)
5/32	5/32 (0.1562)	#21 (0.159)
3/16	3/16 (0.1875)	#11 (0.191)
1/4	1/4 (0.250)	F (0.257)

기에 충분히 커야 한다. 그렇지만, 센터 펀치 표시 주위 표면을 움푹 들어가게 하지 않아야 한다. 움푹 들어가는 것을 방지하는 데 도움을 주기 위해 펀칭하는 동안은 금속 뒤쪽에 버킹바를 놓는다. 정확한 크기로 리벳홀을 만들기 위하여, 먼저 약간 작은 크기, 즉 파일럿홀로 홀을 뚫는다. 요구되는 치수를 얻기 위하여 정확한 크기의 트위스트드릴로 파일럿홀을 넓힌다.

홀을 뚫기 위해, 다음과 같이 진행한다.

① 드릴 비트가 정확한 크기와 모양인지 확인한다.
② 센터 펀치표시에 드릴을 놓는다. 동력드릴을 사용할 때 모터를 시동하기 전에 비트를 몇 회 정도 회전시킨다.
③ 드릴링 시에 항상 가공물 또는 재료의 굴곡에 90° 각도로 드릴을 잡아준다.
④ 과도한 압력을 피하고, 드릴 비트가 절삭하게 한다. 그리고 절삭이 완료되는 순간 바로 멈춰야 한다.
⑤ 금속 카운터싱크 또는 줄로 모든 버(burrs)를 제거한다.
⑥ 모든 드릴 칩들을 청소한다.

구멍을 판금에 뚫으면 홀 가장자리에 작은 버(burr)들이 형성된다. 이것은 드릴 속도가 느리고 드릴회전당 더 많은 압력을 가하는 경향이 있기 때문에 핸드드릴을 사용할 때 특히 그렇다. 리벳팅 하기 전에 버(burr) 제거기나 또는 더 큰 크기의 드릴 비트로 모든 버를 제거하여야 한다.

(4) 리벳 장착(Driving the Rivets)

리벳팅 장비는 고정용 또는 휴대용이 될 수 있지만, 휴대용 리벳팅 장비는 기체 수리작업에서 솔리드 생크 리벳을 장착하는데 사용되는 리벳팅 장비 중에서 가장 일반적인 유형이다.

판금부품 안으로 리벳을 장착하기 전에 모든 홀이 완벽하게 일치되었는지 확인한다. 모든 잔류물과 버(burr)는 제거해야 한다. 그리고 리벳 하고자 하는 부분은 임시 훼스너로 안전하게 고정시킨다. 작업에 따라 리벳팅 공정은 1인 또는 2인이 필요하다. 단독으로 리벳팅 작업을 수행할 때에는 한손으로 버킹바(bucking bar)를 잡고 다른 손으로 리벳건을 작동시킨다.

2인 1조로 작업을 수행할 때에는 1명은 슈터(shooter) 또는 사수(gunner)로 또다른 1명은 버커(bucker)로 작업조를 편성한다. 이러한 팀 리벳팅은 리벳팅 공정상태를 교신하는 효율적인 신호체계가 중요하다. 신호체계는 보통 가공물에 버킹바로 가볍게 치는 것인데 종종 탭 코드(tap code)라고도 부른다. 가볍게 한번 두드리면 완전히 안착되지 않았으니 다시 때리라는 것을 의미한다. 반면에 가볍게 두 번을 두드리는 것은 리벳이 잘 되었다는 의미이고, 세 번을 두드리면 리벳이 잘못되었다는 것을 의미하므로 리벳을 제거하고 다른 것을 장착하여야 한다. 무전기도 또한 작업자 사이에 교신을 가능하게 해준다.

리벳이 장착되었을 때는 리벳이 돌아가거나 헐거움이 없어야 한다. 트리밍 작업 후에는 조임을 검사한다. 트림된 스템(stem)에 10pound의 힘을 가한다. 단단한 스템은 합격한 리벳 장착의 표시이다. 어떠한 헐거움의 정도라도 더 큰 홀을 야기하며, 더 큰 샹크 직경의 리벳으로 교체해야 한다. 리벳 장착은 리벳 머리가 유지하려는 아이템에 대해 꼭 맞게 안착되었을 때 (0.005inch 틈새게이지가 원주의 1/2보다 큰 리벳 머리 아래쪽으로 들어가지 않아야 한다)와 스템이 단단할 때다.

3.7.1.5 카운터성크 리벳(Countersunk Rivets)

부적절하게 만들어진 카운터싱크는 동일한 평면으로 리벳을 장착한 접합부의 강도를 약하게 하고 판재 또는 리벳 머리의 결함을 유발하는 원인이 된다. 일반적으로 항공기 구조와 수리의 접시머리 리벳팅에 사용되는 카운터싱킹의 두 가지 방법은 다음과 같다.

① 기계 또는 드릴 카운터싱킹
② 딤플링 또는 프레스 카운터싱킹

어느 특수한 적용에서도 적절한 방법은 리벳팅 하고자 하는 판재의 두께, 접시형 머리의 높이와 각도, 사용할 수 있는 공구, 접근성에 따른다.

(1) 카운터싱킹(Countersinking)

접시머리리벳을 사용할 때 머리를 위해 외판에 원뿔 모양의 오목하게 들어간 곳을 만든다. 카운터싱킹의 유형은 판재의 두께에서 리벳 머리의 깊이로의 관계에 따른다. 적정한 각과 직경의 카운터싱킹을 이용하고 리벳 머리와 금속이 매끄러운 표면을 형성하기 위해 충분할 정도의 깊이로만 절단한다.

카운터싱킹은 카운터싱킹 공정에서 재료의 제거가 요구되는 하중-전이 강도를 확실히 하기 위해 훼스너의 수를 증가시키는 것이 필요하게 될 때 훼스너 형태의 설계에서 중요한 요소이다. 만약 카운터싱킹이 어떤 두께 이하의 금속에서 수행되었다면, 최소지지면 또는 실제 홀이 커지는 것이 발생할 수 있다. 접시머리 훼스너를 사용할 때 요구되는 연거리는 유니버설 헤드 훼스너를 사용할 때보다 더 크다.

카운터싱크와 동일 평면 훼스너 장착절차를 위한 일반규칙은 근년에 카운터성크 홀이 항공기 여압외판에서 피로균열의 원인이 되어 재정비하였다. 과거에 카운터싱크에 대한 일반규칙은 훼스너 머리가 외판에 포함된다는 것을 유지해 왔다. 나이프에지를 생성시키는 너무 깊은 입구를 넓힌 홀의 결합, 여압 주기의 횟수, 피로, 결합재의 변질, 그리고 작업되는 훼스너가 고응력 집중을 발생시켜 외판이 균열하고 훼스너가 파손되었다. 1차 구조물과 여압외판수리에서, 일부 제작사는 입구를 넓힌 홀 깊이가 외판두께 2/3 이하로 하거나 또는 최소 훼스너 섕크 깊이를 0.020inch로 내리는 것 중에서 어느 것에 관계없이 더욱 큰 것을

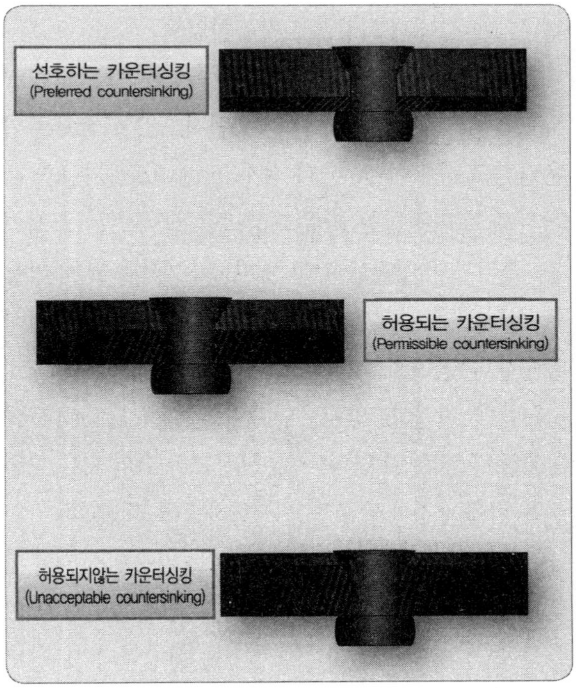

[그림 3-88] 카운터싱킹 규격(Countersinking dimensions)

권고한다. 그림 3-88과 같이, 카운터싱크로 가공하기에 너무 얇으면 딤플링 작업을 한다.

리벳팅의 힘이 리벳에 가해지고 외판에는 가해지지 않게 유지해야 하며, 리벳이 동일 평면에서 너무 세게 장착하게 되면 주위의 외판이 가공 경화된다.

(2) 카운터싱킹 공구(Countersinking Tools)

많은 유형의 카운터싱킹 공구들이 있지만, 가장 일반적으로 사용되는 공구는 100°의 각을 갖고 있는 공구다. 그림 3-89와 같이 가끔은 82° 또는 120°가 카운터싱킹 공간을 성형하기 위해 사용되기도 한다. 6개의 세로홈식 카운터싱크는 알루미늄에서 최상으로 가공된다. 때때로 4개 세로홈식 그리고 3개 세로홈식 카운터싱크도 있으나, 맞부딪쳐나는 소리로 인해 제어하기가 더 어렵다. 그림 3-89와 같이 Weldon Tool Company®에 의해 제작되는 것과 같은 단일 세로홈형은 내식강에서 최상으로 작동한다.

그림 3-83과 같이, 마이크로-스톱 카운터싱크(micro-stop countersink)는 우선적으로 선호되는 카운터싱크 공구이며, 한계 정지(limit stop) 기능과 수직자세로 회전하는 카운터싱크를 잡아주는 조정가능-슬리브 케이지를 갖고 있다. 나사식과 교체 가능한 절삭공구는 떼어낼 수 있거나 또는 홀에서 절삭공구를 중심으로 유지시키는 필수 안내봉(integral pilot)을 갖추고 있다. 안내봉은 홀 크기보다 약 0.002inch 작아야 한다. 카운터싱크는 수리 또는 교환부품 외에 폐품에서 조정을 시험하도록 권고된다.

수동 카운터싱킹은 마이크로-스톱 카운터싱크를 고정시킬 수 없는 곳에서 필요하다. 이 방법은 필요한 기술을 습득하기 위해 폐품에서 연습해야 한다. 드릴모터를 안정적으로 또 수직으로 잡는 것은 이 작동 중에

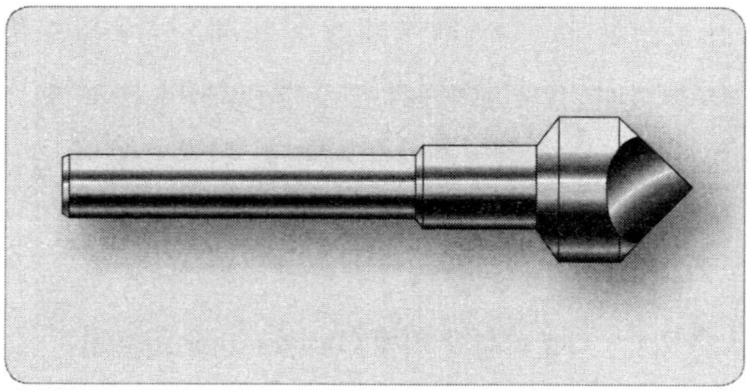

[그림 3-89] 싱글 플루트 카운터싱크
(Single-flute countersink)

드릴링하는 때만큼 중요하다.

카운터싱킹할 때 맞부딪침을 접하게 되는 것이 가장 일반적인 문제점이다. 맞부딪쳐나는 소리를 배제하거나 또는 최소화하는 일부 예방책은 다음과 같다.

① 날카로운 공구를 사용한다.
② 저속과 안정적이고 고정된 압력을 사용한다.
③ 홀보다 약 0.002inch 더 작은 안내봉으로 조종된 카운터싱크를 사용한다.
④ 얇은 판재 재료를 카운터싱킹할 때 안내봉을 안정적으로 유지하기 위해 뒷받침 재료를 사용한다.
⑤ 서로 다른 수의 세로홈을 가지고 있는 절삭공구를 사용한다.
⑥ 안내봉으로 소형 홀을 뚫고, 카운터싱크로 홀을 뚫고, 그다음에 최종크기로 홀을 크게 늘린다.

(3) 딤플링(Dimpling)

딤플링은 접시머리형 리벳의 머리 상부를 금속의 표면과 동일 평면으로 만들기 위해 리벳홀 주위에 압입 또는 딤플을 만드는 공정이다. 펀치와 형틀세트로 불리는 성형구 또는 숫형틀과 암형틀로 딤플링한다. 숫형틀은 리벳홀 크기의 유도장치가 있고 리벳 머리의

카운터싱크의 각에 일치하도록 경사져 있다. 암형틀은 숫유도장치에 맞는 홀을 갖추고 있으며 카운터싱크의 각에 일치하도록 경사가 있다.

딤플링할 때, 단단한 표면에 암형틀을 놓고 딤플링할 재료를 놓는다. 움푹 들어가게 만들 홀에 숫형틀을 삽입하고 움푹 들어간 곳이 성형될 때까지 숫형틀을 해머로 쳐준다. 2~3번의 강한 해머 타격으로 충분한 것이어야 한다. 형틀의 개별 세트는 리벳 각각의 크기와 각각의 리벳 머리 모양을 위해 필요하다. 대체 방법은 표준 숫펀치형틀 대신 접시형 머리 리벳을, 암형틀 대신에 드로어세트를 사용하는 것이다. 그리고 움푹 들어간 곳이 성형될 때까지 리벳을 해머로 친다.

그림 3-90과 같이, 가벼운 가공물을 위한 딤플링 형틀은 휴대용 공기압 압착기 또는 수동 압착기에서 사용할 수 있다. 만약 형틀이 압착기와 함께 사용된다면, 딤플링될 판재의 두께에 정확하게 조정해야 한다. 그림 3-91과 같이, 얇은 외판 재료를 딤플링하고 리벳 장착하는 것에 테이블 리베터가 사용된다.

(4) 코인 딤플링(Coin Dimpling)

코인 딤플링법 또는 코인 압착법은 카운터싱크 리벳을 숫 딤플링 형틀로 사용하는 방법이다. 통상의 위치에 암형틀을 놓고 버킹바로 암 형틀 뒤쪽을 받쳐준다. 홀 안으로 요구되는 유형의 리벳을 놓고 공기압 리벳팅 해머로 리벳을 쳐준다. 코인 딤플링은 오로지 표준의 숫 형틀이 부서졌거나 또는 이용 가능한 것이 없을 때에만 사용해야 한다. 코인 압착은 딤플링 작업을 완료하기 전에 리벳홀이 정확한 리벳의 크기로 뚫어져야 하는 뚜렷하게 구분되는 단점을 갖고 있다. 딤플링 작업 중 금속이 늘어나기 때문에 홀은 더 커지게 되고 꼭 맞게 제작하도록 사용하기 전에 리벳이 약간 팽창

[그림 3-90] 핸드 스퀴저(Hand squeezers)

[그림 3-91] 테이블 리베터(Table riveter)

되어야 한다. 리벳 머리는 오목한 테(recess)에서 약간 비뚤어진 상태의 원인이 되고, 이것이 특정 리벳 머리에만 있는 특성이기 때문에, 딤플링 작업 중에 숫 형틀로 사용된 것과 동일한 리벳을 사용하는 것이 좋은 방

법이다. 동일 크기 또는 1 사이즈 더 큰 것 중 어느 리벳이라 하여도 다른 리벳을 대체하여 사용하지 않는다.

(5) 래디어스 딤플링(Radius Dimpling)

래디어스 딤플링은 반지름을 갖고 있는 특별한 형틀 세트를 사용하며, 종종 고정식 압착기 또는 휴대용 압착기와 함께 사용된다. 딤플링은 금속을 제거하지 않으며 꼭 맞게 안착하는 효과 때문에, 비접시머리(Non-flush) 유형보다 더 강한 접합을 제공한다. 딤플링된 접합부는 리벳에 걸리는 전단하중을 감소시키고 리벳이 장착된 판재에 더 많은 하중이 걸리게 한다.

NOTE 딤플링은 접시머리 볼트와 다른 접시머리 훼스너에서도 수행된다.

딤플링은 카운터싱크를 위한 최소 두께보다 더 얇은 판재에서 수행된다. 그러나 딤플링은 얇은 재료에만 국한되지 않는다. 더 무거운 부품들도 특화된 핫(hot)

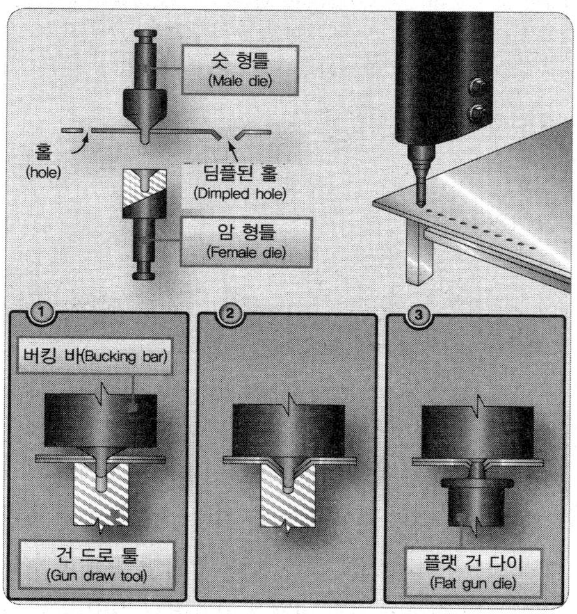

[그림 3-92] 딤플링 기술(Dimpling techniques)

딤플링 장비에 의해 균열 없이 딤플링될 수 있다. 그림 3-92와 같이, 재료의 합금 첨가물, 리벳 크기, 그리고 사용 가능한 장비가 모두 딤플링에서 고려해야 하는 요소들이다.

(6) 핫 딤플링(Hot Dimpling)

핫 딤플링은 딤플링 공정 중에 금속이 더 잘 유출되도록 보장하기 위해 가열된 딤플링 형틀을 사용하는 공정이다. 핫 딤플링은 종종 판금 작업장에서 사용할 수 있는 대형 고정식 장비로 수행된다. 각각의 금속이 서로 다른 딤플링에 문제점을 나타내기 때문에 사용되는 금속이 중요한 요소가 된다. 예를 들어, 2024-T3 알루미늄합금은 열간 또는 냉간 어느 쪽에 관계없이 만족스러운 딤플링 작업이 가능하지만, 냉간 딤플링 후에는 금속에 있는 경점 때문에 움푹 들어간 곳의 인근에 균열을 일으킨다. 핫 딤플링은 그와 같은 균열을 방지한다.

7075-T6 알루미늄합금은 항상 핫 딤플링한다. 마그네슘합금도 또한 7075-T6과 같은 낮은 성형 능력 특성을 갖고 있기 때문에 반드시 핫 딤플링을 해야 한다. 티타늄은 강인한 성질을 갖으며 성형에 저항하기 때문에 핫 딤플링되어야 하는 또 다른 금속이다. 7075-T6을 핫 딤플링하기 위해 사용되는 동일한 온도와 체류시간이 티타늄에도 적용된다.

(7) 100° 콤비네이션 프리딤플과 카운터싱크 방법(100° Combination Pre- dimple and Countersink Method)

그림 3-93과 같이, 서로 다른 두께의 금속이 딤플링과 카운터싱크의 조합에 의해 접합된다. 딤플을 수용하도록 만든 카운터싱크 공간을 서브카운터싱크

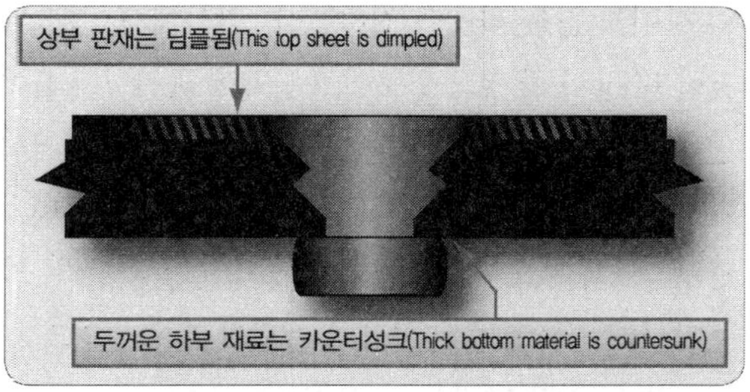

[그림 3-93] 프리딤플과 카운터싱크 방법
(Pre-dimple and countersink method)

(Subcountersink)라고 한다. 이것은 얇은 웨브가 대형구조물에 부착된 곳에서 가장 자주 볼 수 있다. 또한 얇은 틈새밀폐, 낡은 조각, 그리고 마모된 카운터싱크의 수리에 사용된다.

(8) 딤플링 검사(Dimpling Inspection)

딤플링의 품질을 결정하기 위해서, 정밀 육안검사를 하는 것이 필요하다. 몇몇 특징들을 점검해야 한다. 리벳 머리는 평평하게 고착시켜야 하고 표면에서 움푹 들어간 곳 안으로 예리하게 갈라져야 한다. 갈라진 것의 예리함은 딤플링 압력과 금속 두께에 의해 영향을 받는다. 동일 평면 필요조건이 부합되는지 확인하기 위해 선택된 딤플링한 곳에 훼스너를 삽입하여 점검한다. 균열된 딤플링은 품질이 좋지 않은 형틀, 거칠거칠한 홀, 또는 부적절한 가열에 의해 발생한다. 두 가지 유형의 균열이 딤플링하는 동안에 형성된다.

① 방사상 균열(Radial Crack)

방사상 균열은 가장자리에서 시작되고 딤플한 곳 내에 금속이 늘어나면서 바깥 방향으로 퍼진다. 2024-T3에서 가장 보편적이다. 거친 홀 또는 너무 깊이 움푹 들어간 곳이 그러한 균열을 일으킨다. 통상 방사상 균열에 대해서는 적은 양의 공차가 허용된다.

② 원주 균열(Circumferential Crack)

드로어 형틀안에서 아래쪽 방향으로 굽힘은 금속의 위쪽 부분에서 인장응력을 일으킨다. 어떤 상황 하에서 균열은 딤플의 가장자리 주위로 이어지게 발생한다. 그러한 균열은 피복 금속 아래쪽에 있기 때문에 항상 보이지는 않는다. 발견되었을 때 폐기의 원인이며 핫 딤플된 7075-T6 알루미늄합금 재료에서 가장 일반적이다. 통상적 원인은 불충분한 딤플링 가열(heat)이다.

3.7.1.6 리벳 평가(Evaluating the Rivet)

항공기의 제조와 수리에서 높은 구조적 효율성을 얻기 위해서는 부품을 사용하기 전에 모든 리벳을 검사해야 한다. 이 검사는 숍 헤드와 제작헤드 모두를 점검하는 것과 주위의 외판과 구조물의 변형 여부를 점검하는 것을 포함한다. 적절한 필요조건에 일치하는지 확인하기 위한 업 셋 리벳 머리의 상태를 점검하기 위하여 자(scale) 또는 리벳게이지를 사용할 수 있다. 그림 3-94와 같이 제작헤드의 변형상태는 숙련된 사람의 시각만으로도 탐지할 수 있다.

만족스럽지 못한 리벳팅의 통상적인 일부 원인은 부적절한 버킹과 리벳 세트가 헐거워지는 것 또는 잘못된 각도로 유지하는 것, 그리고 부정확한 크기의 리벳 홀 또는 리벳이다. 좋지 못한 리벳팅의 추가적인 원인으로는 깊은 공간과 동일 표면이 아닌 접시머리형 리벳, 리벳팅 작업 중에 적절히 함께 고정되지 않은 가공물, 버(burr)의 존재, 지나치게 단단하고, 많거나 적게 장착하기, 그리고 줄을 벗어난 리벳이다.

때때로 항공기 구조수리 중 근처 리벳의 정확한 상태를 판단하기 위해 인접한 부분의 상태를 검사하는 것이 바람직하다. 그것을 확인하려면 그 부분에 페인트를 벗겨내야 한다. 리벳 머리 주위에 균열된 페인트 또는 갈라진 자국이 있는 페인트의 흔적은 리벳이 흔들렸거나 헐거워졌음을 나타낸다. 리벳이 기울어졌거나 헐거워진 리벳 머리가 있는가를 확인한다. 만약 리벳 머리가 기울어졌거나 리벳이 헐거우면, 몇 개의 연속적인 그룹형태로 나타나며, 같은 방향으로 기울어져 있다. 그러나 만약 기울어져 보이는 머리가 그룹에서 발견되지 않았고 같은 방향으로 기울어져 있지 않다면, 리벳의 기울어짐은 이전 장착 시 발생했을 것이다.

리벳 머리를 빼내고 샹크를 조심스럽게 두드려서 임계 하중을 받는 것으로 알려졌으나 가시적인 비틀림이 보이지 않는 리벳을 검사한다. 검사에서, 샹크가 저글된(joggled) 것으로 보이고 판재에 뚫려있는 홀이 일직선으로 맞지 않았다면, 리벳은 전단파괴된 것이다. 이러한 경우, 전단응력을 일으키는 것이 무엇인지 판단하도록 시도하고 필요한 교정 작업을 취한다. 카운터싱크 또는 딤플된 곳에서 판재의 베어링 파괴 또는 리벳의 전단 파괴를 나타내는 리벳 머리의 미끄러짐이 보이는 접시머리리벳은 검사와 교체를 위해 제거해야 한다.

제거된 리벳샹크에 있는 저글(joggle)은 부분적인 전단파괴를 나타낸다. 이 리벳들을 한 단계 더 큰 리벳으로 교체한다. 또한, 리벳홀이 더 커졌을 때도 한 단계

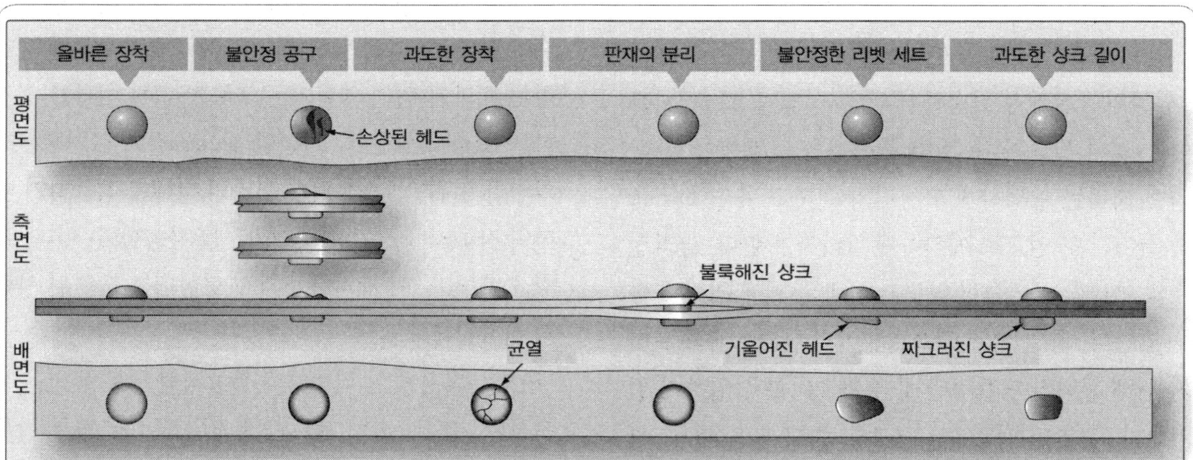

	Imperfection	Cause	Remedy	Action
A	None	None	None	None
B	Cut head	Improperly held tools	Hold riveting tools firmly against work	Replace rivet
C	Excessively flat head, resultant head cracks	Excessive driving, too much pressure on bucking bar	Improve riveting technique	Replace rivet
D	Sheet separation	Work not held firmly together and rivet shank swelled	Fasten work firmly together to prevent slipping	Replace rivet
E	Sloping head	a. Bucking bar not held firmly b. Bucking bar permitted to slide and bounce over the rivet	Hold bucking bar firmly without too much pressure	Replace rivet
F	Buckled shank	Improper rivet length, and E above	E above and rivet of proper length	Replace rivet

[그림 3-94] 리벳의 결함유형(Rivet defects)

더 큰 리벳으로 교체한다. 찢어짐, 리벳 사이의 균열 등의 판재파손은 리벳이 손상되었음을 나타낸다. 이러한 접합부의 완전한 수리는 그 리벳보다 한 단계 더 큰 리벳으로의 교체를 요구할 수 있다.

원래의 리벳홀이 더 커졌을 때 리벳과 판재의 적절한 체결부 강도를 얻기 위해 한 단계, 즉 1/32inch 더 큰 직경의 리벳으로 교체하는 것이 필요하다. 만약 커진 홀 속의 움직이는 리벳과 같은 크기의 리벳으로 교환하면, 전단하중 몫을 지탱할 능력이 손상되고 접합부가 약화하는 결과가 발생한다.

3.7.1.7 리벳 제거(Removal of Rivets)

리벳을 교체할 때 리벳홀이 원래의 크기와 모양을 유지하기 위해 조심스럽게 제거한다. 만약 정확하게 제거되면, 한 단계 더 큰 크기의 리벳으로 교환할 필요가 없다. 또한, 만약 리벳이 적절하게 제거되지 않았다면, 접합부의 강도가 약해지고 리벳의 교환도 더 어렵게 된다.

리벳을 제거할 때 제작헤드에서 한다. 이는 제작헤드가 샵헤드보다 리벳몸대에 더 대칭적이기 때문이다. 그렇기 때문에 리벳홀 또는 그 주위의 금속에 손상을 줄 가능성이 더 낮다. 수공구 또는 동력드릴 또는 2개를 혼합한 것을 사용해서 리벳을 제거한다.

유니버설 헤드 리벳 또는 돌출머리 리벳 제거절차는 다음과 같다.

(1) 리벳의 머리에 평평한 지면을 줄질한다. 그리고 드릴링을 위해 납작한 면을 센터 펀치한다(centerpunch).

NOTE 얇은 금속에서, 금속의 변형을 방지하기 위해 센터 펀칭할 때 판재 뒷면의 리벳머리를 지지한다.

(2) 리벳샹크보다 한 단계 더 작은 드릴 비트를 사용해서 리벳 머리에 홀을 뚫는다.

NOTE 동력드릴을 사용할 때 리벳에 드릴을 대고 동력으로 돌리기 전에 척을 손으로 여러 번 가볍게 돌려준다. 이 절차는 드릴이 양호한 시작지점으로 길을 내고 드릴이 미끄러져 내리지 않으며 금속에 홈을 내지 않게 한다.

(3) 90°의 각도로 드릴을 잡은 상태를 유지하며 리벳 머리의 깊이 만큼만 홀을 뚫는다. 너무 깊게 홀을 뚫지 않아야 하는 이유는 리벳 샹크가 드릴과 함께 돌아갈 것이고 주위의 금속을 상하게 하기 때문이다.

NOTE 리벳 머리가 가끔 떨어져 나와서 드릴을 타고 따라 올라온다. 이것은 드릴을 정지시켜야 하는 신호이다.

(4) 만약 리벳 머리가 드릴에 붙어서 빠져나오지 않는다면, 드리프트 펀치(drift punch)를 홀 속으로 삽입하여 머리가 떨어져 나올 때까지 양쪽으로 가볍게 비틀어 돌린다.

(5) 리벳 샹크의 직경보다 약간 적은 드리프트 펀치로 남아있는 리벳 샹크를 빼낸다.

얇은 금속 또는 지지되지 않은 구조물에서 샹크를 빼낼 때 버킹 바(bucking bar)로 판재를 지탱한다. 만약 리벳 머리가 제거된 후에 샹크가 몹시 꽉 조여 있다면 재료의 두께에 2/3까지 리벳으로 홀을 뚫고, 드리프트 펀치로 남아 있는 부분을 빼낸다. 그림 3-95에서는 유니버설 리벳을 제거하기 위해 선호되는 절차를 보여준다.

접시머리 리벳(countersunk rivet)의 제거를 위한 절차는 줄질이 필요 없다는 것을 제외하고 지금까지 설명한 것과 같다. 딤플 또는 카운터성크 홀이 더 커지지 않도록 주의한다. 리벳 머리는 리벳 머리가 있는 쪽의 판 두께의 약 1/2까지 홀이 뚫려져야 한다. 2117-T 리벳머리의 오목한 점은 통상 리벳 머리에 줄질과 센터 펀칭하는 것을 필요 없게 한다.

카운터성크 또는 플러쉬헤드 리벳을 제거하기 위해 다음의 절차를 따라야 한다.

(1) 리벳 샹크 직경보다 0.003inch 더 작은 드릴을 선정한다.

(2) 리벳 헤드의 정확한 중심에서 헤드 깊이만큼 홀

리벳 제거(Rivet Removal)

그림과 같이 헤드를 드릴링하고 샹크를 펀칭하여 리벳을 제거하십시오.

1. 제조된 비플러시 헤드에 평탄하게 줄질한다.
2. 제조된 헤드에 센터 펀칭할 때 플러시 및 비플러시 리벳의 뒷면에 나무 블록 또는 버킹 바를 놓는다.
3. 리벳 헤드를 통해 드릴링할 때 리벳 샹크 보다 1/32(0.0312)인치 작은 드릴을 사용한다.
4. 드리프트 펀치를 리벳에 뚫은 구멍에 끼우고 펀치를 기울여 리벳 헤드를 제거한다.
5. 드리프트 펀치와 해머를 사용하여 리벳 샹크를 빼낸다. 구조물의 손상을 방지하기 위해 반대편에 지지대를 댄다.

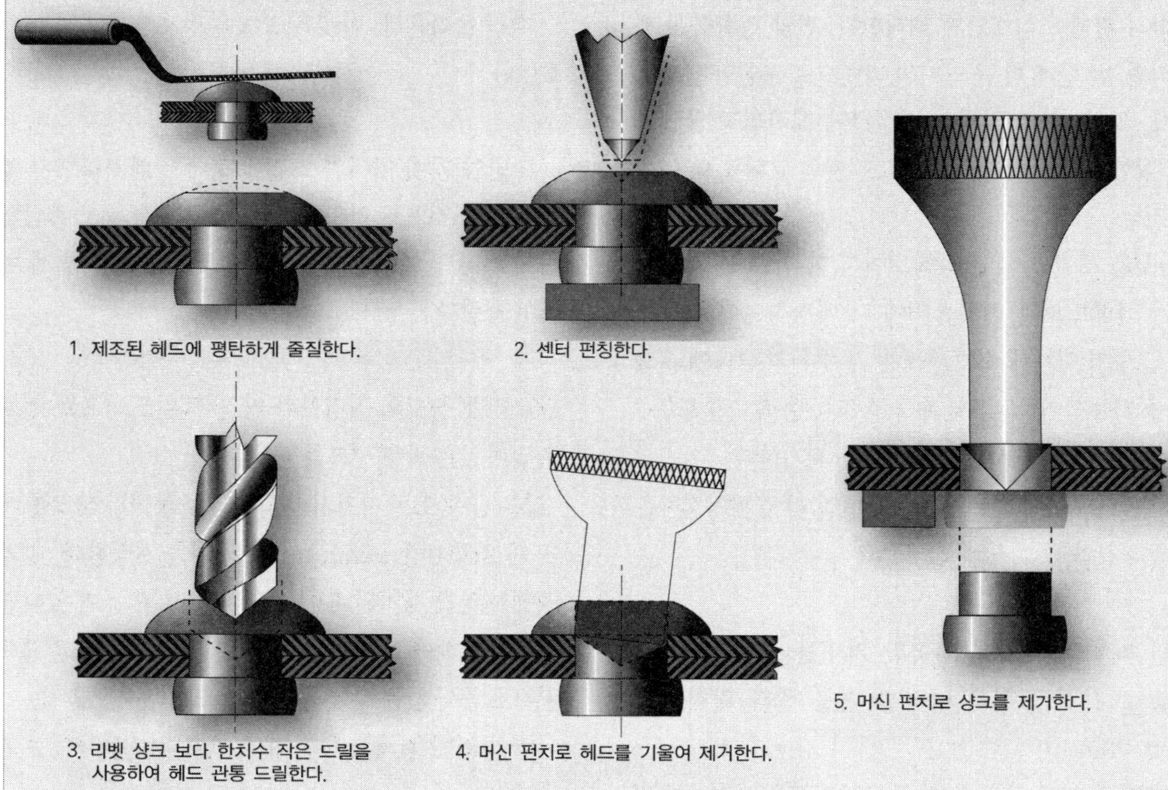

[그림 3-95] 리벳 제거(Rivet removal)

을 뚫는다.

(3) 펀치를 지레(lever)로 사용하여 헤드를 떼어 제거한다.

(4) 샹크를 쳐서 빼낸다. 되도록 목재(또는 동등품) 또는 전용의 뒷받침 블록으로 적절한 받침대를 사용한다. 만약 샹크가 쉽게 빠지지 않는다면, 작은 드릴을 사용하여 샹크를 관통하여 홀을 뚫는다. 홀이 커지지 않도록 조심한다.

3.7.1.8 리벳 교체(Replacing Rivets)

가능하면 언제든지 동일한 크기와 강도의 리벳으로 교환한다. 만약 리벳홀이 커지게 되고, 변형이 되며 또는 다른 이유로 손상이 된다면, 한 단계 더 큰 크기의 리벳을 위해 홀을 뚫거나 또는 홀을 넓힌다. 리벳의 크기를 증가시키거나 또는 리벳의 개수로 증가시켜서 낮은 강도를 충분히 보상하는 것은 좋으나, 낮은 강도의 리벳으로 교환해서는 안 된다. 교체용 리벳의 직경이 교체될 리벳 직경보다 1/32inch 더 크다면, 일반적인 수리에서 3/16inch 직경 또는 그 이하의 2017 리벳과 5/32inch 직경 또는 그 이하의 2024 리벳을 2117 리벳으로 교체하는 것이 허용된다. 교체하는 리벳보다 직경이 1/32inch 더 큰 것으로 한다.

3.7.1.9 NACA 방법(National Advisory Committee for Aeronautics(NACA) Method of Double Flush Riveting)

그림 3-96과 같이, 국립항공자문위원회(NACA) 방법으로 알려져 있는 리벳 장착 기술은 연료탱크 지역에서 우선적으로 적용된다. NACA 리벳을 장착하기 위해, 샹크를 82° 카운터싱크로 업셋한다. 장착할 때 리벳건은 헤드나 샹크 어느 쪽으로도 사용될 수 있다.

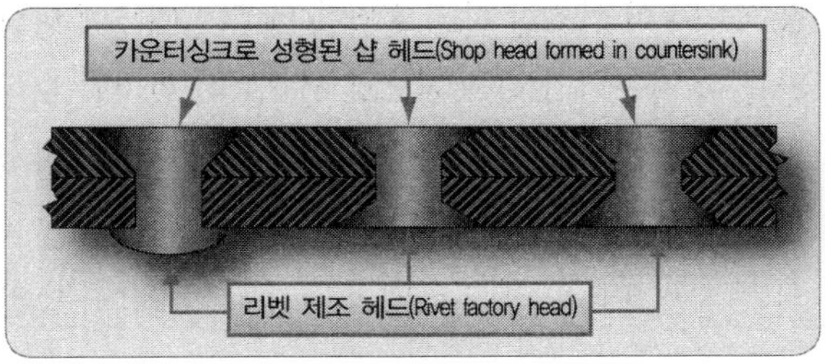

[그림 3-96] NACA 리벳팅 방법(NACA riveting method)

[표 3-4] 82°카운터싱크 NACA리벳팅시 최소 재료 두께, 인치(Material thickness minimums, in inches, for NACA riveting method using 82° countersink)

Rivet Size	Minimum Thickness	Countersink Diameter ± .005
3/32	.032	.141
1/8	.040	.189
5/32	.050	.236
3/16	.063	.288
1/4	.090	.400

가벼운 타격으로 업셋을 시작하고 그다음 힘을 증가시킨다. 그리고 카운터싱크의 깊은 공간 안쪽에서 머리를 성형하기 위해 리벳건 또는 바를 샹크 끝단에서 이동한다. 만약 원한다면 끝을 단압해서 뭉뚝하게 한 머리를 구동된 이후에 같은 높이로 깎아준다. 표 3-4에서 제시한 치수로 카운터싱크의 깊은 공간을 절삭하여 최적의 강도를 달성한다. 이 방법을 사용하는 경우 수리나 교환을 위해 제조업체의 지침서를 참조하는 것이 중요하다.

3.7.2 특수 목적 훼스너 (Special Purpose Fasteners)

특수 목적 훼스너는 훼스너 강도, 장착의 용이함, 또는 훼스너의 온도 특성에 대한 고려가 요구되는 곳에서의 적용을 위해 설계되었다. 솔리드 샹크 리벳은 홀을 채워주어 양호한 하중 전달을 해주기 때문에 다년간 금속 항공기 조립 방법으로 선호되어 왔지만 모든 경우에 적합하지 않다. 예를 들어, 항공기 실내장식물, 바닥재, 제빙부츠 등과 같은 수많은 비구조 부품의 부착은 솔리드 생크 리벳의 전강도가 필요하지 않다.

솔리드 생크 리벳을 장착하기 위해 정비사는 리벳이 장착된 구조물 또는 구조부품의 양쪽으로 접근해야 한다. 항공기에는 이와 같이 접근이 불가능한 곳 또는 제한된 공간으로 인해 버킹바의 사용이 허용되지 않는 곳이 많다. 이러한 사례들에서 솔리드 생크 리벳의 사용이 불가능하며 그림 3-97과 같이 앞쪽에서 버킹할 수 있는 특별한 훼스너가 설계되었다.

특수 목적 훼스너는 솔리드 생크 리벳보다 가볍지만 용도의 강도가 충분하다. 이 훼스너는 몇몇의 법인에서 제조되며 특별한 설치공구, 장착절차 및 제거절차를 요구하는 고유의 특성을 갖는다. 훼스너는 대개 샵 헤드인 단일머리가 보이지 않는 곳에 삽입되기 때문에, 블라인드 리벳 또는 블라인드 훼스너라고 부른다.

블라인드 리벳은 보통 솔리드 생크 리벳을 장착할 수 있을 때는 사용하지 않는다. 블라인드 리벳은 다음의 경우에 사용해서는 안 된다.

[그림 3-97] 다양한 훼스너(Assorted fasteners)

(1) 유밀지역 안에

(2) 항공기에서 리벳 부품이 엔진으로 빨려 들어갈 수 있는 공기흡입구 지역 안에

(3) 항공기 조종익면에서, 힌지, 힌지브래킷, 비행조종 작동장치(flight control actuating system), 날개부착 부품, 착륙장치 부품, 수면 이하의 부구(float) 또는 수륙양용의 선체, 또는 항공기에서 기타 많은 응력을 받는 장소

NOTE 기체 금속 수리에 대해, 블라인드 리벳은 기체제작사 또는 FAA 승인된 곳에만 사용할 수 있다.

3.7.2.1 블라인드 리벳(Blind Rivets)

최초의 블라인드 리벳은 체리리벳회사, 지금의 Cherry® Aerospace에 의해 1940년에 도입되어 항공산업에 많이 사용되었다. 지난 수십 년간 고정식머리와 공동슬리브로 된 관모양의 리벳 구조인 원래의 개념을 근간으로 블라인드체결장치가 확산되어왔다. 리벳의 중심부 안에 삽입되는 것은 당기는(Pulling)유형 리벳건으로 작동될 때 그것의 노출된 끝에서 확장되거나 또는 톱니모양으로 되는 대이다. 대의 아래쪽 끝은 금속의 내판을 넘어 연장된다. 이 부분은 경사진 접합부분과 대 또는 관형리벳의 슬리브보다 더 큰 직경을 갖춘 블라인드머리를 포함한다.

리벳건의 잡아당기는 힘이 슬리브 안에서 위쪽 방향으로 블라인드 머리에 힘을 가한다. 이 대는 꼬리날개 안으로 슬리브의 하부끝단을 뭉뚝하게 하거나(단압, upset) 확장된다. 이것은 내판을 위쪽 방향으로 압축시키고 다른 외부판재 사이에 존재하는 공간을 메운다. 리벳의 노출된 머리가 리벳건으로 다른 판재에 대해 단단하게 잡히기 때문에 금속의 판재는 함께 고정되거나 고착된다.

NOTE 훼스너 제조사들은 블라인드 리벳의 부분을 설명하는 데 다른 용어를 사용한다. "Mandrel", "Spindle", 또는 "Stem"이란 용어를 혼용하여 사용한다. 여기에서 사용된 "대"(Stem)이란 단어는 공동슬리브 안으로 삽입되는 조각을 의미한다.

(1) 마찰-잠금식 블라인드 리벳(Friction-locked Blind Rivets)

표준자체폐색 블라인드 리벳은 공동슬리브와 플러그섹션에서 직경이 증가된 스템(stem)로 구성되어 있다. 블라인드머리는 스템이 슬리브 안으로 당겨질 때 성형된다. 마찰잠금식 블라인드 리벳은 다수의 조각으로 된 구조물을 갖고 있으며 슬리브에 스템을 가두어주기 위해 마찰에 의존한다. 스템이 리벳 샹크 안으로 끌어 올릴 때, 스템 부분은 리벳의 공동중심에 있는 플러그를 성형시키며 안 보이는 쪽의 샹크를 뭉뚝하게 한다(단압한다). 스템에서 여분의 부분은 리벳건의 계속된 당김 작용으로 인하여 홈에서 끊어진다. 리벳용으로 사용되는 금속은 2117-T4와 5056-F 알루미늄합금이다. Monel®은 특별한 경우를 위해 사용된다.

많은 마찰-잠금식 블라인드 리벳 중심 스템은 전단강도를 크게 감소시키는 진동으로 인하여 빠진다. 이와 같은 문제점을 해결하기 위해 대부분 마찰-잠금식 블라인드 리벳이 블라인드 훼스너 유형인 기계잠금식, 또는 스템잠금식으로 교체되었다. 그러나 그림 3-98과 같이, Cherry SPR® 3/32inch 자체폐색 리벳과 같은 일부 유형은 접근할 수 없고 솔리드 리벳의 버킹 또는 압착이 허용되지 않는 도달하기 힘든 지역에 너트플레이트를 고정시킬 때 적절하다.

마찰잠금식 블라인드 리벳은 기계잠금식 블라인드 리벳보다 더 저렴하고 비구조물에 적용하여 사용된다. 마찰잠금식 블라인드 리벳의 검사는 육안으로 시행한다. 제거시 마찰잠금식 스템을 쳐서 빼고 그다음의 처리는 여타 리벳과 동일하다.

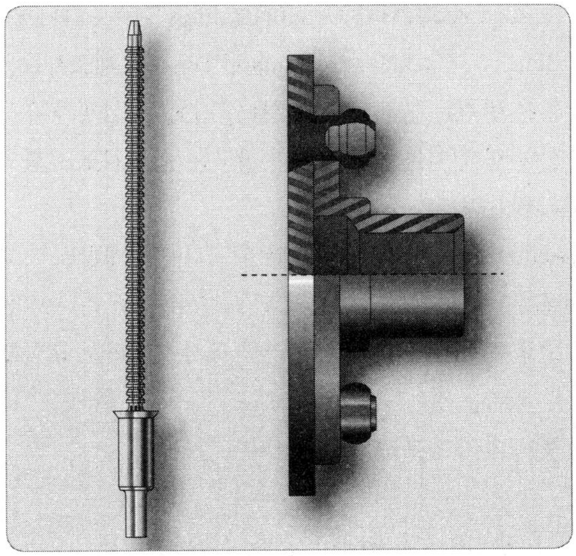

[그림 3-98] 마찰-잠금식 블라인드 리벳 (Friction-locked Blind Rivets)

(2) 기계잠금식 블라인드 리벳(Mechanical-lock Blind Rivets)

자체폐색, 기계잠금식 블라인드 리벳은 진동으로 인하여 중심대를 잃어버리는 문제를 방지하기 위해 개발되었다. 이 리벳은 당김구(Puller) 또는 리벳 머리에 장치를 갖고 있으며 리벳이 장착될 때 중심대를 제자리에 고정한다. 부풀고 자체폐색인 기계잠금식블라인드 리벳은 장착될 때 얇은 판재에 더 높은 강도를 제공하는 커다란 블라인드머리를 성형한다. 블라인드머리가 움푹 들어간 판재에 대해 성형되는 곳에 적용하여 사용한다.

Cherry® Aerospace(CherryMAX®, CherryLOCK

, CherrySST®)와 Alcoa Fastening System(Huck-Clinch , HuckMax®, Unimatic®)와 같은 제조사들은 많은 변형된 블라인드 리벳을 생산한다. 설계가 유사한 반면에 이들 리벳을 위한 공구는 종종 서로 호환되지 않는다.

CherryMAX® 구근식 블라인드 리벳은 개발된 기계 잠금식 블라인드 리벳에서 더 이른 유형 중 하나이다. 주요 이점은 솔리드 샹크 리벳 크기에 따라서 교환할 수 있다는 것이다. CherryMAX 구근식 블라인드 리벳은 네 가지 부분으로 구성되어 있다.

① 절곡기노치(Break notch), 전단링, 및 내부그립조정원뿔로 된 완전하게 톱니모양이 되는 스템
② 각 훼스너를 장착마다 가시적으로 기계잠금을 보장하는 구동 모루
③ 분리되고, 볼 수 있게 만든, 그리고 점검할 수 있는 체결 이음고리. 이 고리는 스템을 리벳 슬리브에 기계적으로 잠근다.
④ 체결 이음고리를 받기위해 머리에서 우묵하게 들어간 리벳 슬리브

장착과정 중에 전개되는 커다란 안 보이는 베어링 표면으로 인하여 구근식 훼스너라고 불린다. 얇은 판재에 적용하며, 다른 유형의 블라인드 리벳에 의해 손상되는 재료를 위한 용도이다. 더 나은 접합 보전을 위해 풀림방지 체결 이음고리를 갖는다. 제조된 머리의 중심에서 유지되는 대의 거친 끝은 체결 이음고리의 강도가 약화되어 중심스템이 떨어져 나갈 수 있기 때문에 절대로 매끄럽게 줄질해서는 안 된다.

CherryMAX® 구근식 리벳은 세 가지 머리유형, 즉 유니버설 100° 입구를 넓힌 홀(countersink), 그리고 100° 축소전단 머리유형으로 나온다. 그들의 길

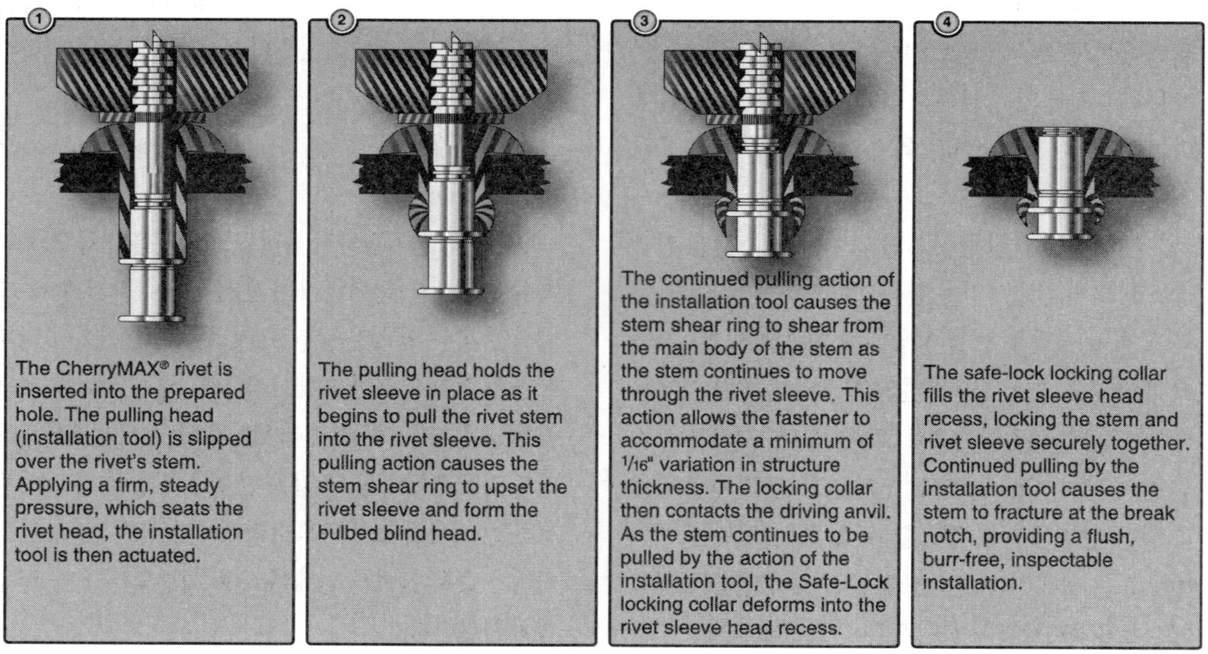

[그림 3-99] 체리맥스(CherryMax®) 장착과정

이는 1/16inch 씩 증가하는 치수로 측정된다. 접합되는 금속의 그립길이에 관련된 길이에 의해 리벳을 선정하는 것이 중요하다. 이 블라인드 리벳은 Cherry® G750A 또는 새롭게 발표된 Cherry® G800 Hand 리벳, 또는 공기압-유압식 G704B 이나 G747 CherryMAX® 동력공구 중 하나를 사용하여 장착할 수 있다. 장착은 그림 3-99]를 참조한다.

그림 3-100과 같이, CherryMAX® 기계잠금식 블라인드 리벳은 한 가지 공구로 세 가지의 표준리벳 직경과 더 큰 상대물을 장착하는 개념이어서 일반적인 항공용 수리공장에서 일반적으로 사용된다. CherryMAX® 리벳은 1/8, 5/32, 3/16, 및 1/4inch의 네 가지 직경, 세 가지의 더 큰 직경, 그리고 유니버설, 100° 접시머리, 120° 접시머리, 및 NAS1097 접시머리의 네 가지 머리유형으로 사용 가능하다. 이 리벳은 블라인드헤더, 중공 리벳셀, 결이음고리(Foil), 구동 모루, 그리고 감겨진 체결 이음고리로 완성되는 당김스템으로 구성되어 있다. 리벳 슬리브와 구동워셔 블라인드 구근식 헤더(Driving Washer Blind Bulbed Header)는 늘어난 샹크를 잡아주고 벅테일(Bucktail)을 성형시킨다.

스템과 리벳 슬리브는 방사상의 팽창과 고정된 표면의 안 보이는 쪽에 큰 지지 자취를 주기 위해 조립품으로 작동한다. 체결 이음고리는 스템과 슬리브에 하중이 걸리는 동안과 하중이 걸리지 않는 동안 조립된 상태를 유지도록 한다. 리벳 슬리브는 5056 알루미늄, Monel®와 INCO 600으로 제조된다. 대는 합금강, 내식강, 그리고 INCO® X-750으로 제조된다. CherryMAX® 리벳은 50 KSI에서 75 KSI까지의 극한 전단 강도 범위를 갖는다.

(3) 기계 잠금식 블라인드 리벳 제거(Removal of Mechanically Locked Blind Rivets)

기계잠금식 블라인드 리벳은 강하고 단단한 금속으

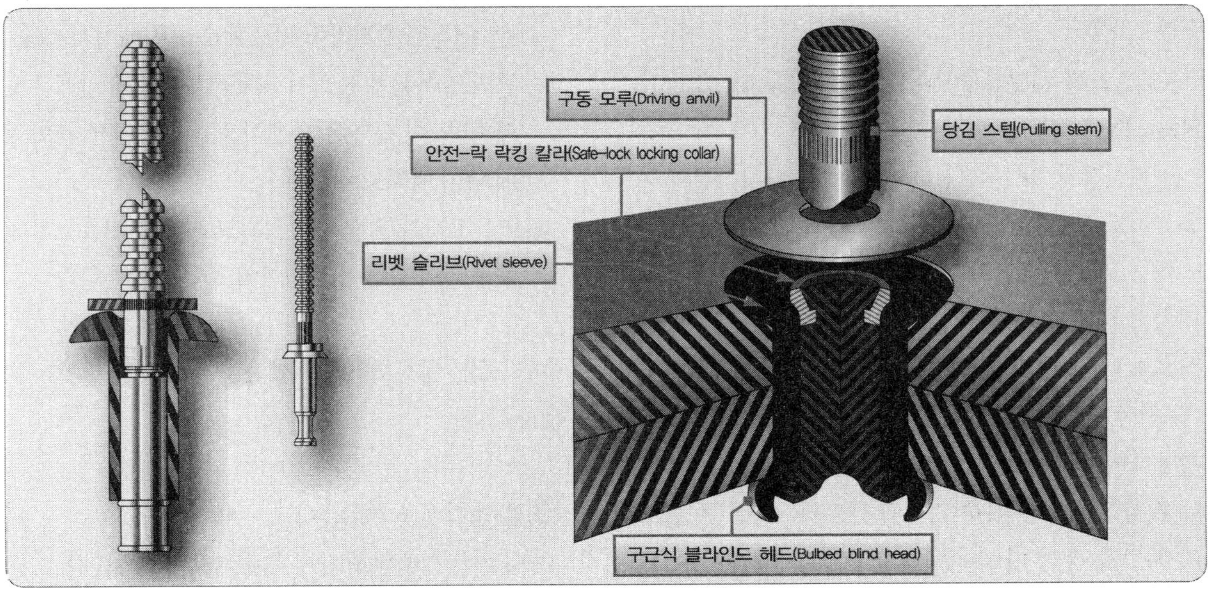

[그림 3-100] 체리맥스 리벳(CherryMax® rivet)

로 제조되기 때문에 제거하는 데 부담스러운 작업이다. 접근성이 부족한 것이 또 다른 문제점이다. 닿기 어려운 곳을 위해 설계되고 그곳에서 사용되므로 제거를 시도할 때 리벳의 잘 안 보이는 쪽으로 접근할 수 없거나 리벳의 위치 주위에 있는 판금을 지지할 방법이 없다.

스템은 작은 잠금링으로 기계적으로 고정되어 있으며 이 링을 제일 먼저 제거한다.

리벳스템의 상단에 대형 드릴을 위한 유도장치를 마련하도록 작은 센터드릴을 사용하고 잠금을 부수기 위해 스템의 위쪽 부분에 홀을 뚫는다. 잠금링을 제거하기 위해 시도하거나 스템을 약간 아래쪽으로 이동시키기 위해 점찍기펀치 또는 센터 펀치를 사용한다. 그리고 잠금링을 제거한다. 잠금링이 제거된 후에 스템을 펀치로 밀어낼 수 있다. 스템이 제거된 후에 리벳은 솔리드 리벳과 같은 방법으로 뚫을 수 있다. 항공기 외판의 손상을 방지하기 위해 뒷받침 블록으로 리벳의 뒤쪽을 지지해 준다.

3.7.2.2 핀 체결장치(Pin Fastening System/High-Shear Fasteners)

핀 체결장치, 또는 고전단 핀 리벳은 나사식핀과 이음고리로 구성된 2부분으로 이루어진 훼스너이다. 금속이음고리는 단단하게 조여서 맞추는 것에 영향을 미치며 홈 끝단 위에 형철로 구부려진다. 이것은 본질적으로 나사가 없는 볼트이다.

고전단 리벳은 표준 버킹바와 공기압 리벳팅 해머를 사용하여 장착된다. 이음고리의 형을 뜨고 다듬질하는 것을 포함하는 특수 리벳건 세트와 과도한 이음고리 재료를 흘려 내보내는 방출구(Discharge Port)의 사용이 요구된다. 각각의 샹크 직경에 따라 개별 크기의 세트가 필요하다.

(1) 고전단 훼스너의 장착(Installation of High-Shear Fasteners)

다른 정밀한 허용한계 리벳 또는 볼트와 마찬가지로 주의해서 핀리벳에 맞는 홀을 준비한다. 가끔 리벳의 머리가 재질에 꼭 끼우기 위해 머리의 아래쪽 부분을 평활하게 처리하는 것이 필요할 수 있다. 평활하게 처리된(spot-faced, 나사 홀의 볼트머리 · 너트가 닿는 부분을 평활하게 함) 부위는 직경이 머리직경보다 1/16inch 더 커야 한다. 핀리벳은 어느 쪽 끝에서 작업해도 좋다. 이음고리 끝단에서부터 핀리벳 작업을 행하는 절차는 다음과 같다.

① 홀에 리벳을 끼워준다.
② 버킹바를 리벳 머리에 갖다 댄다.
③ 튀어나온 리벳 끝단에 이음고리를 갖다 댄다.
④ 이음고리에 사전에 선택한 리벳세트와 건을 갖다 댄다. 재료에 직각이 되도록 Gun을 배치시킨다.
⑤ 건의 방아쇠를 눌러서 리벳이음고리에 압력을 넣어준다. 이 작업은 리벳이음고리가 리벳 끝의 홈에 형이 떠지도록 한다.
⑥ 이음고리가 적절히 형성되고 과도한 이음고리 재료가 깎아 다듬어질 때까지 작업을 계속한다.

머리 끝단에서부터 핀리벳을 구동시키는 절차는 다음과 같다.

① 홀에 리벳을 끼워준다.
② 돌출된 리벳의 끝단에 이음고리를 씌워준다.
③ 알맞은 크기의 리벳건 리벳세트를 버킹바에 끼우

고, 세트를 리벳의 이음고리에 갖다 붙인다.

④ 접시머리리벳세트와 공기압 리벳박기해머로 리벳 머리에 압력을 가한다.

⑤ 이음고리가 홈에 만들어 지고 과도한 이음고리 재료가 깎아 다듬어질 때까지 계속해서 압력을 가한다.

(2) 검사(Inspection)

핀리벳은 재료의 양쪽에서 검사해야 한다. 리벳 머리는 손상되어서는 안 되고 재료에 꼭 끼워져 있어야 한다.

(3) 핀리벳의 제거(Removal of Pin Rivets)

드릴로 머리를 제거하는 관습적인 리벳 제거 방식을 핀리벳의 어느 쪽 끝에서든지 활용할 수 있다.

드릴에 압력을 가하기 전에 중심타인하는 것이 권장된다. 특별한 몇몇 경우에 있어서는 대체 방법이 유효할 수도 있다.

① 1/8inch의 칼날폭으로 소형 핀펀치에 끝날을 간다. 이 공구를 이음고리에 직각으로 세워 해머로 쳐서 이음고리의 한쪽을 쪼개지게 한다. 그 반대쪽에서도 같은 작업을 반복한다. 정 날로 리벳에서 이음고리를 파내고 홀에서 리벳을 톡톡 쳐낸다.

② 1개 또는 그 이상의 날이 있는 특수 홀뚫는 펀치를 사용하여 이음고리를 쪼갠다. 홈에서 이음고리를 파내고 리벳을 톡톡 쳐낸다.

③ 니퍼(Nipper)의 절단날을 날카롭게 한다. 이음고리를 2개의 조각으로 절단하거나 니퍼를 리벳에 수직으로 작업해서 작은 목을 잘라 버리도록 한다.

④ 공동 Hollow-mill 이음고리 절삭공구을 핸드드릴에 사용해서 리벳을 가공물로부터 톡톡 쳐내는 것이 가능하도록 리벳에 작업된 이음고리재료를 충분히 잘라낼 수 있다.

고전단핀리벳류는 Hi-Shear Corporation에서 제작한 Hi-Lok®, Hi-Tigue®, 그리고 Hi-Lite®와 Cherry ®Aerospace에서 제작한 CherryBUCK®95KSI One-piece 전단핀과 Cherry E-Z®Buck 전단핀과 같은 훼스너가 포함된다.

(4) Hi-Lock® 체결시스템(Hi-Lock® Fastening System)

그림 3-101과 같이, Hi-Lock® Two-piece 훼스너의 나사식끝단은 육각형 모양으로 된 우묵 들어간 곳이 있다. Allen Wrench의 육각형 팁은 이음고리가 장착되고 있는 동안에 핀의 회전을 방지하시 위해 우묵 들어간 곳에 맞물린다. 핀은 두 가지의 기본적인 헤드유형으로 설계되었다. 전단 적용에 대해 핀은 접시형으로 그리고 간결한 돌출머리유형으로 제작되다. 인장 적용에 대해 MS24694 접시형과 일반 돌출머리가 사용된다.

[그림 3-101] 하이-락(Hi-Lok®)

자체폐색나사식Hi-Lok® 이음고리는 재료두께 변동에 적응하는 내부카운터보어(internal counter-bore, 볼트나 작은 나사 머리를 묻기 위하여, 뚫어진 홀을 넓게 도려내는 연장)를 갖고 있다. 이음고리의 반대쪽 끝에는 장착 시에 이음고리의 아래쪽 부분이 추가적인 토크(torque)검사 없이 적절한 토크로 안착되도록 하며, 이음고리가 잘라질 때까지 구동공구로서 조여 주는 비틀어주는 장치(Wrenching Device)가 있다. 이 끊어지는 지점은 장착 시에 예정된 예비하중 또는 조임이 훼스너에 도달할 때 발생한다.

Hi-Lok® Two-piece 훼스너의 이점은 가벼운 무게, 높은 내피로성, 고강도, 그리고 과도하게 회전(Over-torque)하지 않는 것이다. 합금강, 내부식강, 또는 티타늄합금으로 제작된 핀은 다양한 표준과 더 큰 섕크 직경이 있다. 이음고리는 알루미늄합금, 내식강, 또는 합금강으로 제작된다. 이음고리는 비틂평면(wrenching flat), 분쇄지점, 나사산, 그리고 오목한 테를 갖고 있다. 비틂평면은 이음고리를 장착하기 위해 사용된다. 분쇄지점은 비틂평면이 적당한 토크에 도달하였을 때 부러지도록 설계된다. 나사산은 고정 작용을 제공하기 위해 비틀어져 타원형으로 성형된 핀의 나사산에 맞춘다. 오목한 테는 붙박이 워셔(washer)로 쓰인다. 이 부위는 섕크의 부분과 훼스너의 전이 부위가 있다.

홀은 최대억지 끼워맞춤이 0.002inch를 초과하지 않도록 준비해야 한다. 이것은 홀에 인접한 작업에서 과도한 내부 응력의 형성을 방지한다. Hi-Lok® 핀은 피로 수명을 증가시키기 위해 그것의 머리 아래쪽에 약간의 반지름을 준다. 드릴링 후에 홀에 완전하게 안착되도록 머리가 들어갈 홀 가장자리의 깔죽깔죽한 부분을 제거한다. Hi-Lok®은 알루미늄구조물을 위한 억지끼워맞춤홀 안과 강재, 티타늄, 그리고 복합재료를 위한 헐거운끼워맞춤 안에 장착한다.

(5) Hi-Tigue® Fastening System

Hi-Tigue® 훼스너는 구조물의 피로성능을 향상시키는 하나밖에 없는 비드 설계와 함께 Hi-Lok® 체결장치의 모든 이점을 제공한다. 이러한 이점들은 제어된 억지끼워맞춤을 요구하는 상황에 대하여 이상적으로 만드는 것이다. Hi-Tigue® 훼스너어셈블리는 핀과 이음고리로 되어 있다. 이들 핀리벳은 전이지역에서 반지름을 갖고 있다. 억지끼워맞춤 홀에 장착 도중, 방사상지역은 홀을 "냉간가공" 시킬 것이다. 이들 체결장치는 쉽게 혼동될 수 있고 시각기준(visual reference)은 식별용으로 이용하지 말아야 한다. 이들의 훼스너를 식별하기 위해서는 부품번호를 이용한다.

(6) Hi-Lite® Fastening System

Hi-Lite® 훼스너는 Hi-Lok® 훼스너와 설계 및 원리에서 유사하다. 그러나 Hi-Lite® 훼스너는 몸대와 첫번째 하중인내 나사산 사이에 더 짧은 전이지역을 갖고 있다. Hi-Lite®는 약 1개가 적은 나사산을 갖고 있다. 모든 Hi-Lite® 훼스너는 티타늄으로 제조된다.

이와 같은 차이점은 전단 강도를 작게 하지 않고 Hi-Lite® 훼스너의 무게를 감소시켰다. 그러나 Hi-Lite ® 조임력은 Hi-Lok® 훼스너보다 작다. Hi-Lite® 이음고리는 달라서 Hi-Lok® 이음고리와 호환되지 않는다. Hi-Lite® 훼스너는 대부분의 적용에서 Hi-Lok® 훼스너로 교환할 Hi-Lok®는 Hi-Lite®으로 교환할 수 없다.

(7) CherryBUCK® 95KSI One-piece Shear Pin

CherryBUCK®은 95KSI 전단 강도 섕크에 연성의 티타늄 · 컬럼븀 꼬리날개(titanium-columbium tail)가 있고 두 가지 금속이 조합된 하나로 된 훼스너다. 훼스너는 비슷한 6AI-4V 티타늄합급 투피스 전단 훼스너에 대해 많은 장점과 함께 기능적으로 교환할 수 있다. 한 덩어리 설계는 이물질피해(FOD)가 없다는 의미이며, 600°F 허용 가능 온도를 갖고 매우 낮은 후부 외형을 갖는다.

3.7.2.3 락크볼트 훼스닝 시스템(Lockbolt Fastening Systems)

또한 그림 3-102와 같이, 1940년대를 선도한 락크볼트는 각각의 이점인 고강도 볼트와 리벳의 특징을 조합한 투피스 훼스너이다. 보통 락크볼트는 이음고리가 핀섕크에 고리모양고정홈(Annular Locking Groove) 안으로 형철로 구부리거나 또는 제자리에 그것을 고정시키기 위한 나사이음고리의 유형으로 된 비팽창훼스너이다. 접시형 머리 또는 돌출머리로 사용 가능한 락크볼트는 정치식 훼스너 어셈블리이며 핀과 이음고리로 구성되어 있다.

락크볼트는 체결 이음고리, 또는 너트가 인장이 약

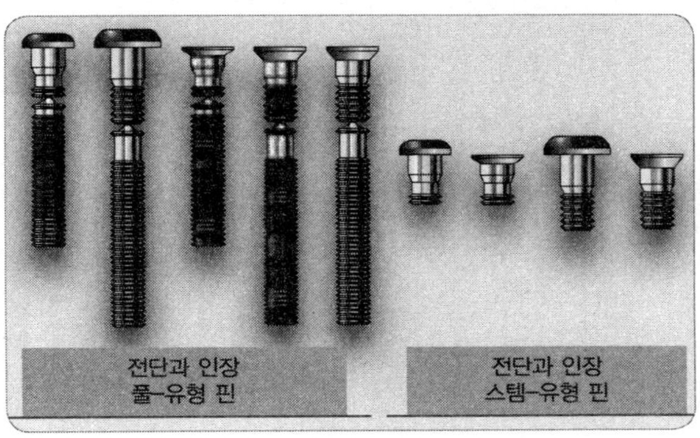

[그림 3-102] 락크볼트(Lockbolts)

하고 한번 장착하면 제거하기 어렵다는 점에서 평범한 리벳과 유사하다. 일부의 락크볼트는 블라인드 리벳과 유사하며 한쪽으로부터 완벽하게 장착할 수 있다. 다른 것들은 반대쪽에 제작헤드의 소재 안으로 들어간다. 블라인드 리벳건과 유사한 리벳건에 가까운 쪽에서 장착한다. 락크볼트는 전통적인 리벳 또는 볼트보다 더 쉽고 더 빠르게 장착된다. 체결와셔(lockwasher), 코터핀(cotter pin), 그리고 특별한 너트를 사용하지 않는다. 일반적으로 락크볼트는 날개 스플라이스 부품, 착륙장치 부품, 연료셀 부품, 세로뼈대, 가로들보, 외판 스플라이스 판, 그리고 다른 주요 구조상의 부착물에 사용한다.

가끔 Huckbolt라고 부르는 락크볼트는 Cherry® Aerospace(Cherry® Lockbolt), Alcon Fastening System(Hucktite® Lockbolt System), 그리고 SPS Technologies와 같은 회사에 의해 제작된다. 리벳으로 얻을 수 있는 것보다 고전단과 더 높은 조임 값이 필요한 응력이 크게 가해지는 구조물에 주로 사용되며, 락크볼트와 Hi-Lok®은 비슷한 곳에 사용된다. 락크볼트는 다양한 머리유형, 합금, 그리고 마무리로 제작된다.

락크볼트를 장착하기 위해서는 공기압해머 또는 풀건(Pull Gun)이 필요하다. 그림 3-103과 같이, 락크볼트는 자체 그립게이지를 갖고 있으며, 장착을 위해 설치공구가 필요하다. 장착할 때, 락크볼트는 제자리에 단단하게 영구적으로 고정된다. 세 가지 유형의 락크볼트가 통상적으로 사용되며, 풀-유형, Stump-유형, 그리고 블라인드-유형이 있다.

인장-유형 락크볼트는 주로 항공기와 1차구조물, 그리고 2차구조물에 사용된다. 그것은 매우 빠르게 장착되고 상응하는 AN 강재볼트와 너트 무게의 약

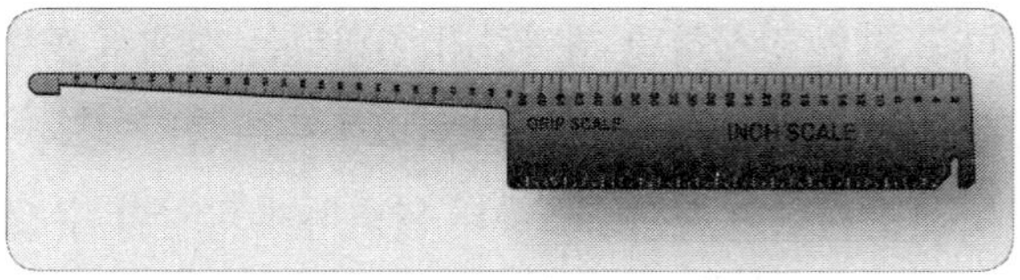

[그림 3-103] 락크볼트 그립 게이지(Lockbolt grip gauge)

1/2 이다. 버킹이 필요 없기 때문에 한 사람이 작업할 수 있어 이 유형의 락크볼트를 장착하는 데 특별한 공압식 당김건(Pneumatic Pull Gun)이 사용된다.

Stump-유형 락크볼트는 당김 홈이 있는 연장된 스템을 갖고 있지 않지만 당김-유형 락크볼트에 대한 동반 훼스너이다. 주로 간격으로 인해 당김-유형 락크볼트의 효율적인 장착이 허용되지 않는 곳에서 사용된다. 그것은 이음고리를 핀체결홈 안으로 단조작업/스웨이징하기 위한 해머세트가 부착된 표준 공기압 리벳박기해머와 버킹바로 구동된다.

블라인드유형 락크볼트는 완전한 단위 또는 어셈블리로 되어 있으며 뛰어난 강도와 판재와 함께 일하는 특성을 갖고 있다. 블라인드유형 락크볼트는 한쪽에서만 접근이 가능한 곳 그리고 일반적으로 전통적인 리벳을 구동하기가 어려운 곳에서 사용된다. 이 유형의 락크볼트는 당김-유형 락크볼트와 유사한 방법으로 장착된다.

당김-유형과 Stump-유형 락크볼트의 핀은 열처리 합금 또는 고강도 알루미늄합금으로 제작된다. 상대 이음고리는 알루미늄합금 또는 연강으로 제작된다. 블라인드-유형 체결고리는 열처리 합금강핀, 블라인드슬리브, 충전슬리브, 연강 이음고리, 그리고 탄소강과 와셔의 구조다.

이와 같은 훼스너는 전단과 인장 적용에 사용된다. pull-유형은 더 일반적이고 작업자 1명이 장착할 수 있다. Stump-유형은 장착하는 데 두 사람이 필요하다. 조립공구를 핀에 있는 톱니모양의 홈 안으로 이음

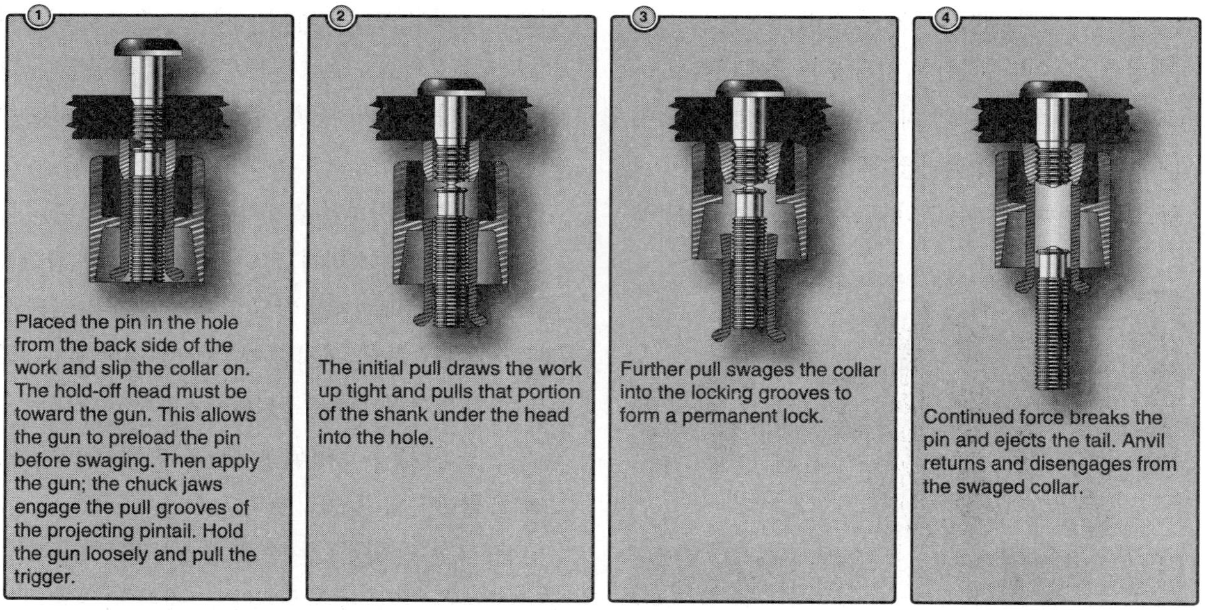

[그림 3-104] 락크볼트 장착절차(Lockbolt installation procedure)

고리를 단조작업/스웨이지하고 이음고리의 꼭대기에 대를 편평하게 끊어주는 데 사용한다.

인장핀과 전단핀 사이에서 구별하는 가장 쉬운 방법은 체결홈의 숫자이다. 인장핀은 보통 4개의 체결홈을 갖고 있으며 전단핀은 2개의 체결홈을 갖고 있다. 설치압형은 이음고리를 단조작업/스웨이징하는 동안 핀에 예비하중을 준다. 이때 핀꼬리라고 부르는 핀의 잉여 끝단이 부러진다.

(1) 장착 공정(Installation Procedure)

락크볼트를 장착할 때 적절하게 드릴링해야 한다. 락크볼트를 하기 위한 홀 준비는 Hi-Lok®을 위한 홀 준비와 유사하다. 그림 3-104와 같이, 억지 끼워맞춤은 전형적으로 알루미늄에 적용되며, 헐거운 끼워맞춤은 강재, 티타늄, 그리고 복합재료에 적용된다.

(2) 락크볼트 검사(Lockbolt Inspection)

그림 3-105와 같이, 장착한 후에 장착이 잘 되었는지 확인하기 위해 락크볼트를 다음과 같이 검사한다.

① 머리는 견고하게 안착시켜야 한다.
② 이음고리는 재료에 대해 꽉 조여 있어야 하며, 적절한 모양과 크기를 갖추어야 한다.
③ 핀 돌출부는 한도 이내에 있어야 한다.

(3) 락크볼트 제거(Lockbolt Removal)

lockbolt를 제거하기 위한 최선의 방법은 이음고리를 제거하고 핀을 빼내는 것이다. 이음고리는 외판에 손상 없이 이음고리를 평평하게 깎아주는 드릴모터에 부착시킨 특수이음고리절삭공구로 제거할 수 있다. 이것이 불가능하면, 이음고리 쪼개는 도구 또는 작은

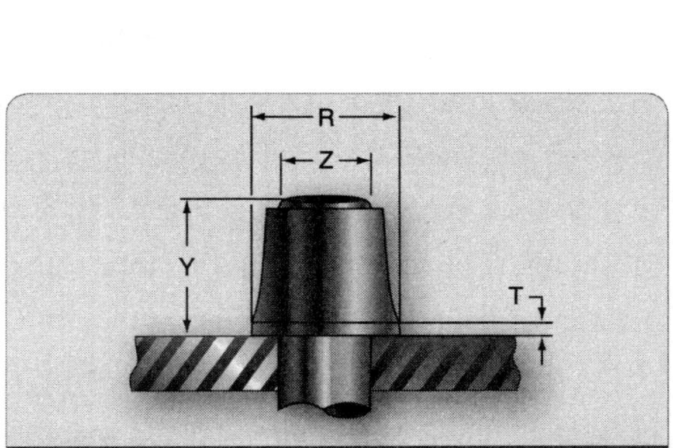

락크볼트/칼라 허용 기준(Lockbolt/Collar Acceptance Criteria)

Nominal Fastener Diameter	Y	Z (Ref.)	R Max.	T Min.
5/32	.324/.161	.136	.253	.037
3/16	.280/.208	.164	.303	.039
1/4	.374/.295	.224	.400	.037
5/16	.492/.404	.268	.473	.110
3/8	.604/.507	.039	.576	.120

[그림 3-105] 락크볼트 검사(Lockbolt Inspection)

정을 사용할 수 있다. 홀이 커지는 것을 방지하기 위해 반대쪽에 뒷받침 블록을 사용한다.

(4) The Eddie-Bolt®2 Pin Fastening System

Eddie-Bolt®2는 Hi-Lok®와 유사하게 보인다. 그러나 핀나사산 지역의 부분을 따라 일정한 간격으로 5개의 세로홈을 갖고 있다. 상대 나사식 이음고리는 예정된 토크로 세로홈 안으로 변형되고 제자리에 이음고리를 고정시킨다. 이음고리는 특수압형을 사용하여 빼낼 수 있다. 이 체결장치는 헐거운끼워맞춤 또는 허용한계끼워맞춤 홀 어느 것에서나 사용될 수 있다.

3.7.2.4 블라인드 볼트(Blind Bolts)

볼트는 이미 뚫린 홀을 통해 하중을 지지하는 나사식 훼스너다. 육각, 정밀허용오차, 그리고 내부 비틂식(Internal Wrenching) 볼트는 항공기 구조상의 적용에 사용한다. 블라인드 볼트는 블라인드 리벳보다

더 고강도를 갖고 있으며 고강도가 요구되는 접합에 사용한다. 가끔 이들 볼트는 Hi-Lok®와 lockbolt를 직접 대체하여 사용할 수 있다. 많은 새로운 세대의 블라인드 볼트는 티타늄으로 제작되며 블라인드 리벳의 2배에 달하는 90 KSI 전단 강도로 평가된다.

훼스너의 정확한 길이 결정이 정확한 장착에 중요하다. 볼트의 그립길이는 머리 밑(underhead) 베어링 면에서 첫 번째 나사산까지의 거리다. 그립은 볼트에 의해서 접합되는 재료의 전체 두께이다. 이상적으로는 그립 길이가 너트가 밑바닥에 닿는 것을 방지하기 위해 실제 그립보다 수천분의 1inch 작아야 한다. 사용하는 블라인드 볼트의 길이를 측정하기 위해 특수그립 게이지를 홀에 삽입한다. 블라인드 볼트방식은 어느 것이나 모두 자체 그립게이지를 갖고 있으며 다른 블라인드 볼트방식 또는 리벳방식으로 호환되지 않는다.

블라인드 볼트는 심형볼트의 경도로 인하여 제거하기가 어렵다. 각각의 블라인드 볼트 유형을 제거하기 위한 제조사 특수 제거키트가 있다. 이러한 특수 제거키트는 홀과 모구조물을 손상시키지 않고 블라인드 볼트를 쉽게 제거하도록 제작되어 있다. 블라인드 볼트는 당김-유형과 구동-유형이 있다.

(1) 당김 유형 블라인드 볼트(Pull-type Blind Bolts)

여러 회사에서 당김-유형의 블라인드 볼트체결장치를 생산하며 회사별로 일부 설계 측면에서 차이가 있으나 일반적으로 유사한 기능을 갖고 있다. 당김-유형은 drive nut 개념을 사용하는데 너트, 슬리브, 그리고 당김 볼트로 구성된다. 자주 사용되는 블라인드 볼트방식은 Cherry Maxibolt® 블라인드 볼트방식과 Ti-Matic® 블라인드 볼트를 포함한 HuckBolt® 훼스너 그리고 Unimatic® Advanced Bolt(UAB) 블라인드 볼트 방식이 포함된다. 그러나 상기 제품들에만 한정되지는 않는다.

(2)체리 맥시볼트 블라인드 볼트 시스템(Cherry Maxibolt® Blind Bolt System)

그림 3-106과 같이, 합금강과 A-286 내식강 재료로 된 Cherry Maxibolt® 블라인드 볼트는 네 가지의 서로 다른 정격(nominal)과 oversize 머리 유형이 있다. 하나의 공구와 당김 헤드가 3개의 직경 모두를 장착한다. 블라인드 볼트는 더 큰 블라인드면 자취를 생성하

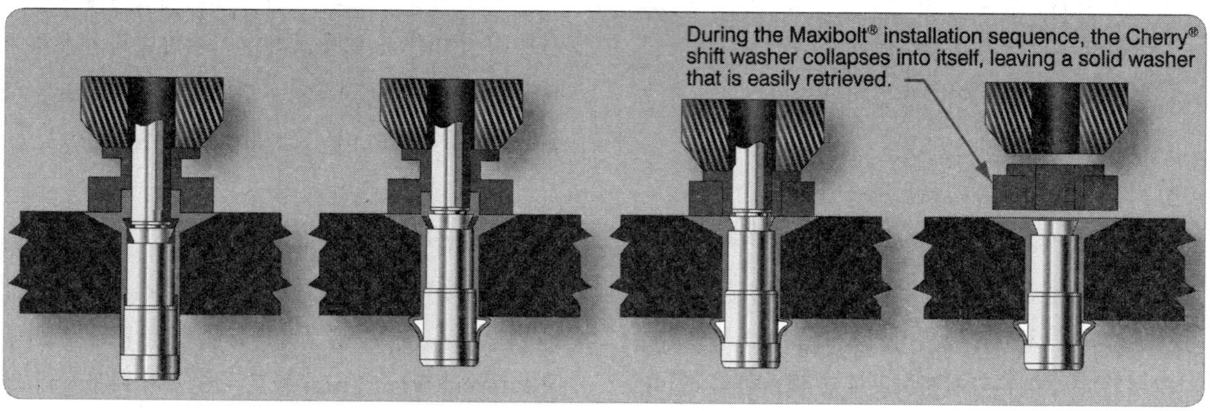

[그림 3-106] 맥시볼트 블라인드 볼트 시스템 장착(Maxibolt® blind bolt System installation)

고 얇은 판재와 비금속 적용에서 우수한 성능을 발휘한다. 동일 평면 절곡기대는 연장된 그립 범위가 다른 적용두께를 수용하는 동안, 깎임을 배제한다. Cherry Maxibolt®는 고하중이 더욱 요구되는 구조물에서 우선적으로 사용된다. 강재 형은 112 KSI 전단이고 A286 형은 95 KSI 전단이다. 장착을 위해서는 Cherry® G83, G84, 또는 G704 설치공구가 필요하다.

(3) 허크 블라인드 볼트 시스템(Huck Blind Bolt System)

그림 3-107과 같이, 허크 블라인드 볼트(huck blind bolt)는 고강도 내진동 훼스너다. 이러한 볼트는 엔진 입구와 리딩엣지 적용과 같이 많은 임계영역에서 성공적으로 사용되었다. 모든 훼스너는 수월한 장착을 위해 수동, 공압, 또는 공기압과 수압 또는 수압 당김-유형 공구(나사산 없는)의 조합으로 장착된다.

허크 블라인드 볼트는 성능의 저하 없이 5°까지 잘 안 보이는 각도도 표면에 장착할 수 있다.

스템은 내진동 이물질이 없는(FOD) 장착을 제공하기 위해 기계적으로 결합시켜준다. 체결 이음고리는 고인장 능력을 창출하며 스템과 슬리브 사이에 원뿔 주머니 안으로 밀려들어간다. 체결 이음고리가 누출 또는 갈라진 틈의 부식인 부식주머니를 방지하기 위해 슬리브 체결주머니를 채운다.

접시머리 블라인드 볼트는 가끔 공기역학적인 표면에서 다듬질이 요구되지 않도록 동일평면 스템 절곡기(flush stem break)로 장착하기 위해 설계되었다. 허크 블라인드 볼트는 100° Flush 인장에 5/32~3/8inch 직경으로 95KSI 전단 강도로서 고강도 A286 내식강과 돌출머리에서 사용된다. 또한 3/16inch 직경의 전단 접시머리 역시 사용 가능하다. A286 내식강

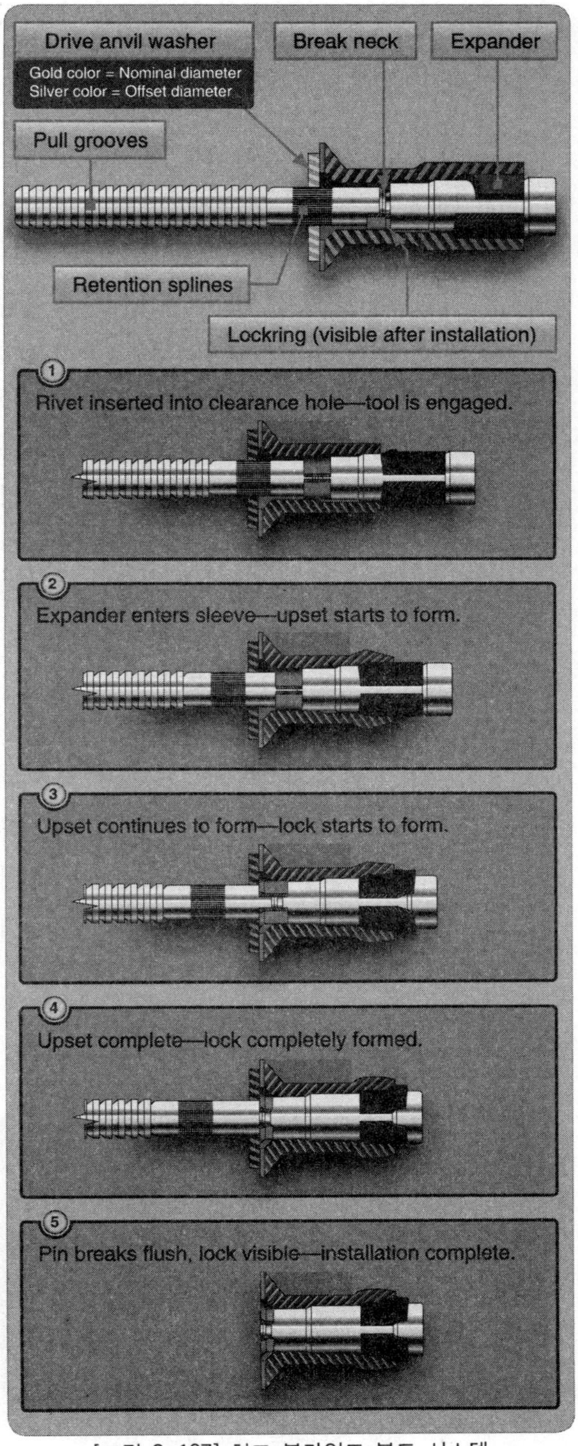

[그림 3-107] 허크 블라인드 볼트 시스템
(Huck Blind Bolt System)

허크 블라인드 볼트는 수리를 위해 1/64inch 더 큰 직경으로 사용한다.

(4) 블라인드 볼트의 drive nut 유형(Drive Nut-Type of Blind Bolt)

그림 3-108과 같이, Jo-bolt, Visu-lok®, Composi-Lok®, 그리고 Radial-Lok® 훼스너는 drive nut 개념으로 사용되며 너트, 슬리브, 그리고 당김볼트로 조립된다. 이러한 블라인드 볼트는 한면으로 접근할 수 없을 때 금속과 복합재료에서 고강도 적용을 위해 사용된다. 강재와 티타늄합금으로 사용 가능하며 특수 압형으로 장착한다. 동력식압형과 수동식압형 모두 사용 가능하다. 장착 중에, 너트는 심형볼트가 설치압형에 의해 돌아가는 동안 고정되도록 받친다. 심형볼트의 회전이 장착되는 위치 안쪽으로 슬리브를 끌어당긴다. 그리고 훼스너의 내구 수명 동안 슬리브를 계속해서 유지한다. 볼트는 왼나사와 나사식끝단에 구동면을 갖고 있다. 분리제거는 슬리브가 적절하게 안착되었을 때 볼트의 구동부분이 끊어지도록 해준다. 이들 유형의 볼트는 돌출머리, 100° 접시머리, 130° 접시머리, 그리고 육각형머리를 포함하는 다양한 머리유형이 있다.

훼스너의 유형에 맞는 그립게이지를 사용하며 재료두께를 결정한 후 볼트그립을 선정한다. 그림 3-109와 같이, 볼트의 그립이 정확한 장착을 위해 중요하다.

장착 절차는 다음과 같다.

① 홀 안으로 훼스너를 장착하고 스크루/스템과 너트 위쪽에 설치압형을 놓는다.
② drive nut가 고정되도록 유지하면서 설치공구로 스크루에 토크를 가한다. 스크루는 슬리브가 너트의 경사진 돌출부 위쪽으로 끌어올려지도록 너트 몸체를 통해 계속 전진시킨다. 슬리브가 구조물의 잘 안 보이는 쪽에 대해 단단하게 성형되었을 때 스크루가 차단홈에서 부러진다. Jo-bolt, Visu-lok®, Composi-Lok®II 훼스너의 스템은 머리에서 매끄럽게 부러지지 않는다. 매끄럽게 장착해야 하며 screw break-off shaver tool(스크루 분리공구)을 사용해야 한다. 새로운 Composi-Lok3®와 OSI Bolt®는 매끄럽게 부러진다.

(5) 경사샹크 볼트(Tapered Shank Bolt)

Taper-Lok®와 같은 경사샹크 볼트는 경량, 고강도

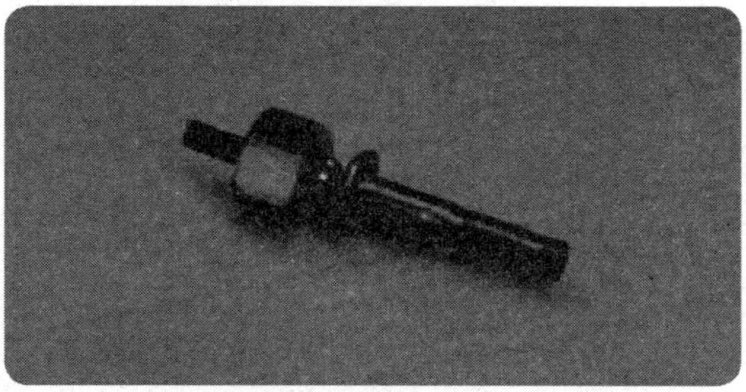

[그림 3-108] 드라이브 너트 블라인드 볼트
(Drive nut blind bolt)

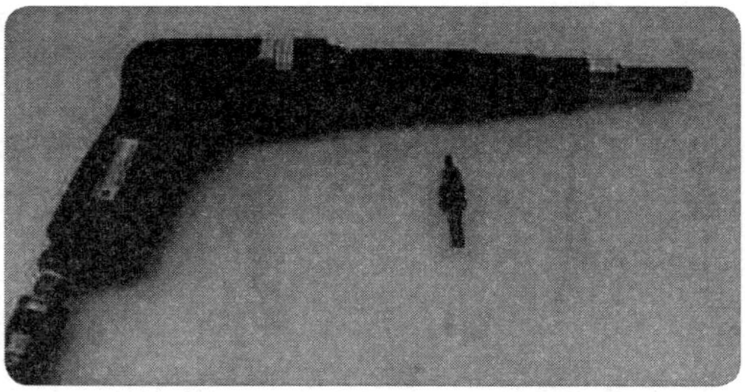

[그림 3-109] 드라이브 너트 블라인드 볼트 장착 공구
(Drive nut blind bolt installation tool)

전단볼트 또는 인장볼트다. 경사섕크를 갖고 있는 이 볼트는 장착에 억지끼워맞춤을 제공하도록 설계되었다. 경사섕크 볼트는 스크루 드라이버 투입구 또는 렌치면보다는 둥근머리와 나사식섕크로 구별할 수 있다. 경사진, 원뿔형섕크 훼스너로 구성되는 Taper-Lok®은 정밀한 경사홀 안에 장착된다. 경사섕크 볼트의 용도는 연료탱크의 고응력 부위 같은 특별한 적용에 한정된다. 경사볼트는 수리에서 어떠한 다른 유형의 훼스너와도 대체해서는 안 된다. 어떠한 다른 유형의 훼스너도 경사볼트와 대체되지 않는다는 것 역시 동일하게 중요하다.

경사섕크 볼트는 장착 후에 Hi-Lok®볼트와 유사하게 보인다. 그러나 경사섕크 볼트는 볼트의 나사식끝단에서 육각형 오목한 테를 갖고 있지 않다. 경사섕크 볼트는 제어된 억지끼워맞춤으로 리머홀에 장착된다. 억지끼워맞춤은 홀 주위에 재료를 압착시켜 우수한 하중 전달, 내피로성, 그리고 밀폐가 된다. 경사섕크 볼트와 함께 사용되는 이음고리는 전속의 와셔를 갖고 있으며 여분의 와셔가 필요 없다. 새로운 경사섕크 볼트 장착과 경사섕크 볼트홀의 재작업은 훈련된 전문가가 하는 것이 필요하다. 볼트가 적절하게 장착되면 단단하게 쐐기를 박게 되고 너트에 토크를 가하는 동안 돌아가지 않는다.

(6) 슬리브 볼트(Sleeve Bolts)

슬리브 볼트는 경사섕크 볼트와 유사한 목적으로 사용되며 장착하기가 더 용이하다. Two-piece Sleeve Bolt®와 같은 슬리브 볼트는 확장형 슬리브 안에 경사섕크가 있는 구조이다. 슬리브는 내부적으로 경사져 있고 외부적으로 평평하다. 슬리브 볼트는 기본공차 직선홀에 장착된다. 장착 시 볼트가 슬리브 안으로 밀려들어가서 이 작용이 홀을 채우는 슬리브를 팽창시킨다. 경사섕크 볼트를 위해 필요한 직선 허용한계홀을 뚫는 것이 경사홀을 뚫기보다 더 쉽다.

3.7.2.5 리벳 너트(Rivet Nut)

리벳 너트는 날개의 리딩엣지에 고무 항공기 날개 제빙장치 사출성형을 부착하기 위한 목적으로 Goodrich Rubber Company에 의해 1936년에 고안된 잘 안 보이는 곳에 장착된 내부나사식 리벳이다. 원래의 리벳 너트는 현재 Bollhoff Rivnut Inc.에 의해 생산되고 있는 Rivnut®이다. Rivnut®는 설계와 조립의 많은 이점 때문에 군과 항공우주 시장에서 폭넓게 거래되고 있다.

그림 3-110과 같이, 리벳 너트는 반드시 조립이 완료된 후에 장착해야 하는 페어링, 다듬기, 그리고 가볍게 하중이 걸리는 부품의 장착에 사용되며, 자주 떼어놓는 부품에 종종 사용된다. 리벳 너트는 두 가지의 유형이 있는데 접시머리 또는 납작머리다. 한쪽으로부터 압착으로 장착이 된 리벳 너트는 기계스크루가 장착될 수 있도록 안쪽에 나사식홀이 있다. 편평한 맞춤이 필요한 곳에 접시형 머리 스타일이 사용될 수 있다. 합금강으로 제작되는 리벳 너트는 증가된 인장 강도와 전단 강도가 요구될 때 사용된다.

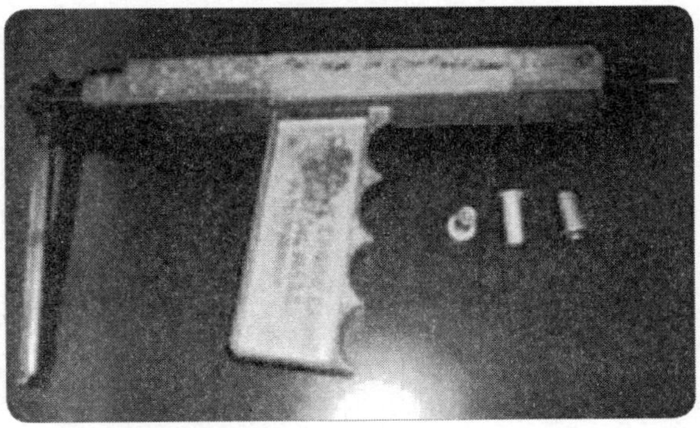

[그림 3-110] 리벳 너트 장착(Rivet nut installation)

[표 3-5] 리벳과 너트의 권고 홀 크기
(Recommended hole sizes for rivets and nuts)

Rivnut® Size	Drill Size	Hole Tolerance
No. 4	5/32	.155–.157
No. 6	#12	.189–.193
No. 8	#2	.221–.226

(1) 홀 준비(Hole Preparation)

매끄러운 장착은 접시형 외판 또는 움푹 들어간 외판 안으로 만들 수 있는 반면에, 납작머리 리벳 너트는 오직 적절한 크기의 홀만이 요구된다. 얇은 금속은 리벳 너트 머리보다 움푹 들어간 곳이 필요하다. 리벳 너트 크기는 모재료와 사용하는 스크루의 크기에 따라 선정된다. 부품번호는 리벳 너트의 유형과 최대 그립길이를 나타낸다. 표 3-5에서는 권고하는 홀 크기를 보여준다.

정확하게 장착하기 위해 홀을 잘 준비하고, 버(burr)를 제거하고 머리를 맞추는(heading) 동안 접촉하는 판재를 잡아주는 것이 필요하다. 여타 판금 훼스너와 같이, 리벳 너트는 홀 안에서 꼭 맞도록 장착시켜야 한다.

3.7.2.6 블라인드 훼스너, 비구조물(Blind fasteners, Nonstructural)

(1) 팝 리벳(Pop Rivets)

항공기 비관련 적용을 위해 생산되는 일상적인 당김-유형 팝리벳은 인가된 항공기 구조 또는 구성부품에 사용하는 데 승인되지 않았다. 일부 아마추어에 의해 제작되는 비인가항공기는 구조물에 당김-유형 리벳을 사용한다. 이러한 유형의 리벳은 전형적으로 알루미늄으로 제작되며 수공구로 장착할 수 있다.

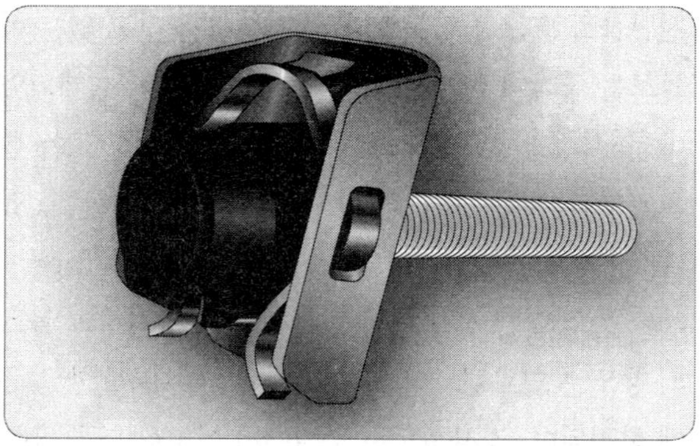

[그림 3-111] 리벳없는 pull-through 너트플레이트
(Rivetless pull-through nutplate)

(2) 풀 너트플레이트 블라인드 리벳(Pull through Nutplate Blind Rivet)

너트플레이트 블라인드 리벳은 솔리드 리벳의 고전단 강도가 필요하지 않은 곳 또는 솔리드 리벳을 장착하기 위해 접근할 수 없는 곳에 사용한다. 3/32inch 직경 블라인드 리벳은 가장 자주 사용된다. 그림 3-111과 같이, 너트플레이트 블라인드 리벳은 Pull-through와 자체폐색 잠금식 주축으로 사용할 수 있다.

표준 리벳식 너트플레이트를 대체하는 새로운 Cherry® 리벳이 없는 너트플레이트는 플레어링(Flaring)이 필요하지 않은 리테이너(retainer) 형태이다. 이 독점 설계는 2개의 추가 리벳홀이 필요하지 않고 리머가공, 나사홀파기, 그리고 접시형홀파기 단계가 없다.

3.8 성형공정(Forming Process)

제작 또는 수리 중인 항공기에 부품을 장착하기 전에 부품은 제자리에 맞는 모형이 되어야 하며 이러한 과정을 성형이라고 부른다. 성형은 장착할 부품에 1~2개의 홀을 뚫는 것과 같이 간단한 절차도 있으나 복잡한 곡률 형태가 필요한 복잡한 절차도 있다.

성형은 평판 또는 압출된 형태의 외형이나 윤곽을 변화시키는 경향이 있으며 곡선, 플랜지, 그리고 여러 가지의 불규칙한 모양을 만드는 어떤 지역에서 재료를 신장 또는 수축하여 만든다. 작업은 원재료의 모양을 변화시키기 때문에 수축과 신장의 양은 대부분 사용된 재료의 유형에 좌우된다. 완전히 풀림처리(가열과 냉각)가 완료된 재료는 수축과 신장에 잘 견디고 어떠한 단련된 조건에 있을 때보다 적은 곡률반경에서 성형할 수 있다.

항공기 부품을 공장에서 성형할 때, 부품은 커다란 프레스 또는 정확한 모양의 형틀을 갖춘 낙하해머로 만든다. 공장 엔지니어는 완성부품이 기계를 떠날 때 정확한 합금첨가물이 들어가도록 사용되는 재료를 위한 명세서를 지정하고 모든 부품을 설계한다. 그림 3-112과 같이, 공장 제도공(factory draftsman)이 각 부품의 배치도를 준비한다.

[그림 3-112] 공장에서 성형된 항공기
(Aircraft formed at a factory)

정비구역(flight line)에서 사용하는 성형공정과 정비 또는 수리공장에서 실행하는 성형공정은 제작사의 제원을 복제할 수 없지만, 공장 금속가공의 유사한 기술을 수리 부속품의 수공업에 적용할 수 있다.

성형은 일반적으로 섬세한 성질을 가진 극히 얇은 경량 합금의 사용을 연관하며 이러한 합금의 섬세한 성질은 보통 부주의하게 작업하면 쓸모없게 된다. 성형한 부품은 겉보기에는 완전한 것 같으나 성형 절차 중의 잘못된 단계가 부품을 약화된 상태로 만들 수 있다. 이와 같이 잘못된 절차는 피로를 가속시키며 갑작스런 구조파괴의 원인이 되게 한다.

항공기의 모든 금속 중에서 순수한 알루미늄은 가장 쉽게 성형된다. 알루미늄합금에서 성형의 용이함의 정도는 단련 조건에 따라 다르다. 현대 항공기는 주로 알루미늄과 알루미늄합금으로 제작되기 때문에 이 섹션에서는 스테인리스강, 마그네슘, 그리고 티타늄으로 하는 작업의 간단한 설명과 함께 알루미늄 또는 알루미늄합금부품의 성형에 대한 절차를 취급한다.

대부분 부품은 금속을 풀림처리 없이 성형될 수 있지만 디프드로우(deep draw/large fold, 다이스에 밀어 넣고 상자모양으로 가공) 또는 복잡한 만곡부처럼, 광범위한 성형작업을 계획할 경우 금속은 매우 연한상태 또는 풀림상태에 있어야 한다. 약간 복잡한 부품의 성형 중에는 작업을 중지할 필요가 있을 수 있고 금속은 공정이 계속되거나 완료되기 전에 풀림이 된다. 예를 들어, "O" 상태에 있는 합금 2024는 보통의 성형작업에 의하여 거의 어떠한 모양으로도 성형될 수 있으나 나중에 열처리해야 한다.

3.9 성형 가공과 용어 (Forming Operations and Terms)

성형은 금속을 신장 또는 수축하거나, 또는 때때로 양쪽 모두를 적용하는 것이 필요하다. 금속을 성형하는 데 사용되는 다른 공정들은 범핑(bumping), 클림핑(crimping), 그리고 접기(folding)를 포함한다.

3.9.1 신장(Stretching)

금속을 망치질(hammering) 또는 압연하여 신장한다. 예를 들어, 하나의 평평한 금속 조각을 해머로 두드리면 그 면은 얇아진다. 금속 전체의 양은 감소되지 않기 때문에 금속이 늘어난다. 신장은 판금을 얇게 만들고, 늘리고, 그리고 굴곡지게 하는 과정이다. 그림 3-113과 같이, 판금이 쉽게 되돌아오지 않기 때문에 금속을 너무 얇게 만들어 너무 많이 신장되지 않도록 해야 한다.

금속 조각의 한쪽 부분을 신장하는 것은 주위의 재질에, 특히 성형각재와 압출각재에 영향을 미치게 된다. 예를 들어, 금속블록 위에 각재 조각의 수평 플랜지에서 금속을 해머로 두들기면 길이가 늘어나고 그 쪽이 휘는 부분보다 길어진다. 길이의 차이를 보상하기 위하여 구부러진 부분의 주위가 늘어지는 것을 막는 수직 플랜지가 길어지지 않고 굽게 된다.

3.9.2 수축(Shrinking)

금속의 수축은 신장보다 더욱 어렵다. 수축공정 동안 금속은 더 작은 지역으로 힘이 가해지고 압축된다. 수축공정은 금속의 길이, 특히 구부러진 곳의 안쪽의 길이를 줄여야 할 때 사용된다. 판금은 V-블록에 해머로 치거나 또는 압착하는 것 그 리고 수축블록을 사용하여 수축할 수 있다.

V-블록 방법에 의해서 성형각재를 굽히기 위해서는 V-블록 위에 각재를 놓고, "V" 바로 위쪽의 윗변을 해머로 아래쪽으로 가볍게 두드려준다. 두드리는 동안 윗변을 따라서 압축시키기 위하여 각재를 V-블록

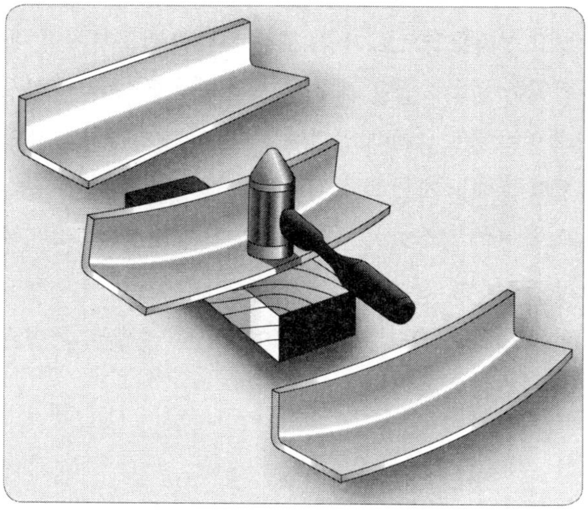

[그림 3-113] 금속 신장 성형(Stretch forming metal)

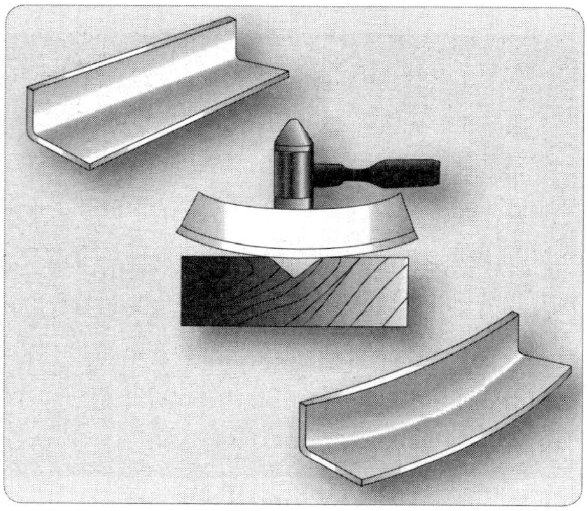

[그림 3-114] 금속 수축 성형(Shrink forming metal)

을 가로질러 앞쪽과 뒤쪽으로 움직여준다. 수직 플랜지의 윗변을 따라서 재질을 압축하는 것은 성형된 각재를 굽는 모양으로 만든다. 그림 3-114와 같이, 수평 플랜지의 재질은 다만 중심에서만 아래쪽으로 굽을 것이며 그 가장자리의 길이는 같게 남는다.

플랜지가 붙은 각재를 급격한 굴곡이 되게 하거나 급격하게 굽히기 위하여 압착과 수축블록을 사용할 수 있다. 이 공정에서는 주름이 한쪽 플랜지에 놓이며, 그다음 수축블록 위에서 재질을 망치로 두들겨주면 차례로 주름이 밀리거나 또는 수축된다.

냉간 수축은 목재 또는 강재 같은 단단한 표면과 연한 나무망치 또는 해머의 조합이 필요하다. 단단한 표면 위에 강재해머가 금속을 수축시키는 것이 아니라 신장시키기 때문이다.

3.9.3 범핑(Bumping)

범핑은 보통 고무, 플라스틱, 또는 생가죽으로 만든 망치로 치거나 또는 가볍게 두드려서 늘릴 수 있는 금속으로 모양을 만들거나 또는 성형하는 것이다. 찧기 공정 중, 금속은 받침판, 모래주머니, 또는 형틀에 의해서 받쳐진다. 이것들은 금속의 두들겨 편 부분이 안으로 가라앉는 상황을 방지한다. 범핑은 손으로 또는 기계로 작업할 수 있다.

3.9.4 클림핑(Crimping)

그림 3-115와 같이, 압착은 판금 조각을 줄이는 방법으로 조각을 접고, 주름(pleating), 또는 물결무늬(corrugating)로 만들거나 이음매에서 플랜지를 아래로 엎어 놓는 것이다. 압착은 연통의 한쪽 끝을 약간

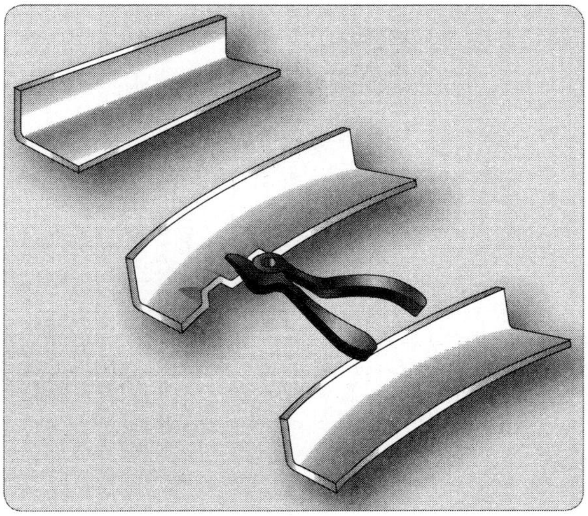

[그림 3-115] 금속 클림핑(Crimping metal)

적게 하여 다른 연통에 끼울 수 있도록 하는 데 종종 사용한다.

클림핑 플라이어(crimping pliers)로 똑바른 ㄱ자형 철재 한쪽을 압착하여 구부러지게 한다.

3.9.5 판금 절곡(Folding Sheet Metal)

판금을 절곡하는 것은 판재, 두꺼운 판, 또는 박판을 구부리거나 주름을 만드는 것이다. 판재를 절곡하는 것은 보통 예리하고 각이 지도록 접는 것으로 생각할 수 있으며, 이 장의 앞부분에서 설명한 것과 같이 대개 박스 앤 팬 절곡기(box and pan brake)와 같은 폴딩 기계(folding machine)에서 가공된다.

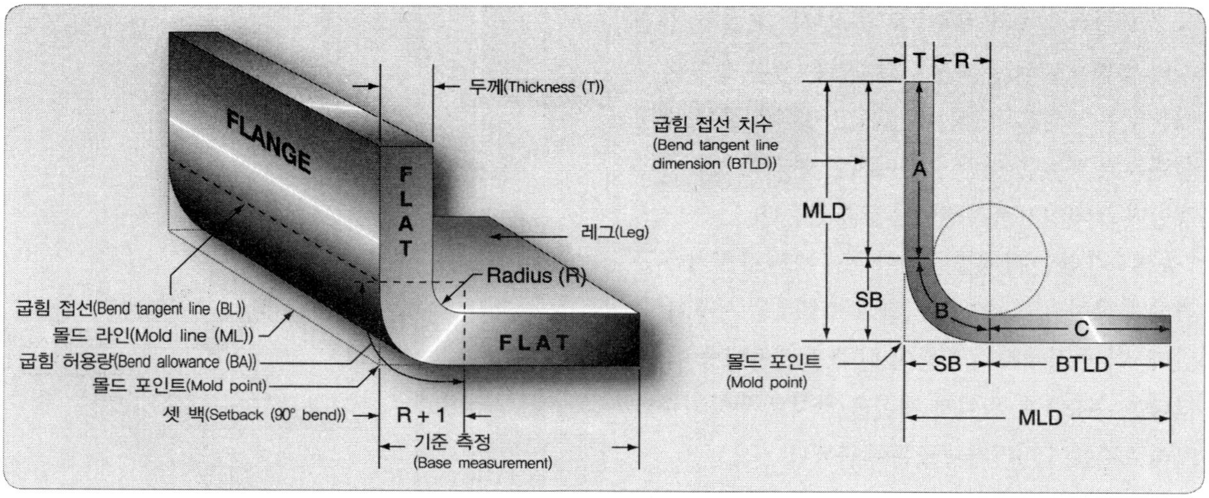

[그림 3-116] 굽힘 허용량 용어(Bend allowance terminology)

3.10 배치도와 성형 (Layout and Forming)

3.10.1 용어(Terminology)

다음의 용어들은 보통 판금 성형과 평평한 모형 배치도에서 일반적으로 사용된다. 이러한 용어들을 잘 아는 것은 굴곡부 계산이 굽힘 작업에서 어떻게 사용되었는지 이해하는 데 필요하다. 그림 3-116에서는 대부분 이들 용어를 나타낸다.

(1) 기준 측정(Base Measurement)

기준 측정-성형된 부품의 외부치수를 말하며 기준 측정은 도면 또는 청사진, 혹은 원 부품에 표시된다.

(2) 레그(Leg)

성형각재의 편편한 부분 중 긴 쪽을 말함

(3) 플랜지(Flange)

성형각재의 더 짧은 쪽의 부분. Leg의 반대쪽 부분. 만약 각재의 양쪽이 같은 길이라면, 그땐 모두 Leg라고 한다.

(4) 금속의 그레인(Grain of the Metal)

금속 본래의 그레인은 판재가 용해된 주괴로부터 압연될 때 성형된다. 굽힘선은 가능하다면 금속의 그레인에 90°로 놓이도록 만들어야 한다.

(5) 굽힘 허용량(Bend Allowance ; BA)

굴곡부내에 금속의 굴곡진 섹션을 말한다. 즉, 굽힘에서 굴곡진 금속의 부분이다. 굽힘 허용량은 중립선의 굴곡진 부분의 길이로 간주한다.

(6) 곡률반경(Bend Radius)

원호(arc)는 판금이 구부러질 때 성형된다. 이 원호(arc)를 곡률반경이라 한다. 곡률반경은 반경중심에서 금속의 내부 표면까지 측정된다. 최소곡률반경은 합금첨가물, 두께, 그리고 재료의 유형에 따른다. 사

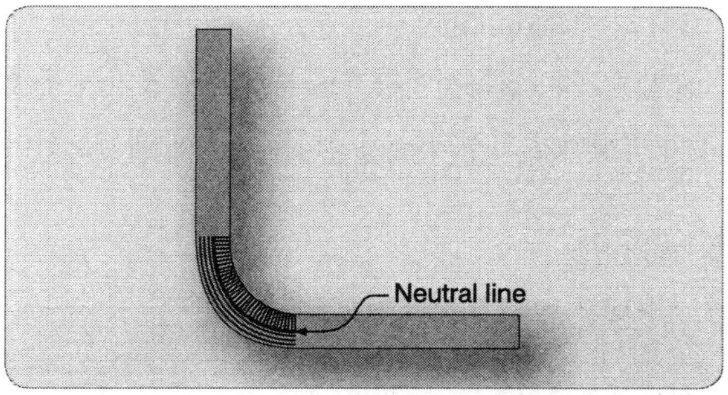

[그림 3-117] 중립선(Neutral line)

용될 합금에 대한 최소곡률반경을 결정하기 위해 항상 최소곡률 반경도표를 사용한다. 최소곡률 반경도표는 제작사 정비 메뉴얼에서 찾아볼 수 있다.

(7) 굽힘 접선(Bend Tangent Line/BL)

금속이 구부러지기 시작하는 곳과 금속이 구부러지기를 멈추는 선. 굽힘 접선 사이에 모든 공간은 굽힘 허용량이다.

(8) 중립축(Neutral Axis)

그림 3-117과와 같이, 굽힘 전과 굽힘 후에 동일한 길이를 갖는 가상선. 굽힘 후, 굴곡지역은 굽힘 전보다 10~15% 더 얇다. 굴곡 부위가 얇아져서 반경중심으로부터 앞쪽방향으로 금속의 중립선을 이동시킨다. 비록 중립축이 정확하게 재료의 중심에 없지만 계산의 목적을 위해 재료의 중심에 위치하는 것으로 추정한다. 발생 오차의 크기는 작아서 중심에 있다고 가정할 수 있다.

(9) 몰드 라인(Mold Line/ML)

반지름을 지난 부분의 평평한 쪽에서의 연장

(10) 몰드 라인 치수(Mold Line Dimension/MLD)

몰드 라인의 교차로 만들어지는 부분의 크기. 만약 모서리에 반지름이 없는 경우에 갖게 되는 크기다.

(11) 몰드 포인트(Mold Point)

몰드 라인의 교차 지점. 몰드 라인은 반지름이 없을 경우 몰드 라인 부분의 바깥쪽 모서리가 된다.

(12) K-팩터(K-factor)

중립축과 같은 재료의 신장 또는 압출이 없는 곳에서, 재료두께의 백분율(Percentage)이다. 표 3-6과 같이 백분율로 계산되며, 금속이 구부러질 수 있는 0°에서 180° 사이의 179개 숫자(K 도표에 있는) 중에 해당하는 1개의 숫자가 된다. 금속이 90°(90°의 K-factor는 1)가 아닌 어떤 각도에서 구부려졌을 때에는 언제나 도표로부터 해당 K-factor 숫자가 선택되고 금속의 반지름(R)과 두께(T)의 합에 곱한다. 그 결과물이 굴곡부에 Setback의 양이다. 만약 K 도표가 없으면 K-factor는 다음의 공식을 이용하여 계산기로 계산할 수 있다.

K=tan(1/2×Bend Angle)이다.

(13) 셋백(Setback ; SB)

절곡기의 jaw 거리는 굴곡부를 성형하기 위해 몰드 라인에 Setback이 있어야 한다. 90° 굴곡부에서는 SB= R+T(금속의 반지름+금속의 두께)이다. Setback 치수는 굴곡부 접선의 시작 위치를 결정하는 것에 사용되기 때문에 굽힘을 만들기 이전에 결정해야 한다. 부품을 한 번 이상 구부릴 때에는 매번 굴곡부에서 Setback을 빼야 한다. 판금에서 대부분 굴곡부는 90°이다. K-factor는 90°보다 작거나 큰 모든 굴곡부에 대해 사용해야 한다.

$$SB=K(R+T)$$

(14) 시선(Sight Line)

굽힘선 또는 절곡선이라고도 부르며 절곡기의 돌출부와 평평하게 고정되어 형성되는 금속에 배치도선이

[표 3-6] K-팩터(K-factor)

Degree	K	Degree	K	Degree	K	Degree	K	Degree	K
1	0.0087	37	0.3346	73	0.7399	109	1.401	145	3.171
2	0.0174	38	0.3443	74	0.7535	110	1.428	146	3.270
3	0.0261	39	0.3541	75	0.7673	111	1.455	147	3.375
4	0.0349	40	0.3639	76	0.7812	112	1.482	148	3.487
5	0.0436	41	0.3738	77	0.7954	113	1.510	149	3.605
6	0.0524	42	0.3838	78	0.8097	114	1.539	150	3.732
7	0.0611	43	0.3939	79	0.8243	115	1.569	151	3.866
8	0.0699	44	0.4040	80	0.8391	116	1.600	152	4.010
9	0.0787	45	0.4142	81	0.8540	117	1.631	153	4.165
10	0.0874	46	0.4244	82	0.8692	118	1.664	154	4.331
11	0.0963	47	0.4348	83	0.8847	119	1.697	155	4.510
12	0.1051	48	0.4452	84	0.9004	120	1.732	156	4.704
13	0.1139	49	0.4557	85	0.9163	121	1.767	157	4.915
14	0.1228	50	0.4663	86	0.9324	122	1.804	158	5.144
15	0.1316	51	0.4769	87	0.9489	123	1.841	159	5.399
16	0.1405	52	0.4877	88	0.9656	124	1.880	160	5.671
17	0.1494	53	0.4985	89	0.9827	125	1.921	161	5.975
18	0.1583	54	0.5095	90	1.000	126	1.962	162	6.313
19	0.1673	55	0.5205	91	1.017	127	2.005	163	6.691
20	0.1763	56	0.5317	92	1.035	128	2.050	164	7.115
21	0.1853	57	0.5429	93	1.053	129	2.096	165	7.595
22	0.1943	58	0.5543	94	1.072	130	2.144	166	8.144
23	0.2034	59	0.5657	95	1.091	131	2.194	167	8.776
24	0.2125	60	0.5773	96	1.110	132	2.246	168	9.514
25	0.2216	61	0.5890	97	1.130	133	2.299	169	10.38
26	0.2308	62	0.6008	98	1.150	134	2.355	170	11.43
27	0.2400	63	0.6128	99	1.170	135	2.414	171	12.70
28	0.2493	64	0.6248	100	1.191	136	2.475	172	14.30
29	0.2586	65	0.6370	101	1.213	137	2.538	173	16.35
30	0.2679	66	0.6494	102	1.234	138	2.605	174	19.08
31	0.2773	67	0.6618	103	1.257	139	2.674	175	22.90
32	0.2867	68	0.6745	104	1.279	140	2.747	176	26.63
33	0.2962	69	0.6872	105	1.303	141	2.823	177	38.18
34	0.3057	70	0.7002	106	1.327	142	2.904	178	57.29
35	0.3153	71	0.7132	107	1.351	143	2.988	179	114.59
36	0.3249	72	0.7265	108	1.376	144	3.077	180	Inf.

고 가공물을 굽힐 때 유도장치로 사용한다.

(15) Flat

굴곡부를 제외한 부분으로서, 기본 측정, 즉 금형선 치수(MLD)에서 Setback을 뺀 값이 된다.

$$Flat=MLD-SB$$

(16) 닫힘각(Closed Angle)

레그(leg) 사이를 측정하였을 때 90°보다 작은 각도, 또는 굴곡부 크기를 측정하였을 때 90°보다 큰 각도

(17) 열림각(Open Angle)

레그(leg) 사이를 측정하였을 때 90°보다 큰 각도, 또는 굴곡부 크기를 측정하였을 때 90°보다 작은 각도

(18) 전체 전개폭(Total Developed Width/TDW)

가장자리에서 가장자리까지 굴곡부 주위에서 측정된 재료의 폭이다. 전체 전개폭(TDW)을 찾는 것은 절단하는 재료의 크기를 결정하는 데 필요하다. 전체 전개폭은 금속이 반지름으로 구부려졌고 몰드 라인 치수가 나타내는 것처럼 정방형 모서리가 아니기 때문에 몰드 라인 치수의 합보다 작다.

3.10.2 배치도 또는 평면재단 전개 (Layout or Flat Pattern Development)

재료의 낭비를 방지하고 마무리된 부품에서 더 큰 정밀도를 얻기 위해 성형 전에 부품의 배치도 또는 평면재단을 만든다. 호환 가능한 구조물의 부품과 비구조물 부품은 채널(channel), 각재, Zee, 또는 Hat 섹션 부재를 제작하기 위해 평판 원료를 성형하여 조립한다. 판금 부품을 성형하기 전에 굴곡지역에서 얼마나 많은 재료가 필요한지, 어떤 지점에서 판재가 성형공구 안으로 삽입되어야 하는지, 또는 굽힘선이 어디에 위치해야 하는지 보여주기 위해 평면재단을 만든다. 굽힘선은 판금 성형을 위한 평면재단을 전개하기 위해 결정해야 한다.성형 평각을 구부릴 때 Setback과 굽힘 허용량을 위해 정확한 허용량을 만들어야 한다. 만약 수축이나 신장 공정을 사용하고자 한다면, 부품이 최소 양의 성형으로 할 수 있도록 허용량을 만들어야 한다.

3.10.3 직선 굽힘 제작 (Making Straight Line Bends)

직선 굴곡부로 성형할 때 재료의 두께, 그 재질의 합금성분, 그리고 합금첨가물 조건을 고려해야 한다. 일반적으로 재료가 얇을수록 가파르게 굽힐 수 있고, 즉 곡률반경이 더 적어지고, 재료가 연할수록 또한 더 가파르게 굽힐 수 있다. 직선 굽힘을 만들 때 고려할 기타 요소로는 굽힘 허용량, Setback, 그리고 절곡기 또는 시선(sight line) 등이 있다.

재료의 판재 곡률반경은 굴곡진 재료의 내부에서 측정한 곡률반경을 말한다. 어떤 판재의 최소곡률반경이란 굽힘에서 금속을 극단적으로 약화시키지 않고 최대로 굴곡지게 하거나 굽히는 것을 말하며, 만약 곡률반경이 너무 적으면 응력과 변형이 금속을 약화시켜서 균열을 일으킨다.

최소 곡률반경은 항공기용 판금의 유형에 따라 구체적으로 명시되어 있다. 재료의 종류, 두께, 그리고 판재의 합금첨가물 조건은 최소 곡률반경에 영향을 끼

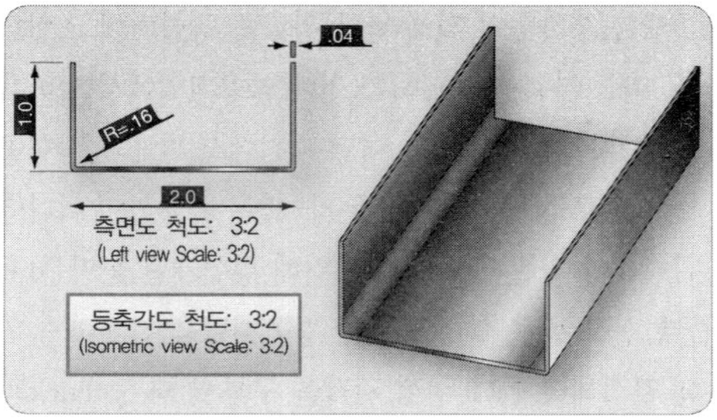

[그림 3-118] U-채널 예(U-channel example)

치는 요소이다. 풀림 처리된 판재는 곡률반경이 판재의 두께와 거의 같은 정도로 굽힐 수 있다. 스테인리스 강과 2024-T3 알루미늄합금을 굽힐 때는 상당히 큰 곡률반경을 요구한다.

3.10.3.1 U-채널 벤딩(Bending a U-channel)

그림 3-118과 같이, 판금 배치도를 만드는 과정을 이해하기 위해서 표본 U-채널의 배치도를 결정하기 위한 단계를 논의한다. 굽힘 허용량 계산법을 이용할 때 전체 전개되는 길이를 찾기 위한 다음의 단계는 공식, 도표, 또는 컴퓨터이용설계(ACD, computer-aided design)와 컴퓨터이용제조(CAM, computer-aided manufacturing) 소프트웨어 패키지로 계산한다. 이 채널은 0.040inch 2024-T3 알루미늄합금으로 제작되었다.

알루미늄 합금별 최소곡률반경

Thickness	5052-0 6061-0 5052-H32	7178-0 2024-0 5052-H34 6061-T4 7075-0	6061-T6	7075-T6	2024-T3 2024-T4	2024-T6
.012	.03	.03	.03	.03	.06	.06
.016	.03	.03	.03	.03	.09	.09
.020	.03	.03	.03	.12	.09	.09
.025	.03	.03	.06	.16	.12	.09
.032	.03	.03	.06	.19	.12	.12
.040	.06	.06	.09	.22	.16	.16
.050	.06	.06	.12	.25	.19	.19
.063	.06	.09	.16	.31	.22	.25
.071	.09	.12	.16	.38	.25	.31
.080	.09	.16	.19	.44	.31	.38
.090	.09	.19	.22	.50	.38	.44
.100	.12	.22	.25	.62	.44	.50
.125	.12	.25	.31	.88	.50	.62
.160	.16	.31	.44	1.25	.75	.75
.190	.19	.38	.56	1.38	1.00	1.00
.250	.31	.62	.75	2.00	1.25	1.25
.312	.44	1.25	1.38	2.50	1.50	1.50
.375	.44	1.38	1.50	2.50	1.88	1.88
Bend radius is designated to the inside of the bend. All dimensions are in inches.						

[표 3-7] 최소 곡률 반경(Minimum bend radius)

Step 1 정확한 곡률 반경의 결정 (Determine the Correct Bend Radius)

최소 곡률 반경도표는 제작사 정비 매뉴얼에서 찾는다. 너무 가파른 반지름은 굽힘 공정 시에 재료를 균열시킨다. 도면은 일반적으로 사용하고자 하는 반지름을 나타내지만 이중점검이 필요하다. 배치도의 예에서 합금, 합금첨가물, 그리고 금속두께에 대한 정확한 곡률반경을 선정하기 위해 표 3-7의 최소 곡률 반경 도표를 이용한다. 0.040에서, 2024-T3 알루미늄 허용반경은 0.16inch 또는 5/32inch이다.

Step 2 Setback 찾기(Find the Setback)

표 3-7과 같이, Setback은 공식으로 계산할 수 있거나 또는 항공기 정비 매뉴얼(AMM), 또는 출처, 정비 및 복원성 서적(Source, Maintenance, and Recoverability books ; SMRs)의 Setback 도표에서 찾을 수 있다.

① Setback 계산용 공식사용(Using a Formula to Calculate the Setback)

$SB = Setback$
$K = K-facor$ (*K is 1 for 90° bends*)
R = 곡의 내부 반경 (*inside radius of the bend*)
T = 재료의 두께 (*material thickness*)

이 예에서 모든 각도는 90°이기 때문에, Setback은 다음과 같이 계산된다.

$$Setback = K(R+7) = 0.2[inch]$$

NOTE 90° 굴곡부에 대한 K=1이다. 90° 굴곡부가 아닌 경우에는 K-factor 도표를 이용한다.

② Setback을 찾기 위해 Setback 도표사용(Using a Setback Chart to find the Setback)

Setback 도표는 계산할 필요가 없고 K-factor를 찾을 필요가 없기 때문에 Setback을 찾는 빠른 방법이며 열린 굴곡부와 닫힌 굴곡부에 유용하다. 몇 가지 소프트웨어 패키지와 온라인 계산기가 Setback을 계산하기 위해 사용된다. 표 3-8과 같이 프로그램을 CAD/CAM Program과 함께 사용한다.

- 반지름과 재료두께의 합으로 해당 눈금의 아래쪽에서 도표로 들어간다.
- 굽힘각까지 읽는다.
- 왼쪽에 해당 눈금에서 Setback을 찾는다.

Example 2

- 재료두께는 0.063inch다.
- 굽힘각은 135°다.
- R+T = 0.183inch

Solution 2

그래프의 아래쪽에서 0.183을 찾는다. 그것은 중간 눈금에서 찾는다.

- 135°의 굽힘 각도까지 읽는다.
- 표 3-8에서 중간눈금에 있는 그래프의 왼쪽에서 Setback을 찾는다.

[표 3-8] 셋백 도표(Setback chart)

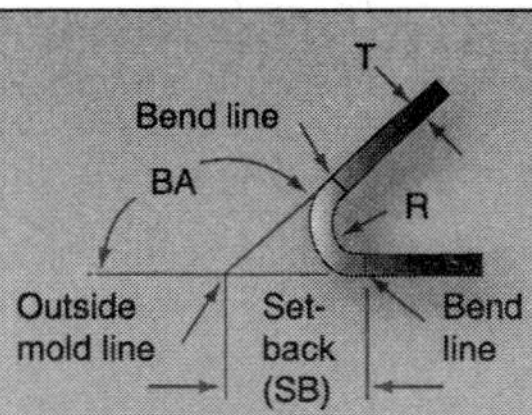

SB = Distance from mold line to bend line
BA = Line to bend line
BA = Bend angle
R = Bend radius
T = Thickness

1. Enter chart at bottom on appropriate scale using sum T + R
2. Read up to bend angle
3. Determine setback from corresponding scale on left

Example:
T (0.063) + R (0.12) = 0.183
BA = 135°
Setback = 0.453

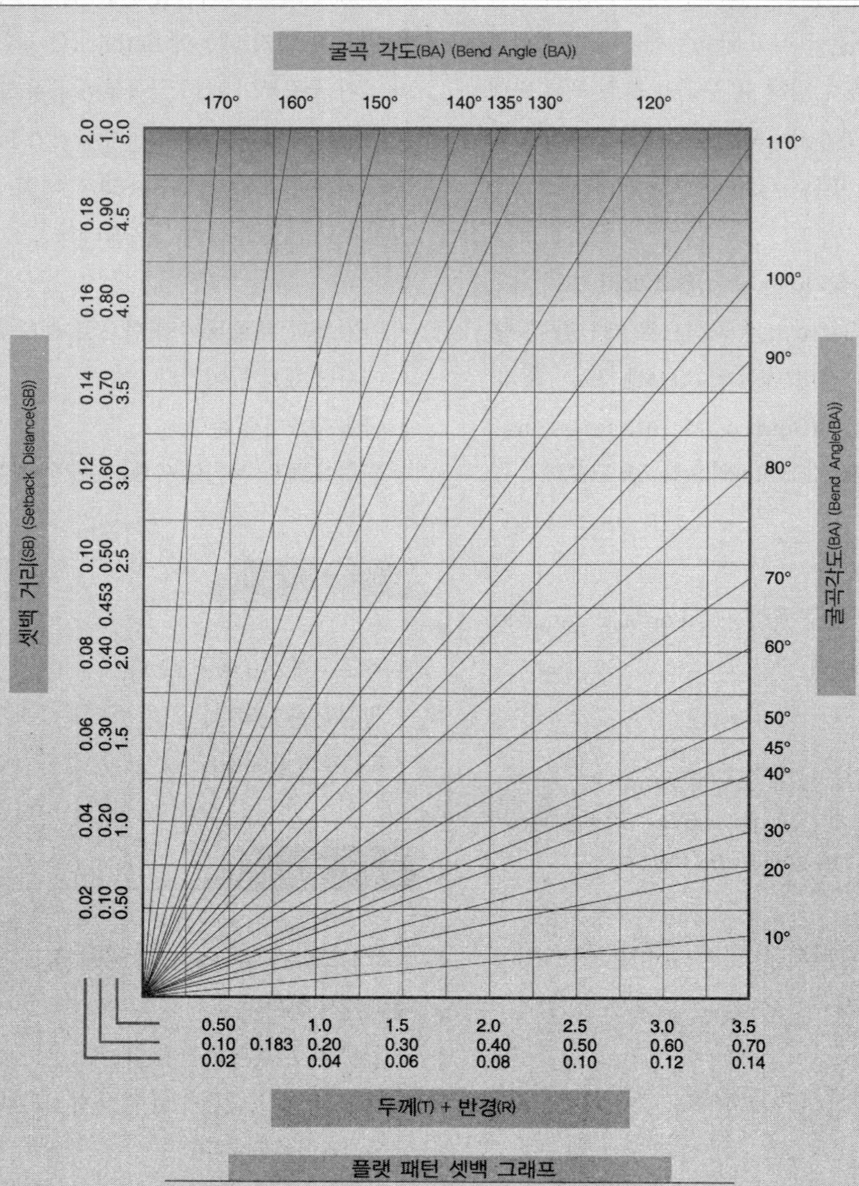

플랫 패턴 셋백 그래프

Step 3 플랫 라인의 길이 구하기

(Find the Length of the Flat Line Dimension)

플랫 라인의 치수(Flat Line Dimension)는 공식을 이용하여 구할 수 있다.

$$Flat = MLD - SB$$

$MLD=$ 몰드 라인 치수 (*mold line dimension*)

$SB=$ 셋백 (*setback*)

U-채널(U-channel)의 Flats 또는 Flat portion은 각 측면에 대해 금형선 치수에서 Setback을 뺀 것과 같으며 Center Flat에 대해서는 몰드 라인 길이에서 2개의 Setback을 뺀 것과 같다. 2개의 Setback은 이 Flat가 양쪽에서 구부러졌기 때문에 Center Flat로부터 공제한다.

Sample U-channel에 대한 Flat Dimension은 다음과 같은 방법으로 계산된다.

$$Flat\ Dimension = MLD - SB$$

$$Flat\ 1 = 1.00[inch] - 0.2[inch] = 0.8[inch]$$
$$Flat\ 2 = 2.00[inch] - (2 \times 0.2[inch]) = 1.6[inch]$$
$$Flat\ 3 = 1.00[inch] - 0.2[inch] = 0.8[inch]$$

Step 4 굽힘 허용량 계산하기

(Find the Bend Allowance)

금속의 작은 판재를 굽히거나 접을 때, 굽힘 허용량과 굽힘 시 요구되는 재료의 길이를 계산해야 한다. 굽힘 허용량은 다음 네 가지 요소, 즉 굴곡부의 정도, 곡률반경, 금속의 두께, 그리고 사용될 금속의 유형에 따라 결정된다.

곡률반경은 일반적으로 재료의 두께에 비례하며 곡률반경이 급격할수록 굽힘에 소요되는 필요한 재료가 더 적다. 재료의 유형도 중요하다. 만약 재료가 연하면 정밀하게 굽힐 수 있으나 단단한 재료는 굽히는 데 곡률반경이 더 커지고 굽힘 허용량도 더 커진다. 두께가 곡률반경에 영향을 미치는 데 반해 굽힘 정도는 금속의 전체길이에 영향을 미치게 된다.

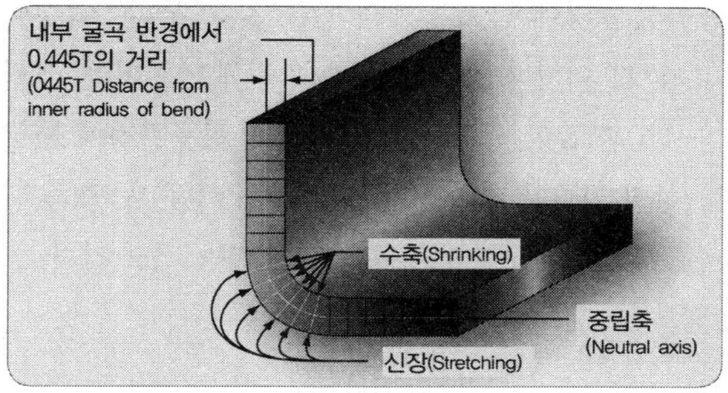

[그림 3-119] 굽힘 시 중립축과 응력 관계
(Neutral axis and stress resulting from bending)

금속 판재를 굽히면 굴곡의 안쪽에 재료는 압축을 받게 되고 굴곡의 바깥쪽에 재료는 늘어나게 된다. 그렇지만 이 두 개의 양극단 사이 거리의 한곳에 어느 쪽 힘으로부터도 영향을 받지 않는 공간이 있다. 그림 3-119와 같이, 이것을 중립선 또는 중립축이라고 부르며 곡률반경의 내측에서 금속두께(0.445×T)의 약 0.445배의 거리에 위치한다.

굽힘을 위한 충분한 재료가 제공되도록 중립선의 길이를 결정해야 한다. 이것을 굽힘 허용량이라고 한다. 이 총량은 굽힘을 위한 적절한 재료를 보장하기 위하여 배치도 재단의 전체 길이에 더해져야 한다. 굽힘 허용량을 계산하는 시간을 절약하기 위하여 각종 각재, 곡률반경, 재료의 두께와 기타 요소에 대한 공식과 도표가 발전되었다.

공식1(Formula1) : 90° 절곡 시 굽힘 허용량

(Bend Allowance for a 90° Bend)

곡률반경에 금속두께의 1/2T를 더한다. 이것이 R+1/2T 이거나 또는, 중립축의 원에 반경이다. 그림 3-120과 같이, 중립 선(R+1/2T)의 곡률반경에 2π를 곱하면 원주가 계산된다. π=3.1416 이다. 90°의 굽힘은 1/4의 원이므로 원주를 4로 나누면 다음과 같다.

$$\frac{2\pi(R+\frac{1}{2}T)}{4}$$

이것은 90° 굴곡부에 대한 굽힘 허용량이다. 두께가 0.051inch인 재료에 대한 1/4inch의 반지름을 갖는 90° 굴곡부에 대한 공식을 이용하기 위해, 다음과 같이 공식에서 대체한다.

$$Bend\ Allowance$$

$$=\frac{2\times3.1416(0.250+\frac{1}{2}\times0.051)}{4}$$

$$=\frac{6.2382(0.250+0.02555)}{4}$$

$$=\frac{6.2382\times0.2755}{4}$$

$$=0.4327$$

굽힘 허용량 또는 굴곡부에 요구되는 재료의 길이는 0.4327 또는 7/16inch이다.

공식2(Formula2) : 90° 절곡 시 굽힘 허용량

(Bend Allowance for a 90° Bend)

이 공식은 특정 적용에 대한 굽힘 허용량을 결정할 때 금속의 두께에 대한 굽힘 각도와의 관계인 2개의 상수를 사용한다. 이 상수들은 다년간에 걸쳐 발전해

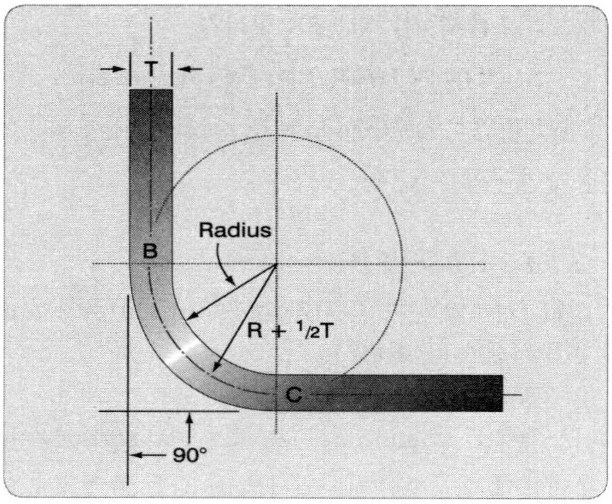

[그림 3-120] 90° 절곡 시 굽힘 허용량
(Bend allowance for a 90° bend)

왔다. 금속의 실제 굽힘을 이용한 실험에 의해 1°에서부터 180°까지 어떤 각도의 굽힘도 다음 공식에서 정확한 허용 값을 구할 수 있음을 알 수 있다.

$$Bend\ Allowance=(0.01743\times R+0.0078\times T)\times N$$

R=the desired bend radius
T=the thickness of the metal
N=number of degree of bend

R= 요구되는 곡률반경
T= 금속두께
N= 굴곡부 각도의 숫자

0.040inch 두께(Thick) 재료가 0.16inch의 반지름을 갖는 90° 굴곡부에 대한 이 공식을 이용하기 위해, 공식에서 다음과 같이 대체한다.

$$Bend\ Allowance=(0.01743\times R+0.0078\times T)\times N$$
$$=(0.01743\times0.16)+(0.0078\times0.040)\times90$$
$$=0.27[inch]$$

[표 3-9] 굽힘 허용량(Bend allowance)

Metal Thickness	RADIUS OF BEND, IN INCHES													
	1/32 .031	1/16 .063	3/32 .094	1/8 .125	5/32 .156	3/16 .188	7/32 .219	1/4 .250	9/32 .281	5/16 .313	11/32 .344	3/8 .375	7/16 .438	1/2 .500
.020	.062 .000693	.113 .001251	.161 .001792	.210 .002333	.259 .002874	.309 .003433	.358 .003974	.406 .004515	.455 .005056	.505 .005614	.554 .006155	.603 .006695	.702 .007795	.799 .008877
.025	.066 .000736	.116 .001294	.165 .001835	.214 .002376	.263 .002917	.313 .003476	.362 .004017	.410 .004558	.459 .005098	.509 .005657	.558 .006198	.607 .006739	.705 .007838	.803 .008920
.028	.068 .000759	.119 .001318	.167 .001859	.216 .002400	.265 .002941	.315 .003499	.364 .004040	.412 .004581	.461 .005122	.511 .005680	.560 .006221	.609 .006762	.708 .007862	.805 .007862
.032	.071 .000787	.121 .001345	.170 .001886	.218 .002427	.267 .002968	.317 .003526	.366 .004067	.415 .004608	.463 .005149	.514 .005708	.562 .006249	.611 .006789	.710 .007889	.807 .008971
.038	.075 .00837	.126 .001396	.174 .001937	.223 .002478	.272 .003019	.322 .003577	.371 .004118	.419 .004659	.468 .005200	.518 .005758	.567 .006299	.616 .006840	.715 .007940	.812 .009021
.040	.077 .000853	.127 .001411	.176 .001952	.224 .002493	.273 .003034	.323 .003593	.372 .004134	.421 .004675	.469 .005215	.520 .005774	.568 .006315	.617 .006856	.716 .007955	.813 .009037
.051		.134 .001413	.183 .002034	.232 .002575	.280 .003116	.331 .003675	.379 .004215	.428 .004756	.477 .005297	.527 .005855	.576 .006397	.624 .006934	.723 .008037	.821 .009119
.064		.144 .001595	.192 .002136	.241 .002676	.290 .003218	.340 .003776	.389 .004317	.437 .004858	.486 .005399	.536 .005957	.585 .006498	.634 .007039	.732 .008138	.830 .009220
.072			.198 .002202	.247 .002743	.296 .003284	.436 .003842	.394 .004283	.443 .004924	.492 .005465	.542 .006023	.591 .006564	.639 .007105	.738 .008205	836 .009287
.078			.202 .002249	.251 .002790	.300 .003331	.350 .003889	.399 .004430	.447 .004963	.496 .005512	.546 .006070	.595 .006611	.644 .007152	.745 .008252	.840 .009333
.081			.204 .002272	.253 .002813	.302 .003354	.352 .003912	.401 .004453	.449 .004969	.498 .005535	.548 .006094	.598 .006635	.646 .007176	.745 .008275	.842 .009357
.091			.212 .002350	.260 .002891	.309 .003432	.359 .003990	.408 .004531	.456 .005072	.505 .005613	.555 .006172	.604 .006713	.653 .007254	.752 .008353	.849 .009435
.094			.214 .002374	.262 .002914	.311 .003455	.361 .004014	.410 .004555	.459 .005096	.507 .005637	.558 .006195	.606 .006736	.655 .007277	.754 .008376	.851 .009458
.102				.268 .002977	.317 .003518	.367 .004076	.416 .004617	.464 .005158	.513 .005699	.563 .006257	.612 .006798	.661 .007339	.760 .008439	.857 .009521
.109				.273 .003031	.321 .003572	.372 .004131	.420 .004672	.469 .005213	.518 .005754	.568 .006312	.617 .006853	.665 .008394	.764 .008493	.862 .009575
.125				.284 .003156	.333 .003697	.383 .004256	.432 .004797	.480 .005338	.529 .005678	.579 .006437	.628 .006978	.677 .007519	.776 .008618	.873 .009700
.156					.355 .003939	.405 .004497	.453 .005038	.502 .005579	.551 .006120	.601 .006679	.650 .007220	.698 .007761	.797 .008860	.895 .009942
.188						.417 .004747	.476 .005288	.525 .005829	.573 .006370	.624 .006928	.672 .007469	.721 .008010	.820 .009109	.917 .010191
.250								.568 .006313	.617 .006853	.667 .007412	.716 .007953	.764 .008494	.863 .009593	.961 .010675

① 90° 굽힘을 위한 굽힘 허용량 도표의 사용(Use of Bend Allowance Chart for a 90° Bend)

표 3-9와 같이, 곡률 반경을 가장 윗줄에서 보여주고 금속두께는 왼쪽 세로칸에서 보여준다. 각각의 Cell에서 위쪽 숫자는 90° 각도에서의 굽힘 허용량이고, 각각의 Cell에서 아래쪽 숫자는 1°에 대한 굽힘 허용량이다. 90° 굴곡부에 대한 굽힘 허용량을 구하기 위해 간단히 도표의 가장 윗줄 숫자를 이용한

Example 3

U-채널(U-channel)의 재료 두께가 0.040inch이고 곡률 반경은 0.16inch다.

Solution 3

굽힘 허용량 도표의 맨 위 칸을 가로로 읽는다. 0.156inch의 곡률 반경에 대한 세로 칸을 찾는다. 바로 왼쪽에 세로 칸에서 0.040의 재료두께에 마주보고 있는 세로 칸에 블록을 찾는다. 칸에서 위쪽 숫자는 90° 굴곡부에 대한 정확한 굽힘 허용량인 0.273이다.

여러 가지의 굽힘 허용량 계산 프로그램은 온라인으로도 이용할 수 있다. 재료 두께, 반지름, 그리고 굴곡부의 각을 입력하면 컴퓨터 프로그램이 굽힘 허용량을 계산한다.

② 90° 이상을 위한 도표사용(Use of Chart for other than a 90° Bend)

90°의 굴곡부가 아닐 경우에는 블록 안의 아래쪽 숫자, 즉 1°에 대한 굽힘 허용량을 이용하여 굽힘 허용량 계산한다.

Example 4

그림 3-121에서 보여준 L-bracket은 2024-T3 알루미늄합금으로 제작되고 평면으로부터 60° 구부러졌다. 그림에서 굽힘각이 120°로 나타나 있는 것에 주의한다. 이것은 2개의 플랜지 사이의 각도이고 평면에서의 굽힘각이 아니다. 정확한 굽힘 각을 찾기 위해 다음의 공식을 이용한다.

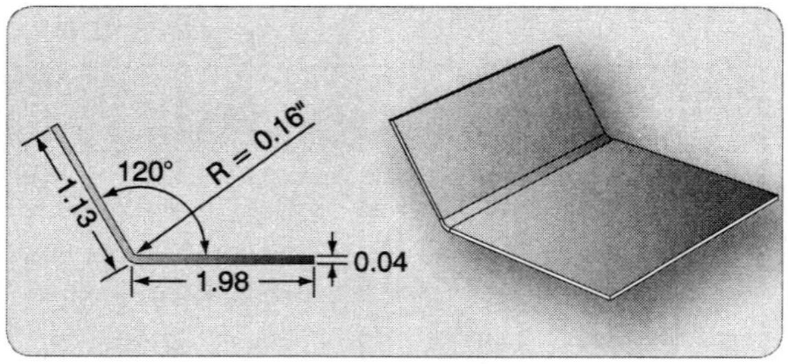

[그림 3-121] 90° 이하의 굽힘 허용량
(Bend allowance for bends less than 90°)

굽힘 각(Bend Angle) = 180° – 플랜지 사이의 각(Angle between flanges)

Solution 4

실제 굴곡부는 60° 이다. 재료 0.040inch Thick의 60° 굴곡부에 대한 정확한 곡률반경을 찾기 위해서 다음의 절차를 이용한다.

- 표(table)의 왼쪽으로 가서 0.040inch를 찾는다.
- 오른쪽으로 가서 0.16inch(0.156inch)의 곡률반경을 지정한다.
- 블록에서 아래쪽 숫자를 기록한다(0.003034).
- 굽힘각에 이 숫자를 곱한다(0.003034×60 = 0.18204).

Step 5 재료의 전체 길이 계산하기(Find the Total Developed Width of the Material)

전체 길이(TDW)는 Flat의 치수와 굽힘 허용량이 있을 때 계산할 수 있다. 다음의 공식은 전체 길이를 계산하기 위해 이용한다.

$$TDW = Flats + (Allowance \times Number\ of\ Bends)$$

U-channel 예에서

$$TDW = Flat1 + Flat2 + Flat3 + (2 \times BA)$$
$$TDW = 0.8 + 1.6 + 0.8 + (2 \times 0.27)$$
$$TDW = 3.74[inch]$$

채널을 제작하기 위한 금속의 양은 채널 표면의 치수보다 적다. 몰드 라인 치수의 총합은 4inch다. 이것은 금속이 몰드 라인에서 몰드 라인으로 이동하는 것이 아니라 곡률반경을 따르기 때문이다. 계산된 전체 길이가 전체 금형선 치수보다 더 적다는 것을 점검한다. 계산된 전체 길이가 몰드 라인 치수보다 크다면 수학적 계산이 부정확한 것이다.

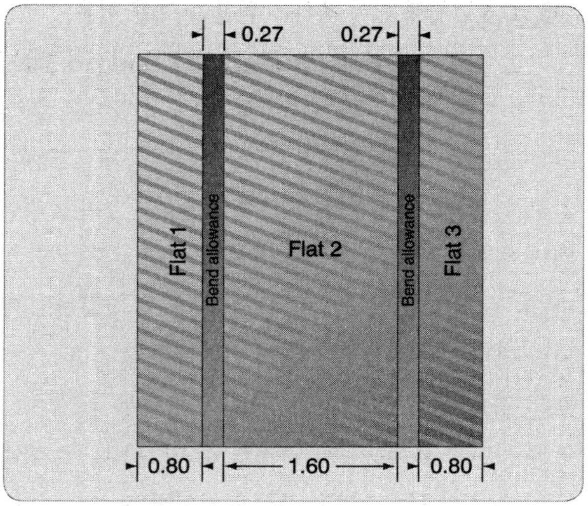

[그림 3-122] 평면 재단 배치도(Flat pattern layout)

Step 6 평면 재단 배치도(Flat Pattern Layout)

그림 3-122와 같이, 모든 관련된 정보의 평면 재단 배치도가 만들어진 후 재료를 정확한 크기로 절단할 수 있다. 그리고 굴곡부 접선을 재료에 그릴 수 있다.

Step 7 평면 재단에서 시선을 그림 (Draw the Sight Lines on the Flat Pattern)

그림 3-123에서의 재단은 굴곡부가 시작되어야 하는 지점에서 직접 굴곡부 접선을 배치시키는 것을 돕기 위해 그려야 하는 시선을 제외하고 완료되었다. 절곡기 돌출부 바 아래쪽에 놓인 굴곡부 접선으로부터 1개의 곡률반경거리 만큼 떨어진 굽힘 허용량 지역 안쪽에 선을 그린다. 그림 3-123과 같이, 클램프 아래쪽 절곡기 안으로 금속을 놓고 시선이 반경막대(radius bar)의 가장자리 바로 아래에 올 때까지 금속의 위치를 조정한다. 금속에 절곡기를 물리고 굴곡부를 만들기 위해 자(Leaf)를 올린다. 굴곡부는 굴곡부 접선에서 정확하게 시작한다.

그림 3-123 시선(Sight line)

3.10.3.2 전체 길이 계산을 위한 J-도표 이용 (Using a J-chart to calculate Total Developed Width)

표 3-10과 같이, 구조수리 매뉴얼에서 찾아볼 수 있는 J-도표는 안쪽 곡률반경, 굽힘각, 및 재료두께를 알고 있을 때, 굴곡부 공제 또는 Setback 그리고 평면 재단 배치도의 전체 길이를 구하기 위해 사용할 수 있다. J-도표는 전통적인 배치기법인 만큼 정확하지 않지만 대부분 적용에 충분한 정보를 제공해 준다. J-도표는 필요한 정보를 수리도면에서 찾아볼 수 있거나 또는 간단한 측정공구로 측정할 수 있기 때문에 어려운 계산이 필요하지 않고 공식을 기억할 필요가 없다.

J-도표의 아래쪽 절반이 열림 각도(open angle)에 대한 것이고 위쪽 절반이 닫힘 각도(closed angle)임을 참조하여 찾아본다.

3.10.3.3 J-도표를 사용하여 전체 길이 찾기 (How to find Total Developed Width using a J-chart)

① 표 3-10과 같이, 도표를 가로질러 직선 자를 놓는다. 그리고 하부눈금에 재료두께로 상부눈금에 곡률반경과 연결시킨다.

② 오른쪽 눈금에 각도를 정한다. 직선 자와 만날 때까지 수평으로 이 선을 따라간다.

③ Factor X, 즉 굴곡부 공제는 대각선으로 곡선에서 읽는다.

④ X Factor가 선 사이에서 떨어졌을 때 써 넣는다.

⑤ 전체 길이를 구하기 위해 금형선 치수를 더하고 X Factor를 빼준다.

Example 5

- 곡률반경 = 0.22inch
- 재료두께 = 0.063inch
- 굽힘각(bend angle) = 90°
- ML 1 = 2.00
- ML 2 = 2.00

Solution 5

그림 3-124와 같이, 밑바닥(0.063inch)에서 재료두께로 그래프의 꼭대기에서 곡률반경(0.22inch)을 연결하기 위해 직선 자를 사용한다. 오른쪽 눈금에 90° 각도를 정한다. 직선 자와 만날 때까지 수평으로 이 선을 따라간다. 왼쪽으로 곡선을 따라가서 0.17inch을 찾는다. 도면에서의 X Factor는 0.17inch다.

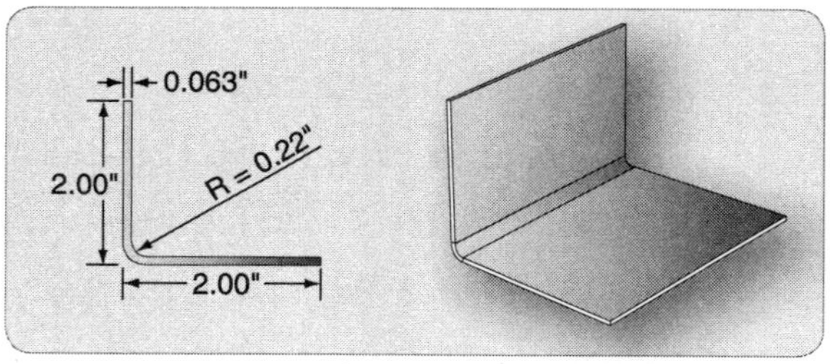

[그림 3-124] J-도표의 예 1(Example 1 of J-chart)

$$Total\ developed\ width = (Mold\ line\ 1 + Mold\ line\ 2) - X\ factor$$

$$Total\ developed\ width = (2+2) - 0.17 = 3.83[inch]$$

[표 3-10] J-도표(J-chart)

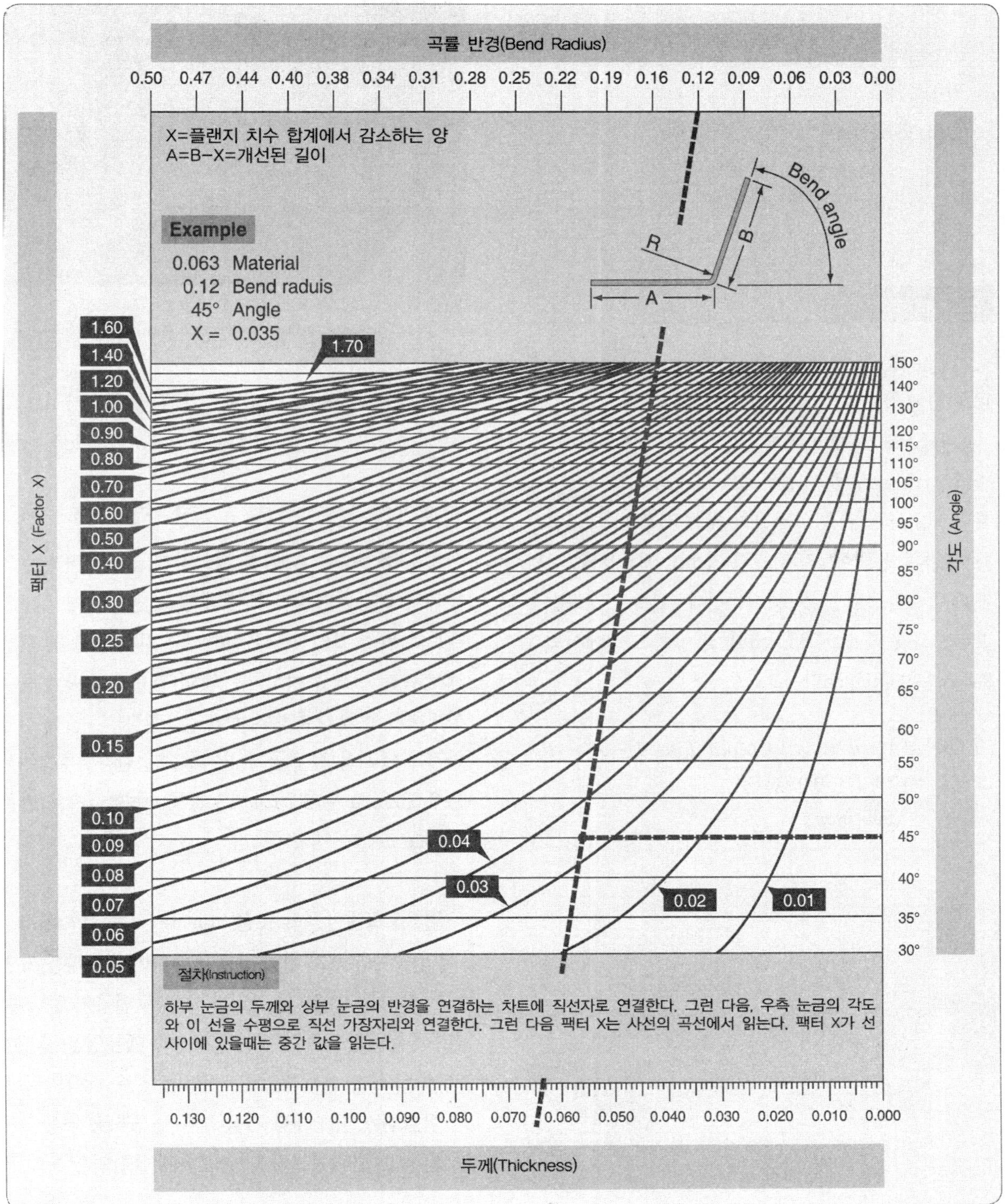

Example 6

- 곡률반경 = 0.25inch
- 재료두께 = 0.050inch
- 굽힘각 = 45°
- ML 1 = 2.00
- ML 2 = 2.00

Solution 6

그림 3-125는 135° 각도의 그림이다. 이것은 2개의 변 사이에 각도다.

평판에서의 실제 굴곡부는 45°(180-135=45)다. 밑바닥(0.050inch)에 재료 두께로 그래프의 꼭대기에 곡률반경(0.25inch)을 연결하기 위해 직선 자를 사용한다. 오른쪽 눈금에 45° 각도를 정하고 직선 자와 만날 때까지 수평으로 이 선을 따라간다. 왼쪽으로 곡선을 따라가서 왼쪽에 0.035inch를 찾는다. 도면에서의 X Factor는 0.035inch다.

$$TDW = (Mold\ Line\ 1 + Mold\ Line\ 2) - X\ factor$$
$$= (2+2) - 0.035$$
$$= 3.965[inch]$$

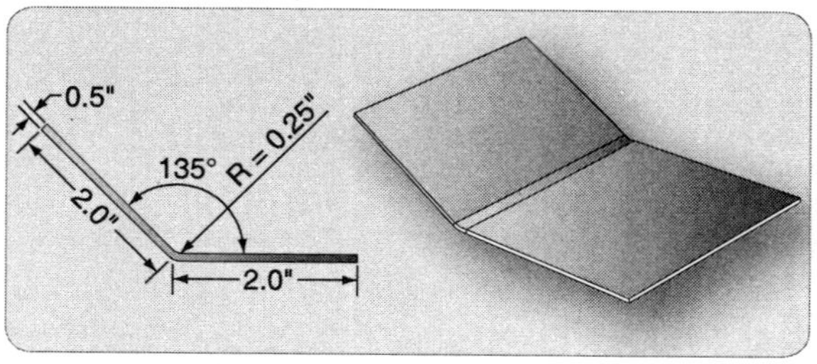

[그림 3-125] J-도표의 예 2(Example 2 of J-chart)

[그림 3-126] 절곡기 곡률반경의 조정
(Brake radius nosepiece adjustment)

3.10.4 금속을 접기 위한 판금 절곡기의 사용 (Using a Sheet Metal Brake to Fold Metal)

그림 3-126과 같이, 핑거 절곡기와 코니스 절곡기 설치는 동일하다. 판금을 정확하게 굽히려면 재료의 두께와 합금첨가물과 부품의 필요 반지름에 따르기 때문에 판금 절곡기를 적절하게 설치해야 한다. 판금에서 다른 두께를 형성하는 것이 필요할 때나 부품을 성형하기 위해 다른 반지름이 필요할 때, 부품을 성형하기 위해 사용 전 판금 절곡기를 조정한다. 이 예에서는 0.032inch 두께 2024-T3 알루미늄합금으로 만든 L-channel을 구부린다.

Step 1 곡률반경의 조정(Adjustment of Bend Radius)

부품을 구부리기 위해 필요한 곡률반경은 부품 도면에서 찾아볼 수 있다. 그러나 도면에 언급이 없다면, 최소곡률반경 도표에 대한 구조수리 매뉴얼을 참고한다. 이 도표는 정상적으로 사용되는 금속 각각의 두께와 합금첨가물에 대한 가장 작은 반경허용량을 열거하였다. 이 반지름보다 더 급격하게 굽히면 부품의 온

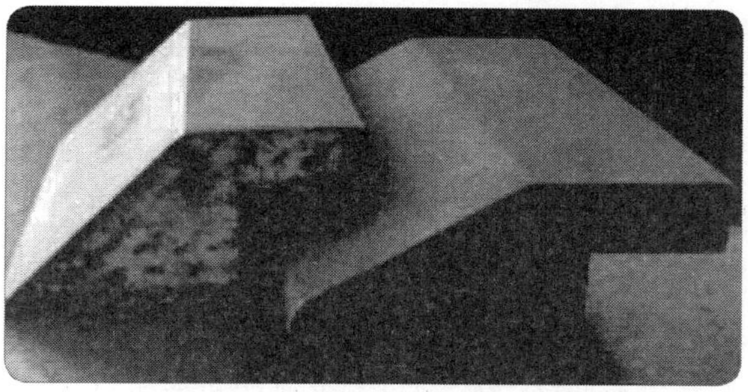

[그림 3-127] 교체 가능한 절곡기 곡률 바
(Interchangeable brake radius bars)

전성을 유지하기 어렵다. 굴곡부 지역에 남겨진 응력은 굽히는 동안 균열되지 않더라도 사용하는 동안 파손을 일으키는 원인이 된다.

그림 3-127과 같이, 판금 절곡기의 절곡기 곡률 바(brake radius bar)는 다른 직경의 절곡기 곡률 바로 교체할 수 있다. 예를 들어, 0.032inch 2024-T3 L-channel은 1/8inch의 반지름으로 구부려야 하고, 1/8inch 반지름을 가지고 있는 곡률 바로 장착해야 한다. 그림 3-128과 같이, 서로 다른 절곡기 곡률 바를 이용할 수 없고, 장착된 절곡기 곡률 바가 부품에 필요한 것보다 적다면, 돌출부 곡률 심(radius shim)을 약간 넣는 것이 필요하다.

반지름이 너무 작아서 풀림 알루미늄을 균열시키는 경향이 있다면, 재료로 연강을 선택한다. 정밀하게 1/16inch 또는 1/8inch씩 반지름을 증가시키는 두께를 만들기 위해 폐기된 재료의 작은 조각으로 먼저 실험한다. 이 치수를 점검하기 위해서 반경과 필릿 게이지를 사용한다. 그림 3-129와 같이, 이 지점부터 각각

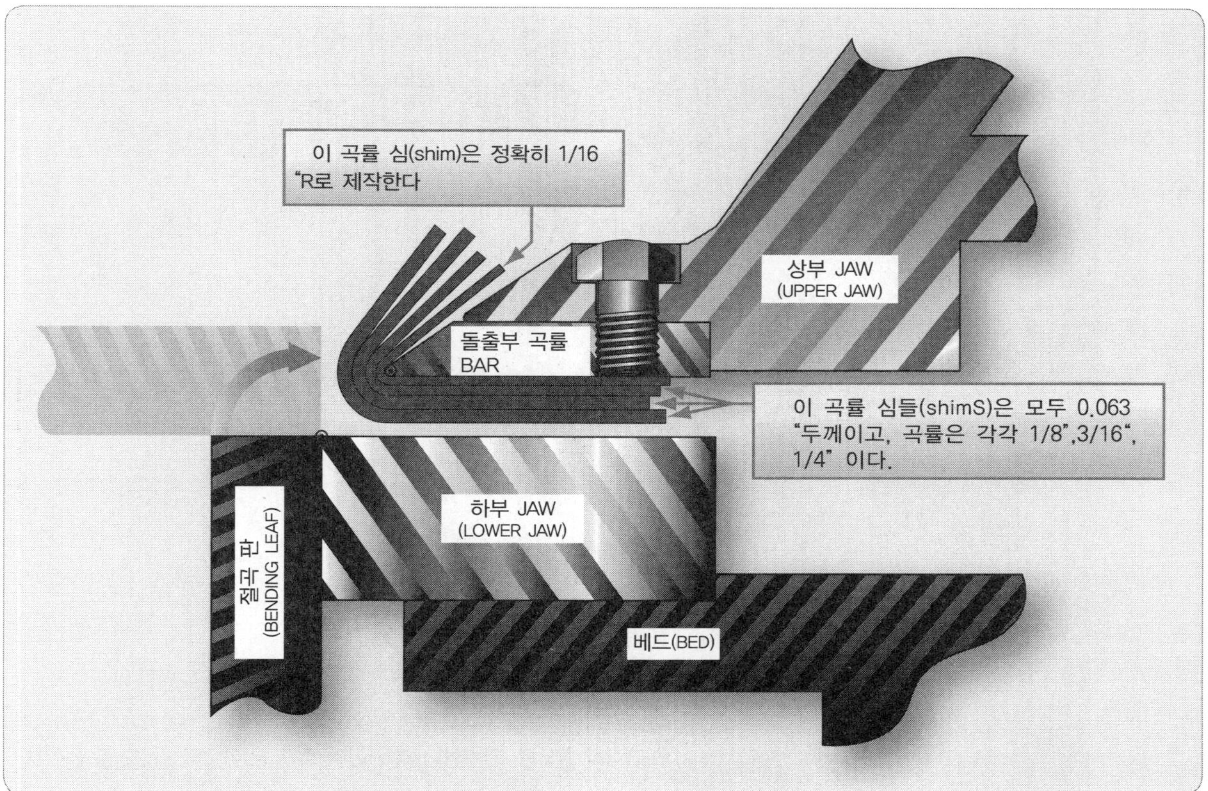

[그림 3-128] 돌출부 곡률 심(Nose radius shims)

의 추가 심(shim)을 이전의 반지름에 더한다.

예를 들어, 원래의 돌출부가 1/16inch이고 0.063inch 재료(1/16inch)의 조각이 그 주위로 구부러졌다면, 새로운 외부반경은 1/8inch다. 또 다른 0.063inch 층(1/16inch)이 추가된다면, 새로운 외부반경은 3/16inch다. 0.063inch 재료(1/16inch) 대신 0.032inch(1/32inch)의 조각이 1/8inch 반지름으로 구부러졌다면 새 외부반경은 5/32inch다.

Step 2 클램프 압력의 조정 (Adjusting Clamping Pressure)

다음 단계는 고정압력 설정이다. 구부려지는 부품과 동일한 두께의 재료 조각을 절곡기 요동부분 아래로 밀어 넣는다. 압력을 시험하기 위해 작업자 방향으로 조임레버를 잡아당긴다. 이것은 오버센터 유형 클램프고 적절하게 설정되었을 때 완전히 조여진 위치로 당겼을 경우 튀어 오르게 되거나 또는 푹신푹신하지 않게 된다. 중심을 넘어 레버를 단단히 당겨야 하고 레버가 자체 제어스톱을 부딪칠 수 있게 해야 한다. 일부 절곡기에서는 절곡기의 양쪽에서 이와 같이 조정한다.

그림 3-130과 같이, 테이블에 양쪽 끝에서 3inch 되는 곳과 바닥면과 클램프 사이 중심의 한 곳에 시험 조각을 놓는다. 굽힘 시에 가공물이 미끄러지는 것을 방지하기에 충분히 꽉 조일 때까지 클램프 압력을 조정한다. 고정압력은 고정압력 너트로 조정할 수 있다.

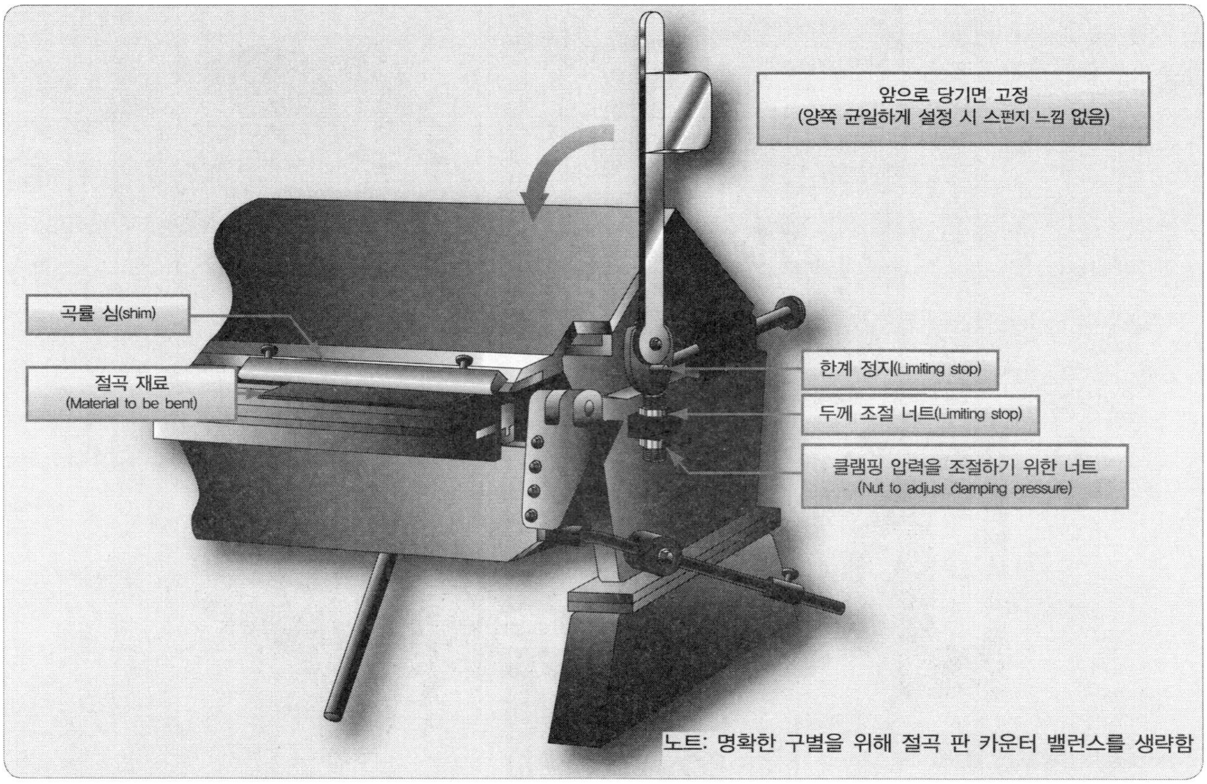

[그림 3-129] 곡률 심을 장착한 일반적인 절곡기(General brake overview including radius shims)

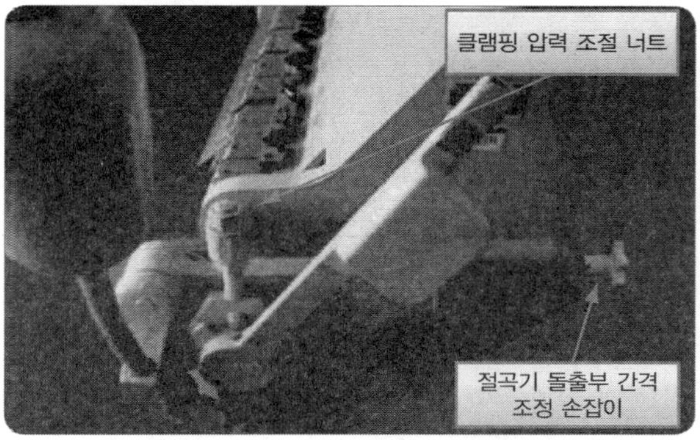

[그림 3-130] 클램프 압력 너트로 조정
(Adjust clamping pressure with the clamping pressure nut)

[그림 3-131] 절곡기 돌출부 틈새 조정
(Brake nose gap adjustment)

Step 3 돌출부 틈새 조정(Adjusting the Nose Gap)

그림 3-130과 같이, 적절한 정렬을 이루도록 상부 jaw의 뒤쪽에서 커다란 절곡기 돌출부 틈새 조정 손잡이를 돌려 돌출부 틈새를 조정한다. 굽힘가늠자가 마무리된 굴곡부의 각도로 떠받쳐지고 굽힘가늠자와 돌출부반경 부분 사이에 하나의 재료두께가 있을 때 완벽하게 설정된다. 그림 3-131과 그림 3-132와 같이, 구부려지는 부품의 두께인 재료의 조각을 틈새게이지로 사용하면 정밀도를 높인다. 구부려지는 부품의 길이를 가로질러 균일하게 돌출부 틈새가 완벽한 것이 필수적이다. 그림 3-133과 같이, 절곡기의 양 끝단으

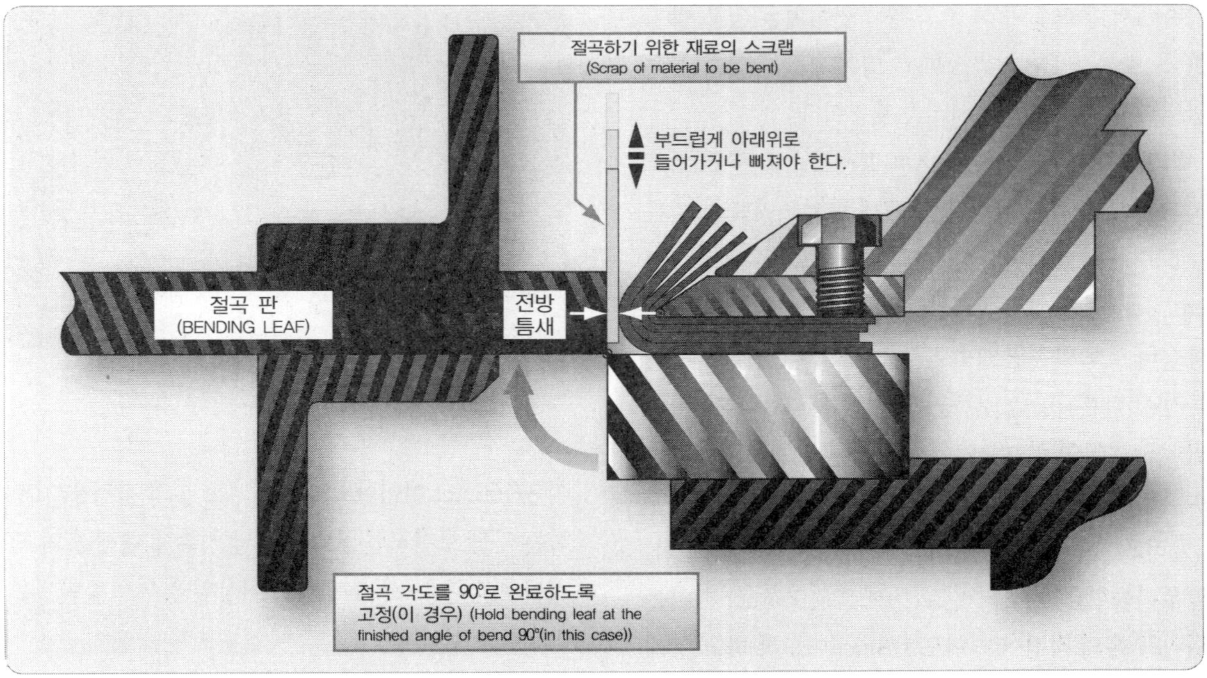

[그림 3-132] 절곡기 돌출부 틈새 조정 모습(Profile illustration of brake nose gap adjustment)

로부터 3inch 위치의 바닥면과 절곡기 사이에 2개의 시험 조각을 조여서 점검한다. 그림 3-134와 같이 90°로 구부린다. 시험 조각을 제거하여 다른 쪽의 위쪽에 놓는다. 이때 서로 맞아야 한다. 그림 3-135와 같이 맞지 않을 경우 shaper bend back으로 끝단을 약간 조정한다.

3.10.5 박스 접기(Folding a Box)

상자는 이전의 단락에서 설명한 U-channel과 같은 방법으로 성형할 수 있다. 판금부품이 교차하는 곡률반경을 갖고 있을 때 플랜지를 끼고 있는 재료에 여유를 주기 위해 재료를 제거할 필요가 있다. 이를 위해 굴곡부 접선 안쪽 교차지점에서

드릴링 또는 펀칭 홀을 만든다. 이것을 릴리프 홀(relief hole)이라 하며 직경이 곡률반경에 약 2배이고 금속에서 응력을 줄이고 금속이 찢어지는 것을 방지한다. 릴리프 홀(relief hole)은 잉여 재료를 다듬을 수 있도록 잘 마무리된 모서리를 제공한다.

릴리프 홀이 더욱 크고 더 매끄러울수록 균열이 모서리에서 더 적게 형성된다. 대개 릴리프 홀의 반지름은 도면에서 지정된다. 핑거절곡기라고도 부르는 box and pan 절곡기는 상자를 구부리기 위해 사용한다. 박스의 서로 맞은편 양쪽이 먼저 구부려진다. 그 뒤 가늠자가 다른 2곳을 구부리기 위해 올려졌을 때 위로 접혀진 곳들이 핑거사이에 균열에서 위로 올려지도록 절곡기의 핑거를 조정한다.

릴리프 홀의 크기는 재료의 두께에 따라 달라진다. 알루미늄합금 판재의 원료 두께가 0.064inch까지는 릴리프 홀의 직경이 적어도 1/8inch이도록 하고 두께가 0.072inch~0.128inch의 범위 내에서는 홀의 직경이 3/160inch이어야 한다. 릴리프 홀의 직경을 결정하는 가장 보편적인 방법은 해당 치수에 대해 홀의 직경이 최소허용오차(1/8inch) 이상일 경우 곡률반경을 이용하는 것이다.

[그림 3-133] 양쪽 끝에서 3인치 떨어진 2개의 시편으로 절곡기 정렬
(Brake alignment with two test strips 3-inch from each end)

[그림 3-134] 90° 절곡된 2개의 시편으로 절곡기 정렬
(Brake alignment with two test strips bent at 90°)

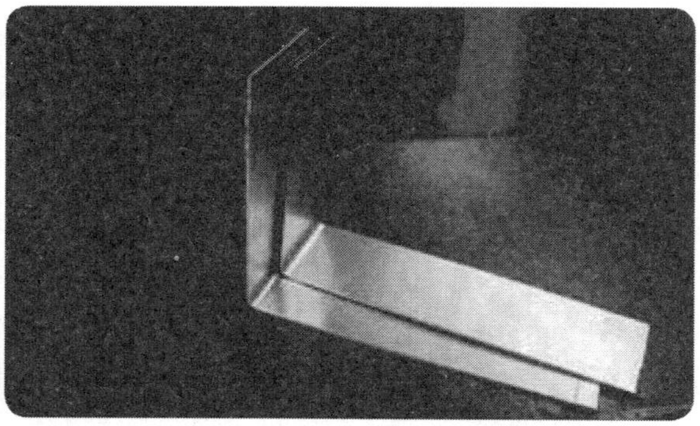

[그림 3-135] 조절용 시편으로 절곡기 정렬
(Brake alignment by comparing test strips)

3.10.5.1 릴리프 홀 위치(Relief Hole Location)

릴리프 홀은 내측 굴곡부 접선의 교차점에서 접해야 한다. 굽힘 시 생길 수 있는 오차를 감안하여 내측 굴곡부 접선 뒤에 1/16inch에서 1/32inch를 뻗어 릴리프 홀을 만든다. 릴리프 홀을 위하여 선의 교차점을 중심으로 사용한다. 곡선의 안쪽에 있는 선은 내부 플랜지의 신장을 허용하는 릴리프 홀을 향한 각도에서 잘린다.

그림 3-136과 같이, 릴리프 홀의 위치 결정이 중요한다. 릴리프 홀의 바깥둘레는 내측 굴곡부 접선의 교차점에서 만나도록 위치해야 한다. 이것은 어떠한 재료라도 다른 굴곡부의 굽힘 허용량 지역과 간섭하는 것을 방지한다. 만약 이와 같은 굽힘 허용량 부위가 서로 교차되면 굽힘이 진행되는 동안 모서리에 상당한 압축력이 있는 응력이 축적되어 부품에 균열을 유발한다.

3.10.5.2 배치도 방법(Layout Method)

전통적인 배치도 절차를 이용하여 기본적인 부품을 배열하여 평면의 폭과 굽힘 허용량을 결정한다. 배치도는 굽힘 경감 위치를 표시하는 내측 굴곡부 접선의 교차점이다. 교차된 선을 이등분하고 이 선에서 홀 반지름의 거리만큼 바깥쪽 방향으로 이동시킨 것이 홀의 중심이다. 이 지점에서 홀을 뚫고 모서리 재료의 나머지를 다듬는 것으로 마무리한다. 그림 3-137과 같이 트림아웃(Trim Out)은 종종 반지름에 접선이며 가장자리에 수직이다. 이것은 열린 모서리를 남긴다. 모서리가 닫혀야 하거나 약간 더 긴 플랜지가 필요할 경우 그에 맞게 다듬는다. 모서리에 용접해야 할 경우 모서리에서 플랜지가 접촉되도록 한다. 플랜지의 길이는 플랜지의 안쪽만이 접촉하도록 부품의 마무리된 길이보다 하나의 재료두께만큼 더 짧게 한다.

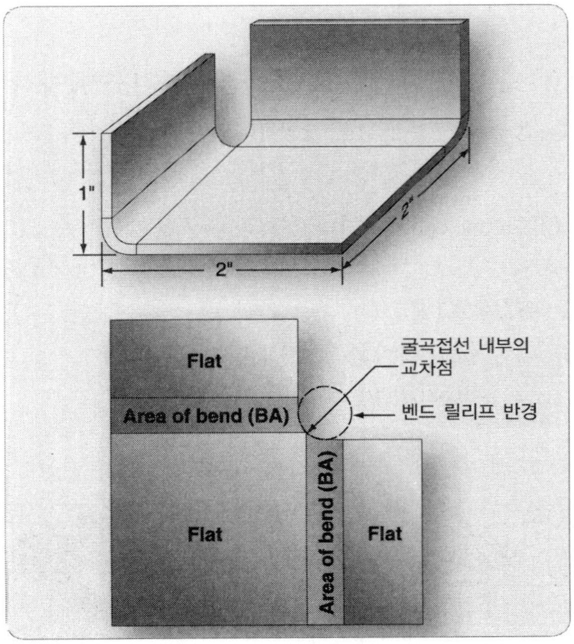

[그림 3-136] 릴리프 홀(Relief hole location)

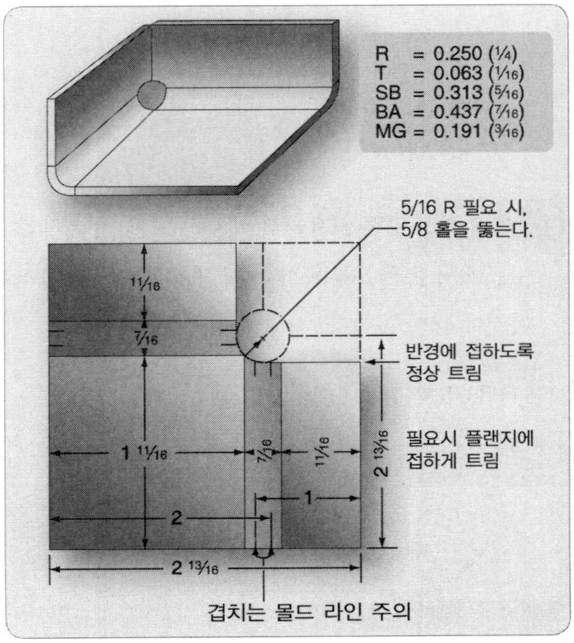

[그림 3-137] 릴리프 홀 배치도(Relief hole layout)

3.10.6 열림과 닫힘 굴곡부 (Open and Closed Bends)

열림과 닫힘 굴곡부는 90° 이상 굴곡부보다 계산이 더 필요한 고유의 문제점이 존재한다. 다음의 45°와 135° 굴곡부의 예에서, 재료는 두께가 0.050inch이고 곡률반경은 3/16inch다.

3.10.6.1 끝 열림 굴곡(90° 이하) (Open End Bend(less than 90°))

그림 3-138에서는 45° 굴곡부에 대한 예를 보여준다.

(1) K-chart에서 K-factor를 찾는다. 45°에 대한 K-factor는 0.41421inch다.

(2) Setback을 계산한다.

$$SB=K(R+T)$$
$$=0.41421(0.1875+0.050)$$
$$=0.098[inch]$$

(3) 45°에 대한 굽힘 허용량을 계산한다. 굽힘 허용량 도표에서 1° 굴곡부에 대한 굽힘 허용량을 찾아서 이것에 45를 곱한다.

$$0.003675\times45=0.165[inch]$$

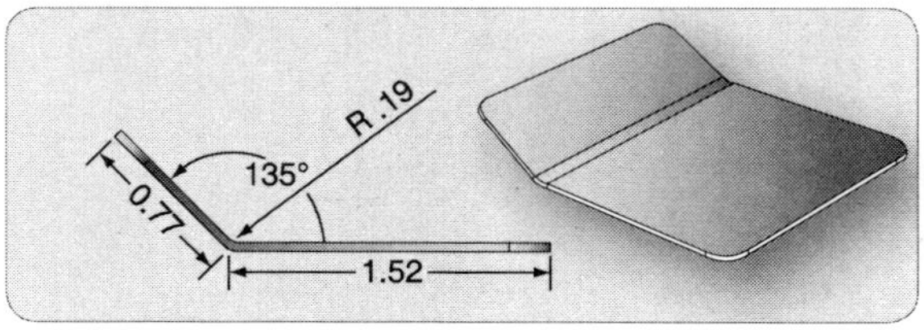

[그림 3-138] 열림 굴곡(Open bend)

(4) Flat을 계산한다.

$$Flat=Mold\ line\ dimension-SB$$
$$Flat\ 1=0.77-0.098=0.672[inch]$$
$$Flat\ 2=1.52-0.098=1.422[inch]$$

(5) 전체 길이(TDW)을 계산한다.

$$TDW=Flats+Bend\ allowance$$
$$=0.672+1.422+0.165$$
$$=2.259[inch]$$

절곡기 기준선이 굴곡부 접선으로부터 1개의 반지름거리에 계속 위치하는지 관찰한다.

3.10.6.2 끝 닫힘 굴곡(90° 이상) (Closed End Bend(more than 90°))

그림 3-139에서는 135° 굴곡부에 대한 예를 보여준다.

(1) K-chart에서 K-factor를 찾는다. 135°에 대한 K-factor는 2.4142inch이다.

(2) Setback을 계산한다.

$$SB=K(R+T)$$
$$=2.4142(0.1875+0.050)$$
$$=0.57[inch]$$

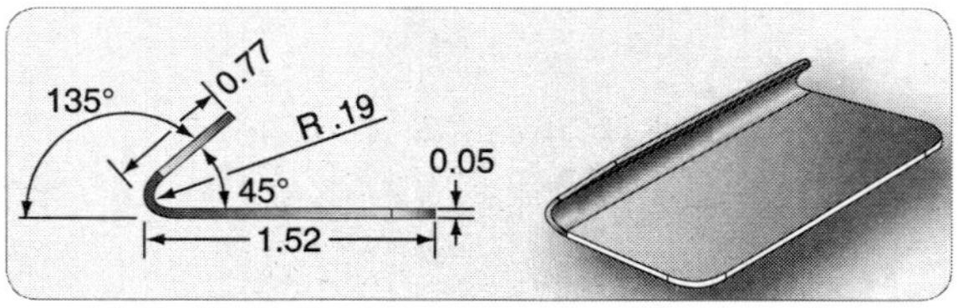

[그림 3-139] 닫힘 굴곡(Closed bend)

(3) 135°에 대한 굽힘 허용을 계산한다. 굽힘 허용량 도표에서 1° 굴곡부에 대한 굽힘 허용량을 찾고 이것에 135를 곱한다.

$$0.003675 \times 135 = 0.496[inch]$$

(4) Flat을 계산한다.

$$Flat = Mold\ line\ dimension - SB$$
$$Flat\ 1 = 0.77 - 0.57 = 0.20[inch]$$
$$Flat\ 2 = 1.52 - 0.57 = 0.95[inch]$$

(5) 전체 전개폭(TDW)을 계산한다.

$$\begin{aligned} TDW &= Flats + Bend\ allowance \\ &= 0.20 + 0.95 + 0.496 \\ &= 1.65[inch] \end{aligned}$$

닫힌(Closed) 굴곡부가 열린 끝(Open-end) 굴곡부보다 더 작은 전체 길이를 가지며 재료 길이도 따라서 조정하는 것이 필요하다.

3.10.7 수동성형(Hand Forming)

모든 수동성형은 금속의 신장과 수축공정에 초점을 둔다. 이전에 설명한 것과 같이, 수축이 면적을 감소시키기 위한 수단인 반면에 신장은 금속의 특정 지역을 늘이거나 또는 증가시키는 수단이다. 신장과 수축의 몇 가지 방법은 형성하는 부품의 크기, 모양, 그리고 외형에 따른다.

예를 들어, 만약 성형각재 또는 압출각재를 구부리려면, 부품이 맞도록 한쪽은 팽창하고 그 반대쪽은 수축한다. 범핑(bumping)에서는 재료가 부풀게 하기 위해 벌지(bulge, 부푼 것)에서 늘어나고, 서로 맞물리기에서는 재료가 맞물림 사이에서 늘어난다. 무게경감 홀의 가장자리 재료는 홀 주위에 경사가 있고 보강되는 리지(ridge)를 형성하기 위해 늘어난다. 다음 설명은 이러한 기술의 일부다.

3.10.7.1 직선 굴곡부(Straight Line Bends)

코니스 절곡기와 바 절곡판은 일반적으로 직선 굴곡부를 만드는 데 사용한다. 그와 같은 기계를 사용할 수 없을 경우 상대적으로 짧은 섹션은 금속 굽힘블록 또는 목재 굽힘블록을 사용해서 손으로 구부릴 수 있다.

재료(blank)가 지면에 구획되고 크기에 맞추어 절단된 후, 바이스에 고정된 2개의 목재 성형블록 사이에 굽힘선을 따라 재료를 고정시킨다. 목재 성형블록은 굴곡부에 요구되는 반지름에 대해 필요한 만큼 둥글게 된 하나의 가장자리를 갖추어야 하고 스프링백을 고려하여 90°을 약간 넘어서까지 구부러져야 한다.

고무, 플라스틱, 또는 생가죽나무망치로 굽힘블록 밖으로 돌출된 금속을 살살 때려서 필요 각도까지 구부린다. 한쪽 끝에서 두드리기 시작해서 완만하고 균일한 굴곡부를 만들기 위해 가장자리를 따라 앞뒤로 작업한다. 성형블록에서 튀어나온 금속이 필요 각도로 구부러질 때까지 이 과정을 지속한다. 위에서 설명한 바와 같이 물체의 탄력성 때문에 실제 필요 각도보다 좀 더 금속을 구동시켜야 한다. 만약 금속이 성형블록 밖으로 너무 많이 돌출되어 있으면 튀어 오르는 것을 방지하기 위해 튀어나온 판재에 손압력을 유지한다. 굴곡부에 대해 모서리를 따라 견목으로 된 직선블록을 고정시키고 그것을 나무망치나 해머로 세게 두드려 균일하게 만든다. 굽힘블록 밖으로 돌출된 금속의 양이 적으면 견목블록과 해머를 사용하여 전체를 구부릴 수 있다.

3.10.7.2 성형 또는 압출 각재 (Formed or Extruded Angles)

각재의 성형유형과 압출유형 모두 플랜지의 어느 쪽으로도 신장 또는 수축하여 급격하게 구부리지 않고 구부릴 수 있다. 공정은 V-블록과 나무망치만 필요하고 쉽게 작업되기 때문에 한쪽 플랜지를 신장하여 구부린다.

(1) V-블록으로 신장방법(Stretching with V-block Method)

그림 3-140과 같이, 신장방법에서, V-블록의 홈에 팽창시킬 플랜지를 놓는다. 플랜지를 수축시키려면 V-블록을 가로질러 플랜지를 놓는다. 둥근 연질보호막 나무망치를 사용하여 V 안쪽의 아래 방향으로 플랜지를 점차적으로 밀어 넣는 동안 가볍고 균일한 타격으로 V부분의 위에 직접적으로 두드린다.

해머로 쳤을 때 조각이 튀어 오르는 것을 방지하기 위해 단단히 잡는다. 지나친 타격은 금속을 휘게 하므로 V-블록을 가로질러 플랜지를 지속적으로 이동시킨다. 그러나 항상 V 바로 위에 지점을 가볍게 타격한다.

종이 또는 합판에 실물과 같은 크기로 정확한 모형을 만들어서 구부리는 모양의 정확성을 주기적으로 검사한다. 각재를 모형과 비교하여 곡률이 어떻게 진행되고 있는지와 어느 방향으로 구부리거나 덜 구부리는 것이 필요한지 결정한다. 어느 한 부분을 마무리하기 전에 의도하는 형태로 대략적으로 곡률의 형태를 만드는 것이 더 낫다. 각재를 마무리하거나 매끄럽게 하는 것이 각재의 다른 부분 중 어느 곳에서라도 형태를

[그림 3-140] V-block 성형(V-block forming)

변하게 할 수 있기 때문이다. 각재 조각의 어느 부분이라도 지나치게 구부려졌다면 V블록에서 각재조각을 반대로 뒤집고 바닥의 플랜지를 위로 놓고, 나무망치로 가볍게 두드려 굽힘을 줄인다.

망치질이 지나칠 경우 금속을 가공경화하기 때문에 최소한의 망치질로 굽힘을 형성하도록 한다. 가공경화는 금속에서 휨 반응의 결여 또는 탄력성으로 인지할 수 있다. 숙련된 작업자는 이를 쉽게 인지한다. 일부의 경우 곡선 작업 시 부품을 담금질 할 수 있다. 이때 항공기에 장착하기 전에 부품을 다시 열처리한다.

(2) V-블록수축과 수축블록방법(Shrinking with V-block and Shrinking Block Methods)

수축하여 압축각재 또는 성형각재 조각을 구부리는 것은 전에 논의된 V-블록 방법 또는 수축블록방법 중 어느 방법으로도 가능하다. 수축블록방법도 좋으나 일반적으로 V-블록이 더 빠르고 쉬우며 금속 재질에

영향을 덜 주는 반면 수축블록방법이 더 좋은 결과를 산출한다.

V-블록 방법에서, 각재 조각의 한쪽 플랜지를 V-블록 위에 편평하게 놓고 다른 플랜지를 위쪽 방향으로 한다. 해머로 칠 때 튀지 못하도록 각재 조각을 꼭 잡은 후, 상부플랜지의 가장자리를 돌려가면서 가볍게 친다. 각재조각을 앞쪽과 뒤쪽으로 움직이면서 한쪽 끝단에서 반대쪽 끝단까지 블록의 V-부분 바로 위쪽에서 골고루 해머로 쳐준다. 이와 같이 가볍게 쳐서 수직 플랜지가 옆쪽 방향으로 휘어지는 것을 방지한다.

원형으로 정밀도에 대한 만곡부를 검사한다. 급격하게 구부러졌다면, 성형각재의 단면이 서로 약간 가까워진다. 이와 같은 현상을 방지하기 위하여 작은 C-클램프를 사용하여 망치질된 플랜지로 위쪽을 향해 견목판자에 성형각재를 조인다. 클램프의 jaw는 마스킹테이프로 붙여 씌워야 한다. 각재가 서로 거의 닿을 정도라면 목재로 만든 망치로 가볍게 몇 번 치거나 작은 견목블록으로 도움을 받아 정확하게 맞는 각도로 플랜지를 다시 펴야 한다. 또 각재 조각의 어느 부분이 너무 구부러졌다면 앞선 단락의 신장 편의 설명과 같이 V-블록에서 각재를 되돌리고 알맞게 맞는 망치로 때려서 다시 펴야 한다. 적절히 구부린 후에 면이 부드러운 나무망치로 각재 전체를 잘 다듬어준다.

만약 성형각재에서 만곡부가 급격해야 하거나 각도의 플랜지가 폭이 상당히 넓은 것이면 대개 수축블록 방법을 사용한다. 이 과정에서 만곡부의 안쪽을 성형하도록 플랜지를 주름잡는다.

주름을 만들 때, jaw가 서로 1/8inch 떨어지도록 클림핑 플라이어(crimping plier)를 잡는다. 손목을 앞뒤로 회전시켜, 플라이어의 위쪽 jaw를 먼저 아래쪽 jaw의 한쪽에서 그다음에 다른 쪽에서 플랜지와 접촉하게 한다. 플라이어의 비틂 운동(twisting motion)을 서서히 증가시켜, 플랜지 안으로 도드라진 부분을 작업하여 주름을 완성한다. 주름을 너무 크게 만들면 작업하기가 어렵다. 주름잡기의 크기는 주로 금속의 두께와 강도에 달려 있으나 일반적으로 1/4inch이면 충분하다. 수축블록의 jaw를 쉽게 부착할 수 있도록 필요로 하는 만곡부를 따라 각각의 주름 사이에 간격을 충분히 남겨 균등한 거리로 띄운 몇 개의 주름을 놓는다.

그림 3-141과 같이, 압착을 완료한 뒤 한 번에 한 개의 주름이 jaw 사이에 놓이도록 수축블록에 주름진 플랜지를 놓는다. 연질보호막 나무망치로 가벼운 타격을 가하는 동시에 주름잡기의 정점인 폐쇄끝단에서 시작하여 점차적으로 플랜지의 가장자리 쪽으로 작업하여 각각의 주름을 편평하게 한다.

성형공정 동안과 모든 주름잡기가 제거된 후에도 주기적으로 원형과 함께 각재의 만곡부를 점검한다. 만약 만곡부를 증가시키는 것이 필요하다면, 더 많은 주름을 추가하고 공정을 반복한다. 금속이 어느 하나의

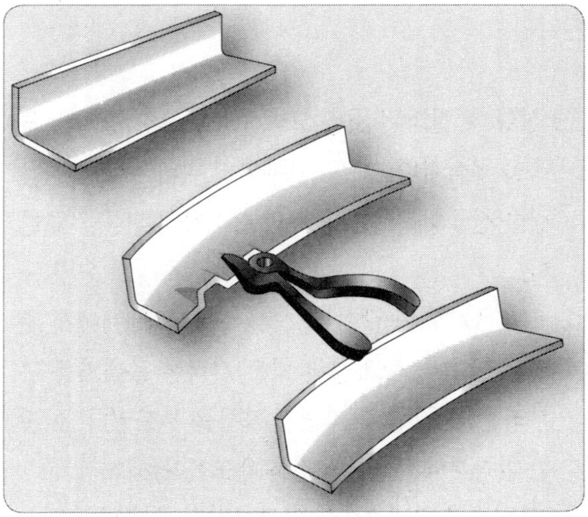

[그림 3-141] 곡선 성형을 위해 금속 플랜지 크림핑
(Crimping a metal flange in order to form a curve)

지점에서 과도하게 가공 경화되지 않도록 원래의 것 사이에 추가된 주름에 일정한 간격을 둔다. 만곡부를 어떤 지점에서 약간 증가시키거나 감소시킬 필요가 있으면 V-블록을 사용한다.

만곡부가 완성되면 작은 쇠모루 또는 목재주형 위에 각재 조각을 편평하게 한다.

3.10.7.3 테두리 각재(Flanged Angles)

다음에 설명하는 두 가지 테두리 각재에 대한 성형공정은 굴곡부가 더 짧기 때문에 서서히 구부러지지 않고 비좁은 지역 또는 집중지역에서 수축 또는 신장해야 하므로 이전에 설명된 각재보다 약간 더 복잡하다. 플랜지가 굴곡부의 안쪽을 향하고 있어야 할 경우 재료를 수축시킨다. 그것이 바깥쪽을 향하는 지점에 있다면 늘어나야 한다.

3.10.7.4 수축(Shrinking)

수축시켜서 테두리 각재를 성형할 때, 그림 3-142과 유사한 목재성형블록을 사용하고 다음과 같이 진행한다.

(1) 성형 후 잘라낼 것을 고려하여 필요한 크기로 금속을 절삭한다. 90°로 구부리기 위하여 굽힘 허용량을 산정하고 성형블록의 가장자리를 둥글게 한다.
(2) 그림 3-142와 같이, 형상블록에 단계 (1)에서 준비한 금속을 죄고 블록 밖으로 나온 플랜지를 구부려준다. 굽힌 후 가볍게 블록을 두드린다. 이것은 굴곡부에서 설정공정을 유도한다.
(3) 그림 3-143과 같이, 연질보호막 수축나무망치를 사용하여 중심 부분 부근부터 때리기 시작하여 양쪽 끝단을 향하여 점차적으로 플랜지를 작업한다. 플랜지가 굴곡부에서 구부러지는 이유는 재료가 더 작은 공간을 차지하도록 만들어지기 때문이다. 재료를 1개의 큰 것으로 만드는 대신, 몇 개의 작은 굽음으로 나누어 작업한다. 가볍게 망치질하고 재료를 각각의 굽음에서 서서히 압착하면서 작업한다. 작은 견목 쐐기블록(wedge block)을 사용하면 굽음을 만드는 데 도움이 된다.
(4) 플랜지를 형상블록에 대하여 납작하게 만든 뒤 두드려서 편평하게 하고 작은 요철을 제거한다. 견목 형상블록이면 금속을 펴주는 해머(metal planishing hammer)를 사용한다. 금속 형상블록이면 연질보호막 나무망치를 사용한다. 여분의 재료를 잘라내고 줄질하고 윤을 낸다.

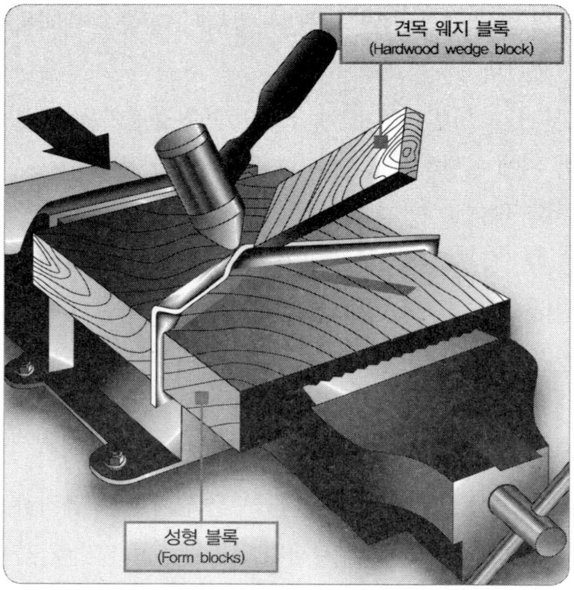

[그림 3-142] 성형 블록을 사용한 테두리 각재 성형
(Forming a flanged angle using forming blocks)

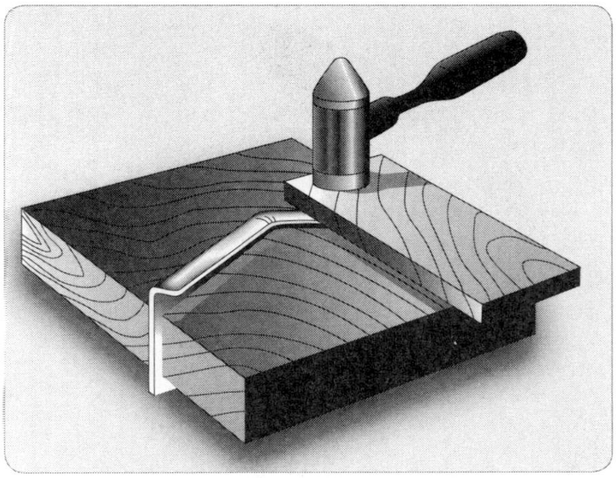

[그림 3-143] 수축(Shrinking)

3.10.7.5 신장(Stretching)

신장하여 테두리 각재를 성형하기 위해 수축공정에서 사용했던 동일한 성형블록, 목재 쐐기블록과 나무망치를 사용하고 다음과 같이 진행한다.

(1) 잘라낼 것을 고려하여 필요한 크기로 재료를 절삭하고, 90° 굴곡부에서 굽힘 허용량을 결정하고 굴곡부의 필요 반지름과 같은 모양이 되도록 블록의 가장자리를 둥글게 한다.
(2) 그림 3-144와 같이 형상블록에 재료를 조인다.
(3) 연질보호막 신장 나무망치를 사용하여 끝단 근처에서 해머로 치기를 시작하고 균열과 쪼개지는 것을 방지하기 위해 평탄하게 서서히 플랜지를 가공한다. 이전의 절차에서 설명된 것과 같이 플랜지와 각재를 펴준다. 필요할 경우 가장자리를 다듬고 매끄럽게 한다.

3.10.7.6 굴곡진 테두리 부품(Curved Flanged parts)

굴곡진 테두리 부품은 보통 오목플랜지인 내측 가장자리와 볼록플랜지인 외측 가장자리에서 수작업으로

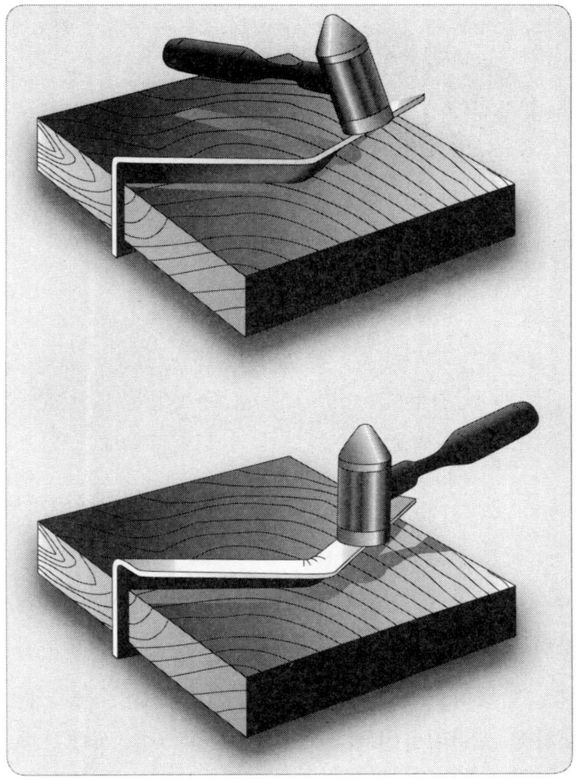

[그림 3-144] 테두리 각재 신장(Stretching flanged angle)

성형된다.

오목플랜지는 수축시켜 성형하는 반면, 볼록플랜지는 신장시켜 성형한다. 그림 3-145와 같이, 볼록플랜지와 오목플랜지는 금속 성형블록 또는 견목블록의 도움으로 형체를 만든다. 블록은 한 쌍으로 만들고 성형되는 부위의 모양을 특정하여 설계된다. 또한 평각굴곡부(straight angle bends)에 사용되는 것과 유사하게 한 쌍으로 만들고 같은 방식으로 확인한다. 블록은 성형하는 특정한 부품을 위해 구체적으로 만들어진 것으로 구별되고, 서로 정확하게 잘 맞으며 실제 치수와 마무리된 물품의 윤곽에 따른다.

성형블록은 블록을 정렬하고 제자리에 금속을 고정

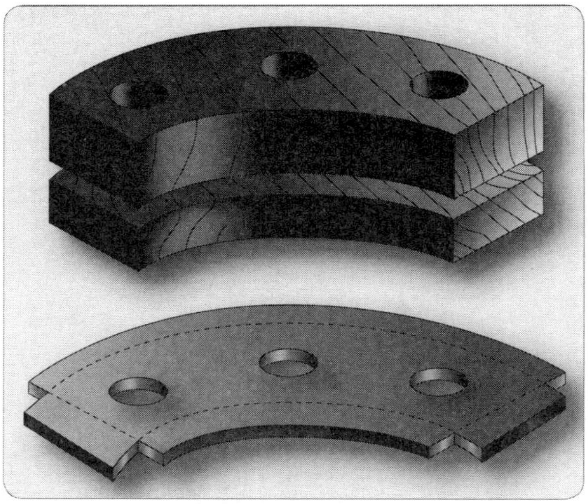

[그림 3-145] 성형블록(Forming blocks)

하는 데 도움을 주는 소형 정렬핀을 갖추게 되거나 C-클램프 또는 바이스로 함께 잡아준다. 홀이 반제품의 강도에 영향을 주지 않는다면 형상블록과 금속을 관통하여 드릴링하여 볼트와 함께 잡아준다. 성형블록의 가장자리는 부품에서 굴곡부의 정확한 반지름을 주기 위해 둥글게 되고 금속의 스프링백을 고려하여 약 5° 정도 하부를 잘라버린다. 이와 같이 밑에서 쳐올리기는 금속이 단단하거나 굴곡부가 정확해야 할 경우 특히 중요하다.

노스 리브(nose rib)는 압착에 의한 신장과 수축 모두를 포함하기 때문에 굴곡진 플랜지를 성형하는 좋은 예다. 일반적으로 오목플랜지, 내측 가장자리, 그리고 볼록플랜지, 외측가장자리를 갖고 있다. 다음 그림들은 대표적인 성형의 여러 가지 유형이다. 그림 3-146과 같이 평 노스 리브(Plain nose rib)에서는 큰 볼록플랜지가 1개만 사용한다. 부품 주위의 둘레가 길고 성형에서 굽음이 있을 가능성으로 인해 성형하는 것이 조금 어렵다. 플랜지와 리브의 비드모양(판재를 단단하게 하기 위해 판금에 보강재 부착)으로 된 부분은

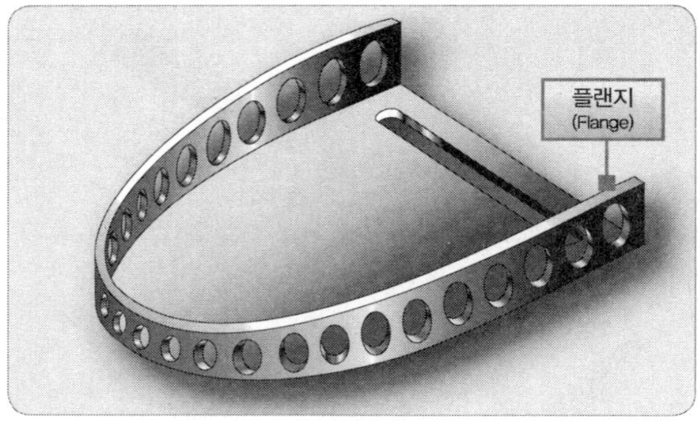

[그림 3-146] 평 노스 리브(Plain nose rib)

사용하기 좋은 유형으로 만들 수 있게 강도가 충분하다.

그림 3-147에서 오목플랜지는 성형하는 것이 어렵지만, 외측플랜지는 릴리프 홀에 의해서 작은 섹션으로 해체된다. 그림 3-148에서 강도를 부품에 제공하는 동안에, 주름은 재료를 받아들이고 굴곡을 만들기 위해 동일한 간격으로 놓인다.

그림 3-149에서 앞머리 리브는

릴리프 홀에 압착하는 것, 비드모양으로 되는 것, 덧붙이는 것과 각각의 끝단에 리벳을 박은 성형각재를 사용하는 것으로 성형한다. 비드와 성형각재는 부품

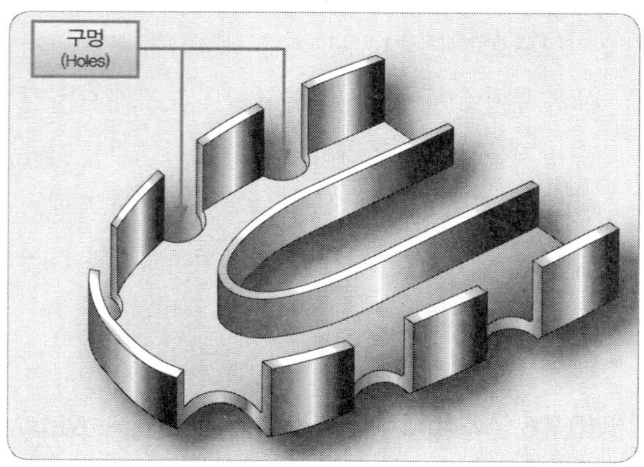

[그림 3-147] 릴리프 홀의 노스 리브
(Nose rib with relief holes)

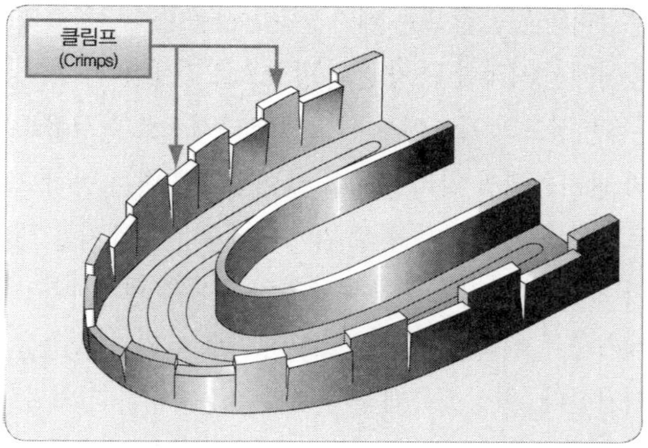

[그림 3-148] 클림프의 노스 리브(Nose rib with crimps)

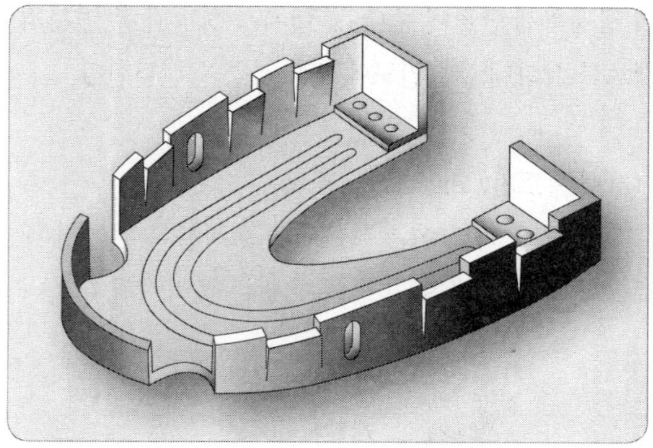

[그림 3-149] 복합 성형의 노스 리브
(Nose rib using a combination of forms)

에 강도를 준다. 그림 3-150과 그림 3-151에서 곡선 플랜지를 성형하는 기본 단계는 다음과 같다.

① 깎아 다듬기에 대해 재료를 1/4inch 크게 고려해서 필요한 크기로 재료를 절단하고 맞춤핀이 들어갈 수 있도록 홀을 뚫는다.
② 모든 버(burr), 즉 고르지 못한 가장자리를 제거한다. 이것은 성형공정 시에 가장자리에서 재료 균열의 가능성을 감소시킨다.
③ 맞춤핀에 대해 홀의 위치를 정하고 드릴링 한다.
④ 성형블록 사이에 재료를 넣고 바이스로 클램프블록을 꼭 조여 주어 재료가 움직이거나 흔들리지 못하도록 한다. 금속이 미끄러지거나 형상블록에 빠지는 것을 방지하기 위하여 해머로 때릴 특정 부위의 가장 가까운 곳을 바이스에 물린다.

(1) 오목표면(Concave Surfaces)

그림 3-150과 같이, 먼저 오목곡선으로 플랜지를 구부리면 플랜지가 팽창될 때 균열이나 갈라짐을 방지한다. 균열이나 갈라짐이 발생하면 새로운 플랜지를 만들어야 한다. 부드럽고 약간 둥그런 표면의 생가죽 나무망치 또는 목재쐐기블록을 사용하고 오목굴곡부가 시작되는 곳으로부터 멀리 떨어진 양끝부터 해머로 때리기 시작해서 굴곡부의 중심부 쪽으로 나아가면서 때려준다. 이 과정은 부품 끝의 일부 금속이 필요한 곳에서 만곡부의 중심으로 작업하게 한다. 플랜지가 완전히 구부러질 때까지 계속하여 형상블록과 같

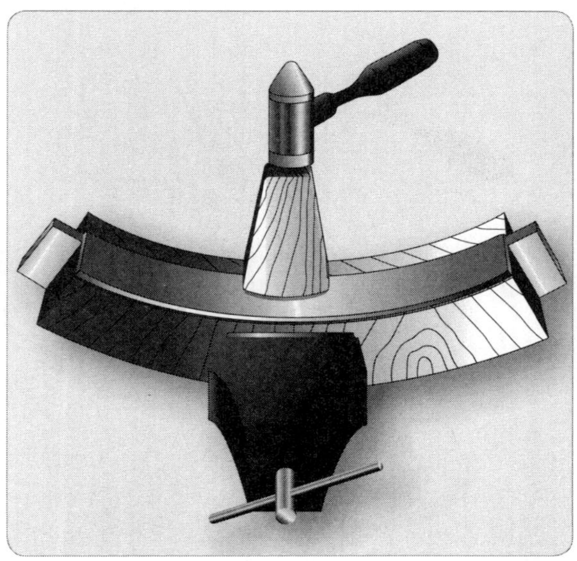

[그림 3-150] 오목 플랜지 성형
(Forming a concave flange)

이 평평하게 만들어 준다. 플랜지가 성형된 후 여분의 재료를 잘라내고 정밀도에 대해 부품을 점검한다.

(2) 볼록표면(Convex Surfaces)

그림 3-151과 같이 볼록표면은 형상블록 위에서 재료를 수축하여 성형된다. 목재 또는 플라스틱 수축나

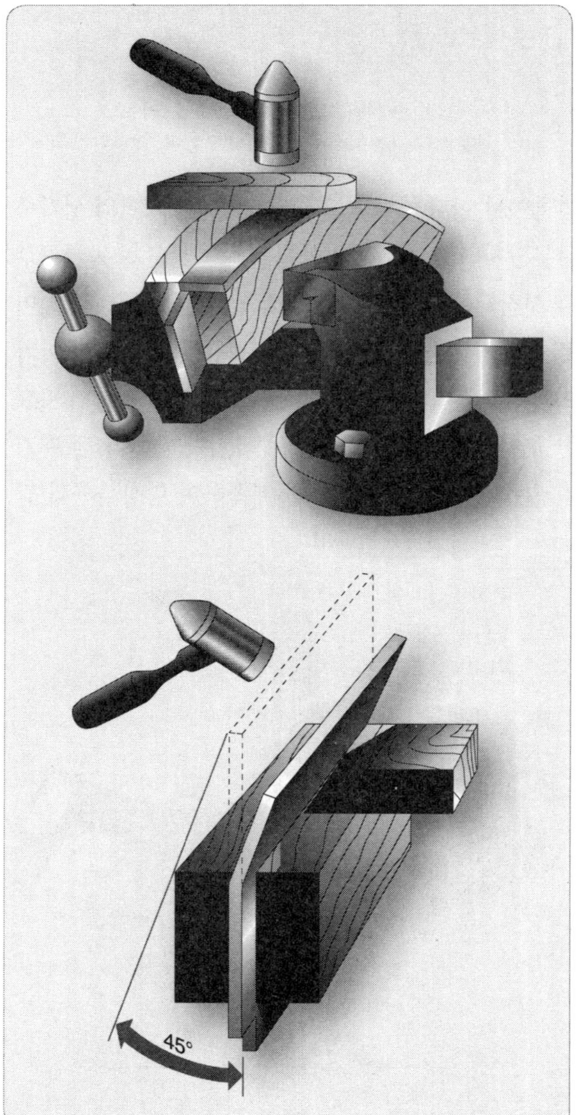

[그림 3-151] 볼록 플랜지 성형(Forming a convex flange)

무망치와 뒷받침 또는 쐐기블록을 사용하여 만곡부의 중심에서 시작한 뒤 양 끝단 방향으로 진행한다.

45° 정도의 각도에서 비스듬한 타격으로 형상블록의 반지름에서 멀리 부품을 끌어당기려 하는 동작으로 금속을 때리면서 형상 위에 내려놓은 플랜지를 해머로 친다. 반지름 굴곡부 주위의 금속은 팽창시키고 쐐기블록 위쪽을 점차적으로 해머로 때려서 굽음을 제거한다. 형상블록에 플랜지의 가장자리가 거의 수직을 유지하도록 뒷받침 블록을 사용한다. 뒷받침 블록은 굽음, 파열 및 균열의 발생가능성을 경감시킨다. 최종적으로 여분의 플랜지를 깎아내고 버(burr)를 없애고 모서리를 둥글게 하고 부품이 정확하게 만들어졌는가를 검사한다.

3.10.7.7 범핑 성형(Forming by Bumping)

이전에 설명한 것과 같이 범핑은 판금을 범핑해서 모양을 만들고 부풀게 하여 신장한다. 그림 3-152와 같이, 범핑은 성형블록 또는 암형틀에서, 혹은 모래주머니에서 할 수 있다.

이 중에서 어느 방법이라도 단 한 가지 형상이 필요하다. 목재블록, 납형틀 또는 모래주머니이다. Blister 또는 유선형 덧판은 형상블록이나 범핑의 형틀방법으로 만들어진 부품의 예다. 날개 필릿은 모래주머니에서 범핑으로서 성형되는 부품의 예다.

(1) 성형블록 또는 형틀(Form Block or Die)

성형블록 범핑을 위해 설계된 납형틀 또는 목재블록은 blister의 외형과 동일한 윤곽과 치수를 가져야 하며 금속을 묶을 수 있게 충분한 베어링 면과 찧는 무게를 제공하기 위하여 필요한 형상보다 모든 치수가 적어도 1inch는 커야 한다.

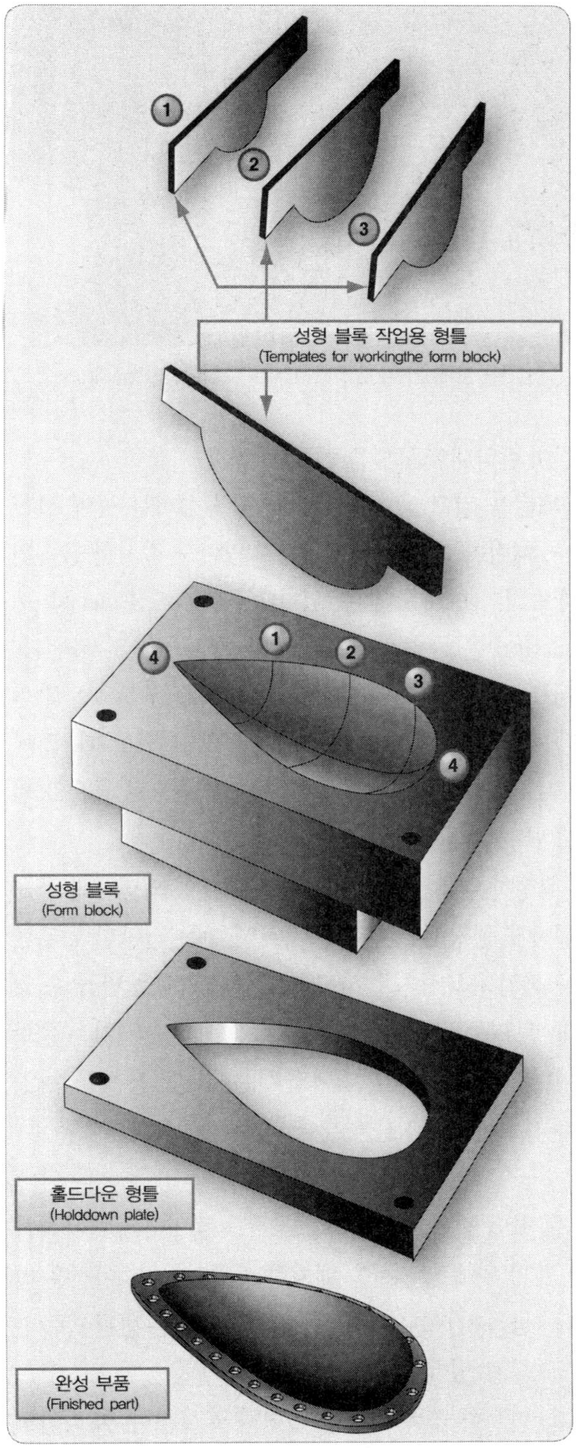

[그림 3-152] 성형블록 범핑(Form block bumping)

형상블록을 만들기 위하여 다음의 절차를 따른다.

① 톱, 정, 둥근 정, 줄, 그리고 강판과 같은 공구로 움푹하게 파낸다.

② 사포로 블록을 부드럽게 마무리 손질한다. 형상의 안쪽은 가능하면 매끄러워야 한다. 마무리 손질이 안 된 작은 결함이 마무리 과정에서 나타나기 때문이다.

③ 그림 3-152와 같이, 형상을 정밀하게 점검할 수 있도록 단면의 재단으로 된 형판을 준비한다.

④ 지점 1, 2, 그리고 3에서 형상의 윤곽을 만든다.

⑤ 나머지 윤곽을 형판으로 만들도록 형판 확인지점 사이에 있는 부위의 형태를 만들어 준다. 성형블록을 만들 때 정확도가 더 높을수록 매끄러운 마무리된 부품을 제작하는 데 시간을 덜 소모한다.

형상을 준비하고 점검한 후 다음과 같이 범핑을 한다.

① 도면을 그릴 수 있게 실사이즈보다 1/2inch 내지 1inch 정도 더 크게 금속을 절단한다.

② 블록과 알루미늄에 한 번 경유(light oil)를 엷게 칠하여 긁히거나 거친 얼룩과 같이 벗겨지는 것을 방지한다.

③ 블록과 강판 사이에 재료를 죄고 이전에 언급된 바와 같이 단단히 지지되도록 하되 형상 안쪽으로 조금 미끄러질 수 있게 한다.

④ 작업대 바이스에 찡기 블록을 조인다. 부드러운 표면으로 된 고무망치를 사용하거나 적절한 나무망치와 견목 구동블록(drive block)으로 형상의 가장자리 가까이에서 범핑을 시작한다.

⑤ 재료의 가장자리로부터 점차 아래쪽으로 내려가도록 나무망치로 가볍게 쳐준다. 범핑의 목적은 재료를 강한 타격으로 밀어 넣는 것이 아니라 신장시켜 모양을 만드는 것이다. 항상 형상 가장자리 근처에서 범핑을 시작하고 blister의 중심부 주변에서는 시작하지 않는다.

⑥ 형상에서 가공물을 제거하기 전에 단풍나무 블록 또는 신장나무망치의 둥근 끝단으로 문질러서 가능한 매끄럽게 한다.

⑦ 범핑 블록으로부터 blister를 제거하고 필요한 크기로 깎아 다듬는다.

(2) 모래주머니 범핑(Sandbag Bumping)

그림 3-153과 같이, 모래주머니 범핑은 작업을 유도하는 정확한 성형블록이 없기 때문에 판금의 수동성형에서 가장 어려운 방법 중 한 가지다. 이런 유형은 성형 중에 금속의 망치질된 부분의 모양을 얻기 위하여 모래주머니 안으로 함몰이 만들어져야 한다. 함몰과 움푹한 곳은 해머로 때릴 때 이동(Shift-위치가 변경되는 상태)하기 때문에 범핑 과정 내내 주기적으로 재조정이 필요하다. 이동의 정도는 성형 할 조각의 모양과 형태에 따라, 또 금속을 수축, 팽창, 또는 끌어당기도록 빗나가게 때려야 하는지 여부에 따라 다르다. 이러한 방법으로 성형 시에 작업 유도장치 역할을 할 수 있고 마무리된 부품의 정확도를 보장할 수 있는 밑본판(contour template)이나 패턴을 준비한다. 일반적인 크래프트지(Kraft)나 유사한 종이와 같은 것으로 복사할 수 있게 부품 위에 접어서 모형을 만든다. 잘 맞게 늘어나야 하는 지점에서 종이커버를 자르고 노출된 부분을 덮기 위해서 마스킹테이프로 추가 종이 조각을 붙인다. 부품을 완전히 싼 후 실제 크기와

[그림 3-153] 모래주머니 범핑(Sandbag bumping)

같이 잘라내어 모형을 만든다.

패턴을 열고 금속에서 부품을 형성하는 곳에 펼친다. 패턴이 편평하게 펼쳐지지 않아도 절삭할 금속의 대략적인 형태를 알 수 있다. 덧붙인 섹션(pieced-in section)은 금속을 신장시켜야 하는 곳을 나타낸다. 재료 위에 본을 놓고 부품과 신장시킬 부분의 외곽선을 펠트팁 펜으로 그려준다. 재료를 절단할 때, 적어도 1inch 더 크게 잘라야 한다. 모형 속으로 금속을 찧고 난 뒤 여분을 잘라낸다.

형성하는 부품이 방사형으로 대칭이 되었다면 불균형하게 팽창되는 부분을 지시해 주는 간단한 밑본판을 작업 유도장치로 사용하여 쉽게 모형을 만들 수 있다. 모래주머니 위에서 판금 부품을 찧는 절차는 윤곽이나 형태에 관계없이 어느 부분에도 적용시킬 수 있는 기초적인 규칙을 따른다. 절차는 다음과 같다.

① 작업 진행을 유도하고 부품을 정밀하게 마무리하기 위해 밑본판을 배치하고 절단한다. 이것은 판금, 중간이나 두꺼운 판지 또는 얇은 합판으로 만들 수 있다.

② 필요한 금속의 양을 결정하고 설계한 후 적어도 1/2inch의 여유를 두고 잘라낸다.

③ 큰 힘을 지탱할 수 있는 견고한 지반 위에 모래주머니를 놓고 부드러운 나무망치로 주머니에 구덩이(pit)를 만든다. 성형 작업을 위해 구덩이가 가져야 하는 정확한 반경을 결정하기 위하여 부품을 분석한다. 망치질로 구덩이의 모양을 바꾸고 그에 맞추어 조정한다.

④ 판금부품에 요구되는 윤곽보다 약간 작은 윤곽을 갖고 부드럽고 둥근 면을 가진 나무망치 또는 종 모양의 나무망치를 선택하여 왼손으로 금속의 한 끝을 잡고 모래주머니의 구덩이 가장자리에서 근처에 찧을 부분을 놓는다. 금속을 비스듬히 가볍게 쳐준다.

⑤ 원하는 형태가 만들어질 때까지 중앙 쪽을 향해서 범핑하고, 금속을 선회시키고 점차 안쪽방향으로 작업하는 것을 지속한다.

⑥ 범핑 공정 동안 형태의 정밀도를 위해 형판을 적용하여 부품을 점검한다. 만약 모양이 찌그러졌으면 더 이상 커지기 전에 수정한다.

⑦ 적당한 작은 쇠모루와 플래싱 해머(planishing hammer, 금속을 편평하게 펴주는 해머) 또는 손받침판과 플래싱 해머로 작은 움푹 팬 곳과 해머 자국을 없애준다.

⑧ 최종적으로 찧기가 완료된 후, 목적물의 바깥쪽 주위를 분할기로 표시한다. 가장자리를 깎아내고 부드럽게 될 때까지 줄질한다. 부품을 닦고 윤기를 낸다.

3.10.7.8 저글링(Joggling)

흔히 성형구와 스트링거의 교차점에서 볼 수 있는 저글링은 판재 또는 다른 연결부품(mating part)의 여유 공간을 두기 위한 부분에 형성된 맞비김(offset)이다. 저글을 이용하면 접합부 또는 스플라이스의 매끄러운 표면을 유지한다. 맞비김의 양은 일반적으로 적다. 따라서 저글의 깊이는 일반적으로 0.001inch로 특정된다. 여유공간을 가져야 하는 재료의 두께가 저글의 깊이를 결정하는 요소가 되며 일반적으로 맞물림의 길이를 필요한 것보다 1/16inch 더 길게 잡아서 맞물리고 겹쳐진 부분의 사이가 잘 맞도록 추가적으로 여유를 준다. 저글의 2개의 굴곡부 사이에 거리를 허용량(allowance)이라 한다. 이 치수는 보통 도면에 있다. 그러나 허용량을 찾는 실용적인 방법은 판재에서 변위의 두께에 4배이다. 90° 각도에 대해서, 저글할때 반지름에 응력이 조성되기 때문에 약간 더 있어야 한다. 사출성형에서 허용량은 재료 두께의 12배가 될 수 있기 때문에 도면을 따르는 것이 중요하다.

저글을 성형하는 여러 가지 방법이 있다. 예를 들어, 저글을 직선플랜지 또는 금속의 Flat Piece에 만든다면 코니스 절곡기에서 성형할 수 있다. 저글을 성형하기 위해서 다음 절차를 이용한다.

① 판재에서 굴곡부가 이루어지는 곳에 맞물림의 경계선을 배치한다.

② 절곡기에 금속을 삽입하고 약 20~30° 위쪽으로 금속을 구부린다.

③ 절곡기를 풀어주고 부품을 꺼낸다.

④ 부품을 뒤집고 절곡기 안의 두 번째 굽힘선에서 쥔다.

⑤ 저글의 정확한 높이를 구할 때까지 부품을 위로 구부린다.

⑥ 절곡기에서 부품을 제거하고 정확한 치수와 여유 공간에 대해 저글을 점검한다.

그림 3-154와 같이, 굴곡진 부분 또는 곡선플랜지에서 저글이 요구될 때 견목, 강재, 또는 알루미늄합금으로 만들어진 성형블록이나 형틀을 사용할 수 있다. 성형절차는 2개의 저글링 블록 사이에 저글링 부품을 놓고 바이스 또는 다른 적절한 체결장치 안에서 블록을 압착하는 것이다. 저글이 성형된 후 저글링 블록은 바이스에서 방향을 바꾼다. 그리고 반대쪽 플랜지의 튀어나온 곳은 목재 나무망치 또는 생가죽나무망치로 평평하게 고른다.

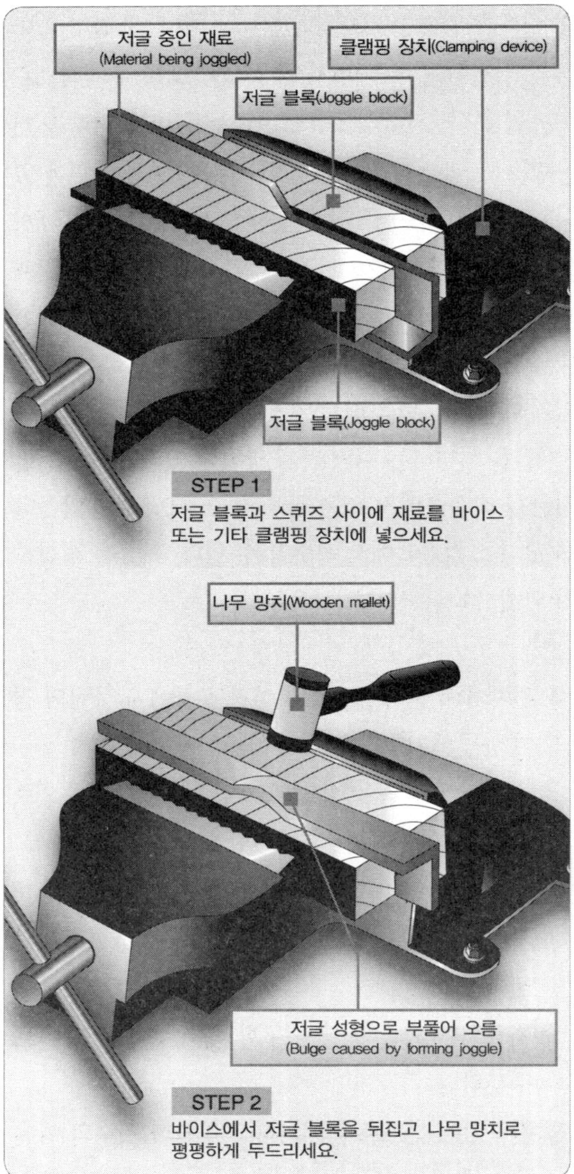

[그림 3-154] 블록사용 저글 성형
(Forming joggle using blocks)

형틀을 몇 번 정도만 사용할 경우 작업하기 쉬운 견목으로 만든다. 비슷한 저글을 많이 만들려면 강재 또는 알루미늄합금 형틀을 사용한다. 알루미늄합금 형틀은 강재보다 제작하기가 쉽고 강재만큼 닳지 않고 오래가기 때문에 선호된다. 이 형틀은 긁힘 없이 알루미늄합금(부분)의 성형할 수 있게 충분히 부드럽고 탄력이 있으며, 니크(nicks)와 스크래치(scraches)가 표면에서 쉽게 제거된다.

그림 3-155와 같이 저글링 형틀을 처음 사용할 때 이미 제작된 부품이 파손되지 않도록 못 쓰는 재료로 형틀의 정확도를 시험한다. 가공물이 훼손되지 않도록 먼지(dirt), 줄밥 및 유사한 것이 없게 블록 표면을 유지한다.

3.10.7.9 무게경감 홀(Lightening Holes)

무게경감 홀은 무게를 감소시키기 위해 리브섹션, 동체 뼈대, 그리고 기타 구조 부분에서 만든다. 재료

[그림 3-155] Samples of joggled metal

의 제거로 인한 부재의 약화를 방지하기 위하여 재료가 제거되는 곳에 부위를 강화시키는 홀 주위에서 플랜지를 압착시킨다.

인가되지 않는 한 어떠한 구조부분에서도 무게경감 홀을 절단해서는 안 된다. 홀 둘레에 형성된 플랜지의 폭과 무게경감 홀의 크기는 설계 규격서에 의해서 결정된다. 명세서에서 부품의 무게를 줄이되 필요한 강도는 유지하기 위해 안전 한계를 고려한다. 무게경감 홀은 원통톱, 펀치, 또는 플라이커터(fly cutter)로 절삭한다. 가장자리는 균열 또는 찢어짐을 방지하기 위해 매끄럽게 줄질을 해준다.

(1) 무게경감 홀 테두리가공(Flanging Lightening Holes)

테두리가공형틀이나 견목 또는 금속 형상블록을 사용하여 플랜지를 성형한다. 플랜지 가공형틀은 2개의 정합부분인 암형틀과 숫형틀로 구성된다. 연질금속의 플랜지가공에서 형틀은 단풍나무와 같은 견목으로도 만든다. 경금속이나 좀 더 영구적으로 사용할 경우 강재로 만든다. 파일럿 유도장치는 테두리를 붙이는 홀과 같은 크기여야 하고 숄더(Shoulder)는 필요한 플랜지와 같은 각도와 폭이어야 한다.

[그림 3-156] 무게경감 홀 다이 세트
(Lightening hole die set)

그림 3-156과 같이 무게경감 홀의 플랜지 가공 시에, 암형틀과 숫형틀 사이에 재료를 놓고 바이스나 소형 수동식 압착기인 나무압착기에서 두 형틀을 함께 해머로 치거나 압착하여 성형한다. 형틀은 경기계유(light machine oil)를 바르면 부드럽게 작동한다.

3.10.8 스테인레스강 작업 (Working Stainless Steel)

내식강판(CRES)은 고강도가 요구될 때 항공기의 일부 부품에 사용한다. 내식강은 마그네슘, 알루미늄, 또는 카드뮴과 접촉되었을 때 금속에 부식을 일으키는 원인이 된다. 마그네슘과 알루미늄으로부터 내식강을 격리시키기 위해 결합되는 표면 사이에 보호막을 제공하는 마감도장을 도포한다. 굴곡지역에서 재료의 균열을 방지하기 위해 권고된 최소곡률반경보다 더 큰 곡률반경을 사용한다.

스테인리스강을 작업할 때 금속이 지나치게 긁히거나 홈이 생기지 않는지 확인하고 전단가공, 펀칭, 또는 드릴링할 때 특히 주의한다. 스테인리스강을 펀치 또는 전단하는 데는 연강보다 약 2배의 힘이 필요하다. 전단기나 펀치와 형틀을 아주 가깝게 조절한다. 간격이 지나치게 클 경우 형틀의 가장자리 위쪽으로 금속을 끌어당기도록 허용하게 되고 가공경화의 원인이 되어 기계에 과도한 부담을 준다. 스테인리스강의 드릴링 시에 135° 의 각도를 가진 고속도강(HSS) 드릴을 사용한다. 드릴 속도는 연강을 드릴링하는 데 필요한 속도의 $\frac{1}{2}$로 유지하되 750rpm을 초과하지 않는다. 뚫리는 것이 항상 일정하게 되도록 드릴에 균일한 압력을 유지한다. 드릴 비트가 드릴 끝에서 금속을 밀어내는 것 없이 원료를 통해서 완전히 절삭하기에 충분히 단단한 주철과 같은 뒷받침판에서 재료를 드릴링 한다. 동력으로 드릴을 돌리기 전에 드릴을 일치점에 고정시키고 전원이 켜져서 드릴이 돌아가기 시작할 때 힘을 주어야 한다.

3.10.9 인코넬® 합금 625와 718작업 (Working Inconel® Alloys 625 and 718)

인코넬®은 대표적으로 고온 적용에 사용되는 니켈-크롬-철 초내열 합금족(a family of nickel-chromium-rion super alloys)으로 언급된다. 내식성과 고온에서 강하게 견디는 성질이 있어 항공기 동력장치 구조에서 인코넬® 합금을 자주 사용한다. 인코넬® 합금 625와 718은 강재와 스테인리스강용으로 사용되는 표준 절차에 따라 냉간성형을 할 수 있다.

인코넬® 합금에 일반적인 드릴링을 하면 드릴 비트가 부러질 수 있고 드릴 비트가 금속을 통해 들어갈 때 홀의 가장자리를 손상시키는 원인이 된다. 수동드릴이 인코넬® 합금 625와 718을 드릴링하기 위해 사용되면, 135° 코발트드릴 비트를 선정한다. 수동드릴을 할 때 드릴에 강렬하게 누르되 깎아낸 칩들의 속도를 일정하게 유지시킨다. 예를 들어 No.30 홀로 드릴을 약 50pound의 힘으로 눌러준다. 표 3-11과 같이 최대 드릴 RPM을 사용한다. 수동 드릴링에는 절삭제가 필요하지 않다.

다음의 드릴링 절차를 따르는 것을 권고한다.

[표 3-11] 인코넬 드릴링의 드릴 치수와 속도 (Drill size and speed for drilling Inconel)

Drill Size	Maximum RPM
80–30	500
29–U	300
3/8	150

(1) 사전 조립하기 전에 분해된 수리 부속품에 전력 공급장비로 파일럿홀(pilot hole)을 드릴링한다.
(2) 수리할 부속품을 사전조립하고 일치된 구조물에서 파일럿홀을 드릴링한다.
(3) 파일럿홀을 완전한 홀 치수로 넓힌다.

Inconel®을 드릴링할 때 자동공급-유형 드릴링장비를 선택한다.

3.10.10 마그네슘 작업(Working Magnesium)

WARNING 마그네슘 입자는 발화원에서 멀리 떨어지도록 한다. 마그네슘의 작은 입자는 매우 쉽게 타버린다. 충분히 농축된 작은 입자는 폭발의 원인이 될 수 있다. 물이 용해된 마그네슘에 접촉되면 증기폭발이 발생할 수 있다. 건성 활석, 탄산칼슘, 모래, 또는 흑연으로 마그네슘 불을 끈다. 타고 있는 금속에 1/2inch 이상의 깊이로 분말을 덮어준다. 거품제재, 물, 사염화탄소, 또는 이산화탄소를 사용하지 않는다. 마그네슘합금은 메틸알코올에 접촉시켜선 안 된다.

마그네슘은 세상에서 가장 가벼운 구조상 금속이다. 다른 금속들이 그러하듯, 응력 적용을 위해서 순수한 상태로는 사용하지 않는다. 마그네슘은 구조상의 용도에 필요한 강인한 경량합금을 얻기 위해 알루미늄, 아연, 지르코늄, 망간, 토륨, 그리고 희토류금속과 같은 다른 금속과 함께 합금된다. 다른 금속과 함께 합금되었을 때 마그네슘은 우수한 성질과 높은 강도 대 무게 비율로 된 합금을 산출한다. 합금성분의 적절한 조합은 상온뿐만 아니라 상승된 온도에서도 좋은 특성으로 모래, 영구주형과 형틀주조, 단조품, 사출성형, 압연판재, 그리고 판에 적당한 합금을 제공한다.

경량은 항공기 설계에서 중요한 요소이고 가장 잘 알

려진 마그네슘의 특성이다. 마그네슘 무게에 대해 알루미늄은 $1\frac{1}{2}$배이고, 강재는 4배이며 구리와 니켈합금은 5배다. 마그네슘합금은 강재 또는 황동에 사용되는 동일한 공구로 절삭하고, 드릴링하고 홀을 넓힐 수 있으나 공구의 칼날을 날카롭게 해야 한다. 마그네슘합금 부품을 리벳팅할 때 유형 B 리벳 5056-F 알루미늄합금을 사용한다. 마그네슘 부품을 종종 2024-T3 알루미늄합금 피복재로 수리한다.

마그네슘합금이 다른 금속을 제작하는 방법과 유사한 방법으로 제작되는 반면에, 공장의 여러 가지 상세한 관례를 적용할 수 없다. 마그네슘합금은 상온에서 제작하기가 어렵기 때문에 대부분 고온에서 작업한다. 이로 인해 금속이나 형틀 모두에 예열이 필요하다. 마그네슘 합금판은 날 전단, 뽑기 형틀, 라우터(Routers), 또는 톱으로 자를 수 있다. 수동톱 또는 원형톱은 통상적으로 사출성형을 길이로 자르기 위하여 사용된다. 일반적인 전단과 니블러(nibbler, 판에 모양을 파내는 공구)는 거칠고 균열된 가장자리를 만들기 때문에 마그네슘 합금판을 자르기 위해서 사용하지 않는다.

마그네슘합금의 전단가공과 찍어 뚫기(blanking)는 공구의 허용한계가 매우 적다. 최대간격은 판 두께의 3~5% 정도가 권장된다. 전단의 상단날은 45° 부터 60° 까지의 각도로 갈려야 한다. 펀치의 전단각은 형틀에 1° 여유공간의 각도로 2~3° 까지어야 한다. 찍어뚫기를 위해서 형틀에 있는 전단각은 펀치에 1° 여유공간의 각도를 갖고 2~3° 까지어야 한다. 억제압력은 가능할 때 사용한다. 0.064inch보다 더 두꺼운 경압연 판재 또는 1/8inch보다 더 두꺼운 풀림 판재에서 냉간 전단 작업을 수행해서는 안 된다. 전단된 마그네슘판의 거친 가장자리를 매끈하게 하도록 처리한다. 2번 정도 전단가공하여 대략 1/32inch 정도 갈아낼 수 있다.

개선된 전단 가장자리를 위해 고온 전단가공한다. 두꺼운 판재와 판 원료에 필요하다. 풀림판재는 600℉로 가열하고 경압연 판재는 사용된 합금에 따라 400℉ 이하에서 가열된다. 열팽창하기 때문에 냉각 후의 수축을 고려해야 하므로 제작 전 재료의 범위에 소량의 재료를 더한다.

톱질은 1/2inch 두께보다 더 크게 판 원료를 자르는 데 사용되는 유일한 방법이며 판 원료 또는 두꺼운 사출성형을 자를 경우 4-teeth~6-tooth 피치(pitch)로 된 Band saw raker-set 날을 권장한다. 작은 크기와 중간 크기의 사출성형은 inch 당 6-teeth를 가진 circular cutoff saw로 더 쉽게 자를 수 있다. 판재 원료는 8-teeth 피치(pitch)의 Raker-set 또는 straight-set 톱니를 가진 수동톱으로 자를 수 있다. 띠톱(Bandsaw)은 마그네슘합금을 자를 때 점화하는 불꽃의 위험을 배제하기 위해 불꽃이 튀지 않는(Non-sparking) 날 유도장치를 갖추어야 한다.

상온에서 대부분 마그네슘합금 냉간가공은 매우 제한적이다. 급속히 가공경화되고 냉간성형이 잘 되지 않기 때문이다. 간단한 굽힘 작업은 판금에서 이루어질 수도 있으나, 굴곡부의 반지름은 적어도 경금속에서는 판 두께의 12배, 그리고 연질금속에서는 판 두께에 7배는 되어야 한다. 판재의 성형을 위해 가열된다면 판 두께의 3배 또는 2배의 반지름으로 할 수도 있다.

제련된 마그네슘합금은 냉간가공 후 균열되는 경향이 있기 때문에 성형 전에 450℉로 가열할 경우 가장 좋은 결과물을 산출한다. 더 고온 범위에서 성형된 부품은 금속에 풀림(불에 달구었다가 천천히 식히는 것)

효과를 갖고 있기 때문에 더 저온 범위에서 성형된 부품이 더 강하다.

열간가공의 몇 가지 불리한 점은,

(1) 형틀과 재료를 가열하는 것은 비용이 많이 들고 작업상에 문제가 많다.

(2) 윤활과 고온에서 재료를 취급하는 것에 문제가 있다.

마그네슘 열간가공 시에 유리한 점은

(1) 가열시 다른 금속보다 더 쉽게 성형된다.

(2) 스프링백이 감소되어 더 정확한 치수를 얻을 수 있다.

마그네슘과 마그네슘합금이 가열될 때 마그네슘이 타기 쉬우므로 온도에 주의한다. 과열되면 금속 내의 어느 한 부분이 작게 녹기 쉽다. 어느 경우이든지 마그네슘이 파손되고 타버리는 것을 방지하기 위하여 가열되는 동안 아황산가스로 공기를 차단하여 보호해야 한다.

짧은 반지름 주위에 적당한 굴곡부를 위해 예리한 모서리와 굽힘선 주위의 버(burr), 즉 재료에 홀을 파거나 성형할 때 주위에 생기는 금속 칩을 제거한다. 마그네슘에 배치도를 그릴 때는 표면에 홈 또는 피로 균열을 방지하기 위해 목수용 부드러운 연필로 그린다.

프레스 브레이크는 짧은 반지름으로 마그네슘을 구부리는 데 사용하며 형틀과 고무 방식은 절곡기 사용을 복잡하게 하는 직각 굴곡부를 만들 때 사용되는 방법이다. 롤성형은 알루미늄을 성형하기 위하여 설계된 장비에서 냉간으로 할 수 있다. 마그네슘 성형과 shallow drawing(얇은 도면)의 가장 일반적인 방법은 고무패드를 암형틀로 사용하는 것이다. 고무패드는 수압프레스 램에 의해 낮춰진 도치된 전도판에 고정된다. 이 프레스는 금속에 압력을 가하고 재료를 숫형틀의 모양과 같게 구부린다.

마그네슘의 기계가공 특성은 매우 우수해서 높은 잠식률로 많이 자를 수 있게 전동공구를 최대속도로 사용하는 것이 가능하다. 마그네슘합금을 기계 가공하는 데 필요한 힘은 연강의 1/6 정도다.

마그네슘을 기계가공하면서 줄밥, 대팻밥과 깎아낸 칩들을 없앨 때는 마그네슘의 연소위험으로 인해 안전상 뚜껑이 덮인 금속용기에 보관하는 것이 좋다. 액체제빙시스템(Liquid Deicing System)과 물분사계통 또는 통합연료탱크지역에서 마그네슘합금을 사용하지 않는다.

3.10.11 티타늄 작업(Working Titanium)

티타늄 입자는 발화원으로 부터 멀리 떨어지도록 한다. 티타늄의 작은 입자는 매우 쉽게 타버린다. 이러한 충분히 농축된 작은 입자는 폭발의 원인이 될 수 있다. 물이 용해된 티타늄에 접촉되면 증기폭발이 발생할 수 있다. 건성 활석, 탄산칼슘, 모래, 또는 흑연으로 티타늄불을 끌 수 있다. 타고 있는 금속에 1/2inch 이상의 깊이로 분말을 덮어준다. 거품제재, 물, 사염화탄소, 또는 이산화탄소를 사용하지 않는다.

3.10.11.1 티타늄의 특성(Description of Titanium)

광물 상태에서의 티타늄은 지구의 지각에서 네 번째로 풍부한 구조상의 금속이다. 경량, 비자성, 강한, 내부식성 그리고 연성의 성질을 갖는다. 티타늄은 중간 온도일 때 계수, 밀도 그리고 강도에 있어서 알루미늄

합금과 스테인리스강 사이에 있다. 티타늄은 강재보다 30% 정도 강하지만 50% 정도 더 가볍다. 또한, 알루미늄보다 60% 더 무겁지만 2배 강하다.

티타늄과 티타늄합금은 좋은 내부식성, 600℉(315℃)까지의 온도에서 알맞은 강도와 경량이 요구되는 부분에 주로 사용된다. 상업적으로 순티타늄판은 수압프레스, 신장프레스, 롤 성형기, 낙하해머, 또는 다른 유사한 작동으로 성형된다. 티타늄은 풀림 스테인리스강보다 성형하기가 더 어려우나 연삭, 드릴링, 톱질, 그리고 다른 금속에 사용되는 가공 유형으로 작업할 수 있다. 티타늄은 접촉이 이루어졌을 때에 이질금속간의 부식 또는 다른 금속의 산화가 발생하기 때문에 마그네슘, 알루미늄, 또는 합금강으로부터 격리되어야 한다.

티타늄 부분을 장착할 때 Monel® 리벳 또는 표준 정밀 강재 훼스너를 사용해야 한다. 합금판은 상온일 때 제한된 한도에서 성형할 수 있다. 티타늄합금의 성형은 세 가지 부류로 구분된다.

(1) 응력제거 없이 냉간성형
(2) 응력제거와 함께 냉간성형
(3) 상승된 온도 성형(응력제거 내재)

미국에서 모든 티타늄의 5% 이상은 합금 Ti6AI-4V의 형태로 생산된다. 항공기 터빈 엔진 구성부품과 항공기 구조재에 사용되며, Ti6AI-4V는 순티타늄보다 약 3배 강하다. 가장 폭 넓게 사용된 티타늄합금이며 성형하기 힘들다.

다음은 응력제거, 즉 상온 성형으로 풀림 된 티타늄 6AI-4V를 냉간성형하는 절차다.

(1) 지나치게 작은 반지름은 굴곡지역에 과도한 응력을 이끌기 때문에 티타늄을 성형할 때 최소반경을 사용하는 것이 중요하다.
(2) 응력은 다음과 같이 부품에 변화를 일으킨다. 1,250℉(677℃) 이상 1,450℉(788℃) 미만의 온도로 부품을 가열한다. 30분 이상 10시간 미만까지 이런 온도에서 부품을 유지시킨다.
(3) 강력한 프레스 절곡기가 티타늄 부분을 성형하기 위해 필요하다. 일반 수동작동식 핑거 절곡기는 티타늄판 재료를 성형할 수 없다.
(4) 동력 슬립롤러는 수리용 판재조각이 항공기의 윤곽에 맞도록 굴곡지게 할 필요가 있을 경우 사용한다.

티타늄은 드릴링하기가 어려울 수 있으나 비트가 날카롭고, 충분한 힘을 가하고 저속 드릴모터가 사용된다면 표준 고속 드릴을 사용할 수 있다. 드릴 비트가 무디거나 일부분만 드릴링된 홀을 타고 올라간다면 과열되어 추가적인 드릴링을 매우 어렵게 만들기 때문에 최대한 얇게 홀을 유지한다. 인가된 설계로 된 짧고 날카로운 드릴 비트를 사용하며, 드릴링 또는 홀을 넓히는 것을 쉽게 하기 위해 절삭유를 흐르게 한다.

티타늄을 작업할 때 탄화물 또는 8% 코발트드릴 비트, 리머 및 입구를 넓힌 홀을 사용하는 것을 권고한다. 홀에서 드릴이나 리머를 제거할 때 홀 옆쪽에 새김눈(scoring)을 방지하기 위해 드릴이나 리머가 돌아가고 있도록 한다. 포지티브-동력-이송(positive-power-feed) 드릴이 여의치 않을 때 핸드드릴(hand drill)만을 사용한다.

다음의 지침은 티타늄을 드릴링하는 데 이용한다.

(1) 한 번에 드릴링될 수 있는 가장 큰 직경 홀은 큰 힘이 요구되기 때문에 0.1563inch다. 더 큰 직경의 드릴 비트는 많은 힘을 사용할 때 잘 절단되지 않는다. 드릴 비트가 잘 절단하지 않는 경우 홀이 손상된다.

(2) 0.1875inch와 더 큰 직경의 홀은 아래의 경우 핸드 드릴(hand drill)로 할 수 있다.

① 0.1563inch 직경 홀로 시작한다.

② 0.0313inch 또는 0.0625inch씩 증가하여 홀의 직경을 늘린다.

(3) 코발트 바나듐 드릴 비트는 고속도강 비트보다 내구수명이 더 길다.

(4) 표 3-12의 목록은 티타늄을 수동 드릴링할 경우 권장되는 드릴모터 rpm 설정이다.

(5) 드릴 비트의 수명은 강재를 드릴링할 때보다 티타늄을 드릴링할 때 더 짧다. 무딘 드릴 비트를 사용하지 않으며 드릴 비트가 절삭은 하지 않고 금속의 표면을 마찰시키게 만들지 않는다. 이런 상황이 발생하면 티타늄 표면은 경화된 가공물이 되어 드릴을 다시 시작하는 것이 매우 어렵다.

(6) 동시에 2개 이상의 티타늄 부분을 드릴링할 때 함께 단단하게 죈다. 함께 죄기 위해서 임시 볼트, 클레코 클램프 또는 압형클램프를 사용한다. 드릴링하는 부위 주변과 최대한 가까이 클램프를 놓는다.

(7) 얇거나 유연한 부품을 수동 드릴링할 때 부품 뒤쪽에 목재블록과 같은 지지대로 지지한다.

(8) 티타늄은 열전도율이 낮다. 티타늄이 뜨거워지면 다른 금속이 티타늄에 쉽게 부착된다. 티타늄의 입자는 드릴속도가 매우 높을 경우 종종 드릴 비트의 날카로운 모서리에 용접된다. 커다란 판 또는 사출성형을 드릴링할 때 수용 냉각제 또는 유황을 섞은 오일을 사용한다.

[표 3-12] 티타늄 드릴링 홀 치수와 드릴 속도
(Hole size and drill speed for drilling titanium)

Hole Size (inches)	Drill Speed (rpm)
0.0625	920 to 1830 rpm
0.125	460 to 920 rpm
0.1875	230 to 460 rpm

NOTE 금속작업 공정에서 밀접한 금속 대 금속 접촉으로 열과 마찰을 생성한다. 이를 감소시키지 않으면 공정에 사용되는 공구와 판금이 급격하게 손상되거나 파괴된다. 따라서 공구와 판금의 접점에서 공구와 판금으로부터 열을 이동시켜 마찰을 줄이도록 절삭제라고도 하는 냉각수를 사용한다. 절삭제를 사용하면 생산성을 증가시키고 공구수명을 연장하여 고품질의 결과물을 창출한다.

3.11 판금수리의 기본원칙 (Basic Principles of Sheet Metal Repair)

항공기 구조부재는 특정 기능을 수행하거나 한정된 목적에 사용되도록 설계되어 있다. 항공기 수리의 주목적은 손상된 부분을 원상태로 회복시키는 것이다. 교체는 대부분 가장 효율적으로 수리하는 유일한 방법이다. 손상된 부품의 수리가 가능할 때는 먼저 그 부품의 목적이나 기능을 완전히 이해할 수 있도록 한다.

구조물의 수리에서는 강도가 가장 중요한 필요조건이 될 수 있고 또 수리에 따라 전혀 다른 성질을 필요로 할 수도 있다. 예를 들어, 연료탱크와 부유를 누설로부터 보호해야 한다. 카울링(항공기엔진덮개), 페어링(Faring), 그리고 이와 유사한 부품들은 정연한 외형, 유선형, 그리고 접근성과 같은 특성을 갖추어야 한다. 또 수리가 필요조건에 부합되도록 손상된 부품의 기능을 규명해야 한다.

손상을 검사하고 필요한 수리 유형을 정확하게 추정하는 것은 구조손상을 수리하는 데 있어서 가장 중요한 단계다. 검사에서 가장 좋은 유형과 사용할 수리용 판재조각가장 좋은 유형과 형태를 추정한다. 즉, 유형, 크기, 그리고 필요한 리벳의 수와 수리된 부재가 원래 부분보다 무겁지 않거나 또는 약간만 무겁게 하면서 원래의 재료만큼 강할 수 있게 필요한 재료의 강도, 두께 및 재료의 종류 등에 대한 추정이 포함된다.

항공기의 손상을 조사할 때 구조물에 광범위한 검사를 하는 것이 필요하다. 어떤 구성부품 또는 구성부품 그룹이 손상되었을 때, 손상된 부재와 부착된 구조물 모두 조사해야 한다. 때로는 손상력이 큰 규모로 원래의 손상된 지점으로부터 상당히 떨어진 곳으로까지 전달되었을 수 있기 때문이다. 파형외판, 늘어나거나 또는 손상된 볼트 또는 리벳홀, 또는 부재의 비틀어짐은 통상적으로 그러한 손상의 근접 면적에 나타난다. 그리고 이와 같은 상황 중 어느 경우에 있어서도 인접 면적의 정밀검사가 필요하다. 어떤 균열 또는 마손에 대해 모든 외판, 움푹 들어간 곳, 그리고 주름진 곳을 점검한다.

비파괴검사법(NDI)은 손상을 검사할 때 필요에 따라 사용한다. 비파괴검사법은 결점이 중대하거나 위험한 결함으로 전개되기 전에 알아내는 예방 수단으로 사용한다. 훈련되고 경험 있는 정비사는 높은 정밀도와 신뢰도로 흠 또는 결점을 찾아낸다. NDI에 의해 발견되는 결점 중 일부는 부식, 점식(pitting), 열/응력 균열, 그리고 금속의 불연속을 포함한다.

손상을 조사할 때 과정은 다음과 같다.

(1) 각각의 리벳, 볼트와 용접의 정확한 상황을 판단하기 위해 손상 면적과 그 주위에서 모든 오염, 그리스 및 페인트를 제거한다.
(2) 넓은 규모에 걸쳐 외판 주름에 대해 검사한다.
(3) 검사 면적에서 모든 움직일 수 있는 부품의 작동을 점검한다.
(4) 수리가 최선의 절차인지 결정한다.

항공기 판금 수리에서 다음의 사항이 매우 중요하다.

(1) 원형강도를 유지한다.
(2) 원래윤곽을 유지한다.
(3) 무게를 최소화한다.

3.11.1 원래 강도의 유지 (Maintaining Original Strength)

만약 구조물의 원형강도를 유지해야 하면 일정한 기초적인 규칙을 따라야 한다.

스플라이스 또는 판재조각의 단면적은 손상된 부분의 단면적과 같거나 또는 더 큰 단면적을 가져야 한다. 단면적에서 갑작스러운 변화를 피한다. 경사진 스플라이스(tapering splice)로 위험한 응력 집중을 배제시킨다. 잘라낸 부품의 모서리에서 균열이 시작되지 않도록 원형 또는 타원형으로 잘라내도록 한다. 장방형으로 잘라내야 할 경우 각각의 모서리 만곡부 반경이 1/2inch보다 작지 않도록 한다. 수리할 부분이 압축 또는 굽힘 하중을 받는 곳이면 그보다 더 큰 하중에 견딜 수 있도록 부재의 외부에 판재조각을 대어 수리한다. 이 부재의 외부에 판재조각을 대어 수리할 수 없으

[표 3-13] 대체 재료(Material substitution)

Shape	Initial Material	Replacement Material
Sheet 0.016 to 0.125	Clad 2024–T42 Ⓕ	Clad 2024–T3 2024–T3 Clad 7075–T6 Ⓐ 7075–T6 Ⓐ
	Clad 2024–T3	2024–T3 Clad 7075–T6 Ⓐ 7075–T6 Ⓐ
	Clad 7075–T6	7075–T6
Formed or extruded section	2024–T42 Ⓕ	7075–T6 Ⓐ Ⓑ

Sheet Material To Be Replaced	Material Replacement Factor									
	7075–T6	Clad 7075–T6	2024–T3		Clad 2024–T3		Ⓕ 2024–T4 2024–T42		Ⓕ Clad 2024–T4 Clad 2024–T42	
	Ⓒ	Ⓒ Ⓗ	Ⓓ	Ⓔ	Ⓓ	Ⓔ	Ⓓ	Ⓔ	Ⓓ	Ⓔ
7075–T6	1.00	1.10	1.20	1.78	1.30	1.83	1.20	1.78	1.24	1.84
Clad 7075–T6	1.00	1.00	1.13	1.70	1.22	1.76	1.13	1.71	1.16	1.76
2024–T3	1.00 Ⓐ	1.00 Ⓐ	1.00	1.00	1.09	1.10	1.00	1.10	1.03	1.14
Clad 2024–T3	1.00 Ⓐ	1.00 Ⓐ	1.00	1.00	1.00	1.00	1.00	1.00	1.03	1.00
2024–T42	1.00 Ⓐ	1.00 Ⓐ	1.00	1.00	1.00	1.00	1.00	1.00	1.00	1.14
Clad 2024–T42	1.00 Ⓐ	1.00 Ⓐ	1.00	1.00	1.00	1.00	1.00	1.00	1.00	1.00
7178–T6	1.28	1.28	1.50	1.90	1.63	2.00	1.86	1.90	1.96	1.98
Clad 7178–T6	1.08	1.18	1.41	1.75	1.52	1.83	1.75	1.75	1.81	1.81
5052–H34 Ⓖ Ⓗ	1.00 Ⓐ	1.00 Ⓐ	1.00	1.00	1.00	1.00	1.00	1.00	1.00	1.00

Notes:

- All dimensions are in inches, unless otherwise specified.
- It is possible that more protection from corrosion is necessary when bare mineral is used to replace clad material.
- It is possible for the material replacement factor to be a lower value for a specific location on the airplane. To get that value, contact Boeing for a case-by-case analysis.
- Refer to *Figure 4-81* for minimun bend radii.
- Example:
  To refer 0.040 thick 7075–T6 with clad 7075–T6, multiply the gauge by the material replacement factor to get the replacement gauge 0.040 x 1.10 = 0.045.

Ⓐ Cannot be used as replacement for the initial material in areas that are pressured.

Ⓑ Cannot be used in the wing interspar structure at the wing center section structure.

Ⓒ Use the next thicker standard gauge when using a formed section as a replacement for an extrusion.

Ⓓ For all gauges of flat sheet and formed sections.

Ⓔ For flat sheet < 0.071 thick.

Ⓕ For flat sheet ≥ 0.071 thick and for formed sections.

Ⓖ 2024–T4 and 2024–T42 are equivalent.

Ⓗ A compound to give protection from corrosion must be applied to bare material that is used to replace 5052–H34.

면 수리를 위해 원부재에 사용된 재료보다 하나 더 두꺼운 재료를 사용한다.

휘어지거나 또는 구부러진 부재는 교체하거나 영향을 미치는 면적의 위쪽에 스플라이스를 부착하여 보강한다. 구조물의 휘어진 부품은 부품이 얼마나 잘 강화되었는지에 관계없이 다시 하중을 감당해서는 안 된다.

모든 교체 또는 보강에 사용된 재료는 원형구조물에 사용된 재료와 유사해야 한다. 원래보다 더 약한 합금으로 대체할 필요가 있을 경우 동등한 단면 강도를 주기 위하여 한 단위 더 큰 두께를 사용해야 한다. 더 강하지만 더 얇은 재료는 원부품을 대체할 수 없다. 원재료에 대비하여 인장 강도는 더 크지만 압축강도가 더 적을 수 있고 그 반대로 압축강도가 크면 인장 강도가 적을 수 있기 때문이다. 판금과 관 모양 부품의 휨과 비틀림 강도는 허용 가능한 압축강도와 전단 강도보다 주로 재료의 두께에 따라 좌우된다. 제작사 구조수리 대뉴얼에서 대체재로 사용될 수 있는 재료와 재료의 필요 두께를 찾을 수 있다. 표 3-13에서는 구조수리 매뉴얼에서 찾아볼 수 있는 대치표를 보여준다.

성형할 때 특히 주의해야 한다. 열처리와 냉간가공 알루미늄합금은 균열 없이 약간만 굽힐 수 있다. 반대로 연한 합금은 쉽게 성형되나 1차구조물에 적합한 정도로 강하지 못하다. 강한 합금은 풀림(가열된 후 서서히 냉각되도록 하는)상태에서 성형되고 조립되기 전에 원형강도를 내기 위해 열처리한다.

수리에 사용하는 리벳의 크기는 날개에 안쪽 방향으로 또는 동체의 앞쪽 방향으로 바로 다음의 평행한 리벳 열에 있는 제작사가 사용한 리벳을 참조하여 결정한다. 리벳의 크기를 결정하는 또 한 가지 방법은 외판의 두께에 3을 곱하여 그 숫자에 상응하는 그다음으로 더 큰 크기의 리벳을 사용하는 것이다. 예를 들어 외판의 두께가 0.040inch이면 0.040에 3을 곱하여 0.120이 되므로, 그다음 더 큰 크기의 리벳 1/8inch(0.125inch)를 사용한다. 수리를 위해 사용하는 리벳 개수는 제작사의 SRM이나 AC(Advisory Circular) 43.13-1(개정된 대로), Acceptable Methods, Technique, and Practices-Aircraft Inspection and Repair에서 찾아볼 수 있다. 표 3-14에서는 수리에서 필요한 리벳 개수를 계산하기 위해 사용하는 AC 43.13-1의 표를 보여준다.

지나치게 강화하여 작업한 광범위한 수리는 원형구조보다 더 약한 수리만큼 바람직하지 않다. 모든 항공기 구조는 이륙, 비행과 착륙 시에 부과되는 힘을 견디기 위해 약간 휘어져야 한다. 수리된 지역이 너무 강하면, 수리가 완료된 가장자리에서 과도한 휨이 발생하여 금속 피로가 가속된다.

3.11.2 전단강도와 베어링 강도 (Shear Strength and Bearing Strength)

항공기 구조상의 접합부 설계는 전단에서 중요한 곳과 베어링(bearing)에서 중요한 곳 사이에 최적의 강도 관계를 찾는 시도이며 접합부에 영향을 주는 결함에 의해 결정된다. 접합부는 주어진 크기의 훼스너가 최적의 개수보다 더 적게 장착되었다면 전단에서 중요한 것이다. 이것은 접합부가 약해진다면 판재가 아니라 리벳이 떨어져 나감을 의미한다. 접합부는 훼스너가 최적의 개수보다 더 많이 장착되었다면 지압에서 중요하게 된다. 재료가 홀 사이에서 균열이 생기고 찢어지거나, 훼스너가 온전한 상태로 남아있는 동안 훼스너 홀이 뒤틀리고 늘어날 수 있다.

[표 3-14] 리벳 계산표(Rivet calculation table)

Thickness "T" in inches	No. of 2117-T4 (AD) Protruding Head Rivets Required per Inch of Width "W"					No. of Bolts
	Rivet Size					
	3/32	1/8	5/32	3/16	1/4	AN-3
.016	6.5	4.9	--	--	--	--
.020	6.5	4.9	3.9	--	--	--
.025	6.9	4.9	3.9	--	--	--
.032	8.9	4.9	3.9	3.3	--	--
.036	10.0	5.6	3.9	3.3	2.4	--
.040	11.1	6.2	4.0	3.3	2.4	--
.051	--	7.9	5.1	3.6	2.4	3.3
.064	--	9.9	6.5	4.5	2.5	3.3
.081	--	12.5	8.1	5.7	3.1	3.3
.091	--	--	9.1	6.3	3.5	3.3
.102	--	--	10.3	7.1	3.9	3.3
.128	--	--	12.9	8.9	4.9	3.3

Notes:

a. For stringer in the upper surface of a wing, or in a fuselage, 80 percent of the number of rivets shown in the table may be used.
b. For intermediate frames, 60 percent of the number shown may be used.
c. For single lap sheet joints, 75 percent of the number shown may be used.

Engineering Notes

a. The load per inch of width of material was calculated by assuming a strip 1 inch wide in tension.
b. Number of rivets required was calculated for 2117-T4 (AD) rivets, based on a rivet allowable shear stress equal to percent of the sheet allowable tensile stress, and a sheet allowable bearing stress equal to 160 percent of the sheet allowable tensile stress, using nominal hole diameters for rivets.
c. Combinations of shoot thickness and rivet size above the underlined numbers are critical in (i.e., will fail by) bearing on the sheet; those below are critical in shearing of the rivets.
d. The number of AN-3 bolts required below the underlined number was calculated based on a sheet allowable tensile stress of 55.000 psi and a bolt allowable single shear load of 2.126 pounds.

3.11.3 원래의 외형유지 (Maintaining Original Contour)

모든 수리는 완벽하게 원형 윤곽에 맞는 방식으로 수리해야 한다. 고속항공기의 매끄러운 표피에 판재조각을 대어 수리할 때는 매끄러운 외형이 바람직하다.

3.11.4 중량을 최소로 유지 (Keeping Weight to a Minimum)

모든 수리의 무게를 최소로 유지하도록 한다. 판재조각을 실행 가능한 최소 크기로 만들고 필요 이상의 리벳을 사용하지 않는다. 수리 작업은 구조물의 원래 균형을 흐트러뜨린다. 각 수리 작업 시 지나친 무게를 부가하면 트림과 밸런스 탭(trim-and-balance tap)의 조정이 필요할 정도로 항공기를 불균형하게 할 수 있다. 프로펠러의 스피너와 같은 곳을 수리할 때는 프로펠러의 완벽한 균형이 유지될 수 있도록 균형 판재 조각을 사용해야 한다. 조종 장치가 수리되고 무게가 추가될 때, 조종 장치가 균형 한계 이내로 여전히 유지되는지를 결정하기 위해 균형점검을 한다. 이와 같이 하지 않으면 조종 장치에 진동이 발생할 수 있다.

3.11.5 플러터와 진동 예방책 (Flutter and Vibration Precautions)

비행 시에 비행조종익면의 진동을 방지하기 위해 정비 또는 수리를 수행할 때 설계 균형한계 이내로 유지하도록 예방책을 취해야 한다. 적절한 균형과 항공기 조종익면의 강직을 유지해야 한다. 수리나 균형에서 무게 변화 및 CG의 영향은 더 오래되고 무거운 설계보다 더 가벼운 표면일 때 비례적으로 더 크다. 일반적으로 비행 시에 조종익면의 진동 발생을 미리 배제시키기 위해 무게 분산이 어떤 식으로도 영향을 받지 않는 방법으로 조종익면을 수리한다. 특정 상황에서 균형을 맞추기 위해 평형추(counterbalance)를 힌지선의 앞쪽 방향에 추가한다. 제작사 매뉴얼에 따라 필요시에 평형추를 추가하거나 제거한다. 플러터가 문제가 아니라는 것을 확인하기 위해서 비행시험을 해야 한다. 원래 또는 최대 허용오차값 이내로 조종익면 균형을 점검하고 유지하지 않으면 비행 위험이 발생할 수 있다.

항공기 제작사에 따라 다른 수리 기술을 사용하며 한 가지 유형의 항공기를 위해 설계되고 승인된 수리가 다른 유형의 항공기에 자동적으로 인가되지 않는다. 손상된 구성부품 또는 부품을 수리할 때 항공기에 대한 제작사 구조수리 매뉴얼의 적용 섹션을 참고한다. 일반적으로 구조수리 매뉴얼은 재료의 유형, 리벳과 리벳간격두기 및 적용하는 방법과 절차의 목록과 함께 유사한 수리에 대한 도해가 포함되어 있다. 자세한 수리를 위한 추가적인 지식도 포함한다. 필요한 정보를 구조수리 매뉴얼에서 찾을 수 없다면 유사한 수리나 항공기의 제작사에 의해 장착된 어셈블리를 찾도록 한다.

3.11.6 손상의 검사(Inspection of Damage)

육안으로 손상을 검사할 때에는 외부 물질에 의한 충격 또는 충돌에 의해서 생기는 손상 외에 다른 종류의 손상이 있을 수 있는 것을 주지한다. 경착륙(rough landing)은 착륙장치 중 하나에 지나친 부담을 주어 구부러지게 한다. 이것을 하중 손상으로 분류한다. 검사와 수리 범위를 결정할 때는 휘어진 완충버팀대에 의한 손상이 완충버팀대를 지지하는 구조부재의 어느 범위까지 미치는가를 고려한다.

부재의 한쪽 끝단에서 발생하는 충격은 전체 길이로 전달된다. 따라서 전체 부재를 따라 모든 리벳, 볼트, 그리고 부착되는 구조물에 대하여 어떠한 손상의 흔적도 세밀히 조사한다. 또한 부분적으로 부서진 리벳과 홀이 늘어난 리벳홀을 조사한다.

특정한 손상 여부와 관계없이 항공기 구조물은 구조상의 온전함을 위해 검사해야 한다. 다음의 단락은 이 검사에 대한 일반적인 지침을 제공해 준다.

항공기의 구조물을 검사할 때 안쪽에서 부식의 흔적을 찾는다. 부식은 습기 또는 염수분무가 축적되는 주머니 또는 모서리에서 가장 발생하기 쉽기 때문에 배수구를 항상 깨끗하게 유지한다.

물체에서 오는 충격에 의해 유발되는 외판 피복의 손상은 분명히 눈에 띄는 반면에 하부구조의 뒤틀림 또는 파손과 같은 결점은 기울어지고, 휘어지고, 또는 주름진 피복과 느슨한 리벳이나 working 리벳 같은 어떠한 증거가 표면에서 전개될 때까지는 분명하지 않을 수 있다. Working 리벳은 구조상의 응력 하에서 움직이지만 그것을 관찰할 수 있는 한도까지 풀려지지는(loosened) 않을 것이다. 어둡고, 기름투성이 찌꺼기, 또는 리벳 머리 주위에 페인트와 프라이머의 변질 등으로 이런 상황을 인지할 수 있다. 내부 피해의 외부 지표를 조사하고 정확하게 이해야 한다. 발견되면 부근에서 하부구조의 조사를 수행하고 정확히 행동을 취한다.

뒤틀린 날개는 일반적으로 날개를 대각선으로 가로질러 이어지고 주요지역을 넘어 연장되는 평행 외판 주름의 존재로 알 수 있다. 이 상태는 격렬한 방향조종, 거친 대기, 또는 특별한 경착륙에서 발생한다. 구조물 중 특정 부위에 실제 파열이 없어도 비틀어지고 약화될 수 있다. 유사한 파손이 동체에서도 발생할 수 있다. 외판 피복에서 작은 균열은 진동에 의해 유발될 수 있고 리벳으로부터 멀리 떨어진 곳에서도 발견된다.

금속의 표면을 노출시키는 떨어져 나간 보호도장, 긁힌 자국, 또는 닳은 지점이 있는 알루미늄합금 표면은 부식이 신속하게 전개될 수도 있기 때문에 지체하지 않고 다시 칠해야 한다. 동일한 원리가 알루미늄 피복(AlcladTM) 표면에 적용된다. 순 알루미늄 표층을 침입하는 긁힌 자국은 부식이 아래의 합금에서 발생하게 한다.

간단한 육안검사는 주요 구조부재에서 의심되는 균열이 실질적으로 존재하는지 여부와 눈에 보이는 균열의 전체 범위를 정확하게 결정할 수 없다. 와전류탐상과 초음파탐상 기술이 감추어진 손상을 찾는 데 이용된다.

3.11.7 손상과 결함의 유형 (Types of Damage and Defects)

항공기 부분에서 관찰될 수 있는 손상과 결함의 유형은 다음과 같이 분류한다.

(1) 브리넬링(Brinelling)

표면에 얕고 둥근 원주형 함몰의 발생. 통상 큰 하중 밑 표면과 접촉하는 작은 반경을 갖는 부분에 의해 발생

(2) Burnshing

모나거나 거칠지 않은 단단한 표면과의 미끄럼 접촉에 의해 광택이 나는 것으로 그 부분의 금속 교환 또는 제거 작업은 필요하지 않다.

(3) Burr

매끄러운 표면 밖으로 튀어나온 금속의 얇은 부분. 일반적으로 홀의 가장자리나 모서리에 위치한다.

(4) 부식(Corrosion)

화학적 또는 전기화학적 작용에 의한 표면의 금속 손실. 부식 생성물은 일반적으로 기계적 방법에 의해 쉽게 제거된다. 철의 녹이 부식의 일종이다.

(5) 균열(Crack)

금속의 2개의 인접한 부분이 물리적으로 분리된 것.

과도한 응력에 의한 표면을 가로지르는 가늘거나 얇은 선에 의해 입증된다. 표면의 안쪽으로 수천분의 1인치에서부터 완전한 두께의 깊이까지 균열된 것이 있다.

(6) Cut

기계적인 방법에 의한 상대적으로 길고 좁은 지역 위로 상당한 깊이에서의 금속의 결함이며 톱날, 끌을 사용하거나 날카로운 가장자리로 된 돌이 비스듬하게 타격하여 발생한다.

(7) 움푹 들어간 것(Dent)

외부 힘으로 타격(striking)을 받아 금속 표면이 움푹 들어간 것. 움푹 들어간 표면 주위는 보통 약간 부풀어있다.

(8) 침식(Erosion)

고운 모래나 작은 돌 같은 외부 물체에 의해 기계적으로 금속 표면이 손실된 것으로 침식된 표면은 거칠고 표면에 상대적으로 외부 물체가 움직인 방향으로 선이 나 있게 됨

(9) 흔들림(Chattering)

진동 또는 흔들림에 의한 금속 표면의 파손 또는 변형으로 표면의 손실이나 균열 등의 외형을 보여줄 수 있으나 통상적으로 어느 것도 발생하지 않는다.

(10) Galling

2개 부분의 심한 마찰에 의해 표면이 파손된 것. 더 부드러운 금속의 입자가 느슨하게 찢어지고 더 강한 금속에 용접된다.

(11) Gouge

외부의 강한 압력 하에 외부 물체와 접촉되었을 때 금속 표면에 홈이 파이거나 파손된 것으로 보통 금속 손실을 나타내나, 크게는 재료의 이탈일 수 있다.

(12) Inclusion

금속의 부분 안에 외부나 관련 없는 불순물 등이 포함된 것을 말하며 봉 또는 바(bar) 그리고 관(tube) 등을 압출 또는 단조 등으로 제조할 때 불순물 등이 포함되기 쉽다.

(13) Nick

부분적으로 가장자리가 파손 또는 패여 들어간 결함으로 보통 금속의 상실(loss)이라기보다 이탈(displacement)이다.

(14) 점식(Pitting)

작고 깊게 뾰족한 홀로 파여 들어간 부분적인 파손. 보통 뚜렷한 가장자리를 갖는다.

(15) 긁힌 자국(Scratch)

금속 표면이 가볍고 순간적인 외부의 물체와의 접촉에 의해 미세하게 긁혀진 것

(16) Score

외부 압력 하에 접촉으로 긁힌 자국보다 깊게 홈이 가거나 손상된 것으로 마찰열로 표면의 변색이 일어날 수 있음

(17) 얼룩(Stain)

부분적으로 주위와 인지할 수 있게 다른 색깔의 변화

(18) 단압(Upsetting)

정상 윤곽이나 표면을 넘어서는 재료의 이탈. 국지적인 부풀어 오름이나 튀어나옴이며 일반적으로 금속의 상실은 없음

3.11.8 손상의 분류(Classification of Damage)

손상은 보통 네 가지 Class로 묶을 수 있으며, 대부분 수리재료와 소요시간 등의 허용성이 부분 수리되거나 교체되어야 하는지 여부를 결정하는 데 있어서 가장 중요한 요소이다.

3.11.8.1 사소한 손상(Negligible Damage)

사소한 손상은 관련 구성 부품의 구조상 온전성에 영향을 끼치지 않는 시각적으로 뚜렷한 표면 손상으로 구성된다. 사소한 손상은 비행을 제한하지 않고 그대로 남겨두거나 간단한 절차로서 수정할 수 있다. 양쪽 모두의 경우에서 손상이 전개되는 것을 막도록 일부 수정 작업을 취해야 한다. 사소하거나 경미한 손상 지역은 손상이 전개되지 않는지 확인하기 위해 자주 검사해야 한다. 사소한 손상에 대한 허용 한도는 구성부품에 따라 다르고 항공기에 따라 다르며 각각의 경우에 근거하여 조사해야 한다. 사소한 손상이 지정된 한도 이내임을 확인하지 못할 경우, 손상의 영향을 받은 지지부재에 임계비행조건에 불충분한 구조적 강도를 초래할 수 있다.

그림 3-157과 같이, 평활하게 하고, 사포질, 스톱드릴, 또는 망치질로 수리할 수 있는 작은 패임, 긁힘, 균열, 그리고 홀이나 추가로 재료를 사용하지 않고 수리할 수 있는 것이 이 분류에 속한다.

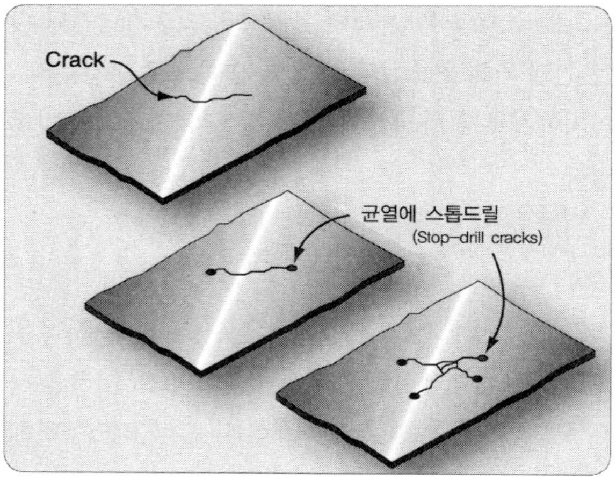

[그림 3-157] 스톱드릴 균열수리
(Repair of cracks, by stop-drilling)

3.11.8.2 부분보수에 의해 수리 가능한 손상 (Damage Repairable by Patching)

부분보수에 의해서 수리 가능한 손상은 사소한 손상 한도를 초과하는 손상이다. 이러한 손상은 구조 부품의 손상된 부분을 연결시키기 위해 스플라이스 부재를 장착하여 수리한다. 스플라이스 부재는 손상된 지역을 포함하고 기존의 손상되지 않은 주위 구조물을 덮기 위해 설계된다. 겹쳐잇기 부재 내부에 리벳과 볼트로 수리하는 데 사용된 스플라이스 또는 판재 조각 재료는 일반적으로 손상된 부품과 동일한 유형의 재료이되 무게는 한 눈금 높은 것이어야 한다. 패치수리에서 손상된 구성부품과 같은 게이지와 유형의 충전판(filler plate)이 베어링 목적 또는 손상된 부품을 원형으로 되돌리기 위하여 사용된다. 구조상의 훼스너는 손상 면적의 원래 내하중 특성을 복원시키기 위해 부재와 구조물 주위에 적용된다. 부분 보수는 손상의 범위와 수리하는 구성부품의 접근성에 따른다.

3.11.8.3 삽입으로 수리 가능한 손상 (Damage Repairable by Insertion)

손상은 면적이 판재조각을 대어 수리하기에 크거나 수리 부재가 예를 들어 힌지 또는 격벽 등에서 구조상의 일치를 방해하는 배열인 구조물일 때 삽입으로 수리해야 한다. 이 유형의 수리에서 손상된 부분은 구조물에서 제거하고 재료와 모양이 동일한 부재로 교체한다. 삽입물 부재를 양쪽 끝에서 스플라이스 연결하는 것이 원형 구조물로 하중을 전달한다.

3.11.8.4 부품 교체가 필요한 손상 (Damage Necessitating Replacement of Parts)

손상의 위치와 범위가 수리를 비실용적으로 만들어서 교체가 수리보다 더 경제적이거나 손상 부품이 상대적으로 교체하기 쉬운 경우 구성부품을 교체한다. 예를 들어 손상된 주조(castings), 단조(forgins), 힌지(hinges)와 작은 구조부재를 교체하는 것이 가능하면 수리하는 것보다 더 실용적이다. 일부 높게 응력을 받는 부재는 수리가 적당한 안전한계를 복원하지 않으므로 교체해야 한다.

3.12 판금구조의 수리성 (Repairability of Sheet Metal Structure)

정비사를 위해 사용할 수 있는 다음의 기준은 판금구조물의 수리성을 결정한다.

(1) 손상의 유형
(2) 원래 재료의 유형
(3) 손상의 장소
(4) 필요한 수리의 유형
(5) 수리를 수행하기 위해 사용할 수 있는 공구와 장비

다음의 방법, 절차 및 재료는 대표적인 것이고 수리에 대한 인가로 사용되어서는 안 된다.

3.12.1 수리중의 구조지지 (Structural Support during Repair)

수리 시에 항공기는 더 이상의 뒤틀림과 손상을 방지하기 위해 적당하게 지지되어야 한다. 수리하는 근처의 구조물이 정하중을 받을 때 지지하는 것이 필요하다. 항공기 구조는 작업이 조종익면, 날개패널, 또는 안정판 장탈과 같은 수리를 하는 곳에서 착륙장치나 잭(Jack)에 의해 적절하게 지지될 수 있다. 받침대(Cradle)는 항공기에서 장탈되어 있는 동안 구성부품을 고정하도록 준비해야 한다.

동체, 착륙장치, 또는 날개 중앙섹션에서 광범위하게 수리해야 할 때 형태를 유지하기 위해 부품을 제자리에 잡아주는 장치인 지그(Jig)는 수리를 완료하는 동안 하중을 분산하도록 조립된다. 그림 3-158에서는 대표적인 항공기 지그를 보여준다. 특정 지지요건에 대해 해당 항공기 정비 매뉴얼을 점검한다.

3.12.2 손상의 평가(Assessment of Damage)

수리를 시작하기 전에 수리가 인가되었거나 실용적인지 여부에 대해 결정하기 위해 손상의 범위를 충분히 검토해야 한다. 검토할 때 사용된 원재료와 필요한 수리의 유형을 확인해야 한다.

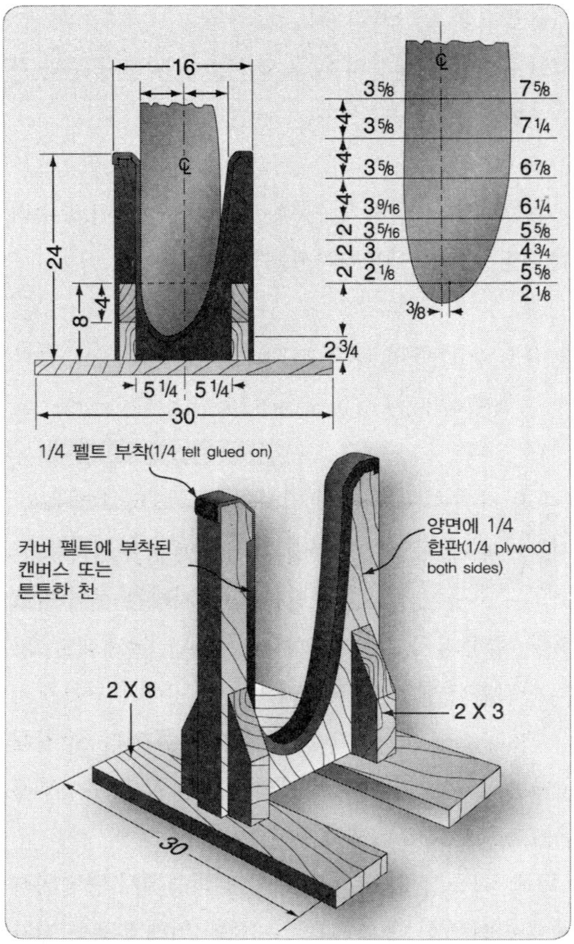

[그림 3-158] 수리작업시 부품을 고정하기 위한 항공기 지그
(Aircraft jig used to hold components during repairs)

리벳팅 되어 있는 접합부의 검사 그리고 부식에 대한 검사로 손상 평가를 시작한다.

3.12.3 수리중의 구조물지지 검사 (Inspection Structural Support during Repair)

검사는 샵헤드와 제작헤드의 두 가지로 이루어져 있으며, 주위의 외판과 구조물 부품이 변형되지 않았는가를 점검한다.

항공기 구조 부품의 수리 시 그 근처에 있는 리벳의 상태를 판단하기 위해 인접한 리벳을 검사한다. 리벳 머리 주위에 균열된 페인트 또는 깨진 자국이 있는 페인트의 흔적은 리벳이 헐거워졌거나 제자리에서 리벳이 빙빙 돌아간 상태를 나타낸다. 헐거워진 리벳 머리 또는 기울어진 리벳 머리가 있는가를 확인한다. 머리가 헐거워졌거나 기울어졌다면 여러 개의 연속적인 리벳에도 그와 같은 현상이 있고 같은 방향으로 머리가 기울어졌을 것이다. 기울어진 머리가 그룹으로 발견되지 않았고 같은 방향으로 기울어지지 않았으면, 기울어짐이 일부 예전의 장착 중에 발생한 것이다.

임계 하중을 받은 적이 있음을 인지했으나 가시적인 뒤틀림이 나타나지 않는 리벳은 리벳 머리를 빼내고 샹크에 조심스럽게 홀을 뚫어 검사한다. 상기의 검사에서 리벳샹크가 맞물리거나 판재에 뚫려 있는 홀이 판재에서 일직선이 맞지 않았다면, 리벳은 전단에서 약화된 것이다. 이 경우 응력의 원인이 무엇인가를 찾아서 이에 상응하여 교정하는 조치를 취해야 한다. 입구를 넓힌 홀 또는 움푹 들어간 곳 내에서 리벳 머리의 미끄러진 접시형 머리 리벳은 점검 시에 교체해야 한다. 이러한 미끄러짐은 판재 베어링파괴 또는 리벳 전단파괴를 나타낸다.

제거한 리벳샹크에 맞물림 현상이 보이면 이것은 부분적인 전단파괴가 나타난 증거다. 이때는 제거된 리벳보다 한 단계 더 큰 리벳으로 바꾼다. 또 리벳홀이 더 커졌을 때도 한 단계 더 큰 리벳으로 바꾼다. 찢어짐, 리벳 사이의 균열 등의 판재파손은 리벳이 제구실을 할 수 없는 손상된 것임을 표시하며 이러한 접합부의 완전한 수리를 위해 그 리벳보다 한 단계 더 큰 리벳으로 교체하는 것이 필요하다.

리벳 주위에 검은 찌꺼기는 풀어짐의 징조는 아니며 움직임, 즉 프레팅(fretting)의 징조다. 산화알루미늄인 찌꺼기는 리벳과 근처 표면 사이에 적은 크기의 상대적인 활동에 의해 형성된다. 이것을 프레팅 부식(Fretting corrosion)이나 그을음이라고 부른다. 알루미늄 먼지가 빠르게 어둡고 더러운 외형의 그을음 자국 같은 자취를 형성하기 때문이다. 움직이는 단편이 얇아지는 것이 균열을 퍼지게 할 수 있다. 리벳에 결점이 있는 것으로 의심된다면, 이 찌꺼기는 Scotch BriteTM에서 생산한 것과 같은 일반 용도의 연마수동패드(Abrasive Hand Pad)로 제거하고 점식 또는 균열의 징조에 대해 표면을 검사한다. 그림 3-159와 같이 이러한 상태가 상당한 응력 하에 있는 구성부품을 나타낸다 하더라도, 반드시 균열이 발생하지는 않는다.

기체 균열은 반드시 결점이 있는 리벳으로 발생하는 것은 아니다. 1개나 그 이상의 리벳이 효과적이지 않은 것으로 예상하여 리벳 패턴을 잘라 만드는 것이 업계의 일반적인 관례다.

헐거운 리벳이 인접한 리벳을 균열 지점까지 과부하가 걸리게 하는 것은 아니다.

리벳 머리 균열은 다음의 상황에서 허용된다.

(1) 균열의 깊이는 샹크 직경의 1/8 미만일 때
(2) 균열의 폭이 샹크 직경의 1/16 미만일 때
(3) 균열의 길이가 샹크 직경에 $1\frac{1}{4}$배의 최대 직경을 갖는 원 이내에서 머리 부분의 면적으로 제한될 때
(4) 균열이 머리 부분의 손실을 발생시킬 가능성과 교차되어서는 안 된다.

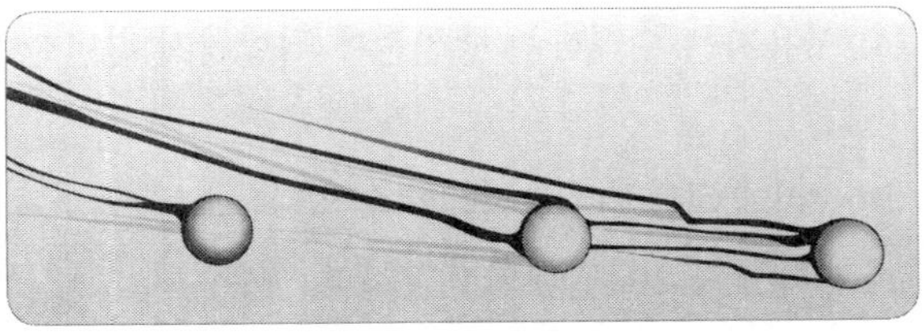

[그림 3-159] 스모킹 리벳(Smoking rivet)

3.12.4 부식검사(Inspection of Corrosion)

부식은 환경과 화학약품과의 반응 또는 전기화학반응으로 인한 점진적인 금속의 변질이다. 대기, 습기 또는 다른 화학적 변화가 이와 같은 반응을 유발한다. 항공기의 구조물을 검사할 때 외부와 내부 모두에서 부식의 흔적을 살펴봐야 한다. 내부 부식은 습기 또는 염수 분무가 축적되는 주머니 또는 모서리에서 대부분 발생하기 때문에 배수구를 항상 깨끗하게 유지해야 한다. 부식의 흔적에 대해 주위의 부재를 검사한다.

3.12.5 손상 제거(Damaged Removal)

수리를 위해 다음과 같이, 손상영역을 준비한다.

(1) 손상 영역에서 비틀린 외판과 구조물을 모두 떼어놓는다.
(2) 수리가 완료된 가장자리는 기존의 구조물과 항공기 선에 맞도록 손상된 재료를 장탈한다.
(3) 모든 정방형모서리를 둥글게 해준다.
(4) 어떠한 마모 또는 움푹 들어간 곳을 매끄럽게 해준다.
(5) 새로운 수리 범위를 접합시키는 이전의 수리를 제거하고 새로운 수리에 합체시킨다.

3.12.5.1 수리재료 선정(Repair Material Selection)

수리 부재는 원형 구조물의 강도와 동일하게 만들어야 한다. 원재료보다 약한 합금을 사용한다면 단면강도가 동일하도록 더 큰 게이지를 사용해야 한다. 낮은 게이지 재료는 더 강한 합금으로도 사용해선 안 된다.

3.12.5.2 수리부품 배치(Repair parts Layout)

해당 항공기에서 손상된 부품을 수리하거나 교체하기 위해 제조되는 모든 새로운 섹션은 구조물에 부품을 고정시키기 전에 해당 항공기 매뉴얼에서 제시한 치수로 신중히 배치시켜야 한다.

3.12.5.3 리벳 선정(Rivet Selection)

일반적으로 리벳 크기와 재료는 수리하는 부품에 있는 원래 리벳과 동일해야 한다. 리벳홀이 커졌거나 변형되었다면 홀을 재작업한 후 한 단계 더 큰 크기의 리벳을 사용해야 한다. 이 작업을 마쳤을 때 더 큰 리벳을 위해 적절한 연거리를 유지해야 한다. 구조물의 안쪽으로 접근이 불가능한 곳과 블라인드 리벳으로 수리해야 하는 곳에는 항상 권장 크기, 간격두기 그리고 원래 장착된 리벳 또는 수행하고자 하는 수리 유형의 교체에 필요한 리벳의 수에 대해 해당 항공기 정비 매뉴얼을 참고한다.

3.12.5.4 리벳 간격두기와 연거리 (Rivet Spacing and Edge Distance)

수리에 대한 리벳 패턴은 적용할 수 있는 항공기 매뉴얼의 설명을 확인해야 한다. 되도록 기존의 리벳 패턴을 사용한다.

3.12.5.5 부식 처리(Corrosion Treatment)

수리 또는 교체 부품을 조립하기 전에 존재하는 부식을 범위에서 모두 제거하고 부품이 다른 것으로부터 적절하게 격리되도록 한다.

3.12.6 수리 인가(Approval of Repair)

항공기 수리에 대한 필요성이 확립될 때 Title 14 of the Code of Federal Regulation(14 CFR)은 인허가 절차를 정의한다. 14 CFR 부분 43, Section 43.13(a)은 항공기, 엔진, 프로펠러에서 정비, Alteration, 또는 예방 정비를 수행하는 개개인이 현재의 제작사 정비 매뉴얼(manufacturer's maintenance manual)에서 규정된 방법, 기술 그리고 실행을 이용하거나 제작사에 의해 준비된 지속적인 감항성을 위한 매뉴얼 또는, 관리자가 허용할 수 있는 다른 방법, 기술 및 실행을 사용해야 한다고 명시한다. AC 43.13-1은 제작사 수리 또는 정비 매뉴얼이 없을 경우에 한정하여, 민간 항공기의 비여압 지역에서의 검사와 수리에 대해 관리자가 허용할 수 있는 방법, 기술 및 실행을 포함한다. 이 자료는 일반적으로 소수리에 속한다. 이 AC에서 인정되는 수리는 대수리에 대한 FAA 인가를 위한 근거로서만 사용될 수 있다. 수리 자료는 아래와 같은 경우 인가된 자료와 FAA Form 337의 block 8에 열거된 AC chapter, page 그리고 paragraph로 사용된다.

(a) 사용자는 수리하는 생산품에 적합한지 판단한다.
(b) 수리에 직접적으로 적용할 수 있다.
(c) 제작사 자료에 반대되지 않는다.

항공기 정비 매뉴얼 또는 구조수리 매뉴얼에 설명되어 있지 않은 수리 기법과 방법일 경우 항공기 제작사로부터 엔지니어링 지원이 필요하다.

그림 3-160과 같이 FAA Form 337, Major Repair and Alternation은 다음과 같은 경우에 반드시 기재되어야 한다.

1. 기체의 다음 부분에 대한 수리를 위해
2. 1차구조 부재의 강화, 보강하기, 스플라이스 및 제작을 관련하는 다음 유형의 수리를 위해, 또는
3. 리벳팅이나 용접과 같은 조립부품으로 교체할 때, 다음은 관련 부분들이다.

   ① 상자형보
   ② 모노코크(monocoque) 또는 세미모노코크(semi-monocoque) 날개 또는 조종익면
   ③ 날개 스트링거 또는 시위부재
   ④ 날개보 플랜지
   ⑤ 트러스형 빔의 부재
   ⑥ 빔의 얇은 판재웨브
   ⑦ 배 선체(Boat Hulls) 또는 부유의 킬(Keel) 부재와 등뼈(Chine) 부재
   ⑧ 날개의 플랜지 재료 또는 꼬리표면으로써 작용하는 주름진/물결모양판 압축부재
   ⑨ 날개 주리브와 압축부재
   ⑩ 날개 또는 Tail Surface Brace Struts, 동체 세로뼈대
   ⑪ 측면 트러스, 수평 트러스, 또는 격벽의 부재
   ⑫ 주요 시트지지 브레이스와 브래킷
   ⑬ 착륙장치 브레이스 스트럿(Brace Struts)
   ⑭ 재료의 대체 관련 수리
   ⑮ 어떤 방향으로든지 6inch를 초과하는 금속 또는 합판의 응력을 받는 피복의 손상면적에 수리
   ⑯ 이음매를 추가하여 만들어 줌으로써 외판의 부분적인 수리
   ⑰ 얇은 판재의 스플라이스
   ⑱ 3개 이상의 인접한 날개나 조종익면 리브 또는

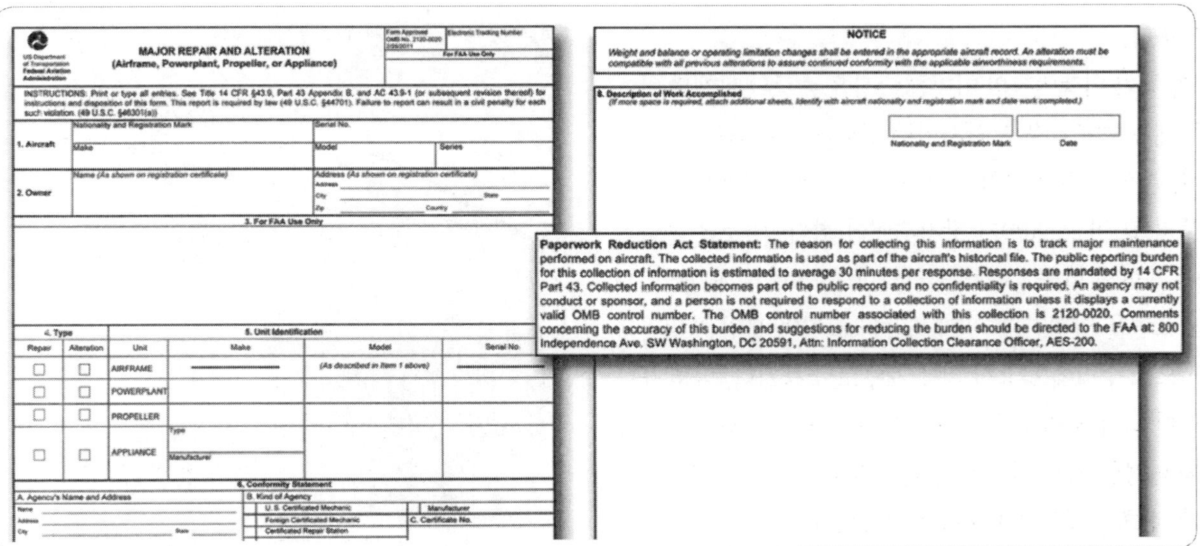
US Department of Transportation Federal Aviation Administration

MAJOR REPAIR AND ALTERATION
(Airframe, Powerplant, Propeller, or Appliance)

Form Approved OMB No. 2120-0020 | Electronic Tracking Number | For FAA Use Only

INSTRUCTIONS: Print or type all entries. See Title 14 CFR §43.9, Part 43 Appendix B, and AC 43.9-1 (or subsequent revision thereof) for instructions and disposition of this form. This report is required by law (49 U.S.C. §44701). Failure to report can result in a civil penalty for each such violation. (49 U.S.C. §46301(a))

1. Aircraft — Nationality and Registration Mark / Serial No. / Make / Model / Series

2. Owner — Name (As shown on registration certificate) / Address (As shown on registration certificate) Address / City / State / Zip / Country

3. For FAA Use Only

4. Type		5. Unit Identification			
Repair	Alteration	Unit	Make	Model	Serial No.
☐	☐	AIRFRAME	————	(As described in Item 1 above)	————
☐	☐	POWERPLANT			
☐	☐	PROPELLER			
☐	☐	APPLIANCE	Type / Manufacturer		

6. Conformity Statement

A. Agency's Name and Address — Name / Address / City / State

B. Kind of Agency — U.S. Certificated Mechanic / Foreign Certificated Mechanic / Certificated Repair Station / Manufacturer

C. Certificate No.

NOTICE

Weight and balance or operating limitation changes shall be entered in the appropriate aircraft record. An alteration must be compatible with all previous alterations to assure continued conformity with the applicable airworthiness requirements.

8. Description of Work Accomplished
(If more space is required, attach additional sheets. Identify with aircraft nationality and registration mark and date work completed.)

Nationality and Registration Mark | Date

Paperwork Reduction Act Statement: The reason for collecting this information is to track major maintenance performed on aircraft. The collected information is used as part of the aircraft's historical file. The public reporting burden for this collection of information is estimated to average 30 minutes per response. Responses are mandated by 14 CFR Part 43. Collected information becomes part of the public record and no confidentiality is required. An agency may not conduct or sponsor, and a person is not required to respond to a collection of information unless it displays a currently valid OMB control number. The OMB control number associated with this collection is 2120-0020. Comments concerning the accuracy of this burden and suggestions for reducing the burden should be directed to the FAA at: 800 Independence Ave. SW Washington, DC 20591, Attn: Information Collection Clearance Officer, AES-200.

[그림 3-160] FAA form 337

날개의 리딩엣지와 인접 리브 사이의 조종익면 수리

인가된 수리소는 관리자가 허용할 수 있는 매뉴얼이나 명세서를 따르는 대수리에 대해 FAA Form 337을 대신하여 수리를 기록하는 고객작업주문서를 사용할 수 있다.

3.12.7 응력외판 구조 수리 (Repair of Stressed Skin Structure)

항공기 구조에서 응력외판은 항공기의 외부의 피복, 즉 외판이 주하중의 일부 또는 전부를 운반하는 구조의 형태이다. 응력외판은 고강도의 압연된 알루미늄 판으로 만든다. 응력외판은 항공기 구조에 부과된 하중의 큰 부분을 운반한다. 여러 가지의 특정한 외판 지역은 매우 중요한 부분과 보통, 그리고 중요하지 않은 부분으로 구분된다. 이와 같은 면적에 대한 특정 수리 요건을 결정하기 위해 해당 항공기 정비 매뉴얼을 참고한다.

항공기 외측외판의 미미한 손상은 손상된 판재의 안쪽에 판재조각을 부착시키는 방법으로 수리할 수 있다. 손상된 외판 지역을 제거하면서 생긴 홀에는 필러 플러그(filler plug)가 장착되어야 한다. 이것은 홀을 막고 현재 항공기에서 공기역학상 필요한 매끄러운 외표면을 형성한다. 판재조각의 크기와 모양은 일반적으로 수리에 필요한 리벳 개수로 결정된다. 다른 규정이 없다면 리벳 공식을 이용해서 필요한 리벳 개수를 산정한다. 원래 외판과 같은 재료와 같은 두께이거나 더 큰 두께의 판재조각을 사용한다.

3.12.7.1 패치(Patches)

외판 패치는 두 가지 유형으로 구분된다.

① 랩(Lap) 또는 스캡 패치(Scab Patch)
② 플러시 패치(Flush Patch)

(1) 랩 또는 스캡 패치(Lap or Scab Patch)

랩(Lap) 또는 스캡(Scab) 유형의 패치는 패치의 가장자리와 외판이 서로 중복되는 곳에 있는 외부 패치이다. 패치의 오버랩 부분은 외판에 리벳으로 장착된다. 랩 패치는 공기역학적인 매끄러움이 중요하지 않은 대부분 지역에서 사용된다. 그림 3-161에서는 균열

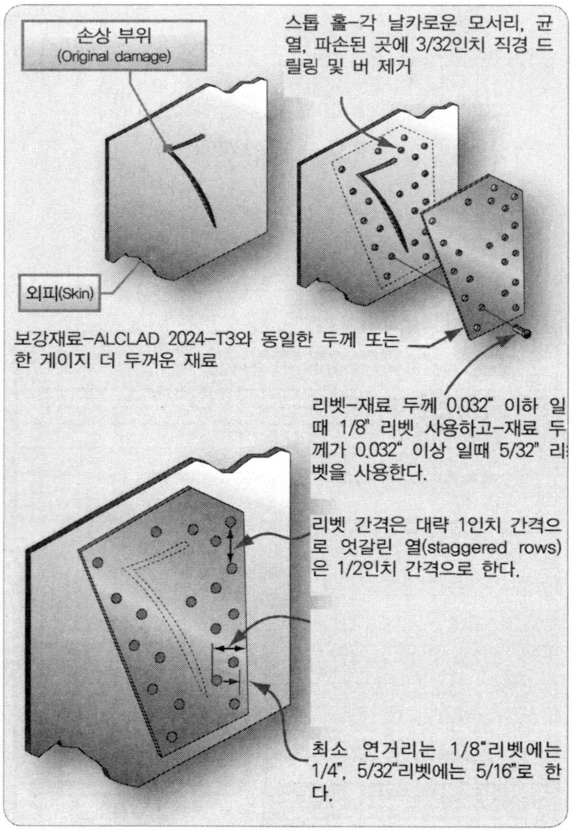

[그림 3-161] 랩 또는 스캡 패치(균열)
(Lap or scab patch(crack))

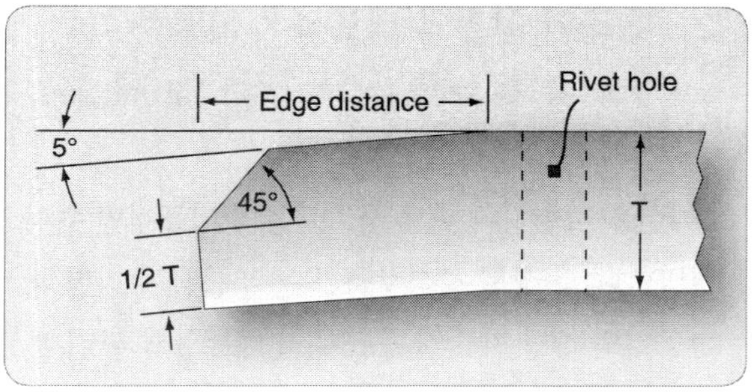

[그림 3-162] 랩 패치 모서리 준비
(Lap patch edge preparation)

과 홀에 대한 대표적인 패치를 보여준다.

탭 또는 스캡 패치로 균열이나 작은 홀을 수리할 때 손상을 깨끗하게 하고 매끄럽게 만들어야 한다. 균열 수리에서 패치를 붙이기 전에 균열의 양쪽 끝단과 심한 굴곡부에 작은 홀을 뚫어야 한다. 홀은 이 지점에서 응력을 경감시키고 균열이 펴져나가는 것을 방지한다. 패치는 필요한 수의 리벳을 장착하기에 충분히 커야 하고 원형이나 정사각형 또는 직사각형으로 절단되도록 한다. 정사각형이나 직사각형으로 되었다면, 모서리는 1/4inch보다 작지 않은 반지름으로 둥글게 한다. 가장자리는 재료의 두께에 1/2로서 45°의 각도에서 모서리를 약간 둥글려야 한다. 그리고 가장자리의 밀폐를 위해 연거리상에서 5° 아래쪽으로 구부린다. 이것은 수리가 그것 위쪽으로 공기흐름에 의해 영향을 받는 기회를 경감시킨다. 그림 3-162에서는 이들의 치수를 보여준다.

(2) 플러시 패치(Flush Patch)

플러시 패치는 외판과 동일평면인 필러(filler) 패치이다. 이것은 사용할 때 보강판으로 지지하고 리벳팅된다. 즉, 외판의 안쪽에 교대로 리벳된다. 그림 3-163에서는 대표적인 동일평면 판재조각 수리를 보여준다. 보강재는 내부의 공간으로 삽입되고 그것이 외판 아래 부분에 장착되도록 한다. 충전재는 원래 외판과 동일한 두께와 재료로 한다. 보강재는 외판보다 한 게이지 더 두꺼운 재료로 장착한다.

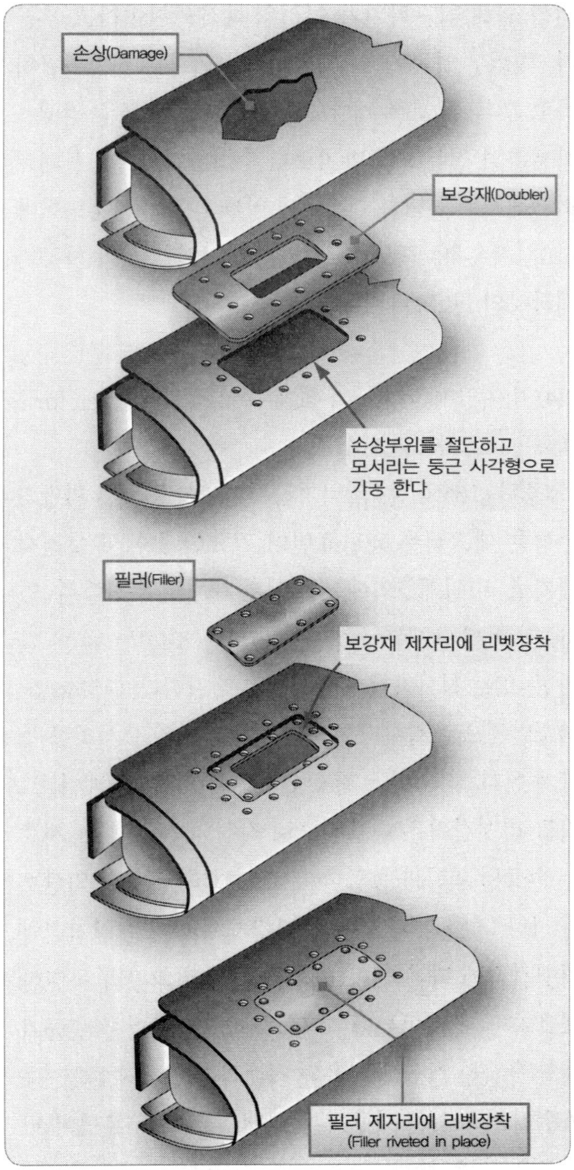

[그림 3-163] 대표적인 플러시 패치 수리
(Typical flush patch repair)

(3) 개방외판과 폐쇄외판 지역 수리(Open and Closed Skin Area Repair)

외판수리에 적용되는 방법을 결정하는 요소는 손상 영역에 접근성과 항공기 정비 매뉴얼에 있는 사용법 설명서다. 항공기의 대부분 범위 외판은 안쪽에서 수리를 위해 접근하기가 어려워 폐쇄외판이라고 부른다. 내외부 양쪽에서 접근 가능한 외판은 개방외판이라고 부른다. 보통 개방외판에서 수리는 표준 리벳을 사용하여 전통적인 방법으로 수리한다. 그러나 폐쇄외판에서는 특별한 훼스너의 일부 유형이 사용되어야 한다. 사용하는 정확한 유형은 수리의 유형과 항공기 제작사의 권고에 따른다.

(4) 비여압지역의 패치 설계(Design of a Patch for a Non-pressurized Area)

그림 3-164와 같이, 비여압지역에서 항공기 외판의 손상은 매끄러운 외판표면이 필요한 곳에서 플러시 패치로, 비임계영역에서는 외부 패치로 수리할 수 있다. 첫 번째 단계는 손상을 제거하는 것이다. 원형, 타원형, 또는 직사각형으로 손상을 절단한다. 0.5inch의 최소반경으로 직사각형 판재조각의 모든 모서리를 둥글게 한다. 적용되는 최소 연거리는 직경의 2배다. 그리고 리벳간격은 대표적으로 직경의 4~6배다. 재료는 손상된 외판과 동일한 재료로 하되, 손상된 외판보다 하나 더 큰 두께로 한다. 보강재의 크기는 연거리와 리벳간격에 따른다. 삽입물은 손상된 외판과 동일한 재료와 두께로 만든다. 리벳의 크기와 유형은 항공기에서 유사한 접합에 사용된 리벳과 동일해야 한다. 구조수리 매뉴얼은 사용하는 리벳의 크기와 유형이 어떤 것인지 명시한다.

3.12.8 항공기 구조의 대표적 수리 (Typical Repairs for Aircraft Structures)

이 섹션은 비행기의 주요 구조부분의 대표적인 수리를 설명한다. 손상된 구성부품 또는 부품을 수리할 때는 항공기의 해당 제작사 구조수리 매뉴얼의 관련 부

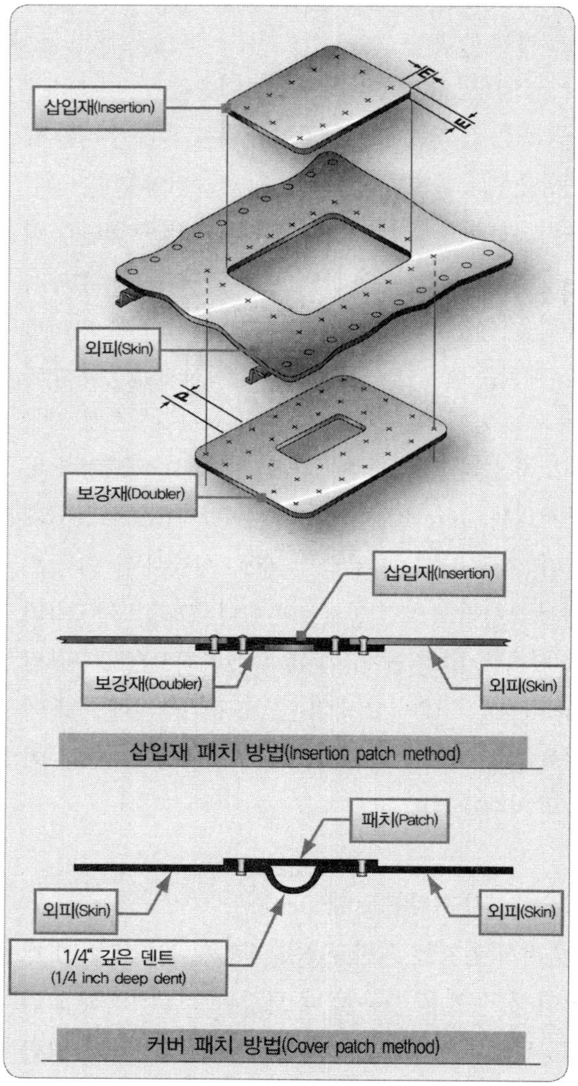

[그림 3-164] 비여압지역의 패치 수리
(Repair patch for a non-pressurized area)

둔을 참고한다. 일반적으로 유사한 수리가 도해로 제공되고 사용할 재료, 리벳, 리벳 간격두기, 방법과 절차 등이 목록으로 명시된다. 수리하기 위해 필요한 추가 정보도 자세하게 지시된다. 필요한 정보를 구조수리 매뉴얼에서 찾을 수 없을 경우 항공기 제작사에 의해 장착된 유사한 수리나 어셈블리를 찾는다.

3.12.8.1 플로트(Floats)

감항 상태에서 부유를 유지하기 위해 주기적이고 빈번한 검사가 필요하다. 항공기가 소금물에서 운용될 때 금속부에서 부식이 급속하게 진행되기 때문이다. 부유와 선체의 검사는 부식, 다른 물체와 충돌, 경착륙, 그리고 파손을 유도하는 다른 상황으로 인한 손상에 대한 조사를 포함한다.

NOTE 블라인드 리벳은 수면 아래쪽 부유나 수륙 양용의 선체에 사용하지 않는다.

그림 3-165와 같이 판금 부유는 인가된 관례를 사용하여 수리해야 한다. 그러나 판금의 섹션 사이에 이음대는 적당한 우포와 실링제(sealing compound)로 방수시킨다. 선체 수리를 겪은 부유는 어떤 누설이 전개되는지 점검하기 위해 물로 채우고 적어도 24시간 동안 세워놓고 시험해야 한다.

3.12.8.2 주름진/물결무늬 외판수리(Corrugated Skin Repair)

그림 3-166과 같이, 소형 일반 항공용 항공기의 조종장치 중 일부는 외판에 비드선을 갖고 있다. 비드는 얇은 외판에 약간의 강직을 준다. 수리 판재조각용 비드는 회전 성형구 또는 프레스 절곡기로 성형할 수 있다.

3.12.8.3 패널 교체(Replacement of a Panel)

그림 3-167과 같이, 수리할 수 있는 한도를 초과하여 금속 항공기 외판이 손상되면 전체 패널을 교체한다. 패널은 특정 섹션 또는 면적에서 이전에 너무 많은 수리를 하였을 때에도 교체한다.

항공기 구조에 있어서 패널은 단순한 금속 피복의 단 하나의 판재다. 패널 섹션은 인접한 스트링거와 격벽 사이의 패널 부분이다. 외판부문이 표준 외판수리로는 할 수 없는 규모로 손상된 곳에서는 특수한 수리 유형이 필요하다. 필요한 수리의 특정 유형은 손상이 부재 외부에서 수리할 수 있는 것인지, 부재를 내부에서 수리할 수 있는 것인지, 또는 패널의 가장자리로 수리할 수 있는 것인지에 따라서 다르다.

3.12.8.4 부재 외부(Outside the Member)

다듬질 후에 $8\frac{1}{2}$ 리벳 직경 또는 그 이상의 손상에 대해서는 리벳 제작사의 열을 포함해서 패치를 확장시키고 부재 내부에 열을 추가한다.

3.12.8.5 내부 부재(Inside the Member)

부재 내부에서 다듬질한 후 재료의 제작사 리벳 직경보다 $8\frac{1}{2}$이 작은 손상은 부재위로 확장시킨 판재조각과 외부를 따라 추가된 리벳의 열을 사용한다.

3.12.8.6 패널 가장자리(Edges of the Panel)

패널의 가장자리로 확장된 손상은 제작사가 1열 이상을 사용하지 않았다면 패널 가장자리를 따라 1열의 리벳만 사용한다. 손상의 다른 가장자리에 대한 수리 절차는 이전에 설명한 방법을 따른다.

세 가지 패널 모두를 수리하는 절차는 유사하다. 이전 단락에서 설명한 허용오차를 주어 손상된 부분을

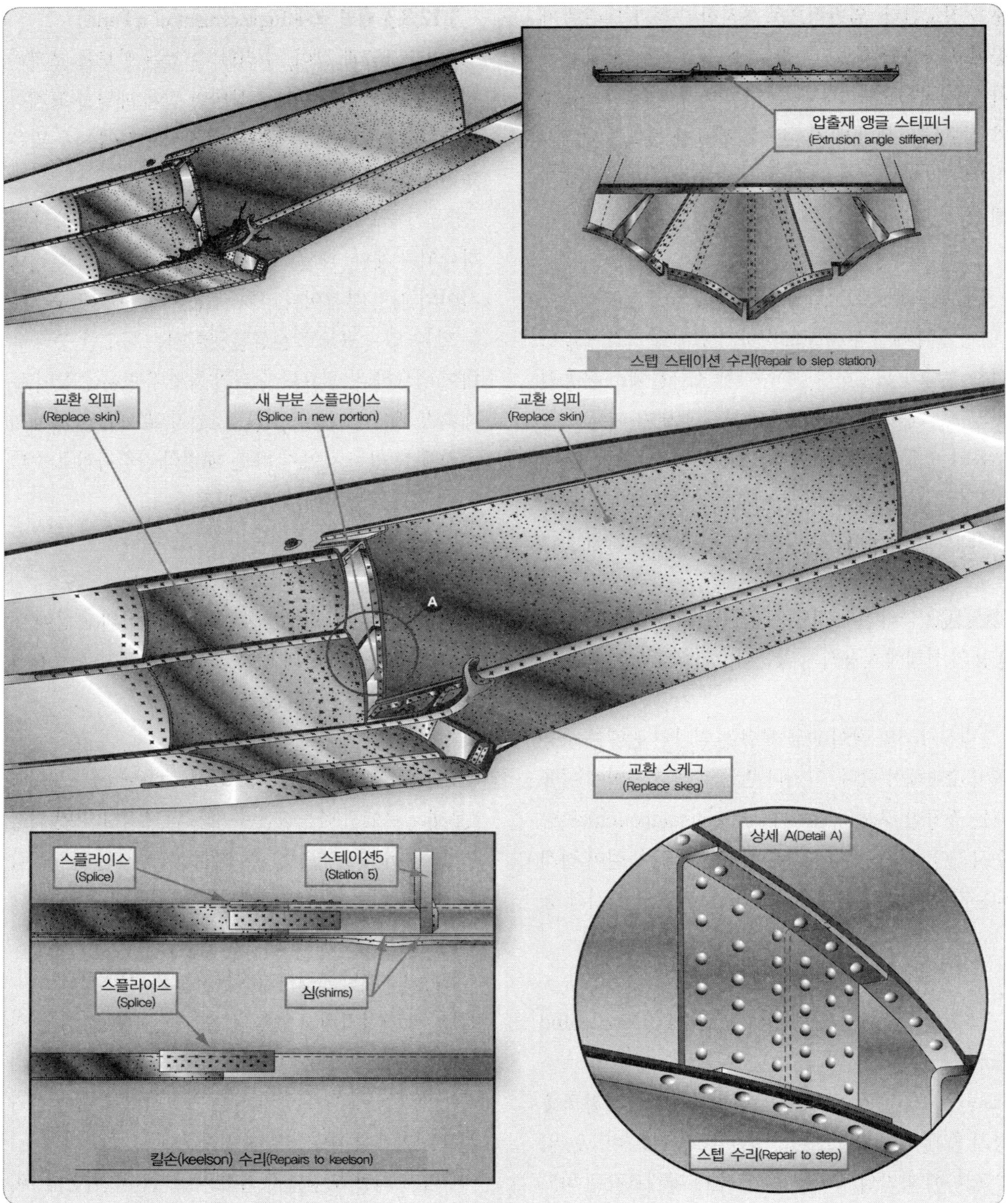

[그림 3-165] 플로트 수리(Float repair)

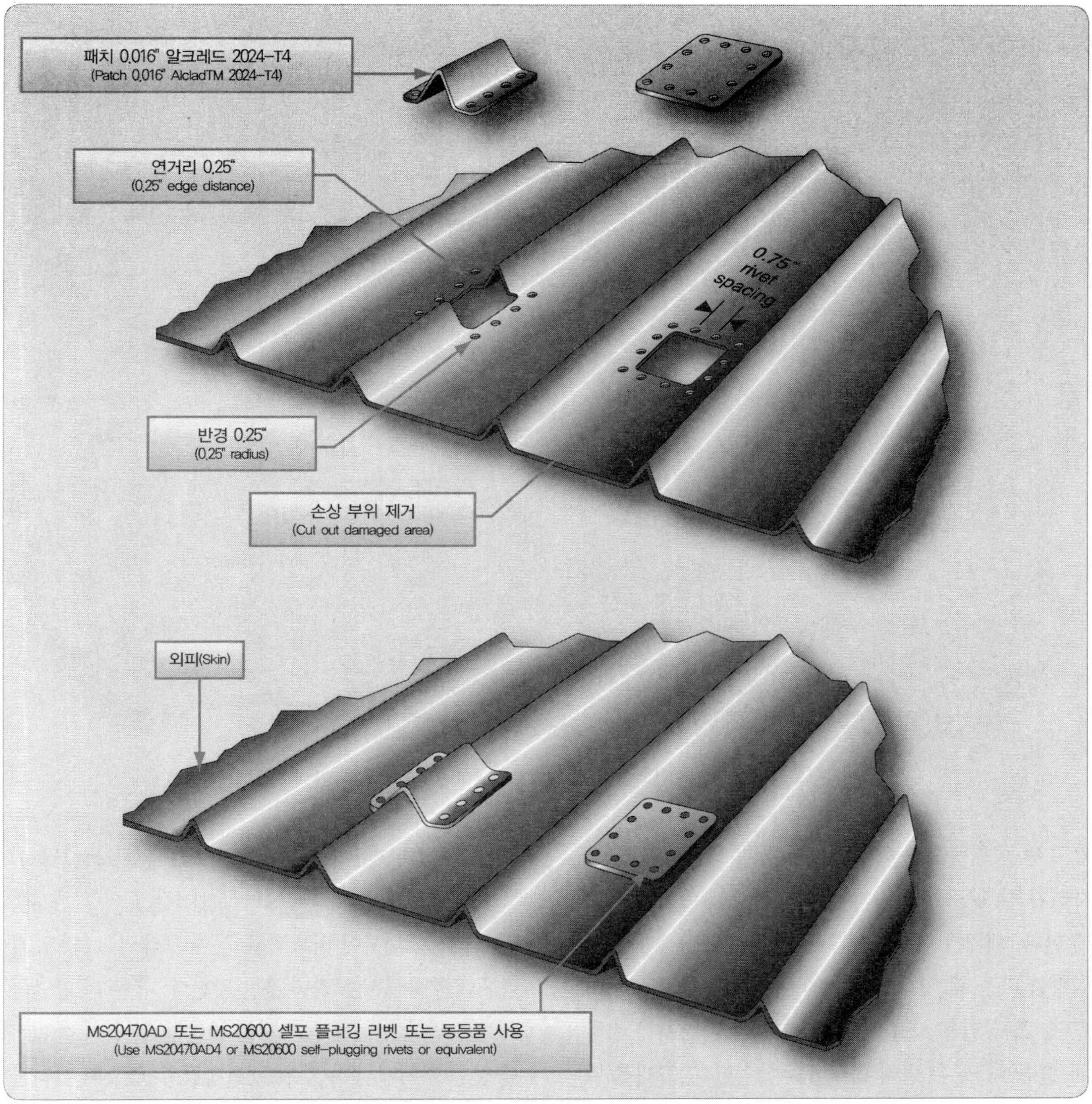

[그림 3-166] 주름진 표면의 비드 스킨 수리(Beaded skin repair on corrugated surfaces)

다듬질한다. 응력 완화를 위하여 다듬질한 부분의 모서리를 1/2inch 최소반경으로 둥글게 한다. 대략 5개 리벳 직경의 가로피치(transverse pitch)로 새로운 리벳 열을 배치하고 제작사가 작업한대로 리벳을 엇갈리게 한다. 원래 두께나 그다음 두꺼운 두께와 같은 재료로 패치를 절단하고 $2\frac{1}{2}$ 리벳 직경의 연거리 여유를 준다. 모서리에 연거리와 같게 아크를 만든다.

판재조각판의 가장자리를 45° 각도로 약간 둥글게

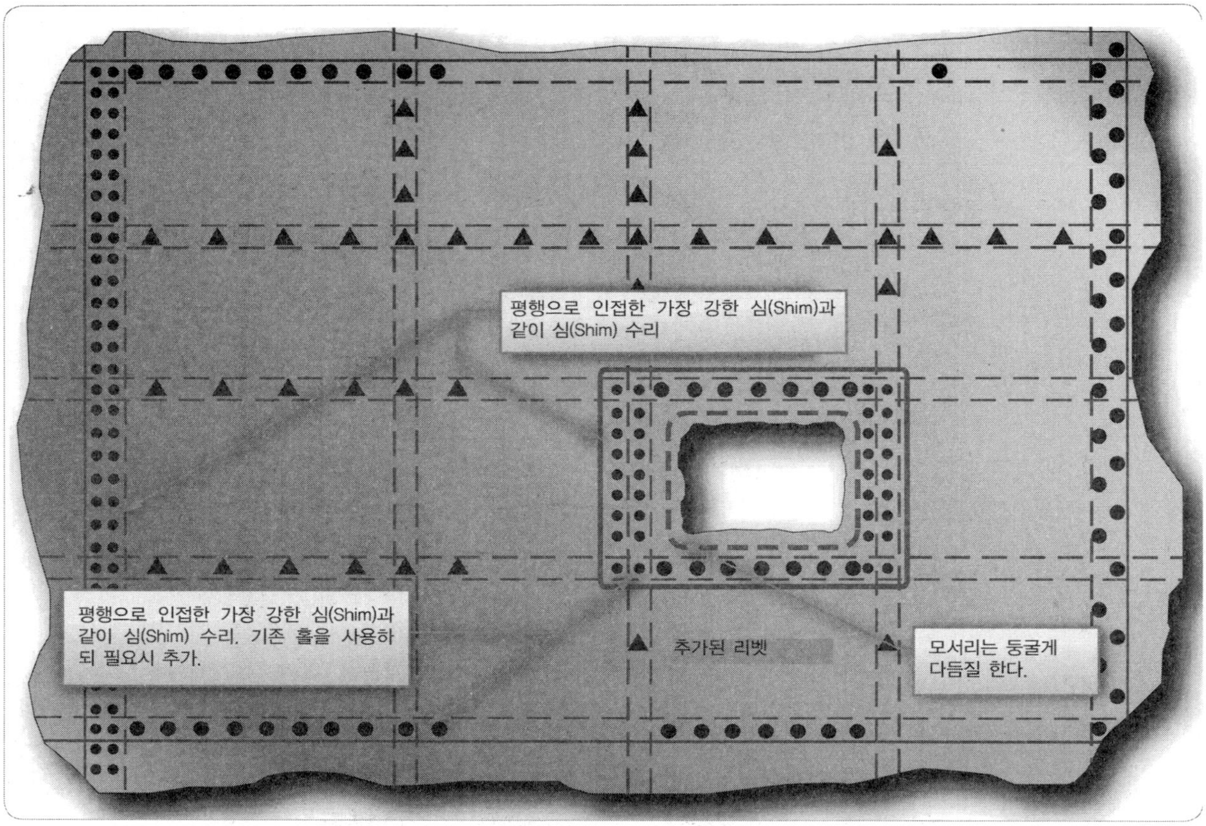

[그림 3-167] 전체 패널 수리(Replacement of an entire panel)

깎고 판을 원형구조물의 모양에 맞게 성형한다. 가장자리가 잘 맞도록 가장자리를 약간 아래쪽으로 향하게 한다. 패치플 올바른 위치에 놓고 리벳홀 1개를 드릴링한 다음 훼스너로 판을 제 위치에 임시로 고정시킨다. 홀 찾기를 사용해서 두 번째 홀의 위치를 정하고, 홀을 내고, 두 번째 훼스너를 삽입한다. 그다음 뒤쪽으로부터 원래의 홀을 통하여 위치를 정하고 나머지 홀을 뚫는다. 리벳홀에서 버(burr) 제거하고 패치를 제 위치에 리벳팅하기 전에 접촉되는 표면에 부식 방지물질을 도포한다.

3.12.8.7 무게경감 홀 수리(Repair of Lightening Holes)

이전에 설명한 바와 같이, 무게경감 홀이란 무게를 감소시키기 위하여 리브섹션, 동체 프레임, 그리고 기타 구조부품에서 잘라낸 홀을 말한다. 홀은 더 단단한 웨브를 만들기 위해 플랜지를 붙인다. 균열이 플랜지를 붙인 무게경감 홀 주위로 전개될 수 있으며 이러한 균열은 수리 판으로 수리한다. 균열의 손상지역은 스톱드릴하거나 손상을 제거해야 한다. 수리 판은 손상된 부품과 동일한 재료와 두께로 제작한다. 리벳은 구조물을 둘러싸고 있는 것과 동일하고 최소 연거리는 직경에 2배이며, 간격두기는 직경에 4~6배다. 그림

3-168에서는 대표적인 무게경감 홀 수리를 보여준다.

3.12.8.8 여압지역의 수리(Repairs to a Pressurized Area)

그림 3-169와 같이, 항공기의 외판은 비행 시에 압력이 가해져서 높은 응력을 받는다. 여압 주기는 외판에 하중을 가하고 이 유형의 구조물에서 수리할 경우 비여압외판에서 하는 수리보다 더 많은 리벳이 필요하다.

① 손상된 외판 섹션을 떼어놓는다.

② 모든 모서리반지름이 0.5inch로 한다.

③ 동일한 유형의 재료로 그러나 외판보다 한 크기 더 큰 두께로 보강재를 조립한다. 보강재의 크기는 열의 수, 연거리, 리벳간격두기에 따른다.

④ 손상된 외판과 동일한 재료와 동일한 두께의 장착물을 조립한다. 장착물과 외판사이의 여유공간은 대표적으로 0.015~0.035inch다.

⑤ 보강재, 삽입물 그리고 원래 외판을 통과하는 홀

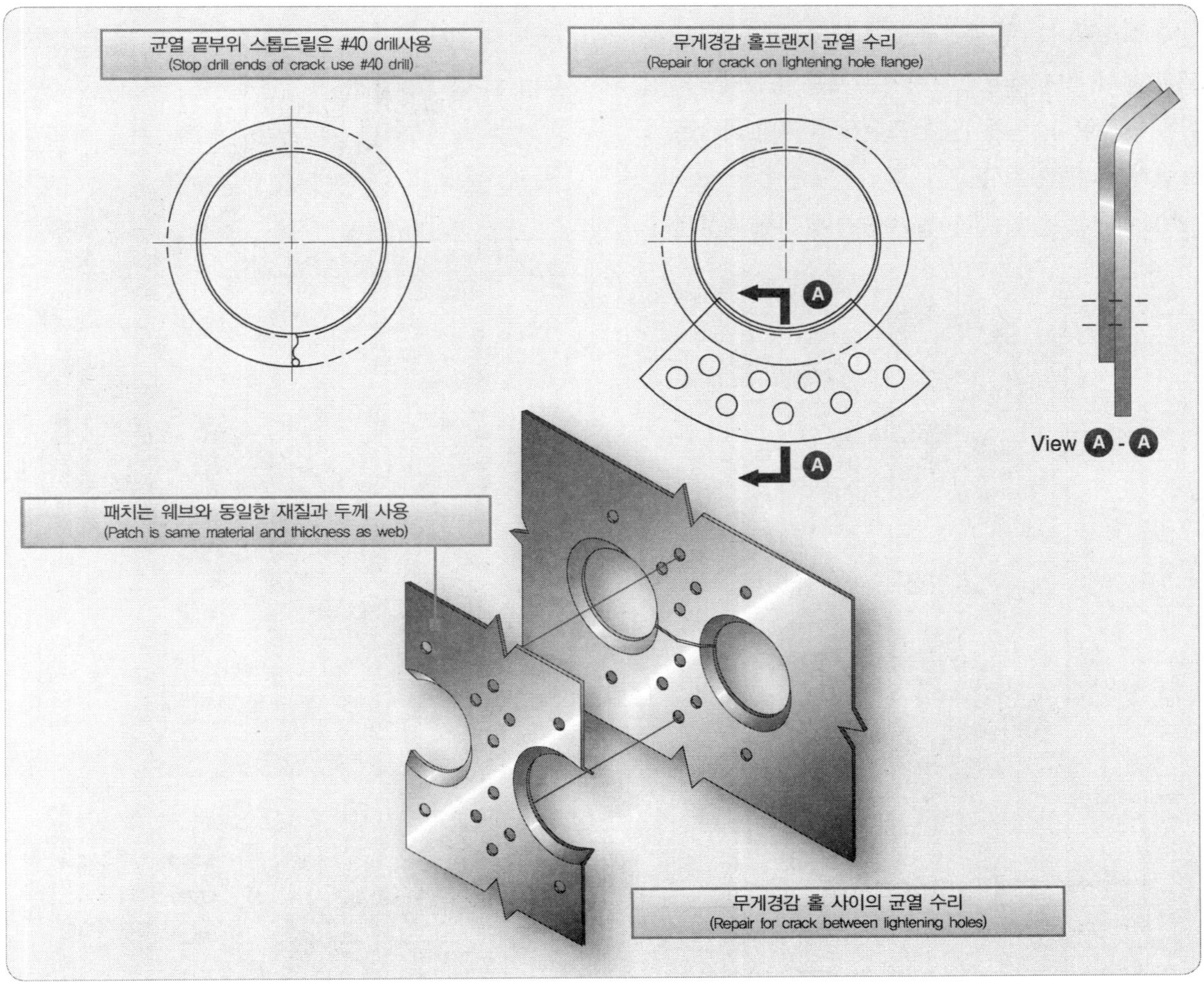

[그림 3-168] 무게경감 홀 수리(Repair of lightening holes)

을 드릴링한다.

⑥ 보강재에 밀폐제를 얇은 층으로 바르고 클레코로 외판에 보강재를 고정한다.

⑦ 면적 주위와 동일한 유형의 훼스너를 사용하고 외판에 보강재를 장착하고 보강재에 삽입물을 장착한다. 장착하기 전에 밀폐제에 모든 훼스너를 잠깐 담근다.

3.12.8.9 스트링거 수리(Stringer Repair)

동체 스트링거는 항공기 앞에서 꼬리까지 분포되고 날개 스트링거는 동체에서 날개 끝(wing tip)까지 분포된다. 조종면 제어 스트링거는 보통 조종익면의 길이를 연장한다. 동체, 날개 또는 조종익면 외판은 스트링거에 리벳팅된다.

스트링거는 진동, 부식 또는 충돌에 의해 손상된다.

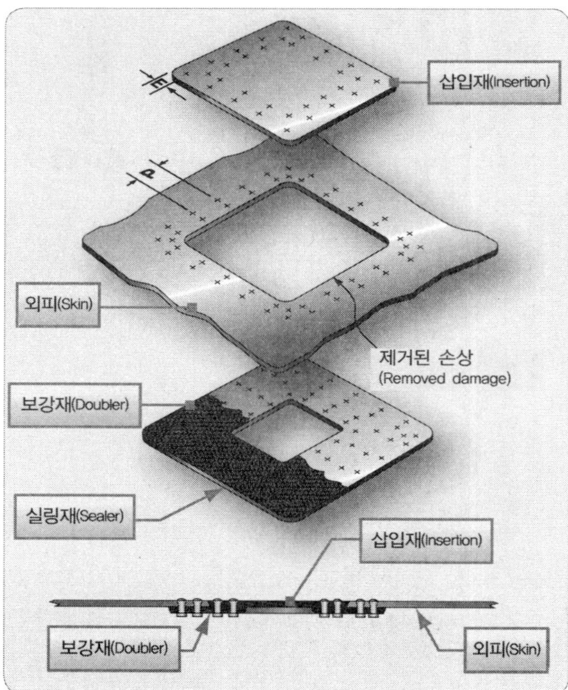

[그림 3-169] 여압 스킨 수리(Pressurized skin repair)

스트링거는 여러 가지 다른 형태로 만들어졌기 때문에 수리절차도 각기 다르다. 수리할 때 미리 성형되거나 압출된 수리 재료나 기체 정비사가 성형한 재료를 필요하다. 일부 수리는 이 두 가지 종류의 수리 재료 모두가 필요하다. 그림 3-170과 같이, 스트링거를 수리할 때, 첫 번째로 손상의 규모를 판단하고 둘러싸인 규모의 리벳을 제거한다. 그다음 쇠톱, 둥근 톱(keyhole saw), 드릴, 그리고 줄을 사용해서 손상지역

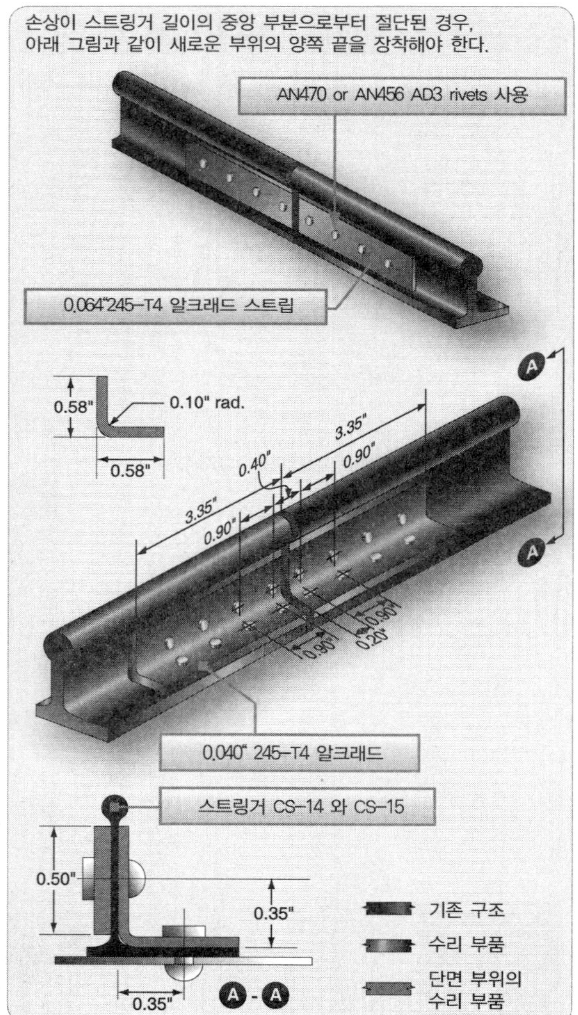

[그림 3-170] 스트링거 수리(Stringer repair)

을 제거한다. 대부분 스트링거 수리는 장착물과 스플라이스 각재 사용이 필요하다. 수리 시 스트링거에 스플라이스 앵글을 위치시킬 때 수리 부분의 위치에 대해서는 해당 구조수리 매뉴얼을 참조하도록 한다. 어떤 스트링거는 스플라이스 앵글을 바깥쪽에 두는 반면에 어떤 스트링거는 안쪽에 두어 수리한다.

각재와 삽입물 또는 충전재(filler)를 수리하기 위해 일반적으로 사출성형과 미리 성형된 재료를 사용한다. 수리각재와 충전재를 평판 원료로부터 성형해야 하면 절곡기를 사용한다. 이와 같이 성형된 부품을 위해 배치도와 굽힘을 만들 때는, 굽힘 허용량과 시선을 사용하는 것이 필요하다. 굴곡진 스트링거를 수리하기 위해서는 원래의 윤곽에 맞도록 수리부속품을 만든다.

그림 3-171에서는 부분 보수에 의한 스트링거 수리를 보여준다. 이 수리는 손상이 한쪽 변의 폭에 2/3를 초과하지 않고 12inch 길이를 넘지 않을 때 허용될 수 있다. 이 한도를 초과하는 손상은 다음의 방법 중 한 가지로 수리할 수 있다.

그림 3-172에서는 손상이 하나의 변에 2/3의 폭을 초과하는 곳에서 스트링거 중 일부분을 장탈한 뒤 삽입물로 수리하는 것을 보여준다. 그림 3-173에서는 손상이 오직 하나의 스트링거에 영향을 주고 길이가 12inch를 초과할 때 삽입물로 수리하는 것을 보여준다. 그림 3-174에서는 손상이 1개 이상의 스트링거에 영향을 줄 때 삽입물로 수리하는 것을 보여준다.

3.12.8.10 성형재 혹은 벌크헤드 수리 (Former or Bulkhead Repair)

벌크헤드는 구조물을 형성하고 모양을 유지하는 동체의 타원형 부재다. 벌크헤드 또는 성형재는 성형

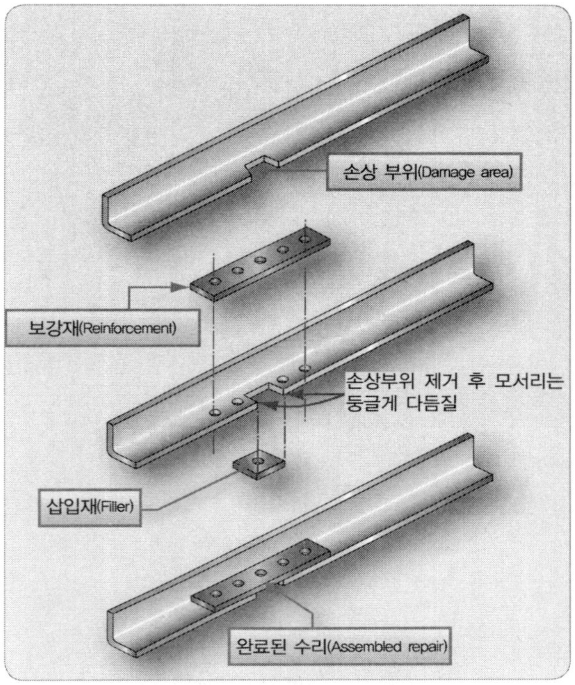

[그림 3-171] 패치재 스트링거 수리 (Stringer repair by patching)

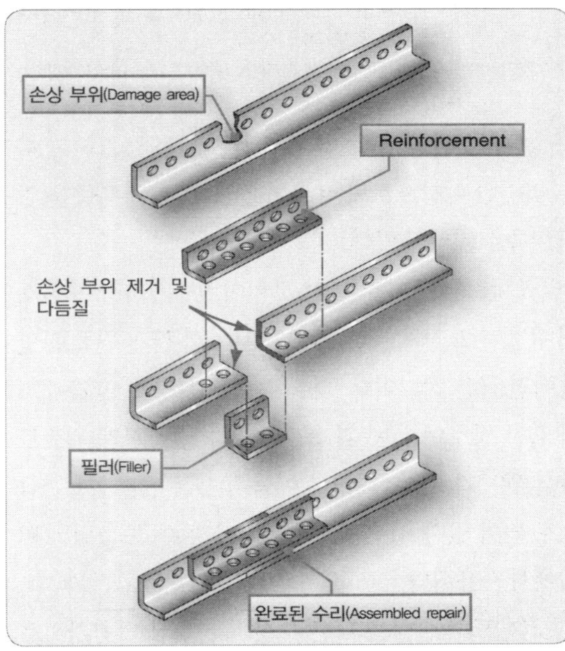

[그림 3-172] 손상이 한 레그의 폭 2/3 초과시 삽입의 스트링거 수리 (Stringer repair by insertion when damage exceeds two-third of one leg in width)

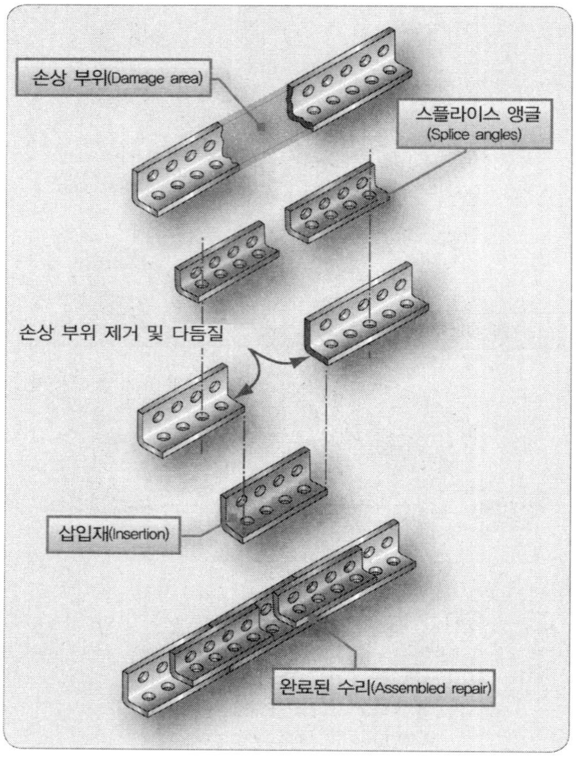

[그림 3-173] 손상이 한 스트링거에만 영향을 미치는 경우 삽입의 스트링거 수리
(Stringer repair by insertion when damage affects only one stringer)

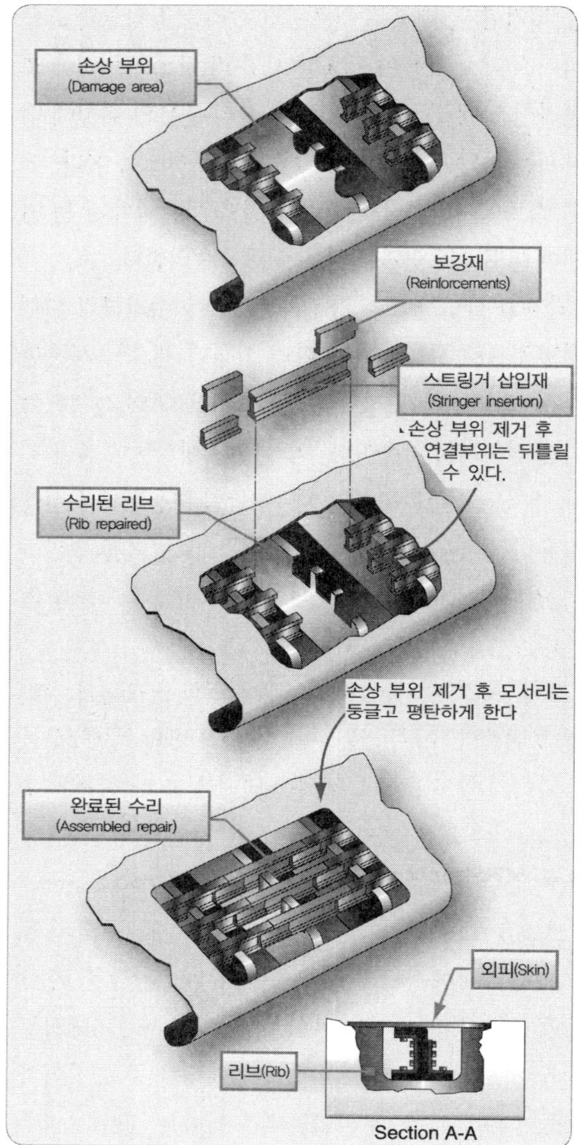

[그림 3-174] 손상이 한 개 이상의 스트링거에 영향을 미치는 경우 삽입의 스트링거 수리
(Stringer repair by insertion when damage affects more than one stringer)

링, 본체 프레임, 원주형 링, 벨트 프레임, 그리고 다른 비슷한 이름으로도 부르며 집중된 응력 하중을 견디도록 설계되어 있다.

벌크헤드에는 여러 가지 유형이 있다. 가장 보편적인 유형은 보강재(stiffener)가 부착된 판재 원료로 만들어진 굽은 채널이다. 다른 유형은 보강재 및 플랜지와 같은 장소에 리벳 된 압출각재가 있는 판재 원료로 만든 웨브가 있다. 대부분 이들 부재는 알루미늄합금으로 되어 있다. 내식강 성형재는 고온에 노출되는 면적에서 사용된다.

벌크헤드의 손상은 다른 부분의 손상과 마찬가지로 분류된다. 각 유형 손상의 명세서는 제작사에 의해 수립되고 항공기를 위한 특정 정보는 항공기 정비 매뉴얼 또는 구조수리 매뉴얼에서 제공된다. 벌크헤드는 수리정보를 찾는 데 매우 도움이 되는 위치 숫자로 구분된다. 그림 3-175에서는 성형재, 프레임부문, 또는

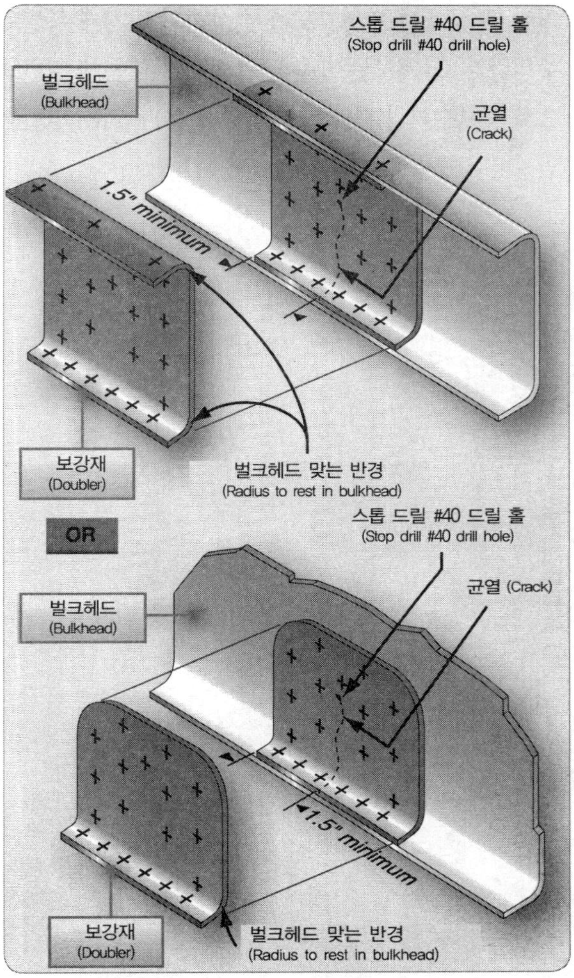

[그림 3-175] 벌크헤드 수리(Bulkhead repair)

벌크헤드의 대표적인 수리를 보여준다.

① No.40 크기 드릴로 균열의 끝에 스톱드릴을 한다.
② 동일한 재료나 수리하는 부분보다 한 크기 더 두꺼운 보강재를 조립한다. 보강재는 0.30inch의 최소연거리와 서로 엇갈린 열 사이에 0.50inch 간격 두기로 1inch 거리를 둔 공간에 1/8inch 리벳홀을 수용하기에 충분히 큰 크기여야 한다.
③ 클램프로 부분에 보강재를 부착시키고 홀을 드릴링한다.
④ 리벳을 장착한다.

예비부품을 사용할 수 없으면 대부분 벌크헤드 수리는 평판 원료로 만든다. 평판으로 수리할 때는 대체 재료가 원래 재료와 동등한 단면인장, 압축, 전단, 그리고 베어링 강도를 받는 것을 주지한다. 대체 재료는 원래 재료보다 단면적이 작거나 얇은 것을 절대로 사용하지 않는다. 평판으로 만들어진 굴곡진 수리부속품은 성형하기 전에 "O" 상태에 있어야 하고 장착하기 전에 열처리해야 한다.

3.12.8.11 론저론 수리(Longeron Repair)

일반적으로 론저론은 스트링거와 대략 같은 기능을 갖는 비교적 무거운 부재다. 결과적으로 론저론 수리는 스트링거 수리와 유사하다. 론저론이 무겁고 스트링거보다 많은 힘이 필요하기 때문에 수리에는 무거운 리벳이 사용된다. 더 큰 정밀도가 필요하기 때문에 론저론의 수리 장착에 볼트를 사용하지만 리벳만큼 적합하지 않고 장착하는 데 더 많은 시간이 요구된다.

론저론이 성형된 섹션과 압출각재 섹션으로 되어 있으면 각 섹션을 분리해서 고려한다. 론저론 수리도 스트링거 수리 때와 유사하나 리벳피치(pitch)를 4~6배의 리벳 직경으로 유지한다. 볼트가 사용되면 부드럽게 부착되도록 볼트 홀을 뚫는다.

3.12.8.12 날개보 수리(Spar Repair)

날개보는 날개의 주요 지지부재다. 다른 구성부품에도 날개에서 날개보가 하는 기능과 동일한 기능을 하는 날개보라고 부르는 지지 부재를 가질 수 있다. 날개보가 중앙에 있지 않더라도 그것이 위치한 곳의 섹션에서 중추(hub) 또는 기반으로 사용되는 것으로 간주한다. 날개보는 섹션의 구성에 있어서 첫 번째 부재이고 다른 구성부품은 그것에 직접 또는 간접으로 부착되어 있다. 날개보가 견디는 하중 때문에 이 부재를 수리할 때 구조물 원형강도를 손상시키지 않게 특별한 주의한다. 날개보는 매우 구조적이기 때문에 일반적으로 웨브수리와 캡(cap) 수리와 같은 두 가지 일반적인 수리의 구분이 필요하다.

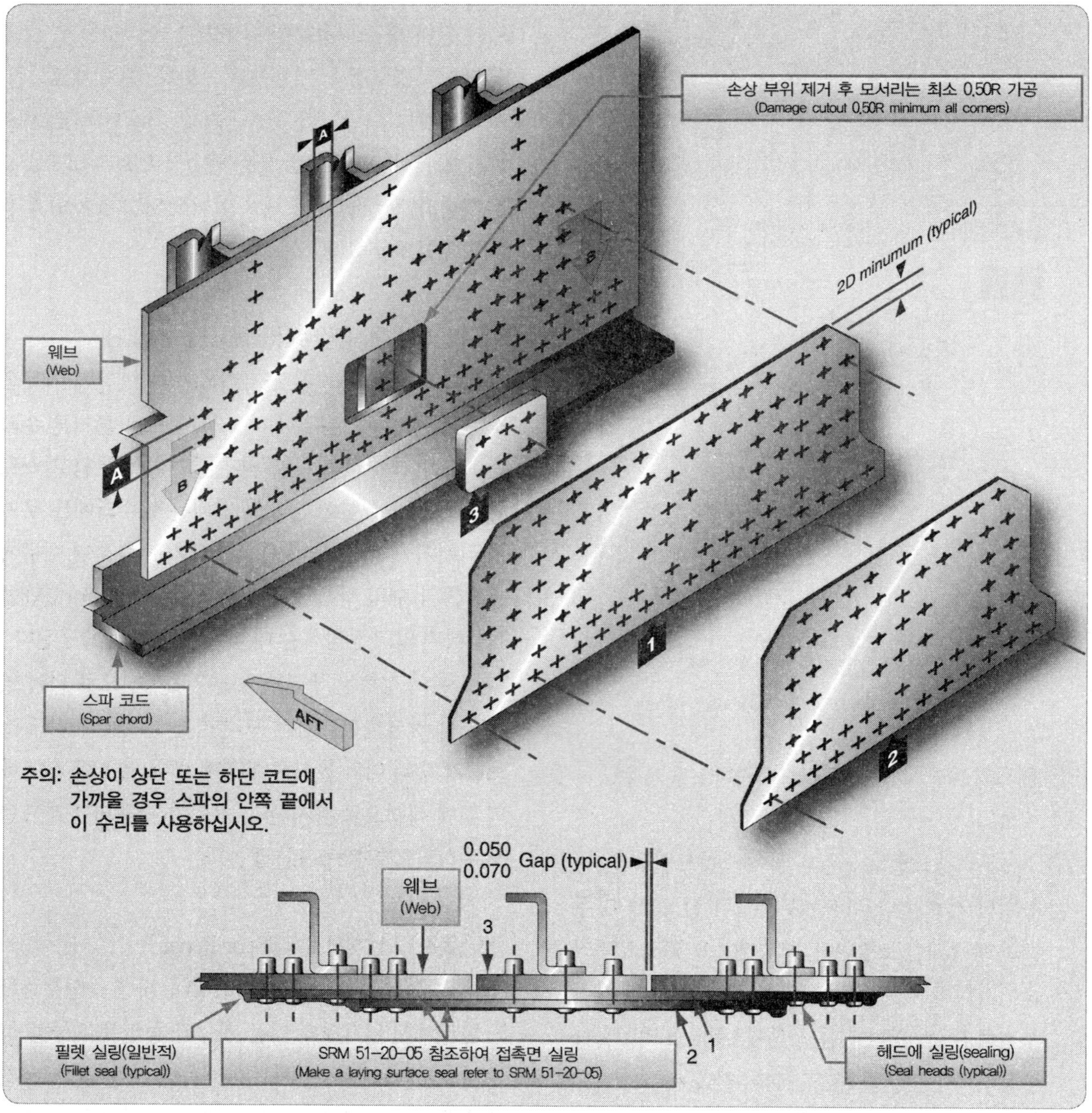

[그림 3-176] 날개보 수리(Wing spar repair)

그림 3-176과 그림 3-177에서는 대표적인 날개보 수리의 예를 보여준다. 날개보 웨브에서 손상은 원형 또는 직사각형 보강재로서 수리할 수 있다. 1inch보다 작은 손상은 대표적으로 원형 보강재로 수리하는 것이고 더 큰 손상은 직사각형 보강재로 수리한다.

① 손상을 제거하고 모든 모서리를 0.5inch로 둥글린다.
② 동일한 재료와 동일한 두께로 보강재를 조립한다. 보강재 크기는 연거리(최소 2D)와 리벳간격두기, 즉 4~6D에 따른다.
③ 보강재와 원래 외판을 관통하여 드릴링하고 클레코로 보강재를 고정시킨다.
④ 리벳을 장착한다.

3.12.8.13 리브와 웨브 수리(Rib and Web Repair)

웨브 수리는 두 가지 유형으로 분류한다.

① 날개리브에 있어서와 같이 매우 중요하다고 간주되는 웨브-섹션에 만드는 것
② 승강타(elevator), 방향타(rudder), 플랩(flap) 등과 같은 덜 중요한 것으로 간주되는 것

웨브 섹션은 부재의 원형강도가 복원되는 방법으로 수리되어야 한다. 웨브를 사용하는 부재의 구조에 있어서 웨브 멤버(web member)는 통상적으로 부재의 주요 깊이를 형성하는 얇은 두께의 알루미늄합금이다. 웨브는 캡 스트립(cap strip)으로 부르는 무거운 알루미늄합금 압출성형으로 결합되어 있다. 이 압출재는 굽힘에 의하여 발생하는 하중을 받으며 외판을 접합하는 기초가 된다. 웨브는 표준 비드, 성형각재, 또는 웨브를 따라 일정 간격으로 리벳 되어 있는 압출된 섹션으로 보강된다.

틀로 찍는 비드는 웨브 자체의 일부분이고 웨브는 찍어서 제작된다. 보강재(stiffners)는 임계응력이 작용하는 웨브 멤버에서 발생하는 압축 하중을 이겨내도록 돕는다. 리브는 판재 원료에서 전체를 틀로 찍어내는 것으로 성형한다. 즉, 리브는 캡 스트립(cap strip)이 없지만 전체 부분의 주위에 플랜지가 있고, 더하여

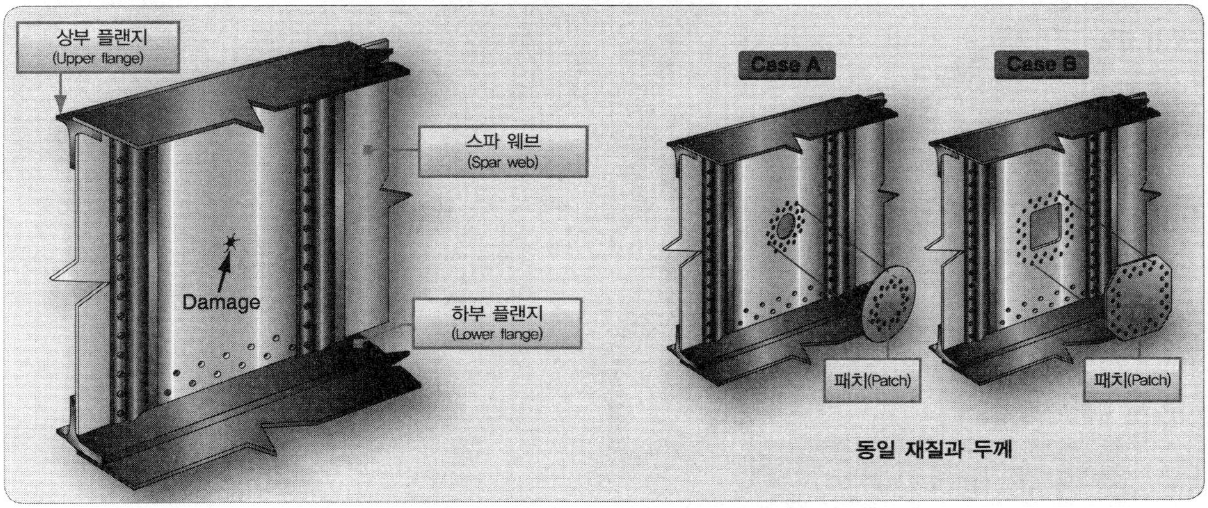

[그림 3-177] 날개보 수리(Wing spar repair)

리브의 웨브에 무게경감 홀을 갖고 있다. 리브는 보강재를 위해 찍어낸 비드와 함께 성형될 수 있고 또는 보강재를 위해 웨브에 리벳팅 된 압출각재를 가질 수도 있다.

대부분 2개 또는 그 이상의 부재가 손상에 관련되지만 단 1개의 부재만이 손상되어 수리를 필요로 할 경우가 있다. 일반적으로 웨브가 손상되었을 때 손상된 부분을 세척하고 패치를 장착하는 것이 필요한 전부다.

패치는 손상된 주위에서 적어도 2열의 리벳을 위한 여유를 주기에 충분한 크기여야 한다. 이것은 리벳에 대한 적당한 연거리, 피치(pitch) 그리고 가로피치(transverse pitch)를 포함한다. 패치는 원부재와 같은 두께와 구성요소를 갖는 재료여야 한다. 패치를 만들 때 무게경감 홀의 윤곽 부품과 같이 어떠한 성형이 필요하다면, "0" 상태의 재료를 사용하고 성형 후에는 열처리한다.

그림 3-178과 같이 단일 판보다 더 큰 수리가 필요한 리브 또는 웨브에 대한 손상은 판재 조각판, 스플라이스 판 또는 각재와 삽입물을 필요로 한다.

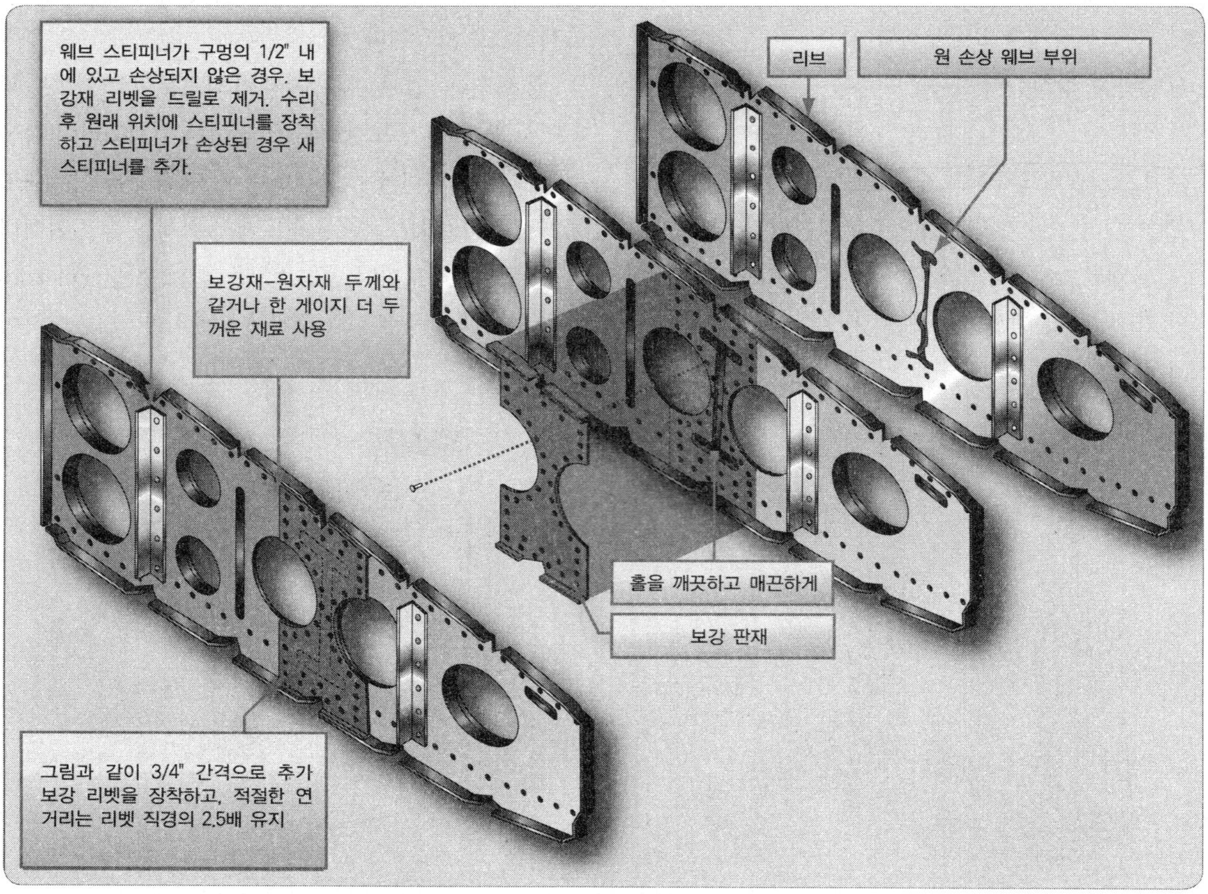

[그림 3-178] 날개 리브 수리(Wing rib repair)

3.12.8.14 리딩 엣지 수리(Leading Edge Repair)

리딩 엣지는 날개, 안정판, 또는 다른 날개골(airfoil)의 전면섹션이다. 리딩 엣지의 목적은 효율적인 공기흐름을 보장하도록 날개 또는 조종익면의 전면부 섹션을 유선형으로 하는 것이다. 리딩 엣지 내의 공간은 연료를 저장하는 용도로도 사용한다. 이 공간에는 착륙유도등, 배관선 또는 열방빙장치(Thermal Anti-icing System)와 같은 추가 장비가 들어있다.

리딩 엣지 섹션의 구조는 항공기의 유형에 따라 다양하다. 일반적으로 캡 스트립, 노스 리브, 스트링거 및 외판 등으로 구성되어 있다. 캡 스트립은 주된 세로로 길게 뻗은 압출성형이고, 리딩 엣지를 강하게 하고 동시에 노스 리브와 외판의 기초를 제공하며 리딩 엣지를 전방 날개보에 연결한다.

노스 리브는 알루미늄합금판을 찍어서 만들거나 기계로 만든다. 이 리브는 U자형이고 웨브를 강화하였을 수 있다. 이 리브의 목적은 설계에 관계없이 리딩 엣지에 윤곽을 구성하는 것이다. 보강재는 리딩 엣지를 보강하기 위하여 사용되며 노스 외피을 장착하기 위한 기초로도 쓰인다. 노스 외피를 장착할 때는 접시머리 리벳을 사용한다.

열방빙장치로 구성된 리딩 엣지는 얇은 공기층으로 분리된 2겹 외판으로 되어 있다. 강도를 증가시키기 위해 주름잡아놓은 내피는 방빙의 목적으로 노스 외피 쪽으로 뜨거운 공기를 전달하기 위해 홀이 뚫려있다. 손상은 다른 물체, 즉 돌 조각, 날아가는 새 그리고 우박 등과 접촉해서 발생하지만 주로 비행기가 지상에 있는 동안 부주의하여 일어난다.

리딩 엣지에서 일반적으로 몇몇의 구조 부품이 손상된다. 외부이물질손상(FOD)은 노스 외피, 노스 리브, 스트링거, 그리고 캡 스트립과 연관된다. 이와 같은 모든 부재의 손상 시에 수리가 가능하려면 점검구

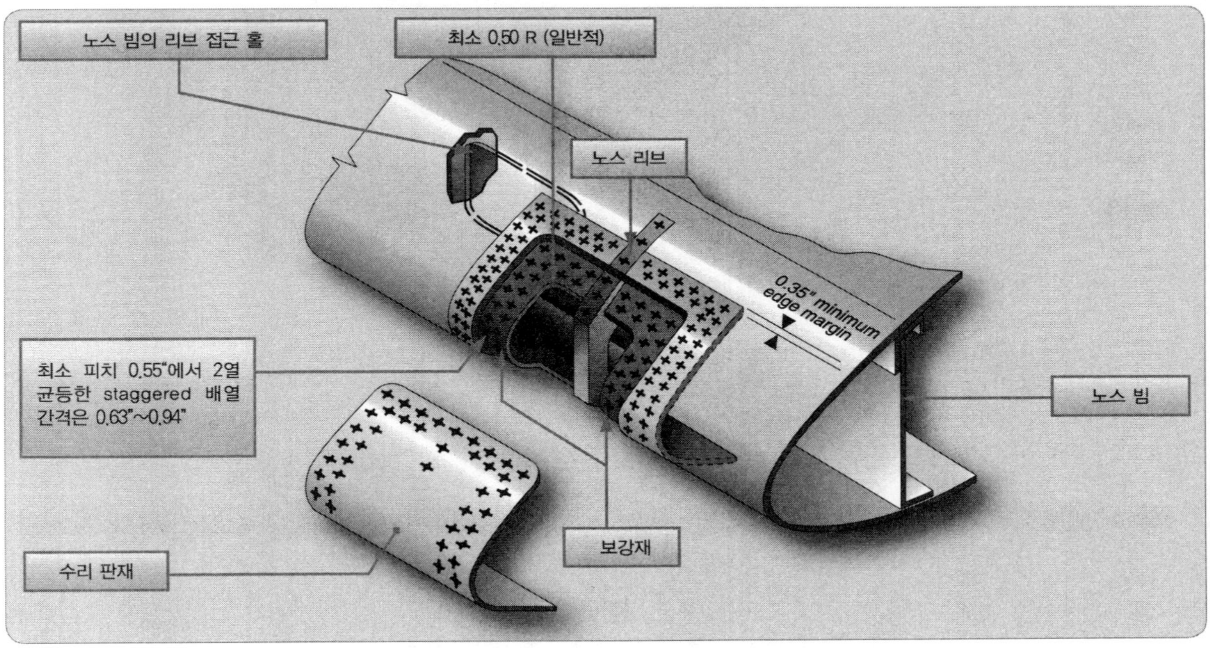

[그림 3-179] 리딩 엣지 수리(Leading edge repair)

(access door)를 만들어야 한다. 첫 번째, 손상 부위를 떼 내어 수리 절차를 밟아야 한다. 수리에는 삽입물과 스플라이스 부분이 필요하다. 손상이 심각하다면 캡 스트립과 스트링거, 새로운 노스 리브 그리고 외판을 수리해야 한다. 리딩 엣지를 수리할 때는 이런 유형의 수리에 맞는 수리 설명서에 언급된 절차를 따라야 한다. 그림 3-179와 같이, 리딩 엣지의 수리는 수리부속품을 기존 구조물에 끼워 맞도록 성형해야 하기 때문에 평면형 구조물과 직선형 구조물에서 수리하는 것보다 더 어렵다.

3.12.8.15 트레일링 엣지 수리(Trailing Edge Repair)

트레일링 엣지는 날개골의 가장 뒷부분이며 날개, 보조익, 방향타, 승강타 그리고 안정판에 있다. 이것은 보통 리브 섹션의 끝을 서로 묶어 매고 상하 외판을 결합시켜서 가장자리의 모양을 형성하는 금속 조각이다. 트레일링 엣지는 구조부재가 아니지만 모든 경우에 있어서 항상 높은 응력을 받는 것으로 간주된다.

트레일링 엣지의 손상은 1개의 지점에 국한하거나 2개나 그 이상의 리브 섹션 사이의 전체 길이에 걸쳐 확장되기도 한다. 충돌과 부주의한 취급으로 인한 손상

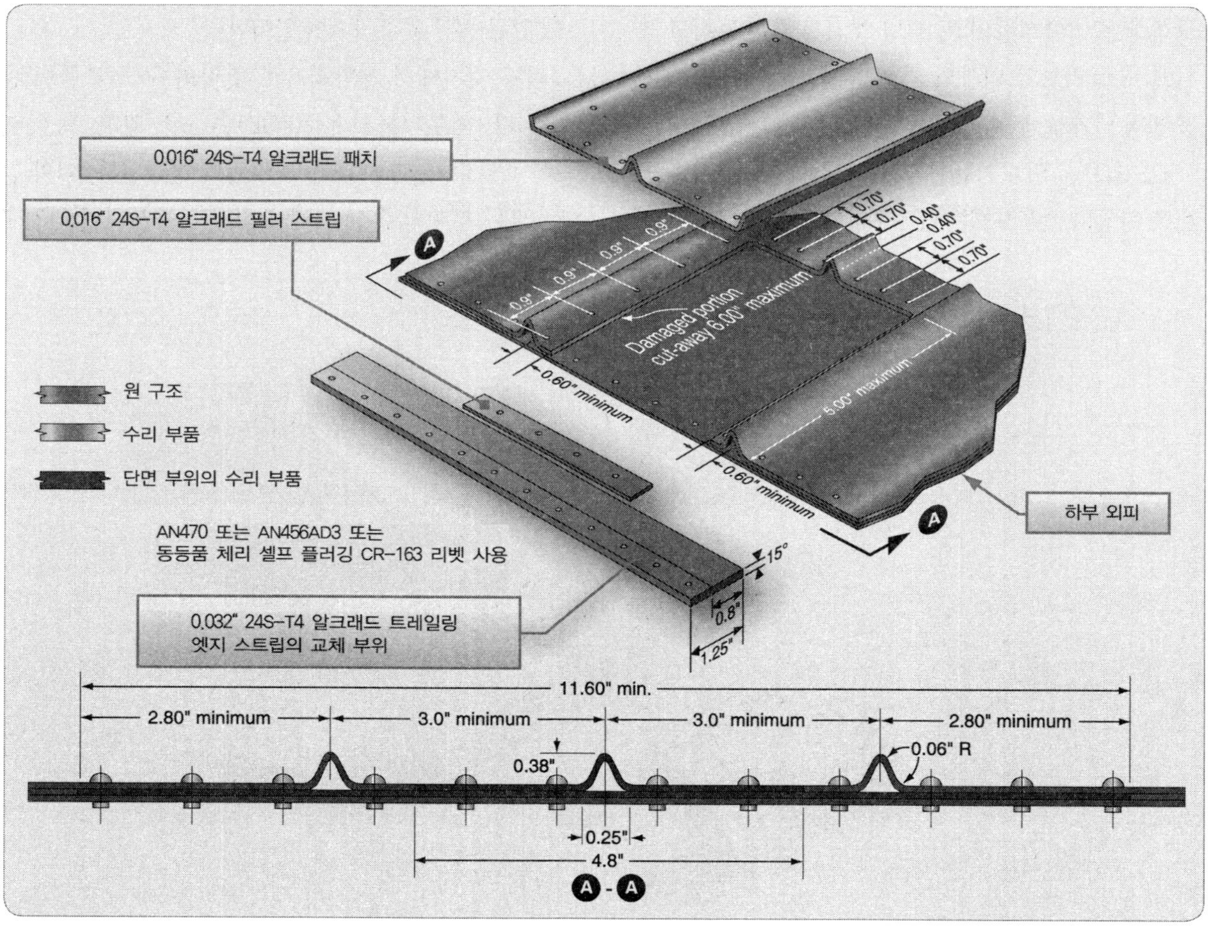

[그림 3-180] 트레일링 엣지(Trailing edge repair)

을 제외하고도 부식에 의한 손상이 종종 있다. 트레일링 엣지는 습기가 모이거나 고이는 곳이기 때문에 부식되기 쉽다.

수리하기 전에 손상된 부분을 검사하고 손상의 정도에 따라 수리의 유형과 수리작업을 할 방법을 결정한다. 트레일링 엣지를 수리할 때는 수리한 지역이 원래의 섹션과 같은 형태, 같은 성분의 재료 및 같은 강도여야 한다. 그림 3-180과 같이, 수리는 날개골의 설계 특성을 유지하도록 만들어야 한다.

3.12.8.16 특화 수리(Specialized Repair)

그림 3-181에서 그림 3-185까지는 구조부재에 대

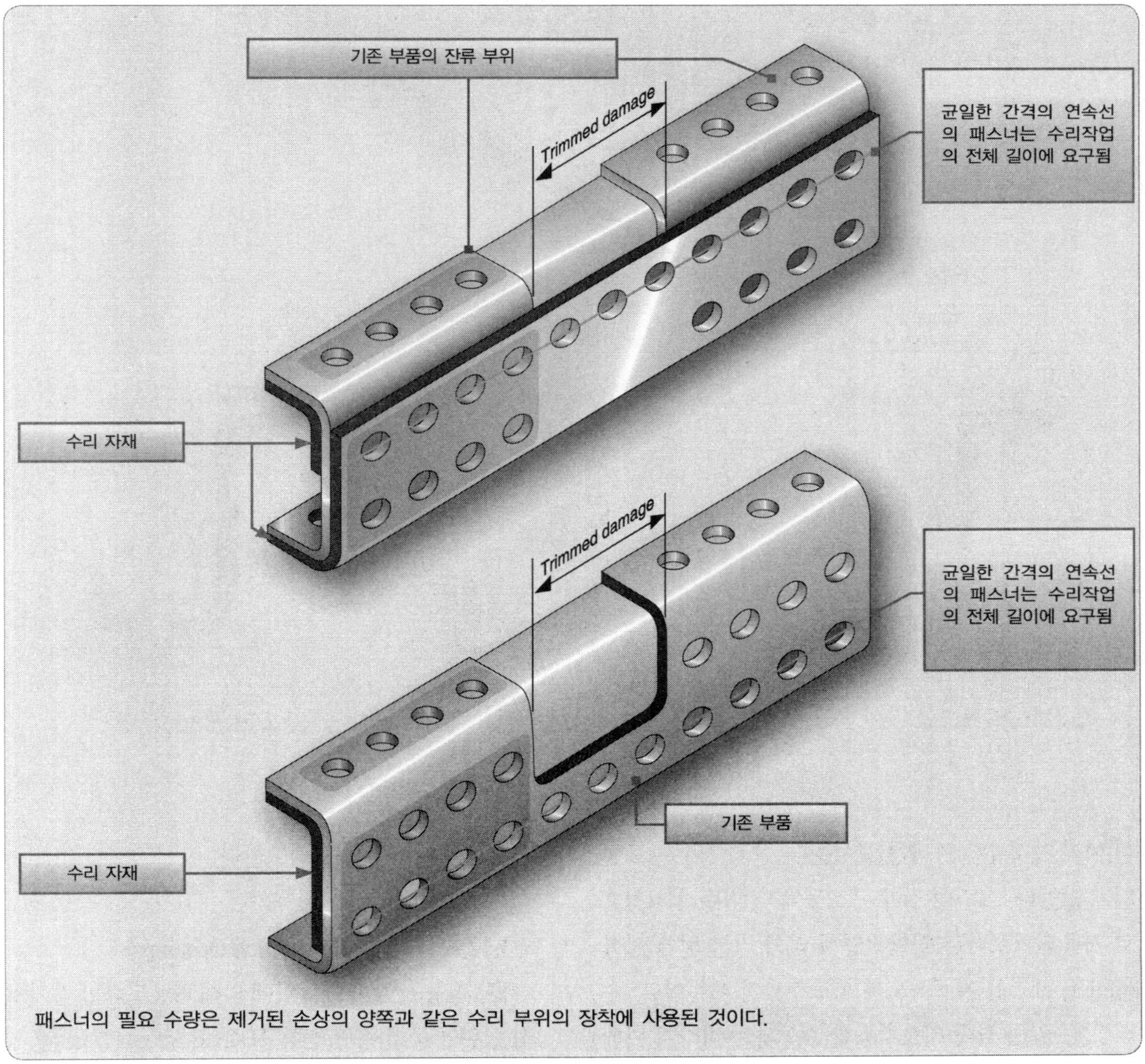

[그림 3-181] C-채널 수리(C-channel repair)

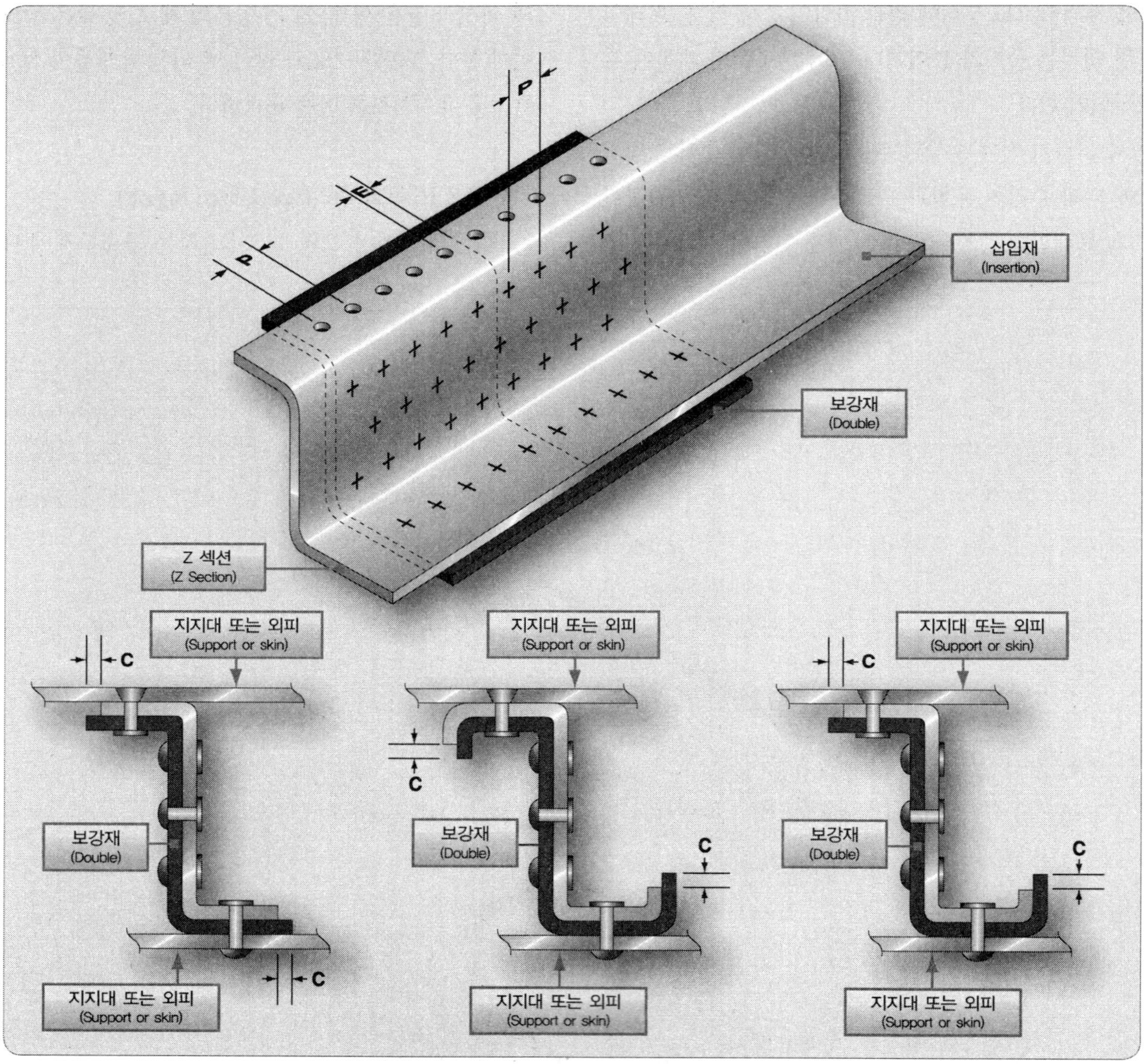

[그림 3-182] 1차 Z-section 수리(Primary Z-section repair)

한 여러 가지 수리의 예를 보여준다. 특정 치수는 포함되지 않았다. 그림이 실제 구조물에 대한 수리 지침으로 사용되기보다는 일반적인 수리의 기본 설계 철학(philosophy)을 제공하도록 의도되었기 때문이다. 수리할 수 있는 최대 허용가능한 손상과 수리하기 위해 권장되는 방법을 구하기 위해서는 특정 항공기에 대한 구조수리 매뉴얼을 참고한다.

3.12.8.17 점검창(Inspection Openings)

해당 항공기 정비 매뉴얼에 의해 허용된다면 검사 목적을 위한 동일 평면 점검구(Flush Access Door)를 장착할 경우 내부 구조물뿐만 아니라 해당 면적에서 외

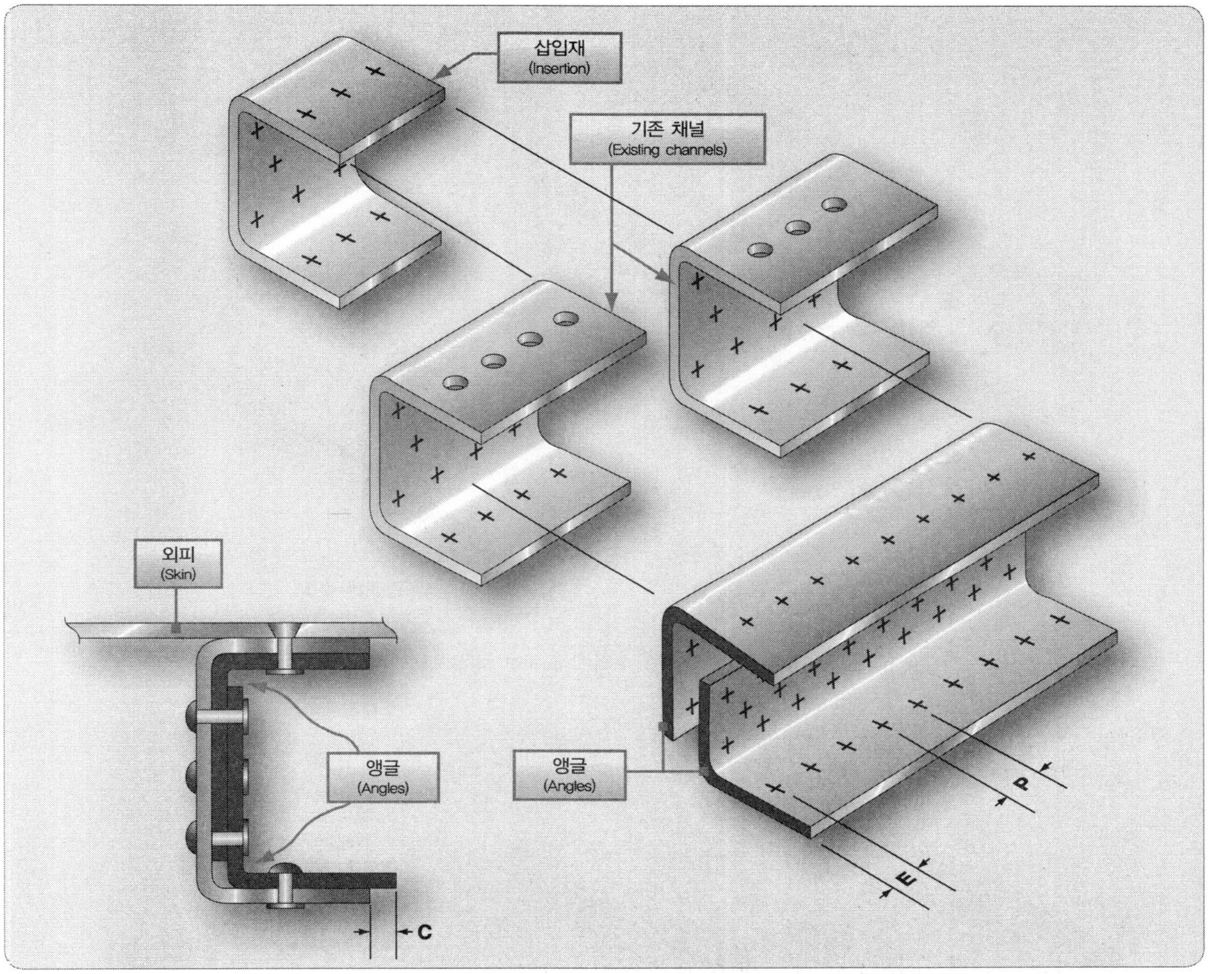

[그림 3-183] U-채널 수리(U-channel repair)

관의 손상까지도 수리하기 쉽다. 그림 3-186과 같이 보강재와 응력을 받는 덮개판(Cover plate)으로 장착한다. 너트플레이트의 단일 열은 보강재에 리벳 되고 보강재는 서로 엇갈리는 리벳의 2열로 외판에 리벳 된다. 그다음 덮개판을 기계스크루로 보강재에 부착시킨다.

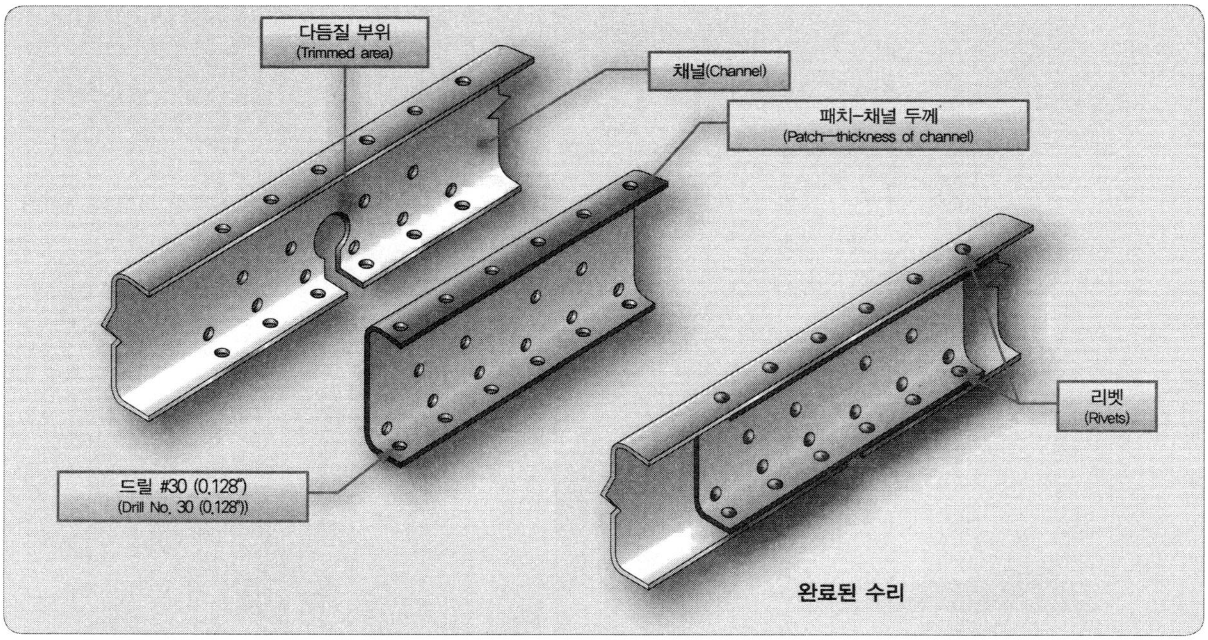

[그림 3-184] 패치재 채널 수리(Channel repair by patching)

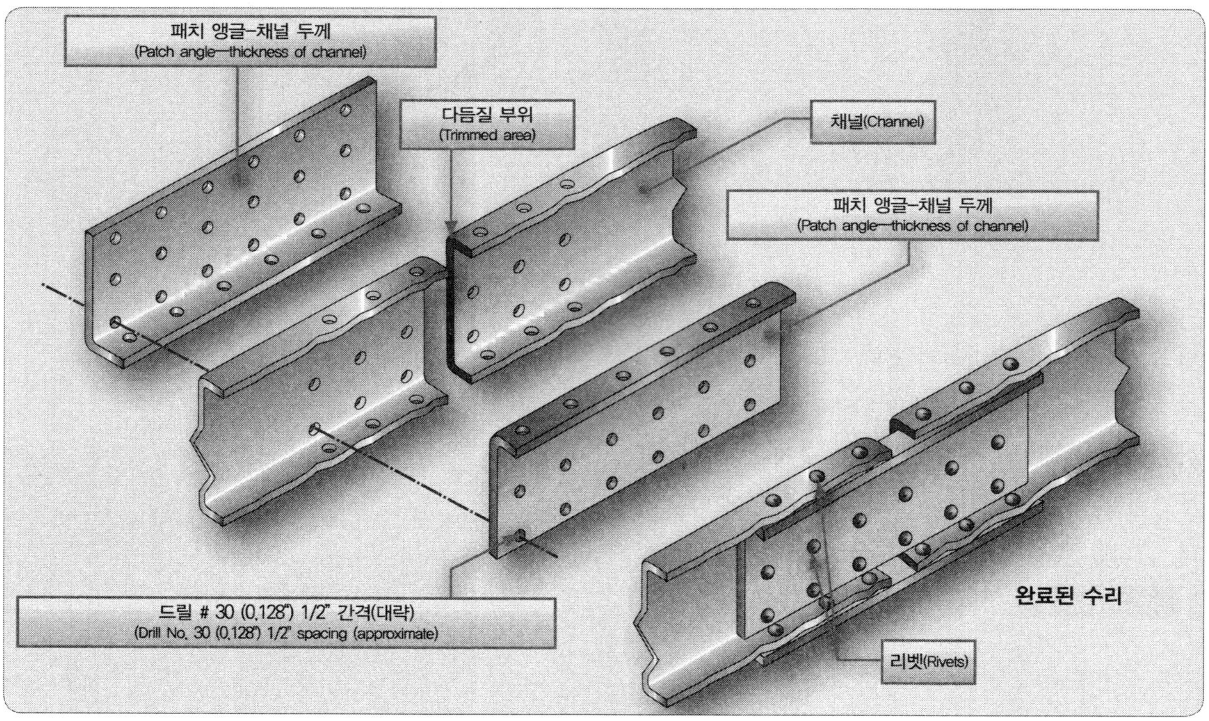

[그림 3-185] 삽입재 채널 수리(Channel repair by insertion)

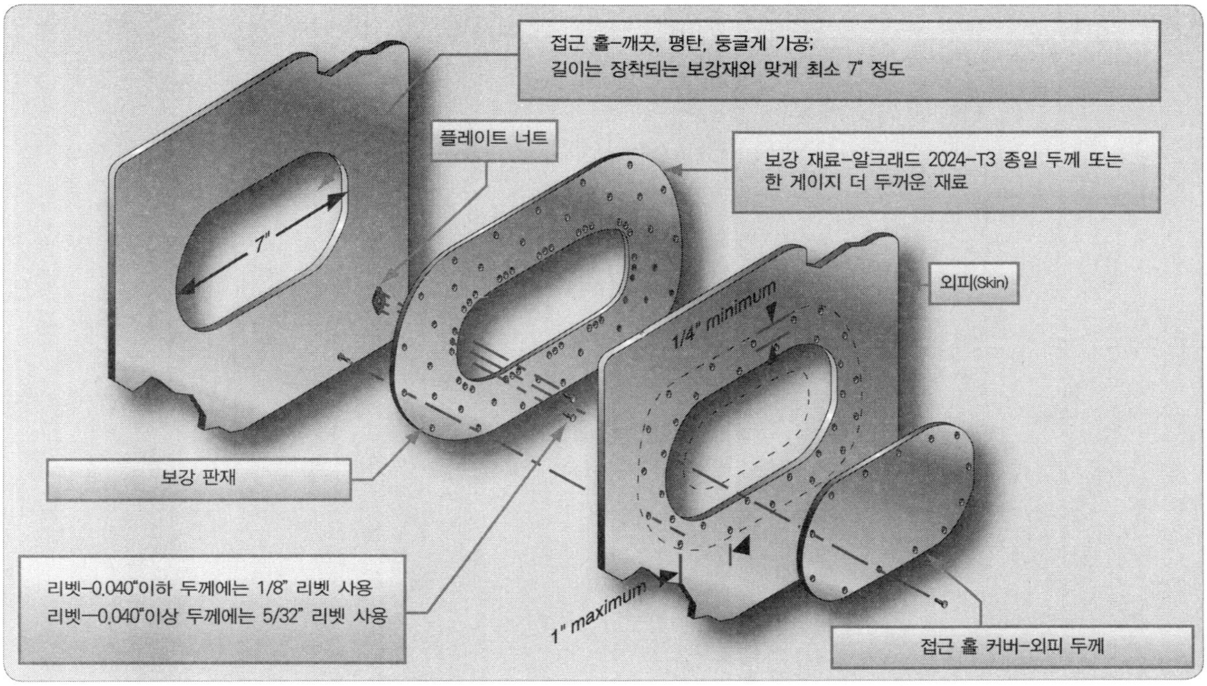

[그림 3-186] 검검창(Inspection hole.)

04 항공기 용접

Aircraft Welding

4 항공기 용접

Aircraft Welding

4.1 서문(Introduction)

용접의 역사는 청동기 시대까지 거슬러 올라간다. 오늘날 우리가 알고 있는 용접이 발명된 것은 19세기에 들어서다. 상업적으로 제작된 첫 번째 성공적인 항공기의 일부는 용접식 강관 뼈대로 조립되었다.

항공기와 항공우주산업에서 기술과 제작 공정이 발전함에 따라 알루미늄, 마그네슘 그리고 티타늄과 같은 더 가벼운 금속이 항공기의 조립에 사용되었고 금속을 용접하는 새로운 공정과 방법이 개발되었다. 이 장에서는 이해를 돕는 기본적인 정보를 제공하고 다양한 용접 방법과 용접 공정 과정들을 가르친다.

전통적으로 용접은 공작물이 하나가 될 때까지 공작물 조각을 용해하거나 해머로 치는 작업에 의해 금속을 접합시키는 공정으로 정의된다. 올바른 장비, 매뉴얼, 약간의 기계조작기술, 손재간과 연습으로 거의 누구나 용접을 배울 수 있다.

용접에서 세 가지 일반적 유형은 가스용접, 전기아크용접 그리고 전기저항용접이다. 각 유형의 용접은 몇몇의 차이가 있으며, 그중 일부는 항공기 조립에 사용된다. 추가적으로 근년에 개발된 일부 새로운 용접 공정이 있다. 이 공정들이 정보의 목적으로 강조된다.

이 장에서는 항공기의 수리와 구성부품의 제작 시 사용되는 용접장치, 방법과 다양한 기술을 소개한다. 이러한 기술에는 다양한 금속의 브레이징(brazing/hard soldering)과 납땜(soldering)을 포함한다.

4.2 용접의 유형(Types of Welding)

4.2.1 가스 용접(Gas Welding)

가스용접은 금속 부품의 끝단 또는 가장자리를 고온의 화염으로 용해된 상태로 가열하여 이루어진다. 아세틸렌을 태우고 그것을 순산소와 혼합시키는 토치로 약 6,300℉ 온도의 산소·아세틸렌화염(oxy-acetylene flame)을 만든다. 알루미늄 용접에서 수소를 아세틸렌 대신에 사용할 수 있으나 열 산출이 약 4,800℉로 줄어든다. 기술적인 이유가 아닌 경제적인 이유로 인해 전기용접으로 대체되기 전인 1950년대 중반까지 가스용접은 두께가 3/16inch 이하인 항공기 재료를 생산하는 데 있어 가장 일반적으로 사용되었던 방법이었다. 가스용접은 수리작업에서 매우 대중적이고 입증된 방법으로 이어지고 있다.

항공기 제작에서 거의 모든 가스용접은 아래에 열거된 항목들로 구성되는 산소·아세틸렌용접장치로 작업된다.

(1) 2개의 실린더, 아세틸렌과 산소
(2) 아세틸렌압력조정기와 산소압조정기 그리고 실린더 압력게이지
(3) 압력조정기와 토치용 어댑터연결기가 있는 2개의 색깔 있는 호스이며 아세틸렌은 적색 그리고 산소는 녹색이다.

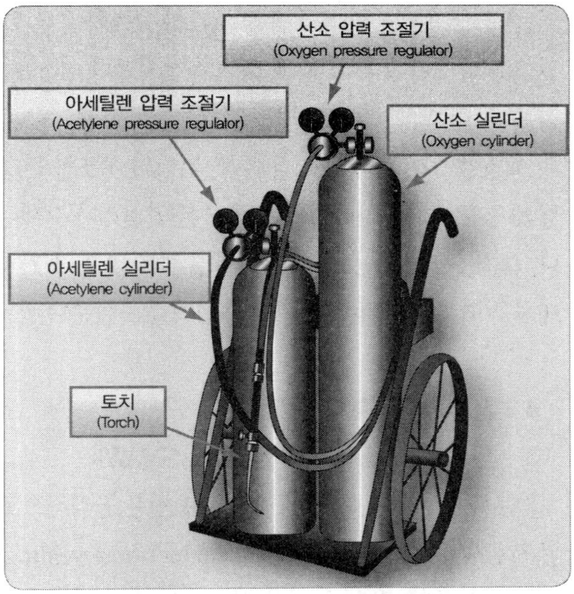

[그림 4-1] 이동식 산소-아세틸렌 용접기
(Portable oxy-acetylene welding outfit)

(4) 내부 혼합 헤드가 있는 용접토치, 다양한 크기의 팁(Tip)과 호스 연결
(5) 적절한 색의 렌즈가 부착된 용접 보호안경
(6) 부싯돌 또는 발화 라이터
(7) 필요할 경우 아세틸렌 탱크 밸브용 특수 렌치(wrench)
(8) 적절한 등급의 소화기

그림 4-1과 같이 장비를 작업장에서 영구적으로 고정 설치하기도 하나 대부분 용접 장비는 휴대형 유형이다.

4.2.2 전기 아크용접(Electric Arc Welding)

전기 아크용접은 항공기의 제작과 수리에 모두 광범위하게 사용된다. 적절한 공정과 방법이 사용된다면 용접이 가능한 모든 금속의 접합에 사용된다. 네 가지 유형의 전기 아크용접이 다음 단락에서 소개된다.

4.2.2.1 차폐 금속아크용접 (Shielded Metal Arc Welding, SMAW)

그림 4-2와 같이, 보통 스틱 용접으로 지칭되는 차

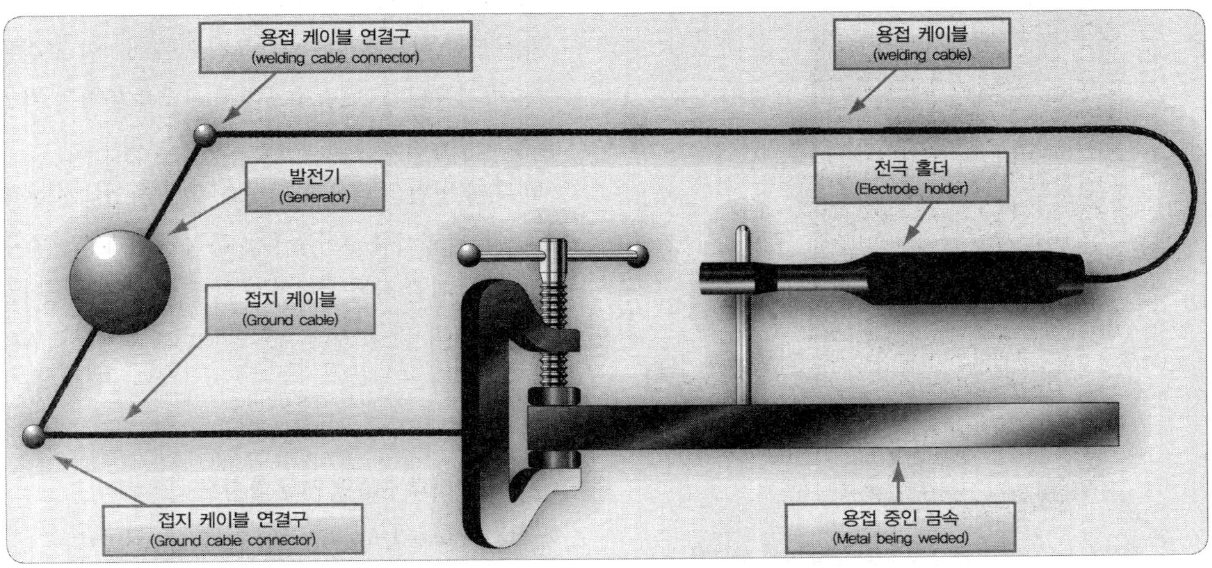

[그림 4-2] 대표적인 아크용접 회로(Typical arc welding circuit)

폐 금속아크용접은 용접의 가장 일반적인 유형이다. 장비는 용접 용매를 입힌 금속 선재(metal wire rod)로 구성된다. 이 금속 선재는 작업되는 용접 유형에 따라 AC나 DC에서 낮은 전압과 높은 전류가 흐르는 굵은 전선으로 연결된 전극 거치대에 고정된다. 아크가 연접봉(rod)과 공작물 사이에서 맞부딪히고 재료와 연접봉 모두를 녹이는 10,000°F 이상의 열을 발생시킨다. 용접 회로는 용접기, 2개의 전선, 전극 거치대, 전극 그리고 용접하는 공작물로 구성된다.

전극이 용접하는 금속에 접촉될 때 회로가 완성되고 전류가 흐른다. 그다음 금속과 전극 사이에 공극(air gap)을 형성하기 위해 전극을 금속으로부터 약 1/4inch 떨어뜨린다. 정확한 틈새가 유지되면 전류는 아크라고 하는 부양하는 전기불꽃을 형성하기 위해 틈새를 메운다. 이 작용이 전극과 용매의 코팅을 녹인다.

용매가 녹을 때 산화를 방지하기 위해 공기 중의 산소로부터 용해물의 덩어리(Molten Puddle)를 차단해 주는 불활성 가스를 방출한다. 용해 용매는 용접을 덮어 주고 냉각됨에 따라서 용접 비드를 보호해 주는 슬래그를 공기가 통하지 않게 하여 경화시킨다. Stinson과 같은 일부 항공기 제작사는 4130 강재 동체 구조물의 용접에서 이 공정을 사용한다. 뒤이어 구조물의 응력을 경감하고 정상화하기 위해 오븐 열처리가 수행된다. 그림 4-3에서는 케이블, 접지 클램프 및 전극 거치대로 되어 있는 전형적인 아크 용접기를 보여준다.

[그림 4-3] 스틱 용접기-차폐 금속아크 용접기
(Stick welder-shielded metal arc welder, SMAW)

4.2.2.2 가스 금속 아크용접 (Gas Metal Arc Welding, GMAW)

그림 4-4와 같이, 가스 금속 아크용접은 공식적으로 금속 불활성 가스용접(MIG, metal inert gas welding)이라고 부른다. 용해 물질을 산소로부터 보호하기 위해 코팅이 안 된 전선 전극이 토치를 통해 안으로 흘러 들어가서 아르곤, 헬륨 또는 이산화탄소와 같은 불활성 가스가 전선을 둘러싸고 흘러나오기 때문에 막대 용접에 대해 개선된 방식이다. 전원 장치가 토치와 공작물에 연결되어 있고 아크가 공작물과 전극을 녹여 주는 데 필요한 열을 발생시킨다.

가스 금속 아크용접에는 대표적으로 저전압 고전류 직류가 사용된다. 그림 4-5에서는 금속 불활성 가스 용접 과정에 필요한 대표적인 장비를 보여준다.

이 용접 방법은 대용량 제작과 생산 작업에 사용할 수 있다. 파괴시험 없이는 용접 품질이 쉽게 결정될 수 없기 때문에 수리에 적당하지 않다. 그림 4-6에서는 금속 불활성 가스용접에 사용되는 대표적인 동력원을 묘사한다.

4.2.2.3 가스 텅스텐 아크 용접기 (Gas Tungsten Arc Welding, GTAW)

가스 텅스텐 아크용접은 적절한 절차와 재료를 사

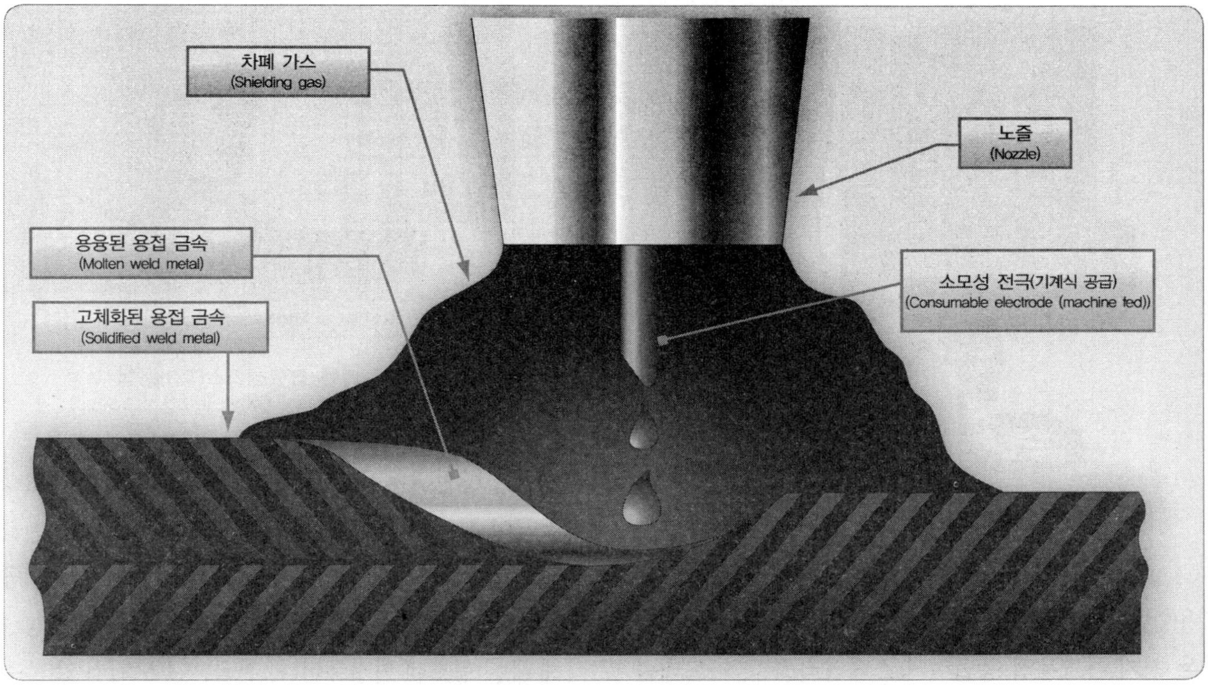

[그림 4-4] 금속 불활성 가스용접 과정{Metal inert gas(MIG) welding process}

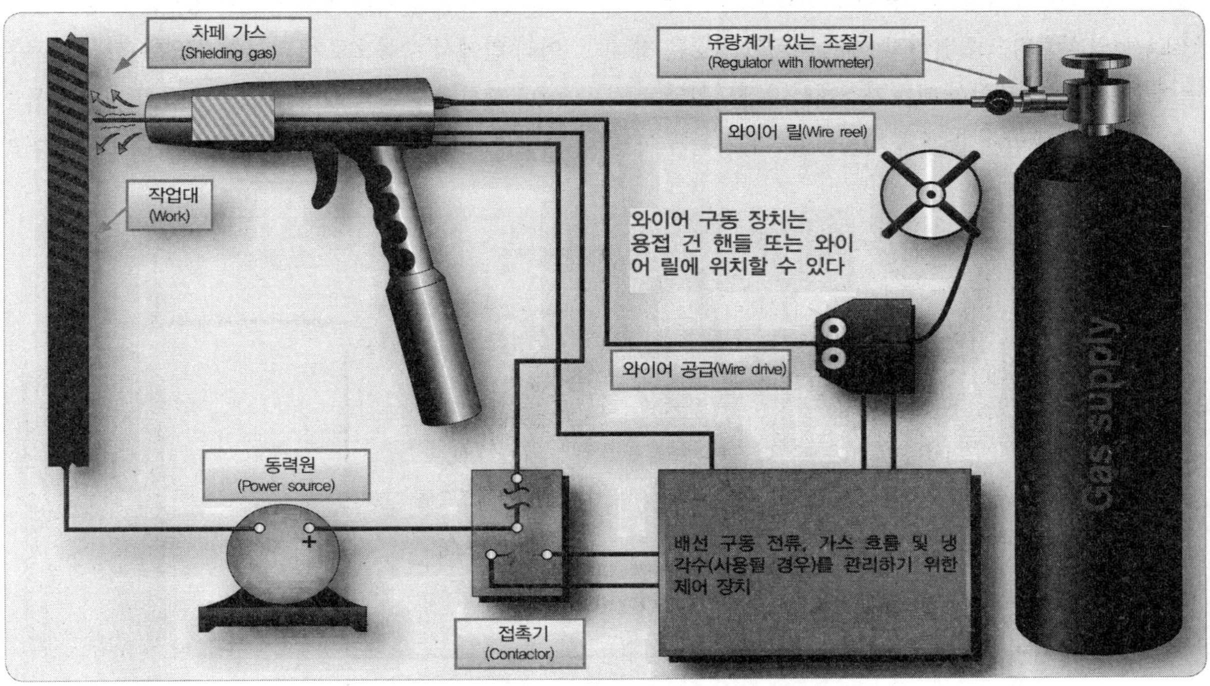

[그림 4-5] MIG 용접장비(MIG welding equipment)

[그림 4-6] MIG 용접기-가스 금속 아크용접기
(MIG welder-gas metal arc welder, GMAW)

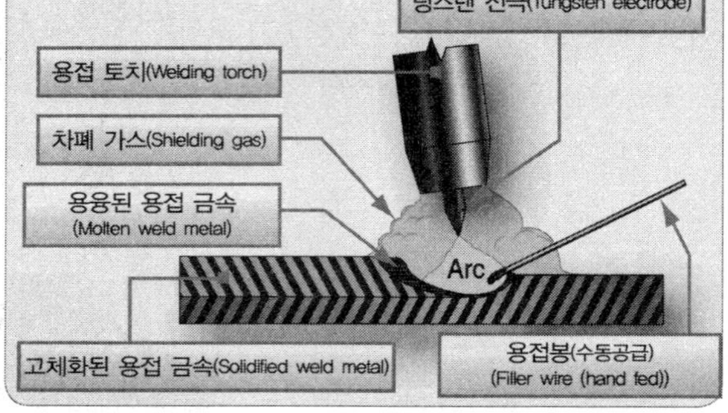

[그림 4-7] 텅스텐 불활성가스(TIG)용접 과정
(Tungsten inert gas(TIG) welding process)

용할 때 정비와 수리에서 대부분의 필요를 충족시키는 전기 아크용접 방법이며 스테인리스강, 마그네슘과 대부분의 얇은 알루미늄 형태에서 선호된다. 일반적으로 텅스텐 불활성 가스용접(TIG)과 Heliarc 또는 Heliweld의 상호명으로 알려져 있다. 이러한 명칭은 처음에 사용되었던 불활성 헬륨 가스에서 유래되었다.

그림 4-7에서 앞서 소개된 처음의 두 가지 전기 아크용접 방법에는 용접에서 충전제를 생성하는 소모성 전극이 사용된다. 텅스텐 불활성 가스용접에서 전극은 5,400°F 이상에서 금속을 녹여 주기 위해 그것과 공작물 사이에 높은 암페어의 아크를 위한 경로를 형성해 주는 텅스텐 연접봉이다. 전극은 소모되지 않고 충전제로 사용되어 용가재(filler rod)가 산소 · 아세틸렌 토치를 사용할 때와 거의 동일한 방법으로 용해물 덩어리 안에서 수동으로 흘러들어가도록 한다. 아르곤이나 헬륨과 같은 불활성 가스의 흐름이 전극을 둘러싸고 흘러나가며 아크를 에워쌈으로써 용해물 덩어리

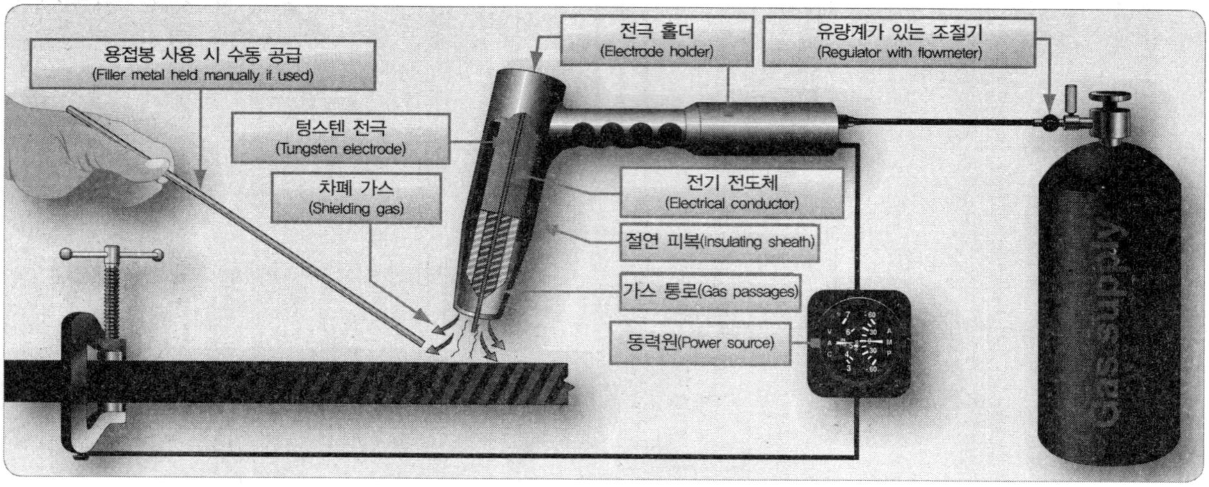

[그림 4-8] TIG 용접의 일반적인 설정(Typical setup for TIG welding)

에서 산화물의 형성을 방지한다.

그림 4-8과 같이 사용하는 전원 장치의 선택에 의해 텅스텐 불활성 가스용접기의 다용성이 확대된다. 극성에 관계없이 하나의 DC나 AC가 사용될 수 있다.

① 연강, 스테인리스강과 티타늄 용접 시에 DC 정극성(피용접물을 +극에 토치는 -극에)으로 설정한 용접기를 선택하거나 또는,
② 알루미늄과 마그네슘 용접에서 AC를 선택한다.

그림 4-9는 불활성 가스 조정기와 여러 가지 전원 케이블로 구성된 텅스텐 불활성 가스용접용의 전원 장치를 보여준다.

4.2.3 전기저항용접 (Electric Resistance Welding)

전기저항용접은 일반적으로 스폿 용접이나 이음매 용접에 관계없이 제작 공정 중에 얇은 판금 부품을 접합하는 데 사용된다.

4.2.3.1 스폿용접(Spot Welding)

그림 4-10과 같이 2개의 구리 전극이 스폿 용접기의 집는 부분에서 잡히며 용접하는 재료가 두 구리 전극 사이에 고정된다. 전극을 함께 단단히 고정하도록 압력을 가하고 전극 전류가 전극과 재료를 통해 흐른다. 용접되는 방법의 저항이 구리 전극의 저항보다 훨씬 높아서 금속을 녹이는 데 충분한 열이 발생한다. 전극에 가해지는 압력이 2개 금속 조각의 용융 스폿이 합쳐지도록 만든다. 이 압력은 전류가 흐름을 멈춘 후에도 금속이 응고될 정도로 오랫동안 유지된다. 전류, 압, 그리고 일시 운전 정지 시간의 크기를 모두 제어하고 방법의 유형과 정확한 스폿용접을 만들기 위한 두께에 일치시킨다.

[그림 4-9] TIG 용접기-가스 텅스텐 아크용접기
(TIG welder-gas tungsten arc welder, GTAW)

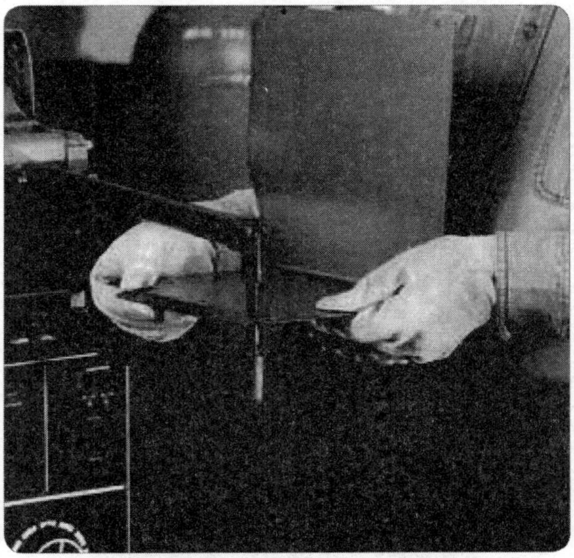

[그림 4-10] 얇은 판재 스폿용접
(Spot welding thin sheet metal)

4.2.3.2 이음매 용접(Seam Welding)

이음매 용접 기계는 스폿용접을 형성하기 위해 전극을 방출시키고 재료를 움직이는 것이 아니라 지속적인 용접이 필요한 곳에서 연료 탱크를 제작하고 다른 구성 부품을 만들기 위해 사용한다. 2개의 구리 바퀴가 바(bar) 형태의 전극을 대체한다. 용접하는 금속이 구리 바퀴 사이로 움직이고 전극 펄스가 지속적인 이음매를 형성하기 위해 중복되는 용융 금속의 스폿을 창출한다.

4.2.4 플라스마 아크용접 (Plasma Arc Welding, PAW)

플라스마 아크용접은 1964년에 아크용접 공정을 더욱 잘 제어하는 방법으로 개발되었다. 플라스마 아크용접은 소규모 및 정밀 적용에서 고품질 용접을 생산하는 자동화 장비를 사용하여 제어 수준을 개선하고 정확성을 제공한다. 플라스마 아크용접은 수동 작업에도 동일하게 적합하며, 가스 텅스텐 아크용접에 쓰이는 것과 유사한 기술을 사용하는 작업자도 수행할 수 있다.

그림 4-11과 같이 플라스마 용접토치에서 비소모성 텅스텐 전극이 정밀하게 뚫린 구리 노즐 내에 위치한다. 파일럿 아크는 토치 전극과 노즐 팁 사이에서 시작된다. 그다음에 이 아크가 용접되고 있는 금속으로 전이된다.

그림 4-12와 같이 플라스마 가스와 아크를 잘록한 오리피스(Orifice)를 통하여 밀어내어 토치는 작은 지역에 높은 집중도의 열을 뿜어낸다. 플라스마 공정은 매우 양질의 용접을 생산한다.

플라스마 가스는 일반적으로 아르곤이다. 또한 토치는 용해용매 덩어리를 차폐시키고 용접의 산화를 최소화하는 데 도움이 되는 아르곤/헬륨 또는 아르곤/질소와 같은 2차가스를 사용한다.

가스텅스텐아크 용접과 같이 플라스마아크 용접 공정은 대부분 상업적 금속들을 용접하는 데 사용할 수 있고 다양한 금속 두께에도 사용할 수 있다. 이 공정은 저온도를 투입하기 때문에 박편에서 1/8inch까지의 얇은 재료에서 가치가 드러난다. 공정에서는 아크 길이 변이가 크게 중요하지 않기 때문에 비교적 지속

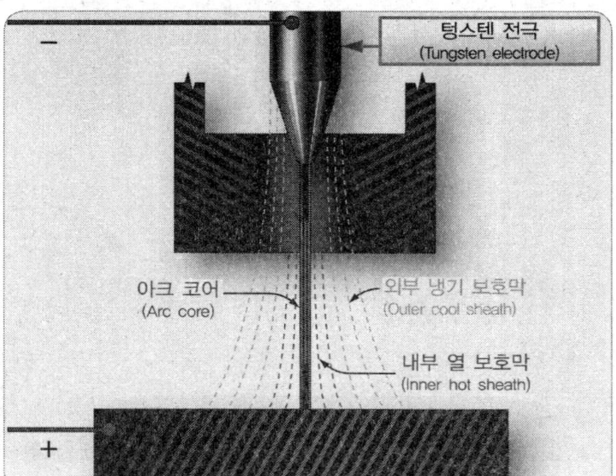

[그림 4-11] 플라스마 용접 과정
(The plasma welding process)

[그림 4-12] 플라스마 아크(Plasma arc)

적인 열기를 투입한다. 두께 1/8inch 이상의 재료에서 자동화된 장비를 사용하여 키홀(Keyhole) 기법으로 완전 침투 단일 경로 용접을 생산한다. 키홀 기법에서 플라스마는 공작물 조각에 완벽하게 침투한다. 용융 용접 금속은 열쇠 구멍의 뒤쪽으로 흐르고 토치가 계속 이동하면서 응고된다. 생산된 용접물의 특징은 고품질에 깊고 좁은 침투와 작은 용접면이다.

플라스마 아크용접을 수동으로 작업할 때, 공정은 가스 텅스텐 아크용접에 필요한 기술과 유사하게 높은 수준의 용접 기술이 필요하다. 그러나 장비가 더 복잡해지고 설치하고 사용하기 위해서 높은 수준의 지식이 필요하다. 플라스마 아크용접에서 필요한 장비는 용접기, 특수 플라스마 아크 제어 시스템, 수냉식 플라스마 용접 토치, 플라스마와 차폐 가스 공급원과 필요할 때의 충전 소재를 포함한다. 이 장비와 관련된 비용으로 인해 이와 같은 공정은 제작 공장 이외에는 극히 제한적이다.

4.2.5 플라스마 아크 절단 (Plasma Arc Cutting)

플라스마 절단 토치를 사용할 때 가스는 보통 압축된 공기다. 플라스마 절단 장치는 노즐에 전기 아크를 수축시키고 노즐에 이온화된 가스를 관통시켜 작업한다. 이 과정은 공기압에 의해 불어 날리는 금속을 녹여주는 가스를 가열시킨다. 공기압을 증가시키고 더 높은 전압으로 아크의 강도를 높여서 절삭공구는 더 두꺼운 금속을 통해 타격하면서 최소한의 청소로 불순물을 날릴 수 있다. 플라스마 아크 방식은 알루미늄과 스테인리스강을 포함하는 모든 전도체의 금속을 절단할 수 있다. 이 두 가지 금속은 산화 발생을 방지하는 산화층을 갖기 때문에 산소 · 연료 절단 방식으로는 절단할 수 없다. 플라스마 절단은 얇은 금속에서 작업이 잘되며 2inch 이상의 두께를 가진 황동과 구리를 절단할 수 있다.

플라스마 절단 장치는 게이지를 통해 신속하고 정밀하게 절단할 수 있거나 또는 예열 없이 전도체 금속을 관통시킬 수 있다. 플라스마 절단기는 정밀한 절단 폭 및 뒤틀림과 손상을 방지하는 좁은 열영향부(HAZ, heat-affected zone)를 만든다.

4.3 가스 용접과 절단 장비 (Gas Welding and Cutting Equipment)

4.3.1 용접용 가스

4.3.1.1 아세틸렌

아세틸렌은 산소 · 연료 용접과 절삭용 주요 연료이고 화학적으로 불안정해서 가스가 용해 상태로 유지되도록 설계한 특수 실린더에 보관한다. 실린더는 다공성 물질로 포장되어 아세톤으로 포화시킨다. 아세틸렌을 실린더에 보충할 때 용해되며 그 상태에서는 안정적이 된다. 유리상태(in a free state)로 저장된 순수 아세틸렌은 29.4lbs/inch2의 가벼운 충격에도 폭발한다. 아세톤 압력 게이지는 용접과 절삭 절단에서 15psi 이상으로 설정해서는 안 된다.

4.3.1.2 아르곤

아르곤은 무색, 무취, 무미와 무독성의 불활성 가스다. 불활성 가스는 서로 다른 분자와 혼합할 수 없다. 아르곤은 매우 낮은 화학적인 반응성과 낮은 온도 전도율을 갖고 있다. 아르곤은 금속 불활성 가스용접 장치, 텅스텐 불활성 가스용접 그리고 플라스마 용접 장치에 가스 차폐제로 사용된다.

4.3.1.3 헬륨

헬륨은 무색, 무취, 무미, 그리고 무독성의 불활성 가스다. 헬륨의 비등점과 용융점은 원소 중에서 가장 낮으며 일반적으로 가스 형태로만 존재한다. 헬륨은 전기 아크용접을 사용하는 많은 산업에서 가스 차폐제로 사용한다.

[그림 4-13] 1단 아세틸렌 조절기
(Single-stage acetylene regulator)

4.3.1.4 수소

수소는 무색, 무취, 무미의 높은 인화성 불활성 가스다. 수소는 아세틸렌보다 더 고압에서 사용할 수 있고, 수중 용접과 절삭에도 사용할 수 있다. 또한, 산소 · 수소 처리를 사용하여 알루미늄 용접에 사용할 수 있다.

4.3.1.5 산소

산소는 무색, 무취의 비인화성 불활성가스며 인화성 가스의 화염 온도를 증가시키는 발화율을 증가시키기 위해 용접 공정에서 사용된다.

[그림 4-14] 2단 산소 조절기
(Two-stage oxygen regulator)

4.3.2 압력조정기

압력조정기는 가스 실린더에 부착되어 있으며 설정 동작 압력으로 실린더 압력을 낮추기 위해 사용된다. 조정기는 2개의 게이지가 있는데 첫 번째 게이지는 실린더 내의 압력을 표시하고 두 번째 게이지는 동작 압력을 나타낸다. 조절 손잡이를 켜고 끔으로써 스프링으로 동작하는 신축적 다이아프램은 조정기에 있는 밸브를 열고 닫는다. 손잡이를 켜면 흐름과 압력이 증가한다. 손잡이를 바깥쪽으로 되돌리면 흐름과 압력이 감소한다.

그림 4-13과 그림 4-14와 같이 두 가지 유형의 조정기, 즉 단일 단계와 2단계가 있다. 두 가지 다 같은 기능을 수행하지만 2단계 조정기는 실린더 체적과 압력이 떨어질 때 더 일정한 출구압과 흐름을 유지한다. 2

단계 조정기는 조정기 손잡이 아래의 큰 2차 압력실로 확인할 수 있다.

4.3.3 용접 호스(Welding Hose)

용접 호스는 조정기를 토치로 연결시켜 준다. 이것은 전형적으로 제작 시 함께 이중 호스로 연결되어 있다. 아세틸렌 호스는 적색이고 연결 너트 안으로 홈이 파여 있는 왼나사를 갖는다. 산소 호스는 녹색이며 연결 너트에 홈이 없는 오른나사를 갖는다.

용접 호스는 내부 직경이 1/4~1/2inch인 다른 크기들로 생산된다. 호스는 경량, 표준 그리고

건실한 서비스뿐만 아니라 내유성 덮개와/또는 내염성 덮개를 갖고 있는지 지시하는 등급이 표시되어야 한다. 호스는 제작 일자와 200psi의 최대 동작 압력이 있어야 하며, 고무 제조업 협회와 고무 용접 호스에 대한 고압가스 협회(compressed gas association) 사양 IP-90을 지켜야 한다. R등급 호스는 아세틸렌가스로만 사용되어야 한다. T 등급 호스는 프로판, MAPP® 그리고 모든 다른 연료가스로 사용해야 한다.

4.3.4 점검 밸브와 역화염막이 (Check Valves and Flashback Arrestors)

그림 4-15와 같이, 체크 밸브는 가스의 역류를 막으며, 조정기와 호스 또는 호스와 토치 사이에 따로따로 장착할 수 있다. 절삭, 용접과 가열 팁의 지나친 과열은 역화염을 일으킨다. 역화염은 팁이 과열되어 가스가 팁을 빠져나오기 전에 점화되는 것이 원인일 수 있다. 그때 화염은 팁의 바깥쪽보다는 내부적으로 연소가 된다. 보통 강렬한 치찰음 또는 끽끽 우는 소음으로

[그림 4-15] 체크 밸브(Check valves)

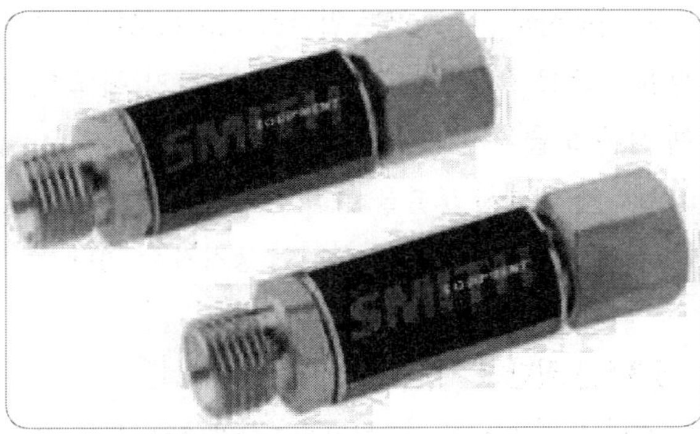

[그림 4-16] 역화염 막이(Flashback arrestors)

확인한다.

그림 4-16과 같이, 각각의 호스에 장착된 역화염 막이는 고압 화염 또는 산소 · 연료 혼합물이 각각의 실린더 안으로 밀려들어와 폭발을 일으키는 것을 방지한다. 역화염 막이는 가스의 역류와 역화염의 진행을 막아주는 체크 밸브를 포함한다.

4.3.5 토치(Torches)

4.3.5.1 균압 토치(Equal Pressure Torch)

균압 토치는 산소 · 아세틸렌 용접에서 가장 일반적

으로 사용되는 토치다. 혼합실을 갖고 있으며 아세틸렌 연료를 1~15psi에서 사용한다. 화염이 쉽게 조정되며 역화염의 기회가 적다. 항공용 용접 프로젝트에 이상적인 이 유형의 몇 가지 작은 경량 토치가 있다. Smith AirlineTM과 Meco MidgetTM 토치는 밀폐되고 제한된 지역에서 사용하기에 충분히 작고 장시간의 용접 세션 동안 약화를 감소하기에 충분히 경량이지만 적절한 팁으로 0.250inch 강재를 용접할 수 있다.

4.3.5.2 분사 토치(Injector Torch)

분사 토치는 0~2psi 바로 위 사이 압력에서 연료가스를 사용한다. 이 토치는 일반적으로 프로판과 프로필렌 가스로 사용된다. 고압 산소가 토치 헤드 안쪽에 작은 노즐을 통해 들어오고 벤츄리 효과(Venturi Effect)에 의해서 노즐을 따라 연료가스가 빨려 들어온다. 저압 분사 토치는 역화염이 생기기 더 쉽다.

4.3.5.3 절단 토치(Cutting Torch)

절단 토치는 금속 절단을 가능하게 하는 토치 손잡이에 추가된 부가 장치다. 절단 과정은 본질적으로 국한된 지역에서 금속의 신속한 연소 또는 산화다. 그림 4-17과 같이, 금속은 예열 분사구(Preheat Jet)만을 사용하여 발화온도인 밝은 빨간색(1,400~1,600℉)으로 가열된다. 그때 절단 부가 장치의 레버에 의해 방출되는 고압 산소 제트가 가열된 금속 방향을 향하게 된다. 산소 분사 공기는 고온 금속과 혼합되어 고온의 산화물을 형성한다. 용융 산화물은 토치가 설정된 절단선을 따라 이동할 때 금속을 가열시켜 발화온도로 가는 길에 절단 측면에서 배출된다. 가열된 금속은 조각의 아래쪽에서 배출되는 산화물이 될 때까지 탄다.

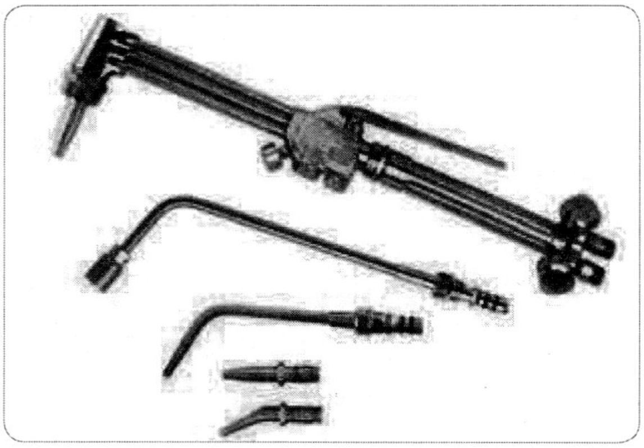

[그림 4-17] 절단, 가열 및 용접 팁이 있는 토치 핸들
(Torch handle with cutting, heating, and welding tips)

4.3.6 토치 팁(Torch Tips)

토치 팁은 가스의 마지막 흐름을 이송시키고 제어한다. 용접하는 공작물에 대해 적당한 가스 압력으로 정확한 팁을 사용하는 것이 중요하다. 다시 말하면 팁 입구의 크기가(온도가 아님) 용접에 적용되는 열의 양을 결정한다. 지나치게 작은 팁이 사용되면 공급되는 열량이 적당한 깊이까지 관통하기에 불충분하며 너무 큰 팁은 열이 너무 많아져 금속이 녹아 구멍이 생기게 된다.

토치 팁 크기는 숫자로 명명된다. 제작사는 금속의 용접 규격 두께에 대한 권고된 크기 차트를 제공할 수 있다. 토치 팁은 사용함에 따라 탄소의 침전물로 막히게 된다. 팁이 금속의 용융물과 접촉하면 슬래그의 입자가 팁을 막아 버릴 수도 있다. 이것은 토치 팁에서 순간적인 가스의 역류인 역화의 원인이 될 수 있다. 역화는 좀처럼 위험하지 않지만 용융 금속은 화염이 터질 때 튈 수 있다. 팁은 팁 입구가 확장되는 것을 방지하기 위해 적당한 크기의 팁세제로 청소해야 한다.

4.3.7 용접 안경(Welding Eyewear)

산소-연료 용접 장비로 사용되는 보호안경류는 몇몇의 스타일로 사용 가능하고 밝은 화염과 날아다니는 불꽃으로부터 용접자의 눈을 보호하기 위해 착용해야 한다. 이 보호안경류는 아크용접 장치와는 사용하지 않는다.

그림 4-18과 같이 사용 가능한 스타일 중 일부는 개인전용 렌즈와 쏟아지는 불꽃으로부터 보호하기 위해 눈 주위에 꼭 맞는 헤드 피스 또는 고무헤드스트랩이 있는 보호안경을 포함한다. 또 다른 대중적인 스타일은 표준 2×4.25inch 렌즈를 갖춘 사각형 보안경이다. 이 유형은 고무줄이 있는 것으로 이용 가능하나 적절한 착용 조절 가능 헤드기어(proper fitting adjustable headgear)에 부착할 때 훨씬 더 편하고 잘 맞는다. 안과에서 처방된 렌즈 위에 착용할 수 있고, 날아다니는 불꽃으로부터 보호해 주며 다양한 표준 음영과 컬러 렌즈를 허용한다. 손상으로부터 음영 렌즈를 보호하기 위해 투명 보호안경 렌즈를 음영 렌즈 앞에 추가한다.

토치에서 방사되는 화염 광도에 근거하여 가스용접에 대한 렌즈 음영을 선택하는 것이 과거의 표준 관행이었다. 공작물의 선명도를 분명히 볼 수 있는 렌즈의 가장 어두운 음영이 일반적으로 가장 선호되었다. 그러나 용매가 경납땜과 용접에서 사용되었을 때 토치열이 용매 속 나트륨에서 번쩍번쩍 빛나는 노란-오렌지색의 너울거리는 불길을 방출시키고 용접 지역의 선명한 시야를 가려 시력의 문제점을 유발시켰다.

여러 가지 유형의 렌즈와 색깔이 오랜 기간 큰 성과 없이 시도되었다. 1980년대 후반에 들어서야 TM Technology사에서 특히 알루미늄-산소 용접을 위해 디자인한 새로운 녹색 안경을 개발하고 특허출원하였다. 이것은 나트륨-오렌지 불꽃을 완전하게 제거했을 뿐만 아니라 미국 국립 표준 연구소(American National Standrad Institute(ANSI)) Z87-1989 안전 규정의 요구에 부합하는 자외선, 적외선, 블루 라이트와 충격으로부터 필요한 보호를 제공했다. 이 렌즈는 산소-연료 토치를 사용하는 모든 금속의 용접과 경납땜에 사용할 수 있다.

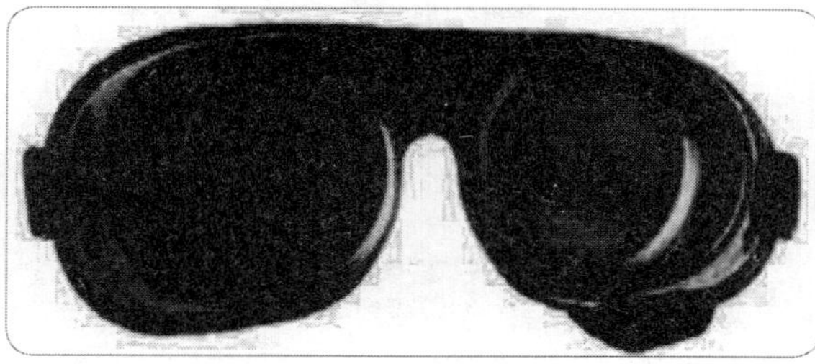
[그림 4-18] 용접 보호안경(Welding goggles)

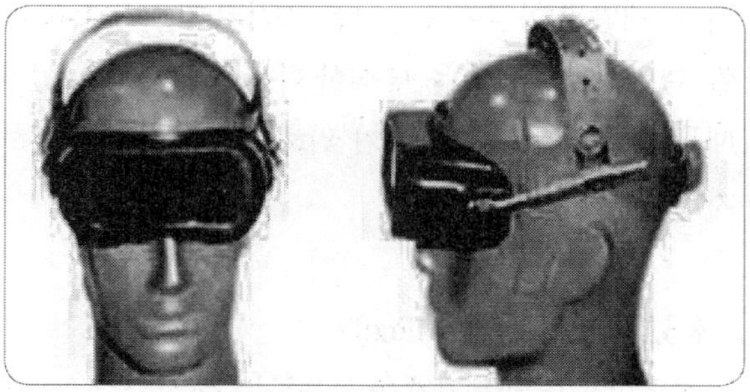
[그림 4-19] 조절식 헤드기어에 부착된 가스 용접 아이 실드
(Gas welding eye shield attached to adjustable headgear)

4.3.7.1 토치 라이터(Torch Lighters)

그림 4-20에서의 토치 라이터는 마찰 라이터 또는 부싯돌 스트라이커라고 부른다. 라이터는 보통 컵 모양 장치에 넣어 두는 강재의 파일 모양의 강재 피스와 강재를 가로질러 그을 때, 연료 가스를 점화시키기 위해 불꽃을 쏟아지게 하는 교환 가능한 부싯돌로 구성

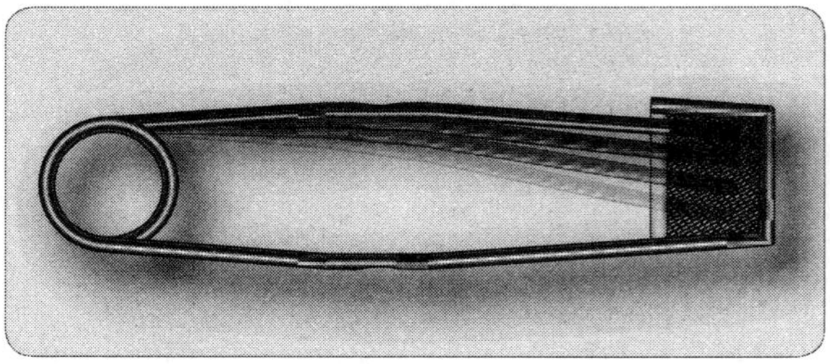

[그림 4-20] 토치 라이터(Torch Lighter)

된다. 개방된 화염이나 성냥은 축적된 가스가 손을 감쌀 수 있어 점화되었을 때 심한 화상을 유발할 수 있기 때문에 토치에 불을 붙이기 위해서는 절대로 사용하지 않는다.

4.3.7.2 용가재(Filler Rod)

적당한 유형의 용가재를 사용하는 것은 산소 · 아세틸렌용접에서 대단히 중요하다. 이 방법은 용접 지역을 보강시킬 뿐만 아니라 용접이 완성된 부분에 적절한 특성을 보완해 준다. 적절한 용가재를 선택함으로써 용접된 부위에 장력 강도 또는 유연성을 상당한 정도로 확보하고 용접 후에 원하는 양의 내식성을 얻을 수 있다. 일부의 경우에는 더 낮은 용해점을 갖고 있는 용가재를 사용하여 팽창과 수축에 의해 발생할 수 있는 균열을 방지한다.

용접봉은 철금속과 비철금속으로 나눌 수 있다. 철 용접봉은 주철 봉뿐만 아니라 탄소와 합금강 용접봉을 포함한다. 비철 용접봉은 황동, 알루미늄, 마그네슘, 구리, 은과 그것들의 다양한 합금이 있다.

용접봉은 길이 36inch, 직경 1/16~3/8inch까지의 규격으로 제조된다. 사용하는 용접봉의 직경은 접합하는 금속의 두께에 의해 좌우된다. 용접봉이 너무 작으면 용융물로부터 충분히 신속하게 열을 처리할 수 없으므로 연소되어 구멍이 생긴다. 직경이 너무 큰 용접봉은 열을 떨어뜨려 용융물을 냉각시키고 접합되는 금속의 빈약한 침투를 일으킨다. 모든 용가봉은 사용 전에 청소한다.

4.3.8 장비 설치(Equipment Setup)

용접 준비로 아세틸렌용접 장치를 설치할 때 작업자의 안전을 위태롭게 하면서 장비에 비용이 많이 드는 손상을 피하기 위하여 체계적이고 명확한 순서로 한다.

4.3.8.1 가스 실린더(Gas Cylinders)

모든 실린더, 특히 아세틸렌 실린더는 액체 아세톤으로 포화된 흡수성 물질을 함유하고 있기 때문에 수직 상태로 저장하고 이동시켜야 한다. 실린더가 옆으로 뉘어 있으면 아세톤이 들어가서 조정기, 호스 그리고 토치를 오염시키고, 연료를 결여시키며 시스템에서 그로 인한 역화염을 초래할 수 있다. 아세틸렌 실린더를 일정 기간 옆으로 눕혀 놓아야 한며 사용하기 전, 눕혀 둔 기간의 적어도 2배 이상 수직 상태로 저장해야 한다. 가스 실린더는 고정 위치 또는 적당한 이동 카트에서 체인으로 고정시켜야 한다. 실린더를 주입할 때까지는 실린더의 보호 강철캡을 제거해서는 안 된다.

4.3.8.2 조정기(Regulators)

가스 실린더에 조정기를 장착하기 전에 배출구 안에 들어있는 이물질을 잠시 동안 내뿜기 위해 실린더 차단 밸브를 연다. 밸브를 닫고 깨끗하고 기름기 없는 천으로 연결구를 닦아준다. 아세틸렌 실린더에 아세틸렌 압력조정기를 연결하고 왼나사를 조인다. 산소 실린더에 산소압 조정기를 연결하고 오른나사를 조인다. 연결 부품은 황동이고 새어나오는 것을 방지하기 위해 그다지 많은 회전이 필요하지 않다. 이때 각각의 압력조정기에 있는 조절 스크루가 자유롭게 돌아갈 때까지 반시계방향으로 돌려서 되돌려지는지 확인하기 위해 점검한다.

4.3.8.3 호스(Hoses)

아세틸렌 압력조정기에 왼나사로 되어 있는 적색 호스를 연결하고 산소압 조정기에 오른나사로 되어 있는 녹색 호스를 연결한다. 이것은 역화염막이가 장착되어야 하는 곳인 조정기와 호스 사이에 위치한다. 부품은 황동으로 되어 있고 쉽게 손상되기 때문에 누설을 방지할 만큼만 조인다.

게이지의 표면으로부터 옆쪽으로 떨어져 서서 산소 실린더 밸브를 매우 천천히 열어준다. 그리고 탱크에 내용물을 점검하기 위해 실린더게이지를 읽는다. 산소 실린더 차단 밸브는 이중 시트 밸브를 갖추고 있으며 밸브를 안착시키고 누설을 방지하기 위해 스톱 앞까지 완전하게 열어야 한다. 아세틸렌 실린더 차단 밸브는 조정기에서 실린더 압력을 읽을 수 있을 정도로 천천히 열어야 한다. 그 뒤 1/2을 더 돌려준다. 이것은 필요한 경우 재빨리 차단할 수 있게 한다.

NOTE 권고된 안전 대책으로서 실린더는 20psi 이하로 내용물이 고갈되지 않아야 한다. 이것은 반대쪽 탱크로부터 역류 가능성을 방지한다.

양쪽 호스를 토치에 부착시키기 전에 불어야 한다. 이것은 각각의 실린더에 대해 가스가 방출될 때까지 시계방향으로 압력 조절 스크루를 돌려서 이루어진다. 그다음 가스 흐름의 차단을 위해 재빨리 반시계방향으로 스크루를 되돌려 준다. 이와 같은 작업은 불꽃, 화염 또는 점화의 다른 원인으로부터 구애받지 않는 환풍이 잘되는 공간에서 한다.

4.3.8.4 연결 토치(Connecting Torch)

왼나사 연결구 나사로 토치의 적색 호스를 왼나사 부품에 연결한다. 오른나사 연결구 나사로 토치의 녹색 호스를 오른나사 부품에 연결한다. 토치 손잡이에 밸브를 닫고 다음과 같이 모든 연결에 대해 누설을 점검한다.

① 동작 압력이 10psi를 나타낼 때까지 산소압 조정기에 조절 스크루를 돌려준다. 동작 압력이 5psi를 지시할 때까지 아세틸렌 압력조정기에 조절 스크루를 돌려준다.
② 압력 조정기에 양쪽 조절 스크루 모두를 되돌려주고 동작 압력이 그대로 유지되는지를 확인한다. 압력이 떨어지고 상실된다면 조정기와 토치 사이 누설이 있음을 나타낸다.
③ 모든 연결의 일반적인 조임은 누설을 고쳐야 한다. 반복해서 시스템을 점검한다.
④ 동작 압력의 손실로 여전히 누설이 나타나면 모든 연결에 비눗물을 발라 누설의 근원지를 드러낸다. 폭발이 발생할 수 있기 때문에 절대로 화염으로 점검해서는 안 된다.

4.3.8.5 팁 크기 선택(Select the Tip Size)

용접과 절단 팁은 거의 어떤 작업이라도 다양한 크기로 사용이 가능하고 숫자로 구분된다. 더 높은 숫자일수록 팁에 구멍이 더 커지게 되어 금속에 더 가열하는 것과 더 두꺼운 금속 절단이 가능하다.

용접 팁은 하나의 구멍을 갖고 있으며 절단 팁은 다수의 구멍을 갖고 있다. 절단 팁은 절단 산소에 대해 중심에 하나의 큰 구멍을 갖고 있으며 예열 화염을 위해 연료, 가스, 그리고 산소를 공급하는 큰 구멍 주위에 다수의 더 작은 구멍을 갖고 있다. 팁 크기의 선정은 용접의 품질과/또는 절단 과정의 효율뿐만 아니라 용접 장치의 전체적인 작동과 그것을 사용하는 작업자의 안전에 대해서까지 매우 중요하다.

토치 팁이 필요한 가스의 양보다 적은 상태에서 동작하면 결여가 발생하고 팁에서 과열과 역화염이 발

[표 4-1] 다양한 두께의 금속 용접을 위한 권장 팁 크기 차트
(Chart of recommended tip sizes for welding various thickness of metal)

Welding Tip Size Conversion Chart									
Wire Drill	Decimal Inch	Metric Equiv. (mm)	Smiths™ AW1A	Henrob/ Dillion	Harris 15	Victor J Series	Meco N Midget™	Aluminum Thickness (in)	Steel Thickness (in)
97	0.0059	0.150						Foil	Foil
85	0.0110	0.279							
80	0.0135	0.343		#00			#00		
76	0.0200	0.508	AW200				#0		
75	0.0220	0.559		#0	#0	#000			.015
74	0.0225	0.572	AW20					.025	
73	0.0240	0.610					0.5		
72	0.0250	0.635		0.5					
71	0.0260	0.660	AW201		1				
70	0.0280	0.711				#00	1		.032
69	0.0292	0.742	AW202						
67	0.0320	0.813	AW203				1.5	.040	
66	0.0340	0.864		1					
65	0.0350	0.889			2	#0	2	.050	.046
63	0.0370	0.940	AW204				2.5		
60	0.0400	1.016				1			
59	0.0410	1.041		1.5					
58	0.0420	1.067			3		3		.062
57	0.0430	1.092	AW205						
56	0.0465	1.181	AW206			2	4	.063	
55	0.0520	1.321		2	4				.093
54	0.0550	1.397	AW207				4.5		
53	0.0595	1.511			5	3			.125
52	0.0635	1.613	AW208				5	.100	
51	0.0670	1.702			6				.187
49	0.0730	1.854	AW209	2.5		4	5.5		
48	0.0760	1.930			7			.188	.250
47	0.0780	1.981					6		
45	0.0820	2.083			8				.312
44	0.0860	2.184	AW210				6.5	.25	
43	0.0890	2.261			9	5	7		.375
42	0.0930	2.362		3					
40	0.0980	2.489			10				
36	0.1060	2.692				6			
35	0.1100	2.794			13				

생할 가능성이 있게 된다. 부정확한 팁 크기와 막힌 팁 오리피스도 과열과/또는 역화염 상황의 원인이 될 수 있다.

모든 연료 실린더는 팁으로 가스를 이송하는 제한된 용량을 가진다. 이 용량은 실린더에 남아 있는 가스 내용물과 실린더의 온도에 의해 더 제한된다.

다음은 과열과 역화염에 대한 경계를 위해 권고하는 절차다.

① 금속의 두께에 근거하여 팁 크기에 대한 제작사의 권고 사항을 참고한다.
② 사용하는 팁 크기에 대해 권고하는 가스 압력 설정을 사용한다.
③ 각각의 팁 크기에 대해 권고하는 정확한 용량의 가스를 제공한다.
④ 다수의 스플라이스가 있거나 직경이 너무 작아서 가스의 흐름을 제한하는 과도하게 긴 호스를 사용하지 않는다.

NOTE 아세틸렌은 가득 채워져 있을 때 실린더의 등급 용량에 1/7의 최대 지속 투여중지율로 제한된다. 예를 들어 아세틸렌 실린더의 용량이 330feet3인 경우 47feet3/hour의 최대 중지다. 이것은 실린더 용량 330을 실린더 용량의 1/7인 7로 나눠 결정한다.

안전 예방책으로서 역화염막이가 조정기와 모든 용접 장비의 가스 공급 호스 사이에 장착되도록 권고한다. 표 4-1에서는 다양한 두께의 금속에 대한 다른 제작사들의 권고 팁 크기를 보여준다.

4.3.8.6 조정기 작동 압력의 조정 (Adjusting the Regulator Working Pressure)

동작 압력은 용접 또는 절단에 사용하는 팁 크기에 대한 제작사의 권고에 따라 선택해야 한다. 이것은 대부분 용접 작업과 절단 작업에서 권고된 방법이다.

환기가 잘되는 지역에서 토치에 아세틸렌 밸브를 열고, 아세틸렌 압력조정기에 조정 스크루를 필요 압력이 설정된 값으로 될 때까지 시계방향으로 돌려준다. 토치에 아세틸렌 밸브를 닫는다. 그다음 토치에 산소 밸브를 열고 산소압 조정기에 조절 스크루를 필요한 압력이 설정된 값이 될 때까지 시계방향으로 돌려서 동일한 방법으로 산소 압력을 설정한다. 그다음 토치 손잡이에 산소 밸브를 닫는다. 동작 압력을 설정하여 용접 작업과 절단 작업을 개시할 수 있다.

4.3.9 토치 라이팅과 조정 (Lighting and Adjusting the Torch)

아세틸렌과 산소에 대해 설정한 적절한 동작 압력으로 토치 아세틸렌 밸브를 1/4~1/2 만큼 돌려서 연다. 토치는 몸에서 먼 쪽으로 향하게 하고 부싯돌 스트라이커로 아세틸렌가스를 점화시킨다. 화염에서 검은 그을음의 연기가 사라질 때까지 아세틸렌 밸브를 연다. 순수 아세틸렌 화염은 길게 여러 갈래로 퍼지며 노르스름한 색채를 띤다. 토치 산소 밸브를 천천히 열면 화염이 짧아지고 푸르스름한 흰색으로 변한다. 이 짧고 푸른빛을 띤 흰색 화염은 외염 가스체에 의해 둘러싸여 밝고 빛을 발하는 염심(Inner Cone)을 형성한다. 이것이 탄화화염 또는 산화화염 혼합물을 설정하기 전에 설정돼야 하는 중성화염이다.

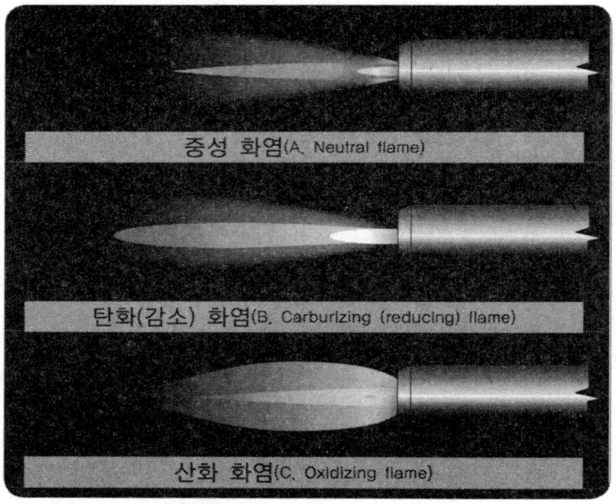

[그림 4-21] 아세틸렌 화염(Oxyacetylene flames)

4.3.10 각각 다른 화염(Different Flames)

용접에는 일반적으로 사용되는 세 가지 유형의 불꽃이 있다. 즉, 중성화염, 탄화화염 그리고 산화화염이다. 그림 4-21과 같이 화염은 각각의 특정한 목적에 사용된다.

4.3.10.1 중성화염(Neutral Flame)

중성화염은 빛을 발하는 염심의 팁에서 약 5,850°F로 연소되고 토치에 의해 공급되는 아세틸렌과 산소의 균형 잡힌 혼합물에 의해 생성된다. 중성화염은 모재의 조직을 변화시키지 않기 때문에 대부분 용접에서 사용된다. 강재에 이 화염을 사용할 때 용융 금속물은 조용하고 깨끗하며 금속은 연소와 불똥 없이 철저히 융합되는 용접을 이루어지게 한다.

4.3.10.2 탄화화염(Carburizing Flame)

탄화화염은 염심의 팁에서 약 5,700°F로 연소된다. 산화철에 산소의 양을 감소시키려는 경향이 있기 때문에 환원성 화염으로 불리기도 한다. 화염은 거칠고 급히 흐르는 소리를 내며 연소되고 푸른빛을 띤 흰색, 염심, 내염, 그리고 밝은 푸른색 외염을 가지고 연소한다.

화염은 산소보다 아세틸렌을 더 연소하여 생성되고 이 불꽃은 심의 끝에서 녹색을 띤 깃털 모양의 팁에 의해 식별될 수 있다. 깃이 긴 것은 아세틸렌이 더 많이 혼합된 것이다. 대부분 용접 작업에서 깃털 모양의 길이는 염심 길이에 약 2배로 해야 한다.

탄화화염은 고탄소강 용접에서, 표면경화용접과 알루미늄, 니켈, 그리고 모넬(monel)과 같은 비철합금의 용접에 대해 가장 잘 사용된다.

4.3.10.3 산화화염(Oxidizing Flame)

산화화염은 약 6,300°F에서 연소되며 과다한 산소를 연소하여 만든다. 이 화염을 만들기 위해 대략 산소와 아세틸렌이 2:1 비율로 들어간다. 더 짧은 외염과 작고 흰색의 염심으로 식별할 수 있다. 이 화염을 얻기 위해서는 중성화염에서 시작한다. 그다음 염심이 원래 길이의 약 1/10이 될 때까지 산소 밸브를 연다. 산화화염은 치찰음을 만들어내고 염심은 끝이 약간 뾰족하고 팁에서 자줏빛을 띤 색이다.

산화화염은 특정한 용도로서 사용된다. 경미한 산화화염은 강재와 주철의 청동 용접 즉 경납땜/브레이징에 사용된다. 더 강한 산화화염은 황동과 청동의 용융 용접에 사용된다. 산화화염이 강재에 사용된다면 불꽃이 방출되고 연소되는 용융 금속을 형성하는 원인이 된다.

4.3.10.4 부드럽거나 거친 화염 (Soft or Harsh Flames)

각각의 크기의 팁을 갖고서 중성화염, 탄화화염, 또는 산화화염을 얻을 수 있다. 또한 양쪽 가스(아세틸렌 가스에 대해 15psi의 최대동작압력을 주의하며) 모두의 동작 압력을 증가시키거나 감소시켜 부드러운 화염 또는 거친 화염을 얻는 것이 가능하다.

어떤 작업을 위해서는 열 산출의 감소 없이 부드러운 화염 또는 낮은 속도의 화염을 갖는 것이 바람직하다. 이 작업은 더 큰 팁을 사용하여 작업 압력을 줄이고 중성화염이 소리를 내지 않고 고정될 때까지 토치 밸브를 잠가 달성할 수 있다. 특히 알루미늄 용접을 할 때는, 용접물 웅덩이가 형성되어 있을 시 금속에 구멍을 만드는 일을 피하기 위해서 부드러운 화염을 사용하는 것이 바람직하다.

4.3.10.5 토치의 취급(Handling of the Torch)

토치의 부적절한 조정 또는 취급이 화염의 역화를 일으킬 수 있으며 아주 드문 경우지만 때로는 역화염을 일으킬 수도 있으므로 주의해야 한다. 역화란 토치 팁에서의 일시적인 가스의 역류 현상으로 화염이 꺼지는 원인이 된다. 역화는 팁이 공작물에 닿거나, 팁의 과열 권고된 압력 외의 다른 압력으로 토치를 작동시키거나, 느슨한 팁 또는 헤드에 의해서, 또는 팁의 끝단에 불순물 또는 슬래그에 의해서 일어날 수 있다. 역화는 좀처럼 위험하지는 않지만 화염이 소리를 내면서 터질 때 용융 금속이 튈 수 있다.

역화염은 토치 내부에서 가스가 연소되는 것이어서 위험하다. 이것은 보통 헐거운 연결, 부적절한 압력, 또는 토치의 과열에 의해서 일어난다. 날카로운 치찰음이나 끼익거리는 소음이 역화염에 수반된다. 가스를 즉시 잠그지 않는다면 화염이 호스와 조정기를 통해서 역방향으로 연소되어 커다란 손상과 인명부상을 초래할 수 있다. 역화염의 원인이 무엇인지 항상 탐지해야 하며 토치에 재점화하기 전에 고장을 반드시 수정해야 한다. 모든 가스 용접 장비는 역화염 막이를 갖추어야 한다.

4.4 산소-아세틸렌 절단 (Oxy-acetylene Cutting)

산소 · 아세틸렌 공정에 의해 철금속을 절단하는 것은 주로 금속을 제한된 범위 내에서 신속히 연소시키거나 산화시키는 것이다. 이것은 가장자리를 마무리할 필요 없이 철과 강재를 절단하는 빠르고 저렴한 방법이다.

그림 4-22에서는 절단 토치(cutting torch)의 예를 보여준다. 이 토치는 토치 손잡이에 전형적인 산소 밸브와 아세틸렌 밸브를 갖고 있다. 이 밸브는 절단 헤드로 가는 2개의 가스 흐름을 제어하고 화염을 더 잘 조정할 수 있도록 절단 헤드에 있는 산소 레버 아래쪽에 산소 밸브를 갖고 있다.

절단 팁의 크기는 절단하는 금속 두께로 결정한다. 선정한 팁 크기에 근거하여 절단 토치에 대한 권고된 동작 압력으로 조정기를 설정한다. 절단 작업을 시작하기 전에 작업 지역에서 모든 가연성 재료를 제거하고 절단 작업에 투입된 사람은 적절한 보호 장비를 착용해야 한다.

그림 4-22에서 토치 화염은 먼저 절단 레버 아래쪽에 산소 밸브를 닫고 손잡이에 산소 밸브를 완전히 열어서 시작한다(이것은 절단 레버를 동작시킬 때 고압

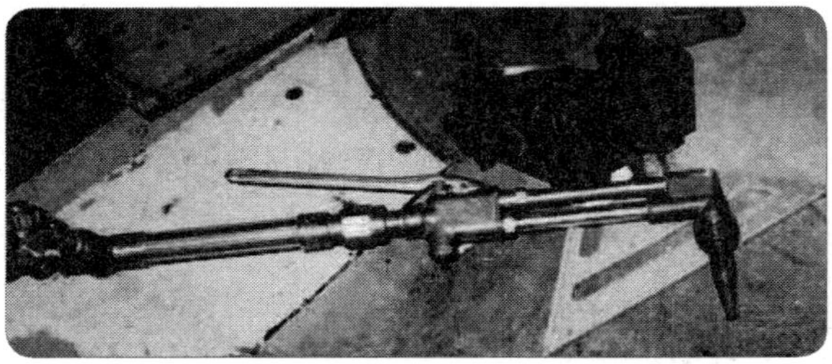

[그림 4-22] 부가 공구와 절단 토치
(Cutting torch with additional tools)

산소를 분사시킨 다). 그다음 손잡이에 아세틸렌 밸브를 열고 토치를 스트라이커로 점화시킨다. 검은 매연이 사라질 때까지 아세틸렌 화염을 증가시킨다. 그다음에 절단 레버 아래쪽에 산소 밸브를 열고 중성으로 화염을 조정한다. 가열이 더 필요하면 아세틸렌과 산소를 더 첨가하기 위해 아세틸렌과 산소 밸브를 조금 더 연다. 절단 레버를 동작시키고 필요하다면 중성으로 예열 화염을 재조정한다.

금속을 절단 토치의 끝에 있는 예열 오리피스로 발화 온도 또는 점화 온도인 밝은 적색(1,400℉~1,600℉)까지 가열시킨다. 그다음 토치에 있는 산소 레버를 눌러 고압 산소를 금속에 겨누고 분출한다. 이 산소 분사 공기는 붉고 뜨거운 금속과 결합하여 절단된 곳의 양쪽으로 배출시켜 매우 뜨거운 용융 산화물을 형성한다. 토치가 의도된 절단선을 따라 이동할 때 이 작용이 발화 온도까지 금속을 계속해서 가열한다. 이와 같이 가열된 금속은 연소되고, 산화물이 되어 금속의 아래쪽으로 불려 날아간다.

적절한 매뉴얼에서 제공하는 지식과 실습에 의한 숙련으로 토치로 절단하기 위해 필요한 기술에 능숙하게 된다. 사용하기 편한 손으로 토치를 잡고 잡은 손 엄지손가락으로 산소 절단 레버를 동작시킨다. 다른 손 위에 토치를 얹고 절단선을 따라 토치가 흔들리지 않게 안정시킨다.

금속의 가장자리에서 표면에 수직으로 팁을 잡고 스폿이 밝은 적색으로 변할 때까지 예열하면서 시작한다. 불꽃이 쏟아지고 절단을 통해 용융 금속이 날리도록 절단 레버를 약간 눌러 준다. 절단 레버를 완전히 누르고 절단하는 방향으로 토치를 천천히 이동시킨다.

실습과 경험은 작업자가 토치를 이동시키는 속도를 학습하게 해준다. 토치가 절단면 주위에 과도한 융해 없이 완전히 관통되기에 충분한 속도로 이동해야 한다. 토치가 너무 빠르게 이동된다면 금속이 충분히 예열되지 않으며 절단 작용이 멈춘다. 이런 경우 절단 레버를 철수시키고 절단면을 다시 밝은 적색으로 예열시킨 뒤 레버를 눌러 절단을 지속한다.

4.4.1 가스 용접 장비의 차단 (Shutting Down the Gas Welding Equipment)

용접 장치 차단은 기본적인 단계를 따를 때 간단하게 처리할 수 있다.

① 먼저 토치의 아세틸렌 밸브를 닫아서 화염을 끈다. 이 과정은 신속하게 화염을 차단시킨다. 그다음 토치 손잡이에 산소 밸브를 닫는다. 절단 토치에 산소 밸브가 있으면 역시 닫는다.
② 장비를 가까운 시간 내(약 30분 이내) 사용하지 않는다면 아세틸렌과 산소 실린더에 밸브를 닫고 호스로부터 압력을 배출시켜야 한다.
③ 환기가 잘되는 지역에서 외부 대기로 가스가 배출되도록 토치에 아세틸렌 밸브를 연다. 그다음에 밸브를 닫는다.
④ 가스가 배출되도록 토치에 산소 밸브를 연다. 그

다음에 밸브를 닫는다.

⑤ 풀어질 때까지 반시계방향으로 조절 스크루를 뒤쪽으로 빼내어 아세틸렌과 산소 조정기 모두를 닫는다.

⑥ 비틀림을 방지하기 위해 호스를 조심스럽게 감아준다. 그리고 토치 팁의 손상을 방지하도록 보관한다.

4.5 가스 용접 과정과 기술 (Gas Welding Procedures and Techniques)

그림 4-23과 같이 경량 게이지 금속을 용접할 때 대부분 손목 위에 호스를 걸치고 토치를 잡는다. 그림 4-24와 같이 무거운 재료를 용접할 경우 좀 더 일반적인 그립으로 토치를 제어하는 것이 더 쉽다.

토치를 잡을 때는 팁이 용접하는 접합 부분과 일직선이 되게 하는 가장 편안한 자세로 잡고 직각에서 30°와 60° 사이로 기울인다. 이 자세는 용융물의 바로 앞에서 가장자리를 예열한다. 최상의 각재는 제작하는 용접의 유형, 필요한 예열의 양 그리고 금속의 두께와 유형에 달려있다. 금속이 두꺼우면 두꺼울수록 토치는 적당한 열을 관통시키기 위해서 더욱 더 수직에 가까워야 한다. 화염의 염심이 금속 표면에서 1/8inch 떨어진 곳에 위치해야 한다.

토치 화염을 용접이 진행되는 방향으로 향하게 하여 용접할 수 있다. 이것을 전진 용접이라고 하며 얇은 배관(lighter tubing)이나 판금에 가장 흔하게 쓰이는 방법이다. 용접이 진행되고 용융물에 부착되는 방향으로 팁의 앞에 용가재(filler rod)을 유지한다.

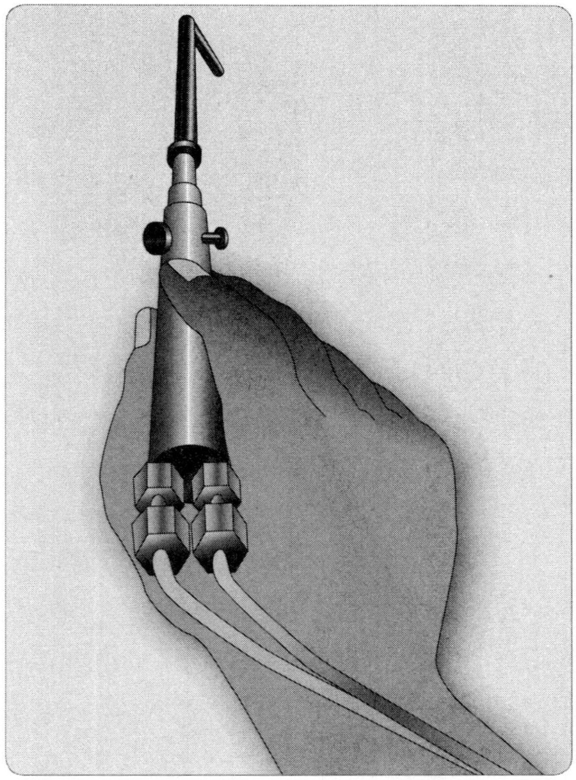

[그림 4-23] 가벼운 재료의 손위치 (Hand position for light-gauge materials)

(1) 용융물(Puddle)

올바른 자세로 토치를 잡으면 용융 금속의 조그마한 웅덩이가 형성된다. 용융물 웅덩이는 접합부 중심에 있어야 하고 용접되고 있는 양쪽이 동일한 부분으로 구성되어 있어야 한다. 웅덩이가 생긴 후, 양쪽 금속 부분에 열을 균일하게 분포하기 위해 팁을 반원형 또는 원형 동작으로 이동해야 한다.

(2) 용융물 웅덩이에 용가봉 접촉 (Adding Filler Rod to the Puddle)

금속이 녹고 용융물 웅덩이가 형성되었을 때 접합부 주위에서 흘러나가는 금속을 대체하기 위해 용가

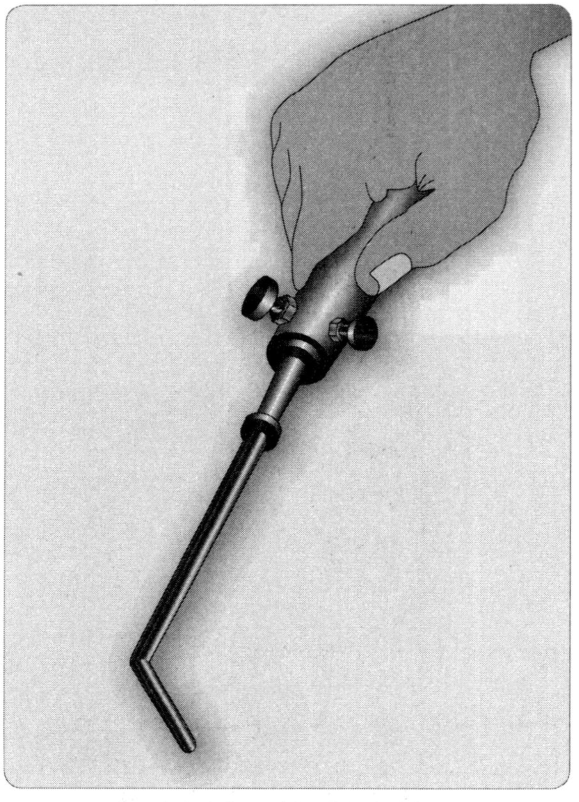

[그림 4-24] 무거운 재료의 손위치
(Hand position for heavy-gauge materials)

봉이 필요하다. 봉은 완료된 필릿(Fillet)이 모재(base material) 두께의 약 1/4 정도 쌓이도록 제공되는 양으로 용융물 웅덩이를 추가한다. 선택한 용가봉은 용접되는 모재와 일치하는(호환되는) 것이어야 한다.

4.5.1 용접부의 정확한 형성 (Correct Forming of a Weld)

용접 금속의 형태는 접합부의 강도와 내피로성에 상당한 관계를 갖고 있다. 부적절하게 만들어진 용접부의 강도는 대개 설계된 접합부의 강도보다 낮다. 저강도 용접부는 일반적으로 불충분한 침투로 인해 만들어진다. 용접의 끝부분에서 모재의 약화가 있고 모재와 함께 용접된 금속의 부족한 융합이 발생하고 용접부 안에 갇힌 산화물, 슬래그, 또는 가스포켓이 생기고, 모재에 용접된 금속이 중첩되고, 너무 많거나 또는 너무 적은 보강이 이루어지며 용접에 과열이 일어난다.

4.5.2 좋은 용접부의 특성 (Characteristics of a Good Weld)

완성된 용접부는 다음과 같은 특성을 지니고 있어야 한다.

(1) 이음매는 매끈하고 비드 리플(bead ripple)의 간격이 같아야 하며 두께가 일정해야 한다.
(2) 용접부는 위쪽으로 쌓여 올라와서 살짝 볼록해서 접합부에 여분의 두께를 갖게 해야 한다.
(3) 용접부는 매끈하게 끝이 가늘어져서 모재 속으로 들어가야 한다.
(4) 용접부에 가까운 모재에 산화물이 형성되어서는 안 된다.
(5) 용접부는 기포, 기공, 또는 튀어나온 소구체 등이 나타나서는 안 된다.
(6) 모재는 탔거나, 움푹 들어갔거나, 균열이 생겼거나 찌그러져서는 안 된다.

깨끗하고 매끄러운 용접부가 바람직하지만 이러한 특징이 곧 용접 부위가 잘 용접되었다는 것을 의미하지 않으며 금속 내부가 위험할 정도로 약할 수도 있다. 용접부가 거칠고, 고르지 않으며 얽은 자국이 있을 때는 대부분 내부의 상태가 좋지 않다. 겉모양을 더 좋게 만들기 위해 용접부에 줄질해서는 안 된다. 줄로 깎는 것은 용접부의 부위에서 그 강도의 일부를 빼앗기 때문이다. 용접은 땜납(solder), 놋쇠 용접 재료 또는 어떤 종류의 충전재(filler)도 채워서는 안 된다.

접합부를 다시 용접할 필요가 있을 때는, 작업을 시작하기 전에 이전의 용접 재료를 모두 제거해야 한다. 허당 접합부를 재가열할 경우 모재가 강도의 일부를 잃을 수 있고 부러지기 쉽다. 이것을 용접 후 열처리와 혼동해서는 안 된다. 용접 후 열처리는 모재를 손상시키는 높은 온도로 금속 온도를 올리지 않는다.

4.6 철금속의 산소-아세틸렌용접 (Oxy-acetylene Welding of Ferrous Metals)

4.6.1 강재(Steel, including SAE 4130)

저탄소강, 저합금강(예 4130), 주강, 그리고 연철은 산소 · 아세틸렌 화염으로 쉽게 용접된다. 저탄소강과 저합금강은 가장 자주 가스로 용접되는 철금속이다. 강재에 탄소 함유량이 증가하면 다양한 합금 유형을 위한 특정 절차를 이용하여 용접으로 수리할 수 있다. 관련 요인은 탄소 함유량과 경화능(Hardenability)이다. 내부식성 니켈크롬강과 내열 니켈크롬강의 경우에 있어서 허용되는 용접성은 안정성, 탄소 함유량 그리고 재열처리에 달려 있다.

Society of Automotive Engineering(SAE)와 American Iron and Steel Institute(AISI)는 산업 허용 표준인 부여 체계를 제공한다. SAE 4130은 소형 항공기에 동체와 골조를 조립하는 데 이상적인 재료인 합금강이다. 모터사이클과 고급 자전거 프레임 그리고 경주용 자동차 프레임 및 롤 케이지(roll cages)로 사용된다. 배관은 높은 인장강도와 가단성(malleability)을 갖고 있으며 용접이 쉽다.

Number 4130은 강재의 대략적인 화학 구조를 규정짓는 AISI 4-digit 코드다. '41'은 크롬을 함유한 저합금강을 나타내고 '30'은 0.3%의 탄소 함유량을 나타낸다. 4130 강재는 소량의 마그네슘, 인, 황 및 실리콘을 함유하고 있고 모든 강재처럼 대부분 철을 함유한다.

좋은 용접부를 만들기 위해서 강재의 탄소 함유량이 상당 정도로 바뀌거나, 모재의 성질을 심하게 바꾸는 일이 없고 금속의 속성을 크게 변경시키지 않으면서 다른 대기화학 성분이 모재에 가감되어서는 안 된다. 그러나 많은 용접 충전 와이어는 특별한 이유로 인해 원료와 다른 성분을 함유한다. 이와 같은 이유는 인가된 재료를 사용할 경우 완벽히 정상이고 허용될 수 있다. 용강은 탄소, 산소 및 질소와 좋은 친화력을 갖고 있으며 용융물 웅덩이와 결합해서 산화물과 질산염을 형성하는데 이 모두는 강재의 강도를 저하시킨다. 산소 · 아세틸렌 화염으로 용접할 때 다음의 예방책을 준수하여 불순물의 함유를 최소화할 수 있다.

(1) 대부분 강재에 정확한 중성화염을 계속 유지하며, 스테인리스강과 같은 니켈 또는 크롬 함유량이 높은 합금을 용접할 때는 아세틸렌이 약간 초과되게 할 것
(2) 부드러운 화염을 유지하고 용융물 웅덩이를 조절할 것
(3) 금속을 침투하기에 충분할 정도로 화염을 유지하고 용융 금속이 화염의 바깥쪽 가스체에 의해서 공기로부터 보호되도록 화염을 조절할 것
(4) 용접봉의 가열된 끝단 부분을 용접풀이나 화염

가스체 내에 둘 것

(5) 용접이 완료된 뒤 아직 적열(red heat)상태에 있을 때 균일하게 암적색(dull red)이 되도록 전체 용접물 주위에서 토치의 바깥쪽 가스체를 순환시킨다. 느린 속도로 냉각시키기 위해 용접물로부터 토치를 서서히 물러나게 한다.

4.6.2 크롬 몰리브덴(Chrome Molybdenum)

크롬 · 몰리브덴의 용접 기술은 3/16inch 두께로 겹치게 하는 부위를 제외하고 탄소강의 경우와 실질적으로 동일하다. 용접을 시작하기 전에 인접 부위를 300°F에서 400°F 사이의 온도로 예열해야 한다. 이렇게 하지 않으면 용접이 완료된 후에 용접 지역의 갑작스러운 담금질이 단련되지 않은 마텐자이트의 부서지기 쉬운 결정구조를 만든다. 이 결정구조는 용접 후 열처리로 제거시켜야 한다. 단련되지 않은 마텐자이트는 보통 연성강 구조물의 자리를 대신하며 강재에서 용접의 가장자리 부근에 틈이 생기기 쉽게 만든다. 예열할 경우 이 장의 다른 섹션에서 발견되는 적절한 실행을 함께 이용하여 용접으로 발생한 뒤틀림을 완화시켜 주는 데 도움이 된다.

용접 시에 부드러운 중성화염을 사용하고 공정 동안 화염을 유지해야 한다. 화염이 중성으로 유지되지 않으면 산화화염이 산화물 함유물(oxide inclusions)과 갈라진 자리(fissure)를 만든다. 탄화화염은 탄소 함유량을 상승시켜 금속이 더 경화될 수 있게 만든다. 화염의 크기는 모재를 녹이기에 충분해야 한다. 그러나 모재를 과열시키고 산화물 함유물이나 금속 두께 상실의 원인이 되도록 지나치게 뜨거워서는 안 된다. 용가봉은 모재에 일치(호환)해야 한다. 용접부가 고강도를 요구할 경우 특수 저합금 충전재를 사용하며 그 부분은 용접 후 열처리해야 한다.

0.093inch 두께 이상의 4130 크롬 몰리브덴 섹션을 텅스텐 불활성 가스용접(TIG weld)하고 적절하게 용접 후 열처리하는 것에는 전체적으로 뒤틀림을 적게 만드는 장점이 있다. 그러나 용접 후 열처리를 배제할 수 없는데, 배제 시 성형된 마텐자이트 결정구조가 용접물의 피로 수명을 엄격하게 제한하기 때문이다.

4.6.3 스테인리스강(Stainless Steel)

스테인리스강의 용접 절차는 탄소강의 경우와 근본적으로 같다. 최선의 결과를 얻기 위해 몇 가지 특별한 예방책을 따른다.

비구조 부재에 사용되는 스테인리스강만이 용접될 수 있다. 구조 부품에 사용되는 스테인리스강은 냉간작업을 해야 하며 가열시키면 강도의 일부를 잃게 된다. 비구조 스테인리스강은 강재와 배관의 형태로 얻어지며, 배기모으개(Exhaust Collector), 수직배기관, 또는 매니폴드(Manifold) 등에 사용된다. 산소는 용융상태에 있는 이 금속과 아주 쉽게 결합되므로 용접 시 산소가 직접 접촉되지 않도록 주의한다.

약한 탄화화염은 스테인리스강의 용접에 사용하도록 권고된다. 화염에서 약 1/16inch 길이의 초과 아세틸렌 feather가 염심 주위에 형성되도록 조절해야 한다. 그러나 너무 많은 아세틸렌은 금속에 탄소를 유입시켜 부식에 대한 저항성을 잃게 만든다. 토치 팁의 크기는 비슷한 저탄소강에 사용되는 크기보다 1~2 크기 적은 것을 사용하는 것이 좋다. 더 작은 팁은 과열과 그에 따른 금속의 내식성의 상실 가능성을 줄여준다.

산화크롬의 형성을 방지하기 위해서 스테인리스강

에 특별하게 혼합된 용매를 사용해야 한다. 용매는 물과 함께 혼합되었을 때 접합부의 아래쪽 부분과 용가재에 뿌려줄 수 있다. 산화방지를 위해 용매를 충분히 사용한다. 사용되는 용가재는 모재와 성분이 같아야 한다.

용접할 때, 용가재는 제자리에서 모재와 동시에 녹을 수 있게 토치 화염의 가스체 안에 둔다. 용가재를 용융 웅덩이 속으로 흘러들어가게 하여 추가한다. 공기가 용접 부위로 들어가서 산화를 증가시키므로 용접 부위를 휘젓지 않는다. 금속의 휨과 과열을 초래하는 재용접이나 용접된 부위의 반대쪽을 용접하는 것을 피한다.

산소가 금속에 접촉하는 것을 방지하기 위해 사용하는 또 다른 방법은 용접된 부위를 불활성 가스로 둘러싸는 것이다. 텅스텐 불활성 가스 용접기를 사용하는 스테인리스강 용접이 이러한 방법이다. 이것은 우수한 용접 결과를 위해 권고하는 방법이며 용매의 사용과 그에 따른 청소가 필요하지 않다.

4.7 비철금속의 산소-아세틸렌 용접 (Oxy-acetylene Welding of Nonferrous Metals)

비철금속은 철을 포함하고 있지 않은 금속이다. 비철금속에는 납, 구리, 은, 마그네슘 그리고 항공기 제작에서 가장 중요한 알루미늄 등이 있다. 이러한 금속 중 몇 가지는 철금속보다 가벼우나 대부분 강도가 떨어진다. 알루미늄 제조사는 알루미늄을 다른 금속과 합금하거나 냉간가공 함으로써 순수 알루미늄의 강도를 보충한다. 더 높은 강도를 얻기 위해서 일부 알루미늄합금을 열처리한다.

4.7.1 알루미늄 용접(Aluminum Welding)

일부 알루미늄합금은 가스 용접을 할 수 있다. 그러나 좋은 용접부를 생산하기 위해서 약간의 실습과 적절한 장비가 필요하다. 처음 용접을 시도할 경우 금속이 용접 화염 하에서 어떻게 반응하는지에 익숙해지도록 한다.

벤치 용접에서 알루미늄 판을 가열하여 알루미늄이 용접 화염에 어떻게 반응하는지 관찰한다. 판재에 수직으로 중성화염 토치를 잡아 준다. 염심의 팁을 금속에 거의 닿을 정도로 가져간다. 금속이 어떠한 조짐 없이 갑자기 녹아 없어지고 금속에 구멍을 남기는지 관찰한다. 작업을 반복하되, 이번에는 표면에 약 30°의 각도로 토치를 잡는다. 이 경우 열을 더 잘 제어할 수 있고 표면 금속이 구멍을 형성하지 않고 녹는다. 용융 웅덩이가 용융 구멍 없이 제어될 수 있을 때까지 표면을 따라 화염을 천천히 이동시켜 실습한다. 숙달되었을 때 플랜지 접합부에서 용접봉 없이 가용접과 용접을 실습한다. 그다음 용매와 용접봉을 사용하여 맞대기이음에 용접을 시도한다. 실습과 경험은 용해 알루미늄의 시각적 지표를 제공하여 잘 용접할 수 있다.

알루미늄 가스용접은 보통 두께가 0.031~0.125inch 사이의 재료로 제한된다. 항공기 제작에 사용되는 용접 가능한 알루미늄합금은 1100, 3003, 4043, 그리고 5052다. 합금 No. 6053, 6061, 및 6151도 용접될 수 있다. 그러나 이러한 합금들은 열처리된 상태에 있으므로 재열처리를 할 수 없을 경우 용접해서는 안 된다.

용접하기 전 적절한 준비가 어떤 금속에도 좋은 용접부를 생산하기 위해 필수적이다. 알루미늄의 산소 · 아세틸렌용접 시에 더욱 중요하다. 용접하는 금속의 두께에 맞는 적절한 토치 팁을 선택한다. 알루미늄에 맞는 팁 선정은 강판두께에서 일반적으로 선택하는 것보다 크기가 하나 더 큰 것으로 한다. 눈짐작으로 3/4 금속 두께=팁 오리피스다.

다음의 알루미늄의 산소·아세틸렌 용접 방법을 사용하여 적절한 조정기 압력을 설정한다. 이 방법은 제2차 세계대전 이래 모든 항공기 제작 공장에서 사용되어 왔다. 위쪽 패킹이 안착될 때까지 계속 산소 실린더 밸브를 천천히 열어서 시작한다. 이때 게이지에 지침이 뛰어오를 때까지 아세틸렌 실린더 밸브를 아주 살짝 열어준다. 그다음 1/4을 더 열어준다. 조절스크루를 반시계방향으로 계속하여 끝까지 돌려서 느슨해진 것을 확인하기 위해 조정기를 점검한다. 바로 양쪽 토치 밸브를 두 번 완전하게 돌려(토치 모델에 따라 다르다) 활짝 열어준다. 토치가 2inch 거리로 가벼운 연기를 내뿜을 때까지 스크루를 조정하여 아세틸렌 조정기를 돌린다. 바로 몸에서 멀리하여 토치를 잡고 스트라이커로 불을 붙인다. 조정기 스크루로 밝은 노란색 센 화염으로 조정한다. 밝은 염심이 있는 약간의 "연료가 짙은" 깃털 모양이나 침탄 이차 염심(carburizing Secondary Cone)인 소리가 큰 파란색 화염을 얻기 위해 산소조정기 스크루를 천천히 돌려주어 산소를 추가한다. 각각의 토치 밸브에서 교대로 약간 돌려서 화염 설정을 가용접하거나 또는 용접하는 데 필요한 정도로 낮출 수 있다.

용접자를 보호하기 위해 특수 보호안경을 사용해야 하고 백열시키는 용매에 의해 방출되는 노란-오렌지색 화염으로 시야를 확보한다. TM Technology에 의해 특수 목적의 녹색 글래스렌즈가 알루미늄 산소·연료 용접용으로 설계되고 특허출원 되었다. 이 렌즈는 나트륨 오렌지 불꽃을 완벽하게 제거할 뿐만 아니라 자외선, 적외선, 그리고 청색광과 그 영향으로부터 필요한 보호를 제공해 준다. 이 렌즈는 특수 목적 렌즈를 위한 안전 규격 ANSI Z87-1989에 부합한다.

필요하면 재료나 충전재 또는 양쪽에 용매를 가한다. 알루미늄 용접 용매는 깨끗한 샘물이나 광천수에 분말을 2:1로 혼합한 하얀 분말이다. 증류수는 사용하지 않는다. 금속에 털어낼 수 있는 가루 반죽을 혼합한다. 용매를 가하기 전에 토치로 충전재나 부품을 가열하면 신속하게 용매를 건조시키는 데 도움이 되고 토치가 적당하게 가열되었을 때 갑자기 펑소리가 나지 않는다. 눈 보호와 적절한 환기, 유독가스를 피하는 것과 같은 적절한 예방책이 권고된다.

용접하는 재료는 오일 또는 그리스가 없어야 한다. 솔벤트(solvent)로 세척해야 하고 가장 좋은 것은 변성시킨 이소프로필알코올, 즉 소독용 알코올로 세척하는 것이다. 스테인리스 솔은 용접 바로 전에 알코올로 세척한 뒤 눈에 보이지 않는 알루미늄 산화 필름을 문질러 제거하기 위해 사용해야 한다. 알코올과 깨끗한 천으로 사용하기 전에 용접봉 또는 충전 와이어를 깨끗이 한다.

큰 틈새를 방지하기 위해 접합부에 가장 잘 맞도록 만들고 모재에 호환하는 용가재를 선정한다. 표 4-2와 같이 충전재는 용접하는 조각보다 더 큰 직경이어서는 안 된다.

조각을 접합하여 가볍게 고정시키는 가용접으로 시작한다. 가용접은 $1\frac{1}{2}$inch 간격으로 적용해야 한다. 가용접은 가장자리들이 접촉할 경우 금속의 가장자리를 함께 용해시켜 뜨겁고 빠르게 용접하거나 틈새가 있을 때 용해되는 가장자리에 충전재를 첨가하여 용접한다. 가용접은 용접보다 더 뜨거운 화염이 필요하다. 그래서 용접할 재료의 두께를 안다면 화염의 염심 길이를 가용접할 때 길이에서 대략 3~4금속 두께로 설정한다(예를 들어 0.063 알루미늄 판은 3/16~1/4inch 염심이 된다).

가장자리가 가용접되었을 경우 두 번째 가용접에서 시작하고 지속하거나 끝단에서 1inch 안쪽에서 용접을 시작하고 그다음 판의 가장자리에서 후진하면서 용접하여 시작한다. 이 처음의 스킵-용접(skip-weld)을 냉각하고 응고하게 한다. 그 뒤 이전의 시작점에서 끝단까지 이어서 용접한다. 축적된 열을 방출하기 위해 이음매의 끝단에서 열을 줄인다. 마지막 1inch 정도는 까다로워서 급히 떨어지지 않도록 가볍게 두드려 주어야 한다. 두드림(dabbing)은 토치를 올려 주고 내려 주어 금속의 열을 제어하는 동안 용융물 부위에 있는 용가재를 첨가하는 것이다.

용접 비드 현상이나 작은 고리(ringlets)가 만들어지는 것은 토치의 움직임과 용가재를 가볍게 두드리는 것으로 발생한다. 토치와 추가 용가재가 동시에 움직인다면, 작은 고리가 더 두드러진다. 좋은 용접부는 너무 튀지 않고 완전히 침투된 비드를 갖는 것이다.

용접 직후 곧바로 180°F의 뜨거운 물과 스테인리스강 브러쉬를 사용하여 용매를 세척하고 그다음 담수로 여러 번 헹군다. 충전재만 용재로 처리되었으면 세척의 양이 최소화된다. 용매 잔존물을 공간과 핀홀에서 모두 제거해야 한다. 어떤 특정 면적에 용매가 숨겨져 있는 것으로 의심되면 그곳 위쪽으로 중성화염을 지나가게 한다. 그러면 노란-오렌지 백열광이 숨겨진 잔존물을 보여준다.

부식액으로 적절히 문질러 제거해 주고 애벌칠하고 밀폐하기 위해 20분 이내로 기다리는 것이 마감된 보호막이 들어 올려지거나, 벗겨지고 또는 부푸는 것을 방지한다.

[표 4-2] 충전재 금속 선택 차트
(Filler metal selection chart)

Filler Metal Selection Chart

Base Metals	1100 3003	5005	5052	5086 DO NOT GAS WELD	6061
6061	4043 (a) 4047	4043 (a) 5183 5356 5556 5554 (d) 5654 (c)	5356 5183 5554 5556 5654 (d) 4043 (a)	5356 5183 5356 5556 5654 (c)	4043 (a) 4047 5556 5183 5554 (d)
5086 DO NOT GAS WELD	5356 4043 (a)	5356 5183 5556	5356 5183 5556	5356 5183 5556	
5052	5183 5356 5556 4043 (a,b)	4043 (a) 5183 5356 5556 4047	5654 (c) 5183 5356 5556 5554 (d) 4043 (a)		
5005	5183 5356 5556 4043 (a,b)	5183 5356 4043 (a,b)			
1100 3003	1110 4043 (a)				

For explanation of (a. b. c. d) see below

(a) 4043, because of its Si content, is less susceptible to hot cracking but has less ductility and may crack when planished.
(b) For applications at sustained temperatures above ISOF because of intergranular corrosion.
(c) Low temperature service at ISOF and below.
(d) 5554 is suitable for elevated temperatures.

NOTE: When choosing between 5356, 5183, 5556, be aware that 5356 is the weakest and 5556 is the strongest, with 5183 in between. Also, 4047 has more Si than 4043, therefore less sensitivity to hot cracking, slightly higher weld shear strength, and less ductility.

4.7.2 마그네슘 용접(Magnesium Welding)

마그네슘의 가스용접은 동일한 장비를 사용하는 알루미늄 용접과 매우 유사하다. 접합부 설계는 알루미늄 용접과 유사한 실습을 따른다. 맞대기 용접과 가장자리 용접부로 용접하는 것이 선호되며, 용매를 끌어들이는 설계를 피하기 위해 주의한다. 마그네슘계 합금의 고팽창률과 부품들에서 응력이 설정되는 것을 방지하도록 특별한 주의가 필요하다. 단단한 틀은 피하고 뒤틀림을 제거하기 위해 주의 깊게 계획한다.

용접재는 대부분 합금에서 모재에 일치해야 한다. 서로 다른 두 가지의 마그네슘 합금을 함께 용접할 때 권고 사항을 위해 재료 제조사를 참고한다. 알루미늄은 마그네슘에서 용접해서는 안 된다. 알루미늄에 용접할 때 표면 산화물을 파손하고 견고한 용접부를 위해 용매가 필요하다. 마그네슘의 용융 용접 용도로 특별하게 판매되는 용매를 분말 형태로 구입할 수 있다. 이것을 알루미늄 용접과 동일한 방법으로 물과 섞어준다. 부식 효과를 줄이기 위해 용매를 최소한으로 사용한다. 용접이 끝난 후에 세척 시간이 필요하다. 알루미늄 용접에 사용되는 나트륨-화염 저감보호경은 마그네슘 용접에도 동일한 이점이 있다.

알루미늄 용접과 동일한 팁 크기를 사용하여 중성화염으로 용접한다. 용접 기술은 판재 표준 두께 재료(sheet guage material)에 한 번만 지나가면서 이루어지는 용접으로 알루미늄과 동일한 방식을 따른다. 일반적으로 텅스텐 불활성 가스 공정은 부식성 용매의 배제와 접합부 설계에 고유의 제한으로 인해 마그네슘의 가스용접을 대체하고 있다.

4.8 브레이징과 연납땜 (Brazing and Soldering)

4.8.1 강재의 토치 브레이징 (Torch Brazing of Steel)

브레이징으로 두 조각의 금속을 접합하는 것의 의미는 용가재로 황동이나 청동을 사용하는 것이다. 그러나 브레이징의 정의는 800°F 이상의 융해점이되 접합되는 금속의 융해점보다 낮은 온도로 비철금속 또는 합금을 결합재로 만드는 모든 금속결합 공정을 포함하여 설명하는 것으로 확장되었다.

브레이징은 용접보다 낮은 열이 필요하며 고열로 손상된 금속을 접합하는 데 사용할 수 있다. 그러나 브레이징 된 접합부의 강도는 용접 접합부의 강도만큼 높지 못하므로 브레이징은 중요한 구조 수리에는 사용되지 않는다. 지속적인 고온을 받는 어떠한 금속 부분도 브레이징해서는 안 된다.

브레이징은 황동, 구리, 청동과 니켈합금, 주철, 가단주철, 연철, 아연철과 강재, 탄소강 그리고 합금강을 포함하는 다양한 금속을 접합하는 데 적용된다. 또한 구리를 강재에 또는 강재를 주철에 접합하는 것과 같이 상이한 금속을 접합시키기 위해 사용할 수 있다.

금속이 브레이징으로 접합될 때 모재 부분은 녹지 않는다. 브레이징 금속은 분자 인력과 금속 내부의 입자조직에 침투되어 모재에 붙어 있는 것이며 녹아서 융합하는 것이 아니다.

브레이징에서 접합하는 부분의 가장자리는 강재를 용접할 때와 같이 보통 비스듬하게 경사면을 만든다. 주위의 표면에 있는 먼지와 녹을 깨끗이 닦아내야 한다. 땜질하는 부분은 어떠한 관련된 이동도 예방하도록 함께 단단히 묶어야 한다. 모세관 작용에 의해서 용가재가 안으로 끌려 들어가서 단단히 들어붙은 접합부가 가장 강한 접합부다.

모재와 용가재 사이를 잘 결합시키기 위해서 브레이징 용매가 필요하다. 이것은 산화물을 소실시키고 표면에 뜨게 해서 산화가 없는 깨끗한 금속 표면을 만들어준다. 브레이징 용접봉은 용매 도장이 이미 된 것 또는 사용되는 특수한 용도로 판매되는 여러 가지의 용매 중 한 가지로 구매할 수 있다. 대부분 용매는 붕사와 붕산의 혼합물이 들어있다.

모재는 용가재가 녹아 흐르는 온도에 도달할 때까지 중성의 부드러운 불꽃으로 천천히 예열해야 한다. 용매로 미리 코팅되지 않은 용접봉이 사용되면 진홍색의 토치로 봉 끝단의 약 2inch를 가열하고 용매 안에 살짝 담근다. 충분한 용매가 봉에 부착되기 때문에 금속의 표면에 용매를 뿌려 주는 일은 불필요하다. 봉의 옆쪽을 이용하여 붓질하는 동작으로 빨갛게 달아오른 금속에 용매 피복봉을 가해준다. 황동이 강재 안으로 자연스럽게 흘러간다. 용가봉을 용해시키기 위해 모재에 토치로 계속 열을 유지시킨다. 봉을 토치로 용해시키지 않는다. 브레이징을 진행하는 동안 봉을 계속 첨가하고 비드가 동일한 깊이와 높이로 만들어지도록 봉을 일정 간격으로 살짝 담그고 꺼내는 동작을 지속한다. 최대한 봉과 토치의 접촉하는 횟수를 적게 하여 작업을 신속하게 끝내야 한다.

일부 금속은 좋은 열 전도체이며 열을 접합부로부터 신속하게 발산시킨다. 또 다른 금속은 열을 유지하려고 하고 쉽게 과열되는 부족한 전도체다. 모재의 온도를 제어하는 것이 중요하다. 모재는 브레이징 충전재가 흐르기에 충분하게 뜨거워야 한다. 그러나 충전재의 비등점까지 닿도록 과열되어서는 안 된다. 이것은 접합부가 다공성이 되고 잘 부서지는 원인이다.

결합부의 균일한 가열을 만드는 방법은 용매의 양상을 주시하는 것이다. 용매는 균일한 열이 가해지고 있을 때 동일하게 양상이 변화해야 한다. 이것은 서로 다른 양의 두 가지 금속 또는 서로 다른 양의 전도체를 접합할 때 중요하다.

브레이징 용접봉은 빨갛게 달아오른 모재에 가해질 때 용해되고 모세관 작용에 의해 접합부 안으로 빨려 들어간다. 브레이징 용가재는 고온 부위로 흘러간다. 토치로 가열된 어셈블리에서 외부 금속 표면이 내부 접합 표면보다 약간 더 뜨겁다. 용가재는 접합부 근처에 직접 침전되어야 한다. 용가재가 보다 큰 열의 근원으로 흐르기 때문에 열은 용가재가 가해지는 곳의 반대편 어셈블리에 적용되어야 한다.

브레이징이 완료된 후에 어셈블리 또는 구성품을 세척해야 한다. 대부분 브레이징 용매는 수용성이기 때문에 120°F 이상의 뜨거운 물에 헹구고 와이어 브러쉬로 닦아내면 용매가 제거된다. 용매가 브레이징 공정 동안에 과열되었으면 보통 녹색 또는 검은색으로 바뀐다. 이 경우에 사용하고 있는 용매의 제조사에서 권고하는 약산성 용액으로 용매를 제거해야 한다.

4.8.2 알루미늄의 토치 브레이징 (Torch Brazing of Aluminum)

알루미늄의 토치브레이징은 다른 재료의 브레이징과 유사한 방법을 사용한다. 브레이징 재료 자체는 모재보다 약간 낮은 용융 온도를 갖는 알루미늄/실리콘 합금이다. 알루미늄 브레이징은 875°F 이상의 온도에서 발생하지만 원료의 융해점보다 낮다. 특수 알루미늄 브레이징 용매로 브레이징한다. 브레이징은 랩(Lap)과 같은 접촉되는 큰 표면적을 갖는 접합부 배치나 연료탱크 마개와 부품을 맞추는 데 가장 적합하다. 다년간 생산 공작물에 사용되어 온 아세틸렌이나 수소 모두 연료가스로 사용할 수 있다. TM2000 렌즈처럼 나트륨화염을 감소시키는 눈보호경을 사용하는 것이 권고된다.

아세틸렌을 사용할 때, 팁 크기는 보통 알루미늄 용

접에서 사용한 것과 동일하거나 한 크기 작은 것으로 한다. A 1-2X 환원성 화염은 약간 온도가 낮은 화염을 형성하기 위해 사용된다. 그리고 토치는 열원으로 염심이 아닌 바깥쪽 가스체를 사용하면서 더욱 먼 거리를 두고 뒤에서 제지시킨다. 용매를 준비하고 모재와 충전 재료 모두를 용융하며 알루미늄 용접 용매와 같은 방법으로 용매를 더한다. 화염의 바깥쪽 가스체로 부분을 가열한다. 녹기 시작하는 용매를 주시한다. 충전재를 그 지점에 더할 수 있다. 충전재는 쉽게 흘러야 한다. 용접부가 과열되면 용매가 갈색 또는 회색으로 바뀐다. 이런 일이 일어나면 계속하기 전에 용접부를 다시 세척하고 용매를 재주입한다. 1100, 3003, 그리고 6061 알루미늄합금에서 쉽게 브레이징 할 수 있다. 5052 합금은 더 어렵다. 적절한 세척과 연습이 필요하다. 용가재 그 자체의 빈 공간에 용매가 들어 있는 브레이징 제품이 판매된다. 이 제품은 용매가 5052에 사용되기에 충분히 강하지 않기 때문에 브레이징 후에 세척이 뜨거운 물과 깨끗한 스테인리스 브러쉬를 사용하여 알루미늄의 산소 · 연료 용접과 동일하게 이루어진다. 용매는 부식성이므로 브레이징이 완료된 후에 철저하고 신속하게 제거하도록 한다.

4.8.3 연납(Soldering)

연납은 누출 방지 접합부가 요구되는 곳에서 구리와 황동을 접합하기 위해 주로 사용되며 강직성을 촉진하고 부식을 방지하기 위한 접합부를 맞추는 곳에 사용한다. 연납땜은 일반적으로 사소한 수리 작업에만 쓰인다. 이 방법은 전기적 연결을 결합하는 곳에서도 사용되고 전기저항이 낮은 강한 결합체를 형성한다.

연납땜은 산소 · 연료 가스 토치의 열이 필요하지 않으며 작은 프로판 또는 MAPP® 토치, 전기납땜인두, 또는 일부의 경우에서 오븐이나 토치와 같은 외부 근원으로 가열되는 납땜구리를 사용한다. 연납은 주로 주석과 납의 합금이다. 주석과 납의 비율은 여러 가지의 땜납마다 다르다. 이러한 땜납 비율의 종류에 따라 부합하는 융해점의 차이는 293°F에서 592°F에 걸쳐 있다. 50/50이 가장 일반적인 용도의 땜납이고 주석과 납을 똑같은 비율로 포함하고 있으며 약 360°F에서 녹는다.

전기납땜인두 또는 납땜구리를 사용할 때 열전도에 대해 가장 좋은 결과를 얻기 위해, 팁이 깨끗해야 하고 팁에 땜납의 층을 갖고 있어야 한다. 이것은 보통 “주석을 입힌다”라고 한다. 고온의 철이나 구리는 용매로 처리해야 하고 땜납은 땜납의 밝고 얇은 층을 형성하기 위해 팁을 가로질러 닦아야 한다.

용매는 브레이징과 동일한 이유로 연납으로 사용된다. 접합하는 표면적을 깨끗이 하여 접합부 안으로 모세관 작용에 의해 흐르도록 촉진한다. 대부분 용매는 부식을 유발시키기 때문에 작업이 완료된 후에 깨끗히 제거해야 한다. 전기 연결은 송진을 함유하고 있는 연납으로 납땜을 해야 한다. 송진은 전기 연결을 침식하지 않는다.

4.8.3.1 알루미늄 납땜(Aluminum Soldering)

알루미늄의 납땜은 다른 금속의 납땜과 유사하다. 필요한 용매에 따라 특별한 알루미늄 땜납의 사용이 필요하다. 알루미늄 납땜은 875°F 이하의 온도에서 일어난다. 납땜은 산소 · 아세틸렌, 산수소, 또는 기체-프로판 토치 설정을 사용할 수 있다. 중성화염은 산소 · 아세틸렌이거나 산수소의 경우에 사용된다. 땜납과 용매 유형에 따라 대부분 흔한 알루미늄합금은

납땜할 수 있다. 더 낮은 용융온도이므로 부드러운 화염 설정에 따라 용접에 요구되는 팁 크기보다 1개 또는 2개의 작은 크기의 팁이 사용된다.

알루미늄 납땜에 대한 접합부 배열은 다른 모재처럼 동일한 지침서를 따른다. 더 큰 표면 접촉 지역으로 인해 T이음 또는 맞대기이음 대해 겹이음(lap joint)이 더 선호된다. 그러나 열교환관과 같은 부분은 보통 제외된다.

정상적으로 용접 부분은 용접 또는 브레이징을 할 때 세척되고, 용매는 제작사 매뉴얼에 의거하여 적용된다. 용접 부분은 용매에 과열을 방지하기 위해 화염의 바깥쪽 가스체로 균일하게 가열시킨다. 땜납은 다른 모재에 이와 유사한 방식으로 가한다. 납땜 후에 약간의 용매는 부식성이 아니기 때문에 산화를 방지하기 위한 세척이 필요하지 않다. 그러나 납땜 후에 모든 용매 잔존물을 항상 제거하도록 권장한다.

알루미늄 납땜은 일반적으로 원래의 납땜된 접합부를 사용한 열교환기(heat exchanger)나 방열기 벌집(radiator core)의 수리와 같은 곳에 사용된다. 그러나 브레이징이나 용접에 대한 직접 교체 수리로 사용되는 것은 아니다.

4.8.3.2 은땜납(Silver Soldering)

은땜납은 항공기 작업에서 고압 산소관의 제작과 진동과 고온에 잘 견뎌야 하는 기타 부품의 조립에 사용된다.

은땜납은 구리와 구리합금, 니켈과 은뿐만 아니라 이와 같은 여러 가지의 금속 혼합물로 되어 있는 엷은 강재 부품을 결합하는 데 광범위하게 사용된다. 은납땜은 다른 브레이징 공정보다 접합부의 강도가 크다.

모재를 화학적으로 깨끗하게 하기 위해 모든 은납땜 작업에서 용매를 사용해야 한다. 용매는 모재에서 산화물의 필름을 제거시키고 은땜납이 모재에 부착되도록 해준다.

모든 은땜납은 물리적으로뿐만 아니라 화학적으로도 깨끗해야 한다. 접합부는 먼지, 그리스, 오일 또는 페인트 등이 없어야 한다. 먼지나 그리스 등을 제거한 후에는 반짝이는 금속이 보이도록 그 부분을 연삭 또는 줄질로 녹이나 부식과 같은 모든 산화물을 제거한다. 납땜작업 동안 용매가 금속으로부터 지속적으로 산화물이 떨어져 나가게 하여 땜납의 흐름을 돕는다.

그림 4-25와 같이 은납땜에서 권고하는 세 가지 유형의 접합부는 랩(lap), 플랜지(flange)와 가장자리(edge)다. 이와 같은 유형으로 금속은 이음매의 폭을 모재의 두께보다 더 넓히도록 형성되고 모든 유형의 하중을 견딜 수 있는 접합부 유형을 제공한다.

은납땜에 사용하는 산소 · 아세틸렌 화염은 약한 중성이나 약한 환원성 화염이어야 한다. 이것은 아세틸렌이 약간 초과되는 화염이다. 예열과 땜납을 모두 하는 동안에 화염의 염심 팁이 공작물에서 약 1/2inch 떨어지도록 해야 하며 금속이 과열되지 않도록 계속 화염을 움직여야 한다.

모재의 양쪽 부분이 정확한 온도에 이르면 용매가 흐르고 땜납을 이음매의 가장자리 바로 근처에 가할 수 있다. 동시에 모재의 온도가 일정하게 유지되도록 화염을 이음매 위쪽으로 돌리고 계속 움직여야 한다.

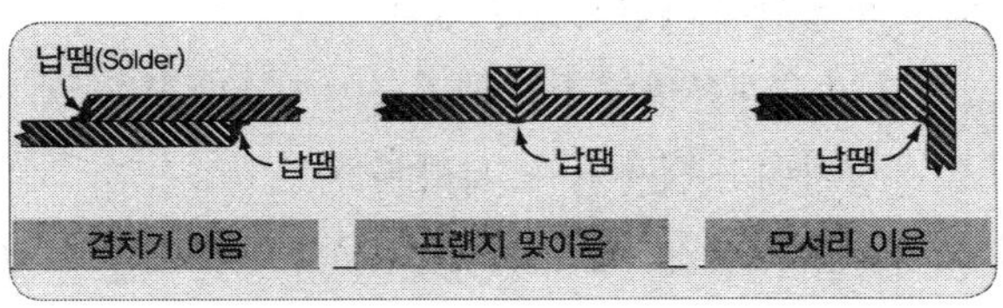

[그림 4-25] 은납 이음(Silver solder joints)

4.9 가스 금속 아크용접 (Gas Metal Arc Welding, TIG Welding)

오늘날 알려진 텅스텐 불활성 가스 공정은 1920년대에 기초적인 공정을 개발한 General Electric에 의해 수행된 작업과 1940년대에 토치 자체를 개발한 Northrop에서 수행된 작업 그리고 헬륨차폐가스와 텅스텐 전극 사용을 조합한 것이다. 공정은 Northrop XP-56 Flying Wing에서 마그네슘 용접을 위해 개발되었고, 붕소 용매를 사용하는 활성수소 용접 공정에서 일어나는 부식과 다공성을 배제시키기 위한 것이었다. 1950년 후반에 들어서 초현대식 초내열합금 용접에 장점을 발견하기 전까지는 다른 소재에서도 순조롭게 사용되지 않았다. 알루미늄과 강재와 같은 다른 금속에도 뒤늦게 훨씬 더 많은 정도로 사용되었다.

현대의 텅스텐 불활성 가스 용접기는 DC, AC, 또는 AC/DC 배치로 제공되고 변압기를 사용하거나 인버터 기반 기술을 사용한다. 대표적으로 AC 출력을 낼 수 있는 기계가 알루미늄에 필요하다. 텅스텐 불활성 가스 토치 자체는 Northrop이 처음 특허를 낸 이후 거의 변하지 않았다. 텅스텐 불활성 가스용접은 열원, 즉 토치를 한손으로 능숙하게 다루고 충전재가 사용되면 다른 손으로 능숙하게 다뤄지는 산소 · 연료 용접과 유사하다. 뚜렷한 차이점은 금속의 열 입력을 제어하는 것이다. 열 제어는 기계 설정으로 미리 설정되거나 고정될 수 있으며 발 페달이나 제어기에 장착된 토치의 사용에 따라 가변적일 수 있다.

여러 가지의 유형의 텅스텐 전극이 텅스텐 불활성 가스 용접기에서 사용된다. 토륨과 지르코늄을 함유한 전극이 순수 텅스텐보다 더 좋은 전자 방출 특성을 갖는다. 이러한 특성은 전자를 변압기 기반 기기에서 DC 작동이나 새로운 인버터 기반 기기에서 AC 또는 DC 작동에 적합하게 한다. 순수 텅스텐은 알루미늄과 마그네슘을 용접할 때 유리한 변압기 기반 기기의 AC 용접에서 좋은 전류 밸런스를 제공한다. TIG기술의 변화하는 부분인 장비 제작사의 텅스텐 유형과 형태에 대한 제안을 따른다.

텅스텐 불활성 가스용접 토치에 사용되는 전극의 모양은 용접부의 품질과 침투에서 중요한 요소다. 전극의 팁은 전극의 오염을 방지하기 위해 전용의 연석(Grinding Stone) 또는 특수 목적 텅스텐 연삭기에서 형태를 갖춰야 한다. 연삭은 팁에서 멀리 이동하는 연석의 방향으로 방사상이 아니라 세로로 수행된다. 표 4-3에서는 변압기 기반 기기에서 무딘 전극과 날카로운 전극의 영향을 보여준다.

의심스럽거나 문제가 발생한다면, 텅스텐 준비에서 가장 최신의 제의에 대해 텅스텐 제조사의 의견을 참고한다. 용접, 지그 작업(Jigging), 뒤틀림 제어에 앞서 용접부 품질과 접합부 맞춤에 대한 일반적인 지침서는 다른 어떤 용접 방법에 관해서도 이 과정에 모두 적용된다. 양질의 용접을 위한 추가 공정 단계가 중요하다. 이러한 것들은 해당 섹션에서 취급된다.

[표 4-3] 날카로운 전극과 무딘 전극의 효과 (Effects of sharp and blunt electrodes)

Sharper Electrode	Blunter Electrode
Easy arc starting	Usually harder to start the arc
Handles less amperage	Handles more amperage
Wider arc shape	Narrower arc shape
Good arc stability	Potential for arc wander
Less weld penetration	Better weld penetration
Shorter electrode life	Longer electrode life

4.9.1 TIG 용접 4130 강재 배관 (TIG Welding 4130 Steel Tubing)

텅스텐 불활성 가스로 4130을 용접하는 것은 기술적인 것에 관하여 다른 강재 용접과 크게 다르지 않다. 다음의 정보는 일반적으로 0.120inch 이하의 재료에 대한 것이다.

용접 전에 공작물 조각을 깨끗이 하기 위해 강재에서 오일이나 그리스를 세척하고 스테인리스강 와이어 브러쉬를 사용한다. 이것은 용접공정 중에 다공성과 수소취화를 방지하기 위한 것이다. 텅스텐 불활성 가스 공정은 이러한 문제점에 있어 산소·아세틸렌용접보다 더 취약하다. 따라서 모든 오일과 페인트가 용접하는 부분의 모든 표면에서 제거되었는지 확인하도록 한다.

불꽃이 튀는 것을 배제하기 위해 시작을 고주파로 하고 TIG 용접기를 사용한다. 미풍이나 외풍이 있는 곳에서는 용접하지 않는다. 용접은 서서히 냉각되어야 한다. 예열은 0.120inch 벽두께 이하의 배관에서는 필요하지 않다. 그러나 용접 후 뜨임(응력제거)이 용접부 주변 부위에서 가능한 취성을 방지하기 위해 권고된다. 이와 같은 용접부 주변 지역의 메짐성은 TIG 공정에서 고유하게 나타나는 용접부의 급랭으로 뜨임되지 않은 마르텐자이트가 형성되어 발생한다.

4130 용접봉을 사용하면 용접 전에 공작물을 예열시키고 용접 후 균열을 피하기 위해 열처리한다. 이와 같은 특정한 작업에 대해 필요한 예열과 용접 후 열처리를 결정하도록 엔지니어링을 수행한다.

느린 속도로 하는 용접은 충분히 큰 필릿을 만들어주고 필릿을 평평하거나 약간 볼록하지만 오목하지 않게 만들어 준다. 용접이 완료된 후 용접물을 상온에서 냉각되게 한다. 중성화염으로 맞춘 산소·아세틸렌 토치 세트를 사용하여 1,100~1,200°F에서 균일하게 용접물 전체를 가열시킨다. 금속 두께의 inch당 약 45분 동안 이 온도를 유지한다. 온도는 주변 조명 아래에서 일반적으로 칙칙한 빨간 상태인 것이 허용된다. 대부분 배관 섹션에서는 온도가 단지 1~2분간만 유지하는 것이 필요하다. 이 공정은 The Materials Information Society(ASM)과 다른 출처들에서 제작한 대부분의 재료공학 안내서에 실려 있다. 중요한 구성부품들을 작업할 때 의문이 있다면 엔지니어링의 도움을 구한다.

4.9.2 TIG 스테인리스강 용접 (TIG Welding Stainless Steel)

스테인리스강인 내식강은 크롬 양의 범위가 10%에서 약 30%에 있는 크롬 함유 철 기반 금속계(family of iron-based metals)다. 열 전도성(thermal conductivity)을 줄이고 전도성(electrical conductivity)을 낮추는 니켈이 스테인리스강 중 일부에 첨가된다. 크롬·니켈강은 스테인리스강의 AISI 300-series에 속한다. 이것은 비자성(Nonmagnetic)이고 오스테나이트 미세구조를 갖고 있다. 이와 같은 강재는 고온에서 강도나 부식에 대한 저항력이 요구되는 항공기에서 광범위하게 사용된다.

모든 오스테나이트계 스테인리스강은 다량의 황을 함유한 AISI 303과 기계 능력을 개선시키기 위해 셀레늄을 함유한 AISI 303Se를 제외하고 대부분 용접공정에서 용접이 가능하다.

오스테나이트계 스테인리스강은 저탄소강보다 용접하기가 약간 더 어렵고 더 낮은 용융 온도와 더 낮은 열

전도성의 계수를 갖고 있어서 용접 전류가 더 낮을 수 있다. 이것은 더 얇은 재료에 도움이 된다. 스테인리스강의 굽힘과 비틀림을 감소시키기 위해 사용되는 특정 예방책과 절차를 요구하고 더 높은 열팽창계수를 갖고 있기 때문이다. 단속 용접(skip welding)이나 후퇴 용접과 같은 비틀어짐을 줄이는 기술 중 무엇이든 사용한다. 고정구(fixture)나 지그는 가능한 곳에서 사용한다. 가용접은 보통 때에 비해 2배로 적용한다.

스테인리스강 용접에서 용가재 합금의 선택은 모재의 성분에 근거한다. 오스테나이트 유형 스테인리스 용접용 용가재 합금은 AISI No. 309, 310, 316, 317, 그리고 347을 포함한다. 여러 가지의 서로 다른 스테인리스 모재를 동일한 용가재 합금으로 용접하는 것이 가능하다. 제조사의 권고사항을 따른다.

산화물 형성을 방지하기 위해 용접 전에 모재를 세척한다. 비염소화용제로 표면과 접합부 가장자리를 세척하고 산화물을 제거하기 위해 스테인리스강 와이어 브러쉬를 사용한다. 동일한 방법으로 충전재료를 세척한다.

용접 비드를 형성하기 위해 전진용접(Forehand) 방법을 사용하여 일정한 속도에서 접합부를 따라 토치를 움직인다. 가스로부터 적당한 차폐가 되도록 용접부위의 중앙에 용가재를 살짝 담근다.

모재는 용접 공정 중에 용접부의 양쪽에서 불활성 가스 차폐나 받침 용매에 의한 보호가 필요하다. back purge는 주변 공기에서 용접부의 뒷부분을 제거하도록 차폐 가스의 독립된 공급을 이용한다. 통상 이것은 차폐가스를 막기 위해 관상구조(Tubular structure)를 밀봉하거나 여러 가지의 형태의 차폐와 테이프를 사용하는 것이 필요하다. 또한 받침 제거를 대신하여 관상구조(tubular structure)의 안쪽에서 특별한 용매를 사용할 수 있다. 전체 시스템을 밀봉하는 것에 많은 시간이 소비되는 배기계통 수리에서 이점이 있다. 용매는 스테인리스 재료에 산소아세틸렌 용접 공정을 사용할 때와 동일하다.

4.9.3 TIG 알루미늄 용접 (TIG Welding Aluminum)

알루미늄의 텅스텐 불활성 가스용접은 산소 · 연료 용접과 유사한 기술과 충전재를 사용한다. 특정 기기 유형에 따라 다양하기 때문에 텅스텐 유형과 크기뿐만 아니라 특정한 용접물에 대한 기본 기기 설정에서도 권고사항에 대해 해당 용접기 제조사에 조언을 구한다. 기기는 일반적으로 AC 출력 파형으로 설정된다. 표면 산화물을 분쇄하는 세척 작용을 일으키기 때문이다. 아르곤 또는 헬륨 차폐 가스를 사용할 수 있는데 헬륨보다 용적 측면에서 더 적게 사용되기 때문에 아르곤을 선호한다. 아르곤은 헬륨보다 더 무거운 가스여서 더 나은 보호 덮개를 마련해 주고, 알루미늄을 용접할 때 더 깨끗이 용접되게 한다.

용가재 선택은 산소-연료 공정으로 사용되는 것과 동일하다. 용매의 사용은 차폐 가스가 용접부위의 표면에서 알루미늄 산화물의 형성을 방지하므로 필요하지 않다. 그리고 AC 파형은 재료에 이미 형성된 어떠한 산화물도 분쇄시킨다. 여러 종류의 탱크를 용접할 때 차폐 가스로 탱크의 내부를 back purge해 주는 것이 좋은 실행이다. 이것은 핀홀(pin-hole) 누설을 줄이고 미래의 피로 파손을 줄이는 데 도움이 되는 매끄러운 내부 비드 윤곽을 가진 견고한 용접을 촉진한다.

용접은 산소 · 연료 용접에서와 유사한 토치 및 용가재 각도로 작업된다. 용융물 웅덩이가 텅스텐과 접촉해서 오염되지 않도록 주의하면서 텅스텐의 팁이 재료의 표면에서 1/16~1/8inch의 짧은 거리를 유지하도록 한다. 텅스텐의 오염은 텅스텐에서 알루미늄을 제거하는 것과 공장 권고 윤곽에 따라 팁을 갈아주는 것으로 처리되어야 한다.

4.9.4 TIG 마그네슘 용접 (TIG Welding Magnesium)

마그네슘 합금은 동일한 유형의 접합부와 강재 또는 알루미늄에 사용되는 조합제를 사용하여 용접되게 할 수 있다. 그러나 높은 열전도성과 열팽창계수가 결합하여 높은 응력, 뒤틀림과 균열을 일으키기 때문에 추가 예방책을 갖추어야 한다. 부품들은 고정구나 지그에 고정시켜야 한다. 더 작은 용접 비드, 더 빠른 용접속도 그리고 더 낮은 용해점과 더 낮은 수축 용가재를 권고한다.

아크 안정을 위한 중첩된 고주파이며 정극성 또는 역극성인 DC 모두와 AC는 일반적으로 마그네슘 용접에 사용한다. DC 역극성은 금속의 더 나은 세척작용을 제공하고 수동 용접 작업에서 선호한다.

교류 전력원은 토치의 제어 스위치에 의해 구동되는 1차 접촉기를 장착하거나 아크를 시작하고 멈추게 하는 발판(foot control)을 구비해야 한다. 그렇지 않으면 전극이 접근하고 공작물 조각에서 떨어지는 동안 발생하는 아크가 공작물에 타버린 지점을 만들 수 있다.

아르곤은 수동 용접 작업에서 가장 일반적으로 사용되는 차폐 가스다. 헬륨은 자동 용접에서 선호되는 가스다. 아르곤보다 더 안정된 아크를 발생시키고 약간 더 긴 아크 길이의 사용을 허용하기 때문이다. 지르코늄, 토륨과 순수 텅스텐 전극은 텅스텐 불활성 가스용접 마그네슘 합금에서 사용된다.

4.9.5 TIG 티타늄 용접(TIG Welding Titanium)

티타늄 용접 기술은 니켈계 합금과 스테인리스강에 필요한 기술과 유사하다. 좋은 용접부를 제작하기 위해 표면의 청결과 용접 지역 차폐를 위한 불활성 가스의 사용에 강조를 둔다. 깨끗한 환경은 티타늄 용접을 위한 요건 중 하나다.

티타늄의 텅스텐 불활성 가스용접은 DC 정극성을 사용하여 수행된다. 3/4inch 세라믹 컵과 가스 렌즈가 구비된 수냉식 토치를 권장한다. 가스 렌즈는 불활성 가스의 동일하고 교란 없는 흐름을 제공한다. 토륨을 함유한 텅스텐 전극이 티타늄의 텅스텐 불활성 가스용접에 권장된다. 필요한 전류를 보낼 수 있는 가장 작은 직경의 전극을 사용해야 한다. 작업자는 원격 접촉기를 제어해서 온도가 떨어질 때까지 차폐 가스가 용접부를 덮도록 하면서 냉각되는 용접 금속으로부터 토치를 제거하지 않고 아크가 중단되게 해야 한다.

대부분 티타늄 용접은 외부에 노출된 조립 작업장에서 수행된다. 실내 용접은 아직도 제한된 기반으로 사용되며 현장 용접이 일반적이다. 분리된 지역을 확보하고 연삭이나 페인팅과 같이 먼지를 발생시키는 작업으로부터 격리한다. 용접 지역에 외풍이 없고 습도를 조절해야 한다.

용접 금속 온도가 800°F 이하로 떨어질 때까지 열영향권에 있는 구역과 티타늄 용접의 근원 부분을 차폐하도록 용접 중에 세 개의 분리된 가스 흐름에서 차폐 가스를 사용한다.

(1) 용융물 부위와 근처 표면에서 토치를 통한 가스

의 흐름으로 1차 차폐를 한다. 전극, 팁 연삭, 컵 크기 그리고 가스 유속에 대하여 제조사 권고사항을 따라야 한다.

(2) 부차적인 또는 후행 가스 차폐는 온도가 떨어질 때까지 응고된 용접 금속과 열영향권 구역을 보호한다. 후행 차폐는 특정 토치와 특별한 용접 작업에 알맞게 주문 제작된다.

(3) 세 번째 또는 예비(backup) 흐름은 여러 형태를 갖출 수 있는 차폐 기구로 제공된다. 직선 이음매 용접에서는 이러한 차폐 기구가 홈이 파인 구리 받침 바(backing bar)다. 이 기구는 이음매 뒤에 고정시켜 홈으로 가스가 흐를 수 있게 하고 열 흡수원(heat sink)으로 작용한다. 불규칙한 부위는 용접부의 뒤쪽에 테이프로 붙인 알루미늄 텐트로 둘러싸고 불활성 가스로 제거한다.

티타늄 용접 접합부는 다른 금속에 사용된 것들과 유사하다. 용접 전에 용접 접합 표면이 깨끗해야 하며 용접 작업 시 어떠한 오염도 남아 있지 않아야 한다. 변성 이소프로필알코올과 같은 합성세제와 불염소화세제가 사용되도록 한다. 용가재에 대해서도 요구 사항은 동일하다. 매우 깨끗해야 하고 모든 오염으로부터 안전해야 한다. 충전재를 잡고 있는 용접 장갑을 오염으로부터 보호해야 한다.

티타늄에 대한 용접부 품질의 양호한 지표와 측정은 용접부 색이다. 밝은 색 용접부는 차폐가 잘 되었고 열영향구역과 backup이 용접부 온도가 떨어질 때까지 적절하게 제거되었다는 것을 나타낸다. 밀짚색 필름은 기계적인 특성에 영향을 주지 않는 약간의 오염을 나타낸다. 어두운 파란색 필름이나 용접부의 흰색 가루 산화물은 잘 제거되지 않았음을 나타낸다. 이와 같은 상황에서는 용접부를 완전히 제거하고 다시 용접해야 한다.

4.10 아크용접 공정, 기술과 용접 안전 장비 (Arc Welding Procedures, Techniques, and Welding Safety Equipment)

스틱 용접(stick welding)으로도 부르는 아크용접은 거의 모든 유형의 금속에 적용된다. 이 섹션은 강판에 용융 용접으로 가해졌을 때의 공정을 다루며 허용 가능한 아크 용접부 생성에 필요한 기본 단계와 공정을 설명한다. 다른 금속의 아크용접에 관계되는 추가 설명서와 정보는 훈련 시설 및 다양한 용접 장치 제작사로부터 얻을 수 있다.

아크용접에서 첫 준비 단계는 필요한 장비를 이용할 수 있는지의 여부와 용접기가 적절하게 연결되어 있고 정확하게 작동되는지를 확인하는 것이다. 접지에 유의한다. 접지가 제대로 되어 있지 않으면 아크가 동요해서 조절하기 어렵다.

차폐 전극을 사용할 때 전극의 노출된 끝단은 jaw와 90° 각도로 전극 고정구(holder) 안에 고정되어야 한다. 일부 고정구는 다양한 용접 위치가 필요할 때 45° 각도로 삽입할 수 있다.

용접을 시작하기 전에 다음과 같은 일반적인 항목들을 점검한다.

(1) 용접 헬멧, 용접 장갑, 보호복, 그리고 신발류를 포함하여 사용되는 개인 안전 장비가적절하며 충분히 환기되는 지역이 아니라면 적절한 호흡 장치가 있는지 확인한다.

(2) 모든 접지가 공작물에 제대로 만들어져 있고 접지는 전류를 잘 통하는지 확인한다.
(3) 작업을 위해서 적당한 유형과 크기의 전극이 선택되었는지 점검한다.
(4) 기계의 전극은 고정기 안에 제대로 고정되어 있는지 점검한다.
(5) 상태가 양호한 충분한 보호복의 구비 여부를 확인한다.
(6) 기계의 극성이 전극의 극성과 일치 여부를 확인한다.
(7) 기계가 정상적으로 작동하고 아크를 일으키는 데 필요한 전류를 내도록 기계가 조절되는지 확인한다.

용접 아크는 전극으로 모재판, 즉 용접할 부분을 건드리고 즉시 그것을 짧은 거리만큼 뒤로 물려서 만든다. 전극이 판에 닿는 순간 접촉점을 통해서 전류가 흐른다. 전극을 뒤로 물릴 때 전기 아크가 형성되어서 판 위의 1개 스폿과 전극의 끝단에서 녹는다.

정확하게 아크를 일으키는 것은 연습이 필요하다. 아크를 일으킬 때 초보자들이 겪는 문제는 공작물에 전극을 일으키게 하는 것이다. 금속에 접촉하는 것과 동시에 전극을 신속하게 뒤로 물리지 않으면 전극을 통해 높은 암페어가 흘러서 아크가 일어나서 판에 달라붙거나 단단하게 고정되는 원인이 된다. 실제로 용접기를 합선시킨다. 왼쪽이나 오른쪽 손목에 신속하게 감아서 공작물 조각으로부터 떨어진 전극을 차단한다. 이것이 작업되지 않으면 전극으로부터 고정기를 신속하게 풀어내고 기기를 끈다. 작은 정과 해머는 금속에서 전극을 떨어지게 해서 고정구에서 다시 꽉 쥘 수 있다. 그때 용접기를 다시 켠다.

아크를 일으키는 두 가지 본질적으로 비슷한 방법이 있다. 그림 4-26과 같이, 하나는 접촉 또는 두드리는 방법이다. 이 방법을 사용할 때 전극을 수직 위치로 두고 아크를 일으키는 지점에서 1inch 정도 위에 이르게 될 때까지 전극을 낮춘다. 그다음 전극을 공작물 조각에 부드럽게 대었다가 즉시 떼어서 약 1/4inch 길이의 아크를 형성한다.

그림 4-27과 같이, 일반적으로 쉬운 방법인 두 번째는 긁거나 쓸어내리는 방법이다. 아크를 일으키기 위해서 전극을 20°에서 25°의 각도로 판의 바로 위쪽에 위치하게 될 때까지 아래쪽으로 내린다. 손목의 동작으로 전극을 용접할 판에 대고 신속하게 스치는 식으로 긁어서 부드럽게 아크를 일으켜야 한다. 그다음 전

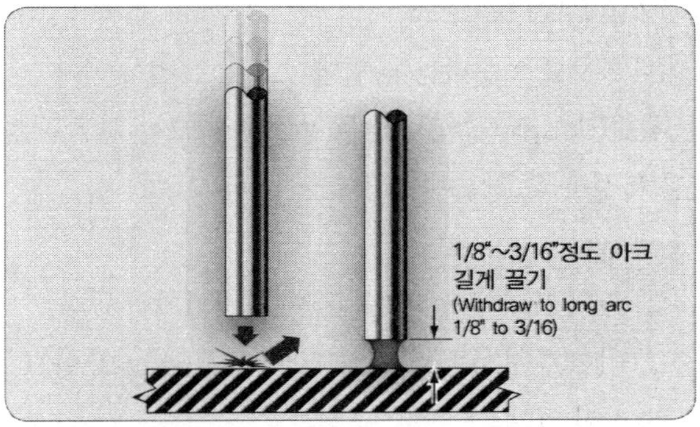

[그림 4-26] 아크 시작 시 토치 방법
(Touch method of starting an arc)

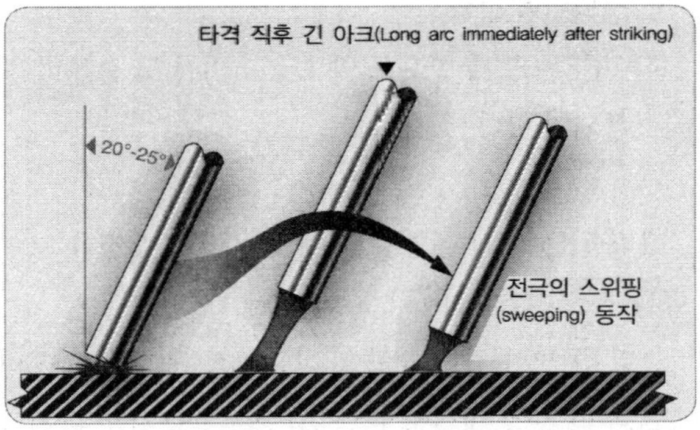

[그림 4-27] 아크 시작 시 스크래치/스위핑 방법
(Scratch/Sweeping method of starting an arc)

극을 즉시 떼어서 아크를 형성한다.

각각의 방법은 약간의 연습에 시간과 경험으로 익힐 수 있다. 비결은 신속하게 기초로부터 대략 1/4inch 정도 전극을 올려 주는 것이다. 그렇지 않으면 아크를 잃는다. 너무 느리게 올리면, 전극이 판에 들러붙는다.

동일한 비드를 형성하기 위해 전극은 전극의 이송(feed)을 아래쪽 방향으로 하여 일정한 속도로 판을 따라 이동되어야 한다. 이동속도가 너무 느리면 폭이 넓은 비드를 형성하여 가장자리에서 융합되지 않고 겹치게 된다. 이동하는 속도가 너무 빠르면 비드는 너무 좁아서 판에서 약간 융합되거나 전혀 융합되지 않는다.

아크의 적정한 길이는 보면서 판단할 수 없다. 대신에 짧은 아크가 만들어내는 소리에 의존한다. 이것은 날카로운 깨지는 소리이며 아크가 판의 표면을 따라 아래쪽으로 이동하는 동안에 소리가 들려야 한다.

평판(flat plate)에서 좋은 용접부 비드는 다음과 같은 특성을 갖고 있어야 한다.

(1) 판의 표면에서 튀기는 것이 약간이거나 없다.
(2) 아크가 부서졌을 때 비드에 약 1/16inch의 아크 흔적이 있다.
(3) 비드는 상단 면에서 중복된 금속 없이 약간만 형성되어야 한다.
(4) 비드는 모재 안으로 약 1/16inch 정도 충분히 침투되어 있다.

그림 4-28에서는 기술의 예와 용접기 설정을 보여준다.

그림 4-29와 같이 전극을 이동시킬 때 마무리된 비드로부터 운동 방향으로 약 20°에서 25° 각도로 전극을 유지해야 한다.

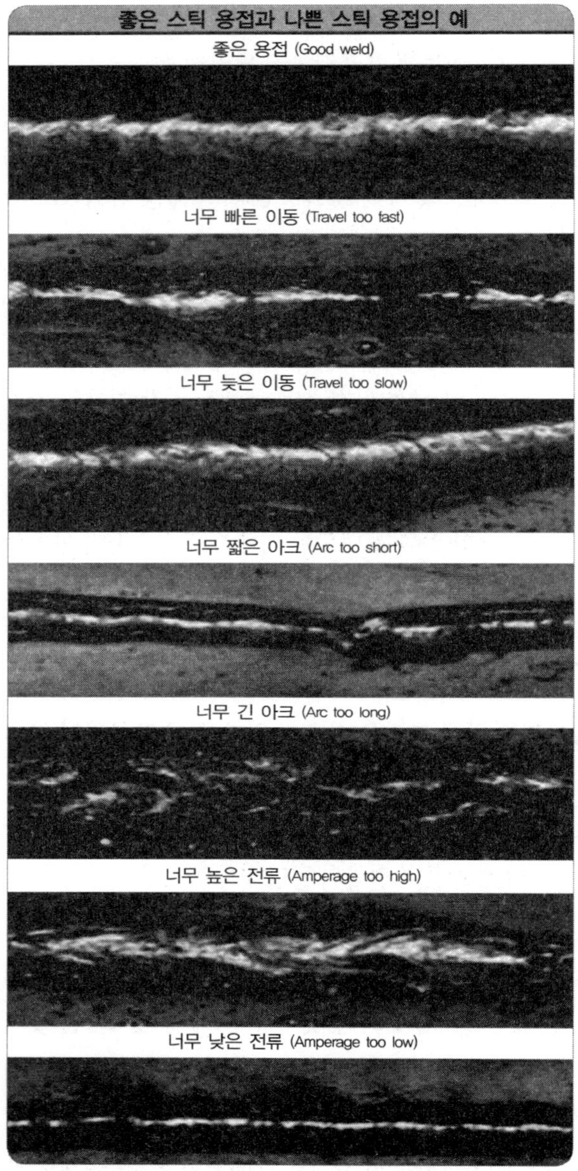

[그림 4-28] 양호한 스틱용접과 불량 스틱용접
(Examples of good and bad stick welds)

비드의 용접 시에 아크가 부서지고 전극이 신속하게 제거되면 아크가 끝나는 지점에 크레이터가 형성된다. 이것은 용접부가 받는 침투나 융합의 깊이를 보여준다. 전극 팁에서 나오는 가스 압력이 크레이터를 형

[그림 4-29] 전극의 각도(Angle of electrode)

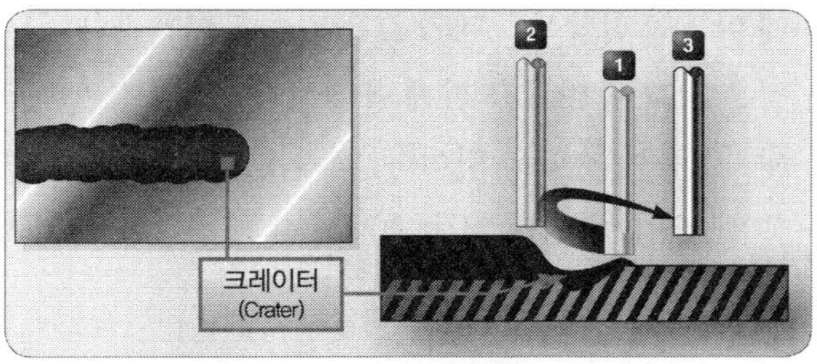

[그림 4-30] 아크 재시작(Re-starting the arc)

성하며 이 가스 압력은 용접 금속을 크레이터 가장자리 쪽으로 밀어낸다. 전극이 천천히 제거되면 크레이터가 채워진다.

그림 4-30과 같이 중단된 비드의 아크를 재시작 하려면 이전 용접부 비드의 크레이터 바로 앞쪽에서 시작한다. 그다음 전극을 크레이터의 뒤쪽 가장자리로 되돌려야 한다. 이 지점에서 용접부는 원래의 계획대로 크레이터를 통과하고 용접부의 선 아래쪽으로 용접하여 지속할 수 있다.

비드가 형성되었을 때 아크를 다시 일으키기 전에 슬래그의 미립자가 크레이터 면적에서모두 제거되어야 한다. 피크해머(pick hammer)와 와이어 브러쉬로 제거하여 슬래그가 용접된 부위 속에 갇히는 것을 방지한다.

4.10.1 중복 용접(Multiple Pass Welding)

중금속에 있어서 홈이 파인 곳과 필릿을 용접할 때는 용접된 부위를 완전한 형태로 만들기 위해서 비드를 여러 층으로 만든다. 가장 알맞은 비율의 용접부를 만

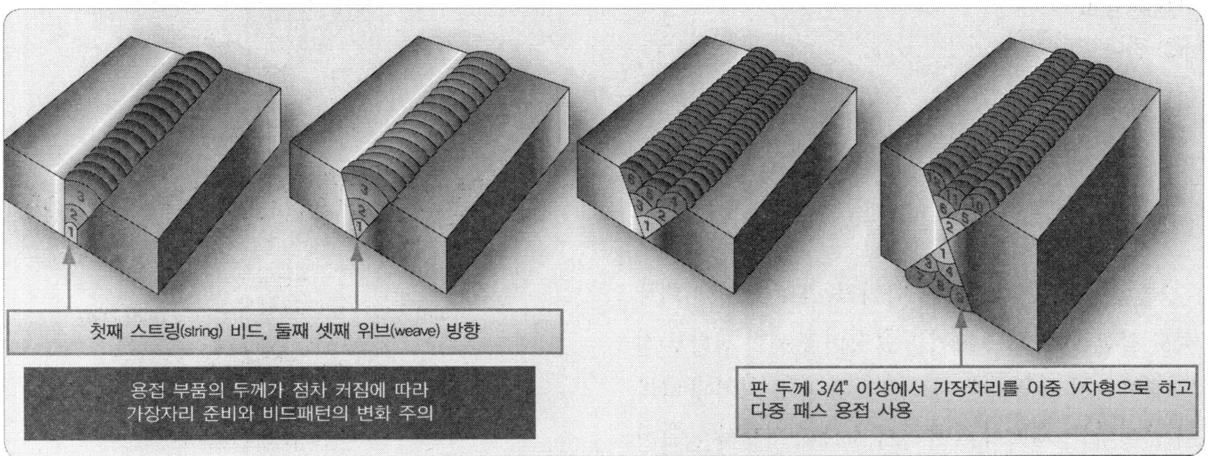

[그림 4-31] 맞대기이음의 중복홈 용접(Multiple-pass groove welding of butt joints)

들기 위해서 미리 정해 놓은 순서에 따라 비드를 부착하는 것이 중요하다. 비드의 수는 용접되고 있는 금속의 두께에 의해서 결정된다.

1/8~1/4inch의 판은 한 번에 용접할 수 있다. 그러나 판들을 일직선으로 맞추기 위해 사이사이에 가용접을 해야 한다. 용접부는 1/4inch보다 두꺼운 판에서 사면으로 된(beveled) 가장자리와 여러 번의 단계(multiple passs)를 갖는다.

접합부의 종류와 금속의 위치로 부착되는 비드의 순서를 결정한다. 또 다른 비드가 부착되기 전에 모든 슬래그를 각각의 비드로부터 제거해야 한다. 그림 4-31에서는 맞대기이음의 전형적인 중복홈 용접을 보여준다.

4.10.2 위치 용접 기술 (Techniques of Position Welding)

용접 접합부의 위치 또는 접합부의 유형이 바뀔 때마다 다음 중 어느 1개 이상의 조합을 바꿀 필요가 있다.

(1) 전류값
(2) 전극
(3) 극성
(4) 아크 길이
(5) 용접 기술

전류값은 용접 위치뿐만 아니라 전극 크기에 의해서도 결정된다. 전극 크기는 금속의 두께와 접합부 침투에 따라서 좌우되며 전극 유형은 용접 위치에 따라서 결정된다. 제작사는 각각의 전극에 사용하는 극성을 명기하고 있다. 아크 길이는 전극 크기, 용접 위치 그리고 용접 전류의 조합으로 제어된다.

아래에서 일반적으로 사용되는 위치와 용접에 필요한 자료를 논의한다.

4.10.3 하향용접(Flat Position Welding)

하향용접에 일반적으로 사용되는 용접의 네 가지 유형이 있다. 비드, 홈, 필릿 그리고 겹이음 용접이다. 각 유형은 다음 여러 단락에 걸쳐서 개별적으로 논의된다.

4.10.3.1 비드 용접부(Bead Weld)

그림 4-32와 같이 비드 용접부는 평평한 금속 표면에 비드를 침착시킬 때와 같은 기술을 이용한다. 차이점은 침착된 비드가 함께 융합시키는 2개 강판의 맞대기이음에 있다는 것이다. 직각 맞대기이음은 전극을 한 번 또는 여러 번 접촉시켜 용접한다. 금속이 두

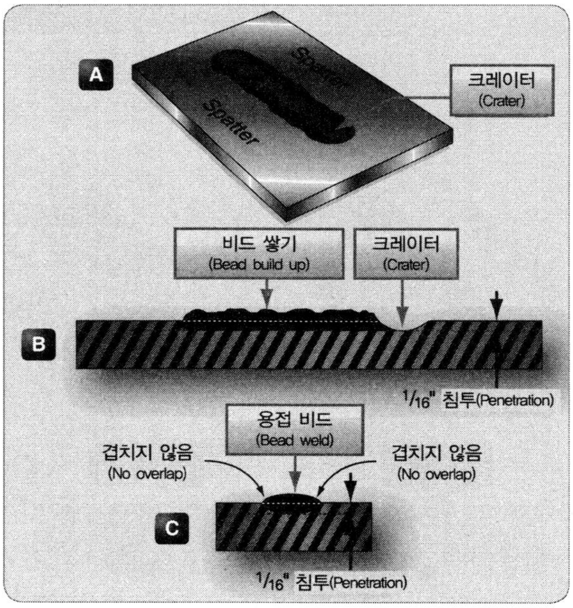

[그림 4-32] 적절한 용접 비드(Proper bead weld)

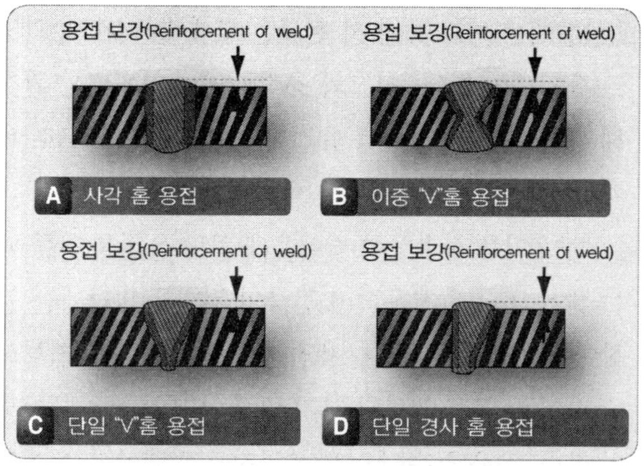

[그림 4-33] 하향용접의 맞대기이음 홈 용접
(Groove welds on butt joints in the flat position)

꺼워서 한쪽에서의 용접으로 완전한 융합을 얻을 수 없으면 접합부를 양쪽에서부터 용접한다. 정렬시키고 굽힘을 감소시키기 위해 대부분 접합부를 먼저 가용접해야 한다.

4.10.3.2 홈 용접(Groove Weld)

홈 용접은 맞대기이음이나 바깥쪽 모서리 이음으로 만든다. 홈 용접은 두께가 1/4inch거나 그 이상인 금속의 맞대기이음에 사용된다. 맞대기이음은 판의 두께에 따라 단일 홈이거나 이중 홈을 사용하여 준비할 수 있다. 용접부를 완성하는 데 필요한 전극을 접촉시키는 횟수는 용접하는 금속의 두께와 사용하는 전극의 크기로 결정된다.

한 번 이상의 통과(pass)로 만드는 홈 용접은 다시 용접하기 전에 이전에 용접된 부위에서 슬래그, 튄 것 그리고 산화물을 말끔하게 제거해야 한다. 그림 4-33은 하향용접에서 맞대기이음으로 이루어진 일반적인 유형의 홈 용접 중 몇 가지를 보여준다.

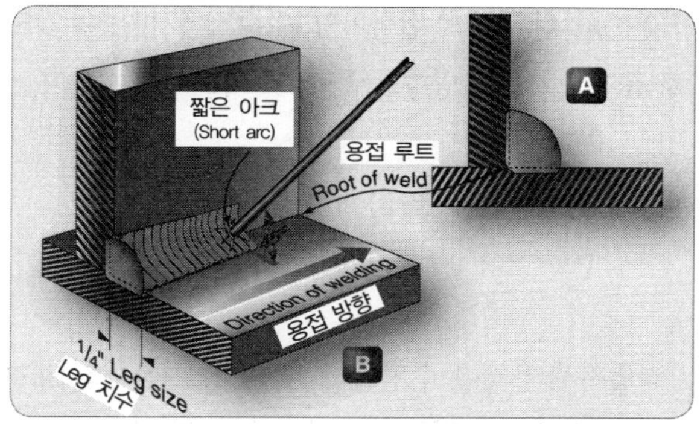

[그림 4-34] T이음 필릿용접(Tee joint fillet weld)

4.10.3.3 필릿용접(Fillet Weld)

그림 4-34와 같이, 필릿용접은 T이음과 겹이음(lap joint)을 만드는 데 사용된다. 전극은 판 표면에 45°의 각도로 고정되어야 한다. 전극을 약 15°로 용접 방향으로 기울인다. 얇은 판을 누비는 동작으로 전극을 움직이는 일이 거의 또는 전혀 없이 용접되도록 해야 하며 용접부를 한 번 지나가는 것으로 만들어야 한다. 더 두꺼운 판을 필릿 용접할 경우 반원형으로 누비는 동작을 사용하여 전극을 2번이나 그 이상을 지나가게 한다.

4.10.3.4 겹이음용접(Lap Joint Weld)

그림 4-35와 같이, 겹이음으로 필릿 용접을 만들 때의 절차는 T이음에서 사용되었던 것과 유사하다. 전

[그림 4-35]일반적인 겹이음용접
(Typical lap joint fillet weld)

극은 동일한 두께의 접합판일 때 수직에서 30°의 각도로 유지하고 용접 방향으로 약 15° 기울어져야 한다.

4.10.4 직립자세 용접 (Vertical Position Welding)

직립자세 용접은 수평에서 45° 이상 기울어진 표면에서 적용되는 용접부를 포함한다. 직립 자세에서 용접은 중력 때문에 하향보다 더 어렵다. 용융 금속은 흘러내리는 경향이 있다. 용융 금속의 흐름을 조절하기 위해 용접기의 전압과 전류를 정확하게 조정한다.

직립 자세로 만드는 용접에 사용되는 전류 설정 또는 암페어는 같은 크기의 전극으로 하향으로 만드는 용접에 사용되는 것보다 더 적다. 위쪽 방향으로 용접에 사용되는 전류는 동일한 공작물 조각에서 아래쪽 방향으로 용접에 사용되는 전류보다 약간 더 높게 설정해야 한다. 위쪽으로 용접할 때 수직에 90°로 전극을 유지한다. 위쪽 방향으로 비드를 이동시키면서 용접한다. 접합부의 옆쪽 용접에 초점을 맞추면 중간 부분은 자연히 처리된다. 아래쪽 방향 용접에서 아크 아래쪽에 손이 있도록 하고 전극은 위쪽 방향으로 약 15° 기울어지게 하며 용접부는 아래쪽 방향으로 이동한다.

4.10.5 상향용접(Overhead Position Welding)

상향용접은 용융 금속을 완전하게 통제하기 위해서 매우 짧은 아크가 지속적으로 유지되어야 하기 때문에 용접에서 가장 어려운 것 중 하나다. 중력에 의해 용융 금속이 아래쪽으로 떨어지거나 판에서 축 늘어지기 때문에 상향용접을 할 때 보호복과 헤드기어를 착용한다.

상향에서 비드 용접 시 전극은 모재에서 90°의 각도로 유지해야 한다. 아크와 용접부의 크레이터를 관찰해야 하는 경우 전극을 용접 방향에서 15° 각도로 유지한다.

상향 T이음이나 상향 겹이음에 필릿 용접을 만들 때는 짧은 아크가 사용되며 전극의 누비듯이 나가는 동작이 있어서는 안 된다. 용접부의 근원으로 잘 침투되고 판이 잘 융합 되도록 하기 위해 아크 동작을 제어해야 한다. 용융 금속이 너무 유동적으로 되어 축 늘어지면 용접부의 앞에서 중심으로부터 전극을 재빨리 잡아 당겨서 아크를 길게 만들고 금속이 응고되게 해야 한다. 그다음 즉시 용접의 크레이터로 전극을 되돌려서 용접을 지속한다.

아크 용접을 배우거나 아크 용접을 할 경우 용접부 웅덩이(weld puddle)가 잘 보이지 않으면 용접이 접합부에 있게 하고 웅덩이의 리딩엣지에 아크를 유지하도록 할 수 없다. 최선의 시각 확보를 위해 작업자는 머리를 화염에서 벗어난 아래쪽으로 유지하여 웅덩이를 볼 수 있다.

4.11 금속의 팽창과 수축 (Expansion and Contraction of Metals)

금속의 팽창과 수축은 모든 항공기의 설계와 제작 시에 고려해야 하는 요소이다. 용접공정 중에 발생할 수 있는 치수 변화와 금속 응력을 인지하고 허용하는 것이 동등하게 중요하다.

열은 금속을 팽창시키고 냉각은 금속을 수축시킨다. 따라서 금속을 고르지 못하게 가열하면 팽창이 고르지 않고 고르지 못한 냉각은 고르지 못한 수축을 만든다. 이와 같은 경우에 금속 내부에 응력이 형성된다. 응력을 완화시키고 예방책을 취하지 않으면 금속이 뒤틀리거나 휘게 된다. 마찬가지로 냉각할 때, 수축력에 의해 형성된 응력을 흡수시키지 않으면 금속이 더 심하게 뒤틀릴 수 있다. 금속이 너무 무거워서 외형의 변화가 일어나지 않아도 응력이 금속 자체 내부에 남게 된다.

금속의 선팽창 계수는 그 금속의 온도를 1℉ 올릴 때 1inch의 금속이 팽창하는 수치다. 열이 가해질 때 얼마만큼 금속이 팽창하는가는 선팽창 계수에 온도 상승을 곱하고 여기에 금속의 길이 inch를 곱하여 알 수 있다.

팽창과 수축은 1/8inch나 그 이하의 엷은 판금을 휘게 하거나 뒤틀리게 한다. 열을 신속히 전달하고 열원이 제거된 직후에 열을 방출시키는 넓은 표면적을 갖고 있기 때문이다. 이러한 상황을 완화하는 방법은 용접부에 가까운 금속에서 열을 제거하여 열이 전체 표면적으로 확산되는 것을 방지하는 것이다. 냉각봉(Chill Bar)으로 알려져 있는 무거운 금속 조각을 용접부의 양쪽에 놓으면 냉각봉이 열을 흡수하여 확산을 방지한다. 냉각봉에는 대개 구리가 사용되는데 이는 구리가 쉽게 열을 흡수하기 때문이다. 또한 접합부를 따라서 군데군데 가용접을 하는 것으로 팽창을 조절할 수 있다.

10inch 또는 12inch 이상의 이음매를 용접하는 효과는 용접부가 진행됨에 따라 이음매를 함께 끌어당기는 것이다. 용접이 시작되기 전에 이음매의 양쪽 가장자리를 전체 길이대로 완전히 서로 맞붙여 놓으면 용접이 끝나기 전에 이음매의 먼 쪽 끝단이 실제로 겹쳐지게 된다. 그림 4-36과 같이 용접되는 작업 판의 이음매를 한쪽 끝단에서 정확한 간격으로 설정하고 반대편 끝에서는 이음매의 간격을 증가되게 하는 방식으로 문제를 해결한다.

허용되는 간격의 정도는 재료의 유형, 재료의 두께, 사용되고 있는 용접 공정, 그리고 용접하는 부분의 모양과 크기에 따른다. 매뉴얼이나 용접 경험에 따라 무응력 접합부를 생성하기 위해 필요한 간격이 결정된다.

용접부는 정확한 간격으로 맞춰진 끝단에서 점점 더 벌어지는 끝단 쪽으로 진행된다. 이음매가 용접되면서 간격이 닫히고 용접 포인트에 정확한 틈새를 제공해야 한다. 이음매가 용접될 때 틈새가 좁혀지고 용접의 지점에서 적당한 틈새를 이룬다. 1/16inch 이하의 판금은 가장자리에 플랜지를 만들고 군데군데 간격에 가용접을 하고 그다음 가용접 사이를 용접하여 처리한다.

1/8inch 이상의 판 원료는 용접될 때 뒤틀리거나 휘는 경향이 적다. 더 큰 두께가 열을 좁은 지역 안으로 제한하며 판에서 멀리 전달되기 전에 소멸시키기 때문이다.

용접 전에 금속을 예열하는 것은 팽창과 수축을 조절하는 또 다른 방법이다. 예열은 관상구조나 주물의 용접 시에 중요하다. 커다란 응력이 수축으로 인해 관상용접부에서 형성될 수 있다. T이음의 2개 부재를 용접

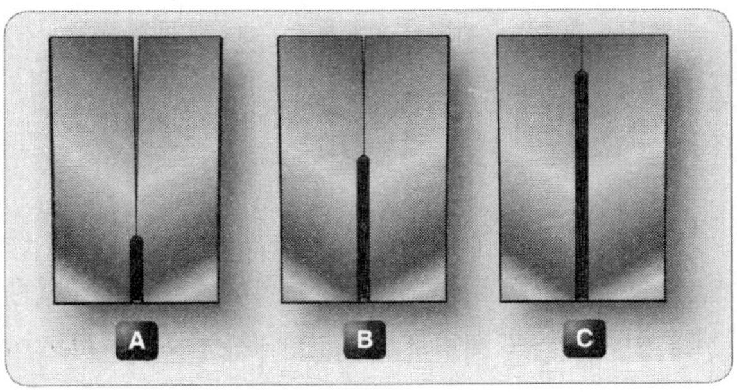

[그림 4-36] 강판이음 시 직선 버트 허용량
(Allowance for a straight butt weld when joining steel sheets)

할 때 1개의 관은 고르지 못한 수축으로 인해서 끌어당겨지는 경향이 있다. 용접작업을 시작하기 전에 금속이 예열되면 용접부에서 수축이 일어난다. 그러나 구조물의 나머지 부분에서 거의 같은 비율로 수축이 함께 일어나고 내부응력이 감소된다.

4.12 산소-아세틸렌 토치를 사용하는 용접 접합부 (Welded Joints using Oxy-acetylene Torch)

그림 4-37에서는 여러 가지 유형의 기본 접합부 이음을 보여준다.

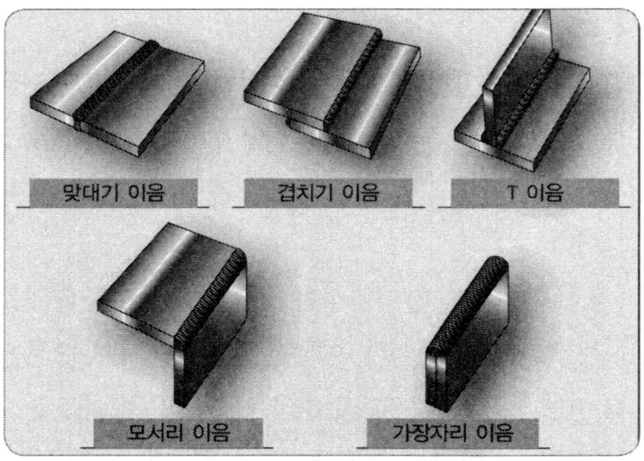

[그림 4-37] 기본적인 이음(Basic joints)

4.12.1 맞대기 이음(Butt Joints.)

맞대기이음은 겹치는 일이 없도록 2개 조각의 재료를 가장자리끼리 맞추어 놓고 용접하여 만든다. 단순 맞대기이음는 두께가 1/16inch에서 1/8inch까지의 금속에서 사용된다. 용접봉은 강한 용접부를 얻기 위해 이와 같은 접합부를 만들 때 사용한다.

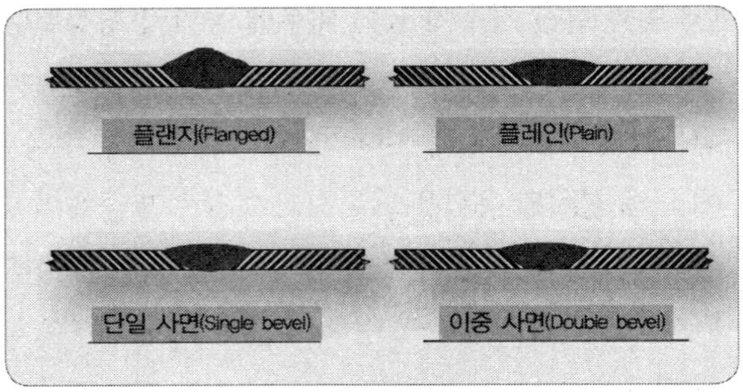

[그림 4-38] 맞대기 이름의 유형(Type of butt joints)

플랜지 맞대기이음는 1/16inch나 그 이하의 얇은 판재 용접에서 사용한다. 금속의 두께와 똑같은 플랜지를 위쪽으로 구부려 올리면 가장자리가 용접을 위해 준비된다. 이러한 유형의 접합부는 대개 용접봉의 사용 없이 만든다.

그림 4-38과 같이 금속이 1/8inch보다 더 두꺼우면 토치에서 나오는 열이 금속을 완전히 관통할 수 있도록 양쪽 가장자리를 비스듬하게 만들어야 한다. 이 사면은 단일-사면(Single-bevel) 유형이거나 이중-사면(Double-bevel) 유형, 즉 단일-V 유형이거나 이중-V 유형이다. 용접부에 강도와 보강을 더하기 위해 용가재를 사용한다.

용접에 의한 균열의 수리는 맞대기이음의 또 다른 유형으로 간주한다. 스톱드릴 구멍을 균열의 양쪽 끝단에 만들고 난 다음 용가재를 사용하여 단순 맞대기이음처럼 용접시킨다. 대부분 균열의 용접은 완전한 수리가 아니며 다음 섹션에서 기술된 것과 같은 몇몇 형태의 보강이 필요하다.

4.12.2 T 이음(Tee Joints)

그림 4-39와 같이 T 이음은 한쪽 부분의 가장자리

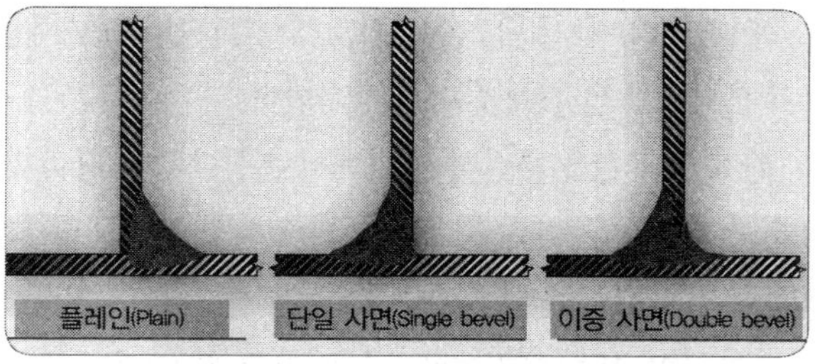

[그림 4-39] 충전재 침투를 보여주는 이음 유형
(Types of the joint showing filler penetration)

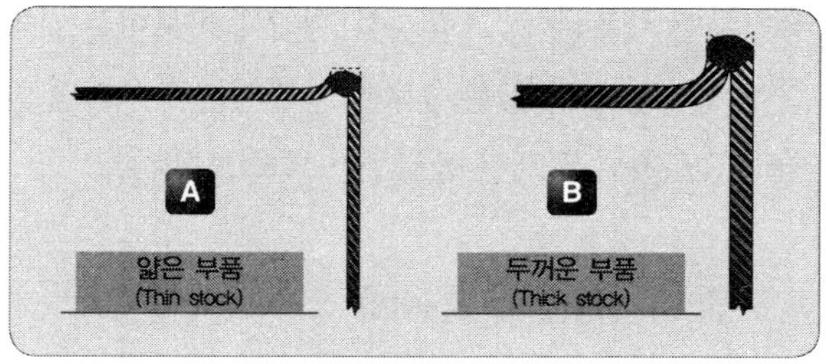

[그림 4-40] 가장자리 이름(Edge joints)

나 끝단이 다른 쪽 표면에 용접될 때 형성된다. 이 접합부는 항공기 구조, 특히 관상구조에서 많이 사용된다. 단순 T 이음은 항공기에서 사용되는 금속 중 대부분 두께에 적합하다. 그러나 두껍고 묵직한 금속의 경우 열이 충분한 깊이로 침투할 수 있도록 단일 사면 또는 이중 사면으로 되어 있는 수직부재를 만들 필요가 있다. 그림 4-39에서는 필요한 열 침투와 융합의 깊이를 보여준다. 용접부의 완전 침투를 돕기 위해 추가되는 금속 두께와 같게 부분 사이에 틈새를 만들어주는 것이 좋다. 이것은 배관 무리로 한쪽에서만 용접할 때 일반적이다. 용접 전에 부품의 부속품(fitment)을 조이는 것은 완전하게 침투되지 않으면 적절한 용접물을 제공하지 않는다. 이것은 틈새가 없는 부속품에서 더 어렵다.

4.12.3 가장자리 이음(Edge Joints)

가장자리 이음은 2개의 판금 조각을 함께 붙여야 할 때 사용할 수 있으며 하중응력은 중요하지 않다. 가장자리 이음은 대개 한쪽 또는 양쪽 부분의 가장자리를 위쪽으로 구부리고 2개의 구부러진 끝단을 서로 평행하게 놓고 2개의 결합된 가장자리에 의해 형성된 이음매의 바깥쪽을 따라서 용접하여 만든다. 그림 4-40에서 A 접합부는 가장자리가 녹아 내려서 이음매를 채울 수 있기 때문에 용가재를 사용할 필요가 없다. 그림 4-40에서 B의 접합부는 더 두꺼운 재료이기 때문에 열 침투를 위해서 끝부분을 경사지게 해야 하며 보강을 위해 용가재가 추가된다.

4.12.4 모서리이음(Corner Joints)

그림 4-41과 같이, 모서리이음은 2개의 금속 조각이 합쳐질 때 만들어진다. 따라서 가장자리가 박스형 또는 울타리 형의 모서리를 형성한다. 그림 4-41의 A에서 보여준 것과 같이, 모서리이음은 가장자리가 용해되어서 용접부를 만들기 때문에 용가재를 사용하지 않는다. 모서리이음은 하중응력이 중요하지 않은 곳에 사용된다. 그림 4-41에서 B의 접합부는 더 무거운 금속에 사용되며 둥글게 만들고 강도를 더하기 위해

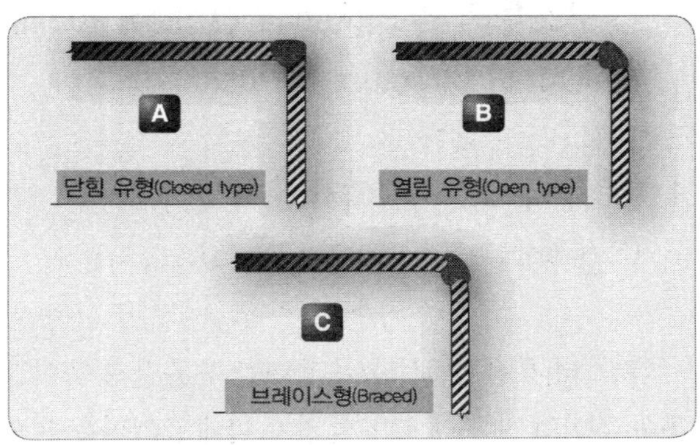

[그림 4-41] 모서리 이음(Corner joints)

용가봉이 사용된다. 그림 4-41의 C에서 보여준 것과 같이 모서리에 더 많은 응력이 가해지는 경우라면 안쪽이 그림처럼 또 다른 용접부 비드로 보강된다.

4.12.5 겹이음(Lap Joints)

그림 4-42와 같이, 겹이음(lap joint)은 산소 · 아세틸렌으로 용접 시에 항공기 구조에서 좀처럼 사용되지 않고 스폿 용접 때 많이 사용된다. 단일 겹이음(single lap joint)은 굽힘에 대한 저항성이 거의 없으며, 용접부에 인장하중 또는 압축하중이 지배하는 부분에서 전단응력을 잘 견딜 수 없다. 이중 겹이음(double lap joint)은 더 높은 강도를 제공하나 더 간편하고 효과적인 맞대기 용접에 필요한 용접양의 2배가 필요하다.

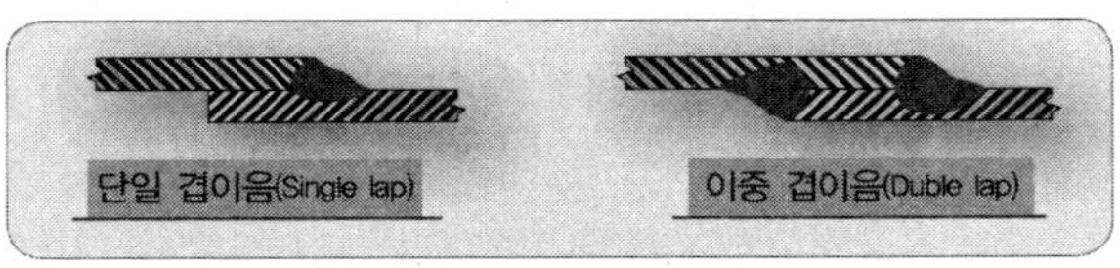

[그림 4-42] 단일과 이중 겹이음
(Single and double lap joints)

4.13 용접에 의한 강재 배관 항공기 구조물의 수리(Repair of Steel Tubing Aircraft Structure by Welding)

4.13.1 클러스터 용접에서 움푹 들어간 곳 (Dents at a Cluster Weld)

클러스터 용접부에서 움푹 들어간 곳은 움푹 들어간 곳과 주변의 관 위에 성형된 강재 판재 조각판을 용접하여 수리할 수 있다. 손상 지역에서 기존의 마무리를 제거하고 용접 전에 철저히 청소한다.

판재 조각판을 준비하기 위해서 손상에서 가장 두꺼운 것과 같은 두께와 재료의 강판 일부를 잘라낸다. 보강판을 융합시켜서 손가락 모양의 것들이 관 위쪽으로 각각의 최소 관직경에 $1\frac{1}{2}$배 만큼 뻗어 나가게 한다. 판은 용접 시작 전에 절단하여 형태를 만들어 놓을 수도 있고 절단하여 클러스터에 가용접하고, 그다음 꼭 맞고 매끄러운 윤곽선을 만들기 위해 접합부 둘레를 따라 가열하고 성형할 수 있다. 성형하는 동안 충분한 열을 판에 가하여 접합부의 외곽선에서부터 판까지의 틈새를 1/16inch 이하로 한다.

그림 4-43과 같이, 이 작업에서는 판에 2개의 인접한 핑거(finger, 손가락 모양의 돌기)로 성형되는 각도 지점에서의 손상을 방지하기 위해 불필요한 가열을 피하도록 주의한다. 판의 형태를 만들고 접합부에 가용접을 하고 나서 클러스터 접합부에 모든 판 가장자리를 용접한다.

4.13.2 클러스터 사이의 움푹 들어간 곳 (Dents between Clusters.)

손상된 관으로 된 섹션은 용접된 나누어진(split) 슬리브 보강을 사용하여 수리할 수 있다. 손상된 부재를 조심스럽게 똑바로 세우고 No.40 드릴비트로 균열의 끝단을 스톱드릴 해주어야 한다.

손상된 관의 외부 직경과 대략 동일한 내부 직경을 가지면서 적어도 동일한 벽두께와 동일한 재료의 강관 길이를 선정한다.

균열 또는 움푹 들어간 곳의 가장자리에서부터 슬리브의 최소거리가 손상된 관 직경에 $1\frac{1}{2}$배보다 작지 않

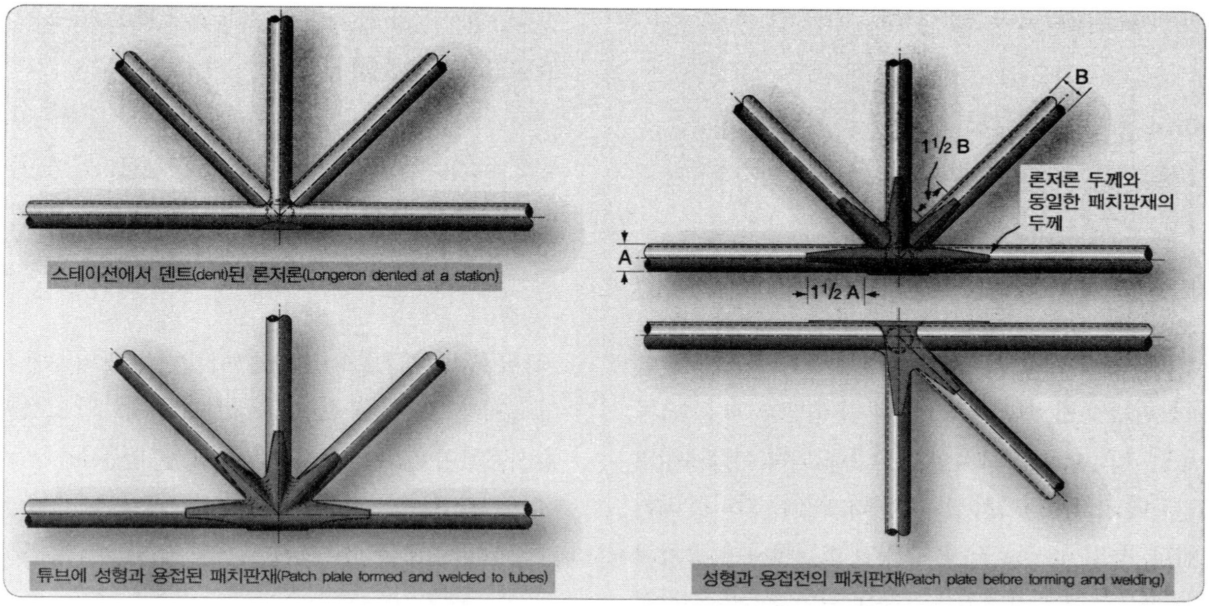

[그림 4-43] 클러스터의 움푹 들어간 튜브 수리(Repair of tubing dented at a cluster)

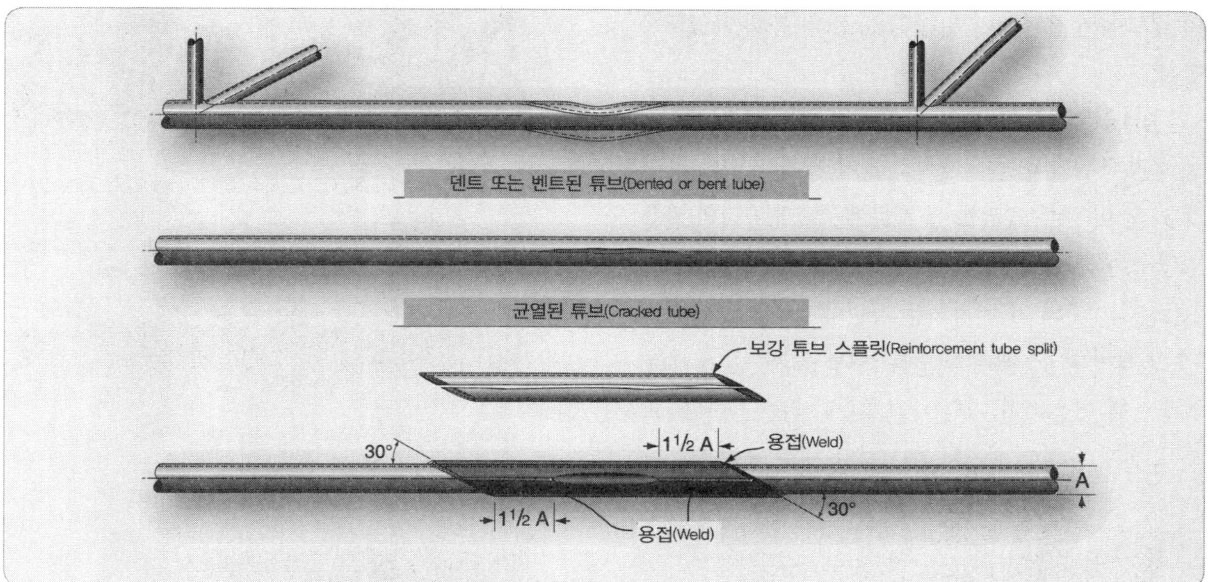

[그림 4-44] 용접 슬리브 사용하여 수리(Repair using welded sleeve)

도록 양쪽 끝단에서 선택한 조각을 30° 각도의 대각선으로 절단한다. 그다음 그림 4-44와 같이, 슬리브의 전체 길이에서 1/2로 나누도록 절단하고 절반의 섹션을 그림과 같이 분리한다. 관의 손상 지역에 올바른 위치로 2개의 슬리브 섹션을 고정시킨다. 보강 슬리브를 양쪽의 길이 방향으로 용접하고 손상된 관에 슬리브의 양쪽 끝단을 용접한다.

4.13.3 내부 슬리브 보강관 스플라이스 (Tube Splicing with Inside Sleeve Reinforcement)

관의 부분적인 교체가 필요할 경우 특히 매끄러운 관 표면이 요구되는 곳에서는 내부 슬리브 스플라이스를 한다.

관의 손상된 부분을 제거하기 위해 관을 대각선으로 절단하고 줄 또는 유사한 수단으로 안쪽 가장자리와 바깥쪽 가장자리에서 깔쭉깔쭉하게 깎은 자리를 제거한다. 동일한 재료 직경, 그리고 벽두께의 교체 강관을 손상된 관의 제거되는 부분의 길이와 같게 대각선으로 절단한다. 교체 관은 원래 관 스터브(stub)의 양쪽 끝단에서 용접하기 위해 1/8inch의 틈새가 있도록 한다.

그림 4-45와 같이, 내부 직경과 동일한 외부 직경에 동일한 벽두께의 동일 재료로 강제 배관의 길이를 선정한다. 이 내부 슬리브 관 재료에서 2개 마디의 관을 절단하는데, 잘라 내는 길이는 내부 슬리브를 대각선으로 자른 곳의 가장 가까운 끝단에서부터 최단거리가 관 직경의 $1\frac{1}{2}$배가 되도록 한다. 로제트(Rosette) 용접부를 이용하여 내외부 교체관을 가용접한다. 그 틈새 위에 용접부 비드를 형성하고 새로 교체 부위에 결합하면서 1/8inch의 틈새를 통해서 관 스터브에 내부 슬리브를 용접한다.

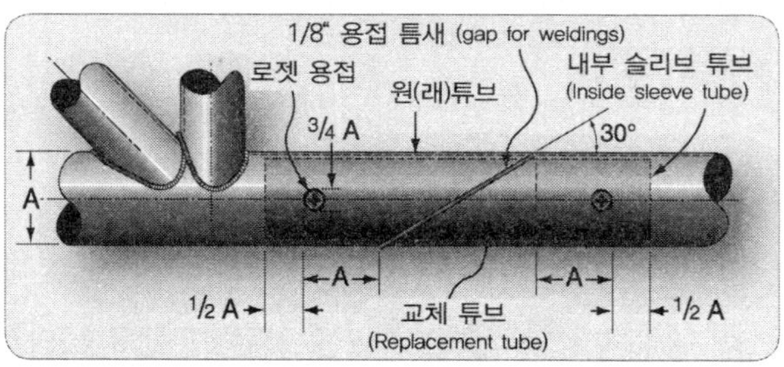

[그림 4-45] 내부 슬리브 스플라이스 방법 (Splicing with inner sleeve method)

4.13.4 외부 스플릿 슬리브 보강재를 사용한 튜브 스플라이싱(Tube Splicing with Outer Split Sleeve Reinforcement)

그림 4-46과 그림 4-47과 같이, 손상된 관의 부분적인 교체가 필요할 경우, 동일한 직경과 재료의 교체관을 사용하여 외부 슬리브 스플라이스를 만든다.

외부 슬리브를 수리하기 위해 양쪽 끝단에서 90° 절단을 이용하여 관의 손상된 섹션을 제거한다. 동일한

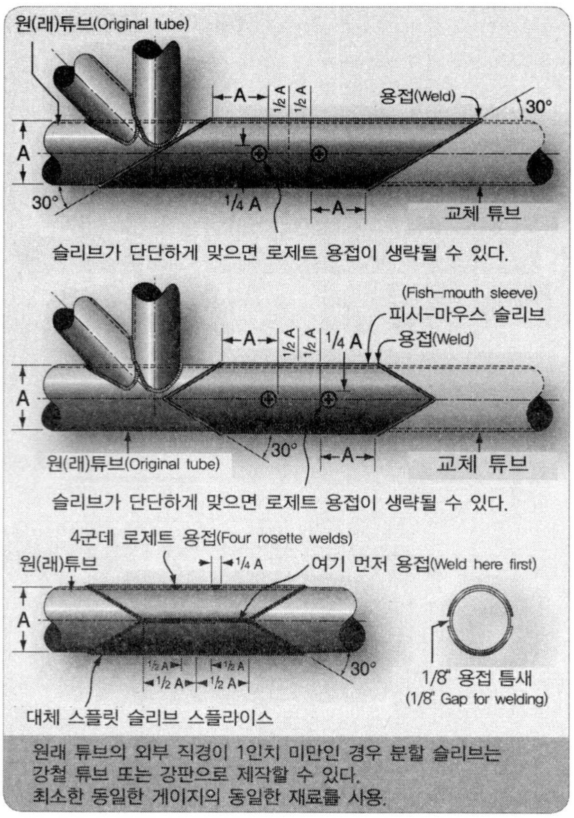

[그림 4-46] 외부 슬리브 방법의 스플라이싱 (Splicing by the outer sleeve method)

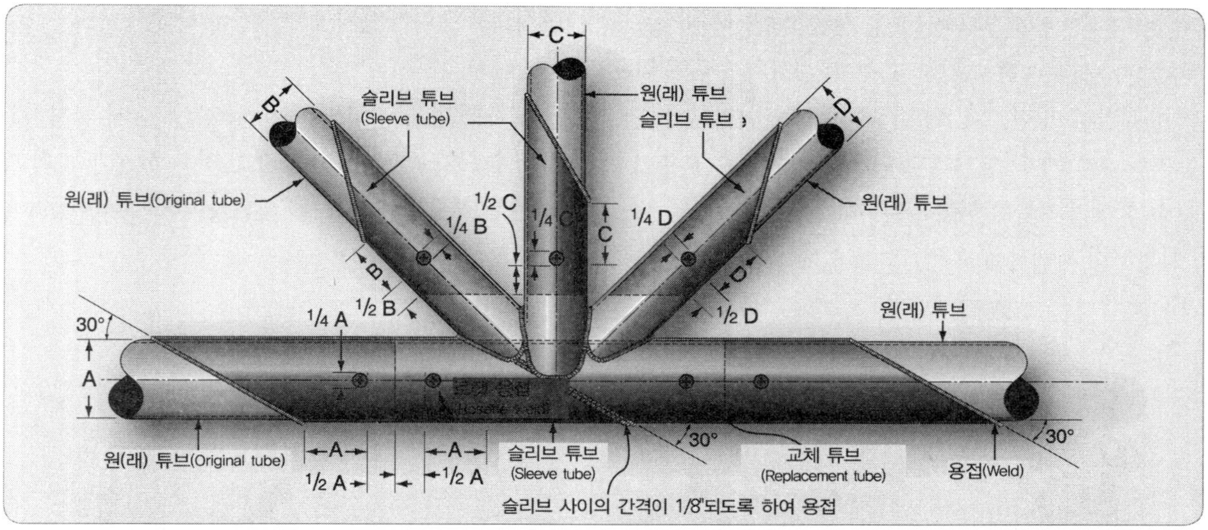

[그림 4-47] 클러스터에서 외부 슬리브 방법에 의한 튜브 교체(Tube replacement at a cluster by outer sleeve method)

재료 직경, 그리고 손상된 관의 제거하는 부분 길이에 맞는 동일 재료, 직경과 적어도 동일한 벽두께의 교체 강관을 절단한다. 교체관은 ±1/64inch 허용한계로 원래 관의 스터브에 걸쳐야 한다. 외부 슬리브에 대해 선정되는 재료가 동일해야 하고 적어도 원래 관의 벽 두께와 동일해야 한다. 슬리브의 내부 직경과 원래 관의 외부 직경 사이에 여유 공간은 1/16inch를 넘지 말아야 한다.

외부 슬리브 관 재료로부터, 배관을 대각선이나 물고기 입모양(Fish-mouth)으로 하여 2개의 섹션으로 절단한다. 외부 슬리브의 거의 끝단에 각각의 길이는 원래 관에 절단된 끝단으로부터 1$\frac{1}{2}$inch의 최소길이다. 되도록 물고기 입모양 슬리브를 사용한다. 교체관, 슬리브 그리고 원래 관 스터브의 가장자리에서 모든 꺼끌꺼끌하게 깎은 자리를 제거한다.

교체관 위쪽으로 2개의 슬리브를 미끄러져 들어가게 한다. 원래 관의 스터브에 교체관을 일치시키고 각각의 접합부의 중심 위로 슬리브를 미끄러져 들어가게 한다. 최대보강을 해주기 위해 해당 부위에 슬리브를 조정한다.

끝단을 용접하기 전에, 두 곳에서 교체관에 2개의 슬리브를 가용접한다. 보강 슬리브 중 한 곳의 양쪽 끝단 주위에 균일한 용접을 하고 용접부를 냉각시킨다. 그 다음 남아 있는 보강관의 양쪽 끝단 주위에 용접한다. 과도하게 휘는 것을 방지하기 위해 남아 있는 관을 용접하기 전 용접된 슬리브를 냉각시킨다.

4.13.5 착륙장치 수리(Landing Gear Repairs)

손상된 착륙장치의 구성부품은 수리할 수 있는 것과 교체가 필요한 것이 있다. 그림 4-48에서는 수리할 수 있는 착륙장치 어셈블리와 수리할 수 없는 착륙장치 어셈블리의 대표적인 유형을 보여준다.

이 그림에서 A, B 그리고 C에서 보여준 착륙장치의 유형은 수리할 수 있는 차축 어셈블리다. 강재 배관으로 만든 것이며 이 장에서 설명된 방법이나 FAA

Advisory Circular(AC) 43.13-1, Acceptable Methods, Techniques, and Practices-Aircraft 검사와 수리에 의거 수리할 수 있다. 그러나 어셈블리가 열처리되어 있는지를 확인한다. 열처리된 원래의 어셈블리는 용접 보수 후에 재열처리를 해야 하기 때문이다.

착륙장치 어셈블리 유형 D는 다음과 같은 이유로 일반적으로 수리가 불가능하다.

(1) 하향 차축 스터브는 일반적으로 높게 열처리된 니켈 합금강으로 만들어졌으며 허용 한계가 거의 없게 기계 가공되어 있다. 이 스터브가 손상되면 교체해야 한다.

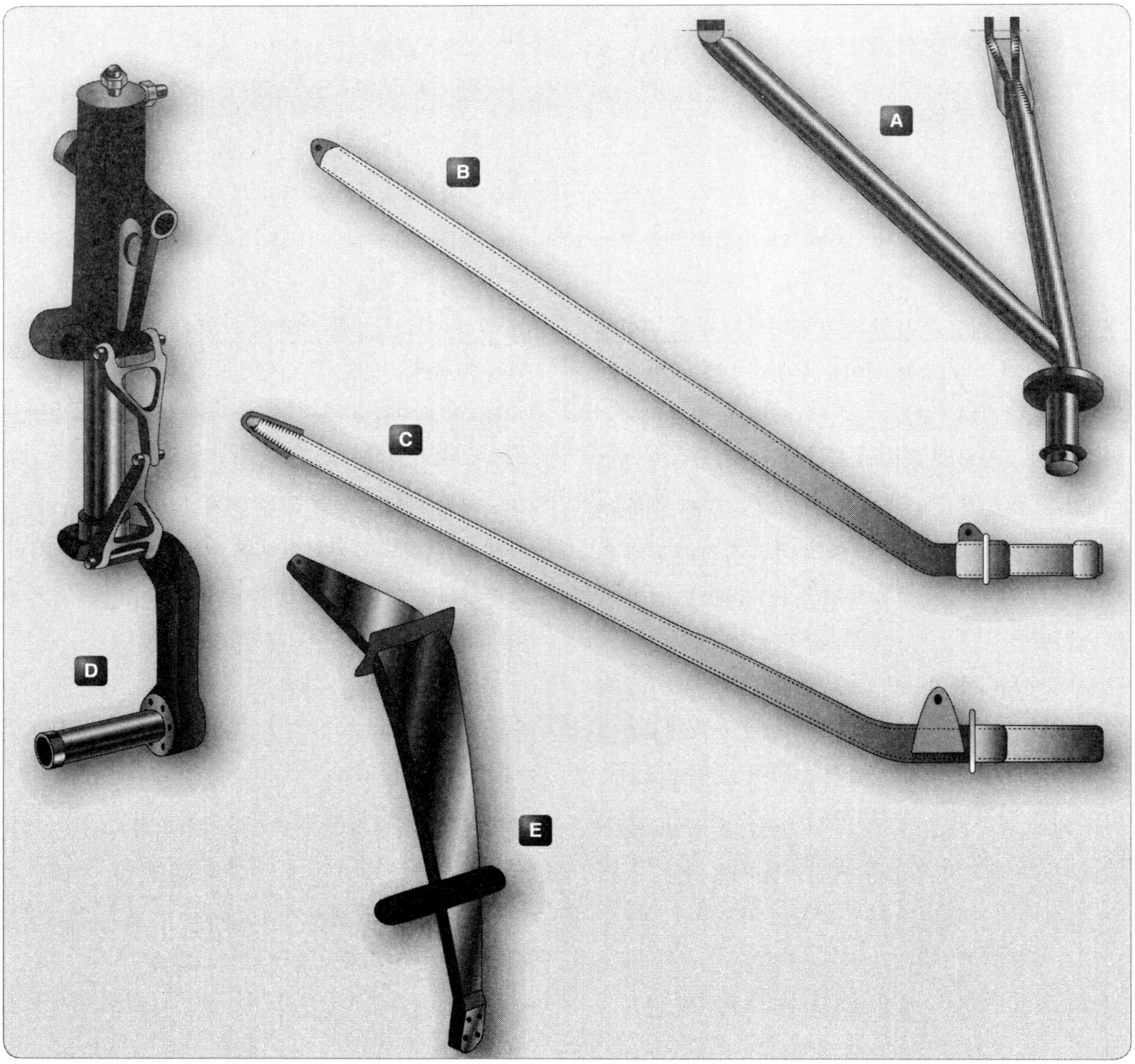

[그림 4-48] 대표적인 유형의 수리 가능 및 비수리 랜딩 기어 어셈블리
(Representative types of repairable & nonrepairable landing gear assemblies)

(2) 제작 중에 어셈블리의 상부 올레오(Oleo) 섹션은 일반적으로 열처리하여 완충기가 제대로 기능을 발휘할 수 있도록 허용 한계가 거의 없게 기계 가공되어 있다. 이 부분은 어떠한 용접 보수에도 뒤틀린다. 따라서 손상됐을 경우 해당 구역의 감항성을 보장하기 위해 교체해야 한다.

유형 E에서 보여준 스프링 강판재는 수많은 경비행기에 표준 주 착륙장치의 구성부품이다. 스프링 강재 부품은 일반적으로 수리할 수 없으며, 용접해서는 안 되고 과도하게 휘었거나 손상을 입었다면 교체해야 한다.

그림 4-49와 같이, 유선(streamline) 착륙장치 배관은 원래 배관과 동일한 유선 배관을 삽입하고 용접하여 수리할 수 있다. 삽입한 관의 트레일링엣지를 절단하고 원래의 배관에 맞춰서 수리한다. 맞추고 난 뒤, 삽입부를 제거하고 트레일링엣지를 함께 용접하고 원래의 관 안으로 삽입한다. 그림 4-50에서는 그림과 용접 사용법을 보여준다.

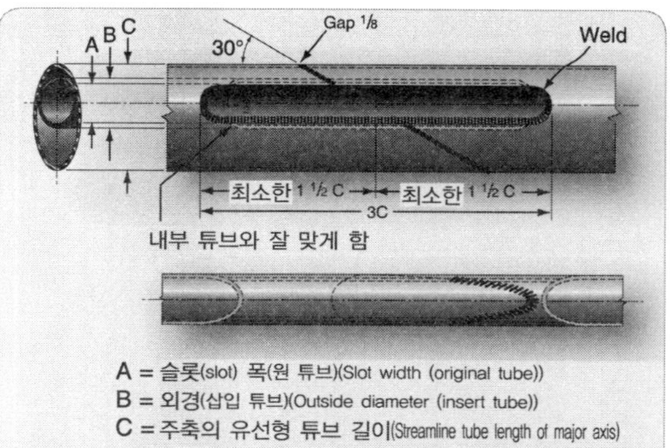

S.L. size	A	B	C	6A
1"	0.380	0.560	1.340	0.496
1 1/4"	0.380	0.690	1.670	0.619
1 1/2"	0.500	0.875	2.005	0.743
1 3/4"	0.500	1.000	2.339	0.867
2"	0.500	1.125	2.670	0.991
2 1/4"	0.500	1.250	3.008	1.115
2 1/2"	0.500	1.380	3.342	1.239

둥근 삽입 튜브(B)는 재료가 같아야 하며 원(래) 유선형 튜브(C)보다 1게이지 더 두꺼워야 함.

[그림 4-49] 원형 튜브를 사용한 유선형 랜딩 기어 수리
(Streamline landing gear repair using round tube)

4.13.6 엔진장착대 수리 (Engine Mount Repairs)

엔진장착대에 하는 모든 용접은 진동이 어떤 사소한 결함이라도 두드러지게 하는 경향이 있기 때문에 숙련된 용접 작업자에 의해 최고의 품질로 수행돼야 한다.

엔진장착대 부재를 수리하기 위해 선호하는 방법은 물고기 입모양 용접과 로제트 용접을 사용하여 원부재의 스터브 위쪽에 끼워 넣는 직경이 더 큰 교체관을

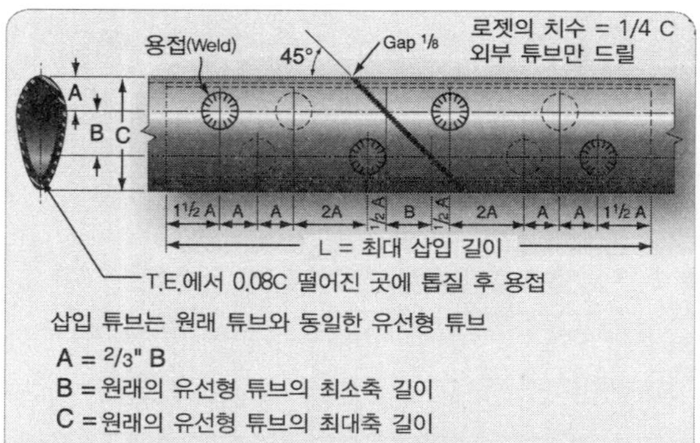

S.L. size	A	B	C	6A
1"	0.382	0.572	1.340	5.160
1 1/4"	0.476	0.714	1.670	6.430
1 1/2"	0.572	0.858	2.005	7.720
1 3/4"	0.667	1.000	2.339	9.000
2"	0.763	1.144	2.670	10.300
2 1/4"	0.858	1.286	3.008	11.580
2 1/2"	0.954	1.430	3.342	12.880

[그림 4-50] 스플릿 인서트를 사용한 유선형 튜브 스플라이스
(Streamline tube splice using split insert)

사용하는 것이다. 물고기 입모양 용접의 위치에 30° 스카프 용접부도 엔진장착대 부재 수리 작업에 적합하다.

엔진장착대를 수리할 때 중요한 것은 구조물의 정렬을 유지하는 것이다. 용접 전에 의도대로 설계된 고정구에 부착하거나 엔진과 기체에 장착대를 볼트로 연결하여 유지한다.

균열되어 있는 모든 용접부를 갈아내야 하고 해당 재료의 높은 등급 용가재를 사용한다.

장착대의 모든 부재가 정렬을 벗어났으면, 제작사가 제공하는 장착대로 교체하거나 제작사 도면과 제작사 명세서에 따라 제작한 엔진장착대로 교체한다.

엔진 부착 러그(Engine Attachment Lug) 근처의 균열과 같은 사소한 손상은 링을 재용접하고 보강용 덧붙임판이나 장착 러그를 손상 면적을 넘어 연장하는 것으로 수리한다. 광범위하게 손상된 엔진장착대 링은 수리의 방법이 FAA Engineering, a Designated Engineering Representative(DAR)에 의해 구체적으로 인가되지 않았거나 수리가 FAA 인가 설명서에 부합되지 않으면 수리해서는 안 된다.

제작사가 용접 후에 엔진장착대의 응력을 경감했다면, 용접부 수리가 끝난 후 마찬가지로 엔진장착대에서 응력을 다시 경감시켜야 한다.

4.13.7 로제트 용접(Rosette Welding)

로제트용접은 이전에 논의된 많은 유형의 수리에 사용된다. 일반적으로 원래 관 직경에 1/4 크기이며, 외부 스플라이스에 드릴링되어 있는 구멍이고 내부 교체관이나 원래의 관 구조에 부착을 위해 원주 주위에 용접되어 있다.

05

항공기 목재와 구조물 수리

Aircraft Wood and Structural Repair

5 항공기 목재와 구조물 수리

Aircraft Wood and Structural Repair

5.1 항공기 목재와 구조물 수리 (Aircraft Wood and Structural Repair)

목재는 항공기를 조립하는 데 사용된 최초의 소재 중 하나였다. 제1차 세계대전 동안에 조립된 비행기 대부분은 목재 프레임에 천 외피를 사용하여 조립되었다. 목재는 1930년대에 들어서면서 항공기 조립에 일반적으로 선택되는 재료였다. 목재소재가 선택된 부분적 이유는 순금속 항공기 제작을 위해 필요한 강하고 가벼운 금속 항공기 구조 발달의 지연과 적절한 내식성 재료가 부족했기 때문이었다.

1930년대 후반에 들어서며, 영국 항공사 DeHavilland는 Mosquito라는 명칭의 폭격기를 설계하고 개발하였다. 그림 5-1에서와 같이, DeHavilland는 1940년대 후반까지 지속적으로 가문비나무, 자작나무 합판 그리고 발사목으로 만든 7,700대 이상의 비행기를 생산하였다.

세계 2차 대전 초기에 미국 정부는 세 대의 비행정을 발주했다. Hughes 항공사는 알루미늄이나 강재 등의 전쟁 필수 물자가 아닌 소재만을 사용하도록 하는 지령과 함께 계약을 수주했다. Hughes는 목재로 조립되는 항공기를 설계하였다.

수차례의 지연과 정부의 자금 조달이 중단된 후에도, Howard Hughes는 자신의 자금을 투입하여 항공기 조립을 지속한 끝에 완성하였다. 1947년 11월 2일, California Long Beach에서 시행한 활주 시험 시 Hughes는 고도 70feet에서 1mile(1.6km) 이상 시험비행하여 Spruce Goose의 비행 가능성을 증명하였다.

이것은 그때까지 조립된 항공기 중 가장 큰 수상비행기이자 가장 큰 목재 항공기였다. Spruce Goose의 자기 무게는 30만 pound에 최대이륙중량은 40만 pound였다. 전체 기체, 표면구조와 날개는 천 외피의 1차조종익면에 합판재로 구성되었다. 그림 5-2에서와 같이, 각각 3,000마력을 생산하는 8개의 Pratt &

[그림 5-1] 영국의 드하빌랜드 모기 폭격기 (British DeHavilland mosquito bomber)

[그림 5-2] 휴즈 플라잉 보트, Spruce Goose라 불린 H-4 헤라클레스 (Hughes Flying Boat, H-4 Hercules named the Spruce Goose)

Whitney R-4360 성형 엔진에 의해 추력을 내었다.

항공기 설계와 제작이 발전함에 따라 경량 금속의 발달과 생산 증가 요구로 목재만을 사용하여 제작되는 항공 기종을 중단하게 되었다. 일부 항공 기종은 목재 날개보와 목재 날개를 가지고 제작되었으나, 현재 목재로 제작되는 항공기의 수는 제한적이다. 목재로 제작되는 항공기는 상업용이 아닌 주로 교육과 레크리에이션 용도로 소유자가 자체 제작한다.

목재를 1차 구조물의 재료로 하여 제작된 항공기들 중 상당수가 아직도 잔존하여 운용하는 중이다. 여기에는 1930년대 및 그 이후에 조립되어 인가받은 항공기들도 포함된다. 적절한 정비 절차와 수리 절차를 지속하면, 구형 항공기도 다년간 운항이 가능한 감항성 상태를 유지할 수 있다.

5.2 목재 항공기 조립과 수리 (Wood Aircraft Construction and Repair)

이 장에서 제공되는 정보는 일반적인 것이며 항공기 제작사 정비매뉴얼과 수리매뉴얼에 수록된 특별 사용법 설명서의 대체물로 간주돼서는 안 된다. 조립 방법은 항공기의 종류에 따라 다르며, 감항성을 유지하기 위한 다양한 수리 절차와 정비 절차도 크게 다르다.

목재 항공기를 작업한 경험이 있는 정비사들의 수가 점점 줄어서 드물어지고 있다. Title 14 of the Code of Federal Regulation(14 CFR) part 65는 공인 정비사가 과거에 유관 작업 경험이 없을 경우, 자신의 등급대로 작업하지 못한다는 것을 부분적으로 서술한다. 이는 정비사가 항공기 수리를 수행한 항공용 목재 작업 경험이 없을 경우, 적절한 등급의 공인 정비사나 수리 작업자가 감독자로 필요하다.

목재 구조물을 검사하고 부식, 압축 파손과 같은 결함을 인지하는 능력은 경험을 통해 습득하거나 지식이 많은 공인 정비사와 적합한 자격의 기술 강사로부터 학습할 수 있다.

5.2.1 목재 구조물의 검사 (Inspection of Wood Structures)

목재 부품으로 조립 또는 구성된 항공기는 적절하게 검사하기 위해 건조해야 한다. 항공기의 모든 점검 커버, 점검판, 그리고 장탈식 페어링을 열고 장탈한 상태에서 건조하고 통풍이 잘되는 격납고에 항공기를 주기한다. 이것은 내부 섹션과 부품과 컴파트먼트(Compartment)를 충분히 건조한다. 젖거나 축축한 목재는 융기의 원인이 되고 아교에 의한 접합 부분의 상태를 적절히 점검하기 어렵게 만든다.

목재의 건조 상태에 대해 확실치 않다면, 구조물에 습도를 확인하기 위해 수분계를 사용한다. 비손상형은 표면에 구멍을 만들지 않고 습기를 측정할 수 있다. 이상적인 범위는 8~12%이며, 20% 이상이면 목재에서 균류의 성장을 위한 환경을 제공한다.

5.2.1.1 외부 및 내부 검사 (External and Internal Inspection)

검사는 항공기의 외면 조사에서부터 시작한다. 외면 조사는 목재와 구조물의 종합적인 상태에 대한 일반적인 평가를 제공한다. 날개, 동체, 그리고 날개 끝은 변형, 구부러짐, 또는 원형과 다른 모든 불균형에 대해 검사한다. 그림 5-3에서와 같이, 날개, 동체, 또는 꼬리날개 구조물과 외판이 힘을 받고 있는 구조 형태

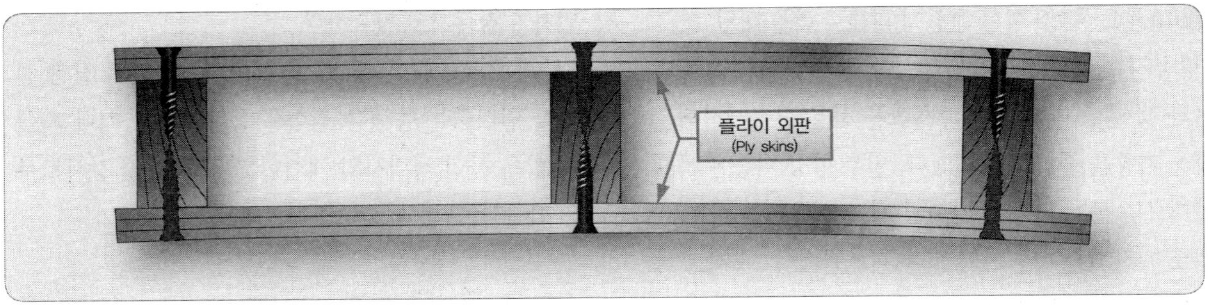

[그림 5-3] 응력-피부 구조물의 단면도(Cross sectional view of a stressed-skin structure)

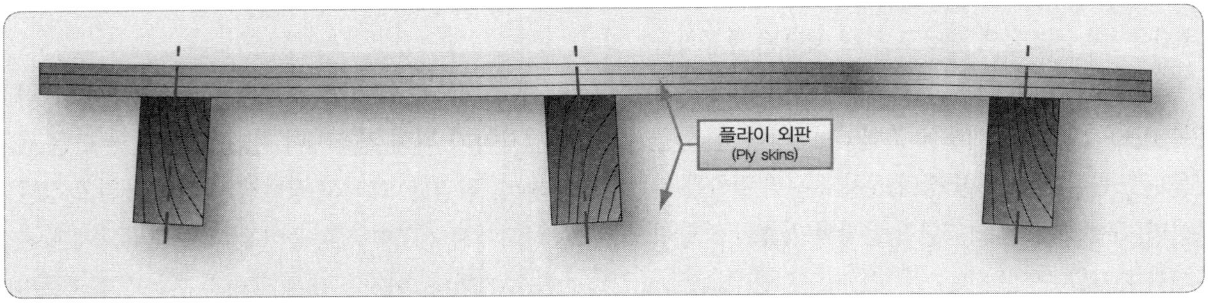

[그림 5-4] 단일 플라이 구조(Single ply structure)

를 하고 있는 곳에서는 원형의 윤곽 또는 형태의 어떠한 변형도 허용되어서는 안 된다.

단일 합판 피복을 사용하는 가벼운 구조물에서 목재와 아교가 튼튼하다면 약간의 부분적인 기복이나 패널 사이에 약간의 부풀어 오름이 허용된다. 이와 같은 상태가 존재할 경우, 지지 구조물에 합판을 붙여서 제작된 곳을 주의 깊게 점검한다. 그림 5-4는 비틀어진 단일 합판 구조물의 전형적인 예를 보여준다.

항공기 리딩엣지와 트레일링엣지의 형상과 정렬이 중요하다. 원형에서 어떠한 변형도 세심하게 점검한다. 경량 합판과 가문비나무 구조물에 있는 변형은 약화된 상태를 암시하며, 주 날개구조물에 있는 이와 같은 부분의 안전을 위한 세부적인 내부 점검을 시행해야 한다. 이러한 부품이 약화되면 주 날개구조물도 영향을 받는다.

합판 표면의 천 외피에 생긴 균열은 아래의 합판 외판이 사용 가능한지를 확인하기 위해 점검한다. 합판 외판의 틈이 보호 천 외피에 유사한 결함을 시작하게 하는 경우가 흔하기 때문에, 모든 경우에 있어 천 외피를 제거하고 합판을 점검한다.

외부구조물의 예비 검사가 항공기의 일반적인 상태 확인에 유용하나, 목재와 아교의 약화는 외부의 어떠한 지표가 없어도 내부에서 자주 발생한다는 점에 유의한다. 습기가 구조물 내부로 침투할 수 있는 곳에서는 고여서 급격한 약화를 촉진하는 가장 낮은 지점을 향한다. 초기 검사 중 점검판을 제거하였을 때 퀴퀴한 냄새나 곰팡이 냄새는 습기, 균류 성장, 그리고 부패 가능성을 나타낸다.

아교 파손이나 목재 약화는 밀접한 관계를 가지며 아교 접합부분의 검사와 인접 목재 구조물에 대한 조사를 병행하여 실시해야 한다.

NOTE 아교의 약화는 물 없이도 발생할 수 있다. 아교 또는 목재의 약화에 대한 항공기 전체 검사에서 이미 알고 있거나 의심되는 문제 지점의 구조물 부품에 대한 정밀 검사가 필요하다. 이러한 부분들은 에워싸여 밀폐된 곳이거나 접근이 불가능하다. 상당량의 해체 작업이 요구될 수 있다. 점검을 용이하게 하기 위해 구조물들의 일부분에 점검용 구멍을 뚫기도 한다. 이러한 작업들은 인가된 도면이나 해당 항공기의 점검 매뉴얼에 있는 지침에 따라서 이루어져야 한다. 도면이나 매뉴얼이 없다면, 점검 구멍을 절단하기 전에 기술 검토가 필요하다.

5.2.1.2 아교 접합부 점검(Glued joint Inspection)

목재 항공기 구조물에서 아교 접합부분의 검사는 쉽지 않다. 접근이 용이한 접합부에서도 결합을 확실하게 감정하기 어렵다. 아교 접합부분을 검사할 때는 이러한 점에 주의해야 한다.

아교에 조기 약화를 일으키는 몇 가지 일반적인 요인은 다음과 같다.

① 아교의 노쇠 현상, 습기, 극심한 온도 등에 의한 아교의 화학 작용 또는 이러한 요인들의 조합
② 목재의 수축에 의하여 생기는 기계적 힘
③ 균류 성장 발달

어두운 색깔로 도색된 항공기는 외판 온도가 더 높게 오르고 구조물 내부에 열기가 형성된다. 접착제의 약화 징후 여부에 대해 윗면의 바로 아래쪽에 위치한 목재 항공기 구조물에서 더 자세한 검사를 수행한다.

주기적으로 큰 온도 변화나 습도 변화에 노출되는 항공기에서는 아교 접합부분의 약화를 일으키는 목재의 수축이 특별히 더 발생하기 쉽다. 이러한 변화들에 의한 목재 부재의 이동 정도는 각각의 부재의 크기, 벌목되었을 때 나무의 성장률, 목재의 나뭇결을 따라 재단된 방식에 따라 다르다.

이것은 아교에 의해서 서로 접합된 두 가지 1차 구조물 부재가 동일한 성질이 아님을 의미한다. 2개의 부재가 서로 동일하게 반응하지 않기 때문에 시간이 흐르면 서로 다른 하중이 아교 접합 부분을 통하여 전달된다. 이것은 새로 제작된 항공기나 제작한 뒤 몇 년 정도 경과된 항공기일 경우 정상적으로 수용할 수 있는 응력을 아교 접합부분에 부과시킨다. 그러나 아교는 노화와 함께 약화되는 경향이 있고 아교 접합부분에 생기는 응력이 접합부의 파손을 일으킬 수 있다. 이것은 항공기가 이상적인 조건에 유지될 때도 해당한다.

나무에서 나오는 목재의 다양한 절단면은 그림 5-5와 같이 각각의 절단면 중 황색부분에서 나타난 방향으로 수축하고 휘는 경향이 있다.

아교 접합부분의 가장자리, 즉 접착층의 상태를 점검할 때 모든 페인트의 방지 보호막을 조심스럽게 긁

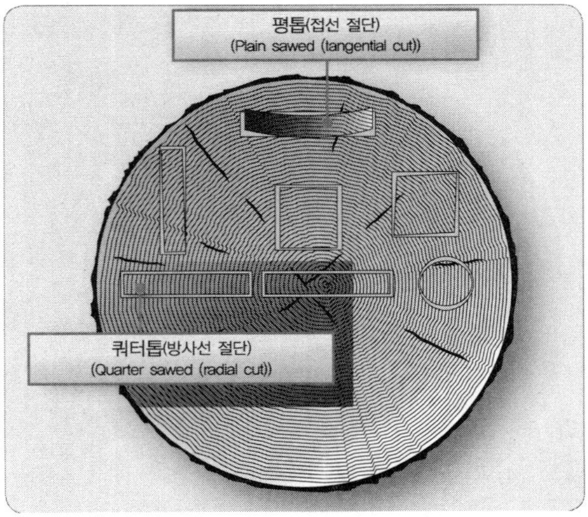

[그림 5-5] 다양한 형태의 수축 영향
(Effects of shrinking on the various shapes)

어서 제거해야 한다. 긁기 작업을 하는 동안 목재가 손상되지 않도록 주의한다. 목재에서 원래의 자연상태가 드러나고 접착층을 분명하게 식별할 수 있을 때 즉시 긁기 작업을 멈추어야 한다. 검사 중에 이 지점일 때, 주위의 목재가 건조한 상태인 것이 중요하다. 그렇지 않다면, 목재의 융기와 그에 따른 아교 접합부분의 밀폐로 인하여 접착층의 온전성에 대해 잘못된 판단을 하게 된다.

접착층은 확대경으로 검사한다. 접착층이 분리되었거나 또는 아교의 존재 유무가 감지되지 않거나 의심스러운 곳에서는 얇은 틈새게이지로 면밀히 조사한다. 틈새게이지가 조금이라도 들어간다면 결점이 있는 것으로 간주한다. 각 구조물이 틈새게이지 두께를 좌우하나, 가능하면 항상 가장 얇은 게이지를 사용하도록 한다. 그림 5-6에서는 틈새게이지로 정밀 점검을 시행해야 할 지점을 보여준다.

주위 구조물이나 볼트, 또는 스크루와 같은 금속 부착장치에 의해 접합부분에 압력이 가해지면 아교 상태에 대한 잘못된 판단을 초래한다. 접착층 검사를 수행하기 전에 접합부의 이러한 압력을 완화시켜야 한다.

아교 접합부는 사고나 과도한 기계적 하중의 결과로 정비 점검에서 실패할 수 있다. 아교 접합부는 일반적으로 전단하중을 받도록 설계되었다. 접합부가 인장하중을 받도록 예상되면, 인장하중을 받는 지역에 다수의 볼트 또는 스크루로 고정된다. 아교 접합부 파손의 모든 경우에서, 하중의 방향에 관계없이 아교에 부착된 목재 섬유의 얇은 층이 있어야 한다. 섬유의 존재는 접합부 자체가 결함이 아니라는 것을 나타낸다.

확대경 아래에서 하는 아교 조사에서 어떤 목재 섬유도 나타나지 않고 나뭇결의 흔적만 보이는 경우, 파손의 원인이 접합부의 제작 시 압력을 가하기 전에 아교가 먼저 건조하여 발생함을 보여준다. 아교가 별모양 패턴을 가진 불규칙한 외관을 드러낸다면, 이것은 압력이 가해지기 전에 아교의 사전 양생이 일어났거나 접합부에서 압력이 부정확하게 가해졌거나 유지되었음을 의미한다. 목재섬유 고착의 증거가 없다면, 아교

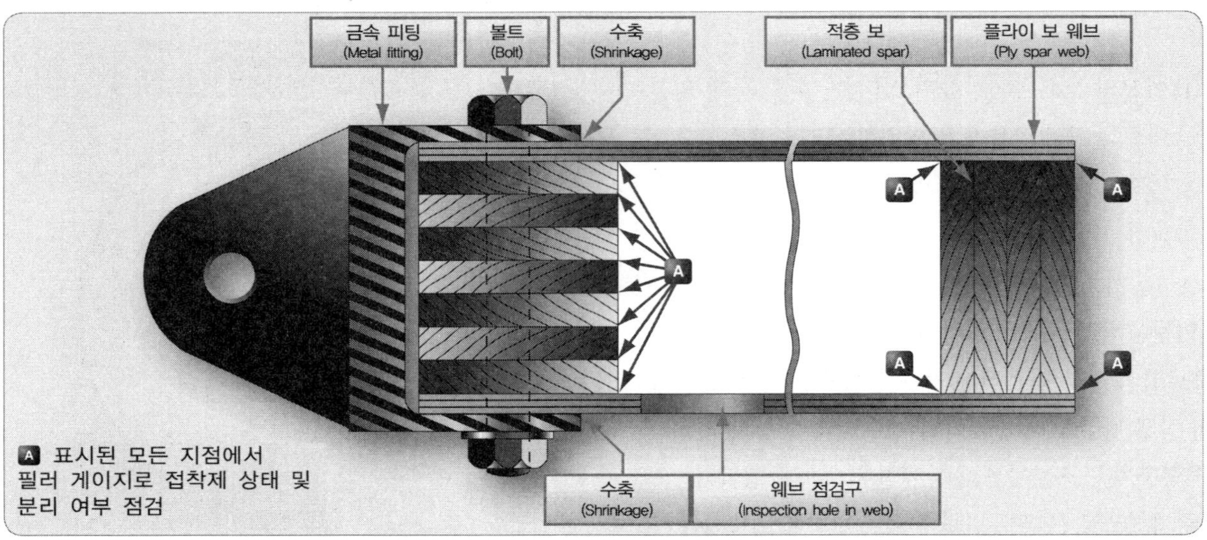

[그림 5-6] 적층 접착제 조인트 검사 지점(Inspection points for laminated glue joints)

약화가 존재할 수도 있다.

5.2.1.3 목재 상태(Wood Condition)

목재 부패와 마른 부식(목재의 건부병, Dry dot)은 보통 쉽게 검출된다. 부패는 목재의 퇴색이나 또는 연화(Softening)를 통해 눈에 띈다. 마른 부식은 여러 유형의 부패에 대략적으로 적용되는 용어이나, 진척되는 단계에서 목재가 분말로 분쇄되는 것이 가능한 상태에 대해 적용된다. 모든 균류들이 성장하려면 상당한 습기가 필요하기 때문에 마른 부식은 실질적으로 어떤 부패라 할지라도 부정확한 명칭이다.

목재의 어두운 변색 또는 나뭇결을 따라 회색 얼룩이 있으면 수분이 침투한 표시다. 변색된 부분을 가볍게 긁어 벗겨서 없앨 수 없다면 그 부분을 교체한다. 합성 접착제용 경화제에서 나온 염료에 의한 목재의 국부적인 얼룩은 무시할 수 있다.

그림 5-7과 같이, 수분 침투가 의심될 때, 의문이 제기된 부분의 스크루 몇 개를 제거하여 그것의 부식의 상태에 의해 주위의 접합부 상태를 알 수 있다. 수분 침투를 감지하는 또 다른 방법은 날개보 말단 접합부, 보조익 힌지브래킷 등에서 부품을 고정하고 있는 볼트를 제거하는 것이다. 그러한 볼트 표면의 부식과 목재의 탈색은, 수분 침투의 유용한 지표를 제공한다.

황동 스크루는 일반적으로 아교로 접합한 목재 부재를 보강하는 데 사용된다. 마호가니 또는 물푸레나무와 같이 단단한 목재에는 강재스크루가 사용되기도 한다. 항공기 제작사에서 특별한 언급이 없는 한, 제거한 스크루와 같은 길이에 직경이 한 단계 굵은 새 스

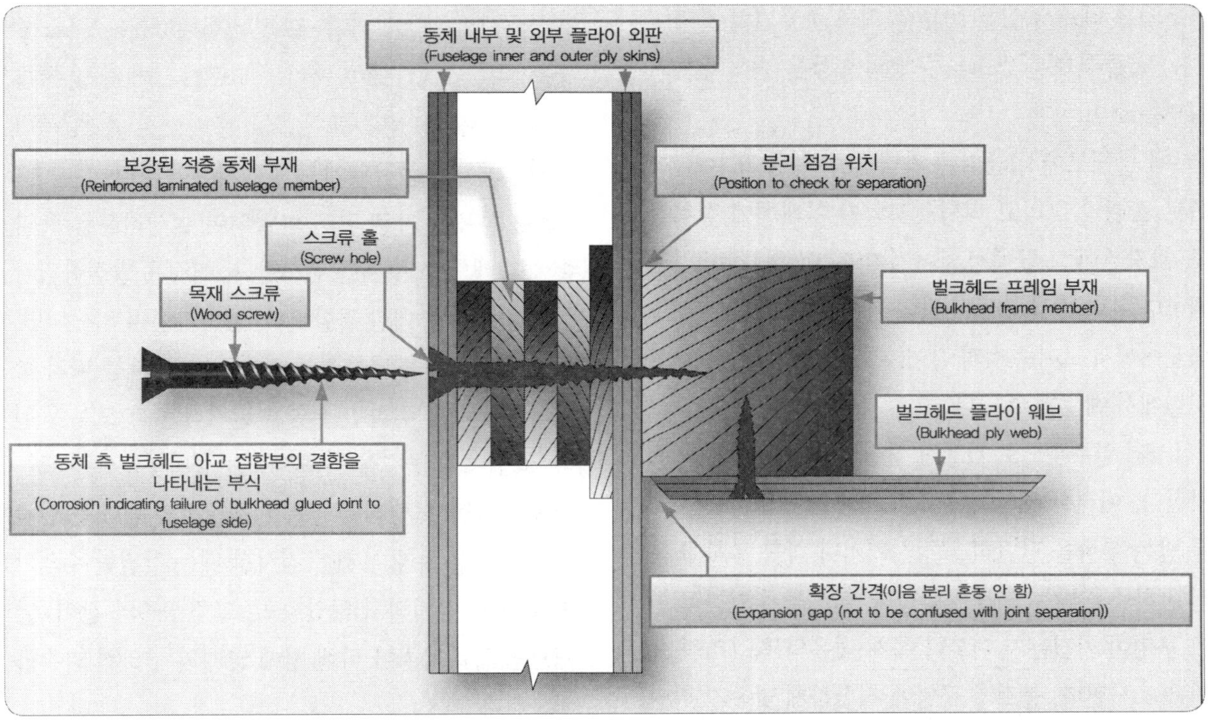

[그림 5-7] 목재 구조물의 수분 침투 점검(Checking a wooden structue for water penetration)

크루로 교체한다.

특정한 유형의 항공기 검사 경험은 수분 침투와 습기를 포착하는 경향이 있는 면적에 대한 통찰력을 제시한다. 지붕으로 덮인 창고의 보호가 없는 목재 항공기는 물로 인한 유해한 영향에 좀 더 취약하다. 제어 시스템 입구, 훼스너 구멍, 마무리의 균열 또는 파손, 그리고 금속 부품의 접촉면과 목재 구조물은 검사 시에 추가적으로 주의가 필요한 지점이다. 바람막이창틀과 창틀, 출입구와 화물칸 문 아래쪽 하단, 날개와 동체의 아래쪽 섹션은 모든 항공기에서 물기 피해와 부식에 대한 자세한 검사가 요구되는 위치다.

합판 표면에서 천 외피 상태는 목재 바닥면의 상태에 대한 지표를 제공한다. 불충분한 고착, 외피에서의 균열, 또는 목재가 융기한 증거가 있다면, 그 이상의 검사를 위해 외피를 제거한다. 노출된 표면에 보이는 나뭇결을 따라서 있는 어두운 회색 줄무늬와 플라이(Ply) 접합부 또는 스크루 구멍의 어두운 변색이 물기 침투를 보여준다.

목재 날개보에서 균열은 가끔 금속 부품 또는 금속 리브 플랜지 그리고 리딩엣지외판 아래쪽에 감춰진다. 보강판이 그 끝에서 얇아지지(feathered out) 않을 때마다 응력 발생 요인이 판의 끝부분에 존재한다. 그림 5-8에서 보여준 것과 같이, 1차구조물의 파손을 이 지점에서 예측할 수 있다.

검사의 일부분으로 기계적 성질의 다른 결함들을 조사한다. 이러한 조사는 볼트가 하중을 지탱하는 부재를 받는 부품을 단단히 고정시키거나 착륙 부하 또는 전단 하중을 받는 곳을 포함한다. 볼트를 장탈하고 볼트 구멍이 커졌는지 여부나 목재 섬유의 찌그러진 표면을 조사한다. 볼트가 구멍에 적합하게 맞는지 확인하는 것이 중요하다. 볼트를 너무 꽉 조여 생길 수 있

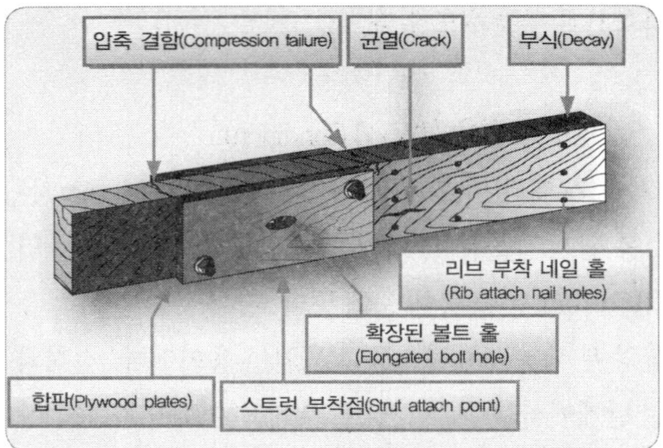

[그림 5-8] 구조적 손상 발생 가능성이 있는 지역
(Areas likely to incur structural damage)

는 구조 부재의 흠집이나 으스러진 흔적이 발생하지 않았는지 점검한다.

헐거움, 부식, 틈, 또는 굽힘에 대해 목재 구조물에 부착되어 있는 모든 금속 부품을 점검한다. 특별한 주의가 필요한 지역은 스트럿 부착 부품, 날개보 밑동 부품, 보조익과 날개 부품, 도움 버팀대(Jury strut) 부품, 압축 스트럿, 조종 케이블 도르래 브래킷 및 착륙장치와 부품이 있다. 모든 노출된 나뭇결 목재, 특히 날개보의 밑동은 균열에 대해 검사해야 한다.

목재 섬유를 가로 질러 파열되어 발생하는 압축파손에 대해 구조 부재를 검사한다. 이것은 발견하기가 어려운 아주 중대한 결함이다. 압축파손이 의심되면, 회중전등 광선을 나뭇결에 평행하게, 부재를 따라 쭉 비쳐 가면서 점검하면 결함을 발견하는 데 도움이 된다. 표면에 나뭇결을 가로지르는 등마루(ridge) 또는 선이 나타난다. 경착륙 중에 비정상적인 휨 또는 압축하중을 받은 목재 부재를 검사할 때는 각별한 주의가 필요하다. 감지되지 않았다면, 그림 5-9와 같이, 날개보의 압축파손이 비행 시에 날개의 구조적 파손을 일으킨다.

부재가 과도한 휨 하중을 받을 때 압축된 표면에 파

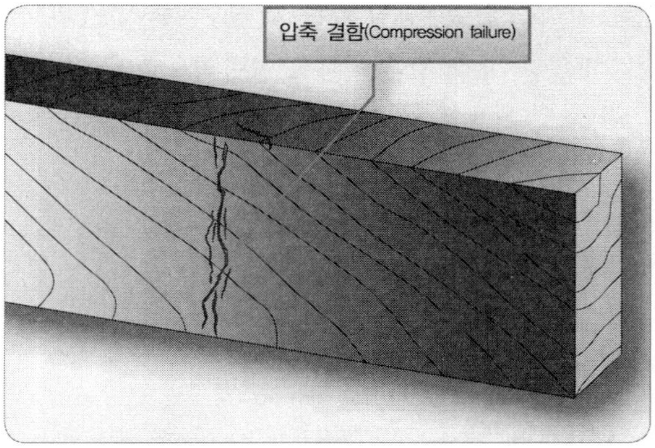

[그림 5-9] 목재 빔의 확연한 압축 결함
(Pronounced compression failure in wood beam)

손이 나타난다. 인장력을 받는 표면에는 일반적으로 아무 결점 흔적이 나타나지 않는다. 과도하게 직접적인 압축하중을 받은 부재는 모든 표면에 파손 흔적이 나타난다.

그림 5-8의 전방 날개보와 후방 날개보는 양력 버팀대가 접착되는 합판 보강판의 끝단에서 종단 균열에 대해 검사한다. 덮개띠가 날개보 위쪽과 아래쪽으로 지나가는 곳의 균열과 리브와 날개보를 접합하는 못이 없거나 헐거운 것에 대해 스트럿 부착 지점 양쪽에서 리브를 점검한다. 날개와 꼬리날개에 있는 모든 날개보는 압축균열에 대해 표면과 상단 면에서 검사를 한다. 보스코프(Borescope)를 기존의 검사구멍에 접근시켜 이용할 수 있다.

여러 가지 기계적 방법은 목재 구조물의 육안 검사를 돕기 위해 사용할 수 있다. 가벼운 플라스틱 해머 또는 스크루드라이버 핸들로 검사 지역을 두들기면 날카로운 속이 비지 않은 소리를 생성한다. 예상된 지역이 속이 비고 둔탁한 소리가 난다면 그 이상을 검사하도록 한다. 날카로운 금속 송곳 스크루드라이버나 얇은 날 스크루드라이버를 사용하여 점검 지역을 조사한다. 목재 구조물은 단단하고 고정되어 있어야 한다. 해당 면적이 부드럽고 흐늘흐늘하다면, 목재가 썩은 것이고 구조물을 분해하여 수리한다.

5.3 목재 항공기 구조물의 수리 (Repair of Wood Aircraft Structures)

수리에 대한 표준은 항공기나 항공기 부품을 강도, 기능과 공기역학적인 형태에 있어 원형으로 되돌리는 것이다. 수리는 제작사 명세서 또는 매뉴얼과 다른 인가된 데이터에 따른다.

모든 목재 구조 구성 부품을 수리하는 목적은 구조물이 원형 상태만큼의 강도를 획득하도록 하는 데 있다. 주요 손상일 경우 전체 손상 부분의 교체를 필요로 할 수 있으나, 사소한 손상이면 손상 부재를 제거하거나 잘라 내고 새로운 섹션으로 교체할 수 있다. 교체 작업은 아교로 부착시키거나, 때로는 아교와 못을 사용하거나 아교와 스크루 강화 스플라이스로 보강하는 방법이 있다.

5.3.1 재료(Materials)

일반적으로 항공기에는 몇 가지 형태의 목재가 사용된다.

(1) 원목이나 날개보 또는 빔(beam)과 같이 단단한 것은 하나의 목재로 구성된 부재에 속한다.

(2) 합판재는 두 개나 그 이상의 여러 층의 나무가 함께 아교로 접합된 조립이다. 모든 층의 나뭇결이나 층판은 대략적으로 서로 평행하다.

(3) 합판은 나무와 아교로 조립한 조립 제품이다. 각각의 합판 또는 합판들이 직각이 되도록 하고 아교를 칠하여 조립한 것이며 얇은 합판, 즉 베니어판(Veneers)의 숫자는 홀수가 되도록 한 것이다.

(4) 고밀도 재료는 고압 합판, 합성수지를 먹인 베니어 합판, 또는 보온 목재로 일반적으로 생산되는 것과 유사하고, 베어링이나 보강판으로 사용되는 열처리 목재 또는 견목 합판 등을 말한다.

[표 5-1] 항공기 수리용 목재 선정 및 특성(Selection and properties of wood for aircraft repairs)

Species of Wood	Strength Properties (as compared to spruce)	Maximum Permissible Grain Deviation (slope of grain)	Remarks
1	2	3	4
Spruce (Picea) Sitka (P. sitchensis) Red (P. rubra) White (P. glauca)	100%	1.15	Excellent for all uses. Considered standard for this table.
Douglas fir (Pseudotsuga taxifolia)	Exceeds spruce	1.15	May be used as substitute for spruce in same sizes or in slightly reduced sizes if reductions are substantiated. Difficult to work with hand tools. Some tendency to split and splinter during fabrication and much greater care in manufacture is necessary. Large solid pieces should be avoided due to inspection difficulties. Satisfactory for gluing .
Noble fir (Abies procera, also known as Abies nobilis)	Slightly exceeds spruce except 8% deficient in shear	1.15	Satisfactory characteristics of workability, warping, and splitting. May be used as direct substitute for spruce in same sizes if shear does not become critical. Hardness somewhat less than spruce. Satisfactory for gluing.
Western hemlock (Tsuga heterophylla)	Slightly exceeds spruce	1.15	Less uniform in texture than spruce. May be used as direct substitute for spruce. Upland growth superior to lowland growth. Satisfactory for gluing.
Northern white pine, also known as Eastern white pine (Pinus strobus)	Properties between 85% and 96% those of spruce	1.15	Excellent working qualities and uniform in properties, but somewhat low in hardness and shock-resistance. Cannot be used as substitute for spruce without increase in sizes to compensate for lesser strength. Satisfactory for gluing.
Port Orford white cedar (Chamaecyparis lawsoniana)	Exceeds spruce	1.15	May be used as substitute for spruce in same sizes or in slightly reduced sizes if reductions are substantiated. Easy to work with hand tools. Gluing is difficult, but satisfactory joints can be obtained if suitable precautions are taken.
Yellow poplar (Liriodendron tulipifera)	Slightly less than spruce except in compression (crushing) and shear	1.15	Excellent working qualities. Should not be used as a direct substitute for spruce without carefully accounting for slightly reduced strength properties. Somewhat low in shock-resistance. Satisfactory for gluing.

5.3.2 적합 목재(Suitable Wood)

표 5-1에 나열된 다양한 종류의 목재는 항공기의 수리에 사용될 때 구조상의 목적을 위해 허용되는 것들이다. 가문비나무가 우선적으로 선호되며 다른 목재를 측정할 때 기준으로 사용된다. 표 5-1은 가문비나무와 항공기 수리에 적절한 다른 목재와의 비교를 제공한다. 가문비나무와 대비하여 목재의 강도와 특성을 나열한다. 모든 종류에서 공통된 하나의 아이템은 나뭇결의 경사면이 1:15보다 더 가파를 수 없다는 것이다.

항공기의 조립과 수리에 사용되는 모든 원목과 합판은 최고 수준의 품질과 등급에 적합해야 한다. 인가된 항공기에 대해, 목재는 미군규격(MIL-SPEC)에 따른 인증서를 제공할 수 있는 근원에 대한 소급성을 갖추도록 한다. "항공기 품질" 또는 "항공기 등급"이라는 용어는 일부 수리문서에서 참조하고 명시한다. 그러나 등급을 갖춘 목재를 지역의 목재 회사에서 구매할 수 없다. 원재료를 구매하기 위해 전문 항공기 공급 회사 중 한 곳을 접촉하고 주문 시에 함께 인증 서류를 요구하도록 한다. 가문비나무 원목을 위한 미군규격은 MIL-S-6073이며 합판은 MIL-P-6070B이다.

조립된 목재 부품은 가능한 항공기 제작사 또는 항공기용 교체 파트를 생산하는 부품 제조사 승인(PMA)을 갖추고 있는 제작자로부터 구매한다. 목재 부품을 공급하는 공급원 중 하나로서, 작업자는 인가된 원재 장착을 확실히 할 수 있다. 수리 완료 시, 교체 목재의 품질과 차후 수리의 감항성을 결정하는 것은 항공기를 사용 가능하게 반환하는 작업자의 책임이다.

목재의 적합성을 결정하기 위해 항공기를 수리 또는 조립하기에 부적당한 재료로 만드는 결점에 대해 검사한다. 결점의 유형, 장소, 그리고 양 또는 크기가 사용 가능한 목재의 등급을 나눈다. 항공기 구조 수리를 위해 사용되는 모든 목재는 연목으로 구분된다. 연목은 일반적으로 구조에 사용되고 강도, 하중 전달 능력, 그리고 안전에 근거하여 등급이 부여된다. 반면 견목은 전형적인 외관 목재이며, 나무의 모두베기(개벌)에서 숫자와 크기에 근거하여 등급이 부여된다.

5.3.2.1 허용 결점(Defects Permitted)

다음의 결점은 표 5-1에서 확인된 항공기 수리용 목재 종류에서 허용된다.

(1) 널결(cross grain)

나선형 또는 대각선형 또는 이들 2개의 형태가 복합된 나뭇결은 표 5-1에서 보여준 것과 같이, 세로 칸 3에 명시된 허용 값 이상으로 종축으로부터 뻗어 나가지 않으면 된다. 판자의 4개 면 전체를 확인하는 것이 나뭇결의 발산 양을 측정하는 데 필수적인 사항이다. 잉크가 자유롭게 흐르는 방향을 살피는 것이 나뭇결의 방향을 측정하는 것에 자주 도움이 된다.

(2) 물결 모양, 감긴 형과 교차목리

지엽적인 불균질 형태는 나선형 또는 대각선형 나뭇결에 해당되는 허용 한계를 초과하지 않으면 사용할 수 있다.

(3) 단단한 옹이

직경이 최대 3/8inch 이하인 흠이 없고 단단한 옹이는 다음의 경우에 해당 될 때 사용할 수 있다. ① I-beam에서 돌출한 부분이 아니거나, (하단의 응력 부분을 제외하고) 사각형 또는 경사진 형태의 빔(beam)에서 모서리 부분이 아니거나, 상자형보의 플랜지 가장자리가 아닐 경우, ② 표 5-1과 같이, 세로칸 3에 명시된 것보다 판자의 가장자리 또는 가로들보의 플랜지에서 나뭇결의 확산이 적을 경우, 그리고 ③ 가지(branch)가 빔(beam)의 중앙 1/3 부분 내에 있고 또한 다른 가지나 기타 흠집에서 적어도 20inch 이상 떨어져 있을 경우, 이것은 3/8inch 직경의 가지인 경우이고, 가지의 크기가 작아지면 그 간격은 비례적으로 가까워질 수 있다. 1/4inch 이상 되는 옹이가 있으면 주의한다.

(4) 재목의 직경 0.5inch(1.3cm) 이하의 핀 옹이 무리 (Pin Knot Clusters)

나뭇결 방향에 크게 영향을 미치지 않는다면 작은 무리는 허용한다.

(5) 수지낭(Pitch pocket)

다음과 같은 경우에는 빔(beam)의 중앙부에서 허용된다. ① 같은 나이테에 있을 때 적어도 14inch 이상 서로 떨어져 있고, 그 크기가 $1\frac{1}{2}$inch 길이 × 1/8inch 폭 × 1/8inch 깊이를 초과하지 않거나, ② I-beam의 경우 돌출 부분에 없거나, ③ 사각형 또는 경사진 형태의 빔(beam)에서 가장자리 부분에 없거나, ④ 사각형 빔(beam)에서 플랜지의 가장자리가 아닌 부분에서의 수지낭은 허용된다.

(6) 광조(Mineral Streaks)

정밀 검사에서 부패를 발견하지 않았을 경우 허용된다.

5.3.2.2 허용되지 않는 결점(Defects Not Permitted)

목재에서 허용되지 않는 다음의 결점은 항공기 수리를 위해 사용된다. 결점이 허용되지 않는 것으로 기록되어 있다면, 허용되는 상태에 대해서는 이전의 섹션을 참고한다.

(1) 널결(cross grain)

허용되지 않음

(2) 물결모양, 감긴형과 교차목리

허용되지 않음

(3) 단단한 옹이

허용되지 않음

(4) 재목의 직경 0.5inch(1.3cm) 이하의 옹이무리

만약 나뭇결 방향이 영향을 크게 주는 상태라면 사용하면 안 된다.

(5) 뾰족한 옹이(Spike Knots)

뾰족한 옹이란 나이테에 수직으로 빔(beam) 속으로 뚫고 들어간 옹이를 말한다. 곧은결 판재에서 종종 나타나며 이런 흠집을 가진 목재는 사용하면 안 된다.

(6) 수지낭

허용되지 않음

(7) 광조

부패된 상태일 때는 사용할 수 없다.

(8) Checks, Shakes, and Splits

Check란 일반적으로 나이테를 가로질러 갈라진 틈을 말하며, Shake란 2개의 인접 나이테 사이에 생긴 세로로 난 균열을 말하고, Split이란 인위적으로 가해진 응력에 의하여 생긴 세로 틈을 말한다. 이러한 틈이 있는 목재는 사용할 수 없다.

(9) 압축 이상재(Compression Wood)

압축 이상재는 강도에 치명적이며 쉽게 판별하거나 측정하기가 어렵다. 이런 목재는 비중이 높은 것이 특징이며, 추재(summer wood 주: 목재의 성장 단계에서 여름부터 가을에 걸쳐 이루어진 목재 조직. 세포는 작고 단단하며, 색은 진하다. 춘재와 함께 나이테를 구성한다. 건축용어사전, 현대건축관련용어편찬위원회, 2011. 1. 5., 성안당)의 여름철 과도 성장의 외양을 보인다. 대부분의 종에서, 춘재와 추재 간에 색깔차이는 거의 없다. 여름철에 자란 부분과 봄철에 자란 부분 사이에 색깔에 있어서 거의 차이가 없다. 불확실하다면, 원목을 불합격처리하거나, 목재 품질을 확인토록 견본에 인성기계시험을 수행해야 한다. 압축 이상재를 포함한 목재는 사용하면 안 된다.

(10) 압축파괴

이런 현상은 나무의 성장 중에 자연적인 힘에 의하여 압력을 받아 응력이 과도히 걸리거나, 목재를 울퉁불퉁하고 거친 땅바닥에 쓰러뜨리거나, 통나무 또는 목재를 거칠게 취급하여 발생한다. 압축파괴는 목재 섬유의 좌굴(buckling)이 특징적이다. 목재 조각의 표면에 나뭇결에 대해 직각인 줄 모양으로 나타나며, 확연하게 드러나는 것부터 머리카락같이 가늘어서 감지를 위해 세밀한 점검이 필요한 것까지 다양하게 나타난다. 명확히 이런 현상을 보이는 목재는 사용하지 않는다. 조금이라도 의심스러울 때는 불합격 처리를 하거나, 현미경 검사나 인성시험을 실시한다. 이 두 가지 방법 중 인성시험이 확실한 방법이다.

(11) 인장

인장은 줄기의 위쪽과 연목 나무의 비스듬한 몸통에서 형성된다. 인장 이상재는 가지와 비스듬한 나무 몸통을 수직으로 당기려는 자연적인 과도한 응력에 의해 발생한다. 정상적인 목재와 비교하여 대표적으로 더 단단하고 조밀하며 색깔이 어둡다. 그리고 울퉁불퉁한 수축으로 인해 약화되는 보통의 세로 방향 수축보다 심한 중대한 결점이다. 의심될 때는 목재를 사용할 수 없다.

(12) 부패

부식, 목재의 부패, 초기적부(Red Heart), Purple Heart 등은 어떤 조작에서도 나타나지 않아야 한다. 얼룩진 부분 또는 변색된 부분을 세밀히 조사하여 손상되었거나 또는 세밀히 조사하여 손상되었거나 또는 부패 징조 단계에 와 있는지 아니면 이미 부패가 시작되었는지 여부를 확인한다.

5.3.2.3 아교(접착제)/Glues(Adhesives)

접착제는 항공기 구조물의 접합에 중요한 역할을 하기 때문에 정비사는 인가된 항공기 사용을 위한 필요한 모든 성능 요구에 맞는 유형의 접착제를 사용한다. 접착제는 항공기와 제작사 사용법 설명서에 따라 엄격하게 사용해야 하며 모든 사용법 설명서를 정확하게 준수한다. 사용법에는 혼합 비율, 외기 온도와 표면 온도, 개폐 어셈블리 시간, 틈새-충전(Gap-filling) 능력, 또는 접착층 두께, 접착제의 전개, 표면이 1개인지 또는 2개인지 여부, 그리고 고정 압력의 양과 접착제의 완전 양생에 필요한 시간을 포함한다.

AC 43.13-1은 FAA가 허용하는 접착제를 확인하기 위한 기준에 대한 정보를 제공한다. 정보는 아래와 같이 규정한다.

① 허용 접착제 선정에서 특정 사용법 설명서를 위한 항공기 정비 매뉴얼이나 수리 매뉴얼을 참고한다. 해당 항공기 유형에서 사용을 위해 허용되는 접착제를 선정하는 경우 특정 항공기 정비 매뉴얼 또는 수리 매뉴얼을 참고한다.
② 목재 항공기 구조물을 위한 미군규격(MIL-APEC), 미국 우주 재료 규격(Aerospace Material Specification-AMS), 또는 기술 표준 규칙(TSO)의 요구에 부합되는 접착제는 기존 항공기 구조물 재료 및 수리에 사용되는 가공 방법에 부합하는 것이 사용에 있어 적합하다.

최근에는 새로운 접착제가 개발되었고 구형 접착제 중 일부는 아직도 사용되고 있다. 항공기 조립과 수리에 사용되어 온 더 일반적인 접착제 중 일부는 카세인 아교, 플라스틱 수지 아교(plastic resin glue), 레조르시놀 아교(resorcinol glue), 그리고 에폭시 접착제가 포함된다.

카세인 아교는 모든 항공기 수리에 더 이상 사용하지 않는다.

접착제는 모든 항공기의 정상적인 운용 환경의 부분인 습기와 온도 변화에 노출될 때 악화된다.

NOTE 일부 현대의 접착제는 카세인 접착제와 호환되지 않는다. 이전에 카세인으로 접합된 적이 있는 접합부를 다른 유형의 접착제를 사용하여 다시 접착하고자 한다면, 카세인의 모든 흔적을 새로운 접착제를 가하기 전에 긁어내야 한다. 약간의 카세인 접착제라도 남아있으면, 잔류 알칼리 성분이 새로운 접착제가 적정하게 양생되지 않는 원인이 될 수 있다.

플라스틱 레진 접착제는 요소-수지 접착제(urea-formaldehyde adhesive)라고도 알려져 있으며 1930년도 중반 이후 판매되기 시작했다. 시험과 실질적인 적용에서 습기 상태에 노출되었을 때 특히 온난하고 습한 환경과 팽창-수축 응력에서 접착제의 악화와 점진적으로 파손되었다. 이러한 이유로 인해 플라스틱 레진 접착제는 모든 항공기 수리에 사용하지 않는다. 사용 전에 FAA 엔지니어링과 함께 항공기에서 이러한 유형의 접착제 사용 제안에 대해 논의한다.

레조르시놀 아교 또는 레조르시놀 포름알데히드 아교는 레진과 촉매제로 이루어진 두 가지 성분의 합성 접착제이다. 1943년도에 처음 소개되었으며, 높은 내구성과 적당한 온도 양생의 조합이 지극히 중요한 목재 선박 건조와 목재 항공기 산업에 즉시 폭넓게 적용되었다. 이 아교는 다른 접착제보다 비 오는 날씨와 자외선(UV, ultraviolet)에 대해 더 나은 저항성을 갖는다. 이 아교는 만약 접합의 맞춤과 적절한 고정 압력이 매우 얇고 균일한 접착층에서 이루어진다면 모든 강도와 내구성 요구에 부합된다.

제품 혼합, 사용 온도 범위, 그리고 개폐 어셈블리 시간에 관하여 제작사의 제품자료표를 따라야 한다. 이 유형의 아교는 조립과 양생할 때의 온도가 70°F 이하라면, 접합부의 최대 강도를 보증할 수 없기 때문에 권고된 온도에서 사용하는 것이 매우 중요하다. 이러한 점에 유의할 때, 더 높은 온도는 더 빠른 양생률로 인하여 가용시간을 단축시키며 개폐 어셈블리 시간이 짧아야 한다.

에폭시 접착제는 접합부 품질과 고정 압력에 적게 좌우되는 두 개 파트의 합성 레진 생산품이 있다. 그러나 대부분 에폭시는 습기의 존재와 온도 상승의 조건에서 접합부 내구성을 제시하지 않는다. 그리고 AC 43.13-1에서 FAA에 의해 그 이후에 설정된 허용 기준에 부합하지 않으면 구조물 항공기 결합(Bonding)에 대해서 권고하지 않는다.

5.3.2.4 접합 과정에 관한 용어의 정의 (Definition of Term used in the Glue Process)

(1) 밀접 접착제(Close Contact Adhesive)

접착층의 틈새가 0.005inch 이상 되지 않게 하기 위해 접합하는 표면을 적절한 압력으로 서로 밀접하게 붙여야 하는 접합부 사용 시에만 사용한다(예: 레조르시놀-포름알데히드 아교).

(2) 틈새 충전 접착제

적당한 압력을 가하는 것이 실행 불가능하거나 기계가공 시 약간의 부정확함으로 인하여 접촉 표면이 밀접하게 또는 연속적으로 맞닿지 않아 틈이 생기는 접합부에 사용한다.

(3) 접착층

어셈블리에서 인접한 2개의 목제 층을 접합할 때 그 사이에 형성되는 부착층

(4) 단일 스프레드(Single Spread)

한쪽 표면에만 칠해진 접착제의 양

(5) 이중 스프레드(Double Spread)

접합하는 2개의 표면 사이에 칠해진 접착제를 균등하게 나눌 때 그 양을 말한다.

(6) 오픈 어셈블리 시간

접착제를 바른 시간부터 접합 부품의 조립까지의 시간

(7) 클로즈 어셈블리시간

접합부분의 어셈블리와 압력을 가하는 데 있어 그 사이의 경과된 시간

(8) 압력 또는 죄는 시간

부품이 아교의 점성에 따라 연목에서 10psi에서 150psi까지의 변화로 접착제가 양생될 때까지 권고된 압력 하에서 함께 단단하게 압착되는 동안의 시간

(9) Caul

접착되는 동안 평평한 패널 판자의 조립에서 정렬이 유지되도록 하는 체결 장치이며 보통 2개의 단단한 목재판자다. 한쪽은 위쪽에 그리고 반대쪽은 아래쪽에 판자 양쪽에 위치하고 파이프 클램프/바 클램프(bar clamp)와 평행으로 긴 볼트를 사용하여 조립되어 있다. Caul은 보통 아교가 접착하는 것을 막기 위해 매번 사용 전에 마무리하고 왁스를 칠해 준다.

(10) 접착제 가용시간

접착제의 혼합으로부터 사양에 따른 성능을 발휘할 수 없어 혼합 접착제를 폐기해야 할 때까지의 경과 시간, 제작사의 제품 데이터 자료는 작업 시간 또는 사용가능 시간으로 정의한다. 기간이 만료되면 접착제를

사용하지 않는다. 표본 양이 작업할 수 있는 지정 온도와 양을 열거한다. 저장기한은 시간과 온도에 따른다. 혼합물이 권고된 온도 범위에서 더 차갑게 유지되면, 더 오랫동안 사용할 수 있다.

5.3.3 아교 사용을 위한 목재 준비 (Preparation of Wood for Gluing)

항공기에서 안전한 아교 접합 부분은 모든 응력 상황에서 목재의 전체 강도를 전개해야 한다. 이런 결과를 도출하기 위해, 접착 작업에 수반되는 조건을 목재의 양쪽 표면에 충분히 고착되도록 접합부에서 고체 접착제의 연속적이며, 얇고 균일한 필름을 얻도록 세심하게 조정해야 한다. 이와 같은 조건은 다음과 같이 요구된다.

(1) 접착하는 목재의 적당하고 균일한 습기(8~12%) 함유량

(2) 갈아내거나 톱질하지 않고 기계로 가공되거나 또는 설계되고 적절히 준비된 목재 표면

(3) 의도하는 작업용의 적절한 접착제의 선정, 좋은 품질로 적절히 준비한다.

(4) 결합, 권고된 조립 시간과 접합부에 가하는 적절하고 균일한 압력을 포함하는 우수한 접착 기술의 적용

(5) 권고된 온도 조건에서 접착 작업을 미리 성형해 보는 것

접합시키고자 하는 표면은 그리스, 오일, 왁스, 페인트 등을 깨끗이 제거하고 건조시켜야 한다. 접합 작업을 하기 전에 넓게 준비된 표면을 플라스틱 판재 또는 마스킹 페이퍼로서 붙여 준다. 접착제를 적용하기 직전에 진공청소기로 모든 표면을 깨끗하게 청소한다.

평삭반과 접합물에서 날카로운 칼과 정확한 이송 조정으로 생산되는 매끄럽고 균일한 표면이 원목을 접착하기 위한 최상의 표면이 된다. 접착 작업에서 톱질한 표면을 사용하면 뭉개진 섬유가 없는 표면을 생산하기가 어렵기 때문에 항공기 부품 조립에서는 사용하지 않는다. 뭉개진 섬유로 덮어진 표면에서 만들어진 아교 접합부는 목재의 정상적인 완전한 강도를 전개하지 못한다.

220-그릿 사포를 이용하여 나뭇결 방향으로 사포처리를 하면 표면의 섬유를 원상태로 되돌리고, 광택을 제거하며 접착제의 접착력을 향상시킨다. 이와 같이 인식된 표면 상태와는 대조적으로, 열간성형 중에 사용되는 cauls의 왁스 침전물은 쉽게 감지되지 않는 좋지 않은 접착 표면을 만든다.

습윤 시험은 왁스의 존재 여부를 검출하는 유용한 수단이다. 왁스 코팅된 합판 표면에서 가늘게 분사하는 물 연무나 물방울은 구슬 모양을 형성하고 목재가 젖지 않는다. 이 시험은 접착된 접합부를 저하시키는 다른 물질의 존재나 상태에 대한 지표를 제공한다. 접착 시험을 이용한 고착 특성의 적절한 평가만이 합판 표면의 접착 특성을 결정한다.

5.3.3.1 사용할 아교 조제(Preparing Glues for use)

아교나 접착제의 조제는 제작사의 지시에 따라야 한다. 아교 제작사에 의해 다르게 명시되지 않은 한, 물과의 혼합이 필요한 아교에 맑은 냉수를 사용한다. 각

성분의 중량에 의해 아교, 촉매제, 물 또는 다른 용제의 권고된 비율을 결정한다. 손이나 기계로 혼합할 수 있다. 아교를 완전히 혼합해야 하고, 공기방울, 거품이나 용해되지 않은 재료의 덩어리가 없어야 한다.

5.3.3.2 아교/접착제의 도포 (Applying the Glue/Adhesive)

양호하게 접착된 접합부를 만들기 위해 접착제를 양면에 바르고 얇고 균일한 층으로 결합한다. 접착제는 붓, 접착제 스프레더(spreader) 또는 약간 홈이 파진 고무롤러를 사용하여 바를 수 있다. 좋은 결과를 위해 접착제 제조사의 매뉴얼에 따른다.

표면이 좋은 접촉을 만들었고 접착제 도포 전에 접합부가 정확하게 위치하는지 확인한다. 오픈 조립 시간은 가능한 짧게 유지하고 제품 자료지에서 지시한 권고 시간을 초과하지 않는다.

5.3.3.3 접합부에서의 압력(Pressure on the joint)

접합된 표면의 최대강도를 확실히 하기 위해, 접합부에 동일한 힘을 가한다. 균일하지 않은 접착 압력은 일반적으로 동일한 지점에서 취약한 지역과 강한 지역을 초래한다. 그림 5-10에서는 가해진 압력의 결과를 보여준다.

목재층 사이의 얇고 연속적인 필름으로 아교가 빠져나오도록 압착시키고, 접합부에서 공기를 밀어내고, 목재 표면을 아교와 긴밀하게 접촉하게 하며, 아교가 응고하는 동안 그 위치에 목재를 고정시키기 위해 압력을 사용한다.

압력을 가할 때, 클램프, 탄성스트랩, 중량, 집진대, 또는 다른 기계장치를 사용한다. 항공기 접합 작업에서 접합부에 압력을 가하는 다른 방법들로는 마감못,

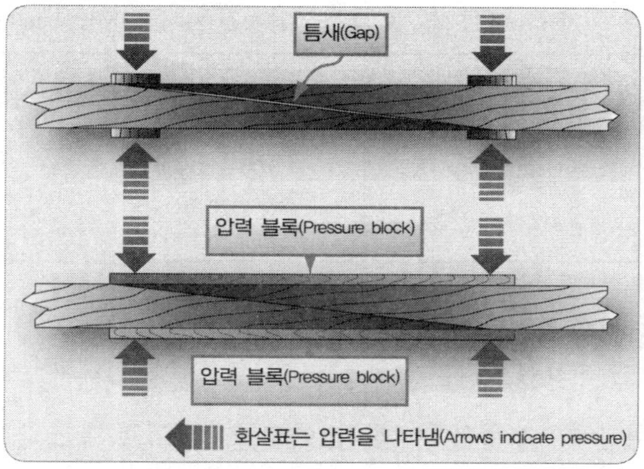

[그림 5-10] 접착제 압력의 균등분포로 틈새없는 강한 접합부 형성
(Even distribution of glueing pressure creates a strong gap-free joint)

못과 스크루를 사용하거나 전기 또는 수압식 동력프레스방법 등이 있다.

항공기 조립 작업에서 강한 접합부를 제작하기 위해 가하는 압력량은 연목에서는 10~150psi이고, 견목에서는 최고 200psi의 범위에 있다. 부실하게 기계에 걸거나 맞춰진 목재 접합부에 불충분한 압력을 가하면, 보통 약한 접합부를 나타내는 두꺼운 접착층을 초래하며 조심스럽게 피해야 한다.

결합하는 표면 사이에 좋은 접촉이 생성되면 높은 고정 압력은 부적합하고 불필요하다. 압력을 가했을 때 소량의 아교가 접합부에서 눌려 나와야 하고 흘러나온 아교는 응고되기 전에 제거해야 한다. 접착제의 양생시간 때까지 최대의 압력을 계속 가하는 것이 중요하다. 접착제가 완전히 양생되기 전에 어긋나면 화학적으로 다시 붙지 않기 때문이다.

접착제의 완전한 양생시간은 주변 온도에 좌우된다. 따라서 저장 기한, 목재의 수분 함량과 접착제의 적절한 혼합 및 적용과 온도에 따르는 접착 작업의 모든 과정에서 적절한 제작사의 제작 데이터지를 따르는 것이 중요하다. 성공적인 조립과 제작을 위해 기술과 접

[표 5-2] 개방 및 폐쇄 조립시간 차이의 예(Examples of differences for open and closed assembly times)

Glue	Gluing Pressure	Type of Assembly	Maximum Assembly Time
Resorcinol resins	100–250 psi	Closed	Up to 50 minutes
	100–250 psi	Open	Up to 12 minutes
	Less than 100 psi	Closed	Up to 40 minutes
	Less than 100 psi	Open	Up to 10 minutes

합부의 품질과 접착제 제작사의 설명서를 따른다.

모든 접착 작업은 접착제의 적절한 성능을 위해 70℉ 이상에서 수행되어야 한다. 아교를 가지고 목재 조각을 도장하고 공기 중에 드러내어 노출시켰을 때 더 높은 온도는 조립시간을 짧게 한다. 이 오픈 조립은 아교의 도포 완료 직후 판재들을 함께 접착시키는 것과 비교해 좀 더 신속한 아교의 농화를 촉진한다.

표 5-2에서는 오픈과 클로즈 조립 조건일 때 레조르시놀 레진 아교와 허용 가능한 조립 시간과 접착 압력의 예를 제시한다. 모든 예는 75℉의 주변 온도일 때 기준이다.

그림 5-11에서는 다른 접착 조건에서 기인하는 강하거나 약한 접착 접합부의 예를 제공한다. A는 적절한 조건에서 만들어진 높은 비율의 목파(wood failure)가 있는 잘 접착된 접합부이다. B는 얇은 아교에 가해진 과도한 압력에서 기인한 접착제가 부족한 접합부이다. C는 과도하게 긴 조립 시간과 또는 불충분한 압력의 결과로서 일어나는 마른 아교 접합부이다.

5.3.3.4 아교 접합부 시험(Testing Glued joints)

항공기에서 좋은 아교 접합 부분은 모든 응력 조건에서 목재의 완전한 강도를 전개해야 한다. 정비사는 날개보와 같은 대수리에서 접합부를 접착하기 전에 테스트한다. 되도록 수리가 시행되는 동일한 기계적이고 환경적인 조건에서 수리에 사용되는 실제 목재에서 조각을 잘라 시험해야 한다.

수리하는 목재에서 1×2×4inch 정도의 2개의 작은 목재 조각을 사용하여 견본 시험을 수행한다. 조각은 대략 2inch가량 겹쳐서 접착시켜야 한다. 아교의 유형, 압력, 그리고 양생 시간은 실제의 수리에 사용되었을 때와 동일해야 한다. 완전히 양생된 후 작업대 바

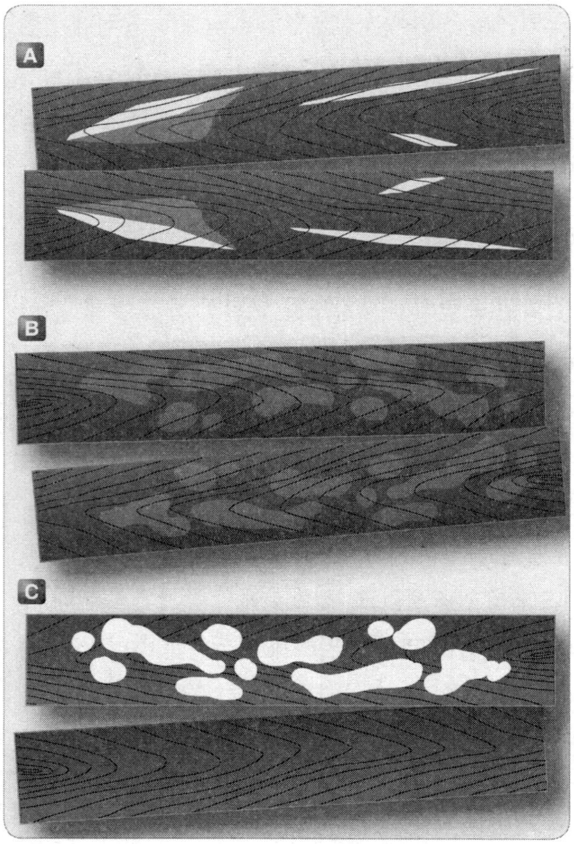

[그림 5-11] 강하고 약한 접착제 접합부
(Strong and weak glue joints)

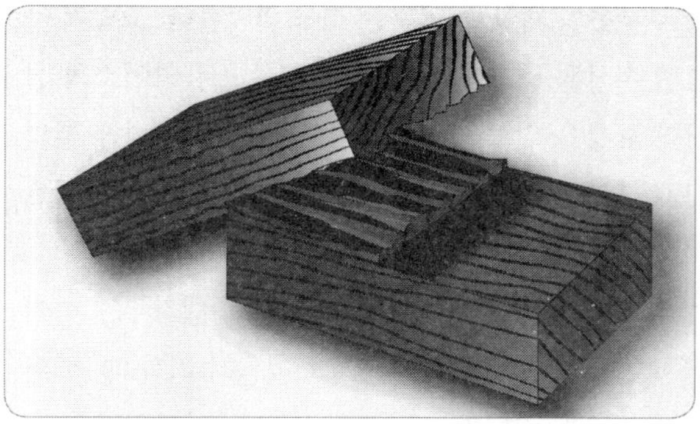

[그림 5-12] 접착제 접합이 양호한 예
(An example of good glue joint)

이스에 시험 표본을 놓고 중복된 부재에 압력을 가하여 접합부를 파괴시킨다. 그림 5-12와 같이, 부서진 아교 표면은 적어도 75%인 높은 비율로 표면에 목재 섬유가 고르게 나타나야 한다.

5.3.4 목재 항공기 부품의 수리 (Repair of Wood Aircraft Components)

5.3.4.1 날개 리브 수리(Wing Rib Repairs)

손상이 지속된 리브는 항공기에 손상의 유형과 위치에 따라 수리되거나 교체할 수 있다. 새로운 부품을 제작사로부터 공급받을 수 있고 부품 제조사 승인(PMA)을 갖고 있는 사람으로부터 해당 부품을 입수할 수 있으면, 수리하지 않고 교체한다.

리브에 수리를 할 경우 수리를 완료했을 때 공기역학적인 기능, 구조의 강도, 약화와 다른 감항성에 영향을 주는 맞춤과 마감 등의 품질에서 원 부품과 동일하게 만드는 방법과 재료를 사용하여 작업한다. 제작사 수리 매뉴얼 또는 사용법 설명서가 없을 때, 손상된 리브를 수리하는 허용된 방법은 목재 구조물 수리에 따르는 AC 43.13-1에서 설명된다.

필요할 때, 제작사 인가 도면이나 원래의 리브를 참고하고 동일한 재료와 치수를 이용해서 리브를 제작 및 장착할 수 있다. 그러나 기존의 리브에서 조립한다면, 교체 부분에 대해 치수와 재료가 정확한지를 입증하는 근거를 제공해야 한다.

목재 리브의 덮개띠는 스카프 스플라이스(Scarf splice)를 사용하여 수리할 수 있다. 수리 시 수리되는 띠 두께의 세 배 이상으로 스카프 접합부 너머 연장되는 가문비나무 블록으로 덮이는 날개의 반대편까지 보강한다. 보강하는 가문비나무 블록을 포함한 스플라이스 전체를 합판 측판으로 양쪽에서 보강한다.

그림 5-13과 같이, 스카프 길이 사면은 치수 A, 리브 덮개띠 두께의 10배이다. 가문비나무 보강 블록은 치수 A(스카프 길이+스카프 양쪽 끝에 연장선)에 16배이다. 합판 스플라이스판 리브를 조립하는 데 사용한 원판과 동일한 재료와 두께로 하고 가문비나무 블록은 양쪽 끝에 5:1 사면을 갖고 있어야 한다.

하나의 스카프 스플라이스 사용을 묘사하는 특정 리브 수리는 수리를 완료하고 손상된 섹션을 교체하기 위해 손상 부위를 넘어 덮개 띠의 앞쪽 방향 전체나 뒤

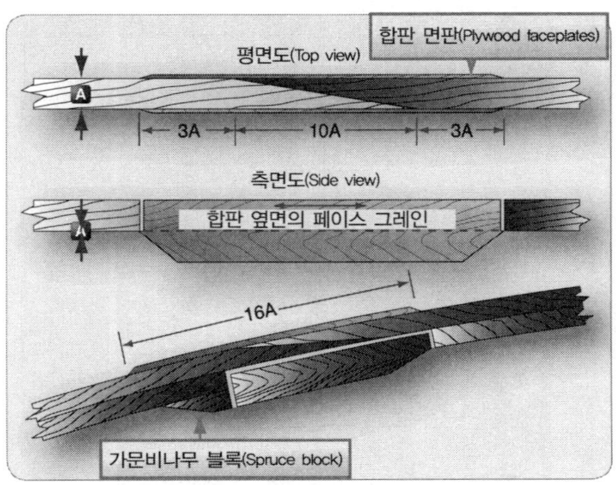

[그림 5-13] 리브 캡 스트립 수리(A rib cap strip repair)

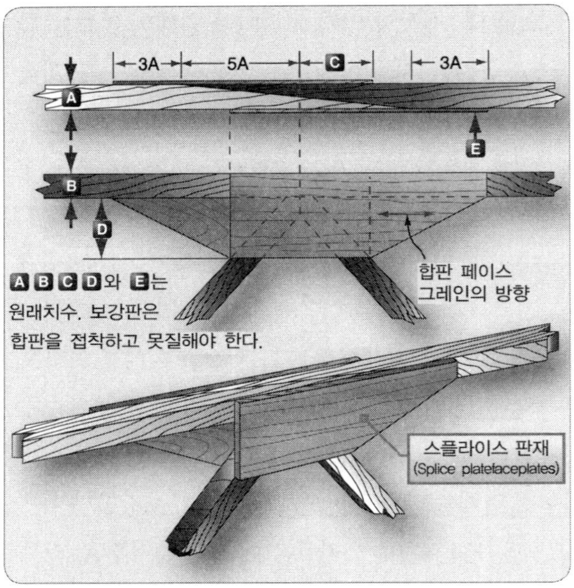

[그림 5-14] 교차 부재의 캡 스트립 수리
(Cap strip repair at cross member)

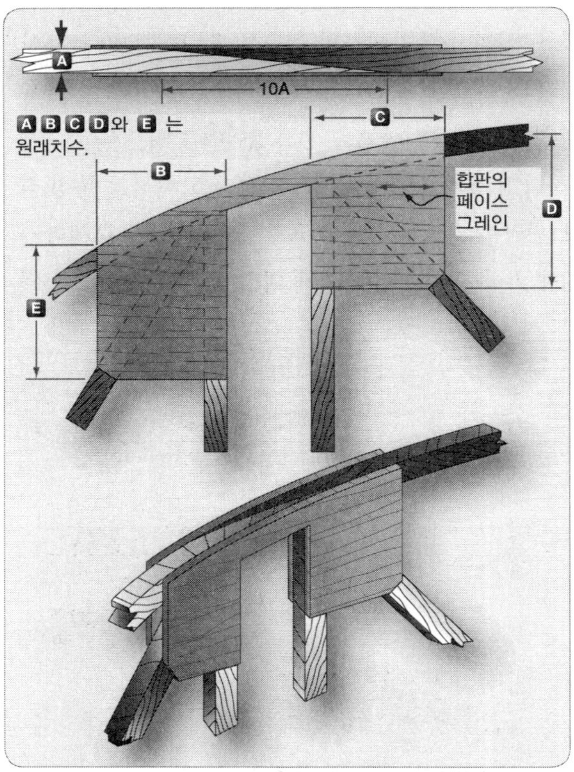

[그림 5-15] 보(spar)에서의 캡 스트립 수리
(Cap strip repair at a spar)

쪽 부분을 교체할 수 있다는 것을 의미한다. 그렇지 않으면 손상된 섹션을 교체할 때 양쪽 스플라이스의 절단과 보강을 위해 지시된 치수를 사용하여 덮개 띠의 교체 부분 양 끝에 스플라이스를 수리하는 것이 필요하다.

그림 5-14와 같이, 덮개띠와 리브의 대각부재 사이에 접합부가 있는 위치에서 덮개띠를 수리할 때, 합판 보강용 덧붙임판(Gusset)으로 된 스카프 접합부를 보강하여 수리한다.

그림 5-15에와 같이, 덮개띠가 날개보를 가로지르는 곳에서 덮개띠를 수리해야 하면, 접합부를 날개보 위쪽까지 끊어지지 않도록 보강용 덧붙임 판을 연장시켜 보강한다.

그림 5-16과 같이, 리브 수리를 적용한 스카프 접합부는 2개의 원목 부재 사이에 끝단 접합부를 조립하는 가장 좋은 방법이다. 스카프 스플라이스를 원목 부품을 수리하기 위해 사용했을 때, 작업자는 나뭇결의 방향과 경사를 인지하고 있어야 한다. 접합부의 전강도를 보증하기 위해, 목재의 양쪽 접촉되는 끝에 나뭇결의 일반적인 방향으로 스카프 절단을 만든다. 그다음 접착될 때, 정확하게 서로를 향하게 한다.

리브의 날개 트레일링엣지는 교환하거나 덮개띠의 손상된 부분을 제거하고 백송, 가문비나무, 또는 참피나무 등 침엽 수재 블록을 삽입하여 수리할 수 있다. 그림 5-17과 같이, 전체의 수리 부위는 합판 보강용 덧붙임판, 못과 아교로 보강하고 접착한다.

압축 리브에는 여러 가지 종류의 디자인이 있다. 이러한 유형의 리브 부품을 수리하는 적절한 방법은 제작사에서 명시하고 있다. 권고되거나 또는 인가된 실행, 재료, 그리고 접착제를 사용하여 모든 수리를 한다.

그림 5-18의 A에서는 I-section 유형 압축 리브의 수

리를 보여준다(즉, 넓고 얇은 덮개띠와 웨브의 양쪽에 사각형 압축부재가 있는 중앙합판웨브의 수리다). 리브 손상은 상부 및 하부 덮개띠, 복재와 압축부재가 완전히 관통하여 균열되었다는 것을 시사한다. 이 수리를 손쉽게 하기 위해, 그림 5-18의 D에서와 같이 압축부재를 절단하고 후방 날개보에서 교체 섹션을 이용하여 권고대로 수리한다. 손상된 덮개띠를 절단하고 그림 5-18에서 보이는 대로 덮개띠의 고물 쪽 섹션을 교체하여 수리한다. 그 뒤에, 그림 5-18의 A-A와 같이 손상된 웨브를 보강하기 위해, 합판 측판을 대각선으로 양쪽에서 접합한다.

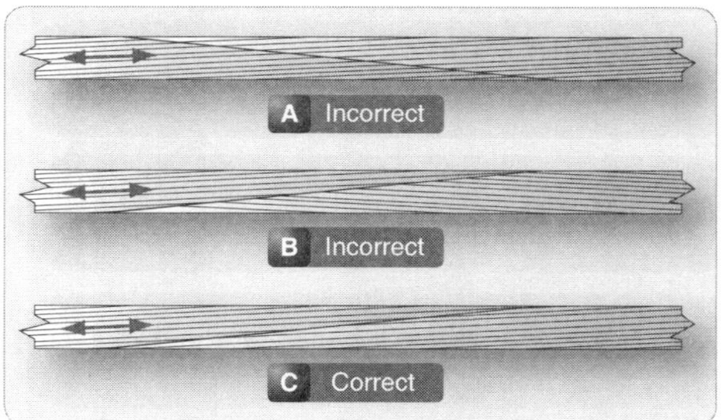

[그림 5-16] 스카프 경사면과 그레인 경사면과의 관계 (Relationship of scarf slope to grain slope)

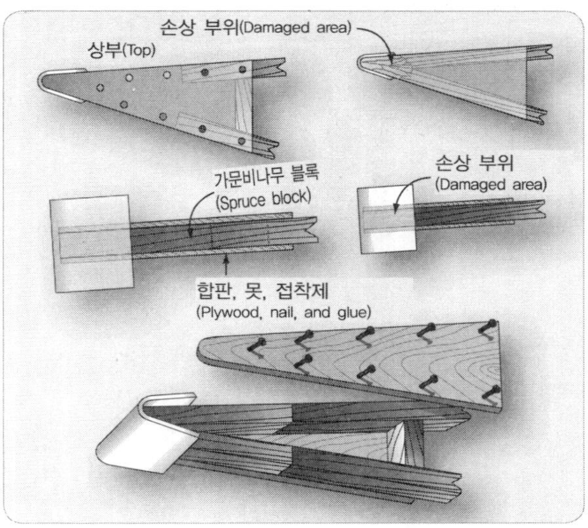

[그림 5-17] 리브 트레일링엣지 수리 (Rib trailing edge repair)

그림 5-18의 B에서는 한쪽에 사각형 압축부재가 보강되고 반대쪽에 합판웨브로 된 표준 리브인 압축 리브의 유형을 보여준다. 이 수리에 사용된 방법은 그림 5-18 B-B에서 보이는 합판보강판이 날개보 간의 전체 길이로 이어진다는 것을 제외하고 그림 5-18 A와 근본적으로 동일하다.

그림 5-18의 C에서는 웨브의 양쪽에 사각형 수직 부재로 되어 있는 I-유형의 압축 리브를 보여준다.

이 수리에 사용된 방법은 그림 5-18 C-C에서 보이는 대로 양쪽의 합판보강판이 날개보 간의 전체 길이로 이어진다는 것을 제외하고 그림 5-18 A와 근본적으로 동일하다.

5.3.4.2 날개 날개보 수리(Wing Spar Repairs)

그림 5-19와 같이, 목재 날개 날개보는 원목, 합판, 또는 이 두 가지의 조합을 이용하여 다양한 디자인으로 조립한다.

날개보가 손상되었을 때 수리의 방법은 제작사 사용법 설명서와 권고사항에 일치한다. 제작사 사용법 설명서가 없을 경우 AC 43.13-1에서의 권고사항을 따라 날개보를 수리하기 전에, 권고와 인가를 위해 FAA를 접촉한다. 특별한 유형의 수리에 대한 사용법 설명서가 없다면, 평가 및 의도하는 수리에 대한 지침을 제공하기 위해 적합한 엔지니어링 도움을 요청하도록 권고한다.

그림 5-20에서는 원목이거나 또는 합판으로 된 사각형 날개보를 수리하는 방법을 보여준다. 날개보와 같은, 응력을 받는 어떠한 부분에서도 스카프의 경사가 15:1보다 더 가파르면 안 된다.

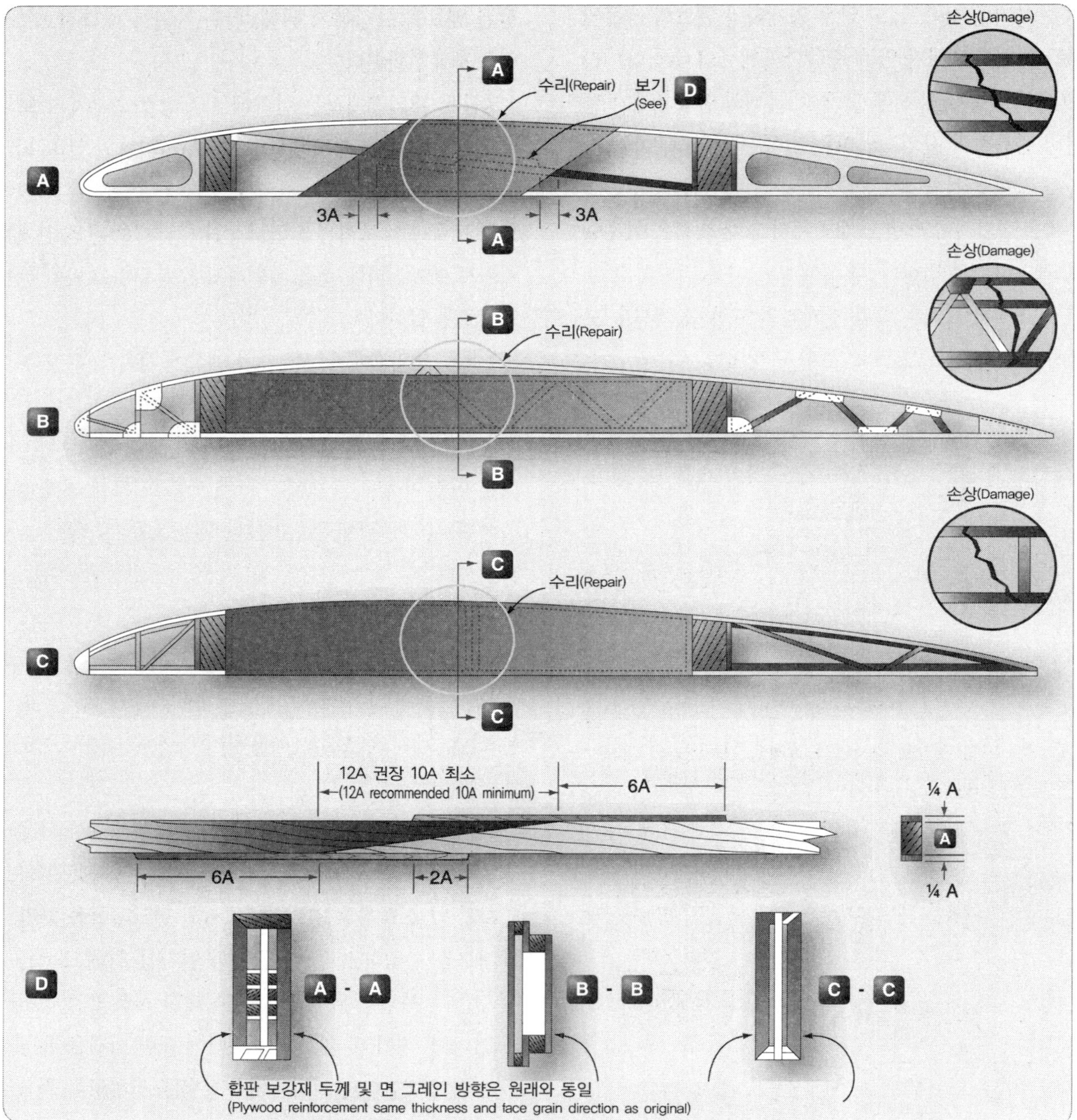

[그림 5-18] 일반적인 압축 리브 수리(Typical compression rib repair)

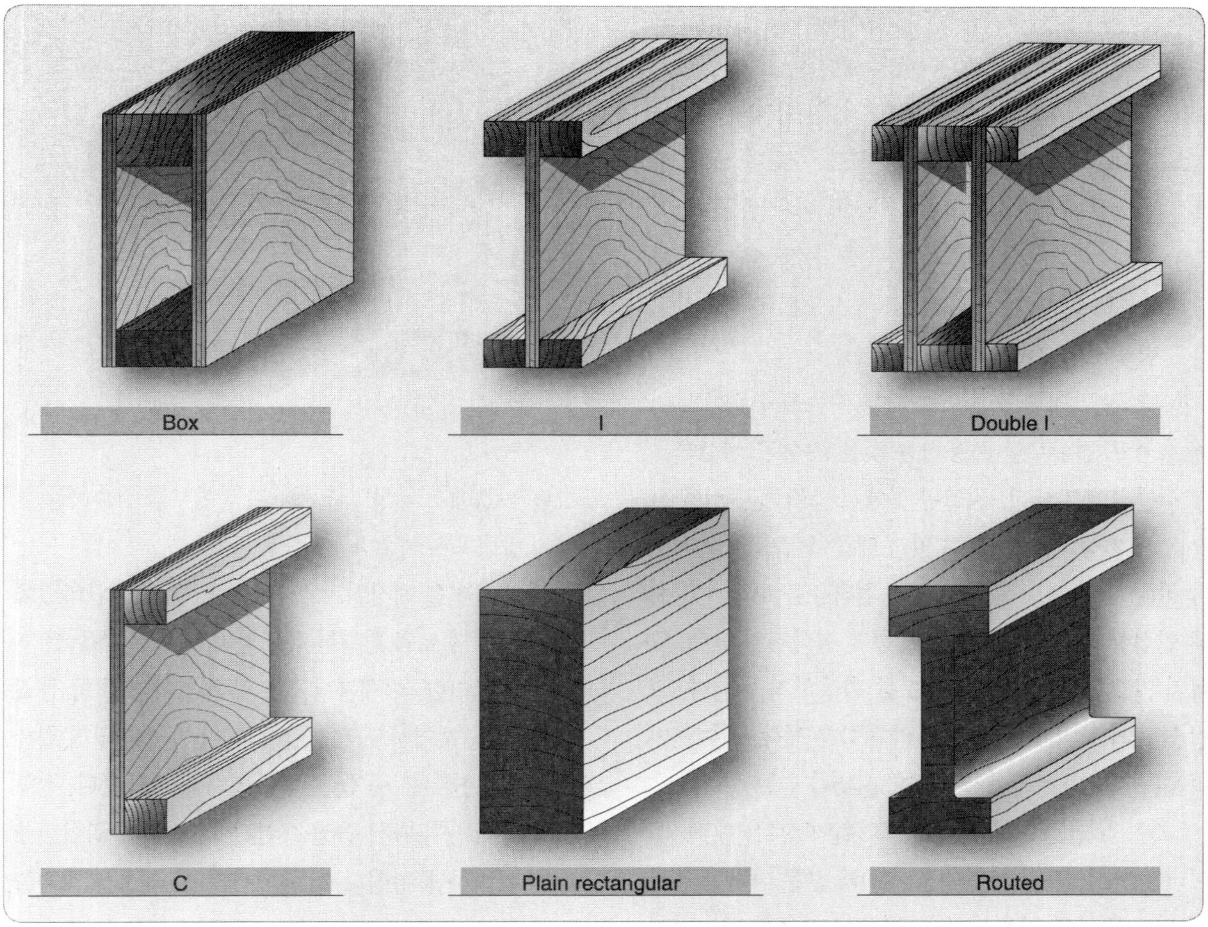

[그림 5-19] 솔리드 직사각형 보의 대표적인 스플라이스 수리(Typical splice repair of solid rectangular spar)

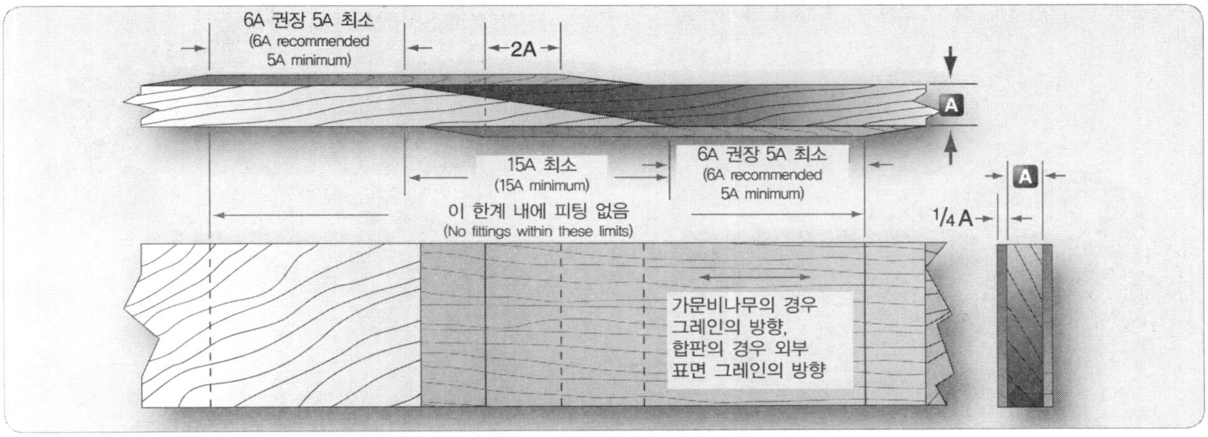

[그림 5-20] 솔리드 직사각형 보의 대표적인 스플라이스 수리(Typical splice repair of solid rectangular spar)

항공기 제작사에 의해 별도로 명시되지 않는다면, 손상된 날개보는 날개 부착 부품, 착륙장치 부품, 엔진장착대 부품, 또는 양력-비행기 상호간의 버팀대 부품을 제외한 거의 모든 지점에서 겹쳐 이을 수 있다. 상기 부품들은 스플라이스의 어떤 부분도 덮어서는 안 된다. 겹쳐 잇는 보강판이 부품의 적절한 접착이나 정렬을 방해해서도 안 된다. 끝에서 5:1 경사도의 경사보강판은 그림 5-21을 참조한다.

항공기의 날개보 또는 어떤 다른 부품을 수리하기 위해 스카프 접합부를 사용하는 것은 손상된 섹션으로의 접근성에 따른다. 권고된 곳에서 스카프 수리를 하는 것이 가능하지 않을 수 있기 때문에 부품이 교체돼야 한다. 스카프는 균일한 얇은 접착층을 보장하기 위해 인접한 조각 양쪽에서 정밀하게 절삭돼야 한다. 그렇지 않으면 접합부는 전강도를 획득하지 못한다. 그림 5-22와 같이, 이러한 유형의 접합부 제작 시 주된 어려움은 각각의 조각에서 동일한 사면을 얻는 것이다.

스카프의 연결된 표면은 매끄러워야 한다. 대패, 조이너(Joiner), 또는 라우터(Router)와 같은 다양한 공구 중 어느 하나를 사용하여 톱 절단 스카프를 매끄럽게 한다. 대부분 접합부는 절단을 완성하기 위해 정확한 경사도에서 고정되는 경사 고정구가 필요할 수 있다.

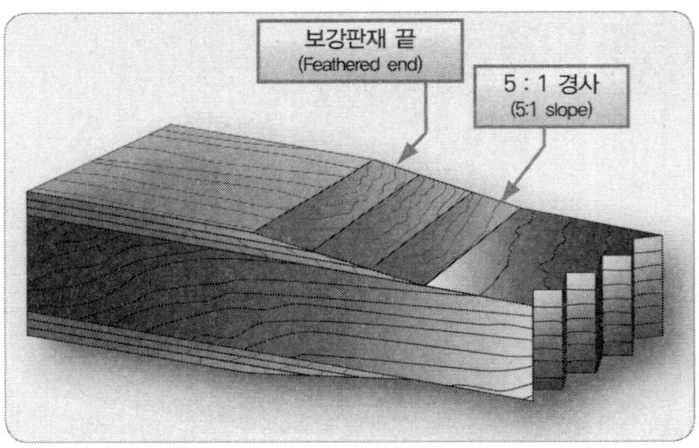

[그림 5-21] 경사진 보강판(Tapered faceplate)

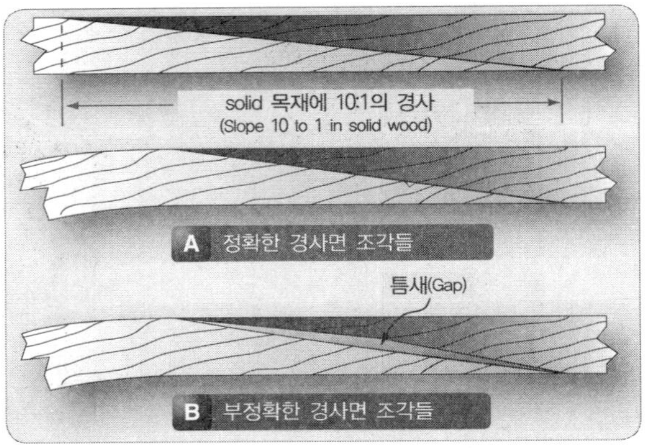

[그림 5-22] 경사면 스카프 조인트(Beveled scarf joint)

그림 5-23에서는 정밀한 스카프 접합부를 산출하는 한 가지 방법을 보여준다.

2개의 사면을 예정된 스플라이스를 위해 절단하였을 때 유사한 재료의 편평한 유도장치 판자 조각을 쥔다. 그다음 예리한, 미세톱니 톱으로 접합부까지 쭉 톱질한다. 톱을 제거하고, 압력을 줄이며 틈새를 닫기 위해 끝에 위치한 부분 중 한 곳을 가볍게 두드려 준다. 접합부를 통과하여 다시 톱질을 한다. 접합부가 접합면에 대해 완벽하게 평행하게 될 때까지 이 과정을 지속한

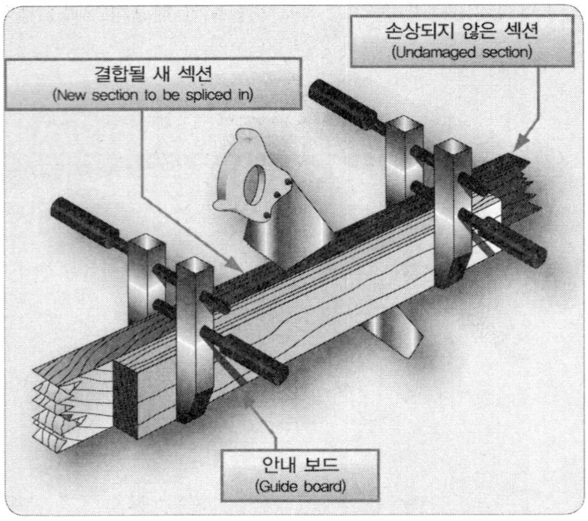

[그림 5-23] 스카프 조인트 만들기(Making a scarf joint)

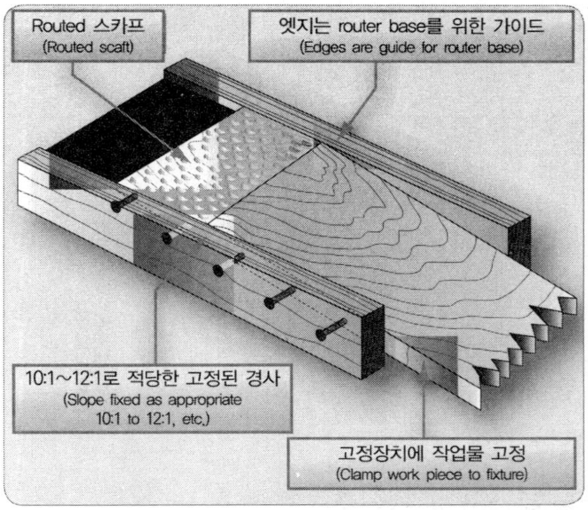

[그림 5-24] 스카프 절단 고정장치(Scarf cutting fixture)

다. 그다음 양쪽 접합면을 매끄럽게 하기 위해 날카로운 대패를 사용하여 나뭇결 방향으로 약간 절단한다.

스카프를 절단하는 또 다른 방법은 라우터로서도 사용하기 위해 조립할 수 있는 간단한 스카프 절단 고정구를 사용하는 것이다. 마무리된 절단의 결과가 스카프 끝을 가로질러서 경사져서 얇아지는(feathered) 가장자리가 되도록 끝부분을 지나게 위치시킨다(그림 5-24 참조).

개인적으로 제작된 수많은 공구가 있으며, 스카프 절단 공구를 조립하는 매뉴얼과 함께 상업적 판매 계획이 있는 것들도 있다. 대부분 이 공구를 가지고 작업할 수 있지만 일부는 다른 것들보다 더 좋다. 공구에 대해 가장 중요한 요구 사항은 적합한 각도에서 매끄럽고, 반복적인 절단면을 생산하는 것이다.

그림 5-25와 같이, 날개보의 꼭대기 또는 하부 가장자리에 국부적인 손상은 손상된 부분을 제거하고 날개보와 동일한 재료로 교체 충전 블록을 제조하는 것으로 수리할 수 있다. 전체폭 보강재(full width Doublers)를 보인 것과 같이 조립하고 그 뒤 3개의 조각 모두를 접착하고 날개보에 죈다. 못과 스크루는 날개보 수리에 사용하지 말아야 한다. 입방체 날개보에서 세로 방향 균열은 적당한 두께의 합판으로 제작된 보강재를 사용하여 수리하도록 한다. 보강재는 최소 길이가 균열을 넘어 연장되도록 주의한다.

그림 5-26과 같이, 조립된 I-spar에서 대표적인 수리는 원목 간격블록으로 된 합판 보강판을 사용하는 것이다. 모든 수리를 할 때와 같이, 보강판 끝단은 5:1 경사로 절삭하여 얇게 만들어야 한다.

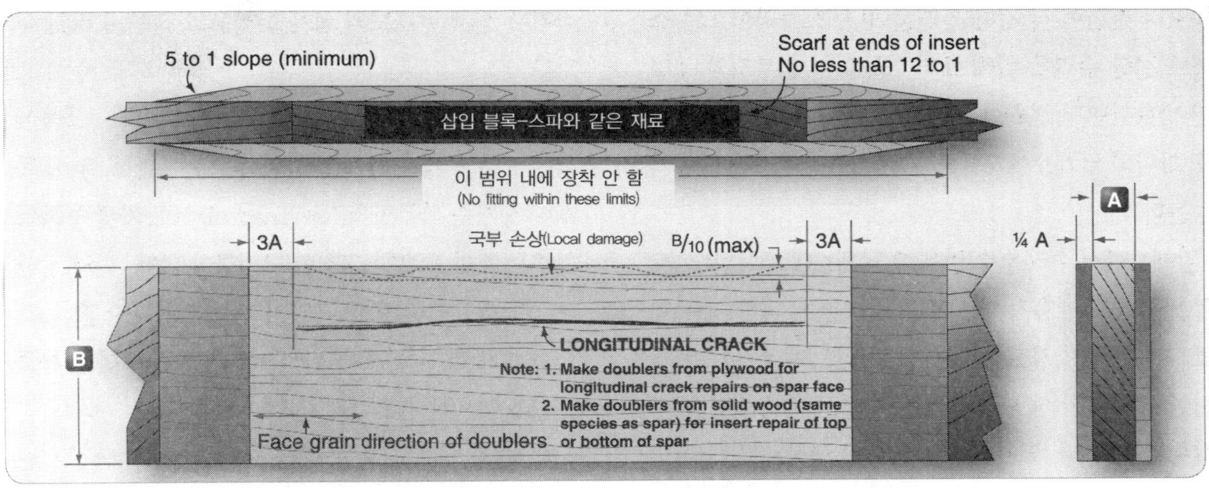

[그림 5-25] 솔리드 스파 손상수리 방법(A method to repair damage to solid spar)

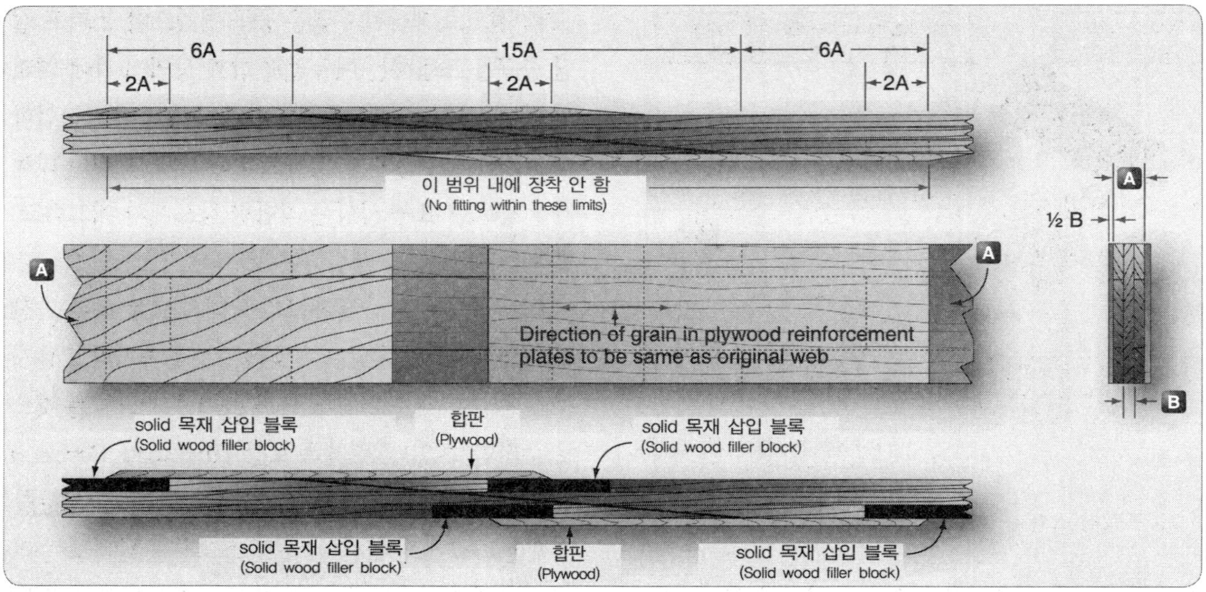

[그림 5-26] 구축된 I-Spar에 대한 수리(Repairs to a built-up I-spar)

이 섹션의 초반에 설명된 다른 유형의 날개보를 위한 수리 방법은 수리의 기본 절차에 따른다. 사용되는 목재는 원래 날개보와 동일한 유형과 동일한 크기여야 한다. 원래의 합판과 같은 유형의 합판으로 합판 웨브를 스플라이스하고 보강한다. 합판 웨브를 교체할 때 원목을 사용해서는 안 된다. 합판이 동일한 두께의 원목보다 전단이 더 강하기 때문이다. 스플라이스와 스카프 절단 수리를 위해 표면 나뭇결이 원부재와 동일한 방향이면서 정확한 경사여야 한다. 어떤 날개보라도 하나의 날개보에 2개 이상의 스플라이스를 만들지 않는다.

날개보에서 수리할 수 없을 때 날개보를 교체한다. 새로운 날개보는 제작사나 또는 그 부분에 대한 부품 제조사 승인 소지자로부터 구할 수 있으며 소유자가 생산한 날개보가 제작사 인가 도면으로 제작되었을 때 설치할 수 있다. 교체하는 날개보가 제작사 원래의 도면에 정확하게 부합되도록 보장할 수 있게 주의한다.

5.3.4.3 볼트와 부싱구멍 (Bolt and Bushing Holes)

항공기 구조물에 사용되는 모든 볼트와 부싱은 구멍에 딱 맞게 끼워져야 한다. 볼트와 부싱이 헐겁다면 구조물의 움직임이 구멍을 키운다. 날개보에서 볼트 구멍이 길어지거나 또는 볼트구멍 가까이에 균열이 생기는 경우에는, 날개보에서 새로운 섹션으로 스플라이스하거나 전체 날개보의 교체를 필요로 하는 수리일 수 있다.

볼트를 끼우거나 또는 부싱을 위하여 목재 구조물에 뚫은 모든 구멍은 볼트 삽입이나 또는 부싱을 위해 목재나 생가죽 나무망치(Rawhide mallet)로 가볍게 툭툭 쳐주는 것이 필요한 그러한 크기여야 한다. 만약 강한 타격이 필요할 정도로 구멍이 너무 빡빡하다면, 목재의 변형으로 인해 쪼개지거나 또는 고르지 못한 하중 분산을 일으킨다.

정밀하고 매끄러운 구멍을 뚫기 위해서, 탁상드릴(Drill press)을 사용하는 것을 권고한다. 느리고 일정한 압력을 사용하여 날카로운 비트로 구멍을 뚫어야 한다. 표준 트위스트 드릴(Standard twist drill)은 60° 각도로 뾰족하게 되었을 때 목재에서 사용할 수 있다. 그러나 목재에 구멍을 뚫기(Boring) 위해 립(lip)과 돌출부(Spur) 또는 곡정지점(Brad point)이라 부르는 더 좋게 설계한 드릴이 개발되었다. 드릴의 중심은 날카로운 첨단으로 된 돌출부와 4개의 예리한 모퉁이를 갖고 있다. 그리고 가끔 전통적인 드릴이 그러하듯 워크(Walk)한다기보다 절단한다. 이것은 먼저 구멍의 주변을 절단하고 매끄러운 구멍을 남기면서 목재섬유가 깨끗하게 절삭하는 가능성을 극대화하기 위해 앞서나가는 절삭날의 바깥쪽 모서리를 갖고 있다.

포스트너(Forstner) 비트는 나뭇결에 관하여 어떤 방향에서도 목재에 정밀하고 평평한 바닥으로 된 구멍을 뚫는다. 포스트너 비트는 절삭기능에 더 많은 힘이 필요하기 때문에 탁상드릴에서 사용해야 한다. 또한, 구멍으로부터 깎아낸 부스러기를 제거하도록 설계되지 않았기 때문에 이러한 작업을 수행하기 위해서는 주기적으로 부스러기를 빼내야 한다. 드릴로 작업 조각을 관통해서 작업 조각을 뒤에서 받치는 목재 조각까지 뚫어서 곧고 정밀한 구멍을 맞뚫을 수 있다.

부품을 제자리에 유지하기 위한 볼트를 위해 뚫은 모든 구멍은 부품에 있는 구멍 직경과 일치해야 한다. 볼트가 조여졌을 때 목재를 으스러뜨리는 것을 방지하기 위해 강재, 알루미늄, 또는 플라스틱으로 제작한 부싱을 가끔 사용한다. 목재 구조물에 구멍을 뚫은 뒤 그 구멍을 밀폐시켜야 한다. 열린 구멍 안으로 바니시나 다른 허용되는 밀폐제를 도포하는 것으로 밀폐시킨다. 볼트 또는 부싱이 장착되기 전에 밀폐제가 철저하게 건조하거나 양생되도록 한다.

5.3.5 합판 외판 수리(Plywood Skin Repairs)

합판 외판은 구멍의 크기와 항공기에서의 구멍의 위치에 따라 다수의 다른 방법을 사용하여 수리할 수 있다. 이용이 가능하다면, 제작사 사용법 설명서가 수리계획의 첫 번째 출처여야 한다. AC 43.13-1은 수리의 허용 가능한 다른 방법을 제공한다. 그중 일부는 다음 섹션에서 기술된다.

5.3.5.1 천 패치(Fabric Patch)

천 패치는 합판에 있는 작은 구멍을 수리하기 위한 가장 간단한 방법이다. 이 수리는 매끄러운 윤곽으로 다듬은 상태에서 직경이 1inch를 초과하지 않는 구멍에서 사용된다. 다듬은 구멍 가장자리는 가급적이면 투파트(two-part) 에폭시 바니시로 먼저 밀폐시켜야 한다. 이 바니시는 오랜 양생시간이 필요하지만 칠하지 않은 원 목재에서 최상의 밀폐를 제공한다.

패치에 사용되는 직물은 직물 시스템의 제조사에 의해 권고된 접착제를 사용하는 인가된 재료로 만든 것이어야 한다. 천 패치는 핀킹(pinking) 가위로 절단하며 합판 외판에 적어도 1inch 이상 포개지도록 한다. 날개의 리딩엣지, 동체의 앞면 지역, 혹은 어떠한 뼈대 부재의 1inch 이내에 있는 구멍은 천 패치로 수리해서는 안 된다.

5.3.5.2 스플레이드 패치(Splayed Patch)

스플레이드 패치는 편평한(flush) 패치다. 스플레이드라는 용어는 천 패치의 가장자리가 외판의 두께에 5:1의 비율로 절단된 경사면으로 된 것을 의미한다. 스플레이드 패치는 수리하는 구멍의 가장 큰 치수가 외판 두께의 15배를 초과하지 않는 작은 구멍이고 외판이

1/10inch 두께 이하인 곳에서 사용된다. 이것은 매우 얇은 합판에 있는 다듬어진 1$\frac{1}{2}$inch 구멍보다 더 크지 않게 산출한다.

1/10inch 두께의 합판 표본과 1$\frac{1}{2}$inch의 최대로 다듬어진 구멍 크기를 이용하는 것과 5:1 스카프로 절삭하는 것은 패치를 대어 수리하는 둥근 섹션을 2$\frac{1}{2}$inch로 만든다. 패치는 수리되는 표면과 동일한 유형 및 두께의 합판으로부터, 5:1 스카프로 가공되어야 한다.

비스듬한 가장자리에 아교를 도포하고 패치는 수리하는 표면에 평행되게 나뭇결을 맞춘다. 더 두꺼운 합판의 압력판을 패치 크기로 정확하게 절단하고 왁스지로 덮은 패치 위의 중심에 둔다. 아교가 응고될 때까지 압력을 가하기 위해 적당한 무게를 이용한다. 그림 5-27과 같이, 수리되는 패치를 원 표면과 일치하도록 갈아준 다음 마무리한다.

5.3.5.3 표면 패치(Surface Patch)

축조 부재 사이에서 혹은 축조 부재를 따라서 손상된 두께가 1/8inch를 넘지 않는 합판 외판은 표면 패치 또는 덮어씌우는 패치로 수리한다. 10% 시위선(Chord line)의 뒤쪽, 또는 리딩엣지 주위를 덮고 그 끝이 10% 시위선의 뒤쪽에서 끝나는 곳에 위치한 표면 패치는 허용 가능하다. 표면 패치를 50inch까지의 둘레를 가진 다듬어진 구멍을 덧대기 위해 사용할 수 있고 어떤 뼈대나 리브만큼 큰 면적을 덮을 수도 있다.

사각형 또는 삼각형에 둥근 모서리로 손상 지역을 깎아 다듬는다. 모서리의 반지름은 적어도 외판 두께의 5배여야 한다. 적어도 1/4inch 두께의 합판으로 만든 보강재를 외판 안쪽 구멍의 가장자리 아래쪽에 붙여 보강시킨다. 제 위치에 보강재를 못질하고 접착한다. 그림 5-28과 같이, 보강재를 1개의 축조 부재에서 그 옆

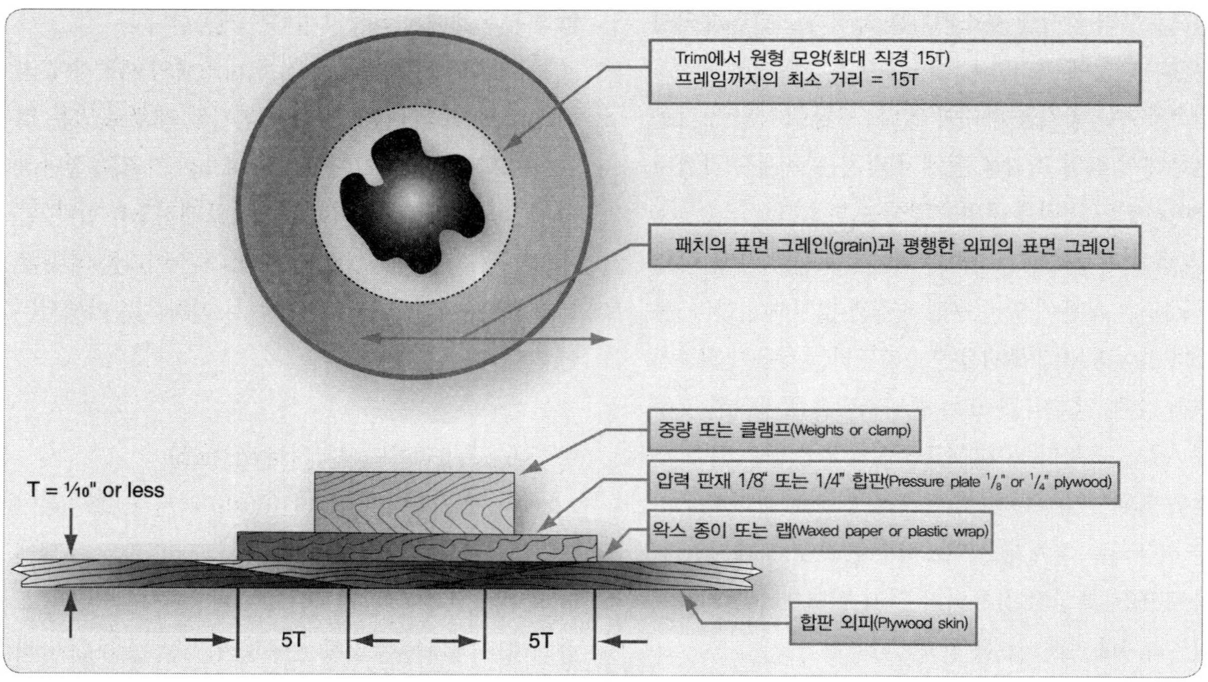

[그림 5-27] 스플레이드 패치(Splayed Patch)

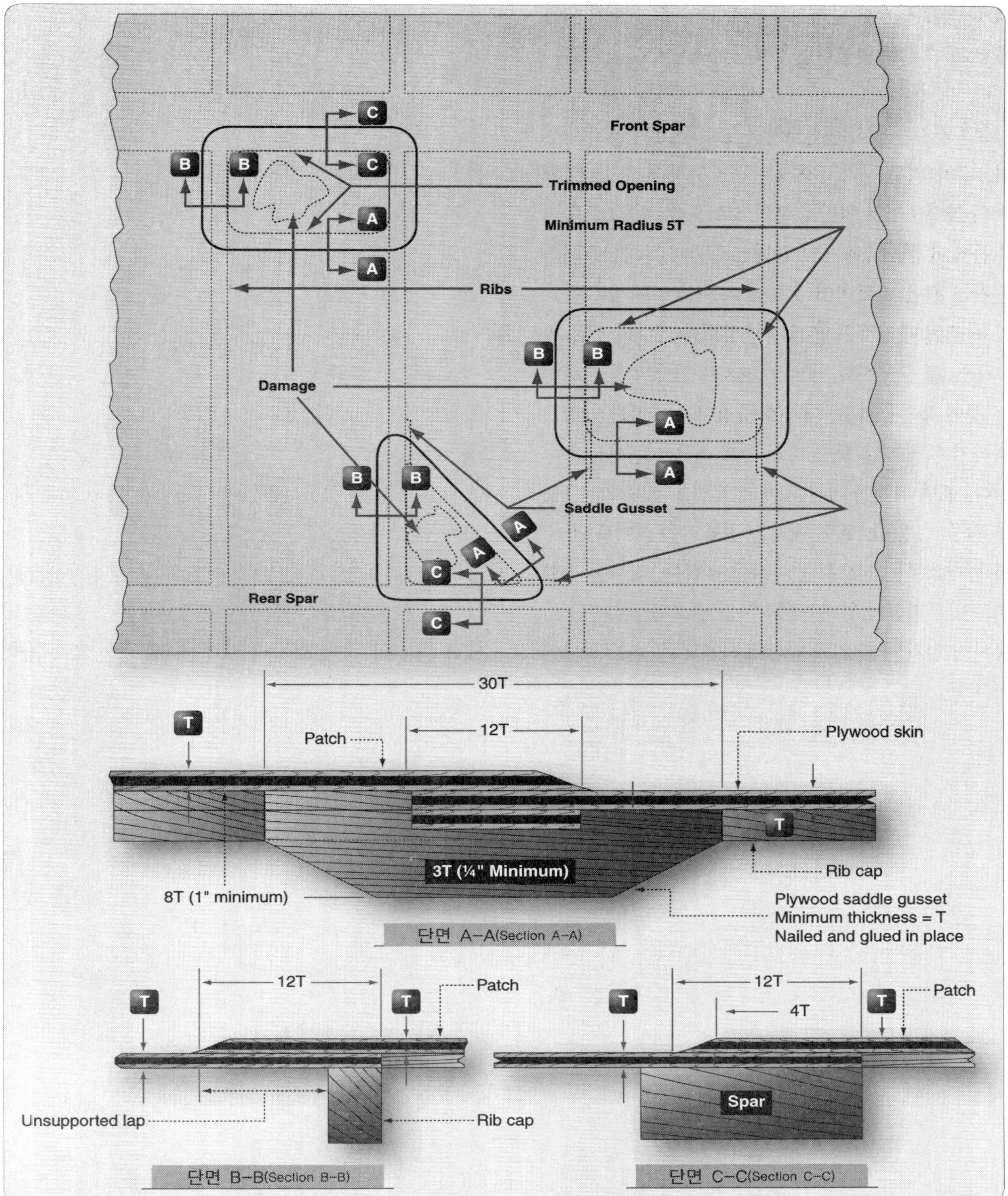

[그림 5-28] 표면 패치(Surface Patch)

쪽 축조 부재까지 걸쳐지도록 하고 축조 부재에 새들(Saddle) 보강용 덧붙임판을 부착하여 끝부분을 강화시킨다.

표면 패치는 표시된 절단물을 넘어 연장된 크기가 된다. 패치의 모든 가장자리는 비스듬해야 하지만, 패치의 리딩엣지는 외판 두께의 적어도 4:1의 각도로 비스듬해야 한다. 패치의 표면 나뭇결 방향은 원래의 외판과 같은 방향이어야 하며 가능한 곳에서는 아교가 건조될 때까지 표면 패치에 압력을 가하기 위해 추(weight)를 사용한다. 패치의 위치로 인해 추를 사용하는 것이 불가능하면, 패치를 고정시키는 접착 압력을 가하기 위해 작은 둥근 머리 목재 스크루를 사용할 수 있다. 표면 패치가 마른 후에 스크루를 제거하고 구멍을 막을 수 있다. 표면 패치는 원표면을 적어도 2inch를 덮어씌우는 천으로 덮어주어야 한다. 직물은 접합하고 마무리하기 위해서 제작사가 권고하는 절차를 이용하여 인가된 천 외피 방식에 사용되는 것 중 하나여야 한다.

06
첨단 복합 소재

Advanced Composite Materials

6 첨단 복합 소재

Advanced Composite Materials

6.1 복합 소재 구조물 (Composite Structures)

6.1.1 개요(General Description)

복합 소재는 최근 항공분야 구조물 분야에서 점점 더 중요한 역할을 하고 있다. 항공기를 구성하는 부분품 중에서 무게를 줄이기 위해 1960년대부터 개발, 적용되어 왔던 알루미늄 재질의 페어링, 스포일러 및 각종 조종 계통의 부분품들이 복합 소재를 사용하여 제작, 사용되고 있다. 최근에 개발 생산되고 있는 신세대 대형 항공기에서도 동체 및 날개 구조물들에 복합 소재 재질이 적용되고 있어 이들에 대한 수리 작업 수행하기 위해 복합 소재 구조물에 대한 지식, 사용된 자재 및 장비 공구들에 대한 심도 있는 지식이 요구되고 있다. 복합 소재의 주요 특징으로는 고강도, 무게 경감 및 부식에 대한 높은 저항력 등을 꼽을 수 있다.

6.1.2 다층 구조물(Laminated Structures)

복합 소재는 규정된 구조물의 특성을 유지하기 위해 여러 가지의 재료들이 복합적으로 접합되는 형태를 이루고 있다. 각각의 구성 재료들은 용해 또는 결합되는 것이 아니라 하나의 개체를 형성하기 위해 각각 고유의 특성을 나타내는 형태를 유지한다. 보통 이러한 부분품들은 상호적인 연계성을 가지고 물질적으로 구분할 수 있다. 일반적으로 복합 소재의 물리적 특성으로는 각 구성 요소들이 이룰 수 있는 개별적인 특성보다는 월등히 우수한 특성을 지니게 된다.

최신 복합소재는 접착제에 섬유재를 끼워 넣는 방식이 사용되는데 일반적으로 자재의 강도와 경도를 유지하기 위해 여러 방향으로 섬유재를 위치, 적층하는 형태로 제작되고 있다. 여기에 사용되는 섬유재는 특별히 새롭게 개발된 것은 아니며 우리에게 이미 잘 알려진 것으로 섬유 구조재로 가장 많이 사용되고 있는 목재(wood) 성분을 근간으로 하고 있다.

현재 항공기 구조물에서 복합 소재가 사용되는 부분품들은 다음과 같다.

① 페어링
② 비행 조종면
③ 착륙 장치 도어
④ 날개 및 안정판에 부착된 전방 구조물 과 후방 구조물의 판넬
⑤ 객실 내의 내장재
⑥ 객실 또는 화물칸 아래 부분의 가로 구조물 빔(beam)과 판넬
⑦ 대형 항공기에서 수직안정판과 수평안정판의 1차 구조물 부분
⑧ 대형 항공기에서 날개 및 동체 구조물 중에서 1차 구조물 부분
⑨ 터빈 엔진 의 팬 블레이드

⑩ 프로펠러

6.1.2.1 적층 복합 소재의 주요 구성품 (Major Components of a Laminate)

등방성 재료는 모든 방향으로 고유한 성능을 갖고 있다. 등방성 재료가 갖고 있는 성능은 측정하고자 하는 축에 무관하게 동일한 성능을 갖고 있다. 알루미늄과 티타늄과 같은 금속은 등방성 재료의 성능을 지닌 재료들이다.

섬유 재질은 복합 소재에서 주 하중을 담당하는 요소이다. 복합 소재에서는 섬유 재질의 방향으로만 강도와 탄성을 갖추고 있다. 단 방향 복합 소재는 한쪽 방향으로 만 탁월한 기계적인 특성을 갖고 있으며, 재질이 갖고 있는 고유의 기준 축에 대해 각 방향으로 상대적으로 변화하는 기계적 또는 물리적인 특성을 나타내는 이방성을 지니고 있다. 섬유 강화 복합 소재로 만든 부분품들은 섬유 조직 구성이 최적의 기계적 특성을 갖추되 알루미늄과 티타늄 같은 등방성 금속의 성능과 유사하도록 설계, 제작할 수 있다.

복합 소재에서의 결합 물질은 섬유 재질을 지지해 주고 또한 이를 함께 접착시키는 역할을 담당하고 있다. 또한 이 결합 물질은 복합 소재에 가해지는 하중을 섬유 재질 부분으로 전달시키고, 섬유 재질의 위치와 방향을 유지하게 하며, 복합 소재의 환경적 저항력을 제공하고 복합 소재의 최대 사용 가능 온도 범위를 결정하는 역할을 한다.

6.1.2.2 강도 특성(Strength Characteristics)

적층 복합 소재의 탄성, 방향 안정성, 그리고 강도 등의 구조적 특성은 복합 소재를 이루고 있는 층의 적층 순서에 따라 결정된다. 적층 순서는 적층 판의 두께를 고려하여 겹의 조직 구성 방향을 분배 설정하는 것으로 표현된다. 필요한 조직 구성 방향의 층수가 많아지면 이에 필요한 적층 순서도 증가하게 된다. 예를 들어 4개의 서로 다른 방향 층 조직이 요구되는 대칭의 8개 적층 구조에서는 24가지의 적층 순서가 필요하다.

6.1.2.3 섬유 재질의 조직 구성(Fiber Orientation)

복합 소재 제작 시 강도와 경도는 각 층의 조직 구성 순서에 따라 결정된다. 탄소 섬유의 강도 및 탄성 범위는 유리 섬유가 제공할 수 있는 최저치와 티타늄 소재가 제공할 수 있는 최대치 사이 정도가 된다. 이들 강도와 탄성 값은 가해지는 하중까지 적층되는 겹의 조직 구성에 따라 결정된다. 첨단 복합 소재에서 효율적인 구조적 설계를 위해서는 적층되는 각 겹의 조직 구성 선택이 필요하다. 복합 소재 구조물에서는 일반적으로 축 방향 하중을 담당하기 위해 0°, 전단 하중을 담당하기 위해 ±45°, 가로 방향 하중을 담당하기 위해 90° 방향으로 겹이 위치해야 한다. 강도 설계 시 가해지는 하중 방향의 기능을 담당해야 하기 때문에 겹의 조직 구성 및 적층 순서가 정확하게 이루어야 한다. 복합 소재 수리 작업 시에도 해당 부위에 사용된 동일한 재료 및 동일한 조직 구성을 갖춘 겹을 사용해야 한다.

단 방향 섬유 소재는 해당되는 한 방향으로만 직조되어 있고, 강도와 경도 역시 섬유 소재의 직조 방향으로만 그 기능을 발휘한다. 수지침투가공재가 한 방향 단층재의 일종이다.

양방향 섬유소재는 90°로 교차하는 형태로, 두 개 방향으로 직조된다. 평직물은 양방향 섬유 소재의 일종으로 이러한 소재는 두 개 방향으로 강도를 가지고 있으나 동일할 필요는 없다(그림 6-1 참조).

준 등방성 층의 적층 시에는 각각의 겹을 0°, −45°,

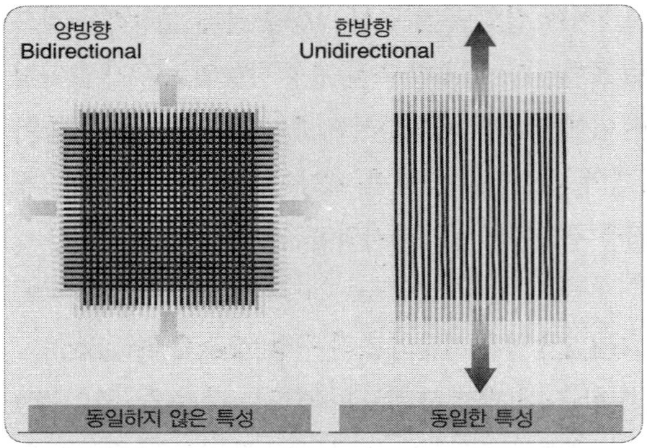

[그림 6-1] 양방향과 한방향 재료의 성질(Bidirectional and unidirectional material properties)

45°, 그리고 90° 방향의 순서로, 또는 0°, -60°, 그리고 60° 방향의 순서로 적층하여 제작된다. 이러한 종류의 적층 방식의 재료는 등방성 재질의 특성을 잘 나타내고 있다. 많은 항공 산업 분야에 적용되고 있는 복합 소재 구조물들은 준 등방성 재료로 제작된다(그림 6-2 참조).

6.1.2.4 날실 시계 방향 표시(Warp Clock)

날실은 우포에서 세로 방향의 섬유이다. 날실은 섬

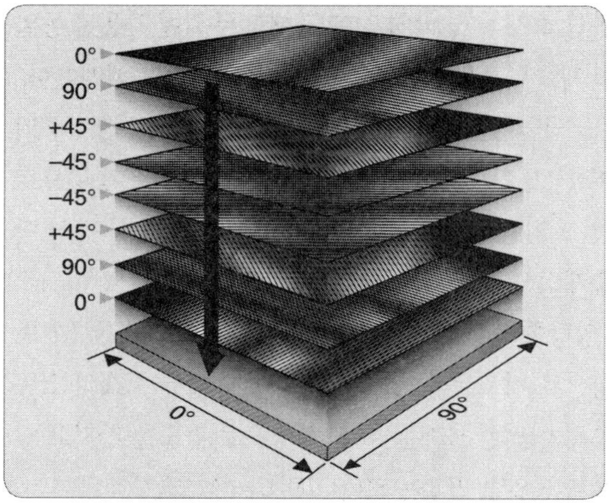

[그림 6-2] 준등방성 소재 레이업 (Quasi-isotropic material lay-up)

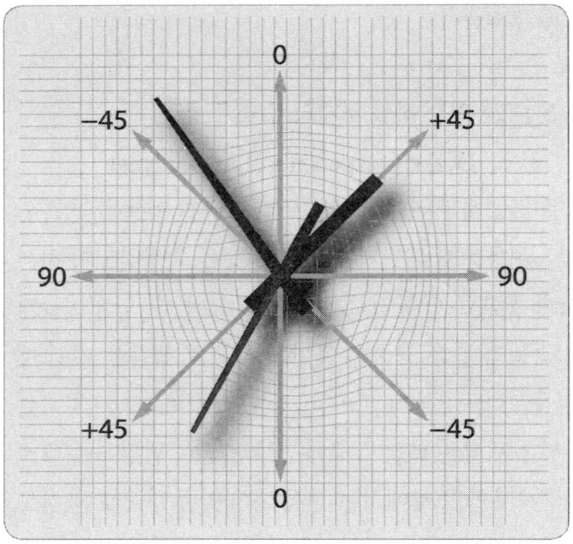

[그림 6-3] 날실 시계(A warp clock)

유의 일직선 형상으로 인하여 고강도 방향이 된다. 날실의 시계 방향 표시는 도면, 규격서 또는 제작사 설명서에서 섬유의 방향을 표시하는 데 사용한다. 섬유 소재에서 만약 날실 시계 방향 표시가 불가능할 경우에는 롤 형태에서 풀리는 방향이 0° 기준이 되며, 섬유 소재 폭 방향이 90° 기준이 된다(그림 6-3 참조).

6.1.3 섬유 재질의 형태(Fiber Forms)

모든 제품들은 감겨져 있는 한 방향의 섬유 제품 가닥으로 시작된다. 개별적으로 각각의 섬유를 단섬유라고 부른다. 가닥이란 단어는 각각의 유리 섬유를 나타내는 데 사용한다. 단섬유의 묶음은 작은 섬유, 꼬은 실 가닥, 또는 굵은 실 가닥으로 구분된다. 유리 섬유 꼬은 실 가닥은 꼬아져 있지만, 케블러의 꼬은 실 가닥은 실제로 꼬아져 있지 않다. 작은 섬유와 굵은 실 가닥은 꼬아져 있지 않다. 대부분 섬유는 사용하기 전에 접착제 첨가가 필요한 건조한 상태의 섬유 또는 이미 접착제가 첨가된 후 건조된 상태를 유지하고 있다.

6.1.3.1 굵은 실 가닥(Roving)

굵은 실 가닥은 20-end 또는 60-end 등급 굵은 실 가닥처럼 단섬유 끝단이나 섬유 끝단에서 한 개의 묶음을 이룬다. 모든 단섬유는 한 방향으로 위치하며 꼬여있지 않다. 굵은 탄소 실 가닥은 보통 3K, 6K, 또는 12K 굵은 실 가닥으로 표현되는데, 이때 K는 1,000개의 단섬유 개수를 의미한다. 대부분 굵은 실 가닥 제품 생산 시 단섬유를 감거나 최종 형태로 접착제를 굳히는 과정에 굴대가 이용된다.

6.1.3.2 한 방향 제품 테이프(Unidirectional Tape)

한 방향 접착제 내장 테이프는 오랜 기간 동안 항공산업 분야에 표준으로 사용되어 왔으며, 섬유는 전형적으로 열경화성 접착제가 내장되어 있다. 우리에게 잘 알려진 전형적인 생산 방법은 건조 상태의 여러 개 섬유 가닥을 고열로 녹은 접착제가 담겨진 주입 장비 안으로 평행하게 끌어당긴 후 열과 압력을 이용하여 섬유 가닥과 접착제가 융합되도록 하는 방식이다. 이 테이프 제품은 섬유 방향으로는 고강도를 갖지만 그와 직각인 방향으로는 강도가 존재하지 않는다. 섬유는 접착제에 의해 그 형태를 유지하며, 테이프는 직물 형태보다 훨씬 더 큰 강도를 갖고 있다(그림 6-4 참조).

6.1.3.3 양방향 제품/천(Bidirectional Fabric)

대부분 천 구조는 복잡한 형태의 적층 작업에서 일직선 형태의 단 방향 테이프 재질보다 효율적인 유연성을 제공한다. 천 재료는 용해제 상태나 또는 고온으로 녹은 상태로 접착제를 첨가시킬 수 있다. 일반적으로 구조물에 사용되고 있는 천 재료는 양방향에서 동일한 무게와 결과물의 섬유 또는 가닥으로 사용한다. 항공 산업 분야 구조물에 사용되는 천 조직은 제조 공정에서 무게 절감, 접착제 최소화 및 섬유 방향유지 최적화 방안이 철저하게 준수되고 있다.

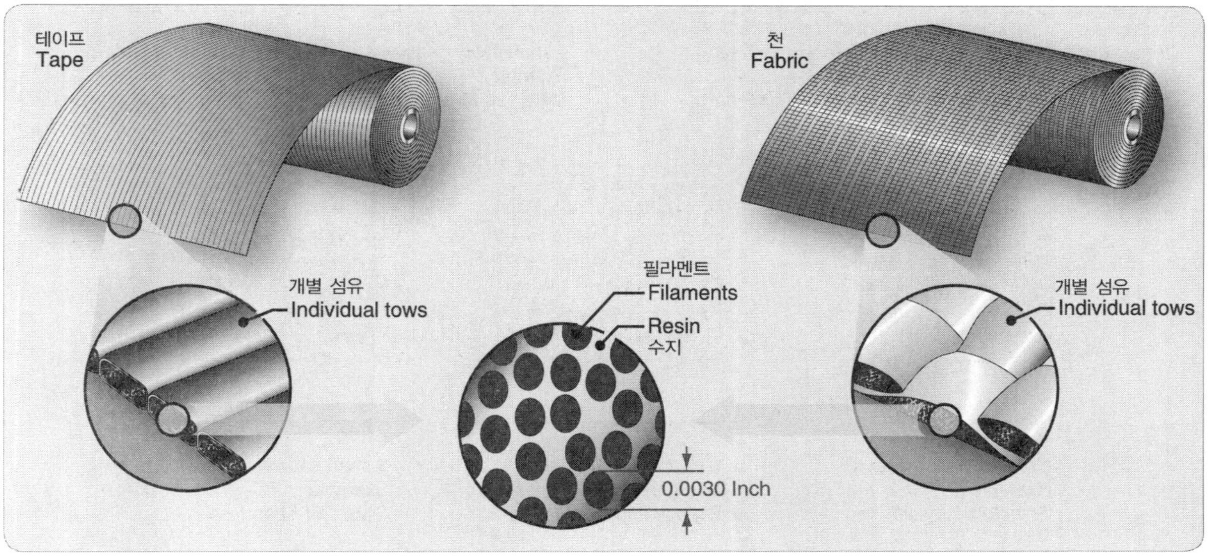

[그림 6-4] 테이프와 천 제품(Tape and fabric products)

직조된 천 구조물은 직조 과정에서 보강된 작은 섬유, 가닥 그리고 꼬은 실 가닥이 서로 아래와 위로 위치하여 짜인 형태를 갖추게 된다. 더 일반적인 천 형태로는 평면 형태 또는 자수 형태로 직조된다. 평면 형태의 천은 각각의 섬유 가닥이 아래위로 교차하면서 직조되는 방식의 구조를 이룬다. 5개 가닥 또는 8개 가닥 등과 같이 일반적인 자수 형태의 모양과 함께 섬유다발은 양방향으로 아래와 위로 변화해 가면서 직조하는 빈도가 덜하다.

이들 자수 형태의 천은 평면 형태의 천보다 주름이 덜 지고 비틀림을 쉽게 줄 수 있다. 평면 형태의 천과 일반적으로 5개 또는 8개의 직물의 섬유에서 가로 및 세로 방향의 섬유 가닥은 모두 동일하다. 3K 평면 형태의 천에서 종종 추가적인 명칭을 갖고 있는데 이는 각 방향에 대해 1인치당 12개의 작은 섬유 가닥을 의미하는 12×12 형태로 표현된다. 이 표현은 천 구조물의 무게를 증감시키거나 무게 변화가 있는 상이한 천 조직을 나타낸다(그림 6-5 참조).

6.1.3.4 비 직조형태 제품 (Nonwoven: Knitted or Stitched)

짜거나 또는 꿰맨 형태의 천은 한 방향 테이프를 이용하여 많은 기계적인 장점을 제공한다. 직조 형태의 아래 및 위로의 변화 없이 섬유를 직선 또는 한 방향으

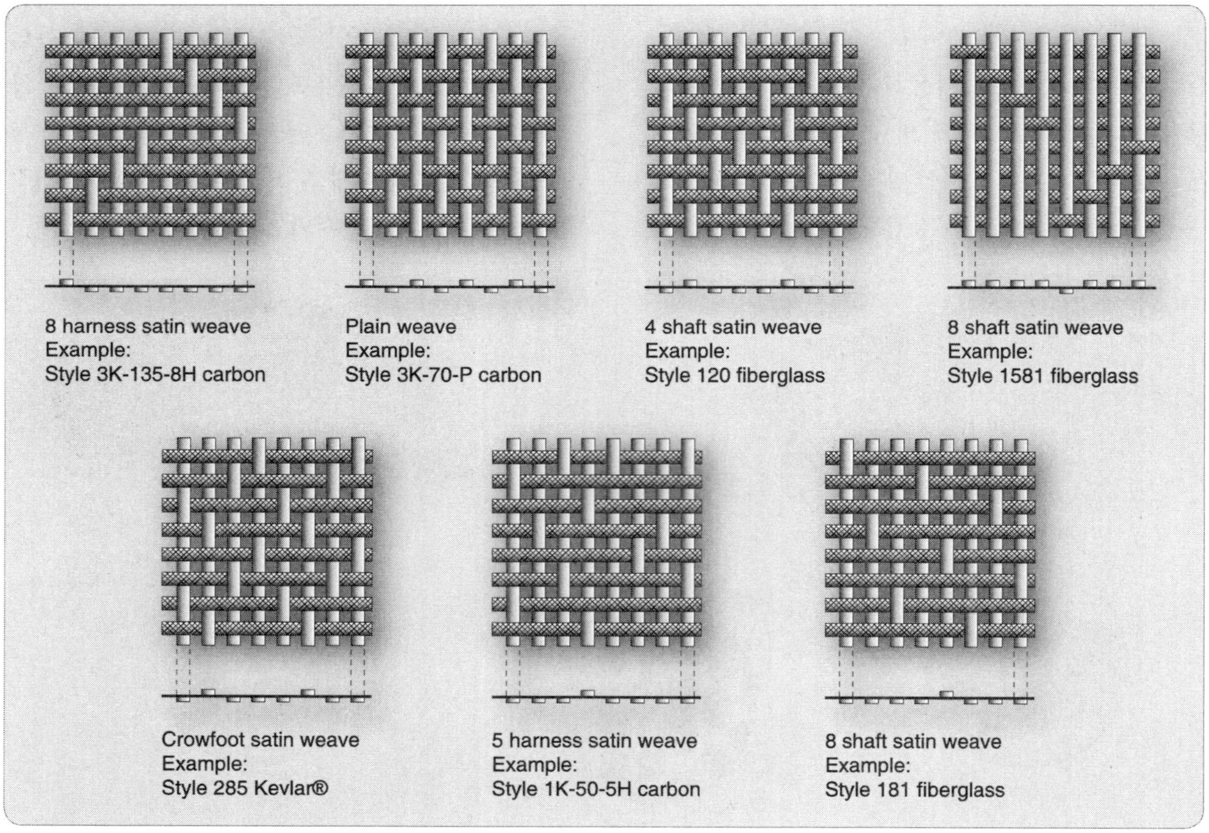

[그림 6-5] 전형적인 천 직조 방식(Typical fabric weave styles)

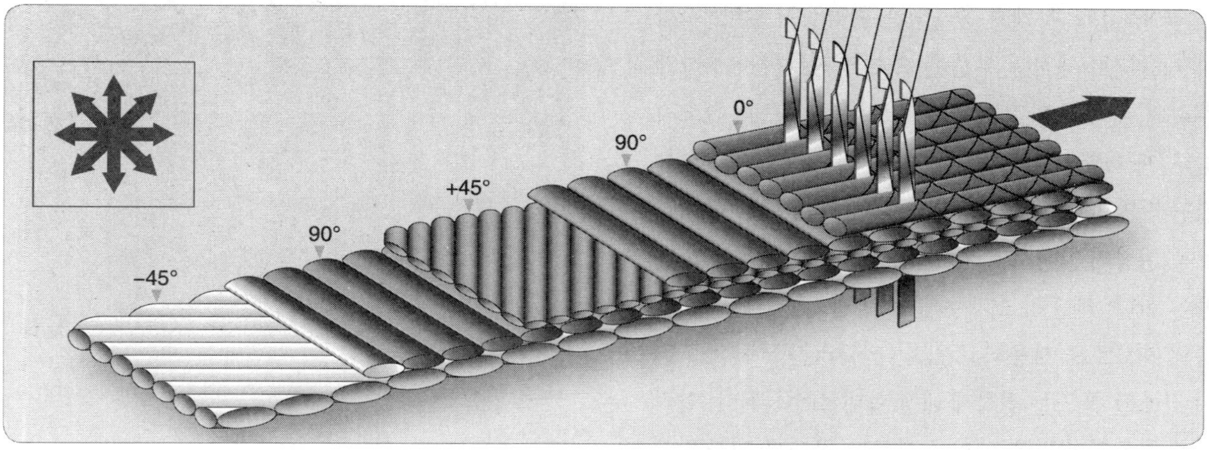

[그림 6-6] 비직조 재료{Nonwoven material(stitched)}

로 위치시킬 수 있다. 섬유는 건조된 층 1개 또는 여러 개 층의 위치를 정한 후 가는 묶음선 또는 실로 바느질하는 방식으로 고정된다. 이러한 형태의 천은 여러 개 층으로 구성되는 것의 폭을 넓게 할 수 있다. 비록 약간의 무게 증가 또는 보강 섬유 특성의 최대치를 약화시키는 약점은 존재하지만 내부 층의 전단력 및 내구성의 이점을 어느 정도 얻을 수 있다. 일반적으로 바느질 형태에 사용되는 실의 재질은 폴리에스테르, 아라미드 또는 열가소성 재료들이다(그림 6-6 참조).

6.1.4 섬유의 종류(Types of Fiber)

6.1.4.1 유리 섬유(Fiberglass)

유리 섬유는 가끔 페어링, 레이돔, 그리고 날개 끝 부분과 같은 항공기 2차 구조물에 사용한다. 또한 유티 섬유는 헬리콥터의 회전날개 깃에도 사용한다. 이와 같이 여러 가지 형태의 유리 섬유가 항공 산업 분야에 널리 사용되고 있다. 전기적 특성을 갖는 유리 또는 E-glass는 전기적인 일반 특성을 유지한다. 즉 전기 흐름에 대해 고 저항을 갖는다. E-glass는 붕규산 유리로 제작한다. S-glass와 S2-glass는 E-glass보다 더 강한 강도를 갖는 구조적 유리 섬유이다. S-glass는 마그네시아-알루미나-실리케이트로 제작한다. 유리 섬유는 다른 복합 소재보다 가격이 저렴하고 화학적 또는 이질 금속 간의 부식 현상에 대한 내구성이 우수하며, 전기적 전도성이 없는 장점을 지니고 있다. 유리 섬유는 흰색을 띠며, 건조된 상태의 천 형태 또는 접착제 내장 형태로 생산된다.

6.1.4.2 케블러(Kevlar®)

케블러는 아라미드 섬유에 대한 듀폰 회사의 제품 명칭이다. 아라미드 섬유는 가볍고 강하며 단단한 특성을 가지고 있다. 항공 산업 분야에서 아라미드 섬유는 2가지 형태로 사용되고 있다. 케블러 49는 고강도를 갖고 케블러 29는 저강도를 갖는 특성이 있다. 아라미드 섬유의 장점은 충격 손상에 대한 저항력이 우수하여 충격 손상을 입기 쉬운 곳에 널리 사용되고 있다. 아라미드 섬유의 주요 단점은 압축력과 습기 침투에 대한 저항력이 취약하다. 케블러로 제작된 부품을 실제로 항공기에 사용해본 결과, 물이 침투할 경우 자중의 약 8% 정도 무게가 증가되는 취약점이 있다. 따라서 케블러로 제작된 부품은 습기가 침투하지 못하게 주위의 취약한 환경적인 요소로부터 보호할 필요가 있다. 또 다른 약점으로 케블러 자재는 구멍 뚫기 또는 절단 작업의 어려움을 가지고 있다. 섬유 부분에 쉽게 보풀 현상이 발생하고, 절단 시에는 특수 가위를 사용해야 한다. 케블러 소재는 군용 방탄 및 인체 보호 부품의 재료로도 사용되고 있다. 케블러는 노란색을 띠며 건조된 천 또는 접착제 내장 형태로 생산된다. 아라미드 섬유의 다발은 탄소 소재 또는 유리 소재와 같이 섬유의 개수에 의해 크기가 결정되지는 않고 무게에 의해 결정된다.

6.1.4.3 탄소/그래파이트 섬유 (Carbon/Graphite Fiber)

섬유로 만들어진 제품의 첫 번째 특징 중 하나는 비록 바꾸어 사용되긴 하지만 탄소 섬유와 흑연 섬유 소재의 차이이다. 탄소 섬유와 흑연 섬유는 탄소에서 나타나는 육각 모양 층의 연결망 형태의 그라핀 층에 기반을 두고 있다. 만약 그라핀 층, 또는 그라핀 면이 3개 방향으로 쌓아 올려 있다면 이런 재료를 그래파이트로 정의된다. 이러한 순서 유지를 위해 필요한 시간 연장 및 온도 추가 가열 공정이 요구되는데, 이로 인해서 흑연 섬유 재료는 가격이 상승하게 된다. 일반적으로 면 사이의 접착력은 약하다. 층 내에 순서가 올바르지 못해 2개 방향의 순서만이 존재하는 경우가 종종 발생하기도 하는데 이러한 재료를 탄소 재료로 정의된다.

탄소 섬유는 아주 딱딱하고 강하며, 유리 섬유보다 3~10배 정도 더 딱딱하다. 탄소 섬유는 항공기 구조물 중에서 객실 바닥 아래에 있는 가로 구조물, 수평 및

[그림 6-7] 유리섬유(왼쪽), 케블러(가운데), 탄소섬유(오른쪽){Fiberglass(left), Kevlar®(middle) and Carbon fiber(right)}

수직 고정면, 비행 조종면, 그리고 동체 주 구조물 및 날개 구조물과 같은 부품에 사용되고 있다. 장점으로는 고강도와 내부식성 성능이 우수하다. 반면 단점으로는 알루미늄 소재에 비해 전기적 전도성이 낮아 번개 조우 시 구조물의 손상을 방지하기 위해 번개 보호용 얇은 철망 구조를 추가하거나 이를 위한 도장을 표면 가까운 부분에 실시해야 한다. 탄소 섬유의 또 다른 단점은 비싼 가격이다. 탄소 섬유는 회색 또는 검은색을 띠며 건조한 천 상태 또는 접착제 내장형 천 형태로 제작된다. 탄소 섬유는 금속 재질의 부품 또는 구조물와 함께 사용될 때에는 이질금속 간의 부식 발생 가능성이 매우 높은 편이다(그림 6-7 참조).

6.1.4.4 보론(Boron)

보론 섬유는 매우 딱딱하고 고 인장력 및 압축 강도를 갖고 있다. 이 섬유는 비교적 큰 직경을 갖고 있어 잘 구부러지지 않는다. 그러므로 이 재료는 접착제 내장형 테이프 형태의 제품으로 이용될 수 있다. 에폭시 매트릭스가 종종 붕소 섬유와 함께 사용되기도 한다. 보론 섬유는 보론의 열팽창이 알루미늄과 유사하고 이질금속 간의 부식 발생 가능성이 낮아 항공기 표피

구조물 수리 시 사용되기도 한다. 붕소 섬유는 과도하게 굴곡진 부분에는 사용되기 어렵다. 또한 붕소 섬유는 가격이 고가이며 인체에 해로운 요소가 있어 특수 군용 항공기에 주로 사용되고 있다.

6.1.4.5 세라믹 섬유(Ceramic Fibers)

세라믹 섬유는 가스 터빈 엔진에 있는 터빈 날개 깃과 같이 고온에 노출되는 부품에 사용한다. 세라믹 섬유는 2,200°F 이상의 고온에서도 사용할 수 있다.

6.1.4.6 번개 보호 섬유(Lightening Protection Fibers)

알루미늄 재질로 제작된 항공기는 전도성이 매우 우수하여 번개 조우 시 발생하는 고압 전류를 신속히 소멸시킬 수 있다. 탄소 섬유는 전류 흐름이 알루미늄 재질에 비해 약 1,000배 정도의 저항력이 있고, 에폭시 접착제인 경우에는 100만 배의 저항력이 있다. 일반적으로 항공기 외부로 노출된 복합 소재 구조물에는 벼락 조우시의 손상을 방지하기 위해 전도성 우수한 재질의 층 또는 겹을 위치시킨다. 전도성을 제공해 주는 재질에는 많은 종류가 있는데 그중에서 니켈 접착 흑연 천, 금속 철망 구조재, 알루미늄이 첨가된 유리 섬유 및 전도성 도장재 등이 널리 사용되고 있다. 이 재료들은 접착제 사용 부착 작업이나 접착제 내장형 복합 소재를 사용하는 수리 작업에 모두 사용되고 있다.

정비 작업 시에는 정상적인 수리 작업 절차에 추가하여 해당 부품에 설계되어 있는 전기적 도통 복원에 필요한 수리 작업도 병행하여 처리해야 한다. 이러한 종류의 수리 작업 시 구조물 간의 전기적 저항을 최소화 하야 하기 때문에 일반적으로 저항측정기를 이용하여 전기적 도통 점검을 수행해야 한다. 상기와 같은 수리 작업 시 사용되는 화학제품, 즉 포팅 컴파운드, 실런트, 접착제 등에 대해서는 해당 작업에 인가된 생산 업체의 인가된 제품만을 반드시 사용해야 한다(그림 6-8 & 그림 6-9 참조).

6.1.5 접착제(Matrix Materials)

6.1.5.1 열경화성 접착제(Thermosetting Resins)

접착제는 폴리머를 나타내는 포괄적인 용어이다. 접

[그림 6-8] 구리 메시 번개 보호 재료
(Copper mesh lightning protection material)

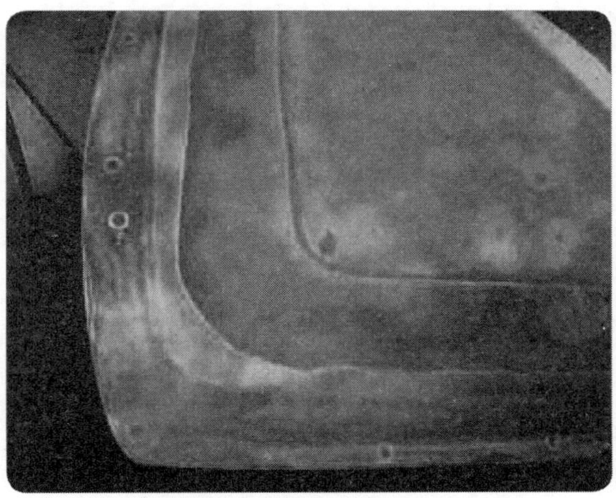

[그림 6-9] 알루미늄 메시 번개 보호 재료
(Aluminum mesh lightning protection material)

착제는 화학적 성분 및 물리적 특성으로 인해 제작 공정, 가공 방법 그리고 복합 소재의 근본적인 특성에 영향을 미친다. 열경화성 접착제는 인공적인 재료로 그 종류가 매우 다양하고 널리 사용되고 있다. 그것들은 어느 형상이 되건 간에 잘 스며들어 형상을 이루어 내고 대부분 다른 종류 소재들과 잘 조화를 이루며, 열 또는 경화제에 의해 불용성의 고형체 물체로 경화되는 성향이 있다. 열경화성 접착제는 또한 우수한 접착제로 물체를 부착시키는 물질이기도 하다.

(1) 폴리에스테르 접착제(Polyester Resins)

폴리에스테르 접착제는 비교적 가격이 저렴하며, 신속한 접착 작업이 요구되는 곳에 널리 사용되고 있다. 이는 화재 발생 시 독성 연기를 적게 발생시켜 항공기 객실 내의 내장재에 널리 사용한다. 섬유강화폴리에스테르는 다양한 방법으로 처리할 수 있다. 일반적인 처리 방법으로는 금속 금형틀을 사용하는 방법, 상온 적층 방법, 진공 장치를 이용하여 금형틀에 넣고 진공으로 누르는 방법, 금형 틀에 쏟아 붓는 방법, 가는 실 형태를 감아서 만드는 방법 및 오토클레이브 장치를 사용하는 방법 등이 있다.

(2) 비닐에스테르 접착제(Vinyl Ester Resin)

비닐에스테르 접착제의 외관, 취급 특성, 그리고 굳히는 방법 등은 일반적으로 사용되는 폴리에스테르 접착제와 동일하다. 그러나 비닐에스테르 접착제를 사용해서 제작된 복합 소재는 내식성과 기계적 특성이 일반 폴리에스테르 접착제를 사용한 복합 소재보다 훨씬 더 우수하다.

(3) 페놀 접착제(phenolic Resin)

페놀-포름알데히드 접착제는 일반 시장에서 소비를 위해 1900년대 초기에 상업적으로 처음 상용되었다. 우레아-포름알데히드(urea-formaldehyde)와 멜라민-포름알데히드 (melamine-formaldehyde)는 더 낮은 온도에서 사용하기 위해 1920~1930년대에 생산되었다. 페놀 접착제는 독성 가스 발생 및 인화성이 작아 객실 내장재에 사용되고 있다.

(4) 에폭시(Epoxy)

에폭시는 중합시킬 수 있는 열경화성 접착제이며, 액체에서 고체 상태에 이르기까지의 다양한 점성으로 이용할 수 있다. 매우 다양한 종류의 에폭시가 있으며 정비사는 지정된 수리 작업에 대해 필요한 종류를 선정하기 위해서 정비 교범을 이용해야 한다. 에폭시는 접착제 내장 형태 재료와 구조용 접착제로 그 용도를 나누어 널리 사용하고 있다. 에폭시의 장점으로는 고강도, 낮은 휘발성, 우수한 접착력, 낮은 수축률, 화학 물질에 대한 우수한 저항성, 그리고 용이한 가공성을 들 수 있다. 반면 주요 단점은 깨지기 쉽고, 습기 존재 시 물리적 특성이 급격히 감소한다. 에폭시의 처

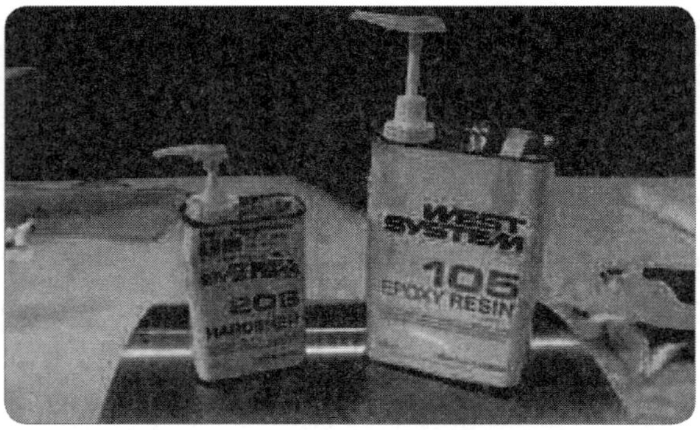

[그림 6-10] 펌프 디스펜서가 장착된 2-part 상온 적층 에폭시 수지 시스템(Two part wet lay-up epoxy resin system with pump dispenser)

리 또는 굳히는 공정은 폴리에스테르보다 더 많은 시간이 소요된다. 에폭시는 진공 장치를 이용하여 금형틀에 넣고 누르는 방법, 가는 실 형태를 감아서 만드는 방법, 압축 금형틀 방법, 진공 장치 고정틀을 사용하는 방법, 접착제 이동 금형틀 사용 방법 등에 적용된다. 에폭시를 굳히는 온도는 상온에서부터 대략 350℉(180℃) 까지 다양하나 가장 일반적으로 사용되는 온도 범위는 250~350℉(120~180℃)이다(그림 6-10 참조).

(5) 폴리미드(Polyimides)

폴리미드 접착제는 열에 대한 저항력, 산화에 대한 안정성, 낮은 열팽창 계수, 그리고 내용제성을 갖추고 있어 고온 환경에서 그 성능이 우수하다. 주요 사용처는 전원 차단 장치 판넬 그리고 고온이 접촉되는 엔진 및 기체 구조물이다. 폴리미드는 열경화성 접착제이거나 열경화성 플라스틱이다. 폴리미드는 일반적으로 550℉(290℃)를 초과하는 높은 굳히기 온도가 필요하다. 따라서 일반적인 에폭시 복합소재의 수리 보조재는 사용할 수 없고 강철 종류로 된 것을 사용한다. 켑톤과 같은 폴리미드 수리 보조재와 접착 이완제를 사용한다. 이는 에폭시 복합소재 작업에 사용 가능한 유필렉스(Upilex®)가 낮은 가격의 나이론 수리 보조재와 폴리테트라플오로틸렌(polytetrafluoroetylene: PTFE) 접착 이완제를 대체할 수 있어 매우 중요하다. 통풍 및 환기용 재료로는 폴리에스테르의 낮은 용해점으로 인해 사용할 수 없고 대신 유리 섬유를 사용해야 한다.

(6) 폴리벤지미다졸(Polybenzimidazoles: PBI)

폴리벤지미다졸 접착제는 내고온성이 매우 강해 고온 재료 작업에 사용한다. 이 접착제는 접착 재료와 섬유 형태로 사용한다.

(7) 비스멀에이미드(Bismaleimides: BMI)

비스멀에이미드 접착제는 에폭시 접착제보다 더 높은 고온용이며, 매우 강한 강도를 갖고 있고, 외기 온도 및 상승한 온도에 대한 우수한 성능을 제공해 준다. 비스멀에이미드 접착제 사용 방법은 에폭시 접착제 사용 방법과 유사하다. 이 접착제는 항공기용 엔진 및 고온에 노출되는 부품에 사용되고 있다. 또한 이 접착제는 진공 장치를 이용하여 금형 틀에 넣고 누르는 표준 방법, 금형 틀에 메우는 방법, 접착제 이동 금형틀 사용 방법 및 판재 금형 틀 콤파운드(SMC)에 사용하는 것이 적절하다.

6.1.5.2 열가소성 접착제(Thermoplastic Resins)

열가소성 물질은 반복적으로 온도가 상승하면 부드러워지고, 온도가 내려가면 경화될 수 있다. 여기에서 처리 속도는 열가소성 물질의 주된 장점이다. 화학 약품을 사용한 굳히기는 발생하지 않으며, 그 물질이 부드러워졌을 때 금형 또는 사출 방식으로 형상을 만든다.

(1) 반결정 열가소성 물질
(Semi-crystalline Thermoplastics)

반결정 열가소성 접착제는 고유한 난연성, 우수한 견고성, 상승하는 온도, 충격을 받은 경우 그리고 낮은 습기 침투에 대한 우수한 성질을 갖고 있다. 이 물질들은 항공기에서 1차 구조물과 2차 구조물에 사용되고 있다. 강화 섬유와 결합되어 주입 금형 접착제, 압축 금형 형태 판재, 한 방향 테이프, 밧줄 형태의 수지침투가공재, 직조 형태의 수지침투가공재 등으로 이용된다. 반결정 열가소성으로 생산된 섬유는 탄소, 니켈 합성 탄소, 아라미드, 유리, 수정 등등을 포함한다.

(2) 비결정 열가소성 물질(Amorphous Thermoplastics)

비결정 열가소성 물질로는 필름, 필라멘트(filament) 그리고 분말 가루 형태 등 다양한 물리적 형태로 이용된다. 이들은 또한 강화 섬유와 결합되어 성형 침투 접착제, 압축성 성형 판재, 한방향 테이프, 직조 형태의 수지침투가공재 등으로 이용된다. 섬유는 주로 탄소, 아라미드 그리고 유리 성분을 사용한다. 방탄용 열가소성 물질의 특수한 장점은 중합물에 의한다. 전형적으로, 접착제는 그것들이 갖고 있는 쉽고 빠른 공정, 고온 능력, 우수한 물리적 특성, 강도 및 충격에 대한 우수성 그리고 화학적 안정성 등을 갖고 있다. 안정성 측면에서 보관 기간의 제한성을 없애주어 열경화성 접착제 내장재의 저온 저장 조건이 요구되지 않는다.

(3) 폴리에테르 에테르 켑톤
(Polyether Ether Ketone: PEEK)

PEEK로 더 잘 알려진 폴리에테르 에테르 켑톤은 고온 열경화성 물질이다. 이 방향족 켑톤(ketone)은 열 및 발화 가능성에 대한 저항 성능이 우수하여 이런 부위에 노출되는 부분 재료로 널리 사용되고, 솔벤트 및 유체에 대한 저항력이 우수하다. PEEK는 또한 유리 및 탄소 성분과 함께 사용될 때 그 성능이 더욱 강해진다.

6.1.6 접착제 굳히기(Curing Stages of Resins)

열경화성 접착제를 굳히기 위해서는 화학적 반응을 이용한다. 만약 A, B, 그리고 C로 불리는 세 가지의 굳히기 단계로 구분할 경우 다음과 같이 정의할 수 있다.

① A-stage: 접착제는 Base 재료와 Hardener 성분이 혼합되어 있지만 화학적 반응은 시작되지 않는다. 상온 적층 작업에 사용되는 접착제가 A-stage 상태이다.

② B-stage: 접착제가 혼합된 상태에서 화학적 반응이 시작된다. 재료는 진하게 되고 끈적끈적하게 된다. 접착제 내장 물질인 경우 접착제는 B-stage 상태이다. 접착제가 더욱더 굳어지는 것을 방지하기 위해 0°F의 냉동 장치에 보관한다. 결빙 상태에서 접착제 내장 물질의 접착제는 B-stage 상태를 유지한다. 접착제 재료는 냉동 장치에서 나온 후 온도가 상승하면 다시 굳히기가 시작된다.

③ C-stage: 이 단계에서는 접착제는 완전히 경화된다. 일부 접착제는 상온에서 경화되지만 일부는 완전히 경화시키기 위해 온도를 올려 주어야 한다.

6.1.7 수지침투가공재
(Pre-impregnated Products: Prepreg)

수지침투가공재 재료는 주 재료와 섬유 보강재의 조합으로 구성된다. 이것은 한쪽 방향으로 보강되는 것과 여러 방향으로 보강되는 천 형태를 일반적으로 사용한다. 다양한 형태의 수지침투가공재를 만들기 위해 대부분 주요한 접착제를 사용하고 있다. 이때 접착제는 저 비중 단계를 유지하고 있지는 않으나 취급을 편리하게 하기 위해 B-stage 굳히기 상태를 유지한다. 수지침투가공재는 한 방향 테이프, 직물 등 여러 가지 형태가 있다. 수지침투가공재는 경화 과정을 지

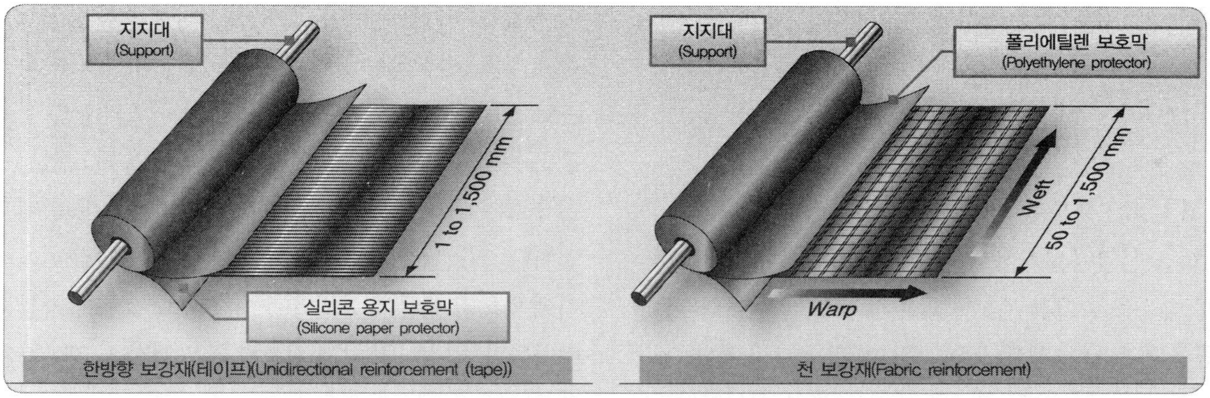

[그림 6-11] 테이프와 천 수지침투가공재 재료(Tape and fabric prepreg materials)

연시키기 위해 0℉ 이하 온도의 냉동 장치에 보관해야 한다. 수지침투가공재는 온도를 올리면서 경화시킨다. 항공 산업에서 사용되고 있는 다양한 종류의 수지침투가공재는 에폭시 접착제를 사용하여 250℉ 또는 350℉로 경화시키는 방법을 널리 사용하고 있다. 수지침투가공재는 오토클레이브, 오븐 또는 가열판을 사용하여 경화시키고 있다. 이 재료는 수분 침투를 방지하기 위해 플라스틱 재질로 밀봉하여 Roll 형태로 구매, 저장된다(그림 6-11 참조).

6.1.8 건조 섬유 재질(Dry Fiber Material)

탄소, 유리, 그리고 케플러와 같이 건성 천 재료는 항공기 수리 작업에서 널리 사용되고 있다. 건성 천을 이용하는 수리 작업은 작업 시작 바로 전에 접착제를 주입시킨다. 이 작업 공정을 상온 적층 방식이라고 부른다. 이 상온 적층 방식 수리 절차의 장점은 섬유와 접착제를 상온에서 오랜 시간 저장할 수 있는 것이다. 복합 소재는 일반적으로 상온에서 경화시킬 수 있으며, 경화 공정 시간을 단축하거나 강도를 높이기 위해 온도를 올려 경화시킬 수도 있다. 단점으로는 작업 공정이 복잡하고 수지침투가공재를 사용했을 때보다 강도 특성이 적어진다(그림 6-12 참조).

6.1.9 요변성 물질(Thixotropic Agents)

요변성 물질는 가만히 있을 때는 겔(gel)과 같이 되고 휘저으면 액체 상태로 변한다. 이 재료는 높은 정적인 전단력을 갖고 있으며 응력 하에서는 점성을 잃어 낮

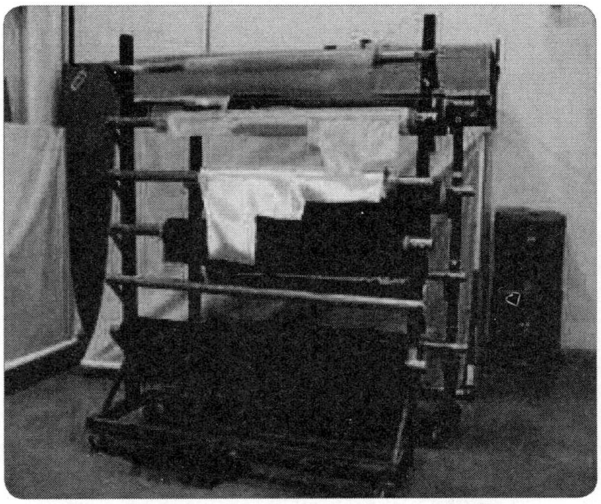

[그림 6-12] 건조 섬유 재료{Dry fabric materials(top to bottom: aluminum lightning protection mess, Kevlar®, fiberglass, and carbon fiber)}

은 동적인 전단력을 동시에 갖는다.

6.1.10 접착제(Adhesives)

6.1.10.1 필름형 접착제(Film Adhesives)

항공 산업에서 사용되는 구조용 접착제는 일반적으로 박리용 종이가 부착된 얇은 필름형 접착제 형태로 공급되며, 냉동 상태(-18℃, 또는 0℉)로 저장된다. 필름형 접착제는 일반적으로 폭넓은 유연성을 지니고 있다. 작업 시 온도 상한값 121~177℃(250~350℉)는 필요한 강도 및 접착제와 경화제의 선택에 의해 정해진다. 일반적으로 접착제의 강도는 더 낮은 온도 사용을 가능하게 한다. 필름 형태의 접착제는 경화되기 전에 취급을 용이하게 하며, 접착 시 접착제 흐름을 양호하게 하고, 접착되는 곳의 두께를 조절하기 쉽도록 섬유로 지탱시켜 준다. 섬유는 불규칙한 구조의 단일 섬유 또는 직조된 천으로 융합된다. 널리 사용되고 있는 섬유로는 폴리에스테르, 폴리아미드 그리고 유리 재질이다. 직조된 천에 포함된 접착제는 섬유 재질이 물기에 약하기 때문에 그런 환경에서는 그 성능이 약간 저하된다. 일정하지 않게 직조된 천은 접착 시 자유롭게 이동되기 때문에 필름 두께 조절시 직조된 천에서와 같이 효율적이지는 못하다(그림 6-13 & 그림 6-14 참조).

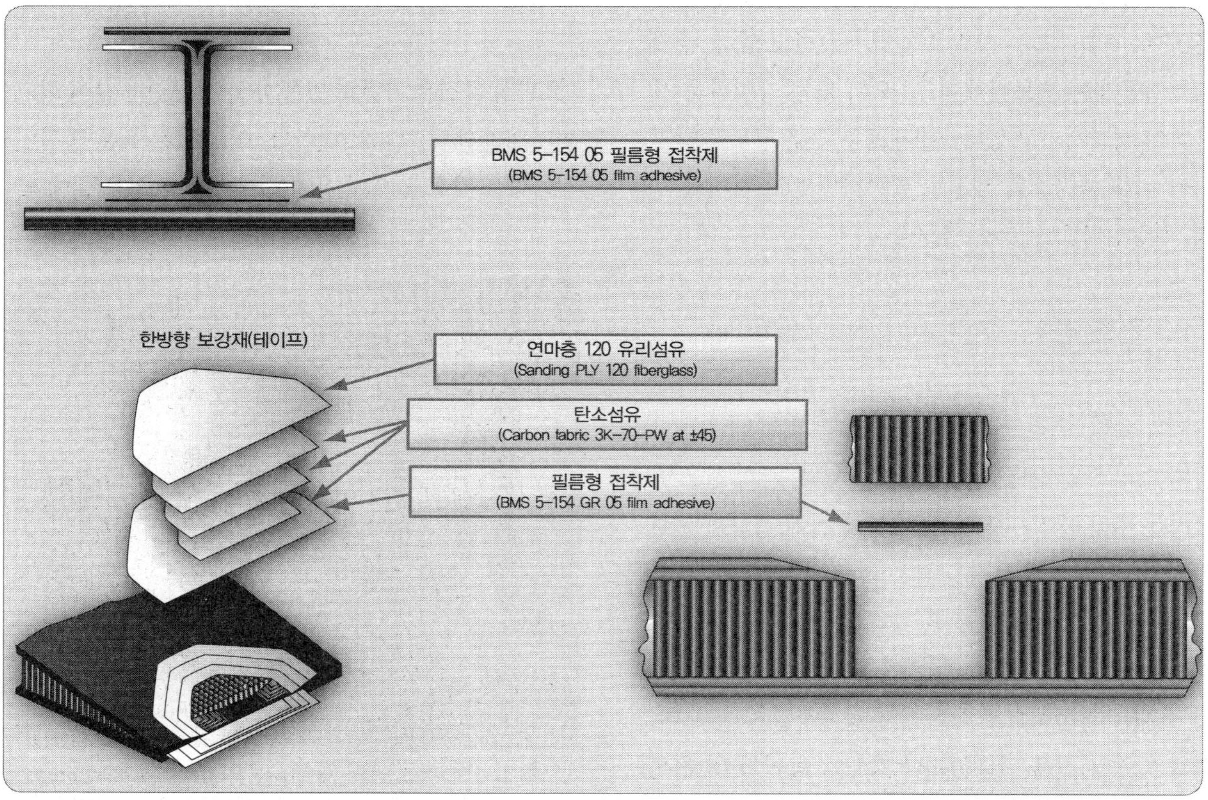

[그림 6-13] 필름형 접착제 사용(The use of film adhesive mess, Kevlar®, fiberglass and carbon fiber)

[그림 6-14] 필름 접착제 롤(A roll of film adhesive)

6.1.10.2 반죽형 접착제(Paste Adhesives)

반죽형 접착제는 필름형 접착제의 대용으로 사용한다. 이 접착제는 종종 손상된 부품의 2차적인 접착 수리 패치로 사용되며, 또한 필름형 접착제를 사용하기 어려운 곳에 사용되기도 한다. 구조물 접합을 위한 반죽형 접착제는 대부분 에폭시를 사용하여 제작된다. 이는 1개 물품 또는 2개 물품을 섞어 사용하는 형태로 적용된다. 반죽형 접착제의 장점은 상온에서 저장할 수 있으며, 긴 보관 기간을 갖고 있다. 단점으로는 접착 강도에 중요 요소인 접착층의 두께를 조절하기 어려운 것이다. 면직 우포 천은 반죽형 접착제로서 천 조각을 덧붙여 수리할 때 접착 부분에서 접착제를 유지시키는 기능을 한다(그림 6-15 참조).

[그림 6-15] 2-part 반죽형 접착제
(Two-part paste adhesive)

6.1.10.3 발포형 접착제(Foaming Adhesives)

대부분 발포형 접착제는 B-stage 상태의 두께 0.025~0.10inch 에폭시 판 형태이다. 발포형 접착제는 250°F 또는 350°F에서 경화된다. 경화 과정에서 발포형 접착제는 팽창한다. 발포형 접착제는 수지침투가공재처럼 냉동 장치에 저장해야 하며, 제한된 저장 기간을 가지고 있다. 발포형 접착제는 샌드위치 구조물의 겹쳐잇기 방식의 수리 시 서로 부착할 때, 수지침투가공재 수리 시 기존 코어에 수리용 플러그를 부착시킬 때 사용되고 있다(그림 6-16 참조).

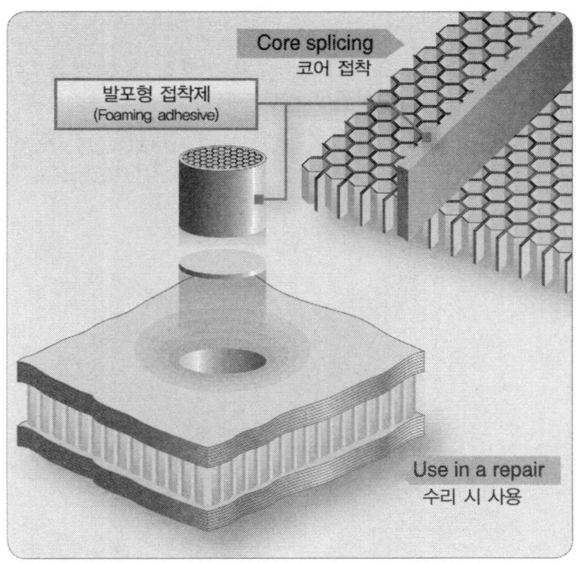

[그림 6-16] 발포형 접착제 사용
(The use of foaming adhesives)

6.2 샌드위치 구조물 (Description of Sandwich Structures)

샌드위치 구조는 비교적 얇고 평행하는 두 장의 면재를 접합하여, 비교적 두껍고, 가벼운 코어에 의해 격리된 가장 간단한 형태로 구성된 구조용 판넬 개념이다. 코어는 휨 작용에 대해서 면재를 지지해 주고, 면 외부의 전단 하중에 견디는 역할을 한다. 코어는 높은 전단 강도와 압축 응력에 대한 강직성을 갖추어야 한다. 복합 소재 샌드위치 구조는 대부분 오토클레이브, 압축 또는 진공 백 압착 방식으로 제작된다. 외판은 사전 경화된 후 부착하거나 한 번에 코어에 상호 경화되게 하는 방식 또는 이 두 가지 방식을 조합하는 방식을 사용한다. 허니콤 구조물의 예로서는 날개 스포일러, 페어링, 보조익, 플랩, 나셀, 바닥재 판넬 그리고 방향타 등이 있다(그림 6-17 참조).

6.2.1 특성(Properties)

샌드위치 구조는 알루미늄 그리고 복합 소재 적층 구조물과 비교할 때 무게가 가볍고 휨에 대한 강도가 매우 크다. 대부분 허니콤은 이방성의 특징을 갖고 있다. 즉, 물리적 특성이 일정한 방향성을 나타낸다. 표 6-1은 허니콤 구조의 장점을 나타내고 있다. 코어 두께가 증가되면 강도는 크게 증가되는 반면에 무게 증가는 매우 미약하다. 일반적으로 허니콤 재료는 자체 구조의 높은 강도로 인해 스트링거나 프레임과 같은 외부에 부착되는 보강재를 사용할 필요가 없다.

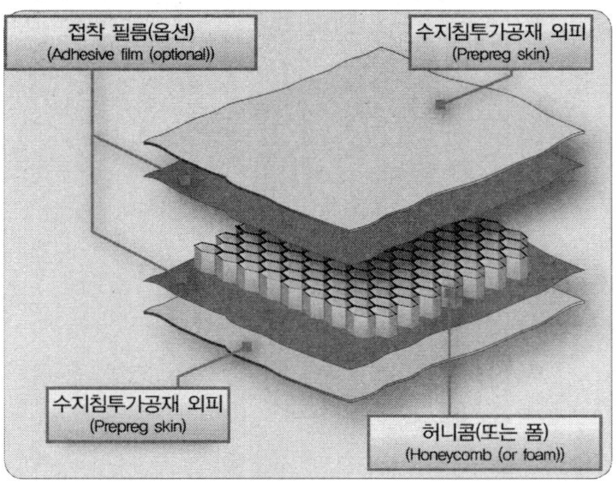

[그림 6-17] 허니콤 샌드위치 구조 (Honeycomb sandwich construction)

6.2.2 면재(Facing Materials)

항공기 구조물에 사용된 허니콤 구조 재질은 대부분 알루미늄, 유리 섬유, 케블러, 또는 탄소 섬유가 이용된다. 탄소 섬유 면재는 알루미늄 재질을 부식시키기 때문에 알루미늄 허니콤 코어 재질과 함께 사용할 수 없다. 티타늄과 강재는 고온 구조 부위에만 특별하게 사용되고 있다. 스포일러 및 기타 많은 조종면의 면재는 보통 3겹 또는 4겹으로 매우 얇다. 실제 항공기 운영 경험을 보면 일반적으로 면재는 충격 현상에 대한 내구성이 매우 약하다.

[표 6-1] 고형 라미네이트와 허니콤 샌드위치 재료의 강도와 견고성 비교(Strength and stiffness of honeycomb sandwich material compared to a solid laminate)

	Solid Material	Core Thickness t	Core Thickness 3t
	t	2t	4t
Thickness	1.0	7.0	37.0
Flexural Strength	1.0	3.5	9.2
Weight	1.0	1.03	1.06

6.2.3 코어 재질(Core Materials)

6.2.3.1 허니콤(Honeycomb)

각각의 허니콤 재료들은 고유의 특성 및 장점을 가지고 있다. 항공기 허니콤 구조물에서 사용되는 가장 일반적인 코어 재료로는 아라미드 소재(aramid paper: Nomex® 또는 Korex®)이다. 유리 섬유는 더 높은 강도가 요구될 때 사용한다(그림 6-18 참조).

① 크라프트 용지(kraft paper): 비교적 낮은 강도와 양호한 절연성을 갖고 있으며, 대용량으로 이용되고 가격이 저렴하다.
② 열가소성 재료(thermoplastic): 양호한 절연성 및 에너지 흡수성/방향 수정성, 부드러운 셀의 벽면, 습기와 화학적 저항성이 환경 친화적이고, 미학적으로 우수하며 상대적으로 가격도 저렴하다.
③ 알루미늄(aluminum): 최상의 강도 대비 무게비와 에너지 흡수 능력, 양호한 열 전달성, 전자기 차폐성을 갖추고 있고, 재질이 부드럽고 얇게 기계 가공이 가능하고 가격이 저렴하다.
④ 철(steel): 양호한 열 전달성, 전자기 차폐성 및 내열 성능이 우수하다.
⑤ 특수 금속(specialty metals: titanium): 무게 대비 고강도, 양호한 열전달성, 화학적 저항성 그리고 고온에 대한 저항성이 우수하다.
⑥ 아라미드 용지(aramid paper): 방염 기능, 발화 지연성, 절연성, 저유전성 및 성형성이 우수하다.
⑦ 유리섬유(fiberglass): 적층에 의한 재단성, 저유전성, 절연성 및 성형성이 우수하다.
⑧ 탄소(carbon): 치수 안정성 및 유지성, 고온성 유지, 높은 강도, 매우 낮은 열팽창계수, 열전도율, 고 전단력 등이 우수하나 가격이 매우 비싸다.
⑨ 세라믹(ceramic): 매우 높은 온도에서 저항성, 절연성이 우수하고 매우 작은 크기로 이용될 수 있으나 가격이 매우 비싸다.

항공 산업에 사용되는 허니콤 코어 셀은 보통 육각 형태이다. 셀은 판재 형태의 특정 부분을 접합하여 만든 후 판재를 늘이면 육각 모양을 형성된다. 판재의 방향과 평행한 방향을 리본 방향이라고 부른다.

양분된 육각 코어는 각각의 육각 형태를 가로질러 자르는 또 다른 판재를 갖는다. 양분된 육각 허니콤은 육각 코어보다 더 큰 경도와 강도를 갖는다. 초과 확장 코어는 육각 형태를 만들기에 필요한 것보다 판재를 더 팽창시켜 만든다. 초과 확장 코어의 셀은 직사각형이다. 초과 확장 코어는 리본 방향에 대해 수직 방향으로 구부리기가 쉬우며, 간단한 곡면을 갖는 판넬에 사용한다. 종 모양 코어 또는 플렉시 코어(flexicore)는 모든 방향으로 쉽게 구부러질 수 있어 복잡한 굴곡이 필요한 판넬에 사용한다.

허니콤 코어는 여러 가지 셀 크기를 가지고 있다. 셀

[그림 6-18] 허니콤 코어 재료(Honeycomb core materials)

크기가 작으면 샌드위치 면재에 대한 지지력이 높다. 허니콤은 또한 다양한 밀도를 가지고 있다. 밀도가 높으면 밀도가 작은 것보다 더 강하고 경도가 크다(그림 6-19 참조).

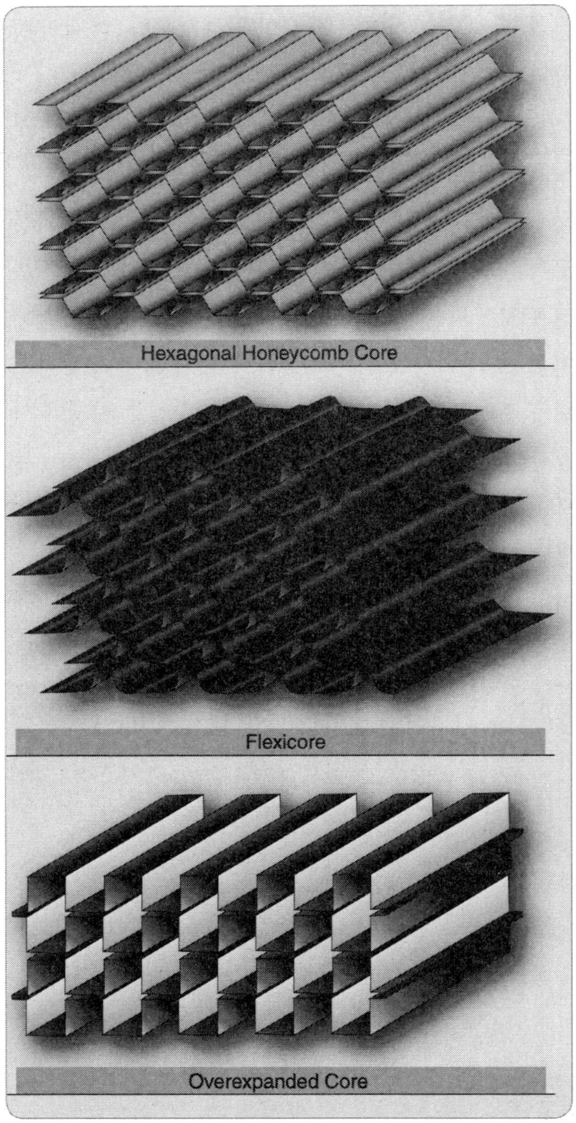

[그림 6-19] 허니콤 코어 밀도(Honeycomb density)

6.2.3.2 발포형 재료(Foam)

발포형 재료의 코어는 건축 자재 또는 날개 끝단, 조종면, 동체 부분, 날개 그리고 날개 리브(rib) 재료의 강도를 높이고 일정한 모양을 만들어 주기 위해 사용되고 있다. 상용 항공기에서 발포형 코어는 널리 사용되지 않는다. 발포형 재료는 허니콤보다 무겁고 강도가 약하다. 발포형 재료는 다음과 같은 재질들을 사용하여 다양한 형태로 이용되고 있다.

① 폴리스틸렌(polystyrene): 스티로폼으로 더 잘 알려져 있으며, 고압축강도와 물기 침투에 저항성이 우수하고, 매우 조밀하게 제작된 항공기 구조용 스티로폼 재료로 날개 형상을 만들기 위해 열선으로 가공이 가능하다.

② 페놀 수지(phenolic): 방염에 대한 성능이 우수하고 밀도가 낮으며 기계적 특성이 비교적 약하다.

③ 폴리우레탄(polyurethane): 소형 항공기의 동체, 날개 끝단 및 굴곡이 있는 부품에 사용되고 가격이 저렴하며 연료 노출 시 저항력이 우수하다. 그리고 대부분 접착제와 잘 어울리며, 가공 시에는 열선을 사용하지 않고 대형 칼과 마모 장비를 사용한다.

④ 폴리프로필렌(Polypropylene): 날개 형상 제작에 사용되고 열선으로 가공이 가능하며 대부분 접착제 및 에폭시 접착제와 잘 어울린다. 폴리에스테르 접착제와는 함께 사용하지 못하며, 연료와 용제와 접촉하면 용해된다.

⑤ 폴리비닐 크롤라이드(polyvinyl chloride(PVC): Divinycell, Klegecell and Airex): 고압축강도, 내구성, 그리고 뛰어난 내화성을 가지고 있으며, 중상 정도의 밀도를 갖는다. 진공 방식으로 성형하

며 열을 가하여 구부린다. 폴리에스테르, 비닐에스테르, 그리고 에폭시 접착제와 조화를 잘 이룬다.

⑥ 폴리메타크릴리메이드(polymethacrylimide; Rohacell): 가벼운 샌드위치 구조에 사용되며 우수한 기계적 특성, 높은 치수 안정성, 양호한 내용제성, 그리고 우수한 압축 저항성, 가격은 다소 비싸지만 우수한 기계적 특성을 갖는다.

6.2.3.3 발사 목재(Balsa Wood)

발사 목재는 자연산 목재 재질의 한 종류이다. 이 재료는 구조물, 부속 부품, 그리고 물리적 특성을 서로 잘 연관시켜 다양한 등급으로 이용된다. 밀도는 일반적인 목재 밀도에 비해 절반 정도이나 다른 종류의 구조물 코어에 비해 밀도가 매우 높은 편이다.

6.3 복합 소재 제작 및 사용 중 발생하는 결함(Manufacturing and In-service Damage)

6.3.1 제작 결함(Manufacturing Defects)

복합 소재 재료의 제작 시 결함으로는 다음과 같은 현상이 있다.

① 들뜸
② 접착제가 모자란 부분
③ 접착제가 과도한 부분
④ 수포, 기포
⑤ 주름
⑥ 공간
⑦ 열 용해

제작 과정에서의 손상은 작업 공정이 올바르지 못해 발생하는 구멍, 미세 균열 및 들뜸 현상 등을 포함한다. 그것은 또한 예상치 못한 끝단 절단, 표면 긁힘(gouge), 긁힘(scratch), 패스너 구멍 손상 및 충격으로 인한 손상도 포함된다. 예를 들면 접착면이 오염되거나 수지침투가공재의 보호 용지 또는 분리 필름 등이 적층 작업 중에 남아있을 수 있다. 또 조립, 운송 및 작동 공정 중에 개별 부품 또는 부분품에서 의도하지 않은 손상 현상이 발생할 수 있다. 부품에 과도한 접착제가 사용되었다면 불필요하게 무게를 증가시키는 원인이 될 수 있다. 상온 적층 작업 중 접착제가 너무 적게 사용되었거나 경화 과정에서 접착제가 과도하게 배출된 경우 접착제 결핍 현상이 초래된다. 이 접착제 결핍 현상은 표면의 섬유 형태로 확인될 수 있으며, 섬유와 접착제의 비율은 60:40이 적당하다.

제작 공정에서 발생하는 결함의 원인으로는 다음과 같은 것이 있다.

① 부적절한 경화 및 공정
② 부적절한 가공
③ 취급 부주의
④ 부적절한 천공
⑤ 공구에 의한 손상
⑥ 오염
⑦ 부적절한 연마
⑧ 비표준 재료
⑨ 적절하지 못한 공구 사용
⑩ 구멍 위치 및 정확도 미비

손상은 복합 재료와 구조적 형태에 여러 가지로 발생할 수 있다. 이것은 섬유 및 접합 재료에서 접합 부분 또는 볼트로 결합된 부분에 이르기까지 다양한 범위를 포함한다. 반복되는 하중 수명과 잔류 강도, 그리고 손상 허용 한계를 관리하여 추가적인 손상 확대를 방지하는 것이 매우 중요하다.

6.3.1.1 섬유 파손(Fiber Breakage)

구조물은 일반적으로 섬유 재질 주도하에 설계되었고 하중의 대부분을 감당하기 때문에 섬유 재료 파손은 매우 중요할 수 있다. 다행스럽게도 섬유 파손 현상은 충격이 가해진 곳을 중심으로 가까운 범위에서만 일어나고 충격 물체의 크기나 에너지에 의해 한정되기 때문이다. 앞서 언급된 복합 소재 사용 중 발생하는 손상 중에서 극히 일부의 경우에서만 광범위한 섬유 손상 현상이 발생한다.

6.3.1.2 접합 재료 결함(Matrix Imperfections)

접합 재료의 결함은 보통 섬유 상호간의 접합에서 발생하거나 섬유에 평행한 접합 재료에서 발생한다. 이러한 결함은 해당 재료의 특성을 서서히 저하시키지만 넓게 발생하지 않는다면 구조물에 치명적이지는 않다. 접합 재료에서 발생된 균열 결함은 접합 물질의 중요한 특성을 손상시킬 수 있다. 섬유 부분으로 하중이 전달되도록 설계된 적층판은 접합 재료가 심하게 손상되는 경우에도 그 물질의 특성 저하는 미미할 수 있다. 접합 재료의 균열 또는 미세 균열은 접착제 또는 섬유와 접착제 간의 부착 부분에 따라, 예를 들어 내부 층의 전단력 및 압축력 등의 심각한 물질 특성을 저하시킬 수 있다. 미세 균열 현상은 또한 고온 접착제의 특성을 저하시킬 수 있다. 접합 재료의 결함은 복합 소재에서 더 중요한 결함 형태인 들뜸 현상을 발생시킬 수 있다.

6.3.1.3 들뜸/떨어짐 현상 (Delamination and Debonds)

들뜸 현상은 적층 구조물의 층과 층간의 사이에서 발생한다. 들뜸 현상은 내부 층으로 발전하는 접합 재료의 균열 또는 약한 충격이 가해질 경우 발생할 수 있다. 또 다른 형태의 떨어짐 현상은 두 개 물질의 접합 라인을 따라 제작 시 접착체가 충분히 발라지지 않았을 경우에 발생할 수 있으며, 이는 인접된 층의 들뜸/떨어짐 현상을 발생시킬 수 있다. 어떤 경우에는 들뜸/떨어짐 현상이 존재하는 곳에 반복적으로 하중이 가해질 경우 그 결함이 확대되고 해당 층에 압축력이 가해질 경우 심각한 손상을 초래할 수 있다. 들뜸/떨어짐 현상의 중대성을 판단하는 기준으로는 다음 사항을 들 수 있다.

① 크기
② 해당 부위에 발생한 들뜸 결함의 개수
③ 결함 발생 부위 위치: 해당 적층의 두께, 구조물에서 발생 위치의 중요성, 해당 부품 끝단로 부터의 거리, 하중 집중 부위 여부, 기하학적으로의 분리 여부 등
④ 하중: 들뜸/떨어짐 현상은 일반적으로 인장 하중에 대해서는 그 영향력이 작다. 그러나 압축 또는 전단 하중이 가해질 경우에는 해당 부재의 굽힘 또는 응력 분산이 변동되어 구조물에 심각한 손상을 초래할 수 있다.

6.3.1.4 복합적인 결함(Combinations of Damages)

일반적으로 충격 현상은 복합적인 결함을 유발시킨다. 예를 들어 터빈 블레이드와 같은 큰 물체에 의한 강한 충격이 가해질 경우 해당 부품은 부러지고 접착제 손상이 발생한다. 복합 소재에서는 결과적으로 심각한 섬유 요소의 파괴, 접착 재료의 균열, 들뜸 현상, 패스너의 절단 현상 등이 발생한다. 약하게 가해지는 충격은 다른 물질에 비해 저항성이 있으나 섬유의 균열, 접착 물질의 균열 및 여러 개의 들뜸 현상을 초래할 수 있다.

6.3.1.5 패스너 구멍 결함(Flawed Fastener Holes)

부적절한 구멍 뚫기, 잘못된 패스너 장착, 그리고 패스너 부족 현상은 제작 시에 발생한다. 구멍이 커지는 결함은 해당 부품에 반복적으로 하중이 작용할 때 발생할 수 있다.

6.3.2 사용 중 발생 결함(In-service Defects)

복합 소재에 발생하는 사용 결함으로는 다음과 같은 것들이 있다.

① 환경적 요소에 의한 품질 저하
② 충격 손상
③ 피로 현상
④ 부분적으로 가해지는 과도한 하중으로 인한 균열
⑤ 떨어짐
⑥ 들뜸
⑦ 섬유 파손
⑧ 침식 손상

날개, 스포일러, 페어링, 조종면, 그리고 착륙 장치 도어와 같은 수많은 허니콤 구조물은 세 가지 종류의 요인, 즉 충격, 유체 침투 및 침식에 대해 내구성이 약한 얇은 표면 재료를 갖고 있다. 이들 구조물은 적당한 경도와 강도를 갖고 있지만 부품 위를 밟고 다니거나 공구를 떨어뜨리는 등 사용자가 가끔 샌드위치 재질의 얇은 표면에 의한 취약성을 인지하지 못하여 발생하는 환경적인 취약점을 갖고 있다. 코어의 뭉개짐, 충격 손상, 그리고 떨어짐 현상은 표면 재료가 얇아 육안으로 쉽게 탐지할 수 있다. 그러나 작업자들은 이를 간과하거나 작업 내용이 충분하지 못하게 기록되는, 즉 항공기 출발 지연을 피하기 위해 또는 사고를 유발할 수 있다는 점에 대한 관심 결여 등으로 더 큰 손상을 유발하기도 한다. 이럴 경우 손상된 재료를 때때로 방치하거나 코어에 유체가 침투되어 그 손상이 확대될 수 있다. 예를 들어 코어 가장자리 부분 마무리가 부적절할 경우 내구성이 충분하지 못해 코어 부분으로 유체 침투 현상을 유발시킬 수 있다.

유체 침투로 인한 복합 소재 부품의 수리 방법은 다양하며, 침투하는 대표적인 유체로는 물, 스카이드롤(Skydrol: 유압시스템에 사용되는 유체) 등이 있다. 수리 작업 시 해당 부위에서 모든 습기를 완전히 제거하지 않으면 경화 과정에서 수리 부위에 추가적인 손상을 발생시킨다. 수리 작업에 사용되는 재료들은 물이 끓는 온도보다 더 높은 온도에서 경화되기 때문에 수리 부위에 습기가 남아있으면 표면 재료와 코어 접촉 부위에서 들뜸 현상이 발생할 수 있다. 유체 침투로 인해 발생한 부품의 수리는 습기 또는 스카이드롤 등의 유체 종류에 따라 달라질 수 있다. 이런 이유 때문에 수리 작업 수행 전에 코어 내부를 건조시키는 작업을 반드시 수행해야 한다. 일부 작업장에서는 수리 부분

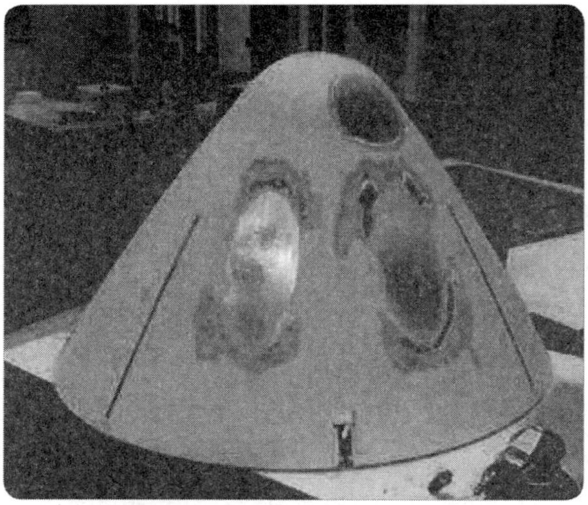

[그림 6-20] 레이돔 허니콤 샌드위치 구조의 손상
(Damage to radome honeycomb sandwich structure)

의 경화 과정에서 발생할 수 있는 추가적인 손상을 예방하기 위해 수리 전에 해당 부품을 오토클레이브에 보관하기도 한다. 스카이드롤은 또 다른 문제점을 발생시킨다. 샌드위치 부품의 코어에 스카이드롤이 침투되면 완전 제거가 불가능하다. 해당 부품은 완전 접착이 불가능하고 경화 시 지속적으로 오염 물질이 스며 나온다. 따라서 오염된 코어와 접착제 부분은 완전히 제거해야 한다(그림 6-20 참조).

침식 손상에 대한 저항 성능은 복합 재료가 알루미늄 재료보다 약하기 때문에 구조물의 전면 부위에는 많이 사용하지 못한다. 그러나 복합 소재 구조물은 매우 복잡한 기하학적 구조를 이루고 있어 침식 현상을 예방해주는 도장 방법이 널리 활용되고 있다. 그러나 실제에서는 침식 예방용 도장의 내구성과 정비 용이성이 기대치에 미치지 못하고 있다. 초기에 예상하지 못했던 또 다른 문제점이 생겼는데 도어 또는 판넬의 가장자리 부분이 비행 중 공기 흐름에 노출되었을 경우 침식 결함이 발생하는 것이다. 이 침식은 부적절한 설계 또는 장착 및 조립으로 인해 발생하고 있다. 또한 이들 복합 소재의 접촉면 또는 부근에서 사용되는 금속 구조물인 알루미늄 합금을 부적절하게 선택하여 조립하거나 겹쳐잇기 작업에서 금속 부분에 부식 방지용 밀폐제가 손상되거나 또는 스파(spar), 리브(rib) 그리고 피팅(fitting) 등의 접합면에서 유리 섬유 경계 분리 미흡 또는 밀폐제가 충분하지 못할 경우 부식이 발생한다(그림 6-21 참조).

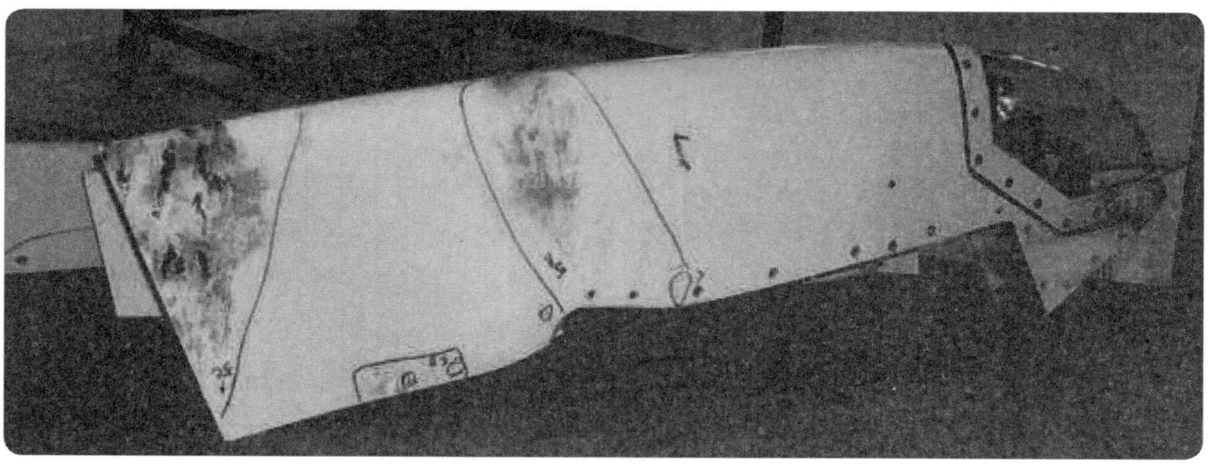

[그림 6-21] 날개 팁의 침식 손상(Erosion damage to wing tip)

6.3.3 부식(Corrosion)

많은 유리 섬유와 케블러 재질의 부품에는 번개에 의한 손상을 방지하기 위해 고운 알루미늄 그물망이 부착되어 있다. 이 알루미늄 재질의 그물망은 종종 볼트 또는 스크루 구멍 주위에서 부식을 발생시킨다. 부식은 판넬의 전기적 접지에 영향을 줄 정도가 되면 해당 알루미늄 그물망 부분을 제거하고 새로운 그물망을 부착하여 전기적 접지 기능을 회복시켜야 한다(그림 6-22 참조).

자외선 등(UV, ultraviolet light)은 복합 소재의 강도에 영향을 준다. 복합 소재 구조물은 자외선 빛(UV light)에 의한 영향을 예방하기 위해 마무리 칠 작업을 실시해야 한다. 이를 위해 특수한 자외선 차단용 프라이머와 페인트가 복합 소재 보호를 위해 지속적으로 개발되어 왔다.

6.4 복합 소재에 대한 비파괴 검사 (Nondestructive Inspection/NDI of Composites)

6.4.1 육안 검사(Visual Inspection)

육안 검사는 모든 검사 방법 중에서 가장 기본이 된다. 복합 소재에서 발생하는 대부분 손상은 표면에 그을음, 얼룩점, 찌그러짐, 관통, 마모, 또는 깎아낸 부스러기 형태로 나타난다. 육안 검사에 의해 손상 현상이 발견되면 해당 부위를 손전등, 확대경, 거울 또는 보어스코프(Borescope) 장비를 이용하여 더욱 상세하게 검사를 실시해야 한다. 이들 장비들은 또한 검사해야 할 부위의 접근이 쉽지 않은 경우에 사용되기도 한다. 육안 검사로 발견할 수 있는 손상으로는 접착제의 결핍, 접착제의 잉여, 주름 현상, 층간 연결 현상 그리고 과도한 열, 번개 등으로 발생하는 변색 현상, 충격 손상, 이물질, 수포 현상, 들뜸 현상 등이 있다. 그러나 육안 검사로는 복합 소재 내부에서 발생하는 들뜸 현상, 부착 부분의 떨어짐 및 접착 부위의 가는 균열

[그림 6-22] 알루미늄 번개 방지 그물망의 부식(Corrosion of aluminum lightning protection mesh)

현상 등을 탐지할 수 없다. 이러한 손상들은 더욱더 정교한 검사 방법인 비파괴 검사 방법으로 검사를 실시해야 한다.

6.4.2 소리 탐지 방법 (Audible Sonic Testing: Coin Tapping)

가청 범위의 가청음, 소리, 또는 동전을 두드리는 방법이 복합 소재의 손상 여부를 간편하게 판단하는 방법으로 사용되고 있다. 이 탭 테스트(tap test) 방법은 숙련된 작업자의 손에 의해 측정되는 매우 정교한 검사 방법으로 복합 소재의 들뜸 또는 떨어짐 현상을 탐지하기 위해 널리 사용한다. 이 방법은 딱딱한 재질의 둥근 동전 또는 가벼운 해머 형태의 간단한 공구를 사용하여 검사할 부분을 가볍게 두들겨서 공구로 전달되는 반응 소리를 가지고 판단하는 방법이다(그림 6-23 참조) 맑고 날카롭게 울리는 소리는 잘 접착된 고형 구조물에서 발생하는 소리로 정상적인 상태를 나타내며, 만약 무딘 소리나 퍽퍽한 소리와 느낌이 발생하는 부위는 내부에 손상 현상이 존재함을 나타내는 것이다.

이 탭 테스트를 수행할 때에는 귀로 들리는 소리에 의해 구별할 수 있을 정도의 빈도로 검사 표면을 두드려야 한다. 이 테스트는 보강재와 부착된 얇은 표면 부분, 허니콤 샌드위치 구조물의 표면 부분, 심지어 로터 블레이드(rotor blade)와 두꺼운 적층 구조물의 표면 가까운 부분을 검사하는 데 매우 효율적이다. 이 테스트는 검사할 구조물의 내부 구조를 잘 알고 있는 숙련자에 의해 실시되어야 하며, 가능하면 조용한 곳에서 실시하여야 한다. 이 검사 방법은 4개 층 이상으로 구성된 구조물에서는 효율적이지 못하다. 보통 이 검사 방법은 허니콤 구조의 얇은 표면 재질에 결함 존재 범위 등을 표시할 경우에 사용하고 있다.

6.4.2.1 자동 태핑 검사 (Automatic Tap Test: Woodpacker)

이 검사 방법은 수동으로 실시하는 소리 탐지 방법과 매우 유사하며 손에 의한 해머 대신 솔레노이드로 작동되는 장비를 사용하는 것이다. 검사 시 동일 부위를 솔레노이드가 반복적으로 충격을 가하며, 충격을 가

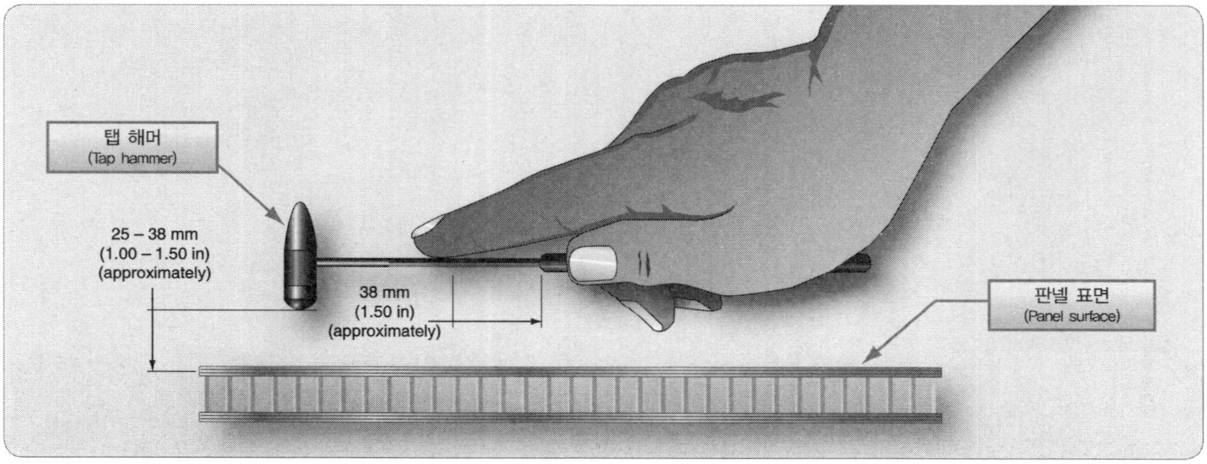

[그림 6-23] 탭 해머에 의한 탭 테스트(Tap test with tap hammer)

하는 부위의 끝에는 충격에 대한 시간 대비 가해진 힘을 기록해 주는 기록 장치가 장착되어 있다. 이때 가해지는 힘의 크기는 임팩터, 임팩터 에너지, 그리고 검사 대상 구조물의 기계적 특성에 따른다. 충격을 가하는 시간은 충격력에 따라 민감하게 변화를 줄 필요는 없으나 상이한 구조물인 보강재 부분에서는 변경할 필요가 있다. 따라서 결함이 없는 부위에서의 작동은 검사 전 검사 장비의 교정을 위해 필요하며, 이를 기준으로 검사 부위에서 발생하는 편차를 탐지, 구별하여 결함 존재 여부를 판단한다.

6.4.3 초음파 검사(Ultrasonic Inspection)

초음파 검사는 육안, 소리 탐지 방법 등으로 탐지할 수 없는 복합 소재 부품의 내부에 존재하는 들뜸 현상, 공간 또는 기타 이상 현상을 탐지하는 데 매우 효율적인 방법이다. 초음파 검사 방법에는 많은 종류가 있으나 가청 주파수를 초과하는 사운드 웨이브 에너지(sound wave energy)를 사용한다(그림 6-24 참조).

고주파(보통 몇 ㎒)를 검사하려는 부품 내부로 발사하면 표면까지 정상적으로 이동하거나 표면을 따라 이동하거나 또는 표면에 미리 정해진 각도까지 이동한다. 따라서 이 검사를 할 때에는 상이한 흐름이 생성

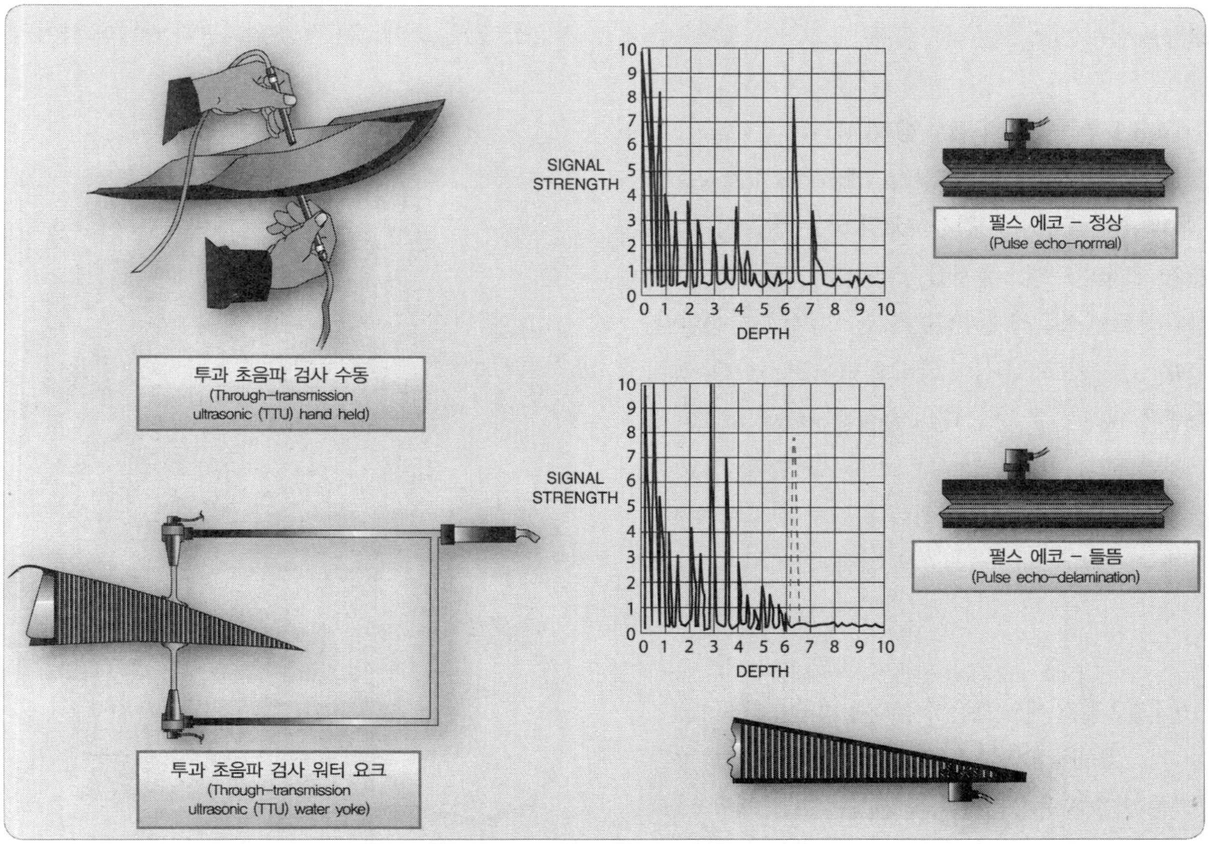

[그림 6-24] 초음파 검사 방법(Ultrasonic testing method)

되도록 여러 방향을 시도해야 한다. 정해진 사운드가 검사 부품의 정해진 루트를 통하는지를 모니터링해서 어떤 중대한 변화가 발생하는지 감시한다. 초음파 사운드 웨이브(ultrasonic sound wave)는 라이트웨이브(light wave)와 비슷한 성질을 갖는다. 초음파 웨이브는 방해 물체에 부딪쳤을 때, 웨이브 또는 에너지는 흡수되거나 또는 표면으로 반사된다. 그때 중단되었거나 또는 감소된 사운드 에너지를 트랜스듀서가 수신하여 오실로스코프 또는 도표 기록계 화면에 나타내 준다. 검사 결과로 표시된 현상을 정상적인 상태에서 발생하는 현상과 비교 평가를 실시한다. 이 비교 평가를 위해 시편(reference standard 또는 calibration standard)을 제작하여 검사 전에 초음파 검사 장비의 교정을 실시한다.

6.4.3.1 투과 초음파 검사 방법 (Through Transmission Ultrasonic Inspection)

투과 초음파 검사는 검사하고자 하는 부위 양쪽에 1개씩, 2개의 트랜스듀서를 사용한다. 초음파 신호는 하나의 트랜스듀서에서 다른 트랜스듀서로 발송한다. 그때 신호 강도의 손실이 장비 화면에 표시한다. 장비 화면은 원래 신호 강도 대비 손실된 비율로 표시되거나 손실된 데시벨(decibel) 양으로 표시한다. 신호 손실은 시편의 신호와 비교하여 판단하는데 시편보다 크게 손실이 존재하는 부분은 결함이 존재한다는 의미이다.

6.4.3.2 펄스 에코 초음파 검사 방법 (Pulse Echo Ultrasonic Inspection)

한쪽 면을 사용하는 초음파 검사는 펄스 에코(pulse echo) 기술을 이용한다. 이 방법에서는 고압 펄스에 의해 자극되어 송신과 수신을 담당하는 트랜스듀서로서 한 개의 탐침자(search unit)가 사용되고 있다. 각각의 전기 펄스는 트랜스듀서를 활성화시킨다. 이것은 전기적 에너지를 초음파 사운드 웨이브의 형태인 기계적 에너지로 변환시켜준다. 소리 에너지는 테프론(Teflon®) 또는 메타크릴산염 접촉 팁(methacrylate contact tip)을 통해 검사 대상 부품으로 이동한다. 파형이 검사 대상 부품에서 생성되고 트랜스듀서에 의해서 감지된다. 수신된 신호의 진폭에서 또는 에코가 트랜스듀서로 되돌아오는 시간에 어떠한 변화가 있으면 해당 부위에 결함이 존재한다는 것을 의미한다. 펄스 에코 검사는 접착된 부품의 들뜸 현상, 균열, 다공 현상, 물, 그리고 떨어짐 등의 결함을 탐지하는 데 사용한다. 펄스 에코는 적층 외피판과 허니콤 사이의

[그림 6-25] 펄스 에코 테스트 장비(Pulse echo test equipment)

떨어짐 또는 다른 결함에서는 나타나지 않는다(그림 6-25 참조).

6.4.3.3 초음파 접착 상태 검사 장비 (Ultrasonic Bond-tester Inspection)

저주파 및 고주파 접착 상태 검사 장비(bond-tester)는 복합 소재 구조물의 초음파 검사 시 사용한다. 이 검사 장비는 1개 또는 2개의 트랜스듀서를 갖추고 있는 검사 탐침을 사용한다. 고주파 접착 상태 검사 장비는 들뜸 현상과 공간 상태를 탐지하기 위해 사용한다. 그것은 외피 판재와 허니콤 코어 접착 부분의 떨어짐 또는 다공 현상은 탐지하지 못한다. 이 검사 방법으로는 직경이 0.5inch인 작은 결함도 탐지할 수 있다. 저주파 접착 상태 검사 장비는 2개의 트랜스듀서를 사용하며, 들뜸 현상, 공간, 외피 판재와 허니콤 코어 접착 부분의 떨어짐 결함을 탐지하는 데 사용한다. 이 검사 방법으로는 검사 부품의 어떤 면이 손상되었는지는 탐지하지 못하며, 결함의 직경이 1.0inch보다 작은 결함은 탐지할 수 없다(그림 6-26 참조).

[그림 6-26] 접착 검사 장비(Bond tester)

6.4.3.4 위상 배열 검사 방법(Phased Array Inspection)

위상 배열 검사 방법은 복합 소재 구조물에서 결함을 탐지하기 위한 최신의 초음파 검사 방법 중 하나이다. 펄스 에코 검사와 같은 원리로 작동되지만 64개 센서를 동시에 사용할 수 있어 검사 속도가 매우 빠르다(그림 6-27 참조).

6.4.4 방사선 검사 방법(Radiography)

흔히 엑스레이 검사로 불리는 방사선 검사는 검사 부품의 내부 구조를 볼 수 있기 때문에 비파괴 검사 방법으로 매우 유용하게 사용되고 있다. 이 검사 방법은 검사 부품 자체 또는 조립된 상태에서 방사선에 민감한 필름에 방사선을 투과, 흡수시켜 기록하는 방식으로 이루어진다. 촬영된 필름은 현상 과정을 거쳐 결함 해석에 활용되고 있다. 이 검사에서는 검사 부위 두께에 대한 전체 밀도만 표시되기 때문에 방사선과 직각

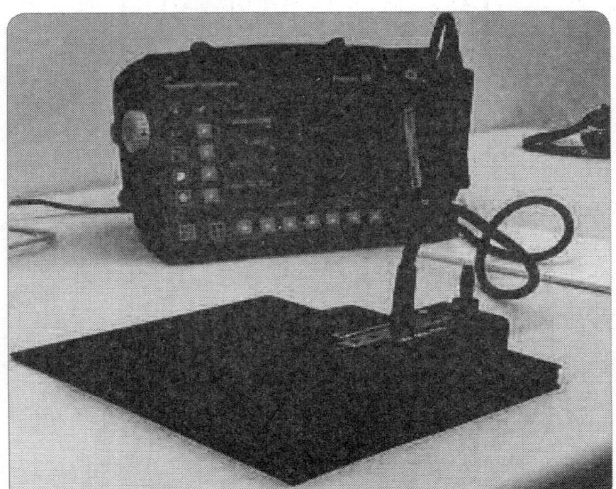

[그림 6-27] 위상 배열 검사 장비(Phased array testing equipment)

을 이루는 평면 소재의 들뜸 현상과 같은 결함 탐지 방법으로는 효율적이지 못하다. 그러나 방사선 빔의 중앙선과 평행인 결함을 탐지하기 위한 매우 효과적인 방법이다. 이 검사 방법을 통해 모서리 부분의 들뜸 현상, 눌려져서 뭉개진 코어, 코어에 담긴 물, 발포형 접착제 접합 부위에 존재하는 공간, 내부 상태 등을 상세히 알 수 있다. 대부분 복합 소재는 방사선을 거의 모두 투과시키므로 저 에너지 상태의 방사선이 사용되어야 한다. 안전성을 고려할 때 항공기 주위에서 이 검사 실시는 실용적이지 못하지만, 부득이하게 실시하고자 할 경우에는 방사선 발사 장치로부터 나오거나 산란되는 방사선에 사람이 노출되지 않도록 납 재질의 차폐물을 철저히 설치한 후 실시해야 한다. 또한 검사 구역으로부터 안전거리를 충분히 확보하고 무단 접근이 이루어지지 않도록 위험 표식을 반드시 설치하고 공지 및 통제해야 한다.

6.4.5 열상 기록 검사 방법(Thermography)

열상 검사는 검사 부품의 온도 변화를 측정하는 열 감지 도구가 사용되는 모든 방법이 해당한다. 열상 검사의 기본 원리는 검사 부품에 열 변화가 형성될 때 표면 온도를 측정하거나 도표화하는 방식이다. 모든 열상 기록 검사 방법은 결함이 없는 정상적인 부위와 결함이 존재하는 부위 간에 열전도율의 차이를 바탕으로 이루어진다. 열원은 검사 대상물의 온도를 올리는 역할을 한다. 결함이 없는 부위는 결함이 있는 부위에 비해 열전도가 효율적이며, 가해진 열이 흡수 또는 반사되는 양은 접착 상태의 질을 나타낸다. 열의 특성에 영향을 미치는 결함 종류로는 부착 상태가 떨어짐, 균열, 충격 손상, 판넬의 얇음 또는 복합 소재 재질 및 허니콤 코어에 침투되는 습기 등이 있다. 이 열상 기록 검사 방법은 얇은 적층 구조 또는 표면 가까이에 존재하는 결함을 탐지하는 데 가장 효과적인 방법이다.

6.4.6 중성자 투과 검사 방법 (Neutron Radiography)

중성자 투과 검사 방법은 시편의 내부 특성을 시각화할 수 있는 능력을 갖춘 비파괴 영상 기술이다. 매질(medium)을 통과하는 중성자의 이동은 매질(medium)에 있는 핵에 대한 중성자의 단면적에 따른다. 매질(medium)을 통과한 중성자의 차등 감쇠가 측정되고, 도식화된 후 시각화된다. 그때 얻은 결과 영상을 통해 검사 물질의 내부 특성을 분석한다. 이 중성자 투과 검사 방법은 방사선 검사 방법에 대한 보완적인 방법이다. 이 두 검사 기술은 매질(medium)을 통한 감쇠를 시각화한다. 중성자 투과 검사 방법의 주요 장점은 부식이나 수분에서 찾아볼 수 있는 수소와 같은 가벼운 요소를 표시해 주는 능력이 있다는 것이다.

6.4.7 수분 탐지기(Moisture Detector)

수분계(moisture meter)는 샌드위치 허니콤 구조물에 있는 수분을 탐지하는 데 사용한다. 수분계는 수분으로 인해 발생하는 RF 파워 손실을 측정한다. 수분계는 항공기 전방에 장착된 레이돔 구조물 내부에 수분이 존재하는지 측정하는 데 사용한다(그림 6-28 참조).

표 6-2는 비파괴 검사 장비들에 대한 비교표이다.

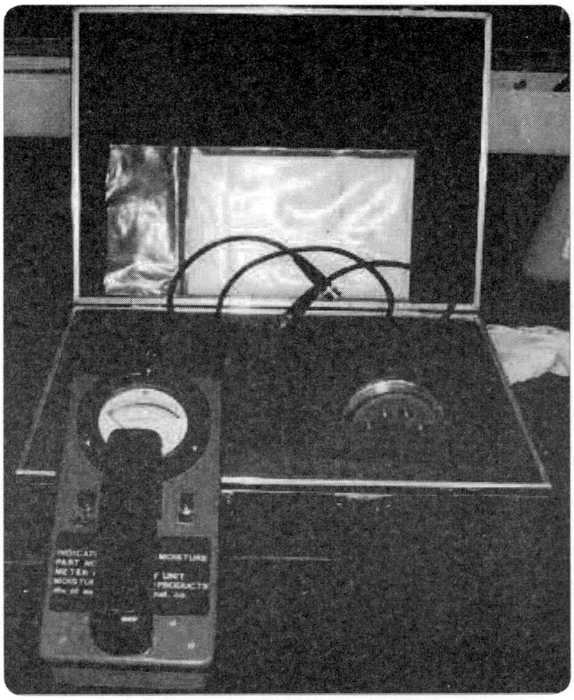

[그림 6-28] 수분 검사 장비(Moisture tester equipment)

6.5 복합 소재 수리(Composite Repairs)

6.5.1 적층 작업용 자재(Lay-up Materials)

6.5.1.1 수공구(Hand Tools)

수지침투가공재와 건성 직물은 가위, 피자용 칼, 그리고 일반 칼과 같은 수공구를 사용하여 절단할 수 있다. 케블러로 만든 재료는 유리 섬유 또는 카본보다 절단하기 어렵고, 공구를 빨리 마모시킨다. 고무 재질로 만든 누르기 공구(squeegee) 또는 브러시는 상온 적층 작업 시 접착제를 건성 천에 침투시키는 데 사용한다. 마커(marker), 자, 그리고 원형 틀판은 수리 배치도를 작성하는 데 사용한다(그림 6-29 참조).

6.5.1.2 공기 사용 공구(Air Tools)

드릴 모터, 라우터(router), 그리고 연삭기와 같은 공기 구동형 동력 공구는 복합 소재 가공 작업에 사용한다. 전동 모터는 카본이 전기적 합선 현상을 발생시킬

[표 6-2] 비파괴 검사 장비의 비교(Comparison of NDI testing equipment)

Method of Inspection	Type of Defect							
	Disbond	Delamination	Dent	Crack	Hole	Water Ingestion	Overheat and Burns	Lightning Strike
Visual	X (1)	X (1)	X	X	X		X	X
X-Ray	X (1)	X (1)		X (1)		X		
Ultrasonic TTU	X	X						
Ultrasonic pulse echo		X				X		
Ultrasonic bondtester	X	X						
Tap test	X (2)	X (2)						
Infrared thermography	X (3)	X (3)				X		
Dye penetrant				X (4)				
Eddy current				X (4)				
Shearography	X (3)	X (3)						

Notes: (1) For defects that open to the surface
(2) For thin structure (3 plies or less)
(3) The procedures for this type of inspection are being developed
(4) This procedure is not recommended

[그림 6-29] 적층 작업용 수공구(Hand tools for laminating)

[그림 6-30] 복합소재 수리용 공기 사용 공구
(Air tool used for composite repair)

수 있는 장비이므로 사용을 권고하지 않는다. 만약 전동 공구가 필요하다면 전기적으로 완전히 차폐된 상태의 공구를 사용해야 한다(그림 6-30 참조).

6.5.1.3 그물망 공구(Caul Tools)

알루미늄 재질로 제작된 그물망 판은 종종 경화시키는 작업 공정에서 수리 부품을 지지하는 데 사용한다. 몰드 이형 물질 또는 이형 필름은 부품이 그물망 판에 부착되지 않도록 붙여준다. 얇은 그물망 판은 또한 가열 부착기가 사용되었을 때 수리 부위 상부에 사용된다. 그물망 판은 가열 지역이 균일하게 가열되도록 도와주며 복합 소재 판재가 더 매끄럽게 마무리되도록 해준다.

6.5.1.4 지지용 공구 및 틀 (Support Tooling and Molds)

수리 작업 시 경우에 따라서는 수리 부품을 지지해주거나 경화 과정 동안 표면의 굴곡 형태를 유지시켜 주기 위한 공구가 필요하다. 이러한 공구들은 다양한 재료로 제작되어 사용한다. 이 재료들은 수리 형태, 경화 온도, 임시 또는 영구적인 공구 여부에 따라 다양하게 사용된다. 높은 온도 유지가 필요한 오븐 또는 오토클레이브 경화 작업 과정을 위해서는 반드시 지지 도구가 필요하다. 만약 지지용 공구를 사용하지 않을 경우에는 수리 부품의 변형을 초래할 수 있다. 이 도구들의 재료로 다양한 종류들을 사용하고 있다. 어떤 것은 특정 부품의 굴곡에 맞추기 위해 주조 형태로 만들거나 다른 것은 경화 시 굴곡 형태를 유지하기 위한 고정 지지대가 사용되기도 한다. 석고는 가격이 저렴하고 굴곡 지지용 공구로 사용하기 쉬운 재료이다. 그것은 유리 섬유, 대마, 또는 다른 재료로 채워질 수 있다. 석고는 내구성이 우수하지는 않지만 임시적인 도구로 사용될 수 있다. 마무리 상태를 향상시키기 위해 가끔 유리 섬유 강화 에폭시의 층이 공구 쪽 표면에 위치하기도 한다. 영구적인 공구를 만들기 위해 유리 섬유, 탄소 섬유 또는 다른 보강 재료에 접착제를 침투시켜 사용하기도 한다. 복잡한 구조물은 항공기 부품을 제작할 때 사용되는 마스터 공구 제작용 5축 CNC 장비를 사용하여 기계 가공된 금속 또는 고온용 공구 재질로 제작한다(그림 6-31 & 그림 6-32 참조).

[그림 6-31] 공구와 형틀 제작용 5축 CNC 장비
(Five-axis CNC equipment for tool and mold making)

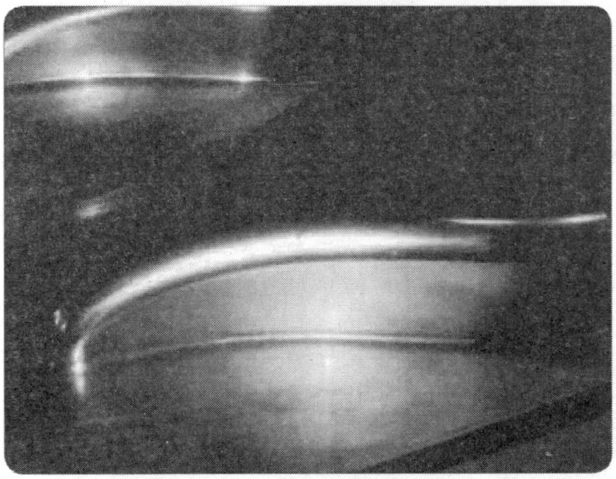

[그림 6-32] 주입구 덕트의 형틀(A mold of an inlet duct)

6.5.2 진공 백 자재(Vacuum Bag Materials)

복합 소재 구성품 수리는 흔히 진공 백이라고 알려진 방법으로 수행된다. 플라스틱 백을 수리부위 주변으로 밀봉시킨다. 층 사이에 공기가 없도록 백(Bag)에서 공기를 제거한다. 갇힌 공기 없이 함께 빨아들이도록 백에서 제거한다. 대기압 상태는 수리 부위를 압착시켜 더욱더 강하고 밀착된 접착 상태를 조성한다.

진공 백 공정에 사용되는 여러 가지 재료들은 수리용 부품이 아니고 수리 공정에 사용된 후 폐기되는 것이다.

6.5.2.1 박리제(Release Agents)

이형제라고도 불리는 박리제는 부품이 경화된 이후에 수리 시 사용된 도구 또는 그물망 판을 쉽게 떼어낼 수 있도록 하는 데 사용한다.

6.5.2.2 블리더 층(Bleeder Ply)

블리더 층은 수리 시 공기 또는 휘발성 물질의 배출 통로를 제공할 목적으로 사용한다. 또한 잉여 접착제가 모이는 곳이기도 하다. 블리더용 자재는 유리 섬유, 부직포 폴리에스테르, 또는 구멍이 뚫린 테프론 코팅 재료로 만들어진 층으로 제작된다. 기체수리용 매뉴얼에서 어떤 타입, 얼마나 많은 블리더 층을 사용해야 하는지 등을 규정, 소개한다. 일반적으로 적층이 두꺼워 질수록 더 많은 블리더 층이 필요하다.

6.5.2.3 얇은 껍질 층(Peel Ply)

얇은 껍질 층은 가끔 접착 공정에서 깨끗한 표면을 만들고자 할 경우 사용된다. 얇은 유리 섬유 층을 수리부위에 부착시킨 후 함께 경화시키는 데 부품을 다른 구조물에 접합시키기 직전에 이 얇은 껍질 층을 제거시켜야 한다. 얇은 껍질 층은 제거하기가 쉽고 접합 시 깨끗한 표면을 형성시켜주어야 한다. 얇은 껍질 층은 폴리에스테르, 나일론, 플로론네이트 에틸렌 프로필렌(Flouronated Ethylene Propylene: FEP), 또는 코팅된 유리 섬유 등으로 만든다. 만약 과열 상태가 되면 이를 제거하기가 힘들거나 표면에 오염을 남길 수 있다. 따라서 열에 의한 수축 등의 변형이 덜한 폴리에스테르 재질이 널리 사용되고 있다.

6.5.2.4 적층용 테이프(Lay-up Tapes)

접착용 테이프라고도 부르는 진공 백 밀폐용 테이프는 수리 부품 또는 공구를 진공 백에 밀폐시키는 데 사용한다. 적절한 성능을 갖춘 테이프 사용을 위해 사용 전에 테이프의 사용 온도 규격을 확인해야 한다.

6.5.2.5 구멍 뚫린 박리 필름 (Perforated Release Film)

구멍이 뚫린 박리용 필름은 수리 작업 공정에서 공기 및 휘발성 물질이 배출되는 것을 도우며, 통기 층이 부품 또는 수리 부위에 들러붙는 것을 막는다. 이 필름은 배출량에 따라 구멍 크기와 간격이 다양한 제품을 사용한다.

6.5.2.6 고형 박리 필름(Solid Release Film)

고형 박리 필름은 수지침투가공재 또는 상온 적층 작업 중 해당 수리 층이 표면 또는 그물망 판에 들러붙지 않도록 하기 위해 사용한다. 고형 박리용 필름은 접착제가 빠져나가지 못하게 하거나 사용 중인 가열 판 또는 그물망 판의 손상을 방지해 주는 역할을 수행한다.

6.5.2.7 통기 재료(Breather Material)

통기 재료는 진공 백에서 나오는 공기가 빠져 나가는 통로를 제공하기 위해 사용한다. 통기 부분은 배출 부분과 접속되어야 한다. 전형적으로 폴리에스테르는 4온스 또는 10온스의 무게가 사용한다. 보통 4온스는 50psi 이하에서 사용되고, 10온스는 50~100psi에서 사용한다.

6.5.2.8 진공 백(Vacuum Bag)

진공 백 재료는 수리 상태와 대기 상태 사이에 견고한 층을 제공해 준다. 진공 백 재료는 다양한 온도 변화율을 감당할 수 있어야 하며 이는 수리 작업 시 경화 온도까지 사용될 수 있어야 한다. 대부분 진공 백 재료는 일회용으로 사용하지만 부드러운 실리콘 고무로 만든 것은 재사용이 가능하다. 2개의 작은 조각은 진

[그림 6-33] 진공 백 재료(Bagging material)

[그림 6-34] 복잡한 부품의 진공 백(Bagging of complex part)

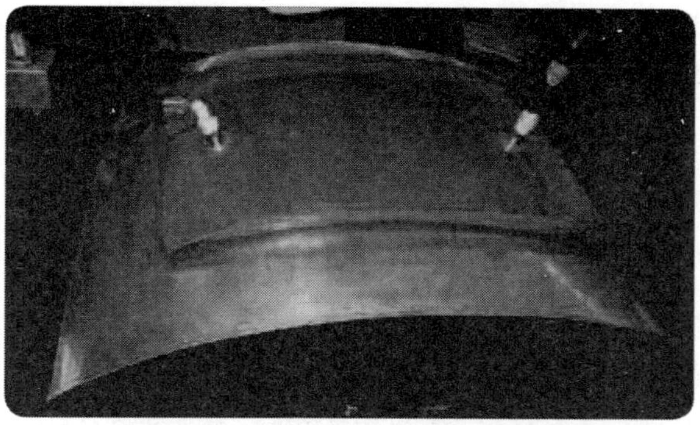

[그림 6-35] 열 소자가 포함된 자체 밀봉 진공 백
(Self-sealing vacuum bag with heater element)

공 밸브가 장착될 수 있도록 압착 재료로 만든다. 진공 백은 아주 유연하지는 않지만 그 안에 넣어진 층 재료가 복잡한 형상을 갖추어야 한다면 수리 시 해당 층 재료를 원하는 형태가 되도록 변형시킬 수 있어야 한다. 가끔 봉투 형태의 진공 백이 사용되는데 이 방법 사용 시 진공압이 부품을 눌러서 뭉개지게 할 수 있는 단점을 가지고 있다. 반복 사용 가능한 제품으로 실리콘 고무 재료를 사용하여 제작되는데 이 제품은 유연성이 우수하다. 일부에서는 압착 작업을 단순화시키기 위해 붙박이 형태의 가열 판이 활용되기도 한다(그림 6-33, 6-34 & 6-35 참조).

6.5.3 진공 장비(Vacuum Equipment)

진공 펌프는 대기압 상태에서 층이 합쳐지도록 진공 백에서 공기와 휘발성 물질을 제거시키는 역할을 한다. 수리 작업장에서는 전용 진공 펌프를 사용한다. 항공기에서 수리 작업을 수행할 경우에는 이동식 진공 펌프를 사용한다. 대부분 가열 부착기는 내장형 진공 펌프를 갖추고 있다. 일반적인 공기 호스는 진공 상태를 가할 때 손상되기 때문에 특수 공기 호스가 진공 배관으로 사용한다. 오븐 또는 오토클레이브에서 사용되는 진공 배관은 가열 장치에서 나오는 고온을 견딜 수 있어야 한다. 진공 압력 조절기는 때때로 압착 공정에서 진공 압력을 낮추는 역할을 수행한다.

6.5.4 가열 장치(Heat Sources)

6.5.4.1 오븐(Oven)

복합 소재는 다양하게 압력을 가하는 방법을 통해 오븐에서 경화시킬 수 있다(그림 6-36 참조). 전형적으로 진공 백은 휘발성 물질과 갇혀있는 공기를 제거하고, 대기압을 통해 접합되도록 하기 위해 사용한다. 오븐 경화 시 사용되는 다른 방법으로는 수축 포장 또는 수축 테이프를 사용하는 것이다. 오븐은 해당 재료를 급속히 경화시키기 위해 빠른 속도로 순환되는 가열된 공기를 이용한다. 전형적으로 사용되는 오븐 경화 온도는 250°F 와 350°F를 사용한다. 오븐은 오븐 컨

[그림 6-36] 워크인 경화 오븐(Walk-in curing oven)

트롤러로 온도 자료를 제공해 주는 온도 감지기를 갖고 있다. 오븐 온도는 오븐 감지기가 위치하는 장소와 오븐 내에서 부품이 위치하는 장소에 따라 실제 작용하는 부품 온도는 다를 수 있다. 오븐 안에 있는 부품의 열량은 보통 오븐 주변보다는 크며, 온도가 상승하는 동안 부품 온도는 오븐 온도보다 상당히 뒤처질 수 있다. 이러한 차이를 없애기 위해 최소한 2개의 열전대를 부품 위에 장착해야 하며, 기록계, 가열 부착기 등과 격리하는 방법 등으로 해서 오븐 외부에 있는 온도 감지 장치와 연결해야 한다. 일부 오븐 제어기는 수리 부품에 열전대를 부착하여 제어한다.

6.5.4.2 오토클레이브(Autoclave)

오토클레이브 시스템은 다양한 재료의 공정에 부합되도록 설정된 시간, 온도, 압력에 따라 가압 장치 내에서 복잡한 화학 반응이 일어나도록 해 준다(그림 6-37 참조). 재료와 공정 절차는 120℃(250℉), 275㎪(40psi)에서 760℃(1400℉), 69,000㎪(10,000psi) 이상까지 오토클레이브 작동 조건을 갖는다. 더 낮은 온도와 압력의 공기로 오토클레이브를 가압할 수 있으나 경화 과정에서 더 높은 온도와 압력이 요구된다면 오토클레이브 화재 예방을 위해 공기와 질소 50/50 혼합물 또는 100% 질소를 사용한다.

오토클레이브 시스템의 주요 구성품은 압력을 담아내는 용기, 가스 흐름을 가열하고 용기 내부에서 일정하게 순환시키는 요소, 진공 백으로 덮힌 부품에 진공을 가해주는 부속시스템, 작동 매개 변수를 제어하는 부속시스템, 그리고 오토클레이브에 고정 틀을 유지시키는 부속시스템을 갖추고 있다. 최신의 오토클레이브는 컴퓨터로 제어되고, 운영자는 모든 타입의 경화 곡선 프로그램을 기록하고 감시할 수 있다. 경화 곡선을 제어하기 위한 가장 정확한 수단은 실제 부품에 부착된 열전대를 갖춘 오토클레이브 컨트롤러를 제어하는 것이다.

오토클레이브에서 작업이 이루어지는 대부분 부품들은 진공 백으로 감싸게 되는데 이는 적층 구조물을 압착하고 휘발성 물질을 제거하기 위한 통로를 유지시켜 준다. 백은 오토클레이브 안에서 해당 부품이 오토클레이브 내의 대기에 바로 노출되지 않고 차압을 받도록 해준다. 진공 백은 수리 부품에 다양한 조건의 진공을 가해주기 위해 사용한다.

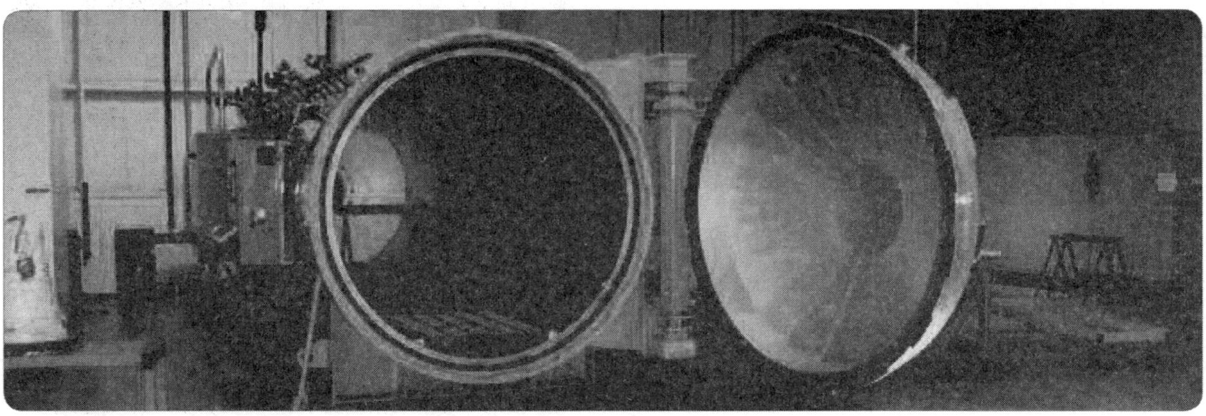

[그림 6-37] 오토클레이브(Autoclave)

6.5.4.3 가열 부착기(Heat Bonder) 와 가열 램프 (Heat Lamps)

항공기에서 직접 수리하는 데 사용되는 방법으로는 일반적인 가열 방법을 사용하는데 여기에는 전기 저항 발열을 이용한 가열판, 적외선 가열 램프, 그리고 고온 공기 공급 장치 등을 이용하고 있다. 모든 가열 장치는 정확한 열이 가해지도록 가열 및 냉각 속도를 조절할 수 있는 장치를 가지고 조절하여야 한다. 특히 수지침투가공재를 사용하여 수리 작업을 수행할 경우에는 가열 및 냉각 속도를 매우 정밀하게 조절하여야 한다.

(1) 가열 부착기(Heat Bonder)

가열 부착기는 수리 부위로부터 온도를 감지 받아 자동 가열 장치를 갖춘 이동용 장비이다. 가열 부착기는 또한 진공 백에 진공 상태를 제공하고 감시하는 진공 펌프를 갖추고 있다. 가열 부착기는 수리 부위 근처에 있는 열전대 측정기로 경화 곡선을 제어한다. 어떤 수리 작업에서는 10개 이상의 열전대가 필요하다. 최신의 가열 부착기는 수많은 서로 다른 형태의 경화 프로그램을 운영할 수 있고, 경화 곡선 자료를 출력하거나 또는 컴퓨터로 업로드 시킬 수 있다(그림 6-38 참조).

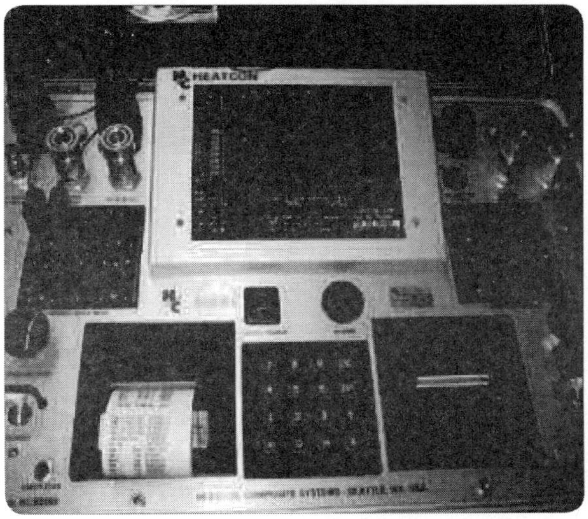

[그림 6-38] 가열 부착 장비(Heat bonder equipment)

(2) 가열판(Heat Blanket)

가열판은 유연성을 갖춘 히터이다. 그것은 실리콘 고무 재질의 2개 층으로 구성되며 층 사이에 금속 재질의 저항체가 들어 있다. 가열판은 항공기에서의 수리 작업 수행 시 열을 가하는 도구로 널리 사용되고 있다. 가열판은 보통 수동으로 제어하지만 경우에 따라서는 가열 부착기와 함께 사용되기도 한다. 가열판의 열은 전도체를 통해 전달되어야 하므로 수리 부품에 완전히 밀착되어야 하고, 이를 위해 진공 백을 사용한다(그림 6-39 참조).

(3) 가열 램프(Heat Lamp)

진공 백을 사용할 수 없는 경우에는 적외선 가열 램프를 사용하여 복합 소재 경화 시의 온도를 상승시킬 수 있다. 그러나 이 방법으로 150℉ 이상의 경화 온도 또는 면적이 $2feet^2$ 보다 클 경우에는 효율적이지 못하다. 이 방법은 또한 가해지는 열 조절이 어렵고 빠르게 표면 온도를 상승시키는 경향이 있다. 만약 자동온

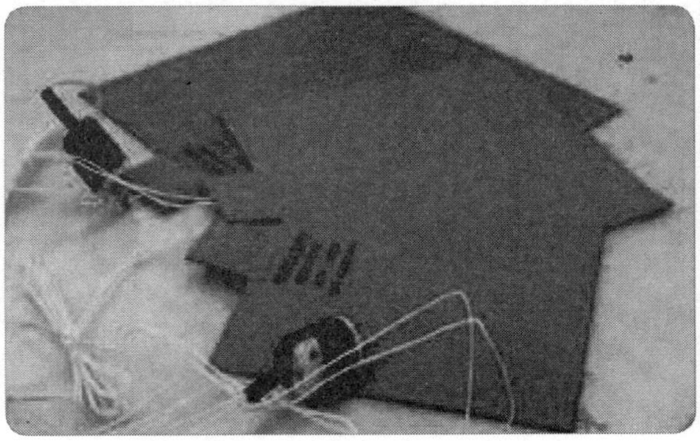

[그림 6-39] 가열판(Heat blankets)

도조절장치에 의해 열을 제어할 수 있다면 가열 램프는 넓은 표면 또는 불규칙한 표면을 경화시킬 때 유용하게 사용될 수 있다. 가열 접착기와 함께 사용하면 가열 램프를 제어할 수 있다.

(4) 고온 공기 공급 시스템(Hot Air System)

고온 공기 공급 시스템은 주로 작은 규모의 복합 소재 수리의 경화 과정에 사용될 수 있고, 수리 부위를 건조시키는 데 사용한다. 열 발생기는 진공 백을 수리 부위에 올려놓고 밀봉 후 그 안으로 뜨거운 공기를 공급하여 수리 부위의 온도를 상승시켜 준다.

6.5.4.4 고온 압력 성형기(Heat Press Forming)

압력 성형 공정은 평평한 열가소성 재질의 수지침투 가공재를 오븐에서 용융점 340~430℃ (645~805℉) 이상으로 가열 후 틀을 이용하여 성형하기 위해 700~7,000㎪, 100~1,000psi 압력으로 빠르게(1~10초) 찍어서 냉각시키는 과정이다. 이 작업에 사용되는 프레스 성형 틀은 재질이 강재 또는 알루미늄으로 제작되어 암수 조합 형태(male-female set)를 갖춘다. 시제품을 만들 때에는 고무, 목재 또는 페놀릭 등을 사용하기도 한다.

[그림 6-40] 고온 프레스(Heat press)

이 방법은 오직 한쪽 방향으로 압력을 가해야 하기 때문에 비드(bead), 구석진 곳과 같은 복잡한 형태의 부품 또는 수직으로 다리가 붙은 부품은 제작하기 어려운 단점을 갖고 있다(그림 6-40 참조).

6.5.4.5 열전대(Thermocouples: TC)

열전대는 온도를 정확하게 측정하기 위해 사용하는 장비이다. 이 장비는 간단한 온도 측정기기에 연결하거나 가열 부착기, 오븐 또는 열의 양을 조절하는 다른 형태의 컨트롤러에 연결하여 사용한다. 열전대는 한쪽 끝에서 연결된 2개 리드(lead)가 이질 금속으로 되어있는 전선 형태로 이루어져 있다. 리드 이음 부분이 가열되면 전류가 발생하고 이 값이 온도로 환산되어 지시한다. 여기에 사용되는 전선(J 또는 K)과 콘넥터 형태는 온도 감지 장치인 가열 부착기, 오븐, 오토클레이브 등에 적합한 것을 선택해야 한다. 전선은 여러 종류의 절연재를 가지고 있으므로 높은 경화 온도에 견딜 수 있는지 등을 제작사 제품 자료를 활용하여 확인해야 한다. 테프론 절연 전선은 일반적으로 390℉ 및 그 이하 온도 경화에 적합하며, 켑톤 절연 전선은 그보다 더 높은 고온 경화에 사용한다.

(1) 열전대 위치(Thermocouple Placement)

열전대를 어디에 위치시키느냐가 수리 공정에서 적절한 경화 온도를 얻는데 가장 중요한 요소이다. 일반적으로 온도 제어용으로 사용되는 열전대는 수리 과정에 방해가 되지 않는 범위 내에서 가능하면 수리 수위에 가까이 위치시켜야 한다. 그것들은 또한 수리 부위 재료가 적절하게 경화되어야 하고 과도한 온도로 성능이 저하되면 안 되는 중요한 부위로 간주되는 고온 또는 저온 지점에 위치시켜야 한다. 열전대는 모니터링 되어야 할 곳에 가능한 한 가까이 위치시켜야 한다.

다음은 열전대 취급 시 준수되어야 할 사항이다.

① 가열 공정을 감시하기 위해서는 최소 3개 이상의 열전대를 사용해야 한다.

② 수지침투 패치의 접합 공정에서는 패치의 중앙 부근에 열전대를 놓는다.

③ 컨트롤용 열전대는 패치에 굴곡이 생기지 않도록 얇은 금속 판 상부에 위치할 수 있으면, 저온(200°F 또는 그 이하 온도) 상호 경화 패치 위의 중앙 부분에 위치할 수 있다. 이는 패치 온도를 더 정밀한 제어하기 위함이다.

④ 수리용 패치의 경계선 주위에 장착된 열전대는 접착제 라인의 가장자리에서 약 0.5inch 떨어진 곳에 놓아야 한다.

⑤ 접착제로부터 열전대를 보호하기 위해 그리고 전기적 합선으로부터 컨트롤 장치를 보호하기 위해 열전대 끝단의 위쪽과 아래쪽에 편평한 테이프를 놓는다.

⑥ 압력이 리드를 손상시켜 잘못된 지시가 발생하지 않도록 진공 배출구 아래쪽에는 열전대를 놓지 않는다.

⑦ 자력선으로 인해 잘못된 온도 지시를 방지하기 위해 가열기 전원 코드 근처에 또는 가로질러서 열전대용 전선을 놓지 않는다.

⑧ 컨트롤러가 낮은 온도를 보상하지 않도록 수리 부위에 가열판이 2inch 이상 겹쳐지는 곳 위에 열전대를 놓지 않는다.

⑨ 진공이 가해질 때 측정하고자 하는 부위에서 열전대가 당겨지며 떨어지는 현상을 방지하기 위해 진공 백 아래에 열전대를 놓을 때에는 열전대 전선을 느슨하게 해 두어야 한다.

(2) 수리 부위의 예비 온도 측정(Thermal Survey of Repair Area)

복합 소재 수리에서 최대의 구조적 접합 성능을 발휘하기 위해서는 정해진 온도 범위로 경화가 이루어져야 한다. 정확한 경화 온도가 이루어지지 않았을 경우에는 패치 또는 접착 표면이 약해져서 사용 중에 수리 부위에 결함이 발생할 수 있다. 수리 부위에 적당하고 균일한 온도 분포 생성을 확인하기 위해 수리 작업 착수 전에 예비 온도 측정을 실시해야 한다. 예비 온도 측정에서 가열과 단열 요건뿐만 아니라 수리 부위의 열전대 위치까지도 결정된다. 예비 온도 측정은 특히 가열 방법, 그리고 예를 들어 주위 구조물이 열에 의한 수축되는 요인이 수리 부위에 있을 경우 관리해야 할 요목들을 결정하는 데 유용하게 활용할 수 있다. 이 절차는 열을 가하여 수리하는 모든 경우에 적용하여야 하며 이를 통해 불충분하거나 과도하거나 또는 균일하지 못한 가열 요소를 사전에 제거할 수 있다.

(3) 수리 부위에서의 온도 변이 현상(Temperature Variations in Repair Zone)

수리 부위에서 온도 변이 현상은 여러 가지 이유로 발생한다. 이들 중 가장 으뜸인 것은 재료의 종류, 재료의 두께 그리고 수리 부위를 이루고 있는 근본 구조물의 특성이다. 이러한 이유로 인해 수리하고자 하는 부위의 구조물의 구성을 파악하는 것이 중요하다. 수리 부위가 존재하는 하부 구조물은 수리 시 수리 부위의 열을 그 주변으로 발산시켜 그 부위의 수리 부분 온도가 낮아진다. 얇은 표면은 빨리 가열되어 과열되기가 쉽다. 반면 두꺼운 표면은 열이 서서히 흡수되어 침투한다. 이러한 현상은 예비 온도 측정을 통해 문제점이 인식되고 작업자는 적절한 가열 및 차단 방식을 강구하게 된다.

(4) 가열 상태 예비 측정(Thermal Survey)

가열 상태 예비 측정 절차 수행 시에는 수리 부위에서 발생할 수 있는 고온 부위와 저온 부위를 결정하기 위해 노력해야 한다. 수리 부위에 동일한 재료와 두께를 가진 패치, 여러 개의 열전대, 가열판, 그리고 진공백을 임시로 부착한다. 해당 부위에 열을 가한 후 온도가 안정화 되면 열전대 온도를 기록한다. 만약 열전대의 온도가 평균값에서 10° 이상 변화된다면 단열재를 추가한다. 스트링거와 리브로 구성된 부분은 그들이 열을 흡수하기 때문에 패치의 중간 부분의 온도보다 더 낮게 지시한다. 이 경우에는 온도 상승을 위해 단열재를 추가한다(그림 6-41 참조).

(5) 열 수축 현상 방지책(Solutions to Heat Sink Problems)

열에 의한 수축 현상을 해결하기 위해서 수리 부위에 단열재를 추가한다. 이 단열재는 수리 영역을 초과하여 설치할 수 있으며, 열이 빠져나가는 것을 최소화시킨다. 통기 재료와 유리 섬유 재질의 천은 진공 백 위와 내부 또는 구조물의 접근 가능한 후면에서 그 기능을 잘 발휘한다. 온도가 낮은 부위에는 단열재를 추가

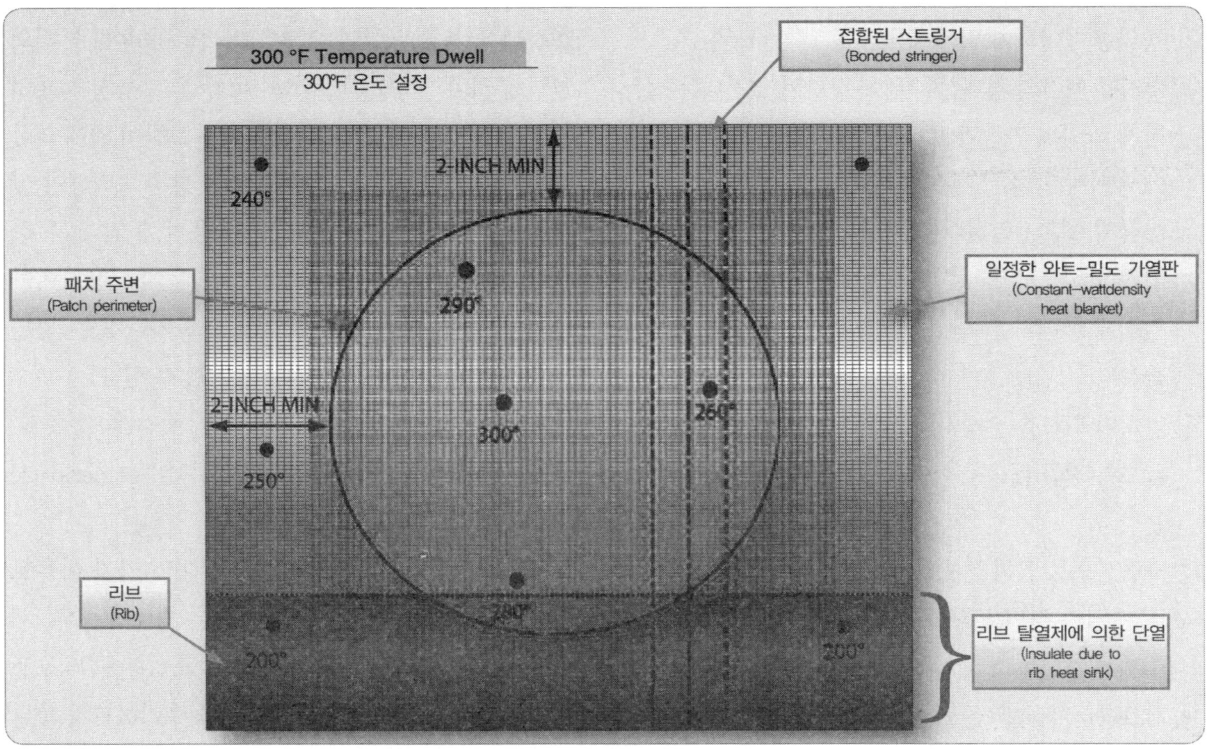

[그림 6-41] 가열 상태 예비 측정 예(Thermal survey example)

하고, 온도가 높은 부위에는 단열재를 적게 한다. 수리 부위 뒷면에 접근이 가능하다면 수리 부위 온도가 더욱더 균일하게 분포되도록 가열판을 추가 설치할 수 있다.

6.5.5 적층 작업(Lay-ups)

6.5.5.1 상온 적층 방법(Wet Lay-up)

상온 적층 공정에 사용되는 건조된 천은 접착제가 주입되지 않은 형태이다. 수리 작업 직전에 접착제를 혼합한다. 천의 조각에 수리용 층을 배치시키고 천에 접착제를 주입한다. 천에 접착제가 주입되면 수리용 층을 자른 후 층의 방향에 맞추어 진공 백에 쌓아 놓는다. 상온 적층 수리 방법은 유리 섬유를 사용하며, 비구조적인 부분에 종종 사용한다. 탄소 및 케블러 재질의 건조된 천 또한 상온 적층 접착제 방식으로 사용될 수도 있다. 많은 종류의 접착제가 상온에서 이루어지는 상온 적층 경화 과정에 사용되는데 이는 작업이 용이하며 관련 재료를 오랜 기간 동안 상온에서 저장할 수 있다. 상온에서 수행되는 상온 적층의 단점은 원형 구조물 그리고 제작 시에 250°F 또는 350°F에서 경화되어 제작된 부품인 경우 그 강도와 내구성을 완전히 복원할 수 없다는 것이다. 일부 상온 적층 접착제는 상승된 온도 경화 방식을 사용하고 향상된 성능을 갖는 경우도 있다. 일반적으로 상온 적층 성능은 수지침투가공재의 성능에는 미치지 못한다.

에폭시 접착제는 사용하기 전까지 냉각 상태를 유지시켜 주어야 한다. 이것은 에폭시의 사용 가능 시효를 유지시켜 주는 것이다. 통상적으로 용기에 부착되어 있는 라벨에 해당 재료의 정확한 저장 온도 등을 표시해 준다. 대부분 에폭시 접착제의 저장 온도는 약 40~80°F이다. 일부 접착제인 경우 40°F 이하에서 저장해야 하는 제품도 있다.

6.5.5.2 수지침투가공재(Prepreg)

수지침투가공재는 제작 과정에서 접착제가 주입된 천 또는 테이프 형태의 재료이다. 접착제는 이미 혼합되어져서 B-stage 경화 상태를 유지한다. 접착제가 더 이상 경화되지 않도록 하기 위해 수지침투가공재 자재는 0°F 이하의 냉동고에 저장해야 한다. 이 수지침투가공재 자재는 보통 롤(roll) 형태로 보관하며, 자재가 서로 붙지 않도록 한쪽 면에 보호용 재료를 부착해 둔다. 따라서 수지침투가공재 자재는 층으로 쌓아두지 않는다. 수지침투가공재 자재는 겹치는 과정에서 쉽게 들러붙거나 접착되는 성질이 있다. 수지침투가공재를 사용하기 위해서는 냉동고에서 꺼낸 후 완전히 롤 형태인 경우 약 8시간 동안 녹여야 한다. 수지침투가공재 자재는 습기가 침투되지 않도록 밀봉된 봉지 등에 넣어 보관해야 한다. 또한 습기 등으로 자재가 오염되지 않도록 완전히 녹을 때까지 밀봉된 봉지를 열지 않는다.

수지침투가공재 자재는 완전히 녹은 후 보호용 재료를 떼어내고 수리용 자재로 자른 후 층의 방향에 맞추어 쌓은 후 진공 백에 넣는다. 층을 겹쳐 쌓을 경우에는 보호용 재료를 반드시 제거해야 한다. 수지침투가공재는 온도를 상승시키면서 경화시키는데 가장 일반적으로 사용되는 온도는 250°F와 350°F이다. 오토클레이브, 경화 오븐, 그리고 가열 접착기가 수지침투가공재를 경화시킬 때 사용되는 장비이다.

해당 부품이 여러 겹의 수지침투가공재로 이루어진 경우 많은 양의 공기가 수지침투가공재 층 사이로 침투되기 때문에 합침 작업이 필요하다. 이렇게 침투되는 공기를 제거하기 위해서는 수지침투가공재를 구멍이 뚫린 이격용 필름, 통기 층으로 감싼 후 진공 백을 사용한다. 상온에서 10~15분 동안 진공 상태를 가한다. 일반적으로 장비 면에 첫 번째로 합친 층을 부착시킨 후 수지침투가공재의 두께와 필요한 모양에 따라 3겹 또는 5겹마다 이 과정을 반복 수행한다.

수지침투가공재, 필름형 접착제 그리고 발포형 접착제는 냉동고에서 0°F 이하의 온도로 저장한다. 상기 재료를 선적해야 한다면 드라이아이스로 채워진 특별한 용기에 담아 취급해야 한다. 냉동고에 자동 얼음 제거 장치가 설치되어 있어서는 안 된다. 자동 얼음 제거 장치는 주기적으로 따듯한 공기를 냉동고 안으로 공급해야 하는데, 이로 인해 복합 소재 재료의 저장 기간이 단축되고 사용 가능 기간이 소모된다. 냉동고는 내부 온도를 0°F 이하로 유지할 수 있어야 하는데 일반적으로 가정용 냉동고는 이 기준에 부합한다. 재료 보관에는 냉장고도 사용되는데 여기에는 적층 재료와 반죽형 접착제를 저장하기 위해 사용되며 약 40°F 정도의 온도를 유지해야 한다(그림 6-42 참조).

[그림 6-42] 수지침투가공 자재 저장용 워크인 냉동실
(Walk-in freezer for storing prepreg materials)

경화되지 않은 수지침투가공재는 저장과 사용에 대한 제한 시간을 갖는다(그림 6-43 참조). 저온에서 수지침투가공재 재료의 최대 저장 기간은 보통 6개월에서 1년 정도로 이를 저장 수명(storage life)이라고 부른다. 이 재료들은 시험할 수 있으며 그 결과에 따라 재료 제작사에 의해 저장 수명을 연장시킬 수 있다. 상온에서 재료가 경화되기 이전까지의 최대 허용 시간을 기계적 수명(mechanical life)이라고 부른다. 또 상온에서 적층 및 합치기 작업을 완성하는 데 필요한 권고 시간을 처리 수명(handling life)이라고 부른다. 보통 처리 수명은 기계적 수명보다 짧다. 기계적 수명은 재료가 냉동고에서 꺼내진 시각에서 부터 냉동고 안으로 다시 저장되는 시각까지의 측정된 시간을 의미한다. 따라서 사용자는 항상 냉동고에서 재료를 꺼낸 시각과 다시 넣은 시각을 기록한 후 보관해야 한다. 만약 기계적 수명이 초과된 재료는 폐기 처리해야 한다.

많은 수리 공장에서는 재료를 작게 잘라서 키트(Kit)화하고, 냉동고에서 꺼내 녹이는 시간을 단축하고자 그것들을 방습 가방이나 봉지 등에 넣어 저장한다. 이것은 크기가 큰 롤 형태의 재료가 불필요하게 냉동고에서 나와서 기계적 수명이 감소되는 현상을 방지해 준다.

냉동 저장하는 모든 수지침투가공재는 습기 침투를

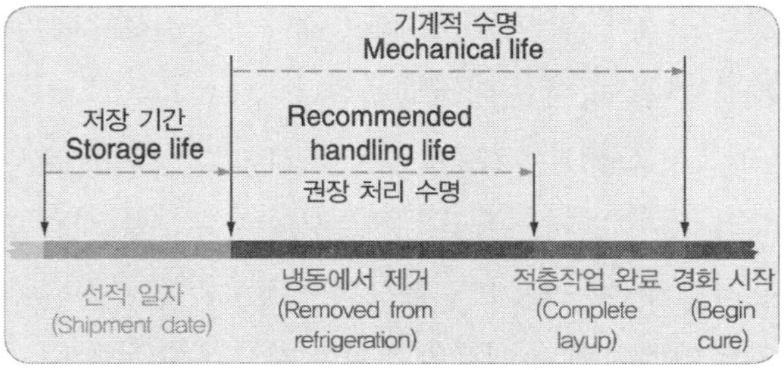

[그림 6-43] 수지침투가공 자재의 저장 기간
(Storage life for prepreg materials)

방지하기 위해 방습 가방이나 봉지 등에 넣어 보관해야 한다. 또한 먼지, 오일, 증기, 스모크 및 기타 오염 발생 물질과 접촉되지 않도록 적절한 보호 도구를 사용하여 보호해서 저장해야 한다. 적층 작업을 실시하는 작업장도 매우 깨끗해야 하며, 깨끗한 작업장에서 작업을 수행할 수 없을 경우에는 오염 방지용 가방 또는 플라스틱 커버 등으로 오염 방지 조치를 취한 후 사용해야 한다. 적층 작업 시작 전에 이격용 필름으로 수지침투가공재의 보호되지 않은 면을 씌우고 나서, 수리용 플라이를 위치시키기 직전에 수리할 부위를 깨끗하게 한다. 수지침투가공재 재료는 온도에 민감하여 온도가 과도하게 올라가면 경화가 시작되고, 과도하게 낮으면 취급하기가 어렵다. 항공기에서 작업해야 할 경우 만약 주변 온도가 과도하게 낮을 경우에는 그 부위에 텐트 등을 설치하여 작업 부위를 보호시켜야 한다. 결론적으로 수지침투가공재 재료는 온도를 관리해야 하며 사용 직전에 수리 부위로 이동시켜 작업을 실시해야 한다.

6.5.5.3 상호 경화 접착 방식(Co-curing)

상호 경화 접착 방식 절차는 접착되는 부분의 2개 부품에서 동시에 경화가 일어나는 공정이다. 2개 부품 사이의 경계면에 접착용 층을 사용하거나 그렇지 아니할 수도 있다. 상호 경화 접착 방식은 가끔 판넬 표면이 양호하지 못하는 상태를 유발시킬 수 있다. 이는 표준 경화 절차에서 동시 경화된 2차 표면 재료를 사용하는 방법 등으로 방지할 수 있다. 상호 경화된 표면은 상대적으로 낮은 기계적 특성을 지니게 되어 설계된 수명보다 단축된다.

상호 경화 형태의 전형적인 작업이 보강재와 외판에서 동시에 일어나는 접착 형태이다. 보강재와 외판 사이에 접착용 필름이 놓이는데 이는 피로 손상 및 떨어짐에 대한 저항 능력을 증대시켜 준다. 상호 경화 공정의 부수적인 장점은 접착 형태의 부품과 확실하게 청결이 유지된 표면 간 부착 능력이 우수하다는 것이다.

6.5.5.4 2차적 접착 방식(Secondary Bonding)

2차적 접착 방식은 수지침투가공재 부품을 이용하며, 2개 부품을 접합시키기 위해 접착제 층을 사용한다. 허니콤 샌드위치 구조물은 일반적으로 최적의 구조적 성능을 발휘할 수 있도록 2차적 접착 방식 공정이 이용된다. 허니콤 코어 위쪽에서 상호 경화된 층은 코어 셀 안으로 묻힌 비틀어진 층이 존재할 수 있다. 이로 인해서 압축 경도와 강도가 각각 10~20% 정도 경감될 수 있다.

2차적 접착 방식 중인 수지침투 적층판은 보통 얇은 나이론 또는 유리 섬유 재질의 이격용 층을 접착면에 사용한다. 이격용 층은 때때로 수지침투 적층판의 비파괴검사를 방해할 수 있는 반면에, 그것은 접착 작업 이전에 표면의 청결 상태가 어떠했는지 확인시켜주는 가장 효과적인 수단이라는 것을 알 수 있다. 이격용 층을 벗겨낸 후 원래의 표면을 이용할 수 있다. 접착 선에 손상이나 균열이 발생되면 이격용 층의 물결 현상으로 만들어진 접착제 자국 부분을 가볍게 갈아서 제거한다.

복합 소재 재료는 구조적인 수리 및 원상 복구 작업, 또는 알루미늄, 강재, 그리고 티타늄 부품의 성능을 향상시키기 위한 작업에 사용할 수 있다. 접착된 복합 소재 보강판은 피로 균열 손상의 확산을 느리게 하거나 멈추게 할 수 있고, 부식으로 잘라낸 부위를 대체하거나 구조적으로 너무 작거나 음의 마진을 갖고 있는 부위를 구조적으로 보강시키는 역할을 수행할 수 있다. 이러한 종류의 기술은 금속재 접착과 항공기상에서 수행되는 복합 소재 접착 수리 작업 시 조합된 형태로 이루어진다. 이러한 수리 작업에서는 에폭시 접착제와 함께 보론(boron) 수지침투가공재 테이프가 가장 널리 사용되고 있다.

6.5.5.5 상호 접착 방식(Co-bonding)

상호 접착 방식 공정은 같이 접착되는 부품에 접착제를 동시에 바른 후 해당 부품과 함께 동시에 경화시키는 방법이다. 벗겨짐에 대한 저항 강도(peel strength)를 향상시키기 위해 필름형 접착제를 사용한다.

6.5.6 상온 적층 공정(Lay-up Process: Typical Laminated Wet Lay-up)

6.5.6.1 적층 기술(Lay-up Techniques)

기체수리용 매뉴얼에 소개한 내용을 충분히 파악한 후에 정확한 수리 재료, 수리에 필요한 층의 개수, 그리고 층의 방향을 결정한다. 해당 부품을 건조시키고 손상 부위를 제거한 후 손상 부위 가장자리를 일정 경사각도로 갈아준다. 손상 부위에서 얇은 플라스틱 재질을 이용하여 수리할 각 부위 크기를 정한다. 각 층별로 층의 방향을 기록해 둔다. 준비한 수리 관련 자료를 이용하여 수리 재료용 층을 적절한 크기로 복사하여 만든다. 수리 재료에 접착제를 바른 후 천 위에 투명 이격용 필름을 덮고 층을 잘라 손상 부위에 적층시킨다. 이때 각 층은 크기가 작은 것부터 부착하여 계단식 경사 형태의 순서가 이루어지도록 한다. 대체 방법으로 가장 큰 크기의 층을 먼저 부착하는 방법을 사용하기도 한다. 이들 각 층에 대해 부착 순서에서 보강천의 첫 번째 층은 수리 작업 부위를 완전히 덮어야 하

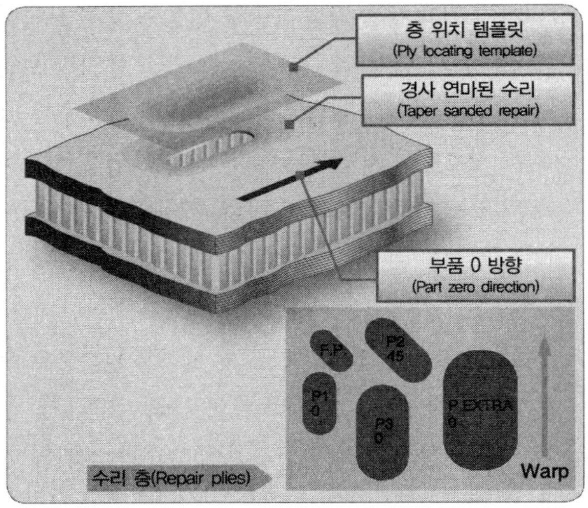

[그림 6-44] 적층 수리 공정(Repair Lay-up process)

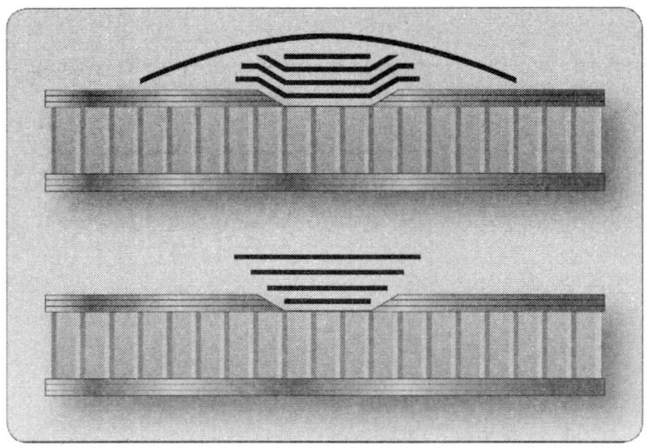

[그림 6-45] 적층 기술의 차이(Different lay-up technique)

다. 그리고 이어서 연속적으로 필요한 수량만큼의 약간 작은 층들을 순차적으로 부착 후 추가적인 층을 부착하여 마무리하거나, 어느 정도 크기로 하여 결함이 없는 부위까지 덮히도록 2개의 층을 패치 위에 부착한다. 여기에서 소개된 2가지 방법은 그림 6-44와 그림 6-45에서 소개되고 있다.

6.5.6.2 공기 배출 방법(Bleed Techniques)

진공 백을 사용할 경우에는 전통적으로 사용되고 있

는 공기 배출 방법은 수리 부위 위에 구멍이 뚫린 이격용 필름과 통기/배기용 층을 위치시키는 것이다. 이격용 필름에 있는 구멍은 수리 공정 중 공기가 통하고 접착제가 빠져 나가도록 해준다. 접착제가 빠져 나가는 양은 구멍이 뚫린 이격용 필름에 있는 구멍의 크기와 개수, 통기/배기용 천의 두께, 접착제의 점성, 온도, 진공 압력 등에 따른다.

공기 배출을 제어하는 것은 접착제의 제한된 양이 공기 배출 층에서 빠져 나가도록 해준다. 수지침투가공재 재료의 상부에 구멍이 뚫린 이격용 필름 조각을 놓고, 그 위에 공기 배출용 층을 놓으며 그리고 공기 배기구 위에 일반적인 이격용 필름을 위치시킨다. 통기 부위는 공기가 빠져 나가는 것을 돕는다. 공기 배기 부위는 제한된 접착제 양 만을 흡수하며, 배출되는 접착제 양은 여러 개의 공기 배기 층에 의해 조절할 수 있다. 너무 많은 공기 배기 층을 사용하면 접착제가 부족한 수리 작업 결과를 유발시킬 수 있다. 수리 작업 공정에서 요구되는 압착과 공기 배출 기술은 항상 해당 정비 매뉴얼 또는 제작사가 제공해 주는 지침에 따라 수리 작업을 수행해야 한다.

6.5.6.3 공기 미배출 방법(No Bleed-out)

수지침투가공재 중에서 32~35%의 접착제를 함유하고 있는 것은 일반적으로 공기 미배출 방식이 적용된다. 이들 수지침투가공재는 경화된 적층 구조물에서 정확하게 필요한 접착제의 양을 함유하고 있다. 그러므로 접착제 누출이 필요 없다. 이들 수지침투가공재에서 접착제가 배출되면 수리 부위 또는 부품이 접착제 고갈 상태를 초래한다. 오늘날 상용되고 있는 고강도 수지침투가공재는 공기 미배출 방식이 적용된다. 공기 배출 재료는 사용되지 않으며, 접착제는 갇

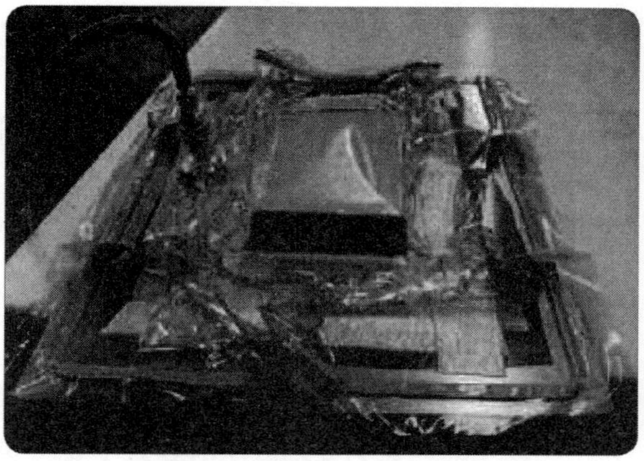

[그림 6-46] 굴곡진 부품의 진공 백
(Vacuum bagging of contoured part)

히고 밀봉되어 배출이 발생하지 않는다. 수리 작업 시 공기 배출 층이 요구되는지 기체수리용 매뉴얼의 수리 지침을 확인해야 한다. 구멍이 없는 일반 이격용 필름을 수지침투가공재 상부에 놓은 후 평편한 테이프를 사용하여 가장자리 부분을 테이핑한다. 테이프 끝부분에 작은 구멍을 내어 공기가 빠지도록 한다. 수지침투가공재 층들을 응축시키기 위해 통기 재료와 진공 백을 사용한다. 공기는 수리 부위 끝 부분을 통해 빠져나가지만 접착제는 배출될 수 없다(그림 6-46 참조).

상온에서 수행되는 작은 크기의 상온 적층 수리 시에는 수평 방향 (또는 끝 부분)에 공기 배출 방법이 이용된다. 2인치 폭의 통기 재료 천을 수리 부위 또는 해당 부품 가장자리에 위치시킨다. 수리 부위 상부에 공기 배출용 천을 위치시키지 않기 때문에 이격용 필름이 필요 없다. 해당 부품은 접착제가 스며들고 진공 백을 수리 부위 위에 위치시킨다. 진공을 가하고 누르기 공구를 사용하여 공기와 잉여 접착제를 끝부분에 있는 통기 재료 부분 쪽으로 배출시킨다.

6.5.6.4 적층 재료의 위치 방향 표시 (Ply Orientation Warp Clock)

접착제가 경화되는 동안 발생할 수 있는 잔류 열 변형 응력을 최소화하기 위해 수리용 재료는 대칭 구조를 이루거나 균형이 잡히게 설계하여 작업을 수행해야 한다. 표 6-3은 균형을 이루고 있는 적층 구조들을 보여 주고 있다.

표 6-4에서는 비대칭적인 적층에 의해 발생하는 결과의 예를 보여준다. 이들 결과는 적층 과정 중 경화 온도에서 상온으로 내려갈 때 적층 부위에서 발생하는 열 변형 응력 현상으로, 오토클레이브 또는 오븐에서 고온으로 경화되는 적층 구조재에서 가장 뚜렷하게 나타난다. 일반적으로 많이 사용되는 상온 적층 방법을 이용하여 상온에서 경화되는 적층 재료는 더욱 적은 열 변형 응력으로 인해 고온에서 발생하는 정도의 비틀어짐 현상이 발생하지 않는다.

[표 6-3] 균형 적층의 예(Examples of balance laminates)

Example	Lamina	Written as
1	±45°, −45°, 0°, 0°, −45°, +45°	(+45, −45, 0) S
2	±45°, 0°/90°, ±45°, 0°/90°, 0°/90°, ±45°, 0°/90°, ±45°	(±45, 0/90)2S
3	±45°, ±45°, 0°/90°, 0°/90°, ±45°, ±45°	([±45] 2, 0/90) S

[표 6-4] 비대칭적인 적층에 의해 발생하는 결과의 예 (Examples of the effect caused by non-symmetrical laminates)

Type	Example	Comments
Symmetrical, balanced	(+45, −45, 0, 0, −45, +45)	Flat, constant midplane stress
Nonsymmetrical, balanced	(90, +45, 0, 90, −45, 0)	Induces curvature
Symmetrical, nonbalanced	(−45, 0, 0, −45)	Induces twist
Nonsymmetrical, nonbalanced	(90, −45, 0, 90, −45, 0)	Induces twist and curvature

복합 소재의 강도와 경도는 층의 구성 방향에 따라 좌우된다. 탄소 접착제의 실질적인 강도와 경도의 범위는 유리 섬유가 가지는 가장 낮은 범위에서부터 티타늄이 가지는 가장 강한 범위에 이른다. 이 범위는 가해지는 하중에 대해 적층된 각 층들의 구성 방향에 의해 결정된다. 따라서 강도에 대한 설계 요건은 가해지는 하중 방향의 성능이므로, 층의 구성 방향과 적층 순서가 정확해야 한다. 따라서 복합 소재 수리 작업에 있어서 손상된 층을 교환할 경우 각각의 층에 대해 동일 재질 및 동일 구성 방향, 또는 제작사에서 인가한 대체 방법 및 재질을 반드시 사용해서 작업을 수행해야 한다.

날실은 천 구조에서 세로 방향의 섬유이다. 날실은 섬유가 일직선을 이루고 있어 고강도 방향을 이룬다. 날실 시계 방향은 도해도, 규격서, 또는 제작사 지침서에서 섬유의 방향을 표현하는 데 사용한다. 만약 적층 방향이 천에서 표시되어 있지 않다면, 구성 방향 기준으로 천이 감겨진 방향을 0°로 간주한다. 따라서 90°에서 0° 방향은 천의 폭을 가로지르는 방향으로 메우기 방향이라고 한다.

6.5.7 접착제 혼합(Mixing Resins)

2개 이상의 재료로 구성된 모든 재료들과 같이 에폭시 접착제도 사용 전에 완전하게 혼합되어야 한다. 일부 접착제에서는 접착제가 얼마나 잘 혼합되었는지 쉽게 알 수 있도록 염료를 첨가한 제품도 있다. 대부분 접착제는 염료를 첨가하지 않으므로 약 3분 동안 서서히 그리고 완전하게 혼합시켜야 한다. 접착제를 너무 빨리 혼합하면 혼합 과정에서 공기가 들어갈 수 있다.

만약 접착제가 완전하게 혼합되지 못하면 접착제는 올바르게 경화되지 않는다. 접착제가 올바르게 혼합될 수 있도록 혼합용 컵의 가장자리와 바닥을 긁어내야 한다.

경화 속도가 빠른 접착제인 경우 너무 많은 양을 한 번에 혼합해서는 안 된다. 이럴 경우에는 혼합 직후부터 접착제는 열을 발생시키며, 접착제가 과열되었을 경우 발생하는 연기는 연소 현상을 일으키거나 유독 가스를 발생시킨다. 따라서 작업에 필요한 적당한 양만 혼합해야 한다. 한 묶음에 필요한 양보다 더 많은 양의 접착제가 필요한 경우에는 한 묶음 양보다 더 많이 혼합해야 한다.

6.5.8 접착제 침투 기법(Saturation Techniques)

상온 적층 방식 수리에서는 천에 접착제를 주입한다. 이때 중요한 것은 적절한 양의 접착제를 천에 주입하는 것이다. 접착제 양이 너무 많거나 너무 적으면 수리 후의 강도에 영향을 미친다. 또한 접착제에 공기가 들어가거나 천에서 공기가 완전히 빠져나오지 못하면 수리 후의 강도를 저하시킨다.

6.5.8.1 브러시 또는 스퀴저 공구를 이용한 천의 접착제 침투 방법(Fabric Impregnation with a Brush or Squeegee)

천에 접착제를 주입시키는 전형적인 방식은 브러시나 스퀴저 공구를 사용한다. 작업자는 해당 층이 받침대에 고착되지 않도록 이격용 콤파운드나 필름을 위치시킨다. 받침대에 천을 놓은 후 중간층에 접착제를 바른다. 브러시나 스퀴저 공구를 사용하여 천이 완전히 젖도록 한다. 추가적으로 천 및 접착제를 부착하고 모든 층에 접착제가 완전히 주입되도록 반복 작업을 수행한다. 진공 백은 해당 층들을 함께 뭉치게 하고 잉여 접착제 및 유독 가스를 배출시키는 데 사용한다. 대부분 상온 적층 수리 방법은 상온에서 경화시키는데, 이때 필요하다면 경화 시간 단축을 위해 150°F까지 온도를 올려 주기도 한다(그림 6-47 참조).

6.5.8.2 진공 백을 이용한 천의 접착제 침투 방법 (Fabric Impregnation using a Vacuum Bag)

진공을 이용한 접착제 침투 방법은 진공 백 안에서 봉해진 상태로 2종류로 구성된 접착제를 수리용 천에 주입시키는 데 사용한다. 이 방법은 조밀하게 짠 천 구조물에 대해 최적 상태의 접착제 비율이 요구될 경우에 사용한다. 누리기 공구를 이용한 주입 방법과 비교하면 천 내부로 들어가는 공기의 양을 줄여주고 접착제 주입에 대한 더욱 완벽한 상태의 공정을 제공해 준다.

상기에서 언급된 진공을 이용한 접착제 주입 방식은 다음과 같은 단계로 이루어진다.

① 수리 재료에 접착제를 주입시키기 위한 작업이 이루어질 곳 주위를 따라 테이블 표면에 진공 백 밀봉용 테이프를 놓는다. 이때 접착제를 주입할 수리 자료보다 적어도 4inch는 넓게 위치시켜야 한다.
② 진공 백 밀봉용 테이프 바로 다음에 끝단 통기용 천을 놓는다. 끝단 통기 부분의 폭이 약 1~2inch 정도 되게 한다.
③ 테이블 위에 일반 제품 필름 한 장을 놓는다. 이것은 주입하고자 하는 수리 재료보다 적어도 2inch는 더 커야 한다.
④ 수리 재료에 주입될 접착제 혼합량을 결정하기 위

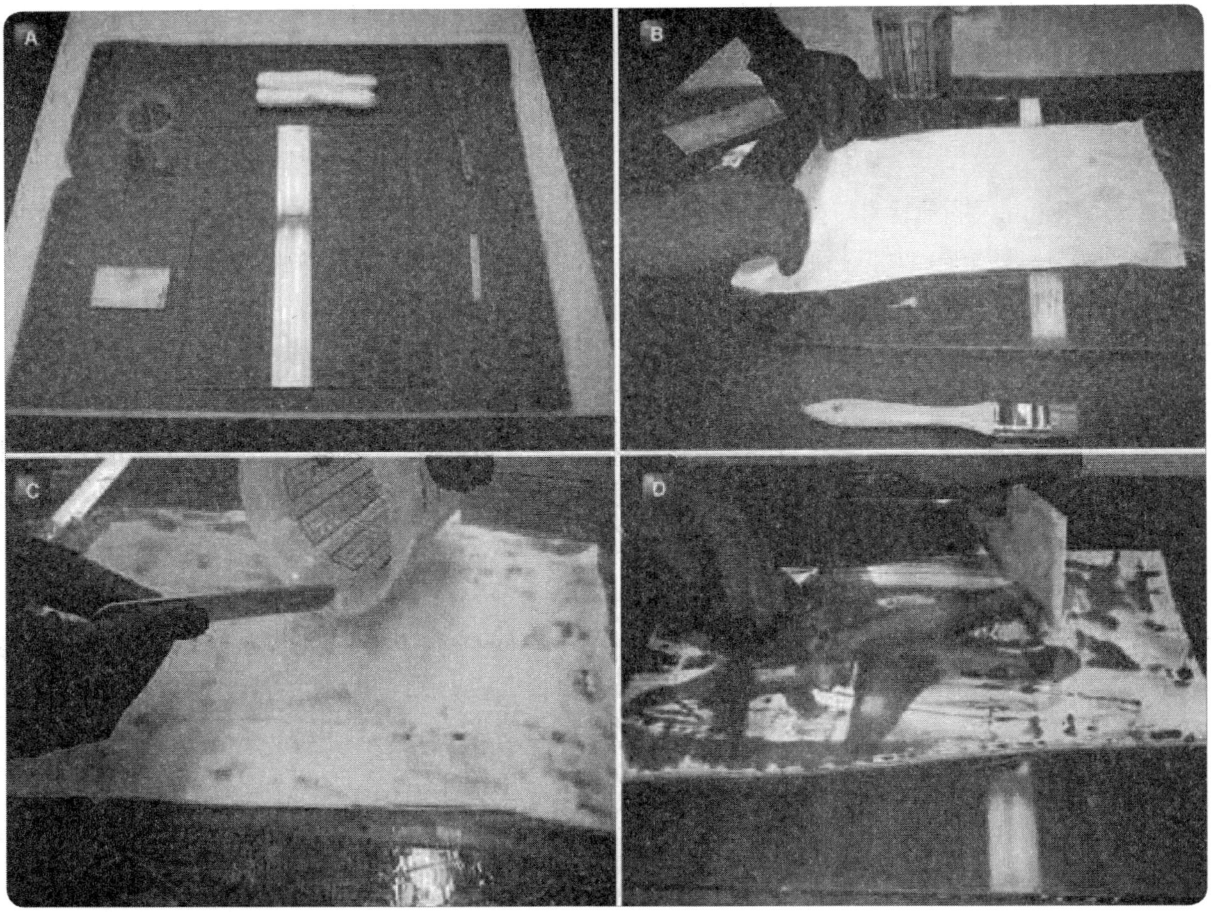

[그림 6-47] 브러시 또는 스퀴저 공구를 이용한 천의 접착제 침투 방법(Fabric imprenation with a brush or squeegee) (A)상온 적층 재료(Wet lay-up Materials), (B)천의 배치(Fabric placement), (C)천에 접착제 침투(Fabric impregnation), (D)천에 완전히 침투하도록 스퀴저 사용(Squeegee used to throughly wet the fabric)

해 수리 작업에 사용된 천의 무게를 측정한다.

⑤ 상기 필름에 천을 위치시킨다.

⑥ 공기 통로를 만들어 주기 위해 천과 끝단 통기 재료 사이에 통기용 재료를 위치시킨다.

⑦ 천 위에 혼합된 접착제를 붓는다. 접착제는 천의 중앙 부위로 모여 있도록 한다.

⑧ 끝단 통기 재료에 진공 상태 측정용 기구를 놓는다.

⑨ 천 위에 두 번째 일반 제품 필름 조각을 놓는다. 이 필름은 첫 번째 조각과 크기가 동일하거나 약간 커야 한다.

⑩ 진공 백을 제 위치에 위치시킨 후 밀봉 후 진공을 가한다.

⑪ 천에서 공기가 빠지도록 약 2분 정도 놓아둔다.

⑫ 누르기 공구를 사용하여 천 안쪽으로 접착제가 주입되도록 문질러 준다. 이때 접착제가 천의 중앙 부분에서 가장자리로 이동될 수 있도록 몰아간다. 접착제가 천의 모든 부분에 균일하게 분산되도록 해야 한다.

⑬ 천을 떼어낸 후 수리용 층을 절단한다.

6.5.9 진공 압착 기법 (Vacuum Bagging Techniques)

진공 백 몰딩 공정은 적층과 그 위에 놓여 있는 유연한 판 그리고 가장자리가 밀봉된 사이의 공간에서 진공으로 끌어당기는 압력 하에 경화 과정이 이루어지는 것이다. 진공 백 몰딩 공정에서 층들은 일반적으로 수지침투가공재를 사용하여 수작업 형태의 적층을 하거나 상온 적층 방법으로 지지대에 위치시킨다. 이 공정에서는 빠르게 이동할 수 있는 접착제 타입이 더 효과적으로 사용된다.

6.5.9.1 한쪽 면만 진공 압착 적용 방법 (Single Side Vacuum Bagging)

만약 수리해야 할 부품이 진공 백을 사용할 수 있는 넓은 크기이며, 수리 부위가 한쪽 면인 경우에는 이 방법이 효율적이다. 진공 백을 끈적끈적한 테이프로 해당 위치에 붙이고 진공 상태를 만들기 위해 백 안으로 진공관을 넣는다.

6.5.9.2 전체 밀봉 형태의 압착 방법 (Envelope Bagging)

수리해야 할 부품이 진공 백으로 완전히 덮을 수 있거나 적절한 밀봉이 가능하도록 해당 부품 끝 부분으로 백이 감싸질 수 있을 경우에 이 방법을 사용한다. 이 방법은 조종면, 덮게 용 판넬 등과 같이 장탈착이 가능한 항공기 부품 수리 시 자주 적용되며, 또한 수리해야 할 부품의 형상 또는 진공 백을 위치시키기 어렵거나 밀봉하기 까다로운 곳의 수리 작업 시에 적용된다. 어떤 경우에는 수리해야 할 부품이 너무 작아 한쪽 면에만 진공 백을 장착하는 데 너무 작은 경우에 사용한다. 또 다른 경우로 수리 부위가 거대한 부품의 끝부분으로 진공 백으로 끝 부분을 감싸고 전체를 밀봉해야 할 경우도 있다(그림 6-48 참조).

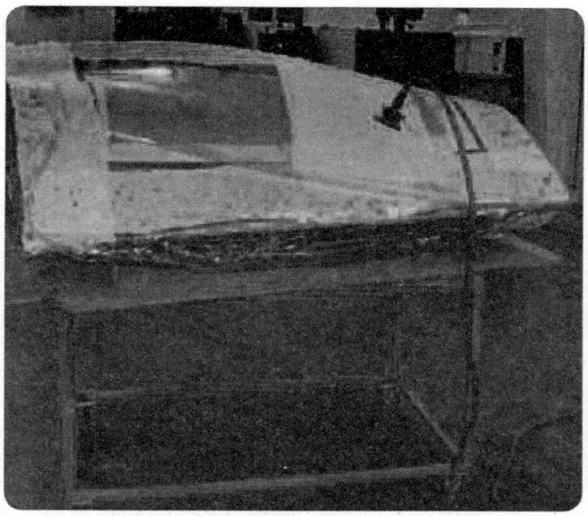

[그림 6-48] 전체 밀봉 수리(Envelope bagging of repair)

6.5.10 대체 압력 제공 방법 (Alternate Pressure Application)

6.5.10.1 수축형 테이프(Shrink Tape)

오븐을 사용하는 경화 방법에서 또 다른 압력 제공 방법으로 수축 포장 또는 수축 테이프를 사용하는 경우가 있다. 이 방법은 일반적으로 가는 실이 감겨진 형태의 부품에 적용된다. 테이프로 적층 부위 전체를 완전히 감싸는데 일반적으로 테이프와 적층 부위 사이에 이격용 층을 위치시킨다. 보통 테이프 수축을 위해 테이프를 가열시키는데 이때 히트 건을 사용한다. 이 방법은 적층 부분에 엄청난 양의 압력을 가할 수 있는 공정이다. 수축 후 해당 부품을 오븐에 넣어 경화시킨다. 고품질의 부품들을 수축 테이프를 이용하여 저렴하게 만들 수 있다.

6.5.10.2 클램프 사용법 (C-clamp)

수리 부품은 클램프를 사용하여 함께 눌러줄 수 있다. 이 기술은 허니콤 판넬의 적층 구조재 끝단에 많이 사용한다. 예를 들어 C자형 태의 클램프 및 스프링 클램프와 같은 클램프는 수리 부품과 수리 부품의 끝단을 함께 압착하기 위해 사용한다. 조이는 힘이 너무 클 경우 발생하는 부품의 손상을 방지하기 위해 항상 압력 분산 패드와 함께 클램프를 사용해야 한다. 경화 과정에서 접착제가 압력을 받아 밀려서 배출될 수 있도록 스프링 클램프는 주기적으로 다시 조여 주는 C자형 클램프를 사용한다.

6.5.10.3 무게 주머니(Shot bags and Weights)

무게 주머니 형태 등의 무게도 압축력을 제공하기 위한 수단으로 사용할 수 있지만 극히 일부의 경우에만 제한적으로 사용해야 한다.

6.5.11 복합 소재 재료의 경화 (Curing of Composite Material)

경화 곡선은 시간/온도/압력 곡선 요소로 구성되는데 일반적으로 열경화성접착제 또는 수지침투가공재를 경화시키기 위해 사용한다. 수리 공정에서의 경화는 수리하고자 하는 부품의 본래 제작시의 경화 과정만큼이나 중요하다. 재료를 미리 제조하는 방식의 금속류에서의 수리와는 달리 복합 소재 수리에서는 재료를 제작할 수 있는 숙련된 작업자가 필요하다. 이것은 모든 수리 재료의 저장, 작업 공정 및 품질 관리 기능을 담당해야 하기 때문이다. 항공기 수리 작업에서 경화 곡선은 소요 자재의 저장 과정에서부터 시작된다. 저장이 올바르지 못할 경우에는 그것을 수리 작업에 사용하기 이전부터 이미 경화가 시작된 것이다. 경화 곡선과 함께 관련된 필요 시간과 온도 조건이 모두 부합되어야 하고 기록 관리되어야 한다. 수리가 필요한 부품에 대한 올바른 경화 과정은 관련 기체수리용 매뉴얼에 소개된 절차를 따라야 한다.

6.5.11.1 상온 경화(Room Temperature Curing)

상온 경화는 에너지를 절감할 수 있고 이동할 수 있는 장점이 있다. 상온에서의 상온 적층 수리 방법은 250℉ 또는 350℉ 온도로 경화 제작된 부품의 원래 강도 및 내구력을 복구시킬 수는 없기 때문에 구조적으로 중요하지 않은 부품을 대상으로 유리 섬유의 상온 적층 수리 작업에 이용된다. 상온 경화 작업 시 열을 가해서 작업 공정을 약간 가속시킬 수는 있다. 수리 부위의 최대 특성 유지는 150℉에서 이루어진다. 수리 작업 시 층을 결합시키고 공기 및 휘발성 물질을 배출시키기 위해 진공 백을 사용한다.

6.5.11.2 경화 온도 상승 (Elevated Temperature Curing)

모든 수지침투가공재 재료는 경화 시 온도를 높이는 방법을 사용한다. 일부 상온 적층 수리 시에도 이 방법을 사용하여 수리 강도를 증가시키거나 경화 시간을 단축하는 방안으로 사용한다. 경화시키기 위한 오븐이나 가열 접착기는 층을 결합시키고 내부 공기 및 휘발성 물질을 배출시키기 위해 진공 백을 사용한다. 오토클레이브는 층을 결합시키고 내부 공기 및 휘발성 물질을 배출시키기 위해 진공 상태와 정압 상태를 이용한다. 대부분 가열 장치는 경화 과정 곡선이 작동되도록 프로그램이 가능한 컴퓨터 조절 기능을 이용한다. 작업자는 이미 소개되어 있는 경화 과정을 선택하여 적용하거나 새롭게 맞춤 형태의 경화 과정을 구성해서 사용한다. 열전대를 수리 부위에 위치시켜 가열 장치의 가열 온도 상태를 피드백 받는다. 복합 소재의 대표적인 경화 온도는 250℉ 또는 350℉이다. 오븐 또는 오토클레이브에서 경화되는 대형 수리 부품의 온도는 경화 시 경화 과정의 온도가 상이할 수 있는데 이는 그것들이 열을 흡수하는 물체처럼 작용하기 때문이다. 수리 부품의 온도는 정확한 경화를 위해 수리 공정에서 가장 중요하기 때문에 열전대를 해당 부품에 위치시켜 부품 온도를 관리하고 조절한다. 오븐 또는 오토클레이브 온도를 측정하는 공기 온도 측정기는 부품의 경화 온도를 결정하는데 항상 신뢰성 있는 도구는 아니다.

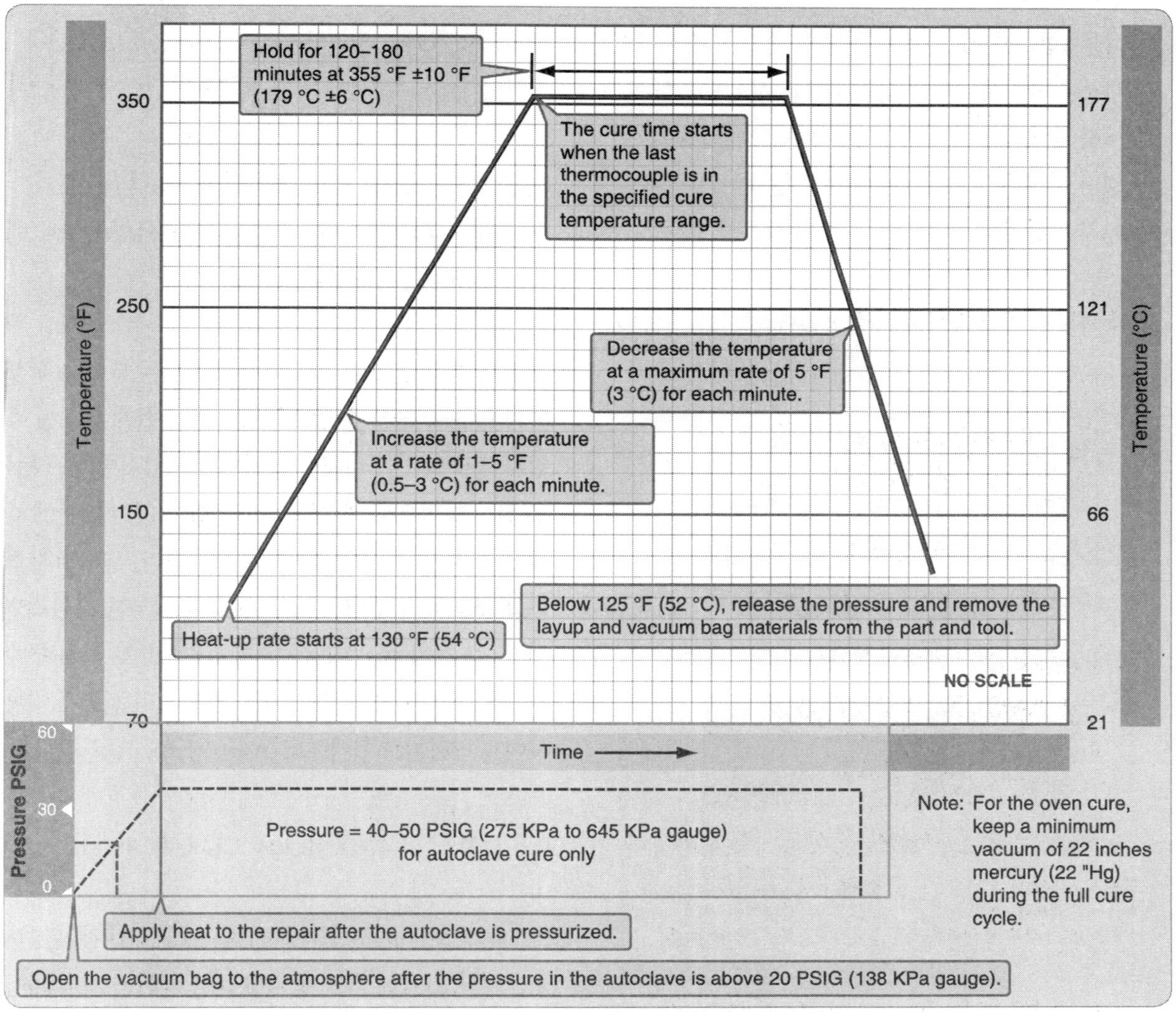

[그림 6-49] 오토클레이브 경화(Autoclave cure)

수리 공정에 사용되는 상승 경화 과정은 다음과 같이 최소 3개의 과정으로 구성된다.

① Ramp up: 가열 장치는 전형적으로 분당 3~5℉ 범위로 설정된 온도 비율로 증가시킨다.
② Hold 또는 Soak: 가열 장치는 미리 정해진 기간 동안 해당 온도를 유지한다.
③ Cool down: 가열 장치는 설정된 온도까지 냉각시킨다. 냉각 온도는 전형적으로 분당 5℉ 이하이다. 가열 장치가 125[℉] 이하로 되었을 때, 수리 부품을 제거할 수 있다. 수리 부품 경화 공정에 오토클레이브가 사용되었다면 오토클레이브 문을 열기 이전에 오토클레이브 내의 압력이 제거되었는지 확인해야 한다(그림 6-49 참조).

경화 과정은 열을 가하고 적층 재료에 압력을 가해서 이루어진다. 접착제는 온도가 상승함에 따라 부드러워지고 흐르기 시작한다. 온도가 낮으면 그 활동이 무뎌진다. 공기, 물과 같은 휘발성 유해 물질은 이때 진공 상태가 가해지면 적층 재료에서 제거된다. 적층 재료는 보통 진공 압력이 가해지면 응축되며, 오토클레이브를 사용할 경우에는 50~100psi가 추가적으로 가해진다. 온도가 최종 경화 온도에 이르게 되면 반응 속도가 급격히 증가하고 접착제는 겔 상태로 변화되다가 굳어진다. 최종 경화 상태를 유지시켜 접착제를 최종적으로 경화시켜 원하는 구조적 특성을 얻게 된다.

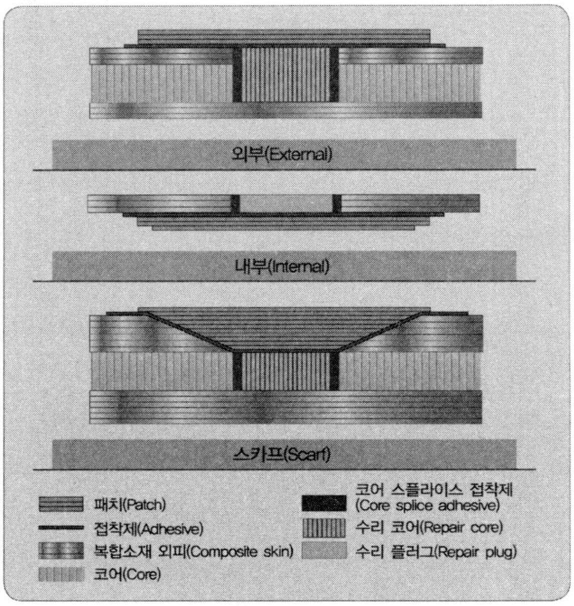

[그림 6-50] 허니콤 샌드위치 구조의 일반적 수리
(Typical repairs for honeycomb sandwich structure)

6.6 복합 소재 허니콤 샌드위치 구조물 수리(Composite Honeycomb Sandwich Repairs)

현재 항공 산업 분야에 사용되고 있는 복합 소재 부품의 많은 부분은 손상에 민감하거나 쉽게 손상될 수 있는 경량의 샌드위치 구조물이다. 샌드위치 구조물은 접착 방법으로 제작되고 표면 판이 얇기 때문에 손상 발생 시 보통 접착 방식으로 수리한다. 샌드위치 허니콤 구조물의 수리는 표면 재질이 대부분 공통적인 재질, 즉 유리 섬유, 탄소 및 케블러이므로 유사한 수리 방법이 적용된다. 케블러는 종종 유리 섬유를 사용하여 수리하기도 한다(그림 6-50 참조).

6.6.1 손상 분류(Damage Classification)

임시 수리(temporary repair)는 강도에 대한 필요조건은 만족되지만 수리 부위에 대한 제한된 사용 가능 시간 또는 사용 가능 비행 횟수를 갖는다. 이 수리 제한 조건 이내에 기존 수리 부분을 떼어내고 교체해야 한다.

잠정 수리(interim repair)는 원래 요구되는 강도까지 복원시킨다. 그러나 수리 부품이 요구되는 내구성을 복원시킬 수 없어 별도의 검사 주기와 검사 방법으로 반복 검사를 수행해야 한다.

영구 수리(permanent repair)는 해당 부품이 요구하는 강도와 내구성을 완전히 복원시키는 수리이다. 이 수리 부위는 원래 구조물에 적용하는 동일한 검사 방법과 주기로 검사하면 된다.

6.6.2 샌드위치 구조물(Sandwich Structures)

6.6.2.1 미세한 코어 손상 수리 (Minor Core Damage: Filler and Potting Repairs)

샌드위치 허니콤 구조물에서 손상 직경이 0.5inch 이하인 경우에는 포팅(potting) 방법으로 수리할 수 있다. 이때 손상된 허니콤 재질은 제거하거나 그대로 남겨 놓은 채 강도를 유지하도록 포팅을 채워 넣어 수리한다. 포팅 수리 방법은 해당 부품의 강도를 완전히 복원할 수는 없다.

포팅 콤파운드는 에폭시 접착제가 가장 널리 사용한다. 포팅 콤파운드는 또한 가장자리 끝 부분과 외판에서 발생하는 미세한 수리를 위한 충진제로 사용할 수 있다. 포팅 콤파운드는 또한 볼트와 스크류가 장착되는 주요 고정 부위로서 샌드위치 허니콤 판넬에 사용한다. 포팅 콤파운드는 기존의 코어보다 무겁다. 그래서 이것은 조종면 구조물의 균형에 영향을 미칠 수 있다. 수리된 부품의 무게를 측정한 후 기체수리용 매뉴얼에 소개된 지침에 따라 조종면 구조물의 무게와 균형 한계치를 비교하여 필요시 후속 조치를 취해야 한다.

6.6.2.2 코어 교환 및 한쪽 또는 양쪽 표면 재료 수리 절차(Damage Requiring Core Replacement and Repair to One or Both Faceplates)

(주) 다음에 소개된 작업 절차는 교육용으로 해당 항공기의 기체수리용 매뉴얼의 작업 절차를 대체할 수 없다. 어느 한 부품 또는 항공기 제작사에 의해 소개된 수리 방법은 다른 제작사 부품 수리에도 동일하게 적용될 것으로 간주해서는 안 된다.

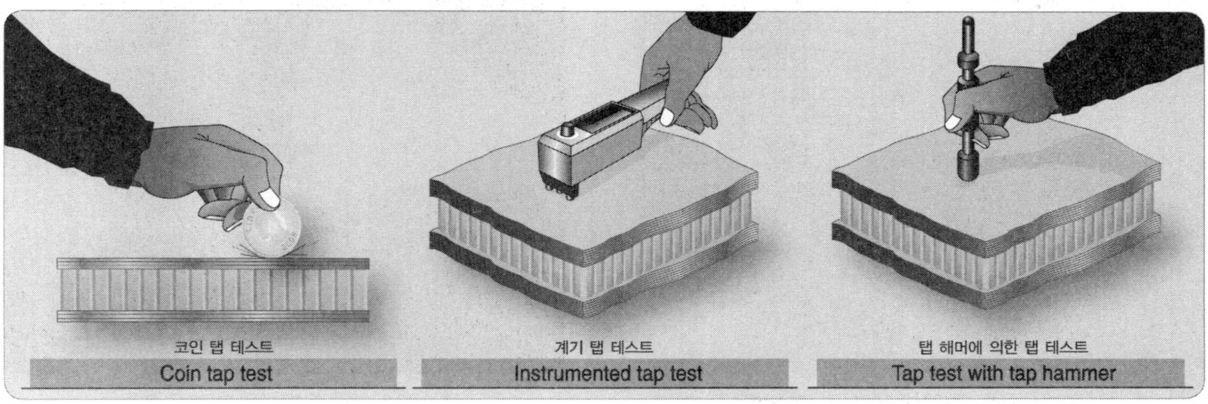

[그림 6-51] 탭 테스팅 기술(Tap testing techniques)

Step 1 손상 부위 검사(Inspect of Damage)

얇은 적층 구조물은 육안으로 검사할 수 있으며 손상 정도를 상세히 나타내기 위해 소리 탐지 방법으로 수행할 수 있다(그림 6-51 참조). 두꺼운 적층인 경우 더 깊은 부위를 탐지하기 위해서는 초음파검사 방법이 필요하다. 손상 부위 근처에 물, 오일, 연료, 불순물, 또는 다른 이물질 유입 등의 결함이 존재하는지 검사한다. 물은 엑스레이, 블랙라이트 또는 수분감지기를 사용하여 탐지할 수 있다.

Step 2 손상 부위에서 물 제거(Remove Water from Damaged Area)

손상 부품을 수리하기 전에 코어에서 물을 완전히 제거해야 한다(그림 6-52 참조). 만약 물이 완전히 제거되지 않으면 수리 작업의 경화 과정에서 온도가 상승하면 물이 끓어서 표면 판재를 코어로부터 분리시키는 현상을 유발하여 더 큰 손상을 발생시킬 수 있다. 또한 허니콤 코어에 물이 존재하면 높은 고도 비행 중 온도가 내려가면 결빙되어 표면 판재가 떨어지는 손상 결함을 발생시킬 수 있다.

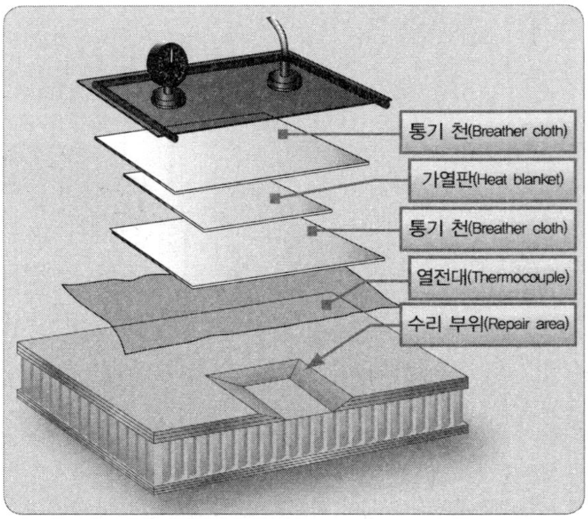

[그림 6-52] 부품건조용 진공 백 방법
(Vacuum bag method for drying parts)

Step 3 손상 부위 제거(Remove the Damage)

모서리를 둥글게 하거나 원형 모양 또는 타원형 형태로 매끄럽게 외판을 잘라서 떼어 낸다. 이때 손상되지 않은 층, 코어, 또는 주위의 재료들이 추가적으로 손상되지 않도록 주의해야 한다. 만약 코어도 손상되었다면, 외판 제거 시 사용된 동일한 외곽선으로 기준으로 하여 잘라서 떼어 낸다(그림 6-53 참조).

Step 4 손상 부위 준비 작업(Prepare the Damaged Area)

손상된 부위를 일정하게 경사 각도로 갈아주기 작업을 하기 위해서는 유연한 디스크 타입 연마기 또는 회전형 패드 타입 연마기 공구를 사용한다. 일부 제작사에서는 1:40과 같이 계단형 경사 연마 비율을 규정해 주거나 외판을 구성하는 각 층의 겹치기 폭을 1inch로 유지해야 하는 등으로 경사 거리를 규정해 주기도 한다. 경사 부분의 테두리보다 적어도 1inch 더 넓은 면적에 있는 전도용 피막 부분을 포함하여 외부 페인트

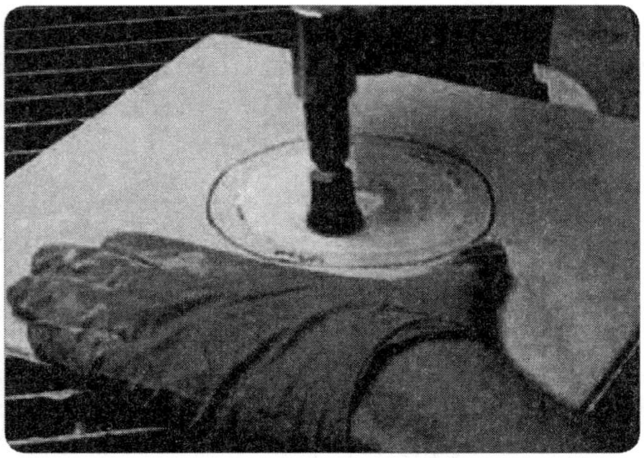

[그림 6-54] 수리 부위의 경사 연마
(Taper sanding of repair area)

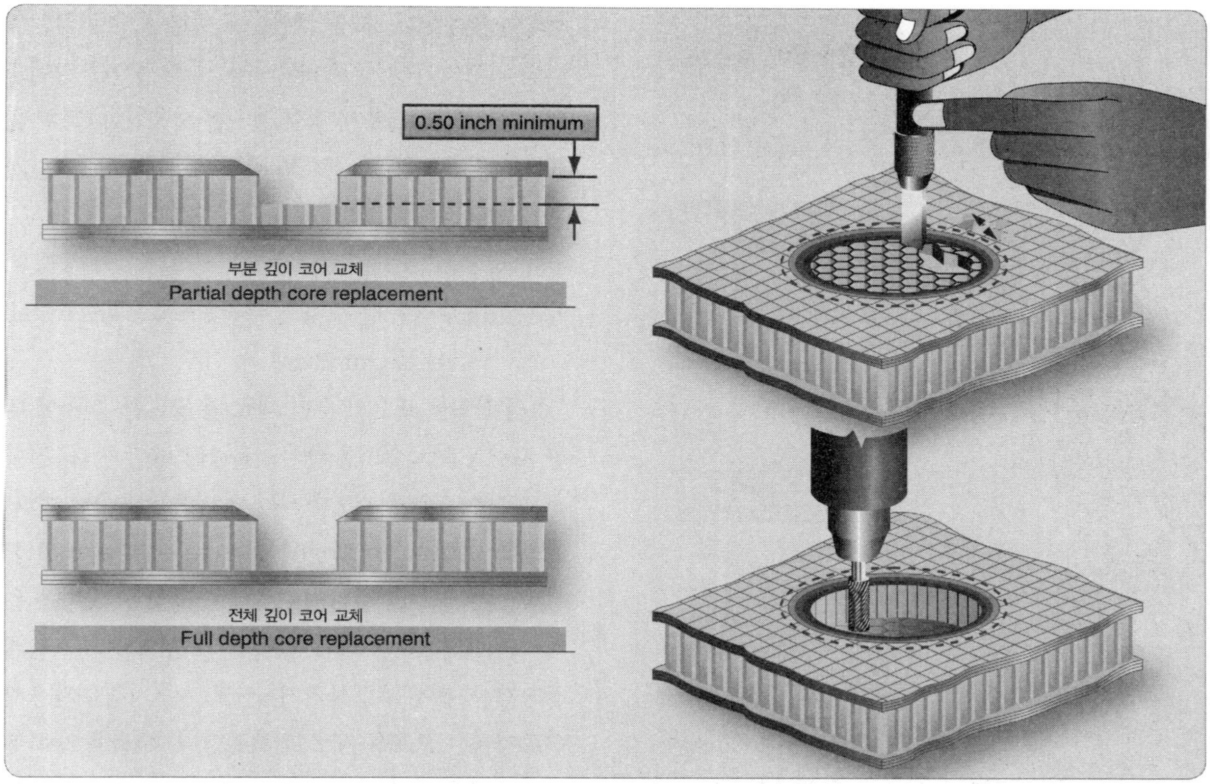

[그림 6-53] 손상된 코어 제거(Core damage removal)

를 완전히 제거한다. 건조된 압축 공기와 진공청소기 등을 사용하여 모든 연마 가루를 제거한다. 인가된 용제를 적신 깨끗한 직물로 수리해야 할 부위를 깨끗이 세척한다(그림 6-54 참조).

Step 5 허니콤 코어 장착-상온 적층 방법

(Honeycomb Core Installation: Wet Lay-up)

칼을 사용하여 교체용 코어를 절단한다. 코어 플러그는 원래 코어와 동일한 타입(type), 클래스(class), 그리고 그레이드(grade) 제품을 사용해야 한다. 코어 셀의 방향은 부착되는 부위 주변 재료의 허니콤에 맞추어 정렬시켜야 한다. 코어 플러그는 길이를 정확하게 맞추어 자른 후 인가된 세척제로 세척한다.

상온 적층 수리 공정에서, 손상이 되지 않은 외판의 안쪽 표면에 부착된 2개 층의 직물을 절단한다. 층에 접착제를 바른 후 구멍에 위치시킨다. 코어 주위에 포팅 콤파운드를 가하고 그것을 구멍에 놓는다. 수지침투가공재 수리 공정에서, 구멍에 부착할 필름형 접착제 조각을 절단하여 만들고, 코어 플러그 주위에는 성형 접착제를 사용한다. 코어 플러그는 구멍의 측면에 닿아야 한다. 코어 플러그의 셀을 수리 부품의 원래 셀과 일치시킨다. 코어 교체 부위를 경화시키기 위해 수리 부위에 진공 백을 사용하거나 오븐, 오토클레이브 또는 가열판을 사용한다. 상온 적층 방식 수리는 상온에서부터 150°F까지의 온도로 경화시킬 수 있다. 수지침투가공재 수리인 경우에는 250~350°F 온도 범위로

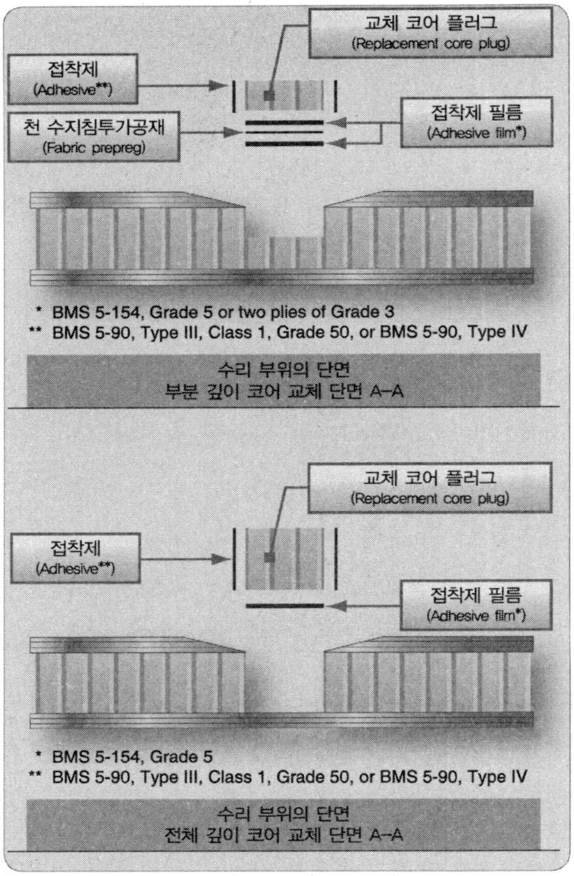

[그림 6-55] 코어 교체(Core replacement)

경화시켜야 한다. 보통 코어를 교체하는 수리 작업에서는 여기에 사용될 패치와 동시 경화시키는 방법을 사용하지 않고 별도의 경화 절차를 사용한다. 코어 플러그 부분은 경화가 끝나면 주변에 맞추어 매끄럽게 연마시켜 주어야 한다(그림 6-55 참조).

Step 6 수리용 층 준비 및 부착(Prepare and Install the Repair Plies)

수리 작업에 필요한 수리 재료 및 필요한 층 수에 대한 지침은 기체수리용 매뉴얼을 참조해야 한다. 전형적으로 층의 원래 수보다 하나 더 많은 층을 장착한다. 정확한 크기와 층의 방향에 맞게 층을 절단해야 한다. 수리용 층은 수리 부위의 원래 층과 동일한 방향을 유지시켜 부착시켜야 한다. 상온 적층 방식 수리를 위해 접착제를 층에 주입시키거나, 또는 수지침투가공재 수리에서는 보호용 재료를 제거한다. 수리용으로 부착되는 층은 가장 작은 층을 첫 번째로 하여 계단식 적층 방식 순서에 맞게 필요한 층들을 위치시킨다(그림 6-56 참조).

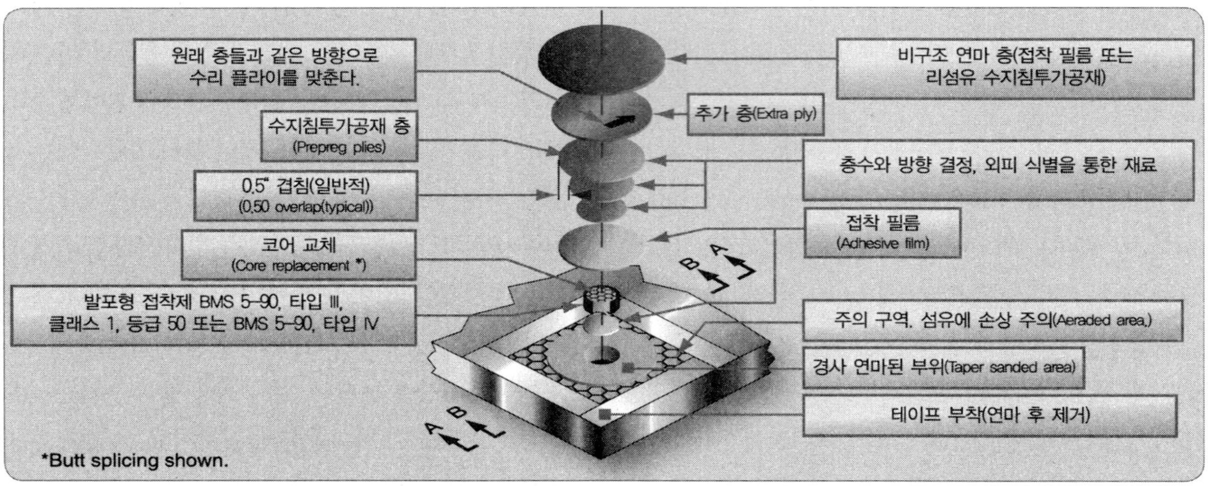

[그림 6-56] 수리용 층의 장착(Repair ply installation)

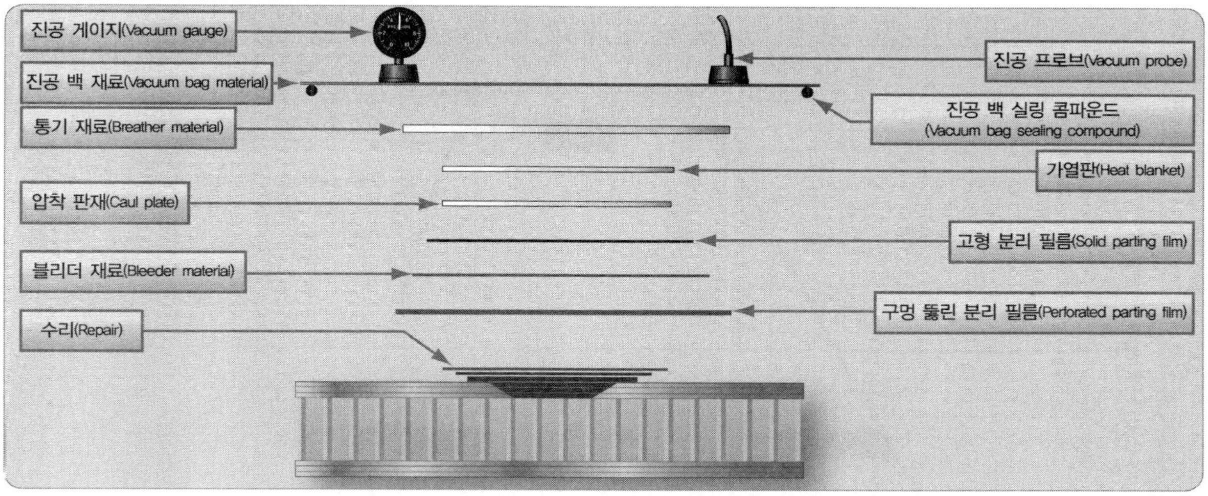

[그림 6-57] 진공 절차(Vacuum processing)

Step 7 진공 백 사용 절차

수리용 층 재료를 위치시킨 후 불필요한 공기를 제거하고 경화 공정에서 수리 부위를 압착시키기 위해 진공 백을 사용한다. 압착 작업 절차는 그림 6-57을 참조한다.

Step 8 경화 작업(Curing the Repair)

수리 작업은 규정된 경화 곡선에 따라 경화시킨다. 상온 적층 수리는 상온에서 경화시킬 수 있다. 경화를 가속시키기 위해 150°F까지 온도를 상승시킬 수 있다. 수지침투가공재 수리는 상승된 온도 곡선을 사용한 경화 절차가 필요하다(그림 6-58 참조). 수리해야 할 부품은 필요하다면 항공기에서 장탈하여 고온의 작업장, 오븐 또는 오토클레이브 안에서 경화 공정을 실시할 수 있다. 항공기에서 수리 작업을 수행하는 경우에는 가열판을 사용한다.

경화가 끝나면 압착 재료를 제거하고 수리 부위를 검사한다. 수리 부위에 패인 자국, 수포 현상, 과도하거나 결핍 상태의 접착제 부위가 없어야 한다. 수리 부위의 섬유가 손상되지 않도록 마무리 상태를 매끄럽게 만들기 위해 수리 시 부착된 패치를 가볍게 연마한다. 수리 부위 표면에 페인트 작업을 수행하고, 번개 손상 방지를 위한 전류 방전용 도료를 칠해 준다.

Step 9 수리 완료 후 검사(Post-repair Inspection)

수리 부위를 검사하는 방법으로는 육안검사, 소리 탐지 검사, 또는 초음파검사 등을 사용한다. 만약 결

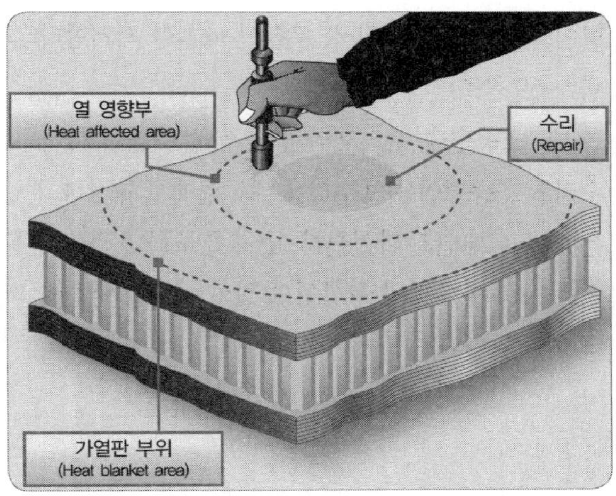

[그림 6-59] 수리 완료 후 검사(Post-repair inspection)

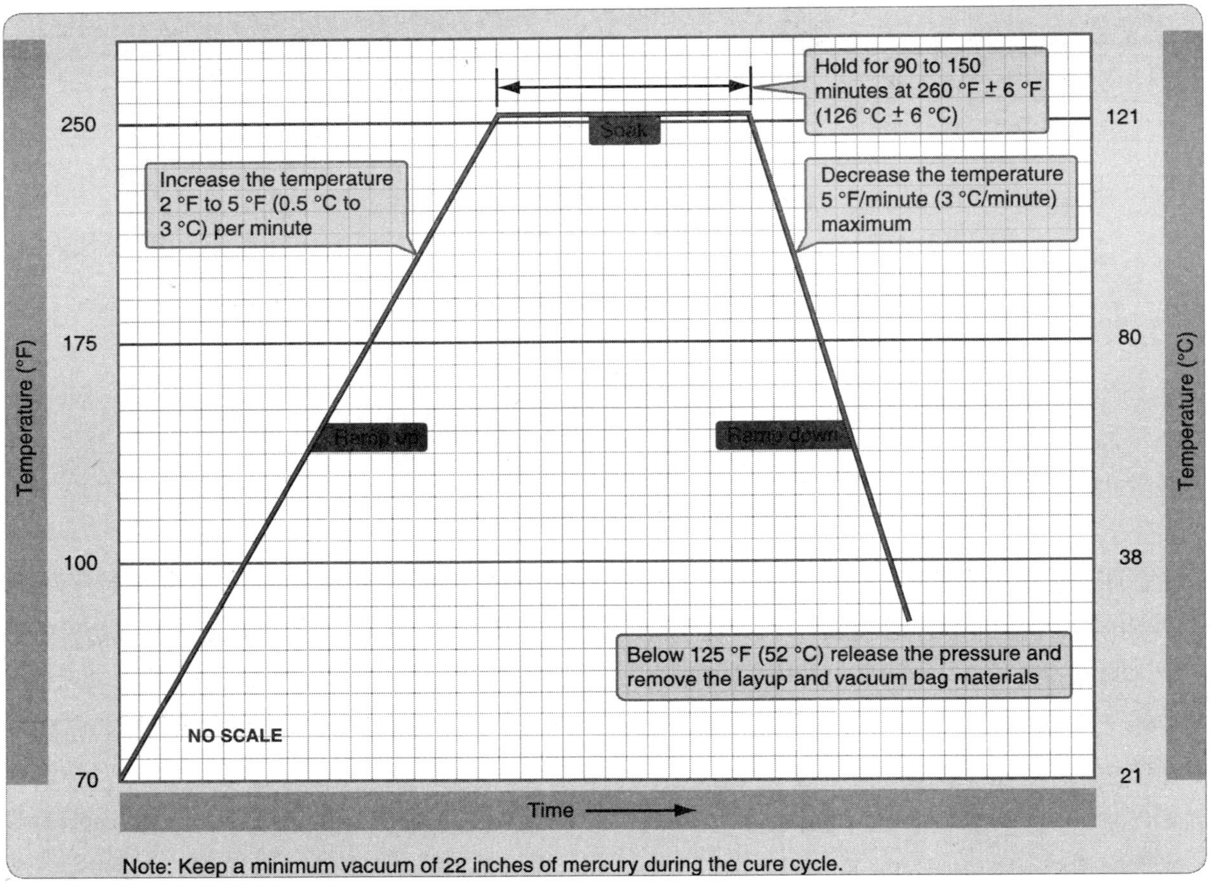

[그림 6-58] 경화 작업(Curing the repair)

함이 발견된다면 수리 시 부착한 패치를 제거한다(그림 6-59 참조).

만약 조종면을 수리했다면 균형 검사를 수행하고, 수리된 조종면이 기체수리용 매뉴얼에서 규정하고 있는 한도 이내인지 확인한다. 만약 한도를 초과할 경우에는 조종면에 떨림 현상이 발생되어 비행 안전을 저해시킬 수 있다.

6.6.3 고형 적층 판재(Solid Laminates)

6.6.3.1 플러시 패치 접착 방식 수리 (Bonded Flush Patch Repairs)

최근에 생산되고 있는 새로운 세대의 항공기에서는 상호 경화 방식 또는 상호 접착 방식으로 스트링거를 외부에 접착시켜 보강한 고형 적층 판재를 사용하여 동체 및 날개 구조물 등을 제작한다. 이 고형 적층 판재는 허니콤 샌드위치 구조물의 외판보다 훨씬 더 많은 층으로 구성된다. 고형 적층 판재 구조물에 대한 플러시 수리 방법은 미세한 차이는 있지만 유리 섬유, 케블러, 그리고 흑연 섬유 재질의 부품 수리 방법과 유사하다.

플러시 수리는 계단 모양으로 만들거나 더 일반적인 방법으로 각을 이루어 깎아내는 방법을 적용할 수 있다. 보통 이음새 부분으로 하중을 전달시키고 접착제가 빠져 나가지 못하도록 스카프 각도(scarf angle)를 작게 한다. 이러한 목적을 위해 두께 대비 길이의 비율을 1:10~1:70 정도로 유지시킨다. 접착 방법으로 수리된 부위의 검사는 매우 어렵기 때문에, 볼트를 사용한 수리의 경우 훨씬 더 작업 품질 관리를 철저히 해야 하고, 더 숙련된 작업자가 수행해야 하며, 작업 부위에 대한 청결성도 철저히 유지해야 한다.

스카프 조인트 방법은 모재와 패치의 중립축을 정밀하게 정렬하여 하중 편심 현상을 감소시켜 주어야 한다. 그러나 이러한 방식의 수리 형태를 만드는 것은 여러 가지 약점을 갖고 있다. 첫 번째로 작은 테이퍼 각도를 유지하기 위해, 많은 수량의 양호한 재료는 제거시켜야 한다. 두 번째로 교체해야 하는 층을 매우 정교하게 엮어야 하며 수리 이음 부분에 위치시켜야 한다. 세 번째로 교체해야 하는 층의 경화 작업이 만약 오토클레이브에서 이루어지지 않는다면 수리 작업 후 강도가 현저하게 감소될 수 있다. 네 번째로 접착제가 접합 부분의 아래로 흘러들어 균일하지 못한 접착 라인

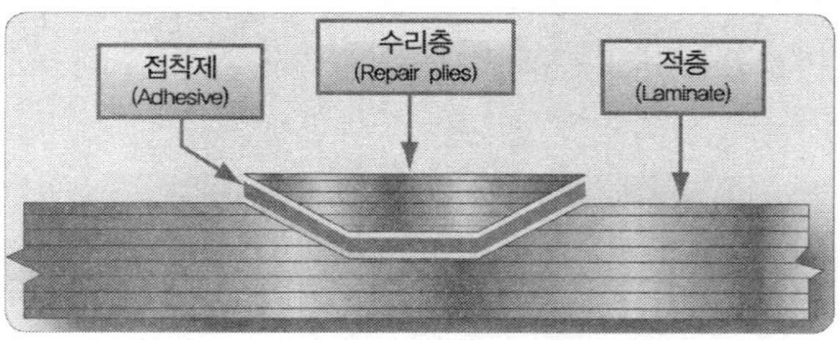

[그림 6-60] 사전 경화된 패치는 2차적으로 모재에 접착될 수 있음(A precured patch can be secondarily bound to the parent material)

을 형성할 수 있다. 따라서 원래의 부품 강도를 유지시켜주기 위해서는 수리 부품을 오토클레이브 안에 넣어 수리를 실시해야 한다.

고형 적층 판재에는 여러 가지의 서로 다른 수리 방법이 있다. 패치를 미리 경화시킨 후 2차적으로 모재에 접착시킨다. 이 절차는 볼트를 이용한 수리 방법과 아주 유사한 수리 방법이다(그림 6-60 참조). 수지침투가공재를 사용하여 패치를 만든 다음 접착제와 동시에 상호 경화 방법으로 접착시킬 수 있다. 패치는 또한 상온 적층 수리 방법으로도 만들 수 있다. 경화 공정은 가능한 수리 반복 횟수를 증가시켜 시간의 길이, 경화 온도, 그리고 경화 압력 등을 다양하게 할 수 있다.

복합 소재 적층 판재의 스카프 수리 작업 절차는 다음과 같은 단계 순서로 수행된다.

Step 1 손상 부위 검사와 크기 결정(Inspection and Mapping of Damage)

수리해야 하는 손상의 크기와 깊이는 적절한 비파괴검사 방법을 이용하여 정확히 확인해야 한다. 복합 소재 결함 검사에는 다양한 비파괴검사 기술을 사용할 수 있다. 반투명 형태의 복합 소재에서 손상 부위를 지시하는 들뜸 또는 접착제 균열로 인하여 발생하는 백화 현상이 존재하는 곳에서의 가장 간단한 방법은 육안 검사이다.

이 육안 검사는 특히 손상이 페인트에 의해 숨겨져 있고, 손상이 표면 아래쪽에 깊게 위치하는 경우, 그리고 탄소과 아라미드 적층 구조물에서와 같이 투명하지 못한 복합 소재에 존재하는 모든 손상을 탐지할 수 없기 때문에 정밀한 기술이 아니다. 널리 사용되고 있는 검사 방법으로 동전 또는 해머와 같이 경량의 물체를 사용하여 손상 위치를 확인하는 데 사용되는 소

리 탐지 방식 방법이 이용되고 있다. 소리 탐지 방법의 주요 장점은 검사 방법이 간단하고 넓은 지역을 빠르게 검사할 수 있다는 점이다. 소리 탐지 방법은 일반적으로 표면에 가까운 들뜸 현상을 탐지하기 위해 사용할 수 있지만, 표면 아래쪽 깊은 곳에 위치하는 결함 점검에는 효율성이 떨어진다. 소리 탐지 방법은 접착제의 균열 현상과 부서진 섬유와 같은 손상을 검사하는 방법으로는 효과적이지 못하다.

복합 소재 구조물을 검사하는 데 사용되는 더욱 향상된 비파괴검사 방법으로 인피던스 검사(impedance test), 엑스레이, 열상 기록 검사 그리고 초음파 검사 방법 등이 있다. 이들 기술 중에서 초음파 검사 방법이 가장 정밀하고 실용적이어서 손상 확인에 널리 사용되고 있다. 초음파 검사는 육안 검사나 소리 탐지 방법

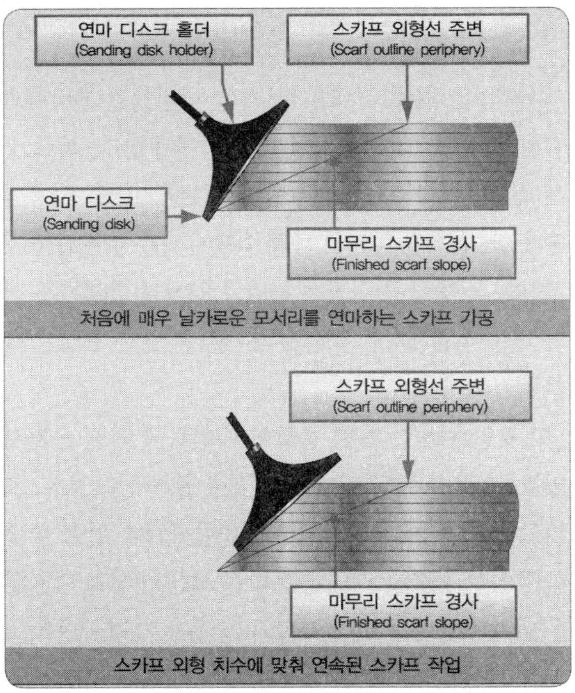

[그림 6-61] 고형 적층의 스카프 패치
(Scarf patch of solid laminate)

과는 달리 표면 아래쪽에 존재하는 작은 들뜸 현상 등의 결함도 탐지가 가능하다.

Step 2 손상 부위 재료 제거(Removal of Damaged Material)

수리해야 할 손상 부위가 결정되면 손상된 모든 적층 구조 부위를 모두 제거한다. 손상되지 않은 적층 구조의 끝단 부분은 이때 얇아지는 방향으로의 각도에 반대 방향으로 경사를 이룬다. 스카프 각도라고도 또한 알려진 계단식 경사각 비율은 수리용 패치가 붙여진 후 접착선을 따라 전단 변형을 최소화하기 위해 12:1(5° 이하)보다 작아야 한다. 얇아지는 방향으로의 각도는 또한 작업 시 발생하는 잘못, 그리고 패치 부착을 약화시키는 여러 가지 작업장 여건 등을 보상해 주기도 한다(그림 6-61 참조).

Step 3 수리 표면 준비 작업(Surface Preparation)

스카프 부위에 가까운 적층 구조 부분의 먼지와 오염 물질을 제거하고 나서 사포를 이용하여 가볍게 갈아 준다. 만약 스카프 부위가 오염되었을 경우에는 솔벤트를 사용하여 깨끗이 세척한다.

Step 4 몰딩(Molding)

복합 소재 구조물의 원래 윤곽을 갖는 형태 유지용 판이 수리 작업 주위의 구조물과 같은 동일한 외형을 갖는지 확인해야 한다.

Step 5 적층(Laminating)

적층 구조 소재의 수리는 보통 "가장 작은 크기의 층이 계단식 접착 순서에서 가장 먼저 부착하는 방식(Smallest Ply-first Taper Sequence)"을 이용하여 수

행한다. 이 수리 방법이 적용 가능한 반면에 수리 접촉 부위에 있는 각 층 끝 부분이 비교적 약해지거나 접착제가 과도 부분이 발생할 수 있다. 반면에 "가장 큰 크기의 층이 계단식 접착 순서에서 가장 먼저 부착하는 방식(Largest Ply-first Laminate Sequence)"에서는 보강 천의 첫 번째 층이 작업 부위를 완전히 덮어 접촉 이음새 부위를 더 강하게 만들어 준다. 이 모든 작업 절차는 제작사에서 소개한 기체수리용 매뉴얼에 소개된 절차를 따라야 한다.

보강 재료의 선택은 수리 작업 후 필요한 기계적 성능 조건을 부합시켜 주는 중요한 요소이다. 보강 천 또는 테이프는 원래의 복합 소재에 사용된 보강용 재료와 일치해야 한다. 또한 수리용 적층 구조 소재 내의 보강 층 섬유 재료 방향을 원래 적층 구조 부품의 섬유 재료 방향과 일치시켜 수리 부분의 기계적 특성을 가능한 원래 것에 가깝게 해야 한다.

Step 6 마무리(Finishing)

패치가 경화된 후 필요하다면 전기적 도체 역할을 제공해 주는 금속망을 부착하고 페인트를 발라준다.

6.6.3.2 비행 조종면 끝단에 패치 방법 수리 (Trailing Edge Patch Repairs)

비행 조종면 판넬의 후방 끝단 부위는 손상이 발생하기 매우 쉽다. 특히 뒤쪽에서 4inch 정도까지의 범위는 지상 이동 물체와 부딪혀서 발생하는 손상, 취급 시 발생하는 손상 및 번개에 의한 손상 등이 발생한다. 이 부분은 특히 위와 아래면의 외피 판재에 모두 영향을 받고 끝단에 있는 보강 구조에 손상이 발생되어 수리 작업이 매우 어렵다. 손상된 끝단에 있는 허니콤 코어 또는 판넬 수리 방법은 앞 절 6.6.2.2 의 "코어 교환

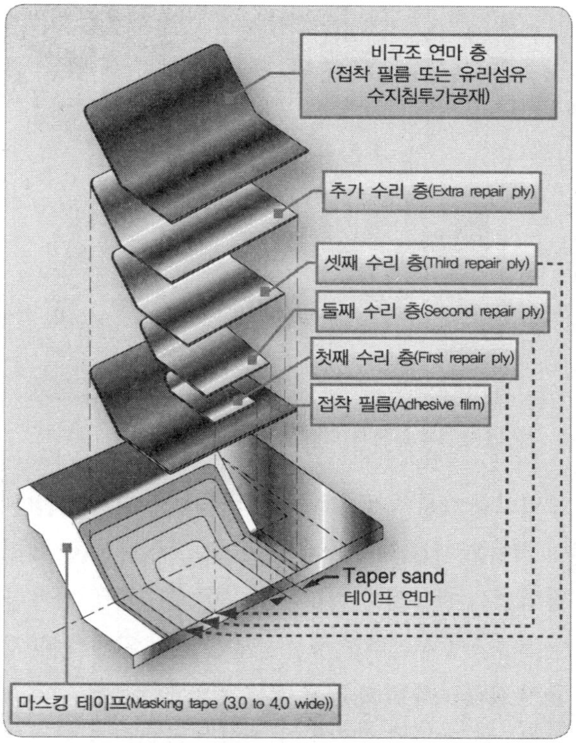

[그림 6-62] 끝단 부분의 수리(Trailing edge repair)

및 한쪽 또는 양쪽 표면 재료 수리 절차" 에서 소개된 허니콤 샌드위치 구조물의 수리 방법과 유사하다. 즉, 손상 범위 규정 → 손상된 층과 코어 장탈 → 수리 부품 건조 → 새로운 코어 장착 → 수리용 층 부착 → 경화 → 수리 완료 상태 검사를 실시하는 순서이다. 그림 6-62는 끝단 부분의 손상 수리 방법의 전형적이 모습을 보여 주고 있다.

6.6.3.3 접착제 주입 수리 방법 (Resin Injection Repairs)

접착제 주입 수리 방법은 응력을 약하게 받는 고형 적층 구조물에 들뜸 현상 등으로 작은 손상이 발생한 경우에 사용한다. 들뜸 손상이 발생된 바깥쪽에 2개의 구멍을 뚫은 후 한쪽 구멍에 점성이 낮은 접착제를

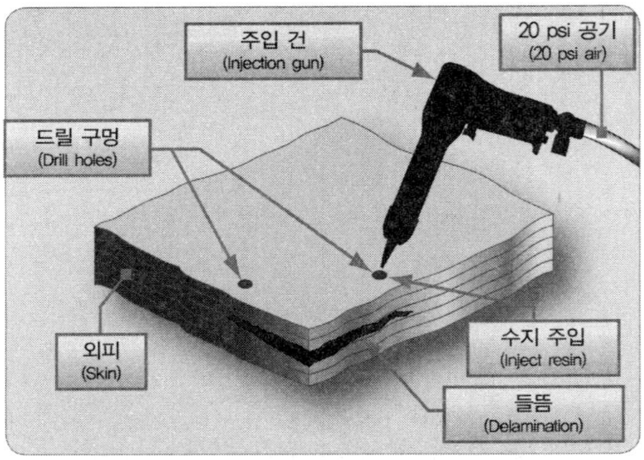

[그림 6-63] 접착제 주입 수리(Resin injection repair)

주입시켜 다른 구멍으로 넘쳐 나올 때까지 주입한다. 이 방법은 가끔 외피 판재의 떨어짐 손상에 대한 수리 방법으로 샌드위치 허니콤 구조물에도 종종 사용한다. 이 수리 방법의 단점은 구멍을 뚫기 위해 섬유 재료가 잘려져야 하고 손상 발생 부위에서 수분 제가가 어려우며 접착제의 완전한 주입이 어렵다는 것이다(그림 6-63 참조).

6.6.3.4 알루미늄 구조물에 복합소재 패치 접착 수리 방법 (Composite Patch bonded to Aluminum Structure)

복합 소재 재료는 구조적인 측면에서 알루미늄, 강재, 그리고 티타늄 부품에 대한 수리, 물리적 특성 복구 및 강화하는 데 사용할 수 있다. 피로 균열 현상의 증가를 억제하거나 멈추게 하는 능력을 가진 접착식 복합 소재 패치는 부식 제거로 상실된 구조물 부분을 대체할 수 있고, 너무 작거나 모자라는 마진이 존재하는 부위를 구조적으로 보강시킬 수 있다.

보론 에폭시(boron epoxy), 글래어(GLARE®), 그리고 흑연 에폭시(graphite epoxy) 재료는 손상된 금속제 날개 표피, 동체 부분, 객실 바닥 구조재 및 압력 격판에 발생된 손상을 복원하기 위한 복합 소재 패치로 사용되고 있다. 균열 전파를 억제하여 금속 부위에서 응력 확산을 감소시키고, 균열 주변으로부터 다른 경로를 거쳐 전달되도록 한다.

접착제의 강도를 유지하기 위해서는 표면 준비 작업이 매우 중요하다. 그리트 블라스트 실레인(grit blast silane)과 인산 도금(phosphoric acid anodizing)은 알루미늄 외판을 준비하는 데 사용한다. 금속성 구조물에 패치를 접합시키기 위해서는 250℉(121℃) 경화용 필름형 접착제를 널리 사용한다. 장착 과정에서 중요한 부위는 경화 온도 유지 관리가 올바르게 이루어야 하고, 부착 표면에 물기가 없어야 하는 등 화학적 그리고 물리적으로 접착 표면에 대한 준비 작업을 철저히 해야 한다.

6.6.3.5 레이돔 수리 방법(Radome Repairs)

항공기 레이더의 전자적인 창문 역할을 하는 레이돔은 오직 3~4Ply의 섬유를 사용한 허니콤 샌드위치 구조물 형태로 제작된다. 외판은 매우 얇아서 전파 신호를 차단하지 못한다. 레이돔은 구조물이 얇고 항공기 앞쪽에 위치하기 때문에 우박 피해, 조류 충돌, 그리고 번개 등으로 인한 손상이 쉽게 발생할 수 있는 취약점이 있다. 여러 가지 요소의 약한 충격 손상이 발생하면 떨어짐 또는 들뜸 현상의 결함이 발생하며, 충격 손상 및 침식으로 인해 레이돔 구조물 내에 습기 침투 현상이 발생한다. 코어에 습기가 모이게 되면 비행 중 저온으로 인해 결빙 현상이 반복 발생하고, 이로 인해 레이돔 구조물인 허니콤 재료를 손상시킨다. 레이돔에서 손상이 발생하면 구조물 내의 추가 손상 방지 및 레이더 신호 장애가 발생하지 않도록 신속히 수리해야 한다. 레이돔 구조물에 침투된 물 또는 습기 성분은 레이더 영상에 그림자를 만들어 레이더 성능을 심하게

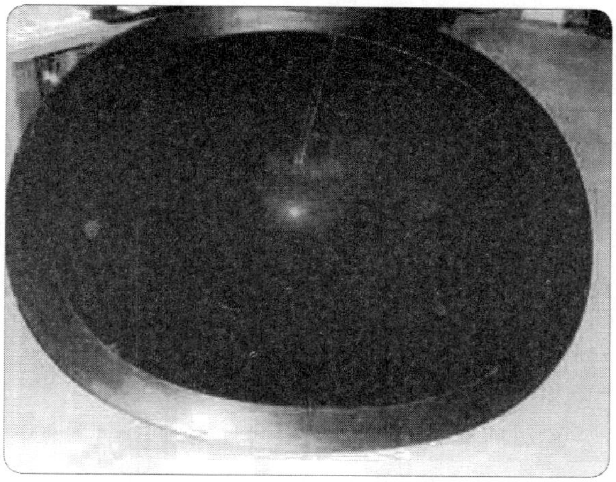

[그림 6-64] 레이돔 수리 공구(Radome repair tool)

훼손시킨다. 레이돔에 물이 침투되었는지 검사하는 방법으로는 엑스레이, 적외선 열 영상 탐지 장비 및 레이돔 습기 침투 측정 장비 등의 비파괴검사 방법을 사용한다. 레이돔 수리 방법은 다른 허니콤 구조물에서 사용되는 방법과 유사하지만 작업자는 항상 수리가 레이더 성능에 영향을 미친다는 점을 항상 인식해야 한다. 레이돔이 심하게 손상되었을 경우에는 수리 시 특수 장비와 공구가 필요하다(그림 6-64 참조).

레이돔은 수리 작업 후 전파 신호가 적절하게 레이돔을 통과하여 전송되는지 확인하는 투과율 시험을 수행해야 한다. 레이돔 외부 표면에는 번개 조우 시 전기적 에너지를 발산시키기 위해 번개 보호용 연결 띠 형태의 부속 부품을 부착한다. 레이돔 구조물 손상을 방지하기 위해서는 이 번개 보호용 연결 띠 형태의 부속 부품의 올바른 접착 상태를 유지시켜주는 것이 매우 중요하다. 레이돔 검사 시 발견되는 전형적인 손상 형태로는 띠 또는 부착된 구성품에서 단락 그리고 표면으로부터 띠가 박리되어 매우 높은 저항치를 갖게 되는 것이다(그림 6-65 참조).

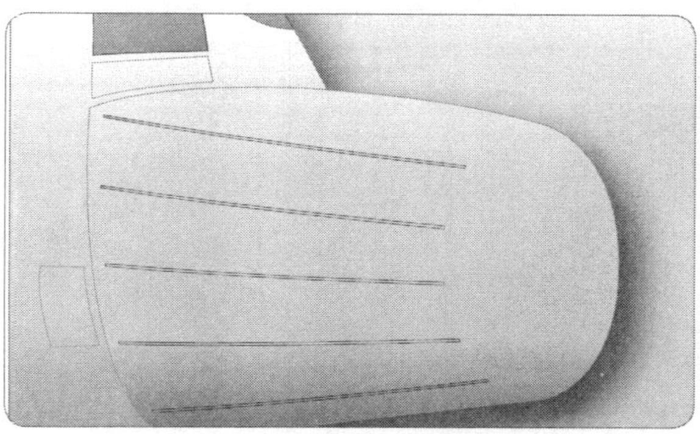

[그림 6-65] 레이돔 번개 보호용 스트립
(Lightning protection strips on a radome)

6.6.3.6 외부 패치 접착 수리 방법 (External Bonded Patch Repairs)

손상된 복합 소재 구조물의 수리는 외부 패치를 가지고 실시할 수 있다. 외부 패치 수리는 수지침투가공재, 상온 적층 방법, 또는 사전 경화 패치를 사용할 수 있다. 외부 패치는 보통 가장자리에서 발생하는 응력 집중을 경감시켜주기 위해 계단 모양으로 만든다. 외부 패치의 단점은 박리 응력을 만들어 주는 부하의 편중, 그리고 비행 중 발생하는 공기 흐름에서 돌출되는 것이다. 반면 장점은 쉽게 수리 작업을 수행할 수 있다는 것이다.

(1) 수지침투가공재 층을 사용한 외부 패치 부착 수리 방법

탄소, 유리 섬유, 그리고 케블러에 대한 수리 방법은 모두 유사하다. 유리 섬유는 때로 케블러 재료를 수리하기 위해 사용한다. 외부 패치로 손상 부위를 수리하는 주요 절차는 다음과 같이 손상 상태 조사 및 결정 → 손상 부위 제거 → 수리용 층의 적층 작업 → 진공 압착 → 경화 → 마무리 코팅 작업을 수행하는 것이다.

Step 1 손상 상태 점검 및 분포 파악(Investigating and Mapping the Damage)

손상 부위를 소리 탐지 방법 또는 초음파 검사 방법을 사용하여 손상 정도를 정확히 확인하고 표시한다.

Step 2 손상 부위 제거(Damage Removal)

부드럽게 원형 또는 타원형 형태로 손상 부위를 잘라낸다. 스카치 페이퍼 또는 사포를 사용하여 부착할 패치 크기보다 최소 1inch 더 크게 모재의 표면에 존재하는 거친 부분을 갈아낸다. 인가된 솔벤트와 무명천을 사용하여 수리할 표면을 깨끗이 세척한다.

Step 3 수리용 층의 적층 작업(Lay-up of the repair plies)

기체수리용 매뉴얼의 수리 절차에 따라 수리용 층의 개수, 크기, 그리고 방향을 결정한다. 수리용 층의 재료와 방향은 모재 구조물과 동일해야 한다. 수리 작업은 가장자리 부분에서 발생하는 벗겨지는 응력을 감소시켜 주기 위해 계단 모양으로 만들 수 있다.

Step 4 진공 압착(Vacuum Bagging)

필름형 접착제를 손상 부위 위에 올려놓고 수리용 적층을 수리 부위 위에 놓는다. 진공 압착 재료를 수리 부위 상부 올려놓고 진공을 가한다(보다 상세한 절차는 "Prepreg Lay up 및 Controlled Bleed Out" 분야를 참조할 것).

Step 5 수리 부위의 경화(Curing the Repair)

수리해야 할 부품을 항공기에서 장탈할 수 있으면, 수지침투가공재 패치는 진공 백, 오븐 또는 오토클레이브의 안쪽에 놓고 가열판을 사용하여 경화시킬 수 있다. 대부분 수지침투가공재와 필름형 접착제는 250°F 또는 350°F로 경화시킨다. 정확한 경화 과정은 기체수리용 매뉴얼 절차를 따른다.

Step 6 최종 표면 처리(Applying Top Coat)

경화가 끝나면 수리 부위에서 진공 백을 제거하고 수리 상태를 검사한다. 만약 수리 상태가 만족스럽지 못하면 패치는 제거한다. 수리 상태가 양호하면 수리 부위를 가볍게 갈아준 후 보호용 표면 처리 재료를 발라준다.

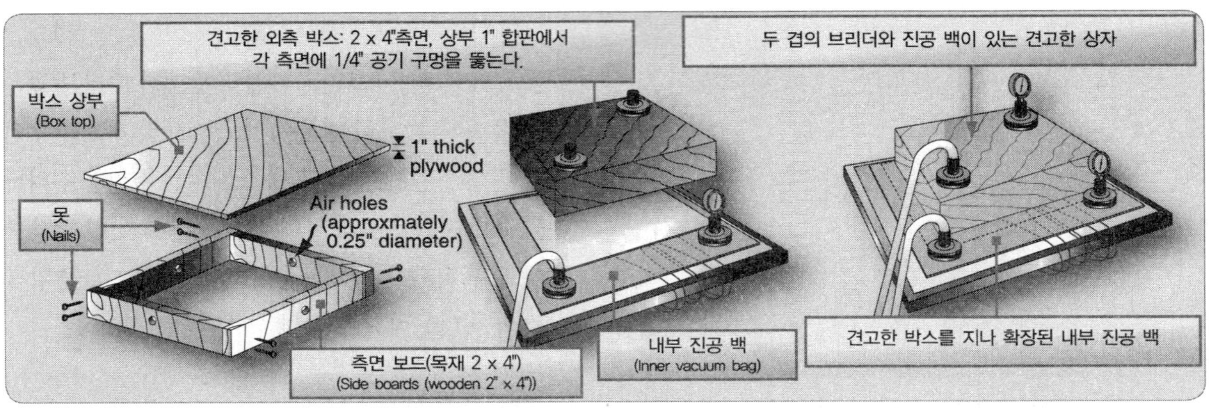

[그림 6-66] 2"x 4"의 목재와 합판으로 만든 DVD 도구(DVD tool made from wood two by fours and plywood)

(2) 상온 적층 방식과 이중 진공 장치(Double Vacuum De-bulk Method: DVD)를 사용한 외부 패치 부착 수리 방법

일반적으로 상온 적층 수리의 특성은 수지침투가공재를 사용한 수리의 특성만큼 양호하지는 않지만, 이중 진공 장치 사용 방법을 사용해서 상온 적층 수리의 특성을 향상시킬 수 있다. 이중 진공 장치 사용 방법은 상온 적층 구조물에서 특성을 좌우하는 침투된 공기를 제거시키는 기술이다. 이 공정은 가끔 복잡한 굴곡이 있는 표면의 고형 적층 구조물에 패치를 부착하기 위해 사용한다. 적층된 패치를 이 장비에서 준비하고, 그 다음에 항공기 구조물에 2차적으로 접합시킨다(그림 6-66 참조). 적층 공정은 표준 적층 공정과 유사하다. 다른 점은 패치를 어떻게 경화시키는가 이다.

(3) 이중 진공 장치(Double Vacuum De-bulk: DVD) 원리

이중 진공 압착 절차는 상온 경화 또는 수지침투가공재로 수리용 적층을 만들기 위해 사용한다. 해당 장비 내에 접착제가 주입된 천을 위치시킨다(그림 6-66 참조). 이 공정을 시작하기 위해, 안쪽에 있는 부드러운 진공 백 내에서 공기를 빼준다. 그런 다음 안쪽 진공 백 위에 외부 고정 박스를 올려놓고 밀봉시킨다. 그 후 외부 고정 박스와 안쪽 진공 백 사이의 공기를 빼준다. 외부 박스는 딱딱하기 때문에, 두 번째 공기 배출은 패치 위쪽의 안쪽 진공 백에서 아래쪽으로 눌러주어 대기압이 압축되는 것을 막아준다. 이것은 결과적으로 적층 구조 내에서 공기방 생성을 방지하고, 안쪽 진공에 의해 공기가 제거되도록 한다. 다음으로는 미리 설정된 온도로 적층 구조를 가열하는데 이는 접착제의 점도를 낮추어 적층 구조에서 공기와 휘발성 물질이 쉽게 배출되도록 한다. 가열판에 직접 놓여있는 열전대로 제어되는 가열판을 통해 열을 가한다. 작업 공정이 완료되면 외부 고정 박스에 부착된 진공 공급원을 배출시키고, 대기압이 다시 박스로 들어가도록 하며, 안쪽 진공 백을 향해 정압이 작용하여 층이 합쳐지게 적층 구조를 응축시킨다. 압축 공정이 끝나면 적층 구조를 떼어내고 경화 작업을 준비한다. 이 장비는 별도로 구매할 수는 있지만, 그림 6-66과 같이 2×4inch 크기의 목재와 합판 판재를 이용하여 작업장에서는 자체적으로 제작하여 사용할 수도 있다.

(4) 항공기에서 패치 부착 방법(Patch Installation on the Aircraft)

패치를 상기 장비에서 꺼내서 항공기의 굴곡면에 맞게 형상을 만드는 것은 가능하지만 전형적으로 그 시간은 10분으로 제한된다. 항공기 외판에 필름형 접착제 또는 반죽형 접착제를 놓고 항공기에 패치를 놓는다. 접착제를 경화시키기 위해 진공 백과 가열판을 사용한다(그림 6-67 & 그림 6-68 참조).

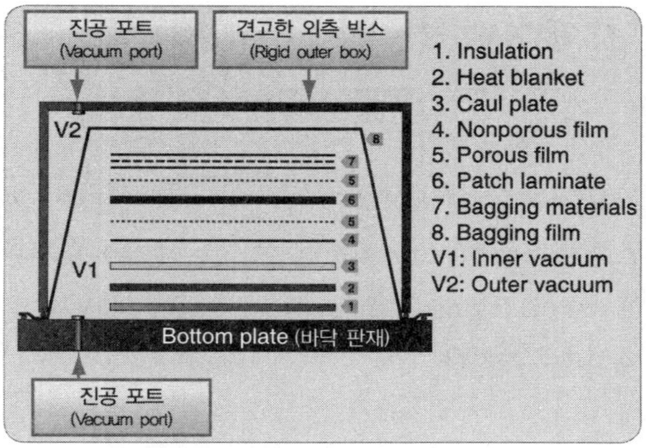

[그림 6-67] 이중 진공 장치 계통
(Double vacuum debulk schematic)

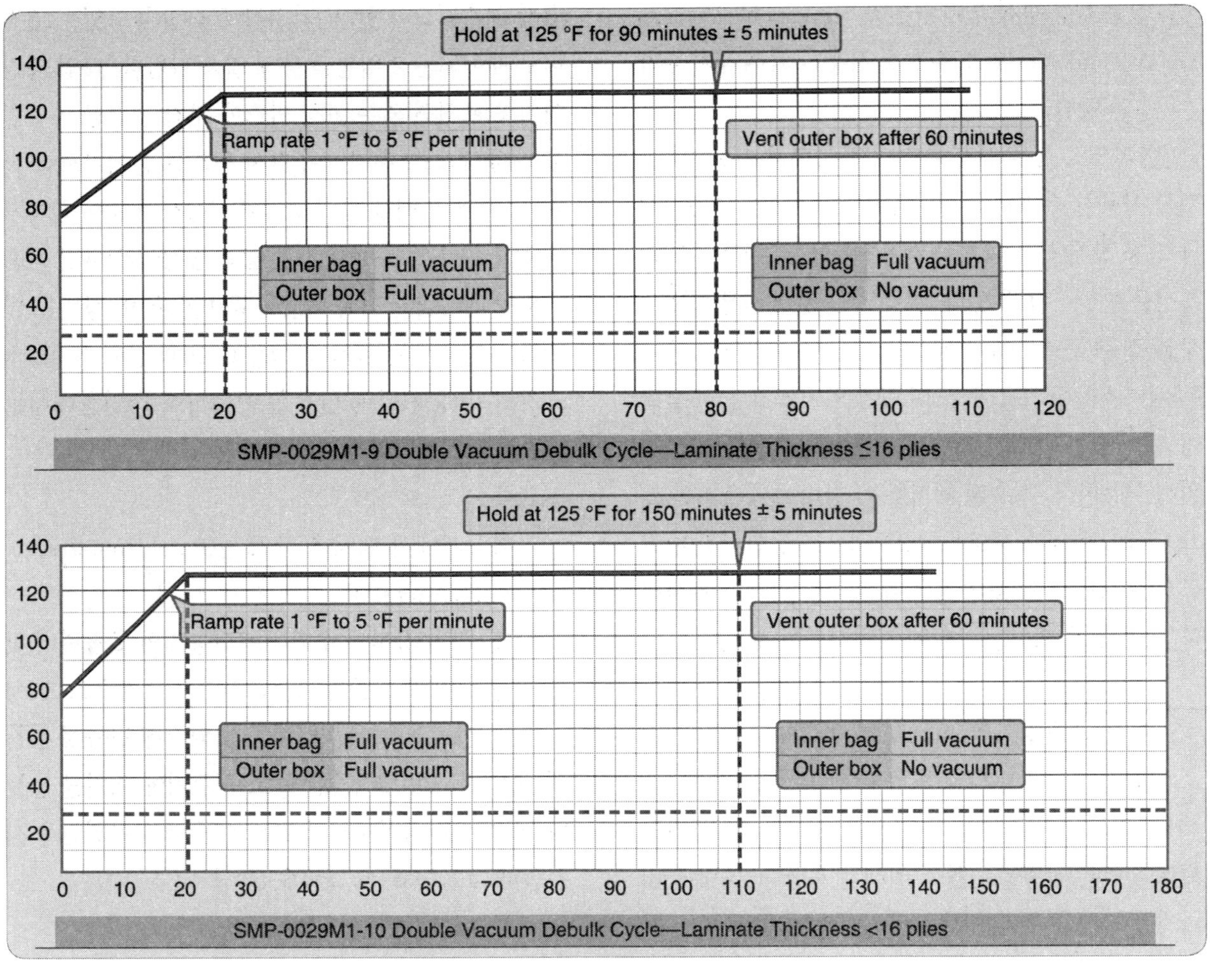

[그림 6-68] DVD 경화 사이클(DVD cure cycle)

(5) 사전 경화된 적층 패치를 사용한 수리 방법(External Repair using Precured Laminate Patches)

사전 경화된 패치는 유연성이 작아 굴곡이 심하거나 복잡한 곡면에는 사용할 수 없다. 수리 절차는 다음에 소개된 Step 3과 Step 4를 제외하고는 앞에서 소개된 "External Bonded Repair With Prepreg Plies" 수리 절차와 유사하다.

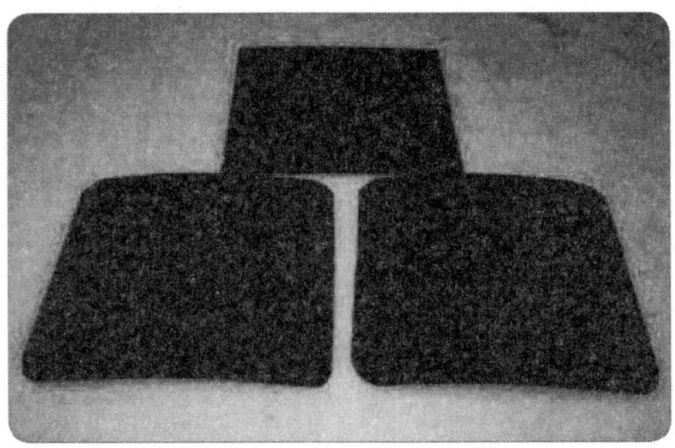

[그림 6-69] 사전 경화 패치(Precured patches)

Step 1 사전 경화 패치(Precured Patch)

정확한 크기, 층 두께, 그리고 방향에 대해서는 기체 수리용 매뉴얼 절차에 따른다. 수리 작업장에서 사전 경화된 패치를 적층하여 경화시킬 수 있으며, 모재 구조물에 2차 접합을 하거나 표준 사전 경화 패치를 얻을 수 있다(그림 6-69 참조).

Step 2 사전 경화 패치 부착(For a Precured Patch)

손상 부위에 필름형 접착제 또는 반죽형 접착제를 가하고 그 위에 사전 경화 패치를 놓는다. 진공 백으로 수리 부위에 진공을 가한 후 필름형 접착제 또는 반죽형 접착제에 대한 정확한 온도로 가하여 경화시킨다. 대부분 필름형 접착제는 250°F이거나 또는 350°F에서 경화시킨다. 일부 반죽형 접착제는 경화 공정 시간을 단축하기 위해 온도를 올릴 수 있지만 통상적으로는 상온에서 경화시킨다.

[표 6-5] 볼트와 접착 수리의 비교(Bolted vs Bonded repair)

Bonded versus bolted repair	Bolted	Bonded
Lightly loaded structures – laminate thickness less than 0.1"		X
Highly loaded structures – laminate thickness between 0.125" – 0.5"	X	X
Highly loaded structures – laminate thickness larger than 0.5"	X	
High peeling stresses	X	
Honeycomb structure		X
Dry surfaces	X	X
Wet and/or contaminated surfaces	X	
Disassembly required	X	
Restore unnotched strength		X

(6) 접착 방법과 볼트를 사용한 수리 방법 간의 비교

접착 방법 수리 개념은 제작시의 조립하는 양쪽 방법의 적용성을 통해 알 수 있다. 그들은 패치 부착을 위해 패스너 구멍을 뚫어줌으로써 응력 집중을 발생시키지 않고, 원래 재료의 강도보다 더 강할 수 있는 장점이 있다. 반면 단점으로는 대부분 수리용 재료는 특별하게 저장 및 취급해야 하고 경화 절차가 필요하다는 것이다.

볼트를 사용한 수리 방법은 접착 수리 방법보다 빠르고 쉽게 이루어진다. 이 방법은 보통 충분한 패스너의 지압 면적으로 하중 전달을 확실하게 하기 위해 0.125inch보다 더 두꺼운 복합 소재의 외판을 사용한다. 또한 패스너 구멍을 통해 습기가 침투되어 코어 손상을 초래할 수 있어 허니콤 샌드위치 구조물 결합에는 적용하지 않는다. 볼트 수리 방법은 무겁기 때문에 무게에 민감한 조종면 수리 등에는 사용이 제한된다.

허니콤 샌드위치 부품은 얇은 면재를 갖고 있어 접착 형태의 수리가 가장 효과적이며, 필요시 외부 패치 부착 수리 방법이 대체 방안으로 사용할 수 있다. 볼트 장착 수리 방법은 얇은 적층 구조물에 대해서는 효과적이지 못하며, 대형 항공기에 사용되고 있는 두꺼운 고형 적층 구조물로 큰 부하가 걸리는 부분에서 1inch 두께까지 사용될 수 있다. 그러나 이 종류의 적층 구조물은 접착 방식을 이용한 수리 방법은 효과적이지 못하다(표 6-5 참조).

6.6.3.7 볼트 사용 수리 방법(Bolted Repairs)

1970년대에 설계 제작된 항공기에서는 가벼운 부하가 걸리는 2차 구조물에 샌드위치 허니콤 복합 소재 재질이 사용되었으나, 최근에 생산되는 새로운 대형 항공기에서는 1차 구조물에 샌드위치 허니콤 대신 두

꺼운 고형 적층 구조 재질이 사용되고 있다. 이들 두꺼운 고형 적층 구조물은 오늘날 항공기의 조종면, 착륙장치 도어, 플랩 그리고 스포일러 등에서 사용된 전통적인 샌드위치 허니콤 구조와는 아주 다르다. 과거에는 복잡하고 어려운 수리 방법이 요구되고, 일반적으로 작업이 어려운 접착 방식의 수리 방법이 적용되었으나, 최근에는 더욱 손쉬운 볼트를 사용한 수리 방법이 차츰 개발되어 널리 적용되고 있다.

볼트 수리 방법은 얇은 면재로 인한 강도 유지의 어려움, 구멍 뚫기 등으로 인해 발생하는 허니콤 구조물의 취약점 등으로 인해 허니콤 샌드위치 구조물에 적용하는 것은 바람직하지 않았다. 볼트 수리 방법의 이점은 패치 재료와 패스너만 선정하면 되고 수리 방법은 기존의 판금 재료 수리 방법과 유사하다는 것이다. 따라서 이 방법을 사용하면 수지침투가공재와 접착용 필름 등에 대한 냉동고 보관, 경화 과정 등이 필요 없게 된다. 수리용 패치는 알루미늄, 티타늄, 강재, 또는 사전 경화된 복합 소재 재료를 사용하여 제작한다. 복합 소재 패치인 경우에는 에폭시 접착제와 함께 탄소 섬유 또는 유리 섬유로 제작한다.

알루미늄 패치로는 탄소 섬유 재질의 구조물을 수리할 수는 있지만 이질 금속 간의 부식 현상을 방지하기 위해 탄소 재질의 부품과 알루미늄 재질의 패치 사이에 유리 섬유 재질의 층을 위치시켜야 한다. 티타늄 및 사전 경화된 패치는 큰 부하가 걸리는 부품의 수리 작업에 적합하다. 사전 경화된 탄소/에폭시 패치는 모재와 유사하게 경화되었을 경우에는 모재와 동일한 강도와 경도를 갖는다.

티타늄 또는 스테인레스 금속 재질의 패스너가 탄소 섬유 구조물에는 볼트 수리 작업에 사용된다. 알루미늄 패스너는 탄소 섬유와 함께 사용되면 부식이 발생한다. 리벳은 사용해서는 안 된다. 왜냐하면 리벳 건 사용 시 그리고 리벳 팽창 과정에서 구멍 주변 구조물에 손상을 발생시키고 복합 소재 재료에 들뜸 현상을 유발시킬 수 있기 때문이다.

(1) 수리 절차(Repair Procedure)

Step 1 손상 부위 검사(Inspection of the Damage)

손상 부위가 표면에 가깝게 위치하지 않으면 소리 탐지 검사 방법은 두꺼운 적층 구조물의 들뜸 현상 손상 여부를 검사하는 데 효율적이지 못하다. 이때에는 초음파 검사 방법이 효율적이다. 따라서 검사가 필요한 부위에 대한 적절한 비파괴 검사방법을 선택하기 위해서는 해당 기체수리용 매뉴얼을 참조해야 한다.

Step 2 손상 부위 제거(Removal of the Damage)

손상된 부위는 완전히 제거해야 하는데, 이때 응력이 집중되지 않도록 원형이나 직사각형인 경우 크고 부드럽게 반경을 유지시켜야 한다. 일반적으로 손상된 부위는 연마기 또는 이와 기능이 유사한 공구를 사용하여 제거시킨다.

Step 3 패치(Patch) 준비

해당 매뉴얼 수리 절차에 소개된 정보를 바탕으로 패치의 크기를 결정한다. 손상된 부위에 패치를 장착하기 전에 패치를 절단 후 적절한 형태로 가공한다. 보통 패치는 제 규격보다 약간 크게 만든 후 모든 패스너 장착 구멍을 뚫은 다음 최종 크기로 가공(trimming)하는 것이 바람직하다. 경우에 따라서는 수리용 패치는 미리 형상에 맞추어 여러 개를 만든 후 예비 구멍을 뚫은(Predrilled) 상태로 저장 후 사용하는 방법도 있다. 절단 작업이 필요하면 해당 패치의 재질에 맞는 수리 공장의 표준 작업 절차를 준수해야 한다. 티타늄은 강도가 커서 구부리기가 어려우므로 크고 강력한 슬립 롤러를 사용해야 한다. 금속 재질의 패치는 절단된 끝 부분 주위에서 균열이 시작되는 현상을 방지하기 위해 줄질을 한다. 복합 소재에서 예비 기준 구멍(Pilot Hole)을 뚫을 경우에는, 수리 시 사용되는 패스너용 구멍은 최소한 기존 패스너 직경의 4배에 해당하는 거리를 유지해야 하고, 끝단과의 거리는 최소한 패스너 직경의 3배의 거리를 유지시켜야 한다. 이것은 2배의 직경 거리를 요구하는 알루미늄 재질과의 다른 점이다. 해당 수리 작업에 필요한 예비 기준 구멍 크기와 드릴 타입은 기체수리용 매뉴얼에 소개된 지침을 따라야 한다(그림 6-70 참조).

Step 4 수리 작업용 구멍 배치(Hole Pattern Lay-out)

손상 부위에 패치를 위치시키기 위한 준비로, 주 하중 또는 기하학적인 방향을 정하기 위해 모재 구조물과 패치 재료에 2개의 직각 중심선을 그린다. 그 후 패치에 구멍 위치를 배열하고 예비 기준 구멍을 뚫는다. 모재 구조물에 있는 선에 패치의 2개 직각선을 일치시킨 후 모재 구조물에 예비 기준 구멍을 이용하여 관통 방식으로 구멍을 뚫는다. 클레코(Cleco) 공구를 사용하여 패치를 가장착해 놓는다. 나중에 손쉽게 패치 위치를 알 수 있도록 패치 끝단을 표시해 둔다.

Step 5 패치(Patch)와 모재(Parent)에 구멍 뚫기

복합 소재 외판은 수리 작업 시 분리되지 않도록 지지해야 한다. 패치와 모재에 있는 예비 기준 구멍을 증가시켜야 하는데, 이 방법으로는 해당 구멍 직경보다 1/64inch 작은 크기로 먼저 뚫은 후 최종 필요한 크기로 확대시키는 확장 가공 작업을 수행한다. 항공기 부품에 적용되는 허용 한계는 +0.0025/−0.0000inch이다. 이는 복합 소재에서는 과도한 밀착용 패스너(Interference Fastener)는 사용되지 않는다는 의미이다.

Step 6 패스너(Fastener) 장착

패스너 구멍들이 모두 최종 치수로 뚫리게 되면 최종적으로 패스너를 장착한다. 장착 전에 그립 측정

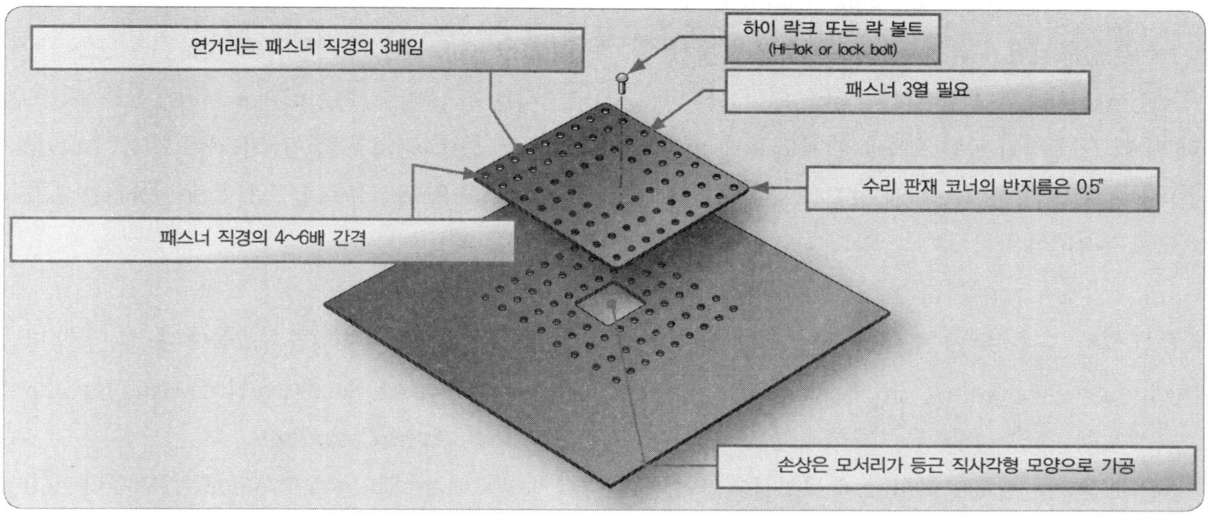

[그림 6-70] 복합소재 구조의 볼트 사용 수리 배치(Repair layout for bolted repair of composite structure)

기구(Grip Gage)를 사용하여 각각의 패스너의 그립(Fastener Grip) 길이를 측정한다. 규정된 패스너 대신 다른 패스너를 사용하려면, 대체 사용 가능한 패스너 타입과 장착 방법 등에 대한 사항을 기체수리용 매뉴얼을 통해 확인해야 한다. 모든 패스너들은 밀폐제를 발라 장착하고 스크류와 볼트들은 규정된 토크를 주어 장착한다.

Step 7 패스너와 패치의 밀폐 작업(Sealing of Fasteners and Patch)

볼트로 장착하여 수리된 부위에는 물과 습기 침투, 화학적 손상, 이질 금속 간의 부식 그리고 연료 누설 현상을 방지하기 위해 밀폐제를 바른다. 이는 수리 부위 면을 매끄럽게 하는 역할도 한다. 마스킹 테이프를 패치 끝단을 따라 평행하게 그리고 약간의 간격을 이루게 하여 부착시킨 후 그 간격 틈새에 밀폐용 콤파운드를 발라 준다.

Step 8 마무리 처리(Finish Coat) 및 번개 방지용 그물망 부착(Lightening Protection Mesh)

수리가 완료되면 수리 부위를 가볍게 연마 시킨 후 프라이머를 사용하여 전처리 후 최종 페인트를 바른다. 수리 시 부착된 복합 소재용 패치도 번개 손상에 취약한 부위인 경우에는 번개 방지용 그물망을 추가적으로 부착해야 한다.

6.6.4 적층 구조 복합 소재에 사용되는 패스너(Fastener used with Composite Laminates)

많은 제작 회사에서는 복합 소재 구조물을 위해 특수한 패스너와 여러 가지 타입의 패스너를 제작한다. 즉, 나사산 패스너(Threaded Fastener), 락볼트(Lockbolt), 블라인드 볼트(Blind Bolt), 블라인드 리벳(Blind Rivet) 그리고 허니콤 판넬과 같이 강도가 약한 구조물에 사용되는 특수 패스너들이 있다. 금속 구조물과 복합 소재 구조물에 사용되는 패스너 사이의 주요 차이점은 재료, 그리고 너트(Nut)와 칼라(Collar)의 직경 등이다.

6.6.4.1 부식에 대한 주의 사항(Corrosion Precautions)

유리 섬유 또는 케블러 섬유 보강 복합 소재는 대부분 패스너와 함께 사용될 때 부식 현상을 발생시키지 않는다. 그러나 탄소 섬유로 보강된 복합 소재는 알루미늄 또는 너트나 칼라의 표면 도금에 사용되는 카드뮴(Cadmium)과 같은 재료와 함께 사용될 때에는 부식 현상이 발생할 수 있다.

6.6.4.2 패스너 재질(Fastener Materials)

티타늄 합금 Ti-6AI-4V는 탄소 섬유 보강 복합 소재 구조물과 함께 사용되는 패스너의 가장 일반적인 합금이다. 오스테나이트 스테인레스 스틸(Austenitic Stainless Steel), 수퍼합금(Superalloy: A286 등), 멀티페이스 합금(Multiphase Alloy: MP35N 또는 MP159 등) 그리고 니켈 합금(Nickel Alloy: Alloy 718 등) 재질도 탄소 섬유 복합 소재에 잘 어울리는 패스너 재료들이다.

6.6.4.3 샌드위치 허니콤 구조물에 패스너 장착 방법(Fastener System Sandwich Honeycomb Structure: SPS Technologies Comp Tite)

"Adjustable Sustain Preload(ASP) Fastening System"은 패스너 체결 및 장착 하중에 민감한 복합

[그림 6-71] ASP 패스너 시스템(ASP fastener system)

소재, 부드러운 코어, 금속 또는 다른 재료들의 결합에 대한 간단한 방법을 제공해 준다. 체결 하중은 최대 권고 토크치 한도 이내에서 다양하게 조정할 수 있으며, 고정용 칼라 장착 시 추가 하중이 가해지지 않는다. 패스너 형태로는 2가지가 있는데 Asp® 제품은 전체적인 생크(Full Shank) 형태를 갖고 있으며, 2Asp®는 예비 타입 생크(Pilot-type Shank) 형태를 갖는다(그림 6-71 & 그림 6-72 참조).

6.6.4.4 하이 락(Hi-Lok®) 및 헉크 스핀 락 볼트(Huck-Spin® Lockbolt) 패스너

항공 산업에서 대부분 복합 소재 1차 구조물은 영구적인 장착을 위해서 하이 락 또는 헉크 스핀 락 볼트를 사용하여 고정시킨다. 하이 락은 나사산이 있는 패스

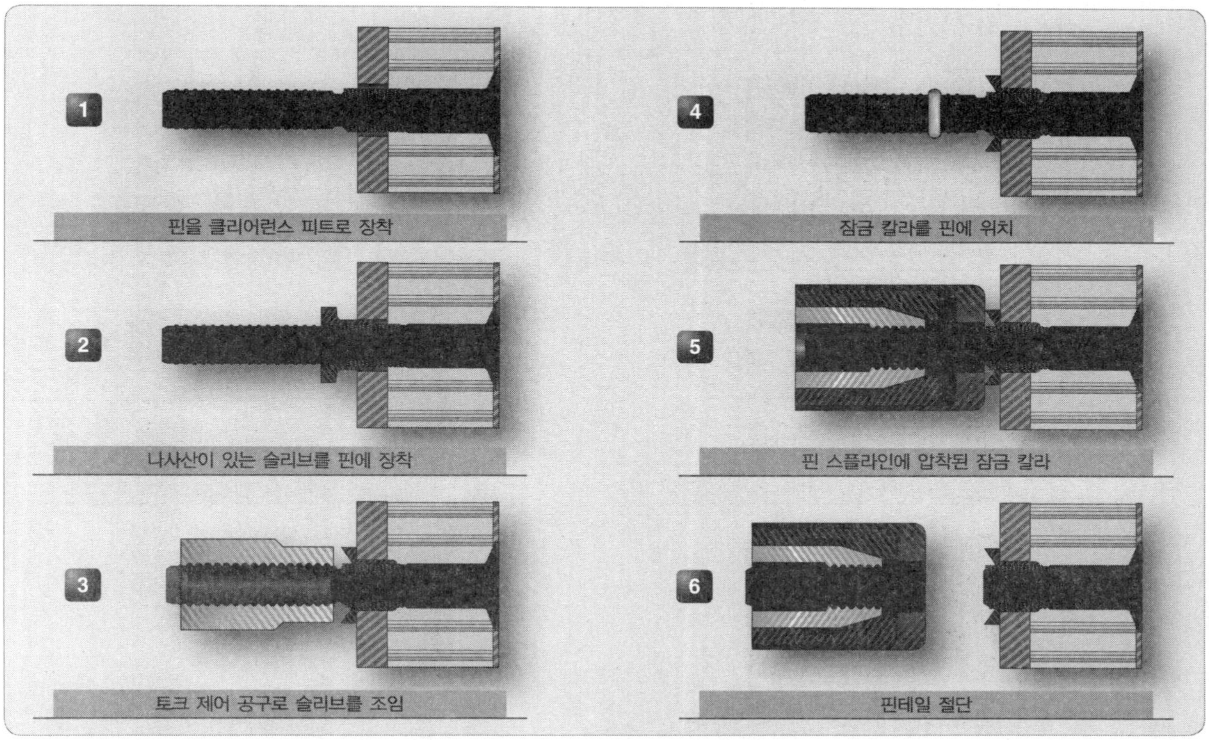

[그림 6-72] ASP 패스너 시스템 장착 순서(ASP fastener system installation sequence)

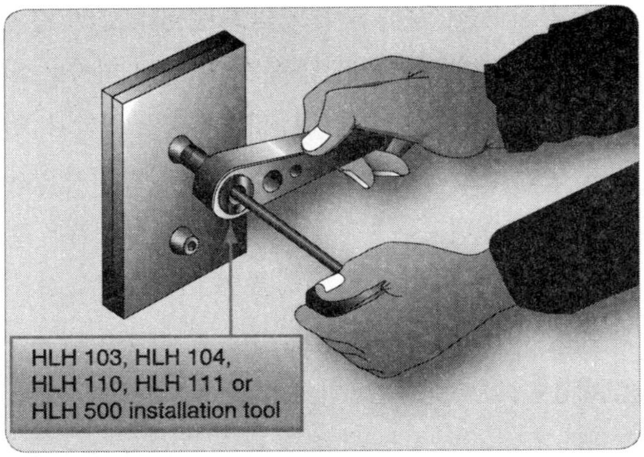

[그림 6-73] 하이 락 장착(Hi-Lok® installation)

너로 장착 시 칼라에 토크를 주기 위해 나사산 끝부분에 육각 형태의 키가 있다. 칼라에는 미리 설정된 토크치에서 절단되도록 설계된 부분을 갖고 있다(그림 6-73 참조).

락 볼트는 고리 형태의 홈 안으로 스웨징되는 칼라

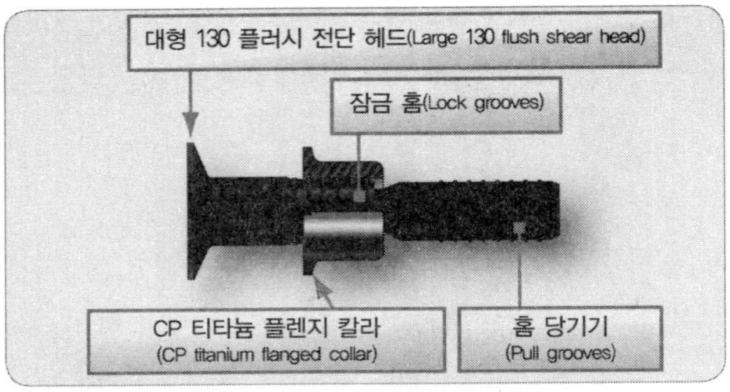

[그림 6-74] 헉크-스핀 락 볼트(Huck-Spin® lockbolt)

와 함께 쓰인다. 여기에는 2개 형태가 있는데, 하나는 풀(Pull)이고 다른 하나는 스텀(Stump)이다. 풀 타입(Pull-type)은 끊어지기 쉬운 뾰족한 부분이 칼라가 스웨징될 때 축 하중을 반작용시키는 데 이용되는 가장 일반적인 것이다. 스웨징 하중이 미리 정해진 한도에 도달했을 때, 뾰족한 부분이 직경이 작은 절단 부위에서 끊어진다. 하이 락과 풀 타입의 헉크 스핀 락 볼

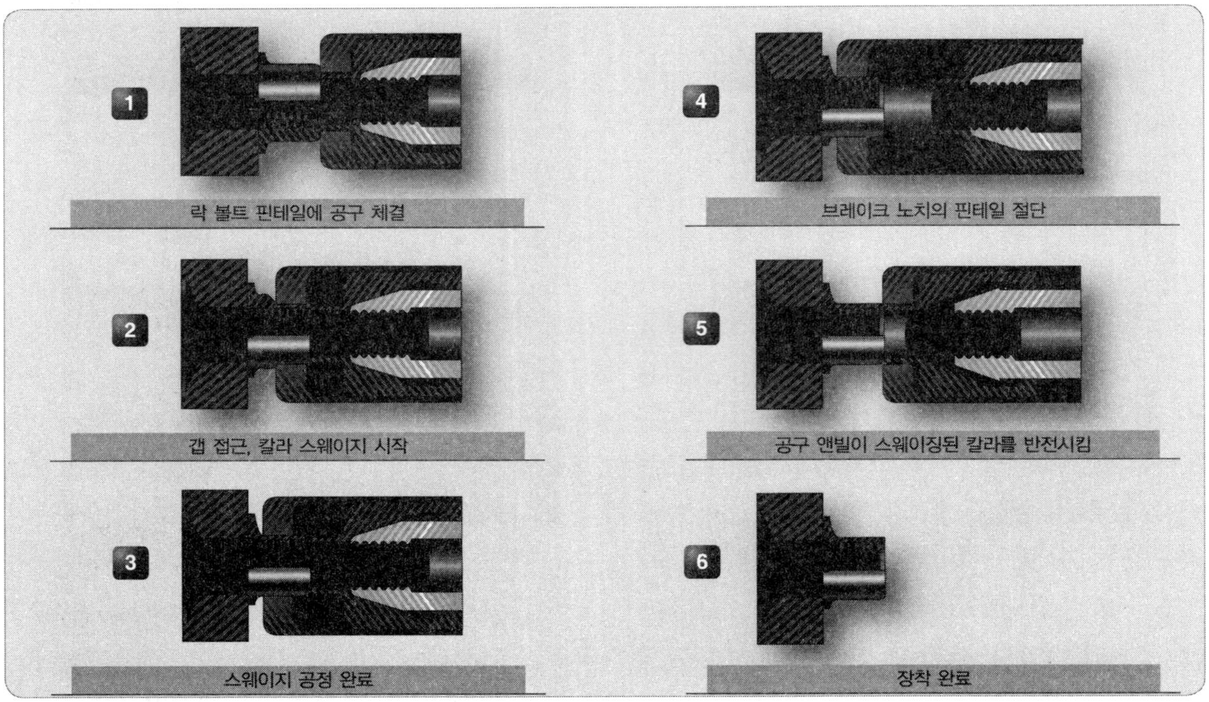

[그림 6-75] 헉크-스핀 장착 순서(Huck-Spin® installation sequence)

트는 구조물 어느 곳에서나 한 사람에 의해 장착 작업이 수행될 수 있다. 반면에 스텀 타입 락 볼트는 스웨징시 패스너 머리 부분을 잡아주어야 한다. 이 방법은 보통 접근이 문제가 되지 않는 부위 구조물의 자동화 조립 작업에는 사용되지 않는다.

금속 구조물과 비교하여 복합 소재 구조물에 대한 이런 종류들의 패스너에서는 특별한 차이점은 적다. 하이 락에서는 재료의 적합성만이 언급되는데 알루미늄 칼라 사용 금지를 권고한다. 보통 A286, 303 재질의 스테인레스 스틸 그리고 티타늄 합금 재질의 표준 칼라를 많이 사용한다. 헉크 스핀 락 볼트는 장착 시에 높은 작용 하중을 분산시키기 위해 플랜지와 함께 모자 형태의 칼라가 필요하다. 복합 소재 구조물에 사용하기 위해 설계된 락 볼트 핀(Lockbolt Pin)은 금속 구조물에서의 5개와는 반대로 6개의 고리 형태의 홈(Annular Groove)을 갖는다(그림 6-74 & 그림 6-75 참조).

6.6.4.5 에디 볼트(Eddie-Bolt®) 패스너

에디 볼트 패스너(Alcoa)는 하이 락과 유사한 형태로, 기본적으로 탄소 섬유 복합 소재 구조물에 사용한

[그림 6-76] 에디 볼트(Eddie bolts®)

다. 에디 볼트 핀은 특별하게 설계된 결합 너트 또는 칼라와 함께 장착 시에 돌출 결합 형태가 만들어지도록 나사산 부분에 세로 방향 홈(Flute)이 설계되어 있다. 결합 너트는 리브(rib)를 구동시켰을 때 제공되는 3개의 돌출 날개(Lobe)를 갖고 있다. 장착 시 미리 정해진 하중에서 돌출 날개는 핀(pin)의 세로 방향 홈 안으로 너트를 압착시키고 체결 상태를 형성한다. 복합 소재 구조물에서의 장점은 마모 손상 없고 무게 경감 효과를 위해 티타늄 합금 재질의 너트를 사용할 수 있는 것이다. 자유롭게 너트를 돌릴 수 있으며, 최종 체결은 장착 과정 끝에서 이루어진다(그림 6-76 참조).

6.6.4.6 체리 E-Z 버크 헐로우 리벳 (Cherry's E-Z Buck® "CSR90433" Hollow Rivet)

체리 헐로우 엔드 E-Z 버크 리벳(Cherry Hollow End E-Z Buck® Rivet)은 티타늄/콜럼븀 합금(Titanium)/Columbium Alloy) 재료로 제작되고 40KSI의 전단 강도를 갖는다. E-Z 버크 리벳은 연료탱크에서 양쪽이 평편한 형태를 이루는 곳에 사용되도록 설계되었다. 이 형태의 리벳의 주요 장점은 동일한 재료의 고형 리벳에 절반보다도 적은 힘만을 필요로 한다는 것이다. 리벳은 자동화된 장착 장비 또는 리벳 스퀴저(Rivet Squeezer) 공구를 사용하여 장착된다. 구조물에 손상이 발생하지 않도록 장착 과정 중 스퀴저가 항상 중앙에 위치하도록 해 주는 특별한 형태의 공구인 다이(Die)를 사용한다(그림 6-77 참조).

6.6.4.7 블라인드 패스너(Blind Fasteners)

일반적으로 금속 구조물에서는 많은 패스너가 필요하나 복합 소재 구조물에서는 많은 패스너가 필요하지 않다. 왜냐하면 보강재와 보강판이 표면에 상호 경

Rivet Diameter	A REF	CSR 90433			
		B REF	C1 DIA	C2 DIA	D DIA
1/8 (–4)	0.028	0.028	0.195 0.189	0.195 0.189	0.132 0.129
5/32 (–5)	0.037	0.037	0.247 0.242	0.247 0.242	0.162 0.159
3/16 (–6)	0.046	0.046	0.302 0.297	0.302 0.297	0.195 0.191
7/32 (–7)	0.046	0.046	0.328 0.323	0.328 0.323	0.227 0.224

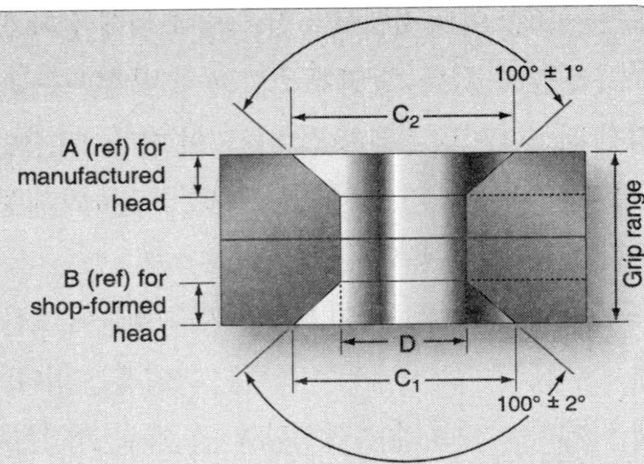

Hollow End E-Z Buck® Nominal Diameter	Upset Load (Lb) + 200 Lb
1/8" (–4)	2,500
5/32" (–5)	2,700
3/16" (–6)	3,000
7/32" (–7)	3,750

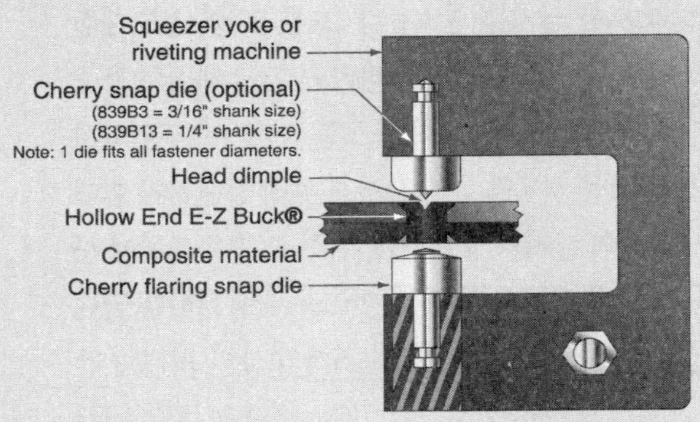

Cherry Flaring Snap Die Part Numbers

Rivet Diameter	3/16" Diameter Mount	1/4" Diameter Mount
1/8"	839B1-4	839B10-4
5/32"	839B1-5	839B10-5
3/16"	839B1-6	839B10-6
7/32"	839B1-7	839B10-7

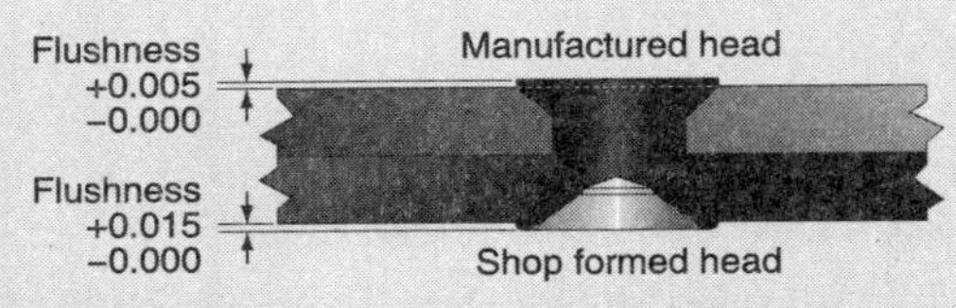

[그림 6-77] 체리 E-Z 버크 헐로우 리벳(Cherry's E-Z buck hollow rivet)

화 형태로 부착되어 있기 때문이다. 항공기의 복합 소재 구조물에 사용되고 있는 판넬 크기는 일반적으로 커져서 판넬의 후방 쪽에 접근하기가 어려워졌다. 따라서 이런 부위 수리 작업에는 블라인드 타입 고정용 부품(Blind Fasteners, Screw, Nutplates 등)을 사용해야 한다. 많은 제작사들은 복합 소재 구조물에 사용되는 블라인드 타입 고정용 부품을 생산하고 있는데 그중에서 몇 가지만 다음에 소개한다.

6.6.4.8 블라인드 볼트(Blind Bolt)

체리 맥스볼트(Cherry Maxibolt®)는 복합 소재 구조물에 적합한 재질인 티타늄으로 제작된다. 맥스볼트의 전단 강도는 95KSI 정도이다. 이 패스너는 한 쪽에서 장착이 가능하며, 필요시에는 공압-유압식(Pneumatic-hydraulic) 장착용 공구를 사용하여 장착한다. 구멍 종류는 100° 접시머리(flush head), 130° 접시머리(flush head), 그리고 돌출머리(protruding head) 형태로 구멍 뚫기 작업을 수행한 후 장착한다

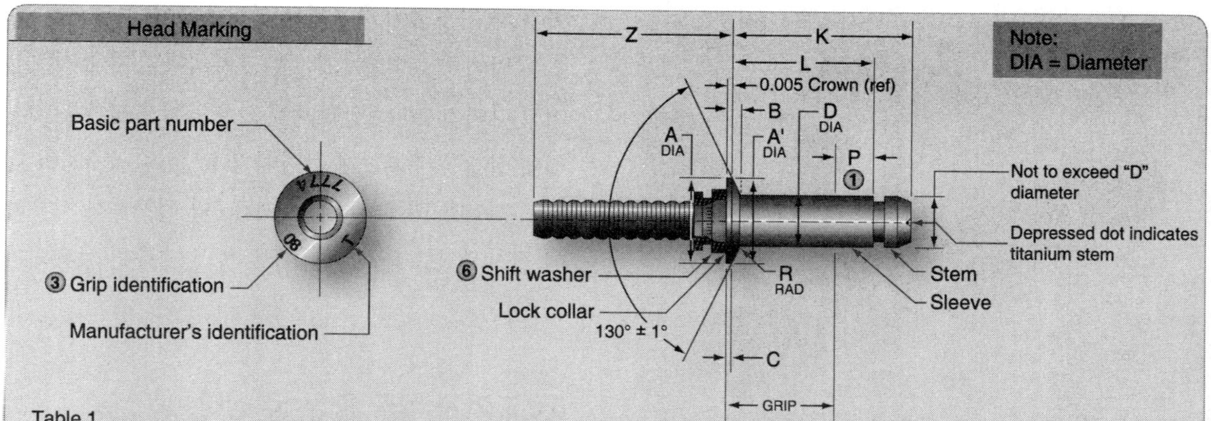

Table 1

Dia. Dash No.	D ± 0.001⑥	A Max	A' Min	B Max	P Max	R Max	Z Min	Hole Limits	Installed Strength (Lb) ④ Single Shear Minimum⑤	Installed Strength (Lb) ④ Tensile Minimum
–05	0.163	0.333	0.296	0.039	0.215	0.025	0.844	0.164/0.167	1980	900
–06	0.198	0.386	0.342	0.043	0.250	0.025	0.875	0.199/0.202	2925	1400
–06	0.259	0.507	0.463	0.057	0.305	0.030	1.000	0.260/0.263	5005	2100

Table 2

Grip Dash No.	Grip Limits				–05 Diameter		Grip Limits				–06 Diameter		–08 Diameter	
	Overlap Min	1/16 Range ④ Min	1/16 Range ④ Max	Overlap Max	L Ref	K Max	Overlap Min	1/16 Range ④ Min	1/16 Range ④ Max	Overlap Max	L Ref	K Max	L Ref	K Max
–02	—	0.094	0.157	0.173	0.336	0.476	—	0.120	0.157	0.173	0.355	0.521	—	—
–03	0.146	0.154	0.220	0.236	0.398	0.536	⑨	0.156	0.220	0.236	0.417	0.584	0.479	0.645
–04	0.209	0.219	0.282	0.298	0.460	0.602	0.203	0.219	0.282	0.298	0.480	0.647	0.541	0.708
–05	0.271	0.281	0.345	0.361	0.523	0.664	0.265	0.281	0.345	0.361	0.542	0.709	0.604	0.770
–06	0.334	0.344	0.407	0.423	0.585	0.727	0.328	0.344	0.407	0.423	0.605	0.772	0.666	0.833
–07	0.396	0.406	0.470	0.486	0.648	0.789	0.390	0.406	0.470	0.486	0.667	0.834	0.729	0.895
–08	0.459	0.469	0.532	0.548	0.710	0.852	0.453	0.469	0.532	0.548	0.730	0.897	0.791	0.958
–09	0.521	0.531	0.595	0.611	0.773	0.914	0.515	0.531	0.595	0.611	0.792	0.959	0.854	1.020
–10	0.584	0.594	0.657	0.673	0.835	0.977	0.578	0.594	0.657	0.673	0.855	1.022	0.916	1.083
–11	0.646	0.656	0.720	0.736	0.898	1.039	0.640	0.656	0.720	0.736	0.917	1.084	0.979	1.145
–12	0.709	0.719	0.782	0.798	0.960	1.102	0.703	0.719	0.782	0.798	0.980	1.147	1.041	1.208

[그림 6–78] 체리 티타늄 맥스볼트(Cherry's Titanium Maxibolt)

(그림 6–78 참조).

알코아 UABTM 블라인드 볼트(Alcoa UABTM Blind Bolt)는 복합 소재 구조물에 사용하기 위해 설계되었으며, 티타늄과 스테인레스 스틸 재질을 사용한다. UABTM 블라인드 볼트는 100° 접시머리(flush head), 130° 접시머리(flush head), 그리고 돌출머리(protruding head) 형태로 구멍 뚫기 작업을 수행한 후 장착한다.

Accu–LokTM 블라인드 볼트는 한쪽에서만 접근 가능한 복합 소재 구조물에 사용하기 위해 특별히 설계되었다. 이것은 접근이 안 되는 쪽에 직경이 큰 부분을 위치시키고 큰 힘으로 결합한다. 직경이 크면 복합

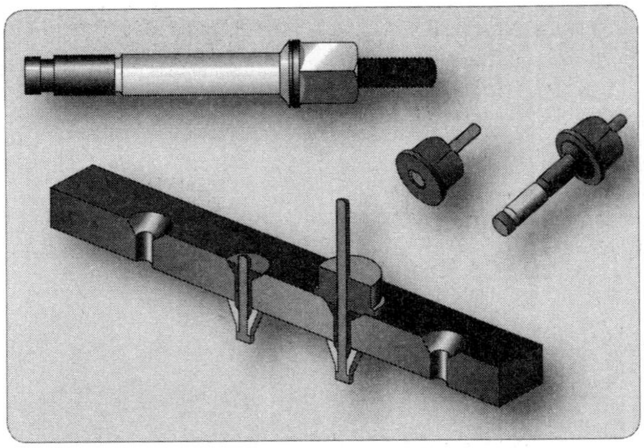

[그림 6-79] Accu-LokTM 장착(Accu-LokTM installation)

소재 구조물에서 가해지는 응력을 넓게 분산시켜 들뜸 현상을 방지해 준다. Alcoa-LokTM의 전단 강도는 95KSI이고, 100° 접시머리(flush head), 130° 접시머리(flush head), 그리고 돌출머리(protruding head) 형태로 구멍 뚫기 작업을 수행한 후 장착한다. 모노그램(Monogram)사에서 생산하는 유사 패스너로는 레디얼 락 (Radial-Lok®)이라고 불리는 것이 있다(그림 6-79 참조).

6.6.4.9 파이버라이트(Fiberlite)

파이버라이트 패스너는 항공 산업 분야의 복합 소재에 널리 사용되고 있는 자재이다. 이 자재의 강도는 알루미늄 재료와 비슷하나 무게는 ⅔ 정도가 된다. 복합 소재 패스너는 탄소 섬유와 유리 섬유 재질과 결합되어 양호한 성능을 발휘한다.

6.6.4.10 복합 소재에 사용되는 스크류와 너트플레이트 (Screws and Nutplates in Composite Structures)

정비를 위해 해당 판넬을 주기적이거나 자주 장탈착해야 할 경우에는 하이 락(Hi-Lok®) 또는 블라인드 패스너 대신 스크류나 너트플레이트를 사용한다. 복합 소재 구조물에 사용되는 너트플레이트는 보통 3개의 구멍이 필요한데 2개는 너트플레이트 자체 장착용이고 나머지 1개는 장탈착에 사용되는 스크류용이다. 리벳 장착용 추가 2개 구멍이 필요 없는 리벳레스 너트 플레이트(Rivetless Nut Plate)와 접착제를 사용하여 접착시키는 너트 플레이트 형태 제품이 사용되기도 한다.

6.6.5 기계 가공 공정 및 장비 (Machining Processes and Equipment)

6.6.5.1 구멍 뚫기(Drilling)

복합 소재 재료에서 구멍 뚫기는 금속 구조물에서의 작업 방법과는 완전히 상이하다. 정밀하게 구멍을 뚫기 위해서는 형태가 다른 드릴 비트(Drill Bit), 더욱 빠른 속도보다 느린 이동 방식이 요구된다. 복합 소재 구조물은 탄소 섬유와 에폭시 접착제로 제작되어 매우 단단하고 거친 특성을 갖고 있어 특별하게 제작된 평편한 절단용 날을 갖춘 드릴 또는 이와 유사한 형태의 4개 절단용 날을 갖춘 것을 사용해야 한다. 아라미드/에폭시 복합 소재는 탄소처럼 단단하지는 않지만 섬유 부분이 깔끔하게 절단되지 않으면 에폭시 부분으로 끼워져 부풀어지거나 갈기갈기 찢기는 현상 때문에 특별한 절단 공구를 사용해야 한다. 특수 드릴 비트는 가공 시 섬유 부분을 깨끗이 잘라내는 기능을 갖고 있다. 케블러/에폭시 부품이 2개 금속 사이에 삽입되어 있다면, 표준 형태의 드릴을 사용해도 된다.

(1) 장비(Equipment)

복합 소재에 구멍을 뚫는 작업에도 공기 구동 장비를 사용한다. 약 20,000rpm까지의 회전 속도를 갖는 드릴 모터가 이용된다. 복합 소재에 구멍을 뚫을 때에는 일반적으로 고회전 및 저진행 속도 방식을 사용한다. 두꺼운 적층 구조물을 가공할 경우에는 드릴 가이드를 사용하는 것이 바람직하다.

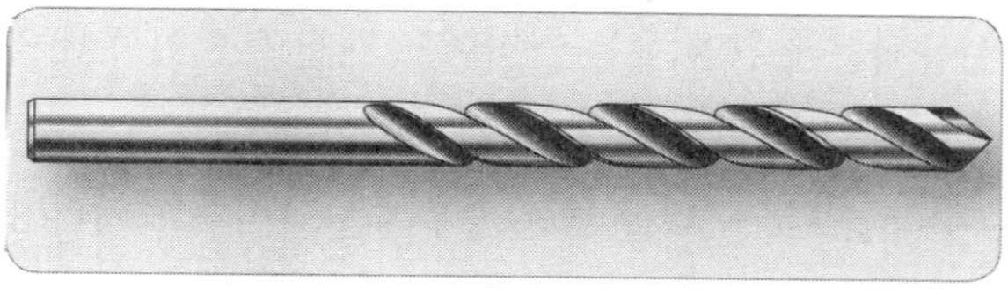

[그림 6-80] 케블러 드릴링용 클렌크 타입 드릴
(Klenk-type drill for drilling Kevlar®)

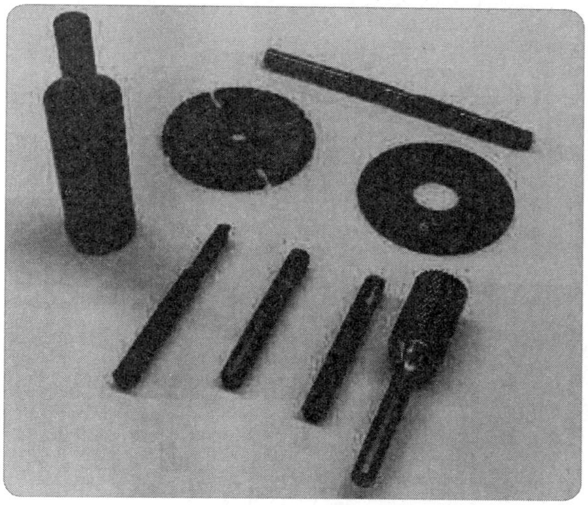

[그림 6-81] 복합소재용 드릴링과 절단 공구
(Drilling and cutting tools for composite Materials)

[그림 6-82] 오토피드 드릴(Autofeed drill)

복합 소재 구조물에 구멍을 뚫을 경우에는 표준 드릴 비트를 사용해서는 안 된다. 표준 고속 스틸 재질을 사용할 경우 비트(Bit) 날 끝이 쉽게 무뎌지며, 과도한 열을 발생시키고 구멍 상태를 훼손시키기 때문에 이와 같은 비트를 사용해서는 안 된다.

탄소 섬유와 유리 섬유에 사용되는 드릴 비트는 다이아몬드 코팅 또는 고형 카바이트 재질로 제작된 것을 사용해야 한다. 왜냐하면 천 재질이 너무 단단하여 표준 고속 스틸(Standard High-Speed Steel: HSS) 재질의 드릴 비트는 오래 사용할 수 없기 때문이다. 일반적으로는 비틀린 형태의 드릴 비트를 사용하지만 특별한 경우에는 브래드 형태 드릴(Brad Point Drill)을 사용하기도 한다. 케블러 섬유는 탄소 재질처럼 너무 단단하지는 않아서 표준 고속 스틸 재질의 드릴 비트를 사용할 수 있다. 만약 표준 드릴 비트가 사용되고 선택된 드릴 형태가 시클 형태 클렌 드릴(Sickle-shaped Klenk Drill)이라면 구멍의 상태는 양호하지 못할 수 있다. 드릴을 우선 섬유에 대고 절단하면 구멍 상태는 더 양호해질 수 있다. 구멍의 크기가 큰 것은 다이아몬드 코팅 홀 쏘(Diamond-coated Hole Saw) 또는 플라이 커터(Fly Cutter)로 절단할 수 있는데 플라이 커터는 드릴 모터를 사용하지 말고 드릴 프레스(Drill Press) 방식으로만 사용해야 한다(그림 6-80, 그림 6-81, 그림 6-82 참조).

(2) 작업 공정 및 주의 사항(Processes and Precautions)

복합 소재 재료는 2,000~20,000rpm 사이에 드릴 모터를 저속 진행 방식으로 사용하여 구멍을 뚫는다. 유압을 사용하거나 다른 타입 진행 조절 기능을 갖춘 드릴 모터를 사용하는 것이 좋은데 이는 복합 소재 재료에서 발생하는 드릴의 서지 현상을 억제시켜준다. 이는 절단면의 손상 및 들뜸 현상 발생을 줄여준다. 섬유 제품으로 만들어진 부품과는 달리 테이프 제품으로 만든 부품은 특히 절단면 손상 발생이 우려된다. 절단면 손상을 방지하기 위해 복합 소재 구조물은 뒤쪽에 금속 판 등으로 보완하는 것이 필요하다. 복합 소재 구조물에서 구멍 가공 시 작은 크기의 예비 기준 구멍을 미리 뚫어 놓고 다이아몬드 코팅 또는 카바이드 재질의 드릴 비트를 사용하여 최종 구멍 크기로 구멍 크기를 넓히는 확장 작업(reaming)을 수행한다.

탄소/에폭시 부품을 금속 재질의 부속품에 조립할 경우에는 후방 카운터보어링(back counterboring) 작업이 필요하다. 탄소/에폭시 부품에 있는 구멍의 후방 끝단은 복합 소재가 관통될 때 금속 조각에 의해 구멍의 뒤쪽 끝단이 침식되거나 둥그렇게 손상을 입을 수 있다. 이러한 현상은 부품 사이에 틈이 있거나 금속 찌꺼기가 칩(chip) 형태보다는 실오라기 형태일 때 더 많이 발생한다. 후방 카운터보어링은 진행 및 속도 변경, 커터 구조 변경, 최종 구멍 가공 단계에서 부품을 추가적으로 조여 주거나 팩 드릴(peck drill)을 사용, 또는 이들을 잘 조합하여 사용함으로써 최소화하거나 제거할 수 있다.

금속 부품과 조합된 복합 소재 부품에 구멍 뚫기 작업을 수행할 경우에는 금속 부품의 드릴 속도를 적용해야 한다. 예를 들어, 비록 티타늄이 부식 측면에서는 탄소/에폭시 재료에 버금가지만 티타늄에 내부 구조물 손상이 발생하지 않도록 저속 드릴 속도를 유지해야 한다. 티타늄은 저속 회전 및 고속 진행 방법으로 구멍을 뚫어야 한다. 티타늄에 적당한 드릴 비트는 탄소나 유리 섬유 재질에는 적당하지 않다. 티타늄 재료에 구멍을 뚫을 때 사용되는 드릴 비트는 코발트 바나듐(cobalt vanadium) 재질로 만들고, 탄소 섬유 재료에 구멍을 뚫을 때 사용되는 드릴 비트는 사용 수명 연장 및 더욱 정밀한 가공을 위해 카바이드 또는 다이아몬드 코팅 재료로 드릴 비트를 만든다. 예비 기준 구멍 가공 시에는 40번 드릴과 같이 굵기가 가는 고속 스틸(High-speed Steel; HSS) 재질의 드릴 비트가 종종 사용되는데 그 이유는 카바이드 재질 드릴이 상대적으로 깨지거나 부러지기 쉽기 때문이다.

수작업으로 구멍을 뚫는 경우에는 카바이드 커터가 사용되는데 이때 가장 일반적인 문제점은 커터 취급 손상(chipped edge)이 발생하는 것이다. 느리지만 일정한 진행 속도 장치를 갖춘 날카로운 드릴은 만약 드릴 가이드를 사용하여 얇은 알루미늄이 부착된 탄소/에폭시 재료에 뚫을 경우에는 0.1㎜(0.004inch) 허용치를 유지하는 구멍을 만들어 낼 수 있다. 재질이 단단한 공구를 사용하면 더욱 정밀한 허용치를 유지시킬 수 있다. 탄소/에폭시 아래에 티타늄이 있는 재질에 구멍을 뚫을 경우에는 드릴이 탄소/에폭시 부분을 통해 티타늄의 부스러기를 끌어당기게 되어 구멍을 크게 만든다. 이 경우에는 최종적인 구멍 확장 작업 시 보다 작은 허용치를 유지해 주어야 한다. 탄소/에폭시 복합 소재 구조물에서 구멍 확장 작업에는 카바이드 리머(carbide reamer)가 필요하다. 추가적인 사항으로, 리머로 구멍 직경을 약 0.13㎜(0.005inch) 이상 가공할 때 파편이나 들뜸 손상이 발생하지 않도록 구멍의 끝부분을 잘 지지해 주어야 한다. 지지해 주는 방법으로는 뒤쪽 표면을 단단히 잡아주는 부속 구조물 또는 적절한 판으로 지지해 주면 된다. 일반적인 구멍 확장시의 리머 속도는 구멍을 뚫을 때 속도의 절반 정도면 된다.

두께가 6.3 ㎜(0.25inch) 이하의 얇은 탄소/에폭시 구조물에는 일반적으로 절삭 윤활제를 사용하지 않거나 또는 권고하지 않는다. 탄소 성분의 먼지가 작업 수행 지역 주위에 자유롭게 떠다는 것을 방지하기 위해 복합 소재의 구멍 뚫는 작업 시에는 진공 장치를 사용하는 것은 바람직하다.

6.6.5.2 접시머리 형태 가공 작업(Countersinking)

복합 소재 구조물의 접시머리 가공 작업은 해당 부품을 납작머리 패스너를 사용하여 장착할 경우에 필요하다. 금속 구조물에서는 100° 각도의 전단 또는 인장 머리 패스너(shear or tension head fastener)를 사용한다. 복합 소재 구조물에서는 2가지 형태의 패스너가 사용되는데, 100° 각도의 인장 머리 패스너와 130° 각도의 패스너이다. 130° 머리 패스너의 장점은 인장 타입 머리 100° 패스너의 직경과 동일하며 전단 타입 머리 100° 패스너의 머리 깊이와 동일하다는 것이다. 복합 소재 부품에서 납작머리 패스너를 안착시키기 위해서 카운터싱크 커터는 구멍과 카운터싱크 사이의 조절된 굴곡면이 패스너에 머리 부분과 생크 밀착 굴곡면이 확보되도록 가공되어야 한다. 추가적으로 돌출형 머리 패스너의 머리와 생크 직경에 대한 적절한 간격을 제공하기 위해 모따기(chamfer) 작업이나 와셔(washer) 사용이 필요하다. 어떤 머리 형태가 사용되든지 복합 소재 구조물에서는 카운터싱크 및 모따기 작업의 조합이 적절하게 이루어야 한다.

카바이드 커터는 탄소/에폭시 구조물의 카운터싱크 작업에 사용한다. 이 커터는 금속 가공에 사용되는 것과 유사한 직선 세로 홈(straight flute)을 갖고 있다. 케블러 탄소/에폭시 복합 소재에서는 "S-shaped Positive Rake Cutting Flute"를 사용한다. 만약 직선 세로 홈(straight flute) 카운터싱크 커터가 사용될 경우에는 깨끗하게 가공될 수 있도록 특정 두께의 테이프를 케블러 섬유 표면에 부착해야 한다. 그러나 이 방법은 "S-shaped Fluted Cutter"로 작업한 것만큼 효과적이지는 못하다. 구멍과 카운터싱크 사이의 동축 유지 성능 향상을 위해서 그리고 축이 불일치되거나 해당 부품의 들뜸 결함으로 인해 발생하는 패스너 아래쪽의 공간 생성 가능성을 줄이기 위해 예비 기준 카운터싱크 커터를 사용하는 것이 바람직하다.

보다 더 정확한 카운터싱크 작업을 수행하기 위해서는 마이크로스톱 카운터싱크 게이지(microstop countersink gauge)를 사용한다. 너무 깊게 카운터싱크 가공을 수행하면 해당 재료의 강도를 저하시킬 수 있으므로 표면 두께의 70%를 초과하여 카운터싱크 가공을 하여서는 안 된다. 예비 기준 카운터싱크 커터를 사용할 경우에는 구멍과 카운터싱크 사이의 동축 유지를 저해할 수 있으므로 커터의 마모 상태를 주기적으로 점검해야 한다. 이는 한 개의 절단 끝부분을 갖고 있는 카운터싱크 커터에 대해서는 더욱 필요한 사항이다. 예비 기준 카운터싱크 커터를 사용할 경우에는 구멍에 예비 기준 커터를 위치시키고 구멍 안쪽으로 커터를 밀어 넣기 전에 커터를 최대 회전 상태가 되도록 한다. 만약 드릴 모터가 작동하기 전에 커터를 복합 소재 부분에 접촉시키면 해당 재료가 쪼개지는 결함이 발생하게 된다.

6.6.5.3 절단 작업 공정 및 주의 사항 (Cutting Process and Precautions)

금속 재료에서 성능이 우수한 커터를 복합 재료에 사용한다면 사용 수명이 짧아지거나 구멍 끝 부분이 잘려서 상태가 불량하게 될 것이다. 복합 소재에 사용되는 커터는 절단하는 재료의 종류에 따라 다양하다. 복합 소재 절단에 대한 일반적인 원칙은 고속 회전(high speed)과 저속 이동(low feed) 방식이다.

① Carbon Fiber Reinforced Plastic(CFRP): 탄소 섬유는 매우 단단하여 스틸 재질의 커터를 빠르게 마모시킨다. 대부분 트림 및 절단 작업에는 다이아몬드 커팅 재질의 커터가 가장 적합하다. 알루미늄 산화물(Aluminum-oxide) 또는 실리콘-카바이드(Silicon-carbide) 재질의 사포 또는 천 종류가 연마 작업에 사용한다. 실리콘-카바이드는 알루미늄 산화물 재질보다 수명이 더 길다. 라우터 비트(router bit) 또한 고형 카바이드 또는 다이아몬드 코팅 재질로 만들어진다.

② Glass Fiber Reinforced Plastic(GFRP): 유리 섬유도 탄소 섬유와 같이 매우 단단하여 High Speed Steel 재질의 커터를 빠르게 마모시킨다. 따라서 유리 섬유에도 탄소 섬유에 사용되는 것과 동일한 형태와 재료의 드릴 비트를 사용한다.

③ Aramid(Kevlar®) Fiber-Reinforced Plastic(AFRP): 아라미드 섬유는 탄소 섬유나 유리 섬유처럼 단단하지는 않으므로 High-speed Steel 재질의 커터가 사용될 수 있다. 아라미드 복합 소재의 끝단에서 섬유가 늘어나는 결함을 방지하기 위해 해당 부위를 고정시킨 후 전단력을 가해서 절단해야 한다. 아라미드 복합 소재는 플라스틱 재질의 지지판으로 지지해 주어야 한다. 아라미드와 지지판을 동시에 관통하여 절단한다. 아라미드 섬유는 인장력을 가해 잡아주고 전단력을 가하여 절단하면 최상의 상태를 만들 수 있다. 섬유 부분을 잡아당기면서 절단할 수 있는 특별한 형태의 커터가 있다. 아라미드 섬유 또는 수지침투가공재를 절단하기 위해 가위를 사용할 때, 가위는 한쪽 날에는 전단 가공 날을 갖고 있어야 하며 반대쪽 날에는 톱니 또는 홈이 있는 면을 갖고 있어야 한다. 이들 톱니모양은 절단하는 재료의 미끄러짐 현상을 방지해 준다. 섬유 부분 손상을 방지하기 위해 항상 날카로운 날을 사용해야 한다. 항상 사용 후 곧바로 톱니 모양 부분을 깨끗이 하여 굳지 않은 접착제로 인한 훼손을 방지할 수 있다.

공구와 장비를 사용하여 가공 작업 시에는 반드시 보안경 및 기타 필요한 보호 장구를 착용해야 한다.

6.6.5.4 절단 장비 (Cutting Equipment)

띠톱(band saw)은 복합 소재 재료를 절단하기 위해 작업장에서 가장 자주 사용되는 장비이다. 이가 없는 카바이드 또는 다이아몬드 코팅 톱날을 사용하는 것이 바람직하다. 이가 있는 전형적인 톱날은 탄소 섬유 또는 유리 섬유 절단 작업에 사용할 경우 오래 사용하지 못한다(그림 6-83 참조). 홈파는 도구(router), 휴대용 전기톱(saber saw), 다이 연삭기(die grinder), 그리고 컷오프 휠(cut-off wheel)과 같은 공기 작동 수

[그림 6-83] 띠톱 기계(Band saw)

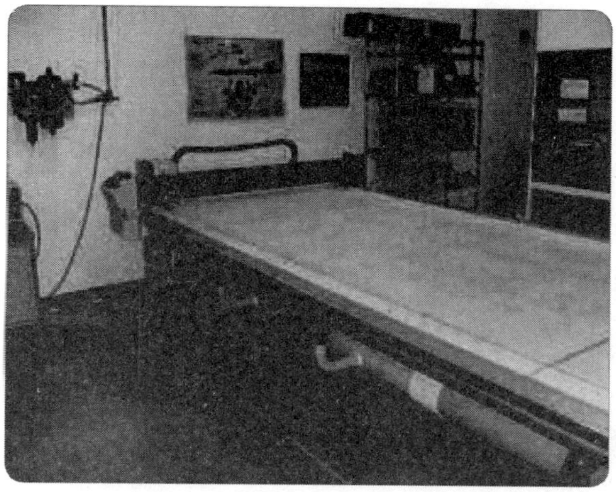

[그림 6-84] 거버 절단 테이블(Gerber cutting table)

공구가 복합 소재의 가공 작업에 사용한다. 카바이드 또는 다이아몬드 코팅 절삭 공구는 양호한 마무리 상태를 만들어 내며, 사용 수명도 길다. 일부 특수 작업장에서는 초음파, 워터 제트(water-jet), 그리고 레이저(Laser) 커터와 같은 특별 장비를 사용하기도 한다. 이와 같은 장비들은 치수 제어(numerical controlled: NC) 기능이 우수하고 전단면과 구멍의 가공 상태를 양호하게 해준다. 그러나 워터 제트 커터인 경우에는 가공 시 재료 안으로 물을 유입시켜야 하므로 허니콤 구조에는 사용할 수 없다. 복합 소재를 가공하는 장비는 오염 방지를 위해 복합 소재 이외의 재료 가공 작업에 사용해서는 안 된다.

수지침투가공재는 "CNC Gerber Table"을 사용하여 절단할 수 있다. 이 장비를 사용할 경우 작업 속도를 높일 수 있으며 절단 상태도 양호하게 만든다. 디자인 소프트웨어는 복잡한 모양에 대해 층을 어떻게 절단해야 하는지 산출해 내는 데 이용된다(그림 6-84 참조).

6.6.6 수리 작업시의 안전 사항(Repair Safety)

수지침투가공재, 수지, 세척용 솔벤트 및 접착제 등 최신 복합 소재(advanced composite material)를 구성하고 있는 재료들은 인체에 해로울 수 있으므로 적절한 개인 보호 장비를 사용해야 한다. 작업 시 사용하는 재료의 물질안전자료데이터(Material Safety Data Sheet: MSDS) 내용을 숙지해야 하며, 모든 화학 약품(chemical), 수지(resin), 그리고 섬유(fiber) 등을 정확하게 취급하는 것은 중요하다. MSDS는 해당 재료의 유해성을 표시해 준다. 복합 소재 작업 시 사용되는 재료들이 호흡기 계통 위험성, 발암성 및 기타 인체에 해로운 성분을 분출시킬 수 있다.

6.6.6.1 눈 보호(Eye Protection)

눈은 항상 화학약품과 날아다니는 물체로부터 보호되어야 한다. 작업 시에는 항상 보안경을 착용해야 한다. 그리고 산(acid) 성분의 물질을 혼합하거나 주입할 때에는 얼굴가리개를 착용한다. 작업장에서 보안경을 착용하더라도 콘택트렌즈를 착용해서는 안 된다. 어떤 화학적 솔벤트는 렌즈를 녹이고 눈에 손상을 줄 수 있다. 작업 시 발생하는 미세먼지 등이 렌즈로 침투되어 위험을 초래할 수 있다.

6.6.6.2 호흡기 보호(Respiratory Protection)

탄소 섬유 분진은 인체에 해롭기 때문에 호흡하지 말아야 하고, 작업장은 환기가 잘되도록 해야 한다. 밀폐된 공간에서 작업을 수행할 경우에는 호흡에 도움을 주는 적절한 보호 장구를 착용해야 한다. 연마 또는 페인트 작업을 수행하는 경우에는 분진 마스크 또는 방독면을 착용해야 한다.

(1) 하향 통풍 방식 작업장(Down-draft Tables)

작업장의 환기는 하향 통풍 방식이 설치된 곳에서 실시해야 하며, 연마 및 연삭 작업 시에는 유해 분진으로부터 작업자를 효과적으로 보호할 수 있어야 한다.

기계 작업 시 발생하는 각종 분체들은 작업 후 즉시 수거하여 처리해야 한다. 하향 통풍 시설은 약 100~150feet3/min의 평균 면 속도(average face velocity)를 갖도록 켜야 하고, 그 상태를 계속 유지시켜야 한다. 또한 관련 시설에 설치는 필터는 정기적으로 교환해야 한다.

6.6.6.3 피부 보호(Skin Protection)

복합 소재 작업 시 발생하는 여러 가지 재료의 분진은 민감한 피부에 자극을 줄 수 있으므로 적절한 장갑 또는 보호용 의복을 착용해야 한다.

6.6.6.4 화재 방지(Fire Protection)

복합 소재 정비 작업에 사용되는 대부분 솔벤트는 가연성 물질이다. 모든 솔벤트 용기는 밀폐시키고 사용하지 않을 때 방염 캐비넷에 저장한다. 또한 정전기가 발생할 수 있는 지역에서 멀리 떨어진 곳에 보관해야 한다. 항상 화재 발생에 대비하여 소화기를 작업장에 비치해야 한다.

6.7 투명 플라스틱(Transparent Plastics)

플라스틱 재료는 다음과 같이 열가소성플라스틱과 열경화성플라스틱으로 분류된다.

(1) 열가소성플라스틱(Thermoplastic)

열에 의해 부드러워지게 되며 여러 가지의 유기 용제로 용해시킬 수 있다. 보통 윈도우, 캐노피 등과 같이 투명한 열가소성플라스틱 재료는 아크릴플라스틱 등에 사용한다. 아크릴플라스틱은 보통 Lucite® 또는 Plexiglas® 상표로, 영국에서는 Perspex® 상표로 알려져 있다. 일반적으로 사용되는 아크릴은 Military Specification MIL-P-5425 요구 조건, 잔금 저항 성능이 우수한(craze-resistant) 아크릴은 Military Specification MIL-P-8184 요구 조건을 충족하는 제품이다.

(2) 열경화성플라스틱(Thermosetting Plastic)

열에 의해서는 어느 정도로 부드러워지지는 않으나 240~269℃(400~500℉)의 온도에서는 타고 부풀게 된다. 페놀(phenolic), 우레아-포름알데히드(Urea-formaldehyde), 그리고 멜라민 포름알데히드(Melamine Formaldehyde) 수지와 같은 대부분 합성수지 혼합물의 제품이 여기에 속한다. 플라스틱이 일단 단단해 지면, 추가적적으로 열을 가해도 열가소성플라스틱과 같이 액체 형태로 변하지 않는다.

6.7.1 시각적 고려사항(Optical Considerations)

조종사의 시야를 방해할 정도의 Scratch 또는 다른 손상은 허용되지 않는다. 그러나 조종실 창문 가장자리 등에서 발생하는 일부 손상 종류 및 범위에 대해서는 사용이 허용될 수 있으나 제작사에서 발행된 정비 지침을 반드시 확인해야 한다.

6.7.2 식별 조치(Identification)

6.7.2.1 보관 및 취급(Storage and Handling)

투명한 열가소성플라스틱 판재는 열을 받을 때 부드러운 형태로 변형되기 때문에, 규정된 온도를 초과하는 장소에 보관해서는 안 된다. 또한 페인트 작업장이나 페인트 보관 장소에 함께 보관해서도 안 된다. 햇빛은 플라스틱 접착면에 있는 접착체를 손상시키므로 직사광선이 없는 곳에 보관해야 한다.

재료의 뒤틀림 현상을 방지하기 위해 수직면으로부터 약 10° 정도 기울어진 선반에 마스킹페이퍼가 부착된 상태로 보관해야 한다. 만약 수평으로 저장해야 한다면, 판재 사이에 이물질이 들어가지 않도록 해야 한다.

6.7.3 성형 절차 및 기술 (Forming Procedures and Techniques)

투명 아크릴 플라스틱은 적절한 성형 온도로 열을 가할 경우 여러 형태의 모양으로 부드럽고 유연하게 원하는 형태를 만들어 낼 수 있다. 온도를 낮추면 성형된 형태를 그대로 유지한다. 아크릴 플라스틱인 경우 재료가 얇고 곡률 반경이 판재 두께의 적어도 180배 이상이면 싱글(single) 굴곡으로 냉간 굽힘(cold bending) 작업도 가능하다. 이 허용치를 넘어서 냉간 굽힘을 실시하면 플라스틱 표면에 작은 금이 발생할 수 있는데 이를 크레이징(crazing)이라고 한다.

6.7.3.1 가열(Heating)

표면에 손가락 자국이 나지 않도록 플라스틱 취급 시에는 면장갑을 착용한다. 재료에 열을 가하기 전에 마스킹 페이퍼와 접착제를 모두 제거해야 한다. 먼지 등 이물질이 묻어 있으면 깨끗이 닦아낸 후 건조시켜야 한다.

[그림 6-85] 아크릴 판재 걸기(Hanging an acrylic sheet)

성형을 위해 아크릴에 열을 가할 경우 최상의 결과를 얻기 위해서는 제작사에 의해 권고하는 온도를 유지해야 한다. 온도 범위를 120~374℉(49~190℃)로 가열할 수 있도록 강제 통풍 형태의 오븐을 사용한다. 너무 온도가 높이 올라가면 표면에 버블(bubble) 형태의 결함을 유발시킬 수 있다.

균일하게 열을 가한 후 스프링 집게 형태의 장비로 재료의 끝부분을 붙잡고 틀에 걸어 잡아당기는 형태를 만들어 주는 것이 매우 효과적인 방법이다(그림 6-85 참조).

만약 크기가 클 경우에는 매다는 방법 대신 평평한 면에 위치시키고 작업을 실시하되 열이 모든 부위에 골고루 전달되도록 해야 한다.

랜딩 라이트 커버와 같은 소형 부품 성형 작업 시에는 주방 제빵용 오븐과 같은 곳에서 열을 가할 수 있다. 만약 재료가 7~8inch의 중앙에 정렬될 수 있고 균일하게 가열할 수 있도록 판재를 경사지게 할 수 있으면 적외선 가열 장치를 사용할 수 있다. 이때 성형해야 하는 재료로부터 약 18inch 떨어진 거리에 램프를 놓는다.

가열 시 플라스틱에 직접 뜨거운 물 또는 스팀을 직접 사용해서는 안 된다. 이는 아크릴에서 발생할 수 있는 유백색 또는 탁한 색이 발생하는 가능성을 제거하기 위함이다.

6.7.3.2 성형(Forms)

가열된 아크릴 플라스틱은 압력이 거의 없는 상태에서 주조되는데 이는 성형이 아주 간단한 구조로 이루어지기 때문이다. 간단하게 굴곡진 모양을 만들기 위해서는 목재, 합판 또는 분말석고가 적당하지만 복잡한 굴곡 모양을 위해서는 강화 플라스틱 또는 플라스터(plaster)를 사용한다.

손상된 부품 자체를 이용할 경우 복잡한 부품용 성형틀을 만들 수 있다. 만약 부품이 부러졌다면 부서진 조각을 함께 테이프로 감아주고 플라스터가 그것에 고착되지 않도록 내부에 왁스 또는 기름을 바른 다음에 굳힌 후 떼어내면 된다.

6.7.3.3 성형 방법(Forming Methods)

(1) 간단한 굴곡 성형(Simple Curve Forming)

권고된 온도로 플라스틱 재료를 가열시킨 후 열원으로부터 분리시켜 미리 준비한 성형 틀에 주의 깊게 올려놓고 뜨거운 상태의 플라스틱을 조심스럽게 눌러서 편다. 그리고 식을 때까지 판재를 잡아주거나 또는 조여 준다. 이 과정은 약 10~30분 정도 걸린다. 이때 무리한 힘을 주어 냉각시켜서는 안 된다.

(2) 복잡한 굴곡 성형(Compound Curve Forming)

캐노피 또는 날개 끝 라이트 커버와 같이 복잡한 형태의 성형 작업에는 여러 가지 전문적인 장비를 사용한다.

(3) 직선 형태 성형(Stretch Forming)

간단한 굴곡에 적용되는 방법과 동일하게 적용되는데 예열된 아크릴 판재를 기계에 물려서 늘려주는 방식을 사용한다. 이때 성형하는 재료의 두께를 균일하게 유지시켜야 하기 때문에 특히 주의를 기해야 한다.

(4) 암수 형태의 성형 장비 사용법(Male and Female Die Forming)

성형하고자 하는 형태를 암수 형태의 틀을 이용하는 방법으로 가열된 플라스틱 판재를 두 성형틀 사이에 위치시킨 후 고정하여 식힌 후 떼어내는 방식이다.

(5) 성형틀 없이 진공 성형 방법(Vacuum Forming without Forms)

많은 항공기의 캐노피가 이 방법으로 성형된다. 필요한 모양의 윤곽선으로 절단된 판넬을 진공 상자의 상부에 부착시킨다. 가열되어 부드러워진 플라스틱의 판재를 판넬 상부에 고정시킨다. 상자에 있는 공기를 배출시키면 외부 기압이 뚫린 부분을 통해 뜨거운 상태의 플라스틱에 힘을 가해서 움푹한 형태의 캐노피를 성형시킨다. 이것이 캐노피 형태를 이루도록 하는 플라스틱의 표면 장력이다.

(6) 음각 형태를 이용한 진공 성형 방법(Vacuum Forming with a Female form)

만약 필요한 모양이 표면 장력에 의해 성형시킬 수 없는 형태인 경우에는 음각 몰드(female mold) 또는 폼(form)이 사용되어야 한다. 플라스틱 판재를 아래쪽에 놓고 진공 펌프를 연결시킨다. 폼으로부터 공기를 배출시키면 외부 공기 압력이 몰드 안으로 가열된 플라스틱 판재를 밀어 넣어 채워주는 형태로 성형이 이루어진다.

6.7.4 톱질 및 구멍 뚫기(Sawing and Drilling)

6.7.4.1 톱질(Sawing)

투명 플라스틱 절단 작업에는 여러 가지 형태의 톱이 사용되고 있으나 원형 톱이 직선 절단 작업에 가장 좋다. 띠톱은 굴곡지게 절단이 필요하거나 판재 절단 시 개략적인 치수로 절단 후 나중에 다듬질 작업이 필요한 경우에 사용한다.

6.7.4.2 구멍 뚫기(Drilling)

아크릴 플라스틱은 연한 재질의 금속과는 달리 열에 매우 민감하기 때문에 드릴 작업 시에는 냉각을 위해 수용성 절삭유를 사용해야 한다.

아크릴 재질에 사용된 드릴은 주의하여 갈아주어야 하며 표면 처리에 영향을 주는 찍힘 현상이나 거칠거칠한 부위가 없어야 한다. 연한 재질의 금속에서 사용되는 드릴의 각도보다 더 큰 각도로 만들어 사용해야 한다(그림 6-86 참조).

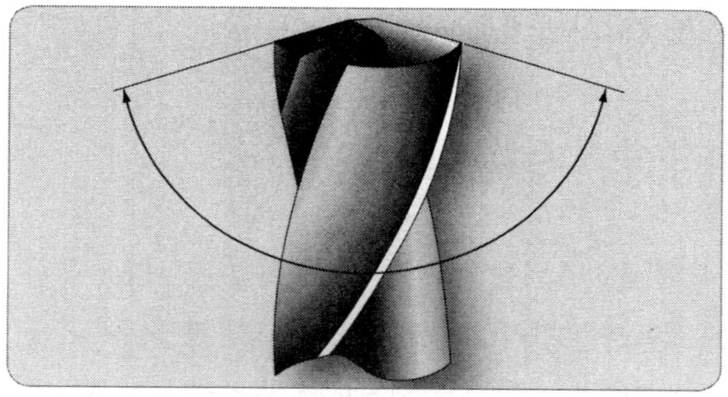

[그림 6-86] 150° 날끝 각도의 트위스트 드릴
(A twist drill with an included angle of 150°)

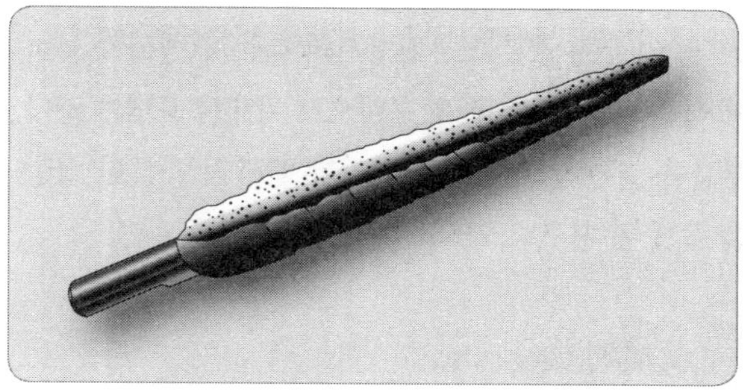

[그림 6-87] 아크릴 플라스틱용 유니 드릴
(Unibit® drill for drilling acrylic plastics)

항공기 조종실 앞 유리와 창문 재료에 작은 구멍을 구멍 뚫기 위해서는 그림 6-87과 같이 특허권을 가진 Unibit® 공구 등이 사용되는데, 크기는 1/8inch에서 1/2inch까지 1/32inch씩 증가시켜가며 구멍을 가공할 수 있으며, 가장자리 부분에 응력 균열 없이 매끄러

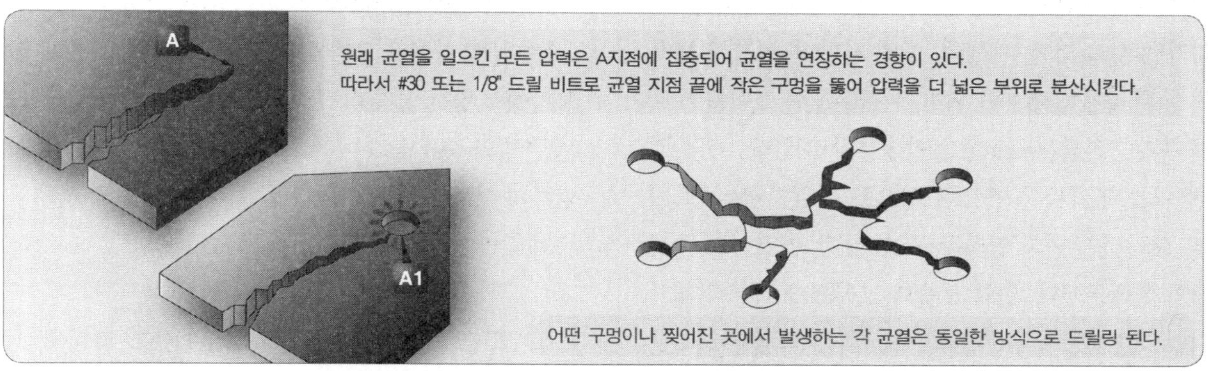

[그림 6-88] 균열 진행 방지용 스톱 드릴링(Stop drilling)

운 형태의 구멍 가공이 이루어진다.

6.7.5 수리 작업(Repairs)

투명 플라스틱은 가능하면 수리하는 것보다는 부품을 교환하는 것이 효과적이다. 아무리 정성들여도 덧붙인 부품은 시각적으로나 또는 구조적으로 새로운 부품과 그 성능이 동일하지 않다. 균열이 발생하면 균열 바로 앞에 작은 구멍(No.30 또는 ⅛inch Dia.)을 뚫는다. 이것은 균열을 고립화시켜 더는 진행되지 못하게 하는 것이다. 이 작은 구멍으로 미세한 균열은 해당 부품을 교환하거나 영구 수리할 때까지 충분한 성능을 갖게 된다(그림 6-88 참조).

6.7.6 세척(Cleaning)

플라스틱은 항공기에 사용하는 데 있어서 유리 재료와 비교할 때 많은 이점을 갖고 있지만, 표면 경도는 약하고 사용 중 표면에 긁힘 또는 다른 종류의 손상이 쉽게 발생할 가능성이 있어 주의를 기해야 한다. 플라스틱 재료는 물, 부드러운 세척액 및 깨끗하고 부드러우며 모래가 없는 천, 스폰지 또는 맨손 등으로 깨끗하게 세척해야 한다. 가솔린, 알코올, 벤젠, 아세톤, 사염화탄소, 소화액, 제빙액, 래커 시너 또는 창문 세척액 등을 사용해서는 안 되며, 이들은 플라스틱을 무르게 하거나 잔금(crazing)을 발생시킬 수 있다.

플라스틱 제품은 건조한 천으로 문질러서는 안 된다. 왜냐하면 먼지 입자를 끌어당기는 정전기를 발생시키기 때문이다. 만약 오물과 그리스가 완전히 제거되었으면 성능이 우수한 왁스로 플라스틱을 부드러운 천으로 문질러주어 광택이 나게 한다.

6.7.7 광택 내기(Polishing)

플라스틱 표면에 광택을 내기 위해서는 수작업 광택 내기 방법이나 연한 가죽을 사용해서는 안 되며, 부드러운 면 재질 등을 사용해야 한다.

6.7.8 조종실 앞 유리 장착 방법 (Windshield Installation)

조종실 앞쪽에 장착된 유리창 판넬 교환 작업이 필요한 경우에는 항공기 제작사가 원래 사용했던 것과 동등한 자재를 사용해야 한다. 시장에는 여러 가지 종류의 투명 플라스틱 제품이 있으며, 각각의 제품들은 고유한 특성을 가지고 있어, 팽창 특성, 저온에서의 취성, 햇빛에 노출되었을 때 변색에 대한 저항력, 표면 균열 등에 대한 특징이 다양하다. 이들 특성에 대한 상세한 정보는 "MIL-HDBK-17, Plastic for Flight Vehicles, Part II Transparent Glazing Materials"에 소개되어 있다. 플라스틱 제품 교환 작업 시 대체품을 사용하기 위해서는 항공기 제작사가 인가한 항목의 특성을 반드시 고려하여 선택해야 한다.

6.7.8.1 장착 절차(Installation Procedures)

조종실 앞 창문을 교환 장착할 경우에는 항공기의 제작사에서 정한 장착 방법을 따라야 한다. 항공기별 또는 판넬의 종류별로 여러 가지 장착 방법이 적용되고 있는데 이들에 대한 일반적인 절차 및 유의 사항은 다음과 같다.

① 프레임에 잘 안착시키기 위해 플라스틱 판넬에 무리한 힘을 가해서는 안 된다. 교환 장착되는 판넬

이 쉽게 장착되지 않으면 새로운 판넬로 교체하거나 판넬을 전체적으로 가열하여 교정한 후 장착한다. 가능하다면 상온에서 새로운 판넬의 절단 또는 장착이 이루어지도록 한다.

② 플라스틱 판넬을 장착 틀에 고정할 경우에는 과도한 압축 응력을 가해서는 안 된다. 볼트와 너트로 고정시킬 때 과도한 토크로 인해 1,000psi의 압력 상승은 쉽게 발생할 수 있다. 완전히 안착될 때까지 조인 후 한 바퀴 정도 풀어준다(즉, 손가락으로 돌려줄 수 있을 정도까지 풀어준다).

③ 볼트로 장착되는 경우에는 과도하게 조여지지 않도록 스페이서(spacer), 칼라(collar), 숄더(shoulder), 또는 스톱-너트(stop-nut)를 사용한다. 이와 같은 장치가 항공기 제작사에 의해 사용되었고 매뉴얼에 소개되어 있을 경우에는 판넬 교환 작업 시 반드시 적용해야 한다. 원래 사용된 와셔(washer), 스페이서(spacer)를 포함하여 볼트의 수량을 유지하는 것도 중요하다. 리벳이 사용될 경우에는 플라스틱에 프레임이 과도하게 조여지는 것을 방지하기 위해 적절한 스페이서를 사용하거나 이에 상응하는 적절한 방법을 강구해야 한다.

④ 방수 기능을 유지하거나 진동을 경감시키기 위해, 그리고 플라스틱에 가해지는 압축 응력을 분산시키기 위해 고무, 콜크(Cork), 또는 적절한 재질의 가스켓(gasket)을 플라스틱판에 부착시킨다.

⑤ 플라스틱은 장착되는 부분의 금속 채널(metal channel)보다 신장력 및 수축력이 크다. 판넬이 저온에서 수축되거나 하중에 의해 변형되는 것을 방지하기 위해 채널 안쪽으로 충분한 깊이까지 앞유리창 판넬을 끼워 장착한다. 제작사의 설계 허용치가 제공되면 1⅛inch의 최소 깊이로, 그리고 플라스틱과 채널의 밑바닥 사이에는 ⅛inch의 여유 공간을 주어 판넬을 끼운다.

⑥ 볼트 또는 리벳으로 장착할 때, 구멍 끝에서 집히는(binding) 현상 또는 균열 결함이 발생하지 않도록 구멍을 ⅛inch 확장시키고 구멍의 중심축도 맞추어야 한다. 이때 슬롯이 있는 구멍(slotted hole)을 사용하는 방법이 효과적이다.

⑦ 앞 유리창을 장탈 또는 장착 작업을 수행할 경우 가장자리 끝 부분에 드라이버 등을 끼워 작업을 수행해서는 안 된다. 만약 작업 과정에서 이 부분에 균열이 발생하였을 경우 실리콘 고무 재료 안쪽은 보이지 않아 균열이 존재 여부 발견이 어렵고, 추후 비행 중에 앞 유리창에 급작스럽게 전체적인 균열 현상을 발생시킬 수 있다.

07 항공기 페인트 및 마무리

Aircraft Painting and Finishing

7 항공기 페인트 및 마무리

Aircraft Painting and Finishing

7.1 개요(General Description)

페인트 또는 페인트의 전체 색상 및 상태는 항공기를 처음 보았을 때 우리에게 전달되는 첫 번째 강한 인상이다. 페인트는 그 항공기의 소유주가 누구인지 또는 누가 운용하는지 표현한다. 페인트 정책은 소유자의 생각을 반영하고 아마추어 제작 항공기의 선호 색상을 나타내며 항공기 운영 주체에 대한 색상 및 식별성을 제공한다.

페인트는 미학적인 의미를 넘어 항공기의 무게에 영향을 주며 전체적으로 기체를 보호하는 역할을 수행한다. 최종 마무리 작업은 부식과 그 이외의 손상 발생 가능 요소에 대한 보호 기능을 수행한다. 따라서 적절하게 페인트를 칠하면 항공기 세척 및 정비를 용이하게 하고, 부식 및 기타 오염으로부터 저항 능력을 유지한다.

요구되는 항공기 외관을 보호하고 유지하기 위해 다양한 종류의 페인트 및 마무리 자료가 사용된다. 페인트라는 용어는 보통 프라이머(primer), 에나멜(enamel), 래커(lacquer), 그리고 여러 가지 성분을 조합한 것을 의미한다. 페인트는 세 가지 성분으로 구성되는데 이는 도료(coating material)로서 수지(resin), 색상을 위한 안료(pigment), 그리고 도포 작업을 가능하게 하는 용제(solvent)로 구성된다.

내부 구조물과 노출되지 않은 부분은 부식과 변질되는 현상을 막기 위해 마무리 처리가 필요하다. 또한 노출되는 표면이나 구성품은 상기에서 언급된 보호 역할, 아름다운 외양 및 여러 가지 표기 등을 갖추기 위해 마무리 처리가 필요하다.

7.2 페인트 재료(Finishing Materials)

항공기용 마무리 재료는 매우 다양한 종류의 재료가 사용되는데 그 대표적인 것들은 다음과 같다.

7.2.1 아세톤(Acetone)

아세톤은 휘발성이 매우 강한 무색 용제이며, 페인트, 매니큐어, 그리고 바니시 제거제의 원료로 사용된다. 이는 대부분 플라스틱에 대해서는 강한 용제이며, 유리 섬유 수지, 폴리에스테르 수지, 비닐, 그리고 접착제를 묽게 하는 데에는 이상적이다. 아세톤은 금속 재질에서 심한 그리스(grease)를 제거하거나 도핑(doping) 전에 천 종류로부터 그리스를 제거하는 데 적절하다. 아세톤은 너무 빨리 마르는 현상으로 온도를 낮추고 물기를 응집하는 특성이 있어 도포 작업 시 시너로 사용해서는 안 된다.

7.2.2 알코올(Alcohol)

습도가 높은 날 도포 필름의 건조를 지연시키기 위

해 부타놀 또는 부틸알코올을 천천히 건조되는 용제로 사용할 수 있다. 이때 사용하는 양은 도포 솔벤트에 부틸알코올을 5~10 % 정도 섞어주면 된다. 부틸알코올이 증발 비율을 지연시키기 때문에 부타놀과 에틸알코올은 1:1~1:3의 범위 비율로 함께 혼합하여 분무 형태로 사용되는 워시 코팅 프라이머(wash coat primer)를 희석시키는 데 사용할 수 있다.

에탄올 또는 변성 알코올은 분무를 위해 묽은 도료로 사용되며, 페인트와 바니시 제거제 구성 성분으로 사용된다. 또한 페인트하기 전에 세제와 탈지제로서도 사용된다.

이소프로필 알코올(isopropyl alcohol) 또는 소독용 알코올(rubbing alcohol)은 소독제로 사용할 수 있으며, 산소 계통 세척제의 구성성분으로도 사용된다. 그것은 매끄러운 표면에서 유성 연필과 영구 표식을 제거하는 데 또는 손으로 닦은 것 또는 페인트하기 전에 표면에서 지문 오일 성분을 제거하는 데 사용할 수 있다.

7.2.3 벤젠(Benzene)

벤젠은 달콤한 향내가 나는 인화성이 높고, 무색의 액체로 부분적으로 페인트와 바니시 제거제로 사용하기도 한다. 벤젠은 흡입하거나 또는 피부를 통해 흡수될 때 극히 유독한 화합물이기 때문에 환경보호국(EPA, environmental protection agency)에 의해 관리되는 공업용 용제이다. 이것은 여러 가지 형태의 암을 유발시킬 수 있는 발암 물질이다. 따라서 페인트 장비나 스프레이 건을 세척하는 일반 세척용 솔벤트로 사용해서는 안 된다.

7.2.4 메틸에틸케톤 (Methyl Ethyl Ketone: MEK)

2-부타놀(butanone)라고도 불리는 메틸에틸케톤(MEK: methyl ethyl ketone)은 인화성이 높고, 페인트와 바니시 제거용 그리고 페인트와 프라이머 희석용 액체 솔벤트이다. 메틸에틸케톤은 빠르게 증발하는 효과로 인하여 도장 작업에서 발산을 감소시키는 데 도움이 되는 높은 고형의 도장 재료로 사용한다. 메틸에틸케톤 사용 시에는 피부 접촉 및 증기 흡입 가능성을 배제하기 위해 보호 장갑 등 보호 장구를 착용해야 하고 적절한 환기 장치를 설치해야 한다.

7.2.5 염화메틸렌(Methylene Chloride)

염화메틸렌은 무색이며 다양한 다른 용제에 완전히 녹아드는 휘발성 액체이다. 이는 금속 부품에서 페인트 제거제 및 세척제/탈지제로 폭넓게 사용된다. 정상적으로 사용되는 상태에서 발화점이 없어 다른 물질의 인화 능력을 감소시키는 데 사용할 수 있다.

7.2.6 톨루엔(Toluene)

톨루올(toluol) 또는 메틸벤젠(methylbenzene)으로 불리는 톨루엔은 벤젠과 같은 독특한 냄새가 나며 무색의 불수용성 액체이다. 이는 페인트, 페인트 희석제, 래커 및 접착제에 사용되는 일반적인 용제이다. 이 톨루엔은 형광 페인트, 투명 페인트 밀폐제를 연약하게 만드는 페인트 제거제로 사용된다. 또한 아연크롬산염 프라이머의 희석제로서도 적합하다. 그것은 가솔린에 첨가되는 노킹 방지제(antiknocking)로도 사용된다. 톨루엔 증기에 장시간 노출은 두뇌 손상을 초래할 가능성이 있으므로 적절한 보호 장구를 착용하거나 장시간 노출을 피해야 한다.

7.2.7 송진(Turpentine)

송진은 소나무 종류에서 목재를 증류하여 얻는다. 인화성이며, 불수용성 액체 용제인 송진은 바니시, 에나멜, 그리고 다른 유성 페인트의 희석제와 건조 가속제로 사용된다. 송진은 유성 페인트에 사용되는 페인트 장비와 페인트용 솔을 세척하는 데 사용한다.

7.2.8 광물성 스피릿(Mineral Spirits)

석유(petroleum)를 증류시킨 광물성 스피릿(mineral spirit)은 페인트 희석제와 유연한 솔벤트 재료로 사용된다. 이는 페인트 산업에서의 용제로 그리고 에어졸(aerosol), 페인트, 목재 방부제, 래커 및 바니시에 가장 폭넓게 사용된다. 또한 일반적으로 페인트 브러시와 장비들을 세척하는 데 사용된다. 광물성 스피릿은 금속 재질에서 오일과 그리스를 제거하는 데 매우 효율적이기 때문에 각종 장비 공구 및 부품 세척 및 탈지제로 산업계에서 널리 사용된다. 냄새가 약한 광물성 스피릿은 인화성이 낮고 유독성이 덜하다.

7.2.9 나프타(Naphtha)

나프타는 석유로부터 추출되기도 하지만 때때로 석탄에서 처리되고 나오는 여러 가지 휘발성의 탄화수소 혼합물 중의 한 가지이다. 나프타는 인화점이 낮으며, 이동용 열원이나 랜턴 등의 연료로도 사용된다.

7.2.10 아마인유(Linseed Oil)

아마인유는 유성 페인트에서 매개체로서 가장 일반적으로 사용되며, 페인트의 유동성, 투명성 및 광택 성능을 향상시켜 준다. 이는 건조될 때 열을 발생시키기 때문에 자연 발화 현상 등을 제거시키기 위해 사용 후 적절한 후속조치를 취해야 한다.

7.2.11 시너(Thinners)

시너는 프라이머, 페인트 등 다양한 재료들의 점성을 낮추는 솔벤트 성분를 함유하고 있다.

7.2.12 바니시(Varnish)

바니시는 목재 등의 마무리 작업에서 투명한 보호 마무리제로 사용된다.

7.3 프라이머(Primers)

마무리(finishing)와 보호(protection) 기능을 제공하는 프라이머는 최종 페인트가 칠해져 육안으로 보이지 않기 때문에 그 중요성은 느끼지 못하고 있다. 프라이머는 마무리의 기초이다. 프라이머는 표면 접착력을 증대시켜주고 금속 재질에 발생하는 부식을 예방하며 최종 페인트의 안착 기능을 높여 준다. 이는 또한 금속 표면을 양극화하거나 습기가 있는 표면에 보호막을 형성시켜준다. 비금속 표면에는 프라이머의 기능이 요구되지 않는다.

7.3.1 워시 프라이머(Wash Primers)

워시 프라이머는 비닐 부티랄 수지(vinyl butyral resin), 알코올, 그리고 다른 원료의 용제에 인산(phosphoric acid)이 엷게 놓은 코팅제이다. 그 기능은 표면에 보호막을 형성하여 일시적으로 내식성을 제공하며, 우레탄 또는 에폭시 프라이머와 같은 도장을 위해 우수한 접착 조건을 제공한다.

7.3.2 붉은 철 산화물(Red Iron Oxide)

붉은 철 산화물 프라이머는 온화한 환경 상태에서 철강재 위에 사용하도록 개발된 알키드 수지 접착 코팅제(Alkyd resin-base coating)이다. 이는 녹슨 부분, 오일 및 그리스 위에 사용할 수 있다. 그러나 항공 산업에서는 매우 제한적으로 사용되고 있다.

7.3.3 회색 에나멜 전처리제 (Gray Enamel Undercoat)

이것은 여러 가지의 페인트에 적합한 비연마형 프라이머(Non-sanding primer)로서 단일 성분이다. 미세한 결점 부위를 채워주고 수축하지 않고 빠르게 건조되며 높은 내부식성 기능을 갖고 있다.

7.3.4 우레탄(Urethane)

폴리우레탄(polyurethane)은 일반적으로 우레탄으로 간주되나 아크릴우레탄(acrylic urethane)은 그러하지 않다.

우레탄 페인트와 같이 우레탄 프라이머도 양생을 도와주는 물질로 사용된다. 이는 갈아내기가 쉽고 잘 메워지기 때문에 적당한 필름 두께를 유지해야 하는데 만약 너무 많이 가해지면 수축할 수기 있다. 우레탄은 일반적으로 워시 프라이머 위에 바른다. 이 제품을 분무 방식으로 사용 시에는 유해 성분이 나오기 때문에 적절한 보호 장비를 착용해야 한다.

7.3.5 에폭시(Epoxy)

에폭시는 견고하고 단단하며 화학적 작용에 대한 저항력이 강한 제품이고 접착제 성능을 갖고 있는 합성물질이며 열경화성수지이다. 따라서 화학적으로 제품을 활성화시키기 위해 촉매제(catalyst)를 사용한다. 그러나 이소시안산염(isocyanate)을 함유하고 있지 않기 때문에 위험한 것으로 분류되지는 않는다. 에폭시는 금속 모재1 위에 연마 없이 프라이머/밀폐제로 사용할 수 있으며, 우레탄보다 더 부드럽고 잘게 쪼개지는 현상에 대한 저항력이 양호하다. 따라서 천 종류를 장착하기 전에 강재 튜브 프레임으로 제작된 항공기에 널리 사용되고 있다.

7.3.6 아연 크롬산염(Zinc Chromate)

아연 크롬산염는 에폭시, 폴리우레탄, 그리고 알키드 수지와 같은 서로 다른 형태의 수지로 만든 프라이머에 첨가할 수 있는 내부식성 안료이다. 이전의 아연 크롬산염은 현재 사용되고 있는 상표의 프라이머 색상인 엷은 녹색과 비교할 때 밝은 노란색으로 구별할 수 있다. 공기 중의 습기는 아연 크롬산염이 금속 표면과 반응하게 하는 원인이 되고 부식을 방지하는 비활성층을 형성한다. 과거에는 아연 크롬산염 프라이머는 항공기 페인트에서 표준 프라이머로 사용되었다. 최근에는 환경을 고려하고 새로운 형태의 프라이머가 만들어지고 있으며 기존의 것을 대체하고 있다.

7.4 페인트 식별 기준 (Identification of Paints)

7.4.1 도프(Dope)

과거 천 외피 형태의 항공기가 널리 운용되었을 때는 기본적인 마무리 처리 방법으로 보호 수단 및 천에 색상을 넣기 위해 도프 방법이 사용되었다. 도포 작업은 천 외피에 인장 강도, 공기 기밀, 기상 변화에 대한 대처 능력, 자외선 보호 역할 및 팽팽함을 유지시켜 주는 부수적 기능을 제공한다.

도프는 외피를 위한 재료로 천 외피를 사용 중인 항공기에 아직도 사용된다. 그러나 항공기 외피용 천의 형태는 변화되었다. 등급 A 면직물(Grade A cotton) 또는 아마포가 오랜 기간에 걸쳐 표준 외피로 사용되어 왔으며, FAA TSO C-15d/AMS 3806c의 성능 요구 조건을 충족시킨다면 향후에도 계속 사용할 수 있다.

현재의 항공 산업에서는 폴리에스테르 재질의 천 외피가 널리 사용되고 있다. 새로운 천 재료가 항공기용으로 특별하게 개발되어왔으며, 면직물과 아마포가 단연 우수하다. 세손나이트(Ceconite®) 폴리에스테르 천 외피 재료와 함께 사용되는 보호 도장과 보호막 마무리는 형식 증명(STC: supplemental type certificate)의 한 요소이며, 표준 감항성 증명(standard airworthiness certificate)을 갖춘 항공기 외피를 사용할 때에는 지정된 것을 사용해야 한다. 폴리-파이버(Poly-Fiber®) 계통도 형식 증명의 요건으로 특별한 폴리에스테르 천을 사용하나 도프는 사용하지 않는다. 폴리-파이버(Poly-Fiber®) 계통으로 생산된 모든 액체는 셀룰로오스 도프(cellulose dope)가 아니라 비닐로부터 만든다. 비닐 도장은 도프에 비해 여러 가지의 실질적인 이점을 갖고 있다. 그들은 유연성을 주고 수축되지 않으며, 연소를 억제하고 간단한 수리 작업에서는 MEK를 사용하여 천에서 쉽게 제거시킬 수 있다.

7.4.2 합성 에나멜(Synthetic Enamel)

합성 에나멜은 내구성과 보호막을 제공하는(Clear Coat가 아님) 유성 단 단계(oil-based single-stage) 페인트이다. 이는 내구성을 증가시키기 위해 그리고 건조되는 동안 잃어가는 광택을 증가시키기 위해 경화제와 혼합시킬 수 있다. 이 방법은 마무리 방법 중에서 더 경제적인 형태이다.

7.4.3 래커(Lacquers)

래커는 빠르게 건조되고 얇은 피막을 형성할 수 있기 때문에 분무기 방법으로 사용하기에 가장 쉬운 페인트 중 하나이다.

항공기에 외부 도장을 위해 현재 사용되는 래커는 내구성과 환경 문제로 인하여 거의 사용되지 않는다. 페인트 분무기에서 휘발성 유기화합물(VOC: volatile organic compound)의 85% 이상이 대기가 되기 때문에 사용을 금지하는 곳도 있다.

7.4.4 폴리우레탄(Polyurethane)

폴리우레탄은 내마모성, 내얼룩짐, 내화학성에 대해서는 다른 코팅 재료에 비해 월등히 우수하다. 폴리우레탄은 광택 처리하는 코팅이었다. 그것은 태양으로부터의 자외선(UV ray) 영향에 의한 손상에 높은 저항력을 갖고 있다. 폴리우레탄은 오늘날의 상업용 항공기에서 코팅과 마무리 재료로 가장 널리 사용되고 있다.

7.4.5 우레탄 코팅(Urethane Coating)

우레탄은 페인트나 투명 코팅에 대한 고착제로 사용된다. 이 고착제는 안료를 단단하게 고착시키고 지속적으로 층을 만든다. 전형적으로 우레탄은 베이스(base)와 촉진제(catalyst)로 구성된다. 이 두 가지의 재료를 혼합할 때 내구성 및 광택을 내는 기능을 제공한다.

7.4.6 아크릴 우레탄(Acrylic Urethane)

아크릴은 간단하게 플라스틱을 의미한다. 이는 보다 더 딱딱한 표면 형태로 건조된다. 그러나 폴리우레탄과 같이 화학 약품에 대한 저항력은 갖지 못한다. 대부분 아크릴 우레탄은 태양의 자외선(UV ray)에 노출될 때 사용되는 자외선 억제제(UV inhibitor)를 추가하여야 한다.

7.5 페인트 작업 방법 (Methods of Applying Finish)

항공기에서 페인트 작업을 수행하는 방법에는 일반적으로 담그기, 브러시 및 분무 방법이 널리 사용된다.

7.5.1 담그기(Dipping)

담그기에 의한 마무리 작업은 보통 제작 공장 또는 커다란 정비 공장에서 수행되는 방법으로 마무리할 부품을 마감재가 들어있는 탱크에 담가서 프라이머 코팅 작업을 수행한다.

7.5.2 브러싱(Brushing)

브러싱은 일반적으로 표면 마무리 작업에 널리 사용되는 방법으로 분무 방법을 사용하기에는 그 면적이 작은 수리 부위에 이용된다. 사용할 재료를 적절한 농도로 희석시킨 후 브러싱 작업을 수행한다.

7.5.3 분무 방식(Spraying)

분무 방식은 마무리 작업 상태를 양호하게 하고 넓은 면적을 균일하게 도포시키며 비용적인 측면에서도 매우 효과적인 방법이다. 이 방법을 사용하기 위해서는 압축 공기를 공급하는 장치, 도포할 재료를 담아주는 저장 용기 및 공기와 재료의 희석 비율을 조절하는 장치가 구비된 장비를 갖추고 있어야 한다.

압력이 들어있는 페인트 분무용 캔 타입은 작은 부위나 부분 도장 작업에 사용할 수는 있으나 항공기 작업용으로는 적합하지 않다.

분무기 장치로는 두 가지 주요 장비가 있다. 좁은 지역을 페인트 할 경우에는 일체형 페인트 용기가 붙은 페인트 분무기가 효과적이다. 넓은 지역을 페인트 할 경우에는 압력 장치와 페인트 용기가 겸비된 것을 사용하는 것이 바람직한데 이는 작업 중단 또는 재료를 다시 채우는 데서 발생하는 변화 요인을 제거시킨다. 또한 가벼운 분무기 및 부드러운 장치를 사용하면 모든 방향에 대해 일정한 압력으로 분무를 할 수 있어 페인트 상태를 양호하게 만든다.

페인트 분무기에 공급되는 공기는 양질의 페인트 상태를 만들기 위해 물이나 오일 성분이 들어가서는 안되며, 이를 위해 공기 공급 라인에 적절한 필터 및 방출구를 부착하여 사용해야 한다.

7.6 페인트 작업용 장비 (Finishing Equipments)

7.6.1 페인트 부스(Paint Booth)

페인트 부스는 항공기용 부품을 넣고 페인트 하는 작은 공간에서부터 항공기 전체를 위치시키고 전체 페인트 작업을 수행하는 도장용 격납고 등 여러 가지 형태가 있다. 어느 종류를 사용하던지 페인트 상태를 양호하게 하기 위해서는 흙, 물, 불, 바람 등으로부터 부품이나 항공기를 보호할 수 있는 장소이어야 한다. 이상적인 조건으로는 온도와 습도 조절 장치, 양호한 조명 장치 및 적절한 환기 장치를 갖추고 먼지가 없어야 한다.

7.6.2 압축 공기 공급 장치(Air Supply)

페인트 분무기를 효율적으로 사용하려면 10 feet3/min(CFM)의 공기를 공급하여야 하며, 이때 압력은 적어도 90psi를 연속적으로 공급하기에 적합한 용량을 갖춘 공기 압축기를 사용해야 한다. 압축기에서 공급되는 공기는 깨끗하고 건조해야 하고, 오일 성분이 없어야 한다. 또한 공급 압력을 일정하게 유지시켜주는 압력 조절기와 습기 제거 장치, 호스 및 적절한 필터를 갖추어야 한다.

7.6.3 스프레이 장비(Spray Equipment)

7.6.3.1 공기 압축기(Air Compressors)

피스톤형 압축기는 1단 압축기와 다단계 압축기, 다양한 크기의 모터, 그리고 여러 가지 크기의 저장 탱크를 갖추고 있어야 한다. 페인트 작업에서 중요한 조건인 일정한 체적을 지속적으로 페인트 분무기에 공급해야 한다(그림 7-1 참조).

7.6.3.2 대형 저장 장치(Large Coating Containers)

[그림 7-1] 표준 공기 압축기(Standard air compressor)

[그림 7-2] 압력 페인트 탱크(Pressure paint tank)

항공기 전체를 분무하는 것과 같은 대형 페인트 작업에서는 이 저장 장치를 사용할 경우 혼합된 많은 양의 페인트를 압력 탱크에 담아 사용할 수 있어 여러 가지 면에서 이점이 있다(그림 7-2 참조).

7.6.3.3 시스템 공기 필터(System Air Filters)

피스톤형 공기 압축기를 사용하여 페인트 작업을 수

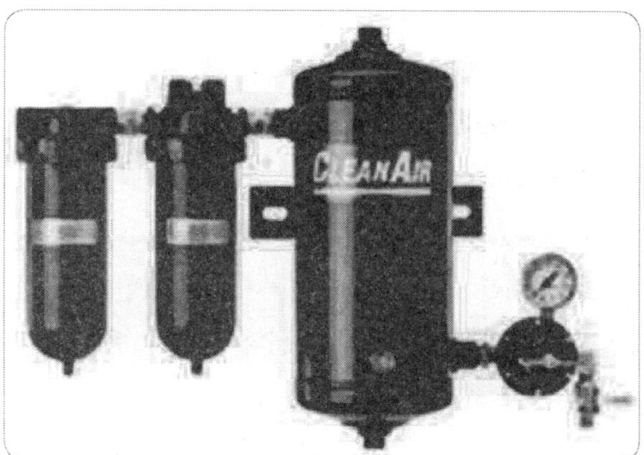

[그림 7-3] 공기 라인 필터 조립(Air line filter assembly)

행할 경우에는 공기 공급 호스 내에 물이나 오일을 제거하기 위해 필터를 사용해야 한다(그림 7-3 참조).

7.6.4 기타 장비 및 공구(Miscellaneous Painting Tools and Equipment)

페인트 작업 시 작업자가 이용하는 기타 장비 및 공구에는 다음과 같은 것들이 있다.

① 여러 가지 폭으로 구성된 마스킹 페이퍼 및 마스킹 테이프
② 건조된 페인트 두께를 측정하기 위한 전자마그네틱 페인트 두께 측정기
③ 새롭게 칠해진 젖은 페인트 측정용 장비
④ 페인트를 분무하기 전에 권고 온도 범위를 유지하기 위한 적외선 표면 온도 측정기

7.6.4.1 페인트 분무기(Spray Guns)

페인트의 품질을 높이기 위해서는 성능이 우수한 페인트 분무기를 사용하는 것이 중요하다. 특히 항공기 외부 페인트 작업에서와 같이 넓은 지역, 그리고 다양한 표면에 페인트 작업을 수행할 경우 특히 더 중요하다.

(1) 시펀 피드 분무기(Siphon Feed Gun)

시펀 피드 분무기는 널리 사용되고 있는 것으로 건 아래쪽에 위치한 1 쿼터 용량의 페인트 컵이 부착되어 있는 전통적인 페인트 분무기이다. 조절된 공기가 분무기를 통해 지나가고 공급용 컵에서 페인트가 공급되도록 구성되어 있다. 이것은 공기와 액체가 공기 컵 외부에서 혼합되는 외부 혼합 분무기 타입이다. 이 건

[그림 7-4] 시펀 피드 페인트 분무기(Siphon-feed spray gun)

은 대부분 도장 작업에 사용되며 고품질의 마무리 상태를 제공한다(그림 7-4 참조).

(2) 자중 피드 분무기(Gravity-feed Gun)

자중 피드 분무기는 시펀 피드 분무기와 동일한 고품질의 마무리 상태를 제공한다. 그러나 페인트 공급은 건의 상부에 있는 컵에 위치하며 자중에 의해 공급된다. 작업자는 분무되는 압력과 페인트 흐름을 정밀하게 조정할 수 있다. 그리고 컵에 있는 모든 재료를 이용할 수 있는 외부 혼합 분무기 타입이다(그림 7-5 참조).

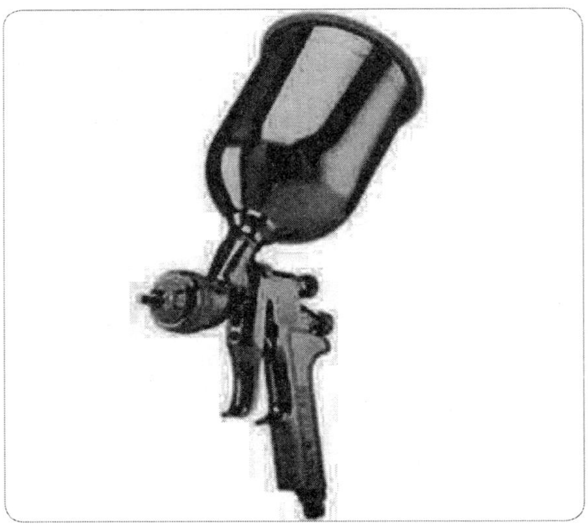

[그림 7-5] 자중 피드 페인트 분무기
(Gravity-feed spray gun)

[그림 7-6] 대용량 저압 페인트 분무기
(A high volume low pressure(HVLP) spray gun)

HVLP 사 제품 페인트 분무기는 내부 혼합 분무기 타입이다. 공기와 페인트는 공기 컵 내에서 혼합되고, 페인트 작업 시 저압이 사용된다(그림 7-6 참조).

7.6.4.2 신선한 공기 공급 시스템 (Fresh Air Breathing Systems)

분무 방식으로 코팅 작업을 수행할 경우에는 이소시안나이드(isocyanides)가 함유되어 있으므로 반드시 신선한 공기를 공급하는 장치를 사용해야 한다. 이는 모든 폴리우레탄 도장도 포함된다. 이 시스템은 마스크에 신선한 공기를 일정하게 제공하는 고용량 전기 공급 터빈 시스템을 갖추어야 한다. 이 시스템은 또한

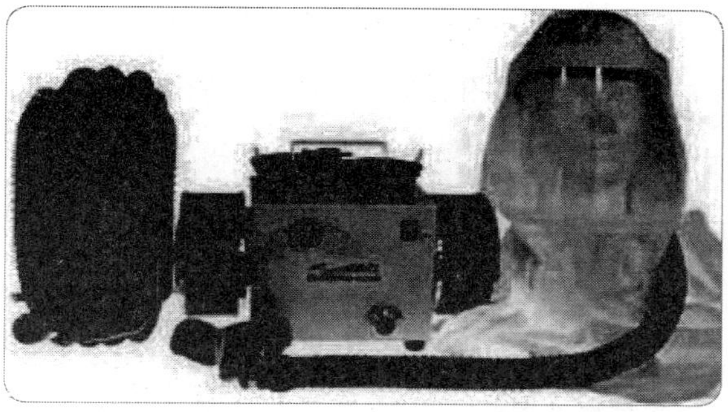

[그림 7-7] Tyvek®후드가 장착된 공기 호흡 시스템인 호흡-냉각 Ⅱ® 공급(Breathe-Cool Ⅱ® supplied air respiration system with Tyvek® hood)

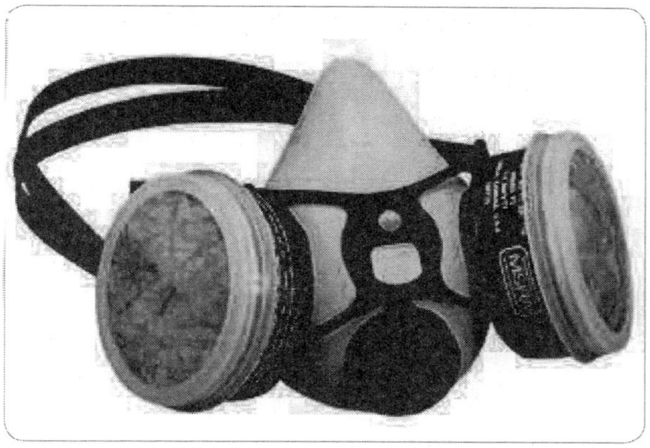

[그림 7-8] 목탄 필터 방독면(Charcoal-filtered respirator)

크롬 프라이머 분무 작업이나 항공기 도장을 화학적으로 벗겨내는 작업 수행 시에도 반드시 사용해야 한다(그림 7-7 참조).

목탄 필터 방독면은 작업자의 폐와 기도를 보호하기 위해 모든 다른 분무 작업이나 밀폐 작업에서 사용해야 한다. 방독면은 코와 입 주위에 밀착 후 밀봉할 수 있어야 한다(그림 7-8 참조).

7.6.4.3 비중 측정용 컵(Viscosity Measuring Cup)

이것은 작은 컵에 긴 핸들 및 액체가 정해진 비율로 흘러나오도록 조절용 구멍이 부착된 것이다. 도료 제조사에서 정해진 압력과 비중을 유지하여 분무하도록

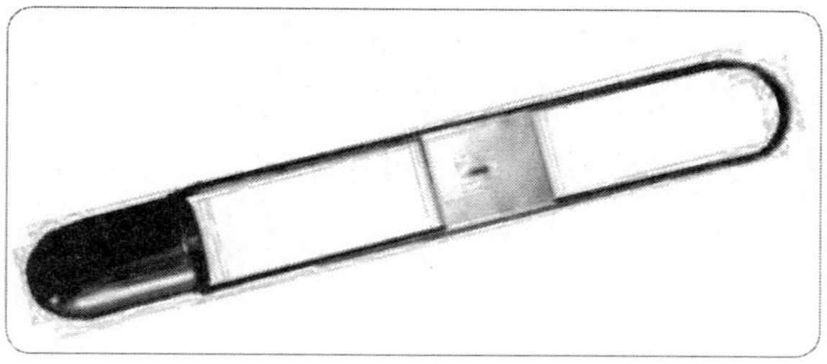

[그림 7-9] 잔 컵 비중 측정용 컵 (A Zahn Cup viscosity measuring cup)

규정하고 있다.

비중 측정기는 여러 가지가 있으며, 페인트를 도포하는 데 일반적으로 많이 사용되는 것 중의 하나가 잔 컵(Zahn cup)이다(그림 7-9 참조).

정밀한 비중 측정을 수행하기 위해서는 시료 재료의 온도를 권고된 73.5±3.5℉(23±2 ℃)의 범위로 유지해야 한다. 그리고 이후 절차는 다음과 같다.

① 최대한 거품이 생기지 않도록 하여 시료를 완전히 섞어준다.
② 표면 아래로 컵이 완전히 가라앉도록 시험하고자 하는 시료 안에 수직으로 잔 컵을 담근다.
③ 한 손에 타이머를 쥐고 시료 밖으로 한 번에 컵을 들어 올린다. 컵의 꼭대기 가장자리가 표면에서 떨어질 때 타이머를 작동시킨다.
④ 페인트의 흐름에서 첫 번째 방울이 구멍 출구를 통과할 때 타이머를 멈춘다. 이때 측정된 초 단위의 값을 유출 시간(efflux time)이라고 부른다.
⑤ 타이머로 측정된 시간과 제조사의 권고 시간을 비교하여 필요하다면 비중을 조정한다.

7.6.4.4 혼합 장비(Mixing Equipment)

페인트 작업 전에 재료가 완전히 섞이도록 하기 위해 페인트 혼합기를 사용하는데, 많은 양의 재료를 혼합

하기 위해서 기계식 페인트 혼합기를 사용하기도 한다. 기계식 페인트 혼합기를 사용할 경우 구동원은 화재나 폭발 발생 가능성을 제거하기 위해 전기 대신 공압 장치를 사용해야 한다.

7.7 준비 작업(Preparation)

7.7.1 표면 처리(Surfaces)

페인트 작업에서 가장 중요한 요소는 작업이 수행될 표면의 준비 상태이다. 따라서 공정 시간 중에서도 표면 준비에 소요되는 시간이 가장 길다. 갈라진 틈에 있는 페인트는 완전 제거시켜야 한다. 보통 기존 페인트를 제거하기 위해서는 보호복을 착용하고 고무장갑 및 보안경을 착용한 후 환기가 잘되며 68~100℉ 정도의 온도를 유지하는 장소에서 수행해야 한다. 항공기에서 적용되는 페인트 작업 공정 절차는 다음과 같다.

① 항공기 표면 구조 재질은 보통 알루미늄이므로 알칼리 성분의 세척제를 사용하는 스카치-브라이트 패드(Scotch-Brite® Pad)로 문질러야 한다. 페인트가 제거되면 물을 사용하여 깨끗이 세척한다.

② 표면에 산성 에칭 용제(acid etch solution)을 바른 후 1~2분 정도 지나서 표면이 축축해 지면 스펀지 등을 사용하여 씻어 낸다. 그다음 물로 다시 헹구어 준다. 용제가 침투할 수 있는 모든 부위를 완전히 헹구어야 하는데 이는 추후 부식 발생 가능성을 제거하는 것이다. 필요하다면 이 공정을 반복하여 수행한다.

③ 표면이 완전히 건조되었으면 알로다인(Alodine ®) 등의 알루미늄 피막을 발라준다. 이때 재료가 완전히 건조되지 않도록 하여 2~5분 정도 축축하게 유지한다.

④ 표면에서 모든 화학적 염분을 제거하기 위해 물로 완전히 헹구어야 한다. 제품 종류에 따라서 피막은 알루미늄 재질 표면을 엷은 갈색 또는 녹색으로 물들게 한다. 그러나 일부 제품은 무색인 경우도 있다.

⑤ 표면이 충분히 건조되었으면 가능하면 항공기 제작사에서 권고하는 프라이머를 칠한다. 프라이머는 적합한 마무리 도포 재료 중의 하나이다. 2개 부품으로 구성된 에폭시 프라이머는 대부분 에폭시, 우레탄 표면 그리고 폴리우레탄 보호막에 대해 우수한 내식성과 고착성을 제공한다. 아연 크롬산염은 폴리우레탄 페인트와 함께 사용하지 말아야 한다.

⑥ 초벌칠이 필요한 복합 소재 표면은 항공기 전체 구조물에 포함되어 작업이 이루어지거나 페어링, 레이돔, 안테나 그리고 조종면 끝단 부분과 같이 개별 부품으로도 작업이 이루어질 수 있다.

⑦ 에폭시 연마 프라이머는 복합 소재 위에 우수한 표면을 제공하도록 개발되었으며 320 Grit 연마기를 사용하여 최종 연마 작업을 할 수 있다. 적합한 재료로는 2개 부품으로 구성된 에폭시와 폴리우레탄 재료가 있다.

⑧ 마무리 작업은 프라이머 위에 주어진 시간 이내에 칠해야 하며, 최종 페인트 작업 전에 프라이머의 스커프 연마(scuff sanding) 작업이 필요한 경우도 있다. 이러한 모든 절차는 페인트 재료 제작사에서 권고하는 방법 및 절차를 따라 수행되어야 한다.

7.7.2 프라이머 & 페인트(Primer and Paint)

일반적으로 항공기용 페인트는 자동차용 페인트에 비해 유연성 및 화학적 저항성이 우수한 특징을 갖는다. 또한 동일한 상표의 페인트가 작업 부위 전체에 사용되어야 한다. 페인트 재료 구입 시에는 제작사로부터 제품의 기술적 또는 재료 구성 데이터 및 사용 시 필요한 안전 관련 데이터를 확인하여 작업 절차에 사용하거나 안전 보호 조치를 취해야 한다.

7.8 스프레이 건 사용 방법 (Spray gun Operation)

7.8.1 스프레이 건 패턴 조절 (Adjusting the Spray Pattern)

정확한 분무 형태를 얻기 위해 일반적으로 분무기에 공급되는 공기압은 40~50psi 정도이다. 벽에 테이프로 붙인 마스킹 페이퍼의 조각에 분무하여 분무기 패턴을 시험한다. 벽면에서 약 8~10inch 떨어져 벽에 직각으로 분무기를 잡아준다. 상부 조절 노브(upper control knob)는 분무기의 분무 형태를 조정하는 공기 흐름을 담당한다. 하부 노브(lower knob)는 분무기를 통과하여 분출되는 페인트의 양 또는 볼륨을 제어하여 니들(needle)을 통과하는 유체를 조정한다(그림 7-10 참조).

① 방아쇠 레버를 완전히 뒤쪽으로 당긴다.
② 종이쪽으로 분무기를 이동시킨다.
③ 하부 또는 유체 노브에서 오른쪽으로 돌려주면 분무기를 통해 지나가는 페인트의 양을 감소되고 왼쪽으로 돌려주면 페인트의 양이 증가된다.
④ 상부 또는 패턴 조절 노브를 왼쪽으로 돌려주면 분무 형태를 퍼지게 한다. 다이얼을 0에 설정하면 원뿔 모양으로 줄여준다.
⑤ 분무기에서 패턴을 설정했다면 그다음 단계는 표면에 페인트 작업을 수행하면 되는데 이때 양호한 품질을 유지하기 위한 중요한 사항은 분무기 정확하게 작동시키는 기술 능력에 달려있다.

7.8.2 페인트 칠하기(Applying the Finish)

만약 페인트 작업자가 페인트 분무기를 사용해 본 경

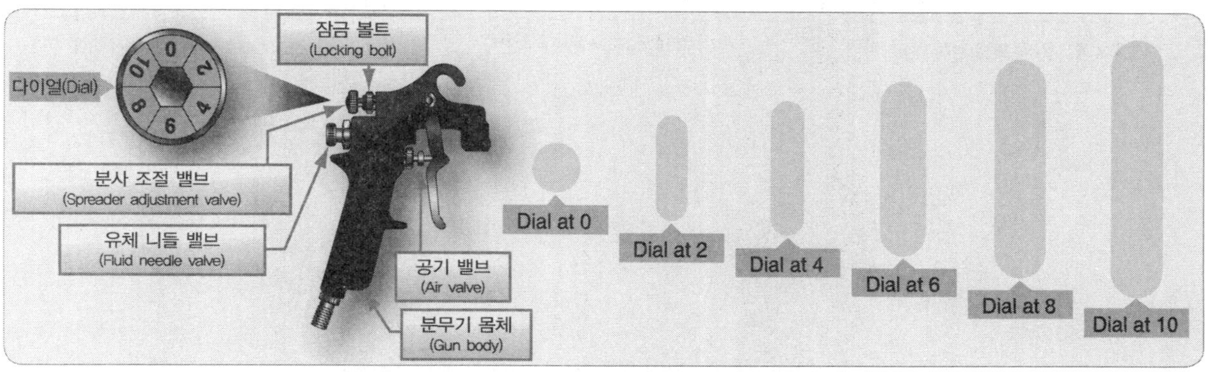

[그림 7-10] 조절 가능한 페인트 분무기(Adjustable spray gun)

험이 없다면 관련 기술적 지식을 익히고 충분한 실습을 거친 후 작업을 수행해야 한다.

프라이머와 마무리 작업 사이의 차이점은 프라이머는 광택이 없으나 마무리 작업은 광택이 있는 표면을 형성한다. 프라이머를 바르는 작업은 기본적인 방아쇠 당기는 방법으로 표면으로부터 일정한 거리를 유지하여 일정한 속도로 분무기를 이동시키면서 수행하면 된다.

프라이머는 전형적으로 십자형으로 분무 형태를 이룬다. 십자형은 왼쪽에서 오른쪽으로 분무기가 한쪽 방향으로 지나가고 이어서 위쪽과 아래쪽 움직이면서 이루어진다. 수직 방향으로 교차되어 이루어지면 분무를 처음 시작하는 방향은 문제가 되지 않는다.

편평하고 수평을 이루는 판넬에 마무리 재료를 사용하여 분무 작업에 대한 연습을 시작한다. 분무 형태는 이미 벽에 붙인 마스킹 페이퍼를 이용하여 테스트하고 조정해 놓았다. 표면에서 대략 8~10inch 떨어져 수직으로 분무기를 잡아준다. 캡(cap)을 통해서 공기가 지나가기에 충분할 정도로 방아쇠를 당겨주면서 판넬을 가로질러 분무기를 이동시킨다. 분무기가 페인트를 시작하려는 지점에 도달하였을 때 방아쇠를 완전히 뒤쪽으로 꽉 쥐어준다. 그리고 끝단에 도달할 때까지 Panel을 가로질러 약 1feet/sec의 속도로 분무기를 계속해서 이동시킨다. 그런 다음 페인트 흐름을 정지시키기에 충분할 정도로 방아쇠를 풀어준다(그림 7-11 참조).

평편한 수평판에서 분무 연습이 숙달되었으면, 다음으로 수직으로 위치한 판넬에서 연습을 실시한다.

다음으로 페인트를 십자형을 유지하면서 칠하는 연습을 실시하여 분무 기술을 모두 습득한다.

7.8.3 스프레이 건의 공통적인 문제점 (Common Spray Gun Problems)

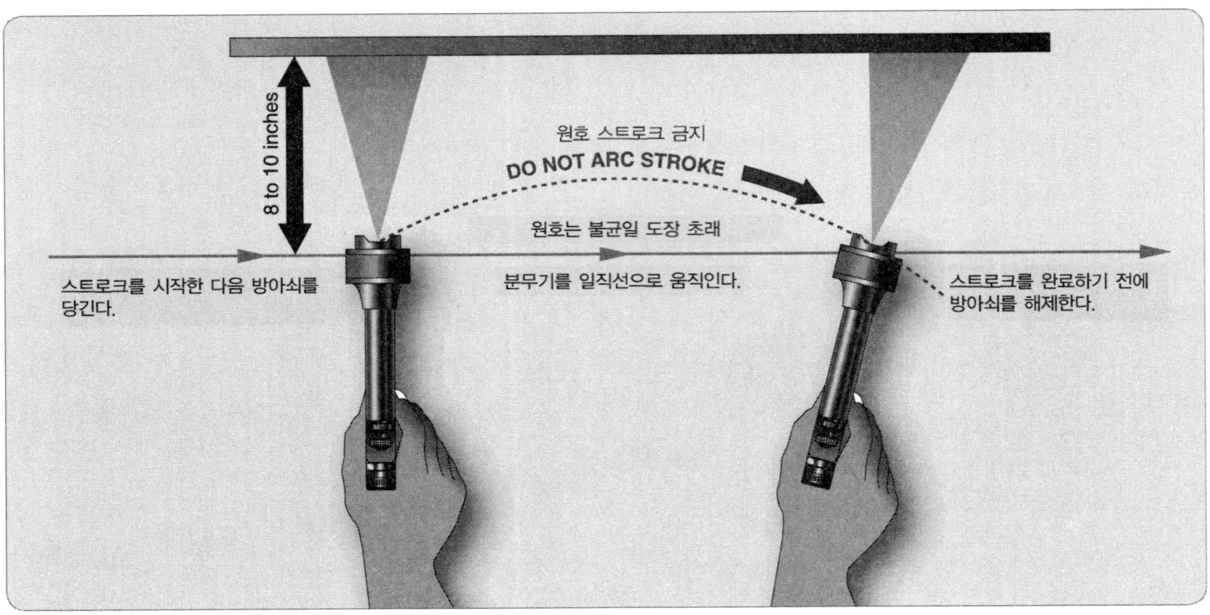

[그림 7-11] 적절한 분무기 적용(Proper spray application)

분무 형태에 대한 빠른 확인 방법으로 희석제나 감속제를 분무기로 사용해 본다. 이때 페인트와 동일한 점도는 아니지만 분무기의 정상 작동 여부를 확인할 수 있다. 만약 분무기가 정상적으로 작동하지 못하면 다음과 사항을 참고하여 문제점을 해결한다.

① 여러 개의 점 형태 또는 부채꼴로 분출되는 형태를 나타내면 노즐이 느슨해졌거나 공급 컵의 공기 배출 구멍이 막혔거나 니들 주위의 패킹에서 누수 현상이 존재하여 나타난다.
② 만약 분무 형태가 한쪽 또는 다른 쪽으로 빗겨서 나온다면, 공기 덮개에 있는 공기 구멍 또는 호른(horn)에 있는 구멍이 막힌 것이다.
③ 분무 형태가 꼭대기 또는 밑바닥에서 두껍다면 공기 덮개를 180° 돌려준다. 만약 분무 형태가 반대로 된다면 공기 덮개의 문제이다. 또한 상태가 동일하게 나타난다면 유체 끝 부분 또는 니들이 손상된 것이다.
④ 분무 형태의 또 다른 문제점은 부적절한 공기 압력 또는 분무기 노즐의 부적절한 크기로 인해 재료의 양을 축소시킬 수 있다.

7.9 페인트 결함(Common Paint Troubles)

페인트 작업을 수행하는 과정에서 표면에 발생하는 일반적인 문제점은 특별히 시각적으로 문제가 되는 것뿐만 아니라 부적절한 접착 현상, 바램, 기포 현상, 페인트의 처짐이나 흘러내림, 오렌지 껍질 형태, 표면 반점 현상, 연마 시 긁힘 현상, 주름 및 분무기에 의한 먼지 등이 모두 해당된다.

7.9.1 부적절한 접착 현상(Poor Adhesion)

다음과 같은 원인으로 페인트 결함이 발생되었을 경우에는 해당 부위를 완전히 제거한 후 재작업을 수행해야 한다.

① 표면에 대한 불충분한 세척
② 잘못된 프라이머 사용
③ 프라이머와 페인 간의 불친화성(그림 7-12 참조)
④ 페인트 재료의 부적절한 희석 또는 잘못된 등급의 감속제 사용
⑤ 페인트 재료의 부적절한 혼합
⑥ 분무장비 또는 공급 공기의 오염

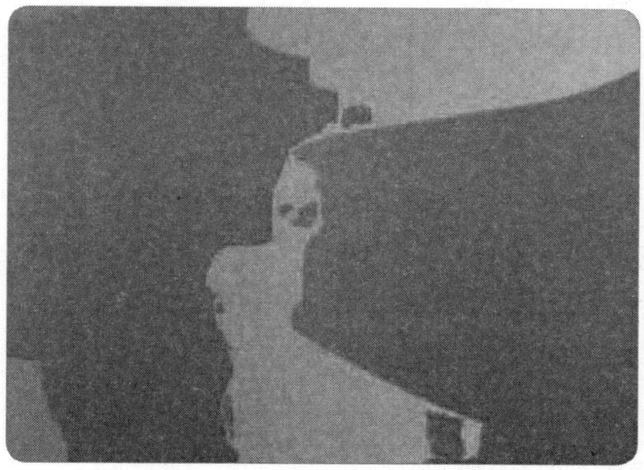

[그림 7-12] 부적절한 접착의 예(Example of poor adhesion)

7.9.2 바램(Blushing)

이 결함은 페인트 마무리에서 나타나는 흐릿하고 유백색으로 탁해 보이는 현상이다(그림 7-13 참조). 이는 습기가 페인트에 침투되었을 때 발생한다. 공기 중에 있는 습기 성분이 페인트 용제가 빠르게 증발할 때 온도가 내려가면서 응축되어 생성되는데 보통 습

[그림 7-13] 바램의 예(Example of blushing)

도가 80% 이상일 때 형성된다. 그 이외의 원인으로는 다음과 같은 것들이 있다.

① 부정확한 온도(60℉ 이하이거나 또는 95℉ 이상)
② 너무 빠르게 건조되는 부정확한 Reducer 사용
③ 페인트 분무기에서 과도하게 높은 공기압 분출 시

만약 페인트 작업 중 이 결함 발생 가능성이 있으면 감속제를 페인트 혼합물에 첨가할 수 있으나 완전히 건조 후에 발견된 경우에는 해당 부위를 완전히 제거하고 새롭게 페인트를 실시해야 한다.

7.9.3 핀홀(Pinholes)

이 결함은 용제, 공기 또는 습기가 침투되어 표면에 나타나는 작은 구멍 또는 작은 구멍들이 모여 있는 형태로 그 원인으로는 다음과 같다(그림 7-14 참조).

① 페인트 자체 또는 공기 고급관의 오염
② 분무 기술 부족으로 페인트 아래에 습기나 용제가 들어가 무거운 페인트 또는 젖은 페인트 현상을 유발시킴
③ 적절치 못한 희석제나 감속제 사용으로 너무 빠르게 표면이 건조되어 용제가 침투되거나 너무 느리게 건조되어 용제가 침투되는 현상으로 발생

[그림 7-14] 핀홀의 예(Example of pinholes)

만약 페인트 작업 중 이 결함 발생 가능성이 있으면 장비와 작업 능력을 재확인해야 한다. 건조 시 이 현상이 나타나면 부드럽게 표면을 갈아준 후 다시 페인트 작업을 수행한다.

7.9.4 처짐 및 흘러내림(Sags and Runs)

이 결함은 작업 부위에 너무 많은 페인트로 인한 것으로 분무기를 너무 가깝게 위치시키거나 분무기를 너무 느리게 이동시킬 경우 발생한다(그림 7-15 참조).

그 이외의 또 다른 이유로는 다음과 같은 것들이 있다.

① 너무 옅은 페인트에 감속제가 과도하게 첨가된 경우
② 공기와 페인트의 혼합을 부적절하게 형성시켜주는 분무기 조정

[그림 7-15] 처짐 및 흘러내림의 예
(Example of sags and runs)

이 현상은 권고된 희석 방법 및 적절한 분무 기술 준수 시 방지할 수 있으며, 특히 수직면 페인트 시 이를 적용해야 한다. 만약 이 결함이 발생하면 해당 부위를 완전히 제거하고 재페인트 작업을 실시해야 한다.

7.9.5 오렌지 필 현상(Orange Peel)

이 결함은 표면이 울퉁불퉁한 상태를 의미한다. 이 현상은 페인트 분무기의 부적절한 조정으로 인해 발생하며 그 이외의 다양한 요인으로는 다음과 같다(그림 7-16 참조).

① 외기 온도 대비 불충분한 감속제 사용 또는 적절하지 못한 종류의 감속제 사용
② 재료가 균일하게 혼합되지 않았을 경우
③ 통풍 장치나 가열기를 사용하여 너무 빠르게 건조시켰을 경우
④ 페인트 작업 간의 너무 짧은 증발 시간 유지
⑤ 외기 온도 또는 작업 부위의 온도가 너무 높거나

[그림 7-16] 오렌지 필의 예(Example of orange peel)

낮은 상태에서 분무기로 페인트를 실시한 경우 경미한 오렌지 필 현상인 경우는 젖은 상태로 연마용 콤파운드로 연마질을 할 수 있으나, 상태가 불량한 경우에는 매끄럽게 갈아낸 후 재페인트 작업을 수행해야 한다.

7.9.6 표면 반점(Fisheyes)

이 결함은 밑에 있는 표면이 보이는 것처럼 페인트에 작은 구멍이 나타난다(그림 7-17 참조). 이는 일반적으로 실리콘 왁스를 깨끗이 제거하지 않은 경우 그 흔적이 표면에 나타나는 것이다. 페인트 작업 중에 이 현상이 나타나면 모든 페인트를 제거하고 실리콘 왁스 제거제로 실리콘의 모든 흔적이 제거되도록 표면을 깨끗이 닦아낸다.

이 결함 발생 시 수리 방법으로 밀폐용 페인트 종류가 약간의 도움이 되지만 유일한 해결 방법은 페인트를 완전히 제거하는 것이다. 밀폐제를 사용하여 페인트하는 것이 도움이 되지만 궁극적으로는 해당 부위 페인트를 완전히 제거하는 것이 유일한 해결책이 된다.

페인트를 분무하기 전에 마지막 점검으로는 공기압

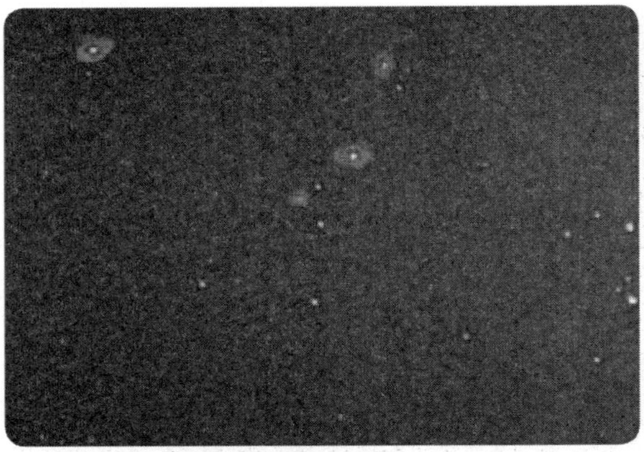

[그림 7-17] 표면 반점의 예(Example of fisheyes)

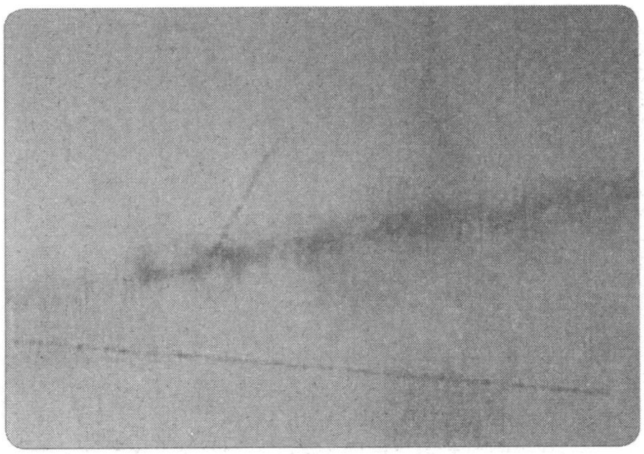

[그림 7-18] 긁힘 연마의 예(Example of sanding scratch)

축기에서 물을 제거하고 조절기를 깨끗이 청소하고 시스템 필터를 청소 또는 교환하여 공급되는 공기가 오염되는 것을 방지해야 한다.

7.9.7 긁힘 연마 작업(Sanding Scratches)

이 결함은 최종 페인트를 분무하기 전에 표면이 적절하게 연마 또는 밀폐되지 않았을 때 발생하며, 보통 비철 금속면에서 많이 나타난다(그림 7-18 참조). 따라서 복합 소재로 제작된 카울, 목재 표면 및 플라스틱 페어링은 페인트 작업 전에 적절하게 연마 또는 밀폐 작업을 실시해야 한다. 긁힘 현상은 과도하게 빠른 희석제 건조 시 발생할 수도 있다.

페인트가 건조된 후 수정 작업은 해당 부위만 매우 고운 사포로 갈아낸 후 권고된 밀폐제를 바른 다음 다시 페인트 작업을 실시한다.

7.9.8 주름 현상(Wrinkling)

이 결함은 보통 용제가 갇히거나 과도하게 두꺼운 경우 또는 다량의 용제로 인해 페인트 마무리 과정에서 불균일한 건조로 인해 발생한다(그림 7-19 참조). 또한 너무 빠른 감속제를 사용할 경우 분무된 페인트가 완전히 마르지 못하면 주름 현상이 나타날 수 있다.

만약 분무 작업 중 갑작스럽게 외기 온도가 변하게 되면 용제가 균일하게 배출되지 못하고 이로 인해 표면이 건조되고 응축 축소되는 현상이 발생한다. 또한 페인트 재료를 섞을 때 부적절한 시너 또는 감속제를 사용할 경우 주름 또는 다른 형태의 결함을 유발시킬 수 있다. 주름 현상이 존재하는 페인트는 완전히 제거 후 표면 처리 작업을 재수행해야 한다.

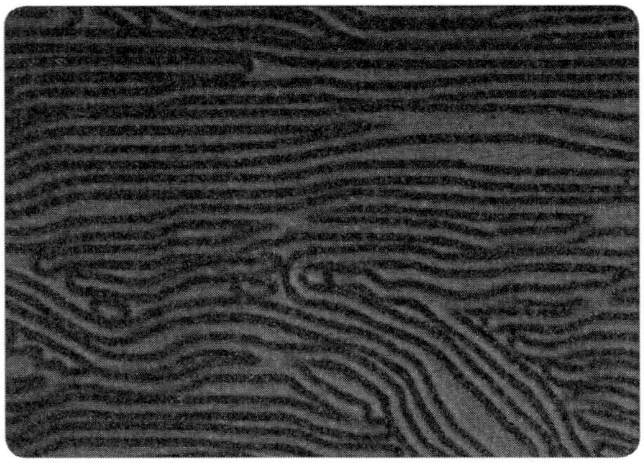

[그림 7-19] 주름 현상의 예(Example of wrinkling)

[그림 7-20] 분무 먼지의 예(Example of spray dust)

7.9.9 분무 먼지(Spray Dust)

이 결함은 분리된 입자들이 페인트 하고자 하는 표면에 도달하기 이전에 말라서 연속적으로 그리고 매끄럽게 침투되지 못해 발생한다(그림 7-20 참조). 이 현상의 원인은 다음과 같다.

① 공기압, 페인트 흐름, 또는 분무 형태에 대한 분무기의 부적절한 조정
② 표면에서 너무 멀리 떨어져서 분무기 작동
③ 부적절하게 희석된 재료 또는 적당하지 못한 감속제를 사용한 페인트 재료 사용

이런 현상이 존재하는 부위는 완전히 갈아낸 후 다시 페인트 작업을 실시해야 한다.

7.10 페인트 트림 및 식별 표시(Painting Trim and Identification Marks)

7.10.1 마스킹 및 트림 (Masking and Applying the Trim)

항공기 전체가 기본 색상으로 페인트가 완료되면 모든 마스킹 페이퍼(masking paper)와 마스킹 테이프(masking tape)는 제거한다. 적당한 온도에서 "Dry and Recoat" 시간과 새로운 페인트가 들뜨지 않게 테이프를 제거하기 전에 경과해야 하는 "Dry to Tape" 시간에 대해서는 페인트 제조사의 기술적 자료를 참고해야 한다.

7.10.1.1 마스킹 자재(Masking Materials)

트림 라인(trim line)을 마스킹 할 때에는 적절한 테이프를 사용한다. 그것은 용제가 통과할 수 없는 접착력을 갖고 있으며, 1/8~1inch 폭의 테이프를 적절하게 사용했을 때 예리한 페인트 선을 생성시켜 준다. 해당 부위를 모두 덮을 만큼의 크기로 마스킹 페이퍼와 페이퍼가 들뜨지 않도록 접착력이 우수한 마스킹 테이프를 사용한다. 이때 마스킹 페이퍼로 신문지를 사용해서는 안 된다.

7.10.1.2 트림을 위한 마스킹 작업 (Masking for the Trim)

기본 색상의 페인트가 제조사 지침에 따른 건조, 양생 시간이 경과된 후 디자인된 문양 및 색상으로 동체를 따라 한 개 또는 두 개 색상의 띠를 페인트 하는 경우가 많다. 이 경우 항공기 제작사 또는 디자인 회사에서 제공하는 도면에 따라 도장 작업을 수행한다. 이때

도면에 명시된 치수에 따라 실제 항공기에 트림 라인을 표시하고 마스킹 페이퍼와 마스킹 테이프를 이용하여 새로운 페인트가 이루어지지 않는 부위를 완전히 덮어 주어야 한다. 시작점은 도면을 따르되 구조물의 이음새, 리벳 위치 등을 참조하여 결정한다. 작업은 한쪽 면을 완성한 후 대칭적으로 반대쪽 면에 작업을 실시한다. 마스킹 작업이 완료되면 사진 촬영 등을 이용하여 양쪽 면이 대칭을 이루는지 확인해야 한다.

7.11 부분 페인트 작업(Paint Touchup)

이 작업은 페인트 작업이 완료된 이후 표면에 손상이 발생했을 경우에 필요하다. 이 작업은 또한 긁힘, 마멸, 영구 변형 흔적 및 트림 부위 색상의 퇴색 등과 같이 경미한 페인트 손상 부위를 덮어주기 위해 사용한다. 첫 번째 단계는 부분 페인트 작업에 필요한 페인트를 선정하는 것이다.

7.11.1 마무리용 페인트 식별 (Identification of Paint Finishes)

현재 항공기에 적용되고 있는 페인트 마무리는 여러 가지 종류 중 한 개이거나 두 개 또는 그 이상이 조합된 형태이거나 또는 일반적인 종류에 특별한 성능이 조합된 형태가 사용된다. 그러나 어느 한 경우에 대해서 여러 가지 상이한 종류의 재료를 사용하여 수리할 수 있다. 각 경우에 있어서 페인트 성능이 유지되도록 전처리제에 역 작용을 하는 종류를 사용해서는 안 된다. 현재 칠해져 있는 페인트의 성질을 확인하기 위해 간단한 테스트를 실시할 수 있다.

다음 절차는 페인트 결과물을 식별하는 데 도움이 된다. 엔진 오일(MIL SPEC Mil-L-7808, Turbine Oil 또는 동등품)을 검사하고자 하는 표면의 일부에 칠해본다. 낡은 니트로셀룰로오스(nitrocellulose)는 몇 분 후에 부드러워지나 아크릴이나 에폭시 페인트 재질에서는 반응이 없다. 만약 식별이 되지 않을 때에는 걸레에 MEK를 적셔서 알아보고 싶은 표면을 닦아 본다.

[표 7-1] 코팅의 솔벤트 테스트 차트(Chart for solvent test of coating)

Hitrate	Nitrate dope	Butyrate dope	Nitro-cellulose lacquer	Poly-tone Poly-brush Poly-spray	Synthetic enamel	Acrylic lacquer	Acrylic enamel	Urethane enamel	Epoxy paint
Methanol	S	IS	IS	IS	PS	IS	PS	IS	IS
Toluol (Toluene)	IS	IS	IS	S	IS	S	ISW	IS	IS
MEK (Methyl ethyl ketone)	S	S	S	S	ISW	S	ISW	IS	IS
Isopropanol	IS	IS	IS	IS	IS	S	IS	IS	IS
Methylene chloride	SS	VS	S	VS	ISW	S	ISW	ISW	ISW

IS – Insoluble
ISW – Insoluble, film wrinkles
PS – Penetrate film, slight softening without wrinkling
S – Soluble
SS – Slightly Soluble
VS – Very Soluble

아크릴 페인트는 걸레에 안료가 묻어나올 것이다. 그러나 에폭시 페인트 표면은 아무런 반응이 없다. 그러나 심하게 문지르면 에폭시 페인트라 할지라도 안료가 묻어 나오는 경우가 있으니 살짝 닦아낸다. 니트로 셀룰로오스를 칠한 곳에는 MEK를 사용하지 않는다. 표 7-1은 항공기에 칠해져 있는 페인트 종류를 식별하기 위한 솔벤트 검사 현황을 보여준다.

7.11.2 부분적인 페인트 작업을 위한 표면 준비 (Surface Preparation Touchup)

페인트 수리 및 부분 작업에서 항공기 페인트 도장의 종류가 확인되었으면 표면 준비 작업을 철저히 수행해야 한다. 우선 해당 부위를 갈아내거나 벗겨내기 작업을 시작하기 전에 탈지제와 실리콘 왁스 제거제로 깨끗이 씻어내고 구석까지 닦아낸다. 부분 페인트 시 만약 이음매선(seam line) 내에 전체 판넬 또는 부분이 다시 페인트 되어야 한다면 새로운 페인트를 기존 페인트에 맞추거나 제거할 필요가 없다. 수리는 이음매선까지 실시하고 워시 프라이머 단계에서부터 페인트 단계의 작업을 재수행한다. 페인트의 얼룩 형태 수리 시에는 실제 수리 면적의 약 3배 정도의 면적을 갈아내야 한다. 만약 손상이 프라이머까지 침투하지 않았다면 단지 페인트 작업만 수행하면 된다. 부분적인 페인트 절차는 일반적으로 거의 모든 수리에도 동일하게 적용된다.

부분 페인트 작업 결과는 여러 가지 요소에 따라 영향을 받지만 마무리 재료, 색상 일치, 감속제의 선정 및 작업자 경험 및 숙련도에 따라 좌우된다.

7.12 페인트 벗겨내기 (Stripping the Finish)

아무리 경험이 많은 작업자가 최상의 장비 그리고 가장 우수한 신제품 페인트를 사용해서 작업을 수행한다고 하더라도 작업 전에 작업 부위의 표면 상태가 적절하지 못하면 원하는 페인트 품질을 만들어 내지 못한다. 항공기 전체를 페인트하기 위해서는 기존의 페인트를 제거하는 것부터 시작한다. 이는 상당한 무게에 해당되는 페인트 자체 및 프라이머를 제거하여 항공기 자중 감소 효과를 얻을 뿐만 아니라 페인트에 덮여 평소에는 드러나지 않는 기체 구조 부위의 부식 또는 다른 형태의 손상 여부를 검사할 수 있는 기회를 제공한다.

화학적 벗기기(chemical stripping)를 수행하기 전에 벗겨지지 않는 모든 부위를 보호시키는 작업을 수행해야 하며, 해당 제품 제조사는 이러한 목적을 위해 보호용 자재를 권고하고 있으며 화학 약품에 의해 영향을 받는 중요 부품들로는 창문(window), 벤트-스태틱 포트(vent and static port), 고무 재질 밀폐재(rubber seal), 타이어(tire) 및 복합 소재 부품 등이 해당된다.

또한 작업 시 사용되는 박리제(stripper) 재료 및 배출되는 물과 페인트 재료가 작업자와 환경에 유해한 영향을 미치게 되므로 이에 관련된 유해 물질 취급 및 처리에 대한 각종 법규 사항을 사전에 파악하고 필요한 조치를 취해야 한다.

7.12.1 화학 약품 사용(Chemical Stripping)

염화 메틸렌(methylene chloride)을 함유하고 있는 대부분 화학적 박리제는 1990년도까지 환경적으로 허용되는 화학 약품이었다. 이는 다층 구조의 페인트를 제거하는 데 아주 효과적이었다. 그러나 1990년도에 암과 다른 의학적인 문제점을 유발시키는 유독 가스 배출물로 지정되었다.

그 이후 여러 가지 형태의 화학적 박리제 물질들이 시험되었으나, 효율성 및 환경적인 조건에 대한 문제로 채택되지 못했다.

화학적 박리 기능 개발 분야에서 모재와 프라이머 사이의 접착력을 단절시키며 환경 친화적인 제품으로 최근에 개발된 제품이 EFS-2500이다. 이것은 단층 형태로서 페인트가 프라이머와 페인트 모두를 표면에서 들어올리는 2차 반응을 유도한다. 페인트를 들어올리면 문지르거나 고압의 물을 쏘아 쉽게 제거된다.

이 제품은 페인트를 녹이지 않기 때문에 기존의 전통적인 화학적 박리제와는 차이점이 있다. 또한 세척이 쉬우며, 각종 유해 물질 배출에 대한 규정에도 부합한다. 이 제품은 추가적으로 보잉사의 각종 테스트 규정을 통과하였다.

EFS-2500 제품은 비 염화(Non-chlorinated), 비 산성(Non-acidic), 비 인화(Nonflammable), 비 유해적(Nonhazardous), 미생물에 의한 분해(Biodegradable), 무공해(Non-air pollution)적인 특성을 가지고 있다.

이 박리제는 기존의 일반적인 방법인 탱크에서 스프레이, 브러시, 롤러 또는 담금 방법을 그대로 적용할 수 있다. 이 방법은 알루미늄, 마그네슘, 카드뮴 판, 티타늄, 목재, 유리 섬유, 세라믹, 콘크리트, 석고, 석재 등을 포함하여 모든 종류의 금속 재질에서 작업이 가능하다.

7.12.2 플라스틱 입자를 이용한 블라스팅 방법 (Plastic Media Blasting: PMB)

이 방법은 화학적 방법으로 페인트 벗기는 작업 수행 시 발생하는 여러 가지 환경오염과 관련된 문제점을 해소시키기 위한 벗기기 방법 중의 하나이다. 이는 건조한 연마용 블라스팅(dry abrasive blasting) 작업 방식으로 화학적 페인트 벗기기 작업을 대신한다. PMB는 부드럽고 모가 난 플라스틱 입자를 블라스팅 입자로 사용하는 것을 제외하고는 기존의 전통적인 샌드블라스팅 작업 방식과 유사하다. 본 작업 시 페인트 아래 부위의 표면에 영향을 적게 미치게 하기 위해 연질 플라스틱과 낮은 공기 압력을 사용한다. 메디아 입자는 페인트 제거 효과가 미미해질 때까지 약 10번 정도까지 재생하여 사용할 수 있다.

PMB는 금속 표면에 가장 효과적이다. 그러나 연마에 의해 페인트를 제거하는 것보다 덜 시각적인 손상을 발생시킨다는 것이 발견된 이후로 복합 소재 표면에도 성공적으로 사용되고 있다.

7.12.3 새로 개발된 방법 (New Stripping Methods)

페인트나 다른 코팅을 벗기기 위한 다양한 방법과 재료들이 다음과 같은 사항들을 포함하여 지속적으로 연구, 개발되고 있다.

① 레이저 벗기기(laser stripping) 공정을 이용한 복합 소재 표면 코팅 제거 방법
② 탄소 이산화물(carbon dioxide) 알갱이(Dry Ice)로 얇은 페인트 층을 급작스럽게 가열하여 제거하는

방법

7.13 작업장 안전 (Safety in the Paint Shop)

모든 페인트 부스(booth)와 작업장은 적절한 환기 시스템을 갖추어야 한다. 이는 독성 공기를 제거할 뿐만 아니라 페인트 작업 시 발생하는 잉여분 입자와 먼지 등을 제거한다. 각종 배기시스템에 사용되는 모든 전동 모터는 반드시 접지시켜 불꽃이 발생하지 않도록 해야 한다. 조명 시스템과 모든 전구들도 파손되지 않도록 보호망을 씌워야 한다.

페인트 작업이나 페인트 제거 작업 시에는 모든 작업자는 방독면과 신선한 공기를 호흡할 수 있는 보호 장구를 착용해야 하고 이를 위한 시설을 갖추어야 한다.

작업장에는 적절한 등급의 이동용 소화기를 비치하고 작업장 및 격납고에도 소화 설비 시설을 갖추어야 한다.

7.13.1 페인트 자재 보관 (Storage of Finishing Materials)

페인트 작업에 사용되는 모든 화학 재료는 화재 발생 예방을 위해 환기가 잘되는 곳에 방염함에 위치시키고 그 안에 넣어 보관해야 한다.

또한 관련 재료는 제조사 기술적 자료 문서에서 규정한 보관 기한(shelf limit)을 준수해야 하며, 용기 겉면에 이에 대한 표식용 데칼을 부착해야 한다.

7.14 작업자 보호 장비(Protective Equipment for Personnel)

항공기에 대한 페인트 작업, 페인트 벗기기, 또는 페인트 수리 작업 시에는 인체에 해로운 여러 가지 위험 요소를 내포하고 있기 때문에 입과 코를 완전히 덮을 수 있는 크기의 방독면을 사용해야 한다. 또한 신선한 공기로 숨을 쉴 수 있도록 공기 공급 호흡 시스템을 갖추어야 한다.

보호 작업복을 착용하여 페인트로부터 인체를 보호하는 것뿐만 아니라, 페인트 표면에 먼지가 없도록 유지시켜야 하며, 각종 화학 물질을 취급할 경우에는 고무장갑을 착용해야 한다.

솔벤트를 이용하여 페인트 장비 및 페인트 분무기 등을 세척할 경우에는 개방된 지역에서 그리고 열원이 없는 장소에서 실시해야 한다.

◆ 개정집필위원

* 표시는 대표 집필자임

김천용(세한대학교 항공정비학과)
최세종(한서대학교 항공융합학부)
채창호(중원대학교 항공정비학과)
김맹곤(중원대학교 항공정비학과)
박희관(초당대학교 항공정비학과)
김건중(초당대학교 항공정비학과)
하영태(호원대학교 국방기술학부)
이형진(청주대학교 항공기계학과)
최병필(경남도립남해대학 항공정비학부)
손창근(세한대학교 항공정비학과) *

◆ 감수위원

* 표시는 대표 연구 · 감수진임

김근수(세한대학교)
박기범(대한항공)
이종희(세한대학교)
황효정(세한대학교)
김사웅(세한대학교) *
권병국(아세아항공전문학교)

◆ 기획 및 관리

* 표시는 연구 책임자임

국토교통부

김상수(항공안전정책과장)
차시현(항공안전정책과)
강경범(항공안전정책과)
김은진(항공안전정책과)
홍덕곤(항공기술과)

세한대학교 산학협력단

김천용(항공정비학과장) *
장광일(항공정비학과)
조민수(항공정비학과)
류용정(항공정비학과)

◆ 편집 및 디자인

노드미디어

주소 | 서울특별시 용산구 한강대로341 대한빌딩 206호
TEL | 02-754-1867 FAX | 02-753-1867
등록번호 | 제302-2008-000043호

개정판 항공정비사 표준교재 **항공기 기체(구조/판금)**

발행일 | 초판 2020년 3월
발행처 | 국토교통부 항공안전정책과(세종특별자치시 도움6로 11)
TEL | 044-201-4311 **FAX** | 044-201-5632 **홈페이지** | www.molit.go.kr
ISBN 978-89-6541-477-3 93550
인쇄처 | 도서출판 진영사 032-505-4207